D1746337

Fabian · Die Entdeckung der Kristalle

Der historische Weg der Kristallforschung zur Wissenschaft

Die Entdeckung der Kristalle

Von Dr. sc. nat. Eginhard Fabian
Mit 63 Bildern im Tafelteil

VEB Deutscher Verlag für Grundstoffindustrie
Leipzig

Annotation

Fabian, Eginhard:
Die Entdeckung der Kristalle : d. hist. Weg d.
Kristallforschung zur Wissenschaft / Eginhard Fabian.
– 1. Aufl. – Leipzig : Dt. Verl. für Grundstoffind.,
1986. – 196 S. 63 Bild.

    Dieses Buch behandelt die Entstehungsgeschichte der Kristallographie, ihre historischen Wurzeln und ihre Herausbildung als Wissenschaftsdisziplin. Der Bogen spannt sich von der griechischen Antike, in der der Kristallbegriff seinen Ursprung hat, bis in das erste Drittel des 19. Jahrhunderts, in dem die Kristallographie als Wissenschaft entstand. Daran schließt sich eine kurze Zusammenfassung der hauptsächlichen Entwicklungslinien bis zu Beginn des 20. Jahrhunderts an.

    Ein besonderer Vorzug dieser wissenschaftshistorischen Studie liegt in der großen Anzahl der verwendeten Zitate aus bedeutenden historischen Quellen, zumal einige lateinisch geschriebenen Werke erstmalig ausgewertet und in einer deutschen Übersetzung zugänglich gemacht werden. Zahlreiche Reproduktionen aus historischen Quellen illustrieren die Textaussagen.

    Das Buch wendet sich an Kristallographen, Mineralogen, Physiker, Chemiker sowie Wissenschaftshistoriker und Philosophen.

ISBN 3-342-00108-9

1. Auflage
© VEB Deutscher Verlag für Grundstoffindustrie,
Leipzig 1986
VLN 152-915/78/86
Printed in the German Democratic Republic
Gesamtherstellung: Druckwerkstätten Stollberg VOB
Lektor: Dipl.-Krist. Helene Schwarz
Buchgestaltung und Vignetten: Peter Mauksch
Redaktionsschluß: 10. 6. 1985
LSV: 1429
Bestellnummer: 541 937 4
06000

Inhaltsverzeichnis

Vorwort 7

Am Anfang war das Wort 11

Wenn nämlich das himmlische Wasser Stein geworden ist 11
Wunderglaube versus Naturerkenntnis 15
Diesseitigkeit war das Maß aller Dinge 17
Der Kristall besteht aus ganz reinem Gemenge 20
Steine, die eine bestimmte mathematische Gestalt besitzen 24
Alaun, Vitriol, Soda und Salpeter 27
Alle Steine sind aus Wasser congeliert 29
Kristall ist ein weißes, wie Bergkristall durchsichtiges Eis 31

Eine neue und mehr zum Ziele führende Bahn 36

Bewältigung des nächstliegenden Stoffs 36
Kristallisieren oder zu Kristall anschießen lassen 40
Ein schöner Anblick der gesunden Natur 42
Vorläufer einer Dissertation 46
Philosophische Reflexionen über die Figur der Salze 53
Der Isländische Kristall 55
»Uneigentliche« Kristalle 61

Ein ebenso außerordentlich interessantes wie außergewöhnlich schwieriges Problem 66

Ausgang des Menschen aus seiner selbstverschuldeten Unmündigkeit 66
Die Alternative: morphologische oder strukturelle Denkweise 70
Nie war mehr Philosophie vonnöten 73
Kugelförmige oder polyedrische Bausteine? 76
Abstumpfung: das morphologische Prinzip 129
Mehr eine Kunst als eine Wissenschaft 134

Die Geburt einer Wissenschaft 140

Seinem Gedanken lag eine atomistische Betrachtungsweise zum Grunde 140

Dekreszenz: das strukturelle Prinzip 143
Es bildete sich allmählich eine neue Schule
in Paris 150
Es soll die Form, die Figur, dynamisch
erklärt werden 154
Mit ihm beginnt eine neue Epoche
in der Kristallographie 157
Er führte tief in die Natur und tief
in das Denken ein 163

Epilog: Auf getrennten Wegen 169

Was sie darin geschaffen hat,
hat bleibenden Wert 169
Auf lange Zeit hinaus diskreditiert 172
Ihr Experiment gehört zum Schönsten,
was die Physik erlebt hat 176

Register der historischen Persönlichkeiten 179

Ausgewählte Literatur zur Geschichte der Kristallographie 182

Zusammenfassende Arbeiten 182
Biographien 182
Spezielle Arbeiten 182

Bildquellennachweis 184

Anmerkungen 185

Vorwort

Die hohe Wertschätzung der Wissenschaft in unserer Gegenwart, die zahlreichen Probleme, vor die uns die wissenschaftlich-technische Revolution stellt, haben eine weniger auffällige, aber nicht minder interessante Kehrseite: ein spürbar wachsendes Interesse an der Geschichte von Wissenschaft und Technik.

Verstärkte Hinwendung zur Wissenschaftsgeschichte bedeutet indes keine nostalgische Rückwendung. Nicht illusionäre Vorstellungen von längst vergangenen »goldenen Zeiten« in der Wissenschaft wecken das Interesse an ihrer Geschichte. Vielmehr schärfen das rasche Wachstum an wissenschaftlichen Erkenntnissen und ihrer Bedeutung für unsere gesellschaftliche Entwicklung den Blick für das historische Werden und Gewordensein von Wissenschaft im Umfeld der jeweiligen gesellschaftlichen Verhältnisse. Fragen werden an die Geschichte gerichtet, die den Schlüssel für die Lösung, zumindestens aber für das bessere Verständnis von Problemen in der gegenwärtigen Wissenschaftsentwicklung liefern sollen.

Dem wachsenden Bedürfnis, sich umfassend wissenschaftshistorischen Fragen zuzuwenden, steht ein Problem hinderlich entgegen: Moderne wissenschaftshistorische Studien befassen sich vorwiegend mit der Geschichte der Physik und der Astronomie. Arbeiten zur Geschichte der Chemie, der biologischen Wissenschaften und der geologischen Wissenschaften folgen in deutlichen, zum Teil erheblichen Abständen. Manchen Wissenschaften, wie der Kristallographie, wird von den Wissenschaftshistorikern nur selten Aufmerksamkeit geschenkt.

Dieser Umstand erschwert die Schaffung eines ausgewogenen Bildes von der Entwicklung der Wissenschaft. Läßt uns doch die Geschichte solcher Disziplinen, die nicht gerade das Grundmotiv des disziplinären Musters der Wissenschaft bilden, die nicht auf weltbildprägende und weltbildverändernde Erkenntnisse verweisen können, nicht weniger tiefe Einblicke in das Wesen der Wissenschaftsentwicklung als eines gesellschaftlichen Phänomens tun und manche einseitige Verallgemeinerung vermeiden.

Unter diesen »kleinen« Disziplinen nimmt die Kristallographie eine interessante Stellung ein. Bereits ein flüchtiger Blick in die Geschichte dieser Wissenschaft lehrt, daß die Kristallographie in der Gegenwart eine grundsätzlich andere Stellung im disziplinären Muster der Wissenschaft einnimmt und in einem ganz anderen Verhältnis zu Erwartungen der Praxis an ihre Ergebnisse steht, als noch zu Beginn unseres Jahrhunderts.

Wurde die Kristallographie um die Jahrhundertwende als eine deskriptive Wissenschaft hauptsächlich innerhalb der Mineralogie gepflegt und erschien sie im großen und ganzen ausgereift und in sich abgeschlossen, so ist sie inzwischen zu einem Spannungsfeld der naturwissenschaftlichen Tätigkeit geworden, das die Probleme zahlreicher Forschungsgebiete durchdringt. Hatte die Kristallographie damals vornehmlich für mineralogische und über diese für montanwissenschaftliche Fragen eine praktische Bedeutung, so entwickelt sie sich in unserer Zeit in ständiger Wechselwirkung mit den unterschiedlichsten und vielfältigsten technischen Anforderungen.

Dieser offensichtliche Funktionswandel der Kristallographie im 20. Jahrhundert wurde durch die Entdeckung der Gitterstruktur der Kristalle durch MAX VON LAUE, WALTER FRIEDRICH und PAUL KNIPPING im Jahre 1912 ausgelöst und eingeleitet; steht also in direktem Zusammenhang mit dem Übergang von der klassischen zur modernen Physik. Die modernen, auf Gittertheorie, Atomtheorie, Elektronentheorie und Quantentheorie begründeten kristallographischen Forschungen haben in den vergangenen mehr als sieben Jahrzehnten Einblicke in das Wesen des kristallisierten Zustandes der Materie gestattet und technische Anwendungen physikalischer und chemischer Eigenschaften von Kristallen, selbst die technische Produktion von Kristallen mit wohldefinierten Eigenschaften ermöglicht, die zu den unmittelbaren Voraussetzungen der wissenschaftlich-technischen Revolution zu zählen sind.

In diesem Zeitraum ist deutlich geworden, daß die moderne Kristallographie ein Forschungsgebiet bearbeitet, das sich in weiten Bereichen mit physikalischen, physikalisch-chemischen, chemischen und biologischen Problemen überdeckt. Diese Tatsache ist um so bemerkenswerter, als die Kristallographie bis zu Beginn des 20. Jahrhunderts vor allem die Beschreibung von Kristallformen sowie die Zusammenhänge von Kristallform, chemischer Zusammensetzung und physikalischen Eigenschaften zum Inhalt hatte und dergestalt hauptsächlich in der Mineralogie und Chemie Anwendung fand.

Der gesellschaftliche Funktionswandel der Kristallographie wird dadurch unterstrichen, daß sich viele Naturwissenschaftler, bedingt durch die außerordentliche Allgemeinheit des kristallisierten Zustandes der Materie, in zahlreichen Disziplinen und Arbeitsgebieten mit kristallographischen Problemstellungen konfrontiert und demzufolge veranlaßt sehen, nicht nur die spezifischen Methoden der Kristallographie in Forschung und Praxis einzusetzen, sondern häufig auch selbst kristallographische Grundlagenforschung zu betreiben. Am Fortschritt der kristallographischen Erkenntnisse und ihrer Anwendungen sind heute, neben speziell ausgebildeten Kristallographen und Mineralogen, Mathematiker und Physiker, Chemiker und Physikochemiker, Aufbereiter und Metallurgen, Metallkundler und Werkstoffwissenschaftler, Biowissenschaftler und Mediziner interessiert und maßgeblich beteiligt. Mit ihrem theoretisch wie praktisch bedeutenden Teilgebiet der Kristallzüchtung gehört die Kristallographie zu den ersten Wissenschaften, die in die Kosmosforschung einbezogen worden sind.

Aus alldem ergibt sich, daß die Kristallographie im 20. Jahrhundert eine Entwicklung erfahren hat, durch die sie von einer theoretisch wie praktisch peripheren Disziplin zu einem weitverzweigten Forschungsgebiet geworden ist und durch die sich ihre gesellschaftliche Funktion wesentlich erweitert und vertieft hat.

Die Wurzeln für diese Entwicklung reichen weit in die Geschichte der Kristallographie zurück. Es nimmt daher nicht wunder, daß mit dem gesellschaftlichen Erfordernis, den kristallisierten Zustand der Materie umfassend zu erforschen, ein wachsendes Interesse an der Geschichte der Kristallographie einhergeht.

Fragen wie die, welche gesellschaftlichen Bedingungen und Motive zur wissenschaftlichen Beschäftigung mit Kristallen geführt haben, wie sich der Kristall als zentraler Gegenstand der Kristallforschung herausgebildet und wie sich der Kristallbegriff entwickelt hat, auf welchen Erkenntniswegen die Gesetzmäßigkeiten der Kristallformen erkannt worden sind und wie diese Erkenntnis allmählich gesellschaftliche Anerkennung gefunden hat, wie die Kristallographie selbst als eine neue Disziplin entstanden ist, wie sich diese Wissenschaft in Abhängigkeit von den sich verändernden gesellschaftlichen Bedingungen entwickelt hat, lassen die Aufmerksamkeit für die Geschichte der Kristallographie verständlich werden.

Indes hat es der an der Geschichte der Kristallographie Interessierte schwer: Die wenigen Werke zur Geschichte der Kristallographie sind teils veraltet, teils geben sie keine Antworten auf solche Fragen, teils sind sie so schwer zugänglich, daß sie nur dem fachlich engagierten Wissenschaftshistoriker bekannt sind.

Solche Beweggründe gaben Anlaß zu wissenschaftshistorischen Studien zur Geschichte der Kristallographie, aus denen schließlich dieses Buch entstanden ist. Es erhebt nicht den Anspruch, die Geschichte der Kristallographie nach allen ihren Aspekten, Seiten und Bezügen zu untersuchen und systematisch darzustellen. Es wendet sich vielmehr Fragen zu, die sich um einen wissenschaftshistorischen Kerngedanken gruppieren: Die Entdeckung der Kristalle.

Freilich ist, wenn von der Entdeckung der Kristalle die Rede ist, eine Auskunft zu geben, was diese Metapher meint. Gemeint ist nicht eine einzelne auf einer fundamentalen Idee oder einer genialen Intuition beruhende Entdeckung. Gemeint hingegen ist die Entdeckung der Kristalle als ein langwieriger und widersprüchlicher historischer Prozeß, in dessen Verlauf die wissenschaftliche Erkenntnis über Spekulationen, Vorurteile und Irrtümer von einer Wahrheit zu einer neuen, höheren Wahrheit fortschreitet. In diesem Sinne untersucht das Buch die Entdeckung der Kristalle als Geschichte der Entstehung einer neuen Naturwissenschaft.

In der wissenschaftshistorischen Forschung gehört die Entstehung wissenschaftlicher Disziplinen zu den am meisten und intensiv diskutieren Problemen. Indem das Buch den Entstehungsprozeß der Kristallographie ins Zentrum rückt, möchte es einen Beitrag zu dieser Diskussion leisten.

Wurzelnd in praktischen Erfordernissen der chemischen Technologie und des Montanwesens, entwickelte sich die Kristallographie von Anfang an im Spannungsfeld von Chemie, Physik, Geometrie und Mineralogie. Durch die interdisziplinäre Arbeit vieler Generationen von Wissenschaftlern hat sie sich zu einer selbständigen wissenschaftlichen Disziplin entwickelt. Ein solcher weit in die Geschichte zurückreichender Entwicklungsprozeß ist zweifellos auch für die Entwicklung der Kristallographie in der Gegenwart von aktueller Bedeutung.

Die Entdeckung der Kristalle begann im 15. und 16. Jahrhundert mit einem Rückgriff auf antike naturphilosophische Vorstellungen über die Entstehung von Mineralen und Gesteinen und mit der Aufnahme des antiken Kristallbegriffs, und sie endet – niemals. Die Unerschöpflichkeit des Gegenstandes Kristall, der Annäherungscharakter unserer Erkenntnis und das sich ständig erweiternde und vertiefende Erkenntnisvermögen des Menschen schließen ein Ende der Entdeckungsgeschichte der Kristalle prinzipiell aus.

Unsere Geschichte indes endet im ersten Drittel des 19. Jahrhunderts; die Erkenntniswege und Erkenntnisfortschritte im vorigen Jahrhundert bis zur Entdeckung der Gitterstruktur der Kristalle zu Beginn unseres Jahrhunderts werden nur zusammenfassend skizziert. Diese historisch-zeitliche Begrenzung gewinnt ihre Legitimation aus dem Vorsatz nachzuzeichnen, wie die Naturgesetzlichkeit der Kristalle entdeckt worden ist. Deshalb konzentriert sich das Buch problemgeschichtlich auf die Herausbildung und Entwicklung des Kristallbegriffs und in diesem Kontext auf die allmähliche Erkenntnis der Gesetzmäßigkeit der geometrischen Gestalt der Kristalle. Zweifel an dieser Gesetzmäßigkeit, Widerspruch und halsstarrige Ablehnung von Erkenntnissen der beginnenden Kristallforschung, neue gedankliche Ansätze, die Herausbildung charakteristischer Denkweisen, die Aufstellung erster tragfähiger Theorien kennzeichnen diesen Weg. Er mündet um die Wende vom 18. zum 19. Jahrhundert in die Entstehung der Kristallographie als eine neue Naturwissenschaft, die ihren eigenen wohlabgegrenzten Forschungsgegenstand besitzt, über spezifische Begriffe, Methoden und Instrumente verfügt und geeignete gesellschaftliche Daseinsformen ausbildet.

Indes beschränkt sich die Darstellung nicht auf problemgeschichtliche Entwicklungen in einem zeitlich begrenzten Rahmen. Ein besonderes Anliegen des Buches ist es, der gesellschaftlichen Bedingtheit der Kristallerkenntnis, ihrer Verwobenheit mit gesellschaftlichen Bedürfnissen und persönlichen Motiven, wirtschaftlichen Interessen und philosophischen Anschauungen, der Einheit von Kognitivem und Sozialem in ihrer Entwicklung nachzuspüren.

Geschichte lebt in der grundlegenden Spannung von Erzählen und Erklären. Dabei sollten die geschichtlichen Zeugen selbst in einem möglichst großen Umfang gehört werden. Um diesem Anliegen zu entsprechen, werden historische Quellen in einem erheblichen Maße in die Darstellung einbezogen. Nicht zuletzt daraus gewinnt die Entdeckung der Kristalle ihre Faszination.

Das Buch wendet sich an einen breiten Leserkreis, an den Fachwissenschaftler und den Wissenschaftshistoriker ebenso wie an die große Zahl derer, die Freude an der Schönheit der Kristalle haben und etwas über die Geschichte ihrer Erforschung erfahren möchten. Ausführliche Quellenbelege, Anmerkungen, ein Verzeichnis der wichtigsten Arbeiten zur Geschichte der Kristallographie sowie ein Personenregister sollen dem interessierten Leser die weiterführende Beschäftigung mit der Geschichte der Kristallographie erleichtern.

Das Zustandekommen des Buches ist der Unterstützung vieler Fachkollegen zu danken, die alle namentlich aufzuführen nicht möglich ist. Besonderer Dank für mannigfaltige Anregungen und Diskussionen in den zurückliegenden Jahren gebührt Prof. Dr. I. I. Šafranovskij (Leningrad), Prof. Dr. H. Wussing (Leipzig), Prof. Dr. M. Guntau (Rostock), Prof. Dr. H. Laitko (Berlin) und Prof. Dr. G. Kröber (Berlin).

Dem Institut für Theorie, Geschichte und Organisation der Wissenschaft der Akademie der Wissenschaften der DDR gilt mein Dank für die Gewährung großzügiger Arbeitsbedingungen bei der Fertigstellung des Manuskripts, ebenso wie dem Institut für marxistisch-leninistische Philosophie der Ernst-Moritz-Arndt-Universität Greifswald.

Herrn Dr. P. Schmidt (Freiberg) danke ich für seine Hilfe bei der Suche nach wissenschaftshistorischen Quellen; Herrn Fotografenmeister M. Knopfe (Freiberg) für die Anfertigung der vorzüglichen Bildvorlagen.

Ganz herzlich danke ich meiner Frau für ihre verständnisvolle Unterstützung und Hilfe bei der Ausarbeitung des Manuskripts.

Schließlich danke ich dem Verlag für die gute und geduldige Zusammenarbeit sowie für die solide Ausstattung des Buches.

Eginhard Fabian

Am Anfang war das Wort

Wenn nämlich das himmlische Wasser Stein geworden ist

Ursprünglich bedeutete das griechische Wort ›κρύσταλλος‹ (krystallos) Eis. Es ist zunächst auch nur in dieser Bedeutung gebraucht worden. Homer beispielsweise verwendete es in der »Ilias« bei der Beschreibung einer der beiden Quellen des Skamandros:

✦ *Eine rinnt beständig mit warmer Flut, und unter ihr wallt aufsteigender Dampf wie der Rauch aufsteigenden Feuers; aber die andere fließt im Sommer auch kalt wie der Hagel oder des Winters Schnee und gefrorene Schollen des Eises.* [1]

Als Bezeichnung für ein bestimmtes Mineral, den Bergkristall, ist das Wort erst Jahrhunderte später in Gebrauch gekommen; vermutlich zur Zeit Platons [2]. Die Römer übernahmen es als ›crystallus‹ in die lateinische Sprache, und von dieser hat es in fast alle Kultursprachen Eingang gefunden.

Was gab Anlaß, das Wort für das vergängliche Eis auf ein beständiges Mineral zu übertragen?

Diese Frage zu beantworten hat bereits die antike Wissenschaft versucht. Der römische Philosoph und Dichter Lucius Annaeus Seneca wußte zu berichten:

✦ *Woher aber ein so gestalteter Stein werde, ist aus dem Namen selbst, den er bei den Griechen hatte, zu ersehen. Denn Kristall nennen sie gleichermaßen diesen sehr durchsichtigen Stein, wie jenes Eis, aus welchem der Stein glaublich entsteht. Wenn nämlich das himmlische Wasser, das am wenigsten Erdiges in sich hat, erhärtet worden, so wird es durch die Hartnäckigkeit längerer Kälte mehr und mehr verdichtet, bis, nach Ausschluß aller Luft, es ganz in sich zusammengedrängt ist, und was vorher Feuchtigkeit war, Stein geworden ist.* [3]

Dieser Meinung schloß sich auch der römische Schriftsteller Gaius Plinius Secundus an, der bedeutendste Enzyklopädist der römischen Antike [4]. Und in der Tat wird das Wort ›κρύσταλλος‹ (krystallos) etymologisch als Verschmelzung von ›κρύος‹ (kryos) – Eiskälte, Frost – und ›στέλλεσθαι‹ (stellesdai) – zusammenziehen, erstarren, festwerden – gedeutet. Demnach bedeutet es soviel wie ›durch Kälte erstarrt‹, und die Erklärung Senecas können wir wohl als poetische Überhöhung werten.

Immerhin hat sie sich in der Wissenschaftsgeschichtsschreibung bis heute erhalten.

Indes zeigt die Beschreibung SENECAS, daß die Mineralbezeichnung Kristall in der Antike zwei Aspekte besaß: einen die stoffliche Beschaffenheit charakterisierenden qualitativen und einen die Entstehung kennzeichnenden genetischen Aspekt.

Unter qualitativem Aspekt galt der Bergkristall als Inbegriff stofflicher Reinheit, die durch Klarheit und Durchsichtigkeit angezeigt wird. Von diesen Merkmalen ist wohl auch eine solche Wortprägung wie Kristallsphäre hergeleitet worden. Nach ARISTOTELES' Angaben bediente sich bereits der griechische Philosoph EMPEDOKLES eines solchen Vergleichs, wenn er sich den Himmel aus Feuer und Luft kristallartig verdichtet gedacht hatte [5]. Und noch heute bezeichnen wir etwas sehr Reines als kristallklar. In vereinzelten Fällen wurden in der Antike auch mineralische Stoffe mit der Reinheit des Bergkristalls verglichen. So berichtete ARRIANOS, daß

✦ ... *im Tempel Jupiters Ammon, ein gegrabenes Salz, sich finde, rein wie Kristall.* [6]

Vermutlich hat es sich dabei um Salpeter gehandelt.

Andere Merkmale der stofflichen Beschaffenheit traten hinter denen der Reinheit, Klarheit und Durchsichtigkeit zurück. Gelegentlich wurden die Härte des Bergkristalls und sein Glanz hervorgehoben.

Zu erwähnen ist jedoch, daß in außereuropäischen Kulturen durchaus andere stoffliche Eigenschaften hervorgehoben wurden. Im Chinesischen beispielsweise ist das Schriftzeichen für Kristall aus dem Grundzeichen für Sonne zusammengesetzt. Anders als im mediterranen Kulturkreis dominierte im chinesischen Kulturkreis offenbar der Glanz des Bergkristalls als qualitatives Merkmal [7].

Auf die geometrische Gestalt des Bergkristalls – wie auch anderer Minerale – wurde kaum hingewiesen. Nur PLINIUS wußte zu berichten:

✦ *Warum er mit sechs Ecken an den Seiten wächst, davon kann nicht leicht ein Grund aufgefunden werden, um desto weniger, weil seine Spitzen nicht immer dieselbe Gestalt haben, und die Glätte seiner Flächen so vollendet ist, daß keine Kunst ihr gleichkommen kann.* [8]

Immerhin haben wir es hier mit der wohl frühesten, wenn auch noch vagen Kristallbeschreibung zu tun.

Der genetische Aspekt der Bezeichnung Kristall gibt sich bereits in der etymologischen Herkunft des Wortes zu erkennen. Danach ist der Bergkristall in der Vorstellungswelt der Antike entweder aus Eis oder ähnlich dem Eis, jedenfalls unter der Einwirkung von Kälte entstanden. Eine Wurzel der genetischen Deutung rührt vielleicht daher, daß den Griechen ursprünglich nur die hohen Gebirgsregionen als Fundorte bekannt gewesen sind.

Mit der Erweiterung der Weltkenntnis durch die Feldzüge ALEXANDERS VON MAKEDONIEN wurden indes auch Fundorte in Arabien und Indien bekannt, wo der Bergkristall allein schon aus klimatischen Gründen nicht durch Kälte, sondern durch Wärme entstanden gedacht werden mußte. Darauf hat der griechische Geschichtsschreiber DIODOROS aufmerksam gemacht:

✦ *Denn es sollen die Crystalle ihre Zusammensetzung haben aus reinem Wasser, das fest geworden, aber nicht durch die Kälte, sondern durch die Kraft eines göttlichen Feuers.* [9]

Doch hat die Mitteilung DIODOROS' auf die genetische Deutung des Bergkristalls weder in der Antike noch in der Folgezeit einen Einfluß gehabt.

Den qualitativen Aspekt der Bezeichnung Kristall mit ihrem genetischen zu verknüpfen war für die antike Wissenschaft eine nur schwer lösbare Aufgabe. Auf der einen Seite wußte man, daß Wasser in der Kälte zu Eis gefriert; auf der anderen Seite ließ sich aber auch in der Natur beobachten, wie sich aus scheinbar ganz reinem Wasser Stoffe ausscheiden, wenn es genügend lange der Wärme oder Kälte ausgesetzt blieb. Daher können sich nach den Vorstellungen der Antike Minerale und Gesteine sowohl unter der Einwirkung von Wärme als auch durch die Einwirkung von Kälte bilden.

Mit der Entstehung von Mineralen und Gesteinen hat sich in der griechischen Antike im Anschluß an EMPEDOKLES und PLATON vor allem der Philosoph ARISTOTELES beschäftigt. Alle späteren Ideen über die Mineral- und Gesteinsbildung, insbesondere auch die des großen islamischen Gelehrten IBN SINA, gehen auf ihn zurück. ARISTOTELES ist im Mittelalter fälschlich auch die Deutung der Kristallentstehung aus Eis durch besonders strengen Frost zugeschrieben worden.

ARISTOTELES' mineral- und gesteinsgenetische Ansichten ergeben sich aus seiner naturphilosophischen Auffassung, daß alle materiellen Körper aus vier Elementen – Feuer, Luft, Wasser und Erde – entstünden [10]. Dabei ordnete er jedem dieser Elemente zwei Eigenschaften zu: dem Feuer Warmes und Trockenes, der Luft Warmes und Feuchtes, dem Wasser Kaltes und Feuchtes und der Erde Kaltes und Trockenes. Die Kombination dieser Eigenschaften schließt die Möglichkeit der Entstehung von Mineralen und Gesteinen ein. Da bei der Erwärmung des Wassers die Eigenschaft des Kalten durch die des Warmen ersetzt wird, können Minerale und Gesteine sowohl durch Wärme als auch durch Kälte entstehen.

Daher sollen sich ARISTOTELES zufolge die Minerale und Gesteine aus Erde und Wasser bilden. ARISTOTELES unterschied dabei zwei Arten ihrer Entstehung: erstens durch Austrocknung eines Schlammes unter der Einwirkung von Wärme und zweitens durch die Absonderung von in Wasser äußerst fein verteilten erdigen Bestandteilen unter der Einwirkung von Wärme oder Kälte. Allerdings gab ARISTOTELES der Wärme gegenüber der Kälte als mineral- und gesteinsbildender Faktor den Vorzug. In den »Problemata physica« [11] sagte ARISTOTELES hierzu:

✦ *Warum werden Steine eher durch warmes Wasser gebildet als durch kaltes? Vielleicht weil Gestein sich durch das Schwinden der Feuchtigkeit bildet. Es schwindet aber mehr durch Wärme als durch Kälte die Feuchtigkeit, das heißt: die Steinbildung erfolgt also durch die Wärme, wie ja auch Empedokles sagt, daß Felsen und Steine sich durch die Wärme des Wassers bilden. Oder: die Wärme bildet Gestein, es kann aber auch durch Kälte Gestein gebildet werden, weil eine übermäßig starke Kälte die Feuchtigkeit aufzehrt und dadurch ein Verhärten bewirkt. Es ist also aus dem Übermaß auch das schlechthin deutlich.* [12]

Vielleicht hat ARISTOTELES bei seinen Überlegungen bereits an die Ausscheidung von Salzen aus Lösungen gedacht und vielleicht auch schon das Ausfrieren von Lösungen gekannt. Das wäre in Hinblick auf die genetische Deutung des Bergkristalls bemerkenswert. Denn, um den genetischen Aspekt der Bezeichnung Kristall mit seinem qualitativen zu verbinden, bot es sich geradezu an, eine Analogie zum Ausfrieren von Lösungen zu ziehen und den Bergkristall aus reinstem Wasser entstanden zu denken, solchem Wasser, das nur ganz besonders ausgezeichnete erdige Bestandteile enthält.

Die Gedanken von ARISTOTELES wurden von seinem Schüler und Nachfolger THEOPHRASTOS übernommen und in einem erhalten gebliebenen Fragment »De lapidibus« [13] weiter ausgeführt. THEOPHRASTOS schrieb darin über die Entstehung der Minerale und Gesteine:

✦ *Man muß ganz allgemein annehmen, daß alle hierher gehörigen Körper aus reiner und einheitlicher Materie entstehen, entweder durch Zusammenfließen oder eine Art Durchseihen oder auch aus Materie, die sich anderswie ausgeschieden hat...; wahrscheinlich muß man bald das eine annehmen, bald das andere, dann wieder ein drittes. Je einheitli-*

cher und reiner nun jeder der Stoffe war, die Glätte, Dichtigkeit, Glanz, Durchsichtigkeit und anderes verursachen, desto mehr besitzen auch die betreffenden Mineralien diese Eigenschaften und überhaupt stellen sich letztere im gleichen Maß ein, in dem die Verbindung oder Verfestigung vollkommen ist. Die Verfestigung nun erfolgt bei den einen Steinarten durch Wärme, bei anderen durch Kälte, was aber nicht verhindert, daß sie in manchen Fällen unter Mitwirkung beider Kräfte eintritt. [14]

Alles Prinzipielle über die Bildung von Mineralen und Gesteinen übernahm THEOPHRASTOS von seinem Lehrer ARISTOTELES, wenngleich er vorsichtiger war und die Existenz weiterer Entstehungsmöglichkeiten nicht für ausgeschlossen hielt. Bemerkenswert ist, daß auch THEOPHRASTOS den Einfluß von Wärme und Kälte auf die Mineral- und Gesteinsbildung hervorgehoben hat. Sehr viel mehr Aufmerksamkeit als ARISTOTELES, der sich mit der Beantwortung prinzipieller Fragen begnügt hatte, verwendete THEOPHRASTOS auf den Zusammenhang zwischen dem qualitativen und dem genetischen Aspekt der Minerale. Ein Vergleich zur Bildung des Bergkristalls drängt sich dabei geradezu auf.

Indes hat sich THEOPHRASTOS in seinen Überlegungen nicht mit der Entstehung des Bergkristalls befaßt. Es ist jedoch begreiflich, daß seine Meinung, reine und einheitliche (Erd-)Materie verbinde sich mit Wasser unter dem Einfluß von Wärme oder Kälte zu Mineralen, beim Bergkristall zu einem Vergleich mit der Bildung des Eises führen konnte. Ganz deutlich wird dies in SENECAS Erklärung der Entstehung des Bergkristalls, die im Prinzipiellen mit den Vorstellungen der griechischen Wissenschaft über die Bildung von Mineralen und Gesteinen übereinstimmt.

Als Quintessenz ergibt sich, daß nach den antiken Vorstellungen der Bergkristall ähnlich dem Eise unter der Einwirkung von Kälte entstanden ist. Dabei ist zu vermuten, daß der genetische Aspekt in einer Analogie zum Ausfrieren von Salzlösungen wurzelt. Die Wahrscheinlichkeit dieser Vermutung erhöht sich beträchtlich, wenn man die Kenntnisse der Antike über die Gewinnung von Salzen zum Vergleich heranzieht. Obwohl es keine direkten Hinweise darauf gibt, daß die Ausscheidung von Salzen durch Ausfrieren von Lösungen bekannt gewesen ist, und Salze allein aus klimatischen Gründen stets durch Verdunstenlassen des Wassers hergestellt wurden, zeigen sich bereits in der Terminologie zahlreiche Übereinstimmungen. Bemerkenswert ist in diesem Zusammenhang auch, daß ARISTOTELES das Salz als eine Art Erde bezeichnet hat [15].

Obgleich die Ausscheidung von Salzen aus Lösungen zu den ältesten technologisch genutzten Naturprozessen gehört, war über ihr Wesen über Jahrtausende hinweg fast nichts bekannt. Die Ausscheidung von Salzen aus Lösungen wurde in Umkehrung des tatsächlichen Sachverhalts als Erstarrung der Lösung begriffen. Die Griechen bezeichneten diesen Vorgang ›ἅλεσ πήγνυσθαι‹ (hales pegnysdai) – sich zu Salz verfestigen, zu Salz gerinnen, gefrieren – von ›πήγνυσται‹ (pegnystai) – mache fest, mache gerinnen, mache gefrieren. Die etymologische Verwandtschaft ist unverkennbar. In Analogie dazu gebrauchten die Römer das Wort ›congelatio‹ – völliges Gefrieren, Erstarren, Festwerden, Verfestigung –, wobei mit dem gleichen Wort auch die Bildung von Mineralen und Gesteinen, ganz gleich ob unter der Einwirkung von Wärme oder Kälte, ausgedrückt worden ist.

Diese an praktisch-empirische Erfahrungen anknüpfenden Versuche der antiken Wissenschaft, den genetischen Aspekt der Bezeichnung Kristall im Zusammenhang mit seinem qualitativen zu erklären, wurden jedoch nicht weitergeführt. Im Gegenteil, in der Folgezeit – vor allem im europäischen Mittelalter – gerieten selbst die wenigen rationalen Erkenntnisse der Antike über die Bildung von Mineralen und Gesteinen nahezu in Vergessenheit oder wurden wenigstens zugunsten anderer Denkrichtungen in den Hintergrund gedrängt.

Wunderglaube versus Naturerkenntnis

Mehr und mehr wendete sich die Aufmerksamkeit den Edelsteinen zu, und man beschäftigte sich mit den ihnen angeblich innewohnenden magischen Kräften, die vor Krankheit und anderen Übeln schützen sollten. Diese wunderbaren Kräfte versuchte man, aus geheimnisvollen Strahlen der Sonne, des Mondes und der Planeten zu erklären. Zahllose Lapidarien (Steinbücher) verbreiteten sich über diesen Gegenstand, wobei von echter Mineralkenntnis kaum etwas Nennenswertes übrig blieb [16].

Der Glaube an übernatürliche und heilsame Kräfte der Edelsteine wurzelt tief in der Geschichte. Babylonier, Chaldäer und Ägypter trugen bereits vor fünf- bis viertausend Jahren Edelsteine als Amulette, die ihren Trägern Glück, Gesundheit und Erfolg bringen sollten. Aus Edelsteinen geschnittene Skarabäen, das Sinnbild der Unsterblichkeit, dienten als Grabbeigaben. Auch in Indien, Persien und Arabien galten Edelsteine als Schutz vor Übeln und als Heilmittel.

Die Verwendung von Edelsteinen als Monatssteine geht auf die Juden zurück; sie hat ihren Ursprung in dem mit zwölf Steinen besetzten Amtsschild des jüdischen Hohepriesters. Bereits in der Antike ordnete man den Edelsteinen die Tierkreiszeichen zu. Das christliche Mittelalter ersetzte sie durch die zwölf Apostel und später durch die zwölf Monate des Jahres. Jedem Monat war ein bestimmter Stein zugeordnet, den man in diesem Monat tragen mußte, um sich vor Unglück zu bewahren. Vorsichtige Menschen trugen gleich alle zwölf Monatssteine bei sich.

Hinweise auf die Zauberkräfte der Edelsteine finden sich in vielen Schriften des griechischen und römischen Altertums. Von daher fanden Vorstellungen über Zauberkräfte und Heilwirkungen Eingang in die Werke des Mittelalters. So enthält das Buch des Bischofs von Regensburg ALBERTUS MAGNUS »De mineralibus et rebus metallicis libri V« unter der Überschrift »Die Wunder der Welt« eine ganze Abhandlung über die Heilkraft der Steine.

Weiße Steine sollten die Augen schützen, rote hingegen, die sogenannten Blutsteine, benutzte man zum Stillen von Blutungen. Schwarze Steine galten als Mittel gegen Schwermut, grüne sollten die Fruchtbarkeit von Mensch, Vieh und Feld steigern, gelbe dagegen halfen bei Gelbsucht und Gallenleiden. Achat verlängerte das Leben und sollte seinem Träger die Gunst seiner Mitmenschen erwerben. Amethyst schützte vor Trunkenheit und Vergiftung und sollte sich günstig auf Verstand und Geschäftssinn auswirken. Granat stimmte fröhlich und bewahrte vor bösen Träumen und vor dem bösen Blick. Der Rubin schützte hingegen vor den Versuchungen des Satans und vor der Pest. Der Bergkristall half bei inneren Krankheiten, er schützte die Reinheit der Seele und brachte Freude. Der Smaragd schärfte den Verstand und ermöglichte den Blick in die Zukunft. Universelle Wirkungen wurden schließlich dem Diamant zugeschrieben: er half Widerwärtigkeiten zu überwinden, schützte vor Gift, bewahrte vor Krankheiten und Verwundungen und verhalf zu Reichtum [17].

Die Lithotherapie – die Steinheilkunde – erlebte im Mittelalter bis ins 16. Jahrhundert hinein eine Blüte. Doch auch Papst CLEMENS VII. konnte im Jahre 1534 nicht vom Tode errettet werden, obwohl er in seinen letzten Lebenstagen pulverisierte Edelsteine und Perlen im sagenhaften Wert von 40 000 Dukaten geschluckt haben soll, um sein Befinden zu bessern [18].

Nur wenige Gelehrte, die sich mit Mineralen und

Gesteinen befaßt haben, bewahrten und überlieferten das antike Wissen und versuchten, es durch neue Erkenntnisse und Erfahrungen zu bereichern. Zur Problematik der Mineral- und Gesteinsbildung indes wußten die Gelehrten weder des arabischen noch des europäischen Mittelalters den antiken Kenntnissen kaum etwas Wesentliches hinzuzufügen, ganz abgesehen davon, daß ARISTOTELES auch auf diesem Gebiet als unbestrittene und unerreichbare Autorität galt.

Das Bestreben des Gelehrten ging dahin, im Rahmen des aristotelischen Weltbildes die neuen und teilweise verbesserten Mineralkenntnisse in klareren Mineralbeschreibungen zu verarbeiten und die Minerale systematisch anzuordnen. Die überragende Gelehrtenpersönlichkeit des arabischen Mittelalters war in diesem Zusammenhang ABU ALI AL-HUSAIN IBN ABDALLA IBN SINA, lat. AVICENNA aus Buchara, der mit der Aufstellung eines der ersten Mineralsysteme der Mineralogie eine bis ins 16. Jahrhundert fortreichende Bereicherung gebracht hat [19].

IBN SINA hat sich mit Mineralen vor allem in Hinblick auf ihre Eignung als Arzneimittel befaßt. In seiner Schrift »De congelatione et conglutatione lapidum« [20] äußerte er sich aber auch über die Mineral- und Gesteinsbildung, hielt sich dabei jedoch im wesentlichen an den von ARISTOTELES und THEOPHRASTOS vorgegebenen Rahmen. Interessanterweise verglich IBN SINA eine der Bildungsmöglichkeiten direkt mit der Ausscheidung von Salzen aus Wasser:

✦ *Die Steine entstehen jedoch auf zwei Arten, durch Zusammenfrieren oder Zusammenkleben. Bei der einen ist das Dominierende die Erde, bei der anderen das Wasser ... Aus dem Wasser entstehen die Steine auf zweierlei Art; die eine ist die, bei der das Wasser, tropfenweise fallend, zusammenfriert; bei der anderen wird das zu Stein, was im fließenden Wasser herabsinkt und was am Grunde verbleibt ... Die Hauptarten der Gesteine entstehen aus einer schlammigen Substanz oder aus einer viskosen oder aus einer Substanz, in der das Wasser vorherrscht, auf welche Art manche Minerale congelieren, oder es herrscht die Erde vor, dann geschieht es durch Zusammenballung. Auf diese Art entsteht das sal armoniacum, wobei es bei dem Salz nicht genügt, die Kraft der Erde zu verändern, sondern es muß noch Wärme hinzutreten.* [21]

Erinnern wir uns daran, daß bereits damals die Ausscheidung von Salzen aus Lösungen als ›congelatio‹ bezeichnet wurde, gewinnen IBN SINAS Darlegungen noch an Aussagekraft. Über die Entstehung des Bergkristalls selbst äußert sich IBN SINA indes ebensowenig wie THEOPHRASTOS. Doch ein neuer Gedanke tritt bei IBN SINA hervor. Hatte man sich bisher damit begnügt zu erklären, woraus und wodurch Minerale und Gesteine entstehen, so stellte IBN SINA die Frage nach den Kräften, die die mineralbildende Materie zu einem Mineral zusammenführen. IBN SINA versuchte dieses Problem durch die Einführung einer ›virtus mineralis‹ – einer mineralbildenden Kraft – zu lösen. Damit war eine uns zwar spekulativ anmutende, dem naturphilosophischen System des ARISTOTELES jedoch adäquate Antwort gefunden.

Der Meinung IBN SINAS schloß sich einer der bedeutendsten Gelehrten des europäischen Mittelalters, der schon genannte ALBERT GRAF VON BOLLSTAEDT, lat. ALBERTUS MAGNUS, an. ALBERTUS vertrat in seinem umfangreichen Werk »De mineralibus et rebus metallicis libri V« aus dem Jahre 1276 [22] die Auffassung, daß Minerale und Gesteine in unterschiedlichem Verhältnis teils aus Erde, teils aus Wasser unter Beteiligung einer ›virtus mineralis lapidis formativa‹ – einer mineral- und gesteinsbildenden Kraft – entstünden.

Wenn auch die Frage nach den mineralbildenden Kräften eines rationellen Kerns nicht entbehrte, so war doch die Wissenschaft des arabischen wie des europäischen Mittelalters überfordert, konstruktive

Ideen zur Lösung dieses Problems beizusteuern. Da sich zudem das Interesse an den Mineralen mehr und mehr auf die magischen Kräfte der Edelsteine richtete, wurde die Frage nach den mineralbildenden Kräften in dieses Denkschema eingepaßt und die Gestirne schließlich selbst für die Entstehung der Minerale verantwortlich gemacht. Andere wieder glaubten einen Ausweg gefunden zu haben, indem sie behaupteten, Edelsteine und andere Minerale entstünden aus Samen und hätten Wurzeln wie die Pflanzen.

Durch diese spekulative Denkrichtung, die sehr weit von realer Naturerkenntnis und -beobachtung entfernt war, entzog sich die mittelalterliche Wissenschaft selbst den Boden für eine an die Erfahrung anknüpfende Erklärung der Entstehung von Mineralen und Gesteinen. Und die rationalen Ansätze dazu, wie sie die antike und arabische Wissenschaft hervorgebracht hatte und wie sie durch ALBERTUS MAGNUS vermittelt wurden, gerieten durch die bevorzugte Beschäftigung mit den wunderbaren und magischen Kräften der Edelsteine völlig in den Hintergrund. Es ist verständlich, daß sich unter diesen Umständen kein Ansatzpunkt bot, um die Bezeichnung Kristall in ihrem Wesen tiefer zu erfassen oder gar zum Begriff auszuformen. So, wie sie überliefert worden war, fügte sie sich am besten in die herrschenden Vorstellungen ein. Zur Entdeckung der Kristalle trug das Mittelalter kaum etwas bei.

Die antike Naturphilosophie gab immerhin den Namen Kristall, wenngleich auch nur als Bezeichnung für ein bestimmtes Mineral, und sie erbrachte einige Ideen, an die die Wissenschaft späterhin anknüpfen konnte. Doch erst in der Renaissance wurden die alten Gedanken in ihrer ursprünglichen Gestalt wieder aufgegriffen und, wenn auch zunächst von altem Ideengut durchsetzt, weiterentwickelt. Dabei machte sich der Einfluß neuer, aus der Praxis und außerhalb der offiziellen Wissenschaft gewonnener Erfahrungen immer deutlicher bemerkbar.

Von der Aufnahme der antiken und arabischen Quellen führte der Weg über deren Kritik zur Gewinnung neuer Erkenntnisse.

Diesseitigkeit war das Maß aller Dinge

Im 15. Jahrhundert begannen sich in Mitteleuropa tiefgreifende gesellschaftliche Veränderungen zu vollziehen, die den Übergang vom Feudalismus zum Kapitalismus kennzeichnen. Diese gesellschaftliche Umwälzung nahm im 14. Jahrhundert in Italien ihren Anfang, breitete sich allmählich nordwärts aus und hatte zu Beginn des 16. Jahrhunderts ganz West- und Mitteleuropa erfaßt.

Diese Entwicklung hatte ökonomische Ursachen: Die Entstehung großer Märkte, die Ausweitung des Fernhandels, die Entdeckung Amerikas und des Seeweges nach Indien schufen riesige Handelskapitalien und einen Bedarf an Waren, dem das in Zünften zusammengeschlossene Handwerk nicht gewachsen war. Noch im Schoße der Feudalgesellschaft und eng mit ihr verflochten vollzog sich der Übergang vom Zunfthandwerk zum Verlagswesen und zur Manufaktur. Die Teilung der Arbeit zwischen den verschiedenen Handwerken wurde nach und nach durch die Teilung der Arbeit in den Werkstätten selbst verdrängt. Neue Bedürfnisse erzeugten neue Produktionszweige, die nicht mehr dem Zunftzwang unterlagen. Durch den wachsenden Bedarf an Rohstoffen entwickelten sich Bergbau und Hüttenwesen [23].

Die ökonomische Entwicklung löste heftige Klassenkämpfe aus. Massenerhebungen der Bauern – in Deutschland der große Bauernkrieg – waren ebenso gegen den Feudalismus gerichtet, wie Aktionen des sich zur Klasse formierenden Bürgertums im Streben nach politischer Emanzipation. Auch die Reformation trug letztlich antifeudalen Charakter. Zugleich förderten Handel und Manufakturwesen die

Herausbildung nationaler Märkte und dadurch die Entstehung von Nationalstaaten unter absolutistischer Zentralgewalt [24].

Auf diesem Hintergrund entwickelte sich in den Städten die Kultur der Renaissance. Auch dort, wo Fürsten und Könige als Förderer und Beschützer von Kunst, Literatur und Wissenschaft auftraten, blieben Künstler, Literaten und Gelehrte dem städtischen Leben verbunden. Lebensbejahung, Weltkenntnis, Weitblick und das Bestreben, dem erworbenen Wohlstand Ausdruck zu geben, ließen Architektur und Kunst, Literatur und Wissenschaft erblühen. Nicht Hoffnung auf ein besseres Leben im Jenseits, der Mensch in seiner Diesseitigkeit war das Maß aller Dinge [25]. FRIEDRICH ENGELS schrieb über diese Epoche:

✦ *Es war die größte progressive Umwälzung, die die Menschheit bis dahin erlebt hatte, eine Zeit, die Riesen brauchte und Riesen zeugte. Riesen an Denkkraft, Leidenschaft und Charakter, an Vielseitigkeit und Gelehrsamkeit.* [26]

Von Anfang an führte die neue Lebensauffassung zum Studium der Wirklichkeit und der Praxis, zugleich aber auch zur Aneignung bereits vorhandenen Wissens. Der Widerspruch zwischen der neuen Lebensauffassung und der autoritativen Wissenschaft des Mittelalters nährte, verbunden mit dem Glauben an eine letztendliche Autorität als Ursprung allen Wissens, den Drang, an den Quellen nach besserem Wissen zu suchen.

Die aus der Eroberung Konstantinopels, der Hauptstadt des Byzantinischen Reiches, durch die Türken im Jahre 1453 geretteten Werke der Antike und des arabischen Mittelalters wurden nun im Original zugänglich. Textkritische Editionen durch die Humanisten – die Erfindung des Buchdrucks sorgte für die nötige Verbreitung – erschlossen eine Fülle von Kenntnissen, die in die europäische feudale Wissenschaft entweder überhaupt nicht aufgenommen oder durch diese entstellt worden waren.

Widersprüche zwischen verschiedenen Denkern der Antike regten ebenso wie Widersprüche zur eigenen Erfahrung zu kritischer Haltung gegenüber den antiken Autoren an. Die großen geographischen Entdeckungen, Handel und Seefahrt brachten eine Fülle von neuen Kenntnissen, die sich in das überlieferte Weltbild nicht einfügen ließen. So legte die Bewunderung der antiken Wissenschaft durch die Humanisten zugleich den Keim, sie zu überwinden [27].

Auch in den Manufakturen taten sich neue Probleme auf, die sich mit Hilfe der vom Vater auf den Sohn vererbten empirischen Handwerkererfahrung nicht bewältigen ließen. Die ökonomische Entwicklung zwang zur Verbesserung der Produktionsmittel und -abläufe. Weder die Technologie noch die Arbeitsorganisation des Zunfthandwerks genügten den Anforderungen der Manufaktur. Unter den neuen Bedingungen brauchte die Praxis neues Wissen, das ihr nur die Naturforschung liefern konnte. Die Naturwissenschaft wurde, aus ihrer Isolierung von praktischen Problemen befreit, zu einem unentbehrlichen Bestandteil der Produktion. Vom Bürgertum als Produktionspotenz erkannt, veränderte die Naturwissenschaft allmählich ihre gesellschaftliche Funktion: Von der Magd der Theologie wurde sie nach und nach zur Helferin der Praxis. Freilich empfing die Naturwissenschaft von der Praxis über lange Zeit mehr Anregungen und Problemstellungen, als sie Lösungen zu bieten vermochte.

Die Entstehung der neuen Naturwissenschaft, der klassischen, verlief in sich stark differenziert und in mehreren aufeinanderfolgenden Etappen. Sie begann im 16. Jahrhundert mit der Sammlung von technischen Konstruktionen, von technologischen Verfahren und Produktionsrezepten und führte über die Überwindung des peripatetisch-scholastischen Weltbildes im 17. Jahrhundert zur Herausbildung neuer, in der Hierarchie mittelalterlicher Gelehrsamkeit nicht enthaltener Wissenschaften. Die neue Naturwissenschaft nahm indes ihren Ausgangspunkt nicht an den Universitäten. Den Aufgaben der Praxis zeigte sich die offizielle Wissenschaft nicht gewachsen. In klerikaler Enge befangen und befaßt mit scholastischen Interpretationen, standen die Universitätsgelehrten diesen Aufgaben und Anforderungen verständnislos, oft sogar ablehnend gegenüber. Auch die Mehrzahl der Humanisten fand den Weg zur Praxis nicht, sondern verlor sich in letztendlich steriler Nachahmung der Antike.

Die neue Naturwissenschaft hatte ihre wichtigste Wurzel nicht nur in den Problemen der Praxis, es waren auch Männer der Praxis, die den Grundstein für die Neuorientierung der naturwissenschaftlichen Forschung legten, indem sie praktische Erfahrungen und Erkenntnisse sammelten und in systematisierter Form publizierten. Charakteristisch ist dabei, daß sie sich meistens ihrer Nationalsprache bedienten, statt des Latein, dessen sie häufig gar nicht mächtig gewesen sind.

Diesen Männern – Handwerker, Kaufleute, Rechenmeister, Bergbaukundige, Hüttenaufseher, Münzmeister, Büchsenmacher, Salzsieder – gesellten sich Gelehrte von hoher Bildung und gründlicher Kenntnis der wiederentdeckten antiken und arabischen Quellen zur Seite: Mathematiker, Astronomen, Ärzte und Chemiker, die außerhalb der Universitäten im Dienste von Städten oder Fürsten tätig waren. Sie widmeten sich vornehmlich der Überprüfung der antiken Kenntnisse an der Wirklichkeit und den Fragen der Praxis als Quelle ihrer wissenschaftlichen Arbeiten.

Dieser erste Schritt des Sammelns, Systematisierens und geistigen Verarbeitens von vorhandenen und überlieferten praktischen Kenntnissen, diese *»wissenschaftlich-literarische Entdeckung der Produktion«*, wie sie GERHARD HARIG genannt hat [28], führte im Kern noch nicht über die aristotelische Naturphilosophie hinaus. Sie wagte aber bereits eine kritische Konfrontation mit der praktischen Erfahrung und erfaßte mehr oder weniger alle Produktionszweige.

Zu den bedeutenden Persönlichkeiten des 16. Jahrhunderts, die sich in diesem oder jenem Zusammenhang auch mit Problemen der Minerale und Gesteine befaßt und dadurch zur Entdeckung der Kristalle beigetragen haben, gehörte neben dem italienischen Büchsenmacher VANOCCIO BIRINGUCCIO und dem sächsischen Hüttenaufseher und Münzmeister LAZARUS ERCKER an hervorragender Stelle der in Glauchau geborene Humanist, Arzt und Bergbaukundige GEORGIUS AGRICOLA, dessen Hauptwerk »De re metallica libri XII« [29] von JOHN DESMOND BERNAL als die wahrscheinlich *»beste jemals verfaßte technische Abhandlung«* bezeichnet worden ist [30]. Zu wichtigen Erkenntnissen gelangte auch der französische Töpfer BERNARD PALISSY bei seiner Tätigkeit als Aufseher der königlichen Salzwerke an der südfranzösischen Küste.

Weiterhin ist der deutsche Arzt und Chemiker THEOPHRASTUS BOMBASTUS VON HOHENHEIM, genannt PARACELSUS, zu erwähnen, der die Bücher des griechischen Arztes CLAUDIUS GALENUS und anderer antiker Autoritäten öffentlich verbrannte und der chemischen Forschung mit der Iatrochemie eine neue Orientierung gegeben hat. Zu nennen sind auch die umstrittene Persönlichkeit des deutschen Arztes und Botanikers ANDREAS CAESALPINUS und der aus Halle gebürtige Chemiker ANDREAS LIBAVIUS, der Verfasser des ersten systematischen Lehrbuches der Chemie.

Eine merkwürdige Stellung nahm in wissenschaftlicher und gesellschaftlicher Hinsicht ANSELMUS BOETIUS DE BOODT aus Belgien, Verwalter der Mineralien- und Edelsteinsammlung und Leibarzt des Kaisers RUDOLPH II. in Prag, ein, dessen »Gemmarum et lapidum historia libri V« [31] als Handbuch der Edelsteinkunde bis weit in das 17. Jahrhundert hinein gerühmt wurde [32].

Unterschiedlich in ihrer Haltung zu den antiken

Überlieferungen, in ihrer Verbundenheit zu praktischen Problemen und in ihren persönlichen Beweggründen haben diese Praktiker und Gelehrten in geringerem oder größerem Maße zur Klärung der Probleme der Mineralbildung oder der Salzgewinnung beigetragen und dadurch die Grundlage für die Entdeckung der Kristalle geschaffen.

Der Kristall besteht aus ganz reinem Gemenge

Den wohl umfassendsten Überblick über die bergmännische Mineralkenntnis in der Mitte des 16. Jahrhunderts geben die mineralogisch-geologischen Werke von Georgius Agricloa »De ortu et causis subterranorum libri V« [33] aus dem Jahre 1544 und »De natura fossilium libri X« [34] von 1546.

Agricola ging es noch keineswegs darum, die aristotelische Lehre insgesamt anzugreifen. Doch seine umfassenden Kenntnisse, seine ausgesprochene Abneigung gegen Spekulation und Wunderglaube und seine engen Verbindungen zum sächsischen und böhmischen Silberbergbau und Hüttenwesen ermöglichten ihm, Erkenntnisse zu gewinnen, die das Wissen weit übertrafen, das die antike und arabische Naturphilosophie hervorgebracht hatte.

Agricola, ein in Leipzig ausgebildeter Humanist, wandte sich in Bologna und Venedig der Medizin zu und hatte an der Edition der Werke des griechischen Arztes Claudius Galenus mitgearbeitet. Nach seiner Rückkehr aus Italien ging Agricola im Jahre 1527 als Stadtarzt und Apotheker nach Joachimsthal (Jáchymov) im Erzgebirge, wo der Silberbergbau florierte [35]. Sein wichtigster Beweggrund für diesen Schritt war festzustellen, welche tatsächlich existierenden Minerale unter den bei Galenus für Heilzwecke aufgeführten zu verstehen sind. In seinem bereits 1528 veröffentlichten Dialog über den Bergbau »Bermannus sive de re metallica« [36] schrieb Agricola darüber:

✦ *Ich frage aber, wer wüßte nicht, von welch außerordentlichem Nutzen in der Medizin die Bergwerksprodukte sind, zumal in jenem Bereich, der die Anwendung von Mitteln, die bei äußerer Verabreichung wirken, geheilt wird? ... Zweifellos wird diesen Nutzen niemand bestreiten können, der die Bücher des Galen, des größten Arztes aller Zeiten, und die des Dioscorides einmal aufgeschlagen hat. Wer aber kann heutzutage klipp und klar sagen, was Molybdän, Pyrit, Chalcit, Misy, Sory, Pompholyx, Spodium, Diphryga und die sonstigen metallischen Werkstoffe sind? ... Dabei hatte sie das klassische Altertum zum höchsten Nutzen der Menschheit, aber auch zu seinem eigenen Ruhm bereits in Gebrauch! Dies war zweifellos der Hauptgrund, weshalb ich meinen Wohnsitz an den Ort verlegt habe, wo vielseitiger Bergbau umgeht.* [37]

Agricola eignete sich das überlieferte Wissen über Minerale und Gesteine in dem Sinne kritisch an, daß er es mit den praktischen Erfahrungen seiner Zeit konfrontierte, in wesentlichen Einzelheiten korrigierte, es neu systematisierte und begrifflich strenger interpretierte.

Große Aufmerksamkeit widmete Agricola den Fragen der Entstehung von Mineralen und Gesteinen. Seine wichtigsten Quellen waren hierbei Aristoteles, Theophrastos, Plinius, Ibn Sina und in kritischer Widerlegung auch Albertus Magnus.

Wie für die antiken und arabischen Autoren waren auch für Agricola die beiden aristotelischen Elemente Wasser und Erde die wichtigsten mineralbildenden Komponenten. Den Gedanken an eine mineralbildende Kraft, wie sie von Ibn Sina und Albertus angenommen worden war, lehnte er strikt als nicht mit der Erfahrung übereinstimmend ab [38]. Von der aristotelischen Auffassung ausgehend, wählte Agricola einen ›humor‹ – eine Feuchtigkeit – als Ausgangssubstanz für die Bildung von Mineralen und Gesteinen, und widmete seine Aufmerksamkeit insbesondere der Entstehung der durchsichtigen Edelsteine. Unter den ›humor‹ faßte AGRICOLA zwei Arten, nämlich Wasser und einen ›succus‹ – Saft, Gemenge – zusammen:

✦ *Der Begriff Feuchtigkeit umfaßt ... 2 Arten, nämlich Wasser und Gemenge; Wasser ist dünn und in der Regel einfach, Gemenge aber dick und immer gemischt ...* [39]

Der ›succus‹ aus dem sich Minerale und Gesteine bilden, besteht also aus Wasser und Erde unterschiedlicher Qualität. Von diesem Gedanken ausgehend, wandte sich AGRICOLA der Durchsichtigkeit der Edelsteine zu:

✦ *Daß nicht die Erde, sondern das Wasser durchsichtig ist, nimmt man mit den Augen wahr; wir sehen also, Ursache der Durchsichtigkeit ist das Wasser, und durchscheinende Steine bestehen aus durchsichtigen Gemengen.* [40]

Unter diesem Aspekt bewertete AGRICOLA die unterschiedliche Durchsichtigkeit verschiedener Edelsteine und als den klarsten und durchsichtigsten von ihnen den Bergkristall:

✦ *Für die größere oder geringere Durchsichtigkeit der Steine ist jedoch wieder die Verschiedenartigkeit der Gemenge die Ursache: die einen sind klarer als die anderen. Wir können ja auch durch die hellfarbigen Edelsteine, die aus wasserfarbenem Gemenge entstehen und daher sehr klar und hell sind, besser durchsehen als durch andersfarbige Edelsteine. Doch unterscheiden sich die Edelsteine auch bezüglich der Durchsichtigkeit voneinander. Der Kristall besteht aus ganz reinem Gemenge. Daher ist er der klarste und durchsichtigste Edelstein, vorausgesetzt nur, daß er durch gute Beschaffenheit andre seiner Art übertrifft.* [41]

Es ist in höchstem Maße bemerkenswert, wie sich AGRICOLA darum bemüht, seine eigenen, aus ausgezeichneter Mineralkenntnis stammenden Beobachtungen mit den überlieferten antiken Vorstellungen in Einklang zu bringen. Daß selbst ein so klarblickender Gelehrter wie AGRICOLA sich von diesen Vorstellungen nicht lösen wollte oder konnte, darf dabei nicht überbewertet werden.

Selbstverständlich ist AGRICOLA im Zusammenhang mit der Durchsichtigkeit des Bergkristalls auch die Widersprüchlichkeit der antiken Bezeichnung Kristall aufgefallen. Er versuchte diesen Widerspruch zu lösen, indem er den genetischen Aspekt der Bezeichnung Kristall im Zusammenhang mit ihrem qualitativen neu zu bestimmen suchte. Voraussetzung dafür war eine kritische Auseinandersetzung mit der überlieferten Vorstellung über die Entstehung des Bergkristalls aus Eis:

✦ *Doch ist der Bergkristall nicht, wie manche angenommen haben, Eis, d. h. Regenwasser, das durch allzu heftige Kälte geronnen ist, sondern mehr ein Gemenge, das Kälte verdichtet hat. Denn wenn er durch Kälte geronnenes Wasser wäre, würde er gerade in den kältesten Gegenden, wo nicht nur die Bäche, sondern auch die größten Ströme bis auf den Grund vereisen, in großer Menge entstehen, und müßte durch die Sonnenhitze wieder schmelzen. Aber wir sehen keines davon geschehen. Auch jenes Eis, das viele Jahre, nein, Jahrhunderte in dauernder Kälte hoch oben in den Alpen hart geworden ist, wird nicht zu Kristall. Denn mag es auch steinartig hart werden, wenn es herabgefallen ist, schmilzt es doch schließlich auch durch die Sonnenhitze.* [42]

An die Stelle dieser Deutung setzte AGRICOLA seine Auffassung:

✦ *Also ist der Kristall ein Gemenge, das ... die Kälte innerhalb der Erde hat fest werden lassen.* [43]

Mit dieser lapidaren Feststellung löste AGRICOLA zum ersten Male die Entstehung des Bergkristalls explizit aus ihrer Sonderstellung heraus und schloß sie in die von ihm angenommenen allgemeinen

Prinzipien der Entstehung von Mineralen und Gesteinen ein. Mit der Neubestimmung des genetischen Aspektes der Bezeichnung Kristall lieferte AGRICOLA einen Ansatzpunkt, zur Verallgemeinerung der Bezeichnung Kristall zum Kristallbegriff. Indes hat er diese Verallgemeinerung nicht vorgenommen, obwohl sie implizit in seinen Aussagen enthalten ist.

Nach AGRICOLAS Auffassung unterscheiden sich die Minerale einerseits nach der Beschaffenheit des ›succus‹, aus dem sie sich bilden, also insbesondere nach der Art und Qualität der Erde und ihrer Vermischung mit dem Wasser, andererseits nach der Ursache ihrer Entstehung aus dem ›succus‹, die entweder Wärme oder Kälte sein kann. Dabei unterschied AGRICOLA drei Arten von ›succi‹. Darüber äußerte er sich sehr präzise in einem Brief an MEURER vom Jahre 1546 [44], in dem er die wichtigsten von ihm gebrauchten lateinischen Fachausdrücke verdeutschte. In der diesem Brief beigefügten Liste heißt es:

◆ *Succus liquidus*   Flissender Saft
  Succus concretus   Harter Saft
  Succus lapidescens   Steinsaft [45]

Während AGRICOLA unter ›succi liquidi‹ eine Abart der ›succi concreti‹ verstand, möglicherweise stark hygroskopische Salze und im Stadium der Congelation sich befindende Lösungen, faßte er unter den ›succi concreti‹ Gemenge zusammen, die aus Lösungen sich niederschlagen oder durch Verdunsten des Lösungsmittels fest geworden sind [46], also in der Hauptsache die verschiedenen Salze. Der ›succus lapidescens‹ hingegen ist das ein Gemenge Erhärtende [47] oder besser die Ausgangssubstanz eines Gesteins, die sich durch Wärme oder Kälte verfestigt. Wie sich zeigt, ist auch in den Anschauungen AGRICOLAS die Analogie zwischen der Bildung von Mineralen und der Ausscheidung von Salzen vorhanden, wenngleich er sie nicht offen aussprach.

Insgesamt gesehen setzte AGRICOLA die antike Tradition in der Erklärung der Entstehung von Mineralen und Gesteinen fort. Indem er sie kritisch beurteilte und mit den Erfahrungen der bergmännischen Praxis konfrontierte, entwickelte er sie zugleich weiter und schuf sogar implizit den Ansatzpunkt für die Ausprägung der Bezeichnung Kristall zum Begriff. Wenn es dabei blieb, ist die Ursache dafür zweifelsohne in dem Umstand zu suchen, daß sich AGRICOLA mit der Neubestimmung des genetischen Aspektes der Bezeichnung Kristall begnügt hat. Er beschäftigte sich nicht mit der Erweiterung der qualitativen Merkmale des Bergkristalls, die in der Hauptsache die Berücksichtigung seiner geometrischen Gestalt bedeutet hätte.

Mit der geometrischen Gestalt des Bergkristalls und anderer Minerale hat sich AGRICOLA nur ganz am Rande befaßt. Zwar kannte er diese und machte auch bei verschiedenen Mineralen auf sie aufmerksam, beschrieb sie wohl auch, wobei er natürliche und künstlich erzeugte Gestalt nicht immer deutlich voneinander zu unterscheiden wußte; anderen äußeren Kennzeichen der Minerale wie Farbe, Härte, Glanz, Bruch, Biegsamkeit und Spaltbarkeit indes widmete sich AGRICOLA viel ausführlicher und mit kenntnisreicher Sicherheit.

Es steht dabei außer Zweifel, daß AGRICOLA die geometrische Gestalt einzelner Minerale sehr gut gekannt hat. Die geringe Bewertung als äußeres Kennzeichen der Minerale ist nur dann richtig zu verstehen, wenn man die Arbeiten AGRICOLAS in ihrer praxisbezogenen Zweckbestimmung betrachtet.

Wie gesagt, ging AGRICOLA ursprünglich davon aus, Minerale als Heilmittel nutzbar zu machen. Er bezog seine Mineralkenntnisse hauptsächlich aus den empirischen Erkenntnissen der Berg- und Hüttenleute und aus eigener Anschauung. Seine Absicht war es, diese Kenntnisse kritisch wertend mit dem überlieferten Wissen zu verknüpfen, es zu systematisieren und auf diese Weise wieder der Praxis zugänglich zu machen.

Unter diesem Aspekt aber ließ sich die geometrische Gestalt nicht als verläßliches Kennzeichen der Minerale verwenden. AGRICOLA argumentierte selbst in dieser Richtung:

✦ *Und überhaupt entstehen alle Arten Erde, Festes Gemenge, Gestein und Erz aus nur* e i n e m *derartigen Bestandteil (d. h., sie sind homogen – E. F.) ... Deshalb haben wir es nötig, aus den zufälligen Merkmalen der Mineralien die Kenntnis ihrer Unterschiede zu entnehmen und ihre Eigenarten zu erkennen.*

Aber Farbe der Mineralien, Geschmack, Geruch und die durch den Tastsinn erfaßbaren Eigenschaften sind, weil sie mehr in die Sinne fallen, bekannter als (besondere) Kräfte und Mängel. Denn die meisten von diesen sind insgemein unbekannt, und lediglich den Fachleuten sind sie geläufig. [48]

Es ging AGRICOLA demzufolge um eine sichere Kennzeichnung der Minerale durch Eigenschaften, die der sinnlichen Wahrnehmung leicht zugänglich sind, und zwar nicht der Gelehrten, sondern der einfachen Bergleute. Folgerichtig ließ er deshalb seinen Bermannus als Vertreter der Praxis über die Mineralbeschreibung sagen:

✦ *Was mir als einem schlichten Bergmann gerade jetzt einfällt, will ich Dir schon sagen. Ich zweifle indes nicht, daß Betrachter der Welt und Ärzte weit mehr darüber des Längeren, Breiteren und Genaueren sagen könnten, sofern sie sich nur genügend Zeit nehmen wollten, um ihr Interesse ein wenig darauf zu lenken.* [50]

Für den Bergmann indes war die geometrische Gestalt der Minerale in ihrer großen und variantenreichen Formenvielfalt tatsächlich ein viel zu vages Kennzeichen der von ihm erschürften Minerale, als daß sie zur sicheren Identifizierung einzelner Minerale hätte dienen können. Dazu eigneten sich andere äußere Kennzeichen viel besser, die dem Bergmann von seiner täglichen Arbeit her gut bekannt und der sinnlichen Wahrnehmung leichter zugänglich waren, wie eben Farbe, Glanz, Härte, Spaltbarkeit oder Bruch. Ging es doch dem Bergmann darum, ein gut verhüttbares mineralisches Massengut zu fördern und dieses von unverwendbaren Begleitmineralen und taubem Gestein zu unterscheiden.

Mit anderen Worten: Der Bergbau und die mit dessen Problemen sich beschäftigenden und gerade erst im Entstehen begriffenen Wissensgebiete boten kaum Voraussetzung und Anlaß für ein fruchtbringendes Studium der geometrischen Gestalt der Minerale. Sie war den Bergbaukundigen sicher bekannt, sie nannten sie ›corpora angulata‹ – gewinkelte Körper –, aber sie bezogen sie nicht in die Mineralbestimmung ein.

Daher wird auch verständlich, weshalb sich AGRICOLA damit begnügt hat, den genetischen Aspekt der Bezeichnung Kristall zu untersuchen, nicht aber ihren qualitativen Aspekt; ganz davon zu schweigen, daß er bereits daran gedacht hätte, die geometrische Gestalt in ihren qualitativen Aspekt einzubeziehen. Daher wurde die geometrische Gestalt des Bergkristalls wie auch anderer Minerale wohl eher als Zufälligkeit, denn als etwas gesetzmäßig mit deren Entstehung Verbundenes betrachtet. Die Schwierigkeiten, die sich dem Verständnis der geometrischen Gestalt der Minerale entgegenstellten, verleiteten dazu, ihnen jede Gesetzmäßigkeit abzusprechen. Eine für diese Haltung typische Äußerung stammt von ANDREAS CAESALPINUS, einem Zeitgenossen AGRICOLAS:

✦ *Leblosen Körpern eine bestimmte Gestalt zuzuschreiben, scheint mit der Vernunft nicht übereinstimmend zu sein, denn es ist das Geschäft der Organisation, bestimmte Gestalten zu erzeugen.* [51]

Bemerkenswert ist, daß CAESALPINUS diese Auffassung äußerte, obwohl ihm als Chemiker die geometrischen Formen von Alaun, Vitriol, Salpeter und Zucker bekannt gewesen sind. Solche Bemerkungen, die gerade im 16. Jahrhundert, aber auch noch wesentlich später breite Anerkennung gefunden haben, wurden zwar von AGRICOLA bekämpft, mußten es jedoch geradezu aussichtslos und prinzipiell fehlerhaft erscheinen lassen, sich mit der Frage geometrisch gestalteter Minerale zu befassen. Andererseits war gerade deshalb durch die Prüfung des genetischen Aspektes der antiken Bezeichnung Kristall an der bergmännischen Erfahrung durch AGRICOLA eine wichtige Voraussetzung für die Herausbildung eines wissenschaftlichen Kristallbegriffs geschaffen worden.

Steine, die eine bestimmte mathematische Gestalt besitzen

Es ist gewiß kein Zufall, daß sich bereits ein halbes Jahrhundert nach AGRICOLA der belgische, am Hof Kaiser RUDOLPH II. in Prag lebende Arzt ANSELMUS BOETIUS DE BOODT schon relativ ausführlich mit der geometrischen Gestalt verschiedener Minerale befaßt hat.

BOETIUS DE BOODT nimmt in der Geschichte der Mineralogie und Kristallographie eine recht interessante Stellung ein. Als Leibarzt zog ihn RUDOLPH II. nur in seltenen Fällen zu Rate, wegen seiner umfassenden Kenntnisse hingegen viel häufiger als Berater und Verwalter für seine großen Edelstein- und Mineraliensammlungen [52]. BOETIUS DE BOODT beschäftigte sich infolgedessen mit Mineralen nicht als bergmännisches Fördergut, sondern als ausgewählten Sammlungsstücken, wobei gewiß die Schönheit und Regelmäßigkeit ihrer geometrischen Gestalten eine erhebliche Rolle gespielt haben.

Diesem Umstand ist es wohl hauptsächlich zu danken, daß BOETIUS DE BOODT in seiner in Prag verfaßten, 1609 veröffentlichten und von Juwelieren und Edelsteinliebhabern besonders hoch geschätzten »Gemmarum et lapidum historia libri V« [53] den ›angulares‹ – den Eckigen – oder ›lapides, qui habent figuram certam mathematicam‹ – Steine, die eine bestimmte mathematische Gestalt besitzen –, wie er die ›corpora angulata‹ nannte, große Aufmerksamkeit geschenkt und ihnen in seiner Mineralsystematik bereits einen besonderen Platz eingeräumt hat.

BOETIUS DE BOODT gehörte nicht mehr zu jener Generation von Gelehrten, die die Produktionspraxis literarisch-wissenschaftlich entdeckt haben. Sein Kontakt zur Praxis lag nicht im Bergbau, eher schon im Juwelierhandwerk. Er beschränkte sich daher auf allerdings sehr sorgfältige Beobachtungen, die er bei der Pflege und Systematisierung von Edelstein- und Mineraliensammlungen machen konnte. Hinzu kommt, daß BOETIUS DE BOODT nicht nur die antiken und arabischen Quellen benutzte, sondern für seine Arbeit in großem Umfang auch die Werke zeitgenössischer Autoren, darunter AGRICOLA, PARACELSUS, CAESALPINUS und LIBAVIUS, herangezogen hat. Dabei fällt auf, daß BOETIUS DE BOODT im Unterschied zu AGRICOLA häufig die Werke von Chemikern zu Rate zog, unter denen an erster Stelle ANDREAS LIBAVIUS zu nennen ist [54].

Stark beeinflußt von PARACELSUS' theoretischen Vorstellungen, denen er im übrigen nicht kritiklos gegenüberstand, unternahm BOETIUS DE BOODT den Versuch, die vier aristotelischen Elemente mit den drei paracelsischen Grundstoffen ›sulphur‹, ›mercurius‹ und ›sal‹ – Schwefel, Quecksilber und Salz – in Einklang zu bringen, indem er letztere aus ersteren zusammengesetzt wissen wollte:

✦ *Denn weder Schwefel, noch Quecksilber, noch das Salz der Chymici sind einfache Körper und Elemente, sondern gemischte, aus einfacheren zusammengeschmolzene, nämlich aus den Elementen des Aristoteles.* [55]

Dabei unterlief BOETIUS DE BOODT freilich ein Mißverständnis, da er die paracelsischen Grundstoffe als reale chemische Bestandteile der Stoffe auffaßte und nicht als ›qualitates substantificae‹ als substantielle Qualitäten. Dieses Mißverständnis ist BOETIUS DE BOODT in seinen weiteren Schlußfolgerungen über die Entstehung der Minerale, die er von einer chemischen Grundauffassung her zu begreifen suchte, indes eher förderlich als hinderlich gewesen:

✦ *So wie daher die Gemmen und die Steine als gemischt aus den vier Elementen bestehen können, ebenso gut können sie aus jenen drei Grundstoffen des Paracelsus bestehen. Jedoch läßt sich in fast allen Gemmen und Steinen das Erd-Element klarer als irgendeiner der besagten Grundstoffe erkennen. In ihrer chemischen Zerlegung jedoch treten die aus den Elementen zusammengesetzten Grundstoffe des Paracelsus nicht weniger offenkundig in Erscheinung als die Elemente, vor allen anderen aber das Salz, ohne das nach dem Urteil der Chymici kein Gemisch zur Verfestigung gebracht werden kann. Dieses Salz ist nämlich auch nach ihrer Ansicht das hauptsächliche Bindeelement der Gemmen und Steine. ... Daher glaube ich, daß der Urstoff der Gemmen eine so zarte und feine Erde ist, daß sie dem Wasser beigemischt, seine Durchsichtigkeit nicht beeinträchtigt. Der Urstoff der Steine aber ist gröber. Diesen beiden gemeinsam ist irgend ein Salz, das im Innersten der Erde eingeschlossen ist, und endlich eine dicke oder feuchte Ausdünstung.* [56]

In seiner Grundauffassung von der Entstehung der Minerale griff BOETIUS DE BOODT in der Hauptsache auf AGRICOLA zurück, versuchte jedoch zugleich die praktischen Erfahrungen der Chemiker für sich nutzbar zu machen. In dieser Hinsicht ging BOETIUS DE BOODT über AGRICOLA hinaus. Andererseits verquickte BOETIUS DE BOODT die rationalen Elemente seiner Auffassung mit naturphilosophischen Gedanken, die der Schöpfungslegende verpflichtet waren. Er nahm an, daß als ›causa efficiens‹ der Mineralbildung ein von Gott eingeborenes ›spiritum lapidificum‹ – ein Steingeist – wirke, dessen Träger die feuchte oder dicke Ausdünstung sei. Das aber genügte BOETIUS DE BOODT noch nicht, denn außer dem ›spiritum lapidificum‹ mußte als ›causa formalis‹ noch eine ›virtus lapidifica‹ – eine gesteinsbildende Kraft – in Aktion treten, ohne die ein Mineral nicht aus den Elementen oder Grundstoffen entstehen könne.

Sehr viel klarer als diese reichlich verwickelten und konstruierten Gedankengänge sind die Vorstellungen, die BOETIUS DE BOODT über die geometrische Gestalt der Minerale entwickelte. Je nach der Beschaffenheit und Qualität des allen Mineralen gemeinsamen Elementes Erde bilden sich die Minerale unter Beteiligung des ›spiritum lapidificum‹ und der ›virtus lapidifica‹ auf ganz unterschiedliche Weise. Die einen entstehen durch einfache Ablagerung als Sinter oder Tropfsteine,

✦ *... andere scheiden sich durch Zusammenziehung aus, wie die Bergkristalle und gewinkelten Körper, bei denen es nicht zweifelhaft ist, daß sie sich zusammenziehen, wenn die Feuchtigkeit aus der Masse entweicht, und dann Ecken hervorbringen.* [57]

Was nun die ›causa materiales‹ der geometrischen Gestalt des Bergkristalls und der anderen ›angulares‹ anlangt, so

✦ *... spielt das Salz bei ihrer Entstehung eine große Rolle. Hieraus kann man mit Wahrscheinlichkeit folgern, daß der Bergkristall und die anderen Steine oder eckigen Gemmen auch vom Salz ihre eckige Form haben. Die Form aber kommt so zustande: Das in Feuchtigkeit gelöste Salz mischt sich mit ganz feiner erdiger Substanz, und seine Schärfe zersetzt sie in ganz kleine Teilchen und durchdringt sie. Wenn nun das Salzquantum des erdigen Stoffes Herr geworden ist, so wächst es mit dem ihm verbundenen erdigen Stoff zu Ecken zusammen. Wenn dagegen der erdige Stoff von dem Salzquantum nicht bewältigt werden konnte, so nimmt die*

Gemme oder der Stein eine andere Form, z. B. eine runde oder eine mit unregelmäßigen Ecken an. [58]

Doch nicht nur die geometrische Gestalt der Minerale wird nach BOETIUS DE BOODT durch das Salz hervorgerufen. Es ist gleichermaßen verantwortlich für die Durchsichtigkeit der Edelsteine,

◆ *... denn das Durchsichtige an der Erd-Materie, dessen Schärfe die Erde in kleinste Teile zerschneidet, ist eine Art Salz.* [59]

Den Überlegungen BOETIUS DE BOODTS zufolge hat das Salz, ob als paracelsischer Grundstoff oder als chemische Substanz wirkend, bleibe dahingestellt, im Prozeß der Mineralbildung im Grunde genommen keine andere Aufgabe, als für die geometrische Gestalt und für die Durchsichtigkeit der Edelsteine zu sorgen. Zwar führte BOETIUS DE BOODT die Meinung der Chemiker an, daß ohne ein Salz ein Mineral nicht zur Congelation gebracht werden könne, aber dabei scheinen ›spiritum lapidificum‹ und ›virtus lapidifica‹ doch noch eine entscheidendere Bedeutung zu haben.

Obwohl in den Gedankengängen BOETIUS DE BOODTS empirische Erfahrung, genaue Beobachtung und spekulatives Denken noch sehr miteinander im Widerstreit lagen und obwohl es ihm nicht gelang, sich durch das Dickicht der neu aufgeworfenen Fragen widerspruchsfrei hindurchzufinden, zeigen sich doch in seinen Anschauungen eine ganze Reihe neuer und interessanter Züge, die vor allem die geometrische Gestalt der ›angulares‹ betreffen.

Dadurch, daß die geometrische Gestalt des Bergkristalls und seine Durchsichtigkeit ihre gemeinsame Ursache in einem Salz haben sollten, wie BOETIUS DE BOODT annahm, erweiterte er den qualitativen Aspekt der Bezeichnung Kristall. Indem sich BOETIUS DE BOODT, obwohl dafür keine zwingende Notwendigkeit bestand, auch noch der Meinung der Chemiker anschloß und dem Salz bei der Congelation des Bergkristalls eine Bedeutung zuschrieb, hat er zugleich den genetischen Aspekt der Bezeichnung Kristall einer neuen Deutung unterzogen. Da BOETIUS DE BOODT schließlich den Bergkristall mit den anderen ›angulares‹ in einer Gruppe zusammenfaßte, weil das, was für den Bergkristall gilt, auch für alle anderen ›angulares‹ zutrifft, hat er implizit und in weitaus stärkerem Maße als AGRICOLA die Bezeichnung Kristall zum Begriff ausgeprägt und nach Intension und Extension bestimmt.

Diese Gedanken stammen nicht von BOETIUS DE BOODT allein. Sie gingen aus den Erfahrungen, Beobachtungen und Ansichten der Chemiker hervor, auf die sich BOETIUS DE BOODT wiederholt ausdrücklich berief [60]. Sein Verdienst besteht in der Hauptsache darin, diese Erkenntnisse auf die Minerale übertragen zu haben, indem er die Probleme der Mineralbildung mit den Produktionserfahrungen der Chemiker verknüpfte.

Dies veranlaßt zu der Frage, inwieweit von seiten der Chemie ein wirklich entscheidender Impuls für die Weiterentwicklung und letztendlich Verallgemeinerung der Bezeichnung Kristall gekommen ist. Diese Frage verweist auf einen anderen Bereich der materiellen Produktion als dem Berg- und Hüttenwesen als Wurzel für die Entdeckung der Kristalle, denn trotz positiver Ansätze führte die bergmännische Mineralkenntnis nicht zur Verallgemeinerung der Bezeichnung Kristall. Die Probleme der Mineralbildung erwiesen sich letzten Endes als zu schwierig und vielfältig, als daß aus der sinnlichen Wahrnehmung der äußeren Kennzeichen der in der Natur aufgefundenen Minerale die allgemeinen Gesetzmäßigkeiten ihrer Entstehung hätten erfaßt werden können.

Daher liegt die Vermutung nahe, und gerade in den Gedankengängen BOETIUS DE BOODTS zeigt sich das recht deutlich, daß ein entscheidender Fortschritt nur in einem Erkenntnisbereich erzielt werden konnte, wo die Entstehung von ›corpora angulata‹ unmittelbar der Beobachtung zugänglich war. Das aber konnte nach dem Stand der chemischen Praxis und Experimentierkunst nur bei der Ausscheidung von Salzen aus Lösungen der Fall sein.

Alaun, Vitriol, Soda und Salpeter

In der Antike lagen die Zentren der Salzgewinnung in den Ländern des Vorderen Orients, in Ägypten und auf Sizilien, und sie wurde wegen der günstigen klimatischen Bedingungen meistens unter Nutzung der Sonnenwärme betrieben. Doch bereits im Mittelalter entstanden auch in nördlicheren Ländern Handwerksbetriebe, die sich mit der Herstellung von Speisesalz, Alaun und Salpeter aus natürlichen oder künstlich zubereiteten Lösungen befaßten. Die frühen Kenntnisse und die Anwendung der Congelation der Salze hat AGRICOLA sehr anschaulich in seinem Hauptwerk »De re metallica libri XII« [61] von 1556 geschildert:

✦ *Kluge Menschen beobachteten einst, daß die Gewässer mancher Seen von Natur aus verschiedene Stoffe gelöst enthielten und sie unter der eintrocknenden Wirkung der Sonnenwärme in verdichtetem Zustand ausschieden, und daß auf diese Weise feste Körper entstanden. Es ist nun wahrscheinlich, daß man solche Gewässer an andere Stellen fließen ließ und sie an tiefliegende Stellen leitete, wo sie durch die Sonnenhitze eintrocknen konnten. Man sah aber, daß man auf diese Weise solche Verdichtungsprodukte nur im Sommer gewinnen konnte und auch nicht in allen Gegenden, sondern nur in warmen und gemäßigten, wo es im Sommer wenig regnete; und man fing deshalb an, solche Gewässer in Gefäßen durch daruntergebrachtes Feuer einzutrocknen. Auf diese Weise konnte man zu allen Jahreszeiten, in allen Gegenden, auch in recht kalten, aus salzhaltigen Wassern, die von Natur aus oder durch künstliche Maßnahmen mit diesen Salzen gesättigt waren, solche Verdichtungsprodukte gewinnen. Später sah man, daß von manchen Steinen Flüssigkeiten tropften, man kochte solche Flüssigkeiten ein und gewann auf diese Weise feste Körper.* [62]

Die Unabhängigkeit von den klimatischen Verhältnissen und von der jahreszeitlich bedingten Saisonarbeit sowie die Erweiterung der Rohstoffbasis führten indes nur zu neuen Erkenntnissen über die Zubereitung und Behandlung der verschiedenen künstlich hergestellten Lösungen, nicht aber über die Congelation selbst. Eine inhaltliche Verschärfung des Begriffes der Congelation, der eine Vielzahl völlig verschiedener Vorgänge in sich einschloß, war auch nicht zu erwarten, da die Methoden der Congelation und der Reinigung der congelierten Salze über Jahrhunderte nahezu unverändert geblieben sind. Die einzige wichtige Entdeckung, die wahrscheinlich von GEBER im 13. Jahrhundert zuerst empfohlene Methode, Salze durch wiederholte Congelation und Auflösung zu reinigen [63], fand zwar in die chemische Experimentierkunst, nicht aber in die chemische Praxis der Salzgewinnung Eingang. Dafür erwies sie sich in dem handwerklich organisierten, diskontinuierlich arbeitenden Produktionsablauf als zu aufwendig.

Mit der Herausbildung der frühkapitalistischen Produktionsweise und mit der Ausbreitung und Ausweitung des Handels änderten sich die Verhältnisse grundlegend, da sich der Bedarf an wirtschaftlich wichtigen Salzen rasch erhöhte. Zu den technisch wie ökonomisch wichtigen Salzen gehörten neben dem Speisesalz vor allem der Alaun, die Soda, die Vitriole und der Salpeter. Letzterer gewann mit dem Aufkommen und der Verbreitung der Feuerwaffen schnell an Bedeutung.

Den erhöhten Anforderungen an Quantität und Qualität dieser Salze konnten auf die Dauer weder die alten Bezugsquellen noch die handwerksmäßigen Produktionsmethoden gerecht werden. Die wachsende ökonomische Bedeutung dieser Salze führte daher schon seit dem 15. Jahrhundert, von

Italien her über ganz Europa sich ausbreitend, zur Gründung von Manufakturen. Dieser Prozeß vollzog sich wohl am ausgeprägtesten bei der Produktion von Alaun, der für die Gerberei, Tuchmacherei und Färberei neben den Vitriolen von großer wirtschaftlicher Bedeutung war.

Im Mittelalter lagen die Hauptproduktionsgebiete für Alaun im Vorderen Orient. Den Zugang zu diesen Bezugsquellen offen zu halten war einer der Beweggründe für die Kreuzzüge. Als im 15. Jahrhundert dann große Alaunschiefervorkommen bei Tolfa im Vatikanstaat entdeckt wurden, ergriff der Papst die einmalige Chance, sich von den alten Bezugsquellen unabhängig zu machen und sich eine einträgliche Einnahmequelle zu verschaffen. In kurzer Zeit entstanden manufakturmäßig organisierte Großbetriebe, der Alaunhandel wurde monopolisiert und Produktion und Handel im Jahre 1462 unter Aufsicht des Vatikans zur »Societas aluminum« zusammengefaßt. Der Vatikan setzte alle Mittel ein, um sich das Alaunmonopol auf dem gesamten europäischen Markt zu sichern. Bereits 1506 wurden durch eine Encyclica des Papstes JULIUS II. die Produktion von Alaun und der Handel mit Alaun »heidnischer« Herkunft unter Androhung der Exkommunizierung verboten. In den berüchtigten Ablaßbriefen zur Finanzierung des Baues von St. Peter in Rom, gegen die sich MARTIN LUTHER gewandt hatte, galt der Handel mit türkischem Alaun als eine der wenigen Sünden, für die keine Absolution erteilt wurde. Diese drastischen Maßnahmen richteten sich natürlich gegen die Interessen des aufkommenden Kaufmannskapitals und waren für die Handelsherren und Produzenten des Nordens ein Grund mehr, die Reformation zu begünstigen [64].

Die Herausbildung von Manufakturen für die Herstellung von Alaun und anderen Salzen und der ökonomische Druck, auch geringerwertige Vorkommen gewinnbringend ausbeuten zu müssen, führten zwangsläufig dazu, daß man sich eingehender als bisher mit der Technologie der Salzgewinnung beschäftigen mußte. Die manufakturelle Erzeugung von Salzen erforderte gegenüber der handwerklichen Produktion außer einem gut durchdachten und kontinuierliche Arbeit sichernden Produktionsablauf umfangreichere Kenntnisse über die verfügbaren technologischen Verfahren. Sie warf aber zugleich auch Probleme auf, die mit den herkömmlichen empirischen Kenntnissen nicht mehr bewältigt werden konnten und nach neuem Wissen verlangten.

Wieder waren es Männer der Praxis, wie BIRINGUCCIO, AGRICOLA, ERCKER und PALISSY, die sich dieser Aufgaben annahmen und zunächst die Produktionsverfahren und das aufgehäufte empirische Wissen sammelten und in systematisierter Form niederschrieben.

Der aus Siena gebürtige und aus Handwerkerkreisen stammende VANOCCIO BIRINGUCCIO, der als Architekt, als Aufseher in Gruben und Hütten, als Gießer und Büchsenmacher, als Werkmeister in Alaunmanufakturen und Salpetersiedereien im Dienste von Städten und adligen Auftraggebern tätig war, veröffentlichte 1540 die reichen Erfahrungen seines Lebens in der »Pirotechnia« [65], dem ersten systematischen Lehrbuch der chemisch-metallurgischen Technologie und des Artilleriewesens. Dieses Werk enthält auch detaillierte Beschreibungen über die Gewinnung von Salzen, insbesondere von Alaun und Salpeter. Vergleicht man diese Aufzeichnungen mit den aus dem 14. Jahrhundert stammenden, in dem sogenannten »Mittelalterlichen Hausbuch« [66] enthaltenen Arbeitsanweisungen, »Alaun zu machen« und »Salpeter ziehen« [67], so unterscheiden sie sich in den technologischen Kenntnissen nur geringfügig. Die Organisation des Arbeitsablaufes indes ist schon ganz auf die manufakturelle kontinuierliche Großproduktion und Arbeitsteilung abgestimmt.

Große Aufmerksamkeit widmete auch AGRICOLA

den Salzen, nicht nur in mineralogischer, sondern vor allem in produktionstechnischer Hinsicht. Das letzte Buch von »De re metallica libri XII« ist in der Hauptsache der Gewinnung der ›succi concreti‹ – der Salze – gewidmet. Dabei hat AGRICOLA auch in diesen Beschreibungen die Aufgliederung des Produktionsprozesses in verschiedene aufeinanderfolgende Abschnitte deutlich herausgearbeitet [68].

Wenngleich BIRINGUCCIO und AGRICOLA die Congelation der Salze mit großer Sorgfalt beschrieben haben, zu neuen Erkenntnissen über ihr Wesen gelangten sie noch nicht. Dazu war BIRINGUCCIO zu sehr Praktiker und AGRICOLA zu stark den überlieferten Anschauungen verhaftet. Im Prozeß der wissenschaftlichen Systematisierung des Produktionsablaufes mußte jedoch die Congelation der Salze als der abschließende und die Qualität des Produktes letztlich bestimmende technologische Schritt in wachsendem Maße die Aufmerksamkeit auf sich ziehen. Eine bedeutende Rolle spielte hierbei die Reinigung der Salze von Verunreinigungen und Fremdstoffen. Ließen sich grobe Verunreinigungen relativ leicht absorptiv an geeignete Stoffe, beispielsweise an Eiweiß, binden, so konnten die Salze von feineren Beimengungen nur durch die von GEBER empfohlene Methode der mehrfachen Congelation geläutert werden. Solche und ähnliche Probleme drängten die Beschäftigung mit der Congelation zwangsläufig in den Vordergrund.

Alle Steine sind aus Wasser congeliert

Die ersten Ansätze dazu finden sich in dem Werk »Beschreibung: Allerfürnemisten Mineralischen Ertzt/ vund Berckwercks arten...« von LAZARUS ERCKER aus dem Jahre 1574 [68]. Knapp zwanzig Jahre nach dem Erscheinen von AGRICOLAS »De re metallica« sprach ERCKER bereits von dem ›Anschießen‹ und ›Wachsen‹ des Salpeters aus der Lauge und gab ein Verfahren an, »Wie der rohe Salpeter soll geleutet werden«, nach dem sich ein besonders »schöne lange schuß« des Salpeters erzielen lasse:

✦ *Wie der rohe Salpeter soll geleutet werden. Volgendt geuß die leuterung/ in die vorgemelte hohe schmale puden/ und deck sie mit kotzen oder tüchern geheb zu/ das sie in der puden nicht erkaltet/ laß sie ein stund/ oder auffs lengste zwo darinnen stehen/ so setzt sich der gelbe schlamm zu grund/ Dann laß die leuterung/ weil sie noch heyß ist/ wider aus der puden rinnen/ vund geuß die in sonderliche darzu gemachte grosse hültzerne trög/ die von Ilmen holtz am besten/ oder in küpfferne Kessel/ die von wegen der Kelt in der erden stehen sollen/ deck die trög oder kessel erstlich zu/ das die laugen von vunten auff begindt zu schiessen/ sonst wüchse der Salpeter oben erstlich/ vnd fiele darnach nider/ vnd bekeme nicht schöne lange schuß/ laß also im wachsen drey oder vier tag/ nach dem es kalt ist/ stehen/ biß es nicht mehr weckst/ das kannstu also probieren/ setz von der laugen in das küpfferne probschälichen auß/ weckst es nicht mehr darinnen/ so magstu die vbrige laugen abschöpffen/ und dann rein abseyhen lassen/ vnd dann den Salpeter mit der dünnen eysernen Kellen rein heraus: in ein feßlein/ das vnten ein loch hab/ schlagen/ das die vbrige laugen abrinnen kan/ so hastu reinen weissen geleuterten Salpeter.* [69]

Die Worte ›anschießen‹ und ›wachsen‹ weisen schon auf ein besseres Verständnis der Congelation hin. Sie wurden als Synonyme für Congelation und später für Crystallisation gebraucht, und insbesondere der Begriff des Wachsens ist in die moderne Fachterminologie eingegangen.

Die Übernahme eines Begriffes aus der Biologie mußte indes im 16. und 17. Jahrhundert zu Komplikationen führen, mit denen man sich unter naturphilosophischem Aspekt auseinanderzusetzen hatte. Und tatsächlich beschäftigten sich zahlreiche Autoren ernsthaft mit der Frage, ob der unbelebten Materie eine formative oder crescitive Seele zugebilligt werden könne, die es erlaubt, Analogien zum Tier- und Pflanzenreich zu ziehen.

Von wesentlicher Bedeutung war diese **Frage** für PARACELSUS, der der Meinung war, daß der Materie, ganz gleich, ob belebt oder unbelebt, ein ›archeus‹ – ein Same oder eine gestaltende Kraft – eingeboren sei, unter dessen Einfluß die Materie ihren vorbestimmten Zweck zu erfüllen suche. Ganz ähnliche Ansichten vertrat der niederländische Arzt und Chemiker BAPTISTA VAN HELMONT, der in seinem Buch »Ortus Medicinae ...« [70] schrieb:

✦ *Ferner aber die Mineralien belangend/ werden die zwar mit Kinder-Zeugung und vielfältiger Fort-Pflantzung nicht ausgemergelt und beschweret/ weil sie aber gleichwol ihre gewisse Anfänge in sich haben/ daher sie gewachsen und entstanden sind; so haben sie/ ungeachtet sie mit keiner fort-pflantzenden Fruchtbarkeit beseeligt sind/ dennoch gleichwol in ihrem Reich auch ihre wesentliche wurtzelhafftige inwendige samliche Anfänge.* [71]

✦ *Endlich was den sämlichen Geist der Mineralien belanget, so ist derselbe ganz materialisch, zwar flüssig/ aber doch sehr dick; und hat einen verborgenen und erstorbenen Glantz in sich stecken; derselbe ist etwas munterer und flüssiger in den Kräutern; und in den vierfüßigen Thieren schwebt er offenbarlich herumb und läst seinen Glantz sehen.* [72]

Die Praktiker kümmerten solche Überlegungen wenig. Zur Beschreibung ihrer Beobachtungen brauchten sie anschauliche Begriffe, die sie einfach der vertrauten Umgangssprache entnahmen. Wenn ERCKER von der Erzielung eines besonders schönen Schusses sprach, so bedeutet dies nichts anderes als die Herstellung von Salpeter in reinen und gut sichtbaren ›corpora angulata‹. In dieser Aussage steckt aber auch bereits der Gedanke an eine Bewegung der »Salzteilchen« in der Lösung.

Bedeutend ausführlicher als BIRINGUCCIO, AGRICOLA und ERCKER befaßte sie BERNARD PALISSY aus Biron (Dordogne) in Frankreich. Als Sohn eines Handwerkers verbrachte PALISSY als Protestant während der Hugenottenkriege ein bewegtes Leben. Er war Landvermesser, Glaser, Glasmaler, Porträtist und wurde schließlich der berühmteste Kunsttöpfer Frankreichs im 16. Jahrhundert [73]. Als Vermesser der königlichen Salzteiche an der südfranzösischen Küste hatte PALISSY umfangreiche Kenntnisse über die Salzgewinnung sammeln können, vor allem auch deshalb, weil bei der Gewinnung von Speisesalz aus dem Meereswasser die Beherrschung der Congelation den Hauptinhalt der technologischen Fertigkeiten ausmachte. Gestützt auf diese Erfahrungen, die er auf seinen Wanderungen durch die aufmerksame Beobachtung von Mineralen, Gesteinen und Fossilien bereicherte, entwickelt PALISSY eine Vorstellung über die Congelation, die weit über die allgemeinen Kenntnisse seiner Zeit hinausging. PALISSY unterschied zum ersten Mal klar die Congelation vom Gefrieren des Wassers, stellte einen ursächlichen Zusammenhang zwischen der Congelation und der geometrischen Gestalt der Salze fest und verglich schließlich die Entstehung der Minerale, insbesondere des Bergkristalls, mit der Congelation der Salze. In seiner 1580 erschienenen Arbeit »Discours admirables« [74] schrieb PALISSY:

✦ *Bei genauerer Betrachtung der Naturerscheinungen habe ich mehrere Arten von Steinen kennengelernt, die wie die Eiszapfen gebildet waren, die an den Dachrinnen der Häuser hängen, wenn es friert, Steine also, die gebildet und entstanden waren aus irgendwelcher flüssigen Materie wie das Wasser. Seit zehn Jahren etwa gab es die Meinung, daß das gewöhnliche Wasser sich in eine steinartige Substanz verwandelt durch eine ihm innewohnende congelierende Kraft, und Insonderheit dem Kristall eigen, die ich in keiner Weise von dem gewöhnlichen Wasser unterscheiden könnte. Indessen, wie die Wissenschaften sich denen offenbaren, die sie suchen, habe ich seit einiger Zeit erkannt, daß der Kristall im Wasser congeliert; und da ich mehrere Kristallstücke gefunden habe, die wie die Spitzen von Diamanten geformt waren, bin ich auf den Gedanken gekommen, was die Ursache davon sein könnte: und da ich mich in diese Sache vertiefte, habe ich an den Salpeter gedacht, wenn er in heißem Wasser aufgelöst wird; dann congeliert er von der Mitte aus oder an den Seiten des Gefäßes, in dem seine Lösung gekocht wird: und solange er von diesem Wasser bedeckt ist, bleibt es nicht aus, daß er congeliert. Auf diesem Wege habe ich erkannt, daß das Wasser, das zu Steinen congeliert, oder zu Metallen, nicht gewöhnliches Wasser ist, denn wenn es gewöhnliches Wasser wäre, dann würde es gleichmäßig gefrieren, wie es bei Frösten geschieht. So habe ich also durch die Congelation des Salpeters erkannt, daß der Kristall sich nicht an der Oberfläche bildet wie in den gewöhnlichen Gewässern, sondern derart, daß alle Steine, die entweder Würfelform, Dreieckform oder Fünfeckform haben, im Wasser congeliert sind. Seit ich diese Erkenntnis gewonnen habe, habe ich mehrere Eisen-, Zinn- und Silbererze gefunden, die die Form des Kristalls haben, und aus diesem Grunde glaube ich, daß alle diese Dinge im Wasser congeliert sind, wie ich bereits gesagt habe, als ich von der Alchemie gesprochen habe.* [75]

Diese Erkenntnisse, PALISSY vermittelt sie in einem Dialog zwischen der klugen »Practique« und der eitlen »Théorique« über die richtige Forschungsmethode, stellen einen echten Fortschritt in der Erkenntnis der Congelation dar und zeigen, zu welchen Resultaten genaue Naturbeobachtung am Ende des 16. Jahrhunderts zu führen vermochte. Wichtig ist vor allem, daß PALISSY von der Kenntnis der Congelation der Salze direkt auf die Entstehung der Minerale schloß und sich nicht, wie noch AGRICOLA, mit einer Analogie begnügte. Die scharfsinnigen Schlußfolgerungen PALISSYS haben den Herausgeber der »Œuvres complètes de Bernard Palissy«, den Pharmazeuten PAUL-ANTOINE CAP, genannt GRATACAP, zu dem enthusiastischen Urteil veranlaßt:

◆ *Das ist die erste rationelle Theorie, die über die Kristallisation aufgestellt worden ist. ... In diesem kurzen Paragraphen sind die Elemente einer ganzen Revolution der Ideen der Epoche über diesen Gegenstand enthalten.* [76]

Es bedurfte allerdings noch einer ganzen Reihe von Fortschritten, ehe sich ein wissenschaftlicher Begriff der Kristallisation herausbilden konnte. Die Erkenntnis indes, daß der Vorgang der Congelation und die geometrische Gestalt der Salze und Minerale ursächlich miteinander zusammenhängen, begann sich bereits im 16. Jahrhundert Bahn zu brechen, wenn auch nicht immer so klar, wie sie PALISSY ausgesprochen hatte. Zwar hatten schon BIRINGUCCIO und AGRICOLA die geometrische Gestalt der Salze beobachtet und mehr oder minder zutreffend beschrieben, sie jedoch nicht als ein ursächliches Attribut der Congelation begriffen. Gegen Ende des 16. Jahrhunderts wurde nun die Beachtung der geometrischen Gestalt zu einer praktischen Forderung.

Kristall ist ein weißes, wie Bergkristall durchsichtiges Eis

In den Salzmanufakturen rückte, bedingt durch die harte, oft von politischen Interessen diktierte Konkurrenz einerseits und die steigenden Anforderungen an die Qualität der Produkte andererseits, die Congelation als abschließender und letztlich qualitätsbestimmender technologischer Schritt immer stärker in den Vordergrund. Man sammelte Erfahrungen, wie sich verschiedene, in einer Lauge gemeinsam gelöste Salze durch geschickte Lenkung und gegebenenfalls mehrmalige Wiederholung der

Congelation voneinander trennen ließen und ein reines Produkt erzielt werden konnte. Man lernte aber auch, daß bei ein und demselben Salz stets dieselbe geometrische Gestalt entsteht, bei verschiedenen Salzen hingegen verschiedene Gestalten, und daß diese geometrischen Formen um so vollkommener sind und um so charakteristischer in Erscheinung treten, je reiner die Ausgangssubstanz war und je größere Sorgfalt man bei der Congelation walten ließ.

Aus solchen praktischen Erfahrungen und ihrer ständigen Anwendung in der Produktion wuchs die Erkenntnis, daß die Entstehung derartiger polyedrischer Körper kein Zufall sein kann. Da sie aber nicht zufällig entstehen, konnten sie sowohl als sinnfälliges Unterscheidungsmerkmal als auch als Kennzeichen für die stoffliche Reinheit des Produktes verwendet werden, denn je besser die geometrische Gestalt ausgebildet war, desto reiner mußte das Produkt sein. Daher gab die geometrische Gestalt der Salze den Kaufleuten die Gewähr, daß es sich bei der angebotenen Ware wirklich um reine und unverfälschte Produkte handelte. Um leicht entscheiden zu können, ob dem Salz ein anderes, die Qualität herabminderndes Salz oder eine streckende Substanz untergemengt worden war oder nicht, mußten die Salze als möglichst grobkörnige Ware angeboten werden. Das zwang dazu, der Erzielung von möglichst großen ›corpora angulata‹ und der Beachtung ihrer charakteristischen geometrischen Gestalt größere Aufmerksamkeit zu widmen. Für manche Salze, wie für den in Tolfa gewonnenen sogenannten römischen Alaun, galt die geometrische Gestalt als eine Art Qualitätszeichen [77].

Die Durchsichtigkeit und Reinheit der Salze legten es nahe, sie mit dem aus der Antike überkommenen Inbegriff höchster Reinheit, mit dem Bergkristall zu vergleichen, wobei nun schon über das Kennzeichen der Reinheit hinaus auch die geometrische Gestalt in den Vergleich eingeschlossen wurde. So sagte ANDREAS CAESALPINUS von dem römischen Alaun, daß er

◆ *... in hölzernen Gefäßen erstarrt in den Kristallen ähnlichen dicken, winkligen Nüssen, die durchsichtig sind.* [78]

Ähnliche Bedeutung wie in der chemischen Technologie erlangte die Congelation auch in der pharmazeutischen Praxis. Im 16. Jahrhundert hatte sich unter dem Einfluß von PARACELSUS mit der Iatrochemie eine Richtung herausgebildet, durch die die Chemie in den Dienst der Heilkunde gestellt wurde. PARACELSUS hatte gefordert, daß die Chemie neue und wirksamere Arzneimittel herstellen solle, und damit zugleich auch die Frage nach der Reinheit der Stoffe aufgeworfen. Unter dieser neuen Zielstellung formte sich die Erkenntnis, daß

◆ *... erstens verschiedene Stoffe durch verschiedene Eigenschaften sich deutlich voneinander abheben, und zweitens, ein jeder bestimmte Stoff sich durch stets wiederkehrende gleichsinnige und wertmäßig gleiche Eigenschaften kennzeichnet, unabhängig von seiner Herkunft und seiner Darstellung.* [79]

Auf dieser Erkenntnisgrundlage entstand der Begriff des reinen Stoffes, des ›Magisteriums‹, den der aus Halle an der Saale gebürtige Chemiker ANDREAS LIBAVIUS in seiner »Alchemia« [89] von 1597 folgendermaßen definierte:

◆ *Das Magisterium ist die aus dem Ganzen ohne Extrahieren, lediglich durch Wegnehmen der äußeren Verunreinigungen ausgearbeitete und erhöhte chymische Spezies.* [81]

Um das ›Magisterium‹ zu erzielen, erwies sich neben anderen Operationen die Congelation als ein ausgezeichnetes und in der chemischen Experimentierkunst vielfach erprobtes Mittel. LIBAVIUS widmete den congelierten Salzen nicht ohne Grund ein ganzes Kapitel seiner »Alchemie«. Einleitend gab LIBAVIUS, von den allgemein anerkannten Vorstellungen ausgehend, eine klare Definition dessen, was unter Congelation zu verstehen und wie sie auszuführen sei:

✦ *Das Eis ist ein durch chymisches Gefrieren hergestellter Lapillus.*

Ein derartiges Erstarren aber tritt dadurch ein, daß sich die wäßrige Flüssigkeit absondert und der erstarrungsfähige Saft in Gestalt eines Lapillus zusammentritt, was offenbar auch ohne Wärme im Keller geschehen kann.

Wenn jedoch ein Teil der Wäßrigkeit durch Verdampfen vertrieben wird, so schreitet das Werk rascher voran. Deshalb pflegen auch die Laugen für das Eis bis zur Dicke von Mostsirup eingekocht oder das Wäßrige, das nach der Bildung eines Sediments obenaufschwimmt, dekantiert zu werden. Der Rückstand erstarrt dann um so leichter.

Allgemein werden die Stoffe, die einen erstarrungsfähigen Saft haben, mit einem passenden Wasser zu einer Laugenflüssigkeit gelöst, oder wenn sie eine eigene (Flüssigkeit) haben, so beläßt man diese. Die Lauge wird sorgsam bis zur Reinheit geseiht, oder wenn etwas Bodensatz dabei ist, so läßt man daraus Lapilli entstehen und spült sie dann ab. Den sirupartigen Teil des Durchgeseihten verteilt man an einem geeigneten Ort in passende Tröge, falls er leicht einsickert, sind Glasgefäße zweckmäßig. In diese bringen wir meistens Stöckchen aus Tannenholz oder ähnlichen nichtfetten (Hölzern) oder auch Strohhalme usw., an denen der Eis-Lapillus anwächst. Manchmal läßt man (den sirupartigen Teil) auch für sich allein zusammentreten. Nach der Verfestigung wird das Eis mit rascher Hand durch Abspülen in klarem Wasser gereinigt; oder wenn die Verunreinigung auch innerlich ist, löst man es mit destilliertem Wasser, seiht es durch ein Papierfilter und läßt von neuem erstarren. [82]

Diese Beschreibung der Congelation entspricht den Arbeitsanweisungen, wie sie BIRINGUCCIO, AGRICOLA, ERCKER und andere gegeben haben; LIBAVIUS paßte die manufakturellen Verfahren lediglich den Gegebenheiten des chemischen Laboratoriums an. LIBAVIUS verstand, wie vor ihm PALISSY, unter der Congelation nicht ein Gefrieren schlechthin, sondern eine besondere Art des Gefrierens, das »chymische Gefrieren«. Den Unterschied zwischen der Verdampfung des Lösungsmittels und der Abkühlung der Lösung hat er freilich noch nicht klar erkannt. Entsprechend dem Vorgang des »chymischen Gefrierens« nannte LIBAVIUS die dadurch entstehenden Körper ›glacies‹ – Eise –, die er nachfolgend definiert hat:

✦ *Das Eis dieser Art erfährt eine Unterteilung in zwei Benennungen; es heißt nämlich bisweilen Kristall, bisweilen Vitriol, obwohl beidem aufgrund analoger Verfertigung und Gestalt bisweilen die Benennung Salz oder Alkali beigelegt zu werden pflegt.*

Das Kristall ist ein weißes, nach Art von Bergkristall durchsichtiges Eis. Obwohl nämlich das eine mehr durchsichtig ist als das andere und obwohl es manchmal wolkig getrübt ist, so ist doch die Begleiterin der höchsten Reinheit die bergkristallartige Durchsichtigkeit, die man letzten Endes bei diesen zu erreichen sucht. Daher ist von den Bergkristallen der Natur die Benennung hierher übertragen worden.

Im Einklang mit der bergkristallartigen Gestalt und Konsistenz steht aber auch das Ausarbeiten durch Erstarrenlassen. Wenn deshalb auch andere (Stoffe) eine kristallartige Konsistenz und Gestalt haben, etwa gewisse Salze, der oftmals sublimierte Hydrargyrus und dergleichen, so werden sie doch nicht als Kristalle im eigentlichen Sinne angesprochen, wenn nicht auch die Art der Verfertigung entspricht und eine essentielle Extraktion vorgenommen wird. So kommt es, daß auch sehr viele Salze, die ihrer Natur nach Salze sind, in diese Klasse fallen und sich von einem Alkali durch die Art der Verfertigung und die Gestalt unterscheiden.

Hierzu zählen besonders der Alaun, der Borax,

das Steinsalz, das auch kristallines (Salz) heißt, der kristalline Zucker und anderes. [83]

Aus diesen Darlegungen geht eindeutig hervor, daß LIBAVIUS im Jahre 1597 die antike Bezeichnung Kristall explizit zum Gattungsbegriff ausgeformt und, indem er ihn auf diejenigen Salze übertragen hat, die, im zeitgenössischen Sinne des Wortes, dem Speisesalz ähnlich und in Wasser löslich sind [84], zugleich auch den ersten Versuch zur Bestimmung seiner Extension und Intension geliefert hat. Dabei bediente sich LIBAVIUS gewissermaßen eines Kunstgriffes, indem er von der etymologischen Bedeutung des Wortes Kristall ausging und die Produkte der Congelation ›glacies‹ nannte.

Mit dieser Definition von Kristall waren sowohl der qualitative als auch der genetische Aspekt der antiken Bezeichnung Kristall aus der praktischen Erfahrung der Chemiker heraus neu bestimmt worden. Hatte die Durchsichtigkeit von Salzen schon früher gelegentlich den Vergleich mit dem Bergkristall nahegelegt, so verband man die Durchsichtigkeit nun ursächlich mit dem Kriterium der Reinheit und dehnte die Bezeichnung Kristall begrifflich auf alle Salze aus. Alle Stoffe, die sich durch Congelation rein und in dem Bergkristall ähnlichen durchsichtigen Körpern aus Lösungen ausscheiden ließen, wurden ›crystalli‹ genannt.

Indes galt dieser aus den Erfahrungen der chemischen Praxis und Experimentierkunst abgeleitete Kristallbegriff für die meisten Minerale nicht, da diese in der Regel nicht durchsichtig sind und daher dem Kriterium der Reinheit nicht genügten. Wurden aber die Salze für die geometrische Gestalt von Mineralen verantwortlich gemacht, so ließen sich solche Minerale als ›corpora angulata‹ in einer Klasse zusammenfassen. Im Anschluß an LIBAVIUS ist BOETIUS DE BOODT diesen Weg gegangen.

LIBAVIUS' Werk »Alchemia«, in dem zum ersten Mal das gesamte zeitgenössische chemische Wissen übersichtlich und systematisch geordnet dargeboten wurde, hat im 17. Jahrhundert als theoretische Grundlage der Arzneizubereitung in den Apotheken außerordentlich weite Verbreitung gefunden. Unter seinem Einfluß wurde der neue Kristallbegriff rasch bekannt und fand Eingang in die Werke anderer Chemiker, in Pharmacopöen und Apothekentaxen [85]. In der ersten Hälfte des 17. Jahrhunderts war der neue Kristallbegriff bereits Allgemeingut der Chemiker und Pharmazeuten.

Immer häufiger wurden nun auch die geometrischen Formen der verschiedenen Salzkristalle beachtet und beschrieben, zumal sie sich als brauchbar für die Analyse von Mineralwässern erwiesen hatten [86]. Die Methode, den Gehalt von Mineralwässern an Salzen aus deren Kristallformen qualitativ zu ermitteln, ist ebenfalls von LIBAVIUS bekannt gemacht worden [87]. Dadurch wurden auch die Beschreibungen der Kristallformen von Salzen in der chemischen Literatur häufiger und präziser. So hat beispielsweise JOHANN RUDOLPH GLAUBER schon recht sorgfältige Kristallbeschreibungen geliefert [88].

Mit der Formulierung des neuen Kristallbegriffs waren freilich die Probleme der Praxis nicht gelöst. Die Herstellung gut kristallisierter Salze war eine schwierige und zeitaufwendige Kunst. Zu deren Beherrschung bedurfte es großer praktischer Erfahrung, und es gelang nicht immer, ein gut kristallisiertes Produkt von unzweifelhafter Qualität zu erzielen. Es blieb ein dringendes ökonomisches Bedürfnis, einerseits ein gleichbleibend gut kristallisiertes Produkt gewährleisten zu können und dabei andererseits den Zeitaufwand für dessen Herstellung in vertretbaren Grenzen zu halten.

Indes war eine Verbesserung der Technologie und ihre bessere Beherrschung nur zu erwarten, wenn man den Vorgang der Congelation und die dabei entstehenden geometrischen Formen der Salzkristalle als einen gesetzmäßigen Zusammenhang von Prozeß und Resultat begriff und losgelöst von den schwierig zu beherrschenden Bedingungen des Produktionsablaufes untersuchte. Auf diesem Hintergrund bildete sich allmählich die Kristallforschung als ein besonderes Feld naturwissenschaftlicher Studien heraus.

Zunächst war es klargeworden, daß der unscharfe und undifferenzierte Begriff der Congelation nicht mehr den Anforderungen genügte. Der Aufmerksamkeit der Chemiker war auf die Dauer nicht entgangen, was schon der erfahrene PALISSY erkannt hatte, daß die Congelation eine besondere, vom Gefrieren des Wassers zu unterscheidende Art der Erstarrung ist. Daher wurde der Begriff der Congelation gelegentlich, wie von LIBAVIUS, durch die Bezeichnung Conglaciation oder durch den bereits von ERCKER gebrauchten Terminus Anschießen ersetzt, wobei sich letzterer übrigens bis ins 19. Jahrhundert hinein erhalten hat.

Über die allgemeine Erkenntnis, daß es zwischen dem Vorgang der Congelation und den dabei entstehenden Kristallformen der Salze einen gesetzmäßigen Zusammenhang geben muß, gelangte man indes, von den empirischen Kenntnissen ausgehend, nicht hinaus. Dazu bedurfte es eines tieferen Eindringens in das Wesen chemischer Vorgänge einerseits und der Congelation andererseits. Zur Verschärfung und letztendlich Überwindung des Begriffes der Congelation konnte es nur über seine inhaltliche Vertiefung kommen. Dazu aber benötigte man neues, über die praktische Erfahrung hinausgehendes Wissen. War auf der einen Seite in der ersten Hälfte des 17. Jahrhunderts die Notwendigkeit herangereift, neues Wissen zu erlangen, so waren auf der anderen Seite mit der Entstehung der klassischen Naturwissenschaften auch die Voraussetzungen dafür gegeben.

Eine neue und mehr zum Ziele führende Bahn

Bewältigung des nächstliegenden Stoffs

Mit der Entdeckung der Produktion als einer mächtigen Erkenntnispotenz und mit der Emanzipation der Naturforschung vom kirchlichen Dogma setzte am Ende des 16. und im 17. Jahrhundert eine Entwicklung ein, in deren Verlauf sich in Europa die neue Naturwissenschaft herausbildete.

Die Entwicklung der Naturwissenschaft und der Philosophie war in dieser Epoche unmittelbar mit den Fortschritten der kapitalistischen Produktion und der Herausbildung der bürgerlichen Gesellschaft verbunden. FRIEDRICH ENGELS bemerkte hierzu:

✦ *Auch die Naturforschung bewegte sich damals mitten in der allgemeinen Revolution und war selbst durch und durch revolutionär; hatte sie sich doch das Recht der Existenz zu erkämpfen.* [1]

Das aufstrebende Bürgertum hatte ein ökonomisches und ein ideologisches Interesse an den Naturwissenschaften und förderte sie. Andererseits erweiterten die großen wissenschaftlichen Entdeckungen des 17. Jahrhunderts den geistigen Horizont des Bürgertums beträchtlich. Diese Wechselwirkung zwischen den Interessen des Bürgertums und den Erfolgen der Naturwissenschaft stimulierte die Aufnahme kräftiger materialistischer Züge in die Philosophie und in die Ideologie der neuen Gesellschaft.

Im Prozeß der allgemeinen gesellschaftlichen Entwicklung formierte sich die klassische Naturwissenschaft in Europa. Sie ging hervor aus einer Synthese von Praxis und Theorie und gründete sich auf Beobachtung und Experiment. Am raschesten entwickelten sich dabei diejenigen Gebiete der Naturwissenschaft, die am engsten mit der Entwicklung der Produktivkräfte verbunden waren. Das war vor allem die Mechanik und in ihrem Kielwasser die Optik; wie FRIEDRICH ENGELS schrieb:

✦ *Die Hauptarbeit in der nun angebrochenen ersten Periode der Naturwissenschaft war die Bewältigung des nächstliegenden Stoffs. Auf den meisten Gebieten mußte ganz aus dem Rohen angefangen werden. Das Altertum hatte den Euklid und das ptolemäische Sonnensystem, die Araber die Dezimalnotation, die Anfänge der Algebra, die modernen Zahlen und die Alchemie hinterlassen; das christliche Mittelalter gar nichts. Notwendig nahm in dieser Lage die elementarste Naturwissenschaft, die Mechanik der irdischen und himmlischen Körper, den ersten Rang ein, und neben ihr, in ihrem Dienst, die Entdeckung und Vervollkommnung der mathematischen Methoden.* [2]

Mit der im 16. Jahrhundert beginnenden Anwendung von Maschinen war der Naturwissenschaft ein Impuls gegeben, der

✦ *...den großen Mathematikern jener Zeit praktische Anhaltspunkte und Reizmittel zur Schöpfung der modernen Mechanik darbot.* [3]

Die Mechanik der Himmelskörper wie auch der irdischen Massen rückte in das Zentrum des naturwissenschaftlichen Interesses. Die Mechanik erlangte eine dominierende Stellung und drückte der gesamten Naturwissenschaft ihren Stempel auf. Indes sind dafür nicht allein praktische Bedürfnisse, sondern auch erkenntnistheoretische Gründe bestimmend gewesen. Die mechanische Bewegungsform ist die einfachste unter den Bewegungsformen der Materie. FRIEDRICH ENGELS merkte hierzu an:

✦ *Die Untersuchung über die Natur der Bewegung mußte selbstredend von den niedrigsten, einfachsten Formen dieser Bewegung ausgehn und diese begreifen lernen, ehe sie in der Erklärung der höheren und verwickelten Formen etwas leisten konnte. So sehen wir, wie in der geschichtlichen Entwicklung der Naturwissenschaften die Theorie der einfachen Ortsveränderung, die Mechanik der Weltkörper wie der irdischen Massen, zuerst ausgebildet wird; ihr folgt die Theorie der Molekularbewegung, die Physik, und gleich hinter ihr, fast neben ihr und stellenweise ihr voraus, die Wissenschaft von der Bewegung der Atome, die Chemie.* [4]

Zur Herausbildung der auf Mathematik und Mechanik begründeten Naturwissenschaften bedurfte es zunächst einer kritischen Sichtung und Überprüfung des wissenschaftlichen Erbes vom Standpunkt der neuen Bewertung der Wirklichkeit. Diese Aufgabe mußte durch eine Persönlichkeit bewältigt werden,

✦ *...die den Sinn und die Fähigkeit für wissenschaftliches Denken und theoretisches Abstrahieren mit der Aufgeschlossenheit für Tatsachen und dem Bewußtsein ihrer Unumstößlichkeit verband. Um zu einer vollen Synthese zu gelangen, mußte zugleich sowohl die ökonomische Kurzsichtigkeit der Praktiker als auch die Starrheit und der Bildungs- und Standesdünkel der Gelehrten überwunden werden, die unkritisch an einer sich schon auflösenden und zerfallenen Naturanschauung festhielten.* [5]

Diesen die Epoche prägenden Schritt hat GALILEO GALILEI getan, der als Vertreter der offiziellen Wissenschaft neben seiner Tätigkeit als Universitätsgelehrter Kontakte zur Praxis gepflegt und selbst zeitweise eine eigene Werkstatt für den Bau wissenschaftlicher Instrumente betrieben hat [6].

Infolge der vorrangigen Entwicklung der Mechanik wurden alle Erscheinungen der anorganischen wie auch der organischen Natur hauptsächlich unter mechanischem und geometrischem Aspekt betrachtet und untersucht. Das führte zu einer »Mechanisierung des Weltbildes« [7], eine Entwicklung, die mit der Begründung der modernen Mechanik durch GALILEI begann und in der Physik ISAAC NEWTONS ihren vorläufig abschließenden Höhepunkt fand.

Zur allgemein anerkannten methodischen Grundlage der Naturwissenschaften entwickelte sich im 17. Jahrhundert die experimentelle Methode, die sich in ihrer Anwendung fast ausschließlich auf die Analyse der Naturerscheinungen beschränkte. Die Herausbildung der experimentellen Methode beschleunigte nicht nur die Loslösung der Naturwissenschaften von der Philosophie, sondern auch die Tendenz ihrer Differenzierung in einzelne mehr oder minder selbständige Disziplinen mit eigenem Forschungsgegenstand und zum Teil auch bereits mit spezifischen Forschungsmethoden.

Diese Entwicklung wirkte sich natürlich auch auf die Philosophie aus, die sich vor die Aufgabe gestellt sah, ihr Verhältnis zur Naturwissenschaft zu überprüfen und zu korrigieren. War die Naturforschung bis dahin ein mehr oder weniger integrierter Bestandteil der Philosophie gewesen, so stand die Philosophie jetzt vor dem Problem, die neue gesellschaftliche Funktion der Naturwissenschaft zu verallgemeinern und eine allgemeine Methode der wissenschaftlichen Erkenntnis auszuarbeiten, auf der die naturwissenschaftliche Forschung aufbauen konnte.

Den ersten wesentlichen Schritt, die neue gesellschaftliche Funktion der Wissenschaft zu formulieren und philosophisch zu verarbeiten, vollzog der englische Philosoph, Staatsmann und Jurist FRANCIS BACON, der, wie KARL MARX schrieb,

✦ *...wahre Stammvater des englischen Materialismus und aller modernen experimentierenden Wissenschaft* [8].

Nach der Auffassung BACONS muß der Mensch die Natur beherrschen. Der Grad der Naturbeherrschung hängt dabei aber vom Maß der Naturerkenntnis ab. Die Menschheit braucht dazu eine neue Wissenschaft, deren Gegenstand die Natur, deren Aufgabe die Umwandlung der Natur in ein Reich des Menschen ist:

✦ *Das wahre und gesetzmäßige Ziel der Wissenschaft ist nichts anderes als dies, das menschliche Leben mit neuen Erfindungen und Reichtümern auszustatten.* [9]

Mit der neuen Auffassung vom Wesen der Wissenschaft war notwendig eine innige Verbindung von Theorie und Praxis sowie eine neue Methode verbunden, mit deren Hilfe die Wissenschaft ihre Zielstellung erreichen konnte. Auch diesem Problem hat BACON größte Aufmerksamkeit gewidmet und gefordert, daß die Wissenschaft sich nicht damit begnügen dürfe, Tatsachen und Fakten zu sammeln und zu systematisieren, sondern daß sie diese Tatsachen verarbeiten und verallgemeinern müsse. Nach BACON darf der Wissenschaftler nicht der Ameise gleichen, die sich nur mit dem Sammeln und dem Verzehr des Gesammelten beschäftigt, sie darf sich aber auch nicht wie eine Spinne vom Leben abwenden und aus der Vernunft ein spitzfindiges Spinnengewebe bauen. BACON vergleicht den Wissenschaftler vielmehr mit einer Biene, die den Nektar der Blüten sammelt und zu Honig verarbeitet [10].

Mit dieser Haltung gelangte BACON zu bemerkenswerten Vorstellungen über die Organisation der Wissenschaft, die nicht ohne Einfluß auf die Formierung der klassischen Naturwissenschaften als gesellschaftliche Institution geblieben sind. Die **neue gesellschaftliche Funktion der Wissenschaft**, ihre Differenzierung in selbständige wissenschaftliche Disziplinen erforderten neue Formen der wissenschaftlichen Arbeit selbst wie auch der Zusammenarbeit der Gelehrten. Das führte bereits seit der ersten Hälfte des 17. Jahrhunderts zur Gründung von wissenschaftlichen Akademien, in denen sich Vertreter der freien Berufe zusammenfanden. 1657 wurde die Accademia del Cimento in Florenz gegründet, die allerdings nur zehn Jahre bestand, 1635 die Académie française in Paris, 1662 die Royal Society in London, 1700 die Kurfürstlich-Brandenburgische Sozietät der Wissenschaften zu Berlin.

Neben der philosophischen Bewältigung der gesellschaftlichen Funktion der Wissenschaft und der Ausarbeitung ihrer wissenschaftlichen Methode stand die Philosophie vor der Aufgabe, die neuen wissenschaftlichen Erkenntnisse zu verarbeiten und aus deren Verallgemeinerung der Wissenschaft ein tragfähiges erkenntnistheoretisches Fundament zu schaffen. Den Ansatzpunkt dafür bot eine im Kern materialistische Beantwortung der Grundfrage der Philosophie, wenigstens was den Bereich der Natur betraf.

Allerdings trug dieser Materialismus ausgeprägt metaphysische Züge. Entsprechend der Entwicklung der klassischen Naturwissenschaften trat auch in der Philosophie die mechanische Interpretation der Natur in den Vordergrund.

Der mechanische Materialismus folgte im wesentlichen zwei Tendenzen. Die eine Richtung ging von der Hypothese aus, daß der Raum vollständig und kontinuierlich von Materie erfüllt sei, deren Teile durch mechanische Impulse aufeinander wirken. Diese Auffassung vertrat im Anschluß an GALLILEI der französische Philosoph und Mathematiker RENÉ DESCARTES. Er ging von der Grundthese aus, daß das Weltall materiell und unendlich und die Materie, obgleich sie aus Korpuskeln bestehe, bis ins Unendliche teilbar sei. Wegen der kontinuierlichen Raumerfüllung der Materie sei ein Vakuum nicht möglich. Alle Erscheinungen sollten daher durch eine Ortsveränderung der Korpuskeln, aus ihrer gegenseitigen mechanischen Einwirkung im Augenblick des unmittelbaren Kontakts und aus Formveränderungen der Teilchen erklärbar sein [11].

Im Gegensatz zu dieser Auffassung ging die zweite Richtung von einer diskontinuierlichen Erfüllung des leeren Raumes durch Atome aus. Die Atome stellte man sich als massive materielle Teilchen mit Beharrungsvermögen vor, die sich im leeren Raum bewegen. Der hervorragende Vertreter dieser Richtung war der französische Geistliche PIERRE GASSENDI, ein Anhänger GALILEIS. GASSENDI bekannte sich zu dem wiederentdeckten demokritisch-epikureischen Atomismus der Antike, den er entschärfte und dem er eine für das Christentum annehmbare Gestalt gab. Die atomistische oder korpuskulare Auffassung von der Struktur der Materie erwies sich nach dem Urteil von FRIEDRICH ENGELS für die Erklärung einer großen Zahl unterschiedlicher Naturerscheinungen als außerordentlich brauchbar.

◆ *Die Korpuskularhypothese entsprach augenscheinlich dem mathematisch-mechanischen Zug der Zeit am besten. In Anlehnung an die Dynamik von Galilei und Descartes war es viel einfacher, die Bewegung solcher kleinen punktförmigen Partikeln zu verfolgen als die von Stücken eines homogenen Raumes.* [12]

Die neue mechanistische Philosophie erwies sich in beiden Richtungen als außerordentlich nützlich für die klassischen Naturwissenschaften des 17. Jahrhunderts. Sie bot als Ideengebäude ein einziges Erklärungsschema an, das von starker innerer Konsequenz war und sich für die Physik ebenso wie für die Chemie eignete. Indes gelang es im 17. Jahrhundert nicht, eine Korpuskulartheorie so aufzubauen, daß sich die Korpuskeln oder Atome nur durch Bewegungszustand und Größe unterschieden. Im Gegenteil, während GALILEI nur drei primäre Eigenschaften – Gestalt, Zahl, Bewegung – forderte, aus denen alle anderen sekundären Eigenschaften ableitbar sein sollten, lief die Tendenz dahin, die atomistische Erklärung so vollkommen wie denkbar zu machen und den Korpuskeln alle nur möglichen Eigenschaften zuzuschreiben, die sich sonst nur an makroskopischen Körpern zeigen. Dadurch liefen in letzter Konsequenz die verschiedenen Korpuskulartheorien darauf hinaus, die Eigenschaften nur neu zu verteilen. Möglicherweise gerade deshalb fielen im 17. Jahrhundert korpuskulartheoretische Vorstellungen in der Chemie auf fruchtbaren Boden.

Mit der Erweiterung und Vertiefung der Kenntnis chemischer Prozesse geriet die Chemie in Widerspruch zur aristotelischen Elementenlehre, die von PARACELSUS im Grunde genommen nur modifiziert und dem Wissensstand der Chemie im 16. Jahrhundert angepaßt worden war [13]. Dieser Widerspruch zwischen der gewachsenen chemischen Erkenntnis und der unzulänglichen philosophischen Verallgemeinerung förderte seit Beginn des

17. Jahrhunderts das Eindringen und die Aufnahme atomistischer Vorstellungen über die Struktur der Materie in die Chemie.

Durch die Korpuskulartheorie hielt die Mechanik Einzug in die Chemie. Die Atome wurden mit besonderen Eigenschaften oder Qualitäten ausgestattet. Sie besaßen Festigkeit, Undurchdringlichkeit, unterschiedliche Größe und Gestalt; sie waren mit Häkchen oder Spitzen versehen, mit denen sie sich gegenseitig festhalten oder einander durchdringen sollten. Mit Hilfe solcher Eigenschaften, bei deren Aufstellung es nicht an Ideen mangelte, versuchte man die Mannigfaltigkeit chemischer Vorgänge und Erscheinungen zu erklären. Wahrscheinlich ist es gerade jener Umstand gewesen, daß die Korpuskeln trotz ihrer nicht mehr wahrnehmbaren Kleinheit durch ihre zahlreichen Eigenschaften gewissermaßen sinnlich erfaßbar wurden, der den Korpuskulartheorien relativ rasch Eingang in die Chemie verschafft hat. Die meisten Chemiker des 17. Jahrhunderts fühlten sich in irgendeiner Form atomistischen oder korpuskularen Hypothesen verpflichtet. So fanden der deutsche Arzt DANIEL SENNERT, der deutsche Chemiker JOACHIM JUNGIUS und der englische Gelehrte ROBERT BOYLE in den Korpuskulartheorien ein der chemischen Erfahrung besser entsprechendes Mittel zur Deutung chemischer Vorgänge, als es sich in den Elementenlehren aristotelischer oder paracelsischer Prägung darbot.

Die korpuskulartheoretischen Vorstellungen setzten sich in der Chemie freilich nicht schlagartig durch. Die verschiedensten Varianten der Korpuskulartheorie und der Elementenlehre koexistierten zunächst miteinander, und es hat nicht an Versuchen gefehlt, beide in Übereinstimmung zu bringen. Dazu schrieb E. J. DIJKSTERHUIS:

✦ *Wie unwiderstehlich reine Aristoteliker sich in die Arme des Empedokles und Demokrit getrieben fühlten, zeigt sich wohl am deutlichsten darin, daß der deutsche Arzt und Chemiker Sennert sich solche Mühe gibt, nachzuweisen, daß die aristotelische Lehre der minima naturalia sich gar nicht so sehr von den Korpuskulartheorien unterscheide, wie oft behauptet wird.* [14]

Das gleiche traf aber auch auf GASSENDI zu:

✦ *Im Hinblick auf die Anwendung von Gassends Ideen in der Chemie ist ... von Bedeutung, daß er bestimmte Gruppierungen von Atomen, die er concretinunculae oder Molküle nennt, eine selbständige Existenz zuschreibt. Das gibt ihm die Möglichkeit, mit den minima der vier Elemente Erde, Wasser, Luft und Feuer oder der drei principia Merkur, Sulfur und Sal zu operieren und dabei vom Aufbau dieser minima aus Atomen vorübergehend zu abstrahieren.* [15]

Indes haben sich gegenüber den Elementenlehren die Korpuskulartheorien, wie in der gesamten Naturwissenschaft, auch in der Chemie des 17. Jahrhunderts als außerordentlich fruchtbar erwiesen.

Kristallisieren oder zu Kristall anschießen lassen

Für korpuskulartheoretische Anschauungen erwiesen sich die Vorgänge der Auflösung und Ausscheidung von Salzen als anschauliche Beispiele, zumal es für deren Erklärung gleichgültig war, ob die Salzkorpuskeln elementaren Charakter im paracelsischen Sinne tragen oder ob sie Atome oder aus Atomen zusammengesetzte Partikeln sind. Hierbei zeigte sich GASSENDIS Annahme als nützlich, daß die Atome zu größeren Einheiten fest zusammentreten können.

Der Übergang zur korpuskulartheoretischen Interpretation der Congelation vollzog sich nicht plötzlich, sondern in dem Maße, wie sich die Korpuskulartheorien in der Chemie selbst durchsetzten. Doch bereits DANIEL SENNERT beschäftigte sich mit dem Problem der Auflösung und Ausscheidung von

Salzen, die als typische Beispiele für die von ihm eingeführten Begriffe ›Syncrisis‹ – Verunreinigung – und ›Diacrisis‹ – Scheidung – galten. Die Deutung der Congelation als ›Diacrisis‹ wurde im 17. Jahrhundert allgemein angenommen und von Joachim Jungius präziser formuliert. In einer seiner Disputationen postulierte er:

◆ *Wenn aus Salz und Wasser Salzlake wird, ... so sagt man, daß eine Zusammenmischung (Syncrisis) stattfindet.* [16]

So findet eine Entmischung (Diacrisis) der Salzlake statt, wenn dieselbe in Dampf und Salz sich scheidet ... [17]

Mit der korpuskulartheoretischen Auffassung vom Wesen der Congelation als Bewegung der Salzpartikel in einer Lösung war zugleich auch der Weg für ein besseres Verständnis der geometrischen Formen der Salzkristalle geebnet. Der Gedanke, die Kristalle könnten aus Korpuskeln oder Atomen aufgebaut sein, war jedoch zu Beginn des 17. Jahrhunderts schon nicht mehr ganz neu. Bereits Johannes Kepler beschäftigte in seiner Neujahrsschrift »De nive« von 1611 [18] die Frage, ob die Schneekristalle nicht, ähnlich den Granatäpfelkernen in ihrer Frucht, aus kleinen kugelförmigen Partikeln zusammengesetzt sein könnten. Er spielte sogar schon die Möglichkeiten der dichtesten Kugelpackung exakt durch, verwarf jedoch diesen Gedanken wieder [19]. Auch im späteren 17. Jahrhundert begegnen wir Versuchen, Kristallformen aus sphärischen Korpuskeln aufzubauen. Indes haben sich solche Gedanken nicht durchgesetzt. Der Erklärung der geometrischen Kristallformen kam das Bestreben viel mehr entgegen, in die Atome oder Korpuskeln alle nur denkbaren, makroskopisch wahrnehmbaren Eigenschaften der Körper hineinzuprojizieren. Es lag nahe, die makroskopische Gestalt der Kristalle als aus gleichgestalteten Korpuskeln zusammengesetzt zu erklären. Bereits Gassendi dachte an diese Möglichkeit:

◆ *Da die Korpuskeln des Salzes Würfel sind ... können sie kleine Hohlräume ausfüllen, die selbst Würfel sind; und da nicht nur das gemeine Salz, sondern auch der Alaun, der oktaedrisch ist, der Salpeter, wie auch das Sal Armoniacum, der Zucker und andere, die andere Figuren besitzen, ebenso in Wasser löslich sind, befinden sich demzufolge im Wasser ebenfalls kleine Hohlräume oktaedrischer oder einer entsprechenden anderen Art; so daß das Wasser, obgleich mit Salz gesättigt worden, nichtsdestoweniger auch Alaun und alle anderen auflösen und in sich behalten kann.* [20]

Diese Vorstellung vom Aufbau der Salzkristalle wurde in verschiedener Variation sehr bald zum Allgemeingut der Physiker und Chemiker des 17. Jahrhunderts. Dabei neigten die Chemiker sehr dazu, in der geometrischen Gestalt der Korpuskeln zugleich auch noch weitere charakteristische Eigenschaften der Salze zu erfassen. Beispielsweise erklärte der französische Chemiker Nicolas Lémery in seinem 1675 erschienenen »Cours de Chymie« [21] umständlich den Geschmack der Salze aus der geometrischen Gestalt der Salzteilchen:

◆ *Nachdem man die Natur einer so verborgenen Sache, als das Saltz hat, nicht besser erklären kan, als wenn man ihren Theilen, daraus sie bestehet, solche Figuren, die mit allen ihren Würckungen zumisset: so will ich sagen, es bestehe die aciditas eines liquoris oder säuerliche Schärffe eines flüßigen Dinges in denen spitzigen Theilgen derer Salium, welche in Bewegung stehen: und verhoffentlich wird mich niemand überreden wollen, es habe das Acidum keine Spitzen, dieweil diß alle Experientz bezeuget: man darffs nur kosten, so wird man gleich so urtheilen: denn es verursacht auf der Zunge solche Stiche, die entweder gantz gleich oder doch sehr nahe denen kommen, welche man von gantz scharff zugespitzten Materien empfähet: aber eine völlige Demonstration und Überzeugung, daß das Acidum aus spitzigen Theilen bestehe, kan uns diese Anmerckung geben, da sich nicht allein jedes Sal acidum spitzenweis crystallisiret, sondern auch alle Auflösungen unterschiedener Materien, die man durch liquores acidos verrichtet, nehmen diese Figur bey ihrer Crystallisation an. Diese Crystall-Stückgen bestehen aus solchen Spitzen, da eines von denen andern in der Länge und Dicke unterschieden ist: Welcher Unterschied daher kömmet, nachdem ihre Spitzen von den unterschiedenen Gattungen der Acidorum mehr oder weniger geschärfft seyn.* [22]

So naiv solche und ähnliche Vorstellungen auch sein mochten, sie trugen doch zur Überwindung des alten Begriffes der Congelation bei. Um die Mitte des 17. Jahrhunderts bildete sich unter dem Einfluß korpuskulartheoretischer Vorstellungen der neue Begriff ›crystallisatio‹ – Kristallisation – heraus, wobei sich nicht genau datieren läßt, wann und von wem er geprägt und eingeführt worden ist. Indes hat sich der Begriff der Kristallisation sehr schnell eingebürgert, wenngleich er, obwohl inhaltlich scharf definiert, über lange Zeit mit dem alten Begriff der Congelation koexistierte und zuweilen mit diesem synonym gebraucht wurde. So gab der Apotheker CHRISTOPH GLASER 1672 in seinem »Novum Laboratorium Medico-Chymicum« [23] folgende Definition der Kristallisation an:

✦ *Crystallisieren/ oder zu Crystall lassen anschießen/ geschiehet/ wenn man das Nitrium, Salz/ Vitriol/ und andere/ erstlich auflöset/ filtriret und wiederum bis zu einem Häutlein/ abrauchen lässet/ dann legt man sie an die kalte Lufft/ da sich das Saltz nach und nach congelieret/ und indem es einen Theil des Wassers/ womit es aufgelöst worden/ bey sich behält/ so wird es davon durchleuchtend und Crystallinisch/ welche Durchleuchtigkeit es von der geringsten Sonnen Wärme verliehret/ indem es des Wassers beraubet/ und also schatty gemacht wird.* [24]

Freilich wird hier der Vorgang der Kristallisation noch mit Hilfe des Begriffes der Congelation erklärt, doch zeigen die Ausführungen GLASERS, denen sich andere hinzufügen ließen, deutlich, daß sich mit dem Übergang zur korpuskulartheoretischen Deutung der Congelation und der Herausbildung des Begriffes der Kristallisation die Kenntnisse über diesen Naturprozeß sprunghaft erweitert hatten. So ist beispielsweise bei GLASER der Begriff des Kristallwassers bereits vorgebildet.

Mit der Zurückführung der Kristallformen der Salze auf ihre korpuskulare Struktur und mit der Erklärung der Kristallisation als eine geordnete Aneinanderlagerung von Korpuskeln sind in der Mitte des 17. Jahrhunderts sowohl die Kristalle als auch die Kristallisation zu einem separaten Gegenstand naturwissenschaftlicher Studien geworden, wobei die enge Bindung an praktische Probleme nicht verlorengegangen ist. Indes wurden solche Studien über einen langen Zeitraum nur sporadisch von einzelnen Naturforschern und meistens im Zusammenhang mit anderen Problemstellungen betrieben.

Ein schöner Anblick der gesunden Natur

Ein ganz wesentliches Moment bei der Herausbildung und Entwicklung des Begriffes Kristallisation war, daß die theoretischen Überlegungen von Anfang an durch experimentelle Untersuchungen unterstützt worden sind. Dabei handelte es sich sowohl um Kristallisationsversuche im Bereich des Makroskopischen als auch um Beobachtungen im Bereich des Mikroskopischen, die durch die Erfindung des Mikroskops als einem neuen wissenschaftlichen Instrument möglich geworden waren.

Die Bedeutung experimenteller Studien über die Kristallisation für die Naturforschung im allgemeinen und die Erkenntnis des Wesens der Kristalle im besonderen ist frühzeitig erkannt und gewürdigt worden. Sehr eindrucksvoll hat das ROBERT HOOKE formuliert, indem er schrieb:

✦ *... wir müssen nicht so sehr im Dunkeln tappen wie bei den meisten anderen Untersuchungen, in denen das Inventum groß ist; da wir eine solche Vielfalt von Beispielen zu vergleichen haben und über so leichte Wege des Hervorbringens oder des Verbindens und Zerstörens der Form verfügen, wie bei der Auflösung und Kristallisation von Salzen, können wir nicht umhin, diese reichhaltige Information zu studieren, um weiter voranzukommen.* [25]

Die Anfänge der experimentellen Untersuchung der Kristallisation lassen sich wenigstens bis in die erste Hälfte des 17. Jahrhunderts zurückverfolgen. Damit einher ging die Einsicht, daß sich die Kristallforschung zu einem besonderen Gegenstand der Naturforschung entwickeln müsse. Bereits 1635 beschäftigte sich der wenig bekannte schottische Arzt WILLIAM DAVISSON, der als Professor der Chemie am Jardin du Roi in Paris tätig gewesen ist, im vierten Teil seines Buches »Philosophia pyrotechnica, seu Cursus chymiatricus« [26] ausführlich mit den Salzkristallen und ihrer Entstehung und brachte die Kristallformen in Zusammenhang mit den fünf platonischen Körpern. Die Beschäftigung mit solchen Fragen bezeichnete DAVISSON als Cristallognosie und als

✦ *... ein neues Werk und, soviel ich weiß, von niemanden vor mir bearbeitet ...* [27]

Den wahrscheinlich frühesten Hinweis auf die makroskopische experimentelle Untersuchung der Kristallisation enthält das umfangreiche Werk »Mundus subterraneus« [28] des gelehrten Jesuiten und Polyhistors ATHANASIUS KIRCHER aus Fulda. In diesem Werk beschrieb KIRCHER ein Experiment, durch welches sich die »Crystallogenesia« erklären lasse, worunter er die Entstehung des Bergkristalls verstand. Es ist bemerkenswert, daß gleich zu Beginn solcher Studien das alte Problem der Entstehung von Mineralen von dieser Seite her zu lösen versucht wurde. KIRCHER beschreibt seine Versuchsanordnung folgendermaßen:

✦ *Nimm zum Wasser Salpeter oder ein anderes Salz, ... so daß das Wasser solange als möglich durchsichtig bleibt. Das getan, nimm Seidenfäden oder Roßhaare, aufgespannt zu einer dreieckigen oder sechseckigen prismatischen Figur, die Du in die vorbereitete Lösung hineinhängst und, nachdem Du sie drei oder vier Tage, oder mehr oder weniger daringelassen hast, findest Du alle Salzkorpuskeln angehängt, die im Verlaufe der Zeit durch das ständige Hinzuströmen der Partikeln eine kristalline Form annehmen, die nicht überall eckig ist, sondern die ebenso aufragen, wie in einer Fabrik die Salzsäulen: Das ist ein schöner Anblick der gesunden Natur, der beweist, wie die Salzkorpuskeln durch magnetische Kraft angezogen werden und in einer eckigen Masse anwachsen.*

Niemand sollte daran zweifeln, daß die Natur durch den ihr innewohnenden Actinobolismus ebenso verfährt, wie wir es durch dieses künstliche Vorgehen zeigten. [29]

Es ist fraglich, ob KIRCHER die von ihm beschriebene und mit einer Abbildung versehene Versuchsanordnung selbst erdacht und ob er damit eigene Experimente ausgeführt hat. Wahrscheinlicher ist, daß sie ihm von anderer Seite mitgeteilt worden ist oder er sie von einem anderen, nicht genannten Autoren übernommen hat.

Wesentlich an dieser Versuchsanordnung ist indes, daß die übliche Laboratoriumsmethode der Kristallisation, wie sie beispielsweise von LIBAVIUS angegeben worden ist und die ihrerseits von dem technologischen Verfahren der manufakturellen Produktion abgeleitet war, jetzt so verändert und verfeinert wurde, daß sie sich zum experimentellen Studium der Kristallisation und bei sehr sorgsamer Arbeit vielleicht auch schon zur Züchtung von relativ großen einzelnen Kristallen eignete: An die

Stelle der Zweige oder Strohhalme, an denen die Salzkristalle aufwachsen sollten, traten Seidenfäden oder Roßhaare und die hölzernen oder irdenen Tröge wurden durch ein gläsernes Kristallisiergefäß ersetzt. Damit war eine Kristallisationsapparatur vorgebildet, wie sie mit geringen Änderungen und Verbesserungen bis weit ins 19. Jahrhundert hinein in Gebrauch geblieben ist.

Bemerkenswert ist auch der Versuch KIRCHERS, die Kräfte zu erklären, durch die die Salzkorpuskeln in der Lösung bewegt und zu Kristallen zusammengeführt werden. KIRCHER verglich diese Kräfte mit dem Magnetismus; eine zeitgemäße und für ihn naheliegende Erklärung, da er ausführliche Studien über den Magnetismus betrieben hat.

Solche Kristallisationsversuche waren indes nicht die einzige Möglichkeit, um zur Klärung der Probleme der Kristallisation beitragen zu können. Nahezu gleichzeitig mit der Untersuchung der Kristallisation im Bereich des Makroskopischen wurde auch das Studium von Kristallisationserscheinungen mit Hilfe des Mikroskops aufgenommen. Solche Studien schienen besonders geeignet zu sein, die korpuskulartheoretische Interpretation der Kristallformen zu stützen, zeigte sich doch, daß sich die makroskopische Gestalt der Kristalle unverändert auch im mikroskopischen Bereich wiederfand.

Der erste Naturforscher, der sich mit der mikroskopischen Untersuchung von Kristallen befaßt hat, war der Engländer ROBERT HOOKE, Kurator für Experimente und später einer der Sekretäre der Royal Society in London. In seinem 1664 erschienenen Werk »Micrographia: Or some physiological descriptions of minute bodies made by magnifying glasses« [30], das auch die Entdeckung der Pflanzenzelle enthält, hat HOOKE aufgrund seiner mikroskopischen Beobachtung der Kristallisation seine Auffassung von der atomistischen Struktur der Kristalle mitgeteilt. Dabei gelangte HOOKE zu dem Schluß, daß die Kristalle aus Kugeln und Kügelchen aufgebaut sein müssen; ein Gedanke, den bereits KEPLER hinsichtlich der Schneekristalle erwogen, aber als unannehmbar wieder verworfen hatte. HOOKE schrieb in diesem Kontext:

✦ *...ich denke, hätte ich Zeit und Gelegenheit, so könnte ich es wahrscheinlich machen, daß alle diese regelmäßigen Figuren, die so offenkundig vielfältig und eigentümlich sind und die solche Mengen von Körpern zieren und verschönen, ... aus nur drei oder vier unterschiedlichen Positionen oder Stellungen der kugelförmigen Partikel resultieren, und zwar jener einfachsten, offenkundigsten und notwendigsten Verbindungen so gestalteter Partikel, die möglich sind, so daß ... die koagulierenden Partikel notwendigerweise einen Körper von einer solchen bestimmten regelmäßigen Gestalt und nicht von einer anderen bilden... Un dies habe ich ad oculum demonstriert mit einer Anzahl von Flintenkugeln und einigen anderen sehr einfachen Körpern, so daß es keine regelmäßige Gestalt ... gab, die ich nicht durch die Zusammensetzung von Flintenkugeln oder Kügelchen und einem oder zwei anderen Körpern nachahmen konnte, fast sogar schon, indem ich sie zusammenschüttelte.* [31]

Man muß zu diesen Überlegungen HOOKES anmerken, daß die Erklärung der Struktur der Kristalle aus sphärischen Korpuskeln eine Folgerung aus korpuskulartheoretischen Vorstellungen war, die im 17. Jahrhundert insbesondere in der Physik verbreitet gewesen sind. Einfacher und zugleich aussichtsreicher erschien es indes, die Erklärung der makroskopischen Kristallform aus geometrisch gleichgestalteten polyedrischen Bausteinen herzuleiten; insbesondere auch deshalb, weil dadurch die Frage nach der kontinuierlichen oder diskontinuierlichen Raumerfüllung umgangen werden konnte.

Nur wenige Jahre später als HOOKE bezog der niederländische Gelehrte ANTONIE VAN LEEUWENHOEK die Kristallisation in den Kreis seiner mikroskopischen Studien ein. Die Ergebnisse seiner Beobachtungen hat LEEUWENHOEK in mehreren Briefen aus den Jahren 1675, 1679 und 1685 der Royal Society in London mitgeteilt.

LEEUWENHOEK untersuchte unter dem Mikroskop eine ganze Reihe von Salzen – Alaun, Kupfervitriol, Glaubersalz, Kochsalz, Salpeter, Weinstein u. a. – und machte dabei die Entdeckung, daß die kleinsten Kristalle in kurzer Zeit ihre Größe veränderten, ohne daß sich dabei ihre Gestalt veränderte. So schrieb er vom Kupfervitriol:

✦ *Diese Figürchen nahmen in kurzer Zeit an Größe sehr zu, ja so sehr, daß dieselben in 2 oder 3 Minuten Zeit wohl hundertmal größer wurden, indes behielten sie dieselbe Gestalt, denn sie nahmen sowohl in der Länge, als auch in der Breite zu.* [32]

Diese verschiedentlich gemachte Beobachtung veranlaßte LEEUWENHOEK zu dem Gedanken, daß die großen Kristalle der Salze aus kleinen Kristallen aufgebaut seien und daß diese wiederum aus noch viel kleineren derselben Form bestünden.

Diesen Gedanken setzte LEEUWENHOEK konsequent fort: Da er beobachten konnte, daß die Kriställchen, sobald sie aus einer Lösung kristallisierend unter dem Mikroskop sichtbar wurden, bereits ihre eigentümliche Form hatten, gelangte er zu dem Schluß, daß die Kristalle aus allerkleinsten Teilchen bestehen müßten, die ebenfalls die gleiche Gestalt aufweisen, selbst dann, wenn sie in Wasser aufgelöst und unter dem Mikroskop unsichtbar sind. Nach dem Vorbild DESCARTES' dachte er dabei an eine lückenlose Raumerfüllung in der Weise, daß er sich die polyedrischen Bausteine aufeinandergestapelt vorstellte. Auch glaubte LEEUWENHOEK, die Eigenschaften der Salze aus ihrer Form erklären zu können [33].

Da seine an die Royal Society gerichteten Briefe zu einem großen Teil in den »Philosophical Transactions« abgedruckt wurden, gelangten LEEUWENHOEKS Beobachtungen und Schlußfolgerungen einem großen Kreis von Gelehrten zur Kenntnis. Diesem Umstand und wohl auch dem für die damalige Zeit sensationellen Charakter seiner Entdeckungen ist es zuzuschreiben, daß LEEUWENHOEKS Überlegungen rasch verbreitete Anerkennung gefunden haben. Hinzukommt, daß LEEUWENHOEKS Ergebnisse leicht mit den herrschenden philosophischen Anschauungen über die Struktur der Materie in Einklang zu bringen waren. Das gilt sowohl für die Auffassung DESCARTES', da die Kristallbausteine den Raum ja lückenlos erfüllen sollten, aber auch für die auf GASSENDI zurückgehenden Korpuskulartheorien, wenn man die Bausteine als aus Korpuskeln zusammengesetzte Einheiten auffaßte, die polyedrische Gestalt besitzen. Es ist bemerkenswert, daß sich unter den Gelehrten, die sich in der zweiten Hälfte des 17. Jahrhunderts mit Problemen der Kristalle befaßt haben, sowohl Anhänger einer diskontinuierlichen Struktur der Materie als auch Anhänger DESCARTES' befunden haben, ohne daß es zwischen ihnen zum Streit gekommen wäre.

Indes ließen die Beobachtungen über das Wachstum von Kristallen auch die Möglichkeit zu, der Entscheidung zwischen diskontinuierlicher und kontinuierlicher Raumerfüllung der Materie überhaupt auszuweichen. Diese Möglichkeit ergab sich daraus, daß man lediglich einen unsichtbar kleinen polyedrischen Kristallkeim von der gleichen Gestalt wie der makroskopische Kristall vorauszusetzen brauchte, dessen Wachstum man im mikroskopischen und makroskopischen Bereich verfolgte. Diesen Weg ist der dänische Anatom, Naturforscher und späterer Weihbischof von Münster, NIELS STENSEN (NICOLAUS STENONIS, auch STENO) gegangen. STENSEN publizierte im Jahre 1669 eine Schrift mit dem Titel »De Solido intra Solidum naturaliter contento Dissertationis Prodromus« [34], in der er als Vorläufer einer für später in Aussicht genommenen größeren Abhandlung in knapper Form die Ergebnisse seiner geolgoischen, mineralogischen und kristallkundlichen Studien zusammengefaßt hat. Diese Schrift zählt zu den wertvollsten Quellen der Naturwissenschaft im 17. Jahrhundert; die geplante Abhandlung indes ist nicht erschienen.

Vorläufer einer Dissertation

STENSEN, Sohn eines Goldschmiedes in Kopenhagen, studierte an der Universität seiner Vaterstadt und in Amsterdam Medizin. Bedeutende anatomische Entdeckungen ließen ihn in Gelehrtenkreisen schon in jungen Jahren bekannt werden. Über Frankreich ging STENSEN 1666 nach Florenz, wo ihm der Großherzog von Toscana günstige Arbeitsbedingungen bot. STENSEN wurde Mitglied der wenig später unter dem Druck der Gegenreformation aufgelösten Accademia del Cimento in Florenz, die unter dem Motto »Prüfen und immer wieder prüfen!« die neue Naturwissenschaft förderte. In Florenz wandte sich STENSEN dem Studium der Erdschichten, der Versteinerungen, der Gesteine und Minerale zu.

Indes geriet STENSEN in Italien unter den Einfluß gelehrter Jesuiten und eifriger Katholiken, die dem berühmten Naturforscher zwar mit religiöser Toleranz begegneten, ihn aber 1668 dennoch zur Konversion bewegten. Auseinandersetzungen mit protestantischen Freunden in Frankreich, den Niederlanden und in Dänemark führten ihn immer weiter von der Naturforschung fort und veranlaßten STENSEN, sich schließlich ganz der katholischen Seelsorge zu widmen. Im Jahre 1675 erhielt er die Priesterweihen, 1677 empfing er in Rom die Bischofskonsekration und wurde zum Apostolischen Vikar des Nordens in Hannover bestimmt. 1680 ernannte ihn der Papst zum Weihbischof von Münster. Auf einer Amtsreise starb STENSEN in Schwerin.

Als STENSEN im Jahre 1668 mit der Niederschrift seines »Prodromus« begann, war er nicht nur mit der Naturwissenschaft seiner Zeit ausgezeichnet vertraut, stand er nicht nur mit den namhaftesten Gelehrten, darunter GOTTFRIED WILHELM LEIBNIZ, im Gedankenaustausch, sondern verfügte er zugleich über umfangreiche eigene Untersuchungsergebnisse. STENSENS Studien galten – wie er es im Titel seiner Arbeit formuliert hat – festen Körpern, die von Natur aus in anderen festen Körpern eingeschlossen sind. Darunter verstand er Sedimente und Inkrustationen, vor allem aber den Bergkristall und einige andere Minerale, die er, dem herkömmlichen Sprachgebrauch entsprechend, ›corpora angulata‹ nannte.

Seinen Darlegungen stellte STENSEN eine Beschreibung der wissenschaftlichen Methode voran, mit der er sein Ziel zu erreichen trachtete, nämlich

»... bei einem mit bestimmter Gestalt versehenen und gemäß den Naturgesetzen erzeugten Körper in dem Körper selbst Beweise zu finden, die den Ort und die Art seiner Erzeugung offenbaren.« [35]

STENSENS Interesse richtete sich also ausdrücklich auf die Entstehung der untersuchten Naturkörper. Dabei verwarf er jegliche Art von Spekulation, hielt dafür, genau zu unterscheiden

»... zwischen dem, was mit Sicherheit bestimmt werden kann, und dem, was mit Sicherheit nicht bestimmt werden kann...« [36]

und bekannte sich eindeutig zu einer induktiven Schlußweise, die von Beobachtungen und Experimenten ausgeht:

✦ *Ich will deshalb nicht festsetzen, ob sich die Teilchen eines natürlichen Körpers hinsichtlich ihrer Form ändern oder nicht ändern können, ob es winzige Hohlräume gibt oder nicht gibt, ob jene Teilchen außer Ausdehnung und Härte noch etwas Anderes uns Unbekanntes besitzen; über alle diese Fragen herrscht nämlich keine Übereinstimmung, und ein Beweis, in dem ich behaupte, es gäbe etwas bei einer Sache, steht auf schwachen Füßen, wenn ich dieses Etwas dort nicht beobachte.* [37]

Diese Bemerkung richtete sich offensichtlich gegen die zahlreichen Qualitäten und Eigenschaften der Teilchen in den verschiedenen Varianten der Korpuskulartheorie gleichermaßen wie gegen die Auffassung DESCARTES' über die Struktur der Materie, mit dessen Lehre sich STENSEN wiederholt kritisch auseinandergesetzt hat. Trotz seiner Vorsicht hielt STENSEN jedoch die Existenz von Korpuskeln für erfahrungsmäßig gesichert, und die bloße Anerkennung ihrer Existenz genügte ihm, um »ohne Bedenken ... folgende Behauptungen« aufzustellen:

✦ *1. Ein natürlicher Körper ist ein Haufe von unfühlbaren Teilchen, zugänglich für Einflüsse, die von einem Magneten, vom Feuer und manchmal auch vom Licht entspringen, und bei dem sich irgendwie entweder zwischen den Teilchen oder in den Teilchen selbst oder an beiden Stellen offene Wege auffinden lassen.*

2. Ein fester und ein flüssiger Körper sind darin verschieden, daß bei einem flüssigen die unfühlbaren Teilchen in ständiger Bewegung sind und sich voneinander entfernen, bei einem festen dagegen die unfühlbaren Teilchen sich zwar vielleicht manchmal bewegen, aber kaum je voneinander entfernen, solange jener feste Körper fest und ganz besteht bleibt.

3. Während sich ein fester Körper bildet, bewegen sich seine Teilchen von einer Stelle an eine andere.

4. Bis jetzt ist uns an der Natur der Materie nichts bekannt, mit dessen Hilfe man den Anfang einer Bewegung, und die Wahrnehmung einer Bewegung erklären könnte ... [38]

Für STENSEN ist demnach die Entstehung fester Körper das Resultat einer Bewegung von Korpuskeln oder, wie er sagte, von unfühlbaren Teilchen. Auf deren Existenz schloß STENSEN aus der beobachteten Bildung solcher Körper. Wesentlich ist aber, daß STENSEN an keiner Stelle von einer geordneten Aneinanderlagerung der Korpuskeln spricht, im Gegenteil, ihm genügt die Feststellung, daß ein fester Körper ein Haufe von unfühlbaren Teilchen ist. Indes interessierte STENSEN besonders die Ursache der Bewegung bei der Bildung eines festen Körpers aus einem flüssigen, weshalb er an anderer Stelle postulierte:

✦ *Was von der Natur hervorgebracht wird, hat die Bewegung seiner Teilchen von der Bewegung des durchdringenden Fluidums ...* [39].

Über die Natur dieses durchdringenden Fluidums wagte STENSEN zunächst jedoch keine weiteren Aussagen, denn in dieser Hinsicht begegne man nach seiner Meinung lauter Unbekannten. Erst bei der Kristallbildung kam er auf diese Frage zurück.

Mit diesen wenigen Sätzen hatte STENSEN sich eine theoretische Grundlage für die Beurteilung dessen geschaffen, was bei der Entstehung eines festen Körpers »mit Sicherheit bestimmt werden kann«, und er folgerte sogleich daraus:

✦ *Wenn ein fester Körper einem anderen festen Körper nicht nur was die Bedingungen an der Oberfläche anlangt, sondern auch bezüglich der Anordnung der Teile und Teilchen im Innern in allem ähnlich ist, so wird er auch hinsichtlich der Art und des Ortes der Erzeugung ähnlich sein.* [40]

Diese Feststellung ist von großer Bedeutung, weil sie STENSEN gestattete, Analogieschlüsse zu ziehen und den Naturprozeß mit dem Experiment zu vergleichen:

✦ *Die Bergkristalle stimmen in Art und Ort ihrer Entstehung mit den Salpeterkristallen überein, wenn deshalb auch nicht nötig ist, daß die Flüssigkeit, in der sie entstanden sind, wässrig ist.* [41]

Indem STENSEN die Entstehung der Bergkristalle mit der der Salpeterkristalle verglich, schloß er implizit auch auf eine prinzipielle Übereinstimmung in ihrem Wachstum. Die Wahl des Salpeters als Beispiel mag dabei auf eine gewisse morphologische Ähnlichkeit mit dem Bergkristall zurückzuführen sein, insbesondere, wenn man sich vergegenwärtigt, daß Natronsalpeter ditrigonal-skalenoedrisch und Quarz trigonal-trapezoedrisch kristallisieren. Indes läßt sich kaum entscheiden, ob STENSEN nur die Übereinstimmung im Wachstum im Sinn gehabt oder an eine gewisse Ähnlichkeit der Kristallform gedacht hat. Es darf auch nicht übersehen werden, daß schon früher, beispielsweise von PALISSY, Bergkristall und Salpeter miteinander verglichen worden sind.

Was die Anordnung der Teile und Teilchen im Innern anlangt, so meinte STENSEN damit gewiß keine geordnete Struktur der Teilchen, sondern lediglich die von ihm festgestellten Merkmale eines festen Körpers. In diesem Zusammenhang ist jedoch hervorzuheben, daß STENSEN durch eigene experimentelle Studien über ausgezeichnete Kenntnisse der Kristallisation verfügte. Bereits in der früher erschienenen Abhandlung »Canis Carchariae dissectum caput« schrieb er darüber:

✦ *Wenn die flüchtigen Teilchen der Flüssigkeit allmählich verdampfen konnten, dann sollte, da das Verhältnis des Auflösenden zum Aufgelösten sich geändert hat, ein Quantum des aufgelösten festen Körpers sich niederschlagen, das dem Quantum des verdampften Auflösers entspricht. Die Erfahrung zeigt dies häufig, sowohl an den Flüssigkeiten, welche Staub eines festen Körpers enthalten, als auch jenen, in welchen Elemente eines festen Körpers vorkommen. Auf die erste Weise werden Salzkristalle aus Salzwasser ausgeschieden, auf die zweite Weise Weinstein aus Wein ...* [42]

Diese Bemerkung zeigt deutlich, daß STENSEN seine Kenntnisse über die Entstehung von Kristallen aus den experimentellen Studien der Kristallisation von Salzen gewonnen hat, worauf er übrigens auch im »Prodromus« verwiesen hat [43]; sie zeigt auch, daß STENSEN die Kristallisation in Verbindung mit einer chemischen Reaktion kannte. Es ist interessant, mit welcher Klarheit STENSEN das Wesen der Kristallisation erfaßt hat, wenn er unter der Art der Entstehung von Kristallen eine Veränderung der Lösungsverhältnisse verstand. Schwieriger hingegen ist der Terminus Ort der Entstehung zu interpretieren. STENSEN definiert ihn folgendermaßen:

✦ *Als ›Ort‹ verstehe ich jene Materie, die mit ihrer Oberfläche unmittelbar die Oberfläche des Körpers berührt, der an jener Stelle sein soll.* [44]

Aus den etwas weitschweifigen Erläuterungen zu dieser Definition läßt sich schließen, daß STENSEN unter dem Ort weniger den Bildungsraum – beim Bergkristall etwa einen Hohlraum im Gestein – als vielmehr das Bildungsmilieu verstanden wissen wollte. So erklärte STENSEN Wachstumsfehler des Bergkristalls beispielsweise aus Besonderheiten des Ortes.

Der Vergleich der Entstehung des Bergkristalls mit dem Wachstum des Salpeters aus einer wäßrigen Lösung erhärtet den Gedanken STENSENS, daß feste Körper aus Flüssigkeiten entstehen:

✦ *Wenn ein fester Körper nach den Naturgesetzen entstanden ist, so ist er aus einer Flüssigkeit entstanden.*

Ein Körper wächst, während zu seinen Teilchen neue Teilchen hinzugefügt werden, die von einer äußeren Flüssigkeit abgesondert werden. [45]

Diese Feststellungen wendete STENSEN im folgenden speziell auch auf die Entstehung der ›corpora angulata‹, insbesondere des Bergkristalls, an, wobei bei diesen Teilchen »nur an bestimmten Stellen der Oberfläche« angelagert werden [46]. Während man im 17. Jahrhundert gewöhnlich noch streng zwischen »natürlichen« und »künstlichen« Körpern unterschied [47], setzte sich STENSEN konsequent über diese Unterscheidung hinweg, da er die physikalische Gleichartigkeit des Kristallisationsprozesses bei künstlich erzeugten Salzkristallen und natürlich gewachsenen Mineralkristallen klar erkannt hatte.

Zweifellos hätte STENSEN seine Vorstellungen

48

vom Wachstum der Kristalle auch an künstlich erzeugten Salzkristallen entwickeln können. Der Gegenstand seiner Studien indes, die Entstehung fester Körper, die von Natur aus in anderen festen Körpern enthalten sind, zu erklären und dafür in den Körpern selbst Beweise zu finden, veranlaßten ihn, seine Erkenntnisse über das Kristallwachstum an Mineralkristallen zu erläutern. Er wählte dazu den Bergkristall, über dessen Entstehung die unterschiedlichsten Auffassungen verbreitet waren und den er durch eigene Beobachtungen sehr gut kannte. Bemerkenswert ist, daß STENSEN dabei klar zwischen den allgemeinen Prinzipien des Wachstums, den Besonderheiten des Milieus und speziellen minerogenetischen Problemen unterschied und diese drei Fragenkomplexe deutlich voneinander abhob. Das trifft gleichermaßen auf die übrigen von ihm untersuchten ›corpora angulata‹ – Hämatit, Diamant und Pyrit – zu, die er hinsichtlich des Kristallwachstums mit dem Bergkristall verglich.

Auf die Entstehung des Bergkristalls eingehend, verwarf STENSEN zunächst alles, was er bei anderen Autoren darüber gelesen hatte, als nicht mit der Erfahrung übereinstimmend. Obwohl STENSEN keine Namen nannte, ist unschwer zu erkennen, daß er insbesondere gegen Spekulationen KIRCHERS, mit dem er übrigens persönlich bekannt gewesen ist, polemisiert hat. Nachdrücklich wandte sich STENSEN auch gegen solche Vorstellungen, daß der Bergkristall Wurzeln habe oder wachse, indem er von innen her neue Kristallmaterie ansetze.

Um keine Verwirrung anzustiften, hielt es STENSEN für angebracht, eine genaue Beschreibung des Bergkristalls und der von ihm eingeführen Bezeichnungen zu geben:

✦ *Der Bergkristall besteht aus zwei sechsseitigen Pyramiden und einer dazwischen liegenden ebenfalls sechsseitigen Säule, wobei ich ›äußere Ecken‹ diejenigen nenne, welche die Spitzen der Pyramiden bilden, ›mittlere Ecken‹ diejenigen, welche bei dem Zusammentritt von Pyramiden und Säulen entstehen, und in gleicher Weise die Pyramidenflächen ›äußere Flächen‹ (Endflächen) und die Säulenflächen ›mittlere Flächen‹ (Seitenflächen); ›Basisebene‹ ist eine zu allen Seitenflächen senkrechte Schnittfläche, ›Achsenebene‹ ist eine Schnittfläche, in der sich die Achse des Kristalls befindet, die aus der Pyramidenachse und der Säulenachse zusammengesetzt wird.* [48]

Das ist eine geradezu mustergültige morphologische Beschreibung des Bergkristalls, in der STENSEN von allen Unregelmäßigkeiten und Verzerrungen des Bergkristalls abstrahiert und einen idealen Kristall definiert. An diese morphologische Beschreibung schließen sich dann die entscheidenden Sätze über das Wachstum des Bergkristalls an:

✦ *Was man von der Stelle am Bergkristall aussagen kann, an der sich neue Kristallmaterie ansetzt, sollen die folgenden Sätze zeigen:*

I. Der Bergkristall wächst, indem sich an die außen befindlichen Flächen des bereits umgrenzten Bergkristalls neue Kristallmaterie ansetzt. Es ist daher durchaus kein Raum für die Ansicht, daß die Bergkristalle nach Art der Pflanzen wachsen und mit der Seite Nahrung aufnehmen, mit welcher sie ihrer Unterlage aufliegen; ebenso ist falsch, daß aus dem Fluidum des Felsens Teilchen in das Fluidum des Bergkristalls aufgenommen werden und sich im Innern an die Teilchen des Bergkristalls anlagern.

II. Die neue Kristallmaterie setzt sich nicht auf allen Flächen an, sondern hauptsächlich nur auf den Flächen der Spitze oder auf den Endflächen. Das hat zur Folge: 1. daß die mittleren oder viereckigen Flächen von den Geraden zusammengesetzt werden, welche die Basis der Endflächen bilden, so daß eben diese Zwischenflächen an manchen Bergkristallen größer, an anderen kleiner sind und bei einigen ganz fehlen; 2. daß die Zwischenflächen fast immer gestreift sind, die Endflächen dagegen die Anzeichen der an ihnen angesetzten Materie behalten.

III. Die Anlagerung neuer Kristallmaterie geschieht weder an allen äußeren Flächen gleichzeitig, noch in gleicher Menge. Daraus ergibt sich: 1. daß die Pyramidenachse nicht immer mit der Säulenachse die gleiche Gerade bildet; 2. daß die äußeren Flächen selten untereinander gleich groß sind, woraus die Ungleichheit der mittleren Flächen folgt: 3. daß die Endflächen nicht immer Dreiecke darstellen, wie auch die mittleren Flächen nicht immer vierseitig sind; 4. daß die äußere Ecke in mehrere Ecken aufgelöst wird, was auch bei den mittleren Flächen häufig der Fall ist.

IV. Nicht immer bedeckt sich die ganze Fläche mit Kristallmaterie, sondern es bleiben unbedeckte Stellen zurück, manchmal gegen die Ecken hin, manchmal gegen die Kanten hin und manchmal mitten in der Fläche. Daraus ergibt sich: 1. daß bei derselben Fläche nicht alle ihre Teile in der gleichen Ebene liegen, sondern in verschiedenen Ebenen, die von jener verschiedenen Abstand haben; 2. daß die sogenannte Fläche an vielen Stellen nicht eben, sondern bucklig erscheint; 3. daß auf den Zwischenflächen Unebenheiten entstehen, die den Stufen einer Treppe ähnlich sind. [49]

Diese wenigen, knapp formulierten Sätze gründen STENSENS Verständnis der geometrischen Gestalt des Bergkristalls auf überraschend präzise Vorstellungen über sein Wachstum. Eingangs unterstrich STENSEN nochmals, daß der Bergkristall – wie jeder andere kristallisierte Körper – infolge der Anlagerung von Teilchen an den Flächen wächst. Zu beachten ist dabei, daß STENSEN ausdrücklich nur das Weiterwachsen eines schon vorhandenen Kriställchens in Betracht zog. Bewußt untersuchte er nicht die Entstehung der ersten Umgrenzung des Bergkristalls, die er zu denjenigen Erscheinungen zählte, deren Ursache »mit Sicherheit nicht bestimmt werden kann«. Der bereits umgrenzte Kristall ist aber wohl weder als Kristallkeim im modernen Sinne des Wortes noch als ein in der geometrischen Gestalt dem makroskopischen Kristall gleichendes polyedrisches Korpuskel zu verstehen; eher wohl als ein wenigstens mikroskopisch beobachtbarer Kristall.

Daß STENSEN das Problem der Entstehung der geometrischen Gestalt des weiterwachsenden Kristalls beiseite ließ, ist jedoch von entscheidender Bedeutung: Es ging ihm nicht darum, die geometrische Form des Bergkristalls aus der geordneten Aneinanderlagerung von gleichgestaltigen polyedrischen Korpuskeln zu erklären. Daher sprach er auch nicht mehr von der Anlagerung von Teilchen, sondern von der Anlagerung von Kristallmaterie, die sich schichtenweise an den Kristallflächen absetzt. Dadurch, daß sich die neue Kristallmaterie in parallelen Schichten auf den Kristallflächen anlagert, müssen zwangsläufig die Winkel zwischen den Flächen konstant bleiben. Für STENSEN war diese Tatsache so selbstverständlich, daß er sie nur beiläufig in den Erläuterungen zu den beigefügten Figuren erwähnt hat [50].

Indes hat STENSEN nicht das Gesetz der Winkelkonstanz entdeckt, und er konnte eine solch fundamentale Gesetzmäßigkeit aufgrund der zu schmalen Grundlage an Vergleichsmöglichkeiten auch nicht formulieren [51]. Wesentlicher als dies ist, daß es STENSEN durch die Erkenntnis des flächenparallelen Kristallwachstums möglich wurde, die unterschiedliche morphologische Erscheinungsform ein und derselben Kristallart als Variationen einer idealen geometrischen Grundform zu begreifen. Damit hat STENSEN den qualitativen Aspekt des Kristallbegriffs der Chemiker auf neue Art mit seinem genetischen Aspekt verknüpft.

Die im II. Satz festgehaltene Schlußfolgerung, daß sich die Kristallmaterie nicht auf allen Flächen, sondern hauptsächlich auf den Pyramidenflächen anlagert, entspricht hingegen nicht den Tatsachen. STENSEN hat die Wachstumsstreifen des Bergkristalls falsch gedeutet. Dennoch enthält diese falsche Schlußfolgerung eine richtige Erkenntnis. Die Ungleichwertigkeit der verschiedenen Flächen bei der Anlagerung neuer Kristallmaterie bedeutet nämlich nichts anderes als die Richtungsabhängigkeit des Kristallwachstums. Die in den folgenden Sätzen mitgeteilten und aus dem Wachstum erklärten Verzerrungen des von STENSEN definierten Idealkristalls erhärten diese Erkenntnis. Noch klarer wird das durch eine Bemerkung, die STENSEN bei der Besprechung des Pyrits machte. Der Pyrit, meinte STENSEN, sei in seiner geometrischen Form stets vollkommener als der Bergkristall:

✦ *Die Erklärung dafür ist nicht schwer; da nämlich am Bergkristall alle Ecken, außer den äußeren stumpf sind und sich an ihren einzelnen Flächen Kristallmaterie ansetzt, so wird eine beliebige Fläche, wenn die Nachbarflächen ihre Gestalt ändern, um so kleiner, je mehr Materie sich an ihr allein auflagert.* [52]

Neben der Erkenntnis der Richtungsabhängigkeit des Kristallwachstums steckt in dieser Bemerkung eine weitere wichtige Beobachtung: das Herauswachsen bestimmter Flächen während des Wachstums. Diese Beobachtung erregte die Aufmerksamkeit STENSENS weitaus mehr als die Konstanz der Winkel. Er wendet sich deshalb der Untersuchung der Bewegung zu, durch die einerseits die Anlagerung von Kristallmaterie an den Flächen und andererseits die ungleiche Stoffzufuhr zu verschiedenen Flächen bewirkt wird. Dabei verließ STENSEN allerdings den Boden der durch das Experiment fundierten Beobachtungen. Für die Anlagerung der Kristallmaterie an den Flächen machte STENSEN das bereits erwähnte »durchdringende Fluidum« verantwortlich, das aus dem Kristall nach allen Seiten hin »ausströmt« und das er mit den Kraftlinien eines Magneten verglich.

Dieser Vergleich ist recht plausibel, wenn man bedenkt, daß im 17. Jahrhundert keine andere Erscheinung bekannt gewesen ist, die zu einem besseren Vergleich hätte dienen können. Offenbar griff STENSEN hierbei einen Gedanken auf, den bereits KIRCHER geäußert hatte.

Mit Hilfe eines solchen Fluidums indes konnte STENSEN die ungleiche Stoffzufuhr zu den verschiedenen Flächen nicht erklären. Daher sollte diese Erscheinung nach seiner Auffassung durch eine zusätzliche Bewegung der Flüssigkeit oder der Teilchen in der Flüssigkeit verursacht werden [53]. Das war ein bemerkenswerter, aber falscher Gedanke, an den STENSEN indes eine richtige und sehr wesentliche Beobachtung knüpfte:

✦ *Dieser Bewegung des umgebenden Mediums möchte ich die Tatsache zuschreiben, daß nicht nur beim Bergkristall, sondern auch bei vielen anderen angulatis corporibus beliebige einander entgegengesetzte Ebenen gegenseitig parallel sind.* [54]

Damit hatte STENSEN nicht nur die Flächenparallelität des Kristallwachstums klar erkannt, sondern auch das Vorhandensein von Symmetriebeziehungen an den Kristallen zumindestens geahnt.

Mit diesen Überlegungen kehrte STENSEN zum Ausgangspunkt seiner Betrachtung zurück, indem er, nochmals auf eigene Experimente verweisend, hervorhob, daß der Bergkristall wie die Salze aus einer Flüssigkeit gewachsen sei.

✦ *...was man leicht beweisen könnte durch Anführung der gemeinsamen Punkte bei der Verfestigung der Salze und derjenigen des Kristalls.* [55]

Damit rundete STENSEN seine Vorstellungen über das Wachstum der Bergkristalle ab, denen er bei der Besprechung der übrigen von ihm untersuchten ›corpora angulata‹ kaum noch Neues hinzuzufügen hatte.

STENSENS »Prodromus« nimmt in der gerade erst beginnenden Kristallforschung des 17. Jahrhunderts eine Sonderstellung ein. Einerseits fügt sich seine große wissenschaftliche Leistung zwanglos in die Entwicklung der klassischen Naturwissenschaften ein. Selbst Mitglied der berühmten Accademia del Cimento in Florenz, bekannte sich STENSEN vorbehaltlos zur Erfahrungswissenschaft. Durch klare induktive Schlußweise gelang es ihm, einen neuen Zugang zur Erforschung der Kristalle zu öffnen.

Ausgehend von der Kristallisation der Salze, entwickelte er eine Hypothese über das Kristallwachstum, die für seine Zeit programmatisch gewesen ist und, von zeitbedingten spekulativen Gedanken und Irrtümern abgesehen, in den Grundzügen Gültigkeit bewahrt hat. Diese Hypothese ermöglichte es STENSEN, den Zusammenhang zwischen dem Wachstum der Kristalle und ihren geometrischen Formen als gesetzmäßig determiniert zu erkennen und dadurch die Voraussetzungen für eine exakte Morphologie der Kristalle zu schaffen.

Die Bedeutung dieser wissenschaftlichen Leistung wird dadurch unterstrichen, daß STENSEN seine Erkenntnisse zwar aus dem Studium der Kristallisation der Salze gezogen, seine theoretischen Überlegungen indes an einem Mineralkristall, und zwar an *dem* Kristall entwickelt hat. Mit der Entdeckung, daß die ›corpora angulata‹ prinzipiell auf dieselbe Weise entstehen wie die Salze, hat STENSEN implizit den Kristallbegriff der Chemiker weiter verallgemeinert und der alten Bezeichnung Kristall eine neue Qualität gegeben. Zugleich hat STENSEN auch, die materielle Einheit der Welt hervorhebend, der eben erst im Entstehen begriffenen Kristallforschung implizit ein wissenschaftliches Programm gewiesen und in den Mineralkristallen ein nahezu unerschöpfliches Untersuchungsmaterial wenigstens potentiell erschlossen.

Andererseits wurde die wissenschaftliche Tragweite der Erkenntnisse STENSENS von seinen Zeitgenossen und Nachfolgern nur teilweise erkannt. Während seine geologischen und mineralogischen Beobachtungen sehr rasch in die wissenschaftliche Literatur aufgenommen worden sind, blieben STENSENS wachstumstheoretische und kristallmorphologische Anschauungen über ein halbes Jahrhundert hinweg nahezu unbeachtet.

Die Ursache dieser merkwürdigen Erscheinung ist wenigstens teilweise darin zu suchen, daß STENSEN zwar die Auffassung von der korpuskularen Struktur der Materie akzeptiert hat, jedoch von allen besonderen Eigenschaften und Qualitäten der Korpuskeln oder Teilchen und damit von ihrem materiellen Inhalt abstrahierte und nur deren Bewegung untersuchte. Damit hatte sich STENSEN nicht nur von den Auffassungen der Chemiker über die Kristallisation entfernt, sondern zugleich den Zusammenhang von geometrischer Form und chemischer Substanz der Kristalle aus seinen Untersuchungen ausgeschlossen. Hinzu kommt, daß die geometrischen Formen der Minerale im 17. Jahrhundert weder für die Chemiker noch für die Bergbaukundigen von größerem Interesse waren.

Ein weiteres ist zu bedenken: Indem STENSEN außer der Bewegung im Grunde genommen von allen anderen Eigenschaften und Qualitäten der Teilchen absah, konnte er letztendlich auf die Erklärung der geometrischen Formen der Kristalle durch eine wie auch immer geordnete Aneinanderlagerung von Teilchen überhaupt verzichten und dazu übergehen, die Kristallformen und deren Variabilität als schichtenweise, parallelflächige Anlagerung von Kristallmaterie zu begreifen. Und in der Tat spricht STENSEN bei der Erklärung der geometrischen Form des Bergkristalls nicht mehr von der Anlagerung von Teilchen, sondern von der Anlagerung von Kristallmaterie, wobei deren Zusammensetzung aus unfühlbaren Teilchen unterstellt bleibt. Damit näherte sich STENSEN nicht nur den Anschauungen DESCARTES', sondern er führte damit zugleich auch eine ganz neue Betrachtungsweise in die Kristallforschung ein. Geleitet von seinem Vorsatz, in den von ihm untersuchten Körpern selbst Beweise für ihre Entstehung zu finden, schloß STENSEN nicht wie die Chemiker von der polyedrischen Gestalt der Korpuskeln auf die geometrische Form der Kristalle, sondern umgekehrt, von der idealisierten morphologischen Gestalt auf das Wachstum eines präformierten Keimkristalls. STENSEN hat dadurch im Gegensatz zum Strukturdenken der Chemiker eine alternative morphologische Denkweise in der Kristallforschung antizipiert. Diese morphologische Denkweise indes lag den herrschenden Vorstellungen des 17. Jahrhunderts zu fern, wurde nicht als Alternative begriffen und nicht aufgenommen.

Philosophische Reflexionen über die Figur der Salze

Wie wir gesehen haben, wurde die Existenz und differenzierte geometrische Gestalt der Atome oder Korpuskeln im 17. Jahrhundert weithin anerkannt und als gegeben hingenommen. Indes trat dabei das Problem in den Vordergrund, ob sich, vom Würfel abgesehen, aus solchen polyedrischen Bausteinen überhaupt ein geometrisch gleichgestaltiger makroskopischer Kristall aufbauen läßt.

Den Beweis, daß dies möglich ist, versuchte im Jahre 1688 der italienische Arzt, Mathematiker und Ingenieur DOMENICO GUGLIELMINI in einem Vortrag vor der kurz zuvor in Bologna gegründeten Accademia Filosofica Experimentale anzutreten. In seinem Vortrag, der den Titel »Riflessioni filosofiche dedotte dalle Figuri de' Sali« [56] trägt, unterschied GUGLIELMINI vier Grundtypen von Salzen: den Würfel des Kochsalzes, das sechsseitige Prisma des Salpeters, das Oktaeder des Alauns und das schiefwinklige Parallelepiped des Vitriols, und kam zu dem Schluß, daß die Winkel, die die Flächen der Polyeder miteinander bilden, nicht nur beim Würfel, sondern ebenso bei den anderen Formen stets konstant sind, ungeachtet dessen, daß diese Formen nicht immer vollkommen ausgebildet sind:

✦ *Man darf indessen nicht glauben, daß man nun auch öfters dazu kommt, bei den Salzen die Formen, die ich bisher beschrieben habe, in einem gewissen Maße der Vollkommenheit zu sehen. Vorhanden sein müßte sie an jedem ihrer Kristalle, obgleich diese vielfach entweder unvollständig hinsichtlich der Ecken sind, wie immer beim cyprischen Vitriol, oder nicht in allen ihren Teilen ganz ausgebildet und manchmal, wenn es an der nötigen Aufmerksamkeit bei der Darstellung fehlte, zu einer Masse ohne Form und ohne Gestalt zusammengeballt.*

Konstant ist desungeachtet, vorausgesetzt, daß es zum Beginn einer Kristallisation kommt, immer die Neigung der Flächen und der Winkel, woran man an den nicht sehr gut ausgebildeten Kristallen gut erkennt, wo sie endigen müßten, weil davon notwendig die Begrenzung der Form abhängt, und man erkennt darin die Absicht der Natur sowie die Neigung der Materie sich soviel als möglich in ihrer natürlichen Form anzuordnen. [57]

GUGLIELMINI ist demzufolge ganz ähnlich wie STENSEN, den er übrigens nicht erwähnte, auf die Winkelkonstanz der Kristalle gekommen, indem er wie jener die Vergrößerung einer vorgegebenen geometrischen Gestalt betrachtete. Zum Beweis seiner Behauptung berief sich GUGLIELMINI auf LEEUWENHOEK,

✦ *... der mit seinem wunderbaren Mikroskop in den Salzlösungen dem bloßen Auge die durchsichtigen Teilchen der Salze im Wasser schwimmend zeigt und bei einigen Präparaten angenähert von derselben Form, die ich Ihnen angegeben habe, wofern sie nicht, wie ich glaube, entweder durch die Mischung der Salze, oder durch die Verkürzung, in der er sie betrachtete, oder infolge ihrer Durchsichtigkeit dem Auge einen verschiedenen Anblick darbieten und sich in einer Form zeigen konnten, die einwenig verschieden ist von derjenigen, welche die Erfahrung bei den dickeren Teilen und die Überlegung bei den kleineren offenbart. Übrigens versichert der Genannte, daß er in der Lösung von cyprischem Vitriol und von Weinstein Teilchen dessel-*

ben gesehen hätte, die so klein waren, daß eines nicht achtundzwanzig Tausendstel der Dicke eines Haares überschritt; ihre Form war aber des ungeachtet so gestaltet, daß er sie außer im Maß, in nichts verschieden von den großen fand, die an den größeren Kristallen auftreten... Wenn jeder andere Grund fehlen würde, so könnte man doch durch diese einzige Beobachtung die beiden Punkte bestätigt erachten, deren Beweis ich liefern wollte, nämlich daß die Salzkristalle die Existenz und die Form ihrer ersten Komponenten anzeigen und daß sie sich aus der geordneten Vereinigung derselben herleiten. [58]

Ebensowenig wie STENSEN beschäftigte sich GUGLIELMINI im weiteren mit der Winkelkonstanz der Kristalle, da sie sich mit Notwendigkeit aus seinen Überlegungen ergab. Indes hat GUGLIELMINI im Unterschied zu STENSEN die Winkelkonstanz der Kristalle zumindestens hinsichtlich der Salze als allgemeingültig erkannt.

Große Aufmerksamkeit hingegen verwendete GUGLIELMINI auf den von ihm zuletzt genannten Punkt, daß die Salzkristalle ihre Form von einer geordneten Aneinanderlagerung ihrer konstituierenden Bausteine erhalten. Der geometrische Beweis der lückenlosen Raumerfüllung fiel GUGLIELMINI nicht schwer. Nur das Oktaeder bereitete ihm Schwierigkeiten, da es sich als unmöglich erwies, ein großes Oktaeder aus einer Anzahl kleinerer zusammenzufügen, ohne daß tetraedrische Lücken bestehenblieben. GUGLIELMINI flüchtete sich deshalb zu einem Kunstgriff, der im Grunde genommen sein ganzes Vorhaben in Frage stellte:

✦ Welche Notwendigkeit besteht denn überhaupt, daß sich die Salzteile so dicht angesammelt und aneinander gereiht anordnen müssen, daß keine Porosität zwischen ihnen bleibt? Ich glaube im Gegenteil, daß viele Poren erhalten bleiben müssen, daß ohne dieselben die Kristalle ihre Salznatur verlieren würden, indem sie diejenige von Edelsteinen oder anderen härteren Stoffen annehmen würden, die ebenfalls kleine Poren haben, die entweder leer oder mit einer anderen feinen Materie angefüllt sind. Die Porosität ist so nötig bei den von Salzen gebildeten Kristallen, daß ohne sie das Wasser nicht eindringen und die Teile trennen könnte; und gleichwohl sehen wir, daß nicht nur vom Wasser, sondern von der bloßen Luftfeuchtigkeit viele Salze aufgelöst werden. [59]

Mit dieser Argumentation geriet GUGLIELMINI in einen Teufelskreis, aus dem er nicht mehr herausfand. Indem er angesichts der geometrischen Schwierigkeiten, die das Oktaeder bereitete, die Notwendigkeit von Poren zwischen den Bausteinen postulierte, hatte die bei den anderen Grundformen beweisbare lückenlose Raumerfüllung nur noch einen rein geometrischen Wert. Sphärische anstatt polyedrische Bausteine anzunehmen lag der Aufgabe, die sich GUGLIELMINI gestellt hatte, fern. Andererseits nahm niemand an diesem Schönheitsfehler in GUGLIELMINIS Beweisführung Anstoß.

Möglicherweise wäre dennoch den Überlegungen GUGLIELMINIS ein Fortwirken versagt geblieben, wenn er bei dieser geometrischen Beweisführung stehengeblieben wäre. GUGLIELMINI erkannte jedoch die Notwendigkeit, seine geometrischen Überlegungen in einen Zusammenhang mit der chemischen Substanz zu stellen. Damit vollzog er gerade jenen Schritt, den STENSEN nicht getan hat.

Bereits in seinem Vortrag wendete sich GUGLIELMINI ausdrücklich gegen die Meinung mancher Chemiker, daß die Kristallform an die Säure eines Salzes gebunden sei, und bestand darauf, daß den Salzen als chemischen Substanzen selbst die Kristallform eigen sei. Diesen Gedanken griff GUGLIELMINI im Jahre 1705 in seiner Arbeit »De Salibus Dissertatio Epistolaris Physico-Medico-Mechanica« [60] nochmals auf. GUGLIELMINI war aufgefallen, daß sich die Kristallformen verschiedener Salze ähnlich sind. Die in seiner ersten Arbeit vorzüglich behandelten Salze

– Steinsalz, Vitriol, Alaun und Salpeter – betrachtete er nun als ›sales primigenii‹ – als ursprüngliche Salze –, die ihre Kristallform von Anfang an besitzen und von denen die Kristallformen aller anderen Salze abgeleitet seien. Solche Salze bezeichnete GUGLIELMINI als ›sales derivati‹ oder ›sales compositi‹ – als abgeleitete oder zusammengesetzte Salze. Unter der Natur eines Salzes verstand GUGLIELMINI dessen chemische Beschaffenheit, die mit der äußeren Form des Salzes vollständig korrespondiert [61]. Die ›sales primigenii‹ tragen dabei gewissermaßen den Charakter kristallchemischer Elemente.

Die ähnlichen Kristallformen der ›sales derivati‹ werden nach GUGLIELMINIS Vorstellungen durch die Beimengung eines imponderablen Quantums von einem der vier ›sales primigenii‹ hervorgerufen, wobei die beigemengte Quantität den Grad der Ähnlichkeit hervorruft. Ist ein ›sal derivatus‹ aus verschiedenen ›sales primigenii‹ zusammengesetzt, so treten verschiedene und unregelmäßige Formen auf [62]. Mit Hilfe dieser Vorstellung faßte GUGLIELMINI alle Salze nach der Ähnlichkeit ihrer Kristallformen in vier Klassen zusammen. Beispielsweise gehörten Weinstein, Zucker und Vitriol in die Klasse des ›sal primigenius‹ Vitriol:

✦ *...darum also bezeichnen wir als zum vitriolischen Geschlecht gehörend, Weinstein, Zucker und Vitriol, die in derselben Art gestaltete Kristalle bilden.* [63]

Freilich sind diese Vorstellungen GUGLIELMINIS ihrem wissenschaftlichen Gehalt nach ganz und gar spekulativ, vor allem auch deshalb, weil seine chemischen Kenntnisse äußerst dürftig waren [64]. Trotzdem sollte man nicht übersehen, daß bei den Schwierigkeiten, die sich in dem Problem des Zusammenhanges von geometrischer Form und chemischer Substanz der Kristalle auftaten, die spekulativen Ideen GUGLIELMINIS immerhin einen ersten Versuch darstellten, dieses Problem einer Lösung zuzuführen. Bot dieser Versuch doch einen Ansatzpunkt an, von dem aus sich die verschiedensten Substanzen überhaupt erst einmal, und sei es noch so grob, nach ihren Kristallformen zusammenfassen und ordnen ließen. Ein Vergleich mit den äußerst sorgfältigen Beobachtungen und vorsichtigen Schlußfolgerungen STENSENS fiele freilich zu Ungunsten GUGLIELMINIS aus, hatte er sich doch gerade diejenigen Fragen vorgenommen, deren Ursache nach STENSEN »*mit Sicherheit nicht bestimmt werden kann*«.

Der Isländische Kristall

Indes hatten die Korpuskulartheorien im 17. Jahrhundert nicht nur zu einem besseren Verständnis der Kristallisation und des Kristallwachstums sowie zu ersten kristallstrukturellen Vorstellungen geführt, sonden sie hatten auch zur Untersuchung von Kristallen unter rein physikalischen Gesichtspunkten beigetragen.

In demselben Jahr 1669, in dem STENSEN seine Schrift »De Solido intra Solidum naturaliter contento Dissertationis Prodromus« veröffentlichte, erschien in Kopenhagen eine Abhandlung mit dem Titel »Experimenta Crystalli Islandici Disdiaclastici Quibus mira et isolita Refractio detegitur« [65]. Verfasser dieser Abhandlung war der Landsmann STENSENS, der Arzt und Mathematiker ERASMUS BARTHOLIN, ein Bruder des Kopenhagener Anatomen THOMAS BARTHOLIN, den STENSEN während seines Studiums in Kopenhagen als Präzeptor gewählt hatte.

Anliegen ERASMUS BARTHOLINS war es, die Aufmerksamkeit der Gelehrten auf ein neuentdecktes Mineral zu lenken, mit dem er interessante Versuche angestellt hatte:

✦ *...wer dagegen die Kenntnis seltsamer Erscheinungen dem Vergnügen vorzieht, der wird, wie ich hoffe, keine geringere Freude haben an einem* neuartigen Körper, nämlich an einem durchsichtigen Kristall, der vor kurzem aus Island zu uns gebracht wurde und vielleicht zu den größten Wundern gehört, welche die Natur hervorgebracht hat. [66]

BARTHOLIN beschrieb diesen Isländischen Spat sehr sorgfältig, wobei er von seiner äußeren Gestalt ausging:

✦ Zunächst ist die äußere, wahrnehmbare Form dieses Körpers nicht weniger außergewöhnlich und seltsam als diejenige des Schnees, der Salze oder anderer Steinarten und Kristalle. Sie setzt sich zusammen aus Vierecken mit ebener Oberfläche und Seiten, die untereinander gleichen Abstand haben, aber ungleiche Winkel einschließen; die so entstehende Figur heißt in der Geometrie Rhombus oder Rhomboid, der ganze Körper Rautenprisma oder Rhomboid. Diese Gestalt besitzt nicht nur der unverletzte Körper, sondern sie wird auch beim Zerkleinern desselben von allen Teilstücken beibehalten ... [67]

Diese morphologische Beschreibung steht an Genauigkeit der STENSENschen vom Bergkristall in nichts nach. Im Gegenteil: BARTHOLIN maß sogar schon die Winkel des Rhomboeders zu 103° 40′ und 72° 34′ relativ genau. Daß BARTHOLIN den Isländischen Spat mit den Kristallen des Schnees und der Salze verglich, war ebenfalls ein Ergebnis eigener Beobachtungen. Bereits 1661 hatte BARTHOLIN eine kleine Schrift mit dem Titel »De Figura Nivis« [68] veröffentlicht, in der er sich mit der geometrischen Gestalt der Schneeflocken beschäftigte und die Ansicht aussprach, daß ein im Schnee enthaltenes Salz Ursache seiner Gestalt sei [69].

Sein Hauptaugenmerk legte BARTHOLIN auf die dem Isländischen Spat eigentümliche und auffallende Eigenschaft, das Licht doppelt zu brechen:

✦ Im weiteren Verlauf meiner Untersuchungen des Kristalls zeigte sich eine wunderbare und außergewöhnliche Erscheinung: Gegenstände, die man durch den Kristall hindurch betrachtet, zeigten nicht wie bei anderen durchsichtigen Körpern ein einfaches gebrochenes Bild, sondern sie erschienen doppelt. Diese Wahrnehmung und ihre Erklärung beschäftigten mich längere Zeit, so daß ich deshalb andere Dinge aufschob; ich bemerkte nämlich, daß ich dioptrische Grundfragen der Refraktion berührt hatte. [70]

Die von ihm entdeckte Doppelbrechung des Isländischen Spates, den er ganz selbstverständlich als Kristall bezeichnete, untersuchte BARTHOLIN in einer Reihe von Versuchen sehr sorgfältig. Er stellte fest, daß das eine der beiden entstehenden Bilder vollständig dem 1617 von WILLEBROD SNELLIUS entdeckten Brechungsgesetz genügt, das zweite jedoch nicht. BARTHOLIN beschrieb die bei der Doppelbrechung auftretenden Erscheinungen genau. Indes gelang es ihm nicht, das Gesetz der Doppelbrechung des Lichtes zu finden. Ihm bleibt das Verdienst, diese Eigenschaft des Isländischen Spates entdeckt und bekannt gemacht zu haben. BARTHOLIN hat damit den Grundstein zur optischen Untersuchung der Kristalle gelegt.

Wenige Jahre später als BARTHOLIN und durch ihn angeregt, beschäftigte sich der holländische Physiker, Astronom und Mathematiker CHRISTIAAN HUYGENS bei seinen Studien über die Natur des Lichtes ausführlich auch mit der Doppelbrechung des Isländischen Spates. Diese Untersuchungen sind in seinem 1678 geschriebenen, aber erst 1690 publizierten »Traité de la lumière. Ou sont expliquées les causes de ce qui luy arrive dans la Reflexion & dans la Refraction. Et particulièrement dans l'etrange Refraction du Cristal d'Islande« [71] enthalten.

Auf der Grundlage seiner Undulationstheorie des Lichtes und im Anschluß an die Studien BARTHOLINS gelang HUYGENS der vollständige Beweis, daß der außerordentliche Strahl nicht wie der ordentliche eine Kugelfläche, sondern ein Rotationsellipsoid als Wellenfläche hat und daß sich daraus alle am Isländischen Spat zu beobachtenden optischen Erscheinungen erklären lassen. In einem Brief an Gottfried Wilhelm Leibniz bezeichnete Huygens die Erklärung der außerordentlichen Lichtbrechung im Isländischen Spat als das experimentum crucis seiner Lichttheorie.

Lediglich die Frage, weshalb bei zwei übereinander gelegten Spatkristallen eine neuerliche Doppelbrechung in dem Fall ausblieb, wenn die Hauptschnitte der beiden Kristalle parallel oder senkrecht zueinander angeordnet waren, vermochte Huygens nicht zu beantworten. Er fühlte sich deshalb zu dem Schluß gezwungen,

✦ ... *dass die Lichtwellen infolge des Durchganges durch den ersten Krystall eine gewisse Gestalt oder Anordnung erlangen, durch welche sie, indem sie in gewisser Stellung auf das Gewebe des zweiten Krystalls treffen, die zwei verschiedenen Materien, welche die beiden Arten der Brechung bedingen, in Bewegung zu setzen vermögen, während sie, in einer anderen Stellung auf den zweiten Krystall treffend, nur die eine dieser Materien in Bewegung setzen können. Wie dies aber geschieht, dafür habe ich bis jetzt eine mich befriedigende Erklärung nicht gefunden.* [72]

Wenn sich dieser resignierende Satz auch in der zwölf Jahre nach der Niederschrift des »Traité de la lumière« gedruckten Fassung findet, so bedeutet das keineswegs, daß sich Huygens in der Zwischenzeit nicht mit dieser Problematik befaßt hätte. Im Gegenteil, in der Vorrede zu seiner im Druck erschienenen Arbeit ging Huygens auf die Frage ein, weshalb er die Veröffentlichung so lange verzögert habe, und führte an, welche Ergänzungen er seither vorgenommen hat:

✦ *Und obgleich ich seitdem mehrere Stellen verbessert und verändert habe, so könnten doch die Abschriften, welche ich davon seit jener Zeit anfertigen liess, den Beweis liefern, dass ich gleichwohl dazu nichts hinzugefügt habe, als Annahmen betreffs des Baues des isländischen Doppelspaths und eine neue Bemerkung über die Strahlenbrechung des Bergkrystalls.* [73]

Die Einfügung von Annahmen über den Bau des Isländischen Spates war indes nicht zufällig. Huygens mußte zwangsläufig bei der Suche nach einer befriedigenden Erklärung des ungelösten Problems das »Gewebe« des Kristalls in nähere Betrachtung ziehen. Allerdings mißlang ihm auch dieser Versuch, doch entdeckte er dabei, daß sich die geometrische Gestalt und die ausgezeichnete Spaltbarkeit des Isländischen Spates aus Annahmen über die Gestalt und die Anordnung der Korpuskeln herleiten ließen. Diese Entdeckung schien Huygens wertvoll genug zu sein, um in seine Arbeit aufgenommen zu werden:

✦ *Indem ich daher diese Untersuchung anderen überlasse, gehe ich zu dem über, was ich bezüglich der Ursache der aussergewöhnlichen Gestalt dieser Krystalle zu sagen habe, und zu der Frage, warum er sich nach drei verschiedenen Richtungen, parallel zu irgend einer seiner Flächen so leicht spalten läßt.* [74]

Huygens verwies darauf, daß solche »mit bestimmten Winkeln und in regelmäßigen Figuren« [75] vorkommenden Körper gar nicht selten und ihm vom Bergkristall, von den verschiedenen Salzen und vom Schnee her gut bekannt seien, und fuhr fort:

✦ *Im Allgemeinen scheint die Regelmässigkeit, welche sich in diesen Gebilden offenbart, von der Anordnung der kleinen unsichtbaren und gleichen Theilchen herzurühren, aus denen sie zusammengesetzt sind. Stellt man sich nun, um auf unsern isländischen Krystall zurückzukommen, eine Pyramide wie ABCD vor, zusammengesetzt aus kleinen runden Körperchen, welche nicht kugelförmig, sondern abgeplattete Sphäroide sind, wie sie entstehen würden durch die Drehung der ... Ellipse GH um ihren kleinsten Durchmesser EF, dessen Verhältnis* zum grössten Durchmesser sehr nahe gleich demjenigen von 1 zu der Quadratwurzel aus 8 ist, so behaupte ich, dass der körperliche Winkel der Ecke D gleich dem stumpfen und gleichseitigen Winkel dieses Krystalls ist. Ferner behaupte ich, dass, wenn diese Körperchen leicht zusammengeleimt wären, die Pyramide beim Zerbrechen sich nach den Flächen spalten würde, welche den ihre Spitze bildenden Flächen parallel sind; und dass durch dieses Mittel, wie leicht einzusehen ist, Prismen erzeugt würden, welche jenen unseres Krystalles ähnlich sind, wie folgende Figur es darstellt.* [76]

Seine Annahmen faßte HUYGENS zusammen, indem er schrieb:

✦ *Da hierdurch sowohl die Winkel unseres Krystalles, als auch die Art, wie er spaltet, genau mit dem übereinstimmen, was sich aus der Betrachtung des Gebildes aus solchen Sphäroiden ergibt, so hat man große Berechtigung zu der Ansicht, dass seine Theilchen in dieser Weise gestaltet und angeordnet sind.* [77]

HUYGENS spürte, daß er ein großes Thema angeschlagen hatte und daß sich damit vor ihm ein zu weites Feld aufgetan hatte, das ihn von seinem Anliegen, sein ungelöstes Problem zu meistern, wegführen mußte. Resignierend stellte er fest:

✦ *Ich will nicht versuchen zu erörtern, wie so viele, sämmtlich unter einander gleiche und ähnliche Körperchen entstehen, noch wie sie in eine so schöne Ordnung gebracht sind; ob sie beim Entstehen und in dem Maasse, in welchem sie erzeugt werden, sich aneinander reihen, was mir wahrscheinlicher scheint. Zur Enthüllung so verborgener Wahrheit würde man einer viel grösseren Kenntnis der Natur bedürfen, als wir sie besitzen.* [78]

HUYGENS hatte als erster den Versuch unternommen, nicht allein die geometrische Form eines Kristalls aus der Struktur seiner konstituierenden Bausteine abzuleiten, sondern zugleich auch eine physikalische Eigenschaft – die Spaltbarkeit – mit der Struktur in Beziehung zu setzen und sie aus ihr zu erklären. Die bedeutenden Entdeckungen, die im 18. Jahrhundert aus der Untersuchung der Spaltbarkeit insbesondere des Kalkspates hervorgegangen sind, sind in nicht beträchtlichem Maße direkt oder indirekt auf Anregungen zurückzuführen, die HUYGENS gegeben hat. Daß HUYGENS wiederum den Ansatzpunkt für seine strukturellen Überlegungen in der Beobachtung der Kristallisation der Salze und des Schnees gefunden hat, ist eine historisch logische Folgerung aus der bisherigen Entwicklung der Kristallerkenntnis.

Ganz ähnlich liegen die Dinge bei dem englischen Mathematiker und Physiker ISAAC NEWTON.

NEWTON, der die Undulationstheorie HUYGENS' verwarf und eine Emissionstheorie des Lichtes ausarbeitete, griff von dieser Voraussetzung her das ungelöste Problem der Doppelbrechung des Isländischen Spates auf und gelangte zu der Vorstellung, daß das Licht – da es nicht, wie HUYGENS angenommen hatte, durch den Körper, durch den es hindurch tritt, neue Modifikationen aufgeprägt erhalten könne – verschiedene Seiten besitze,

✦ *die mit verschiedenen ursprünglichen Eigenschaften begabt sind* [79].

Die Ergebnisse seiner Untersuchungen hat NEWTON später in das III. Buch seines Werkes »Opticks or a Treatise of the Reflections, Refractions, Inflections and Colours of Light« [80] aufgenommen.

NEWTON suchte die Ursache, durch die ein Lichtstrahl Veränderungen in seinem Verhalten erfährt, nicht, wie dies HUYGENS versucht hatte, in der korpuskularen Natur des optischen Mediums, sondern schrieb dem Licht selbst korpuskulare Eigenschaften zu:

✦ *Um alle Verschiedenheiten in den Farben und den Graden der Brechbarkeit hervorzubringen, ist nichts weiter erforderlich, als dass die Lichtstrahlen aus Körperchen von verschiedener Grösse bestehen, von denen die kleinsten das Violett erzeugen, die* schwächste und dunkelste der Farben, welche auch am leichtesten durch brechende Flächen vom geradlinigen Wege abgelenkt wird, und von denen die übrigen in dem Maasse, wie sie grösser und grösser werden, die stärkeren und leuchtenderen Farben, Blau, Grün, Gelb und Roth bilden und immer schwerer abgelenkt werden. Um die Lichtstrahlen in die Anwandlungen leichter Reflexion und leichten Durchganges zu versetzen, ist nichts weiter erforderlich, als dass sie kleine Körper sind, welche da, wo sie aufftreffen, durch ihre anziehenden oder durch sonstige Kräfte Schwingungen erregen, welche schneller fortschreiten, als die Strahlen, sie allmählich überholen und sie zu grösserer oder geringerer Geschwindigkeit antreiben und sie dadurch in jene Anwandlungen versetzen.* [81]

Mit der korpuskularen Natur des Lichtes und mit den anziehenden oder sonstigen Kräften allein ließ sich indes die Doppelbrechung des Isländischen Spates nicht erklären. Das setzte gleichermaßen eine korpuskulare Struktur des optischen Mediums voraus, ähnlich den von HUYGENS gemachten Annahmen:

✦ *Endlich sieht die ungewöhnliche Brechung im isländischen Krystall gar sehr danach aus, als käme sie durch eine Art anziehende Kraft zu Stande, welche nach gewissen Seiten hin sowohl den Strahlen, als den Krystalltheilchen innewohnt. Denn, wäre es nicht die Folge einer Art Disposition oder Kraft, die gewisse Seiten der Krystalltheilchen innewohnt, anderen nicht, und die die Strahlen nach der Seite der ungewöhnlichen Brechung hin neigt und biegt, so würden die senkrecht auf den Krystall fallenden Strahlen nicht nach dieser Seite hin mehr, als nach einer anderen gebrochen, dergestalt, dass sie bei der entgegengesetzten Stellung der Seite der ungewöhnlichen Brechung gegen den zweiten Krystall senkrecht austreten, indem der Krystall auf die Strahlen einwirkt, nachdem sie ihn durchlaufen haben und in die Luft oder, wenn man will, in den leeren Raum hinausgehen. Und weil der Krystall durch diese Fähigkeit oder Kraft nur dann auf die Strahlen wirkt, wenn eine ihre Seiten der ungewöhnlichen Brechung nach dieser Seite gerichtet ist, so folgt daraus eine diesen Seiten der Strahlen innewohnende Kraft oder Fähigkeit, welche der des Krystalls ebenso entspricht oder mit ihr sympathisiert, wie die Pole zweier Magnete einander entsprechen.* [82]

NEWTON sprach hier, ein Jahrhundert vor der Prägung des Begriffs, den Gedanken an eine Polarisation des Lichtes aus. Die Frage der Kräfte aber, mit denen die Teilchen aufeinander einwirken, beschäftigte NEWTON in so starkem Maße, daß er nicht nur die Verwandlung »*von Körpermaterie in Licht und umgekehrt*« [83] erörterte, sondern auch die Frage aufwarf, ob nicht ein großer Teil der Naturerscheinungen auf anziehende und abstoßende Kräft zurückzuführen sei:

✦ *Besitzen nicht die kleinen Partikeln der Körper gewisse Kräfte, durch welche sie in die Ferne hin nicht nur auf die Lichtstrahlen einwirken, um sie zu reflektiren, zu brechen und zu beugen, sondern auch gegenseitig auf einander, wodurch sie einen grossen Theil der Naturerscheinungen hervorbringen? Denn es ist bekannt, dass die Körper durch die Anziehungen der Gravitation, des Magnetismus und der Electricität auf einander einwirken. Diese Beispiele, die uns Wesen und Lauf der Natur zeigen, machen es wahrscheinlich, dass es ausser den genannten noch andere anziehende Kräfte geben mag, denn die Natur behauptet immer Gleichförmigkeit und Uebereinstimmung mit sich selbst. Wie diese Anziehungen bewerkstelligt werden mögen, will ich hier gar nicht untersuchen. Was ich Anziehung nenne, kann durch Impulse oder auf anderem mir unbekanntem Wege zu Stande kommen. Ich brauche das Wort nur, um im allgemeinen irgend eine Kraft zu bezeichnen, durch welche die Körper gegen einander hin streben, was auch die Ursache davon sein möge.* [84]

Mit diesen wenigen Sätzen hatte NEWTON ein Programm aufgestellt, das zu seiner Bewältigung Generationen von Wissenschaftlern bedurfte. NEWTON selbst mußte sich damit begnügen, Beispiele anzuführen, die ihm geeignet erschienen, seine These zu unterstützen. Interessanterweise wählte NEWTON vorwiegend Beispiele aus der Chemie und ging dabei auch ausführlich auf die Auflösung und Kristallisation von Salzen ein:

✦ *Wenn eine sehr kleine Menge eines Salzes oder Vitriols in einer grossen Menge Wasser gelöst wird, so werden die Salz- oder Vitrioltheilchen, obgleich sie specifisch schwerer als Wasser sind, nicht zu Boden sinken, sondern sich gleichmässig im ganzen Wasser verbreiten, so dass sie es in der Höhe, wie in der Tiefe salzig machen. Schliesst das nicht in sich, dass die Salz- oder Vitrioltheilchen von einander zurückweichen und das Bestreben haben, sich auszubreiten und, soweit es die Wassermenge, in der sie schwimmen, gestattet, aus einander gehen? Und lässt dieses Bestreben nicht auf eine abstossende Kraft schliessen, in Folge deren sie einander fliehen, oder wenigstens, dass sie das Wasser kräftiger anziehen, als einander selbst? Denn ebenso wie Alles im Wasser emporsteigt, was durch die Schwerkraft der Erde weniger angezogen wird, als das Wasser, ebenso müssen alle im Wasser schwimmenden Salzpartikeln, die von irgend einem Salztheilchen weniger angezogen werden, als vom Wasser, von diesem Theilchen zurückweichen und dem stärker angezogenen Wasser Platz machen.*

Wenn man eine salzhaltige Flüssigkeit bis auf ein Häutchen abdampft und erkalten lässt, so schiesst das Salz in regelmässigen Figuren an; dies beweist, dass die Salztheilchen schon vorher in der Flüssigkeit in gleichen Abständen in Reih und Glied schwammen und mit irgend einer Kraft auf einander einwirkten, die bei gleichen Abständen gleich, bei ungleichen verschieden war. Denn zufolge einer derartigen Kraft werden sie sich gleichmässig anordnen, ohne eine solche aber unregelmässig umherschwimmen und ungeordnet zusammenkommen. Und wenn die Theilchen eines isländischen Krystalls sämmtlich in gleichem Sinne auf die Lichtstrahlen wirken, um die gewöhnliche Brechung hervorzubringen: kann man da nicht annehmen, dass bei der Bildung des Krystalls die Theilchen sich nicht bloss in Reihe und Glied ordneten, um in regelmässigen Figuren anzuschiessen, sondern dass sie auch durch eine gewisse polare Eigenschaft ihre entsprechenden Seiten in gleicher Weise richteten? [85]

Im Grunde genommen verfolgte NEWTON den gleichen Gedanken wie HUYGENS, nur ging er insofern einen Schritt weiter, als er nicht nur die Korpuskeln selbst und ihre regelmäßige Anordnung betrachtete, sondern die den Korpuskeln eigenen Kräfte in seine Überlegungen einbezog. Es ist klar, daß NEWTON dabei an Kräfte dachte, die den Gesetzen der Mechanik folgen.

Bemerkenswert ist indes, daß selbst die Versuche, die Doppelbrechung des Isländischen Spates zu erklären, in letzter Konsequenz an die Kenntnis und an das experimentelle Studium der Kristallisation angeknüpft worden sind. Dadurch lösen sich einige Glanzpunkte optischer Forschungen an der Wende vom 17. zum 18. Jahrhundert, mit denen die optische Untersuchung der Kristalle begründet worden ist, aus ihrer in der Kristallerkenntnis scheinbar isolierten Stellung heraus und ordnen sich in deren Entwicklung ein. Andererseits fügt sich die Erforschung optischer Phänomene an Kristallen historisch in die Entwicklungstendenzen der Optik jener Zeit ein [86].

Überschaut man die Entwicklung der Kristallerkenntnis im ausgehenden 17. und zu Beginn des 18. Jahrhunderts, so nehmen diese Kenntnisse sämtlich ihren Anfang in der experimentellen Untersuchung und korpuskulartheoretischen Interpretation der Kristallisation. Man muß deshalb dem Urteil des ersten Historikers der Kristallographie,

Carl Michael Marx, uneingeschränkt zustimmen, wenn er schrieb:

✦ *In dem Maße, als sich die Aufmerksamkeit der Naturforscher auf die Gründe der Entstehung und Formung der künstlichen Salze richtete, nahm auch die Überzeugung von der Gleichartigkeit der Bedingungen bei den fossilen Crystallen zu, und wie beschränkt, wie unvollkommen auch die Vergleichungspunkte waren, so mußten sie doch dem Streben nach Erklärung eine neue und mehr zum Ziele führende Bahn eröffnen.* [87]

Mit anderen Worten: An der Wende vom 17. zum 18. Jahrhundert war die Entdeckung der Kristalle bereits soweit vorangeschritten, daß die Überwindung des Kristallbegriffs der Chemiker und seine Verallgemeinerung zum klassischen Kristallbegriff, der die ›corpora angulata‹ des Mineralreiches in sich einschloß, nur noch eine Frage der Zeit war. Dabei war freilich die Kristallerkenntnis keineswegs frei von spekulativen Ideen, insbesondere im Hinblick auf den Zusammenhang von geometrischer Form und chemischer Substanz der Kristalle. Aber selbst diese spekulativen Züge besaßen ein progressives Moment, das die Möglichkeit darbot, die gewonnenen Erkenntnisse unter einem gemeinsamen Aspekt zusammenzufassen und zu ordnen. Es bot in seinem Kern die Möglichkeit, den Kristallbegriff der Chemiker weiter zu verallgemeinern.

»Uneigentliche« Kristalle

Die wichtigste Aufgabe, die in der Entdeckung der Kristalle am Beginn des 18. Jahrhunderts zu bewältigen war, mußte in einer Sichtung und Systematisierung des Erreichten bestehen. Eine Gesamtschau der vorliegenden Ergebnisse war indes nicht zu erwarten, da wenigstens die Untersuchungen über die optischen Erscheinungen am Isländischen Doppelspat dem Grundproblem der Kristallerkenntnis, den Zusammenhang von geometrischer Form und chemischer Substanz der Kristalle zu erklären, zu weit entfernt lagen.

Die wichtigste Erkenntnis der Kristallforschung des 17. Jahrhunderts, die verallgemeinert werden mußte und danach drängte, verallgemeinert zu werden, war die, daß die geometrischen Formen auch der Mineralkristalle keiner zufälligen Laune der Natur entsprangen, sondern gesetzmäßig als Ergebnis der Kristallisation entstanden sind. Nur von dieser Einsicht ausgehend, konnte eine Systematisierung erreicht und in deren Folge der Kristallbegriff der Chemiker überwunden und – zunächst noch auf dem vorhandenen theoretischen Fundament – verallgemeinert werden.

Den ersten bedeutenden Schritt bei der Lösung dieser Aufgabe vollzog im Jahre 1723 der schweizer Arzt Moritz Anton Cappeller, der durch den ihm befreundeten und an den Kristallen interessierten Schweizer Arzt und Naturforscher Johann Jacob Scheuchzer dazu angeregt worden war, die verstreuten Erkenntnisse über die Kristalle zusammenzutragen und zu versuchen, Ordnung in das Chaos zu bringen.

Cappeller ging von dem Vorsatz aus, eine »Crystallographia« zu schreiben, eine umfassende Monographie über den Bergkristall, sah jedoch die Notwendigkeit, auch die übrigen kristallisierten Körper, vor allem die Salze, in seine Studien einzubeziehen. Dieses Werk ist jedoch nicht erschienen. Außer einem Prospekt, in dem Cappeller seine »Crystallographia« angekündigt hat, ist lediglich eine vorbereitende Arbeit publiziert worden, in der Cappeller indes gerade diejenigen Körper behandelt hat, die wie der Bergkristall in geometrischen Formen kristallisieren. Diese kleine Schrift trägt den Titel »Prodromus Crystallographiae de crystallis impropriae sic dictis commentarium« [88] und befaßt sich demzufolge mit den ›crystalli impropriae‹ – den uneigentlichen Kristallen –, also mit denjenigen kristallisierten Körpern, die nicht unter den Kristallbegriff der Chemiker fielen und nach dem Sprachgebrauch als ›corpora angulata‹ bezeichnet wurden.

CAPPELLER war keineswegs der erste, der die per definitionem gesteckten Grenzen des Kristallbegriffs der Chemiker überschritten hatte. Bereits STENSEN tat implizit diesen Schritt, und BARTHOLIN hatte für den Isländischen Spat die Bezeichnung ›Crystallus Islandicus‹ eingeführt, die sowohl von HUYGENS als auch von NEWTON übernommen wurde. Doch spielte bei solchen Überschreitungen der Definition noch immer das qualitative Merkmal der Durchsichtigkeit eine ausschlaggebende Rolle. Auf die Gleichartigkeit des Prozesses der Kristallisation bei den künstlich dargestellten Salzen wie bei den in der Natur entstandenen Mineralen hat erst wieder der französische Naturforscher LOUIS BOURGUET, mit dem CAPPELLER in streitbarer Korrespondenz gestanden hat, im Jahre 1723 hingewiesen. In seinen »Lettres philosophiques sur la formation des sels et des Crystaux« [89] bemerkte er:

✦ *Die Entstehung der Kristalle unterscheidet sich ausnahmslos in keinem Punkt von der aller Kristallisationen, seien es natürliche, seien es künstliche.* [90]

Damit war jedoch allenfalls ein erkenntnistheoretischer Ansatzpunkt für die Verallgemeinerung des Kristallbegriffs der Chemiker gegeben, nicht indes diese Verallgemeinerung selbst vollzogen, zumal BOURGUET in einer Polemik gegen CAPPELLER eine strenge Gesetzmäßigkeit der Kristallformen in letzter Instanz abgelehnt hat [91]. CAPPELLER hingegen machte gerade die Gesetzmäßigkeit der Kristallformen zum Ausgangspunkt und Leitmotiv seiner Untersuchungen. Dabei sah er in seiner Arbeit nicht nur einen großen Nutzen für die Naturphilosophie schlechthin, sondern, wie er schrieb, vor allem für die Medizin und Pharmazie. CAPPELLER erkannte das Grundproblem der Kristallographie, die Aufklärung des Zusammenhanges von geometrischer Form und chemischer Substanz der Kristalle, mit aller Deutlichkeit, denn

✦ *...niemand wird in Abrede stellen können, daß die Übereinstimmung oder Abweichung der geometrischen Figuren, welche die Körper durch die Naturkräfte selbst erhalten, auch die Verwandtschaft oder Verschiedenheit ihrer Eigenschaften und Wirkungen verraten.* [92]

Indes waren weder die Chemiker des beginnenden 18. Jahrhunderts noch CAPPELLER selbst imstande, dieses Problem unter chemischen Aspekten in Angriff zu nehmen. Doch CAPPELLER hat nachdrücklich darauf hingewiesen, daß der Fortschritt in der Kristallerkenntnis von der aufmerksamen Beobachtung der Kristallformen einerseits und von der Bestimmung der Zusammensetzung der chemischen Substanzen andererseits abhängig ist [93]. Daher schloß sich CAPPELLER den Vorstellungen GUGLIELMINIS ungern und nur deshalb an, weil er ihnen nichts Besseres entgegensetzen konnte, und beschränkte sich darauf, mit seinen Untersuchungen zur Lösung des ersten Teils der Aufgabe beizutragen.

Den Ansatzpunkt CAPPELLERS bildete eine klare Definition dessen, was er unter einem Kristall verstanden wissen wollte:

✦ *Man nennt mit einem übertragenen oder uneigentlichen Namen jene Körper Kristalle, die ebenfalls eigene geometrische Gestalt besitzen, wie jener Stein die seinige: und in Polyedern, Winkeln oder sonstwie begrenzten Formen auftreten, oder die dem wirklichen Kristall durch eine gewisse Durchsichtigkeit nahestehen.* [94]

Der qualitative Fortschritt zu der 125 Jahre zuvor von LIBAVIUS angegebenen Definition des Kristallbegriffs ist unübersehbar. Eindeutig rückte CAPPELLER die geometrische Form als qualitatives Merkmal eines Kristalls in den Vordergrund, während das Merkmal der Durchsichtigkeit zurücktrat und die Frage nach der stofflichen Reinheit überhaupt nicht mehr gestellt wurde. Wenn sich CAPPELLER dennoch sehr vorsichtig ausdrückte und von ›crystalli improprie‹ – von uneigentlichen Kristallen – sprach, so nur deshalb, weil die Verallgemeinerung des Kristallbegriffs der Chemiker auf undurchsichtige Kristalle, wie beispielsweise den Pyrit, neu und ungewöhnlich erscheinen mochte.

Mit der Begründung des Kristallbegriffs auf der geometrischen Form der Kristalle verband CAPPELLER indes gleichzeitig eine zu weite Auffassung, denn unter den »sonstwie begrenzten Formen« verstand er auch kugelige, gerundete und sphäroidische, spindelförmige und zylindrische, trauben- und federnförmige sowie aus Krusten, Schuppen oder Lamellen bestehende Körper. Eine klare Unterscheidung zwischen mono- und polykristallinen Mineralen konnte CAPPELLER dem zufolge noch nicht treffen. Gleichwohl hat er sich in seiner Studie ausschließlich mit der Beschreibung von Einzelkristallen befaßt.

Indem CAPPELLER als qualitatives Hauptmerkmal eines Kristalls dessen geometrische Gestalt bezeichnete, hat er den Kristallbegriff der Chemiker jedoch gewissermaßen erst zur Hälfte verallgemeinert. Der zweite Schritt mußte in der Erkenntnis bestehen, daß – wie BOURGUET angemerkt hat – die natürlichen Kristalle ebenso wie die künstlich hergestellten ihre Entstehung der Kristallisation verdanken. Indes hat CAPPELLER auch diesen zweiten Schritt getan:

✦ *Die Kristallisation oder Kristallifikation aber, um den Ausdruck ebenfalls zu erwähnen, bezeichnet jenen Vorgang, durch den etwas zu einem Kristall entweder durch eine bestimmte und mit Winkeln versehene Figur oder durch seine Durchsichtigkeit ähnlichen Körper verfestigt wird, wie das Kristallisationsprodukt den Vorgang als vollendet kennzeichnet.* [95]

Damit hatte CAPPELLER den Kristallbegriff der Chemiker nach Intension und Extension überwunden und zum klassischen, auf dem qualitativen Merkmal der polyedrischen Gestalt begründeten Kristallbegriff verallgemeinert.

Allerdings blieb der neue, der klassische Kristallbegriff gewissermaßen unfertig, da es CAPPELLER nicht gelang, die Vorstellung GUGLIELMINIS zu eliminieren, bestimmte Salze besäßen die Fähigkeit, anderen Substanzen ihre Form aufzuprägen. Indes zog sich der Kampf um die Bewältigung dieses Problems durch die Kristallforschung des ganzen 18. Jahrhunderts.

Ungeachtet dieses Problems, das CAPPELLER ebenso klar erkannt hat wie seine Ohnmacht, es zu lösen, hat CAPPELLER nachdrücklich darauf hingewiesen, daß die Kristallisation ein bestimmter, begrifflich scharf umrissener Naturprozeß sei, es jedoch verschiedene Arten der Kristallisation gäbe. Neben der Kristallisation aus wäßrigen Lösungen, die er für die wichtigste und hauptsächliche Art hielt, führte er unter anderen Arten auch die Sublimation an. Doch betonte er in diesem Zusammenhang, daß es sich bei der Kristallisation ungeachtet der Art prinzipiell um ein und denselben Naturprozeß handelt [76], den er folgendermaßen beschrieb:

✦ *In Kürze läßt sich jener Vorgang oder die Kristallisation und das Ergebnis desselben, das Kristallisationsprodukt folgendermaßen beschreiben: In irgendeiner nicht zu zähen Flüssigkeit seien Partikelchen, die mit bestimmten und eigentümlichen Formen versehen sind, aufgelöst und schwimmen darin umher, oder auch Moleküle, die aus Partikelchen zusammengesetzt sind und Gestalt besitzen. Diese sollen nun dichter zusammengebracht werden, entweder durch ständige Vermehrung dieser Partikelchen oder durch Einengung der Flüssigkeit infolge Verdampfung oder sonstwie. So werden die einzelnen Teilchen durch die innere Bewegung der Flüssigkeit selbst und des sie ständig durchdringenden Äthers bewegt und an verschiedene Stellen ge-*

trieben; alsdann werden sie mit ihren Außenseiten je nach ihrer Gestalt verbunden, hängen sich aneinander und bilden schließlich durch fortschreitende Vermehrung feste Körper mit bestimmter *Gestalt*, die bald mehr, bald weniger vollkommen ist, je nach der Art der Bewegung, die bald sanft, bald behindert ist. Diese Gestalt hängt vor allem von den ursprünglichen Formen der zusammengesetzten Teilchen ab und ergibt sich daraus. [97]

Es ist nicht zu übersehen, daß sich CAPPELLER um eine Synthese aus den Erkenntnissen STENSENS über das Wachstum der Kristalle und den geometrischen Überlegungen GUGLIELMINIS bemüht hat, deren beider Schriften ihm bekannt gewesen sind. Analog zum Bergkristall nahm CAPPELLER an, daß die Partikeln oder die aus ihnen zusammengesetzten Moleküle eine der makroskopischen Gestalt entsprechende polyedrische Gestalt aufweisen. Dabei konnte er sich auf die mikroskopischen Beobachtungen LEEUWENHOEKS ebenso berufen, wie umgekehrt bereits SCHEUCHZER die von STENSEN als ursprünglich angesehene sechsseitige Gestalt des Bergkristalls unter Berufung auf die LEEUWENHOEKSchen Beobachtungen verteidigt hatte [98]. Am Rande vermerkt sei jedoch, daß CAPPELLER auch versucht hat, die geometrische Gestalt von Kristallen durch die regelmäßige Aneinanderlagerung von kugelförmigen Bausteinen zu erklären [99]. Es ist daher verständlich, wenn CAPPELLER sehr viel Wert auf die Feststellung legte, daß die experimentelle Untersuchung der Kristallisation eine unerläßliche Voraussetzung für das Studium der Kristalle sei. Er beschrieb sehr sorgfältig, wie zu verfahren ist, um gut ausgebildete und mit wenig Fehlern behaftete Kristalle zu erzeugen. Die von ihm beschriebene Versuchsanordnung unterschied sich dabei kaum von der bereits im 17. Jahrhundert in Gebrauch gewesenen. CAPPELLER machte auf folgende fünf Bedingungen aufmerksam, die zur Erzielung gut ausgebildeter Salzkristalle eingehalten werden müssen:

✦ *Die erste ist zur Erzielung von mehr vollständigen Salzformen. ... Sie spielt sich meistens in wässriger Flüssigkeit ab, erfordert aber zu ihrem völligen Gelingen einige Bedingungen. Die erste ist, daß die Flüssigkeit bis zu einem gewissen Grade der Sättigung, wie man das nennt, voll Salz ist, daß nicht eine zu große Wassermenge die Salzteilchen in stärkerer Zerstreuung hält als gut ist... Man muß aber auch darauf achten, daß nicht zu wenig Flüssigkeit vorhanden ist, denn die allzu dicht angehäuften Salze werden in der erforderlichen Bewegung verhindert und allzu rasch vermengt verfestigen sie sich zu weniger vollkommen ausgebildeten Kristallen. Zweitens ist nötig, daß die verschiedenen Salzmoleküle keine allzu unregelmäßige Figur besitzen und keine sehr voneinander abweichende, sondern eher einander ähnlich sind ohne zuviel Beimengungen fremdartiger Partikelchen. Man erhält sonst entweder keine Kristalle oder zu sehr verschieden zusammengesezte, oder endlich überhaupt verschiedenerlei die sich getrennt absondern. Drittens ist für die kristalliefernde Flüssigkeit Ruhe nötig, sowohl vor von außen kommender Bewegung, wie auch vor zu großer innerlicher, die erregt wird durch Feuer und Wärme und die die Teilchen im Innern nur wirr durcheinandertreibt. Es ist daher nötig, daß sie kalt ist, und wenn sie mehr als lauwarm ist, erhält man ungeeignete und weniger durchsichtige Kristalle. Die vierte Bedingung ist, daß die Kristallisation sehr langsam im Lauf der Zeit erfolgt, wobei die Flüssigkeit sich selbst überlassen bleiben soll, dann gelingt es besser. ... An fünfter Stelle endlich sind Seiten, Wände und geeignete Stützpunkte nötig, wie Stäbchen und Fäden, was besonders zum Sammeln von Kristallen von Alaun, Kupfervitriol und Zucker angewandt wird; an diesen soll die kristalliefernde Flüssigkeit anliegen und sie umgeben, daß die Salzmoleküle Stützpunkte haben, auf denen sie aufsitzen können.* [100]

Der Grund für die hohe Wertschätzung des experimentellen Studiums der Kristallisation aus Lösungen ergab sich folgerichtig aus den Anschauungen CAPPELLERS, denn:

✦ *Auf diese erste Art der Kristallisation ... entstehen nicht nur die Salze, sondern auch die meisten Steine, wie die Edelsteine und der Kristall selbst.* [101]

Es ist daher verständlich, daß die Salze unter den von CAPPELLER beschriebenen Kristallen noch einen dominierenden Platz einnahmen, obgleich er auch eine ganze Reihe von Mineralkristallen sorgfältig beschrieben und gezeichnet hat. Diese Kristallzeichnungen sind nach dem Urteile LUDWIG BURMESTERS die ersten, die nach der Anschauung richtig entworfen sind [102].

Der Versuch, die Kristallerkenntnisse seiner Zeit zusammenzufassen und zu systematisieren, führte CAPPELLER mit Notwendigkeit dazu, die Trennung zwischen künstlich erzeugten Kristallen und natürlich entstandenen ›corpora angulata‹ aufzuheben, den alten Kristallbegriff der Chemiker zu überwinden und einen neuen, den klassischen Kristallbegriff zu prägen. Durch diese bedeutende wissenschaftliche Leistung CAPPELLERS wurde die Kristallforschung vor eine Reihe neuer Probleme und Möglichkeiten gestellt, die ihre Entwicklung im 18. Jahrhundert bestimmen sollten. Indes ist der weitere Fortschritt der Entdeckung der Kristalle letztlich nur aus ihrem Zusammenhang mit der allgemeinen geistigen Entwicklung in diesem Jahrhundert zu begreifen.

Ein ebenso außerordentlich interessantes wie außergewöhnlich schwieriges Problem

Ausgang des Menschen aus seiner selbstverschuldeten Unmündigkeit

Im 17. Jahrhundert beginnend, breitete sich im 18. Jahrhundert in Europa und in Nordamerika eine geistige Bewegung aus, die den bürgerlichen Menschen zur Erkenntnis von Zusammenhängen in Natur und Gesellschaft, zu Schöpfertum, geschichtsbildendem Bewußtsein und gesellschaftsgestaltender Kraft führen wollte. Es war dies die geistige Bewegung der Aufklärung.

In seinem Aufsatz »Was ist Aufklärung?« schrieb IMMANUEL KANT im Jahre 1784:

✦ *Aufklärung ist der Ausgang des Menschen aus seiner selbstverschuldeten Unmündigkeit. Unmündigkeit ist das Unvermögen, sich seines Verstandes ohne Leitung eines anderen zu bedienen. Selbstverschuldet ist diese Unmündigkeit, wenn die Ursache derselben nicht am Mangel des Verstandes, sondern der Entschließung und des Mutes liegt, sich seiner ohne Leitung eines andern zu bedienen. Sapere aude! Habe Mut, dich deines eigenen Verstandes zu bedienen! ist also der Wahlspruch der Aufklärung.* [1]

Ziel der Aufklärung war es, ein humanistisches Zeitalter, ein Zeitalter der Vernunft und der Freiheit des Menschen zu errichten. Sie war eine ihrem Wesen nach bürgerliche Bewegung, wenngleich sich ihr auch fortschrittlich gesinnte Vertreter des Adels anschlossen und wenngleich sie häufig eine »aufgeklärte« Monarchie anstrebte. Die Aufklärung diente der Herausbildung einer politisch und ideologisch gefestigten bürgerlichen Gesellschaft, und sie trug entscheidend dazu bei, die sozialen und geistigen Fesseln der Feudalordnung und der Kirche als deren ideologische Machtstütze zu sprengen.

Im Anschluß an Renaissance und Reformation und im Einklang mit der Entwicklung von Produktivkräften und kapitalistischen Produktionsverhältnissen umfaßt die Aufklärungszeit jene historisch bedeutende Epoche, in der, bei allen nationalen und territorialen Unterschieden, die Leistungen frühbürgerlichen Denkens fortgeführt und revolutionäres Denken in der Philosophie, in den Naturwissenschaften, in Kunst und Literatur vorbereitet und unterstützt wurden [2].

Durch den politischen Sieg des Bürgertums in England und in den Niederlanden im 17. Jahrhundert erhielt die geistige Bewegung der Aufklärung nachhaltige Impulse, und sie gewann durch wachsende Möglichkeiten, Methoden und Zielsetzungen in Produktion, Handel und Ideologie an Intensität. Ihre klassische Ausprägung erlangte die Aufklärung in England und im Frankreich des 18. Jahrhunderts, aber sie ergriff auch das Denken, zum Teil mit großer zeitlicher Verzögerung, in Rußland, Deutschland, Spanien und anderen europäischen Ländern sowie in Nordamerika.

In England war die Aufklärung im Gefolge der bürgerlichen Revolution von 1688 eng mit der Festigung der konstitutionellen Monarchie und der Entwicklung der kapitalistischen Produktionsweise verbunden. Ihr Charakter wurde wesentlich durch die Industrielle Revolution geprägt. Den entscheidenden Beitrag zur Aufklärungsphilosophie leisteten dort JOHN LOCKE und auf naturwissenschaftlichem Gebiet ISAAC NEWTON. Von England beeinflußt, empfing die französische Aufklärung ihre Impulse durch den das 18. Jahrhundert bestimmenden Kampf gegen die feudal-absolutistische Monarchie und den Einfluß der römisch-katholischen Kirche. Ihren Höhepunkt fand sie am Ende des Jahrhunderts in der bürgerlich-demokratischen Revolution. Zu den hervorragenden Vertretern der Aufklärung in Frankreich gehören FRANCOIS-MARIE VOLTAIRE, JULIEN DE LA METTRIE, DENIS DIDEROT, JEAN-JACQUES ROUSSEAU, CLAUDE ADRIEN HELVETIUS, PAUL THIRY D'HOLBACH und JEAN BAPTISTE LE ROND D'ALEMBERT.

Auf philosophischem und naturwissenschaftlichem Gebiet fand sie ihren höchsten Ausdruck in dem an LOCKES Sensualismus anknüpfenden französischen Materialismus.

Die Entwicklung der deutschen Aufklärung hingegen wurde dadurch bestimmt, daß sich in Deutschland der ökonomische und politische Aufstieg des Bürgertums sehr langsam vollzog, und auch dadurch, daß er nicht wie in England und Frankreich in einem einheitlichen Nationalstaat, sondern in einer Vielzahl absolutistischer Territorialstaaten erfolgte. Andererseits aber konnte die deutsche Aufklärung an die Erkenntnisse der englischen und vor allem der französischen Aufklärung anknüpfen und sie verarbeiten. Indes gelang es im Unterschied zu England und Frankreich der deutschen Aufklärung nicht, die revolutionäre Umgestaltung der Gesellschaft zu erreichen. Doch nahmen die deutschen Aufklärer nicht nur lebhaften Anteil an der französischen Revolution, sie empfingen von ihrer Entwicklung auch starke Impulse. FRIEDRICH ENGELS hat dies treffend skizziert:

✦ *Die politische Revolution in Frankreich wurde von einer philosophischen Revolution in Deutschland begleitet. Kant begann sie, indem er das alte System der Metaphysik von Leibniz stürzte, das Ende des vorigen Jahrhunderts an allen Universitäten des Festlandes eingeführt wurde. Fichte und Schelling begannen mit dem Neuaufbau, und Hegel vollendete das neue System.* [3]

Die das gesellschaftliche Leben in allen seinen Bereichen erfassende geistige Bewegung der Aufklärung bewirkte auch in den Naturwissenschaften ein tiefgreifendes Umdenken. Die Natur wurde nicht länger mehr als Offenbarung der Größe und Güte Gottes angesehen. Sie wurde als ein Bereich begriffen, von dem der Mensch zu seinem Nutzen Besitz ergreifen konnte.

Naturerkenntnis und die praktische Nutzung der Natur lagen im Interesse des aufstrebenden Bürgertums. Die Hinwendung zur Natur war daher in starkem Maße eine Reflexion wirtschaftlicher Interessen des Bürgertums und seiner Weltanschauung. Aus der sich entwickelnden kapitalistischen Produktionsweise entsprang eine veränderte Rolle der Natur im Denken und Handeln des Bürgertums. Die Natur war nicht mehr ein Bereich für sich, dem der Mensch fremd gegenüberstand. Sie wurde mehr und mehr in den Dienst der neuen Produktionsweise gestellt. KARL MARX beschrieb, wie

✦ ... das Kapital erst die bürgerliche Gesellschaft und die universelle Aneignung der Natur wie des gesellschaftlichen Zusammenhangs selbst durch die Glieder der Gesellschaft (schafft) ... Die Natur wird erst rein Gegenstand für den Menschen, rein Sache der Wirklichkeit; hört auf als Macht für sich anerkannt zu werden; und die theoretische Erkenntnis ihrer selbständigen Gesetze erscheint selbst nur als List, um sie den menschlichen Bedürfnissen sei es als Gegenstand des Konsums, sei es als Mittel der Produktion zu unterwerfen. [4]

Daher, erläuterte KARL MARX:

✦ Also Explorieren der ganzen Natur, um neue nützliche Eigenschaften der Dinge zu entdecken; universeller Austausch der Produkte aller fremden Klimate und Länder; neue Zubereitungen (künstliche) der Naturgegenstände, wodurch ihnen neue Gebrauchswerte gegeben werden. Die Exploration der Erde nach allen Seiten, sowohl um neue brauchbare Gegenstände zu entdecken, wie neue Gebrauchseigenschaften der alten; wie neue Eigenschaften derselben als Rohstoffe etc.; die Entwicklung der Naturwissenschaften daher zu ihrem höchsten Punkt ... [5]

Naturerkenntnis, die Aufdeckung von Naturgesetzen wurden zu einem ökonomischen Erfordernis, das sich in der bürgerlichen Ideologie als eine neue Einstellung des Menschen zur Natur widerspiegelt. Dies fand Ausdruck in der engen Verbindung von materialistischer Philosophie und Naturwissenschaft. Indes erstreckte sich die neue Funktion der Naturwissenschaft nicht nur auf die Philosophie; sie erfaßte darüber hinaus auch weitere Bereiche des gesellschaftlichen Lebens. Treffend hat D'ALEMBERT die neue gesellschaftliche Bedeutung der Naturwissenschaft charakterisiert:

✦ Die Naturwissenschaft führt uns von Tag zu Tag neue Reichtümer zu; die Geometrie hat, indem sie ihre Grenzen erweiterte, ihre Fackel in diejenigen Teile der Physik, die ihr unmittelbar benachbart sind, vorgetragen; das wahre Weltsystem ist endlich erkannt worden. Von der Erde bis zum Saturn, von der Geschichte des Himmels bis zur Geschichte der Insekten hin, finden wir das Antlitz der Naturforschung verwandelt. Und damit haben auch alle anderen Wissenschaften eine neue Form gewonnen. Die geistige Gärung, die durch die Naturwissenschaft bewirkt wurde, hat an ihren Grenzen nicht Halt gemacht; sie hat sich gleich einem Strom, der seine Dämme durchbricht, auf alle Gebiete fortgepflanzt. Von den Anfangsgründen der profanen Wissenschaften bis zu den Grundlagen der Offenbarung, von der Metaphysik bis zu den Grundfragen des Geschmacks, von der Musik bis zur Moral, von den scholastischen Streitigkeiten der Theologen bis zu den wirtschaftlichen Problemen, vom Naturrecht bis zum positiven Recht hin ... ist alles diskutiert, analysiert oder zum mindesten aufgeführt worden. [6]

Mit der sich vertiefenden Einsicht in die neue gesellschaftliche Funktion der Naturwissenschaft ging im 18. Jahrhundert ein wachsendes Interesse des gebildeten Bürgertums und fortschrittlicher Angehöriger des Adels an naturwissenschaftlichen Kenntnissen einher. In den kulturellen Zentren, wie in Paris, wurde die Naturwissenschaft im wahrsten Sinne des Wortes salonfähig. Neue Erkenntnisse und Ergebnisse naturwissenschaftlicher Studien und philosophischer Reflexionen wurden in den literarischen Salons lebhaft, ja oftmals begeistert diskutiert. Die Salons entwickelten sich zu Treffpunkten der Gelehrten, zu Zentren der wissenschaftlichen Belehrung und des wissenschaftlichen Meinungsstreits. Literarische Journale, die in jener Zeit in großer Zahl herausgegeben wurden, berichteten über Astronomie, Zoologie, Botanik und Mineralogie gleichermaßen wie über physikalische Phänomene und chemische Vorgänge.

Forschungsreisende brachten aus fremden Ländern neues naturgeschichtliches Material in Hülle und Fülle in die geistigen und wissenschaftlichen Zentren Europas. Zahlreiche Akademien entstanden. Jeder »aufgeklärte« Monarch betrachtete es als Attribut höfischen Lebens, seine wissenschaftliche Akademie zu haben. Neue wissenschaftliche Erkenntnisse regten aber auch dazu an, die Kuriositäten- und Raritätenkabinette an den Höfen nach wissenschaftlichen Gesichtspunkten zu ordnen, zu katalogisieren und durch systematische Sammlungen zu ergänzen. Das Sammeln von Pflanzen und Mineralien, das Anlegen von Herbarien und Mineralienkabinetten wurde zu einer regelrechten Mode, die auch in vermögen bürgerlichen Kreisen Platz griff [7].

Die ganze Epoche lebte in und mit der Naturwissenschaft. Um 1760 hieß es in einer Schrift über »Vorschläge zu einer gemeinnützigen Ausbesserung und Beförderung der Naturwissenschaft«:

✦ *Die Naturgeschichte ist bekanntermaßen in unseren Tagen vor allen anderen diejenige Wissenschaft, wie allgemein beliebet, so auch fast allgemein geübet und betrieben wird ...* [8]

Die große Popularität der Naturwissenschaft ließ sie zu einem neuen Bereich der allgemeinen Bildung werden. Freilich blieb sie weithin populäre Bildung einer Elite des Bürgertums und des Adels, die ihren geistigen Bedürfnissen entsprach. Doch ist sie auch ein Ausdruck des Bildungsstrebens des Bürgertums, das in der Auseinandersetzung mit dem Geist des Feudalismus seinen Beitrag zum wissenschaftlichen Erkenntnisfortschritt leistete.

Mit der neuen gesellschaftlichen Funktion der Wissenschaft bildete sich im 18. Jahrhundert ein neuer Typ des Gelehrten heraus. Neben den vermögenden Bürger, neben den Unternehmer und neben den staatlich besoldeten Aufseher, die sich aus persönlichen Neigungen oder wirtschaftlichen Interessen naturwissenschaftlichen Studien zuwendeten, trat mehr und mehr der aus den niederen Schichten des Bürgertums kommende Wissenschaftler, der Wissenschaft aus Leidenschaft und als Broterwerb professionell betrieb. Aus armer, oft kinderreicher Familie stammend, erhungerte er sich häufig den Zugang zur Wissenschaft über die Ausbildung zum Geistlichen, die Lehre als Apotheker oder bestenfalls über das Studium der Medizin. Und er blieb sein Leben lang in finanzieller Abhängigkeit vermögender Mäzene, fristete sein Dasein als Hauslehrer und Erzieher oder als schlecht besoldeter Universitätsgelehrter. Das Leben dieser Wissenschaftler war mehr entsagungs- als ertragreich. Aber dennoch widmeten sie sich ihrer selbstgewählten Aufgabe mit Hingabe und oftmals hohem wissenschaftlichem Ertrag. Daher nimmt es nicht wunder, daß wir unter den bedeutenden Gelehrten des 18. Jahrhunderts so viele Geistliche, Lehrer, Apotheker und Mediziner finden.

Die Entwicklung der Naturwissenschaft vollzog sich dabei in mehr oder minder engem Kontakt zu praktischen Bedürfnissen und Fragestellungen. Doch ganz gleich, ob wie in England, die Naturwissenschaft stärker empirisch orientiert war oder, wie in Frankreich, stärker theoretisch betrieben wurde, stets blieb sie dem Geist der Aufklärung verpflichtet und über diesen mit der Entwicklung der kapitalistischen Produktionsweise verbunden [9].

Mit der Überwindung des Offenbarungsglaubens traten in der Naturwissenschaft rationale Momente in den Vordergrund. Die quantitative Erweiterung der Naturerkenntnis und sorgfältige Naturbeobachtung förderten insbesondere in den drei Reichen der Natur – dem Tierreich, dem Pflanzenreich und dem Mineralreich – die Systematisierung und Klassifizierung nach wissenschaftlichen Gesichtspunkten. In großer Zahl wurden »natürliche« wie »künstliche« Klassifikationssysteme aufgestellt, wie die »Systema Naturae« des großen schwedischen Gelehrten CARL VON LINNÉ [10].

Diese Entwicklung führte zu einer stärkeren Unterscheidung und Abgrenzung der Wissensgebiete voneinander und zur Herausbildung neuer wissenschaftlicher Disziplinen. Zugleich wurde die metaphysische Trennung zwischen natürlichen und künstlichen Objekten überwunden und der Weg zur Erkenntnis von einheitlich geltenden Naturgesetzen freigelegt. Das Bewußtwerden, daß auch die Natur eine Geschichte hat, führte zur Überwindung der Auffassung von der Unveränderlichkeit der Natur. Weitgreifende naturhistorische Konzepte wurden entworfen, wie die »Histoire naturelle« [11] des französischen Naturforschers GEORGES-LOUIS-LECLERC Comte DE BUFFON oder die »Naturgeschichte und Theorie des Himmels« [12] von IMMANUEL KANT. Allmählich bildeten sich Ansätze entwicklungstheoretischer Anschauungen heraus.

Die Alternative: morphologische oder strukturelle Denkweise

In diesen Strom zeitgenössischer Naturerkenntnis bettet sich auch die Entdeckung der Kristalle ein. Den ersten bedeutenden Schritt zur Überwindung des Dualismus von künstlich erzeugten Kristallen und natürlich entstandenen ›corpora angulata‹ tat – wie wir gesehen haben – CAPPELLER. Indes war damit noch kein Durchbruch erzielt. Es bedurfte noch eines langen und hindernisreichen Weges bis, vor allem durch französische Naturforscher, die Grundlagen für die Erkenntnis der Gesetzmäßigkeiten der Kristalle geschaffen waren. Dieser Weg führte auch in der Kristallforschung über Systematisierungs- und Klassifizierungsversuche zur Erkenntnis von Zusammenhängen. Der Entwicklungsgedanke fand dabei einen modifizierten Ausdruck in der Einsicht, daß sich unterschiedliche Kristallformen auf geometrischem Wege auseinander ableiten lassen.

Die Situation der Kristallerkenntnis zu Beginn des 18. Jahrhunderts faßte JOHANN JACOB SCHEUCHZER in die treffenden Worte:

✦ *Die Kristallographie stellt ein ebenso außerordentlich interessantes wie außergewöhnlich schwieriges Problem dar, das den Bemühungen der scharfsinnigsten Philosophen so viel zu schaffen macht, daß sie sich bis zum heutigen Tage nicht aus den Labyrinthen haben herausfinden können, welche sich aus den verschiedenen Umständen dieses Problems ergeben.* [13]

Mit diesen Worten umriß SCHEUCHZER gleichermaßen die Ausgangssituation und die Schwierigkeiten der Kristallforschung; aber er gab mit diesen Worten zugleich auch der gerade im Entstehen begriffenen neuen Wissenschaft den Namen, den sie bis heute trägt: Kristallographie.

Bereits CAPPELLER hatte auf die Aufgabe aufmerksam gemacht, die Kristallformen der verschiedensten künstlichen und natürlichen Substanzen sorgfältig zu untersuchen und zu beschreiben. Dabei ging es darum, zunächst die Mannigfaltigkeit der Kristallformen mit größtmöglicher Vollständigkeit zu ermitteln, sie zu systematisieren und, darauf aufbauend, nach Wegen zu suchen, diese Mannigfaltigkeit auf einige wenige wesentliche Grundformen zurückzuführen, aus denen sich die übrigen Formen ableiten lassen. Die ersten Schritte auf diesem Wege ist CAPPELLER selbst gegangen. Indes geht diese Richtung in der Kristallforschung im Grunde genommen auf STENSEN zurück, der auf die Zurückführbarkeit unvollkommener und verzerrter Formen des Bergkristalls auf dessen ideale Gestalt aufmerksam wurde.

Dieser Richtung liegt eine ganz spezifische Betrachtungsweise des Kristalls zugrunde. Sie betrachtete einen Kristall als eine morphologische Ganzheit, die durch Kristallisation entstanden ist, und zielte darauf ab, die morphologischen Gesetzmäßigkeiten der Kristalle durch die diffizile Untersuchung ihrer morphologischen Gestalt selbst zu ermitteln. Dazu bedurfte es eines geeigneten heuristischen Prinzips, mit dessen Hilfe sich die Vielfalt der

Kristallformen auf einige wenige Grundformen zurückführen ließ.

Diese Betrachtungsweise formte sich im 18. Jahrhundert zu einer spezifischen wissenschaftlichen Denkweise in der Kristallerkenntnis aus, für die der innere strukturelle Bau der Kristalle allenfalls vorausgesetzt, aber keine zwingende Notwendigkeit mehr war. Wir können dieses Vorgehen als morphologische Denkweise in der Kristallforschung bezeichnen.

Auf der anderen Seite blieb das Problem der Erklärung der Kristallformen aus dem gesetzmäßigen Aufbau aus korpuskularen Bausteinen sowie des kausalen Zusammenhanges zwischen der inneren Struktur der Kristalle und der chemischen Substanz bestehen. Die Lösung dieser Frage mußte in dem Auffinden von Indizien für die tatsächliche Strukturiertheit der Kristalle gesucht werden, da die bloße Analogie zwischen der makroskopischen Kristallform und der Gestalt der konstituierenden Bausteine auf die Dauer ebensowenig befriedigen konnte wie die Annahme, daß imponderable Beimischungen bestimmter Salze anderen Kristallen ihre Form aufprägen. Indes bedurfte es, selbst wenn sich solche Indizien auffinden ließen, auch hierbei eines geeigneten heuristischen Prinzips, mit dessen Hilfe die Mannigfaltigkeit der Kristallformen strukturell erklärt werden konnten.

Auch diese Betrachtungsweise prägte sich im 18. Jahrhundert zu einer spezifischen Denkweise in der Kristallerkenntnis aus, für die der strukturelle Bau der Kristalle im Gegensatz zur morphologischen Denkweise eine unverzichtbare Grundannahme blieb. Wir können dieses Herangehen in der Kristallerkenntnis von jener als strukturelle Denkweise in der Kristallforschung unterscheiden.

Somit standen den Kristallforschern zu Beginn des 18. Jahrhunderts zwei alternative Denkweisen in der Kristallerkenntnis zur Verfügung, zwischen denen sie wählen konnten. Beide wurzeln letztendlich in den empirischen Kenntnissen des Kristallisationsprozesses in der chemischen Technologie der Herstellung von Salzen. Indes war die strukturelle Denkweise, eben weil sie in gedanklicher Verbindung mit korpuskulartheoretischen Anschauungen das Prozeßhafte betonte, bereits bedeutend weiterentwickelt als die morphologische Denkweise. Diese hingegen begann sich erst herauszubilden, als die Kristallforscher allmählich dazu übergingen, auch die Mineralkristalle in ihre Untersuchungen einzubeziehen. Da deren Entstehung nicht unmittelbar beobachtet, sondern nur durch einen Analogieschluß als Produkt des Kristallisationsprozesses erklärt werden konnte, rückte die morphologische Denkweise auch das Produkthafte in den Mittelpunkt.

In gewissen Grenzen war die Wahl zwischen den beiden Alternativen eine subjektive Entscheidung, die unter anderem durch philosophische Anschauungen, aber auch durch den Einfluß anderer Gelehrter bestimmt wurde. Indes war die Wahl der einen oder der anderen Denkweise nicht nur eine subjektive Angelegenheit. Sie wurde ganz wesentlich auch durch die Art der wissenschaftlichen Fragestellungen beeinflußt. Für die Chemiker, denen es nach wie vor um den Zusammenhang von Prozeß und Produkt in der Korrelation mit der chemischen Substanz ging, war die morphologische Denkweise in Hinblick auf die wissenschaftliche Fragestellung wenig interessant und hilfreich. Die Art ihrer wissenschaftlichen Fragestellung erforderte es, daß sie sich der strukturellen Denkweise zuwandten. Für die Mineralogen und Bergbaukundigen dagegen war der Zusammenhang von Kristallform und chemischer Substanz wichtig, weil ihnen die Kristallformen unter Umständen ein zusätzliches Hilfsmittel bei der Mineralbestimmung und -systematisierung bieten konnten. Daher machten sie sich bevorzugt die morphologische Denkweise zu eigen und entwickelten sie weiter. Freilich waren die Grenzen fließend, und nicht selten bediente sich ein und derselbe Kristallforscher, je nachdem, welcher Art das von ihm bearbeitete Forschungsproblem war, bald der einen, bald der anderen Denkweise. Mit der Zeit aber und mit fortschreitender Ausformung der gedanklichen Grundlagen der beiden Denkweisen wurden die Unterschiede deutlicher, und nicht selten kam es zu harten Kontroversen zwischen den Anhängern beider Anschauungen.

CAPPELLER gehörte zu jenen, die sich beide Denkweisen zunutze machten. So untersuchte er in einem Brief vom 9. Dezember 1723 an SCHEUCHZER die Möglichkeit, die Kristallform eines Minerals durch die geordnete Aneinanderlagerung von Kügelchen zu erklären, und stellte dies figürlich dar [14]. Letzten Endes aber neigte er doch mehr zur morphologischen Denkweise. Er unternahm einen Versuch, ein Mineralsystem unter Verwendung der geometrischen Gestalt als Einteilungshilfsmittel aufzubauen, indem er, den mineralogischen Gepflogenheiten folgend, drei Klassen – Steine, Erze und Salze – unterschied, die er nach der äußeren Gestalt in jeweils acht Unterklassen einteilte:

I. kugelige, gerundete und sphäroidische Körper
II. keilförmige und spindelförmige Körper
III. zylindrische Körper
IV. pyramidale und kegelförmige Körper
V. prismatische, parallelepipedische, rautenförmige und trapezförmige Körper
VI. polyedrische und polygonale Körper
VII. trauben- und federnförmige Körper und
VIII. aus Krusten, Schuppen oder Lamellen bestehende Körper [15].

Wenngleich CAPPELLER noch nicht klar zwischen Kristallen und polykristallinen Bildungen zu unterscheiden wußte, ist seine Einteilung in sich doch logisch gegliedert, da sie in absteigender Reihenfolge der geometrischen Vollkommenheit der Körper aufgebaut war. Die Kristalle nehmen demzufolge richtig die mittleren Unterklassen IV bis VI ein.

Obwohl dieses Mineralsystem den Klassifikationsbedürfnissen der Mineralogen wie auch den praktischen Anforderungen des Bergbaus durchaus entgegenkam, hat es keine Aufnahme in die Mineralogie gefunden. Das ist um so merkwürdiger, weil zu Beginn des 18. Jahrhunderts, als die chemische Mineralanalyse noch kaum entwickelt war, Mineralogen verschiedentlich versucht haben, die Kristallformen der Minerale in ihre Untersuchungen einzubeziehen.

So gelangte der sächsische Land-, Berg- und Stadt-Physicus zu Freiberg, JOHANN FRIEDRICH HENCKEL, der Unterricht in Mineralogie und Metallurgie erteilte und ein Laboratorium für Chemie und Hüttenkunde eingerichtet hatte, durch eigene Untersuchungen zu der Einsicht, daß man Grund genug habe, die geometrische Gestalt der Minerale zu beachten, obwohl es nicht seine Absicht sei, wie er in seiner 1725 erschienenen »Pyritologia oder Kieß-Theorie« [16] schrieb,

✦ *... die mathematischen Gestalten zum Grunde einer Kieß-Eintheilung zu machen, sondern denen Schülern durch Beaugenscheinigung derer Figuren einige halblebendige Begriffe von der Sache selbst beizubringen; insonderheit, um sie nicht stutzig machen zu lassen, wenn ihnen etwa dergleichen oder mehr befremdendes, seltsames und wunderbarlich figuriertes Kieß-Stuff-Werk vorgelegt werden sollte. Und vors dritte, bey dieser offenbaren Natur-Mathematic zu erkennen, in was vor Vorzügen die Mathematischen Wissenschaften vor vielen anderen stehen.* [17]

HENCKEL bemühte sich um genaue Kristallbeschreibungen und legte sehr viel Wert auf Kristallzeichnungen, die sogar einigermaßen richtig ausgefallen sind, obwohl sie ohne Kenntnis der Perspektive gezeichnet wurden. Er kam aber am Ende doch zu der Überzeugung, daß die chemische Untersuchung für die Bedürfnisse der Mineralogie vorteilhafter sei:

✦ *Erstlich habe ich versuchet, ob ich aus Betrachtung der äußerlichen Gestalt die innere Beschaffenheit der Steine ersehen könnte, aber mit schlechtem Erfolg...*

Was hilft endlich die Gestalt der kleinsten Theilgen, da bei denen Edelsteinen nicht anders als bei dem Frauenglaß, die Blätter oder Tafeln in noch kleinere Blättergen und diese in weit kleinere Cöpergen sich verlieren, welche man weiter nicht zerspellen kann, und also aus solchen bestehen? Ich bin daher zu der chimischen Zergliederung der Steine geschritten, dabei Wasser, Feuer und Saltze die Werkzeuge sind. [18]

So kündigte sich bei HENCKEL bei aller Aufgeschlossenheit bereits eine für die Mineralogen und Bergbaukundigen des 18. Jahrhunderts typische Haltung an. Einerseits werden die Kristallformen der Minerale wohl beachtet, andererseits verbreitet sich Skepsis, wenn nicht sogar Ablehnung, ob sich ein Zusammenhang von Form und chemischer Substanz überhaupt nachweisen läßt. Charakteristisch dafür ist eine Äußerung des bedeutenden schwedischen Mineralogen, Chemikers und Berghauptmannes AXEL VON CRONSTEDT:

✦ *Es dienet die genaue Aufmerksamkeit auf diese Figuren mehr zur Befriedigung der Neugierde, als zum wahren Nutzen. Die Bergverständigen haben bis auf diese Stunde in den Erzgängen nach der Verschiedenheit derselben keinen Unterschied bemerket. Diejenigen, die sich derselben zum Grottenwerk bedienen, rechnen niemals die Anzahl der Seiten. Sie sind mit einem in der Weite schön scheinenden Ansehen derselben zufrieden. Doch würde es gut seyn, wenn sich jemand die Mühe nehmen wollte, zu untersuchen, ob nicht eine jedwede Gattung von Spaten ihre bestimmte Anzahl von Figuren hätte, innerhalb welcher allemal die Krystallisierung geschieht. Ich hege, meines Theils, keine große Hoffnung, daß etwas Wesentliches daraus werde.* [19]

Diese durch mineralogische Problemstellungen verursachte Haltung wurde durch einen durch und durch mißglückten Entwurf einer von den Kristallformen ausgehenden »naturhistorischen« Mineralsystematik verschärft.

Nie war mehr Philosophie vonnöten

Um die Mitte des 18. Jahrhunderts setzten der bedeutende schwedische Naturforscher CARL VON LINNÉ und sein Schüler MÄRTEN KÄHLER die Bemühungen CAPPELLERS um eine Systematik der Kristallformen auf eine recht eigenwillige, der morphologischen Denkweise LINNÉS jedoch entsprechende Weise fort. LINNÉ ging es bei seinen Überlegungen weniger um eine genauere Untersuchung der Kristallformen selbst, als mehr darum, die Kristallformen zur Grundlage einer Mineralsystematik zu machen. Dabei waren die mineralogischen Kenntnisse LINNÉS nicht gerade umfangreich; er kannte etwa vierzig Spezies, und er hat sich auch nur am Rande seines umfangreichen systematisierenden Werkes mit der Systematik der Minerale befaßt. Seine Ergebnisse müssen ihm angesichts der rasch fortschreitenden Kristallerkenntnis letzten Endes selbst zweifelhaft geworden sein, denn in der zwölften Auflage seiner »Systema Naturae« [20] von 1768 schrieb LINNÉ resignierend:

✦ *Die Lithologie wird mir den Kamm nicht schwellen lassen, denn die Steine, die ich einstens zur Liebhaberei gehabt habe und die unterdessen von anderen Disziplinen übernommen wurden, habe ich beiseite gelegt und jetzt nur zum Anreiz wieder aufgenommen.* [21]

LINNÉ hat nur die grundsätzlichen Gedanken über die Bedeutung der Kristallformen als Grundlage einer Mineralsystematik entwickelt, deren Begründung und Ausführung aber seinem Schüler KÄHLER überlassen. Unter Anleitung LINNÉS verfaßte dieser eine Dissertation mit dem Titel »De crystallorum generatione« [22], die 1747 publiziert wurde.

Der grundlegende Gedanke LINNÉS war folgender:

✦ *Eine jede vielseitige Gestalt in dem Steinreiche (die Versteinerungen doch ausgenommen) rühret von den Salzen her. Die Salze sind die einzige Ursache einer jeden Kristallisation. Die Salze wirken aber allein, wenn sie aufgelöset sind, also in einer Flüssigkeit. Diejenigen Steine, welche Kristalle genannt werden, sind von dem Quarz und Spath bloß in der äußeren Gestalt verschieden. Alle Kristalle sind in einem flüssigen Wesen entstanden. Die Gestalt der Kristallen ist mit der Gestalt der Natri und Nitri einerley. Folglich sind auch die Kristallen solche Steine, welche vermittels gewisser Salze zusammengesetzt sind.* [23]

Damit entwickelte LINNÉ im Grunde genommen den Gedanken GUGLIELMINIS, daß bestimmte Salze anderen ihre Form aufprägen, nur weiter und wendete ihn auf die wenigen ihm bekannten Mineralkristalle an, indem er davon ausging, daß die Minerale ebenso wie die Salze aus einer wäßrigen Lösung kristallisieren.

Das Ziel LINNÉS und KÄHLERS bestand nun darin, aus der Gleichheit oder Ähnlichkeit der Kristallformen ein Mineralsystem aufzubauen. Nach ihrer Auffassung bestehen alle Minerale aus einem männlichen Salz, welches aktiv ist und dem Mineral die Form verleiht, und einer weiblichen Erde, die sich passiv verhält und die Form entgegennimmt [24]. Dabei kann eine kleine Menge Salz einer großen Menge Erde seine Form aufzwingen. Aus dieser Annahme heraus machten LINNÉ und KÄHLER die Kristallformen der Salze Natron, Selenites – Gips –, Nitrum – Salpeter –, Muria – Kochsalz –, Alumen – Alaun – und Vitriol zur Grundlage eines Klassifikationsschemas. Diese Salze sollten den anderen kristallisierenden Körpern ihre Form aufzwingen, wobei der Grad der Ähnlichkeit der Kristallform durch die Menge des enthaltenen Salzes bestimmt sein sollte. Es ist dabei beachtenswert, daß LINNÉ und KÄHLER keine rein morphologische Lösung anstrebten, sondern versucht haben, eine Antwort auf die Frage nach dem Zusammenhang von geometrischer Form und chemischer Zusammensetzung der Minerale zu finden, indem sie die morphologische Denkweise mit den »kristallchemischen« Prinzipien GUGLIELMINIS verquickten.

Das künstliche Mineralsystem LINNÉS mußte nicht nur mit den Vorstellungen der Mineralogen über den Begriff der Mineralspezies kollidieren, sondern auch mit den Erkenntnissen der qualitativen chemischen Analyse, um deren Entwicklung und Vervollkommnung sich nicht zuletzt mineralogisch interessierte Chemiker bemühten. Immerhin fand der Gedanke an formgebende Salze verbreitete Zustimmung, und selbst ein so erfahrener Chemiker wie JOHAN WALLERIUS stellte die Frage:

✦ *Mögen die Krystalle und ächten Steine ihre Figur wohl von einigem Salze haben, dessen Krystallen sie am nähesten gleichen?* [25]

Dennoch fühlte KÄHLER sich veranlaßt, der Frage große Aufmerksamkeit zu widmen, weshalb das formbestimmende Salz eines Mineralkristalls, beispielsweise also das Nitrum im Bergkristall, durch die chemische Analyse nicht nachweisbar ist. KÄHLER brachte dazu die folgende Argumentation:

✦ *Vielleicht möchte jemand verlangen, daß man ihm dieses in den Kristallen befindliche Salz durch die Kunst wieder darstellen soll, damit er dadurch von der Zusammensetzung dieser Steine desto mehr überzeugt werde. Allein ich weiß nicht, ob wohl jemand aus dem künstlichen Glase das darin befindliche Salz dergestalt wird ausziehen können, daß es sich von neuem krystallisieren, und von anderen Salzen unterscheiden lasse; obgleich das Glas aus Salz und Quarz zusammengesetzt worden, und an einem lange in Ruhe stehenden Becher das Salz oft an den Seiten auszuschlagen pfleget. Allein, da es sich sehr schwer, wo nicht ganz und gar nicht, aus einem künstlichen Glase wieder herstellen lässet, so darf man sich auch nicht wundern, daß solches auch bei dem natürlichen unmöglich ist; denn das Wasser kann diese Körper nicht durchdringen und die Verwandlung in Glas, ist der höchste und letzte Grad der Chymie.* [26]

So schwach und seltsam diese Argumentation auch war, sie wurde tatsächlich weithin und über lange Zeit anerkannt. Indes ließ sich mit ihr allenfalls die Grundidee LINNÉs rechtfertigen. Die kristallmorphologischen Beschreibungen und infolgedessen die ganze Mineralsystematik blieben so oberflächlich, daß sie der praktischen Mineralogie kaum einen Nutzen bringen konnten. Es ist daher wohl nur der großen Autorität LINNÉs zuzuschreiben, daß seine Mineralogie, auch wenn er sie in mancher Beziehung ergänzt und verändert hat, innerhalb von zwanzig Jahren zwölf Auflagen erlebte und noch zu seiner Lebenszeit durch JOHANN FRIEDRICH GMELIN ins Deutsche übersetzt worden ist [27].

Bei den Mineralogen und Bergbaukundigen jedenfalls stieß das Mineralsystem LINNÉs auf ziemlich einhellige, offen oder versteckt geäußerte Ablehnung; einerseits, weil in diesem künstlichen System zusammengehörige Minerale voneinander getrennt und umgekehrt völlig verschiedene Minerale in einer Klasse vereinigt worden waren, andererseits, weil mit den Fortschritten der chemischen Analyse die Ablehnung der Kristallformen als ein zur Mineraldiagnostik brauchbares äußeres Kennzeichen sich eher verstärkt als abgeschwächt hatte. Das künstliche, als »naturhistorisch« deklarierte Mineralsystem LINNÉs gab den Mineralogen in dieser Hinsicht nur ein Argument mehr in die Hand. Daher wendeten sich selbst solche Naturforscher, die sich um ein genaueres Studium der Kristallformen einzelner Mineralspezies bemühten, wie der englische Apotheker und Arzt JOHN HILL, Verfasser einer »Spathogenesia« [28], in der über achtzig verschiedene Abbildungen von Kalkspatkristallen beschrieben sind, gegen LINNÉ. HILL schrieb 1772, ohne den Namen LINNÉ zu erwähnen, aber auf ihn gemünzt:

✦ *Nie war mehr Philosophie vonnöthen; als in dem jetzigen Gegenstand unserer Betrachtung; denn bei aller Empfehlung, die ein System von sich hat, müssen wir doch nach den freien und schönen Untersuchungen, einsehen, daß der Forscher der Mineralogie noch mit einem Chaos zu thun hat; und die Pfade zu einem hellern Licht ganz und gar vermacht und verschlossen sind: nicht durch Unwissenheit; sondern, was viel schlimmer ist, durch Irrthümer, die durch Ansehen bekräftiget werden; durch das Ansehen selbst der größten Namen. Wir müssen diese Bezauberung auflösen, wenn wir jemahls hoffen sollen, den rechten Leitfaden durch den Irrgarten der Natur zu finden; wir müssen den heiligen Talismann zerbrechen und alle vorher unüberwindlich geschienenen Anlagen werden verschwinden; der Grund wird heller für uns werden; und verlieren wir uns selbst in dem offenen Wege, so ist es leicht wieder zurecht zu finden.* [29]

Indes ist die Meinung der Mineralogen über den Nutzen der Kristallformen als ein wesentliches äußeres Kennzeichen der Minerale trotz der verbreiteten Abneigung, sich näher damit zu befassen, uneinheitlich und differenziert gewesen. Während JOHAN WALLERIUS in seiner »Systema Mineralogicum« [30] von 1750 immerhin Kristallbeschreibungen brachte, war das dem preußischen Berghauptmann JOHANN GOTTLIEB VON JUSTI offenbar noch zu viel, wenn er schrieb:

✦ *Herr Wallerius scheinet in dem Gedanken zu stehen, daß die Edelsteine also wachsen, wie wir dieselben in die Ringe und andere Kleinodien setzen; weil er die Figur und Ecken und sogar die Tafelsteine auf diese Art beschreibt. Wenn ihm seine andern vielen Fehler nachzusehen sind, so ist dieser fast nicht zu verzeihen.* [31]

Sicherlich ist diese scharfe Formulierung durch

die persönliche Gegnerschaft zwischen Justi und Wallerius mit verursacht worden, doch vermutet Carl Michael Marx wohl zu Recht, daß andererseits auch die Abneigung Wallerius' gegen ein sorgfältigeres Studium der Kristallformen nicht allein durch sein Eintreten für eine chemische Systematik der Minerale, sondern auch durch eine persönliche Abneigung gegen Linné begründet war [32].

Kugelförmige oder polyedrische Bausteine?

Die verbreitete Ablehnung der Kristallformen als verläßliche äußere Kennzeichen der Minerale und als Hilfsmittel zu ihrer Systematisierung hat indes weitere Studien über die Gesetzmäßigkeit der Kristallformen nicht verhindern können. Dabei ist es von historischem Belang, daß sowohl Naturforscher, die sich die strukturelle Denkweise zu eigen gemacht hatten, als auch jene, die zur morphologischen Denkweise neigten, den Ausgangspunkt in den experimentellen Untersuchungen und insonderheit in den mikroskopischen Beobachtungen Leeuwenhoeks suchten.

Im Anschluß an die Überlegungen Guglielminis wurden gleichsam zwei Möglichkeiten der strukturellen Erklärung geprüft: Zum einen verfolgte man die Möglichkeit, die polyedrischen Kristallformen aus kugeligen oder sphärischen Korpuskeln aufzubauen. Den Anstoß zu solchen Untersuchungen hatte bereits Huygens gegeben, und auch Cappeller hatte diese Möglichkeit bedacht. Zum anderen knüpfte man direkt an Guglielminis strukturtheoretische Überlegungen an und versuchte, den Aufbau der geometrischen Kristallformen aus polyedrischen Bausteinen zu erklären. Neu war, daß man dazu überging, aus Besonderheiten in der Ausbildung der Kristalle und aus bestimmten mechanischen Eigenschaften der Kristalle auf den strukturellen Zusammenhang der Bausteine beziehungsweise auf deren geometrische Gestalt zu schließen.

Im Prinzip den gleichen Weg wie Huygens beschritt in Rußland der Gelehrte Michail Vassilevič Lomonosov im Zusammenhang mit seinen der Zeit weit vorauseilenden Überlegungen zur Kohäsion [33], zur Korpuskulartheorie [34], zur Theorie des Lichtes und der Elektrizität [35] sowie zur physikalischen Chemie [36]. Lomonosov ging von einer kugelförmigen Gestalt der Korpuskeln aus und knüpfte bei seinen Aussagen über die Struktur der Kristalle an seine Kenntnisse über die Kristallisation der Salze an.

So erklärte Lomonosov beispielsweise eine Veränderung der Kohäsion infolge der Veränderung einer mittelbaren Berührung der Korpuskeln in eine unmittelbare folgendermaßen:

✦ *Dasselbe sehen wir bei der Kristallisation von Salzen. Hier stoßen die Salzkorpuskeln die unter dem Einfluß der Schwerkraft herabsinken, auf diejenigen, die schon zuvor zu Boden gesunken sind, und durch ihren Stoß verdrängen sie die Wasserkorpuskeln aus ihren Berührungsstellen. Sie gelangen in unmittelbare Berührung, ihre Kohäsion wird fester, und sie bilden Kristalle, nachdem sie sich in großer Zahl angesammelt haben.* [37]

Die Ansammlung der Korpuskeln geschieht indes nicht willkürlich, sondern sie ordnen sich zu einer regelmäßigen Struktur:

✦ *Die Kristalle der Salze haben geometrisches Maß und Winkel; sie zeigen anschaulich, daß auch ihre kleinsten Bestandteile geometrisch zusammengesetzt sind.* [38]

Die Frage, wie sich die Korpuskeln zu einer Kristallstruktur zusammenfügen und welche Lage die Korpuskeln dabei einnehmen, hat Lomonosov im Verlaufe mehrerer Jahre immer wieder aufs neue beschäftigt und ihn schließlich zur Erkenntnis des Prinzips der Kugelpackung geführt [39], die er auch bereits einer mathematischen Behandlung zu unterwerfen versucht hat.

Diese Erkenntnisse gestatteten es ihm auch, den Zusammenhang zwischen dem inneren Bau und der äußeren Form der Kristalle herzustellen, den er in seiner Arbeit »Über die Entstehung und die Natur des Salpeters« von 1749 [40] anhand der Frage *Warum der Salpeter in sechsflächigen Kristallen wächst?* erläuterte:

✦ *Es sollen sechs Korpuskeln dicht umeinander so angeordnet werden, daß gerade Linien, welche ihre Mittelpunkte verbinden, gleichseitige Dreiecke ergeben; das Resultat ist eine von sechs Linien umgrenzte Figur, ähnlich den Durchschnitten von Prismen, welche der Salpeter bildet. Aus den in solcher Weise fast in unendlicher Menge plazierten Teilchen des Salpeters werden seine Kristallprismen bestehen, zwar häufig mit ungleichen Seiten, welche indessen stets parallel sind und der vorausgesetzten Anordnung entsprechen. Die angestellte Mutmaßung wird durch einen dreifachen Beweis bestätigt:*

1. Bei dieser Art der Erklärung wird die Form der Teilchen nicht gleich jener angenommen, welche die Salpeterkristalle selbst haben. Die Frage bleibt darum nicht ohne Antwort, wie es häufig der Fall ist.

2. Die Winkel der Salpeterkristalle entsprechen der vorausgesetzten Anordnung der Teilchen, da die meisten von ihnen für sich genommen 120 Grad betragen.

3. Unter Zugrundelegung unserer Hypothese lassen sich mit Leichtigkeit die anderen Arten von Kristallen erklären, zum Beispiel der kubischen Kristalle des Kochsalzes, wo die Linien, welche durch die Mittelpunkte der Teilchen hindurchgehen, Quadrate bilden. [41]

Diese wenigen Sätze enthalten den Ansatz zum Aufbau einer geschlossenen Kristallstrukturtheorie, der die Winkelkonstanz ebenso enthält wie den Gedanken an ein Kristallgitter. Im Prinzip sind die Anschauungen Lomonosovs bis heute gültig geblieben.

Indes eilten die Überlegungen und Schlußfolgerungen Lomonosovs dem Entwicklungsstand der Kristallforschung seiner Zeit weit voraus und fanden bei seinen Zeitgenossen in Mitteleuropa kaum Beachtung, so daß – wie auf vielen anderen Gebieten – die Erkenntnisse Lomonosovs zunächst nicht aufgenommen und weitergeführt wurden.

Es ist nicht leicht anzugeben, weshalb im 18. Jahrhundert die Möglichkeit, eine Kristallstrukturtheorie unter Zugrundelegung kugeliger oder sphärischer Bausteine aufzubauen, nur am Rande und nicht bis zu Ende verfolgt wurde. Sicherlich hat dazu die der sinnlichen Wahrnehmung der äußeren Formen verpflichtete Kristallforschung wesentlich beigetragen. Unter diesem Aspekt erwies sich die Annahme polyedrischer Bausteine gewiß als leichter, zu einer Korrelation von Baustein und Kristallform zu gelangen.

Während Guglielmini bei der Festsetzung seiner polyedrischen Bausteine ziemlich willkürlich verfahren war, begann man nun – über die geometrische Form hinausgreifend – am Kristall nach weiteren Indizien zu suchen, die auf seine Struktur hinweisen konnten.

Eine Möglichkeit bestand darin, aus der Beobachtung von Unregelmäßigkeiten der Kristallflächen – Zwillingsstreifungen, Kombinationsstreifungen, Wachstumsgrübchen usw. – strukturtheoretische Überlegungen abzuleiten. Dieser Weg ist erstmals 1716 von Dortous Mairan in seiner »Dissertation sur la glace« [42] beschritten und späterhin von Louis Bourguet [43] und Torbern Bergman [44] fortgeführt worden. Da diese strukturtheoretischen Überlegungen in sich inkonsequent geblieben sind und letzten Endes nicht über Guglielmini hinausgeführt haben, ist ihnen ein dauerhafter Erfolg nicht beschieden gewesen [45].

Als wesentlich aussichtsreicher erwiesen sich hingegen diejenigen Untersuchungen, die auf die Spaltbarkeit verschiedener Kristalle zurückgriffen und sich an die Beobachtungen HUYGENS direkt anschlossen.

Bereits 1710 publizierte der französische Arzt, Astronom und Mathematiker PHILIPPE DE LA HIRE einen kurzen Aufsatz mit dem Titel »Observations sur une espès de Talc qu'on trouve communément proche de Paris au-desus des bancs de pierre de plâtre« [46], in dem er mitteilte, er habe in Frankreich nach einem dem von BARTHOLIN zuerst beschriebenen Isländischen Doppelspat ähnlichen Kristall gesucht und einen solchen in dem ›Talc de plâtre‹ – dem Gips – gefunden. Dieser zeichne sich ebenso wie der Isländische Doppelspat durch Doppelbrechung des Lichtes und eine gute Spaltbarkeit aus. Besonderes Augenmerk legte LA HIRE auf die Beschreibung der Pariser Zwillinge des Gipses, die er als pfeilspitzenförmig bezeichnete. Er schloß an seine Untersuchungen die Hypothese an, daß diese Zwillingskristalle aus Dreiecken mit den Winkeln 50°, 60° und 70° aufgebaut seien [47]. Verschiedenheiten im Habitus solcher Zwillinge erklärte LA HIRE aus Verschiedenheiten in der strukturellen Anordnung der dreieckigen Bausteine. Dies war der erste Versuch, die Kristallform einer Mineralspezies aus polyedrischen Bausteinen zu erklären, die sich in ihrer geometrischen Gestalt von der äußeren geometrischen Form des Kristalls unterscheiden, und unterschiedliche Ausbildungen der Kristallform strukturell zu interpretieren.

LA HIRES Studie über den Gips vereinigt in sich sowohl morphologische Beobachtungen, welche Winkelmessungen einschlossen, als auch strukturtheoretische Überlegungen, die gegenüber den spekulativen Gedanken GUGLIELMINIS einen bedeutenden Fortschritt darstellten. Indes hat LA HIRE seine strukturtheoretischen Überlegungen nicht weitergeführt und verallgemeinert. Daher wirkte sich die Feststellung, daß sich die Spaltbarkeit eines Minerals als Indiz für seine Strukturiertheit brauchbar erwies, auch zunächst nicht stimulierend auf die weitere Kristallforschung aus.

Erst 1767 machte der deutsche Mineraloge CHRISTIAN FRIEDRICH WESTFELD bei der Beschreibung einiger Kalkspatkristalle aus dem Harz darauf aufmerksam, daß sich diese Kristalle ungeachtet ihrer unterschiedlichen Ausbildung aus rautenförmigen (rhomboedrischen) Spaltstücken zusammensetzen lassen:

◆ *Alle Spath-Crystalle lassen sich aus rautenförmigen Stücken zusammensetzen, oder die Natur setzt sie wirklich daraus zusammen, folglich ist die Hauptursache der Bildung bei allen einerlei. Nun frägt sich nur, warum sich die rautenförmigen Crystalle in Crystalle von einer anderen, bestimmten Bildung zusammensetzen? ... Was konnte schon gebildete, rautenförmige Stücke bewegen, ein gewisses G e s e t z anzunehmen, nach welchem sie sich in einen Crystall zusammenzogen?* [48]

Mit diesen beiden Fragen hatte WESTFELD nicht nur dem Unterschied zwischen der morphologischen und der strukturellen Denkweise klaren Ausdruck gegeben, sondern zugleich auch das Kernproblem der strukturtheoretischen Forschung aufgeworfen.

Bereits sechs Jahre später veröffentlichte der schwedische Chemiker und Mineraloge TORBERN BERGMAN eine Arbeit über »Variae crystallorum formae a spatho orthae« [49], die in etwas erweiterter Fassung auch in seine »Opuscula physica et chemica« von 1780 unter dem Titel »De formis Crystallorum praesertim a Spatho orthis« [50] aufgenommen worden ist. In dieser Arbeit, die von grundlegender Bedeutung für die Entwicklung der Kristallstrukturtheorie ist, beschäftigte sich BERGMAN mit der geometrischen Seite des von WESTFELD formulierten Kernproblems, wobei nicht sicher ist, ob er dessen Arbeit gekannt hat.

Da die Kristalle eine solche Vielfalt von verschiedenen Formen zeigen, daß man glauben möchte, die

Natur spiele mit ihnen, ging BERGMAN von dem Gedanken aus, nur durch aufmerksamen Vergleich und Ableitung der verschiedenen Formen aus in den Kristallen enthaltenen ›formae primitivae‹ – Primitivformen – sei Ordnung in das Chaos der Kristallwelt zu bringen:

✦ *Bei der sorgfältigen Untersuchung und Vergleichung der einzelnen (Kristalle) habe ich mit Sicherheit festgestellt, daß die große Zahl der Verschiedenheit der Oberflächen, der Winkel sowie auch der Seitenflächen aus wenigen einfachen (Formen) abzuleiten ist. Wenn diese Formen, die passend primitive genannt werden, nicht entsprechend untersucht werden, stellt die Theorie der Kristalle eine chaotische Masse dar, und es ist verlorene Mühe derjenigen, die deren Beschreibung oder systematische Einteilung beabsichtigen.* [51]

Durch seinen Schüler, den Bergassessor JOHANN GOTTLIEB GAHN, angeregt, dem es gelungen war, durch Spalten von Kalkspatkristallen einen ›rhomboidalen‹ (rhomboedrischen), den Kristallen des Isländischen Doppelspates gleichenden ›nucleus spathaceus‹ – einen Spatkern – herauszuschälen, kam BERGMAN auf die Idee, auf geometrischem Wege aus solchen rhomboedrischen ›nuclei centrali‹ – Zentralkernen – verschiedene Formen des Kalkspates wie auch anderer Minerale durch Anlagerung von Lamellen aufzubauen, die ihrer geometrischen Form nach dem Kern ›aequalis, similis et paralleli‹ – gleich, ähnlich und parallel – sind.

Auf diese Weise gelang es BERGMAN, eine Reihe von Kristallformen abzuleiten, die an Kalkspatkristallen, aber auch an ›Basalticae‹ – basaltartigen Kristallen (Granat) – (1780: ›Schoerlaceae‹ – schörlartige Kristalle) auftreten, beispielsweise die Kombination des hexagonalen Prismas zweiter Art $\{11\bar{2}0\}$ mit dem Rhomboeder $\{01\bar{1}2\}$ sowie das Rhombendodekaeder $\{110\}$, und aus diesem die Form des Hyazinths zu entwickeln.

Bei seinen weiteren Überlegungen ging BERGMAN dazu über, sich mit solchen Kristallformen zu befassen, die sich ergeben, wenn an den Kern Lamellen angelagert werden, die die Bedingung ›aequalis‹ nicht, sondern nur die Bedingungen ›similis et paralleli‹ erfüllen und mit bestimmter Regelmäßigkeit an Größe abnehmen. Dabei führte BERGMAN den Begriff ›decrescentia‹ – Dekreszenz (Abnahme) – ein:

✦ *Manche Flächen sind ähnlich den fundamentalen nach einem gewissen Gesetz der Dekreszenz ausgebildet. ... Dem Zentralkern lagern sich ähnliche Flächen an, jedoch stetig verkleinert.* [52]

Durch eine solche regelmäßige Dekreszenz der angelagerten Lamellen entwickelte BERGMAN aus dem Grundrhomboeder $\{10\bar{1}1\}$ das Skalenoeder $\{21\bar{3}1\}$, aus welchem GAHN durch Spaltung zuerst das Grundrhomboeder als Primitivform herausgeschält hatte, sowie die Kombination von Skalenoeder $\{21\bar{3}1\}$ und Rhomboeder $\{10\bar{1}1\}$.

Hatte BERGMAN bei diesen Konstruktionen Lamellen angenommen, die in ihrer Gestalt dem Kern ähnlich waren, so bediente er sich bei seinen weiteren Überlegungen unvollständiger Primitivformen, die durch Abstumpfung aus der vollständigen entstehen. Dieses Vorgehen gestattete es ihm, weitere Kristallformen zu erhalten, beispielsweise aus der Kombination des hexagonalen Prismas zweiter Art $\{11\bar{2}0\}$ mit dem Rhomboeder $\{01\bar{1}2\}$ die Kombination des hexagonalen Prismas erster Art $\{10\bar{1}0\}$ mit dem Rhomboeder $\{01\bar{1}2\}$.

BERGMAN bemühte sich nicht allein um eine geometrische Beweisführung für seine Konstruktion, sondern er war außerdem darauf bedacht, die reale Existenz der Primitivformen durch physikalische Indizien zu belegen. Dazu zog er nicht nur die von GAHN gefundene Spaltform des Kalkspates heran, sondern setzte auch Streifungen der Kristallflächen zur Spaltbarkeit in Beziehung. Und schließlich berief sich BERGMAN gleichfalls auf die experimentelle Beobachtung der Kristallisation.

BERGMAN war davon überzeugt, daß die Moleküle des Kalkspates die gleiche geometrische Form haben wie die Spaltform:

✦ *Wenn wir die Moleküle, welche Kalkwasser, in freier Luft aufgestellt, ausscheidet, mit dem bewaffneten Auge untersuchen, so wird deren Spatartigkeit festgestellt werden.* [53]

Indes machte BERGMAN von dieser Einsicht keinen weiteren Gebrauch; seine Auffassung von der Kristallstruktur war im Grunde genommen makroskopisch orientiert und nahm in gewisser Hinsicht eine vermittelnde Stellung zwischen morphologischer und struktureller Denkweise ein. Das zeigt sich ganz deutlich in der Annahme unvollständiger abgestumpfter Primitivformen, denn statt die Kristallformen aus den Baueinheiten zu montieren, begann er, die Baueinheiten selbst zu demontieren. Dadurch vergab sich BERGMAN die Chance, eine einheitliche Strukturtheorie entwickeln zu können.

Das war indes nicht die einzige und noch nicht einmal die wichtigste Inkonsequenz in den Überlegungen BERGMANS. Da er nämlich zur Ableitung der Kristallformen verschiedener Mineralspezies ausschließlich das Spaltrhomboeder mit den Kantenwinkeln 101° 30′ und 78° 30′ benutzte und demzufolge die Bedeutung der Winkelkonstanz nicht erkannte, verbaute BERGMAN sich die Möglichkeit, den Zusammenhang von Form und chemischer Substanz der Kristalle aufzuhellen.

Die Gründe dafür, daß BERGMAN letzten Endes an seiner Aufgabe gescheitert ist, liegen jedoch nicht nur in den Inkonsequenzen seiner Strukturauffassung begründet, sondern auch – und vielleicht sogar in noch stärkerem Maße – in seiner Haltung zum Problem des Zusammenhanges von Kristallform und chemischer Substanz.

Als Chemiker, der selbst bedeutende Beiträge zur Entwicklung der chemischen Analyse geleistet hat, war BERGMAN Vertreter einer chemisch begründeten Mineralsystematik und lehnte eine »naturhistorische« nach den Kristallformen ab. Die Ergebnisse seiner Untersuchungen bestärkten ihn in dieser Haltung. Er sah gerade in der von ihm entdeckten und geometrisch bewiesenen Möglichkeit, daß sich aus ein und demselben Strukturelement sehr verschiedene Kristallformen entwickeln lassen, die noch dazu an ganz verschiedenen Mineralspezies auftreten, einen deutlichen Hinweis dafür, daß man den Kristallformen der Minerale als charakterisierende Kennzeichen nicht zu sehr trauen dürfe:

✦ *Wir sehen ... untereinander sehr verschiedene Gestalten, die sich aus dieser Spatartigkeit entwickeln lassen. Außerdem ist nötig festzustellen, daß jene so ziemlich jede einzelne (Gestalt) hervorbringen, wobei die natürlichen Eigenschaften der Materie erhalten bleiben, was uns auf das trefflichste daran erinnert, der Form nicht zu sehr zu trauen. Wenn aber gerade diese so unbeständig ist, die unter den äußerlichen Kennzeichen zweifellos die hauptsächlichste ist, was sind dann die anderen wert? Einige äußere Kennzeichen muß man beachten, wer aber an deren Hinlänglichkeit glaubt, der betrügt sich selbst: Sie erfreuen zwar das geübte Auge, aber sie überzeugen nicht.* [54]

Letztendlich hatte BERGMAN die Unkenntnis der Bedeutung der Kristallwinkel zu dieser seine eigene Leistung mindernden Einschätzung geführt. Indes hat sie auch eine positive Seite: Aufgrund seiner chemischen Erfahrungen zog BERGMAN in Zweifel, ob die Salze Ursache der Kristallformen seien. Nach seiner Meinung genügten attraktive Kräfte, um bei der Kristallisation die Moleküle zu Kristallen zu vereinigen.

Mit seinen Untersuchungen hat BERGMAN der weiteren Entdeckung der Kristalle, insbesondere der Lösung des Problems, wie Struktur, Form und chemische Zusammensetzung der Kristalle miteinander zusammenhängen, einen neuen Weg gewiesen. Aber es blieb unklar, ob die strukturelle Denkweise geeignet war, die Gesetzmäßigkeit der Kristallformen außer Zweifel zu stellen.

*Wenn nämlich das himmlische Wasser
Stein geworden ist*

Bild 1. Aristoteles (384 bis 322 v. u. Z.)

Bild 2. Theophrastos (372 bis 287 v. u. Z.)

Wunderglaube versus Naturerkenntnis

Bild 3. IBN SINA (AVICENNA) (980 bis 1037)

Bild 4. »Von dem Cristallen
Cristallus wirt auß eiß wan das vhoertet in vil iaren, yedoch wider redt das Solonius vn spricht, Daz man den cristallen vynd i vil landen da nymer kein frost noch kein eiß hin kömme. Eyn synwel cristall wann die an der sunnen steet, so enczündet sy ein czudel recht als berill. Der stein hat auch die art, wenn man jn czerstoßt un jn mischt mit honig, wellich frau des trinckt die ein kyndlyn säegt der meret er die milch. Der stein ist auch gut zu den augen.«
Aus: »Buch der Natur deutsch von CONRAD VON MEGENBERG«, Augspurg MCDLXXV

Diesseitigkeit war das Maß aller Dinge

Bild 5. Altar der Bergknappschaft in St. Annen zu Annaberg-Buchholz (Erzgebirge)
Rückseite des Bergaltars von Hans Hesse 1521; eine der frühesten Darstellungen des sächsischen Bergbaus in der bildenden Kunst

Diesseitigkeit war das Maß aller Dinge

Bild 6. Alaunmanufaktur
(5) Haufen von Alaungestein, (3) Röstofen, (4) Auslaugung des gerösteten Alaungesteins, (6) Siedekessel, (2) Schöpfkelle, (7) Rinne, (8) Trog, in dem der Alaun wächst
Aus: MICHELE MERCATI »Metallotheca«, Roma MDCCXVII. Die »Metallotheca«, um 1580 geschrieben, wurde erst 1717 nach dem in Florenz aufgefundenen Manuskript von J. M. LANCASI herausgegeben

Aluminis uena 5 Fornax 3 Area 4 Cochlear altum 2 Canaliculus 7 Cortina 6 lacus in quibus alumen concrescit 8.

Bild 7. Titelblatt des 1546 in Basel gedruckten Sammelbandes der geologisch-mineralogischen Schriften von GEORGIUS AGRICLOA, enthaltend »De ortu & causis subterraneorum Libri V«, »De natura eorum quae efflunt ex terra Libri IIII«, »De natura fossilium Libri X«, »De ueteribus & nouis metallis Libri II«, Bermannus, siue »De re metallica Dialogus«, »Interpretatio Germanica uocum rei metallicae, additio Indice foecundissimo«

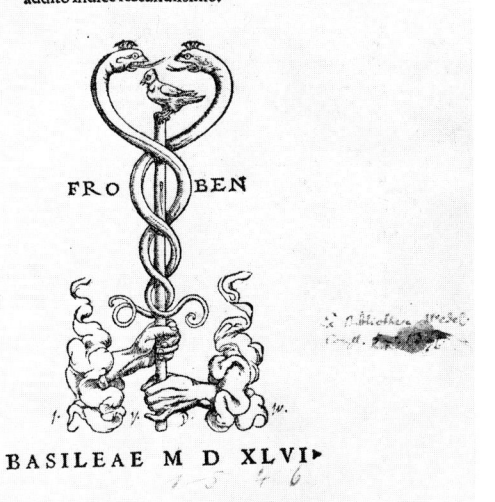

Bild 8. GEORGIUS AGRICOLA (1496 bis 1555)

Steine, die eine bestimmte mathematische Figur besitzen

> # GEMMARUM ET LAPIDUM HISTORIA.
>
> QUAM
>
> Olim edidit ANSELMUS BOETIUS de BOOT, Brugensis, RUDOLPHI II. Imperatoris Medicus.
>
> POSTEA
>
> ADRIANUS TOLLIUS, Lugd.-Bat., M. D., recensuit; figuris melioribus, & Commentariis pluribus illustravit, & Indice auxit multo locupletiore.
>
> Tertia Editio longe purgatissima. Cui accedunt IOANNIS de LAET, Antverpiani, De Gemmis & Lapidibus libri II. Et THEOPHRASTI liber De Lapidibus, Gr. & Lat. cum brevibus notis.
>
> LUGDUNI BATAVORUM,
> Ex Officina IOANNIS MAIRE,
> cIɔ Iɔ c XLVII.

Bild 9. »Gemmarum et lapidum Historia« von ANSELMUS BOETIUS DE BOODT
Titelblatt einer von ADRIANUS TOLLIUS 1647 herausgegebenen Ausgabe, die auch THEOPHRASTOS' »De lapidibus« in griechischer und lateinischer Sprache enthält

Steine, die eine bestimmte mathematische Figur besitzen

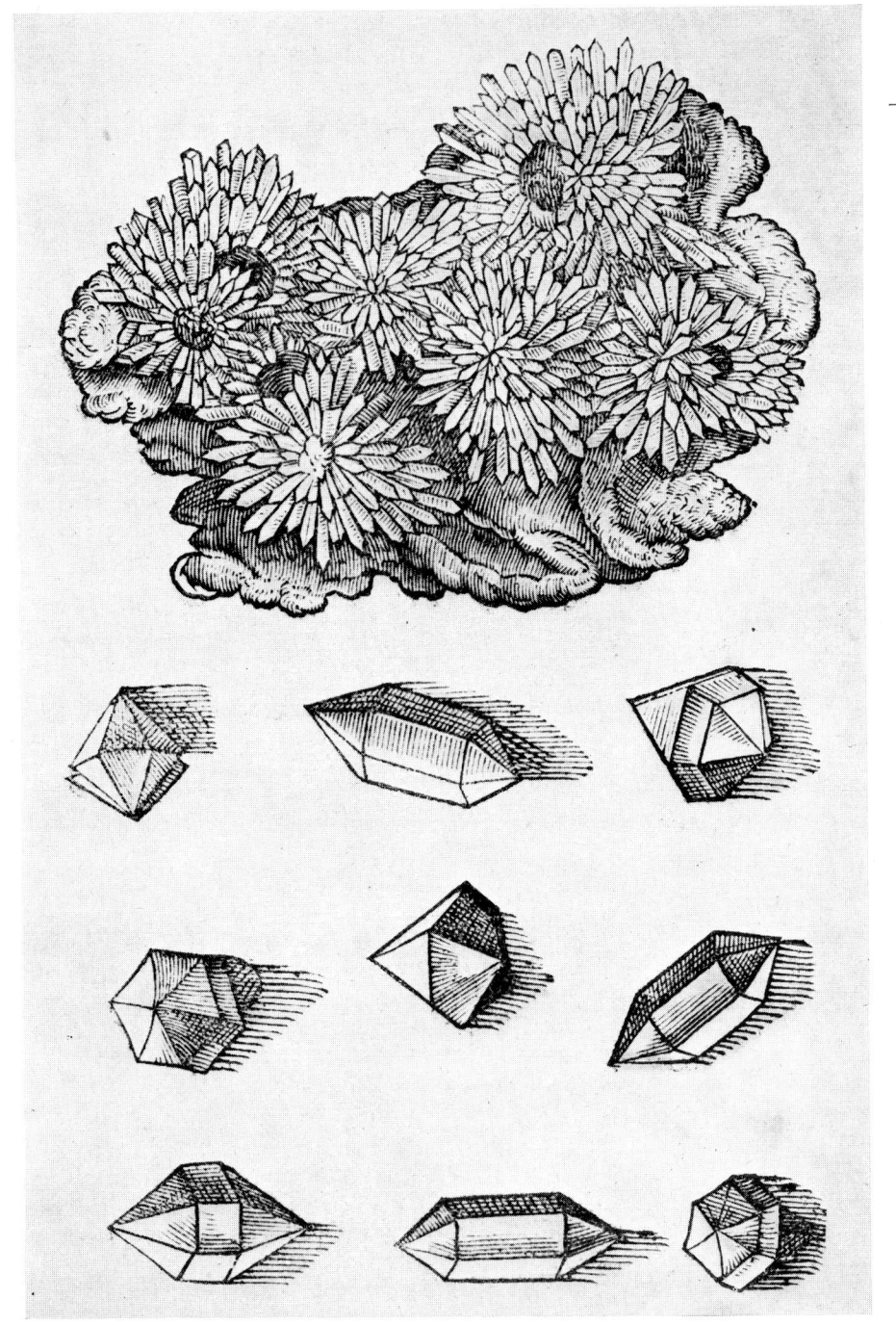

Bild 10. Bergkristall
Aus: ANSELMUS BOETIUS DE BOODT »Gemmarum et lapidum Historia«, Lugduni Batavorum MDCXLVII

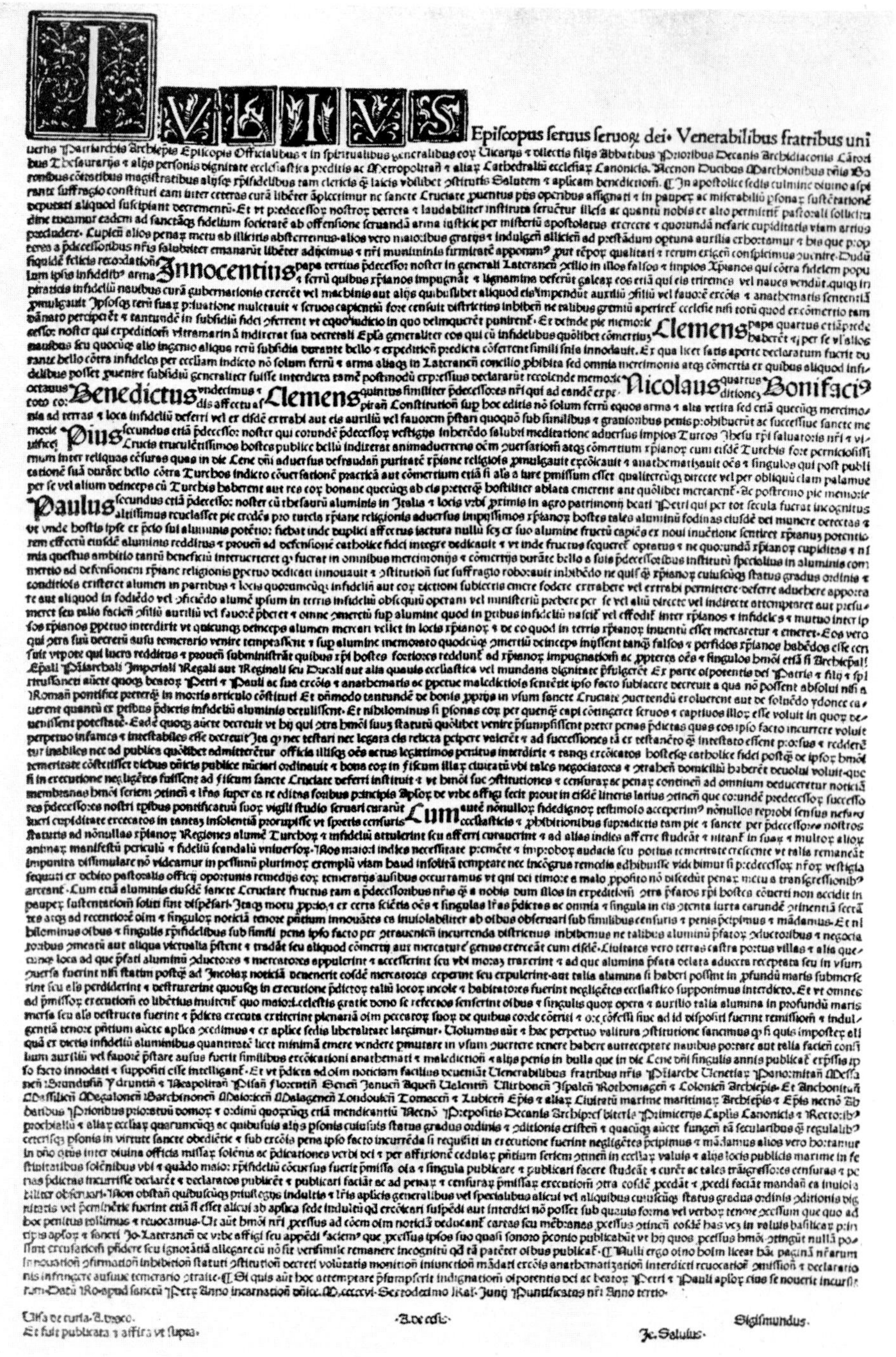

Alaun, Vitriol, Soda und Salpeter

Bild 11

Bild 11. Encyclica des Papstes JULIUS II. aus dem Jahre 1506, der ersten, die gedruckt worden ist.
In der Ankündigung der Encyclica wurde verfügt: »Durch Gegenwärtiges sind alle, die Alaun von den Türken oder Ungläubigen kaufen, verkaufen oder befördern, ebenso wie jene, die ihnen beistehen, ausgeschlossen, verflucht und auf ewig verdammt. Sie sind durch Ehrlosigkeit gebrandmarkt, nicht testamentsfähig und unwürdig, Besitz oder Pfründe zu behalten. Alle ihre Besitzungen sind jenen verfallen, die sie ergreifen oder festhalten. Die gleiche Strafe gilt denen, die jenen Nahrung gewähren, die solchen Handel betreiben. Die Orte, wo solcher Alaun gehandelt oder ihr Alaun angenommen wird, sind mit dem kirchlichen Bann belegt. Vollständiger Ablaß ist allen Christen gewährt, durch deren Handlung oder Veranlassung solcher Alaun in die Tiefe des Meeres geschüttet oder anderweitig vernichtet wird, und die die Vorkehrungen dieser Bulle befördern.«

Alle Steine sind aus Wasser congeliert

Bild 12. Wie der rohe Salpeter soll geleutert werden. Aus: LAZARUS ERCKER »Beschreibung: Allerfürnehmisten Ertzt/ vund Berckwercks arten...«, Prag MDLXXiij (Text des Zitates siehe Seite 29)

Das fünffte Buch/

Volgendt geuß die leuterung/ in die vorgemelte hohe schmale puden/ vnd deck sie mit kotzen oder tüchern geheb zu/ das sie in der puden nicht erkaltet/ laß sie ein stund/ oder auffs lengste zwo darinnen stehen/ so setzt sich der gelbe schlam zu grund/ Dann laß die leuterung/ weil sie noch heyß ist/ wider auß der puden rinnen/ vnd geuß die in sonderliche darzu gemachte grosse hültzerne trög/ die von Ilmen holtz am besten/ oder in küpfferne kessel/ die von wegen der kelt in der erden stehen sollen/ deck die trög oder kessel erstlich zu/ das die laugen von vnten auff beginnt zu schiessen/ sonst wüchse der Salpeter oben erstlich/ vnd fiele darnach nider/ vnd bekeme nicht schöne lange schuß/ laß also im wachsen drey oder vier tag/ nach dem es kalt ist/ stehen/ biß es nicht mehr wechst/ das kanstu also probieren/ setz von der laugen in das küpfferne probschälichen auß/ wechst es nicht mehr darinnen/ so magstu die vbrige laugen abschöpffen/ vnd dann rein abseyhen lassen/ vnd dann den Salpeter mit der dünnen eysern kellen rein herauß in ein feßlein/ das vnten ein loch hab/ schlagen/ das die vbrige laugen abrinnen kan/ so hastu reinen weissen geleuterten Salpeter.

Ein prob auffs außwachsen.

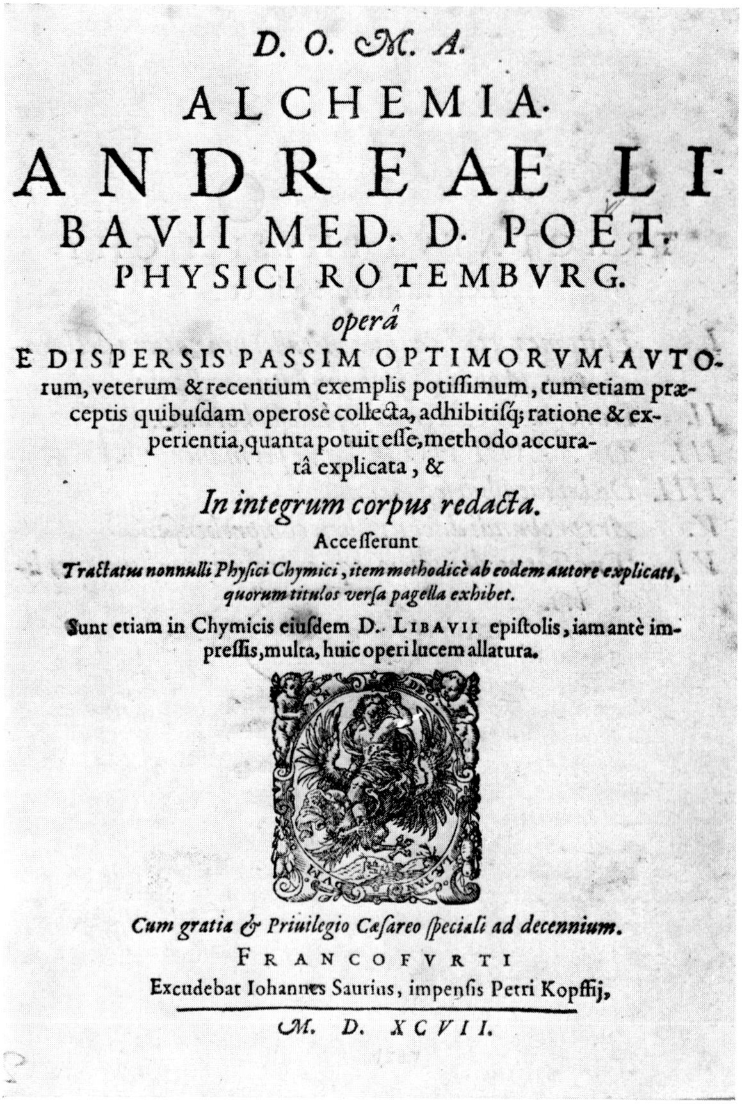

Kristall ist ein weißes wie Bergkristall durchsichtiges Eis

Bild 13. ANDREAS LIBAVIUS »Alchemia«, Francofvrti MDXCVII. Titelblatt der Erstausgabe von 1597

Bild 14. »Alume sculto« – Gestalteter Alaun.
Die wahrscheinlich ältesten Zeichnungen von Alaunkristallen
Aus: FERRANTE IMPERATO »Dell'historia naturale«, Naples MDXCIX

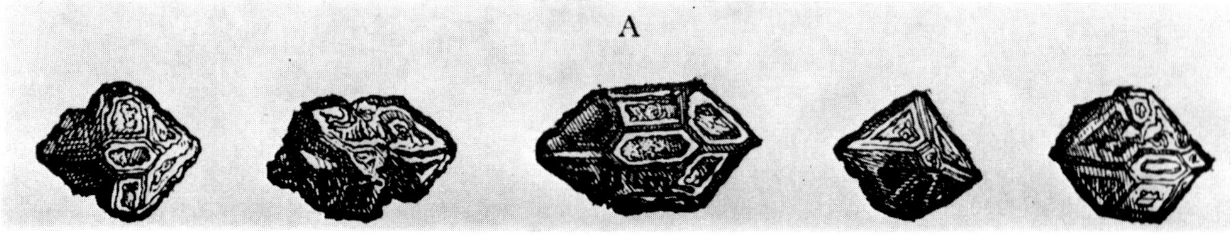

Kristall ist ein weißes wie Bergkristall durchsichtiges Eis

De Extractis.
Tract. II. Capvt XXXVIII.
De Cryſtallis.

GLacies eſt lapillus fragilis per conglaciationem Chymicam factus. Congelatio autem eiuſmodi fit, humore aqueo ſecedente, & congelabili ſucco conſiſtente in formam lapilli, quod ſine calore euidéte etiam in cella fieri poteſt.

Si tamen pars aquoſitatis diuaporando diſſipatur, opus procedit citius. Itaque & lixiuia glaciei ſolent decoqui ad craſſitiem ſapalem, aut ſedimento facto, quod aqueum innatat, depleri. Reliquum congelat eò facilius.

Omnino res quæ habent ſuccum congelabilem, ſoluuntur in humorem lixiuij, per aquam competentem, aut ſi proprium habent, is relinquitur. Lixiuium colatur diligenter ad purum, vel ſi ſecum quid vnà eſt, ex illis lapilli exiſtere permittuntur, & poſtea abluuntur. Colaturæ pars ſapalis diſponitur in ſuis alueolis loco apto: quod ſi penetrans valde eſt, vitrea vaſa conducunt. In his vt plurimum bacillos collocamus ex lignis abiegnis vel ſimilibus non pinguibus, aut etiam ſtipulis, &c. quibus lapillus glaciei accreſcit. Nonnunquam & per ſe conſiſtere ſinitur. Concretione facta, repurgatur glacies ablutione in aqua limpida celeri manu: aut ſi interna quoque eſt impuritas, ſoluitur aqua deſtillata, colatur per filtrum chartaceum, & congelatur denuò.

Glacies eiuſmodi duobus diſtinguitur nominibus: vocatur enim cryſtallus interdum, interdum vitriolum: quanquam & nomen ſalis vel alkali vtrique ſoleat interdum ex analogia confectionis & formæ, tribui.

Cryſtallus eſt glacies alba, perſpicua ad inſtar lapidis cryſtallini.

Quanquam enim alia magis perſpicua ſit alia, & nonnunquam nubeculis perturbetur, ſummæ tamen puritatis comes eſt cryſtallina perſpicuitas, quæ vltimo fine in his requiritur. Inde & nomen à cryſtallis naturæ huc translatum eſt.

Conſpirat autem cum forma conſiſtentiaque cryſtallina etiam elaboratio per congelationem. Itaque etſi & alia cryſtallinam conſiſtentiam & formam habeant, vt ſales quidam, hydrargyrus ſæpe ſublimatus & ſimilia: cryſtalli tamen non dicuntur propriè, niſi & confectionis ratio reſpondeat, fiatq́; extractio eſſentialis. Hinc fit vt & ſales plurimi, qui natura ſua ſunt ſales, in hanc claſſem cadant, differantq́ue ab alkali modo confectionis, & forma.

Excellunt hìc alumen, borax, ſal gemmæ, qui & cryſtallinus, ſacharum cryſtallinum, & alia.

ddd 2   ALV-

Bild 15.
»De Criſtallis« – Über die Kristalle. Aus: ANDREAS LIBAVIUS »Alchemie«, Francofvrti MDXCVII (Text des Zitates siehe Seite 33–34)

Bewältigung des nächstliegenden Stoffs

Bild 16. RENÉ DESCARTES (1596 bis 1650)

Bewältigung des nächstliegenden Stoffs

PETRUS GASSENDUS PREPOSITUS
CATHEDRALIS ECCLESIÆ DINIENSIS
C. Mellan Gall del et sculp M A Copiee

Bild 17. PIERRE GASSENDI
(1592 bis 1655)

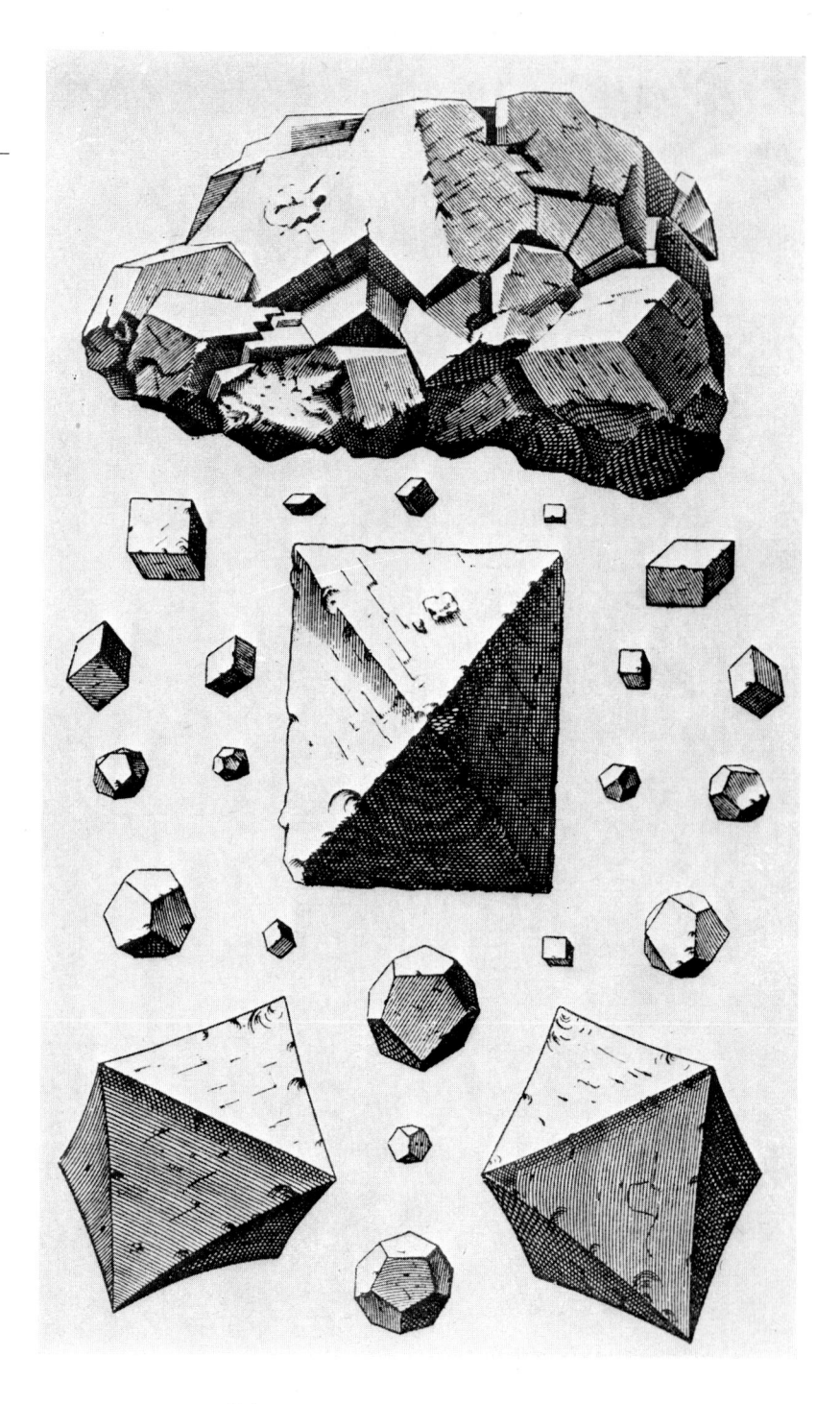

*Kristallisieren
oder zu Kristall
anschießen lassen*

Bild 18. Alaunkristalle
Aus: ULISSE ALDROVANDINI
»Museum Metallicum«,
Bolognae MDCXLIII

*Ein schöner Anblick
der gesunden Natur*

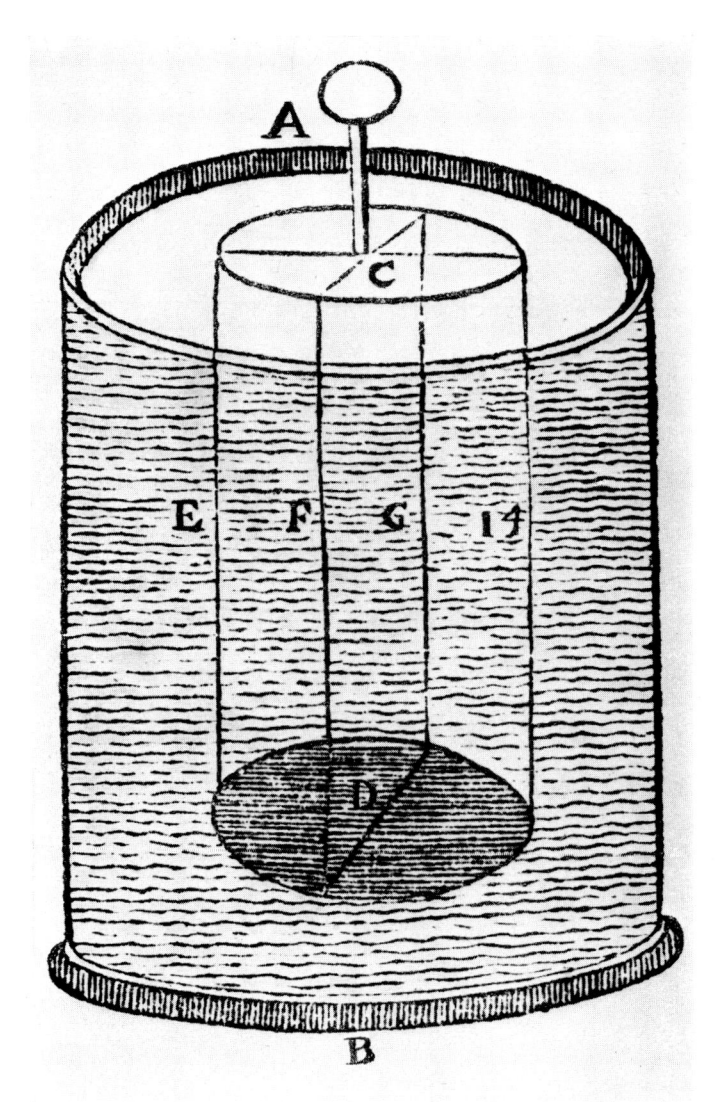

Bild 19. Die wahrscheinlich älteste Apparatur zum Studium der Kristallisation aus dem 17. Jahrhundert. (*AB*) Glasgefäß, (*CD*) Vorrichtung zum Spannen der Fäden, (*E, F, G, H*) Seidenfäden oder Roßhaare
Aus: ATHANASIUS KIRCHER »Mundus subterraneus«, Amsterodami MDCLXIV

Ein schöner Anblick der gesunden Natur

Bild 20. Mikroskop, wie es ROBERT HOOKE benutzte
Aus: ROBERT HOOKE: »Micrographia«, London
MDCLXV

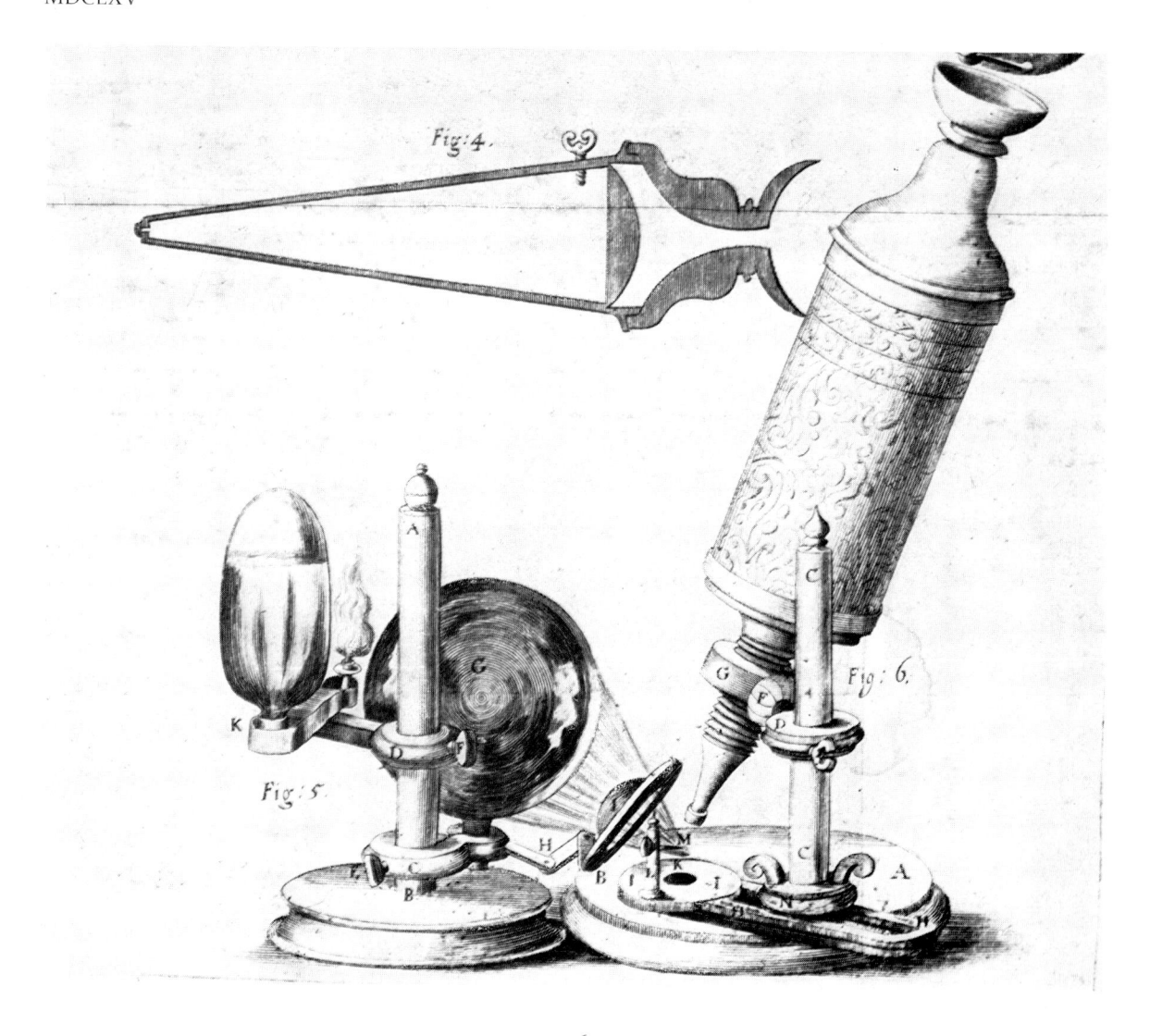

Vorläufer einer Dissertation

Bild 21. NICOLAI STENONIS »De Solido intra Solidum naturaliter contento Dissertationis Prodromus«, Florentiae MDCLXIX
Titelblatt der sehr seltenen Erstausgabe von 1669

Bild 22. NIELS STENSEN (1638 bis 1686)

Vorläufer einer Dissertation

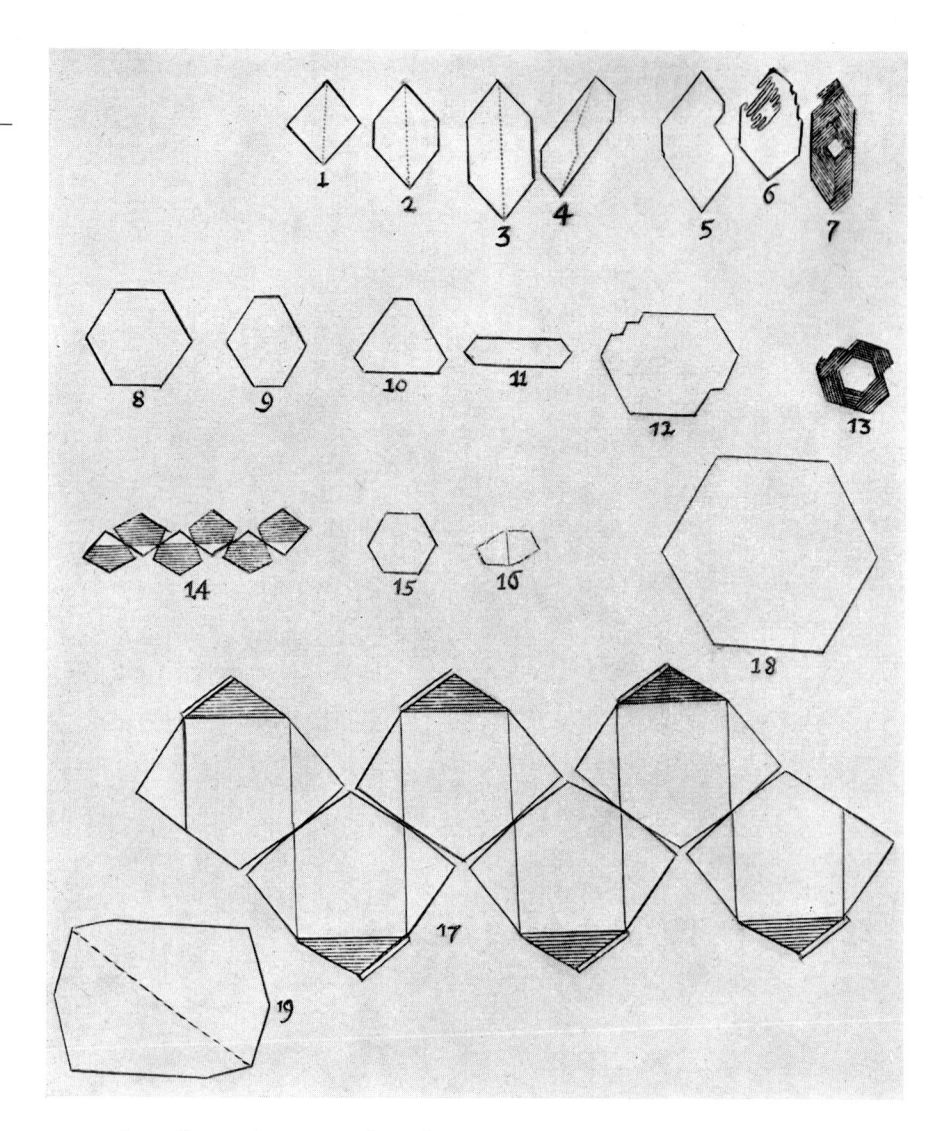

Bild 23. Umrißzeichnungen von Bergkristallen und Hämatitkristallen
(1) bis (7) verschiedene Darstellungen der Achsenebene des Bergkristalls; (8) bis (13) verschiedene Darstellungen der Basisebene des Bergkristalls; (14), (15) Darstellung der Basisebene und (16) der Achsenebene eines Hämatitkristalls; (17) Abwicklungen der Kristallformen von Hämatit in der Ebene; (18) Darstellung der Basisebene eines Hämatitkristalls; (19) Darstellung der Achsenebene eines Hämatitkristalls. Von besonderem Interesse ist NIELS STENSENS Erläuterung zu (13): »Die Figur 13 zeigt, wie sich bei Anlagerung neuer Kristallmaterie auf den Pyramidenflächen bei der Basisebene manchmal die Länge der Seiten und ihre Zahl ändert, während die Winkel konstant bleiben.«
Aus: NICOLAI STENONIS »De Solido intra Solidum naturaliter contento Dissertationis Prodromus« Florentiae MDCLXIX

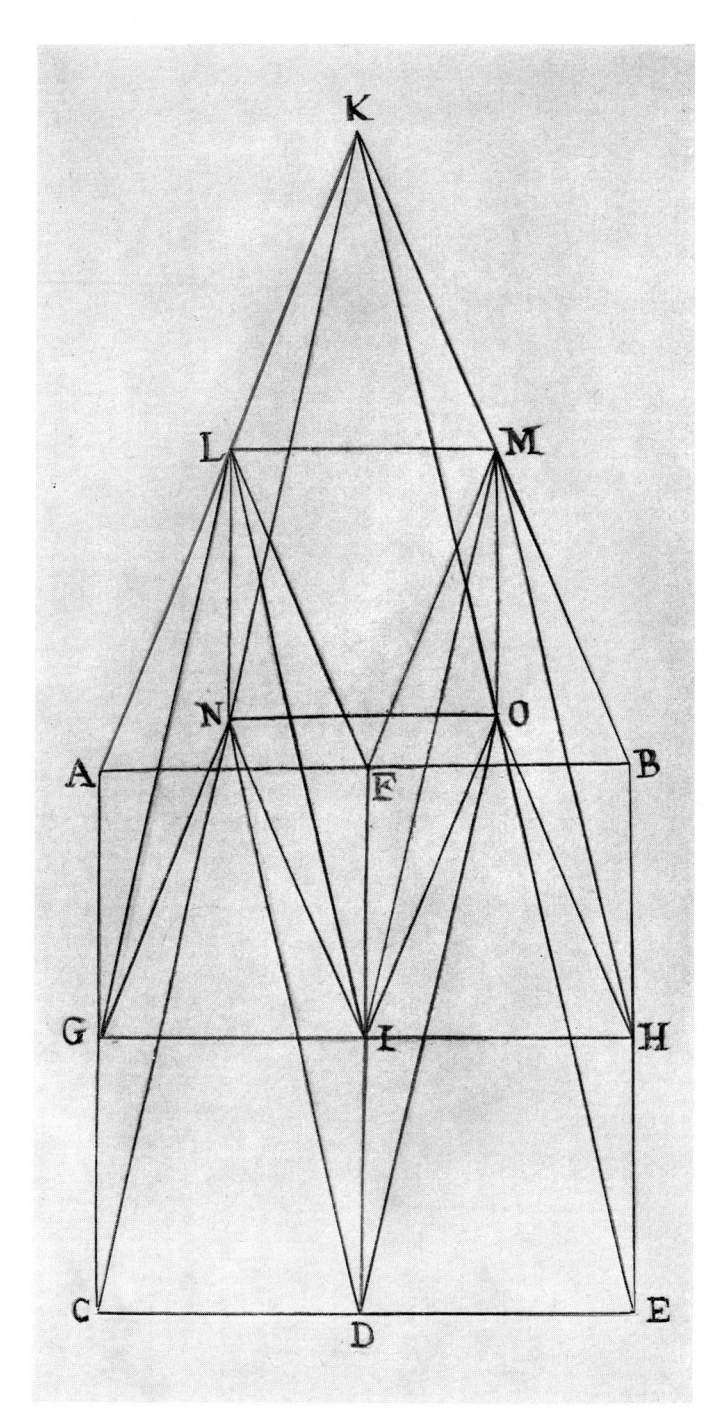

*Philosophische Reflexionen
über die Figur der Salze*

Bild 24. Oktaederkonstruktion
Die Zeichnung verdeutlicht die Zerlegung eines regelmäßigen Oktaeders in sechs kleinere Oktaeder mit der halben Kantenlänge, wobei acht Tetraeder als Lücken übrig bleiben. Dargestellt ist nur die obere Hälfte des Oktaeders, also eine quadratische Pyramide
Aus: DOMENICO GUGLIELMINI »Riflessioni filosofiche dedotte figure de' Sali« Bolognae MDCLXXXVIII

Der Isländische Kristall

Bild 25. Isaac Newton (1642 bis 1727)

Bild 26. Aufbau von Kristallen des Isländischen Doppelspates aus sphäroidischen Korpuskeln
Aus: Christian Huygens »Traité de la lumière«, Leyde MDCXCI (Text siehe Seite 57–58)

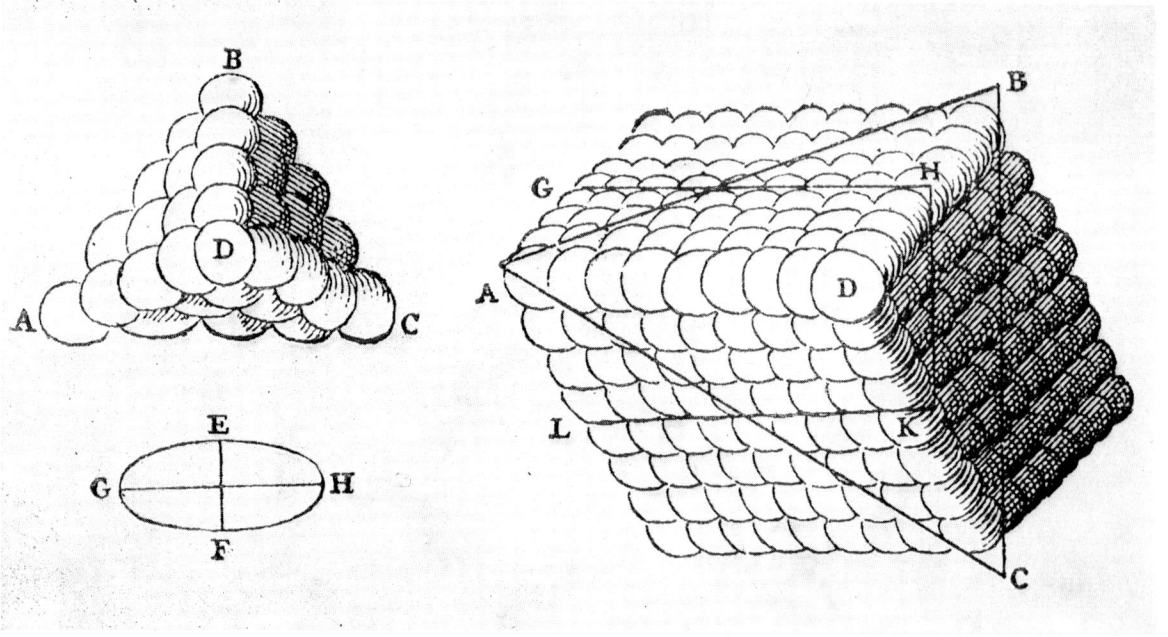

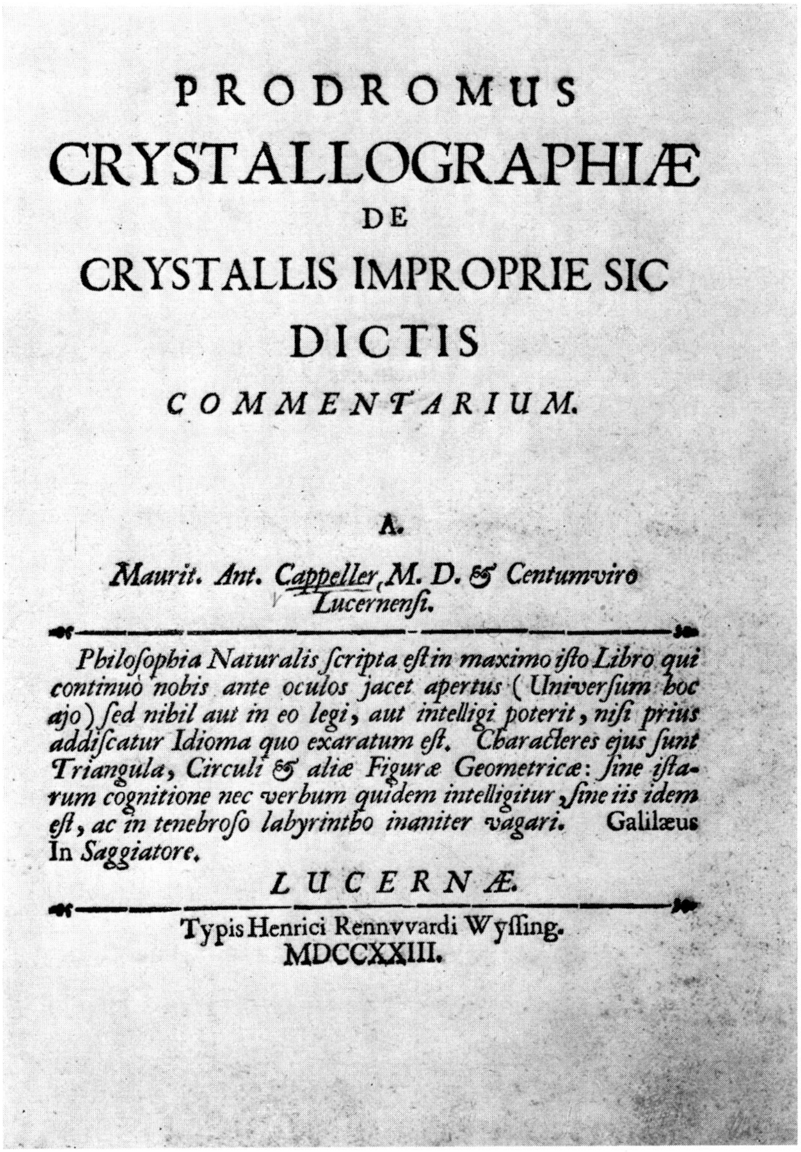

»Uneigentliche« Kristalle

PRODROMUS
CRYSTALLOGRAPHIÆ
DE
CRYSTALLIS IMPROPRIE SIC
DICTIS
COMMENTARIUM.

A.

Maurit. Ant. Cappeller, M. D. & Centumviro Lucernensi.

Philosophia Naturalis scripta est in maximo isto Libro qui continuo nobis ante oculos jacet apertus (Universum hoc ajo) sed nihil aut in eo legi, aut intelligi poterit, nisi prius addiscatur Idioma quo exaratum est. Characteres ejus sunt Triangula, Circuli & aliæ Figuræ Geometricæ: sine istarum cognitione nec verbum quidem intelligitur, sine iis idem est, ac in tenebroso labyrintho inaniter vagari. Galilæus In Saggiatore.

LUCERNÆ.
Typis Henrici Rennvvardi Wyssing.
MDCCXXIII.

Bild 27. Titelblatt zu MORITZ ANTON CAPPELLERS »Prodromus Crystallographiae de crystallis improprie sic dictis commentarium« Lucernae MDCCXXIII

»Uneigentliche« Kristalle

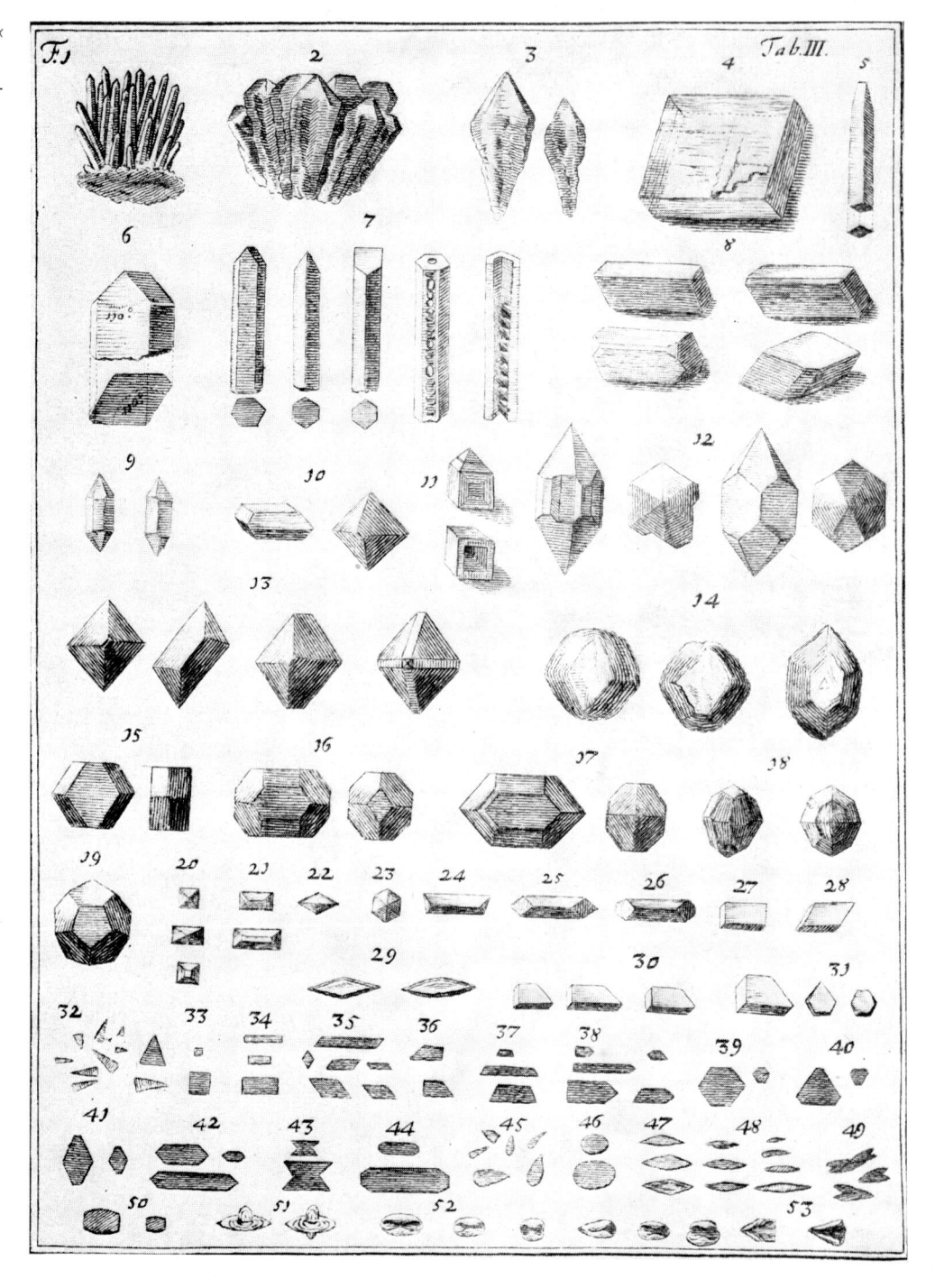

Bild 28

Ausgang des Menschen
aus seiner selbstverschuldeten Unmündigkeit

Bild 28. Kristallzeichnungen von MORITZ ANTON CAPPELLER
Die Zeichnungen zeigen u. a.: (1) (2) Fluorit, (3) Amethyst, (4) Gips, (5) Salpeter, (8) Vitriol, (10) Alaun, (13) Rubin, (14) Diamant, (15) Hyazinth, (18) Granat
Aus: MORITZ ANTON CAPPELLER »Prodromus Crystallographiae de crystallis improprie sic dictis commentarium« Lucernae MDCCXXIII

Bild 29. Literarische Gesellschaft im Salon der Madame GEOFFRIN im Jahre 1755
MARIE-THÉRÈSE GEOFFRIN, eine der geistreichsten Pariser Salondamen, galt als Schutzherrin der französischen Aufklärung. In der Gesellschaft sind u. a. (1) BUFFON, (5) D'ALEMBERT, (7) HELVETIUS, (15) Madame GEOFFRIN, (19) MONTESQUIEU, (22) MAIRAN, (23) MAUPERTIUS, (27) DIDEROT, (40) ROSSEAU und (51) DAUBENTON anwesend

Ausgang des Menschen aus seiner selbstverschuldeten Unmündigkeit

Bild 30. Naturalienkabinett des 18. Jahrhunderts
Aus: CHRISTIAN FRIEDRICH NEICKEL »Museographia: Erkänntniß und Gebrauch der Kunst- und Materialienkammer«, Breslau MDCCXXVII

Die Alternative: morphologische oder strukturelle Denkweise

Bild 31. »Baumstein«
Trübungen und Einschlüsse in Kristallen regten oft zu phantasievollen Beschreibungen an: »Ich muß einen sechseckicht durchsichtigen Cristall nicht mit Stillschweigen übergehen, in welchem kleine Gebüsche oder Bäumlein von gelber oder schwarzgrüner Farbe zu sehen, der deßwegen billich denen Dendrites oder Baumsteinen soll zugerechnet werden.«
Aus: JOHANN JAKOB SCHEUCHZER »Natur-Geschichte des Schweitzerlandes«, herausgegeben von JOHANN GEORG SULZERN, Zürich MDCCXLVI

Die Alternative: morphologische oder strukturelle Denkweise

Bild 32. Pyritkristalle
Aus: Johann Friedrich Henckel
»Pyritologia oder Kieß-Theorie«,
Leipzig MDCCXXV

Nie war mehr Philosophie vonnöten

Bild 33. Carl von Linné (1707 bis 1778)

Bild 34. Kristallzeichnungen von MÄRTEN KÄHLER
Dargestellt sind u. a. (1) (2) (4) (5) (9) Kalzit, (3) Gips,
(6) Salpeter, (7) (8) Bergkristall, (20) (21) (22) Steinsalz, (23) Alaun, (24) Vitriol
Aus: MÄRTEN KÄHLER »Dissertatio de Crystallorum Generatione«, Upsaliae MDCCXLVII

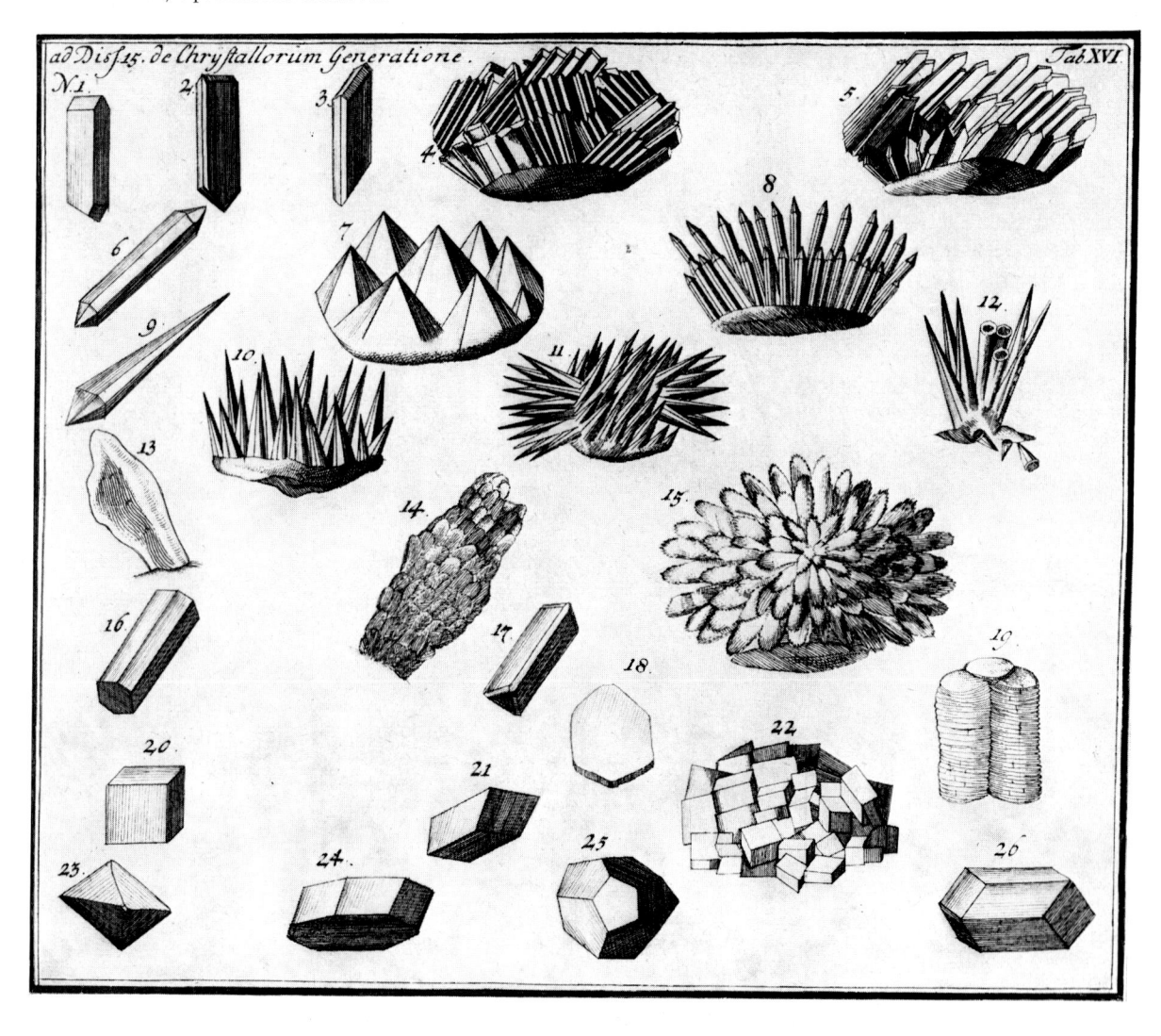

Kugelförmige oder polyedrische Bausteine?

Bild 35. Handskizze von MICHAEL VASSILEVIČ LOMONOSOV zur Veranschaulichung der Kugelpackung
»... wenn die kugelförmigen Teilchen so gelagert sind, daß jedes aus den eine Viergruppe bildenden sein Zentrum in den Ecken des Quadrates abcd hat, und wenn um zwei Viergruppen ein Würfel gelegt werden kann, dann ist die Anordnung quadratisch. Wenn jedoch die Linie lm, mn, nl ein Dreieck bildet, dann nenne ich die Anordnung dreieckig; bei dieser ist die Form, welche die vier Teilchen bilden rhombisch ... Zwischen der quadratischen und der dreieckigen Anordnung gibt es noch eine nahezu unbegrenzte Anzahl von Zwischenanordnungen, und zwar, wenn die Teilchen a und d voneinander wegstreben und b und c sich einander nähern und umgekehrt.«
Aus: »Theoria electricitatis methodo mathematica concinnata, auctore M. Lomonosow. 1756«

*Kugelförmige oder
polyedrische Bausteine?*

Bild 36. Ableitung verschiedener Kristallformen aus einem rhomboedrischen Kern
A, C, D, E, F, G, O in Figur 1 zeigt den ›spathigen Kern‹ (Spaltrhomboeder), daraus abgeleitet sind das Skalenoeder und die Kristallform des Granats. Figur 2 zeigt die Kristallform des Hyazinths und Figur 3 die des Granats: »Sollte jemand diese Lehre für zu geometrisch und spekulativisch halten, so betrachte er nur die Kalchcrystallen, deren lose Fügung, wenn man sie nach und nach mit Vorsicht zerbricht, dem Auge des Forschers den innern Bau am beßten zeiget.«
Aus: TORBERN BERGMAN »Verschiedene vom Spath erzeugte Crystallen-Gestalten«, Greifswald 1173

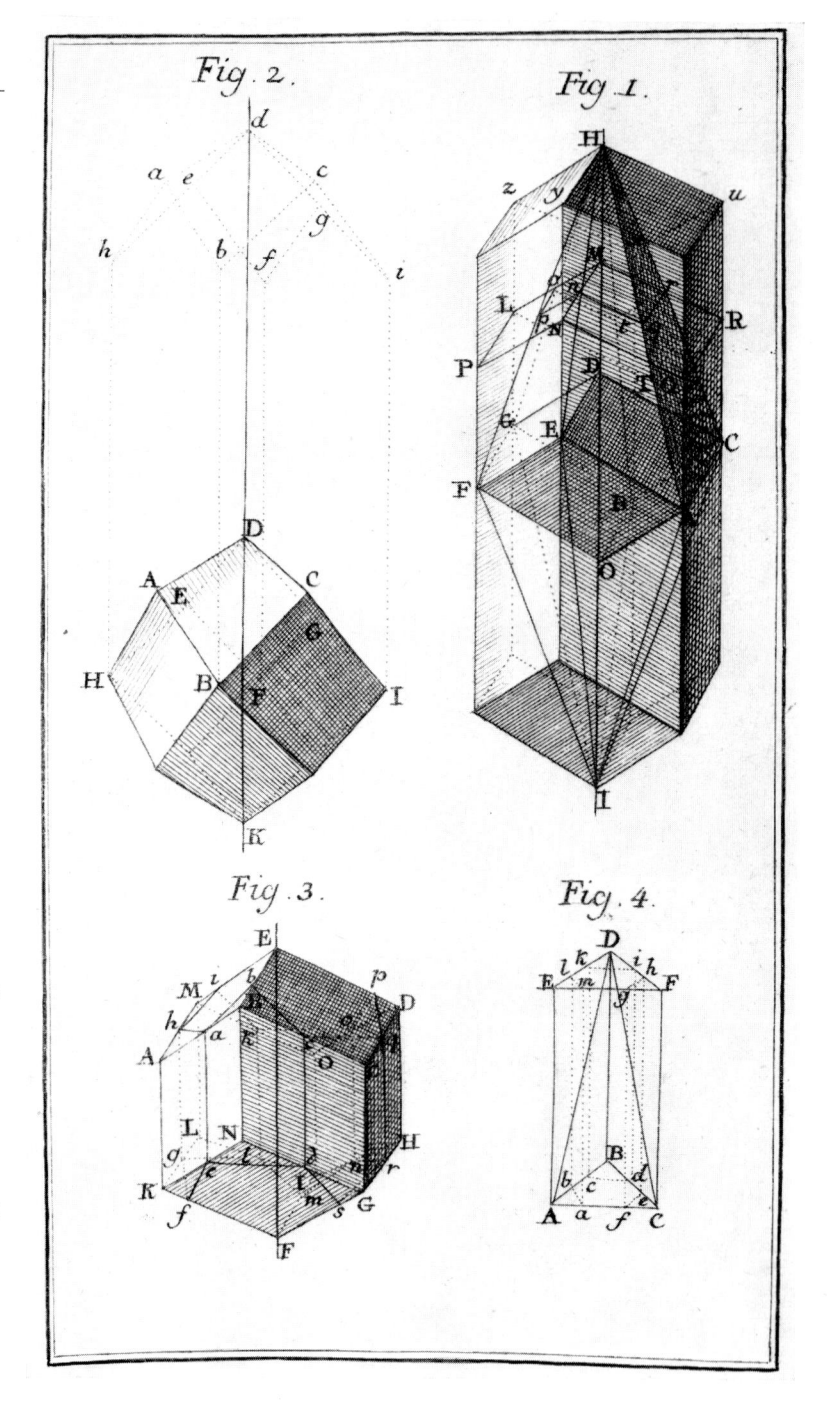

*Abstumpfung:
das morphologische Prinzip*

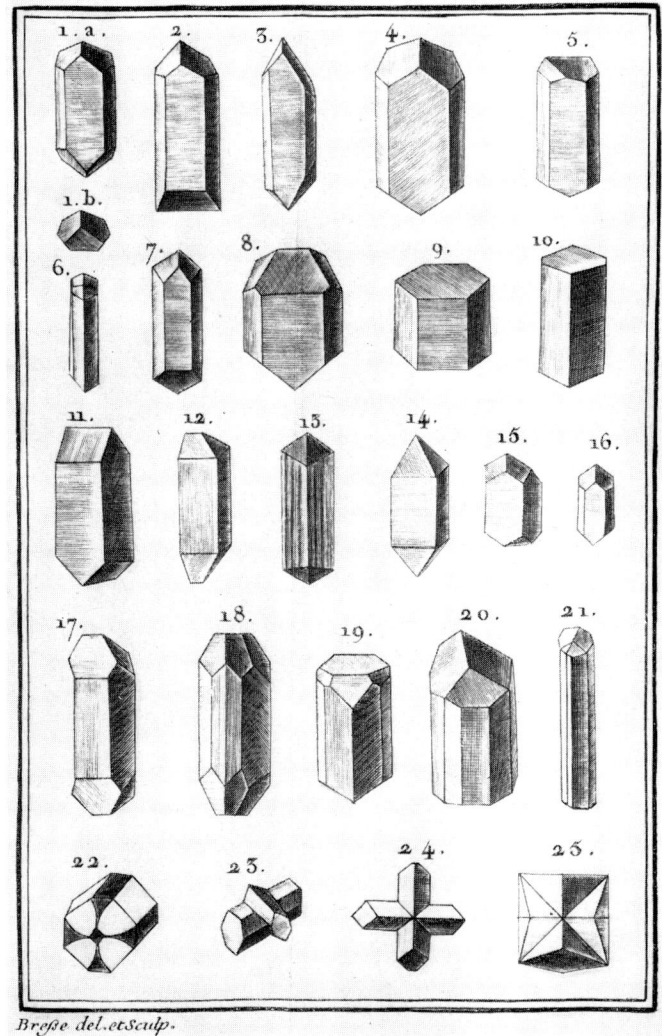

Bild 37. Kristallzeichnungen von Jean-Baptiste Romé de L'Isle
Aus: Jean-Baptiste Romé de L'Isle »Cristallographie«, Paris 1783

Bild 38. Jean-Baptiste Romé de L'Isle (1736 bis 1790)

Abstumpfung: das morphologische Prinzip

Bild 39. Anlegegoniometer
Aus: JEAN-BAPTISTE ROMÉ DE L'ISLE »Cristallographie«,
Paris 1783

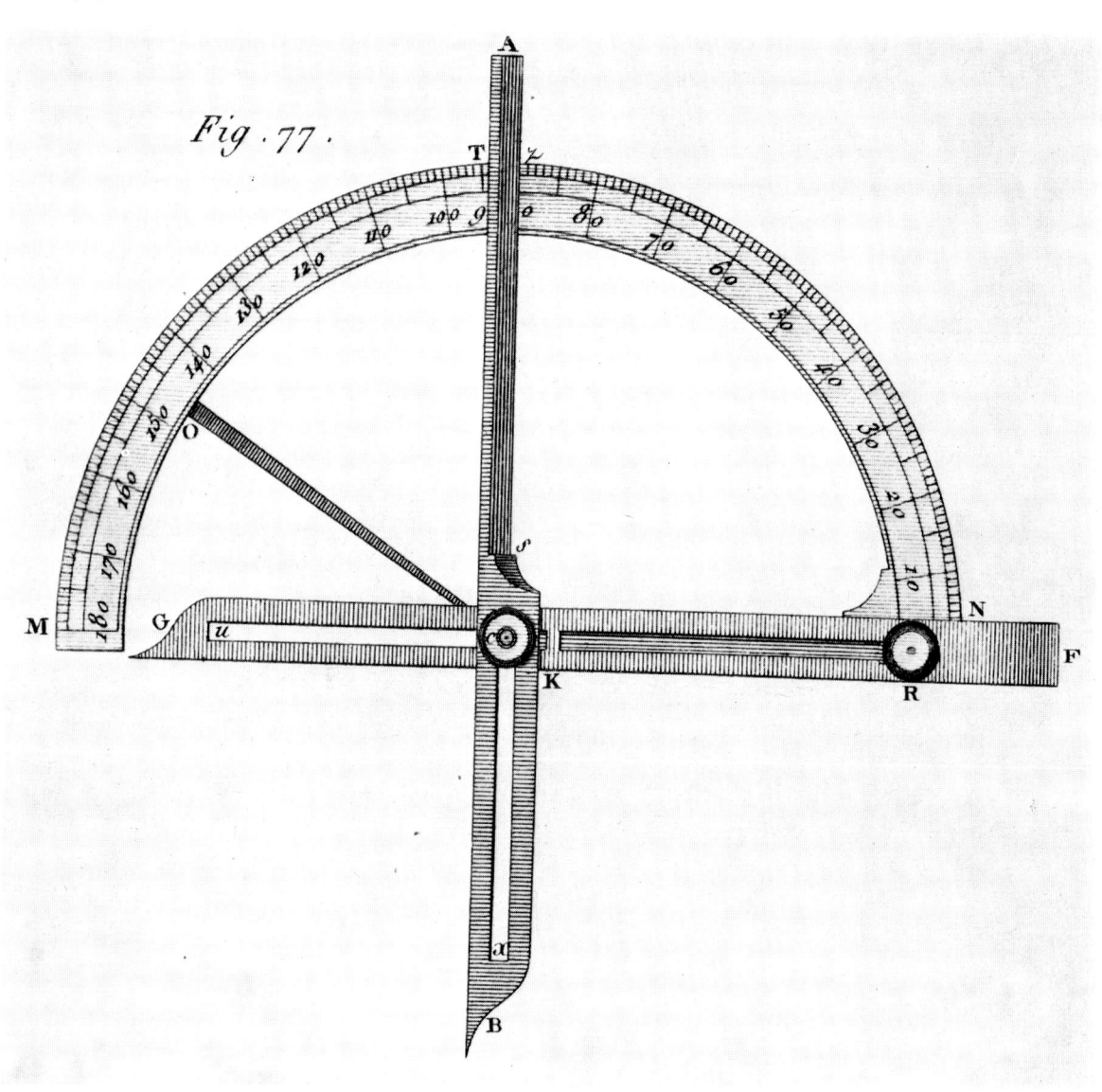

Mehr eine Kunst als Wissenschaft

Bild 40. ABRAHAM GOTTLOB WERNERS Gliederung der Minerale nach der äußeren Gestalt. Die »regelmäßigen Gestalten oder Crystallisationen« sind von den »gemeinen Gestalten« und den »besonderen Gestalten« als dritte Gruppe unterschieden
Aus: ABRAHAM GOTTLOB WERNER »Von den äußerlichen Kennzeichen der Foßilien« Leipzig 1774

Bild 41. ABRAHAM GOTTLOB WERNER (1750 bis 1817)

Seinem Gedanken lag eine atomistische Betrachtungsweise zum Grunde

Bild 42. René Just Hauy (1743 bis 1822)

Bild 43. Plan du Musée National d'Histoire Naturelle in Paris
Der Plan zeigt das Gelände mit den Erweiterungen von 1788 etwa zur Zeit der Einrichtung als Nationalmuseum für Naturgeschichte. Hier lebte und arbeitete René Just Hauy von 1802 bis zu seinem Tode 1822
Aus: »Annales du Musée National d'Histoire Naturelle«, Tome X, Paris 1806

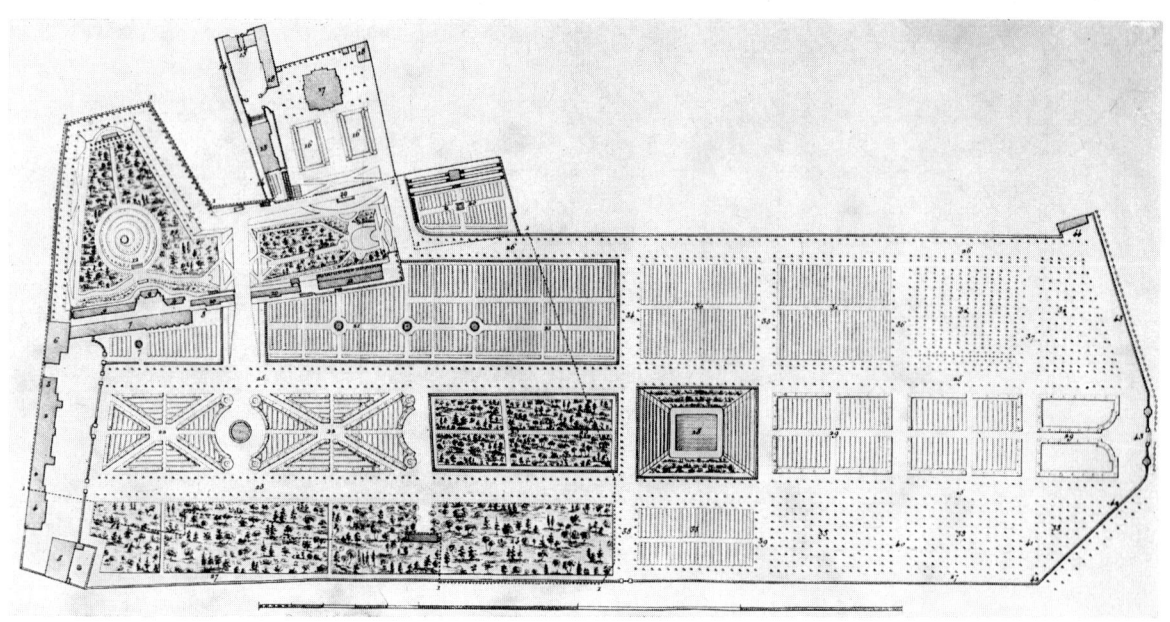

Dekreszenz: das strukturelle Prinzip

Bild 44

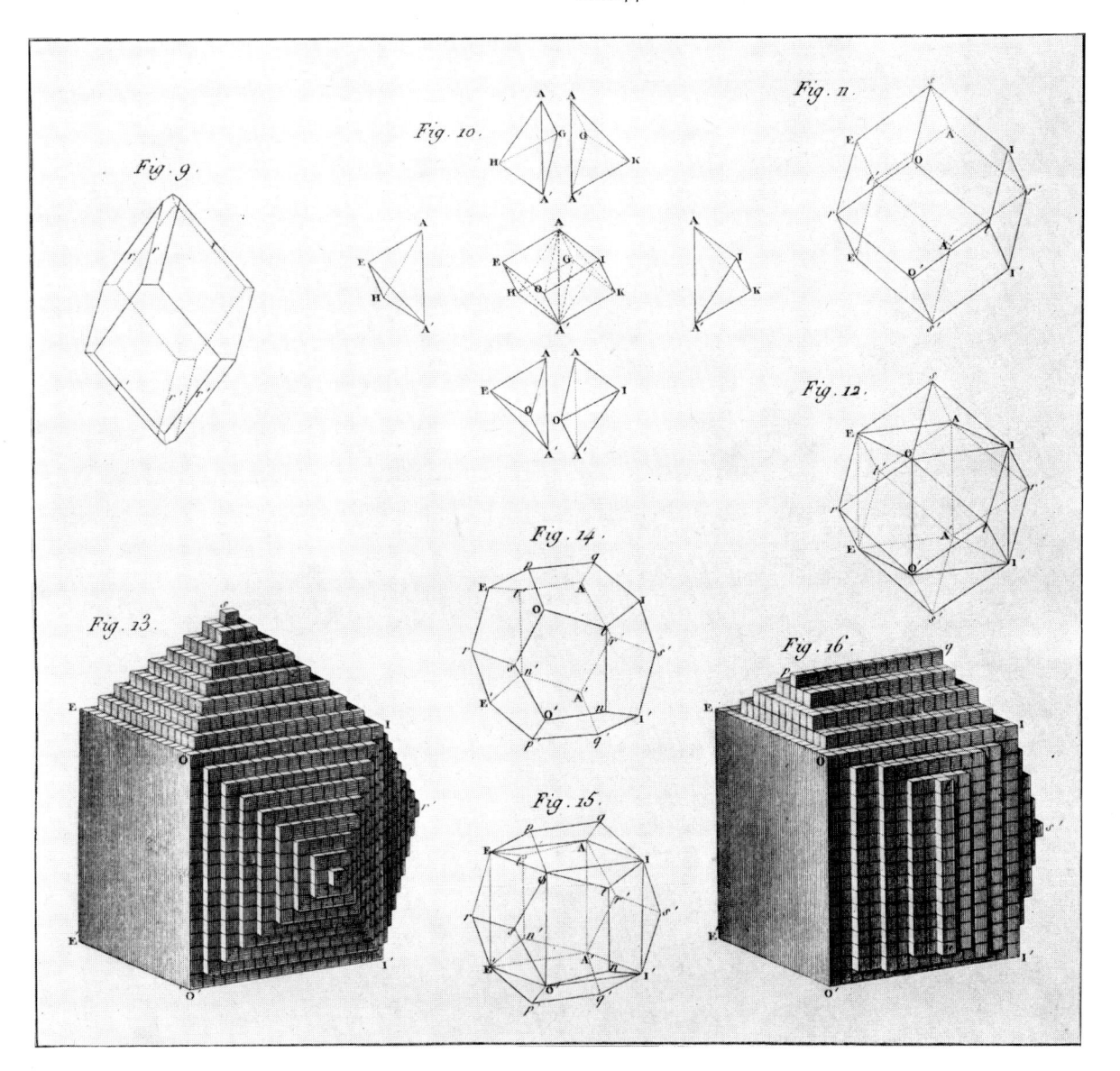

Dekreszenz: das strukturelle Prinzip

Bild 45

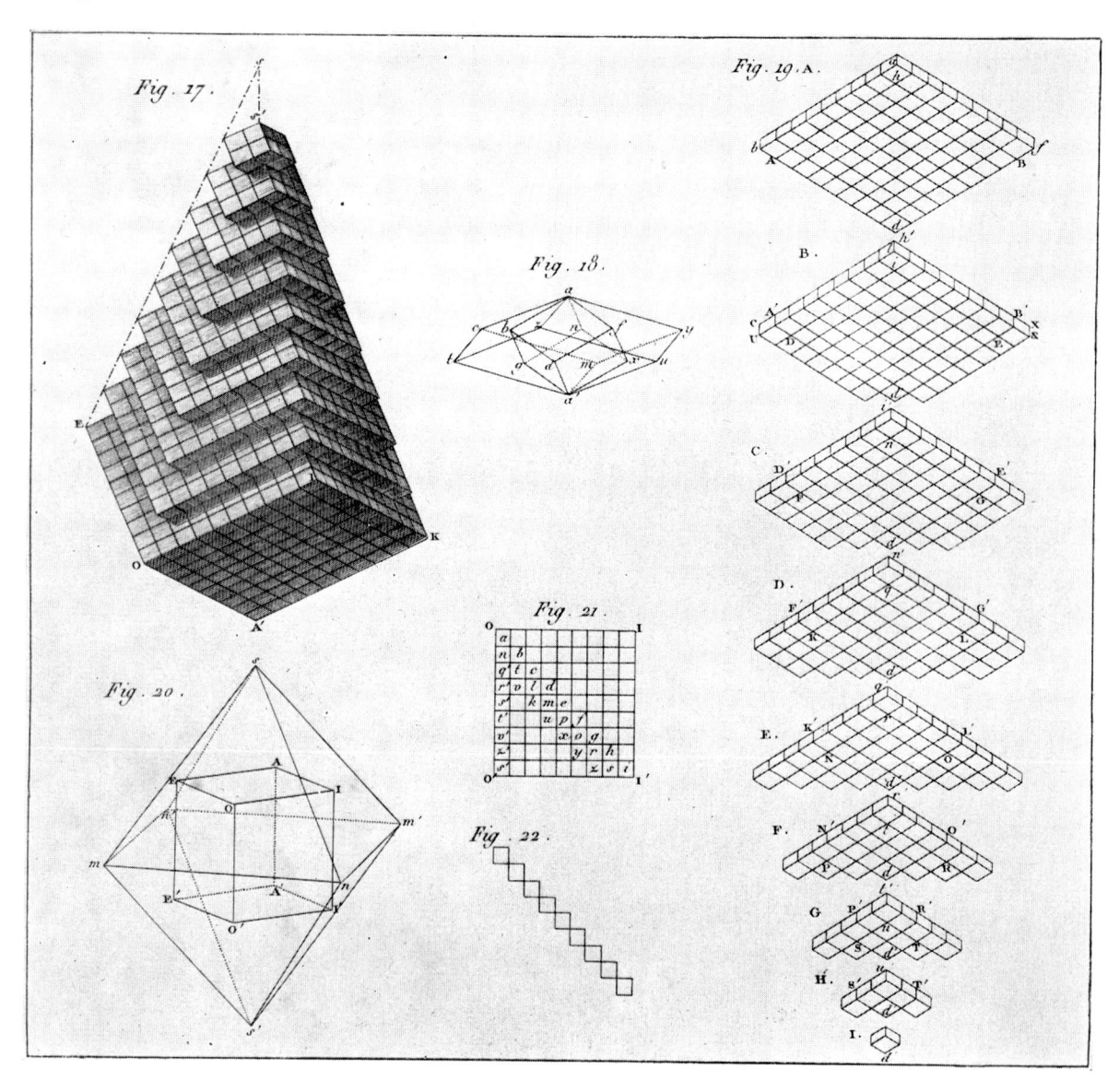

Es bildete sich allmählich eine neue Schule in Paris

Bild 44. Veranschaulichung der Dekreszenz
Das Spaltrhomboeder in Figur 10 wird durch einen durch die Flächendiagonale gelegten Schnitt in zwei Tetraeder mit gleichschenkligen Dreiecken als Grundfläche zerlegt. Dieses Tetraeder gibt die Form des ›molécule intégrantes‹ wieder. Figur 11 zeigt das Rhombendodekaeder, das in Figur 13 auf den Würfel als Primitivform zurückgeführt wird. Figur 13 veranschaulicht, wie aus dem Würfel durch Dekreszenz längs der Kanten um jeweils eine Reihe von ›molécules soustractives‹ das Rhombendodekaeder entsteht. Figur 14 zeigt das Pentagondodekaeder (Pyritoeder) und Figur 15 seine Zurückführung auf den Würfel als Primitivform. Figur 16 veranschaulicht, wie aus dem Würfel durch Dekreszenz das Pentagondodekaeder entsteht. Hierbei erfolgt die Dekreszenz längs zweier paralleler Kanten um eine Reihe von ›molécules soustractives‹ längs der zu diesen senkrechten parallelen Kanten um zwei Reihen von ›molécules soustractives‹
Aus: RENÉ JUST HAUY »Lehrbuch der Mineralogie, Band V«, Leipzig und Paris 1809

Bild 45. Veranschaulichung der Dekreszenz
Figur 17 und 19a zeigen die Ableitung des Skalenoeders aus dem rhomboedrischen Kern durch Dekreszenz von zwei Reihen von »molecules soustractives« nach den Ecken. Figur 20 und 21 stellen die Entstehung des Oktaeders aus dem Würfel durch Dekreszenz nach den Ecken dar
Aus: RENÉ JUST HAUY »Lehrbuch der Mineralogie, Band V«, Leipzig und Paris 1809

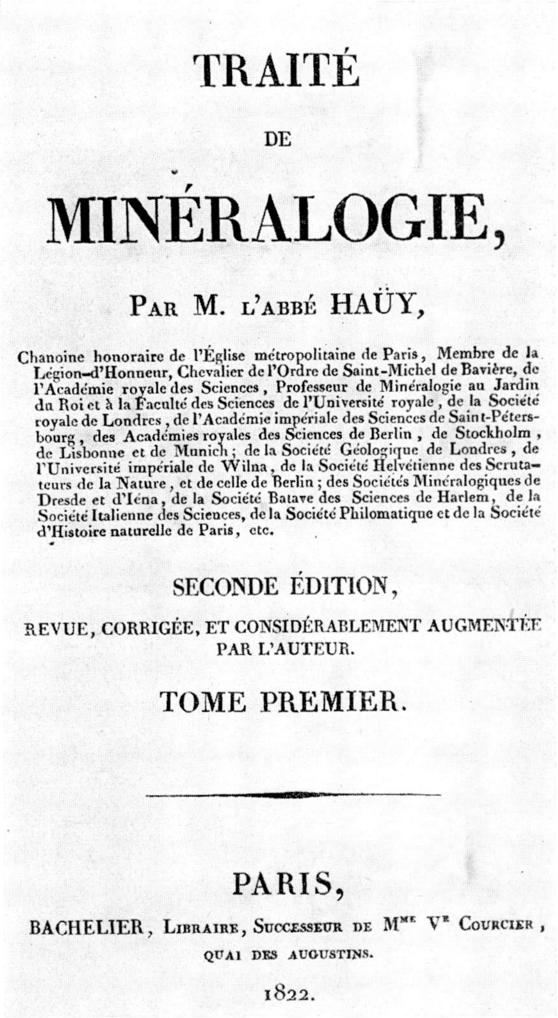

TRAITÉ
DE
MINÉRALOGIE,

PAR M. L'ABBÉ HAÜY,

Chanoine honoraire de l'Église métropolitaine de Paris, Membre de la Légion-d'Honneur, Chevalier de l'Ordre de Saint-Michel de Bavière, de l'Académie royale des Sciences, Professeur de Minéralogie au Jardin du Roi et à la Faculté des Sciences de l'Université royale, de la Société royale de Londres, de l'Académie impériale des Sciences de Saint-Pétersbourg, des Académies royales des Sciences de Berlin, de Stockholm, de Lisbonne et de Munich; de la Société Géologique de Londres, de l'Université impériale de Wilna, de la Société Helvétienne des Scrutateurs de la Nature, et de celle de Berlin; des Sociétés Minéralogiques de Dresde et d'Iéna, de la Société Batave des Sciences de Harlem, de la Société Italienne des Sciences, de la Société Philomatique et de la Société d'Histoire naturelle de Paris, etc.

SECONDE ÉDITION,

REVUE, CORRIGÉE, ET CONSIDÉRABLEMENT AUGMENTÉE
PAR L'AUTEUR.

TOME PREMIER.

PARIS,
BACHELIER, LIBRAIRE, SUCCESSEUR DE MME V^E COURCIER,
QUAI DES AUGUSTINS.
1822.

Bild 46. RENÉ JUST HAUY »Traité de Minéralogie, Tome premier« Paris 1822
Titelblatt des ersten Bandes der Ausgabe letzter Hand. Besonders interessant ist die Angabe der zahlreichen Akademien der Wissenschaften und wissenschaftlichen Gesellschaften, in denen RENÉ JUST HAUY Mitglied war

Es bildete sich allmählich eine neue Schule in Paris

Bild 47. Erdige Substanzen: Quarz
Aus: René Just Hauy »Lehrbuch der Mineralogie, Band V«, Paris und Leipzig 1809

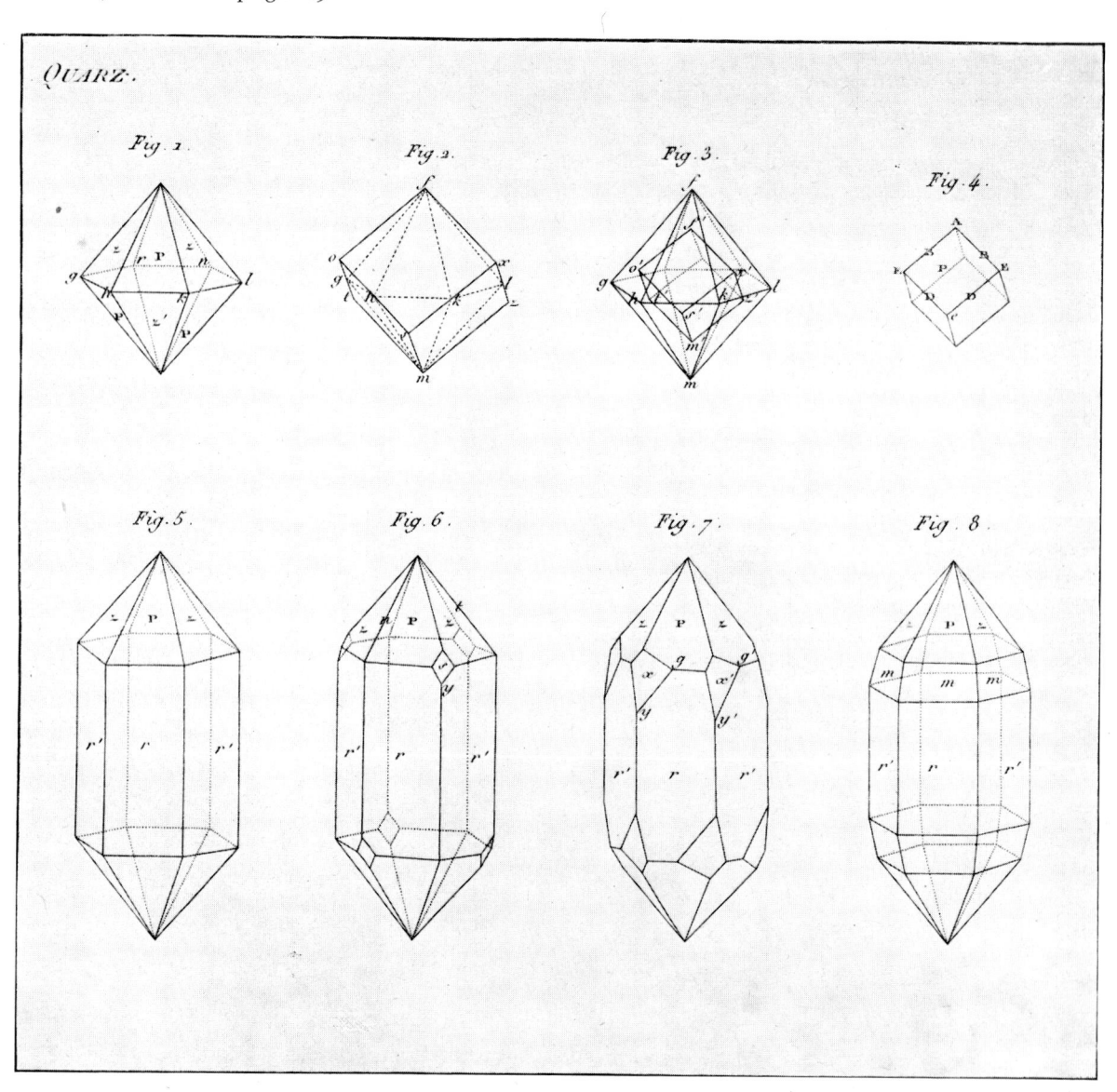

Bild 48. CHRISTIAN SAMUEL WEISS (1780 bis 1856) Avers der CHRISTIAN-SAMUEL-WEISS-Medaille, der höchsten Auszeichnung der Vereinigung für Kristallographie in der Gesellschaft für Geologische Wissenschaften der DDR

Bild 49. IMMANUEL KANT (1724 bis 1804)

Mit ihm beginnt eine neue Epoche in der Kristallographie

Anhang.

Dynamische Ansicht der Krystallisation

von

Christian Samuel Weifs,
d. W. W. D.

Es soll die **Form**, die **Figur**, dynamisch erklärt werden. Der Atomistiker kennt die Frage nach dem Grunde der Form, fühlt das Bedürfnifs einer Erklärung aller Form gar nicht. Ihm ist die bestimmte Form mit der Existenz der Atome unmittelbar gegeben. Der Dynamiker läugnet ihm diese; er läugnet ihm sogar die *absolute*, unbedingte Existenz der Materie q); er lehrt ihre individuelle **Existenz** als gegeben blofs in der Erschei-

---

q) Jede Materie existirt nur in Beziehung auf andere, als Glied einer allgemeinen Wechselwirkung. Die in stetigem, aber durch immer neue Modificationen fortschreitendem Conflicte wirkenden allgemeinen Naturkräfte geben, auf jedem Schritte, zum Produkte die bestimmte Materie; und so wie diese bestimmte Materie in ihrem innersten Wesen nichts als das Produkt **dieses** Conflictes ist, so ist auch ihre **Existenz** nur die Existenz des Augenblicks.   *W.*

Bild 50. Darstellung des Zonengesetzes am Feldspat
Revers der CHRISTIAN-SAMUEL-WEISS-Medaille der Vereinigung für Kristallographie in der Gesellschaft für Geologische Wissenschaften der DDR

Bild 51. CHRISTIAN SAMUEL WEISS »Dynamische Ansicht der Krystallisation«
Erste Seite der Originalabhandlung, veröffentlicht als Anhang zum I. Band von RENÉ JUST HAUYS »Lehrbuch der Mineralogie«, Paris und Leipzig 1804

Er führte tief in die Natur und tief in das Denken ein

Bild 52. Christian Samuel Weiss (1780 bis 1856)

Bild 53. Universität zu Berlin
Das Universitätsgebäude zwischen 1810 und 1820.
Hier war auch das Mineralienkabinett untergebracht

*Was sie darin geschaffen hat,
hat bleibenden Wert*

Bild 54. Franz Ernst Neumann
(1798 bis 1895)

Bild 55. Wollastonsches Reflexionsgoniometer, wie es um 1860 in Gebrauch war
Aus: Nikolai von Kokscharow »Vorlesungen über Mineralogie, 1. Band«, St. Petersburg 1865

Auf lange Zeit hinaus diskreditiert

MÉMOIRE

SUR

LES SYSTÈMES FORMÉS PAR DES POINTS

DISTRIBUÉS RÉGULIÈREMENT SUR UN PLAN OU DANS L'ESPACE;

Par M. A. BRAVAIS,

LIEUTENANT DE VAISSEAU, PROFESSEUR A L'ÉCOLE POLYTECHNIQUE.

(Présenté à l'Académie des Sciences, le 11 décembre 1848.)

§ I. — Définitions préliminaires.

Pour obtenir un système de points distribués régulièrement dans l'espace, prenons deux points arbitrairement, et joignons-les l'un à l'autre par une ligne droite que nous prolongerons indéfiniment dans les deux sens. Chargeons cette droite d'une série illimitée d'autres points, tous équidistants entre eux, et séparés par un intervalle constant, égal à la distance des deux points primordiaux. Le système rectiligne de ces points équidistants recevra, dans le cours de ce Mémoire, le nom de *Rangée*. L'intervalle fondamental qui sépare deux points voisins sera désigné sous le nom de *paramètre* de la Rangée.

Prenons une deuxième Rangée de même paramètre; plaçons-la parallèlement à la précédente, dans une situation relative arbitrairement choisie, et joignons entre elles ces deux Rangées par un plan géométrique qui, de sa

Bild 56. Auguste Bravais »Mémoire sur les systèmes formés par des points distribués régulièrement sur un plan ou dans l'espace« von 1848 Titelblatt der Originalarbeit, in der die 14 Gittertypen abgeleitet werden, veröffentlicht im »Journal de l'École Polytechnique«, Band XIX, Paris 1849

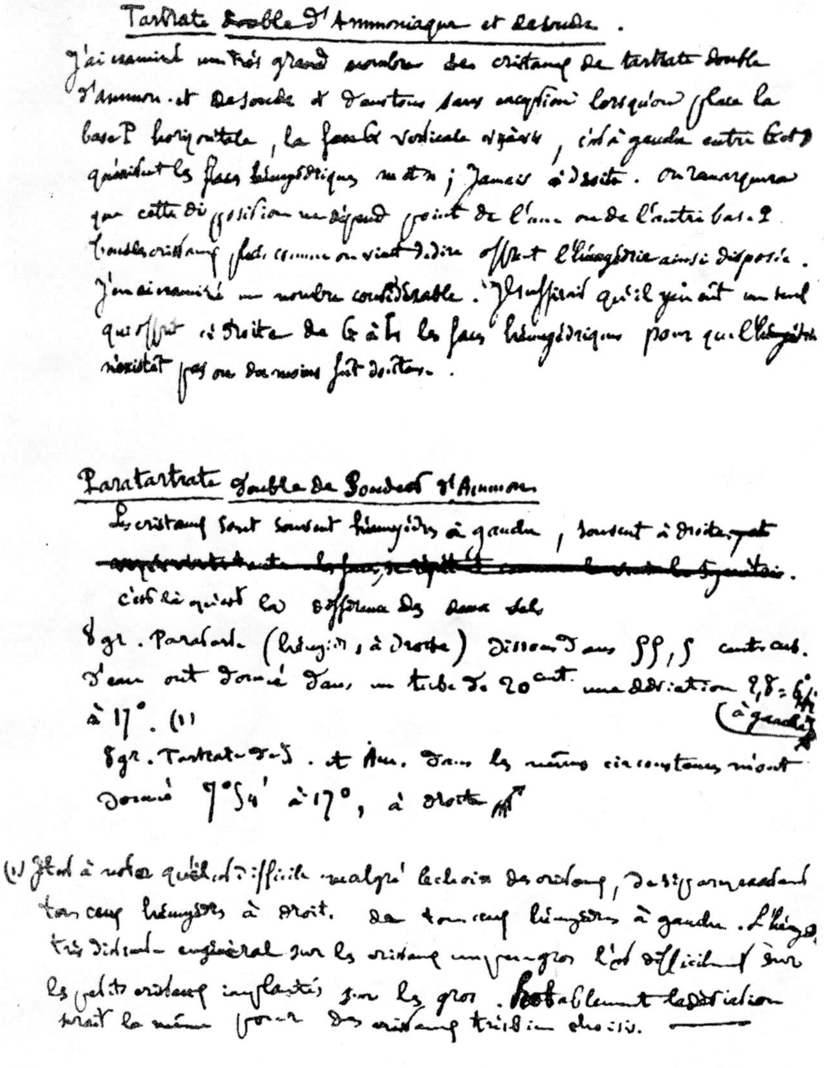

*Auf lange Zeit hinaus
diskreditiert*

Bild 57. Seite aus dem Laboratoriums-Tagebuch von LOUIS PASTEUR Aufgezeichnet ist die Entdeckung der Enantiomorphie: »Doppel-Paratartrate von Natrium und Ammoniak. Die Kristalle sind häufig hemiedrisch nach der linken Seite, häufig nach der rechten Seite, das ist der Unterschied zwischen den zwei Salzen.«

Auf lange Zeit hinaus diskreditiert

Bild 58. Evgraf Stefanovič Federov (1853 bis 1919) Bild 59. Paul von Groth (1843 bis 1928)

Ihr Experiment gehört zum Schönsten, was die Physik erlebt hat

Bild 60. MAX VON LAUE (1879 bis 1960)

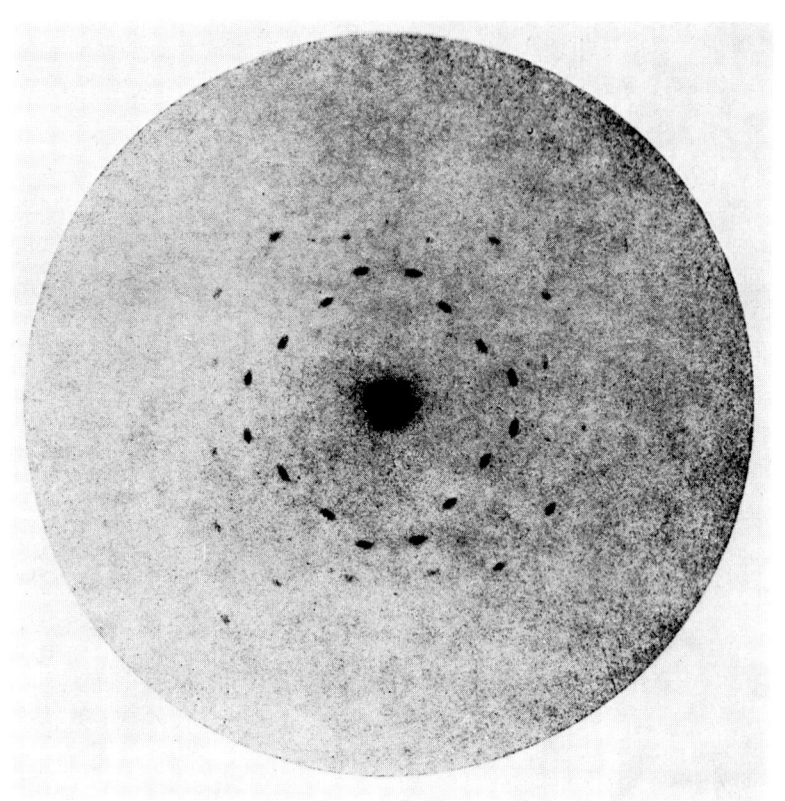

Bild 61. Interferenzerscheinungen an einer nach (100) geschnittenen Platte von Zinkblende: »Diese Tatsache ist wohl einer der schönsten Beweise für den gitterartigen Aufbau der Kristalle, und ein Beweis dafür, daß keine andere Eigenschaft als allein das Raumgitter hier in Betracht kommt.« Aus: W. FRIEDRICH, P. KNIPPING und M. LAUE »Interferenzerscheinungen bei Röntgenstrahlen«, veröffentlicht in den »Annalen der Physik«, 4. Folge, Band 41 (1913)

Ihr Experiment gehört zum Schönsten, was die Physik erlebt hat

Bild 62. Versuchsanordnung von W. Friedrich und P. Knipping
A Antikathode
Kr Kristall
P_1 bis P_5 verschiedene Stellungen der photographischen Platte
B_1 bis B_4 Blenden, teils zur Abhaltung von Streustrahlung, teils zur Begrenzung des auf den Kristall fallenden Strahles
S ein dicker Bleischirm
R ein Ansatz an den Bleikasten K, in welchem die durchgehende Strahlung aufgefangen werden soll, ohne zuviel Streustrahlung zu ergeben

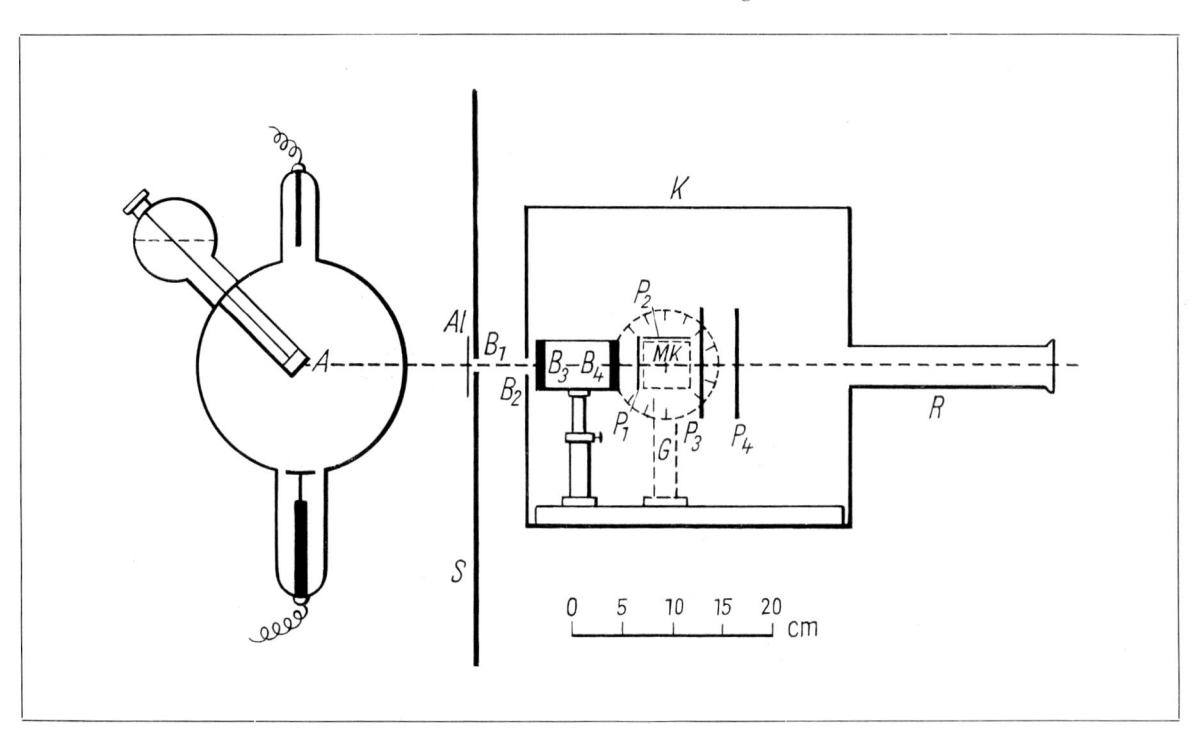

Ihr Experiment gehört zum Schönsten, was die Physik erlebt hat

Bild 63. Walter Friedrich (1883 bis 1968)

Abstumpfung:
das morphologische Prinzip

Indessen vollzog der französische Naturforscher Jean Baptiste Romé de L'Isle den ersten entscheidenden Schritt, den von John Hill beschworenen Zauber aufzulösen. Romé de L'Isle, in Gray geboren, erhielt seine Ausbildung in Paris. Als Einundzwanzigjähriger kam er als Sekretär einer militärischen Expedition nach Indien, geriet dort in englische Gefangenschaft, lebte einige Jahre in Indien und China und kehrte schließlich 1764 nach Paris zurück.

Bereits in Asien erwachte sein Interesse am Studium der Natur, das in Paris durch den französischen Chemiker Georg Balthasar Sage in jeder Weise gefördert und auf die Minerale gelenkt wurde. Romé de L'Isle lebte äußerst bescheiden. Selbst völlig mittellos, war er auf die Unterstützung seines Gönners D'Emery, auf Einkünfte aus der Katalogisierung privater Mineral- und Medaillensammlungen und auf eine kleine von König Louis XVI. 1785 gewährte Pension angewiesen.

Durch seine Sammlungstätigkeit war Romé de L'Isle ganz auf die sinnliche Wahrnehmung des morphologischen Erscheinungsbildes der Kristalle eingestellt. Es nimmt daher nicht wunder, daß er sich die morphologische Denkweise zu eigen machte und sie seinen Arbeiten zugrunde legte.

Seiner ersten größeren wissenschaftlichen Arbeit gab er den Titel »Essai de Cristallographie ou Description des figures geometriques, propres à différens Corps du Règne Minéral, connus vulgairement sous le nom des Cristaux« [55]. Sie erschien 1772 in Paris und war der Churfürstlich Mainzischen Akademie der Wissenschaften in Erfurt gewidmet, die ihn auch zu ihrem Mitglied wählte. Ihr folgten die Königliche Akademie der Wissenschaften zu Berlin und die Königlich-Schwedische Akademie der Wissenschaften in Stockholm, während die Académie Royal des Sciences in Paris 1780 seine Wahl mit der Begründung ablehnte, er habe nichts als Kataloge gemacht.

Indes führten Romé de L'Isles gründliche Beobachtungen an Kristallen und der sorgfältige Vergleich von Sammlungsstücken zu so fundamentalen Erkenntnissen, daß er mit Recht zu den Mitbegründern der Kristallographie als einer neuen Wissenschaft gezählt werden muß. Romé de L'Isle hielt auch private Vorlesungen über seine Erkenntnisse, die, gut besucht, als die ersten systematischen Kristallographie-Vorlesungen überhaupt angesehen werden können.

Es ist bemerkenswert, daß Romé de L'Isle gerade an die verpönten Gedanken Linnés angeknüpft hat. In seiner ersten Arbeit äußerte sich Romé de L'Isle zugunsten der Grundidee Linnés:

✦ *Die Kristallisation ist eine so wesentliche Eigenschaft der Salze, daß man diese Körper als den Grund aller eckigen und vielseitigen Gestalten ansehen kann, die sich in den übrigen Substanzen des Mineralreiches zeigen. Wie sehr diese Gestalten auch von anderen abweichen mögen, so findet sich doch zwischen ihnen und den anderen so viele Aehnlichkeit, daß man mit Grunde nicht daran zweifeln kann, daß die Salze denen steinichten, kiesichten und metallischen Theilen den Hang zur Annehmung dieser oder jener, diesen Salzen eigenen, Gestalt gegeben haben.* [56]

Der Vorzug der Studien von Romé de L'Isle gegenüber den mehr oder minder spekulativen Überlegungen Linnés zeigt sich vor allem in der sorgfältigen Beobachtung und größeren Sachkenntnis. Obwohl Romé de L'Isle die Grundidee Linnés akzeptiert hat, versuchte er nicht, die Minerale in den engen Rahmen der Kristallformen einiger weniger Salze zu pressen, sondern ging dazu über, die Ausbildung der Kristallformen ein und derselben Mineralspezies genau zu studieren und die Kristallformen verschiedener Spezies miteinander zu vergleichen. ROMÉ DE L'ISLE hob hervor, daß solche Untersuchungen nur an gut und vollständig ausgebildeten Kristallen möglich sind, und legte sich deshalb eine Sammlung von Kristallen an, die er im Laufe der Jahre immer weiter vervollständigte.

Bei seinen vergleichenden morphologischen Studien mußte ROMÉ DE L'ISLE zwangsläufig auf das Problem der Entstehung einer Kristallform aus einer anderen stoßen, dessen Lösung ihm indes zunächst noch nicht gelang. So unbestimmt auch die Vorstellungen von ROMÉ DE L'ISLE noch waren, so enthielt sein »Essai de Cristallographie« doch schon eine solche Fülle neuer und bemerkenswerter Beobachtungen, daß es von der Fachwelt mit großem Interesse, wenn auch nicht ohne Widerspruch aufgenommen wurde. So schrieb LINNÉ in einem Brief an ROMÉ DE L'ISLE:

✦ *Unter den Werken der Mineralogie, die in diesem Jahrhundert erarbeitet wurden, ist Deine Kristallographie sicherlich das bedeutendste. Es beweist Deinen außerordentlichen Scharfsinn, Deine umfangreichen Beobachtungen, eine verblüffende Belesenheit und schließlich, was selten ist, eine mir gewogene Haltung.* [57]

Doch auch JOHN HILL, wir haben ihn als Gegner LINNÉS kennengelernt, versagte ROMÉ DE L'ISLE seine Anerkennung nicht:

✦ *Durch Mylord Bute gelangte mir Ihre Cristalographie in die Hände und ich habe ... zu ihm mit Bewunderung und Dankbarkeit von Ihnen als einen einmalig bezaubernden und gebildeten Menschen gesprochen. Erlauben Sie mir, mein Herr, Sie zu dem Ruhm zu beglückwünschen, den Sie sich so billigerweise in dem Gemeinwesen der Wissenschaften erworben haben.* [58]

Die noch recht unbestimmten Vorstellungen von ROMÉ DE L'ISLES über die Zusammengehörigkeit von Kristallformen und die Unschärfe der von ihm verwendeten Begriffe waren Anlaß für den französischen Arzt JEAN DEMESTE, sich ausführlicher mit diesen Fragen zu beschäftigen [59]. DEMESTE bediente sich zur Charakterisierung der Ableitung einer Kristallform aus einer anderen des Begriffes ›troncature‹ – Abstumpfung –, der bereits von GUGLIELMINI geprägt worden ist und den gleichermaßen der Freiberger Mineraloge GOTTLOB ABRAHAM WERNER zur Ableitung verschiedener Kristallformen verwendet hat [60].

Die Abstumpfung betrachtete DEMESTE als eine heuristische Hilfsoperation, mit der sich Ordnung in die Mannigfaltigkeit der Kristallformen bringen lasse, die indes bei der Kristallisation selbst nicht auftrete, da die Natur jede Varietät der Kristallform aus der Eigenart des kristallisierenden Stoffes hervorbringe. Offenbar ist sich DEMESTE nicht über die Bedeutung der Erkenntnis STENSENS im klaren gewesen, daß die Kristallform wesentlich durch die Wachstumsgeschwindigkeit einzelner Kristallflächen bestimmt wird [61].

Die Überlegungen DEMESTES haben einen überaus starken Einfluß auf die weiteren Arbeiten ROMÉ DE L'ISLES ausgeübt. Nur elf Jahre nach dem Erscheinen seines »Essai de Cristallographie« publizierte ROMÉ DE L'ISLE 1783 eine zweite Auflage dieses Werkes unter dem Titel »Cristallographie ou Description des formes propres à tous les corps du régne minéral, dans l'etat de Combinaison saline, pierreuse ou metallique« [62], in dem er die Anregungen DEMESTES bis ins Detail berücksichtigt hat. Dieses Werk ist mit seinen vier Bänden nicht nur bedeutend umfangreicher als die erste Auflage von 1772, und es enthält in seinem speziellen Teil nicht nur mehr als 500 Kristallbeschreibungen gegenüber 110 in der ersten Ausgabe, sondern es stellt auch in der theoretischen Erkenntnis ROMÉ DE L'ISLES einen beachtlichen Fortschritt dar.

Hatte ROMÉ DE L'ISLE in seinem ersten Werk noch kaum auf die Kristallwinkel achtgegeben, und wenn, dann nur auf die ebenen Flächenwinkel, so betonte er 1783 die Unveränderlichkeit der Neigungswinkel der Flächen an einem Kristallpolyeder als ›principe général‹ der Kristalle:

✦ *Die Flächen eines Kristalls variieren ein wenig in ihren relativen Abmessungen, aber die Neigung bezüglich der gleichen Flächen ist konstant und invariabel bei einer jeden Art.* [63]

Es besteht daher – trotz der zahlreichen differierenden Meinungen [65] – kein Zweifel, daß ROMÉ DE L'ISLE das Gesetz der Winkelkonstanz als erster in seiner allgemeingültigen Form erkannt und ausgesprochen hat. ROMÉ DE L'ISLE berichtete selbst, daß er durch die Anfertigung von Kristallmodellen aus Ton, mit denen er seine Sammlung ergänzen wollte, auf die Idee gekommen ist, die Neigungswinkel der Kristallpolyeder zu messen. Das dazu erforderliche Anlegegoniometer, das erste in der Kristallforschung verwendete Meßinstrument, wurde von ROMÉ DE L'ISLES Gehilfen MAURICE CARANGEOT erfunden und von dem Mechaniker VINÇARD gebaut. ROMÉ DE L'ISLE gelangte infolgedessen nicht wie STENSEN und GUGLIELMINI über das Studium der Kristallisation zur Erkenntnis der Winkelkonstanz, sondern auf dem Wege vergleichender Messungen, obwohl, wie sich zeigen wird, sich die Winkelkonstanz aus seinen Anschauungen über die Primitivformen der Kristalle mit gleicher Konsequenz ergibt.

Wenn auch das Anlegegoniometer noch keine Präzisionsmessungen erlaubte, revolutionierte seine Einführung die gesamte Kristallforschung dadurch, daß von der Beschreibung der Kristallformen zur exakten Messung übergegangen werden konnte. Nach ROMÉ DE L'ISLE war ernstzunehmende Kristallforschung ohne Berücksichtigung von Winkelmessungen nicht mehr denkbar. Indes war mit der Einführung der Winkelmessung nicht allein eine der wichtigsten Voraussetzungen für eine exakte Grundlage der künftigen Kristallforschung geschaffen worden, sondern zugleich auch das Grundgesetz der Kristallmorphologie entdeckt.

In engem Zusammenhang mit der Entdeckung des Gesetzes der Winkelkonstanz steht die Auffassung ROMÉ DE L'ISLES von den Primitivformen der Kristalle, wie er diejenigen Grundformen bezeichnet hat, aus denen sich die übrigen Kristallformen als sekundäre Formen ableiten lassen. Es läßt sich nicht mit Sicherheit feststellen, wie ROMÉ DE L'ISLE zur Festlegung der Primitivformen gekommen ist. Es ist möglich, daß ihn eine geniale Intuition geleitet hat [64]; wahrscheinlicher aber ist es, daß er einfach auf bereits bekannte Formen zurückgegriffen hat, denn von den sechs Primitivformen waren wenigstens vier schon genauer untersucht worden. ROMÉ DE L'ISLE gab folgende Polyeder als Primitivform an: Tetraeder, Kubus, rektanguläres Oktaeder, rhomboidales Parallelepiped, rhomboidales Oktaeder und Dodekaeder mit triangulären Flächen. Diese Bezeichnungen entsprechen in gleicher Reihenfolge den modernen Begriffen Tetraeder, Würfel, Oktaeder, Rhomboeder, rhombische Bipyramide und hexagonale Bipyramide.

Die bei CAPPELLER noch aufgeführten kugeligen, sphäroidischen und ähnlichen Formen schied ROMÉ DE L'ISLE als Produkte einer unvollkommenen oder überhasteten Kristallisation aus.

ROMÉ DE L'ISLE stellte fest, daß es nur ein Tetraeder und ein Oktaeder mit gleichseitigen Dreiecken als Flächen sowie nur einen Würfel mit rechtwinkligen Kanten gibt, während von den übrigen Primitivformen zahlreiche Variationen möglich sind. Indem ROMÉ DE L'ISLE die Primitivformen in Zusammenhang mit der Winkelkonstanz brachte, gelangte er zu der bemerkenswerten Aussage, daß bei den variablen Primitivformen jede kristallisierte chemische Substanz ihre eigene durch die Winkel charakterisierte Primitivform besitzt; die Winkelkonstanz demzufolge, von den invariablen Primitivformen abgesehen, eine Materialkonstante darstellt:

◆ *Die Kristallisation, das heißt die Eigentümlichkeit, welche beinahe alle jene Substanzen des Mineralbereiches besitzen, die in einer polyedrischen Form vorkommen, ist konstant und bestimmt bei einer jeden Art.* [65]

Aus diesen Primitivformen gehen nun ROMÉ DE L'ISLE zufolge durch Abstumpfung die sekundären Formen hervor, wobei zwei Arten der Abstumpfung möglich sind, nämlich erstens der ›angles solides‹ – der Ecken – und zweitens der ›angles simples‹ oder ›erêtes ou bords‹ – der Kanten. Bei den sekundären Formen können sich zwar Größe und Form der Flächen der Primitivformen verändern, die Winkel hingegen bleiben ungeachtet dessen konstant. Wie GUGLIELMINI betrachtete ROMÉ DE L'ISLE die sekundären Flächen als Fehler an der voll ausgebildeten Primitivform. Indes hat ROMÉ DE L'ISLE die Vorstellung vom Idealkristall einer jeden Mineralspezies auf exakte Winkelmessungen gegründet.

Seine morphologischen Erkenntnisse suchte ROMÉ DE L'ISLE durch seine Ansichten über den Zusammenhang zwischen den Kristallformen und der chemischen Zusammensetzung der Minerale zu untermauern. ROMÉ DE L'ISLE war Anhänger der Phlogistontheorie, und seine chemischen Anschauungen waren stark durch GEORG ERNST STAHL beeinflußt.

ROMÉ DE L'ISLE war der Meinung, daß die primären Elemente der chemischen Analyse nicht zugänglich seien, die demzufolge lediglich zu den sekundären Elementen ›l'acide‹ – Säure –, ›le phlogistique‹ – Phlogiston –, ›la terre absorbante‹ – absorbierende Erde – und ›le principe aqueux‹ – wäßriges Prinzip – vordringen könne [66]. ROMÉ DE L'ISLE nahm an, daß diese Elemente aus ›móleculus elémentaires‹ oder ›móleculus constituantes‹ – elementaren oder konstituierenden Elementen – bestehen, die sich durch chemische Vorgänge zu den ›molécules intégrantes‹ oder ›molécules similaires‹ – den integrierenden oder gleichartigen Molekülen – der chemischen Verbindungen vereinigen.

Die integrierenden Moleküle sind ROMÉ DE L'ISLE zufolge nicht nur qualitativ verschieden; ihre qualitative Verschiedenheit drückt sich auch in quantitativen Kennzeichen aus, vor allem in ihrer Form, denn

◆ *... es ist notwendigerweise vorauszusetzen, daß allen integrierenden oder similären Molekülen Körper entsprechen, deren jedem, der Natur folgend, eine konstante und bestimmte Form eigen ist, die dem konstituierenden Prinzip jener nämlichen Moleküle entspricht.* [67]

Interessant ist, wie ROMÉ DE L'ISLE von den formbesitzenden integrierenden Molekülen, die ja der Beobachtung nicht zugänglich sind, zu den Primitivformen der Kristalle gelangte. Er bediente sich dabei unter Rückgriff auf die mikroskopischen Beobachtungen LEEUWENHOEKS eines Analogieschlusses: Da die Primitivformen, soweit sie sich mit dem Mikroskop beobachten lassen, ihre Form ebenso unverändert beibehalten wie im makroskopischen Bereich, müssen auch die integrierenden Moleküle eine den Primitivformen gleiche Form besitzen:

◆ *Man darf den Punkt nicht außer Acht lassen, daß man für die Primitivformen hierbei nicht annehmen kann, die Form der integrierenden Moleküle sei nicht diejenige der konstituierenden Moleküle, die, obgleich sie uns vollkommen unbekannt ist, die Form der integrierenden Moleküle erzeugt.* [68]

Diese Schlußfolgerung ist nicht allein deshalb bemerkenswert, weil sie zeigt, daß auch die morphologischen Studien ROMÉ DE L'ISLES letztlich wieder zu den Erkenntnissen, die aus den experimentellen Untersuchungen der Kristallisation geschöpft worden waren, zurückführen und an diese anknüpfen mußten, sondern sie sind zugleich auch für die Chemie von Belang. Wenn nämlich die Primitivformen, die durch ihre Winkel die Mineralspezies charakterisieren, den integrierenden Molekülen geometrisch gleichzusetzen sind, dann ergibt sich daraus auf die gleiche Weise wie in den Überlegungen STENSENS und GUGLIELMINIS die Konstanz der Winkel als logische Konsequenz; zugleich aber impliziert die Winkelkonstanz auch die Konstanz der chemischen Zusammensetzung der Mineralkristalle. Der Wissenschaftshistoriker REIJER HOOYKAAS kam deshalb zu dem interessanten Schluß, ROMÉ DE L'ISLE habe für die Kristalle das Gesetz der konstanten Proportionen vorweggenommen [69]. Das ist zweifellos richtig; indes ist hinzuzufügen, daß ROMÉ DE L'ISLE das Gesetz der konstanten Proportionen nur implizit erfaßte und über das Gesetz der Winkelkonstanz auf Mineralspezies angewendet hat.

Vielfalt und Tiefe der Erkenntnisse ROMÉ DE L'ISLES scheinen regelrecht dazu zu zwingen, eine Theorie der Struktur der Kristalle zu entwickeln. ROMÉ DE L'ISLE hat dies indes nicht getan. Im Gegenteil, er hegte eine ausgesprochene Abneigung gegen alle Vorstellungen über die Struktur der Kristalle und insbesondere gegen diejenigen Kristallforscher, die, statt den Kristall in seiner morphologischen Ganzheit zu studieren, ihn zerlegten und Hypothesen über seinen Bau aufstellten.

ROMÉ DE L'ISLES Haltung ist gewiß auf seine erbitterte Abneigung gegen seinen Landsmann RENÉ JUST HAUY zurückzuführen, der noch vor Erscheinen von ROMÉ DE L'ISLES »Cristallographie« den Ansatz zu einer Kristallstrukturtheorie veröffentlicht hatte und den er zu den

✦ *Neuerern in der Kristallographie, die mit Recht als Kristalloklasten (Kristall-Zerbrecher) benannt werden* [70]

zählte.

Indes ging es ROMÉ DE L'ISLE wohl hauptsächlich um die Verteidigung des Begriffes der Abstumpfung gegen den Vorwurf der Anhänger der strukturellen Denkweise, die Natur stumpfe nicht nachträglich eine vorhandene Ecke oder Kante ab: Deutlich auf HAUY gemünzt, schrieb ROMÉ DE L'ISLE:

✦ *Ich weiß auch, daß in Nachahmung des berühmten Bergmann gewisse Physiker den Bau einiger Kristalle, welche sich leicht spalten lassen, durch Figuren und geometrische Berechnungen zu erklären suchen; aber ich glaube, statt in das Geheimnis der Mannigfaltigkeit der Anordnung der Moleküle einer Substanz eindringen zu wollen, es besser wäre, erst alle Formen, welche die Substanz anzunehmen vermag, zu studieren, weil man sonst zu Theorien kommt, welche einigen Formen entsprechen, durch andere aber widerlegt werden.* [71]

Mit diesen Sätzen ist durch ROMÉ DE L'ISLE zum ersten Mal der prinzipielle Gegensatz zwischen der morphologischen und der strukturellen Denkweise in der Kristallforschung ausgesprochen worden. Indes hat sich auch ROMÉ DE L'ISLE als Anhänger der morphologischen Denkweise strukturtheoretischen Überlegungen nicht ganz verschließen können, doch tat er das in einer für die morphologische Denkweise typischen Art. Indem er annahm, daß sich die integrierenden Moleküle durch die Kristallisation zu einer Primitivform zusammenfügen, setzte ROMÉ DE L'ISLE implizit voraus, daß dies in einer geordneten Aufeinanderfolge geschehen müsse. Seine Auffassung gleicht in dieser Beziehung derjenigen STENSENS, der sich seinerseits damit begnügt hatte, die Existenz von Korpuskeln zu akzeptieren, sich im übrigen jedoch keine Gedanken über die Art und Weise ihrer Aneinanderlagerung gemacht hatte. Auch ROMÉ DE L'ISLE setzte die Existenz von Kristallbausteinen, die integrierenden Moleküle, voraus und richtete dessen ungeachtet seine Aufmerksamkeit stets auf den Kristall als eine morphologische Ganzheit. Die Frage, wie im Prozeß der Kristallisation aus der Primitivform die Vielfalt sekundärer Formen entsteht, stellte und beantwortete ROMÉ DE L'ISLE nicht. Allerdings war auch das mit Hilfe der morphologischen Denkweise herausgearbeitete heuristische Prinzip der Abstumpfung nicht geeignet, diese Frage zu beantworten. Daher blieb das eigentliche Grundproblem der Kristallforschung, die Entstehung der Vielfalt der Kristallformen zu erklären, ungelöst.

Auf der Grundlage des heuristischen Prinzips der Abstumpfung führte die morphologische Denkweise nicht über die Beschreibung des formalen Zusammenhanges von Kristallformen geometrisch auseinander ableitbarer Formenreihen hinaus, und ROMÉ DE L'ISLES Werk trägt zu Recht den Titel »Cristallographie« – Kristallbeschreibung. Indes bleibt es ROMÉ DE L'ISLES historisches Verdienst, gestützt auf exakte Messungen, einen Weg zur Herausbildung der Kristallographie als einer neuen exakten Naturwissenschaft eröffnet zu haben. Diese Anerkennung versagte ihm auch sein wissenschaftlicher Kontrahent RENÉ JUST HAUY nicht, wenngleich dieser ROMÉ DE L'ISLE in seinen Arbeiten nur selten und meistens nur dann zitiert hat, wenn er ihm Fehler nachzuweisen vermochte:

✦ *Romé de L'Isle trug durch seine exakten Beobachtungen über die Kristallformen, verbunden mit der Härte und dem spezifischen Gewicht, mehr als irgend jemand dazu bei, Ordnung und Genauigkeit in diesen so interessanten Teil der Lithologie zu bringen, und führte die Bedeutung eines Kennzeichens, welches bis dahin die Unterscheidung der Mineralarten nur allzusehr beeinflußt hatte, auf die eines solchen für nur leichte Modifikationen zurück, mit deren Hilfe die Natur, gleichsam spielend, von einer Varietät zur andern übergeht.* [72]

Mehr eine Kunst als eine Wissenschaft

Zwei Jahre nach ROMÉ DE L'ISLES erster Arbeit bezog 1774 in Sachsen ABRAHAM GOTTLOB WERNER auf ganz ähnliche Weise die Kristallformen in sein System der äußeren Kennzeichen der Minerale ein. Indes leiteten ihn dabei ganz andere Beweggründe.

Als Sohn eines Inspektors des Eisenhüttenwerkes in Wehrau bei Görlitz geboren, beschäftigte sich WERNER schon in seiner Jugendzeit mit dem Berg- und Hüttenwesen. Im Jahre 1769 bezog er die neugegründete Bergakademie in Freiberg in Sachsen und vollendete sein Studium 1771 bis 1774 an der Universität Leipzig. Im Jahre 1775 folgte er einem Ruf als Inspektor und Lehrer der Mineralogie und Bergbaukunst nach Freiberg, wo er in den folgenden Jahren Oryktognosie – Mineralogie – und Geognosie – Geologie – zu selbständigen Lehrfächern entwickelte [73].

Die außergewöhnliche Persönlichkeit WERNERS, seine Befähigung, durch unmittelbare Anschauung systematische und praktisch anwendbare Kenntnisse zu vermitteln, führte ihm aus aller Welt eine große Schülerschaft zu. Nahezu alle bedeutenden Mineralogen und Geologen des ausgehenden 18. und des anbrechenden 19. Jahrhunderts gingen aus seiner Schule hervor oder wurden maßgeblich von ihr beeinflußt. Unter WERNERS Schülern befinden sich Namen von höchstem Rang, so LEOPOLD VON BUCH, ALEXANDER VON HUMBOLDT und CHRISTIAN SAMUEL WEISS, um nur einige zu nennen. Durch seine Schüler wurde seine Lehre weithin verbreitet und fortgebildet; WERNERS Schule erlangte Weltgeltung. In seinem an der Pariser Akademie gehaltenen Nachruf auf WERNER sagte der französische Naturforscher GEORGES DE CUVIER:

✦ *Die kleine Schule in Freiberg, anfangs nur bestimmt, Bergleute für Sachsen zu bilden, erneuerte bald das Schauspiel der ersten Universitäten im Mittelalter; dorthin eilten Schüler aus allen nur einigermaßen zivilisierten Ländern. In den entferntesten Gegenden sah man Männer, schon in Jahren vorgerückt, Gelehrte, schon zu Ruf gelangt, sich angelegentlich mit Erlernung der deutsche Sprache beschäftigen, nur um die Fähigkeit zu erlangen, das große Orakel der Geologie zu verstehen.* [74]

Die Bergakademie Freiberg war 1765 mit der Aufgabe gegründet worden, Beamte für die Leitung des sächsischen Montanwesens auszubilden, vor allem für die fiskalischen Bergbau- und Hüttenbetriebe. Mit dieser Zielstellung folgte das feudal-absolutistische Sachsen auf seine Weise den von England ausgehenden qualitativen Veränderungen der Produktivkräfte im Rahmen der bestehenden Produktionsverhältnisse. Besonders nach dem Siebenjährigen Krieg 1756 bis 1763, durch den Sachsen wirtschaftlich ausgeblutet war, bemühte sich die herrschende Feudalklasse, durch Reformen der Überlegenheit bürgerlicher Wirtschaftspraktiken und der technischen Umwälzung in England Rechnung zu tragen. Dabei wurden insbesondere diejenigen Wissenschaften gefördert, die in enger Beziehung zu den verhältnismäßig hochentwickelten Produktionszweigen der Land- und Forstwirtschaft und des Berg- und Hüttenwesens standen. Diese Bestrebungen fanden ihren Ausdruck in der Gründung der Forstakademie in Tharandt und der Bergakademie in Freiberg, die zu Vorbildern für ähnliche Bildungsstätten in anderen feudalabsolutistischen Ländern wurden [75].

Die Intensivierung der Produktionsprozesse im Bergbau und Hüttenwesen verlangte von den leitenden Bergbeamten fundierte Kenntnisse der natürlichen geologischen Gegebenheiten, der Minerale und Gesteine und über die Gewinnung und Verhüttung der Rohstoffe. Diese Kenntnisse mußten den praktischen Erfordernissen entsprechen und sich eng an die praktischen Erfahrungen der Berg- und Hüttenleute anschließen.

WERNER entsprach in seinem Wirken auf mineralogischem und geologischem Gebiet diesem Anliegen in hohem Maße. In seiner 1774 noch in Leipzig veröffentlichten Abhandlung »Von den äußerlichen Kennzeichen der Foßilien« [76] versuchte WERNER, die sinnlich wahrnehmbaren Eigenschaften der Minerale in ein System zu bringen und dadurch die präzise Beschreibung einer jeden Mineralspezies zu ermöglichen. Da weder die chemische Analyse noch physikalische und beschreibende Methoden allein genügten, um die Minerale sicher bestimmen zu können, erarbeitete WERNER ein komplexes System äußerer Kennzeichen, dessen Anwendung keinerlei Hilfsmittel erforderte, das Erkennen eines bestimmten Minerals aber auch dann ermöglichte, wenn es aus eigener Anschauung noch nicht geläufig war.

WERNER wollte ein Mineral lieber schlecht geordnet und gut beschrieben als gut geordnet und schlecht beschrieben wissen. Daher legte er größten Wert auf eine einfache, aber exakte Terminologie:

◆ *Die Bestimmtheit der Ausdrücke hat in der Mathematik einen großen Theil an der Vollkommenheit ihrer Lehrart: denn hier verbindet ein jeder mit Summe, Linie und Winkel die nämlichen Begriffe, die ein anderer damit verbindet, und wiederum gibt ein jeder einem Begriff dieselbe Benennung, die ihm ein anderer gibt. Zu was für Vortheil würde es also nicht der Mineralogie gereichen, wenn sich die Mineralogen dahin vereinigten, es in diesem Stücke, so viel es sich in dieser Wissenschaft thun läßt, der Mathematik gleich zu thun?* [77]

Freilich bezogen sich diese Sätze nur auf die begriffliche Exaktheit, nicht indes auf die möglichst weitgehende Anwendung mathematischer Methoden in der Mineralbeschreibung. WERNERS Kennzeichenlehre ist daher vor allem durch die qualitative Bestimmtheit der verwendeten Merkmale bestimmt. Unter den äußeren Kennzeichen galt der Farbe der Minerale seine besondere Vorliebe; des weiteren behandelte er die äußere Gestalt, den Glanz, den Bruch, wozu er auch die Spaltbarkeit rechnete, die Durchsichtigkeit, das Abfärben und andere Eigenschaften.

Die äußeren Gestalten teilte WERNER in die gemeinen – derb, eingesprengt, in eckigen Stücken, in Körnern, angeflogen –, die besonderen – zähnig, drahtförmig, haarförmig, adrig, gestrickt, baumförmig, tropfsteinartig, zackig, nierenförmig, kugelig, spiegelig, in Blättchen, zellig, durchlöchert, zerfressen – und in die regelmäßigen – die Kristalle – ein [78]. Für WERNER waren demzufolge die Kristallformen, selbst bei der äußeren Gestalt, ein Kennzeichen unter anderen, keineswegs geeignet, allein eine Mineralspezies hinreichend genau zu beschreiben.

Hieran zeigt sich, wie gut WERNERS Vorgehen auf die praktischen Bedürfnisse des Montanwesens abgestimmt war. Es wird verständlich, daß WERNER, was die äußere Gestalt der Minerale anlangt, in einem sehr einfachen und direkten Sinne der morphologischen Denkweise verpflichtet war. Andererseits wird deutlich, daß die morphologische Denkweise in viel höherem Maße als die strukturelle Denkweise den Bedürfnissen des Berg- und Hüttenwesens entsprach.

In der mineralogischen Bewertung der Kristallformen indes war es WERNERS historisches Verdienst, die Kristallformen getrennt von den anderen äußeren Gestalten in den Kreis der traditionell zur bergmännischen Mineralbestimmung verwendeten äußeren Kennzeichen einbezogen zu haben. Und er tat das mit der ihm eigenen begrifflichen Exaktheit in einer Weise, die ebenfalls auf bergmännische Belange abgestimmt war:

✦ *Man hat zeither mit der Bestimmung der Cristallisationen sehr nachlässig verfahren: indem man solche mehrentheils nur nach der Zahl ihrer Seiten oder Ecken bestimmt, oder verschiedene, die es den Mineralogen zu beschwerlich machten, ihre Seiten oder Ecken zu zählen, wohl gar schlechtweg vieleckig genennet hat, worunter man sich alsdenn eine Gestalt denken konnte, welche man wollte. Da sich aber die Cristallisationen nicht allein wegen ihrer Regelmäßigkeit unter allen äußern Gestalten am besten bestimmen lassen, sondern auch selbst wegen ihrer so großen Verschiedenheit insbesondere eine gute Bestimmung erfordern: so ist es allerdings nöthig, mehrere Sorgfalt darauf zu verwenden.* [79]

WERNER zufolge hat man bei den Kristallen auf die Grundgestalten, die Veränderung der Grundgestalten, die Größe, den Zusammenhang der Kristalle und auf deren Oberfläche achtzugeben. Gleich ROMÉ DE L'ISLE knüpfte WERNER an LINNÉS kristallographische Studien an:

✦ *Ueberdies aber hat sich Herr von Linné durch die genaue Bestimmung der Cristallisationen im Mineralreiche, einen nicht geringen Ruhm erworben; da man vor seiner Zeit, fast alle Cristallisationen, die nicht so kenntbar als der Cubus waren, poliedrisch nennte; es wäre zu wünschen, daß sich die Herren Mineralogen, so auf ihm folgen, die gute Bearbeitung dieses Faches zu Nutze gemacht hätten.* [80]

Dies war zweifellos eine Kritik an jenen Mineralogen, und sie waren in der Überzahl, die LINNÉS Mineralsystem in Bausch und Bogen verdammten, ohne sich mit dem gedanklich neuen Ansatz vertraut gemacht zu haben. Doch auch WERNER übersah die Oberflächlichkeit des LINNÉschen Mineralsystems nicht, denn er schränkte sein Lob sogleich ein:

✦ *Ob es nun schon in so ferne nicht ohne Nutzen ist, die Cristallen der Foßilien, mit denenjenigen der bekannten Salze zu vergleichen, als dadurch die Beschreibung der erstern verständlicher und deutlicher gemacht wird; so zweifle ich doch übrigens noch gar sehr an dem Satze, daß dasjenige Salz, mit welchem ein cristallisiertes Foßil seiner Figur nach übereinkommt, auch die Ursache von der Figur derselben Cristallisation seyn soll.* [81]

Dieser Zweifel veranlaßte WERNER, die Zuordnung der Kristallformen der Minerale zu signifikanten Kristallformen der Salze aufzugeben und durch geometrische Kennzeichnungen zu ersetzen. WERNER unterschied sechs Grundgestalten der Kristalle: das Zwanzigeck, das Achteck, die Säule, die Pyramide, die Tafel und den Keil. Diese Grundgestalten unterliegen Veränderungen nach dreierlei Art. Von Abstumpfung spricht WERNER, wenn die Ecken oder Kanten eines Kristalls abgeschnitten sind, so daß an die Stelle einer Ecke oder Kante eine Fläche tritt. Eine Zuschärfung liegt vor, wenn einige oder alle Kanten oder Endflächen eines Kristalls so verändert sind, daß sie durch zwei besondere, kleinere, zusammenlaufende Flächen in einer Schärfe enden. Und eine Zuspitzung schließlich ist dann gegeben, wenn ein Kristall durch mehr als zwei in einer Spitze oder Kante zusammenlaufende kleinere Flächen einige oder alle Ecken, Endflächen oder Endkanten verliert. Die Abstumpfung kann stark oder schwach, die Zuschärfung stark oder schwach, scharf oder flach ausgeprägt sein; bei der Zuspitzung ist auf den Ort, die Zahl der Flächen, auf ihre Lage zu achten und darauf, ob sie stark, flach oder schief ist und ob sie in einer Spitze oder einer Kante endet [82].

Wenn die Grundgestalten durch Abstumpfung, Zuschärfung oder Zuspitzung verändert werden, so sind sie oftmals schwer wiederzuerkennen. Um sie zu ermitteln, empfahl WERNER, nur diejenigen Flächen zu beachten, die dem Mittelpunkt des Kristalls am nächsten liegen. Denkt man sich diese bis zur gegenseitigen Berührung vergrößert, so ergibt sich die vollkommene Grundform. Wenn die Veränderung der Grundgestalt indes vollständig ist, kann sie in eine andere Grundgestalt übergehen. WERNER erwähnt einen solchen Übergang beim Bleiglanz, bei dem der Würfel durch Abstumpfung der Ecken und fortschreitende Veränderung der abstumpfenden Flächen in das Oktaeder übergeht, und führt diesen Übergang auf eine Erhöhung des Silbergehaltes zurück [83].

Die Kristallwinkel maß WERNER nicht; er achtete nur in sehr allgemeiner Form auf sie, darauf, ob es sich um End- oder Seitenwinkel handelt, ob sie gleich oder verschieden sind. Wenn ein Achteck beispielsweise lauter gleiche Winkel zeigt, wird es Würfel, und wenn es schiefe Winkel hat, rautenförmiges Achteck genannt [84]. ROMÉ DE L'ISLES Arbeit von 1772 war WERNER wohl bei der Abfassung seiner Abhandlung noch nicht bekannt. Später hat er sich jedoch sehr für die Popularisierung der Arbeiten ROMÉ DE L'ISLES und HAUYS in Deutschland eingesetzt und mit beiden Gelehrten korrespondiert.

Wenngleich WERNERS kristallographische Erkenntnisse weit hinter den Leistungen ROMÉ DE L'ISLES zurückblieben, darf nicht übersehen werden, daß für WERNER die Beachtung der Kristallformen bei der Mineralbestimmung ein äußeres Kennzeichen unter anderen blieb. Andererseits zeigt sich in seiner Kennzeichenlehre, die ganz den Bedürfnissen der montanistischen Praxis entsprach, das heuristische Prinzip der Abstumpfung bzw. Zuschärfung und Zuspitzung als vollendeter Ausdruck der morphologischen Denkweise in der Kristallographie.

Indes ist es WERNER zuzuschreiben, daß die genauere Beachtung der Kristallformen allmählich in die Mineralogie Eingang gefunden hat. JOHANN WOLFGANG VON GOETHE, ein ausgezeichneter Kenner der WERNERschen Mineralogie, kam zu dem völlig gerechtfertigten Urteil:

✦ *Werners Oryktognosie ist mehr eine Kunst als eine Wissenschaft, sie wird mehr nach einem feinen Tact geübt, als durch Belehrung auf andere übertragen. Wer will es bestreiten, daß er eine Schule gestiftet hat, aus welcher beinahe alle Oryktognosten unserer Zeit ausgegangen sind, ohne jedoch durch die Art seines Unterrichts dem eigenen Geiste derselben Fesseln anzulegen und ihr selbständiges Wirken für die Wissenschaft zu hindern? Schon seine Terminologie fand durch ihre anspruchlose Natürlichkeit, leichte Faßlichkeit, große Bestimmtheit, so allgemeinen Beifall, daß sie nicht allein in Deutschland vorherrschend, sondern auch in allen Ländern Europa's und selbst in Amerika eingeführt ward.* [85]

✦ *Der große Werth, welchen auch WERNER auf Krystallisationen legte, ermunterte insbesondere zum Aufsuchen krystallisierter Fossilien und zur sorgfältigsten Schonung derselben. Es wurden nach und nach eine große Anzahl von Fossilien, welche man vorhin nur derb gekannt hat, in Krystallen aufgefunden und auf diese Weise das Fortschreiten der Wissenschaft gefördert. Die Menge aufgefundener*

Naturcörper machte neue Abstractionen möglich, erleichterte das Aufstellen von Formenreihen desselben Krystallisations-Systems, erlaubte die Vermuthung, daß die in den Reihen noch fehlenden Formen bei weiteren Nachforschungen sich finden würden, und beschleunigte sichere Resultate der Krystallometrie.* [86]

Eine schönere Würdigung des Beitrages von WERNER zur Entdeckung der Kristalle läßt sich kaum denken, doch irrte GOETHE, wenn er meinte, WERNERS Kennzeichenlehre habe ungeteilten Beifall erhalten. Die zumindest skeptische Haltung vieler Mineralogen blieb selbst nach dem Erscheinen der grundlegenden Arbeiten ROMÉ DE L'ISLES von 1772 und 1783 und WERNERS von 1774 erhalten. Sehr deutlich kommt das in Bemerkungen zum Ausdruck, die der Chemiker und Mineraloge LORENZ CRELL in der Vorrede zur deutschen Übersetzung von RICHARD KIRWANS »Elements of Mineralogy« gemacht hat:

✦ *Ob die Kennzeichen der Mineralien von der äußerlichen Beschaffenheit allein, oder von ihren innern, durch chemische Mittel entdeckten, Eigenschaften, sollen genommen werden, ist lange unter den Mineralogisten bestritten worden. Gegenwärtig scheint dieser Streit durch den allgemeinen Beyfall geendigt, womit das System des berühmten Cronstedt in ganz Europa aufgenommen wurde, welches fast gänzlich auf chemische Kennzeichen in so weit sie damals bekannt waren, gegründet ist. Indessen haben sich doch noch kürzlich einige geschickte Gönner der vorigen Meinung gefunden, unter denen ich blos des Hrn. Werner und Hrn. Romé de Lisle erwähnen will.*

Herr Werner ist der Verfasser eines vortrefflichen, deutsch geschriebenen Werks, über die äußerlichen Kennzeichen der Foßilien. Herr Romé hat neulich ein weitläufiges Werk über die äußerlichen Gestalten der Krystalle herausgegeben, unter welchem Titel er alle diejenigen Foßilien begreift, die einer regelmäßigen Gestalt fähig sind. Alle diese können, wie er behauptet, durch die Winkel, die ihre Flächen mit einander machen, unterschieden werden, wenn keine heterogene Materie in ihnen enthalten ist; gesetzt aber auch, daß dieses alles wahr sey: welcher ungemein großen Mannigfaltigkeit von Figuren sind denn nicht diese Krystalle, durch mannigfaltige Zufälle ausgesetzt? ...

Herr Werner versuchte, die Mineralien durch die vereinigte Betrachtung aller ihrer äußerlichen Eigenschaften zu klaßificiren, und doch giebt er uns selbst ... einen deutlichen Beweis, daß auch diese Verbindung unzureichend ist, ihre Natur zu bestimmen. ... Jede Wissenschaft muß auf beständige Grundsätze aufgebauet werden. Die einzigen Grundsätze dieser Art, welche in der Mineralogie Statt finden, sind die Verhältnisse der Körper, mit welchen sie sich beschäftigt, zu chemischen Mitteln. Ohne Rücksicht auf diese, kann sie höchstens nur für eine, in lauter Muthmaßungen bestehende Kunst gehalten werden. [87]

Abgesehen davon, daß ROMÉ DE L'ISLE nicht und schon gar nicht WERNER die chemisch-analytische Bestimmung der Minerale verworfen hatten, zeigen diese Bemerkungen JUSTIS, daß im letzten Drittel des 18. Jahrhunderts infolge der Entwicklung der chemischen Analyse in der Mineralbestimmung und -systematik chemische Charakteristika gegenüber »naturhistorischen« bevorzugt worden sind. Wie viele seiner Zeitgenossen war JUSTI Anhänger eines konsequent chemischen Mineralsystems. Die Vorteile, die die Mineralbestimmung nach äußeren Kennzeichen für die bergmännische Praxis bot, übersah er. Diese Haltung, die er mit bedeutenden Mineralogen seiner Zeit teilte, erschwerte es, die kristallographische Methode in der Mineralogie durchzusetzen, so daß sich noch 1792 der Arzt CHRISTIAN WIEDEMANN beklagen mußte:

✦ *Diese Verwirrung in der Bestimmung der Crystallisationen wird einem doppelt auffallen, wenn man weiß, daß sich schon mehrere Naturforscher mit vielem Beobachtungsgeiste und Scharfsinn bestrebt haben, Licht über diesen dunklen oryktognostischen Gegenstand zu verbreiten, und man demungeachtet noch täglich sehen muß, daß berühmte Mineralogen von einem regelmäßigen Crystall sagen: es ist ein polyedrischer Crystall.* [88]

Wenn die auf die morphologische Denkweise gegründeten kristallographischen Erkenntnisse dennoch allmählich in die Mineralogie Eingang fanden, so war dies vor allem dem Einfluß der überragenden Persönlichkeit WERNERS und dem Wirken seiner zahlreichen Schüler zu danken. Ein endgültiger Durchbruch indes war nur zu erwarten, wenn es gelang, den Zusammenhang zwischen den bereits erkannten Gesetzmäßigkeiten der Kristallformen und der chemischen Zusammensetzung der Minerale überzeugend darzulegen. Dazu erwies sich allerdings das heuristische Prinzip der Abstumpfung bzw. der Zuschärfung und Zuspitzung, auf das sich die morphologische Denkweise stützte, als nicht geeignet, eben weil es seinem Wesen nach eine formale geometrische Hilfsoperation darstellte.

Den Widerstand zahlreicher Mineralogen gegen die Anerkennung der Gesetzmäßigkeit der Kristallmorphologie und ihrer Brauchbarkeit für die Mineraldiagnostizierung und -systematisierung zu brechen bedurfte es neuer weiterführender gedanklicher Ansätze im morphologischen oder strukturellen Denken.

Die Geburt einer Wissenschaft

Seinem Gedanken lag eine atomistische Betrachtungsweise zum Grunde

Wenngleich BERGMANS Überlegungen über den Zusammenhang von Struktur und Form der Kristalle an den Inkonsequenzen seiner kristallstrukturellen Vorstellungen gescheitert waren, so bildeten gerade diese Inkonsequenzen den Ansatzpunkt für die weitere kristallstrukturtheoretische Forschung.

Nur acht Jahre nach dem Erstabdruck der Arbeit BERGMANS, nur ein Jahr nach dem Erscheinen seiner »Opuscula physica et chemica« und bereits zwei Jahre vor der Veröffentlichung von ROMÉ DE L'ISLES »Cristallographie« wurde 1781 in der Académie Royale des Sciences in Paris eine Arbeit des französischen Abbés RENÉ JUST HAUY verlesen, die einen grundlegenden Fortschritt in der Entdeckung der Kristalle einleitete.

RENÉ JUST HAUY entstammte einer armen Leineweberfamilie aus Saint-Just-en-Chaussée (Beauvaisis). Als Kind unbegüterter Eltern war er wie sein zwei Jahre jüngerer Bruder Valentin, der sich später um die Ausbildung von Blinden sowie durch die Gründung von Blindenschulen in Paris, Berlin und Sankt Petersburg hohe Verdienste erworben hat [1], auf die Unterstützung durch Gönner angewiesen. HAUY stand nur der einzige Bildungsweg für Kinder armer Eltern offen: die Ausbildung zum katholischen Priester in der Prämonstratenser-Abtei Saint Just.

HAUY erhielt am Collège de Navarre in Paris eine Ausbildung zum Abbé und wurde aufgrund seiner hervorragenden Leistungen 1765 Professor für Theologie, das heißt, er hatte nun selbst junge Geistliche auszubilden. Im Jahre 1770 wurde HAUY an das Collège du Cardinal Lemoine in Paris versetzt. In dieser Zeit erwachte HAUYS Interesse an den Naturwissenschaften. Im Jardin du Roi in Paris beschäftigte er sich mit Pflanzen und lernte die dort untergebrachte große Mineralsammlung kennen. Er besuchte Vorlesungen des Chemikers PIERRE-JOSEPH MACQUER sowie Vorlesungen des Zoologen LOUIS-JEAN-MARIE DAUBENTON über Zoologie und Mineralogie [2].

Durch MACQUER und DAUBENTON wurde HAUY mit den Chemikern LOUIS-BERNARD GUYTON DE MORVEAU, NICOLAS LEBLANC, ANTOIN-LAURENT LAVOISIER und LOUIS-NICOLAS VAUQUELIN bekannt, die alle Anhänger der Korpuskulartheorie waren. Sie machten HAUY mit den Vorstellungen der Chemiker über die Struktur der Materie bekannt.

Sie alle vertraten die Auffassung, daß die Kristalle aus polyedrischen Bausteinen aufgebaut seien. Hinzu kommt, daß HAUY, obwohl er nur höchst selten seine Quellen angegeben hat, mit Sicherheit sowohl mit der Korpuskulartheorie GASSENDIS als auch mit der Auffassung DESCARTES' über den Aufbau der Materie vertraut gewesen ist und auch die Arbeiten GUGLIELMINIS gekannt hat.

In seiner philosophischen Grundhaltung war HAUY ganz dem französischen Materialismus verpflichtet. Daher ist der Einschätzung von CARL MICHAEL MARX zuzustimmen:

✦ *Dem Gedanken, von dem er ausging, lag eine atomistische Betrachtungsweise, welche überhaupt in den Ansichten der französischen Naturforscher vorherrscht, zum Grunde.* [3]

Überdies stand HAUY nicht nur zu allen führenden französischen Chemikern, sondern auch zu den bedeutendsten Physikern und Mathematikern seiner Zeit in engem persönlichem Kontakt und war so in der Lage, sich die erforderlichen naturwissenschaftlichen und mathematischen Voraussetzungen für seine kristallographischen Arbeiten anzueignen.

HAUY gelangte demzufolge über die Chemie und die Mineralogie zum Studium der Kristallformen. Seine Sicht der Kristalle wurde durch die Auffassungen der Chemiker und deren Kenntnisse über die chemische Technologie der Herstellung von Salzen geprägt. Daher machte sich HAUY von Anfang an die strukturelle Denkweise zu eigen. Und stets behielt er den Zusammenhang von Kristallographie und Chemie im Blick. So schrieb er 30 Jahre später, er sei weit entfernt zu glauben,

✦ *... daß die Krystallographie sich von der Chemie trennen sollte, ich meine vielmehr, diese so nützlichen und einander zuweilen selbst so unentbehrlichen Wissenschaften müssen beide vorschreiten, sie mögen nur beide an dasselbe Ziel mit gleichen Vortheilen gelangen, in welchem Falle sie die Überzeugungen, welche eine jede für sich gewährt, verdoppeln werden; oder es möge die eine Conjekturen, worauf die andere sich zu beschränken genöthigt ist, in Gewißheit verwandeln, oder endlich da, wo die Wissenschaft für die eine nicht mehr erreichbar ist, die andere ihre Stelle vertreten.* [4]

Zudem hat HAUY die Minerale nie in ihrem natürlichen Verband in der Natur studiert; er zog seine Kenntnisse ausschließlich aus Mineralsammlungen, insbesondere aus der großen Sammlung am Jardin du Roi in Paris. Praktische Probleme des Berg- und Hüttenwesens lagen ihm, zumindestens bis zur Aufnahme seiner Tätigkeit an der École des Mines, fern. Überhaupt lebte HAUY sehr zurückgezogen nur seinen wissenschaftlichen Studien. So schilderte im Jahre 1797 der deutsche Chemiker JOHANN GOTTLIEB SCHMEISSER in seinem Buch »Beyträge zur näheren Kenntniß des gegenwärtigen Zustandes der Wissenschaften in Frankreich« [5] die Persönlichkeit HAUYS folgendermaßen:

✦ *Herr Hauy ist jetzt ein Mann von 52 Jahren, ohne Familie und Vermögen, und hat in seinem Leben nicht gereist. Das Vergnügen, welches er in der Beschäftigung mit den Wissenschaften findet, läßt ihm keine Sorge für politische Angelegenheiten übrig. Er sucht keine Gesellschaft und geht fast niemals zu Gastmahlen, sondern genießt der stillen Freuden, die das Bewußtseyn edler Absichten und die Zufriedenheit mit sich selbst den Menschen gewähren können, und die sichtbare Züge von Heiterkeit der Seele in seiner Miene zurücklassen.* [6]

Das ist eine bemerkenswerte Charakterisierung für einen Zeitgenossen der französischen Revolution, deren Wirren sich HAUY indes keineswegs völlig entziehen konnte: Im Jahre 1784 wurde HAUY von seinen Pflichten als Professor am Collège du Cardinal Lemoine entbunden, damit er sich ausschließlich seinen kristallographischen Studien widmen konnte. Doch gehörte er dem Collège du Cardinal Lemoine weiterhin an, und während der französischen Revolution wurde HAUY 1792 für kurze Zeit inhaftiert, weil er sich weigerte, den von der Constitution Civile du Clergé geforderten Bürgereid auf die französische Republik zu leisten. Durch die Fürsprache seines Freundes ETIENNE GEOFFROY DE ST. HILAIRES entging er dem Schafott. Bereits 1793 wurde HAUY durch die Republik zum Sekretär des Komitees für Maße und Gewichte berufen [7].

Daß sich HAUY die strukturelle Denkweise zu eigen machte und bei seinen kristallographischen Studien von vornherein einen engen Zusammenhang von Struktur, Form und chemischer Substanz der Kristalle sah und dabei zugleich auch den neuesten Entwicklungsstand der Chemie berücksichtigen konnte, war indes nur die eine Seite. Auf der anderen Seite begann HAUY seine Studien zu einer Zeit, in der nicht nur im Gefolge der bürgerlichen Aufklärung jede neue Naturerkenntnis vom französischen Bürgertum mit wachem Interesse aufgenommen und verarbeitet wurde, sondern vor allem die gründlichere und umfassendere Kenntnis der Minerale, ihrer Eigenschaften, Verwendungsmöglichkeiten und Vorkommen zu einem dringenden ökonomischen Erfordernis wurde.

Im Frankreich des letzten Viertels des 18. Jahrhunderts gingen die Bestrebungen unter dem Druck der ökonomischen und politischen Entwicklung dahin, das Montanwesen nach dem Vorbild Deutschlands und Schwedens zu fördern und auszubauen. Indes fehlte dort zunächst die enge Bindung der Montanwissenschaften an die berg- und hüttenmännische Praxis.

Bereits vor der französischen Revolution war die Notwendigkeit erkannt worden, den Montanwissenschaften eine stärkere Förderung zuteil werden zu lassen. Ein königlicher Beschluß LOUIS XVI. vom 19. März 1783 hatte zur Gründung einer Bergschule geführt, die im Gebäude der Pariser Münze untergebracht war. Indes hatte diese neue Schule nicht den erhofften Erfolg, denn nur wenige Schüler besuchten sie. Die Ausbildung zu einem Inspektor oder Bergingenieur war in dieser Zeit wenig verlockend; vielmehr zog die Politik alles Interesse auf sich, so daß 1787 die Bergschule keine Schüler mehr hatte. Die Revolutionsregierung schloß die königliche Bergschule gänzlich [8].

Unter der Revolutionsregierung wurde indes schon 1791 ein neues Berggesetz erlassen, das jedoch den Grundeigentümern ihre unter feudalistischen Verhältnissen erlangten Privilegien weitgehend erhielt und deshalb dem Fortschritt des Bergbaus in Frankreich nicht recht dienlich war. Erst die Bemühungen der Jakobinerdiktatur, angesichts des Koalitionskrieges Österreichs und Preußens gegen Frankreich die Stahlproduktion zu erhöhen, brachten einen Fortschritt. Der Notwendigkeit, in dieser Situation die verfügbaren Rohstoffe des Landes zu nutzen, gab ein Aufruf des Wohlfahrtausschusses aus dem Jahre 1794 Ausdruck:

✦ *Unsere Energie muß unserem Boden alle Hilfsmittel entnehmen, die wir brauchen. Wir müssen Europa lehren, daß Frankreich in seinem Schoß alles findet, was für seinen Mut notwendig ist.* [9]

Auch nach dem Sturz MAXIMILIEN DE ROBESPIERRES verfolgte der Konvent die Politik der Ausbildung von Beamten und Ingenieuren für den öffentlichen Dienst weiter. Durch das »Gesetz über staatliche öffentliche Schulen« vom 21. Oktober 1795 wurde auch die Gründung einer Bergschule verfügt. Im Jahre 1796 wurde in Paris die École des Mines gegründet, deren Zweck darin bestand, wie SCHMEISSER berichtete,

✦ *... das Land der Republik in Rücksicht der mineralischen Produkte desselben zu untersuchen; Bergwerke und Fabriken zu errichten und zu vervollkommnen; und nicht allein die verschiedenen mineralischen Produkte zu Tage zu fördern, sondern auch zu verschiedenen nützlichen Endzwecken zuzu-*

bereiten, um der Nation ganz den Vortheil zu verschaffen, den sie von den großen Schätzen und der Mannigfaltigkeit solcher ihrer Produkte erwarten kann. [10]

Etwa die Hälfte der im Unterrichtsprogramm der École des Mines vorgesehenen Lehrfächer umfaßte »Mineralogie«, »Lagerstätten der Minerale« und »Geographie in Beziehung auf Bergwerke«. Hinzu kam eine gründliche Ausbildung in theoretischer und experimenteller Chemie [11]. Zu den hervorragenden Professoren der École des Mines gehörte, neben dem Mineralogen DEODAT GUY SILVAIN DE GRATET DE DOLOMIEU und LOUIS-NICOLAS VAUQUELIN, auch RENÉ JUST HAUY, der über Mineralogie, Kristallographie und Physik las.

Indes war der Konvent darauf bedacht, den theoretischen Unterricht durch die bergmännische Praxis zu ergänzen. Das war natürlich in Paris nicht möglich. Daher richteten sich die Bemühungen darauf, eine Bergschule zu schaffen, die in der Nähe eines Bergwerks liegen sollte. Nach langen mühevollen Vorarbeiten verfügten die Konsuln am 12. Februar 1802, die École de Mines von Paris in die Bergwelt des Mont Blanc in den Savoyer Alpen zu verlegen. Dort war seit 1777 der Sachse JOHANN GOTTFRIED SCHREIBER, ein Schüler WERNERS in Freiberg, als Bergingenieur tätig. Ein Beschluß vom 18. März 1802 übertrug SCHREIBER die Direktion der neuen Bergschule, während HAUY dem 1801 verstorbenen DOLOMIEU in der Professur für Mineralogie am Musée National d'Histoire Naturelle in Paris folgte.

SCHREIBER zur Seite stand der französische Mineraloge und Bergingenieur ANDRÉ-JEAN-MARIE BROCHANT DE VILLIERS, der ebenfalls in Freiberg studiert hatte und in enger Verbindung zu ROMÉ DE L'ISLE stand [12].

Die Situation, in der sich Bergbau und Montanwissenschaften am Ende des 18. Jahrhunderts in Frankreich befanden, verdeutlicht, daß sich HAUY nicht nur aus Gründen seiner persönlichen Entwicklung die strukturelle Denkweise zu eigen gemacht hatte und sich damit in die ohnehin stärker theoretisch orientierte Wissenschaft in Frankreich einfügte. Mit den praktischen Problemen und Erfordernissen des Berg- und Hüttenwesens ist HAUY kaum jemals konfrontiert gewesen. Auch war seine eigene Mineralsammlung keineswegs so bedeutend, wie man annehmen möchte. SCHMEISSER berichtet:

✦ *Seine Mineraliensammlung, die ich oft unter seiner Anleitung studirte, ist nicht sehr zahlreich, noch besteht sie durchgängig aus den besten ausgesuchtesten Stücken; aber der Sachkundige wird beym ersten Anblick derselben sogleich ihren Zweck einsehen, denn sie ist durch aus charakteristisch.* [13]

Daraus läßt sich schließen, daß HAUYS Mineralsammlung weniger dafür angelegt war, das Erkennen der Minerale zu lehren, als mehr darauf, seine Kristallstrukturtheorie zu verdeutlichen. Dafür spricht auch folgende Bemerkung SCHMEISSERS:

✦ *Herr Hauy besitzt eine vortreffliche Sammlung von Krystall-Modellen, die größtentheils von ihm selbst geschnitten und vollendet sind, und worauf er das Maaß der Winkel mit seiner gewöhnlichen Genauigkeit, bemerkt hat.* [14]

Indes darf der Umstand, daß HAUYS kristallographische und mineralogische Arbeiten den Problemen der montanistischen Praxis fernstanden, zu keinem Vorurteil über seine wissenschaftliche Leistung führen. Gerade deswegen vielleicht konnte HAUY einen so fundamentalen Fortschritt in der Entdeckung der Kristalle erzielen, für den ihm weltweite Anerkennung gezollt wurde.

Dekreszenz: das strukturelle Prinzip

HAUY übernahm die herkömmlichen Vorstellungen von der Strukturiertheit der Kristalle und über ihren strukturellen Aufbau aus polyedrischen Bausteinen, zog jedoch zusätzlich zu den als empirische Beweise akzeptierten mikroskopischen Beobachtungsbefunden die Tatsache als empirischen Beleg heran, daß viele Mineralkristalle eine nach bevorzugten Richtungen ausgeprägte Spaltbarkeit bzw. eine charakteristische Streifung der Flächen zeigen, die als Äquivalent für fehlende Spaltrichtungen angesehen werden konnte. Dabei stützte er sich auf die mineralogisch-kristallographischen Studien von LA HIRE am Gips sowie von WESTFELD und BERGMAN am Kalkspat, ohne indes auf diese Quellen näher einzugehen.

Wie HAUYS Biograph GEORGES DE CUVIER zu berichten weiß, kam HAUY die entscheidende Idee, als ein Kalkspat seinen Händen entglitt und am Boden in eine Vielzahl rhomboederförmige Spaltstücke zerbrach. Freilich hat die wissenschaftshistorische Forschung diese Geschichte längst ins Reich der Legenden verwiesen und nachgewiesen, daß HAUY seine Grundidee von BERGMAN übernommen hat. Indes zeigt sie anschaulich die Vorgehensweise HAUYS, die ihm schon von seinem Zeitgenossen ROMÉ DE L'ISLE den Ruf eines »Kristalloklasten«, eines »Kristallzerbrechers« eingetragen hat.

Die beiden ersten Arbeiten HAUYS, die in rascher Folge publiziert wurden, tragen die Titel »Extrait d'un mémoire sur la structure des Cristaux de Grenat« [15] und »Extrait d'un mémoire sur la structure des Spathes calcaires« [16]. Sie bilden den Beginn eines außerordentlich umfangreichen wissenschaftlichen Werkes, das seine Krönung in dem 1801 erschienenen vierbändigen »Traité de Minéralogie« [17] gefunden hat.

Ebenso wie BERGMAN ging HAUY von der seit langem bekannten Tatsache aus, daß an ein und derselben Mineralspezies die verschiedensten Kristallformen und an verschiedenen Mineralspezies dieselben Kristallformen auftreten können. Um diesen Widerspruch lösen zu können, meinte HAUY, müsse man die Struktur der Kristalle untersuchen, die sich aus der Spaltbarkeit nach verschiedenen Richtungen oder, wenn der Kristall keine oder eine nur sehr schlechte Spaltbarkeit aufweist, aus Analogiegründen aus der Streifung der Kristallflächen ermitteln lasse. Auf diese Weise könne man aus allen Kristallformen einer bestimmten Substanz einen eingeschriebenen Körper erhalten, der die Primitivform des Kristalls bestimme. Jeder Kristall sei demzufolge aus solchen Primitivformen aufgebaut, die bei verschiedenen Formenvarietäten der gleichen Substanz lediglich in verschiedenen Verhältnissen kombiniert sind. Aus der Spaltbarkeit ergebe sich gleichermaßen, daß, wie beispielsweise beim Würfel, verschiedenen Mineralspezies mit ein und derselben Kristallform eine ganz verschiedene Kristallstruktur zugrunde liegen könne.

Die speziellen geometrischen Konstruktionen der verschiedenen aus Grundrhomboedern als Primitivformen abgeleiteten Kristallformen des Granats und des Kalkspats ähneln so stark den Überlegungen BERGMANS, daß die Eigenständigkeit der Darlegungen HAUYS nicht grundlos immer wieder angezweifelt worden ist.

Trotz der zweifelsohne vorhandenen Übereinstimmungen, die einen von HAUY geflissentlich übergangenen Einfluß von seiten BERGMANS verraten, besteht bereits in der Grundauffassung ein sehr wesentlicher Unterschied zwischen BERGMAN und HAUY. Während nämlich BERGMAN für alle von ihm abgeleiteten Kristallformen unabhängig von der Mineralspezies ausschließlich das Spaltrhomboeder des Kalkspats als Bauelement verwendete, benutzte HAUY zwei verschiedene Rhomboeder, eines mit dem stumpfen Kantenwinkel von 101° 30′ für den Kalkspat und eines für den Granat mit dem stumpfen Kantenwinkel von 109° 28′. Damit legte HAUY von vornherein seinen strukturtheoretischen Überlegungen den Zusammenhang von Form und chemischer Zusammensetzung der Kristalle zugrunde.

HAUY erklärte die wechselseitige Determiniertheit von Form und chemischer Substanz der Kristalle, vom Würfel selbstverständlich abgesehen, aus der Winkelkonstanz der Primitivformen. Diese Feststellung beinhaltet zugleich auch, daß eine jede kristallisierte chemische Verbindung eine Primitivform besitzt, die durch materialspezifische konstante Winkel charakterisiert ist. Demzufolge gelangte HAUY, ebenso wie ROMÉ DE L'ISLE, implizit zur Erkenntnis des Gesetzes der konstanten Proportionen bei kristallisierten chemischen Verbindungen.

Dennoch kann bei diesen Arbeiten HAUYS noch keine Rede von echten strukturtheoretischen Schlußfolgerungen sein, denn wie BERGMAN konstruierte HAUY die sekundären Formen durch die Anlagerung von ›lames intégrantes‹ – von integrierenden Lamellen – an den Kern, die lediglich durch die Winkel, nicht aber durch ihre relativen Abmessungen bestimmt sind. Diese ›lames intégrantes‹ indes müssen teilbar sein, denn sie treten nur bei den Primitivformen als Ganzheit auf; bei den davon abgeleiteten Sekundärformen ergeben sich hingegen an den Kanten auch halbe Lamellen, wie beispielsweise beim Kalkspat:

✦ *Der Unterschied der Struktur des Kerns von der übrigen Masse des Krystalls besteht darin, daß zum Beispiel beim Kalkspat ersterer nur von rhomboidalen Molekülen, letztere zum Teil, nämlich an den Rändern der sie zusammensetzenden Lamellen von halben Rhomboedern gebildet wird.* [18]

HAUY folgerte hieraus, daß die aus den Sekundärformen durch Spalten erhaltenen ›lames intégrantes‹ häufig nicht dieselbe Form zeigen wie die Lamellen der Primitivform; sie sind weiter spaltbar in kleinere Lamellen, die die Primitivform besitzen [19]. Freilich enthält diese Aussage einen Widerspruch, da HAUY in seinen ersten Arbeiten noch nicht von ›molécules intégrantes‹ – von integrierenden Molekülen –, sondern stets von bereits zusammengesetzten ›lames intégrantes‹ ausging.

Dieser Umstand ist deshalb von besonderer Bedeutung, weil er verdeutlicht, daß die Spaltbarkeit oder ihr analoge Eigenschaften eines Kristalls nicht mehr als eben Indizien für die Kristallstruktur bieten konnten, daß sich jedoch auf dieser Grundlage keine einheitliche und in sich geschlossene Strukturtheorie entwickeln ließ. Dazu mußte der Übergang von den ›lamés intégrantes‹ zu den ›molécules intégrantes‹ vollzogen werden. Oder mit anderen Worten: Es mußte der Schritt von der Analyse zur Synthese getan werden, die indes mit einem Rückgriff auf die experimentelle Kenntnis der Kristallisation verbunden sein mußte.

Implizit hat HAUY diesen Schritt bereits in seiner ersten Arbeit über die Struktur des Granats getan, denn da der Granat eine sehr schlechte Spaltbarkeit besitzt, mußte HAUY dessen Primitivform durch einen Analogieschluß zum Kalkspat ermitteln und mit Hilfe dieser hypothetischen Form die verschiedenen Sekundärformen des Granats konstruieren. REIJER HOOYKAAS schreibt darüber:

✦ *Das Merkwürdige ist, daß Hauy beim Kalkspat die primäre Form durch die Spaltbarkeit der sekundären ableitet (was aus dem Experiment folgt), und beim Granat, wo kein Experiment möglich ist, die sekundäre Form durch Aufbau aus der primären aufbaut.* [20]

Indes bedeutet dies nichts anderes als den impliziten Vollzug einer Korrelation zwischen den Indizien für die Struktur der Kristalle und dem Aufbau einer echten Strukturtheorie auf der Grundlage von experimentellen Studien über das Wachstum der Kristalle.

Explizit vollzog HAUY diesen Übergang dann in seiner dritten Arbeit, die 1884 unter dem Titel »Essai d'une théorie sur la structure des cristaux...« [21] erschienen ist. In ihr ging HAUY ganz bewußt von der Feststellung aus, daß sich die Moleküle mineralischer Stoffe in einer Flüssigkeit zu Kristallen vereinigen, sofern sie – wie sein Lehrer

DAUBENTON gesagt habe – Zeit, Raum und Ruhe dazu haben. Es ist nicht bekannt, ob HAUY selbst Kristallisationsversuche durchgeführt hat. Die Berufung auf seinen Lehrer DAUBENTON und seine Arbeitsweise indes lassen die Vermutung zu, daß er seine Kenntnisse über das Wachstum der Kristalle von anderen Gelehrten, insbesondere von Chemikern, übernommen hat.

Mit der gleichen Formulierung definierte HAUY 1801 in seinem »Traité de Minéralogie« den Kristallbegriff:

✦ *Es ist bekannt, daß, wenn sich die Moleküle mineralischer Stoffe in abgewogenem Zustand in einer Flüssigkeit befinden, welche eine bestimmte Reinheit und Dichte besitzt, wenn sie überlassen werden nach der so klaren und genauen Formulierung von Daubenton ›Zeit, Raum und Ruhe‹, dann zeigen sie die Tendenz sich gegenseitig anzunähern. Indem sie sich annähern und miteinander vereinigen, bilden sie in ihrer Gesamtheit Polyeder, die gewöhnlich von ebenen Flächen begrenzt sind. Diese Körper werden Kristalle genannt.* [22]

Damit schuf sich HAUY die Grundvoraussetzung für die Entwicklung seiner Strukturtheorie, zu der ihm die Spaltbarkeit des Kalkspats lediglich den Schlüssel geliefert hat [23].

Seine Grundidee entwickelte HAUY seit 1784 in einer ganzen Reihe spezieller Abhandlungen, die sich an seinen »Essai« anschlossen und die eine erste Zusammenfassung 1792 in seiner Arbeit »Exposition abrégée de la théorie sur la structure des cristaux« [24] fanden. Insbesondere aus dieser Arbeit läßt sich ein bereits ziemlich geschlossenes Bild seiner strukturtheoretischen Anschauungen entnehmen, zumal HAUY bereits 1791 ein mathematisches Kalkül zur Begründung seiner Theorie ausgearbeitet hatte.

Nachdem HAUY die aus der Spaltbarkeit der Kristalle und aus anderen Strukturanzeichen ermittelten Primitivformen behandelt hat, fuhr er fort:

✦ *Denkt man sich die Teilung so weit fortgesetzt wie es möglich ist, ohne die Natur der Substanz zu zerstören, so erhält man die integrierenden Moleküle, d. h. die wahrscheinlich in der Lösung enthaltenen kleinsten Teile der Krystalle.* [25]

Die wohl bedeutendste Folgerung, die sich aus dem Übergang von dem ›lamés intégrantes‹ zu den ›molécules intégrantes‹ ergab, war die quantitative Fassung des von BERGMAN übernommenen Begriffes der Dekreszenz, durch die der Verzicht auf halbe Lamellen möglich wurde. HAUY faßte die Dekreszenz als dreidimensionale Reihung von ›molécules intégrantes‹ auf, wobei sich die Sekundärformen einer Kristallart durch eine gesetzmäßige Abnahme der einzelnen Molekülschichten an den Kanten oder Ecken ergeben. Durch Fortlassen von ein, zwei, drei oder in seltenen Fällen noch mehr Reihen von ›molécules soustractives‹ – von subtraktiven Molekülen – gelang es HAUY, nicht nur die Sekundärformen überhaupt gesetzmäßig zu entwickeln, sondern auch Voraussagen über diejenigen Sekundärformen zu treffen, die sich nach den Dekreszenzgesetzen aus einer Primitivform ableiten lassen:

✦ *Nachdem die Form der integrierenden Moleküle durch die Spaltbarkeit bestimmt ist, handelt es sich um die Erkennung der Gesetze, nach denen diese Moleküle sich zusammenfügen, um die verschiedenen einer Substanz zugehörigen Polyeder durch Umhüllung der Primitivform zu liefern. Der Mechanismus der diesen Gesetzen unterworfenen Struktur ist derart, daß alle Teile einer sekundären Form von auf den Kern aufgelagerten Schichten gebildet werden, welche regelmäßig kleiner werden durch Abnahme um eine oder mehrere Reihen von Molekülen, so daß die Theorie die Zahl dieser Reihen und dadurch die exakte Form des sekundären Krystalls liefert.* [26]

HAUY erläuterte diesen Mechanismus:

✦ *Beispielsweise ist offenbar der Kern des Rhombendodekaeders derjenige Würfel, dessen Kanten* den kurzen Diagonalen der Flächen jener Form entsprechen; denkt man sich zum Beispiel diesen Kern aus 9³ kleinen Würfeln bestehen und bedeckt von Schichten aus 7², 5², 3² und 1 solcher Würfel, so wird, wenn statt dessen die Würfelchen so klein gedacht werden, daß die ein- und ausspringenden Kanten nicht mehr wahrnehmbar sind, eine vierseitige Pyramide über jeder Fläche entstehen, welche aus Ebenen des Rhombendodekaeders besteht, und das Problem ist gelöst. Hört das Wachstum früher auf, so entsteht die Kombination derselben Form mit dem Würfel, und findet die Abnahme der Schichten um 2, 3 oder 4 Reihen von Molekülen statt, so entsteht eine Sekundärform mit 24 gleichschenkligen Dreiecken. Denkt man sich eine Abnahme um zwei Molekülreihen nach nur einem Seitenpaar jeder Würfelfläche, so daß dieses auf benachbarten Flächen des Würfels senkrecht gekreuzt ist, so entsteht das Pentagondodekaeder des Pyrits; dieses zeigt so nahe genau die berechneten Werte seiner Winkel, daß hieraus die strenge Richtigkeit der Theorie hervorgeht, und dies gilt für alle anderen Resultate, denn wenn sie falsch wäre, würden sich große Differenzen zwischen den berechneten und den gemessenen Winkelwerten ergeben. [27]

Für das Verständnis der Strukturtheorie HAUYS ist es von Bedeutung, daß HAUY nicht nur formal zwischen den ›molécules intégrantes‹ und den ›lames intégrantes‹ unterschieden hat, denn diese können sich in zahlreichen Fällen auch durch ihre geometrische Gestalt unterscheiden. Diese Schlußfolgerung ergab sich aus der Primitivform des Oktaeders, das HAUY ebensolche geometrischen Schwierigkeiten bereitet hat, wie einhundert Jahre zuvor GUGLIELMINI, weil sich aus oktaedrischen Bausteinen kein lückenlos erfüllter oktaedrischer Polyeder aufbauen läßt. Diese Schwierigkeit überwand HAUY durch die Annahme tetraedrischer Hohlräume zwischen den oktaedrischen Bausteinen bzw. tetraedrischer Bausteine und oktaedrischer Hohlräume. Bei anderen Kristallformen stieß HAUY auf ähnliche Schwierigkeiten, die ihn zur Einführung von gemischten Strukturen veranlaßt haben, aus denen sich die Primitivformen aufbauen. HAUY kam indes durch seine Untersuchungen zu dem Schluß, daß, wenn man das Tetraeder als ›molécules intégrantes‹ akzeptierte, alle Primitivformen aus drei verschiedenen ›molécules intégrantes‹ aufgebaut werden können:

✦ *Adoptiert man ... als Molekülgestalt das Tetraeder, so reduzieren sich im allgemeinen alle Formen der integrierenden Moleküle auf drei besonders einfache: das Parallelepiped, das trianguläre Prisma und das Tetraeder. Diese Einfachheit läßt die Annahme der letztgenannten Form für den Flußspat und die anderen besprochenen Substanzen als die plausibelste erscheinen. Allerdings gestattet der Mangel direkter und präziser Beobachtungen der Theorie hier nur mehr oder weniger wahrscheinliche Annahmen.* [28]

Daraus ergibt sich eine wesentliche Vereinfachung der Theorie, denn ungeachtet der durch mechanische Teilung erhaltenen Primitivformen – HAUY unterschied davon sechs –

✦ *... welche sind, das Parallelepiped im allgemeinen, das den Würfel einschließt, das Rhomboeder und alle jene Körper, die durch sechs paarweise parallele Flächen begrenzt sind; das reguläre Tetraeder, das Oktaeder mit dreieckigen Flächen, das hexagonale Prisma, das Dodekaeder mit rhombischen Flächen; und das Dodekaeder mit Flächen aus gleichschenkligen Dreiecken.* [29]

lassen sich alle Dekreszenzen der Kristalle, also die ›molécules soustractives‹, auf das Parallelepiped zurückführen:

✦ *Aber wesentlich ist, daß die verschiedenen Formen ... in einer solchen Beziehung zueinander stehen, daß ihre Vereinigung einer Summe kleiner Parallelepipede entspricht und daß die dem Kern angelagerten Lamellen abnehmen um eine oder mehrere Reihen solcher Parallelepipede, so daß das*

Wesen der Theorie bestehen bleibt unabhängig von der Wahl einer der Formen, die man durch mechanische Teilung erhält. Mit Hilfe dieses Resultats erweisen sich alle Dekreszenzen der Krystalle, welches auch ihre Primitivform ist, zurückgeführt auf diejenigen Fälle, wo diese Form, wie die der Moleküle, ein Parallelepiped ist. Die Theorie hat dadurch den Vorteil der Allgemeinheit und den, die Mannigfaltigkeit der Tatsachen auf ein einziges Prinzip zurückführen zu können. [30]

Bemerkenswert sind die Überlegungen, die HAUY über den Unterschied zwischen der Struktur der Kristalle und ihrem Wachstum anstellte. HAUY kam zu dem Schluß, daß die Sekundärform eines Kristalls nicht durch eine den Dekreszenzgesetzen folgende Anlagerung von ›lames intégrantes‹ entsteht, sondern daß der wachsende Kristall von Anfang an die die Primitivform einhüllende Sekundärform besitzt, wobei das Verhältnis zwischen beiden während des Wachstums unverändert bleibt:

✦ *Alles was ich über die Abnahme der angelagerten Lamellen sagte, war nur bestimmt, die Gesetze der Struktur zu entwickeln, und ich bin weit entfernt zu glauben, daß zum Beispiel in einem rhombendodekaedrischen Krystall, dessen Kern ein Würfel ist, dieser Kern so, wie man ihn aus dem Dodekaeder erhält, entstanden und dann durch die sukzessive Anlagerung der Lamellen in die Form des Dodekaeders übergegangen sei. Im Gegenteil scheint es bewiesen, daß der Krystall schon im Anfang ein kleines Dodekaeder war, welches einen entsprechend kleinen kubischen Kern enthielt, und daß dieses Gebilde durch neue, ihn allseitig umgebende Schichten ohne Formänderung wuchs, während der ebenfalls wachsende Kern fortwährend die gleiche Beziehung zum ganzen Dodekaeder behielt.* [31]

Diese Aussage ist natürlich insofern widersprüchlich, als HAUY einerseits, von makroskopischen Indizien für die Struktur ausgehend, diejenigen strukturellen Bausteine zu bestimmen versuchte, deren Zusammentreten zu einem Kristall nur als Folgeerscheinung der Kristallisation verstanden werden kann, andererseits aber das Wachstum eines bereits nach den Dekreszenzgesetzen strukturierten Kristalls betrachtete. HAUY war sich dieses Widerspruchs durchaus bewußt; indes nicht imstande, ihn zu lösen:

✦ *Die auseinandergesetzte Theorie geht, wie andere, von einer grundlegenden Tatsache aus, von der sie alle Tatsachen derselben Art abhängen läßt, welche sämtlich gleichsam Korollare sind; diese Tatsache ist die Dekreszenz der der Primitivform hinzugefügten Lamellen, und durch Zurückführung dieser Dekreszenz auf einfache regelmäßige und einem strengen Kalkül zugängliche Gesetze gelangt die Theorie zu Resultaten, deren Richtigkeit bewiesen wird durch die mechanische Teilung der Krystalle und durch die Beobachtung ihrer Winkel. Aber um sich der Erkennung der primitiven Gesetze noch weiter zu nähern, denen der Schöpfer die Krystallisation unterworfen hat, und die selbst nichts anderes sind, als die unmittelbaren Wirkungen seines höchsten Willens, bedarf es noch neuer Untersuchungen. Eine dieser Untersuchungen würde den Zweck haben zu erklären, warum diese kleinen Polyeder, welche gleichsam die Rudimente der Krystalle von wahrnehmbaren Volumen sind, einmal die reine Primitivform, das andere Mal eine durch ein Dekreszenzgesetz bestimmte Sekundärform darstellen, und die Umstände zu erforschen, welche einmal zu der Dekreszenz nach den Kanten, das andere Mal zu der nach den Ecken führen. Ich habe mich bereits mit der Lösung dieser ebenso delikaten, wie interessanten Probleme beschäftigt, bin aber bis jetzt nur zu Konjekturen gelangt, welche erst durch fortgesetzte und tiefer durchdachte Arbeiten zu bestätigen wären.* [32]

Dies zu erklären war indes nicht das Grundanliegen HAUYS; er konnte und mußte es dem unergründlichen Ratschluß eines Schöpfers überlassen. Selbst der Umstand, daß HAUY durch die Annahme eines nach den Dekreszenzgesetzen formierten Keimkristalls auf die gedankliche Grundlage der morphologischen Denkweise übergegangen war, tat seiner Leistung keinen Abbruch.

Wesentlich ist, daß HAUY mit der Zurückführung der Primitivformen auf das Parallelepiped als dem eigentlichen strukturellen Bauelement der Kristalle und mit der Erkenntnis der gesetzmäßigen Dekreszenz dieser Bauelemente, dem heuristischen Prinzip der strukturellen Denkweise, der Abstumpfung als dem heuristischen Prinzip der morphologischen Denkweise eine strukturelle Deutung zu geben vermochte. Damit beseitigte er die grundsätzliche Erkenntnisbarriere der morphologischen Denkweise, doch erschöpfte sich darin die heuristische Leistungsfähigkeit der Idee HAUYS nicht: Mit Hilfe des heuristischen Prinzips der Dekreszenz gelang es ihm, eine empirisch begründete hypothetisch-deduktive Theorie der Kristallstrukturen zu entwickeln, durch die die Gesetzmäßigkeiten der Kristallformen der sysystematischen Behandlung auf mathematischer Grundlage zugänglich wurden.

Die Leistungsfähigkeit der Kristallstrukturtheorie HAUYS zeigte sich darin, daß sie es ermöglichte, aus wenigen empirisch ermittelten Primitivformen der Kristalle durch die gesetzmäßige Dekreszenz der schichtenweise angelagerten parallelepidischen Bauelemente alle abgeleiteten Sekundärformen, die an einer Kristallart möglich sind, rechnerisch zu ermitteln. So ließen sich einerseits aus einer Primitivform und einer zugehörigen Sekundärform einer definierten Kristallart das jeweilige Dekreszenzgesetz bestimmen und aus diesem rechnerisch die Winkel der Kristallflächen sowie die relativen Kantenlängen der jeweiligen Kristallart ermitteln, und andererseits aus gemessenen Flächenwinkeln einer Sekundärform und zunächst hypothetisch angenommenen Dekreszenzgesetzen die mögliche zugehörige Primitivform, wie umgekehrt, aus einer Primitivform alle nach den entsprechenden Dekreszenzgesetzen zu erwartenden Sekundärformen eindeutig voraussagen [33].

Zugleich stellte HAUY eine Relation zwischen der Kristallform und der chemischen Zusammensetzung einer Substanz durch das heute als kristallchemisches Grundgesetz anerkannte Postulat her, daß jede definierte feste chemische Verbindung eine durch die Flächenwinkel eindeutig bestimmte charakteristische primitive Kristallform besitze. Gerade auf diesen Aspekt seiner Kristallstrukturtheorie hat HAUY außerordentlich großen Wert gelegt. Er war stets bemüht, aus den Mineralanalysen neue Beweise für seine Theorie abzuleiten, und hat selbst eng mit Mineralanalytikern, insbesondere mit VAUQUELIN, zusammengearbeitet und scharf gegen die Meinung von CLAUDE-LOUIS BERTHOLLET Stellung genommen, daß die chemischen Verbindungen in den Grenzen der Verwandtschaft der Elemente variable Zusammensetzung haben können. HAUY hielt so hartnäckig an seiner Auffassung fest, daß er schließlich Hinweise auf widersprechende Befunde ignoriert hat.

Fanden kristallographische Erkenntnisse bislang – wie wir gesehen haben – seitens der Mineralogen nur zögernd Beachtung, gelang es HAUY durch die enge Verbindung von Kristallstrukturtheorie und Chemie der »rechnenden Kristallographie«, »le calcul«, wie sie der französische Mathematiker und Chemiker ANTOINE-FRANCOIS DE FOURCROY nannte, als Methode der Mineraldiagnostik und -systematik Eingang in die Mineralogie zu verschaffen. Bereits seine ersten Arbeiten aus den Jahren 1782 und 1783, in denen er die Grundzüge seiner Theorie dargelegt hat, wurden mit großem Beifall aufgenommen. Die Ergebnissee seiner zahlreichen Detailstudien an einzelnen Mineralarten faßte HAUY schließlich in seinem 1801 erschienenen Hauptwerk, dem vierbändigen »Traité de Minéralogie«, zusammen, das zum Standardwerk der kristallographisch orientierten Mineralogie zu Beginn des 19. Jahrhunderts wurde.

Mit Recht können wir von einem fundamentalen Beitrag HAUYS zur Entdeckung der Kristalle und von seinem überragenden Einfluß auf die Entwicklung der Kristallographie sprechen. Indem er die Dekreszenz zum heuristischen Prinzip der strukturellen Denkweise entwickelte, hat er ihr eine Leistungsfähigkeit gegeben, die Gesetzesaussagen auf der Grundlage einer relativ geschlossenen Theorie ermöglichte. Diese Theorie erwies sich als stark und leistungsfähig genug, um der Kristallographie in den Mineralen ein weites Untersuchungsfeld und in der Mineralogie den kristallographischen Erkenntnissen ein breites Anwendungsgebiet zu erschließen.

Doch so leistungsfähig das von HAUY entwickelte heuristische Prinzip der Dekreszenz in Hinblick auf den Aufbau einer relativ geschlossenen Kristallstrukturtheorie einerseits war, so begrenzt war es andererseits in bezug auf die Klärung des eigentlichen Grundproblems. Die Kristallstrukturtheorie HAUYS konnte das Zustandekommen einer speziellen Formenvarietät zwar beschreiben, erklären konnte sie es nicht. Die Kristallstrukturtheorie ermöglichte so zwar die kristallographische Mineraldiagnostik, wobei sie sich vorteilhaft mit der chemischen Analytik ergänzte; in der Mineralsystematik führte sie indes nicht weit genug über den von ROMÉ DE L'ISLE erreichten Stand hinaus.

Immerhin war durch die Leistungen HAUYS die Kristallographie lehrbar, erlernbar und in erheblichem Maße praktisch anwendbar geworden. Es sind dies wesentliche Voraussetzungen für die Herausbildung der Kristallographie als eine neue naturwissenschaftliche Disziplin – aber eben nur Voraussetzungen.

Es bildete sich allmählich eine neue Schule in Paris

Das Wort Disziplin, vom lateinischen ›disciplina‹, bedeutet Unterweisung, Unterricht, Lehre; das was gelehrt und gelernt wird, Gelehrsamkeit, Kenntnis, Schule, Zucht; davon abgeleitet Ordnung, Gewohnheit, Grundsätze, aber auch Einrichtung, Verfassung. Und das zugehörige ›discere‹ bedeutet lernen, kennenlernen, erfahren, sich mit etwas vertraut machen.

Aus der Sicht dieses Bedeutungsfeldes ist der Begriff der wissenschaftlichen Disziplin historisch ursächlich mit dem Prozeß der Disziplinierung des Denkens und Handelns auf einem bestimmten wissenschaftlichen Gebiet verbunden. Eine solche geistige Disziplin zu schaffen und zu verbreiten bedarf es geeigneter Formen der Lehre und der wissenschaftlichen Diskussion, historisch relativ stabiler und dabei entwicklungsfähiger Kommunikations-, Kooperations- und Organisationsstrukturen in der wissenschaftlichen Arbeit. In einem sehr weiten Sinne ist die Herausbildung einer wissenschaftlichen Disziplin ursächlich mit der Entstehung einer wissenschaftlichen Schule verbunden, durch die eine neue wissenschaftliche Lehre verbreitet wird und Anhänger findet. GOETHE schilderte diesen historischen Prozeß recht anschaulich:

✦ *Als Werners Oryktognosie schon beinahe den Culminationspunkt erreicht hatte, trat Hauy in Paris mit seiner auf mathematische Prinzipien gegründeten Mineralogie auf. Es bildete sich allmählich eine neue Schule in Paris. Er fand einzelne Anhänger in Deutschland. Diese haben sich vermehrt. Durch Deutsche ist Hauy's System fortgebildet, folgerichtiger, begründeter geworden. Die Umschaffungen haben bereits wieder den Namen von den Urhebern derselben angenommen.* [34]

HAUY selbst hat unermüdlich dafür gesorgt, seine Kristallstrukturtheorie zu verbreiten und ihr Anerkennung zu verschaffen. Dabei fand er die Unterstützung namhafter und einflußreicher Gelehrter; begünstigend wirkten sich die Maßnahmen aus, die während der französischen Revolution zur Entwicklung des Montanwesens ergriffen wurden.

Zunächst waren Hauys Lehrer Daubenton und durch diesen die Mathematiker Etienne Bézout und Pierre-Simon de Laplace an seinen Arbeiten interessiert. Schon in seinem »Essai« von 1784 berief sich Hauy auf diese Gelehrten:

✦ *So einfach und wahrscheinlich auch nach meiner Ansicht die Anschauungen sind, zu denen ich gelangte, so hätte ich mich doch nicht auf mein eigenes Urteil verlassen, wenn ich nicht die Zustimmung meines Lehrers Daubenton, dessen Vorlesungen beweisen, daß ihm keinerlei Unklarheit entgeht, und für die Anwendung der Geometrie den Rat Bézouts gefunden und wenn nicht de Laplace mir gestattet hätte, ihm meine Theorie auseinanderzusetzen, so daß ich die genannten Autoritäten zu meinen Gunsten anführen kann.* [35]

Auf Betreiben von Daubenton, Bézout und Laplace, dem insbesondere die Art der geometrischen Behandlung der Probleme zusagte, wurde auch bereits 1781 eine Zusammenfassung der ersten Arbeit Hauys in der Académie Royale des Sciences verlesen, 1782 mit einer weiteren im »Journal de Physique« veröffentlicht und Hauy schon Anfang 1783 gegenüber Romé de l'Isle bevorzugt und zum Akademiemitglied gewählt. Offenbar war bei Hauys Wahl Begünstigung im Spiel, denn Jean-Claude Delametherie äußerte sich 1790 in dem von ihm herausgegebenen »Journal de Physique« über das an Romé de l'Isle begangene Unrecht:

✦ *In diesem Lande eignen sich die Akademiker die Ideen anderer an, die nicht zu ihnen gehören, ohne sie jemals zu zitieren, und reißen sie vielmehr herunter. Deshalb halte ich es für meine Pflicht, in diesem Journal allen Gelehrten Gerechtigkeit widerfahren zu lassen.* [36]

Nach einer Würdigung der wissenschaftlichen Leistungen Romé de l'Isles und der Anerkennung, die sie im Ausland gefunden haben, fuhr Delametherie fort:

✦ *Nicht so in Frankreich, wo, wie jedermann weiß, die Intrigue viel sicherer zu literarischen Titeln führt, als die Talente. Romé de L'Isle verstand es nicht, sich zur Geltung zu bringen und seine Konkurrenten herabzusetzen. Die Schande fällt ganz auf die Akademie und auf dasjenige ihrer Mitglieder, welches, um einen Günstling zu bevorzugen, ihn als einen ›Katalogmacher‹ bezeichnete, weil er von 1767 bis 1782 acht Kataloge von Sammlungen veröffentlichte. Diese enthalten viele wertvolle Beobachtungen, ... die selbst Buffon anerkennen mußte, ganz zu schweigen von seinem Essay de Crystallographie.* [37]

Delametheries Rechtfertigung seines Freundes Romé de L'Isle ist sicherlich nicht ganz unbegründet, zeugt aber andererseits auch von seinem Unverständnis für die Tragweite der Ideen Hauys.

Indes übte Hauy eine umfangreiche Lehrtätigkeit aus. Bereits vor seiner Berufung als Professor für Mineralogie an die École des Mines hielt Hauy als Professor für Theologie am Collège du Cardinal Lemoine in Paris auch Vorlesungen über Mineralogie, in denen er seine Kristallstrukturtheorie vortrug. Zu seinen prominenten Hörern zählten Lavoisier, Lagrange, Laplace, Fourcroy, Morveau und Berthollet.

In Paris gab es Ende des 18. Jahrhunderts kaum einen an der Erforschung der Kristalle interessierten Gelehrten oder Praktiker, der nicht zu den Anhängern Hauys zählte. Zu jenen gehörte sein späterer Kollege an der École des Mines Dolomieu, der sich in fast komischer Übertreibung sehr sarkastisch über Hauy geäußert hat:

✦ *Ich bitte den achtbaren Gelehrten tausendmal um Vergebung, aber mit aller Anerkennung seiner Superiorität ist mirs nicht möglich, der von ihm an-*

genommenen Methode nicht mit allen Kräften zu widersprechen. Man kann sagen, daß er in das Innere der Wissenschaft eingegangen ist und den Schlüssel mitgenommen hat. Wenn die Regierung die ganze Ausgabe des Werks unterdrücken und darauf einen Abdruck in hebräischer Sprache besorgen will, so wird sie den Erfolg, den dasselbe hervorbringen soll, noch sicherer befördern. Aristoteles und die peripatetische Schule haben uns mit ihren Regeln über die Syllogismen zur tiefsten Barbarei geführt. Der menschliche Verstand unterlag dem Wuste von Spitzfindigkeiten über die Verrichtungen des Gegenstandes. Wenn das Werk Hauy's für unsere jungen Leute bestimmt ist, so kann man sie auf keine gelehrtere Weise zur Unwissenheit führen. Das heißt sich viel Mühe geben, der gegenwärtigen Generation einen Ekel vor der Mineralogie beizubringen. [38]

Zimperlich waren die Gelehrten im Umgang miteinander wahrhaftig nicht; indes ließen sich die jungen Leute nicht davon abhalten, sich die HAUYsche Kristallstrukturtheorie anzueignen. Über etwa ein Vierteljahrhundert beherrschte sie nahezu uneingeschränkt die Kristallographie.

HAUY selbst beförderte die Anerkennung seiner Theorie durch eine umfangreiche und zielstrebige Publikationstätigkeit. Die Analyse der 147 Publikationen umfassenden Bibliographie von HAUY [39] zeigt, daß allein 37 seiner Abhandlungen mit nicht oder unwesentlich verändertem Text in zwei bis sechs verschiedenen Publikationsorganen, 16 davon auch als Übersetzungen in deutschen Zeitschriften, erschienen sind. Dabei fällt auf, daß sich die Mehrfachpublikationen nach dem Erscheinen des »Traité de Minéralogie« im Jahre 1801 häufen. Ihr Maximum liegt in den Jahren zwischen 1804 und 1818, also zwischen dem Erscheinen des ersten Bandes der deutschen Übersetzung, in dessen Anhang der deutsche Mineraloge und Kristallograph CHRISTIAN SAMUEL WEISS eine konträre Auffassung zur Diskussion stellte, und der für HAUYS Kristallstrukturtheorie folgenreichen Entdeckung der Isomorphie durch den deutschen Chemiker EILHARD MITSCHERLICH, zwei Marksteine in der Entdeckung der Kristalle, auf die noch einzugehen sein wird.

Die Mehrzahl der Arbeiten HAUYS konzentrierten sich auf etwa sechs französische, international hochangesehene Publikationsorgane, wobei HAUY die Wahl der von ihm bevorzugten Zeitschriften im Laufe der Zeit mehrmals änderte. Während seine beiden ersten Arbeiten im »Journal de Physique« erschienen sind, veröffentlichte HAUY nach seiner Wahl in die Akademie seine Abhandlungen von 1784 bis 1790 fast ausschließlich in den »Histoires et Mémoires de l'académie Royale des Sciences«; ab 1790 wendete er sich verstärkt den »Annales de Chemie« zu, und ab 1795 gehörte das »Journal des Mines« zu den von ihm bevorzugten Zeitschriften. Nach der Jahrhundertwende publizierte HAUY dann auch in den »Annales de Musée National d'Histoire Naturelle«.

Indes war die Wahl der Publikationsorgane nicht nur subjektiv bedingt, denn mit der Auflösung der Akademie in der französischen Revolution stellten die »Histoires et Mémoires de l'académie Royale des Sciences« ihr Erscheinen ein. Auch die Hinwendung zu den »Annales de Chemie« ist nicht zufällig. Diese Zeitschrift ist 1789 als Gegengewicht zu dem inhaltlich stark an der Phlogistonchemie orientierten, von DOLOMIEU herausgegebenen »Journal de Physique« von LAVOISIER, BERTHOLLET, MORVEAU und FOURCROY gegründet worden, Gelehrte, denen HAUY persönlich und gedanklich nahestand. Ebenso stehen die Bevorzugung des »Journal des Mines« und der »Annales de Musée d'Histoire Naturelle« mit der Lehrtätigkeit HAUYS an den entsprechenden Einrichtungen im Zusammenhang.

Dennoch kann man sagen, daß HAUY sich zu allen Zeiten einen breiten Leserkreis gesichert hat, wobei die Wahl der Publikationsorgane nicht nur durch die objektiven Bedingungen und die inhaltliche Charakteristik der einzelnen Arbeiten bestimmt war, sondern auch durch Hauys subjektive Intentionen, wie die Mehrfachpublikationen in Zeitschriften ganz unterschiedlichen inhaltlichen Profils zeigen.

International bekannt wurde die Kristallstrukturtheorie Hauys durch seinen französisch und deutsch erschienenen »Traité de Minéralogie«. In Deutschland verwendete sich neben Dietrich Ludwig Gustav Karsten vor allem Carl Cäsar Leonhardt für die Verbreitung der Arbeiten Hauys, der seinen damaligen Assistenten Johann Friedrich Christian Hessel dazu anregte, eine Reihe von Abhandlungen Hauys in die deutsche Sprache zu übersetzen. Auch Werner in Freiberg interessierte sich sehr für die Arbeiten Hauys. Er korrespondierte mit ihm, besuchte ihn 1802 auf seiner Reise nach Frankreich und besaß eine größere Anzahl von Holzmodellen, die die Dekreszenzgesetze verdeutlichen. Wie die französische Beschriftung der an der Bergakademie Freiberg aufbewahrten Modelle vermuten läßt, stammen sie direkt aus Paris [40].

In England übernahm William Whewell die Kristallstrukturtheorie, der durch den deutschen Mineralogen Friedrich Mohs, welcher durch John Mitchell und Richard Jameson den Auftrag erhielt, an der Einrichtung einer der Freiberger Bergakademie ähnlichen Institution in England teilzunehmen, von den Arbeiten Hauys Kenntnis erhielt.

In Rußland wurde die Kristallstrukturtheorie durch Vasilij Michajlovič Severgin eingeführt, der sie der Wernerschen Auffassung vorzog, und durch Gottgelf Ivanovič Fišer (Johann Gotthelf Fischer von Waldheim) und N. P. Ščeglov weiter verbreitet.

Armand Lévy, ein Schüler Hauys, den ein Schiffbruch nach England verschlagen hatte, legte sie seiner berühmt gewordenen Monographie über die Privatsammlung des Engländers Henry Heuland ebenso zugrunde [41], wie Severgin seinem »Podrobnyj slovar' mineralogičeskij« [42], Fišer seiner »Oriktognosija« [43] und Ščeglov seiner »Mineralogija po sisteme g. Gajui« [44].

Auf solchen Wegen fand Hauys Kristallstrukturtheorie durch Zeitschriften, Lehrbücher und Monographien international weite Verbreitung, und mit ihr verbreitete sich auch die strukturelle Denkweise, ohne daß in den meisten Fällen die Entscheidung zwischen dieser und der morphologischen Denkweise subjektiv bewußt vollzogen wurde. In dieser Generation von Wissenschaftlern gehört Severgin zu den Ausnahmen, da er die strukturelle Denkweise bewußt der morphologischen vorzog.

Für diejenigen, die die strukturelle Denkweise mit der Kristallstrukturtheorie Hauys einfach übernahmen, war subjektiv eine Entscheidung über Alternativen überhaupt nicht notwendig, obwohl sie diese objektiv natürlich getroffen haben. Es ist dies insofern bemerkenswert, weil sich daran zeigt, wie sich eine bestimmte Denkweise im Laufe der Zeit verfestigt, daß sie zu einer wissenschaftlichen Tradition wird, ohne daß das den Wissenschaftlern, die diese Tradition erzeugen, in ihr stehen und sie an die folgende Generation weitergeben, bewußt werden muß. Indes muß eine bestimmte Denkweise, in unserem Falle die strukturelle Denkweise, erst eine hohe heuristische Leistungsfähigkeit erreicht haben, die die Herausbildung historisch über längere Zeit stabiler sozialer Beziehungen zwischen den Gelehrten ermöglicht, bevor sie als wissenschaftliche Tradition fortwirken kann. Auf der anderen Seite trug die Verfestigung der strukturellen Denkweise zu einer wissenschaftlichen Tradition nicht unwesentlich zur Herausbildung der Kristallographie als einer neuen naturwissenschaftlichen Disziplin bei. Traditionsbildung und Disziplinentstehung gehen auf diese Weise Hand in Hand.

Es soll die Form, die Figur, dynamisch erklärt werden

Indes war HAUYS Kristallstrukturtheorie nicht nur subjektiven Vorbehalten ausgesetzt, wie wir sie bei DOLOMIEU kennengelernt haben. Nachdem sie nahezu ein Vierteljahrhundert uneingeschränkt Inhalt und Richtung der kristallographischen Forschungen bestimmt hatte, mehrten sich nach der Wende vom 18. zum 19. Jahrhundert sachliche Einwände gegen Schlußfolgerungen, die HAUY gezogen hatte. Sie mündeten bald in einen Frontalangriff gegen die Grundlagen der Kristallstrukturtheorie HAUYS ein.

Genau von dem Problem, das Zustandekommen einer bestimmten Kristallform zu erklären, vor dem HAUY resignieren mußte, ging der deutsche Mineraloge und Kristallograph CHRISTIAN SAMUEL WEISS aus, der sich nicht der strukturellen Denkweise anschloß, sondern sich die morphologische Denkweise zu eigen machte.

Die Gründe für diese Entscheidung sind, ähnlich wie bei HAUY, im geistig-kulturellen Umfeld, in dem WEISS lebte, und letztendlich in den ökonomischen Bedingungen in Deutschland an der Wende vom 18. zum 19. Jahrhundert zu suchen, durch die seine Persönlichkeitsentwicklung geprägt worden ist.

CHRISTIAN SAMUEL WEISS, der einer angesehenen Leipziger Pastorenfamilie entstammte, studierte an der Universität seiner Vaterstadt Medizin und Physik. Nach seiner Habilitation ging WEISS nach Berlin, um sich im chemischen Laboratorium von MARTIN HEINRICH KLAPROTH in Chemie auszubilden. In Berlin schloß er Bekanntschaft mit dem preußischen Bergrat, Lehrer für Mineralogie an der Berliner Bergakademie und Aufseher des Königlichen Mineralienkabinetts DIETRICH LUDWIG GUSTAV KARSTEN und dem Geologen LEOPOLD VON BUCH. Beide waren Schüler WERNERS an der Bergakademie Freiberg gewesen und machten WEISS mit Mineralogie und Geologie unter dem Aspekt der praktischen Bedürfnisse des Bergbaus vertraut.

Ähnlich Sachsen, war auch Preußen bestrebt, die mineralogische und geologische Erkenntnis zu fördern, insbesondere, nachdem 1745 durch den zweiten schlesischen Krieg das rohstoffreiche Schlesien an Preußen gefallen war. Um den Bergbau in den Dienst der militärischen Politik der herrschenden Adelsklasse zu stellen, führte FRIEDRICH II. mit Hilfe einer Reihe von Bergordnungen für die verschiedenen Gebiete Preußens das Direktionsprinzip ein.

Zwar verfügten die preußischen Bergbehörden über einzelne erfahrene und befähigte Persönlichkeiten, wie den Berghauptmann und Kameralisten JOHANN HEINRICH GOTTLOB VON JUSTI und später den aus Sachsen gekommenen FRIEDRICH ANTON VON HEYNITZ, jedoch mangelte es an wissenschaftlich für das Berg- und Hüttenwesen ausgebildeten Fachleuten. Dies veranlaßte FRIEDRICH II. 1770, fünf Jahre nach der Gründung der Bergakademie in Freiberg, auch in Berlin eine Bergakademie zu gründen [45].

Mit der Einrichtung und Leitung der Bergakademie wurde der Mineraloge Bergrat CARL ABRAHAM GERHARD betraut. Das von ihm ausgearbeitete Lehrprogramm konzentrierte sich auf Mineralogie und Bergwerkswissenschaften, die durch Vorlesungen über Mathematik, Physik und Chemie ergänzt wurden. GERHARD gab mehrere Lehrbücher zur Mineralogie heraus und schuf mit dem Verkauf seiner privaten Mineralsammlung an den preußischen Staat den Grundstock für das Königliche Mineralienkabinett, das auch im Unterricht benutzt wurde [46].

Im Jahre 1789 gingen die Mineralogievorlesungen und die Leitung der Bergakademie an KARSTEN über, der zu den Mitbegründern der Berliner Universität im Jahre 1810 gehört.

Offenbar erkannte KARSTEN die Begabung von

Weiss für mineralogische und kristallographische Probleme, denn er übertrug diesem, gemeinsam mit seinem Neffen Carl Johann Bernhard Karsten, die Übersetzung von Hauys »Traité de Minéralogie« in die deutsche Sprache. Während der mehrjährigen Übersetzungsarbeiten studierte Weiss auf Anraten Buchs bei Werner in Freiberg in den Jahren 1802 bis 1803 Mineralogie.

Von 1803 bis 1805 hielt Weiss als Privatdozent an der Universität Leipzig Vorlesungen über Mineralogie, Geologie, Chemie und Physik. Bereits hier entwickelte er seine kristallographische Grundauffassung, die er der Kristallstrukturtheorie Hauys entgegensetzte.

Im Unterschied zu Hauy, dem die praktischen Erfordernisse des Bergbaus und Hüttenwesens fernlagen, war Weiss bereits zu Beginn seiner wissenschaftlichen Laufbahn nicht nur mit dem hohen Entwicklungsstand der Mineralogie und Geologie in Deutschland vertraut, sondern er kannte auch aus eigener Anschauung die praktischen Erfordernisse des Berg- und Hüttenwesens. Durch seine Übersetzertätigkeit eignete sich Weiss überdies profunde Kenntnisse in Mineralogie und Kristallographie an.

Infolge seines unmittelbaren Kontaktes zu den bedeutendsten deutschen Mineralogen und Geologen seiner Zeit und infolge seiner genauen Kenntnis der praktischen Probleme und Erfordernisse des Montanwesens machte sich Weiss von Anfang an die morphologische Denkweise zu eigen, unter der die Kristallformen der Minerale für die Mineralogie vor allem von Interesse waren. Zugleich konnte Weiss an die Ergebnisse Hauys bei der Erforschung der Gesetzmäßigkeiten der Kristalle anschließen, ohne die strukturelle Denkweise mit übernehmen zu müssen.

Seine Grundposition, an der er bis zu seinem Lebensende festgehalten hat, entwickelte Weiss in einer Abhandlung, die er 1804 als Anhang zum ersten Band der von ihm gemeinsam mit C. J. B. Karsten besorgten Übersetzung von Hauys »Traité de Minéralogie« [47] veröffentlicht hat. Es heißt dort:

✦ *Es soll die Form, die Figur, dynamisch erklärt werden. Der Atomistiker kennt die Frage nach dem Grund der Form, fühlt das Bedürfnis einer Erklärung aller Form gar nicht. Ihm ist die bestimmte Form mit der Existenz der Atome unmittelbar gegeben. Der Dynamiker läugnet ihm diese; er läugnet ihm sogar die absolute, unbedingte Existenz der Materie; er lehrt ihre individuelle Existenz als gegeben bloss in der Erscheinung, als vorübergehend und mit der Erscheinung betrachten, und entsagt allen Scheinvortheilen, welche die Annahme der Atome ihm zur Erklärung irgend eines Phänomens, wie der Krystallisation gewähren möchte.* [48]

In seinen philosophischen Anschauungen war Weiss der romantischen deutschen Naturphilosophie verhaftet, die an der Wende vom 18. zum 19. Jahrhundert in Deutschland weite Verbreitung fand. Im Kampf zwischen Materialismus und Idealismus standen sich in dieser Zeit die materialistische Atomistik und die idealistische dynamische Lehre feindlich gegenüber. Diese Lehre war eine eigenartige idealistisch-dialektische Konzeption deutscher Denker auf dem Gebiet der Naturwissenschaft. Die Dynamisten, zu denen unter den Philosophen Immanuel Kant und Friedrich Wilhelm Joseph Schelling gehörten, leugneten die Existenz der Atome. Sie vertraten die Auffassung, nicht die Materie sei primär, sondern »reine Kräfte«, eine »reine Bewegung«. Die Bewegung wurde von der Materie getrennt und dieser als immaterielle Quelle ihrer Aktivität entgegengesetzt. Die deutschen Dynamisten verwarfen nicht nur die Materie als das Primäre, sie lehnten auch die Atomistik als Lehre von der diskontinuierlichen diskreten Struktur der Materie strikt ab.

Die Kräfte wirken nach der dynamischen Lehre kontinuierlich, und die Körper bestehen aus Kräften; es existieren keine Atome. Die Materie ist danach lediglich das Produkt der Wechselwirkung zweier entgegengesetzter Kräfte oder Bewegungstendenzen. Die positive Seite der dynamischen Lehre besteht in ihrem dialektischen Moment: die Idee von der Einheit und der gegenseitigen Durchdringung zweier gegensätzlicher Kräfte oder Tendenzen, bei KANT die Attraktion und Repulsion und bei SCHELLING die positive und negative Elektrizität. Hierbei handelt es sich nicht um die Vorstellung äußerer, der Materie von außen mitgeteilter Kräfte, sondern um eine Auffassung vom inneren Wesen der Naturerscheinungen, das sich in einander widersprechende Seiten spaltet. FRIEDRICH ENGELS bewertete diese dialektische Idee hoch, obgleich sie in idealistischer Verzerrung ausgedrückt war, und bemerkte dazu, daß

◆ *... schon Kant die Materie aufgefaßt hat als die Einheit von Attraktion und Repulsion.* [49]

WEISS' philosophische Grundhaltung war insbesondere durch KANTS Schriften »Allgemeine Naturgeschichte und Theorie des Himmels« [50] von 1755 und »Metaphysische Anfangsgründe der Naturwissenschaft [51] aus dem Jahre 1786 geprägt. Er sah eine Lösung des Problems der Entstehung der Kristallformen in der Auffassung von KANT, daß die Entstehung der Form des Starren aus dem Flüssigen durch die Wirkung der gegeneinander gerichteten Kräfte Attraktion und Repulsion zu erklären sei.

War WEISS schon kühn genug, seine gegensätzlichen Ideen als Anhang zum ersten Band der deutschen Fassung von HAUYS »Traité de Minéralogie« bekanntzumachen, so prägte sich seine theoretische Grundposition im Laufe der kommenden Jahre weiter aus. Bis ins hohe Alter hat WEISS an seiner dynamischen Theorie der Kristallisation festgehalten, doch hat er sich, wenngleich er im Bannkreis der romantischen deutschen Naturphilosophie stand, den Sinn für exakte, auf Messungen beruhende Naturwissenschaft bewahrt.

Im Jahre 1806 ließ sich WEISS beurlauben, um eine zweijährige Studienreise anzutreten. Während dieser Reise machte sich WEISS eingehend mit den geologischen Verhältnissen der Alpen, Oberitaliens und Frankreichs vertraut und besuchte die bedeutenden Mineralsammlungen in Wien und Paris. Sein umfangreiches und gründliches Wissen setzte die Wissenschaftler in Erstaunen. Insbesondere HAUY war dem jungen Gelehrten sehr zugetan. Als sich im Laufe der Gespräche herausstellte, daß WEISS ganz andere Ansichten vertrat als jener, änderte sich HAUYS Verhalten von interessierter Zuneigung in schroffe Abneigung.

Nach seiner Rückkehr aus Paris wurde WEISS 1808 zum ordentlichen Professor für Physik an der Universität Leipzig ernannt. Seine Antrittsvorlesung »De indagando Formarum crystallinarum charactere Geometrico principali Dissertatio« [52] hielt WEISS am 8. März 1809. In dieser Vorlesung sowie in einer ergänzenden, drei Tage später vorgetragenen Arbeit [53] gab WEISS eine kritische Übersicht über die vorliegenden kristallographischen Beobachtungen an Mineralen und legte seine dynamische Theorie umfassend dar.

Indes blieb WEISS nicht lange in Leipzig. Bereits 1810 erhielt WEISS einen Ruf an die neugegründete Universität zu Berlin. Ursprünglich war vorgesehen, D. L. G. KARSTEN als Hochschullehrer an die Universität zu berufen, wie aus der Liste der zur Verfügung stehenden Persönlichkeiten hervorgeht, die WILHELM VON HUMBOLDT, der Initiator der Universitätsgründung, dem preußischen Minister des Innern am 10. Mai 1810 vorlegte. KARSTEN war auch an der Ausarbeitung des Raumverteilungsplanes im Palais des Prinzen HEINRICH beteiligt, der die Unterbringung des Königlichen Mineralienkabinetts vorsah.

Durch den plötzlichen Tod KARSTENS kam es nicht mehr zu seiner Berufung. Daher empfahl LEOPOLD VON BUCH die Berufung von WEISS als Professor der Mineralogie, verbunden mit dem Amt des Aufsehers des Königlichen Mineralienkabinetts und eines Assessors an der Bergbau-Direktion [54].

Im Herbst 1810 trat WEISS sein Amt in Berlin an. Im Vorlesungsverzeichnis für das erste Semester ist verzeichnet:

✦ *Die Mineralogie lehrt Herr Prof. Weiss.* [55]

WEISS faßte, WERNER folgend, die Mineralogie als ein übergreifendes Fach auf. So heißt es in einem erhalten gebliebenen Kollegheft seines Schülers HEINRICH ERNST BEYRICH aus dem Jahre 1833:

✦ *Während es die Mineralogie überhaupt mit den die feste Erdmasse ausmachenden Naturkörpern zu tun hat, und die Oryktognosie, als der eine Teil derselben, mit den einzelnen Mineralien, so beschäftigt sich die Geognosie, als der andere Teil derselben, mit der Art und Weise, wie der feste Erdkörper, aus den einzelnen Mineralien zusammengesetzt ist.* [56]

WEISS zählte bald zu den angesehensten Professoren der Berliner Universität. Im Jahre 1815 wurde er auf Vorschlag von MARTIN HEINRICH KLAPROTH und SIGISMUND FRIEDRICH HERMBSTAEDT zum Mitglied der Königlichen Akademie der Wissenschaften in Berlin gewählt, und 1816 wurde er ordentliches Mitglied der Gesellschaft der naturforschenden Freunde zu Berlin. WEISS wurde fünfmal zum Dekan der philosophischen Fakultät und zweimal zum Rektor der Universität gewählt.

Bemerkenswert ist, daß WEISS außer seinen Vorlesungen zur Mineralogie, Kristallographie und Geognosie in den Jahren 1811 bis 1817 eine Vorlesung über »Philosophische Naturlehre« gehalten hat, deren Titel »Die philosophische Grundsätze der allgemeinen Naturlehre« den Begriff Naturphilosophie vermeidet, da WEISS stets großen Wert auf die Feststellung gelegt hat, daß seine Forschungen auf experimentell ermittelten Daten beruhen. Die Vorlesung über »Philosophische Naturlehre« ging wahrscheinlich auf das gute persönliche Verhältnis von WEISS zu JOHANN GOTTLIEB FICHTE zurück.

Nach dessen Tod wurde diese Vorlesung nicht mehr unter den philosophischen Wissenschaften, sondern unter den Naturwissenschaften angekündigt. Mit der Berufung GOTTFRIED WILHELM FRIEDRICH HEGELS im Jahre 1818 an die Berliner Universität ging die Vorlesung zur Naturphilosophie an diesen über [57].

WEISS ging mit ganz anderen Voraussetzungen als HAUY an die Erforschung der Kristalle heran. Einerseits folgte er der morphologischen Denkweise, die den Bedürfnissen der montanistisch orientierten Mineralogen entsprach; andererseits verband er die morphologische Denkweise mit dem Dynamismus der romantischen deutschen Naturphilosophie. Doch gerade darin liegen die Quellen seines grundlegenden Beitrages zur Entdeckung der Kristalle.

Mit ihm beginnt eine neue Epoche in der Kristallographie

Wenn WEISS sich bei seinen kristallographischen Studien der dynamischen Lehre bediente, darf daraus nicht der Schluß gezogen werden, daß darin die Ursache für die Übernahme der morphologischen Denkweise zu suchen sei. Die WEISSsche Idee entsprach vielmehr in ihrem Wesen der aus montanistischen Erfordernissen abgeleiteten Art, wie WERNER die Kristallformen als äußere Kennzeichen der Minerale zu nutzen lehrte. Sie fand für WEISS im Dynamismus ihre tiefere philosophische Begründung. Doch gestand er zu:

✦ *Für den, der die Möglichkeit einer anderen Ansicht der Natur als der atomistischen, von deren Fesseln noch wenige Physiker sich losgerissen haben, gar nicht begreift, und die klare, tief gegründete Dynamik für eine unverständliche Chimäre hält, für den wird, was ich zur Empfehlung des Vorgetragenen sagen will, kaum die Kraft einer schwa-*

chen Bedenklichkeit gegen seine Vorstellung gewinnen. [58]

Gestützt auf den Dynamismus suchte WEISS die Entstehung der Kristallformen aus der Wirkung der einander entgegengesetzten Kräfte Attraktion und Repulsion zu erklären:

◆ *Es giebt in der Natur nicht bloß eine chemische Anziehung, ein Streben heterogener Materien, sich zu durchdringen und zu vereinigen (chemische Verwandtschaft), sondern auch eine entgegengesetzte Kraft der chemischen Repulsion, ein Streben homogener Körper, sich in heterogene aufzulösen, sich zu entzweien oder zu zerspalten.* [59]

WEISS zufolge sollte nun die Kristallisation auf einer Hemmung der Repulsionskraft beruhen, die in verschiedenen Richtungen unterschiedlich stark in Erscheinung tritt:

◆ *Die Krystallisation ist ein Phänomen der chemischen Repulsion, bei welcher es nicht zum Auseinandertreten, zur Absonderung der Produkte von einander, gekommen ist, sondern wo die chemische Trennungskraft noch gehemmt worden ist, ohne ihr Ziel erreichen zu können, und daher bloß als Tendenz erscheint.* [60]

Bemerkenswert an diesem grundsätzlichen Postulat ist, daß WEISS zugleich einen kausalen Zusammenhang von Kristallbildung und chemischer Substanz herstellt:

◆ *Mit der bestimmten Materie ist zugleich ein bestimmter Abstoßungswinkel für die Krystallisation gegeben.* [61]

◆ *Sind aber bei einer bestimmten Materie die in der Krystallisation sich repellierenden Educte stets gewisse bestimmte, so werden sie sich auch mit einem bestimmten Grade von Kraft abstoßen, und bei einem bestimmten Grade der Abstoßung von der chemischen Vereinigungskraft zurückgehalten werden, d. i. es wird ein bestimmter Krystallisationswinkel gegeben seyn, der sich den auch, wie man weiß, in der That bei jeder krystallisierenden mineralogischen Gattung gleich bleibt; auch daher die wesentliche Verkettung der Krystallisation mit der Eigenschaft der Materie, daher die Richtigkeit des Verfahrens, sich der geometrischen Analysis des Krystalls sowie zur Bestimmung der Gattungen als zur Entscheidung der Frage vorzüglich mit zu bedienen, ob ein bestimmter Krystall dieser oder jener mineralogischer Gattung angehöre?* [62]

Über die Schlüssigkeit der Argumentation von WEISS mag man geteilter Meinung sein; feststeht, daß es ihm auf diese Weise gelang, die Winkelkonstanz der Kristalle von vornherein in seiner »dynamischen Ansicht der Kristallisation« zu berücksichtigen. Andererseits war WEISS der Auffassung, durch den Abstoßungswinkel werde auch die Richtung der ›Blätterdurchgänge‹ – der Spaltrichtungen – bestimmt. Er zog daraus den Schluß, daß die sogenannten sekundären Kristallflächen nicht bloß als äußere Begrenzungsflächen eines Kristalls auftreten können, sondern als der inneren Struktur entsprechende ›versteckte Blätterdurchgänge‹ in allen Kristallen einer Art vorhanden seien. Das freilich war eine Folgerung, die weniger für die dynamische Ansicht als vielmehr für den strukturellen Aufbau der Kristalle sprach.

Wesentlicher indes für den weiteren Fortschritt der Entwicklung der Kristallographie war es, daß WEISS zum ersten Mal die Grundeigenschaft der kristallisierten Materie, die Vektorialität der Eigenschaften klar erkannt und deutlich ausgesprochen hat, daß die Richtungen die Kristallart charakterisieren und daß von der Beschaffenheit eines Kristalls in den primären Richtungen sich die in den sekundären nach bestimmten Gesetzen ableiten lasse. Diese Gesetze zu entdecken nahm sich WEISS für die Zukunft vor.

Einen ersten Schritt in diese Richtung tat WEISS in seiner Leipziger Antrittsrede von 1809, nachdem er bereits 1804 in seinem im zweiten Band der deutschen Übersetzung von HAUYS »Traité de Minéralogie« veröffentlichen »Nachtrag über die Krystallisation des Feldspates« [63] dargelegt hatte, die verschiedenen Formen des Feldspates beruhen darauf, daß durch je zwei Kristallflächen die Bildung einer dritten, ihre Kante abstumpfenden Fläche bedingt ist und sich dadurch alle sekundären Formen von den primären ableiten lassen. WEISS gebrauchte in diesem Zusammenhang den Begriff der Zone und erkannte das Zonengesetz der Kristalle als ein Fundamentalgesetz der Kristallographie. Die Beobachtung, daß an vielen Kristallen parallelkantige Flächen die ganze Form als Zone umgeben und daß sich an flächenreichen Kristallen häufig ein Verband mehrerer solcher Zonen feststellen läßt, führte WEISS schließlich auf den genialen Gedanken, die Grundformen der Kristalle auf dreidimensionale Achsenkreuze zu beziehen.

Diesen Gedanken sprach WEISS erstmals in seiner Antrittsvorlesung aus. Die Aufgabe der Erforschung jeder einzelnen Kristallart sei es, diejenigen Zahlengrößen zu bestimmen, deren Verhältnisse den in den Hauptrichtungen der Repulsion wirkenden Kräften derart entsprechen, daß sich aus ihnen die in den sekundären Richtungen wirkenden Kräfte am einfachsten ableiten lassen. Diese Zahlengrößen bestimmen den geometrischen Hauptcharakter einer Kristallart, weshalb WEISS sie ›Elemente‹ nannte.

Um sie zu bestimmen, führte WEISS den Begriff der Achse ein. Als Achse definierte er eine Gerade, die die ganze Form eines Kristalls derart beherrscht, daß alle Teile um sie herum gleichartig angeordnet sind. WEISS betonte, daß die Achse nicht nur geometrische Bedeutung habe, sondern die Richtung angibt, in der die Kristallisationskräfte bevorzugt wirken. Die Existenz mehrerer Achsen in einem Kristall verleiht diesem infolgedessen nicht nur einen höheren Grad an Regelmäßigkeit in geometrischer, sondern auch in physikalischer Hinsicht.

Zur Bestimmung des geometrischen Hauptcharakters einer Kristallart diente WEISS das Verhältnis von sin:cos des Neigungswinkels einer Fläche bzw. einer Hauptspaltfläche zur Achse des Kristalls.

WEISS war der Meinung, daß erst die aus dem vergleichenden Studium der verschiedenen Kristallformen sich ergebenden Werte auf das allgemeine geometrische Gesetz der Kristallformen führen können. Um die Richtigkeit der dynamischen Erklärung der Kristallisation zu beweisen, ist es daher nötig, die Gesetze zu kennen, die die Beziehungen der verschiedenen Kristallarten zueinander und zu ihrer chemischen Natur charakterisieren.

Diese etwas umständlich anmutenden Erklärungen laufen auf nichts anderes hinaus, als die von ROMÉ DE L'ISLE angenommenen und von HAUY übernommenen Primitivformen zu negieren. WEISS schrieb darüber später rückblickend:

✦ *Als ich im Jahre 1809 meine beiden Abhandlungen über diesen Gegenstand bekannt machte; theilte ich noch die gewöhnliche Meinung von der Notwendigkeit der Annahme und von der Realität der Existenz einer primitiven Form, oder legte diesem Ausdruck wenigstens einen von der danach herrschenden Auslegung nicht sehr verschiedenen Sinn bei. ... Indem ich mir eine dynamische Begründung jener primitiven Form statt der verwerflichen atomistischen Denkweise darüber suchte, so entwickelte sich mir gleichsam unter der Hand an meinen primitiven Formen, welchen ich bis dahin noch eine ursprüngliche Realität beimaß, das, was eigentlich über ihnen steht, und an dem zufälligen Schwanken unter ihnen nicht Theil nimmt, das Grundverhältnis in den Dimensionen, in welchem und nach welchem eine Mehrheit innerer Gegensätze, einander gleich nothwendig und gegenseitig sich fordernd, zusammengehörig und zusammengreifend, jeder polarisch in sich, durch die Masse des Krystallisierenden hindurch stetig sich entwickelt, so daß die Gestaltung mit dieser Mehrheit der inneren Gegensätze beginnt und fortschreitet. Seit-*

dem habe ich jenes Grundverhältnis an und für sich als Fundament der Sache und der Lehre erkannt, und mich bemüht, alles Zufällige in der Annahme einer primitiven Form abzustreifen, um nur die wirklichen Werthe eines jeden Gliedes im Systeme durch seine sämtlichen physischen und geometrischen Eigenschaften sich geltend machen zu lassen. [64]

Abgesehen davon, daß WEISS mit diesen Sätzen ein eindrucksvolles Exempel spontanen dialektischen Denkens lieferte, enthalten sie den Kerngedanken seiner ganzen dynamischen Theorie der Kristallmorphologie: die Entwicklung einer rationellen Systematik der Kristalle. Diese Sätze sind der Abhandlung »Übersichtliche Darstellung der verschiedenen natürlichen Abtheilungen der Krystallisationssysteme« [65] entnommen, die am 14. Dezember 1815 in der Königlichen Akademie der Wissenschaften in Berlin verlesen wurde.

Der Gedanke, die Grundformen der Kristalle auf dreidimensionale Achsenkreuze zu beziehen, deren Ursprung mit dem Keimpunkt der Kristalle zusammenfällt, führte WEISS auf die Idee, die Lage der Flächen eines Kristalls im Raum durch das Verhältnis der Strecken zu beschreiben, die sie auf den Achsen abschneiden. Im allgemeinen Fall ergibt sich aus der Verbindung der Achsenabschnitte eine Pyramidenfläche beziehungsweise, bezogen auf die drei Richtungen des Koordinatensystems, eine Pyramide, die WEISS als Grundpyramide bezeichnete. Aus dem Achsenabschnitts- oder Parameterverhältnis folgt das Gesetz der rationalen Parameterkoeffizienten. Dieses Gesetz besagt, daß an einem Kristall nur solche Flächenlagen auftreten können, die sich durch ihre Achsenabschnitte auf der Grundpyramide als rationale Vielfache der Bezugsabschnitte ableiten lassen.

Das Grundparameterverhältnis erweist sich dabei ebenso wie das Gesetz der Winkelkonstanz als eine Materialkonstante, so daß auf einfache Weise die Beziehung zwischen Kristallform und chemischer Substanz hergestellt wird. Der von WEISS gefundene Zusammenhang wird heute in der Kristallographie als Rationalitätsgesetz oder als zweites kristallographisches Grundgesetz bezeichnet.

In Anpassung der Lage der Achsen an die Grundformen der Kristalle stellte WEISS fünf unterschiedliche durch rechtwinklige Achsenkreuze charakterisierte Kristallsysteme auf:

das reguläre, sphäroidische oder gleichgliedrige System – das kubische Kristallsystem –;

das viergliedrige System – das tetragonale Kristallsystem –;

das zwei und zweigliedrige System – das rhombische Kristallsystem –;

das sechsgliedrige System – das hexagonale Kristallsystem –;

das drei und dreigliedrige System – das trigonale Kristallsystem.

Schiefwinklige Achsenkreuze unterschied WEISS noch nicht. Monokline Kristalle bezeichnete er als zwei und ein gliedrig beziehungsweise als ein und zwei gliedrig; trikline Kristalle als ein und eingliedrig [66].

Der einzige Mangel der von WEISS aufgestellten Kristallsysteme bestand darin, daß er das Verhältnis, in dem die monoklinen und triklinen Kristalle zu den rhombischen stehen, nicht richtig erkannt hat. WEISS maß den zueinander senkrechten Richtungen eine besondere Wichtigkeit zu, die bei den kubischen Kristallen vorbildlich in Erscheinung trete. Der Umstand, daß viele Kristalle dem kubischen System nahestehen, war für ihn ein wesentliches Argument dafür, die monoklinen und triklinen Kristalle auf rechtwinklige Achsen zurückzuführen [67].

Den Ausgangspunkt der Systematik bildete daher für WEISS auch die prinzipielle Verschiedenheit des ›regulären‹ Systems von den ›nicht regulären‹ Systemen. Es soll daher als Beispiel für die Vorgehensweise von WEISS etwas näher betrachtet werden.

Das ›reguläre‹ Kristallsystem zeichnet sich durch die Gleichheit der Kristalle nach drei aufeinander senkrecht stehenden Richtungen sowie nach allen jenen Richtungen aus, die zu diesen drei Hauptdimensionen in einem gleichen Verhältnis stehen, das heißt, die drei kristallographischen Achsen sind gleichwertig. WEISS meinte, der Name ›regulär‹ sei für die Kristalle dieses Systems insofern nicht zutreffend, als auch die übrigen Systeme regelmäßig seien, auch der Name ›tessural‹ sei ebensowenig bezeichnend. Besser wäre es, dieses System ›gleichgliedrig‹ oder ›sphäroidisch‹ zu nennen, weil alle Stellen einer jeden hierher gehörigen Kristallform in ein und dieselbe Kugelfläche fallen und sich die Formen dieses Systems um so mehr der Kugel nähern, je größer die Zahl ihrer gleichwertigen Flächen wird.

Da die Flächen der diesem System zugehörigen Kristalle die drei Achsen stets in rationalen Verhältnissen schneiden, sind im gleichgliedrigen oder sphäroidischen System höchstens 48 gleichwertige Flächen möglich. Das ist zugleich der allgemeine Fall, der durch das Zusammenfallen mehrerer Flächen in die speziellen Fälle der Formen mit je 24, 12, 8 und 6 Flächen übergeht. Außer diesen Formen umfaßt das gleichgliedrige System eine Anzahl von Formen, an denen nur die Hälfte der Flächen gleichwertig ist. Die andere Hälfte der Flächen fehlt oder ist wenigstens nicht ›gleichnamig‹. Diese Formen unterschied WEISS als ›halbflächig‹ von den ›vollflächigen‹ Formen. Dabei hielt WEISS eine besondere Art von ›halbflächigen‹ Kristallen für möglich, die gedrehten rechten und linken Vierundzwanzigflächner – Pentagonikositetraeder –, obwohl damals noch kein Kristall dieser Art bekannt gewesen ist.

Das gleichgliedrige oder sphäroidische System unterteilte WEISS in:

– vollständige oder vollzählige Kristalle
Würfel – Hexaeder –
Oktaeder
Granatoeder – Rhombendodekaeder –
– abgeleitete Kristalle
Leucitoeder – Deltoidikositetraeder –
Leucitoid – Disdodekaeder –
Pyramidenwürfel – Tetrakishexaeder –
Pyramidenoktaeder – Trisoktaeder –
Pyramidengranatoeder – Hexakisoktaeder –
– unvollständige Kristalle
halbes Oktaeder – Tetraeder –
halber Pyramidenwürfel – Pentagondodekaeder –
halbes Leucitoid – Hexakistetraeder –
halbes Pyramidenoktaeder – Deltoiddodekaeder –
halber 6 mal 8 Flächner – Hexakistetraeder [68]

WEISS unterschied demzufolge bereits Kristalle der kubischen Holoedrie von denen der parallelflächigen und geneigtflächigen Hemiedrie; Kristalle der kubischen Tetardedrie indes waren ihm noch unbekannt.

Um die Beziehungen der Flächen eines Kristalls zum Grundparameterverhältnis der Achsen a, b, c auszudrücken, führte WEISS eine einfache Bezeichnungsweise für die abgeleiteten Flächen ein:

✦ *Wir denken von einem Punkte, – er kann den Mittelpunkt der Masse oder des zu construirenden Körpers vorstellen –, drei Linien in der Richtung von a, b, c ausgehend, so wird eine jede Fläche sich ausdrücken lassen durch diejenigen drei Punkte, in welchen sie diese 3 Linien durchschneidet, oder durch das Verhältnis ihrer Abstände von dem angenommenen Mittelpunkt in den 3 unter sich senkrechten Linien a, b, c als Coordinaten.* [69]

Zur Bezeichnung der Flächen fügte WEISS den Buchstaben a, b, c rationale, gewöhnlich sehr kleine Zahlen hinzu, die das Verhältnis zum Grundparameter angeben. Liegt eine Fläche parallel zu einer Achse, so erhält sie das Zeichen ∞. Ist beispielsweise [a : b : c] das Grundparameterverhältnis eines gleichgliedrigen Kristalls (Oktaeder), so ist [a : b : ∞ c] die Bezeichnung für ein vierseitiges Prisma (Rhombendodekaeder). Diese Bezeichnungsweise ist von WEISS für halbflächige Kristalle weiter ausgeführt [70].

Mögen die von WEISS gebrauchten Bezeichnungen heute auch umständlich erscheinen, so war doch erstmals eine rationale Systematik der Kristallformen geschaffen worden, die über die mehr oder minder intuitive, wechselseitige Zuordnung von Reihen oder Geschlechtern zusammengehöriger Formenvarietäten einer Kristallart hinausging. Die Abstumpfung als das heuristische Prinzip der morphologischen Denkweise in der Kristallographie erhielt durch WEISS eine der mathematischen Behandlung zugängliche Begründung, die im Rationalitäts- und im Zonengesetz ihren Ausdruck fand.

Die von WEISS entwickelte Systematik der Kristalle bildete, so schätzte der Kristallograph PAUL VON GROTH ein,

✦ *... verglichen mit dem Chaos, welches die Beschreibung derselben in allen bisherigen krystallographischen Werken bieten, ein so großen Fortschritt, daß von keinem anderen mit dem gleichen Recht behauptet werden könnte, mit ihm beginne eine neue Epoche in der Krystallographie.* [71]

Diese Würdigung ist keineswegs übertrieben. Freilich war WEISS nicht in der Lage zu erklären, um was für Kräfte es sich bei der Attraktion und Repulsion eigentlich handelt und warum sie in der angenommenen Weise wirken. Er war nicht besser als HAÜY imstande, die Ursachen des Zustandekommens der Kristallform zu erklären, obwohl er sich immer wieder diesem Problem zuwandte. Diesem Gegenstand war beispielsweise ein Vortrag »Vorbegriffe zu einer Cohäsionslehre« [72] gewidmet, den WEISS am 28. Juni 1832 vor der Königlichen Akademie der Wissenschaften in Berlin gehalten hat. GROTH, der sehr fein nuancierte Urteile abzugeben verstand, schrieb darüber:

✦ *Die Auseinandersetzungen dieses Aufsatzes bilden ein lehrreiches Beispiel dafür, daß Probleme, wie die Bildung und das Wachstum der Krystalle, nicht durch philosophische Betrachtungen gelöst werden können. Ein wie scharfsinniger Denker hier jedoch am Werke war, geht daraus hervor, daß besonders auf die Schwierigkeiten hingewiesen wird, die gerade die genannten Fragen darbieten, weil es sich um Aufstellung der Bedingungen handelt, welche an der Grenze zweier verschiedener Medien gelten (bekanntlich gehören die ›Grenzbedingungen‹ zu den schwierigsten Aufgaben aller physikalischen Theorien).* [73]

Indes genügten die Annahme einander entgegengesetzt wirkender Kräfte, die klare Erkenntnis der Vektorialität der morphologischen Eigenschaften der Kristalle und die daraus abgeleitete Idee der Kristallachsen, um einen ganz entscheidenden Fortschritt in der Beschreibung der Gesetzmäßigkeiten der Kristalle zu bewirken. Die heuristische Leistungsfähigkeit der von WEISS in die morphologische Denkweise eingebrachten Idee, erwies sich gerade daran, unter Verzicht auf korpuskulartheoretisches Gedankengut einen empirisch aufweisbaren Zugang zur Erkenntnis dieser Gesetzmäßigkeiten eröffnet zu haben.

Mit Hilfe dieser Idee war es WEISS möglich, eine mathematisch begründete und ausbaufähige Theorie der Kristallmorphologie auszuarbeiten, die einerseits leistungsfähiger als die Kristallstrukturtheorie HAÜYS, einfacher handhabbar als diese und dem empirischen Zugriff besser zugänglich war, und andererseits den Bedürfnissen der Mineralogie besser entsprach, weil sie zu einer kristallographischen Mineralsystematik unter Berücksichtigung des Chemismus der Minerale führte. Sie gestattete es, alle an einem Kristall möglichen Flächenlagen zu berechnen und auf diesem Wege jede beliebige Formenvarietät sowohl einem bestimmten Krystallsystem zuzuordnen, als auch eine beliebige feste chemische Verbindung anhand der Kristallform eindeutig zu identifizieren.

Wie die Kristallstrukturtheorie Hauys, war auch die Theorie der Kristallmorphologie lehrbar, erlernbar und in noch besserem Maße praktisch anwendbar. So waren durch das Wirken von Weiss zu Beginn des 19. Jahrhunderts auch durch die Weiterentwicklung der morphologischen Denkweise die Voraussetzungen für die Herausbildung der Kristallographie als eine selbstständige naturwissenschaftliche Disziplin geschaffen worden.

Er führte tief in die Natur und tief in das Denken ein

Die kristallmorphologischen Erkenntnisse von Weiss fanden nicht nur in Deutschland hohe Anerkennung; auch in anderen europäischen Ländern wurden sie in verhältnismäßig kurzer Zeit akzeptiert und als ein nicht mehr zu entbehrendes Hilfsmittel in der Mineralogie angewendet. War indes die Kristallstrukturtheorie Hauys seinerzeit praktisch ohne Konkurrenz, so mußte sich Weiss' Theorie der Kristallmorphologie erst gegen diese bereits etablierte Theorie durchsetzen.

Zu Beginn des 19. Jahrhunderts war infolge dieser Entwicklung eine Situation eingetreten, die man so beurteilen könnte, als beruhe sie auf verschiedenen philosophisch-weltanschaulichen Grundlagen, die in dem Gegensatz von Atomismus und Dynamismus ihren Ausdruck finden. Von Zeitgenossen Hauys und Weiss' ist eine solche Einschätzung auch tatsächlich getroffen worden. So war Johann Conrad Fischer, Autor und Herausgeber eines physikalischen Wörterbuches dieser Zeit, der Meinung, daß der Physiker gewissermaßen vor einer »*metaphysischen Entscheidung*« stünde, wenn er zwischen Atomismus und Dynamismus wählen soll. [74]

Zweifellos hat die Auseinandersetzung zwischen Atomismus und Dynamismus eine nicht geringe Rolle in den Wegen der naturwissenschaftlichen Erkenntnis gespielt. In Deutschland waren die Bedingungen für die rasche Aufnahme der Weissschen Theorie der Kristallmorphologie sicherlich günstig, da sich hier die Naturwissenschaft am Anfang des 19. Jahrhunderts generell stark an der Naturphilosophie orientiert und die Hauysche Kristallstrukturtheorie aus eben diesem Grund nie so recht Fuß gefaßt hat. Und sicherlich waren auch die Erkenntnisse von Weiss überzeugende Belege für die Vorteile der morphologischen Denkweise, die zudem noch den praktischen Erfordernissen des Montanwesens unmittelbar entsprachen. Doch waren das nur Voraussetzungen dafür, daß sich die morphologische Denkweise vermittelt über die Theorie der Kristallmorphologie durchsetzen konnte.

Bereits 1809, zu einem Zeitpunkt, zu dem Weiss seine Theorie erst in den Grundzügen ausgearbeitet hatte, setzte sich der deutsche Physiker Johann Jakob Bernhardi vom Standpunkt des Dynamikers mit den Mängeln und Schwächen der Kristallstrukturtheorie Hauys auseinander und begründete die Vorzüge der Auffassung von Weiss [75]. Seine Arbeit ist aus zwei Gründen von Interesse: Zum einen zeigt sie, daß die Entscheidung zwischen den beiden alternativen Denkweisen tatsächlich als »metaphysische Entscheidung« zwischen Atomismus und Dynamismus erscheinen kann; zum anderen hat gerade diese Arbeit Weiss wertvolle Anregungen für die Aufstellung der Kristallsysteme gegeben.

So wichtig die Arbeit Bernhardis in dieser Hinsicht für die Entwicklung der Theorie der Kristallmorphologie auch war, sie genügt nicht, um zu verstehen, wie sich durch die Weisssche Theorie die morphologische Denkweise gegen die mit der Hauyschen Kristallstrukturtheorie verhältnismäßig fest etablierte strukturelle Denkweise durchsetzen konnte.

Hierbei spielte ein Ereignis eine Rolle, das mit der Entwicklung der Kristallographie zunächst in einem nur mittelbaren Zusammenhang zu stehen schien, in seinen Konsequenzen jedoch geradezu katastrophale Auswirkungen auf die Zuverlässigkeit der Kristallstrukturtheorie Hauys zeitigte: die Entdeckung der Isomorphie und der Polymorphie durch den deutschen Chemiker Eilhard Mitscherlich.

Im Jahre 1818 stellte Mitscherlich bei Untersuchungen an Phosphaten und Arsenaten fest, daß Kaliumphosphat und Kaliumarsenat die gleiche Kristallform zeigen [76]. Vergleichende Winkelmessungen, die Mitscherlich mit Unterstützung von Gustav Rose, einem Schüler von Weiss, durchführte, bestätigten auch die Winkelgleichheit der Kristallformen beider Salze. Diese Entdeckung bedeutete einen Frontalangriff auf die Korrelation zwischen Struktur, Form und Substanz, wie sie sich aus der Kristallstrukturtheorie ergab; ein Angriff, der sich weiter verstärkte, als Mitscherlich 1821 entdeckte, daß ein und dieselbe chemische Substanz, wie beispielsweise elementarer Schwefel, unter bestimmten Bedingungen in verschiedenen Kristallformen auftreten kann [77].

Durch diese beiden empirisch gefundenen Tatsachen war ein Widerspruch zur Hauyschen Kristallstrukturtheorie aufgedeckt worden, den sie nicht zu lösen vermochte. Hauy selbst erkannte das Problem, hielt aber dennoch an seiner Auffassung fest. So äußerte er gegenüber Brochant de Villiers:

✦ *Wenn Mitscherlichs Theorie korrekt wäre, dann wäre die Mineralogie die erbärmlichste aller Wissenschaften.* [78]

Wir wissen heute, daß Hauy Recht behalten hat und daß die Isomorphie nicht im Widerspruch zum kristallchemischen Grundgesetz steht. Die Winkel isomorpher Kristalle sind nicht gleich, sondern es liegt lediglich eine weitgehende Ähnlichkeit vor. Präzisionswinkelmessungen haben das bestätigt.

Andererseits konnten diese Phänomene auch durch die Theorie der Kristallmorphologie nicht erklärt werden. Indes widersprachen sie ihr auch nicht prinzipiell, da in ihr dem Parameterverhältnis der Achsenabschnitte eine primäre Bedeutung gegenüber der Winkelkonstanz zukommt.

Freilich führte das Versagen der Kristallstrukturtheorie Hauys nicht unmittelbar zur Anerkennung der Theorie der Kristallmorphologie. Dieses Versagen war nur ein Faktor im Durchsetzungsprozeß der Weissschen Theorie und mit ihr der morphologischen Denkweise, zumal sie zum Zeitpunkt der Entdeckung der Isomorphie bereits breite Anerkennung gefunden hatte.

Für Weiss war es überaus vorteilhaft, daß er die Grundzüge seiner Auffassung als Anhang zum ersten Band der deutschen Ausgabe des »Traité de Minéralogie« von Hauy veröffentlichen und dabei, gestützt auf eigene Beobachtungen, zugleich Inkonsequenzen, Irrtümer und Fehler Hauys ausmerzen konnte. Auch den zweiten und dritten Band nutzte Weiss, um weitere Untersuchungsergebnisse mitzuteilen und Fehler in den Arbeiten Hauys zu korrigieren.

Weiss hat jedoch vergleichsweise keine derart zielstrebige Publikationstätigkeit entfaltet wie Hauy; auch hat er kein Lehrbuch geschrieben, in dem er seine Theorie in geschlossener Form dargestellt hätte. Die meisten seiner Arbeiten legte Weiss der Königlichen Akademie der Wissenschaften in Berlin vor, zu deren Mitglied er 1815 gewählt worden war, und publizierte sie in den »Abhandlungen der Königlichen Akademie der Wissenschaften in Berlin«. Obwohl die einzelnen Bände der »Abhandlungen« mit oft erheblicher Verspätung erschienen, sicherte sich Weiss über dieses Publikationsorgan gute Verbreitungsmöglichkeiten für seine Erkenntnisse.

Den Schwerpunkt seiner wissenschaftspropagandistischen Tätigkeit legte Weiss indes nicht auf Veröffentlichungen, sondern auf die Lehre. Die Theorie der Kristallmorphologie hat hauptsächlich durch die Lehrtätigkeit von WEISS Anerkennung und Verbreitung gefunden.

Dafür waren auch die äußeren Umstände günstig. Viele, auch viele ausländische Studenten gingen nicht nur nach Freiberg, um sich an der Bergakademie in Geologie und Mineralogie ausbilden zu lassen, sondern auch an die Berliner Universität, um Vorlesungen an dieser Bildungsinstitution neuen Typs zu hören. Viele Studenten und junge Wissenschaftler fühlten sich von den Namen bedeutender Gelehrter, die an der Alma mater beroliniensis wirkten, angezogen.

Die Berliner Universität übte eine große Anziehungskraft auch auf geologisch und mineralogisch interessierte Studenten und junge Wissenschaftler aus, und es nimmt nicht wunder, daß auch die Vorlesungen von WEISS regen Zuspruch fanden, denn

✦ *Werner hatte Weiss für seinen besten Schüler erklärt; er betrachtete ihn als den Fortsetzer und Vollbringer dessen, was er begonnen hatte.* [79]

WEISS war ein hervorragender Hochschullehrer, der sehr lebendig vorzutragen verstand, wie viele seiner Hörer bezeugt haben. So urteilte der angesehene Berliner Pädagoge KARL FRIEDRICH KLÖDEN:

✦ *Vier Jahre lang habe ich unausgesetzt alle seine Vorträge gehört über Mineralogie, Kristallographie, Geognosie, Petrefaktologie, philosophische Naturlehre etc. und bei keinem meiner Lehrer habe ich so viel gelernt, denn er führte tief in die Natur und tief in das Denken ein.* [80]

Der spätere bedeutende Pädagoge FRIEDRICH AUGUST WILHELM FRÖBEL, der 1812 von Göttingen gekommen war, um bei WEISS zu hören, und der zwei Jahre als Gehilfe bei ihm gearbeitet hat, empfand ähnlich:

✦ *Die Vorträge gaben meinem Geiste und Gemüte in der Tat, was ich bedurfte ...* [81]

Und einer seiner letzten Schüler, sein Neffe CARL EDUARD WEISS, schrieb:

✦ *Sein Vortrag war bis in das letzte Semester von gleicher Lebendigkeit und Frische, so daß man oft hätte meinen können, alle die vor dem Hörer entwickelten Gesetze seien soeben erst von ihm entdeckt worden.* [82]

Mit besonderer Liebe nahm sich WEISS in seinen Vorlesungen der Kristallographie an. Von 1811 an las WEISS eine spezielle Vorlesung, meistens in jedem zweiten Semester, über »Kristallographie oder geometrische sowie mineralogisch-physikalische Theorie der Kristalle und der kristallinen Struktur«. Daneben hielt WEISS zuweilen Spezialvorlesungen, wie »Die Theorie der vom regulären abweichenden Kristallsysteme« oder »Beschreibender oder rein naturhistorischer Theil der Kristallographie«. In den Jahren 1826/27 und in den letzten Lebensjahren von WEISS übernahm sein Schüler GUSTAV ROSE zuweilen die Kristallographievorlesungen [83].

Eine liebenswürdige Schilderung der Art von WEISS, über Kristallographie vorzutragen, gibt sein Schüler, der russische Mineraloge NIKOLAJ IVANOVIČ KOŠAROV, in seinen »Erinnerungen« [84]:

✦ *Weiss war in seinen Vorlesungen eine imponierende und charakteristische Persönlichkeit. Er war hager, hatte sehr feine Gesichtszüge, und wenn er für den behandelten Gegenstand in Leidenschaft geriet, glänzten seine Augen. Die schneeweißen Haare fielen ihm fast bis auf die Schultern; gekleidet war er sehr sorgfältig, immer mit einem weißen Halstuch, mit gestärktem Jabot und langem schwarzen Gehrock. In der linken Hand einen Kristall haltend oder ein hölzernes Modell davon, wies er mit der rechten, die mit einem Messerchen bewaffnet war, auf die verschiedenen Kristallteile, wobei er sie leicht mit der scharfen Messerspitze berührte. Bei dieser Handbewegung funkelte stets der große vortreffliche Brilliant seines Ringes, der nach allen Regeln der Schleifkunst ausgeführt war ... Manchmal veranstaltete Weiss für uns praktische Übungen. Während solcher Übungen saß der alte Weiss* mit seinem weißen Halstuch und mit dem Messerchen in der Hand da, umgeben von einer Anzahl Kästen, die mit Mineralien gefüllt waren. Sobald er eines davon ausgesucht hatte, wandte er sich an jeden von uns mit der Frage: ›Wie heißt dieses Mineral?‹ In unserem Auditorium waren indes wenige praktische Mineralogen, und ich war in dieser Beziehung bei Leibe nicht einer der stärksten. Einmal indes konnte ich ihn besonders zufrieden stellen: Weiss zeigte, die Reihen der Anwesenden durchschreitend, ein sehr seltenes Mineral aus Schottland – den Greenockit, mit dem die Zuhörer wenig bekannt waren, aber das ich gut kannte. Weiss stellte die Frage: ›Welches Mineral sieht dem Greenockit äußerlich ähnlich? Und‹ – so fügte er hinzu – ›einem Mineral, das mit ihm nichts Gemeinsames hat.‹ Als ich bemerkte, daß niemand antwortete, entschloß ich mich zu sagen: ›Mit dem Korund.‹ Der Alte geriet über meine Antwort in Entzücken, da es sich herausstellte, daß er der gleichen Meinung war. Seitdem schenkte er mir besondere Aufmerksamkeit und stellte mir öfter als früher diese oder jene Fragen. [85]

Auf diese Weise hatte WEISS eine ausgezeichnete Möglichkeit, im persönlichen Umgang mit seinen Schülern die Theorie der Kristallmorphologie zu verbreiten, neueste Forschungsergebnisse zur Diskussion zu stellen und in diesem Zusammenhang auch die morphologische Denkweise zu vermitteln. Nicht selten wandten sich junge Wissenschaftler durch seinen Einfluß von der strukturellen Denkweise ab und machten sich die morphologische Denkweise zu eigen. So schrieb der russische Paläontologe EDUARD IVANOVIČ EICHWAL'D, der Vorlesungen sowohl bei HAUY in Paris als auch bei WEISS in Berlin gehört hat, rückblickend:

✦ Nach Hauy hat sich die Kristallographie in Deutschland in einer unabhängigen Form vervollkommnet, und vor allem Weiss in Berlin hat sich die Dankbarkeit der Mineralogen durch die Entdeckung einer neuen und besonders ausgezeichneten kristallographischen Methode verdient. [86]

In seinem Interesse an Kristallen hat sich EICHWAL'D auf den Standpunkt der Mineralogen gestellt und seine Entscheidung zwischen den beiden Alternativen bewußt zugunsten der morphologischen Denkweise getroffen.

Aus der wissenschaftlichen Schule von WEISS sind viele namhafte Mineralogen und Kristallographen hervorgegangen, die sich hohe wissenschaftliche Verdienste erworben und die morphologische Denkweise weiterverbreitet haben. In Deutschland zählen dazu WEISS' Schüler GUSTAV ROSE und HEINRICH ERNST BEYRICH, Nachfolger von WEISS an der Berliner Universität; GERHARD VOM RATH, Schüler und Schwiegersohn ROSES; sowie CHRISTIAN FRIEDRICH MARTIN WEBSKY und PAUL VON GROTH, beide Schüler VOM RATHS.

Die eigentlich entscheidende Wissenschaftlerpersönlichkeit in diesem Kreis zu WEISS' Lebzeiten war ROSE. Er führte nicht nur MITSCHERLICH in die Theorie und Methodik kristallographischen Arbeitens ein, sondern machte auch die WEISSsche Theorie in Schweden bekannt, wo er zur gleichen Zeit wie MITSCHERLICH und sein Bruder HEINRICH ROSE bei JÖNS JACOB VON BERZELIUS arbeitete. Weiterhin nahm ROSE durch seine Teilnahme an der berühmt gewordenen Reise ALEXANDER VON HUMBOLDTS und CHRISTIAN GOTTFRIED EHRENBERGS durch Rußland im Jahre 1829 und die Publikation der Expeditionsergebnisse [87] Einfluß auf die Verbreitung der Theorie der Kristallmorphologie in Rußland, wo sie allerdings erst nach 1830 Aufnahme fand. Indes trugen dazu in noch bedeutenderem Maße die Schüler von WEISS und ROSES zeitweilige Studien- und Arbeitskollegen KOKŠAROV und ADOL'F JAKOVLEVIČ KUPFER bei.

Letzterer beteiligte sich an einer von WEISS vorgeschlagenen Preisaufgabe der Berliner Akademie zur vollständigen Bestimmung einer Anzahl von

Kristallsystemen und erhielt die begehrte Auszeichnung nicht zuletzt deshalb, weil er sich bei seinen Untersuchungen des von WILLIAM HYDE WOLLASTON 1809 konstruierten Reflexionsgoniometers bediente, welches ihm recht präzise Winkelmessungen ermöglichte [88]. KUPFER war später in Kasan und in St. Petersburg als Professor für Mineralogie tätig und begründete die auf der morphologischen Denkweise beruhende russische Schule präziser Kristallbestimmungen, aus der eine Reihe namhafter Kristallographen hervorgegangen ist.

Zur WEISSschen wissenschaftlichen Schule zählen in Deutschland auch sein direkter Schüler FRANZ ERNST NEUMANN sowie CARL FRIEDRICH NAUMANN und in Österreich WILHELM VON HAIDINGER, beide ursprünglich Schüler von FRIEDRICH MOHS, dem Nachfolger WERNERS in Freiberg, in England WILLIAM HALLOWES MILLER, der durch Studienaufenthalte in Göttingen und Berlin Kenntnis von WEISS' Arbeiten erhalten hatte und sie später in Cambridge fortsetzte; sowie in Rußland A. ŠTURM, Herausgeber der »Glavnye osnovanija mineralogii« [89], bei deren Ausarbeitung er unter anderem KUPFER konsultierte und von dem er die Theorie der Kristallmorphologie übernahm.

Auf diese Weise verbreitete sich die Theorie der Kristallmorphologie und durch sie vermittelt die morphologische Denkweise über international weit verzweigte Kommunikations- und Kooperationsstrukturen, wobei Lehrbücher und Monographien eine erhebliche Rolle spielten. In Deutschland trug dazu insbesondere CARL FRIEDRICH NAUMANN bei, der die WEISSsche Kristallsystematik in die Lehrbücher eingeführt hat, so in den 1826 erschienenen »Grundriß der Krystallographie«, in das 1830 herausgegebene zweibändige »Lehrbuch der reinen und angewandten Krystallographie« sowie in die 1828 erstmals erschienenen »Elemente der Mineralogie« [90], ein Werk, das als Standardlehrbuch der Mineralogie – später von FERDINAND ZIRKEL besorgt – viele Auflagen erlebt hat und auch heute älteren Semestern noch als »NAUMANN-ZIRKEL« bekannt ist.

Über die Aufnahme der Theorie der Kristallmorphologie in England schrieb WILLIAM WHEWELL:

✦ *Haidinger's Übersetzung der Schriften von Mohs bewirkte vorzüglich ihre Einführung in England. Zur näheren Bezeichnung der Zeit, wo dies geschah, wird es mir erlaubt sein, zu bemerken, daß meine Schrift ›Allgemeine Methode, die Winkel der Krystalle zu berechnen‹, in den Philos. Transactions für das Jahr 1825 erschien. In diesem Aufsatz hielt ich mich noch ganz an die Ansichten von Hauy. Im folgenden Jahr aber machte ich ... mein Memoir ›Über die Classifikation der krystallinischen Combinationen‹ bekannt, wo ich mich auf die Methoden von Weiß und Mohs, besonders auf die letztere, stützte, da ich mich mit denselben in der Zwischenzeit näher bekannt gemacht hatte, und da sie (sich) mir durch das Zeugniß ihrer eignen inneren Evidenz zu empfehlen schienen.* [91]

Allgemeine Verbreitung indes fand in England die Theorie der Kristallmorphologie erst durch MILLERS 1839 erschienenes Lehrbuch »A treatise on crystallography« [92].

In Rußland legten die Theorie der Kristallmorphologie unter anderen ŠTURM dem 1835 erschienenen »Glavnye osnovanija mineralogii« [93] und KOKŠAROV den von ihm in den Jahren 1852 bis 1877 herausgegebenen »Materialy dlja mineralogii Rossii« zugrunde.

In Frankreich veröffentlichte BROCHANT DE VILLIERS eine zusammenfassende Übersetzung der Leipziger Antrittsrede sowie der ergänzenden Vorlesung von WEISS aus dem Jahre 1809 [94]; jedoch konnte sich dort die WEISSsche Auffassung gegen die Kristallstrukturtheorie HAUYS nicht recht durchsetzen.

Diese durchaus nicht vollständige Übersicht über die WEISSsche Schule macht deutlich, wie sich durch die Verbreitung und den weiteren Ausbau der Theorie der Kristallmorphologie die morphologische Denkweise allmählich ebenfalls zu einer wissenschaftlichen Tradition verfestigte.

Durch das Wirken von Weiss und seiner Schüler bildeten sich allmählich historisch relativ stabile Kommunikations- und Kooperationsstrukturen heraus, in deren Gefolge auch entsprechende Organisationsformen entstanden. Im ersten Drittel des 19. Jahrhunderts beginnend, institutionalisierte sich die Kristallographie verbreitet als ein eigenes Lehr- und Forschungsgebiet; sie etablierte sich als eine neue selbständige Naturwissenschaft, die sich fortan im Rahmen der gesamten Wissenschaftsentwicklung nach eigenen inneren Gesetzmäßigkeiten entwickelte.

In der Regel war indes die Kristallographie nicht selbständig institutionalisiert, sondern aufgrund ihrer Orientierung auf die Anwendung in der Mineralogie organisatorisch in die Struktur vorhandener mineralogischer Sammlungen, Museen und Institute eingebettet. Diese Organisationsstrukturen haben sich, national unterschiedlich, zum Teil bis in die zweite Hälfte des 20. Jahrhunderts erhalten, obwohl sie ihre Anpassungsfähigkeit an die Bedingungen moderner kristallographischer Forschungen längst eingebüßt hatten [95].

Im Prozeß der Entstehung wissenschaftlicher Traditionen und der Herausbildung einer neuen wissenschaftlichen Disziplin kommt der Entwicklung wissenschaftlicher Schulen eine besondere Bedeutung zu. Durch den persönlichen Umgang und die unmittelbare Zusammenarbeit zwischen Lehrer und Schülern werden nicht nur die Theorie vermittelt und deren praktische Anwendung eingeübt; vor allem wird auch die ihr zugrunde liegende Denkweise in der wissenschaftlichen Tätigkeit durch den Lehrer unmittelbar vorgelebt und den Schülern anerzogen.

Durch sein wissenschaftliches Wirken, durch seine Fähigkeit als Lehrer, junge Wissenschaftler auszubilden und zu erziehen, hat Weiss Bahnbrechendes für die Entdeckung der Kristalle und für die Entwicklung der Kristallographie geleistet.

Epilog: Auf getrennten Wegen

Was sie darin geschaffen hat, hat bleibenden Wert

Mit der Entstehung alternativer kristallographischer Traditionen und mit der Etablierung der Kristallographie als neue Naturwissenschaft war der Entdeckung der Kristalle freilich kein Ende gesetzt. Die Erkenntnis der grundsätzlichen Gesetzmäßigkeiten der Kristalle leitete vielmehr eine Epoche intensiver kristallographischer Forschungen ein, die die historische Vergangenheit der Kristallographie mit der Gegenwart verbindet.

Durch die verbreitete Anerkennung der WEISSschen Theorie der Kristallmorphologie wurde die Kristallstrukturtheorie und mit ihr die strukturelle Denkweise über viele Jahrzehnte in den Hintergrund gedrängt. Als dominierende wissenschaftliche Tradition der Kristallographie wurde im 19. Jahrhundert die morphologische Denkweise gepflegt. Doch geriet auch die strukturelle Denkweise nicht gänzlich in Vergessenheit. Beide haben auf getrennten Wegen zur weiteren Entdeckung der Kristalle beigetragen und so die moderne Entwicklung der Kristallographie vorbereitet.

Als Hauptproblem stand zunächst die Vervollkommnung der Theorie der Kristallmorphologie zur Debatte. Bereits FRIEDRICH MOHS hatte erkannt, daß, im Unterschied zur Auffassung von WEISS, an Kristallen nicht nur rechtwinklige, sondern auch schiefwinklige Achsensysteme auftreten können. An diesen Hinweis knüpfte CARL FRIEDRICH NAUMANN an, der das monokline und das trikline Kristallsystem der WEISSschen Kristallsystematik hinzufügte und damit die Zahl der Kristallsysteme auf die Anzahl von sieben Kristallsystemen vervollständigte [1].

Zur Vervollkommnung der WEISSschen Theorie zählen auch die Beiträge seines Schülers FRANZ ERNST NEUMANN, der sie 1823 durch die Ersetzung der Flächen durch Flächennormalen als deren Repräsentanten einfacher handhabbar machte, die Methode der stereographischen Projektion einführte und mit seinen kristallmorphologischen Untersuchungen die Einführung der heute üblichen Flächenindizierung im Jahre 1839 durch WILLIAM HALLOWES MILLER vorbereitete [2].

NEUMANN hat auch die von WEISS in die morphologische Denkweise eingebrachte Idee der Vektorialität für die Untersuchung der physikalischen Eigenschaften der Kristalle fruchtbar gemacht. Im Jahre 1832 gab er im Anschluß an die Arbeiten Augustine-Jean Fresnels der Theorie der Doppelbrechung des Lichtes eine streng mathematische Form und faßte wenig später alle bis dahin gewonnenen Erkenntnisse über die optischen und thermischen Eigenschaften von Kristallen in einer einheitlichen Theorie zusammen [3]. Dabei formulierte Neumann, zunächst für das rhombische Kristallsystem, den gesetzmäßigen Zusammenhang zwischen der Form und den physikalischen Eigenschaften der Kristalle.

Die Arbeiten Neumanns waren nicht nur ein hervorragender Beweis für die heuristische Leistungsfähigkeit der von Weiss weiterentwickelten morphologischen Denkweise, sondern vertieften sie auch insofern, als sie zu der Erkenntnis führten, daß, wie Groth bemerkte, die

✦ *... Krystallform selbst zu den physikalischen Eigenschaften gehöre und den gleichen Gesetzmäßigkeiten unterworfen sei, daher nicht ohne sie behandelt werden könne ...* [4]

Der Kern der Leistung Neumanns besteht dabei darin, daß er die morphologische Denkweise auf Eigenschaften der Kristalle angewendet hat, die keine morphologischen Eigenschaften sind. Dadurch, daß Neumann im Anschluß an Weiss einen Kristall hinsichtlich der Gesamtheit seiner Eigenschaften als ein homogenes anisotropes Kontinuum aufgefaßt hat, hat er einerseits die physikalische Kristallographie als Kristallphysik in die Kontinuumsphysik des 19. Jahrhunderts eingebettet und andererseits der kristallphysikalischen Forschung ein ausgedehntes Untersuchungsfeld und ein breites Anwendungsgebiet auf einer tragfähigen theoretischen Grundlage erschlossen. Die morphologische Denkweise erfuhr dabei in ihrer Anwendung auf physikalische Eigenschaften der Kristalle eine Metamorphose zur kontinuumstheoretischen Denkweise.

In der zweiten Hälfte des 19. Jahrhunderts wurde deren Leistungsfähigkeit durch eine Vielzahl von Untersuchungen über optische, thermische, mechanische und elektrische Eigenschaften von Kristallen glänzend bestätigt. Ihren Höhepunkt und gewissermaßen ihre Vollendung fand die Kristallphysik in dem von Neumanns Schüler Woldemar Voigt geschriebenen, 1910 erschienenen und international anerkannten »Lehrbuch der Kristallphysik« [5].

Indes hat sich die Kristallphysik im 19. Jahrhundert in einem nur verhältnismäßig losen Zusammenhang mit der Kristallmorphologie entwickelt, da diese für die Untersuchung der physikalischen Eigenschaften der Kristalle nicht berücksichtigt zu werden brauchte, wie umgekehrt die Kristallphysik nicht für die morphologische Beschreibung der Kristalle benötigt wurde.

Dennoch gehören Kristallmorphologie und Kristallphysik zusammen. Sie sind von ihrem Ursprung her zwei Seiten ein und derselben wissenschaftlichen Tradition, denn das 19. Jahrhundert beschäftigte sich, wie Max von Laue schrieb,

✦ *... überhaupt weniger mit der Molekulartheorie als mit der Phänomenologie der Kristalle. Und was sie darin geschaffen hat ..., hat gerade wegen seines formalen Charakters, den man ihr oft zum Vorwurf gemacht hat, einen bleibenden Wert.* [6]

Bemerkenswert ist, daß mit der Anwendung der Weissschen Theorie auf Mineralkristalle eine Ausweitung ihres Anwendungsbereiches über die Minerale hinaus einherging. Die sich im 19. Jahrhundert rasch entwickelnde präparative Chemie erforderte es, die Identifizierung neu entdeckter chemischer Verbindungen auch durch die präzise Bestimmung des jeweiligen Kristallsystems und die morphologische Beschreibung und Vermessung ihrer Kristallformen zu bestätigen. Es ist dies sozusagen auf neuem Niveau eine Rückkehr zu dem alten Problem der Chemie und dessen Lösung auf der Grundlage einer Theorie, die aus einer der Chemie ursprünglich fremden Denkweise hervorgegangen ist.

Dabei veranlaßten die Probleme der Isomorphie und Polymorphie ausgedehnte systematische Untersuchungen über die kristallographischen Beziehungen einander nahestehender chemischer Verbindungen. Im 19. Jahrhundert beschäftigten sich zahlreiche Kristallographen, Chemiker und Mineralogen sowohl mit dem Problem der Isomorphie, unter ihnen FRIEDRICH WÖHLER, ROBERT BUNSEN, JEAN-CHARLES GALISSARD DE MARIGNAC und JACOBUS HENRICUS VAN'T HOFF, als auch mit dem der Polymorphie, wie MORITZ LUDWIG FRANKENHEIM, OTTO LEHMANN und WILHELM OSTWALD. In ausgedehnten Detailforschungen chemischer, physikalischer und später auch physikalisch-chemischer Orientierung wurde ein umfangreiches Beobachtungsmaterial zusammengetragen, das durch KARL FRIEDRICH RAMMELSBERG 1855 in seinem zweibändigen »Handbuch der krystallographischen Chemie« [7] erstmals in monographischer Form zusammengefaßt wurde.

Trotz aller Bemühungen hatte zwar die chemische Kristallographie, wie GROTH anmerkt,

✦ *... eine Anzahl von Ergebnissen erzielt, welche es unzweifelhaft erscheinen lassen, daß eine gesetzmäßige Abhängigkeit der Krystallform von der chemischen Konstitution besteht, ... aber zu irgendeiner allgemeingültigen Gesetzmäßigkeit hatten alle diese Forschungen nicht geführt; die Frage nach der Art dieser Abhängigkeit mußte daher noch als eine offene betrachtet werden. Zudem hatte die kritische Sichtung des Materials an chemisch-krystallographischen Untersuchungen gezeigt, daß dasselbe trotz seines großen Umfanges noch zahlreicher Ergänzungen bedarf.* [8]

Wenngleich die komplizierten, mit der Isomorphie und Polymorphie zusammenhängenden Fragen im 19. Jahrhundert nicht befriedigend gelöst werden konnten, so trugen sie doch zu einem tieferen Verständnis der Beziehungen zwischen Form und Chemismus der Kristalle bei.

Die stürmische Entwicklung von morphologischer, physikalischer und chemischer Kristallographie im 19. Jahrhundert hatte indes keine tiefgreifenden Auswirkungen auf die Anwendung der Kristallographie in der Mineralogie. Besonders deutlich zeigt sich dies an der Entdeckung der Symmetriegesetze der Kristalle.

Durch die von WEISS geschaffene Kristallsystematik wurde bereits deutlich, daß innerhalb eines Kristallsystems noch andere Symmetriebeziehungen als die seit HAUY bekannte Symmetrieebene vorhanden sein müssen. Dieser Frage, die nicht zu den substantiellen Problemen der Theorie der Kristallmorphologie zu zählen schien, nahm sich der Mineraloge JOHANN FRIEDRICH CHRISTIAN HESSEL an, der indes nicht zur WEISSschen Schule gehörte. Durch die systematische Analyse der möglichen Flächenlagen in einem Kristallsystem gelangte HESSEL 1830 zu der Erkenntnis, daß sich Symmetriebeziehungen auch durch Symmetrieachsen darstellen lassen, und zu dem Nachweis, daß an Kristallen nur 2-, 3-, 4- und 6zählige Symmetrieachsen auftreten können. Aus der Kombination von mehreren Symmetrieachsen untereinander und mit Symmetrieebenen leitete HESSEL insgesamt 32 mögliche Symmetrieklassen ab, mit deren Hilfe sich die sieben Kristallsysteme in 32 Kristallklassen unterteilen lassen [9].

Obwohl die Ableitung der Kristallklassen eine wesentliche Vertiefung der WEISSschen Kristallsystematik bedeutete, blieb diese wichtige Entdeckung völlig unbeachtet. GROTH bemerkte hierzu:

✦ *Während bis dahin also rein empirisch innerhalb der sieben Krystallsysteme Abteilungen mit geringerer Symmetrie als ›hemiedrische‹ oder ›hemimorphe‹ unterschieden worden waren, ohne daß für diese Unterscheidung ein Prinzip erkannt worden wäre, lag nun der strenge Beweis vor, daß es nur die beschränkte Zahl von 32 Arten der Symmetrie bei den Krystallen geben könne. Wenn die-*

ser Beweis auch in einer etwas weitläufigen und schwerfälligen Form geführt worden war, so ist es doch fast unbegreiflich, daß in den nächsten Jahrzehnten dieser größte Fortschritt der theoretischen Krystallkunde völlig unbeachtet blieb. [10]

Die Folge davon war, daß sich durch die kristallographische Beschreibung von Mineralen und anderen chemischen Verbindungen ein enorm umfangreiches Tatsachenmaterial anhäufte, das der Systematisierung entbehrte. Die Ursache dafür ist jedoch nicht allein darin zu suchen, daß diese Entdeckung durch einen »Außenseiter« gemacht wurde, sondern vor allem darin, daß sich um 1830 das Denken in der Theorie der Kristallmorphologie schon in einem Maße verfestigt hatte, welches das Erkennen der Bedeutung dieser Entdeckung und damit ihre Aufnahme verhinderte.

Zwar hatte die kristallographische Methode Eingang in die mineralogische Lehre und Forschung gefunden, doch blieb die Kristallographie namentlich in Deutschland für die Mineralogie eine Hilfswissenschaft, die im Unterricht häufig als »Allgemeine Mineralogie« abgehandelt wurde. Eine stärkere Betonung der Kristallographie in der akademischen Ausbildung der Mineralogen stieß nicht selten auf die Kritik von Fachkollegen und der vorgesetzten Unterrichtsbehörde. Dazu schrieb GROTH:

◆ *Während dank zahlreicher Forschungen, hauptsächlich von Vertretern der Mathematik und Physik, die Krystallkunde sich im Laufe des 19. Jahrhunderts zu einer Wissenschaft entwickelte, welche uns eine fast vollständige Kenntnis des gesetzmäßigen Zusammenhanges aller physikalischen Eigenschaften der Krystalle und eine theoretische Erklärung dieser Gesetzmäßigkeiten liefert, blieb der mineralogische Unterricht selbst an den meisten Hochschulen bis in das 20. Jahrhundert hinein prinzipiell auf jenem Standpunkte stehen* [11], der im wesentlichen schon mit den Lehrbüchern von NAUMANN erreicht worden war.

Auf lange Zeit hinaus diskreditiert

Noch ärger erging es der Kristallstrukturtheorie, die trotz ihres Versagens bei der theoretischen Interpretation der Isomorphie und Polymorphie der Kristallstrukturtheorie von HAUY nicht gänzlich aufgegeben wurde, wenngleich sie sich hinsichtlich ihrer Anwendung in der Mineralogie gegen die Theorie der Kristallmorphologie von WEISS nicht behaupten konnte.

Kritik und Weiterentwicklung erfuhr die Kristallstrukturtheorie bereits 1824 durch LUDWIG AUGUST SEEBER, einem Schüler von CARL FRIEDRICH GAUSS, der unter physikalischen Aspekten sowohl HAUYS Theorie als auch die Theorie von WEISS als nicht mit der Erfahrung übereinstimmend einschätzte. Als Grund führte SEEBER an, daß die in beiden Theorien enthaltene Annahme der kontinuierlichen Raumerfüllung in Widerspruch zum elastischen und thermischen Verhalten fester Körper steht.

Dies war eine neue Problemstellung, die auch durch ganz neuartige gesellschaftliche Interessen und Bedürfnisse induziert worden ist. Mit der Entwicklung des Kapitalismus der freien Konkurrenz und der Ausbreitung der Industriellen Revolution sahen sich Metallurgie, Maschinenbau und Metallverarbeitung vor Probleme gestellt, die früher nicht gravierend in Erscheinung getreten waren, jetzt jedoch zunehmend dringend einer Lösung bedurften. Mit dem Übergang zur Dampfmaschine als Energiewandler und Antriebsaggregat, dem Bau leistungsfähiger Maschinen, dem Bau von Brücken aus Stahl und von Eisenbahnen rückten Fragen nach der thermischen und mechanischen Belastbarkeit der Werkstoffe in den Vordergrund, die von Physikern und Mathematikern aufgegriffen wurden.

SEEBER vertrat die Auffassung, daß die in beiden Theorien enthaltene Voraussetzung der kontinuierlichen Raumerfüllung eliminiert werden muß, wen ein Zugang zur Erklärung des thermischen und elastischen Verhaltens der Kristalle gefunden werden soll. Mit dieser Grundposition mußte sich SEEBER für die strukturelle Denkweise entscheiden, denn es gibt keine Möglichkeit, in der morphologischen Denkweise den Kontinuumsgedanken aufzugeben, ohne zugleich die Vektorialität der Eigenschaften statt auf immaterielle ein Kontinuum konstituierende Kräfte auf eine diskontinuierliche Struktur zu beziehen.

Von diesen Erwägungen ausgehend, ersetzte SEEBER die parallelepipedischen Bausteine in HAUYS Kristallstrukturtheorie durch kugelförmige Teilchen in den Schwerpunkten der Parallelepipede, behielt jedoch die Dekreszenz als brauchbares geometrisches Prinzip bei. Dadurch vereinfachte SEEBER die Kristallstrukturtheorie HAUYS, da sich alle geometrischen Operationen der Zusammenfügung unterschiedlicher polyedrischer Bausteine zu Parallelepipeden erübrigten, ohne den grundsätzlichen Aufbau der Theorie zu verändern [12].

Mit der Einführung kugelförmiger Teilchen paßte SEEBER die strukturelle Denkweise an moderne Atomvorstellungen in der Chemie an und machte die Untersuchung der physikalischen Eigenschaften der Kristalle mit der Methode der mathematischen Behandlung von Massenpunkten zugänglich.

In seiner Anzeige einer späteren Arbeit von SEEBER machte GAUSS auch folgerichtig auf die geometrische Bedeutung der darin enthaltenen Theorie für die parallelepipedische Anordnung von Punkten im Raum aufmerksam und wies darauf hin, daß diese Theorie auch zur Behandlung aller Relationen unter den Formen eines Kristalls geeignet sei [13].

Allerdings fanden SEEBERS Untersuchungen keine größere Resonanz, insbesondere nicht unter den Mineralogen, denen die Art der Probleme und ihrer Behandlung zu fern lagen, um sie sich für die ihrigen zunutze zu machen. Nur der Mathematiker AUGUSTIN-LOUIS Baron DE CAUCHY unternahm bereits 1827 einen ersten Versuch, die elastischen Eigenschaften fester Körper mit der Modellvorstellung von periodisch angeordneten Molekülen als punktförmige Kraftzentren zu behandeln [14].

Anders hingegen liegen die Dinge bei GABRIEL DELAFOSSE, einem Schüler HAUYS, der sich 1843 im Unterschied zu SEEBERS Auffassung nicht die Schwerpunkte von parallelepipedischen Bausteinen, sondern parallel und äquidistant liegend gedachte Spaltflächen von Kristallen als periodisch mit Massenpunkten belegt vorstellte [14]. Die Lage eines Massenpunktes im Raum ist dann durch den Schnittpunkt dreier Spaltebenen eindeutig bestimmt, so daß sich hierdurch ein dreidimensionales Netz mit parallelepipedischen Maschen ergibt [15].

Der Anlaß für die Untersuchungen DELAFOSSES lag in inneren Widersprüchen der Kristallstrukturtheorie zum Teil sehr diffiziler Natur, wie beispielsweise das Auftreten »zusätzlicher« Spaltrichtungen zu den Hauptspaltrichtungen von Kristallen, die HAUY mühsam zu erklären versucht hatte.

Mit den Arbeiten von DELAFOSSE war die Idee des Raumgitters in die strukturelle Denkweise eingebracht worden, die bereits 1848 von AUGUSTE BRAVAIS aufgegriffen und weiter ausgearbeitet worden ist. Durch systematisches Aufsteigen von einer unendlich gedachten Punktreihe über ein zweidimensionales Netz zu einer dreidimensionalen Schar von Punkten gelangte BRAVAIS zur Entdeckung der 14 Raumgittertypen, die, auf 7 Gruppen verteilt, genau den 7 Kristallsystemen entsprechen. Unabhängig von BRAVAIS leitete 1856 auch FRANKENHEIM die 14 Raumgittertypen ab [17].

Indes war die Kristallstrukturtheorie durch die Entkleidung der Kristallstrukturen von ihrem substantiellen Inhalt und mit dem Übergang zur Raumgittervorstellung zu einem ausschließlich mathematischen Problem geworden, dessen ursprünglicher Zusammenhang mit den praktischen Problemen der Mineralogie nahezu völlig verlorenging. Infolgedessen wurde auch seine Bearbeitung zu einer Domäne der Mathematiker, Physiker und mathematisch versierten Kristallographen. Das ist nicht zuletzt darauf zurückzuführen, daß sich keine neuen Möglichkeiten auffinden ließen, die theoretisch ableitbaren Kristallstrukturen dem empirischen Zugriff zugänglich zu machen, obwohl im 19. Jahrhundert immer wieder versucht worden ist, empirisch ermittelte kristallphysikalische Tatsachen strukturell zu interpretieren.

Bei der Beschreibung kristallphysikalischer Phänomene hatte sich die der Kontinuumsvorstellung verpflichtete und von NEUMANN weiterentwickelte morphologische Denkweise als erfolgreich erwiesen. Doch stellte sich die strukturelle Denkweise der Auseinandersetzung interessanterweise gerade bei jenem physikalischen Problem, von dem aus die HAUYsche Kristallstrukturtheorie durch SEEBER die härteste Kritik hinnehmen mußte: das elastische Verhalten fester Körper.

Bei dem Versuch, die elastischen Eigenschaften der Kristalle mit Hilfe der von BRAVAIS abgeleiteten Gittertypen zu beschreiben, stellte sich ein merkwürdiges Versagen der Kristallgittertheorie heraus. Es zeigte sich, daß zwischen den Elastizitätskonstanten eines einfachen Translationsgitters Beziehungen bestehen, die im allgemeinen Falle eines triklinen Gitters die sich aus der Kontinuumstheorie ergebenden 21 Konstanten auf 15 herabsetzen. Das Experiment hingegen verlangt zur Beschreibung des elastischen Verhaltens die Verfügbarkeit aller 21 Konstanten.

Dieser Widerspruch zwischen Kristallgittertheorie und Experiment einerseits und zwischen Strukturtheorie und Kontinuumstheorie andererseits, der zum »Sieg« der »Multikonstantentheorie« über die »Rarikonstantentheorie« führte, war von großer Tragweite. PAUL PETER EWALD schrieb darüber:

✦ *Dieses Versagen der Gittervorstellung bei der unmittelbar sich darbietenden Erklärung des elastischen Verhaltens versetzte dem Glauben an die ganze Gittertheorie einen solchen Stoß, daß sie auf lange Zeit hinaus diskreditiert war und einem Dornröschenschlaf verfiel, aus dem sie erst eigentlich durch die Entdeckung der Röntgeninterferenzen erlöst wurde.* [18]

Auch in der weiteren Entwicklung der Kristallgittertheorie ging es nicht recht voran. Um in der mathematischen Behandlung der Kristallstrukturen weiterkommen zu können, war die Kenntnis der Symmetrieeigenschaften der Kristalle eine unerläßliche Voraussetzung. Dadurch, daß die Arbeit HESSELS in Vergessenheit geraten war, wurde zunächst die Entdeckung der 32 Symmetrieklassen 1849 von BRAVAIS mit Hilfe der strukturellen Denkweise wiederholt [19]; sie war übrigens nicht die einzige Wiederholung dieser Entdeckung in der Geschichte der Kristallographie [20]. BRAVAIS gelang es jedoch ebensowenig wie FRANKENHEIM, die Schwierigkeiten zu beseitigen, die sich daraus ergaben, daß die 14 Gittertypen nur die jeweils höchste Symmetrie in den Kristallsystemen repräsentieren.

Erst LEONHARD SOHNKE, der die Bedeutung der Symmetriebeziehungen klar erkannt hat, war es 1879 durch die gruppentheoretische Behandlung von Punktsystemen mit Hilfe der zusätzlichen Deckoperationen Schiebung, Drehung und Schraubung möglich, 65 Raumgruppen abzuleiten [21]. Die volle Anzahl von 230 Raumgruppen abzuleiten gelang dann unabhängig voneinander 1891 ARTHUR SCHÖNFLIES [22] in Deutschland und JEVGRAF STEPANOVIČ FEDEROV [23] in Rußland durch Hinzufügen der Spiegelung und der Drehspiegelung zu den von SOHNKE eingeführten Deckoperationen.

Die mathematische Durchbildung der Kristallgittertheorie ermöglichte nunmehr auch eine neue der strukturellen Denkweise entsprechende Definition des Kristallbegriffs, wie sie erstmals von SOHNKE angegeben worden ist:

✦ *Krystalle – unbegrenzt gedacht – sind regelmäßige unendliche Punktsysteme, d. h. solche, bei* denen um jeden Massenpunkt herum die Anordnung der übrigen dieselbe ist, wie um jeden anderen Massenpunkt. [24]

In dieser Begriffsbestimmung ist auch erstmals die Auffassung eines Kristalls als reell homogenes anisotropes Diskontinuum deutlich ausgesprochen.

Wie weit sich die Kristallgittertheorie von der Theorie der Kristallmorphologie und damit von Anwendungsmöglichkeiten in der Mineralogie entfernt hatte, zeigt der Vergleich mit einer aus der morphologischen Denkweise hervorgegangenen und allgemein anerkannten Definition des Kristallbegriffs, wie sie NAUMANN gegeben hat:

✦ *Krystall ist jeder starre anorganische Körper welcher eine wesentliche und ursprüngliche, mehr oder weniger regelmäßige polyedrische Form besitzt.* [25]

In dieser Begriffsbestimmung, die noch nicht einmal organische Verbindungen einschließt, scheint die den praktischen Erfordernissen des Montanwesens verpflichtete morphologische Denkweise noch einmal ganz unvermittelt auf.

Indes führte das Weiterverfolgen der strukturellen Denkweise durch GABRIEL DELAFOSSE direkt zu einer Entdeckung, durch die der Zusammenhang von Struktur, Form und Chemismus der Kristalle wieder in den Vordergrund trat. LOUIS PASTEUR, der von DELAFOSSE mit der Kristallstrukturtheorie und der strukturellen Denkweise vertraut gemacht worden war, entdeckte im Jahre 1848 bei optischen Untersuchungen an der Weinsäure, daß es zwei Arten von Weinsäure gibt, die die Schwingungsebene linear polarisierten Lichtes um den gleichen Betrag, jedoch in entgegengesetzter Richtung drehen.

Konsequent folgerte PASTEUR aus dieser Beobachtung, daß die Moleküle der Weinsäure asymmetrisch gebaut sein müssen und ihre Konfigurationen sich spiegelbildlich zueinander verhalten. Bei der kristallographischen Prüfung der Ergebnisse stellte PASTEUR fest, daß die beiden optisch aktiven Weinsäuren Kristallformen besitzen, die sich ebenfalls zueinander wie Bild und Spiegelbild verhalten. Diese Erscheinung erhielt die Bezeichnung Isomerie beziehungsweise Enantiomorphie [26].

Damit fand die Beobachtung HAUYS, daß an manchen Mineralen Flächen in geringerer Anzahl auftreten, als es die Theorie erwarten läßt, eine mögliche Erklärung. Dabei ist die theoretische Interpretation der empirisch aufgewiesenen Tatsachen deshalb von besonderer Bedeutung, weil PASTEUR den Zusammenhang von Kristallstruktur und Chemismus in den Zusammenhang von Anordnung und Bau der Moleküle eingebettet hat. Er trug damit zugleich zur Entwicklung der Stereochemie bei, durch die mit Hilfe der Theorie des asymmetrischen Kohlenstoffatoms von VAN'T HOFF und JOSEPH ACHILLE LE BEL auch das Problem der Isomerie geklärt werden konnte.

Es ist gerade dieser Entwicklung zuzuschreiben, daß im 19. Jahrhundert der Zusammenhang von Kristallstruktur und Chemismus nicht aus dem Auge verloren und die strukturelle Denkweise auch in der chemischen Kristallographie weiterhin befolgt worden ist. Insbesondere die Arbeiten PAUL VON GROTHS, WILLIAM JAMES POPES und WILLIAM BARLOWS bereiteten die Entwicklung der Kristallographie nach der Jahrhundertwende unmittelbar mit vor.

Nicht ohne Grund hat LUDWIG BOLTZMANN darauf hingewiesen, daß der Atomismus

✦ *... sich auch zur Darstellung der kristallographischen Tatsachen, der konstanten Proportionen der Massen bei chemischen Verbindungen, der chemischen Isomerien und der Drehung der Polarisationsebene und chemischen Konstitution usw. äußerst nützlich* [27]

erwiesen hat. Dieser Entwicklung ist es wohl auch zuzuschreiben, daß FRIEDRICH ENGELS die Kristallographie als »*Teil der Chemie*« [28] bezeichnete.

Ihr Experiment gehört zum Schönsten, was die Physik erlebt hat

In der Geschichte der Kristallographie des 19. Jahrhunderts lassen sich vier Forschungsrichtungen feststellen: die kristallstrukturtheoretische Forschungsrichtung, die kristallmorphologische, die kristallchemische und die kristallphysikalische Forschungsrichtung.

Während die kristallstrukturtheoretische und die kristallmorphologische Forschungsrichtung gegeneinander deutlich abgegrenzt waren und sich historisch in relativer Selbständigkeit entwickelt haben, bildeten die kristallchemische und die kristallphysikalische Forschungsrichtung diejenigen Felder, auf denen die Widersprüche zwischen der strukturellen und der morphologischen Denkweise aufbrachen. Die Kristallphysik wurde dabei zum Hauptfeld der Auseinandersetzung beider Denkweisen.

Indes war es aufgrund des unzureichenden empirischen Zuganges zum Gegenstand Kristall weder möglich, diese Widersprüche durch das Aufeinanderbeziehen der beiden Denkweisen zu lösen noch eine von den beiden aus dem Felde zu schlagen. Infolgedessen schien die in der ersten Hälfte des 19. Jahrhunderts erst als eine neue Naturwissenschaft entstandene Kristallographie in seiner zweiten Hälfte wieder in ein Agglomerat von vier Gebieten zu zerfallen, die sich in einem nur losen Zusammenhang nebeneinander entwickeln, oder gar in Mineralogie, Chemie und Physik aufzugehen. Doch zeigt die Entwicklung der Kristallographie im 19. Jahrhundert, daß sie sich in ihren vier Forschungsrichtungen zu zwei großen Entwicklungslinien zusammenfügt, die auf wissenschaftlicher Arbeit in zwei alternativen wissenschaftlichen Traditionen beruhen und die wenigstens der Möglichkeit nach als Erkenntnis von Wesen und Erscheinung aufeinander bezogen und zusammengeführt werden konnten.

Indes war die heuristische Leistungsfähigkeit der beiden in wissenschaftlichen Traditionen manifestierten kristallographischen Denkweisen an der Wende vom 19. zum 20. Jahrhundert weitgehend erschöpft. Die mathematische Durchbildung der Kristallgittertheorie war vollendet, und auch die Theorie der Kristallmorphologie und die Kontinuumstheorie der Kristallphysik waren im wesentlichen abgeschlossen. Nur in der Kristallchemie blieben wesentliche Probleme offen, deren Klärung keine Entscheidung zwischen den beiden alternativen Denkweisen erhoffen ließ. Grundlegend neue Erkenntnisse waren kaum mehr zu erwarten. Um 1910 war die Kristallographie eine »tote Wissenschaft«; sie geriet in eine Krise, die mit der Krise in der Physik im Zusammenhang stand. Die kristallographischen, immer mehr ins Detail gehenden Forschungen boten selbst keine Ansatzpunkte dar, diese Krise zu überwinden. In dieser Situation trat ein Ereignis ein, das mit Kristallmorphologie, Kristallphysik und Kristallchemie in keinem unmittelbaren Zusammenhang und mit der Kristallgittertheorie auch nur in einer vermittelten Beziehung stand: der Nachweis des Wellencharakters der Röntgenstrahlen im Jahre 1912 durch Max von Laue, Walter Friedrich und Paul Knipping.

Anlaß für diese Entdeckung war die Überlegung Laues, daß, wenn die Röntgenstrahlen Wellennatur besitzen und ihre Wellenlänge mit den vorliegenden Schätzungen einigermaßen übereinstimmt und wenn die Kristalle tatsächlich aus Raumgittern bestehen, sich bei der Durchstrahlung von Kristallen mit Röntgenlicht gesetzmäßige Beugungs- und Überlagerungserscheinungen zeigen müssen, wie sie vom gewöhnlichen Licht längst bekannt waren. Laue vermutete also in den hypothetischen Kristallgittern ein geeignetes Beugungsgitter, mit dem sich die zum Nachweis des Wellencharakters der Röntgenstrahlen erforderlichen Interferenzerscheinungen erzeugen lassen mußten.

Belangreich ist, daß LAUE auf diese Idee kam, weil die strukturelle Denkweise an der Münchener Universität im wissenschaftlichen Wirken GROTHS lebendig geblieben war. GROTH, der seiner Ausbildung nach zur Schule von WEISS gehörte, hatte sich unter dem Einfluß von SOHNCKE, der an der Münchener Technischen Hochschule tätig war, die strukturelle Denkweise zu eigen und sich besonders um die Aufklärung des kristallchemischen Struktur-Chemismus-Problems verdient gemacht. Durch seine Bekanntschaft mit GROTH kam LAUE auf die entscheidende Idee, und es gelang FRIEDRICH und KNIPPING im Frühjahr 1912 jenes Experiment, durch das der Wellencharakter der Röntgenstrahlen und die reale Existenz der Kristallstrukturen wechselweise nachgewiesen werden konnten [29].

Über dieses experimentum crucis schrieb ALBERT EINSTEIN in einem Brief an LAUE:

✦ *Ihr Experiment gehört zum Schönsten, was die Physik erlebt hat.* [30]

Indes gehört diese Entdeckung, für die LAUE 1914 den Nobelpreis erhielt, auch zu den bedeutendsten Leistungen in der Kristallographie. Durch sie war, von LAUE eigentlich unbeabsichtigt, in der Kristallographie die strukturelle Denkweise sozusagen über Nacht zum »Sieger« über die fest etablierte morphologische Denkweise avanciert. Der Nachweis der realen Existenz der Kristallstrukturen löste eine wissenschaftliche Revolution in der Kristallographie aus; ein Wechsel der wissenschaftlichen Tradition schien unabweisbar geworden.

Die Kristallgittertheorie stand zunächst jedoch vor der Aufgabe, ihr eigenes theoretisches Fundament weiter auszubauen und die im 19. Jahrhundert durch morphologisches Denken gewonnenen kristallographischen Erkenntnisse ihrem Inhalt nach im dialektischen Sinne des Wortes im strukturellen Denken aufzuheben. Dazu bedurfte es freilich eines längeren Zeitraumes, der nicht nach wenigen Jahren bemessen sein konnte. Noch 1915 formulierte MAX BORN im Zusammenhang mit seinem großartigen Versuch einer Theorie der Gitterdynamik als eine durchaus an die Zukunft gerichtete Grundforderung,

✦ *... daß die Eigenschaften der regelmäßig gebauten Körper, der Kristalle, ohne Zusatzhypothese aus der Gitterstruktur allein vollständig abgeleitet werden können.* [31]

Die Geschichte hat ihm recht gegeben. Mit der Entdeckung der Kristallstrukturen, mit der instrumentellen, theoretischen und methodischen Entwicklung der Kristallstrukturanalyse, zu der WILLIAM HENRY BRAGG und dessen Sohn WILLIAM LAWRENCE BRAGG den Grund legten [32], und mit der Aufklärung der Struktur anorganischer und organischer Verbindungen sowie durch die Aufnahme quantentheoretischer Vorstellungen vertiefte sich die Erkenntnis der Kristalle und erweiterten sich das Forschungsfeld und das Anwendungsgebiet kristallographischer Erkenntnisse in ungeahntem Maße.

Das Eindringen der Kristallographie in solche Wissenschaften, wie beispielsweise die Metall- und Werkstoffwissenschaften oder die biologischen Wissenschaften einerseits und die Beiträge der Physik, insbesondere der Festkörperphysik, der Chemie, der physikalischen Chemie, der Werkstoffwissenschaften, der biologischen Wissenschaften und der Medizin zur Erweiterung und Vertiefung der Kristallerkenntnis andererseits bestätigen eindrucksvoll diese Entwicklung.

Doch führte die Entwicklung der Kristallographie in unserem Jahrhundert auch dazu, daß Forschung und Praxis neue und zum Teil neuartige Probleme an sie herantrugen, die mit Hilfe der strukturellen Denkweise allein nicht lösbar waren und auch beim gegenwärtigen Stand der kristallographischen Forschung mit ihrer Hilfe allein nicht lösbar sind. Es sind dies Forschungsprobleme, zu deren Bearbeitung und Lösung die morphologische Denkweise nach wie vor unentbehrlich ist. Freilich mußte die morphologische Denkweise die Idee der kontinuierlichen Raumerfüllung aufgeben und die Vektorialität der Eigenschaften der Kristalle aus der Diskontinuumsauffassung herleiten. In dieser Hinsicht verlor sie ihre eigenständige gedankliche Grundlage, doch auf der Grundlage der Struktur-Form-Beziehung ist sie in der Kristallographie nach wie vor als eine zur strukturellen Denkweise komplementäre Denkweise von Bedeutung.

Solche der morphologischen Denkweise besser zugängliche Probleme gibt es auf dem wichtigen Gebiet der Einkristallzüchtung ebenso wie in der Mineralogie, in der chemischen Verfahrenstechnik und in der Silikattechnik ebenso wie in der Werkstoffforschung und auf anderen Gebieten. Bei der Bearbeitung solcher Probleme, die auf die Beherrschung des Zusammenhangs von Bildungs- bzw. Wachstumsmilieu und morphologischer Ausbildung bzw. kristallographischer Orientierung hinauslaufen, ergänzen sich strukturelles und morphologisches Denken wirkungsvoll. Im Grunde genommen handelt es sich dabei um die ältesten Fundamentalprobleme der Kristallographie, gekleidet in ein neues Gewand.

Mit Recht kann man von einer wissenschaftlichen Revolution sprechen, die durch die Entdeckung der realen Existenz der Kristallstrukturen ausgelöst und eingeleitet worden ist. Es ist indes keine Revolution, durch die historisch Bewährtes zerstört, die Kontinuität der Erkenntnis abrupt unterbrochen worden wäre, sondern eine Revolution, durch die historisch Bewährtes auf einem höheren Niveau des gesellschaftlichen Erkenntnisvermögens aufgehoben und weitergeführt wird. Auf diese Weise lebt auch die Tradition morphologischen Denkens in der Gegenwart fort.

So, wie die strukturelle und die morphologische Denkweise die historischen Wege zur Entdeckung der Kristalle gebahnt und sie bestimmt haben, so lassen sie – wechselseitig aufeinander bezogen – auch für die Zukunft bei der Entdeckung der Kristalle noch manches faszinierendes Ergebnis erwarten.

Register der historischen Persönlichkeiten

AGRICOLA (eigentl. PAWER; BAUER) GEORGIUS (1494 bis 1555) 19–22, 24, 25, 27–31, 33
ALBERTUS MAGNUS (eigentl. BOLLSTAEDT, ALBERT Graf VON) (1193–1820) 15, 16, 20
ALEMBERT, JEAN BAPTISTE DE ROND D' (1717–1783) 67, 69
ALEXANDER (ALEXANDROS) VON MAKEDONIEN (356–323 v. u. Z.) 12
ARISTOTELES (384–322 v. u. Z.) 12–14, 16, 20
ARRIANOS (FLAVIUS ARRIANUS) (95–175) 12

BACON, FRANCIS (1561–1626) 38
BARLOW, WILLIAM (1845–1934) 175
BARTHOLIN(US), ERASMUS (1625–1698) 55, 56, 62, 78
BARTHOLIN(US), THOMAS (1616–1680) 55
BERGMAN, TORBERN OLAF (1735–1784) 77–80, 140, 144 bis 146
BERNHARDI, JOHANN JAKOB (1774–1850) 163
BERTHOLLET, CLAUDE-LOUIS (1748–1822) 149, 151, 152
BERZELIUS, JÖNS JACOB VON (1779–1848) 166
BEYRICH, HEINRICH ERNST (1815–1896) 157, 166
BÉZOUT, ETIENNE (1730–1783) 151
BIRINGUCCIO, VANOCCIO (1480–1538) 19, 28–31, 33
BOLTZMANN, LUDWIG EDUARD (1844–1906) 175
BORN, MAX (1882–1970) 177
BOURGUET, LOUIS (1678–1742) 62, 63, 77
BOYLE, ROBERT (1627–1691) 40
BRAGG, WILLIAM HENRY Sir (1862–1942) 177
BRAGG, WILLIAM LAWRENCE Sir (1890–1971) 177
BRAVAIS, AUGUSTE (1811–1863) 173, 177
BROCHANT DE VILLIERS, ANDRÉ-JEAN-MARIE (1772 bis 1840) 143, 164, 167
BUCH, LEOPOLD VON (1774–1853) 134, 154–156
BUFFON, GEORGES-LOUIS-LECLERC Comte DE (1707–1788) 70
BUNSEN, ROBERT (1811–1899) 171

CAESALPINUS, ANDREAS (1519–1603) 19, 23, 24
CAPPELLER, MORITZ ANTON (1685–1769) 61–65, 70, 72, 73, 76, 131

CARANGEOT, MAURICE (?–?) 131
CAUCHY, AUGUSTIN-LOUIS Baron DE (1789–1857) 173
CRELL, LORENZ (1744–1816) 138
CRONSTEDT, AXEL FREDERIC Freiherr VON (1722–1765) 73
CUVIER, GEORGES Baron DE (1769–1832) 134, 144

DAUBENTON (eigentl. D'AUBENTON), LOUIS-JEAN-MARIE (1716–1799) 140, 145, 151
DAVISSON, WILLIAM (1593–1669) 43
DE BOODT, ANSELMUS BOETIUS (1550–1632) 19, 24–26, 34
DELAFOSSE, GABRIEL (1796–1878) 173, 175
DELAMETHERIE (DE LA METHERIE), JEAN CLAUDE (1743 bis 1817) 67, 151
DEMESTE, JEAN (1743–1783) 130
DESCARTES (CARTESIUS), RENÉ (1596–1650) 35, 45, 52, 141
DIDEROT, DENIS (1713–1784) 67
DIODOROS (1. Jhd. v. u. Z.) 12
DIOSKORIDES (1. Jhd.) 20
DOLOMIEU, DEODAT GUY SILVAIN DE GRATET DE (1750 bis 1801) 143, 151, 152, 154

EHRENBERG, CHRISTIAN GOTTFRIED (1795–1876) 166
EICHWAL'D EDUARD IVANOVIČ (1795–1876) 166
EINSTEIN, ALBERT (1879–1955) 177
ENGELS, FRIEDRICH (1820–1895) 36, 37, 39, 67, 156, 175
EMPEDOKLES (495–435 v. u. Z.) 12, 13
ERCKER, LAZARUS (1528–1594) 19, 28–30, 33, 34
EWALD, PAUL PETER (geb. 1888) 174

FEDEROV, EVGRAF STEPANOVIČ (1853–1919) 174
FICHTE, JOHANN GOTTLIEB (1762–1814) 157
FIŠER (FISCHER VON WALDHEIM), GOTTHELF IVANOVIČ (JOHANN GOTTHELF) (1771–1853) 153
FISCHER, JOHANN CONRAD (1760–1833) 163
FOUCROY, ANTOINE-FRANCOIS DE (1755–1809) 149, 151, 152
FRANKENHEIM, MORITZ LUDWIG (1801–1869) 171, 173, 174
FRESNEL, AUGUSTINE-JEAN (1788–1827) 170
FRIEDRICH, WALTER (1883–1968) 8, 176, 177

FRIEDRICH II. (1712–1786) 154
FRÖBEL, FRIEDRICH AUGUST WILHELM (1781–1852) 165

GADOLIN, AKSEL' (AXEL) VIL'GELMOVIČ (1828–1892) 196
GAHN, JOHAN GOTTLIEB (1745–1818) 79
GALENUS (GALENOS; GALEN), CLAUDIUS (129–199) 19, 20
GALILEI, GALILEO (1564–1642) 37, 39
GASSEND(I), PIERRE (latein. GASSENDUS, PETRUS) (1529 bis 1655) 39, 40, 41, 45, 141
GAUSS, CARL FRIEDRICH (1777–1855) 172, 173
GEBER (13. Jhd.) 27
GERHARD, CARL ABRAHAM (1738–1821) 154
GLASER, CHRISTOPH (?–?) 42
GLAUBER, JOHANN RUDOLPH (1604–1668) 34
GMELIN, JOHANN FRIEDRICH (1748–1804) 75
GOETHE, JOHANN WOLFGANG VON (1749–1832) 137, 150
GROTH, PAUL VON (1843–1927) 162, 166, 170–172, 175, 177
GUGLIELMINI, DOMENICO (1655–1710) 53–55, 62–64, 74, 76–78, 130–132, 141

HAIDINGER, WILHELM VON (1795–1871) 167
HAUY, RENÉ JUST (1743–1822) 133, 134, 137, 140 bis 156, 158, 159, 162–164, 166, 167, 172–175
HAUY, VALENTIN (1745–1822) 140
HEGEL, GOTTFRIED WILHELM FRIEDRICH (1770–1831) 157
HEYNITZ, FRIEDRICH ANTON VON (1725–1802) 154
HELMONT, BAPTISTA VAN (1577–1644) 30
HELVETIUS, CLAUDE-ADRIEN (1715–1775) 67
HENCKEL, JOHANN FRIEDRICH (1679–1744) 72, 73
HERMBSTAEDT, SIGISMUND FRIEDRICH (1760–1833) 157
HESSEL, JOHANN FRIEDRICH CRISTIAN (1796–1872) 153, 171
HILAIRE, ETIENNE GEOFFROY DE ST. (1772–1844) 142
HILL, JOHN Sir (1716–1775) 75, 130
HOFF, JACOBUS HENRICUS VAN'T (1852–1911) 171, 175
HOLBACH, PAUL THIRY D' (1723–1789) 67
HOMER (um 800 v. u. Z.) 11
HOOKE, ROBERT (1635–1703) 43, 44
HUMBOLDT, ALEXANDER Freiherr VON (1769–1859) 134, 166
HUMBOLDT, WILHELM Freiherr VON (1767–1835) 156
HUYGENS, CHRISTIAN (1629–1695) 56–60, 62, 76, 78

IBN SINA, ABU ALI AL-HUSAIN IBN ABDALLA (Latein. AVICENNA) (980–1037) 16, 20

JAMESON, RICHARD (1774–1854) 153
JUNGIUS (eigentl. JUNKER), JOACHIM (1587–1657) 40, 41
JUSTI, JOHANN HEINRICH GOTTLOB VON (1717–1771) 75, 136, 154

KÄHLER, MÄRTEN (MARTIN) (1718–1773) 73, 74
KANT, IMMANUEL (1724–1804) 66, 70, 155, 156
KARSTEN, CARL JOHANN BERNHARD (1782–1853) 155
KARSTEN, DIETRICH LUDWIG GUSTAV (1768–1810) 153, 154, 156
KEPLER, JOHANNES (1571–1630) 41
KIRCHER, ATHANASIUS (1610–1680) 43, 44, 49
KIRWAN, RICHARD (1735–1812) 138
KLAPROTH, MARTIN HEINRICH (1743–1817) 154, 157
KLÖDEN, KARL FRIEDRICH (1786–1856) 165
KNIPPING, PAUL (1883–1935) 8, 176, 177
KOKŠAROV, NIKOLAJ IVANOVIČ (1818–1892) 165–167
KUPF(F)ER, ADOL'F JAKOVLEVIČ (ADOLPH THEODOR) (1799–1865) 166, 167

LAGRANGE, JOSEPH-LOUIS (1736–1813) 151
LA HIRE, PHILIPPE DE (1640–1718) 78
LA METTRIE, JULIEN OFFREY DE (1709–1751) 67
LAPLACE, PIERRE-SIMON DE (1749–1827) 151
LAUE, MAX VON (1879–1960) 8, 170, 176, 177
LAVOISIER, ANTOINE-LAURENT (1743–1794) 140, 152
LE BEL, JOSEPH ACHILLE (1847–1930) 175
LEBLANC, NICOLAS (1742–1806) 140
LEEUWENHOEK, ANTONIE VAN (1632–1723) 44, 45, 53, 64, 76, 132
LEHMANN, OTTO (1855–1922) 171
LÉMERY, NICOLAS (1645–1715) 41
LEIBNITZ, GOTTFRIED WILHELM (1646–1716) 46, 57
LEONHARDT, CARL CÄSAR (1779–1862) 153
LÉVY, ARMAND (1794–1841) 153
LIBAVIUS (eigentl. LIEBAU), ANDREAS (1540–1616) 19, 24, 32–35
LINNÉ, CARL, Ritter von (1707–1778) 69, 73–76, 129 bis 136
LOCKE, JOHN (1632–1704) 67
LOMONOSOV, MICHAIL VASSILEVIČ (1711–1765) 76, 77

Louis XVI. (1754–1793) 129, 142
Luther, Martin (1483–1546) 28

Mairan, Jean-Jaques Dortous de (1678–1771) 77
Macquer, Pierre-Joseph (1718–1784) 140
Marignac, Jean Charles Galissard de (1817–1894) 171
Marx, Carl Michael (1794–1864) 61, 67, 68, 76, 141
Marx, Karl (1818–1883) 38, 67, 68
Meurer, Wolfgang (1513–1581) 22
Miller, William Hallowes (1801–1880) 167, 170
Mitchel, John (1724–1793) 153
Mitscherlich, Eilhard (1794–1863) 152, 164, 166
Mohs, Friedrich (1773–1839) 153, 167, 169
Montesquieu, Charles de Secondat, Baron de la Brède et de (1689–1755) 103
Morveau, Louis-Bernard Guyton de (1737–1816) 140, 151, 152

Naumann, Carl Friedrich (1797–1873) 167, 169, 172, 175
Neumann, Franz Ernst (1798–1895) 167, 169, 170, 174
Newton, Isaac Sir (1642–1727) 37, 58–60, 62, 67

Ostwald, Wilhelm (1853–1932) 171

Palissy, Bernhard (1510–1589) 19, 28–31
Paracelsus
    (eigentl. Hohenheim, Theophrastus Bombastus von) (1493–1541) 19, 24, 30, 32, 39
Pasteur, Louis (1822–1895) 175
Platon (428–348 v. u. Z.) 11, 13
Plinius Secundus, Gaius (24–79) 11, 12, 20
Pope, William James (1870–1939) 175

Rammelsberg, Karl Friedrich (1813–1899) 171
Rath, Gerhard vom (1830–1888) 166
Robespierre, Maximilian de (1758–1794) 94
Romé de l'Isle (Delisle), Jean-Baptiste-Louis (1736 bis 1790) 129–134, 136–138, 140, 144, 145, 150, 151
Rose, Gustav (1798–1873) 164, 165, 166
Rose, Heinrich (1795–1864) 166

Rosseau, Jean-Jacques (1712–1778) 67
Rudolph II. (1576–1612) 19, 24

Sage, Georg Balthasar (1740–1824) 129
Schelling, Wilhelm Friedrich von (1775–1854) 155, 156
Scheuchzer, Johann Jakob (1672–1733) 61, 64, 70, 72
Schmeisser, Johann Gottlieb (1764–1832) 141–143
Schönfels, Arthur (1853–1929) 174
Schreiber, Johann Gottfried (1746–1827) 143
Ščeglov, N. P. (?–?) 153
Šturm, A. (?–?) 167
Seeber, Ludwig August (1793–1855) 172–174
Seneca, Lucius Annaeus (4 v. u. Z.–65 u. Z.) 11, 12
Sennert, Daniel (1572–1637) 40
Severgin, Vassilij Michajlovič (1765–1826) 153
Snellius, Willebrod (1591–1626) 56
Sohncke, Leonhard (1842–1897) 174, 177
Stahl, Georg Ernst (1660–1734) 132
Stensen, Niels (latein. Stenonis; Steno, Nicolaus) (1636–1686) 45–55, 64, 70, 130, 132

Theophrastos (372–287 v. u. Z.) 13, 14, 16, 20

Vauquelin, Louis-Nicolas (1763–1829) 140, 143
Voigt, Woldemar (1850–1919) 170
Voltaire, (eigentl. Arouet) Francois-Marie (1745 bis 1827) 67

Wallerius (Waller), Johan Gottschälk (1709–1785) 74–76
Websky, Christian Friedrich Martin (1824–1886) 166
Weiss, Carl Eduard (1832–1901) 165
Weiss, Christian Samuel (1780–1856) 134, 152, 154 bis 172, 177
Werner, Abraham Gottlob (1749–1817) 130, 134 bis 139, 143, 153–155, 165, 167
Westfeld, Christian Friedrich (1746–1823) 78
Whewell, William (1794–1866) 153, 167
Wiedemann, Christian (1770–1840) 138
Wöhler, Friedrich (1800–1882) 171
Wollaston, William Hyde (1766–1829) 167

Zirkel, Ferdinand (1838–1912) 167

Ausgewählte Literatur zur Geschichte der Kristallographie

Zusammenfassende Arbeiten

BURKE, J. G.: Origins of Science of Crystals. Berkeley, Los Angeles 1966
EWALD, P. P. (Hrsg.): Fifty years of X-ray Diffraction. Utrecht 1962
GROTH, P.: Entwicklungsgeschichte der Mineralogischen Wissenschaften. Berlin 1926
KOBELL, F.: Über die Fortschritte der Mineralogie seit HAUY. München 1832
KOBELL, F.: Geschichte der Mineralogie von 1650–1860. München 1864
KOPP, H.: Geschichte der Chemie, Tl. 1–4. Leipzig 1931
LENZ, O.: Mineralogie der alten Griechen. Gotha 1861
MARX, C. M.: Geschichte der Crystallkunde. Carlsruhe, Baden 1825
METZGER, H.: La Genése de la Science des Cristaux. Paris 1918
SINGER, C.: The Earlist Chemical Industry. London 1948
ŠAFRANOVSKIJ, I. I.: Istorija kristallografii v Rossii. Moskva 1962
ŠAFRANOVSKIJ, I. I.: Istorija kristallografii, T. I, II. Moskva 1978, 1980
TERTSCH, H.: Der Schlüssel zum Aufbau der Materie. Wien, Leipzig 1939
TERTSCH, H.: Das Geheimnis der Kristallwelt, Roman einer Wissenschaft. Wien 1947
WHEWELL, W.: Geschichte der induktiven Wissenschaften, der Astronomie, Physik, Mechanik, Chemie, Geologie etc. von der frühesten bis zu unserer Zeit, Tl. I–III. Stuttgart 1841

Biographien

BEIERLEIN, P. R.: Lazarus Ercker, Bergmann, Hüttenmann und Münzmeister im 16. Jahrhundert (Freiberger Forschungshefte D 12). Berlin 1955
BRENTJES, B.; BRENTJES, S.: Ibn Sina (Avicenna), Der fürstliche Meister aus Buchara (Biographien hervorragender Naturwissenschaftler, Techniker und Mediziner, Bd. 40). Leipzig 1979
ENGEWALD, G.-R.: Georgius Agricola (Biographien hervorragender Naturwissenschaftler, Techniker und Mediziner, Bd. 61). Leipzig 1982
GUNTAU, M.: Abraham Gottlob Werner (Biographien hervorragender Naturwissenschaftler, Techniker und Mediziner, Bd. 75). Leipzig 1984
HARTMANN, A.: Georg Agricola. Stuttgart 1955
HERNECK, F.: Max von Laue (Biographien hervorragender Naturwissenschaftler, Techniker und Mediziner, Bd. 42). Leipzig 1979
JÜRSS, F.; EHLERS, D.: Aristoteles (Biographien hervorragender Naturwissenschaftler, Techniker und Mediziner, Bd. 60). Leipzig 1982
MOROSOW, A. A.: Michail Wassiljewitsch Lomonossow 1711–1765. Berlin 1954
ŠAFRANOVSKIJ, I. I.: Evgraf Stepanovič Federov. Moskva, Leningrad 1963
ŠAFRANOVSKIJ, I. I.: Nikolaj Ivanovič Kokšarov. Moskva, Leningrad 1964
ŠAFRANOVSKIJ, I. I.: Nikolaj Stenon – kristallograf, geolog, paleontolog, anatom. Leningrad 1972
ŠAFRANOVSKIJ, I. I.: A. G. Werner, znamenityj mineralog i geolog 1749–1817. Leningrad 1968
ŠASKOL'SKAJA, M. P.; ŠAFRANOVSKIJ, I. I.: Rene Zjust Gajui 1743–1822. Moskva 1981
SCHERZ, G.: Pionier der Wissenschaften, Niels Stensen in seinen Schriften. Munksgaard 1963
SCHERZ, G.: Nikolaus Stensen, Denker und Forscher im Barock 1638–1686. Stuttgart 1964
SCHERZ, G.: Niels Stensen, Ein Bildbuch. Leipzig 1966
SCHÜTZ, W.: Michail W. Lomonossow (Biographien hervorragender Naturwissenschaftler, Techniker und Mediziner). Leipzig 1970
WAWILOW, S. J.: Isaac Newton. Berlin 1951

Spezielle Arbeiten

BRAGG, W. L.: Geschichte der Röntgenspektralanalyse. Berlin 1947

Burmester, L.: Die geschichtliche Entwicklung des krystallographischen Zeichnens. Zeitschrift für Krystallographie 57 (1922), S. 19–65

Fabian, E.: Historische Aspekte der Stellung der Kristallographie in den Naturwissenschaften. In: Klassifizierung und Gegenstandsbestimmung der Geowissenschaften (Freiberger Forschungshefte D 53). Leipzig 1967, S. 139–150

Fabian, E.: Der Beitrag Niels Stensens zur Herausbildung der Kristallkunde im 17. Jahrhundert. NTM Schriftenreihe für Geschichte der Naturwissenschaften, Technik und Medizin 4 (1967) 10, S. 73–86

Fabian, E.: Proischoždenie kristallografii v XVII veke i značenie Nikolaja Stenona. Actes du XIe Congrès International d'Histoire des Sciences, T. IV, Wroclaw, Varsovie, Cracovie 1968, S. 257–261

Fabian, E.: Zur Überwindung und Verallgemeinerung des antiken Kristallbegriffs im 17. Jahrhundert. Antiquitas Graeco-Romana ac Tempora Nostra, Acta Congressus Internationalis, Pragae MCMLXVIII, S. 495–503

Fabian, E.: Tvorčestvo Christiana Samuil' Vejsa i voproc o roli tradicii v razvitii nauki. Voprosy istorii estestvoznanija i techniki, Moskva (1981) 3, S. 10–21

Fischer, E.: Christian Samuel Weiß und die zeitgenössische Philosophie (Fichte, Schelling). Forschungen und Fortschritte 37 (1963), S. 141–143

Fischer, E.: Christian Samuel Weiß und seine Bedeutung für die Entwicklung der Kristallographie. Wissenschaftliche Zeitschrift der Humboldt-Universität zu Berlin, Mathematisch-Naturwissenschaftliche Reihe, 16 (1962), S. 249–255

Groth, P.: Zur Geschichte der Krystallkunde. Die Naturwissenschaften 13 (1925), S. 61–66

Hantschmann, A. B.: Bernard Palissy und Francois Bacon. Leipzig 1903

Hiller, J.-E.: Die Minerale der Antike, Ein Beitrag zur Geschichte der Mineralogie im klassischen Altertume. Archiv für Geschichte der Mathematik, der Naturwissenschaften und der Medizin 13 (1930/31), S. 358 bis 402

Hooykaas, R.: De oudste kristallografie. Chemisch Weekblaad 46 (1950), S. 438–441

Hooykaas, R.: Antonie van Leeuwenhoek's kristalmoleculen. Chemisch Weekblaad 46 (1950), S. 441–442

Hooykaas, R.: De structuurtheorie van Guglielmini. Chemisch Weekblaad 46 (1950), S. 578–585

Hooykaas, R.: Kristalstreping en kristalstructuur. Chemisch Weekblaad 47 (1951), S. 1–17

Hooykaas, R.: Kristalstreping en kristalstructuur van Gips. Chemisch Weekblaad 47 (1951), S. 185–190

Hooykaas, R.: Kristalspliting en kristalstructuur van Kalkspaat I. Chemisch Weekblaad 47 (1951), S. 297 bis 303

Hooykaas, R.: Kristalspliting en kristalstructuur van Kalkspaat II (R. J. Hauy 1782). Chemisch Weekblaad 47 (1951), S. 537–543

Hooykaas, R.: De kristallografie van J. B. de Romé de L'Isle (1783). Chemisch Weekblaad 47 (1951), S. 848 bis 855

Hooykaas, R.: Romé de L'Isle en de structuurtheorie. Chemisch Weekblaad 47 (1951), S. 909–914

Hooykaas, R.: Torbern Bergman's Crystal Theory. Lychnos, Annual of the Swedish History of Science Society (1952), S. 21–54

Hooykaas, R.: La naissance de la cristallographie en france au XVIIIe siècle. Paris 1953

Hoppe, G.: Zum 200. Geburtstag des Berliner Mineralogen und Kristallographen Christian Samuel Weiss. Fundgrube 16 (1980) 4, S. 126–127

Hoppe, G.: Friedrich Fröbel als Mineraloge. Fundgrube 18 (1982) 1, S. 126–127

Hoppe, G.: Christian Samuel Weiß und das Berliner Mineralogische Museum. Wissenschaftliche Zeitschrift der Humboldt-Universität zu Berlin, Mathematisch-Naturwissenschaftliche Reihe 31 (1982) 3, S. 245–254

Mieleitner, K.: Geschichte der Mineralogie im Altertum und im Mittelalter. Fortschritte der Mineralogie. Kristallographie und Petrographie 7 (1922), S. 427 bis 480

Mieleitner, K.: Die Anfänge der Theorien über die Struktur der Kristalle, Domenico Guglielminis »Philosophische Betrachtungen, abgeleitet von den Formen der Salze«. Fortschritte der Mineralogie, Kristallographie und Petrographie 8 (1923), S. 199–234

MÜHLFRIEDEL, W.; GUNTAU, M.: Abraham Gottlob Werners Wirken für die Wissenschaft und sein Verhältnis zu den geistigen Strömungen des 18. Jahrhunderts. In: Werner-Gedenkschrift. Leipzig 1967, S. 9–46

ORCEL, J.: Les Sciences Minéralogiques au XIXe siècle (Minéralogie, Cristallographie, Lithologie). Paris 1963

ŠAFRANOVSKIJ, I. I.: Vzgljady Lomonosova na stroenie kristallov. In: Lomonosov, Sbornik statej i materialov, T. IV. Moskva, Leningrad 1960, S. 100–111

ŠAFRANOVSKIJ, I. I.: Istorija i puti razvitija matematičeskoj kristallografii. Zapiski Leningradskogo Gornogo Instituta, T. L, Vyp. 2, Leningrad 1966, S. 7–16

ŠAFRANOVSKIJ, I. I.: Kepler's Crystallographic Ideas and his Tract »The Six-cornered Snowflakes«. Vistas in Astronomy 18 (1975), S. 861–876

ŠAFRANOVSKIJ, I. I.; GRIGOR'EV, D. P.: Christian Samuil' Vejs. Zapiski vsesojuznogo mineralogičeskogo obščestva 109 (1980) 4, S. 484–487

SCHERZ, G. (Hrsg.): Nicolaus Steno and his Indice. Acta Historica Scientiarum Naturalium et Medicinalium, Bd. 15, Copenhagen 1958

SCHÜTT, H.-E.: Die Geschichte des Relationssatzes als Beispiel der Entstehung und Auflösung einer wissenschaftlichen Konzeption. In: DIEMER, A. (Hrsg.): Die Struktur wissenschaftlicher Revolutionen und die Geschichte der Wissenschaft. Meisenheim 1977, S. 49 bis 60

SCHÜTT, H.-W.: René Just Hauy und die Entwicklung der Kristallographie zu einem konstitutiven Teilgebiet der Mineralogie. In: Scriba, C. J. (Hrsg.): Disciplinae novae, Zur Entstehung neuer Denk- und Arbeitsrichtungen in der Naturwissenschaft. Göttingen 1979, S. 75–89

WIEDERKEHR, K. H.: René Just Hauys Vorstellungen vom Kristallbau und einer chemischen Atomistik. Centaurus 21 (1977) 1, S. 27–43; 21 (1977) 3/4, S. 278–299; 22 (1978) 2, S. 131–156; 22 (1978) 3, S. 177–186

WIEDERKEHR, K. H.: Über die Entdeckung der Röntgenstrahlinterferenzen durch Laue und die Bestätigung der Kristallgittertheorie. Gesnerus (1981) 3/4, S. 351 bis 369

Bildquellennachweis

Bergakademie Freiberg, Georgius-Agricola-Bibliothek: 4, 6, 8, 9, 10, 12, 13, 14, 15, 18, 27, 28, 30, 31, 32, 34, 36, 38, 39, 41, 44, 46, 47, 50, 54, 56

Bergakademie Freiberg, Hochschul-Film- und -bildstelle: 1, 2, 5, 7, 26, 33, 37, 40, 42, 49, 53, 59, 61

Bergakademie Freiberg, Mineralogische Sammlungen: 45

Humboldt-Universität zu Berlin, Zoologisches Museum: 43

Humboldt-Universität zu Berlin, Institut für Geschichte der Medizin: 55

Karl-Marx-Universität Leipzig, Universitätsbibliothek: 20

Karl-Marx-Universität Leipzig, Karl-Sudhoff-Institut für Geschichte der Medizin und Naturwissenschaften: 16, 19, 24

Wilhelm-Pieck-Universität Rostock, Universitätsbibliothek: 22, 23

Gesellschaft für Geologische Wissenschaften, Sekretariat: 48, 51

Märkisches Museum Berlin: 52

Verlag Neues Leben Berlin: 29

Dr. E. FABIAN, Greifswald: 11, 25, 57, 60, 62, 63

Prof. Dr. G. HARIG, Berlin: 17

Dr. R. NABIELEK, Berlin: 3

Prof. Dr. I. I. ŠAFRANOVSKIJ, Leningrad: 21, 35, 58

Anmerkungen

Am Anfang war das Wort

[1] Homer: Ilias, XXII. 149–152
[2] Marx, C. M.: Geschichte der Crystallkunde. Carlsruhe, Baden 1825, S. 4–5
[3] Seneca: Quaestiones naturales, III.25. Zitiert nach Marx, C. M.: a. a. O., S. 11
[4] Plinius: Historia naturalis, XXXVII.2
[5] Aristoteles: Problemata physica, XXIV
[6] Arrianos: Expedition Alexandri, III.4
[7] Bohm, J.: Kristalle, eine populärwissenschaftliche Darstellung. Berlin 1975, S. 7
[8] Plinius: a. a. O., XXXVII.2. Zitiert nach Marx, C. M.: a. a. O., S. 12
[9] Diodorus: Biblitheca historica, II.52
[10] Jürss, F.; Ehlers, D.: Aristoteles (Biographien hervorragender Naturwissenschaftler, Techniker und Mediziner, Bd. 60). Berlin 1982, S. 70–72
[11] Aristoteles: Problemata physica. In: Werke, Bd. 19. Berlin 1962
[12] Ebenda, XXIV.11
[13] Theophrastos: De lapidibus. In: Theophrasti Eresii, Opera quae supersunt, omnia. Parisiis MDCCCLXVI, S. 340–350
[14] Zitiert nach Mieleitner, K.: Geschichte der Mineralogie, Kristallographie und Petrographie 7 (1922), S. 431
[15] Aristoteles: Meteorologica, III.6, IV.7
[16] Adams, F. D.: The birth and development of the geological sciences. o. O. 1954, S. 137–169
[17] Bauer, J.; Bouška, V.; Tvrz, F.: Edelsteinführer, Prag 1982, S. 208–210
[18] Vollstädt, H.; Baumgärtel, R.: Edelsteine. Leipzig 1982, S. 10
[19] Rösler, H. J.: Lehrbuch der Mineralogie. Leipzig 1981, S. 27
[20] Avicenna: De congelatione et conglutatione lapidum. In: Beckmann, J.: Vorrath kleiner Anmerkungen über mancherley gelehrte Gegenstände, zweytes Stück. Göttingen 1803, S. 372 bis 387
[21] Ebenda, S. 372
[22] Albertus Magnus: De mineralibus libri V. In: Opera, quae hactenus haberi possunt, Bd. II, Tl. IV. Lugduni MDCLI, S. 201–275
[23] Marx, K.; Engels, F.: Manifest der Kommunistischen Partei. In: Marx, K.; Engels, F.: Werke, Bd. 4. Berlin 1959, S. 463
[24] Engels, F.: Dialektik der Natur. In: Marx, K.; Engels, F.: Werke, Bd. 20. Berlin 1962, S. 311 bis 312
[25] Ebenda, S. 312
[26] Ebenda, S. 312
[27] Harig, G.: Die Aneignung des antiken Wissens auf dem Gebiet der Naturwissenschaft in der Renaissance. In: Schriften zur Geschichte der Naturwissenschaften. Berlin 1983, S. 40–49
[28] Harig, G.: Über die Entstehung der klassischen Naturwissenschaften in Europa. In: Schriften zur Geschichte der Naturwissenschaften. Berlin 1983, S. 17
[29] Agricola, G.: De re metallica libri XII. Basiliae MDLVI
[30] Bernal, J. D.: Die Wissenschaft in der Geschichte. Berlin 1967, S. 239
[31] de Boodt, A. Boetius: Gemmarum et lapidum historia, qua non solum ortus, natura, vis & preciem, sed etiam modus quo exiis, olca, salia, tincturae, essentiae, arcana & magisteria arte chymica confici poßint, ostenditur. Hannoviae MDCIX
[32] Hiller, J.-E.: Die Mineralogie des Anselmus Boetius de Boodt (Quellen und Studien zur Geschichte der Naturwissenschaften und der Medizin, Bd. 8). Berlin 1942, S. 6–7
[33] Agricola, G.: De ortu et causis subterraneorum libri V. Basiliae MDXLIV
[34] Agricola, G.: De natura fossilium libri X. Basiliae MDXLVI
[35] Engewald, G.-R.: Georgius Agricola (Biographien hervorragender Naturwissenschaftler, Techniker und Mediziner, Bd. 61). Leipzig 1982, S. 54–57

[36] AGRICOLA, G.: Bermannus, sive de re metallica. Basiliae MDXXX
[37] AGRICOLA, G.: Bermannus oder über den Bergbau. In: Ausgewählte Werke, Bd. II. Berlin 1955, S. 68–69
[38] AGRICOLA, G.: Die Entstehung der Stoffe im Erdinnern. In: Ausgewählte Werke, Bd. III. Berlin 1956, S. 148–152
[39] Ebenda, S. 83
[40] Ebenda, S. 154
[41] Ebenda, S. 155
[42] AGRICOLA, G.: Die Mineralien. In: Ausgewählte Werke, Bd. IV. Berlin 1958, S. 154–155
[43] Ebenda, S. 155
[44] AGRICOLA, G.: Brief an Meurer vom 20. März 1546. In: Ausgewählte Werke, Bd. III. Berlin 1956, S. 9–45
[45] Ebenda, S. 40
[46] Ebenda, S. 40
[47] Ebenda, S. 40
[48] AGRICOLA, G.: Die Mineralien, a. a. O., S. 23–24
[49] AGRICOLA, G.: Bermannus oder über den Bergbau, a. a. O., S. 90
[50] Ebenda, S. 90
[51] WHEWELL, W.: Geschichte der induktiven Wissenschaften, der Astronomie, Physik, Mechanik, Chemie, Geologie etc. von der frühesten bis zu unserer Zeit, Tl. III. Stuttgart 1841, S. 220
[52] HILLER, J.-E.: a. a. O., S. 6
[53] DE BOODT, A. BOETIUS: a. a. O.
[54] HILLER, J.-E.: a. a. O., S. 28
[55] Ebenda, S. 44
[56] Ebenda, S. 45
[57] Ebenda, S. 35
[58] Ebenda, S. 55
[59] Ebenda, S. 57
[60] Ebenda, S. 45
[61] AGRICOLA, G.: De re metallica libri XII. a. a. O.
[62] AGRICOLA, G.: Zwölf Bücher über den Bergbau. Stuttgart 1928, S. 466
[63] DARMSTÄDTER, E.: Die Alchemie des Geber. Berlin 1922, S. 97–98
[64] SINGER, C.: The Earlist Chem. Ind. London 1948

[65] BIRINGUCCIO, V.: Pirotechnia libri X, nella quale si tratta non solo della diversita delle minere, ma amo di quanto si ricerca alla prattico di esse, e che s'appartiene all' arte della fusione o getto de' metalli. Veneziae MDXL
[66] MITTELALTERLICHES HAUSBUCH. Das Mittelalterliche Hausbuch nach dem Originale im Besitz des Fürsten von Waldenburg–Wolfegg–Waldsee. Leipzig 1912
[67] AGRICOLA, G.: Zwölf Bücher über den Bergbau, a. a. O.
[68] ERCKER, L.: Beschreibung: Allerfürnemisten Mineralischen Ertz/ vund Berckwercks arten/ wie dieselbigen/ vund eine jede in sonderheit/ jrer natur vund eigenschafft nach/ auff alle Metaln Probirt/ vnd im kleinen fewer sollen versucht werden/ mit erklerung etlicher fürnehmen nützlichen Schmelz wercken im grossen fewer/ auch schaidung Goldt/ Silber/ vund andere Metalln/ Sampt einem bericht des Kupffer saigerns/ Messing brennens/ vund Salpeter siedens/ auch aller saltzigen mineralischen proben/ vnd was denen allen anhengig in fünff Büchern verfast/ Dergleichen zuuom niemals in Druck kommen. Prag MDLXXiiij
[69] Ebenda, S. CXXXVI–CXXXVII
[70] HELMONT, B.: Ortus Medicinae id est initia physica in audita Progressus medicinae novus, in morborum ultionem ad Vitam longam. In: Opera. Lugduni MDCLV
[71] HELMONT, B.: Aufgang der Artzney-Kunst, Das ist: Noch nie erhörte Grund-Lehren von der Natur zu einer neuen Beförderung der Artzney-Sachen/ sowohl die Kranckheiten zu vertreiben/ als ein langes Leben zu erlangen. Sültzbach MDCLXXXIII, S. 185
[72] Ebenda, S. 189
[73] WALCHA, O.: Feuer, Wasser, Luft und Erde. Leipzig 1966
[74] PALISSY, B.: Discours Admirables, de la Nature des Eaux et Fontaines, tant naturelles qu'artificielles, des Metaux, des Sels, des Pierres, des Terres, du Feu et des Emaux. Paris MDLXXX

[75] PALISSY, B.: Œuvres complètes. Paris 1961, S. 264
[76] Ebenda, S. 264, Fußnote 2
[77] Hinweise auf die Verwendung der Kristallformen von Salzen als Qualitätszeichen finden sich u. a. bei BIRINGUCCIO, PALISSY, CAESALPINUS und GUGLIELMINI. Auch später wurden die Kristallformen noch zur Beurteilung der Qualität von Salzen gebraucht, worauf insbesondere DEMACHY, J.: Herrn Demachy's Laborant im Großen, oder Kunst, die chemischen Produkte fabrikmäßig zu verfertigen. Leipzig 1784, und KNAPP, F.: Lehrbuch der chemischen Technologie zum Unterricht und Selbststudium, Bd. I. Braunschweig 1847 eingehen.
[78] CAESALPINUS, A.: De metallicis libri tres. Roma MDXCVI, S. 54
[79] WALDEN, P.: Geschichte der Chemie. Bonn 1947, S. 28
[80] LIBAVIUS, A.: Alchymia. Francofvrti MDXCVII
[81] LIBAVIUS, A.: Die Alchemie des Andreas Libavius, Ein Lehrbuch der Chemie aus dem Jahre 1597. Weinheim 1964, S. 120
[82] Ebenda, S. 499
[83] Ebenda, S. 499–500
[84] KOPP, H.: Geschichte der Chemie, Tl. III. Leipzig 1931, S. 4
[85] SCHRÖDER, G.: Die pharmazeutisch-chemischen Produkte deutscher Apotheken im Zeitalter der Chemiatrie. Bremen 1957
[86] SZABÁDVARY, F.: Geschichte der analytischen Chemie. Budapest 1966, S. 42–43
[87] KOPP, H.: Geschichte der Chemie, Tl. II. Leipzig 1931, S. 55–56
[88] GUGEL, K. F.: Johann Rudolph Glauber 1604 bis 1670, Leben und Werk. Würzburg 1955

Eine neue und mehr zum Ziele führende Bahn

[1] ENGELS, F.: Dialektik der Natur. In: MARX, K.; ENGELS, F.: Werke, Bd. 20. Berlin 1962, S. 313
[2] Ebenda, S. 313
[3] MARX, K.: Das Kapital, Erster Band. In: MARX, K.; ENGELS, F.: Werke, Bd. 23. Berlin 1962, S. 369
[4] ENGELS, F.: Dialektik der Natur, a. a. O., S. 354
[5] HARIG, G.: Über die Entstehung der klassischen Naturw. in Europa. In: Schriften zur Geschichte der Naturwissenschaften. Berlin 1983, S. 24
[6] HARIG, G.: Galilei und sein Kampf gegen die aristotelisch-scholastische Naturlehre. In: Schriften zur Geschichte der Naturwissenschaften, a. a. O.
[7] DIJKSTERHUIS, E. J.: Die Mechanisierung des Weltbildes. Berlin, Göttingen, Heidelberg 1956
[8] MARX, K.; ENGELS, F.: Die heilige Familie oder Kritik der kritischen Kritik. In: MARX, K.; ENGELS, F.: Werke, Bd. 2. Berlin 1959, S. 135
[9] BACON, F.: Neues Organon. Berlin 1962, S. 87
[10] GESCHICHTE DER PHILOSOPHIE, Bd. I. Berlin 1960, S. 333
[11] DESCARTES, R.: Die Prinzipien der Philosophie. In: Philosophische Werke, 3. Abt. Leipzig 1887
[12] BERNAL, J. D.: Die Wissenschaft in der Geschichte. Berlin 1967, S. 292
[13] DIJKSTERHUIS, E. J.: Die Mechanisierung des Weltbildes, a. a. O., S. 312–314
[14] Ebenda, S. 315
[15] Ebenda, S. 480
[16] JUNGIUS, J.: Zwei Disputationen über die Prinzipien (Teile) der Naturkörper. Hamburg 1928, S. 16–17
[17] Ebenda, S. 18
[18] KEPLER, J.: Strena seu de nive sexangula. Francofurti ad Moenum MDCXI
[19] Ebenda
[20] GASSENDUS, P.: Animadversiones in Decimus Librum, Diogenis Laertii, qui est de Vita, Moribus, Plascitisque Epicuri, Continent autem Placita quas ille treis statuit Philosophiae partes. Lugduni MDCLXXV, S. 98
[21] LÉMERY, N.: Cours de Chymie. Paris MDCLXXV
[22] LÉMERY, N.: Cours de Chymie oder: der vollkommene Chymist. Dreßden, Leipzig 1734, S. 36–37
[23] GLASER, C.: Traité de la chimie contenant une methode claire et facile d'obtenir les preparations

de cet art les plus nécessaires dans la medicine. Paris MDCLXIII

[24] GLASER, C.: Novum Laboratorium Medico-Chymicum, Das ist: Neu-eröffnete Chymische Arzney und Werckschul. Nürnberg 1677, S. 16

[25] HOOKE, R.: Micrographia: Or some Physiological Descriptions of Minute Bodies made by Magnifying Glasses. London MDCLXVII, S. 81

[26] DAVISSON, G.: Philosophia pyrotechnica seu Curriculus chymiatricus. Paris MDCXXXV

[27] Ebenda, S. 190

[28] KIRCHER, A.: Mundus subterraneus in quo universae naturae majestas et divitae demonstratur. Amsterodami MDCLXIV

[29] Ebenda, Lib. VIII, S. 27

[30] HOOKE, R.: Micrographia, a. a. O.

[31] Ebenda, S. 81

[32] LEEUWENHOEK, A.: Brief an die Royal Society of London vom 23. 1. 1679. In: Ontdekkingen en Ontledingen. Leide MDCXCVI, S. 10

[33] LEEUWENHOEK, A.: Alle de brieven van Antonie van Leeuwenhoek, Tl. I. Amsterdam 1939, S. 308 + 310; Tl. III. Amsterdam 1939, S. 122 + 124

[34] STENONIS, N.: De Solido intra Solidum naturaliter contento Dissertationis Prodromus. Florentiae MDCLXIX

[35] STENO, N.: Vorläufer einer Dissertation über feste Körper, die innerhalb anderer fester Körper von Natur aus eingeschlossen sind (Ostwald's Klassiker der exakten Wissenschaften, Nr. 209). Leipzig 1923, S. 20

[36] Ebenda, S. 22
[37] Ebenda, S. 22
[38] Ebenda, S. 23
[39] Ebenda, S. 25
[40] Ebenda, S. 26
[41] Ebenda, S. 26

[42] SCHERZ, G.: Pionier der Wissenschaften, Niels Stensen in seinen Schriften. Munksgaard 1963, S. 195

[43] STENO, N., a. a. O., S. 44
[44] Ebenda, S. 27
[45] Ebenda, S. 27
[46] Ebenda, S. 28

[47] HOOYKAAS, R.: Das Verhältnis von Physik und Mechanik in historischer Sicht. (Beiträge zur Geschichte der Wissenschaft und der Technik, H. 7). Wiesbaden 1963

[48] STENO, N., a. a. O., S. 39
[49] Ebenda, S. 40–41
[50] Ebenda, S. 63

[51] Viele Autoren vertreten die Auffassung, STENSEN habe das Gesetz der Winkelkonstanz entdeckt. Dieser Meinung sind u. a. HOBBS, W. H.: Foreword. In: The Prodromus of Nicolaus Steno's Dissertation concerning a solid body enclosed by process of nature within a solid. New York 1916; MIELEITNER, K.: Einleitung. In: STENO, N., a. a. O.; GROTH, P.: Zur Geschichte der Krystallkunde. Die Naturwissenschaften 13 (1925), S. 61–66; JOHNSEN, A.: Die Geschichte einer kristallmorphologischen Erkenntnis. Sitzungsberichte der Preussischen Akademie der Wissenschaften zu Berlin 26 (1932), S. 404–413; SEIFERT, H.: Nikolaus Steno als Bahnbrecher der modernen Kristallographie. Sudhoff's Archiv für Geschichte der Medizin und Naturwissenschaften 38 (1954), S. 29–47 und TERTSCH, H.: Niels Stensen und die Kristallographie. In: SCHERZ, G. (Hrsg.): Nicolaus Steno and his Indice (Acta Historica Scientiarum Naturalium et Medicinalium, Bd. 15). Copenhagen 1958, S. 120–139. HOOYKAAS, R.: De oudste kristallografie. Chemisch Weekblaad 46 (1950), S. 438–441 hingegen spricht STENSEN die Entdeckung des Gesetzes der Winkelkonstanz ab. Diese Meinung ist zweifellos richtig, wobei ein Übersetzungsfehler von MIELEITNER wohl zu diesen gegensätzlichen Standpunkten beigetragen hat. Die Fügungen ›angulos solidos extremos‹ bzw. ›angulos solidos intermedios‹ übersetzt Mieleitner mit ›äußere feste Winkel‹ bzw. ›mittlere feste Winkel‹ und bemerkt dazu, daß ›angulus solidus‹ soviel wie ›konstanter Winkel‹ bedeute. Indes ist ›angulus solidus‹ nichts anderes als ein Körperwinkel. Der Fehler MIELEITNERS wurde stillschweigend korrigiert.

[52] STENO, N.: a. a. O., S. 48
[53] Ebenda, S. 43
[54] Ebenda, S. 43
[55] Ebenda, S. 44
[56] GUGLIELMINI, D.: Riflessioni Filosofiche dedotte Figure de' Sali. Bologna MDCLXXXVIII
[57] MIELEITNER, K.: Die Anfänge der Theorien über die Struktur der Kristalle, Domenico Guglielminis »Philosophische Betrachtungen, abgeleitet von den Formen der Salze«. Fortschritte der Mineralogie, Kristallographie und Petrographie 8 (1923), S. 218–219
[58] Ebenda, S. 220
[59] Ebenda, S. 224
[60] GUGLIELMINI, D.: De Salibus dissertatio epistolaris physico-medico-mechanica. Lugduni Bataviae MDCCV
[61] GUGLIELMINI, D.: De Salibus dissertatio epistolaris physico-medico-mechanica. In: Opera omnia, Bd. II. Genevae MDCCXIX, S. 92
[62] Ebenda, S. 142
[63] Ebenda, S. 92
[64] HOOYKAAS, R.: De structurtheorie van Guglielmini. Chemisch Weekblaad 46 (1950), S. 580
[65] BARTHOLINUS, E.: Experimenta Crystalli Islandici Disdiaclastici, Quibus mira et insolita Refractio degitur. Hafniae MDCLXIX
[66] BARTHOLIN, E.: Versuche mit dem doppeltbrechenden isländischen Kristall, die zur Entdeckung einer wunderbaren und aussergewöhnlichen Brechung führten (Ostwald's Klassiker der exakten Wissenschaften, Nr. 205). Leipzig 1922, S. 7
[67] Ebenda, S. 7–8
[68] BARTHOLINUS, E.: De Figura Nivis. Hafniae MDCLXI
[69] Ebenda, S. 37
[70] BARTHOLIN, E.: Versuche mit dem doppeltbrechenden isländischen Kristall..., a. a. O., S. 12
[71] HUYGENS, C.: Traité de la Lumière, Ou sout expliquées les causes de ce qui luy arrive dans la Reflexion & dans la Refraction, Et particulièrement dans l'etrange Refraction du Cristal d'Islande. Leyde MDCXCI
[72] HUYGENS, C.: Abhandlung über das Licht, Worin die Ursachen der Vorgänge bei seiner Zurückwerfung und Brechung und besonders bei der eigentümlichen Brechung des Isländischen Spates dargelegt sind (Ostwald's Klassiker der exakten Wissenschaften, Nr. 20). Leipzig 1913, S. 80
[73] Ebenda, S. 3
[74] Ebenda, S. 80–81
[75] Ebenda, S. 81
[76] Ebenda, S. 81–82
[77] Ebenda, S. 82
[78] Ebenda, S. 84
[79] NEWTON, I.: Optik oder Abhandlung über Spiegelungen, Brechungen, Beugungen und Farben des Lichtes, II. und III. Buch (Ostwald's Klassiker der exakten Wissenschaften, Nr. 97). Leipzig 1898, S. 113
[80] NEWTON, I.: Opticks or a Treatise of the Reflections, Refractions, Inflections and Colours of Light. London MDCCIV
[81] NEWTON, I.: Optik..., a. a. O., S. 123
[82] Ebenda, S. 123–124
[83] Ebenda, S. 124–125
[84] Ebenda, S. 125–126
[85] Ebenda, S. 134
[86] SABRA, A. J.: Theories of Light, from Descartes to Newton. London 1967
[87] MARX, C. M.: Geschichte der Crystallkunde. Carlsruhe, Baden 1825, S. 60
[88] CAPPELLER, M. A.: Prodromus Crystallographiae de Crystallis improprie sic dictis commentarium. Luzernae MDCCXXIII
[89] BOURGUET, L.: Lettres philosophiques sur la formation des sels et des Crysataux. Amsterdam MDCCLXII
[90] Ebenda, S. 47
[91] BOURGUET, L.: Brief an M. A. Cappeller. Acta Academiae Naturae Curiosorum IV (1737) Appendix, S. 13
[92] CAPPELLER, M. A.: Prodromus Crystallographiae de Crystallis improprie sic dictis commentarium. München 1922, S. 5
[93] Ebenda, S. 12

[94] Ebenda, S. 5
[95] Ebenda, S. 13–14
[96] Ebenda, S. 14
[97] Ebenda, S. 14
[98] SCHEUCHZER, J. J.: Beschreibung der Natur-Geschichten des Schweitzerlandes. Zürich 1746
[99] Brief M. A. CAPPELLERS an J. J. SCHEUCHZER vom 9. 12. 1723. In: SCHEUCHZER, J. J.: Beschreibung der Natur-Geschichten des Schweizerlandes, Zürich 1746, S. 371–373
[100] CAPPELLER, M. A.: Prodromus Crystallographiae..., a. a. O., S. 14–15
[101] Ebenda, S. 17
[102] BURMESTER, L.: Die geschichtliche Entwicklung des krystallographischen Zeichnens. Zeitschrift für Krystallographie 57 (1922), S. 19–65

Ein ebenso außerordentlich interessantes wie außergewöhnlich schwieriges Problem

[1] KANT, I.: Beantwortung der Frage: Was ist Aufklärung? In: Kleine Philosophische Schriften, Leipzig 1962, S 203
[2] WOLLGAST, S.: Gedanken zur Aufklärungszeit – zur Ideengeschichte der Zeit. Zeitschrift für Geologische Wissenschaften 8 (1980) 1, S. 5
[3] ENGELS, F.: Fortschritte der Sozialreform auf dem Kontinent. In: MARX, K.; ENGELS, F.: Werke, Bd. 1: Berlin 1961, S. 492
[4] MARX, K.: Grundrisse der Kritik der Politischen Ökonomie (Rohentwurf) 1847–1858. Berlin 1953, S. 313
[5] Ebenda, S. 312
[6] Zitiert nach: CASSIRER, E.: Die Philosophie der Aufklärung. Tübingen 1932, S. 61
[7] GUNTAU, M.: Physikotheologie und Aufklärung in ihren Beziehungen zur geologischen Erkenntnis im 18. Jahrhundert. Zeitschrift für Geologische Wissenschaften 8 (1980) 1, S. 98–99
[8] SCHÄFERS, J. C.: Vorschläge zu einer gemeinnützigen Ausbesserung und Beförderung der Naturwissenschaft. Ulm o. J., S. 3
[9] LEY, H.: Aufklärung und Naturwissenschaft in Westeuropa. Zeitschrift für Geologische Wissenschaften 8 (1980) 1, S. 29
[10] LINNÉ, C.: Systema Naturae. Holmiae 1768
[11] BUFFON, J. B. L. DE: Histoire naturelle, générale et particulière. Paris 1749–1788
[12] KANT, I.: Allgemeine Naturgeschichte und Theorie des Himmels oder Versuch von der Verfassung und dem mechanischen Ursprunge des ganzen Weltgebäudes nach Newtonschen Grundsätzen abgehandelt. Königsberg, Leipzig 1755
[13] SCHEUCHZER, J. J.: Beschreibung der Natur-Geschichten des Schweizerlandes. Zürich 1746, S. 233
[14] Ebenda, S. 371–373
[15] CAPPELLER, M. A.: Prodromus Crystallographiae..., a. a. O.
[16] HENCKEL, J. F.: Pyritologia oder Kieß-Theorie. Leipzig 1725
[17] Ebenda, S. 167
[18] Ebenda, S. 384
[19] CRONSTEDT, A.: Versuch einer neuen Mineralogie. Berlin 1760, S. 20
[20] LINNÉ, C.: Systema Naturae, a. a. O.
[21] Ebenda, Vorrede
[22] KÄHLER, M.: Dissertatio de Crystallorum generatione. Upsaliae MDCCXLVII
[23] KÄHLER, M.: Abhandlung von der Erzeugung der Crystalle. Grätz 1771, S. 17–21
[24] LINNÉ, C.: Systema Naturae, a. a. O., Vorrede
[25] WALLERIUS, J.: Systema Mineralogicum, quo Corpora Mineralia in Classes, Ordines, Genera et Species, suis cum Varetatibus divisa, describuntur, Holmiae 1750; zitiert nach KOBELL, F.: Geschichte der Mineralogie von 1650–1860. München 1864, S. 71
[26] KÄHLER, M.: Abhandlung von der Erzeugung der Crystalle, a. a. O., S. 30
[27] KOBELL, F.: Geschichte der Mineralogie von 1650 bis 1860. München 1864, S. 62
[28] HILL, J.: Spatogenesia. The Origin and nature of Spar; its qualities and uses: with a description and history of eighty-nine Species; arranged in

an artificial and natural method. A Specimen of a general distribution of Fossils. London 1772
[29] HILL, J.: Spatherzeugung, Greifswald 1777, S. 405–406
[30] WALLERIUS, J.: Systema Mineralogicum..., a. a. O.
[31] JUSTI, J. G.: Grundriß des gesamten Mineralbereiches, worinnen alle Fossilien in einem, ihrer wesentlichen Beschaffenheit gemäßen, Zusammenhange vorgestellt und beschrieben werden. Göttingen 1757, Vorrede
[32] Ebenda, Vorrede
[33] LOMONOSOV, M. V.: Dissertatio physica de corporum mixtorum differentia, quae in cohaesione corpusculorum consistit, quam exercitii gratia conscripsit Michael Lomonosow metheseos et philosophiae studiosus, anno 1739, mense martio
[34] LOMONOSOV, M. V.: 276 zametok po fizike i korpuskuljarnoj filosofii; temy buduščich rabot (1741 bis 1743). In: Polnoe sobranie sočinenij, T. I. Moskva, Leningrad 1950
[35] LOMONOSOV, M. V.: 127 zametok k teorii sveta i elektičestva. In: Polnoe sobranie sočinenij, T. III. Moskva, Leningrad 1952
[36] LOMONOSOV, M. V.: Prodromus ad veram chimicam physicam (1752 ?)
[37] LOMONOSOV, M. V.: Physikalische Dissertation über den in der Kohäsion der Korpuskeln bestehenden Unterschied gemischter Körper, welche Michailo Lomonossow, Student der Mathematik und Philosophie, im März des Jahres 1739 zur Übung schrieb. In: Ausgewählte Schriften, Bd. I. Berlin 1961, S. 66–67
[38] LOMONOSOV, M. V.: Aus den Bemerkungen zur Theorie des Lichtes und der Elektrizität. In: Ausgewählte Schriften, Bd. I. Berlin 1961, S. 312
[39] LOMONOSOV, M. V.: 127 zametok k teorii sveta električestva. In: Polnoe sobranie sočinenij, T. III. Moskva, Leningrad 1952, S. 311–313
[40] LOMONOSOV, M. V.: O roždenii i prirode selitry. In: Polnoe sobranie sočinenij, T. II. Moskva, Leningrad 1951, S. 273–275
[41] Zitiert nach: SCHÜTZ, W.: Michail W. Lomonossow. (Biographien hervorragender Naturwissenschaftler, Techniker und Mediziner). Leipzig 1970, S. 68
[42] MAIRAN, D.: Dissertation sur la glace ou explication physique de la formation de la Glace et de ses divers phenomènes. Bordeaux 1716
[43] BOURGUET, L.: Lettres philosophques sur la formation des sels et des Crystaux. Amsterdam MDCCLXXII
[44] BERGMAN, T.: Variae crystallorum a Spatho orthae. Nova Acta Regiae Societatis Upsaliensis I (1773), S. 150–155
[45] HOOYKAAS, R.: Kristalstriping en kristalstructuur. Chemisch Weekblaad 47 (1951), S. 1–7
[46] LA HIRE, P. DE: Observations sure une espèce de Talc qu'on trouve communément proche de pierre de plâtre. Mémoires de l'Académie des Sciences (1710), S. 342–352
[47] Ebenda, S. 347
[48] WESTFELD, C. F.: Mineralogische Abhandlungen, 1. Stück. Göttingen, Gotha 1767, S. 50
[49] BERGMAN, T.: Variae crystallorum formae a Spatho orthae, a. a. O.
[50] BERGMAN, T.: De formis Crystallorum praesertim a Spatho orthae. In: Opuscula physica et chemica pleraque seorsim antea edita, jam ab auctore collecta, revisa et aucta, T. II. Upsaliae 1780, S. 1–25
[51] Ebenda, S. 2–3
[52] Ebenda, S. 4
[53] Ebenda, S. 10
[54] Ebenda, S. 10
[55] ROMÉ DE L'ISLE, J. B.: Essai de Cristallographie ou description des figures géometriques, propres à differens Corps du Règne Minéral connus vulgairement sous le nom des Crystaux. Paris 1772
[56] ROMÉ DE L'ISLE, J. B.: Versuch einer Crystallographie oder Beschreibung der verschiedenen, unter dem Namen der Crystalle bekannten Körper des Mineralreichs eigenen geometrischen Figuren. Greifswald 1777, S. 6
[57] ROMÉ DE L'ISLE, J. B.: Cristallographie ou Description des formes à tous les corps du règne mi-

néral, dans l'etat de Combinaison saline, pierreuse ou métallique, T. I. Paris 1783, S. XXIII

[58] Ebenda, S. XX
[59] Demeste, J.: Lettres du Docteur Demeste, Correspondant de la Société Royal de Médicine, au Docteur Bernard, T. I–II. Paris 1779
[60] Ebenda, T. I, S. 48, Fußnote
[61] Ebenda, T. I, S. 280, 338
[62] Romé de l'Isle, J. B.: Cristallographie ou Description des formes à tous les corps du règne minéral, dans l' etat de Combination saline, pierreuse ou metallique, T. I–IV. Paris 1783
[63] Ebenda, T. I., S. 93
[64] Hooykaas, R.: De kristallografie van Romé de l'Isle (1783). Chemisch Weekblaad 47 (1951), S. 849
[65] Romé de l'Isle, J. B.: Cristallographie..., a. a. O., S. 1
[66] Ebenda, S. 10–11
[67] Ebenda, S. 67
[68] Ebenda, S. 74
[69] Hooykaas, R.: De kristallografie van Romé de l'Isle (1783), a. a. O., S. 852
[70] Romé de l'Isle, J. B.: Cristallographie..., a. a. O., S. XXVII
[71] Zitiert nach: Groth, P.: Geschichten der Mineralogischen Wissenschaften. Berlin 1926, S. 20
[72] Hauy, R. J.: Service rendu à la science par Romé Delisle. Journal des Mines 4 (1796), S. 10
[73] Guntau, M.: Die Entwicklung der geowissenschaftlichen Lehre an der Bergakademie Freiberg seit Gründung der Hochschule im Jahre 1765. Zeitschrift für Geologische Wissenschaften 3 (1975) 12, S. 1583–1585
[74] Zitiert nach: Frisch, S. G.: Lebensbeschreibung Abraham Gottlob Werners. Leipzig 1825, S. 9
[75] Guntau, M.: Die Genesis der Geologie als Wissenschaft. (Schriftenreihe für Geologische Wissenschaften, H. 22) Berlin 1984, S. 45–47
[76] Werner, A. G.: Von den äußerlichen Kennzeichen der Foßilien, Leipzig 1774
[77] Zitiert nach: Kobell, F.: Geschichte der Mineralogie von 1650–1680. München 1864, S. 89
[78] Werner, A. G.: Von den äußerlichen Kennzeichen der Foßilien, a. a. O., S. 166
[79] Ebenda, S. 50
[80] Ebenda, S. 51–52
[81] Ebenda, S. 53
[82] Ebenda, S. 166
[83] Ebenda, S. 187
[84] Ebenda, S. 166
[85] Zitiert nach Frisch, S. G.: Lebensbeschreibung Abraham Gottlob Werners, a. a. O., S. 79–80
[86] Ebenda, S. 102–103
[87] Crell, L.: Vorrede. In: Kirwan, R.: Anfangsgründe der Mineralogie. Berlin, Stettin 1785, o. S.
[88] Wiedemann, C.: Über die Art Crystallisationen zu bestimmen. Schriften der Gesellschaft der naturforschenden Freunde zu Berlin IV (1792), S. 205

Die Geburt einer Wissenschaft

[1] Šaskol'skaja, M. P.; Šafranovskij, I. I.: Valentin Gajui. In: Rene Zjust Gajui 1743–1822. Moskva 1981, S. 120–137
[2] Šaskol'skaja, M. P.; Šafranovskij, I. I.: Rene Zjust Gajui 1743–1822, Moskva 1981, S. 6–16
[3] Marx, C. M.: Geschichte der Crystallkunde. Carlsruhe, Baden 1825, S. 133
[4] Hauy, R. J.: Lehrbuch der Mineralogie, Bd. II. Paris, Leipzig 1804, S. XV
[5] Schmeisser, J. G.: Beyträge zur näheren Kenntniß des gegenwärtigen Zustandes der Wissenschaften in Frankreich, erster Theil. Hamburg 1797
[6] Ebenda, S. 123
[7] Šaskol'skaja, M. P.; Šafranovskij, I. I.: Rene Zjust Gajui 1743–1822, a. a. O., S. 16–31
[8] Chermette, A.: Johann Gottfried Schreiber in Frankreich (1777–1827). In: Prescher, H. (Hrsg.): Leben und Wirken deutschen Geologen im 18. und 19. Jahrhundert, Leipzig 1985, S. 109

[9] BLOCH, A.: Die Berggesetzgebung der französischen Revolution (Freiberger Forschungshefte D 4). Berlin 1954, S. 90

[10] SCHMEISSER, J. G.: Beyträge zur näheren Kenntniß des gegenwärtigen Zustandes der Wissenschaften in Frankreich, a. a. O., S. 107

[11] GUNTAU, M.: Die Genesis der Geologie als Wissenschaft, a. a. O., S. 44

[12] CHERMETTE, A.: Johann Gottfried Schreiber in Frankreich (1777–1827), a. a. O., S. 109

[13] SCHMEISSER, J. G.: Beyträge zur näheren Kenntniß des gegenwärtigen Zustandes der Wissenschaften in Frankreich, a. a. O., S. 121

[14] Ebenda, S. 122

[15] HAUY, R. J.: Extrait d'un mémoire sur la structure des Cristaux de Grenat. Journal de Physique XIX (1782), S. 366–370

[16] HAUY, R. J.: Extrait d'un mémoire sur la structure des spathes calcaires. Journal de Physique XX (1782), S. 33–39

[17] HAUY, R. J.: Traité de Minéralogie, T. I–IV. Paris 1801

[18] HAUY, R. J.: Extrait d'un mémoire sur la structure de Grenat, zitiert nach GROTH, P.: Geschichte der Mineralogischen Wissenschaften. Berlin, 1926. S. 15

[19] HAUY, R. J.: Extrait d'un mémoire sur la structure de spathes calcaire, a. a. O., S. 33

[20] HOOYKAAS, R.: Kristalspliting en kristalstructuur van Kalkspaat II (R. J. Hauy 1782). Chemisch Weekblaad 47 (1951), S. 540

[21] HAUY, R. J.: Essai d'une théorie sur la structure de cristaux appliquée à plusieurs genres de substances cristalisées. Paris 1784

[22] HAUY, R. J.: Lehrbuch der Mineralogie, Bd. I. Paris, Leipzig 1804, S. 60–61

[23] HAUY, R. J.: Traité de Minéralogie, T. I, a. a. O., S. 23

[24] HAUY, R. J.: Exposition abrégée de la théorie de la structure des cristaux. Paris 1792

[25] Ebenda, zitiert nach GROTH, P.: Geschichte der Mineralogischen Wissenschaften, a. a. O., S. 47

[26] Ebenda, zitiert nach GROTH, P.: Geschichte der Mineralogischen Wissenschaften, a. a. O., S. 47 bis 48

[27] Ebenda, zitiert nach GROTH, P.: Geschichte der Mineralogischen Wissenschaften, a. a. O., S. 48

[28] Ebenda, zitiert nach GROTH, P.: Geschichte der Mineralogischen Wissenschaften, a. a. O., S. 50

[29] Ebenda, zitiert nach GROTH, P.: Geschichte der Mineralogischen Wissenschaften, a. a. O., S. 50

[30] Ebenda, zitiert nach GROTH, P.: Geschichte der Mineralogischen Wissenschaften, a. a. O., S. 50

[31] Ebenda, zitiert nach GROTH, P.: Geschichte der Mineralogischen Wissenschaften, a. a. O., S. 50

[32] Ebenda, zitiert nach GROTH, P.: Geschichte der Mineralogischen Wissenschaften, a. a. O., S. 51

[33] SCHÜTT, H. W.: René Just Hauy und die Entwicklung der Kristallographie zu einem konstitutiven Teilgebiet der Mineralogie. In: SCRIBA, C. J. (Hrsg.): Disciplinae Novae, zur Entstehung neuer Denk- und Arbeitsrichtungen in der Naturwissenschaft. Göttingen 1979, S. 75–89

[34] Zitiert nach FRISCH, S. G.: Lebensbeschreibung Abraham Gottlob Werners. Leipzig 1825, S. 82

[35] Zitiert nach GROTH, P.: Geschichte der Mineralogischen Wissenschaften, a. a. O., S. 24

[36] Zitiert nach GROTH, P.: Geschichte der Mineralogischen Wissenschaften, a. a. O., S. 20

[37] Zitiert nach GROTH, P.: Geschichte der Mineralogischen Wissenschaften, a. a. O., S. 20

[38] Zitiert nach FRISCH, S. G.: Lebensbeschreibung Abraham Gottlob Werners, a. a. O., S. 95–96, Fußnote

[39] SAKOL'SKAJA, M. P.; ŠAFRANOVSKIJ, L. I.: Rene Zjust Gajui 1743–1822, a. a. O., S. 143–152

[40] GUNTAU, M.: Die Beziehungen von Geologen und Mineralogen der Freiberger Schule zu französischen Gelehrten. Zeitschrift für Geologische Wissenschaften 11 (1983) 4, S. 500

[41] LÉVY, A.: Description d'une collection de mineraux, formée par M. Henri Heuland, et appartenant à M. Ch. Hampden Turner, de Rooknest (Surrey), Vol. I–III, Atlas. Londres 1837

[42] SEVERGIN, V. M.: Podrobnyj solvar' mineralogičeskij, T. I–II. St. Peterburg 1789

[43] FISCHER, G. I.: Oriktognosija ili kratkoe opisanie vsech iskopaemych veščestv s iz-jasneniem terminov, C. I. Moskva 1818

[44] ŠČEGLOV, N. P.: Mineralogija po sisteme g. Gajui. S. Peterburg 1824

[45] GUNTAU, M.: Die Genesis der Geologie als Wissenschaft, a. a. O., S. 50-51

[46] HOPPE, G.: Christian Samuel Weiss und das Berliner Mineralogische Museum. Wissenschaftliche Zeitschrift der Humboldt-Universität zu Berlin, Mathematisch-Naturwissenschaftliche Reihe 31 (1982) 3, S. 245-246

[47] WEISS, C. S.: Dynamische Ansicht der Krystallisation. In: HAUY, R. J.: Lehrbuch der Mineralogie, Bd. I. Paris, Leipzig 1804, S. 365-389

[48] Ebenda, S. 365

[49] ENGELS, F.: Dialektik der Natur. In: MARX, K.; ENGELS, F.: Werke, Bd. 20. Berlin 1962, S. 356

[50] KANT, I.: Allgemeine Naturgeschichte und Theorie des Himmels oder Versuch von der Verfassung und dem mechanischen Ursprunge des ganzen Weltgebäudes nach Newtonschen Grundsätzen abgehandelt. Königsberg, Leipzig 1755

[51] KANT, I.: Metaphysische Anfangsgründe der Naturwissenschaft. Riga 1786

[52] WEISS, C. S.: De indagando Formarum crystallinarum charactere Geometrico principali Dissertatio. Leipzig 1809

[53] WEISS, C. S.: De Charactere Geometrico principali Formarum crystallinarum octaedricarum Pyramidibus rectis basi rectangula oblonga Commentatio. Leipzig 1809

[54] HOPPE, G.: Christian Samuel Weiss und das Berliner Mineralogische Museum, a. a. O., S. 246

[55] Ebenda, S. 247

[56] Ebenda, S. 247

[57] Ebenda, S. 249

[58] WEISS, C. S.: Dynamische Ansicht der Krystallisation, a. a. O., S. 387

[59] Ebenda, S. 367

[60] Ebenda, S. 371

[61] Ebenda, S. 375

[62] Ebenda, S. 377

[63] WEISS, C. S.: Nachtrag über die Krystallisation des Feldspates. In: HAUY, R. J.: Lehrbuch der Mineralogie, Bd. II. Paris, Leipzig 1980, S. 711-723

[64] WEISS, C. S.: Übersichtliche Darstellung der verschiedenen natürlichen Abtheilungen der Krystallisationssysteme. Abhandlungen der Königlichen Akademie der Wissenschaften in Berlin in den Jahren 1814-1815. Berlin 1818, S. 307

[65] WEISS, C. S.: Übersichtliche Darstellung der verschiedenen natürlichen Abtheilungen der Krystallisationssysteme, a. a. O., S. 289-336

[66] Ebenda, S. 307

[67] GROTH, P.: Geschichte der Mineralogischen Wissenschaften, a. a. O., S. 70, Fußnote

[68] WEISS, C. S.: Übersichtliche Darstellung der verschiedenen natürlichen Abtheilungen der Krystallisationssysteme, a. a. O., S. 307

[69] Ebenda, S. 308

[70] WEISS, C. S.: Krystallographische Fundamentalbestimmung des Feldspats. Abhandlungen der Königlichen Akademie der Wissenschaften in Berlin aus den Jahren 1816-1817, Berlin 1819, S. 231-285

[71] GROTH, P.: Geschichte der Mineralogischen Wissenschaften, a. a. O., S. 70

[72] WEISS, C. S.: Vorbegriffe zu einer Chäsionslehre, erste Abtheilung. Abhandlungen der Königlich-Preussischen Akademie der Wissenschaften zu Berlin aus dem Jahre 1832. Berlin 1834, S. 57-83

[73] GROTH, P.: Geschichte der Mineralogischen Wissenschaften, a. a. O., S. 60, Fußnote

[74] FISCHER, J. C.: Physikalisches Wörterbuch oder Erklärung der vornehmsten zur Physik gehörigen Begriffe und Kunstwörter sowohl nach atomistischer als auch nach dynamischer Lehrart betrachtet, Bd. I. Göttingen 1798, S. 159

[75] BERNHARDI, J. J.: Gedanken über Krystallogenie und Anordnung der Mineralien, nebst einigen Beilagen über die Krystallisation verschiedener Substanzen. Gehlens Journal für die Physik, Chemie und Mineralogie 8 (1809), S. 360-423

[76] MITSCHERLICH, E.: Über die Krystallisation der Salze, in denen das Metall der Basis mit Propor-

tionen Sauerstoff verbunden ist. Abhandlungen der Königlichen Akademie der Wissenschaften in Berlin im Jahre 1818 und 1819. Berlin 1820, S. 427–437

[77] MITSCHERLICH, E.: Sur la rélation qui existe entre la forme cristalline et les proportiones chemiques. Annales de Chemie et de Physique 19 (1921), S. 350–419

[78] Zitiert nach BURKE, J. G.: Origins of Science of Crystals. Berkeley, Los Angeles 1966, S. 125, Anmerk. 7

[79] STEFFENS, H.: Was ich erlebte, Bd. 9. Breslau, S. 268–269

[80] KLÖDEN, K. F.: Von Berlin nach Berlin. Erinnerungen 1786–1824. Berlin 1976, S. 405

[81] Zitiert nach LANGE, W. (Hrsg.): Friedrich Fröbels gesammelte pädagogische Schriften, Bd. I, 1. Berlin 1862

[82] WEISS, C. E.: Gedenkworte am Tage der Feier des hundertjährigen Geburtstages von Christian Samuel Weiss. Zeitschrift der Deutschen Geologischen Gesellschaft 32 (1880), S. VI–XXI

[83] HOPPE, G.: Christian Samuel Weiss und das Berliner Mineralogische Museum, a. a. O., S. 248

[84] KOKŠAROV, N. I.: Vospominanijach. – Ruskaja starina 66 (1890) 5, S. 249–270; 6, S. 505–574

[85] Ebenda, S. 520

[86] EICHVAL'D, E.: Oriktognozija preimuščestvenno v otnošennii Rossii i s prisovokupleviem upotreblenija mineralov. S. Peterburg 1844, S. 9

[87] ROSE, G.: Mineralogische und geognostische Reise nach dem Ural, dem Altai und dem Kaspischen Meere, Bd. I–II. Berlin 1837–1842

[88] KUPFER, A. T.: Preisschrift über genaue Winkelmessungen an Krystallen. Berlin 1825

[89] ŠTURM, A.: Glavnye osnovanija mineralogii. S. Peterburg 1835

[90] NAUMANN, C. F.: Grundriß der Kristallographie. Leipzig 1826; Lehrbuch der reinen und angewandten Krystallographie, Bd. I–II. Leipzig 1830; Elemente der Mineralogie. Leipzig 1828

[91] WHEWELL, W.: Geschichte der induktiven Wissenschaften, der Astronomie, Physik, Mechanik, Chemie, Geologie etc. von der frühesten bis zu unserer Zeit. Dritter Theil. Stuttgart 1841, S. 254

[92] MILLER, W. H.: A treatise on crystallography. Cambridge 1839

[93] KOKŠAROV, N. I.: Materialy dlja mineralogii Rossii, 6 T. S. Peterburg 1852–1877

[94] Journal de Mines 29 (1811), S. 349–444

[95] JAGODZINSKI, H.: Denkschrift zur Lage der Kristallographie. Wiesbaden 1965

Epilog: Auf getrennten Wegen

[1] NAUMANN, C. F.: Über plagiobasische Krystallsysteme. Isis IX (1824), S. 954–959

[2] NEUMANN, F. E.: Beiträge zur Krystallonomie, Erstes Heft. Berlin, Posen 1823

[3] NEUMANN, F. E.: Die thermischen, optischen und krystallographischen Achsen des Gypses. Poggendorffs Annalen der Physik und Chemie 27 (1833), S. 240–274

[4] GROTH, P.: Geschichte der Mineralogischen Wissenschaften. Berlin 1926, S. 115

[5] VOIGT, W.: Lehrbuch der Krystallphysik, Göttingen 1910

[6] LAUE, M.: Begleitwort [zum Nachdruck der ersten Auflage]. In: VOIGT, W.: Lehrbuch der Krystallphysik. Leipzig 1928, o. S.

[7] RAMMELSBERG, K. F.: Handbuch der krystallographischen Chemie, Bd. I–II. Leipzig 1855

[8] GROTH, P.: Geschichte der Mineralogischen Wissenschaften a. a. O., S. 142

[9] HESSEL, J. F. C.: Krystall. Gehlers Physikalisches Wörterbuch, Bd. 5. 1830, S. 1023–1340; Krystallometrie oder Krystallonomie und Krystallographie, auf eine eigentümliche Weise und mit Zugrundelegung neuer allgemeiner Lehren der reinen Gestaltkunde, sowie mit vollständiger Berücksichtigung der wichtigsten Arbeiten und Methoden anderer Kristallographen. Leipzig 1831

[10] GROTH, P.: Geschichte der Mineralogischen Wissenschaften, a. a. O., S. 109

[11] Ebenda, S. 88
[12] SEEBER, L. A.: Versuch einer Erklärung des inneren Baues der festen Körper. Annalen der Physik hrsg. von L. W. Gilbert 76 (1824), S. 229–248; 349–372
[13] Anzeige von C. F. GAUSS der Arbeit SEEBER, L. A.: Untersuchungen über die Eigenschaften der positiven ternären quadratischen Formen. Freiburg 1831. In: Göttinger gelehrte Anzeigen v. 9. 7. 1831; vgl.: GAUSS, C. F.: Werke, Bd. II. Göttingen 1876, S. 188–196
[14] CAUCHY, A. L.: Exercises de Mathématiques (anciens exercises) 1827. In: Œuves complétes, T. VII, 2. Ser. Paris 1889, S. 11
[15] DELAFOSSE, G.: Recherches sur la cristallisation considérée sous les rapports physiques et mathématiques. Mémoires présentes par divers savants à l'academie royale ds sciences de l'Institut de France, T. 8. Paris 1843
[16] BRAVAIS, A.: Mémoire sur les systèmes sormés par des points distribués régulièrement sur un plan ou dans l'espace. Journal de l'Ecole Polytechnique 19 (1849), 1–128
[17] FRANKENHEIM, M. L.: Die Anordnung der Moleküle im Krystalle. Poggendorffs Annalen der Physik 37 (1856), S. 337–382
[18] EWALD, P. P.: Kristalle und Röntgenstrahlen. Berlin 1923, S. 226
[19] BRAVAIS, A.: Mémoire sur les polyèdres de forme symétrique. Journal de mathématique par Lionville 14 (1849), S. 137–180
[20] Unabhängig von HESSEL und BRAVAIS leitete u. a. auch GADOLIN die Symmetriebeziehungen der Kristalle ab: GADOLIN, A. V.: Mémoire s. l. déduction d'un seul principe de tous les systèmes cristallographiques avec leur subdivisions. Acta Societatis Scientiarum Fennlandiae, 9 (1871), S. 11 ff.
[21] SOHNCKE, L.: Entwicklung einer Theorie der Krystallstruktur. Leipzig 1879
[22] SCHÖNFLIES, A.: Kristallsysteme und Kristallstruktur. Leipzig 1891
[23] FEDEROV, E. S.: Simmetrii pravil'nych sistem figur. Zapisok Mineralogičeskogo obščestva, 2-ja serija 27 (1891), S. 448–449
[24] SOHNCKE, L.: Entwicklung einer Theorie der Krystallstruktur, a. a. O., S. 28
[25] NAUMANN, C. F.: Elemente der Mineralogie. Leipzig 1846, S. 3
[26] PASTEUR, L.: Œuvres, Vol. I. Paris, S. 392–393
[27] BOLTZMANN, L.: Über die Unentbehrlichkeit der Atomistik in der Naturwissenschaft. In: Populäre Schriften. Leipzig 1905, S. 151
[28] ENGELS, F.: Dialektik der Natur. In: MARX, K.; ENGELS, F.: Werke, Bd. 20. Berlin 1962, S. 514
[29] LAUE, M.; FRIEDRICH, P.; KNIPPING, P.: Interferenzerscheinungen bei Röntgenstrahlen. Sitzungsberichte der Bayrischen Akademie der Wissenschaften. München 1912, S. 363–373
[30] Zitiert nach HERNECK, F.: Max von Laue (Biographien hervorragender Naturwissenschaftler, Techniker und Mediziner Bd. 42). Leipzig 1979, S. 35
[31] BORN, M.: Dynamik der Krystallgitter. Leipzig, Berlin 1915, S. 2
[32] BRAGG, W. L.: Geschichte der Röntgenspektralanalyse. Berlin 1947

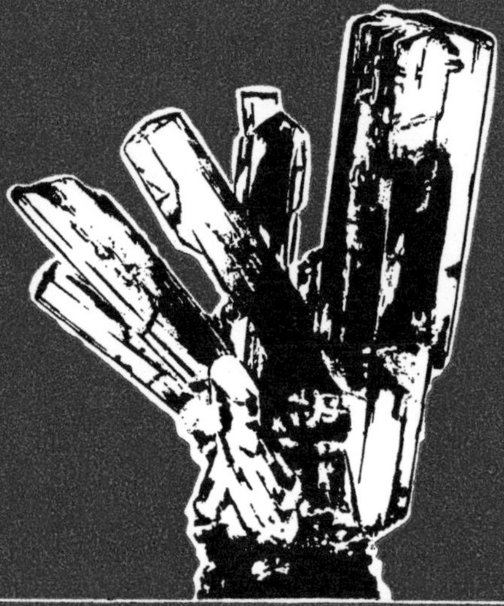

Max Wutz
Hermann Adam
Wilhelm Walcher

Theorie und Praxis der Vakuumtechnik

3., überarbeitete und ergänzte Auflage

Mit 424 Bildern und 85 Tabellen im Text und Anhang

V

Friedr. Vieweg & Sohn   Braunschweig/Wiesbaden

1. Auflage 1965
2., vollständig neubearbeitete Auflage 1982
3., überarbeitete und ergänzte Auflage 1986

Verlagsredaktion: *Alfred Schubert*

Alle Rechte vorbehalten
© Friedr. Vieweg & Sohn Verlagsgesellschaft mbH, Braunschweig 1986

Das Werk einschließlich aller seiner Teile ist urheberrechtlich geschützt. Jede Verwertung außerhalb der engen Grenzen des Urheberrechtsgesetzes ist ohne Zustimmung des Verlags unzulässig und strafbar. Das gilt insbesondere für Vervielfältigungen, Übersetzungen, Mikroverfilmungen und die Einspeicherung und Verarbeitung in elektronischen Systemen.

Satz: Friedr. Vieweg & Sohn, Braunschweig
Druck: C. W. Niemeyer, Hameln
Buchbinderische Verarbeitung: W. Langelüddecke, Braunschweig
Printed in Germany

ISBN 3-528-14884-5

Vorwort

Im Vorwort zur ersten Auflage kennzeichnete Max Wutz Zweck und Ziel seines Buches mit folgenden Worten:

> „Das vorliegende Buch will das Vakuumgebiet, soweit es sich um das Erzeugen, Messen und Aufrechterhalten erniedrigter Drücke sowie um die dazu benötigte Arbeitstechnik handelt, möglichst geschlossen darstellen. Es wendet sich an alle, die Experimente, Prozesse oder sonstige Arbeiten unter Vakuum ausführen. Die Darstellung berücksichtigt in gleicher Weise die theoretischen Grundlagen wie auch die Anforderungen der Praxis. Diesem Zweck dient auch die große Anzahl von erläuternden numerischen Beispielen."

Daß er damit einem Bedürfnis nachgekommen war und das damals gesteckte Ziel erreicht hatte, zeigt sein Erfolg. Das Buch war zum deutschen Standardwerk des „Vakuums" geworden. Es war demgemäß bald vergriffen und fehlte mehr als ein Jahrzehnt auf dem Büchermarkt.

Seit dem Erscheinen der ersten Auflage des Buches waren sowohl auf dem Gebiet der physikalischen Grundlagen als auch auf dem der anwendungsbezogenen Technik bedeutende Weiterentwicklungen und Standardisierungen zu verzeichnen; sie mußten in einer Neuauflage gebührend berücksichtigt werden. So sind die Turbomolekularpumpe und die Kryopumpe mit zu den wichtigsten Vakuumerzeugern geworden; die Partialdruckmessung hat große Fortschritte gemacht; die standardisierten Kalibrierverfahren haben die Meßunsicherheit der Druckmessung entscheidend verringert; die automatisierbare Lecksuchtechnik mit Hilfe kommerzieller Heliumlecksuchgeräte hat ein weites Anwendungsfeld gefunden. Bei dieser Sachlage schien es angebracht, für eine Neubearbeitung die umfassenden Kenntnisse von Spezialisten auf ihren Teilgebieten heranzuziehen und ihre überarbeiteten Beiträge in einer zweiten Auflage zu einem einheitlichen Ganzen zusammenzufügen.

Auch die zweite Auflage war schnell vergriffen. Dadurch ergab sich erneut die Möglichkeit einer Überarbeitung und Ergänzung, die das Buch auf den neuesten Stand gebracht haben. Die Abschnitte 2.5.2 und 2.5.3 über Transportvorgänge wurden im Hinblick auf die Anwendung bei den Vakuummeßgeräten neu gefaßt; im neu hinzugefügten Abschnitt 11.2.6 wurde das Reibungsvakuummeter wegen der künftigen Bedeutung dieses Meßgeräts als sekundärer Standard ausführlich behandelt; viele weitere Abschnitte haben notwendige Ergänzungen erfahren. Die ursprüngliche Konzeption aber, die insbesondere durch die Aufnahme zahlreicher Rechenbeispiele gekennzeichnet ist, wurde nicht verändert. Trotz mancher Streichungen hat sich der Umfang gegenüber der 2. Auflage vergrößert.

Wieder war es ein besonderes Anliegen der Herausgeber Symbole, Einheiten und Nomenklatur den internationalen und nationalen Empfehlungen und Gesetzen anzupassen. Zur Erleichterung des Umgangs mit dem ungewohnten Neuen wurde im Anhang als Kapitel 16D ein Abschnitt über Größen und Einheiten angefügt und in Umrechnungstabellen und zahlreichen Textstellen die Beziehung zum gewohnten Alten hergestellt.

Jedem Kapitel ist ein teilweise recht umfangreiches Literaturverzeichnis angefügt. Ein eigener Tabellen- und Diagrammteil soll dem Praktiker helfen, wichtige technische Daten rasch zu finden und die Durchführung von Berechnungen zu erleichtern. Eine ausführliche Tabelle über internationale und nationale vakuumtechnische Normen entspricht dem heutigen Stand dieser für Hersteller und Anwender gleich wichtigen Bemühungen.

Köln/Marburg, Dezember 1985

Hermann Adam
Wilhelm Walcher

Inhaltsverzeichnis

1 **Einleitung** 1
   1.1 Die Entwicklung der Vakuumtechnik 1
   1.2 Bedeutung und Aufgabe der heutigen Vakuumtechnik 5
   1.3 Literatur 8

2 **Gasgesetze, Grundlagen der kinetischen Gastheorie und Gasdynamik** 9
   2.1 Die Zustandsgrößen eines Gases 9
   2.2 Mengengrößen, mengenbezogene Größen 11
   2.3 Die Gesetze des idealen Gases 13
       2.3.1 Einkomponentige Gase 13
       2.3.2 Gasgemische (Mehrkomponentige Gase) 17
   2.4 Grundlagen der kinetischen Theorie der Materie, insbesondere im gasförmigen Zustand 19
       2.4.1 Grundlagen des Modells des idealen Gases 19
       2.4.2 Das vereinfachte Modell von Krönig 19
       2.4.3 Die Häufigkeitsverteilung (Wahrscheinlichkeitsverteilung) der Geschwindigkeiten (Geschwindigkeitsverteilung) 21
       2.4.4 Geschwindigkeitsmittelwerte 24
       2.4.5 Wandstromdichte (= Flächenstoßrate DIN 28 400) und Effusion 24
       2.4.6 Gleichverteilung der Energie. Wärmekapazität gasförmiger und fester Stoffe 26
       2.4.7 Mittlere freie Weglänge. Stoßrate 27
   2.5 Transportvorgänge 29
       2.5.1 Diffusion 29
       2.5.2 Innere Reibung in Gasen 30
       2.5.3 Wärmeleitung in Gasen 33
              2.5.3.1 Wärmeleitfähigkeit 33
              2.5.3.2 Wärmeleitung 34
              2.5.3.3 Vergleich der Wärmeleitfähigkeit mit der dynamischen Viskosität 36
              2.5.3.4 Wärmeleitung in der Zylindergeometrie bei niedrigen Drücken ... 37
   2.6 Dämpfe. Verdampfung und Kondensation 37
       2.6.1 Dampfdruck 37
       2.6.2 Zustandsgleichung 38
       2.6.3 Flächenbezogene Verdampfungsrate 39
   2.7 Gasdynamik 41
       2.7.1 Anwendungsbereich 41
       2.7.2 Bernoulli-Gleichung 42
       2.7.3 Kritische Größen, Schallgeschwindigkeit, Machzahl 47
       2.7.4 Eindimensionale Strömung 49
       2.7.5 Der Verdichtungsstoß 50
       2.7.6 Hugoniot-Gleichung 52
       2.7.7 Das Ruhedruckverhältnis $\hat{p}_0/p_0$ 53
       2.7.8 Der schräge Verdichtungsstoß 54
       2.7.9 Strömungsformen in und hinter Lavaldüsen bei verschiedenen „Gegendrücken p_A" 54
       2.7.10 Zweidimensionale Strömung um eine Ecke (Prandtl-Meyer) 56
   2.8 Literatur 58

3 **Sorption und Desorption** 59
   3.1 Sorptionsphänomene und deren Bedeutung; Begriffe und Terminologie 59
   3.2 Adsorptions- und Desorptionskinetik 61

	3.2.1	Adsorptionsrate	61
	3.2.2	Desorptionsrate	61
	3.2.3	Mono-Schicht-Adsorption; Langmuirsche Adsorptionsisotherme	62
	3.2.4	Mono-Zeit	64
	3.2.5	Mehr-Schicht-Adsorption; Brunauer-Emmett-Teller-(BET-) Isotherme	65
3.3		Pratische Hinweise zu Adsorption und Desorption	66
3.4		Absorption, Okklusion	67
3.5		Ausgasung	67
3.6		Literatur	71

4 Strömungsvorgänge ... 72

- 4.1 Übersicht. Kennzeichnung der Strömung durch Vakuumbereiche ... 72
- 4.2 Gasstrom, Saugleistung, Saugvermögen ... 74
- 4.3 Rohrleitung als Strömungswiderstand ... 76
- 4.4 Das effektive Saugvermögen einer Vakuumpumpe ... 78
- 4.5 Strömung im Grobvakuumbereich ... 97
  - 4.5.1 Reibungsfreie Strömung ... 79
    - 4.5.1.1 Strömung durch Düse und Blende ... 79
    - 4.5.1.2 Düse oder Blende in der Ansaugleitung der Pumpe ... 82
  - 4.5.2 Rohrströmung mit Reibung ... 83
    - 4.5.2.1 Kennzeichnung der Reibungsströmung ... 83
    - 4.5.2.2 Formeln für die Gasstromstärke durch ein Rohr ... 84
    - 4.5.2.3 Gasstrom durch ein Rohr; Rohrleitung als Pumpwiderstand ... 88
    - 4.5.2.4 Unrunde Querschnitte ... 95
  - 4.5.3 Andere Gase als Luft ... 96
- 4.6 Strömung im Hoch- und Ultrahochvakuumbereich ... 98
  - 4.6.1 Kennzeichen der Molekularströmung ... 98
  - 4.6.2 Molekularströmung durch eine Blende ... 101
  - 4.6.3 Molekularströmung durch Rohre gleichbleibenden Querschnitts ... 104
    - 4.6.3.1 Allgemeine Betrachtungen ... 104
    - 4.6.3.2 Rohr mit kreisförmigem Querschnitt (Index K) ... 106
    - 4.6.3.3 Rohr mit rechteckigem Querschnitt (Index R) ... 107
    - 4.6.3.4 Enger Spalt zwischen rechteckigen Platten (Index Sp) ... 110
    - 4.6.3.5 Rohr mit elliptischem Querschnitt (Index E) ... 111
    - 4.6.3.6 Vergleich der Rohre mit rechteckigem, elliptischem und kreisförmigem Querschnitt bei gleicher Querschnittsfläche ... 111
    - 4.6.3.7 Rohr mit Dreieck-Querschnitt (Index Δ) ... 112
    - 4.6.3.8 Koaxialrohr (Raum zwischen zwei konzentrischen Zylindern, Index KA) ... 113
  - 4.6.4 Molekularströmung durch andere Bauteile eines Vakuum-Leitungssystems ... 116
    - 4.6.4.1 Durchlaufwahrscheinlichkeit für Rohre mit Blenden ... 116
    - 4.6.4.2 Gestufte Rohre einschließlich Blenden und Zwischenkesseln ... 117
    - 4.6.4.3 Rohrknie und Rohrbogen ... 120
    - 4.6.4.4 Konische Rohre ... 120
    - 4.6.4.5 Komponenten ... 121
    - 4.6.4.6 Pumpe als „Leitung": Durchlaufwahrscheinlichkeit der Pumpe ... 121
- 4.7 Strömung im Feinvakuum ... 122
  - 4.7.1 Kennzeichnung der Strömung im Feinvakuumbereich ... 122
  - 4.7.2 Rohrströmung im Feinvakuumbereich ... 122
- 4.8 Literatur ... 125

5 Verdrängerpumpen ... 126

5.1 Übersicht ... 126
5.2 Flüssigkeitsring-Vakuumpumpen ... 128
5.2.1 Wirkungsweise und technischer Aufbau ... 128
5.2.2 Arbeitsbereich und Saugvermögen ... 129
5.2.3 Zwei- und mehrstufige Flüssigkeitsring-Vakuumpumpen ... 130
5.2.4 Kombination mit einer Gasstrahlpumpe ... 132
5.2.5 Allgemeine Betriebshinweise ... 132
5.3 Ölgedichtete Rotations-Vakuumpumpen ... 133
5.3.1 Drehschieberpumpen ... 134
5.3.1.1 Wirkungsweise und technischer Aufbau ... 134
5.3.2 Sperrschieberpumpen ... 138
5.3.2.1 Wirkungsweise und technischer Aufbau ... 138
5.3.2.2 Massenausgleich ... 141
5.3.3 Weitere technische Hinweise ... 144
5.3.4 Trochoidenpumpen ... 145
5.3.4.1 Wirkungsweise ... 145
5.3.4.2 Technischer Aufbau ... 148
5.3.4.3 Vergleich mit anderen Verdrängerpumpen ... 149
5.3.5 Saugvermögen und erreichbarer Enddruck ölgedichteter Verdrängerpumpen ... 150
5.3.5.1 Saugvermögen und Enddruck ohne Öleinfluß ... 150
5.3.5.2 Saugvermögen und Enddruck mit Öleinfluß ... 152
5.3.6 Abpumpen von Dämpfen — Gasballast ... 154
5.3.7 Ölrückströmung ... 158
5.3.8 Leistungsbedarf ... 159
5.3.8.1 Isotherme Kompression ... 160
5.3.8.2 Adiabatische Kompression ... 161
5.3.8.3 Polytrope Kompression ... 161
5.3.8.4 Kompressionsleistung ... 161
5.3.9 Betriebshinweise ... 163
5.3.9.1 Aufstellung und elektrischer Anschluß ... 163
5.3.9.2 An- und Abstellen, Saugstutzenventile ... 164
5.3.9.3 Auswahl der Pumpen und Arbeitshinweise ... 166
5.3.9.4 Ölfilter und Ölreinigung ... 166
5.3.9.5 Auspuff-Filter (Ölnebelabscheider) ... 168
5.3.9.6 Staubfilter ... 169
5.4 Wälzkolbenpumpen (Rootspumpen) ... 170
5.4.1 Wirkungsweise ... 170
5.4.2 Technischer Aufbau ... 172
5.4.3 Theoretische Grundlagen ... 174
5.4.3.1 Der effektive Gasstrom ... 174
5.4.3.2 Kompressionsverhältnis K_0 bei Nulldurchsatz ... 174
5.4.3.3 Effektives Kompressionsverhältnis und volumetrischer Wirkungsgrad ... 176
5.4.4 Abstufung des Saugvermögens Vorpumpe/Wälzkolbenpumpe ... 179
5.4.4.1 Abstufung bei niedrigen Ansaugdrücken ... 179
5.4.4.2 Abstufung bei hohen Ansaugdrücken ... 180
5.4.5 Saugvermögen und Enddruck ... 182
5.4.5.1 Saugvermögen und Enddruck mit ölgedichteten Vorpumpen ... 182
5.4.5.2 Saugvermögen und Enddruck mit Flüssigkeitsringpumpen als Vorpumpen ... 184

		5.4.5.3	Mehrstufige Pumpkombinationen	185

      5.4.6 Leistungsbedarf 187
      5.4.7 Installation und Betriebshinweise 188
      5.4.8 Auswahl der Pumpen und Arbeitshinweise 190
5.5 Literatur 191

6 Treibmittelpumpen 193

6.1 Einleitung, Übersicht 193
6.2 Flüssigkeitsstrahlpumpen 195
6.3 Dampf- und Gasstrahl-Vakuumpumpen 196
6.4 Diffusionspumpen 203
      6.4.1 Arbeitsweise 203
      6.4.2 Treibmittel 205
      6.4.3 Dampfsperren (Baffles) und Fallen 205
      6.4.4 Fraktionieren, Entgasen 206
      6.4.5 Kohlenwasserstofffreies Vakuum 207
      6.4.6 Saugvermögen und Vorvakuumbeständigkeit 208
      6.4.7 Berechnung der Funktionsgrößen von Diffusions- und Dampfstrahlpumpen anhand eines einfachen Pumpenmodells 208
      6.4.8 Quantitative Betrachtungen an einer Quecksilber-Diffusionspumpe 217
6.5 Diffusionspumpen – Dampfstrahlpumpen 218
6.6 Literatur 221

7 Molekularpumpen 222

7.1 Einleitung 222
7.2 Molekularpumpen 222
7.3 Turbomolekularpumpen 226
      7.3.1 Entwicklung 226
      7.3.2 Aufbau 227
      7.3.3 Pumpmechanismus 230
7.4 Theorie der einstufigen Pumpe 233
7.5 Leistungsdaten von Turbomolekularpumpen 235
      7.5.1 Saugvermögen 235
      7.5.2 Kompressionsverhältnis 238
      7.5.3 Auspumpverhalten 239
      7.5.4 Restgaszusammensetzung und Enddruck 241
7.6 Betriebshinweise 243
      7.6.1 Wahl der Vorpumpe 243
      7.6.2 Allgemeine Hinweise 243
      7.6.3 Inbetriebnahme 243
      7.6.4 Belüften 244
      7.6.5 Ausheizen 245
      7.6.6 Betrieb in Magnetfeldern 245
      7.6.7 Wartung 245
7.7 Anwendungen 245
7.8 Literatur 247

8 Sorptionspumpen 248

8.1 Adsorptionspumpen 249
      8.1.1 Wirkungsweise 249
      8.1.2 Aufbau 251

Inhaltsverzeichnis

   8.1.3 Endvakuum und Saugvermögen 252
     8.1.3.1 Endvakuum mit einer Adsorptionspumpe 252
     8.1.3.2 Endvakuum mit zwei oder mehr Adsorptionspumpen 255
     8.1.3.3 Verbesserung des Endvakuums durch Vorevakuieren oder Füllen mit einem Fremdgas 257
     8.1.3.4 Endvakuum bei Berücksichtigung der Wanddesorption 257
     8.1.3.5 Saugvermögen 258
   8.1.4 Betriebs- und Arbeitshinweise 258
 8.2 Gasaufzehrung durch Getter 259
   8.2.1 Wirkungsweise 259
   8.2.2 Getterarten und Getterherstellung 260
     8.2.2.1 Volumengetter 260
     8.2.2.2 Verdampfungsgetter 262
   8.2.3 Saugvermögen (Gettergeschwindigkeit) 262
   8.2.4 Getterkapazität 264
   8.2.5 Getterpumpen 266
     8.2.5.1 Volumengetterpumpen 266
     8.2.5.2 Verdampfergetterpumpen 266
   8.2.6 Ionengetterpumpen 271
     8.2.6.1 Wirkungsweise 271
     8.2.6.2 Die Orbitronpumpe 271
 8.3 Ionenzerstäuberpumpen 272
   8.3.1 Wirkungsweise 272
   8.3.2 Technischer Aufbau 274
   8.3.3 Saugvermögen 275
   8.3.4 Die Triodenpumpe 277
   8.3.5 Restgasspektrum 279
   8.3.6 Standardeinrichtung zur Messung des Saugvermögens 280
   8.3.7 Arbeitstechnik 281
 8.4 Literatur 283

9 Kondensatoren 285

 9.1 Kondensatoren als Vakuumpumpen 285
   9.1.1 Grundlagen 285
   9.1.2 Leistung von Kondensatoren 287
   9.1.3 Stromstärken und Partialdrücke 290
   9.1.4 Kühlmittel 294
 9.2 Bauarten von Kondensatoren 294
   9.2.1 Oberflächenkondensatoren für Flüssigkondensation 294
   9.2.2 Mischkondensatoren 296
   9.2.3 Kondensatausschleusung 296
   9.2.4 Oberflächenkondensatoren zur Festkondensation 297
 9.3 Kondensatoren in Kombination mit Vakuumpumpen 298
 9.4 Berechnung von Kondensator-Pumpen-Kombinationen 299
   9.4.1 Rechengang 299
   9.4.2 Berechnungsbeispiele 300
 9.5 Literatur 304

10 Kryotechnik und Kryopumpen 305

 10.1 Einleitung 305
 10.2 Kühlverfahren 306

10.2.1	Begriffe und Hauptsätze der Thermodynamik		306
10.2.2	Spezielle Kühlprozesse		309
	10.2.2.1	Joule-Thomson-Entspannung; Linde-Verfahren	309
	10.2.2.2	Expansionsmaschinen	312
	10.2.2.3	Claude-Verfahren	313
	10.2.2.4	Stirling-Verfahren	314
	10.2.2.5	Gifford-McMahon-Verfahren	314
10.2.3	Allgemeine Kriterien für Kälteanlagen		315

10.3 Stoffeigenschaften bei tiefen Temperaturen 317
    10.3.1 Kältemittel 317
    10.3.2 Werkstoffe 321

10.4 Temperaturmessung 324
    10.4.1 Temperaturskalen 325
    10.4.2 Gasthermometer 326
    10.4.3 Dampfdruckthermometer 328
    10.4.4 Widerstandsthermometer 329
    10.4.5 Halbleiter-Dioden 332
    10.4.6 Akustisches Thermometer 332
    10.4.7 Kapazitives Thermometer 332
    10.4.8 Thermoelemente 333
    10.4.9 Kontaktieren von Temperaturmeßfühlern 334
    10.4.10 Kalibrieren von Sekundärthermometern 335

10.5 Kryostatentechnik 338
    10.5.1 Badkryostate 338
    10.5.2 Verdampferkryostate 340
    10.5.3 Refrigeratorkryostate 341
    10.5.4 ^{3}He-Kryostate und ^{3}He/^{4}He-Mischkryostate 343
        10.5.4.1 Der ^{3}He-Kryostat 343
        10.5.4.2 Der ^{3}He/^{4}He-Mischkryostat 344
    10.5.5 Vakuumisolierte Leitungen 345
    10.5.6 Nachfüllvorrichtungen 346
    10.5.7 Temperatureinstellung und -Regelung 349
        10.5.7.1 Regelventile 350
        10.5.7.2 Heizungsregelung 352
    10.5.8 Kältemittelverluste 353
    10.5.9 Vorratsbehälter 358

10.6 Kryopumpen 359
    10.6.1 Die Bindung von Gasen an Kaltflächen 360
        10.6.1.1 Gaskondensation 360
        10.6.1.2 Kryotrapping und Kryosorption 362
    10.6.2 Kenngrößen einer Kryopumpe 365
        10.6.2.1 Startdruck p_{St} 365
        10.6.2.2 Enddruck p_{end} 365
        10.6.2.3 Saugvermögen S 366
        10.6.2.4 Standzeit t_B 367
        10.6.2.5 Kapazität (maximale Gasaufnahme) C 368
        10.6.2.6 Wärmeübertragung auf die Kaltfläche 369
        10.6.2.7 Wärmeleitfähigkeit der Kondensate 369
        10.6.2.8 Wachstumsgeschwindigkeit der Kondensatschicht 370
    10.6.3 Konstruktionsprinzipien 372
        10.6.3.1 Bad-Kryopumpen 372
        10.6.3.2 Verdampfer-Kryopumpen 373
        10.6.3.3 Kryopumpen mit Kältemaschine (Refrigerator-Kryopumpen) . 376

	10.6.4	Anwendungsbeispiele	379
		10.6.4.1 Kryopumpen in der Kernfusionstechnik	380
		10.6.4.2 Kryopumpen in der Raumfahrttechnik	380
		10.6.4.3 Kryopumpen in Teilchenbeschleunigern	381
		10.6.4.4 Kryopumpen in industriellen Anlagen	381
	10.6.5	Entwicklungstendenzen für die Kryopumpe	381
10.7	Literatur		382

11 Vakuummeßgeräte und Lecksuchgeräte 385

11.1	Druck- und Teilchenanzahldichte; Übersicht		385
11.2	Mechanische Vakuummeter		386
	11.2.1	Prinzip und Einteilung	386
	11.2.2	Röhrenfedervakuummeter	387
	11.2.3	Kapselfedervakuummeter	387
	11.2.4	Membranvakuummeter	388
	11.2.5	Membran-Differenzdruck-Vakuummeter mit hoher Empfindlichkeit	390
	11.2.6	Reibungsvakuummeter mit rotierender Kugel	391
		11.2.6.1 Meßanordnung und Meßprinzip	391
		11.2.6.2 Bremsung durch Gasreibung	393
		11.2.6.3 Durchführung der Messung	395
		11.2.6.4 Grenzen des Meßbereichs	397
		11.2.6.5 Fehlerquellen. Unsicherheit des Meßergebnisses	399
	11.2.7	Druckschalter und Druckregler	401
11.3	Flüssigkeitsmanometer		403
	11.3.1	Offenes Flüssigkeitsmanometer	403
	11.3.2	U-Rohr-Manometer (geschlossenes Flüssigkeitsmanometer)	404
	11.3.3	Kompressions-Vakuummeter nach McLeod	404
11.4	Wärmeleitungsvakuummeter		409
	11.4.1	Prinzip	409
	11.4.2	Betriebsweise	412
	11.4.3	Wärmeleitungsvakuummeter mit konstanter Drahttemperatur	412
	11.4.4	Wärmeleitungsvakuummeter mit konstanter Heizung	414
	11.4.5	Hinweise zur Verwendung von Wärmeleitungsvakuummetern	416
11.5	Ionisationsvakuummeter		416
	11.5.1	Prinzip und Einteilung	416
	11.5.2	Glühkathoden-Ionisationsvakuummeter	419
		11.5.2.1 Konzentrische Triode	420
		11.5.2.2 Feinvakuum-Ionisationsvakuummeter	421
		11.5.2.3 Bayard-Alpert-Vakuummeter	422
		11.5.2.4 Extraktor-Ionisationsvakuummeter	423
		11.5.2.5 Andere Glühkathoden-Ionisationsvakuummeter	425
	11.5.3	Kaltkathoden-Ionisationsvakuummeter	425
		11.5.3.1 Penning-Vakuummeter	425
		11.5.3.2 Andere Kaltkathodenvakuummeter	429
	11.5.4	Allgemeine Hinweise	429
11.6	Partialdruckmeßgeräte		430
	11.6.1	Allgemeines	430
	11.6.2	Magnetisches Sektorfeld-Massenspektrometer	432
	11.6.3	Omegatron	435
	11.6.4	Quadrupol-Massenspektrometer	436
11.7	Lecksuchgeräte		441
	11.7.1	Allgemeines	441

	11.7.2	Massenspektrometer-Lecksuchgeräte	442
	11.7.3	Technische Ausführungen von Heliumlecksuchgeräten	445
		11.7.3.1 Helium-Lecksucher mit doppelt fokussierendem Massenspektrometer	445
		11.7.3.2 Heliumlecksucher nach dem Gegenstromprinzip	446
	11.7.4	Halogenleckdetektor	447
		11.7.4.1 Halogendetektorsonden	448
		11.7.4.2 Halogenschnüffel-Lecksucher	448
11.8	Kalibrieren von Vakuummetern		448
	11.8.1	Grundlagen	448
	11.8.2	Kalibrieren durch Vergleichsmessung	450
	11.8.3	Bestimmung des Druckes durch statische Expansion	450
	11.8.4	Dynamische Kalibrieranordnungen	452
	11.8.5	Erzeugung von sehr niedrigen Kalibrierdrücken mittels der Molekularstrahlmethode	452
	11.8.6	Druckskalen	453
11.9	Literatur		454

12 Lecksuchtechnik ... 457

12.1	Überblick		457
	12.1.1	Größe eines Lecks. Leckrate	457
	12.1.2	Leckarten	461
		12.1.2.1 Porenlecke	461
		12.1.2.2 Lecke in lösbaren und nichtlösbaren Verbindungen	462
		12.1.2.3 Virtuelle oder scheinbare Lecke	462
	12.1.3	Lecksuchverfahren	463
12.2	Überdruckverfahren		463
	12.2.1	Überdrucklecksuche durch Druckabfallmessung	463
	12.2.2	Überdrucklecksuche durch Blasentest	464
	12.2.3	Überdrucklecksuche durch Seifenblasentest	465
	12.2.4	Überdrucklecksuche durch Abdrücken mit Flüssigkeiten	465
	12.2.5	Überdrucklecksuche mit chemischen Verfahren	465
	12.2.6	Überdrucklecksuche mit halogenhaltigen Gasen	465
	12.2.7	Überdrucklecksuche mit Helium. Trägergasprinzip	466
	12.2.8	Kritische Wertung der Lecksuchmethoden mit Überdruck	468
12.3	Lecksuchverfahren bei Vakuum		469
	12.3.1	Druckanstiegsmessung	469
	12.3.2	Seifenblasentest	470
	12.3.3	Unterdrucklecksuche mit Hochfrequenzvakuumprüfer	471
	12.3.4	Unterdrucklecksuche mit Halogendetektoren	471
	12.3.5	Unterdrucklecksuche mit dem Heliumlecksucher (Leckdetektor)	472
12.4	Testlecke für Lecksuchgeräte		473
	12.4.1	Testlecke ohne Gasvorrat (Kapillarleck)	473
	12.4.2	Testlecke mit Heliumvorrat (Diffusionsleck)	474
	12.4.3	Kalibrieren von He-Testlecken	475
	12.4.4	Halogentestleck für Überdrucklecksuche	476
12.5	Allgemeine Hinweise für die Lecksuche		476
12.6	Lecksuchtechnik in der Serienfertigung		478
	12.6.1	Industrielle Dichtheitsprüfung	478
	12.6.2	Anforderungen an eine Dichtheitsprüfanlage	479
	12.6.3	Aufbau einer Helium-Dichtheitsprüfanlage	479
	12.6.4	Vollautomatische (integrale) Lecksuche	481

	12.6.5	(Halbautomatische) lokalisierende Lecksuche	481
	12.6.6	Dichtheitsprüfung kleiner Massengüter	481
	12.6.7	Anwendungsbereiche	482
12.7	Literatur	....	482

13 Werkstoffe 484

- 13.1 Allgemeine Gesichtspunkte und Einteilung 484
  - 13.1.1 Anforderungen und Auswahl 484
  - 13.1.2 Einteilung der Werkstoffe (nach ihrer Verwendung) 485
- 13.2 Die Werkstoffe im einzelnen 485
  - 13.2.1 Metalle 485
    - 13.2.1.1 Aufbau und Herstellung 485
    - 13.2.1.2 Die wichtigsten Metalle 486
      Normalstahl, Edelstahl, Stahl-Sonderlegierungen, Titan, Aluminium, Kupfer, Quecksilber, Silber und Gold, Indium
  - 13.2.2 Technische Gläser 489
    - 13.2.2.1 Allgemeines 489
    - 13.2.2.2 Eigenschaften der wichtigsten Gläser 489
      Weichgläser, Hartgläser, Quarzglas, Sinterglas, Auskristallisierte Gläser
    - 13.2.2.3 Verwendung von Glas in der Vakuumtechnik 493
  - 13.2.3 Keramische Werkstoffe 493
    - 13.2.3.1 Allgemeines 493
    - 13.2.3.2 Eigenschaften der wichtigsten keramischen Werkstoffe 494
      Silikat-Keramiken, Reinoxid-Keramiken, Glaskeramik, Saphir
    - 13.2.3.3 Verwendung von Keramik in der Vakuumtechnik 494
    - 13.2.3.4 Zeolith 494
  - 13.2.4 Kunststoffe 495
    - 13.2.4.1 Allgemeines 495
    - 13.2.4.2 Eigenschaften der wichtigsten Kunststoffe 495
      Elastomere, Thermoplaste, Duroplaste
  - 13.2.5 Fette 496
  - 13.2.6 Öle 497
  - 13.2.7 Gase 497
  - 13.2.8 Kühlmittel 497
- 13.3 Gasdurchlässigkeit 498
  - 13.3.1 Gasdurchlässigkeit von Metallen 499
  - 13.3.2 Gasdurchlässigkeit von Gläsern und Keramiken 500
  - 13.3.3 Gasdurchlässigkeit von Kunststoffen 501
- 13.4 Gasabgabe 502
  - 13.4.1 Sättigungsdampfdruck 502
  - 13.4.2 Desorption von der Oberfläche 503
  - 13.4.3 Diffusion aus dem Inneren 504
  - 13.4.4 Diffusion aus dem Inneren und Permeation 508
  - 13.4.5 Richtwerte für die Gesamtgasabgaberate 509
- 13.5 Literatur 510

14 Bauelemente der Vakuumtechnik und ihre Verbindungen 511

- 14.1 Nichtlösbare Verbindungen 511
  - 14.1.1 Schweißverbindungen 511
  - 14.1.2 Lötverbindungen 512
  - 14.1.3 Verschmelzungen 515
  - 14.1.4 Verbindungen mit Metallisierung 516
  - 14.1.5 Verbindungen durch Kleben 517

14.2	Lösbare Verbindungen		518
	14.2.1 Dichtungsmittel		518
	14.2.2 Kraftbedarf		518
	14.2.3 Schliffe		519
	14.2.4 Flanschverbindungen		520
		14.2.4.1 Kleinflanschverbindungen	521
		14.2.4.2 Schraubflanschverbindungen	522
		14.2.4.3 Steckverbindungen	524
14.3	(Vakuum-)Behälter		525
	14.3.1 Bemessung der Wanddicke		525
	14.3.2 Doppelwandige Behälter		527
14.4	Durchführungen		527
	14.4.1 Mechanische Durchführungen		528
	14.4.2 Stromdurchführungen		529
	14.4.3 Durchführungen für Flüssigkeiten und Gase		531
	14.4.4 Einblickfenster (Schaugläser)		531
	14.4.5 Schmieren im Vakuum		532
14.5	Flexible Verbindungsstücke		532
14.6	Absperrorgane (Ventile)		532
	14.6.1 Aufbau, Typen, Benennung		532
	14.6.2 Betätigungsarten		533
	14.6.3 Abdichtungen		534
	14.6.4 Eckventile		534
	14.6.5 Durchgangsventile		537
	14.6.6 Gaseinlaßventile		539
	14.6.7 Sonderbauarten		540
	UF_6-Ventile, Schnellschlußventile		
14.7	Literatur		542

15 Arbeitstechnik in den einzelnen Druckbereichen ... 543

15.1	Allgemeine Hinweise	543
	15.1.1 Enddruck p_{end} bzw. Betriebsenddruck $p_{B,end}$ einer Vakuumpumpe	543
	15.1.2 Enddruck einer Vakuumapparatur oder -anlage $p_{end,A}$	544
	15.1.3 Arbeitsdruck p_{arb}	544
	15.1.4 Arbeitsdruck, bedingt durch den Prozeßgasstrom	545
	15.1.5 Arbeitsdruck, bedingt durch verdampfende Substanzen	545
	15.1.6 Arbeitsdruck, bedingt durch Entgasung (Desorption und Ausgasung)	547
	15.1.7 Arbeitsdruck, bedingt durch den Permeationsgasstrom	548
	15.1.8 Arbeitsdruck, bedingt durch den Leckgasstrom	548
	15.1.9 Die trockene, saubere und dichte Vakuumapparatur	549
15.2	Arbeitstechnik im Grobvakuum (1013 ... 1 mbar)	549
	15.2.1 Überblick	549
	15.2.2 Aufbau einer Grobvakuumanlage oder -apparatur	551
	15.2.3 Pumpen. Art und Saugvermögen	551
	15.2.4 Pumpstände für Grobvakuum	552
	15.2.5 Druckmessung im Grobvakuum	553
	15.2.6 Auspumpzeit im Grobvakuum	554
	15.2.7 Belüften	558
15.3	Arbeitstechnik im Feinvakuum (1 ... 10^{-3} mbar)	560
	15.3.1 Überblick	560
	15.3.2 Aufbau einer Feinvakuumapparatur	560
	15.3.3 Pumpen. Art und Saugvermögen	561

	15.3.4	Druckmessung	561
	15.3.5	Auspumpzeit und Enddruck	561
	15.3.6	Belüften	565
	15.3.7	Feinvakuumpumpstände	565
15.4	Arbeitstechnik im Hochvakuum ($10^{-3} \ldots 10^{-7}$ mbar)		566
	15.4.1	Aufbau einer Hochvakuumapparatur oder -anlage	567
	15.4.2	Pumpen. Art und Saugvermögen	568
	15.4.3	Druckmessung im Hochvakuum	569
		15.4.3.1 Hinweise zur Verwendung von Vakuummeßröhren	569
		15.4.3.2 Wärmeleitungsvakuummeter-Meßröhren	570
		15.4.3.3 Heißkathoden-Ionisationsvakuummeter-Meßröhren	570
	15.4.4	Hochvakuumpumpstände	570
		15.4.4.1 Vorvakuumbeständigkeit und Wahl der Vorpumpe	571
		15.4.4.2 Ventilloser Betrieb	572
		15.4.4.3 Pumpstand mit Umwegleitung	573
		15.4.4.4 Vorvakuumbehälter und Haltepumpe	575
		15.4.4.5 Der vollautomatische Hochvakuumpumpstand	577
	15.4.5	Auspumpzeit und Belüften	578
15.5	Arbeitstechnik im Ultrahochvakuum ($p < 10^{-7}$ mbar)		579
	15.5.1	Überblick	579
	15.5.2	Aufbau der UHV-Apparatur	580
	15.5.3	Pumpen. Art und Saugvermögen	582
		15.5.3.1 Adsorptionspumpen	582
		15.5.3.2 Ionenzerstäuberpumpen	583
		15.5.3.3 Titanverdampferpumpen	584
		15.5.3.4 Turbomolekularpumpen	584
		15.5.3.5 Kryopumpen	584
	15.5.4	Druckmessung	585
	15.5.5	Auspumpzeit, Enddruck und Evakuierungstechnik	586
	15.5.6	Belüften	587
	15.5.7	Ultrahochvakuum-(UHV-)Pumpstände	587
		15.5.7.1 Ultrahochvakuum-(UHV-)Bauelemente	587
		15.5.7.2 Ultrahochvakuum-(UHV-)Pumpstände	590
15.6	Literatur		593

16 Anhang . . . 594

16.A Tabellen . . . 594
16.B Diagramme . . . 618
16.C Erläuterung einiger häufig verwendeter Abkürzungen . . . 639
16.D Größen und Einheiten . . . 639
16.E Formelzeichen (Symbole) häufiger verwendeter physikalischer Größen und deren SI-Einheiten . . . 642

Sachwortverzeichnis . . . 646

1 Einleitung

1.1 Die Entwicklung der Vakuumtechnik

Seit dem griechischen Philosophen *Aristoteles* wurde im Altertum und im Mittelalter, ja, noch bis in die Neuzeit hinein allgemein geglaubt, die Natur habe einen Abscheu vor dem absolut leeren Raum, dem Vakuum, oder – wie man es lateinisch nannte – einen „Horror vacui". Man konnte sich entsprechend der damaligen spekulativen Naturbeobachtung nicht vorstellen, daß es ein Vakuum geben könne – und folgerte daraus, daß es auch keins geben dürfe. Selbst *Galilei* (1564–1642), der sich nicht mehr an die fast dogmatisch geltenden spekulativen Glaubenssätze der aristotelischen Naturphilosophie hielt, war noch ein Anhänger des „horror vacui" [1] und dies, obwohl er durch Hineinpressen von Luft in eine Flasche eine Gewichtszunahme festgestellt, also bewiesen hatte, daß auch Luft ein Gewicht hat. Der erste, der den „horror vacui" überwand, war *Torricelli* (1608–1647), ein Schüler Galileis. Er füllte eine lange Glasröhre mit Quecksilber, verschloß das untere Ende mit dem Daumen, tauchte dieses Ende in ein mit Quecksilber gefülltes Becken und ließ die Öffnung frei. Das Quecksilber sank bis zu einer Höhe von etwa 76 cm, darüber hatte sich das erste experimentell hergestellte Vakuum gebildet, mit dem später auch Torricellis Schüler experimentierten. Die Ansicht, daß die Natur einen Abscheu vor dem Vakuum habe, war damit wenigstens für einen Teil der Zeitgenossen widerlegt. Der andere Teil der damaligen wissenschaftlichen Welt bekämpfte diese Ansicht heftig. Deshalb wiederholte *Blaise Pascal* (1623–1662) Torricellis Versuche und stellte zudem fest, daß der Luftdruck beim Besteigen eines Turmes oder eines Berges abnimmt.

Das von Torricelli erfundene Quecksilberbarometer dient noch heute als genaues Barometer zur Druckanzeige, wenngleich es durch handlichere Geräte (Aneroidbarometer) vielfach verdrängt wurde.

Unabhängig von Torricelli wirkte in Deutschland *Otto von Guericke* (1602–1686) [2, 3, 4], den man wohl mit Recht als einen der epochemachenden Vakuumphysiker bezeichnen darf (Bild 1.1).

Angeregt durch die Erkenntnisse *Keplers*, stellte er sich die Frage, ob sich die Planeten im leeren Raum bewegen. Guericke bejahte diese Frage, da sie durch den Widerstand der umgebenden Luft sonst allmählich zum Stillstand kommen müßten. Um das Vorhandensein eines Vakuums zu beweisen, benützte er zunächst eine Wasserpumpe, die seit altersher bekannt ist und deren Erfindung man *Ktesibios* (2. Jh. v. Chr.) zuschreibt.

Mit dieser Wasserpumpe versuchte er, ein wassergefülltes Faß leerzupumpen. Nachdem es drei kräftigen Männern mit großer Mühe gelungen war, das Wasser aus dem Faß herauszupumpen, hörte man die Luft durch Faßdauben und Poren wieder pfeifend eintreten. Nicht viel besser war es, als er das Faß in einen größeren Wasserbehälter stellte. Durch diese Mißerfolge ließ er sich aber nicht entmutigen. Das Holzgefäß wurde durch ein Metallgefäß ersetzt, zunächst mit dem Erfolg, daß es eingedrückt wurde. Erst als er kugelförmige Metallgefäße verwendete und auf die Wasserfüllung von Pumpe und Kugel verzichtete, gelang es ihm, eine Kugel „luftleer" zu pumpen. Dadurch wurde er gleichzeitig zum Erfinder der Luftpumpe.

1 Einleitung

Bild 1.1 Otto von Guericke (1602 bis 1686). Bürgermeister von Magdeburg, Erfinder der Luftpumpe.

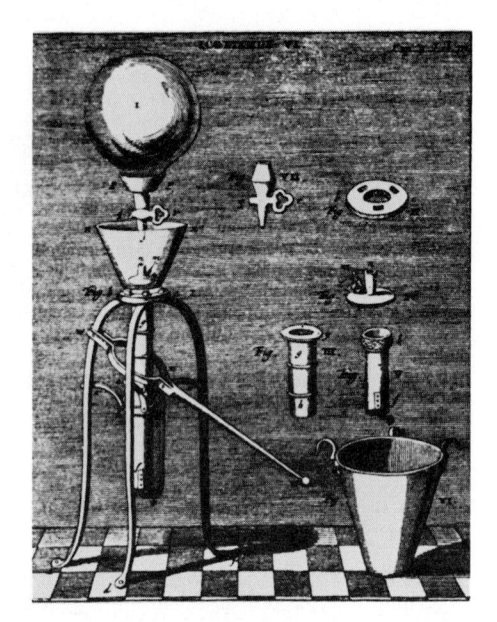

Bild 1.2 Guerickes Luftpumpe

Bild 1.2 zeigt die letzte Form seiner Luftpumpe. Das Einlaßventil bestand aus einem durchbohrten Hahn und wurde von Hand betätigt. Als Auslaßventil diente ein Lederscheibchen, das von Wasser überdeckt war (dieser Kunstgriff wird noch heute bei modernen Vakuumpumpen verwendet, nur daß anstelle von Wasser Öl tritt). Außerdem dichtete er den Kolben durch ein zweites Wassergefäß. Ein Original dieser Luftpumpe steht im Deutschen Museum zu München.

Mit seinen Vakua vollführte Guericke umfangreiche Experimente. Sein berühmtestes ist wohl der Halbkugelversuch, den er im Sommer 1657 in Magdeburg durchführte: 8 + 8 Pferden gelang es nicht, zwei evakuierte Kupferhalbkugeln von etwa 50 cm Durchmesser, die durch einen Lederstreifen gedichtet waren, zu trennen (Bild 1.3).

Er stellte auch ein Wasserbarometer her und bestimmte das Gewicht der Luft. Weiter zeigte er, daß eine Glocke im Vakuum nicht zu hören ist, die Magnetkraft aber durch das Vakuum nicht beeinflußt wird. Um Vorgänge im Vakuum beobachten zu können, verwendete er vielfach anstelle der Metallbehälter Glasbehälter. Als solche benützte er Arzenei-Vorratsflaschen, die „recipienten" heißen, ein Ausdruck, der sich für Vakuumgefäße bis heute erhalten hat.

Durch diese Versuche war Mitte des 17. Jahrhunderts klar, daß wir auf dem Grunde eines riesigen Luftmeeres leben. Das Gewicht ($\equiv$ Masse) der Luft, welches auf 1 cm^2 Boden-

1.1 Die Entwicklung der Vakuumtechnik

Bild 1.3 Guerickes Versuch mit den Magdeburger Halbkugeln (1657)

fläche lastet, wurde mit etwa 1 kg bestimmt. Auf 1 m² Bodenfläche lastet demnach ein Gewicht von etwa 10 Tonnen gleich 10 000 kg. Dies ist auch der Grund, daß es der Kraftanstrengung von zweimal 8 Pferden nicht gelang, die evakuierten Kupferkugeln auseinander zu bringen, auf deren beide Seiten der Luftdruck entgegen der Zugkraft der Pferde wirkte. Daß wir von diesem Druck übrigens nichts merken, liegt daran, daß in unserem Innern ebenfalls Luft vom gleichen Druck vorhanden ist. Recht eindrucksvoll wurde dies von *R. Boyle* (1627–1691) gezeigt, indem er Tiere ins Vakuum brachte: sie zerplatzten. Boyle, der Begründer der wissenschaftlichen Chemie, hatte durch den Jesuitenpater Schott von Guerickes Versuchen gehört und an seiner Luftpumpe als Verbesserung einen Zahnradantrieb angebracht.

Durch die Weiterentwicklung der Mechanik war man bald in der Lage die Luftpumpe von Guericke zu verbessern. Solange man aber das schädliche Volumen nicht vermeiden konnte, wurden nur mäßige Enddrücke erreicht. Nach dem Vorgang von *Robert Gill* wurde daher von *Fleuss* eine Pumpe konstruiert, bei der der schädliche Raum durch Ölfüllung vermieden wurde. Fleuss nannte diese Pumpe zu Ehren Guerickes Gerk-Pumpe. Sozusagen durch einen Kolben aus Quecksilber hat *Geißler* 1857 den schädlichen Raum ebenfalls vermieden. Die Geißlersche Pumpe wurde später durch *Töpler* (1862) und *Poggendorf* (1796–1877) verbessert. Eine etwas andere Art mit Quecksilbertropfen, die wie kleine Kolben wirkten, gab 1865 *Sprengel* an. Diese Pumpen haben sich aber ebensowenig wie die Gaedesche Quecksilberpumpe (1905), die im wesentlichen ein mit Quecksilber gefüllter nasser Gaskammerzähler ist, durchgesetzt. Der Durchbruch gelang mit der von *Gaede* (1878–1945) [5] erfundenen (1909) Kapselpumpe (Bild 1.4), die als Vorläufer der heute benutzten Rotationsvakuumpumpen anzusehen ist. Deren wesentliche Konstruktionsmerkmale sind rotierende Kolben und ölüberlagerte Ventile. Für diese Pumpen erfand Gaede 1935 die sog. Gasballasteinrichtung (s. Abschnitt 5.3.6), ein Konstruktionselement, das heute in praktisch alle ölgedichteten Rotationsvakuumpumpen eingebaut wird. In jüngster Zeit wurde schließlich 1954 die Wälzkolbenpumpe (Rootspumpe), welche als Gebläse und Entlüfter längst bekannt war, für die Vakuumtechnik entdeckt.

Auf einem ganz anderen Prinzip beruht die von *Bunsen* im Jahre 1870 angegebene Wasserstrahlpumpe. Aus dieser wurde später die Dampfstrahlpumpe entwickelt. Von Gaede

1 Einleitung

Bild 1.4
Wolfgang Gaede (1878 bis 1945). Schöpfer moderner Vakuumpumpen [5a]

wurde 1915 die erste Diffusionspumpe gebaut [6]; damit war man in der Lage, erfolgreich ins Hochvakuumgebiet vorzustoßen. Die Diffusionspumpe wurde von *Langmuir* 1916 verbessert. Einen weiteren Fortschritt brachte die Einführung von Öl als Diffusionspumpentreibmittel anstelle des bisher verwendeten Quecksilbers durch *C. R. Burch* [7]. Dieser Gedanke wurde von *Hickman* und Mitarbeitern weiterverfolgt und zur technischen Reife gebracht. Dadurch war es möglich, Drücke unter 10^{-3} mbar auch ohne Kühlung mit flüssiger Luft herzustellen.

Neben Diffusionspumpen werden in neuester Zeit auch Ionen-Getterpumpen, welche von der seit etwa 80 Jahren bekannten Getterwirkung und der elektrischen Gasaufzehrung Gebrauch machen, sowie eine Modifikation der von Gaede erfundenen Molekularpumpe (1913) verwendet. Auch Kryopumpen, die dadurch wirksam sind, daß an genügend kalten Oberflächen Gase und Dämpfe festgehalten („ausgefroren") werden, werden heute in steigendem Maße benützt.

Hand in Hand mit der Möglichkeit, verbesserte Vakua zu erzeugen, ging auch die Verbesserung der Meßtechnik. Obwohl man durch Verfeinerung der Ablesung nach dem Barometerprinzip bis 10^{-3} mbar messen kann, brachte die Erfindung des Kompressionsvakuummeters von *McLeod* [8] im Jahre 1874 eine große Verbesserung. Die durch dies Meßprinzip bedingte Umständlichkeit der Messung wurde durch die Erfindung des Wärmeleitungsvakuummeters durch *Pirani* [9] 1906 beseitigt. Zur Messung nach niedrigeren Drücken hin wurde bald darauf das Ionisationsvakuummeter erfunden [10 bis 14], dessen Anwendungsmöglichkeit schließlich von *Bayard* und *Alpert* bis auf sehr niedrige Drücke ausgedehnt wurde [15]. Eine Abart des Ionisationsvakuummeters, das mit kalter Kathode arbeitet, erfand 1937 *Penning*. Vakuum-Meßgeräte auf gaskinetischer Grundlage, die vor allen Dingen *Knudsen*, *Langmuir* und *Gaede* entwickelt haben, konnten sich in der Technik – abgesehen vom Gasreibungsvakuummeter, s. Abschnitt 11.2.6 – bis jetzt nicht durchsetzen.

Auf Grund gaskinetischer Betrachtungsweise haben *Clausing* und vor allen Dingen *Knudsen* die Strömung von Gasen im Hochvakuum studiert, was für die Vakuumtechnik von großer Bedeutung war.

Von Aristoteles bis Guericke hat es etwa 2000 Jahre gedauert, bis der horror vacui überwunden wurde. Seither sind nur 300 Jahre vergangen. Mit Hilfe des Vakuums sind inzwischen so grundlegende Entdeckungen gemacht worden, wie die des Elektrons, der Röntgenstrahlung, der direkten Bestimmung der Atommasse und überhaupt die Klärung des Atombegriffes – um nur einige zu nennen. Eine ganze Reihe von Forschungen ist erst durch die Verwendung von Vakuum möglich geworden. Die Vakuumtechnik ist daher heute auch nicht mehr aus unserem täglichen Leben wegzudenken.

1.2 Bedeutung und Aufgabe der heutigen Vakuumtechnik

Die zahlreichen industriellen Verfahren und Forschungsaufgaben, die heute Vakuum benötigen (Tabellen 1.1 u. 1.2), beweisen, daß die Vakuumtechnik, die lange Zeit nur eine reine Labortechnik war, sich im Laufe der letzten Jahrzehnte zu einer allgemein nutzbaren und nützlichen Technik entwickelt hat. Vakuum zu erzeugen und unter den verschiedensten Arbeitsbedingungen aufrecht zu erhalten, ist heute zur Routine geworden, vorausgesetzt allerdings, daß gewisse vakuumtechnisch spezifische Grundregeln strikt beachtet werden (s. Kapitel 15).

Tabelle 1.1 Druckgebiete (< 1000 mbar) industrieller Vakuumverfahren

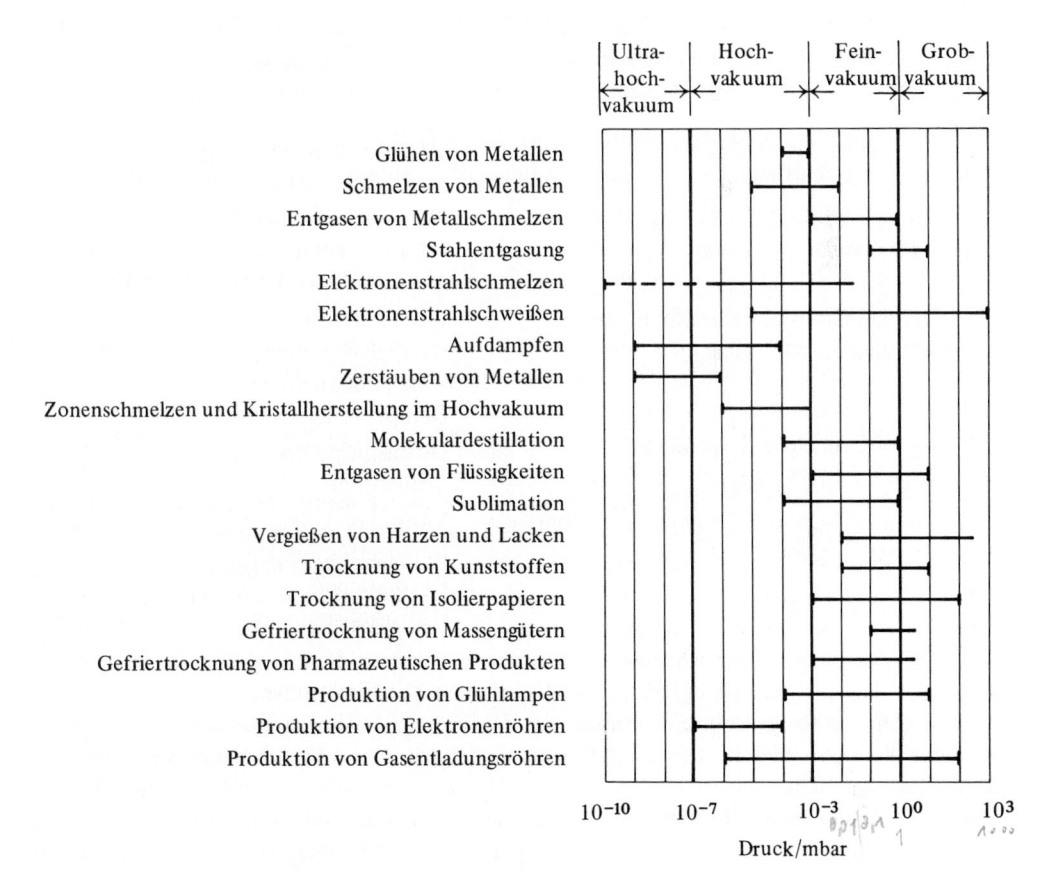

Verfahren	Ultrahochvakuum	Hochvakuum	Feinvakuum	Grobvakuum
Glühen von Metallen		├───┤		
Schmelzen von Metallen			├──────┤	
Entgasen von Metallschmelzen			├─────┤	
Stahlentgasung			├──┤	
Elektronenstrahlschmelzen	├─ ─ ─ ─ ─ ─ ─ ─ ─ ─ ─┤			
Elektronenstrahlschweißen		├────────────────┤		
Aufdampfen		├──────┤		
Zerstäuben von Metallen		├─────┤		
Zonenschmelzen und Kristallherstellung im Hochvakuum		├───────┤		
Molekulardestillation			├──┤	
Entgasen von Flüssigkeiten			├────┤	
Sublimation			├───┤	
Vergießen von Harzen und Lacken				├──┤
Trocknung von Kunststoffen				├───┤
Trocknung von Isolierpapieren				├──┤
Gefriertrocknung von Massengütern			├──┤	
Gefriertrocknung von Pharmazeutischen Produkten			├───┤	
Produktion von Glühlampen				├────┤
Produktion von Elektronenröhren		├──────────┤		
Produktion von Gasentladungsröhren			├────┤	

10^{-10} 10^{-7} 10^{-3} 10^{0} 10^{3}

Druck/mbar

Tabelle 1.2 Druckgebiete (< 1000 mbar) physikalischer und chemischer Untersuchungsmethoden

Methode	Ultrahochvakuum	Hochvakuum	Feinvakuum	Grobvakuum
Massenspektrometer		⊢——————⊣		
Molekularstrahlapparaturen		⊢——————⊣		
Ionenquellen		⊢——————————⊣		
Teilchenbeschleuniger	⊢——————————⊣			
Elektronenmikroskop		⊢——⊣		
Elektronenbeugungsapparate	⊢——————————⊣			
Vakuumspektrographen	⊢——————————————⊣			
Tieftemperaturforschung	⊢——————————————⊣			
Herstellung dünner Schichten	⊢——————————————⊣			
Oberflächenphysik	⊢——————⊣			
Plasmaforschung			⊢——⊣	
Kernfusionsapparaturen	⊢——————————⊣			
Weltraumsimulation	⊢——————————————⊣			
Materialforschung	⊢——————————————⊣			
Präparation für Elektronenmikroskopie		⊢——————⊣		

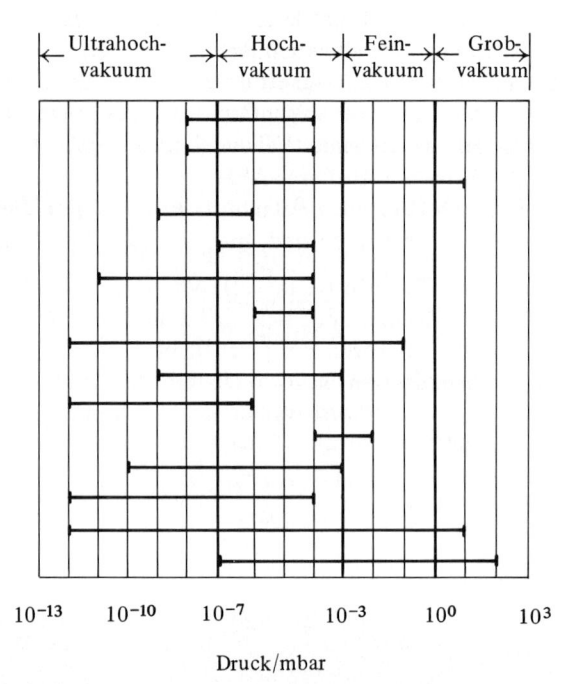

10^{-13}　10^{-10}　10^{-7}　10^{-3}　10^{0}　10^{3}

Druck/mbar

Für alle Vakuumbereiche (DIN 28 400, Teil 1 [16]; Tabelle 16.0) stehen hinreichend effektive, wirtschaftliche und einfach zu bedienende Vakuumpumpen zur Verfügung.

für den Grobvakuumbereich:　　Vielschieberpumpen
(1000 mbar ... 1 mbar)　　　　Flüssigkeitsringpumpen (gegebenenfalls mit Dampfstrahler kombiniert)

für den Grob- u. Feinvakuumbereich:　ölgedichtete Vakuumpumpen
(1 mbar ... 10^{-3} mbar)　　　　(Gasballastpumpen)
　　　　Wälzkolbenpumpen
　　　　Dampfstrahlpumpen

für den Hochvakuumbereich:　　Diffusionspumpen
(10^{-3} ... 10^{-7} mbar)　　mehrstufige Wälzkolbenpumpen

für den Hoch- u. Ultrahochvakuumbereich:　Turbomolekularpumpen
(< 10^{-7} mbar)　　　　Ionengetterpumpen
　　　　Kryopumpen
　　　　(Diffusionspumpen).

Zur Verbindung der einzelnen Bauelemente (Pumpen, Ventile, Vakuummeter, Rohrleitungen, Rezipienten, Dampfsperren und sonstigem Zubehör) stehen bis zu großen Nennweiten (DN 1000) genormte Flansche zur Verfügung, sowie verfahrensmäßig durchentwickelte Schweiß- und Hartlötverbindungen. Zur Lecksuche hat sich neben dem Halogenlecksucher der Heliumlecksucher als Standard-Gerät durchgesetzt. Seine Empfindlichkeit ist ausreichend, um auch die kleinsten, vakuumtechnisch noch störenden Undichtheiten an einer Apparatur oder Anlage feststellen und lokalisieren zu können. Die nationale und inter-

1.2 Bedeutung und Aufgabe der heutigen Vakuumtechnik

nationale Normungsarbeit auf dem Gebiete der Vakuumtechnik [17, 18] (Tabelle 16.1) hat viel dazu beigetragen, Aufbau, Bedienung und Unterhaltung von Vakuumanlagen einfacher, flexibler und – last not least – billiger zu machen. Die Meßmethoden einer Reihe vakuumtechnischer Größen, wie z.B. des Saugvermögens von Pumpen, der Treibmittelrückströmung, der Vorvakuumbeständigkeit u.a. sind bereits vereinheitlicht worden. Vakuumanlagen können heute praktisch in beliebiger Größe hergestellt werden. Eine der größten, bisher gebauten und in Betrieb genommenen Vakuumanlagen dürfte die als MARK I bezeichnete Raumkammer (Bild 1.5) des US Air Force AED – Center, Tullahoma/Tenn. USA sein.

Die bedeutenden vakuumtechnischen Fortschritte, die in den beiden letzten Jahrzehnten erzielt worden sind, sind in hohem Maße den gesteigerten technischen Ansprüchen zu danken, die von der verfahrenstechnischen Seite zu stellen waren. Die Erfüllung dieser Ansprüche ist auch heute noch keineswegs abgeschlossen. Die heutigen Entwicklungen betreffen vor allem die folgenden Problemkreise:

Größere Genauigkeit, Sicherheit und Reproduzierbarkeit beim Messen niedriger und extrem niedriger Drücke.
Größere „Sauberkeit" des Vakuums.

Zum Messen niedriger Drücke (s. Abschnitt 11.8) zeichnen sich genormte Kalibriermethoden und Kalibrierapparaturen zur Herstellung primärer und sekundärer Standards ab, wobei die Meßunsicherheit in den verschiedenen Druckbereichen quantitativ angebbar sein

Bild 1.5 Blick von oben in die Raumsimulationskammer MARK I des Air Force Arnold Engineering and Development Center (AECD) Tullahoma, Tenn. USA. Evakuiert mit Diffusionspumpen (Kapitel 6) und Kryoflächen (Kapitel 10). Höhe der Kammer 25 m, Durchmesser 12,8 m.

soll (s. Abschnitt 11.8.6 und [19]). Unter den zahlreichen Vorschlägen für Meßsysteme zum Messen extrem niedriger Drücke ($< 10^{-10}$ mbar) dürfte sich das sog. Extraktor-System (s. Abschnitt 11.5.2.4) in der Praxis durchsetzen, am anderen Ende der Skala, bis zu 1 mbar, ein einfaches Triodensystem. Beide Systeme gehören zur Gruppe der Ionisationsvakuummeter mit heißer Kathode und zeichnen sich gegenüber anderen Systemen durch einen sehr großen, linearen Meßbereich aus.

Der Problemkreis des „sauberen" Vakuums betrifft vor allem die Herstellung kohlenwasserstoff-freien Vakuums. Hierzu dienen vorzugsweise Sorptions- und Kondensationspumpen. Die Erforschung ihrer Wirkungsweise bedient sich der Methoden der Oberflächen- und Grenzflächenphysik, die sich mit der Wechselwirkung zwischen Gasen und festen Oberflächen beschäftigt. Damit ist heute eine enge Verknüpfung zwischen dieser Disziplin und der Vakuumphysik und -technik entstanden. Von den zahlreichen Untersuchungsmethoden haben die Elektronenspektroskopie und die Sekundärionen-Massenspektroskopie breite Anwendung gefunden. Diese im Ultrahochvakuum durchgeführten Verfahren werden bereits als routinemäßige Analysen eingesetzt [20].

Die Vakuumtechnik hat sich zu einer großen Industrie entwickelt; sie wird in Zukunft noch sicherer und einfacher werden. Die folgenden Kapitel sollen über die heute gebrauchten Elemente und Verfahren berichten und auf zukünftige Entwicklungen hinweisen.

1.3 Literatur

[1] *Hoppe, E.* Geschichte der Physik, Vieweg-Verlag, Braunschweig, 1926
[2] *Schimank, H.*, Zsch. f. techn. Phys. **17** (1936), H. 7, S. 209/218
[3] *Kossel, W.*, Zsch. f. techn. Phys., **17** (1936), H. 11, S. 345/354
[4] *Guericke, Otto von*, Neue Magdeburger Versuche über den leeren Raum. VDI-Verlag, Düsseldorf, 1968 (Deutsch von *H. Schimank*)
[5] *Gaede, H.:* Wolfgang Gaede, der Schöpfer des Hochvakuums, Verlag G. Braun, Karlsruhe, 1954.
[5a] *Dunkel, M.*, Vak.-Techn. **27** (1978), 99/101.
[6] *Gaede, W.*, Ann. Phys. (Leipzig) **46** (1915) 357.
[7] *Burch, C. R.*, Nature, **122** (1928), 729
[8] *McLeod*, Phil. Mag., **48** (1874), 110
[9] *Pirani, M.*, Verh. Dtsch. Phys. Ges. 8 (1906) 686.
[10] *Buckley, O. E.*, Proc. Ntl. Acad. Sci. USA **2** (1916), 683
[11] *Germershausen, W.*, Ann. Phys. (Leipzig), **51** (1916) 705 u. 847
[12] *Goetz, A.*, Phys. Z., **23** (1922), 136
[13] *Siebel, K.*, Z. Phys., **4** (1921), 288
[14] *Barkhausen, H.*, Elektronenröhren, Hirzel-Verlag, Leipzig 1922
[15] *Bayard, R. T.* u. *Alpert, D.*, Rev. Sci. Instrum., **21** (1950) 571
[15a] *Dunkel, M.*, Vak.-Techn., **27** (1978) 99 … 101
[16] DIN 28400, Teil 1 – Allgemeine Benennungen; Juli 1979, Beuth-Vertrieb, GmbH, Berlin 30
[17] *Günther, K. G.*, Proc. 4. Internat. Vac. Congr., 1968, Inst. of Physics, London, Conf. Series, Nr. 5, S. 48/56
[18] *Recker, C.*, Vak.-Tech. **19** (1970), 145
[19] DIN 28416 (3.76) u. DIN 28 418 (Teile 1 … 3; 1976 … 1980)
[20] *Holm, R.* u. *S. Storp*, Ullmann Encyclopädie der Technischen Chemie, Bd. 5, Beitrag 20 (267 Literaturangaben). Verlag Chemie, Weinheim 1980.

2 Gasgesetze, Grundlagen der kinetischen Gastheorie und Gasdynamik

2.1 Die Zustandsgrößen eines Gases

Der makroskopische Zustand von Materie im gasförmigen Aggregatzustand[1]) wird durch die sogenannten einfachen Zustandsgrößen Volumen, Druck und Temperatur beschrieben.

Das *Volumen V* ist der Inhalt des Raumes, den das Gas vollständig und i.a. gleichmäßig erfüllt.

Das Gas übt auf die Wände des Gefäßes, in das es eingeschlossen ist, einen *Druck p* aus. Die Größe „Druck" ist definiert als das Verhältnis der Kraft F bzw. dF, die auf ein ebenes Flächenstück A bzw. dA der Gefäßwand senkrecht ausgeübt wird, zum Inhalt des Flächenstücks:

$$\textbf{def:} \quad p =: \frac{F}{A} \text{[2])} \quad \text{bzw.} \quad p =: \frac{dF}{dA}. \tag{2.1}$$

Aus der Definitionsgleichung (2.1) ergibt sich die Einheit des Drucks als abgeleitete Einheit des Internationalen Einheitensystems (SI)

$$[p]^{3)} = \frac{\text{Newton}}{\text{Meter}^2} = \text{Pascal}; \quad \frac{\text{N}}{\text{m}^2} = \text{Pa}.$$

Das Pascal (Einheitenzeichen Pa) ist also derjenige Druck, bei dem auf eine ebene Fläche $A = 1 \text{ m}^2$ senkrecht die Kraft $F = 1 \text{ N}$ ($1 \text{ N} = 1 \text{ kg} \cdot \text{m} \cdot \text{s}^{-2}$) ausgeübt wird.

Andere zulässige Druckeinheiten sind:

1 Bar, Einheitenzeichen bar; $\quad 1 \text{ bar} =: 10^5 \frac{\text{N}}{\text{m}^2} = 10^5 \text{ Pa} = 0,1 \text{ MPa}$

1 Millibar; $\quad 1 \text{ mbar} = 10^{-3} \text{ bar}$

1 Mikrobar; $\quad 1 \mu\text{bar} = 10^{-6} \text{ bar} = 1 \frac{\text{dyn}}{\text{cm}^2}$

Weitere Druckeinheiten sind

1. 1 dyn/cm^2 ($1 \text{ dyn} = 1 \text{ g} \cdot \text{cm} \cdot \text{s}^{-2} = 10^{-5} \text{ N}$)

   (Einheit des sogenannten cgs-Systems)

---

[1]) Man unterscheidet zwischen „Gasen", die bei der herrschenden Temperatur nicht kondensierbar sind, und „Dämpfen", die bei der herrschenden Temperatur kondensierbar sind. Wir wollen im allgemeinen von Gasen sprechen und von Dämpfen nur dann, wenn dies von Bedeutung ist.
[2]) Das Zeichen =: bedeutet „definitionsgleich". Gl. (2.1) ist also eine Definitionsgleichung für den Druck.
[3]) $[p]$ lies „Einheit von p".

2. 1 Torr; **def:** 1 Torr ist der Druck, den eine Quecksilbersäule der Temperatur $\vartheta = 0\ °C$ und der Höhe $h = 1$ mm auf die Grundfläche der Säule ausübt.

   1 Torr = 133,3224 Pa ≈ 1,33 mbar

3. 1 Mikron, Einheitenzeichen μ

   $1\ \mu = 10^{-3}$ Torr

   Anm.: Früher wurde die Längeneinheit μm = 10^{-6} m = 10^{-3} mm Mikron (Einheitenzeichen μ) genannt; diese Bezeichnung ist im Rahmen des SI nicht mehr zulässig.

4. 1 Physikalische Atmosphäre, Einheitenzeichen atm

   1 atm =: 760 Torr ≅ 1,013 bar ≅ 1,033 at

5. 1 Technische Atmosphäre, Einheitenzeichen at

   1 at =: $1\ \dfrac{\text{kp}}{\text{cm}^2}$ (1 kp = 9,81 N; genau 9,80665)

   1 at = 0,981 bar.

   oder 1 at ≈ 1 bar (Fehler 2 %)

6. 1 pound-force per square inch, Einheitenzeichen psi (oder PSI)

Tabelle 16.2 gibt einen Überblick und die Umrechnung für die verschiedenen Druckeinheiten.

Bei vielen technischen Anwendungen des Vakuums hat sich eine Druckskala als zweckmäßig erwiesen, deren Nullpunkt bei $p_0 = 1$ bar (oder $p_0 = 1$ at, oder $p_0 = 1$ atm = 760 Torr) liegt. Der Druckbereich von p_0 bis $p = 0$ wird dann als negativer Überdruck bezeichnet. Man führt dann eine Größe „relatives Vakuum"

$$\textbf{def:}\quad V_{\text{rel}} =: \frac{p_0 - p}{p_0} \tag{2.2}$$

ein. Mißt man das relative Vakuum (eine reine Zahl!) in %, indem man Gl. (2.2) mit 100 multipliziert und durch 100 dividiert

$$V_{\text{rel}} = \frac{p_0 - p}{p_0} \cdot 100 \cdot \frac{1}{100} = \frac{p_0 - p}{p_0} \cdot 100\ \% \tag{2.3}$$

so sagt man auch „ich habe soundsoviel Prozent Vakuum".

Beispiel 2.1: $p = 695$ mbar (Luftdruck auf der Zugspitze) entspricht $V_{\text{rel}} = (1013-695)$ mbar/ 1013 mbar · · 100 % = 31,4 %.

Wichtiger Hinweis: Durch das Gesetz über Einheiten im Meßwesen vom 2.7.1969, geändert durch Gesetze zur Änderung des Gesetzes über Einheiten im Meßwesen vom 6.7.1973 und 25.7.1970, sowie die Ausführungsverordnung hierzu vom 26.6.1970, geändert durch die Verordnungen zur Änderung der Ausführungsverordnung zum Gesetz über Einheiten im Meßwesen vom 27.11.1973, 12.12.77 und 8.5.81 sind die Basiseinheiten des Internationalen Einheitensystems (Système International d' Unités, SI) als gesetzliche Einheiten für alle Meßgrößen festgelegt worden. Die Einheiten at, atm, Torr, mm Hg, mm WS (Wassersäule), % Vakuum, dürfen im amtlichen und geschäftlichen Verkehr nicht mehr verwendet werden (vgl. hierzu auch DIN 1301). Druckmeßgeräte werden seither nur noch in den Einheiten Pa, bar, mbar usw. kalibriert. Ausnahme: Bis 31.12.85 zugelassen als Einheit für den Blutdruck: mm Hg. Zur Erleichterung der Lektüre älterer Arbeiten werden in diesem Buch in einigen Fällen die Einheiten at, Torr usw. neben den gesetzlichen verwendet.

Man merke, daß mit einem relativen Fehler von 10^{-4} gilt

$$1 \text{ Torr} = \frac{4}{3} \text{ mbar.} \qquad (2.4)$$

Die *Temperatur* des Gases wird entweder in der Celsiusskala (Formelzeichen ϑ, Einheit $[\vartheta] = °C$, Grad Celsius) oder in der thermodynamischen Temperaturskala (Formelzeichen T, Einheit $[T] = K$, Kelvin, nicht mehr $°K$ (Grad Kelvin)) gemessen. Für Temperaturdifferenzen verwendet man in beiden Temperaturskalen nur noch das Einheitenzeichen K (Kelvin). Siehe dazu auch Abschnitt 2.3 und Bild 2.1.

Der *Normzustand* eines Stoffes, z.B. eines Gases, ist durch *Normtemperatur* T_n und *Normdruck* p_n festgelegt (DIN 1343).

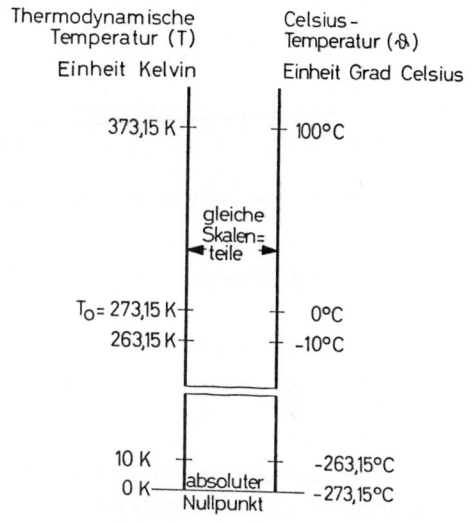

Bild 2.1 Vergleich der thermodynamischen (T)- und der Celsius (ϑ)-Temperaturskala.

$$T_n = 273{,}15 \text{ K}; \quad \vartheta_n = 0 \text{ °C} \qquad (2.5)$$
$$p_n = 101\,325 \text{ Pa} = 1{,}01325 \text{ bar} = 760 \text{ Torr.} \qquad (2.6)$$

Normvolumen V_n wird das Volumen des betreffenden Körpers im Normzustand, also bei 0 °C und 1013,25 mbar, genannt. Den Druck $p_n = 101\,325$ Pa bezeichnet man auch als „Standard-Atmosphäre".

2.2 Mengengrößen, mengenbezogene Größen

Die Menge eines Stoffes (Körpers) kann angegeben werden durch

1. das Volumen V; $[V] = m^3, \ell, cm^3$;
2. die Masse m; $[m] = kg, g$;
3. die Teilchenanzahl N; $[N] = 1$;
4. die Stoffmenge ν; $[\nu] = kmol, mol$;
5. falls es sich um ein Gas handelt, den „pV-Wert" $p \cdot V$; $[pV] = Pa \cdot m^3 = N \cdot m, Torr \cdot \ell, mbar \cdot \ell$.

Die *Stoffmenge* ν ist eine mit der Teilchenanzahl N verknüpfte Größe. Wegen des in der Definition dieser Größe enthaltenen Meßverfahrens – sie wird durch Wägung bestimmt – besitzt sie jedoch den Charakter einer eigenen Größenart.

def: Die Einheit der Stoffmenge ist das Mol (Einheitenzeichen mol) bzw. das Kilomol (Einheitenzeichen kmol). 1 mol (kmol) ist definiert als die Stoffmenge eines Systems, das aus ebenso vielen Teilchen (Molekülen, Atomen, Ionen, Elektronen oder anderen, im Einzelfall interessierenden Teilchen) besteht, wie Atome in genau 12 g (kg) reinen Kohlenstoffnuklids ^{12}C enthalten sind.

Wenn die Temperatur bekannt ist, ist der pV-Wert eines idealen Gases ein Maß für dessen Stoffmenge oder Masse (vgl. Gl. (2.31.1)).

Erfüllt ein Stoff das ihm zur Verfügung stehende Volumen gleichmäßig, d.h., ist die Raumerfüllung homogen, so können die Mengengrößen 2, 3 und 4 durch das Volumen dividiert werden; die so entstehenden „volumenbezogenen Größen" nennt man „*Dichte*".

def: Massendichte $\quad \rho =: \dfrac{m}{V}; \quad [\rho] = \dfrac{kg}{m^3}; \dfrac{g}{\ell}; \dfrac{g}{cm^3}; \ldots;$ (2.7a)

def: Teilchenanzahldichte $\quad n =: \dfrac{N}{V}; \quad [n] = m^{-3}; \ell^{-3}; cm^{-3}; \ldots;$ (2.7b)

def: Stoffmengendichte $\quad \rho_{St} =: \dfrac{\nu}{V}; \quad [\rho_{St}] = \dfrac{kmol}{m^3}; \dfrac{mol}{\ell}; \ldots;$ (2.7c)

Bezieht man eine Größe (z.B. die Masse) auf die Fläche A, die sie einnimmt, indem man den Quotienten $\rho_A = m/A$ bildet, so nennt man ρ_A die *Flächendichte* der Masse. Massenbezogene Größen nennt man *spezifische Größen*; z.B. $V_s = V/m = 1/\rho$ ist das spezifische Volumen. (NB! Den Begriff „spezifisches Gewicht" gibt es nicht mehr, man verwende stattdessen die Massendichte; vgl. DIN 1306). Von besonderer Bedeutung sind die *stoffmengenbezogenen Größen*; man nennt sie *molare Größen*.

Aus der Definition der Einheit der Stoffmenge, des Mols, folgt, daß die *molare Teilchenanzahl*,

def: $N_A =: \dfrac{N}{\nu}; \quad [N_A] = \dfrac{1}{kmol}; \dfrac{1}{mol},$ (2.8)

eine universelle Konstante ist; man nennt sie *Avogadro-Konstante* (früher Loschmidtsche Zahl; sie ist jedoch keine Zahl, sondern eine Größe mit einer Einheit!). Ihr Wert muß durch Messung bestimmt werden; der heutige Bestwert als ausgeglichener Wert aus einer großen Zahl verschiedener miteinander verknüpfter Größen ist

$$N_A = 6{,}022\,045\,(31) \cdot 10^{23}\,mol^{-1} = 6{,}022\,045\,(31) \cdot 10^{26}\,kmol^{-1}.$$ (2.9)

Jeder Stoff (Körper) besteht aus Atomen bzw. Molekülen (Sammelbegriff: Teilchen). Handelt es sich um einen einheitlichen Stoff (kein Gemisch), so haben alle Teilchen die gleiche Masse m_a. Ein Körper aus N Teilchen besitzt dann die Masse

$$m = N \cdot m_a$$ (2.10)

und ein Körper aus N_A Teilchen, also ein Mol des betr. Stoffes, die „molare Masse"

$$M_{molar} = N_A \cdot m_a,$$ (2.11)

wobei die „molare Masse" gemäß der obigen Definition der stoffmengenbezogenen Größen

def: $M_{molar} =: \dfrac{m}{\nu}$ (2.12)

ist. Gemäß der Moldefinition ist

$$M_{molar}(^{12}C) = 12\,g/1\,mol = 12\,kg/1\,kmol.$$ (2.13)

Die Masse eines atomaren Teilchens (Atoms, Moleküls) kann man wie die Masse jedes Körpers in der SI-Einheit Kilogramm (Einheitenzeichen kg) messen, d.h. mit dem Kilogrammprototyp (Platinklotz) vergleichen. Es hat sich aber als zweckmäßig erwiesen, die Masse atomarer Teilchen mit einem hypothetischen Standardatom zu vergleichen. Korrespondierend mit der Moldefinition wählt man hierfür den zwölften Teil der Masse eines ^{12}C-Atoms. Der Name dieser neuen Einheit ist „Atomare Masseneinheit", das Symbol dafür m_u und das Einheitenzeichen u, d.h. es ist

def: $m_u =: \frac{1}{12} m_a(^{12}C) = 1$ u. (2.14)

Mit den Gln. (2.11) und (2.13) sowie dem Wert von N_A nach Gl. (2.9) findet man

$$m_u = 1{,}6605655\,(86) \cdot 10^{-24}\text{ g} = 1{,}6605655\,(86) \cdot 10^{-27}\text{ kg} = 1\text{ u}$$ (2.15)

oder die Relation zwischen den beiden Masseneinheiten

$$1\text{ g} = 6{,}022045 \cdot 10^{23}\text{ u}; \quad 1\text{ kg} = 6{,}022045 \cdot 10^{26}\text{ u}.$$ (2.16)

Das Verhältnis der Masse m_a eines atomaren Teilchens (Atoms, Moleküls ...) zur Masse m_u des Standardatoms nennt man die „relative Atommasse A_r" bzw. „relative Molekülmasse M_r".

def: $A_r =: \dfrac{m_a(\text{Atom})}{m_u}; \quad M_r =: \dfrac{m_a(\text{Molekül})}{m_u}.$ (2.17)

Früher bezeichnete man diese Verhältnisse als „Atomgewicht" bzw. „Molekulargewicht". Diese Bezeichnungen sind irreführend, weil es sich nicht um ein „Gewicht", sondern um Verhältniszahlen handelt. Die Begriffe „relative Atommasse" und „relative Molekülmasse" wurden 1961 durch Übereinkunft der Internationalen Union für Reine und Angewandte Chemie (IUPAC) und der Internationalen Union für Reine und Angewandte Physik (IUPAP) eingeführt.

Aus Gl. (2.17) folgt, wenn man links und rechts mit N_A erweitert, $N_A \cdot m_a = N_A \cdot A_r \cdot m_u$; da aber $N_A \cdot m_u = 1$ g/mol $= 1$ kg/kmol ist, ergibt sich mit Gl. (2.11)

$$M_{\text{molar}} = A_r \frac{\text{g}}{\text{mol}} = A_r \frac{\text{kg}}{\text{kmol}}$$

bzw. (2.18)

$$M_{\text{molar}} = M_r \frac{\text{g}}{\text{mol}} = M_r \frac{\text{kg}}{\text{kmol}}$$

2.3 Die Gesetze des idealen Gases

2.3.1 Einkomponentige Gase

Zwischen den Zustandsgrößen p, V und ϑ (bzw. T) einer abgeschlossenen Gasmenge (Masse m, Stoffmenge ν) bestehen einfache Beziehungen, die experimentell gefunden wurden und in der Vakuumtechnik in den allermeisten Fällen in guter Näherung verwendet werden können. Bei konstanter Temperatur ist

$$\vartheta = konst. \quad p \cdot V = konst. \quad (\textit{Boyle-Mariotte}\text{sches Gesetz}). \tag{2.19}$$

Hält man den Druck des Gases konstant und verändert seine Temperatur, so ändert sich das Volumen nach der Beziehung

$$p = konst. \quad V = V_0 \cdot (1 + \alpha_T \cdot \vartheta). \tag{2.20}$$

Dabei ist V_0 das Volumen des Gases bei $\vartheta = 0\ °C$ und α_T der thermische Ausdehnungskoeffizient des Gases.

Hält man das Volumen des Gases konstant und verändert seine Temperatur, so ändert sich der Druck nach der Beziehung

$$V = konst. \quad p = p_0 (1 + \beta_T \cdot \vartheta). \tag{2.21}$$

Dabei ist p_0 der Druck des Gases bei $\vartheta = 0\ °C$ und β_T der Spannungskoeffizient des Gases. Für viele Gase hat das Experiment gezeigt, daß in sehr guter Näherung

$$\alpha_T = \beta_T = \frac{1}{273{,}15\ °C} \tag{2.22}$$

ist (*Gay-Lussac*sches Gesetz). Verschiedene Gase zeigen mehr oder weniger starke Abweichungen von dem Gesetz Gl. (2.22). Gase mit geringer Abweichung nennt man ideale Gase, ihre Zustandsgleichung werden wir im folgenden behandeln. Gase mit stärkerer Abweichung nennt man reale Gase.

Mit Gl. (2.22) kann man Gl. (2.20) bzw. (2.21) in der einfachen Form

$$V = V_0 \frac{273{,}15\ °C + \vartheta}{273{,}15\ °C} \tag{2.23}$$

$$p = p_0 \frac{273{,}15\ °C + \vartheta}{273{,}15\ °C} \tag{2.24}$$

schreiben, woraus man sieht, daß für $\vartheta = -273{,}15\ °C$ sowohl der Druck als auch das Volumen des idealen Gases verschwinden. Daraus folgert man, daß die Temperatur $\vartheta = -273{,}15\ °C$ eine physikalische Grenze der Temperatur, einen „absoluten Nullpunkt" darstellt.

Gln. (2.23) und (2.24) legen die Einführung einer neuen Temperaturskala nahe, die die gleichen Skaleneinheitswerte besitzt, deren Nullpunkt aber um 273,15 solcher Einheiten gegenüber der Celsiusskala verschoben ist. Diese „Kelvin-Skala" und die daran abzulesende Kelvin-Temperatur ist mit der „thermodynamischen Temperatur" (welche eine Basisgröße des SI ist) praktisch identisch.

Die Einheit der neuen Temperatur ist das Kelvin, Einheitenzeichen K (nicht °K), welches auch Einheit der Temperatur*differenz* in beiden Skalen ist; vgl. dazu Bild 2.1. Damit ergibt sich der Zusammenhang der beiden Temperaturen

$$\boxed{\begin{aligned} T &= \vartheta + 273{,}15\ K = \vartheta + T_0 \\ T_0 &= 273{,}15\ K \end{aligned}} \tag{2.25}$$

2.3 Die Gesetze des idealen Gases 2.3.1

und die Schreibweise der Gln. (2.23) und (2.24)

$$V = V_0 \frac{T}{T_0} \qquad (2.23a)$$

$$p = p_0 \frac{T}{T_0}. \qquad (2.24a)$$

Die (richtig durchgeführte!) Vereinigung der Gln. (2.23a) und (2.24a) zu einer Gleichung führt zu einer *Zustandsgleichung*, die alle drei Zustandsgrößen enthält:

$$\frac{p \cdot V}{T} = \frac{p_0 \cdot V_0}{T_0} \qquad (2.26)$$

und besagt, daß das Produkt $pV/T = C$ eine Konstante ist, gleichgültig, wie wir den Zustand der vorgegebenen Gasmenge (Masse m, Stoffmenge ν) ändern, und gleich dem Wert des Produkts C im Normzustand (vgl. Abschnitt 2.1). Einen universellen Wert von C für alle idealen Gase erhalten wir dann, wenn wir in Gl. (2.26) durch Division durch ν zum molaren Volumen übergehen:

$$\frac{p \cdot V}{T \cdot \nu} = \frac{p_0 \cdot V_0}{T_0 \cdot \nu} = \frac{p_n \cdot V_n}{T_n \cdot \nu} = \frac{p \cdot V_{molar}}{T} = \frac{p_n \cdot V_{molar,n}}{T_n}. \qquad (2.27)$$

Erinnern wir uns, daß nach einem Satz von Avogadro bei gleichem Druck und gleicher Temperatur in gleichen Volumina eines idealen Gases die gleiche Anzahl von Teilchen enthalten ist, so besagt dies, daß das molare Norm-Volumen $V_{molar,n}$ für alle idealen Gase den gleichen Wert besitzt. (Bei Normdruck und Normtemperatur befinden sich im molaren Normvolumen $6{,}02 \cdot 10^{23}$ Teilchen.) Den Wert von $V_{molar,n}$ finden wir aus der gemessenen Normdichte ρ_n (Tabelle 16.3) und der Molaren Masse Gl. (2.18)

$$\rho_n = \frac{m}{V_n} = \frac{m}{\nu} \cdot \frac{\nu}{V_n} = M_{molar}/V_{molar,n} \qquad (2.28)$$

zu

$$V_{molar,n} = 22{,}414 \frac{m^3}{kmol}. \qquad (2.29)$$

Damit wird der universelle Wert der „Allgemeinen oder molaren Gaskonstante"

$$R = \frac{p_n \cdot V_{molar,n}}{T_n} = \frac{101\,325 \text{ Pa} \cdot 22{,}414 \text{ m}^3}{273{,}15 \text{ K} \cdot \text{kmol}} = 8{,}314 \frac{\text{kJ}}{\text{kmol} \cdot \text{K}}. \qquad (2.30)$$

Ihr Bestwert ist heute

$$\boxed{R = 8{,}31441\,(26) \text{ kJ kmol}^{-1} \text{ K}^{-1}.} \qquad (2.30a)$$

Die Angabe (26) bedeutet, daß die beiden letzten Stellen des Zahlenwerts, nämlich 41, um ± 26 unsicher sind. Für die Rechnung werden häufig zweckmäßig die zu (2.30a) äquivalenten Werte

$$\boxed{\begin{aligned} R &= 83{,}14 \text{ mbar } \ell \text{ mol}^{-1} \text{ K}^{-1} \\ &= 8{,}314 \cdot 10^4 \text{ mbar } \ell \text{ kmol}^{-1} \text{ K}^{-1} \\ &= 8{,}314 \cdot 10^3 \text{ Pa m}^3 \text{ kmol}^{-1} \text{ K}^{-1} \end{aligned}} \qquad (2.30b)$$

verwendet.

Damit erhält man aus Gl. (2.27) die allgemeine Zustandsgleichung der idealen Gase

$$p \cdot V = \nu \cdot R \cdot T \qquad (2.31.1)^{2)}$$

oder $\quad p \cdot V_{molar} = R \cdot T \qquad (2.31.2)$

oder $\quad p = \rho_{St} \cdot R \cdot T^{1)} \qquad (2.31.3)$

oder $\quad p = \dfrac{\rho}{M_{molar}} R \cdot T \qquad (2.31.4)$

oder $\quad p \cdot V = \dfrac{m}{M_{molar}} R \cdot T \qquad (2.31.5)$

oder $\quad p \cdot V = \dfrac{N}{N_A} R \cdot T = N \cdot kT \quad \text{mit} \quad k = R/N_A \qquad (2.31.6)$

oder $\quad p = n \cdot kT. \qquad (2.31.7)^{2)}$

Die „*Boltzmann*-Konstante" k berechnet sich mit (2.9) und (2.30) zu

$$k = 1{,}380662(44) \cdot 10^{-23} \text{ J/K}. \qquad (2.32)$$

Gl. (2.31.7) gibt für (praktisch) ideale Gase den Zusammenhang zwischen Druck p und Teilchenanzahldichte n. Dies ist von besonderer Bedeutung, weil in vielen sog. Druckmeßgeräten, die in Druckeinheiten kalibriert sind, die Teilchenanzahldichte im Meßgerät gemessen wird (vgl. Abschnitt 11). Gl. (2.31.7) zeigt, daß in die Verknüpfung von p und n die Temperatur eingeht. Sind die Temperaturen im Meßgerät und im „Rezipienten" gar noch verschieden, ist die Verknüpfung von p im Rezipienten mit n im Meßgerät noch komplizierter (vgl. Abschnitt 11).

Aus Gl. (2.31.7) läßt sich die „Norm-Teilchenanzahldichte" berechnen (Gln. (2.5) und (2.6)):

$$n_n = \dfrac{p_n}{kT_n} = \dfrac{101\,325 \text{ N} \cdot \text{m}^{-2}}{1{,}38 \cdot 10^{-23} \text{ JK}^{-1} \cdot 273{,}15 \text{ K}} = 2{,}69 \cdot 10^{25} \text{ m}^{-3}. \qquad (2.33)$$

Gelegentlich faßt man in Gl. (2.31.5) den Quotienten R/M_{molar} zur sogenannten speziellen (oder spezifischen) Gaskonstante R_i zusammen und erhält dann die für ein spezielles Gas gültig Zustandsgleichung

$$p \cdot V = m \cdot R_i \cdot T. \qquad (2.31.8)$$

Für T = const. stellt sich Gl. (2.31.2) in einem p-V_{molar}-Diagramm als eine Schar von Hyperbeln, die *Isothermen* des idealen Gases, dar (Bild 2.2).

Die Zustandsgleichung (2.31) gilt für die meisten in der (Vakuum-) Technik verwendeten Gase unter den normalerweise herrschenden Temperaturen und Drücken recht genau. Bei sehr hohen Drücken oder bei Temperaturen, die nahe an der Verflüssigungstemperatur des jeweiligen Gases liegen, ergeben sich jedoch zum Teil beträchtliche Abweichungen. In

---

[1] $p_{St} = \nu/V$ = Stoffmengendichte, Gl. (2.7c)   [2] Zahlenwertgleichung in Tabelle 16.15

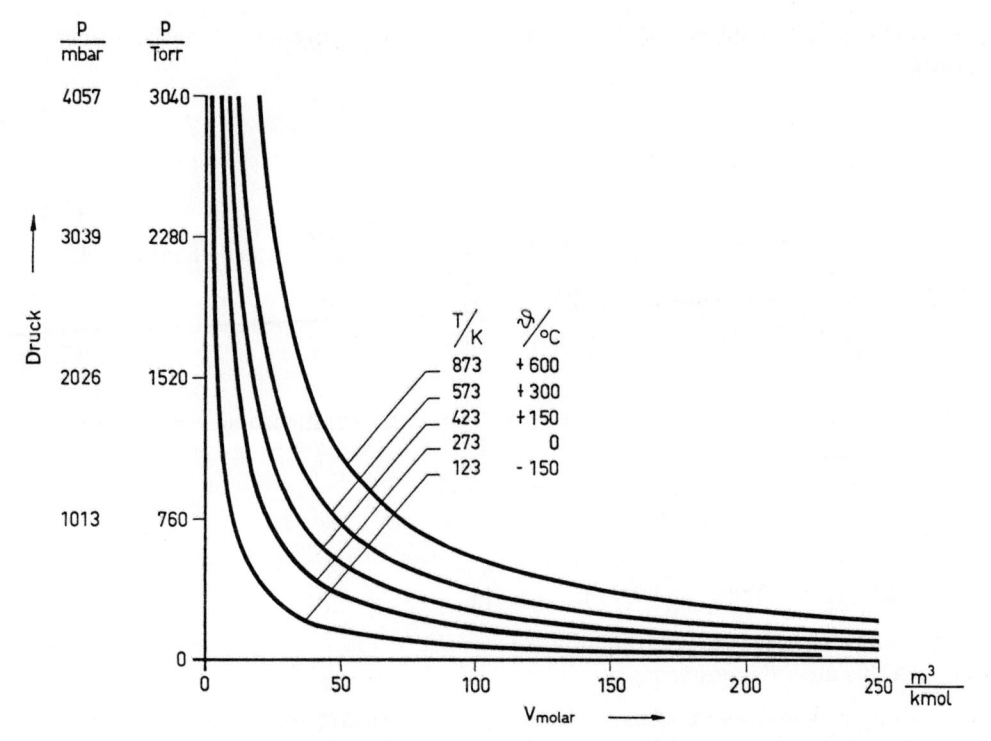

Bild 2.2 Isothermen des Idealen Gases.

diesem Fall sind Zustandsgleichungen für „reale Gase" aufgestellt worden, von denen hier zunächst die „van der Waalssche Zustandsgleichung" aufgeführt werden soll

$$\left(p + \frac{a}{V_{\text{molar}}^2}\right)(V_{\text{molar}} - b) = R \cdot T. \tag{2.34}$$

Sie wird in Abschnitt 2.6.2 noch kurz besprochen. Andere Zustandsgleichungen siehe [1].

2.3.2 Gasgemische (Mehrkomponentige Gase)

Befindet sich in einem Behälter 1 vom vorgegebenen Volumen V eine Anzahl N_1 Teilchen der Sorte 1 im gasförmigen Zustand, so übt dieses Gas auf die Behälterwände nach Gl. (2.31.7) den Druck $p_1 = n_1 kT$ aus; entsprechendes gilt für eine Anzahl N_2 Teilchen der Sorte 2 in einem zweiten Behälter des Volumens V. Fügt man die N_2 Teilchen zu den N_1 Teilchen im Behälter 1 hinzu, so ist der Totaldruck p_{tot}, den das Gasgemisch ausübt, nach Dalton gleich der Summe der Partialdrücke p_i

$$p_{\text{tot}} = p_1 + p_2 + \ldots = (n_1 + n_2 + \ldots) kT = \frac{(\nu_1 + \nu_2 + \ldots)}{V} RT. \tag{2.35}$$

Das Gemisch enthält $N = N_1 + N_2 + \ldots$ Teilchen, die Sorte (Komponente) i (= 1, 2 ...) hat im Gemisch eine *relative Häufigkeit*

$$f_i =: \frac{N_i}{N}. \tag{2.36}$$

Die gesamte Stoffmenge ist $\nu = \nu_1 + \nu_2 + \ldots$, der *Stoffmengenanteil*, auch Molenbruch genannt, ist

def: $x_i =: \nu_i/\nu;$ (2.37)

entsprechend wird der *Massenanteil*

def: $w_i =: m_i/\Sigma m_i.$ (2.38)

Soll Gl. (2.35) in Analogie zu Gl. (2.31.5) geschrieben werden, so muß man für das Gemisch eine „mittlere molare Masse" $\bar{M}_{molar}$ einführen

$$p_{tot} \cdot V = \frac{\Sigma m_i}{\bar{M}_{molar}} R \cdot T. \qquad (2.39)$$

Durch Vergleich von (2.39) mit (2.35) findet man unter Zuhilfenahme von (2.12) für die „mittlere molare Masse" den Ausdruck

$$\boxed{\bar{M}_{molar} = \frac{m_1 + m_2 + \ldots}{\dfrac{m_1}{M_{molar,1}} + \dfrac{m_2}{M_{molar,2}} + \ldots}.} \qquad (2.40)$$

Das wichtigste Gasgemisch ist die atmosphärische Luft (s. Tab. 16.4); Bild 16.1 enthält einige Angaben über die Erdatmosphäre.

Beispiel 2.2: Ein Kubikmeter trockener Luft enthält – außer geringfügigen Beimengungen an Kohlendioxid, Krypton und anderen Edelgasen – etwa 780 ℓ Stickstoff (N_2, $M_{molar}(N_2) = 28{,}013$ kg/kmol), 210 ℓ Sauerstoff (O_2, $M_{molar}(O_2) = 31{,}999$ kg/kmol) und 10 ℓ Argon (Ar, $M_{molar}(Ar) = 39{,}948$ kg/kmol). Was heißt das? Wir denken uns das Kubikmeter in Kästchen der Größe $V_1 = 780$ ℓ, $V_2 = 210$ ℓ, $V_3 = 10$ ℓ unterteilt; dann enthält V_1 nur N_2-Moleküle, V_2 nur O_2-Moleküle und V_3 nur Ar-Atome. Die Teilchenanzahldichten $N_1/V_1 = N_2/V_2 = N_3/V_3$ müssen aber gleich sein, damit überall der gleiche Druck herrscht. Somit verhalten sich die Teilchenanzahlen $N_1 : N_2 : N_3 = V_1 : V_2 : V_3$ wie die Teilvolumina, und dementsprechend sind die relativen Häufigkeiten der Teilchen $f_1 = 0{,}78$, $f_2 = 0{,}21$ und $f_3 = 0{,}01$; gleich groß sind die Stoffmengenanteile $x_1 = 0{,}78$, $x_2 = 0{,}21$ und $x_3 = 0{,}01$.

Will man die Massen der Komponenten des Gemischs angeben, so müssen Temperatur und Druck des Gases bekannt sein; wir wollen den Normzustand ((2.5) und (2.26)) annehmen, dann sind die Volumina V_1, V_2, V_3 Normvolumina. Aus der Definition (2.12) und der Definition $V_{molar,n} = V_n/\nu$ folgt $m = M_{molar} \cdot V_n/V_{molar,n}$ und mit (2.29) wird

$$m_{N_2} = \frac{28{,}013 \text{ kg kmol}^{-1} \cdot 0{,}780 \text{ m}^3}{22{,}414 \text{ m}^3 \text{ kmol}^{-1}} = 0{,}975 \text{ kg}$$

und entsprechend

$m_{O_2} = 0{,}300$ kg,

$m_{Ar} = 0{,}0178$ kg.

Die mittlere molare Masse wird dann nach (2.40)

$$\bar{M}_{molar} = \frac{0{,}975 \text{ kg} + 0{,}300 \text{ kg} + 0{,}0178 \text{ kg}}{\dfrac{0{,}975 \text{ kg} \cdot \text{kmol}}{28{,}013 \text{ kg}} + \dfrac{0{,}300 \text{ kg} \cdot \text{kmol}}{31{,}999 \text{ kg}} + \dfrac{0{,}0178 \text{ kg} \cdot \text{kmol}}{39{,}948 \text{ kg}}} = 28{,}97 \frac{\text{kg}}{\text{kmol}} \approx 29 \frac{\text{kg}}{\text{kmol}}.$$

Die Partialdrücke der Komponenten sind nach (2.36), (2.37), (2.38) $p_i = f_i p_{tot}$ bzw. $p_i = x_i p_{tot}$, also

$p_{N_2} = 0{,}78 \, p_{tot}; \quad p_{O_2} = 0{,}21 \, p_{tot}; \quad p_{Ar} = 0{,}01 \, p_{tot}.$

Die Normdichte der Luft ergibt sich zu

$\rho_n = \Sigma m_i/V = (0{,}975 + 0{,}300 + 0{,}0178) \text{ kg}/1 \text{ m}^3 = 1{,}2928 \, \dfrac{\text{kg}}{\text{m}^3}.$

2.4 Grundlagen der kinetischen Theorie der Materie, insbesondere im gasförmigen Zustand

2.4.1 Grundlagen des Modells des idealen Gases

Die kinetische Gastheorie geht von der Annahme der Existenz von Atomen aus. Sie überträgt Vorgänge unserer makroskopischen Anschauung auf das atomare (Mikro-)Geschehen (Modellvorstellung). Sie bringt das Modellgeschehen in Beziehung zu den makroskopischen Meßgrößen Druck, Temperatur, Wärmekapazität u.a. Ihr Erfolg in dieser modellmäßigen Deutung der Makrogrößen durch die atomaren Vorgänge hat im 19. Jahrhundert der Atomvorstellung endgültig zum Durchbruch verholfen.

Die kinetische Gastheorie nimmt an, daß im Volumen V eine Anzahl N atomarer Teilchen der Masse m_a, gleichmäßig verteilt, in ungeordneter Bewegung durcheinanderschwirren. Jedes Teilchen hat eine Geschwindigkeit $\vec{c}$, also einen Impuls $\vec{P}_a = m_a \vec{c}$ und eine kinetische Energie $E_{kin_a} = m_a c^2/2$. Die Beträge von c liegen im Bereich $0 < c < \infty$, die Geschwindigkeitsrichtungen sind räumlich isotrop verteilt. Die Teilchen sind punktförmig, üben für einen Abstand $r > R$ (R nennt man Wirkungsradius, vgl. auch Abschnitt 2.4.7) weder Anziehungs- noch Abstoßungskräfte aufeinander aus, erfahren jedoch bei $r = R$ eine unendlich große Abstoßungskraft. Die Teilchen verhalten sich also wie ideal elastische Kugeln (Billardkugeln) vom Radius $r_a = R/2$. Beim Zusammenstoß gelten die Stoßgesetze, so daß sich die Geschwindigkeiten $\vec{c}$ der Partner nach Betrag und Richtung ändern. Beim Stoß gegen die Gefäßwand werden sie elastisch reflektiert, übertragen auf die Wand Impuls, die Summe der Impulsänderungen je Zeiteinheit und Flächeneinheit $(\Sigma \Delta P_a)/\Delta t \, \Delta A$ stellt nach dem zweiten Newtonschen Axiom eine Kraft je Flächeneinheit, den Gasdruck, dar.

2.4.2 Das vereinfachte Modell von Krönig

Krönig hat dieses Modell hinsichtlich der Geschwindigkeitsverteilung vereinfacht, er hat damit aber schon alle wesentlichen Züge richtig wiedergegeben. Er nimmt an, daß alle Teilchen den gleichen Geschwindigkeitsbetrag c besitzen und daß je $N/6$ der Teilchen in der positiven und negativen x-, y- und z-Richtung fliegen (Bild 2.3). In der Zeitspanne Δt erreichen alle Teilchen die rechte Begrenzungswand W des Gefäßes in Bild 2.3, die von der Wand die minimale Entfernung Null (zu Beginn von Δt) und die maximale Entfernung $c \cdot \Delta t$ (am Ende von Δt) haben. Auf das Flächenelement ΔA treffen (fließen) also in Δt alle im Kästchen K enthaltenen Teilchen mit $c_x = +c$, das sind

$$\Delta \xi = \underbrace{\frac{1}{6} \cdot \underbrace{\frac{N}{V}}_{} \cdot \underbrace{c \cdot \Delta t \cdot \Delta A}_{}}_{} . \tag{2.41}$$

rel. Häufigkeit — Volumen von K

Teilchenanzahldichte n

Demgemäß ist die Teilchenstromstärke auf ΔA

$$\Delta q_N = \frac{\Delta \xi}{\Delta t} = \frac{c}{6} n \cdot \Delta A \tag{2.42}$$

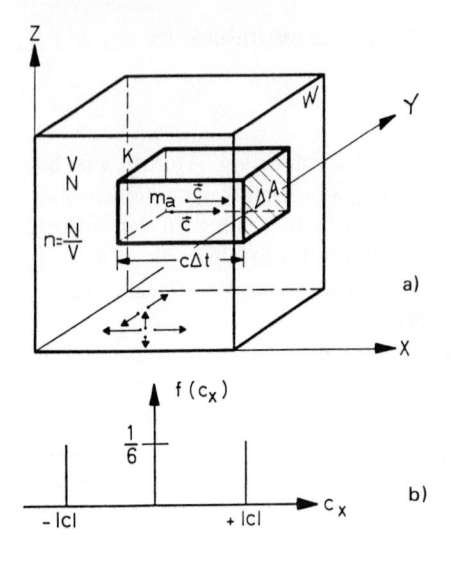

Bild 2.3
Krönigmodell.
a) Zur Berechnung von Wandstromdichte (Flächenstoßrate) und Druck.
b) Häufigkeitsverteilung der x-Komponente c_x der Teilchengeschwindigkeit. f = relative Häufigkeit. Stabdiagramm, weil nur ein konstanter Geschwindigkeitsbetrag; vgl. im Gegensatz dazu Bild 2.5.

und die Teilchenstrom*dichte* auf die Wand

$$j_N = n \cdot \frac{c}{6}. \tag{2.43}$$

j_N nennt man *Wandstromdichte* oder *Flächenstoßrate* (Abschnitt 2.4.5). Wäre in der Wand ein Loch der Fläche ΔA, so wäre Δq_N der durch das Loch hindurchgehende Teilchenstrom (Teilchendurchfluß), genannt *Effusionsstrom* (*E.-Durchfluß*) und j_N die *Effusionsstromdichte*.

Mißt man die durch ΔA in der Zeitspanne Δt strömende Gasmenge durch ihr Volumen $\Delta V = \Delta N/n$, so erhält man die Volumenstromstärke (Volumendurchfluß)

$$\Delta q_V = \frac{\text{Volumen}}{\text{Zeitspanne}} = \frac{\Delta V}{\Delta t} = \frac{1}{n} \cdot \frac{\Delta N}{\Delta t} = \frac{1}{n} \Delta q_N,$$

oder mit Gl. (2.42)

$$\Delta q_V = \frac{c}{6} \cdot \Delta A, \tag{2.42a}$$

und die *Volumenstromdichte*

$$j_V = \frac{c}{6}. \tag{2.43a}$$

An der Wand W werden die Teilchen reflektiert, sie haben vor dem Stoß auf die Wand den Impuls $P_a = m_a c$, nach dem Stoß den Impuls $P'_a = -m_a c$, also ist die Impulsänderung des Teilchens $\Delta P_{a,T} = P'_a - P_a = -2 m_a c$ und die Impulsänderung der Wand $\Delta P_{a,W} = -\Delta P_{a,T} = 2 m_a c$. Die Impulsänderung des Wandstücks ΔA in Δt ist dann

$$\Delta P_W = \Delta \xi \cdot 2 m_a \cdot c = \frac{1}{3} n m_a c^2 \cdot \Delta t \cdot \Delta A. \tag{2.44}$$

Auf ΔA wird daher die Kraft $\Delta F = \Delta P_W/\Delta t$, bzw. auf die Wand der Druck

$$p = \frac{\Delta F}{\Delta A} = \frac{\Delta P_W}{\Delta t \cdot \Delta A} = \frac{1}{3} n m_a c^2 \qquad (2.45)$$

ausgeübt. Setzt man $n = N/V$, so ergibt sich aus (2.45) das „Boyle-Mariottesche Gesetz"

$$p \cdot V = \frac{1}{3} N \cdot m_a c^2 = \text{const}, \qquad (2.46)$$

ein erster großer Erfolg unseres Modells. Vergleichen wir (2.46) mit (2.31.1), so finden wir einen Zusammenhang zwischen kinetischer Energie des Teilchens und Temperatur

$$\frac{1}{3} N m_a c^2 = \nu RT \quad \text{oder} \quad \frac{1}{2} m_a c^2 = \frac{3}{2} kT. \qquad (2.47)$$

Auf diese Gleichung werden wir nach Verfeinerung unseres Modells in Abschnitt 2.4.6 zurückkommen. Sie gibt uns aber schon einmal die Möglichkeit, die Größenordnung der Geschwindigkeit abzuschätzen.

Beispiel 2.3: Wie groß ist die Teilchengeschwindigkeit in Argongas von Zimmertemperatur ($\vartheta = 20\,°C$, $T = 293\,K$). Nach Tabelle 16.3 ist die molare Masse von Argon $M_{molar} \cong 39{,}95\,kg/kmol$. Aus Gl. (2.47) erhält man ($J = N \cdot m = kg \cdot m^2 \cdot s^{-2}$)

$$c(\text{Ar}) = \sqrt{3\frac{kT}{m_a}} = \sqrt{3\frac{RT}{M_{molar}}} = \sqrt{3\,\frac{8{,}314\,J\,kmol^{-1}\,K^{-1} \cdot 293\,K}{39{,}95\,kg\,kmol^{-1}}}$$

$$= 427{,}7\,\frac{m}{s}.$$

Diese „Krönig"-Geschwindigkeit ist gleich der sog. „Effektivgeschwindigkeit" des verfeinerten Modells (vgl. Abschnitt 2.4.4).

Es soll besonders darauf hingewiesen werden, daß die hier und im folgenden vorgeführten Modelle die physikalischen Vorgänge qualitativ richtig beschreiben und die Sachverhalte richtig aufzeigen, was für das Verständnis der Physik wesentlich ist. Die verfeinerten Modelle liefern in den Gleichungen meist nur andere Zahlenfaktoren oder Korrekturglieder.

2.4.3 Die Häufigkeitsverteilung (Wahrscheinlichkeitsverteilung) der Geschwindigkeiten (Geschwindigkeitsverteilung)

Wegen der dauernden Zusammenstöße werden die Teilchen weder — wie in Abschnitt 2.4.2 angenommen — eine konstante Geschwindigkeit haben, noch ausschließlich in x-, y-, z-Richtung fliegen. Die Frage lautet, wie sind Geschwindigkeitswerte und Richtungen verteilt? Bezüglich der Richtungen ist die Antwort einfach: Die Verteilung muß räumlich isotrop sein, es ist nicht einzusehen, warum z.B. mehr Teilchen in der x-Richtung als in der y-Richtung fliegen sollten, oder allgemeiner gesagt: Die Richtungsverteilung muß unabhängig von der speziellen Lage des Koordinatensystems sein. Wie ist es mit den Geschwindigkeitswerten (-beträgen)? Sicher werden die Werte $c = 0$ und $c \to \infty$ selten, mittlere Werte (vgl. Beispiel 2.3) häufiger auftreten. Nun hat es keinen Sinn zu fragen: Wie oft kommt unter $N = 10^{23}$ Teilchen die Geschwindigkeit $c = 500\,m/s$ (genau) vor, ebensowenig, wie es sinnvoll ist, beim Altersaufbau einer Bevölkerung zu fragen: Wie viele Menschen haben ein Alter von 20 (genau) Jahren? Vielmehr muß die Frage lauten: Wie viele Menschen haben ein Alter *zwischen* 20 und 21 Jahren oder *zwischen* 20 Jahren und 20 Jahren plus 1 Tag, und analog: Wie viele Teilchen haben eine Geschwindigkeit zwischen 500 m/s und 501 m/s? Sinnvoll

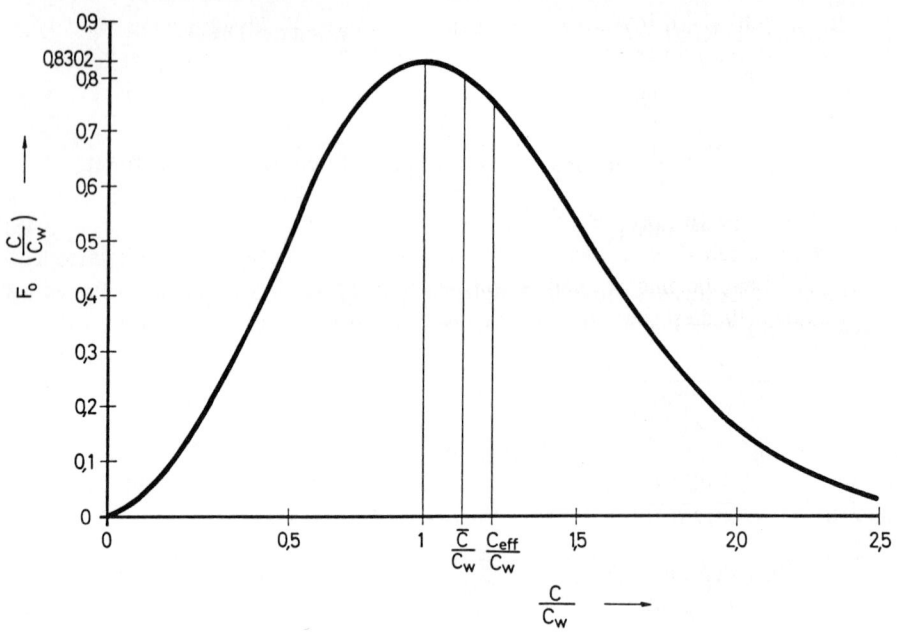

2 Gasgesetze, Grundlagen der kinetischen Gastheorie und Gasdynamik

Bild 2.4 Maxwell-Boltzmannsche Häufigkeitsverteilungsfunktion der Geschwindigkeitsbeträge c. c_w = wahrscheinlichste Geschwindigkeit.
$\bar{c}/c_w = 1{,}1283$; $c_{eff}/c_w = 1{,}2247$; $c_{eff} = \overline{(c^2)}^{1/2}$.

ist es also, ein Intervall abzustecken und die Intervallhäufigkeit anzugeben, als absolute Häufigkeit dN von N Teilchen oder als relative Häufigkeit $f = dN/N$, in dem Intervall dc. Wählt man das Intervall dem Problem entsprechend genügend klein, so wird die Anzahl dN der „Probanden" (Menschen, Teilchen) proportional zur Intervallbreite sein (im doppelten Intervall (2 Tage) werden doppelt so viel „Probanden" enthalten sein wie im einfachen (1 Tag)), d.h., es wird $dN/N \propto dc$ sein. Daher gibt man als „*Häufigkeitsfunktion*" (oder Verteilungsfunktion) die Größe

$$\text{def:} \quad F(c) =: \frac{1}{N} \frac{dN}{dc} \qquad (2.48)$$

an. Dann bedeutet $dN = N \cdot F(c) \cdot dc$ die Anzahl der Teilchen, die einen Geschwindigkeitsbetrag im Intervall $c \ldots c + dc$ besitzen, unabhängig von der Richtung des Geschwindigkeitsvektors. (Man erkenne, daß für $dc = 0$ (d.h. c genau) $dN = 0$, vgl. oben!) Da im Sinne der Wahrscheinlichkeitsdefinition der Ausdruck (2.48) auch die Wahrscheinlichkeit für das Vorkommen eines Teilchens im Intervall dc angibt, nennt man (2.48) auch „Wahrscheinlichkeitsverteilung".

Die Häufigkeitsfunktion $F_0(\frac{c}{c_w})$ ist von *Maxwell* und *Boltzmann* hergeleitet worden und lautet

$$\frac{1}{N} \frac{dN}{d(c/c_w)} = F_0\left(\frac{c}{c_w}\right) = \frac{4}{\sqrt{\pi}} \left(\frac{c}{c_w}\right)^2 \exp\left(-\left(\frac{c}{c_w}\right)^2\right); \qquad (2.49)$$

sie ist in Bild 2.4 dargestellt.

$$c_w = \sqrt{2kT/m_a} = \sqrt{2RT/M_{molar}} \qquad (2.50)$$

ist die „wahrscheinlichste" (d.h. am häufigsten vorkommende) Geschwindigkeit; bei $c = c_w$ hat die Funktion $F_0(c/c_w)$ ihr Maximum. Die Fläche unter der Kurve F_0 ist

$$\int_0^\infty F_0(c/c_w)\, d(c/c_w) = \int_0^\infty \frac{dN}{N} = \frac{1}{N}\int_0^\infty dN = \frac{N}{N} = 1. \tag{2.51}$$

Die Häufigkeitsfunktion „ist normiert".

Die Geschwindigkeit $\vec{c}$ ist ein Vektor mit den Komponenten c_x, c_y, c_z und es interessiert die Anzahl der Teilchen, die eine Geschwindigkeit im Intervall $c_x \dots c_x + dc_x$, $c_y \dots c_y + dc_y$, $c_z \dots c_z + dc_z$ haben. Die diesbezügliche Häufigkeitsfunktion lautet

$$\frac{dN}{N \cdot d\left(\frac{c_x}{c_w}\right) \cdot d\left(\frac{c_y}{c_w}\right) \cdot d\left(\frac{c_z}{c_w}\right)} = F_3\left(\frac{c_x}{c_w}, \frac{c_y}{c_w}, \frac{c_z}{c_w}\right) = \frac{1}{\pi^{3/2}} \exp\left(-\frac{c^2}{c_w^2}\right)$$

$$= \frac{1}{\pi^{3/2}} \exp\left(-\frac{c_x^2 + c_y^2 + c_z^2}{c_w^2}\right) = \frac{1}{\pi^{3/2}} \exp\left(-\frac{c_x^2}{c_w^2}\right) \exp\left(-\frac{c_y^2}{c_w^2}\right) \exp\left(-\frac{c_z^2}{c_w^2}\right). \tag{2.52}$$

Interessiert man sich nur für die Verteilung der x-Komponente c_x der Geschwindigkeit c, unabhängig davon, wie groß c_y und c_z sind, so hat man Gl. (2.52) über c_y und c_z zu integrieren und erhält

$$F_1\left(\frac{c_x}{c_w}\right) = \frac{dN}{N \cdot d\left(\frac{c_x}{c_w}\right)} = \int_{c_y=-\infty}^{c_y=\infty} \int_{c_z=-\infty}^{c_z=\infty} F_3\, d\left(\frac{c_y}{c_w}\right) d\left(\frac{c_z}{c_w}\right)$$

$$= \frac{1}{\sqrt{\pi}} \cdot \exp\left(-\frac{c_x^2}{c_w^2}\right). \tag{2.53}$$

Diese Funktion ist in Bild 2.5 dargestellt; sie ist symmetrisch zur Ordinatenachse, weil positive und negative c_x-Werte gleich häufig sind. Für c_y bzw. c_z lautet die Wahrscheinlichkeitsfunktion analog (2.53).

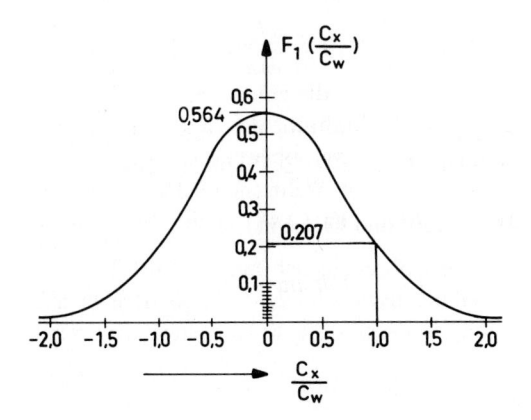

Bild 2.5

Häufigkeitsverteilungsfunktion der x-Komponente c_x der Geschwindigkeit bei Maxwell-Verteilung.

2.4.4 Geschwindigkeitsmittelwerte

Treten die Größen x_1, x_2 ... x_i mit den relativen Häufigkeiten f_1, f_2 ... f_i auf, so ist der „gewogene" Mittelwert definiert durch die Gleichung

$$\text{def:}\quad \bar{x} =: \frac{x_1 f_1 + x_2 f_2 + \ldots x_i f_i + \ldots}{f_1 + f_2 + \ldots f_i + \ldots} = \sum_1^n x_i f_i. \tag{2.54}$$

Die Summe der *relativen* Häufigkeiten $f_i = dN_i/N$ im Nenner von (2.54) ist gleich eins, so daß $\bar{x}$ durch die Zählersumme gegeben ist. Die Geschwindigkeiten c in unserem Gas treten nach Gl. (2.49) mit den Häufigkeiten $F_0 \cdot d(c/c_w)$ auf, so daß analog (2.54) die mittlere Geschwindigkeit sich zu

$$\bar{c} = \int_0^\infty c \cdot F_0\left(\frac{c}{c_w}\right) \cdot d\left(\frac{c}{c_w}\right) = \int_0^\infty \frac{4}{\sqrt{\pi}} c_w \left(\frac{c}{c_w}\right)^3 F_0\left(\frac{c}{c_w}\right) d\left(\frac{c}{c_w}\right) = \frac{2}{\sqrt{\pi}} c_w \tag{2.55}$$

ergibt.

Die kinetische Energie eines Teilchens ist $E_{\text{kin},a} = m_a c^2/2$, der Mittelwert der kinetischen Energie verlangt also die Berechnung des Mittelwerts von c^2 oder wieder analog (2.54)

$$\overline{c^2} = \int_0^\infty c^2 \cdot F_0\left(\frac{c}{c_w}\right) \cdot d\left(\frac{c}{c_w}\right) = \frac{3}{2} c_w^2. \tag{2.56}$$

Die Wurzel aus diesem „mittleren Geschwindigkeitsquadrat" nennt man auch Effektivgeschwindigkeit (vgl. Effektivwert der Stromstärke). Wir stellen zusammen:

wahrscheinlichste Geschwindigkeit	$c_w = \sqrt{2kT/m_a} = \sqrt{2RT/M_{\text{molar}}}$	(2.50)
mittlere Geschwindigkeit	$\bar{c} = \frac{2}{\sqrt{\pi}} c_w = \sqrt{\frac{8kT}{\pi m_a}} = \sqrt{\frac{8RT}{\pi M_{\text{molar}}}}$	(2.55)
Effektivgeschwindigkeit	$c_{\text{eff}} = \sqrt{\overline{c^2}} = \sqrt{\frac{3kT}{m_a}} = \sqrt{\frac{3RT}{M_{\text{molar}}}}$.	(2.56)

Tabelle 16.5 gibt Werte der drei Geschwindigkeiten für verschiedene Gase und Dämpfe; Tabelle 16.15 enthält die Zahlenwertgleichungen zu den Gln. (2.50), (2.55) und (2.56).

2.4.5 Wandstromdichte (= Flächenstoßrate, DIN 28 400) und Effusion

Für die Häufigkeitsverteilung der c_x nach Bild 2.3b ergab sich in Abschnitt 2.4.2 die Wandstromdichte Gl. (2.43). Liegt Maxwellverteilung nach Bild 2.5 vor, so ist über alle Richtungen und Geschwindigkeiten zu integrieren; dies ergibt die Teilchenstromdichte auf die Wand

Wandstromdichte Flächenstoßrate	$j_N = \frac{n\bar{c}}{4}$.	(2.57)

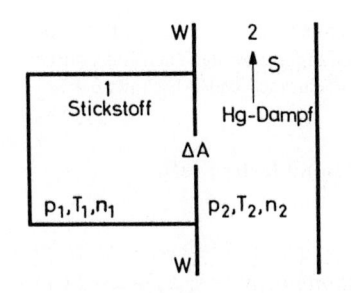

2.4 Grundlagen der kinetischen Theorie der Materie 2.4.4/2.4.5

Bild 2.6
Gegenseitige Effusion

Daraus leitet sich der durch ein Loch der Fläche ΔA in der Wand zwischen zwei Räumen hindurchgehende Teilchenstrom (Durchfluß) ab. Herrscht im Gefäß 1 links der Wand W (Bild 2.6) der Druck p_1 und die Temperatur T_1, ist dort also $n_1 = p_1/kT_1$, rechts der Wand (im Gefäß 2) p_2, T_2, $n_2 = p_2/kT_2$, so wird der

$$\text{Effusionsstrom (Teilchendurchfluß)} \qquad \Delta q_N = \left(\frac{p_1 \cdot \overline{c_1}}{4kT_1} - \frac{p_2 \cdot \overline{c_2}}{4kT_2} \right) \Delta A. \tag{2.58}$$

Voraussetzung für die Gültigkeit von (2.58) ist, daß die Drücke p_1 und p_2 so niedrig sind, daß im Bereich der Öffnung keine Stöße stattfinden, d.h., daß die „mittlere freie Weglänge" der Teilchen (vgl. Abschnitt 2.4.7) nicht sehr viel kleiner als die kleinste Ausdehnung der Öffnung ist (bei einem Spalt z.B. die Spaltbreite).

In Analogie zu Gl. (2.42a) und (2.43a) erhält man bei Maxwellverteilung

$$\text{Volumenstromstärke (Volumendurchfluß)} \qquad \Delta q_V = \frac{\overline{c}}{4} \Delta A \tag{2.59}$$

$$\text{Volumenstromdichte} \qquad j_V = \frac{\overline{c}}{4}. \tag{2.60}$$

Beispiel 2.4: Im Gefäß 1, Bild 2.6, befinde sich Luft (p_1, T_1, n_1), außerhalb (in Gefäß 2) sei Vakuum. Dann ist die Volumen*stromdichte* (Gl. (2.60)) durch das Loch ΔA mit $\overline{c}$ = 464 m/s (bei ϑ_1 = 20 °C) j_V = 11,6 ℓ s⁻¹ cm⁻², unabhängig vom Gasdruck.

Beispiel 2.5: In Gefäß 1, Bild 2.6, befinde sich Stickstoff vom Druck $p_1 = 10^{-2}$ Torr = $1,33 \cdot 10^{-2}$ mbar, T_1 = 293,15 K, es sei ΔA = 2 cm²; dann ist nach Tabelle 16.5 $\overline{c}$ = 470 m · s⁻¹ und der Stickstoffmolekülstrom von links nach rechts

$$\vec{q}_N(N_2) = \frac{1,33 \text{ Pa} \cdot 470 \text{ m} \cdot \text{K} \cdot 2 \cdot 10^{-4} \text{ m}^2}{4 \cdot 1,38 \cdot 10^{-23} \text{ J} \cdot \text{s} \cdot 293,15 \text{ K}} = 7,7 \cdot 10^{18} \text{ s}^{-1}.$$

Im rechten Gefäß sei Quecksilberdampf der Temperatur T_2 = 400 K, des Druckes p_2 = 1 Torr = 1,33 mbar vorhanden. Die mittlere Geschwindigkeit der Quecksilberatome ist nach Gl. (2.55)

$$\overline{c} = \sqrt{\frac{8 \cdot 8,31 \cdot 10^3 \text{ J} \cdot 400 \text{ K} \cdot \text{kmol}}{\text{kmol} \cdot \text{K} \cdot \pi \cdot 200,6 \cdot \text{kg}}} = 649,6 \frac{\text{m}}{\text{s}}.$$

Damit wird der Quecksilberatomstrom von rechts nach links

$$\overleftarrow{q}_N(Hg) = \frac{1,33 \cdot 10^2 \text{ Pa} \cdot 650 \text{ m} \cdot \text{K} \cdot 2 \cdot 10^{-4} \text{ m}^2}{s \cdot 4 \cdot 1,38 \cdot 10^{-23} \cdot \text{J} \cdot 400 \text{ K}} = 7,8 \cdot 10^{20} \text{ s}^{-1}.$$

Wenn sich rechts Stickstoff, links Quecksilberdampf ansammelt, treten entsprechende Effusions-Rückströme auf, die ebenfalls nach Gl. (2.58) zu berechnen sind.

Führt man den Hg-Dampf an ΔA als Strömung S (Bild 2.6) vorbei, so daß die in das Hg eindiffundierenden Luftmoleküle dauernd weggeführt werden, und sorgt für eine Kondensation des nach links durch ΔA effundierenden Hg-Dampfes, so hat man das Prinzip einer „Diffusions-Pumpe" (vgl. Abschnitt 6.4.7).

2.4.6 Gleichverteilung der Energie. Wärmekapazität gasförmiger und fester Stoffe

Bei Maxwellverteilung der Geschwindigkeiten lautet Gl. (2.47)

$$E_{\text{kin,a}} = \frac{1}{2} m_a \overline{c^2} = \frac{1}{2} m_a \overline{(c_x^2 + c_y^2 + c_z^2)} = \frac{1}{2} m_a \overline{c_x^2} + \frac{1}{2} m_a \overline{c_y^2} + \frac{1}{2} m_a \overline{c_z^2} = \frac{3}{2} kT. \quad (2.61)$$

Nun haben unsere punktförmigen Teilchen (vgl. Abschnitt 2.4.1) drei Freiheitsgrade der Translationsbewegung (in x-, y-, z-Richtung), von denen keiner ausgezeichnet sein darf. Daher ist $\overline{c_x^2} = \overline{c_y^2} = \overline{c_z^2}$, und Gl. (2.61) besagt, daß die *„mittlere kinetische Energie" je Freiheitsgrad*

$$\boxed{E_{\text{kin,a}}^1 = \frac{1}{2} kT} \quad (2.62)$$

ist. Ausgedehnte Teilchen können rotieren und schwingen (z.B. N_2, Hantelmodell o—o), so daß zu den Freiheitsgraden der Translation noch solche der Rotation und Schwingung hinzukommen. Ein Gas, bestehend aus N Teilchen, von denen jedes f Freiheitsgrade besitzt, hat dann die gesamte kinetische Energie — die den gesamten Energieinhalt, die „innere Energie U", darstellt, sofern zwischen den Teilchen keine Kräfte wirken, also keine potentielle Energie hinzukommt —

$$U = E_{\text{kin}} = N \cdot f \cdot \frac{1}{2} kT = \frac{N}{N_A} \cdot f \cdot \frac{1}{2} \cdot N_A \cdot kT = \nu f \cdot \frac{1}{2} RT$$

oder

$$U_{\text{molar}} = U/\nu = \frac{f}{2} RT. \quad (2.63)$$

Damit ergibt sich die *molare Wärmekapazität bei konstantem Volumen*

$$C_{\text{molar},V} = \partial U_{\text{molar}}/\partial T = \frac{f}{2} \cdot R \quad (2.64)$$

und wegen $C_{\text{molar},p} = C_{\text{molar},V} + R$, die *molare Wärmekapazität bei konstantem Druck*

$$C_{\text{molar},p} = \frac{f+2}{2} \cdot R. \quad (2.65)$$

Feste Körper haben Kristallstruktur, die Bewegung der Teilchen besteht in Translationsschwingungen um die geometrisch bestimmten Gitterplätze, jedes Teilchen hat die Gesamtenergie $E_a = E_{\text{kin,a}} + E_{\text{pot,a}}$, wobei $\overline{E_{\text{kin,a}}} = \overline{E_{\text{pot,a}}}$ (Federpendel!), so daß $\overline{E_a} = 2\overline{E_{\text{kin,a}}} = 3\,kT$. Damit ergibt sich für $U_{\text{molar,fest}} = N_A \cdot 3\,kT = 3\,RT$ und

$$C_{\text{molar,fest}} = \partial U_{\text{molar,fest}}/\partial T = 3R, \quad (2.66)$$

d.h., die *molare Wärmekapazität* (früher Molwärme genannt) *fester Körper* ist eine Konstante (Dulong-Petitsche Regel).

2.4.7 Mittlere freie Weglänge. Stoßrate

Öffnet man ein Gefäß mit einem riechenden Gas oder Dampf in einer Ecke des Zimmers, so dauert es sehr lange, bis „die Geruchsstoffe" (die Gasmoleküle) die andere Ecke des Zimmers erreichen. Dabei lassen die Teilchengeschwindigkeiten (Tabelle 16.5) erwarten, daß die Moleküle in Bruchteilen von Sekunden den Raum durchfliegen. Dieser Widerspruch läßt sich nur so erklären, daß die Teilchen durch viele Stöße, die sie bereits nach sehr kleinen „freien Wegen" ausführen, immer wieder aus ihrer Richtung abgelenkt werden und erst auf einem langen Zickzackweg an ihr Ziel kommen (vgl. Bild 2.7a).

Das in Abschnitt 2.4.1 bereits geschilderte Verhalten der Teilchen beim Stoß ist in Bild 2.7b dargestellt. Ein Stoß passiert immer dann, wenn das punktförmige Teilchen 2 auf das Scheibchen $\sigma_\infty = \pi R_\infty^2$ (wegen des Index ∞ siehe weiter unten), den sogenannten Wirkungsquerschnitt für den Stoß 2–1, irgendwo auftrifft; oder umgekehrt, wenn ein vom Teilchen 2 mitgeschlepptes (gedachtes!) Scheibchen der Fläche σ_∞ das punktförmige Teilchen 1 trifft. Auf dem Weg Δl (Bild 2.7c) eines Teilchens (2) durch ein Gas der Teilchenanzahldichte n wird Teilchen 2 alle im Zylinder $\Delta V = \sigma_\infty \cdot \Delta l$ enthaltenen $\Delta N = n \cdot \Delta V = n \cdot \sigma_\infty \cdot \Delta l$ Teilchen (1) treffen, d.h. ΔN Stöße machen. Der *mittlere* Weg $\bar l$ für *einen* Stoß (d.h. der mittlere Weg *zwischen zwei* Zusammenstößen), die sogenannte *mittlere freie Weglänge* ist daher

$$\bar l = \frac{\Delta l}{\Delta N} = \frac{1}{n \sigma_\infty}. \quad (2.67)$$

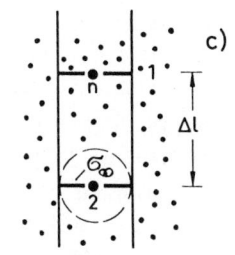

Bild 2.7
a) Zickzackweg eines Teilchens durch das Gas. Diffusionsweg.
b) Wirkungssphäre (Kugel mit Radius R) und Wirkungsquerschnitt $\sigma = \pi R^2$.
c) zur Berechnung der Stoßzahl.
d) Vergrößerung des Wirkungsquerschnitts durch Anziehungskräfte.

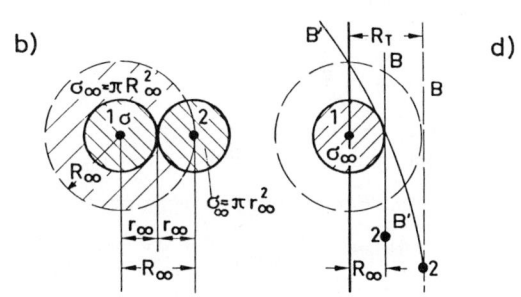

Bei dieser Überlegung haben wir so getan, als ob alle Teilchen 1 in Ruhe wären und sich nur das eine Teilchen 2 bewegt. In Wirklichkeit sind alle Teilchen in Bewegung. Berücksichtigt man diese Relativbewegung einschließlich der Maxwellverteilung, so muß die mittlere freie Weglänge nach Gl. (2.67) um den Faktor $\sqrt{2}$ verkleinert werden. Führt man noch anstelle des „Stoßradius" R_∞ den Radius $r_\infty = R_\infty/2$ des einzelnen Teilchens ein (bei verschiedenen Teilchen, Gasgemisch, wäre $R_\infty = r_{\infty_1} + r_{\infty_2}$), so wird $\sigma_\infty = \pi R_\infty^2 = 4 \pi r_\infty^2 =: 4\sigma$, und damit die mittlere freie Weglänge

$$\bar l = \frac{1}{\sqrt{2} \cdot n \cdot 4\sigma}. \quad (2.67a)$$

2 Gasgesetze, Grundlagen der kinetischen Gastheorie und Gasdynamik

Berücksichtigt man nunmehr noch, daß die Teilchen sich nicht — wie im Modell des Abschnitts 2.4.1 angenommen — im Abstand R_∞ als ideal harte Billardkugeln abstoßen, sondern daß für größere Abstände auch Anziehungskräfte wirken, so wird Teilchen 2 nur bei sehr großer Geschwindigkeit c geradlinig an Teilchen 1 vorbeifliegen (Bahnen B-B in Bild 2.7d), bei kleineren Geschwindigkeiten hingegen eine gekrümmte Bahn (B'-B') durchlaufen. Das Scheibchen $\sigma_\infty = \pi R_\infty^2$ wird also schon getroffen, wenn aus weiter Entfernung gesehen ein viel größeres Scheibchen mit dem Radius $R_T > R_\infty$ anvisiert wird. Das bedeutet, daß der Wirkungsquerschnitt temperaturabhängig ist. Ist R_T der Stoßradius bei der Temperatur T und R_∞ derjenige bei $T \to \infty$, so gilt die *Sutherland*korrektur

$$R_T^2 = R_\infty^2 (1 + T_d/T). \tag{2.67b}$$

T_d ist die „Verdoppelungstemperatur", auch *Sutherland*-Konstante genannt; bei $T = T_d$ ist $\sigma_T = 2 \cdot \sigma_\infty$. Damit wird die

$$\text{Mittlere freie Weglänge } \bar{l} = \frac{1}{\sqrt{2} \cdot 4\pi\sigma \cdot (1 + T_d/T)} = \frac{\bar{l}_\infty}{(1 + T_d/T)} \tag{2.68}$$

oder mit Gl. (2.31.7)

$$\bar{l} \cdot p = \frac{kT}{\sqrt{2} \cdot 4\sigma \cdot (1 + T_d/T)} \tag{2.68a}$$

Das Produkt $\bar{l} \cdot p$ hängt also für ein bestimmtes Gas (gekennzeichnet durch σ) nur von der Temperatur T ab. Wir nenen das Produkt $\bar{l} \cdot p$ den $\bar{l}p$-Wert.

Werden beschleunigte Ionen in ein Gas geschossen (schon bei $E_{\text{kin,ion}} = 1$ eV ist $v_{\text{ion}} \approx 6\bar{c}$), so kann man sowohl die Relativbewegung als die *Sutherland*korrektur vernachlässigen, so daß

$$\bar{l}_{\text{ion}} = \frac{1}{n\,\pi(r_{\text{gas}} + r_{\text{ion}})^2}. \tag{2.69}$$

Elektronen haben den Radius $r_{\text{ion}} \ll r_{\text{gas}}$, so daß

$$\bar{l}_{\text{elektron}} = \frac{1}{n\,\pi r_{\text{gas}}^2} = 4\sqrt{2}\,\bar{l}_{\text{gas}}. \tag{2.70}$$

Für verschiedenartige Moleküle mit den Radien r_1 und r_2 ist $R = r_1 + r_2$ und

$$\bar{l} = \frac{1}{\sqrt{2} \cdot n \cdot \pi(r_1 + r_2)^2}. \tag{2.71}$$

In Tabelle 16.6 sind für verschiedene Gase Stoßradien, Verdoppelungstemperaturen und $\bar{l}p$-Werte angegeben. Es muß darauf hingewiesen werden, daß die Temperaturabhängigkeit der gaskinetischen Wirkungsquerschnitte bei einigen Gasen ausreichend durch die Sutherlandkorrektur wiedergegeben wird, während bei anderen eine kompliziertere Temperaturfunktion $\bar{l}(T)$ bzw. $\sigma_T(T)$ besteht. Es ist in solchen Fällen nicht sinnvoll, von einer Temperaturanhängigkeit der Verdoppelungstemperatur (*Sutherland*konstante) zu sprechen. Ausführliche Angaben über Meßwerte findet man in [2] und [3].

Man merke sich den praktisch wichtigen $\overline{l}p$-Wert

$$\text{Für Luft von } \vartheta = 20\,°C \text{ gilt} \quad \overline{l} \cdot p \approx 5 \cdot 10^{-5} \text{ m} \cdot \text{Torr} \approx 6{,}33 \cdot 10^{-5} \text{ m} \cdot \text{mbar}. \quad (2.68\text{b})$$

Stoßrate. Unter Stoßrate versteht man die Anzahl der Stöße, die ein Teilchen auf seinem Weg durch das Gas je Zeiteinheit ausführt. Nach Bild 2.7c trifft das Teilchen der Geschwindigkeit $\overline{c}$ auf dem Weg $\Delta l = \overline{c} \cdot \Delta t$ die im überstrichenen Volumen enthaltenen $\Delta N = n \cdot \sigma \cdot \Delta l$ Teilchen. Unter Verwendung von Gl. (2.67) wird also die

$$\text{Stoßrate} \quad \dot{z} = \frac{\Delta N}{\Delta t} = \frac{n \sigma \Delta l \overline{c}}{\Delta l} = \frac{\overline{c}}{\overline{l}}. \quad (2.72)$$

Volumenbezogene Stoßrate, Volumenstoßrate. Wie viele Stöße passieren in der Volumeneinheit je Zeiteinheit in einem Gas der Teilchenanzahldichte n? In ΔV sind $\Delta N = n \cdot \Delta V$ Teilchen enthalten, in Δt macht jedes einzelne nach Gl. (2.72) $\Delta z_1 = \dot{z} \cdot \Delta t$ Zusammenstöße mit $(\Delta N - 1) \approx \Delta N$ Teilchen. Dementsprechend (jeder Stoß wird zweimal gezählt, daher Faktor 1/2) ist die Anzahl der Zusammenstöße in $\Delta V \cdot \Delta t$

$$\Delta z = \frac{1}{2} \frac{\overline{c}}{\overline{l}} \Delta t \cdot n \cdot \Delta V.$$

Daraus ergibt sich die (Zahlenwertgleichung in Tabelle 16.15)

$$\text{Volumenstoßrate} \quad Z_V = \frac{\Delta z}{\Delta t \cdot \Delta V} = \frac{1}{2} \frac{n \overline{c}}{\overline{l}} \propto n^2 \propto p^2. \quad (2.73)$$

Beispiel 2.6: In einem würfelförmigen Gefäß der Kantenlänge $a = 1$ m befinde sich Stickstoff vom Druck $p = 0{,}13$ pbar bei einer Temperatur $T = 300$ K. Die Teilchenanzahldichte errechnet sich dann aus Gl. (2.31.7) zu

$$n = \frac{p}{kT} = \frac{1{,}33 \cdot 10^{-13} \cdot 10^5 \, \text{Pa} \cdot \text{K}}{1{,}38 \cdot 10^{-23} \, \text{J} \cdot 300 \, \text{K}} \approx 3 \cdot 10^{12} \text{ m}^{-3}.$$

Die mittlere Geschwindigkeit der Stickstoffmoleküle ist nach Tabelle 16.5 $\overline{c} \approx 500$ m/s. Die mittlere freie Weglänge findet man aus Gl. (2.68b) zu $\overline{l} \approx 5 \cdot 10^5$ m. Damit wird die Stoßrate nach Gl. (2.72) $\dot{z} \approx 10^{-3} \text{ s}^{-1} \approx 3{,}6 \text{ h}^{-1}$ und die Volumenstoßrate nach Gl. (2.73) $Z_V \approx 1{,}5 \cdot 10^9 \text{ s}^{-1} \text{ m}^{-3}$; d.h. daß in dem Kasten von $V = 1 \text{ m}^3$ Inhalt in der Sekunde $1{,}5 \cdot 10^9$ Zusammenstöße unter den darin enthaltenen $N = 3 \cdot 10^{12}$ Molekülen stattfinden. Das einzelne Molekül macht hingegen nur 3,6 Stöße je Stunde im Gasraum; gegen die Wände jedoch stößt das einzelne Molekül $\dot{z}_W \approx \overline{c}/a \approx 500 \text{ s}^{-1}$, also 500 mal je Sekunde.

Die Abhängigkeit der wichtigsten gaskinetischen Größen vom Gasdruck für Luft bei $\vartheta = 20\,°C$ ist im Diagramm 16.2 angegeben.

2.5 Transportvorgänge

2.5.1 Diffusion

Befinden sich in einem Raum zwei verschiedene Gase und ist die Teilchenanzahldichte n_1 nicht überall konstant (n_2 soll der Einfachheit halber im ganzen Raum konstant angenommen werden, geöffnetes Riechfläschchen in Luft), z.B. $n_1 = n_1(x)$, also nur von der x-

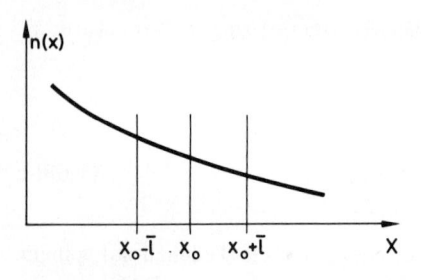

2 Gasgesetze, Grundlagen der kinetischen Gastheorie und Gasdynamik

Bild 2.8 Diffusion

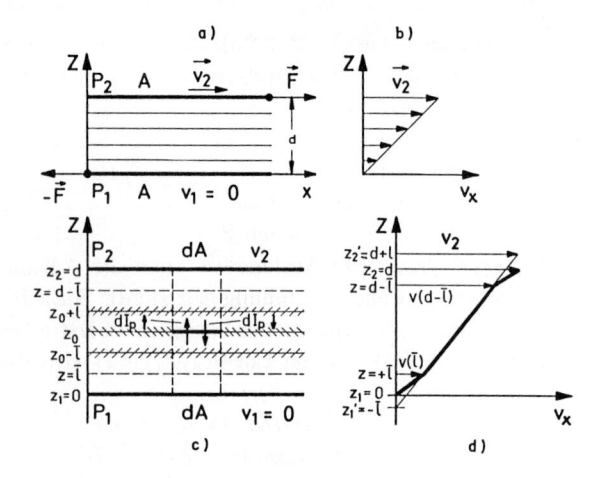

Bild 2.9 Innere Reibung in Gasen.
a) Zur Definition der Zähigkeit.
b) Geschwindigkeitsprofil.
c) Impulsstrom.
d) Geschwindigkeitsprofil mit Gleitung im Fall $a_p = 1$

Richtung abhängig (Bild 2.8), so werden die Teilchen 1 auf einem Zickzackweg (vgl. Bild 2.7a) durch das Gas 2 diffundieren, und zwar im Falle des Bildes 2.8 mehr von links nach rechts als von rechts nach links, es wird also durch jede Ebene x_0 ein Diffusionsstrom fließen. Dabei werden die nach rechts fliegenden Teilchen ihren letzten Stoß bei $x = x_0 - \bar{l}$ gemacht haben; durch die gedachte „Wand" $x = x_0$ wird demgemäß nach Gl. (2.57) nach rechts die Wandstromdichte $\vec{j}_N = n(x_0 - \bar{l})\,\bar{c}/4$ und analog nach links $\overleftarrow{j}_N = n(x_0 + \bar{l})\,\bar{c}/4$ fließen, so daß insgesamt die „Diffusionsstromdichte"

$$j_{\text{diff}} = \vec{j}_N - \overleftarrow{j}_N = \frac{n(x_0 - \bar{l}) - n(x_0 + \bar{l})}{\bar{l}} \cdot \frac{\bar{c} \cdot \bar{l}}{4} = -\frac{\partial n}{\partial x} \cdot D$$

fließt. Der Diffusionskoeffizient D ergibt sich bei genauer Rechnung zu

$$D = \frac{\bar{l} \cdot \bar{c}}{3} \tag{2.74}$$

und die Diffusionsstromdichte — wenn $n = n(x, y, z)$ — zu

$$\boxed{j_{\text{diff}} = -D \operatorname{grad} n\,.} \tag{2.75}$$

2.5.2 Innere Reibung in Gasen

Bewegen sich nach Bild 2.9a zwei ebene parallele Platten P_1 und P_2 der Fläche A[1]) bei nicht zu großem Abstand d mit nicht zu großer Relativgeschwindigkeit $v_2 - v_1$ (vgl. dazu die Anmerkung am Schluß dieses Abschnitts), so wird ein zwischen den Platten befindliches Fluid (Flüssigkeit, Gas) in Schichten strömen, derart, daß die Randschichten an den Platten haften, also deren Geschwindigkeit besitzen. Im Fluid wird ein linearer Geschwindigkeits-

---

[1]) Bild 2.9a, c stellt nur einen Ausschnitt aus einem Paar in x-Richtung wesentlich weiter ausgedehnter Platten dar, damit bei den folgenden Betrachtungen von den Randstörungen abgesehen werden kann.

gradient herrschen (Bild 2.9b). Wegen der inneren Reibung ist zur Aufrechterhaltung der Bewegung eine Kraft ($\vec{F}$ an P_2, $-\vec{F}$ an P_1) vom Betrag

$$\text{def:}\quad F = \eta \cdot A \cdot \frac{v_2 - v_1}{d} \quad \text{bzw.}\quad F = \eta \cdot A \cdot \frac{\partial v_x}{\partial z} \tag{2.76a, b}$$

nötig. Gl. (2.76b) definiert die „dynamische Viskosität" (Zähigkeit) η des Fluids.

Befindet sich zwischen P_1 und P_2 ein Gas, so denken wir uns dieses Gas in Schichten der Dicke $\bar{l}$, also des Abstands $\bar{l}$, eingeteilt (Bild 2.9c). In jeder Schicht z haben die Teilchen eine der isotropen Verteilung überlagerte (mittlere) Drift-Geschwindigkeit in x-Richtung $v_x(z)$ und dementsprechend einen (mittleren) Drift-Impuls $P_\text{a} = m_\text{a} \cdot v_x(z)$. Wir betrachten ein Flächenstück dA der Ebene $z = z_0$. Durch dA tritt in z-Richtung von oben nach unten ein *Teilchen*strom $dI_N \downarrow = j_N \cdot dA = (n \cdot \bar{c}/4)\, dA$ und ein *Teilchen*strom von unten nach oben $dI_N \uparrow = j_N \cdot dA = (n \cdot \bar{c}/4)\, dA$. Die von oben nach unten durch dA tretenden Teilchen haben ihren letzten Stoß in der Schicht $z_0 + \bar{l}$ gemacht, besitzen also den Drift-Impuls $P_\text{a} = m_\text{a} \cdot v_x(z_0 + \bar{l})$, die von unten nach oben durch dA tretenden Teilchen haben den Drift-Impuls $P_\text{a} = m_\text{a} v_x(z_0 - \bar{l})$. Insgesamt wird also im Inneren des Strömungsfeldes durch dA von oben nach unten ein Impulsstrom

$$\begin{aligned}(dI_P\downarrow)_\text{innen} &= \frac{n\bar{c}}{4} m_\text{a} \cdot v_x(z_0 + \bar{l}) \cdot dA - \frac{n\bar{c}}{4} m_\text{a} \cdot v_x(z_0 - \bar{l}) \cdot dA \\ &= \frac{n\bar{c}}{4} m_\text{a}\, \frac{v_x(z_0 + \bar{l}) - v_x(z_0 - \bar{l})}{2\bar{l}}\, 2\bar{l}\, dA \\ &= \frac{n\bar{c}}{2} m_\text{a} \bar{l} \left(\frac{\partial v_x}{\partial z}\right)_\text{innen} \cdot dA \end{aligned} \tag{2.77}$$

fließen. Dieser Impulsstrom fließt durch jeden Querschnitt dA in jeder Höhe z, also auch auf die untere Wand P_1 und überträgt auf das Flächenelement dA von P_1 die horizontal gerichtete Kraft $dF_x = (dI_P\downarrow)_\text{innen}$. Entsprechendes gilt für P_2, weil ein gleich großer Strom entgegengesetzten Impulses von unten nach oben fließt. Auf die Wände der Fläche A wirkt also nach Gl. (2.77) die „Reibungs"-Kraft

$$F_x = \frac{n\bar{c}}{2} m_\text{a}\, \bar{l} \left(\frac{\partial v_x}{\partial z}\right)_\text{innen} \cdot A. \tag{2.78a}$$

Der Vergleich von Gl. (2.78a) mit der Definitionsgleichung (2.76b) ergibt dann für Gase die *„innere"*

$$\boxed{\text{dynamische Viskosität}\quad \eta_\text{i} = \frac{n\bar{c}}{2} m_\text{a}\, \bar{l}.} \tag{2.79}$$

Der Geschwindigkeitsgradient $\left(\frac{\partial v_x}{\partial z}\right)_\text{innen}$ in Gl. (2.78a) ist nicht ohne weiteres – wie Gl. (2.76a) vermuten lassen könnte – gleich $(v_2 - v_1)/d$ zu setzen. Zu seiner Bestimmung bedarf es einer Betrachtung der Verhältnisse an den Wänden P_1 und P_2. Bezeichnen wir die Driftgeschwindigkeit im Abstand $\bar{l}$ oberhalb P_1 mit $v_x(\bar{l})$ – entsprechend unterhalb von P_2 mit $v_x(d - \bar{l})$ – so trifft auf das Flächenelement dA der Wand P_1 von oben nach unter der Impulsstrom

$$dI_P\downarrow = \frac{n\bar{c}}{4} m_\text{a} v_x(\bar{l}) \cdot dA. \tag{2.77a}$$

Wird dieser nicht vollständig auf die Wand übertragen (unvollständige Impulsakkommodation), sondern nur zum Bruchteil a_P[1]), während der Bruchteil $(1-a_P)$ mit den reflektierten Teilchen wieder nach oben strömt, so ist der Impulsübertrag auf die Wand

$$(dI_P\downarrow)_{\text{Wand}} = a_P \cdot \frac{n\bar{c}}{4} m_a v_x(\bar{l}) \cdot dA. \tag{2.77b}$$

Dieser muß natürlich gleich sein dem Impulsstrom im Inneren nach Gl. (2.77)

$$a_P \cdot \frac{n\bar{c}}{4} m_a v_x(\bar{l}) = \frac{n\bar{c}}{2} m_a \bar{l} \left(\frac{\partial v_x}{\partial z}\right)_{\text{innen}} \tag{2.77c}$$

woraus

$$v_x(\bar{l}) = \frac{2\bar{l}}{a_P} \left(\frac{\partial v_x}{\partial z}\right)_{\text{innen}} \tag{2.77d}$$

folgt. Analog findet man für P_2

$$v_x(d-\bar{l}) = v_2 - \frac{2\bar{l}}{a_P} \left(\frac{\partial v_x}{\partial z}\right)_{\text{innen}}. \tag{2.77e}$$

Soll nun das Geschwindigkeitsprofil im Inneren linear sein, was man aus Symmetriegründen verlangen muß, so folgt aus den Gln. (2.77d) und (2.77e) für den Gradienten

$$\left(\frac{\partial v_x}{\partial z}\right)_{\text{innen}} = \frac{v_2 - v_1}{d + 2\bar{l}\left(\frac{2}{a_P}-1\right)} = \frac{d}{d + 2\bar{l}\left(\frac{2}{a_P}-1\right)} \cdot \frac{v_2 - v_1}{d} = G_P \frac{v_2 - v_1}{d} \tag{2.77f}$$

Dies besagt, daß das Geschwindigkeitsprofil vor P_1 und P_2 – für $a_P = 1$ im Abstand $\bar{l}$ – einen Knick besitzt (Bild 2.9d) bzw. daß der Plattenabstand um $2\bar{l}(2-a_P)/a_P$ vergrößert erscheint; dies nennt man Gleitung, G_P den Gleitungsfaktor. Die hier abgeleitete Formel für G_P gilt natürlich nur für die Plattenanordnung, für andere Geometrien hat G_P eine andere Form. In jedem Fall repräsentiert aber d eine charakteristische Länge der Anordnung.

Die Reibungskraft F_x (Gl. (2.76)) errechnet sich nun zu

$$F_x = \eta_i \, G_P \frac{v_2 - v_1}{d} A. \tag{2.78b}$$

Den Gleitungsfaktor G_P zieht man meist zur inneren Viskosität η_i hinzu; im Plattenfall wird dann die *dynamische Viskosität*

$$\boxed{\eta = \frac{n\bar{c}}{2} m_a \bar{l} \, \frac{d}{d + 2\bar{l}\left(\frac{2}{a_P}-1\right)}} \tag{2.81a}$$

---

[1]) a_P ist die tangentiale Impulsakkommodationswahrscheinlichkeit (der „tangentiale Impulsakkommodationsfaktor"), ihr Wertebereich für glatte Flächen $0 \leq a_P \leq 1$; für rauhe Flächen kann $a_P > 1$ sein. Vgl. Abschnitt 11.2.6.2, dort Wertetabelle; a_P kann an P_1 und P_2 verschiedene Werte haben, $a_{P,1}$ bzw. $a_{P,2}$. Hier ist $a_{P,1} = a_{P,2} = a_P$ gesetzt. Vgl. auch Abschnitt 2.5.3.1 Energieakkommodation, Energieakkommodationsfaktor a_E.

Eine genauere Rechnung gibt anstelle des Faktors 1/2 den Faktor 0,499, was für uns nicht relevant ist. Gl. (2.81a) gilt für alle Druckbereiche. Wir wollen zwei Grenzbereiche betrachten:

Für hohe Drücke ist $\overline{l} \ll d$; ist dann noch $\overline{l} \ll a_P d/2(2 - a_P)$ erfüllt, so wird der Gleitungsfaktor $G_P = 1$, und die dynamische Viskosität

$$\text{hohe Drücke} \quad \eta = \eta_i = \frac{n\overline{c}}{2} m_a \overline{l} = \frac{1}{2} \rho\, \overline{c}\,\overline{l} = \frac{4}{\pi \overline{c}}\, \overline{l} \cdot p. \tag{2.81b}$$

Da $\overline{l} \cdot p$ nach Gl. (2.68a) vom Druck nicht abhängt, ist die dynamische Viskosität der Gase bei hohen Drücken druckunabhängig, was auch vom Experiment bestätigt wird. Dieses Verhalten ist leicht einsehbar: Der Impulsstrom ist unabhängig davon, wie viele Schichten er durchläuft. Gleichwohl besteht eine Temperaturabhängigkeit.

Für niedrige Drücke $\overline{l} \gg d$ fliegen die Teilchen von Wand zu Wand und transportieren gemäß a_P transversalen Impuls. Gl. (2.81a) geht für $\overline{l} \gg d$ über in

$$\text{niedrige Drücke} \quad \eta_a = \frac{n\overline{c}}{4} m_a\, \frac{a_P}{2 - a_P}\, d. \tag{2.81c}$$

Die Reibungskraft (Gl. (2.76a)) wird in diesem Fall

$$F_x = \frac{n\overline{c}}{4} m_a\, \frac{a_P}{2 - a_P}\, (v_2 - v_1)\, A. \tag{2.78c}$$

Sie ist unabhängig vom Plattenabstand d (allgemein: nicht geometrieabhängig) und proportional zur Teilchenanzahldichte n, also zum Druck $p = nkT$. Man spricht in diesem Fall auch von äußerer Reibung und nennt die Größe

$$\frac{n\overline{c}}{4} m_a\, \frac{a_P}{2 - a_P}$$

„Koeffizient der *äußeren* Reibung". Auch dieses Verhalten ist leicht einsehbar: Die Teilchen laufen von Wand zu Wand, der Impulsstrom ist proportional zur Zahl der „Impulsträger", die ihrerseits proportional zur Teilchenanzahldichte ist.

Anmerkung: Mit Schichtströmung und damit mit dem Konzept der dynamischen Viskosität (Zähigkeit) (Bild 2.9a, Gl. (2.76)) kann nur gerechnet werden, wenn die sogenannte Grenzschichtdicke $\delta = \sqrt{\eta \cdot L / \rho \cdot v}$ mit L = Länge der Platten in x-Richtung in Bild 2.9 größer als der Plattenabstand d ist und wenn die sog. Reynoldszahl $Re = \rho \cdot v \cdot d / \eta$ ihren kritischen Wert Re_{krit} nicht überschreitet (für Strömungen in glatten Rohren ist $Re_{krit} \approx 2300$, für Strömungen um eine Kugel (Stokes-Gesetz) ist $Re_{krit} \approx 0,4$).

2.5.3 Wärmeleitung in Gasen (vgl. dazu auch Beispiel 10.5)

2.5.3.1 Wärmeleitfähigkeit. Befindet sich zwischen zwei Platten P_1 (Temperatur T_1) und P_2 (Temperatur $T_2 > T_1$) der Fläche A (Bild 2.10) Materie, so fließt ein Wärmestrom $\dot{Q}$ (= Wärmemenge ΔQ/Zeitintervall Δt) von der Platte höherer Temperatur zur Platte niedrigerer Temperatur. In Analogie zum elektrischen Strom (Ohmsches Gesetz) ist der Wärmestrom

$$\text{def:} \quad \dot{Q} = \lambda \cdot A\, \frac{T_2 - T_1}{d} = \lambda \cdot A\, \frac{\partial T}{\partial z} \tag{2.82a, b}$$

Bild 2.10
Wärmeleitung in Gasen.
a) Schichtenmodell mit Wärmestrom.
b) Temperaturprofil.

und die Wärmestromdichte (Vektor!)

$$j_W = -\lambda \, \text{grad}\, T = -\lambda \cdot \frac{\partial T}{\partial z}. \tag{2.83}$$

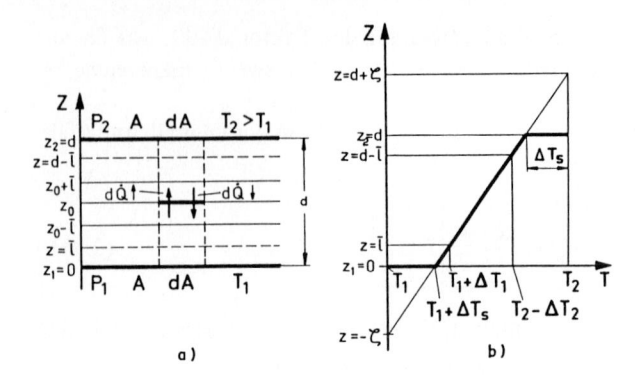

Gl. (2.82b) bzw. Gl. (2.83) definiert die „Wärmeleitfähigkeit" λ; sie ist nur sinnvoll, wenn zwischen den Platten keine Konvektion stattfindet.

2.5.3.2 Wärmeleitung. Den Wärmestrom von P_2 nach P_1 (Bild 2.10) finden wir ganz analog wie den Impulsstrom in Abschnitt 2.5.2. Die Moleküle besitzen eine „ihrer" Schicht (letzter Zusammenstoß) entsprechende mittlere kinetische Energie, nach Gl. (2.62) $E^1_{\text{kin},a} = f \cdot k \cdot T(z)/2$ bzw. nach Gln. (2.63) und (2.64) $E^1_{\text{kin},a} = C_{\text{molar},V} \cdot T(z)/N_A$. Durch ein Flächenelement der Ebene $z = z_0$ fließt daher in Analogie zu Gl. (2.77) von oben nach unten der Wärmestrom

$$(d\dot{Q}\downarrow)_{\text{innen}} = \frac{n\bar{c}}{2}\left(\frac{1}{2}fk\right)\bar{l}\left(\frac{\partial T}{\partial z}\right)_{\text{innen}} dA \quad \text{bzw.} \quad (d\dot{Q}\downarrow)_{\text{innen}} = \frac{n\bar{c}}{2}\bar{l}\frac{C_{\text{molar},V}}{N_A}\left(\frac{\partial T}{\partial z}\right)_{\text{innen}} dA. \tag{2.84}$$

Der Vergleich von Gl. (2.84) mit der Definitionsgleichung (2.82) ergibt für die „innere"

$$\boxed{\text{Wärmeleitfähigkeit } \lambda_i = \frac{n\bar{c}}{2}\frac{C_{\text{molar},V}}{N_A} \cdot \bar{l}.} \tag{2.84a}$$

Wie bei den Betrachtungen über die dynamische Viskosität (Zähigkeit) bedürfen auch hier die Vorgänge in unmittelbarer Umgebung der Platten und an den Platten einer besonderen Diskussion. Durch das Gas fließt der Wärmestrom nach Gl. (2.84), er muß gleich sein dem auf die Platte P_1 fließenden bzw. dem von P_2 abgegebenen Wärmestrom (= Leistung). Nun kommen die auf P_1 (Temperatur T_1) treffenden Moleküle aus einer Schicht (letzter Stoß) $z = \bar{l}$ mit der Temperatur $T(\bar{l})$ und haben gegenüber Molekülen der Temperatur T_1 je Teilchen den Energieüberschuß $(fk/2)(T(\bar{l}) - T_1)$. Das einzelne Molekül besitzt Translations-, Rotations- und Schwingungsenergie; beim Stoß auf P_1 wird es nicht seinen ganzen Energieüberschuß abgeben, sondern als Mittelwert über viele Moleküle den Bruchteil a_E, genannt Energie-Akkommodationswahrscheinlichkeit (Akkommodationskoeffizient, Akkommodationsfaktor, vgl. Tabelle 2.1), so daß dem Flächenelement dA von P_1 der Wärmestrom

$$d\dot{Q}_{P_1} = a_E \frac{n\bar{c}}{4} \frac{C_{\text{molar},V}}{N_A} (T(\bar{l}) - T_1) \, dA \tag{2.85a}$$

zufließt, bzw. vom Flächenelement dA von P_2 der Wärmestrom

$$d\dot{Q}_{P_2} = a_E \frac{n\bar{c}}{4} \frac{C_{molar,V}}{N_A} (T_2 - T(d-\bar{l})) dA \qquad (2.85b)$$

abfließt.[1]) Setzt man diese Wärmeströme gleich dem Wärmestrom im Inneren nach Gl. (2.84), so erhält man

$$(T_2 - T(d-\bar{l})) = (T(\bar{l}) - T_1) = \frac{2}{a_E} \bar{l} \left(\frac{\partial T}{\partial z}\right)_{innen} \qquad (2.86)$$

Soll das Temperaturprofil im Inneren linear sein, was man aus Symmetriegründen verlangen muß, so liest man aus Fig. 2.10b ab

$$\left(\frac{\partial T}{\partial z}\right)_{innen} = \frac{T(d-\bar{l}) - T(\bar{l})}{d - 2\bar{l}} \qquad (2.87a)$$

was zusammen mit Gl. (2.86) den Temperaturgradienten

$$\left(\frac{\partial T}{\partial z}\right)_{innen} = \frac{T_2 - T_1}{d + 2\bar{l}\left(\frac{2}{a_E} - 1\right)} = \frac{T_2 - T_1}{d} \cdot \frac{d}{d + 2\bar{l}\left(\frac{2}{a_E} - 1\right)} = \frac{T_2 - T_1}{d} G_E \qquad (2.87b)$$

ergibt. Gl. (2.87b) ist analog Gl. (2.77f) gebaut, was dort zur Geometrie beim Gleitungsfaktor G_P gesagt worden ist, gilt hier in gleicher Weise. An den Wänden P_1 und P_2 hat das Temperaturprofil einen Knick, der lineare Temperaturanstieg macht einen Sprung

$$\Delta T_s = \frac{2 - a_E}{a_E} \bar{l} \left(\frac{\partial T}{\partial z}\right)_{innen}, \qquad (2.88)$$

der lineare Temperaturanstieg scheint von

$$z = -\zeta = -\frac{2 - a_E}{a_E} \bar{l} \quad \text{bis} \quad z = d + \zeta \qquad (2.89)$$

zu reichen. Setzt man nunmehr Gl. (2.87b) in Gl. (2.84) ein, so erhält man durch Vergleich mit der Definitionsgleichung (2.82) für die Plattenanordnung unter Berücksichtigung der Wandeffekte die

$$\boxed{\text{Wärmeleitfähigkeit } \lambda = \frac{n\bar{c}}{2} \frac{C_{molar,V}}{N_A} \bar{l} \frac{d}{d + 2\bar{l}\left(\frac{2}{a_E} - 1\right)} = \lambda_i \cdot G_E.} \qquad (2.90)$$

Wie im Fall der Viskosität – und in völliger Analogie dazu – können wir wieder zwei Grenzbereiche betrachten:
Hohe Drücke: Für $\bar{l} \ll d(a_E/2(2-a_E))$, (das impliziert nicht zu kleine Energieakkommodationsfaktoren a_E, vgl. Tabelle 2.1) wird der Geometriefaktor $G_E = 1$ und $\lambda = \lambda_i$ (Gl. (2.84a)). Setzt man hierin $n = p/kT$ (Gl. (2.31)), so erhält man für

$$\boxed{\text{hohe Drücke } \lambda = \frac{\bar{c}}{2} \frac{C_{molar,V}}{RT} \bar{l} \cdot p.} \qquad (2.90a)$$

---

[1]) a_E kann an P_1 und P_2 verschiedene Werte haben, $a_{E,1}$ bzw. $a_{E,2}$. Hier ist mit $a_{E,1} = a_{E,2} = a_E$ gerechnet.

Der $\overline{l}p$-Wert (siehe Tabelle 16.6) ist nach Gl. (2.68a) nicht druckabhängig, sondern nur temperaturabhängig. Bei hohen Drücken ist also die Wärmeleitfähigkeit nicht mehr druck-, sondern nur temperaturabhängig.

Niedrige Drücke: Für $\overline{l} \gg d(a_E/2(2-a_E))$ wird für die Plattenanordnung $G_E = da_E/(2-a_E)$ und die Wärmeleitfähigkeit für

$$\text{niedrige Drücke} \quad \lambda = \frac{\overline{c}}{2} \frac{C_{\text{molar},V}}{RT} \frac{da_E}{(2-a_E)} \cdot p \qquad (2.90\text{b})$$

proportional zum Druck.

Unser einfaches Modell läßt manches außer Acht, was man zwar formal in den Akkommodationskoeffizienten stecken kann, dann aber der experimentellen Bestimmung unterliegt. Bei einatomigen Teilchen, die nur translatorische Freiheitsgrade besitzen, müssen wir berücksichtigen, daß die Teilchen größerer Energie $E_{\text{kin},a} = m_a c^2/2$ wegen ihres größeren c stärker zum Energietransport beitragen. Eine diesbezügliche Mittelung über die (gestörte!) Maxwellverteilung liefert in Gl. (2.90) statt des Zahlenfaktors $1/2 = 0{,}5$ den Faktor $2{,}5/3 \cong 0{,}83$. Bei mehratomigen Molekülen werden die in den Rotations- und Schwingungsfreiheitsgraden enthaltenen Energiewerte nach der Maxwellverteilung, also *nicht* schneller, transportiert. Trägt man dem Rechnung, so ergibt sich ein Zahlenfaktor $0{,}6$. Beide korrigierte Faktoren stimmen mit dem Experiment gut überein.

Tabelle 2.1 Akkommodationswahrscheinlichkeit a_E an „reinen" und „normal bedeckten" Platinoberflächen. Schwere Gase haben meist einen Wert $a_E \approx 1$. Mit steigender Temperatur nimmt a_E in der Regel etwas ab. Außerdem hängt a_E von der Beschaffenheit der Oberfläche ab und wird z. B. durch Oxidhäute oder durch adsorbierte Gashäute oft nicht unwesentlich vergrößert. Auch ist a_E für die Rotationsfreiheitsgrade anders als für die translatorischen Freiheitsgrade. Man berücksichtigt dies im allgemeinen durch Wahl eines geeigneten mittleren a_E.

Gas		„reine" Oberfläche	„normale" Oberfläche
Helium	He	0,03	0,38
Neon	Ne	0,07 Wolfram	0,74
Argon	Ar	0,55	0,86
Krypton	Kr		0,84
Xenon	Xe		0,86
Wasserstoff	H_2	0,15	0,29
Stickstoff	N_2		0,77
Sauerstoff	O_2	0,42	0,79
Kohlendioxid	CO_2		0,78
Kohlenoxid	CO		0,77
Quecksilber	Hg	1,00	1,00

2.5.3.3 Vergleich der Wärmeleitfähigkeit mit der dynamischen Viskosität. Ein Vergleich von λ_i (Gl. (2.84a)) mit η_i (Gl. (2.79)) bzw. von λ (Gl. (2.90)) mit η (Gl. (2.81a)) liefert die Beziehungen

$$\frac{\lambda_i}{\eta_i} = \varphi \frac{C_{\text{molar},V}}{M_{\text{molar}}} \quad \text{bzw.} \quad \frac{\lambda}{\eta} = \varphi \frac{C_{\text{molar},V}}{M_{\text{molar}}} \frac{d + 2\overline{l}(2-a_P)/a_P}{d + 2\overline{l}(2-a_E)/a_E}. \qquad (2.91)$$

Der Vorfaktor φ hängt von der Art der Moleküle, der Anzahl ihrer Freiheitsgrade und dem Modell ab, er liegt zwischen 0,5 und 1. Für hohe Drücke ist

$$\frac{\lambda}{\eta} = \frac{\lambda_i}{\eta_i} = \varphi \, \frac{C_{\text{molar},V}}{M_{\text{molar}}}. \tag{2.92a}$$

Für niedrige Drücke wird

$$\frac{\lambda}{\eta} = \varphi \cdot \frac{C_{\text{molar},V}}{M_{\text{molar}}} \, \frac{a_E(2-a_P)}{a_P(2-a_E)}. \tag{2.92b}$$

2.5.3.4 Wärmeleitung in der Zylindergeometrie bei niedrigen Drücken. Beim Wärmeleitungsvakuummeter (Abschnitt 11.4) wird die Proportionalität der Wärmeleitfähigkeit mit dem Druck (Gl. (2.90b)) ausgenutzt. Ein Draht (Bild 11.14), Radius r_1, Temperatur T_1, wird von einem Zylinder, Radius r_2, Temperatur T_2, konzentrisch umschlossen. Wenn $\overline{l} \geqslant r_2$, fliegen die Teilchen vom Draht zur Wand und umgekehrt. Am Draht akkommodieren sie gemäß a_E, am Zylinder führen sie viele Stöße aus, ehe sie wieder zum Draht zurückfinden, und nehmen daher die Temperatur T_2 an. Sieht man von Randstörungen ab (Länge l der Anordnung groß gegen r_1), so ist der vom Draht abgeführte Wärmestrom in Analogie zu Gl. (2.85b) in der T_1 statt T_2 und T_2 statt $T(d-\overline{l})$ zu schreiben ist,

$$\begin{aligned}\dot{Q} &= a_E \frac{n\overline{c}}{4} \, \frac{C_{\text{molar},V}}{N_A} \, 2\pi r_1 l(T_1 - T_2) \\ &= a_E \frac{\overline{c}}{4} \, \frac{C_{\text{molar},V}}{RT} \, 2\pi r_1 l(T_1 - T_2) \cdot p \\ &= L(T,p)(T_1 - T_2).\end{aligned} \tag{2.93}$$

Der Wärmeleitwert L ist also bei niedrigen Drücken proportional zu p. Im Übergangsgebiet wird man in Analogie zu Gl. (2.90) einen Geometriefaktor hinzufügen müssen, der etwa die Form $g'/(1+gp)$ haben wird (g' und g Konstante).

2.6 Dämpfe. Verdampfung und Kondensation

2.6.1 Dampfdruck

Das Gefäß (Zylinder Z mit verschieblichem Kolben K, Bild 2.11) sei vollständig mit Flüssigkeit gefüllt (Bild 2.11a). Wir denken uns den Kolben K beliebig schnell hochgezogen (Bild 2.11b), so daß zwischen Flüssigkeitsoberfläche und Kolben ein leerer Raum D entsteht.

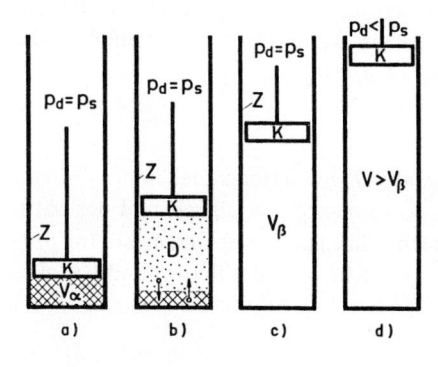

Bild 2.11
Zum Dampfdruck einer Flüssigkeit (vgl. Bild 2.12).
a) Nur Flüssigkeit, Volumen V_α.
b) Flüssigkeit und gesättigter Dampf im Gleichgewicht.
c) Nur gesättigter Dampf (reales Gas), Volumen V_β.
d) Ungesättigter (überhitzter) Dampf = reales Gas.

Sofort werden Flüssigkeitsmoleküle „verdampfen": Die (vgl. die Häufigkeitsverteilungsfunktion Bild 2.4) mit genügend großen Geschwindigkeiten senkrecht zur Flüssigkeitsoberfläche sich bewegenden Moleküle haben eine kinetische Energie $E_{kin,a}$, die größer ist als die „Verdampfungs"-Arbeit Λ_v, die verrichtet werden muß, um ein Molekül aus der flüssigen Phase herauszulösen. (Λ_v nennt man die Verdampfungswärme je Molekül. $\Lambda_{v,molar} = \Lambda_v \cdot N_A$ ist die molare, $\Lambda_{v,spez} = \Lambda_{v,molar}/M_{molar}$ ist die spezifische Verdampfungswärme.) Der Raum D in Bild 2.11b wird sich daher mit Gasmolekülen, genannt „Dampf der Flüssigkeit", füllen. Die Gas(Dampf-)Moleküle stoßen auf die Wände (vgl. Abschnitt 2.4.1) und üben auf diese einen Druck, den „Dampfdruck" p_d, aus. Wenn sie auf die „flüssige Wand" (die Flüssigkeitsoberfläche) treffen, werden sie mit einer Wahrscheinlichkeit σ_K (genannt Kondensationskoeffizient, vgl. Tabelle 16.7) kondensieren bzw. mit der Wahrscheinlichkeit $(1 - \sigma_K)$ reflektiert werden. Nach Gl. (2.57) ist daher die flächenbezogene Kondensationsrate der Teilchen

$$j_{N,kond} = \sigma_K \cdot \frac{n_d \cdot \bar{c}}{4}, \tag{2.94}$$

wenn n_d die Teilchenanzahldichte der „Dampf"-Moleküle im Dampfraum, $\bar{c}$ deren mittlere Geschwindigkeit ist. Sobald $j_{N,kond}$ gleich der flächenbezogenen Verdampfungsrate $j_{N,verd}$ wird, tritt ein Gleichgewicht ein, derart, daß sich die Teilchenanzahldichte n_d bzw. der Druck p_d im Dampfraum nicht mehr vergrößern; der Dampf ist „gesättigt" (n_s, p_s). Da mit wachsender Temperatur T die mittlere kinetische Energie der Flüssigkeitsmoleküle größer wird, wächst auch der Sättigungsdampfdruck p_s mit der Temperatur und zwar annähernd exponentiell nach der Gleichung

$$p_s \propto \exp(-\Lambda_v/kT) \tag{2.95a}$$

bzw. der Zahlenwertgleichung

$$\ln p_s = A - B/T \tag{2.95b}$$

mit den annähernd temperaturunabhängigen Konstanten A und B. Trägt man in einem Diagramm mit logarithmisch geteilter Ordinate den Sättigungsdampfdruck p_s über T^{-1} auf, und zwar in der Weise, daß T^{-1} nach links, also ein nichtlinearer T-Maßstab nach rechts läuft, so erhält man als „Dampfdruckkurve" *annähernd* eine steigende Gerade. In den Bildern 16.3 und 16.4 sind gemessene Dampfdruckkurven für verschiedene Stoffe aufgetragen.

Für feste Körper gilt der oben beschriebene Verdampfungsvorgang in gleicher Weise, so daß sich in einem geschlossenen Gefäß auch über einem Festkörper ein Sättigungsdampfdruck einstellt (vgl. Bild 16.3).

Befindet sich im Raum D in Bild 2.11b neben dem Dampf der Flüssigkeit noch ein anderes Gas, z.B. Luft vom Druck p_L bzw. der Teilchenanzahldichte n_L, so ändert dies am Dampfdruck der Flüssigkeit p_s nichts, der Totaldruck im Raum D ist in diesem Fall die Summe der Partialdrücke $p_{tot} = p_s + p_L$; ebenso ist $n_{tot} = n_s + n_L$.

2.6.2 Zustandsgleichung

Vergrößert man bei konstant gehaltener Temperatur T durch Herausziehen des Kolbens K in Bild 2.11 das Volumen V des Dampfraums D, so verdampft Flüssigkeit und der Sättigungsdampfdruck p_s ändert sich nicht, solange noch Flüssigkeit vorhanden ist. Im p-V-Diagramm (Bild 2.12) des Dampfes erhält man also zwischen V_α (alles flüssig) und V_β (alles

Bild 2.12

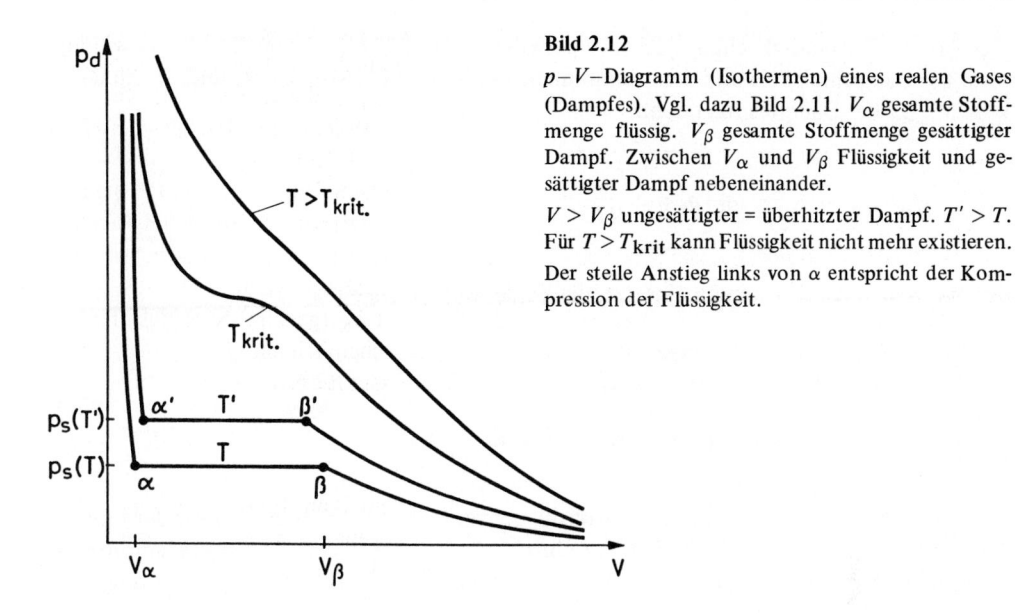

$p-V$–Diagramm (Isothermen) eines realen Gases (Dampfes). Vgl. dazu Bild 2.11. V_α gesamte Stoffmenge flüssig. V_β gesamte Stoffmenge gesättigter Dampf. Zwischen V_α und V_β Flüssigkeit und gesättigter Dampf nebeneinander.
$V > V_\beta$ ungesättigter = überhitzter Dampf. $T' > T$.
Für $T > T_{krit}$ kann Flüssigkeit nicht mehr existieren.
Der steile Anstieg links von α entspricht der Kompression der Flüssigkeit.

gerade verdampft) eine horizontale Gerade entsprechend dem zu T gehörigen p_s. Wird V über V_β hinaus weiter vergrößert, so nehmen Dampfdruck p_d und Teilchenanzahldichte n_d ab. Die Isotherme des nicht mehr gesättigten Dampfes – des „realen Gases" – hat für $V > V_\beta$ eine hyperbelähnliche Gestalt. Die Gleichung dieser Kurve, die Zustandsgleichung der realen Gase, hat zwar eine komplizierte Gestalt, sie weicht für $V > V_\beta$ häufig nur wenig von der Zustandsgleichung der idealen Gase ab, so daß in den allermeisten – hier praktisch interessierenden – Fällen die Gln. (2.31) zur Beschreibung der realen Gase (Dämpfe) verwendet werden können. In Tabelle 16.8 sind neben den gemessenen Dampfdichten für Wasser im Temperaturbereich $-30\,°C < \vartheta < 100\,°C$ auch die Dampfdichten des idealen Gases angegeben; man erkennt die geringen Abweichungen. Der nicht-gesättigte Dampf wird auch als überhitzter Dampf bezeichnet.

2.6.3 Flächenbezogene Verdampfungsrate

Führt man den Dampf über einer Flüssigkeit (oder einem Festkörper, z.B. Eis) dauernd ab, z.B. durch Abpumpen oder durch einen über die Flüssigkeit streichenden „trockenen" Luft-(Gas-)Strom, so kommt das in 2.6.1 beschriebene Gleichgewicht nicht zustande, es verdampft dauernd Flüssigkeit. Die bei vollständiger Abfuhr der verdampfenden Moleküle maximale flächenbezogene Verdampfungsrate ist gleich der nach Gl. (2.94) zu berechnenden Teilchenstromdichte

$$(j_N)_{max} = \sigma_K \cdot \frac{n_s \bar{c}}{4}, \qquad (2.94)$$

aus der durch Multiplikation mit der Molekülmasse m_a die maximale Massenstromdichte (flächenbezogene Massen-Verdampfungsrate)

$$(j_m)_{max} = m_a \cdot j_N = m_a \cdot \sigma_K \cdot n_s \cdot \bar{c}/4 \qquad (2.96)$$

folgt. Mit der Zustandsgleichung (2.31.7), der Gleichung (2.55) für die mittlere Geschwindigkeit $\bar{c}$ der Dampfmoleküle und dem Zusammenhang Gl. (2.11) zwischen m_a und der molaren Masse M_{molar} des Dampfes folgt dann

$$(j_m)_{max} = \frac{1}{\sqrt{2\pi}} \sigma_K \cdot p_s \sqrt{\frac{M_{molar}}{RT}} \qquad (2.97)$$

oder, wenn man die Konstanten einsetzt, die Zahlenwertgleichung

$$(j_m)_{max} = 0{,}438 \, \sigma_K \cdot \sqrt{\frac{M_r}{T}} \, p_s(T)$$
$$j_m \text{ in kg} \cdot \text{m}^{-2} \, \text{s}^{-1}, \quad p_s \text{ in mbar}, \quad T \text{ in K}. \qquad (2.97\text{a})$$

Herrscht infolge unvollständiger Abfuhr der verdampfenden Moleküle über der Flüssigkeit nicht der Dampfdruck Null, sondern ein zwischen Null und dem Sättigungsdampfdruck p_s liegender Dampfdruck p_d ($0 < p_d < p_s$), so reduziert sich die maximale Verdampfungsrate um die Kondensationsrate (Gl. (2.94)). Dies kann der Fall sein, wenn die Absaugvorrichtung zu geringes Saugvermögen besitzt oder wenn sich über der Flüssigkeitsoberfläche ein Restgas oder Fremdgas befindet, so daß die verdampfenden Moleküle mit den Molekülen dieses Gases zusammenstoßen, dabei zum Teil reflektiert werden, zum andern Teil erst langsam in dieses Gas hineindiffundieren, oder wenn ein über die Flüssigkeit streichender Luft- oder Gasstrom, der die verdampfenden Moleküle abführen soll, „feucht" ist. In diesem praktisch meist vorliegenden Fall wird die flächenbezogene Massen-Verdampfungs-Rate

$$j_m = \frac{1}{\sqrt{2\pi}} \sigma_K (p_s - p_d) \sqrt{\frac{M_{molar}}{RT}} = \frac{\sigma_K}{\sqrt{2\pi}} p_s (1-\beta) \sqrt{\frac{M_{molar}}{RT}}. \qquad (2.98)$$

$\beta = p_d/p_s$ heißt *Sättigungsverhältnis*; bei dem in Luft enthaltenen Wasserdampf spricht man auch von relativer Feuchte. Setzt man in Gl. (2.98) die Konstanten ein, so erhält man die Zahlenwertgleichung

$$j_m = 0{,}438 \cdot \sigma_K \cdot p_s(1-\beta) \sqrt{M_r/T}$$
$$j_m \text{ in kg} \cdot \text{m}^{-2} \, \text{s}^{-1}, \quad p_s \text{ in mbar}, \quad T \text{ in K}. \qquad (2.99)$$

Die Verringerung der „Abdampfrate" findet z.B. praktische Anwendung in den gasgefüllten Glühlampen. Durch Gasfüllung des Lampenkolbens mit Argon ($A_r = 40$; besser ist noch Krypton, $A_r \approx 84$) wird j_m um Zehnerpotenzen verringert, wie Tabelle 2.2 zeigt. Aus den dort angegebenen Meßwerten für j_m und dem Umgebungsdruck p_U wurde für $p_U \cong 0$, d.h. $\beta = 0$, aus Gl. (2.97a) der Kondensationskoeffizient $\sigma_K = 0{,}064$ berechnet. Für die höheren p_U-Werte liefert dann Gl. (2.99) die $(1-\beta)$-Werte.

Beim Verdampfungsprozeß wird dem zu verdampfenden Körper (Flüssigkeit, Festkörper) die Verdampfungswärme entzogen, seine Temperatur, damit aber auch j_m, sinken zeitlich ab, wenn nicht dem Körper Wärme zugeführt („geheizt") wird. Diese Abkühlung kann zur „Kälteerzeugung durch Abpumpen" angewandt werden.

Tabelle 2.2 Flächenbezogene Massenverdampfungsrate j_m eines Wolframfadens (d = 100 μm, T = 2870 K, p_s = 3,26 · 10^{-5} mbar) in Abhängigkeit vom Umgebungsdruck p_U einer Atmosphäre aus 86 % Ar + 14 % N$_2$. σ_K = 0,064.

p_U/mbar	~ 0	10	50	200	1000	3000
j_m/10^{-8} kg·m^{-2} s^{-1}	230	66	31	13,8	4,1	1,5
1 – β	1	0,27	0,13	0,06	0,018	0,0065
β = p_d/p_s	0	0,73	0,87	0,94	0,982	0,9935

Beispiel 2.7: Äthylalkohol (C$_2$H$_5$OH, M_r = 46) hat nach Bild 16.4 bei der Temperatur T = 300 K, $\vartheta \approx$ 27 °C den Sättigungsdampfdruck $p_s \approx$ 100 mbar = 10^4 Pa. Rechnet man mit dem Sättigungsverhältnis β = 0 und nach Tabelle 16.7 mit einem Kondensationskoeffizienten σ_K = 0,024, so ergibt sich aus Gl. (2.98) eine flächenbezogene Massenverdampfungsrate

$$j_m = 0{,}438 \cdot 0{,}024 \cdot 100 \cdot \sqrt{46/300} \text{ kg·m}^{-2}\text{ s}^{-1} = 0{,}41 \text{ kg·m}^{-2}\text{ s}^{-1}.$$

Bei einer Flüssigkeitsoberfläche A = 100 cm^2 ergibt sich daraus der Massenstrom I_m = 4,1 · 10^{-3} kg · s^{-1}. Aus der Zustandsgleichung (2.31.5) findet man die Volumenstromstärke

$$I_V = \dot{V} = \dot{m} \cdot R \cdot T/M_{\text{molar}} \cdot p_s = I_m \cdot RT/M_{\text{molar}} \cdot p_s$$

$$= \frac{4{,}1 \cdot 10^{-3} \text{ kg·s}^{-1} \cdot 8{,}314 \cdot 10^3 \text{ J·kmol}^{-1} \cdot \text{K}^{-1} \cdot 300 \text{ K}}{46 \text{ kg·kmol}^{-1} \cdot 10 \text{ N·m}^{-2}}$$

$$= 0{,}0222 \text{ m}^3 \cdot \text{s}^{-1} = 22{,}2 \text{ } \ell \text{ s}^{-1}.$$

Die Annahme β = 0 ist also nur gerechtfertigt, wenn eine Pumpe mit einem Saugvermögen für Äthylalkohol S > 22,2 $\ell \cdot$ s^{-1} den Dampf abpumpt.
Die spezifische Verdampfungswärme von Äthylalkohol ist $\Lambda_{v,\text{spez}}$ = 840 kJ · kg^{-1}. Der Verdampfungsprozeß wird also nur dann stationär (ohne Temperaturerniedrigung der Flüssigkeit) verlaufen, wenn der Flüssigkeit der Wärmestrom

$$I_W = \Lambda_{v,\text{spez}} \cdot I_m = 840 \text{ kJ·kg}^{-1} \cdot 4{,}1 \cdot 10^{-3} \text{ kg·s}^{-1}$$
$$= 3{,}44 \text{ kJ·s}^{-1} = 3{,}44 \text{ kW}$$

zugeführt wird. Andernfalls tritt eine Temperaturerniedrigung ein. Aus der Definitionsgleichung der spezifischen Wärmekapazität $c = \Delta Q/m \, \Delta T$ und dem Wert dieser Größe für Äthylalkohol c = 2,43 kJ · kg^{-1} K^{-1} folgt dann (t = Zeit)

$$\frac{\Delta T}{\Delta t} = \frac{1}{m \cdot c} \cdot \frac{\Delta Q}{\Delta t} = \frac{1}{m \cdot c} \cdot I_W.$$

Hat unsere betrachtete Alkoholmenge der Fläche A = 100 cm^2 eine Dicke d = 1 cm, also ein Volumen V = 1 000 cm^3 und damit eine Masse m = 0,79 kg, so wird die zeitbezogene Temperaturabnahme

$$\frac{\Delta T}{\Delta t} = \frac{3{,}44 \text{ kJ·s}^{-1}}{0{,}79 \text{ kg} \cdot 2{,}43 \text{ kJ·kg}^{-1} \cdot \text{K}^{-1}} = 1{,}79 \text{ K·s}^{-1}.$$

In t = 10 s hätte sich die Flüssigkeit also um $\Delta T \approx$ 18 K abgekühlt, der Sättigungsdampfdruck wäre nach Bild 16.4 von p_s = 100 mbar auf p_s = 30 mbar gesunken; damit verringern sich I_m und I_W. Unsere Rechnung ist also nur eine Abschätzung, der genaue Verlauf von I_m und T mit der Zeit kann nur durch Lösung einer Differentialgleichung gefunden werden.

2.7 Gasdynamik

2.7.1 Anwendungsbereich

Die Aufgabe der Gasdynamik ist die Berechnung der Zustandsgrößen Druck p, Dichte ρ, Temperatur T und der Geschwindigkeit v eines strömenden Gases innerhalb eines räumlichen Gebietes (des Strömungsfeldes) bei bestimmten Rand- und Anfangsbedingungen. Das Gas wird hierbei − im Gegensatz zur kinetischen Gastheorie, deren Modelle eine atomistische Struktur der Materie zugrunde legen − als kompressibles Kontinuum behandelt. Ein Kriterium für die Anwendbarkeit der Gasdynamik ist die Knudsenzahl $K = \bar{l}/d$, wobei $\bar{l}$ die mittlere freie Weglänge im Gas, und d eine charakteristische Länge der Gasströmung, zum Beispiel der Durchmesser des Strömungskanals, der Rohrleitung oder der Düse, sind. Es gelten die Gesetze der

freien Molekularströmung (vgl. Abschnitt 4.6)   für $K = \dfrac{\bar{l}}{d} > 0{,}5$

gasdynamischen Strömung (dieser Abschnitt)   für $K = \dfrac{\bar{l}}{d} < 0{,}01$. (2.100)

Erfahrungsgemäß kann man jedoch schon bei Knudsenzahlen, die kleiner als $K = 0{,}3$ sind, bei der Berechnung von Gas- und Dampfströmungen in Strahl- und Diffusionspumpen und Rohrleitungen oder beim Einströmen von Gasen in evakuierte Gefäße die Methoden der Gasdynamik mit guter Näherung anwenden. Der Übergangsbereich $(0{,}5 > K > 0{,}01)$ ist theoretisch schwierig zu beschreiben; man begnügt sich deshalb in der Praxis meistens mit Interpolationsformeln.

2.7.2 Bernoulli-Gleichung

Die Gasdynamik beruht auf den Gesetzen der Thermodynamik und der Mechanik. Dies soll für den eindimensionalen Fall einer stationären Strömung in einem Stromfaden gezeigt werden. Stationär heißt, daß alle Bestimmungsgrößen des strömenden Gases, also die Zustandsgrößen und die Geschwindigkeit, an jedem Ort des Strömungsfeldes zeitlich konstant bleiben. Anlaufvorgänge werden also nicht berücksichtigt. Ein Stromfaden (eine Stromröhre) ist ein Teil der Strömung entlang einer Stromlinie (Koordinate s) mit einem Querschnitt $A(s)$, der so klein ist, daß die Zustandsgrößen und die Geschwindigkeit auf dem Querschnitt praktisch als konstant angesehen werden können (Bild 2.13). Alle Bestimmungsgrößen des strömenden Gases im Stromfaden können daher als Funktion einer einzigen Ortskoordinate s beschrieben werden, die längs der Achse des Stromfadens verläuft. Die Mantelfläche des Stromfadens wird von Stromlinien gebildet, so daß weder das von der Mantelfläche eingeschlossene Gas nach außen noch Gas von außen in den Stromfaden strömt.

Auf die Gasmasse $dm = \rho \cdot dV$ im Volumen $dV = A \cdot ds$ in Bild 2.13 wirkt, wenn p der statische Druck in der Stromröhre ist, von links die Kraft pA, von rechts die Kraft $(p + (dp/ds) \cdot ds) A$, also − bei Vernachlässigung der Schwerkraft, was bei Gasen erlaubt ist − die Resultierende in Strömungs-(v-)Richtung $dF = -A (dp/ds) \cdot ds$. Sie beschleunigt

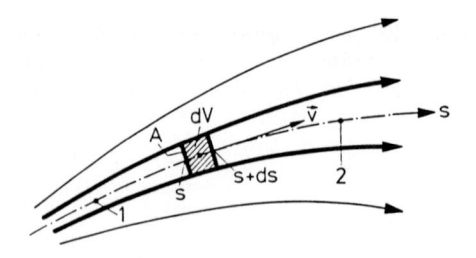

Bild 2.13
Strömungsfeld mit Stromfaden.

dm nach der dynamischen Grundgleichung $dF = dm \cdot a = dm(dv/dt) = dm(dv/ds)(ds/dt)$ $= dm \cdot v(dv/ds)$; es gilt also die Gleichung

$$-A \cdot \frac{dp}{ds} \cdot ds = \rho \cdot A \cdot ds \cdot v \cdot \frac{dv}{ds}. \tag{2.101}$$

Dies ist die Bernoullische Gleichung in differentieller Form

$$-\frac{dp}{\rho} = \frac{1}{2} dv^2; \tag{2.102}$$

ihre Integration von einer Stelle 1 (s_1, v_1, ρ_1, p_1) bis zur Stelle 2 (s_2, v_2, ρ_2, p_2) des Stromfadens ergibt die Gleichung

$$\frac{1}{2}(v_2^2 - v_1^2) = -\int_1^2 \frac{dp}{\rho}. \tag{2.103}$$

Wenn der Zusammenhang von ρ und p bekannt ist, kann das Integral ausgewertet und die Geschwindigkeit v_2 aus v_1 berechnet werden. Ist die Strömung ein isentroper Vorgang (Entropie konstant, auch adiabatischer Vorgang genannt), die Zustandsänderung des Gases bei der Bewegung also reversibel (d.h. daß die Wärmeleitung längs der Stromröhre, der Wärmeaustausch quer zur Stromröhre sowie die Reibung vernachlässigbar sind), so stellt das Integral in Gl. (2.103) nach den Gesetzen der Thermodynamik die Abnahme der spezifischen Enthalpie dar

$$h_1 - h_2 = \frac{1}{2}(v_2^2 - v_1^2) \tag{2.104}$$

und kann mit Hilfe eines Enthalpie-Entropie-Diagramms, wie es in Bild 2.14 für Quecksilberdampf dargestellt ist, ausgewertet werden (vgl. Beispiel 2.8).

Die Bernoullische Gleichung ist nichts anderes als der Satz von der Erhaltung der Energie für ein Masseteilchen Δm im Stromfaden, das von dem Zustand 1 in den Zustand 2 übergeht:

$$\frac{\Delta m}{2} \cdot v_2^2 + \Delta m \cdot h_2 = \frac{\Delta m}{2} \cdot v_1^2 + \Delta m \cdot h_1 = \text{const}. \tag{2.105}$$

Beispiel 2.8: In einer Quecksilberdampfstrahlpumpe (vgl. Bild 6.1) sei der Ruhedruck im Druckraum (Siedekessel) $p_0 = 133$ mbar (100 Torr) bei einer Temperatur $\vartheta_0 = 400$ °C. Die Geschwindigkeit im Siedekessel sei $v_0 = 0$, im Mischraum sei der Ansaugdruck p_A gleich dem statischen Druck im Strahl $p_2 = 13{,}3$ mbar (10 Torr). Gesucht ist die Strahlgeschwindigkeit v_2 im Mischraum.

Die Enthalpieabnahme $h_0 - h_2$ findet man, indem man in Bild 2.14 vom Punkt $p_0 = 133$ mbar (100 Torr), $\vartheta_0 = 400$ °C senkrecht nach unten (Entropie $s = $ const) bis zu der Kurve $p_2 = 13{,}3$ mbar (10 Torr) geht. Der Enthalpieunterschied, der am Ordinatenmaßstab abgelesen wird, ist $h_0 - h_2$ $= (350 - 300)$ kJ/kg $= 50$ kJ $\cdot$ kg^{-1} $= 50\,000$ m^2 s^{-2}.

Daraus folgt nach Gl. (2.104)

$$\frac{1}{2} v_2^2 = h_0 - h_2 = 50\,000 \text{ m}^2 \cdot \text{s}^{-2}; \quad v_2 = 224 \text{ m} \cdot \text{s}^{-1}.$$

Im Beispiel 2.8 wurde angenommen, daß der Quecksilberdampf im Druckkessel überhitzt ist (der Sättigungsdruck des Hg-Dampfes für $\vartheta = 400$ °C, $T = 673$ K ist $p_s = 1569$ Torr $= 2091$ mbar; dem Druck $p = 100$ Torr $= 133$ mbar entspricht eine Sättigungstemperatur

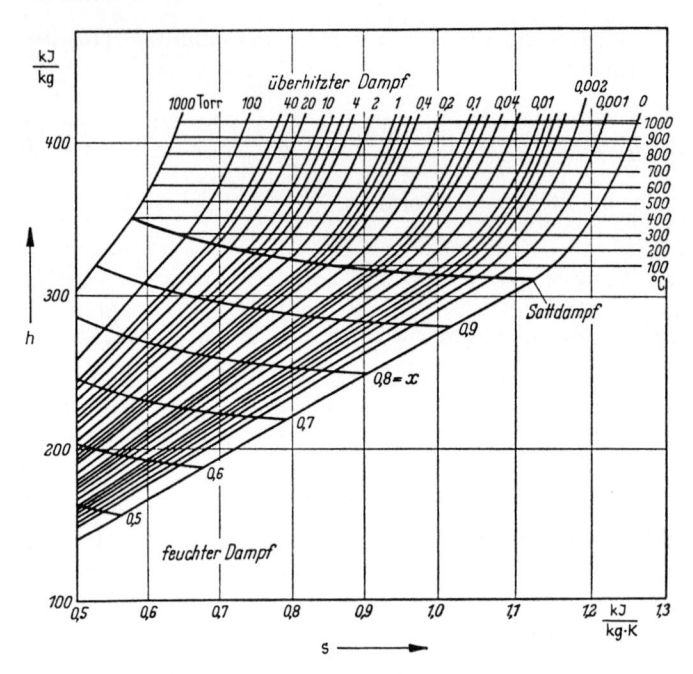

Bild 2.14 Enthalpie-Entropie-Diagramm für Quecksilber-Dampf. h = spezifische Enthalpie, s = spezifische Entropie, x = Masse Dampf/(Masse Dampf + Flüssigkeit) = Naßdampfgehalt.

$\vartheta = 357\,°C$, $T = 630\,K$). Im Verlauf der isentropen Entspannung wird der Dampf bei etwa 66,7 mbar = 50 Torr gesättigt und bei weiterer Entspannung entsprechend dem Diagramm zu Naßdampf. Im Endzustand der Entspannung beim Strahldruck p_1 = 13,3 mbar = 10 Torr in der Mischkammer ist der Naßdampfgehalt $x = 0,9$. Es erscheint allerdings wegen der kurzen Expansionsdauer und der Abwesenheit von Kondensationskeimen fraglich, ob tatsächlich im Dampf eine teilweise Kondensation stattfindet, die zur Naßdampfbildung führt. Denn bei einer Länge der Expansionsdüse $l = 0,1$ m ist die Expansionsdauer nur $\tau = l/v_2 = 4,5 \cdot 10^{-4}$ s. An der Düsenwand hingegen ist mit einer Kondensation zu rechnen. Zu beachten ist auch die Temperaturabnahme während der isentropen Expansion. Die Düsenwände nehmen die jeweilige Temperatur des Treibmittels an, soweit diese nicht durch Wärmeleitung des Düsenwerkstoffs oder äußere Heizung beeinflußt wird. Bei Wasserdampfstrahlpumpen (vgl. Abschnitt 6.3) kann die Temperatur unter den Gefrierpunkt ($\vartheta = 0\,°C$) sinken. Die Düse muß dann geheizt werden, damit sie nicht zufriert.

Die Berechnung des Integrals in Gl. (2.103) erfordert einen analytischen Ausdruck für die Dichte ρ als Funktion des Druckes p. Für adiabatische Zustandsänderungen idealer Gase [1] mit temperaturunabhängiger Wärmekapazität gibt die *Poisson*gleichung

$$\left(\frac{p_1}{p_0}\right) = \left(\frac{V_0}{V_1}\right)^{\kappa} = \left(\frac{T_1}{T_0}\right)^{\kappa/(\kappa-1)} = \left(\frac{\rho_1}{\rho_0}\right)^{\kappa} \tag{2.106}$$

(p Druck, V Volumen, T Temperatur, ρ Dichte, in den Zuständen 0 und 1, κ Adiabaten-Exponent) diesen Zusammenhang. κ ist das Verhältnis der spezifischen bzw. molaren Wärmekapazitäten bei konstantem Druck (c_p bzw. $C_{\text{molar},p}$) und konstantem Volumen (c_V bzw. $C_{\text{molar},V}$) (vgl. Abschnitt 2.4.6).

Er läßt sich auch ausdrücken durch (vgl. Gln. (2.64) und (2.65))

$$\kappa = c_p/c_V = (f+2)/f, \tag{2.107}$$

also durch die Anzahl f der Freiheitsgrade der strömenden, den Strahl bildenden Gasmoleküle. Tabelle 2.3, Zeile 1 enthält κ-Werte für einige in der Vakuumtechnik wichtige Gase und Dämpfe.

In einatomigen Gasen, zum Beispiel Quecksilberdampf, gibt es nur $f = 3$ Freiheitsgrade der Translation. In Dämpfen aus sehr komplexen Molekülen wie zum Beispiel Öldampf gibt es zusätzlich viele Schwingungs- und Rotationsfreiheitsgrade; κ ist dann nur wenig größer als 1. Bei vielatomigen Molekülen ändert sich die Zahl f der wirksamen Freiheitsgrade bei Temperaturänderung, sobald die thermische Energie die sogenannte Nullpunktsenergie übersteigt. Der Adiabaten-Exponent ist dann temperaturabhängig. Ein weiterer Grund für eine Änderung des Adiabaten-Exponenten im Verlauf der Strömung sind schnelle Zustandsänderungen, besonders in den in Abschnitt 2.7.5 ff. beschriebenen Verdichtungsstößen. Dann sind die Relaxationszeiten zur Einstellung des Gleichgewichts von Schwingungen oder Rotationen länger als die Dauer der Zustandsänderung. Die folgende Darstellung sieht von der Veränderlichkeit des Adiabaten-Exponenten ab.

Tabelle 2.3 Für gasdynamische Rechnungen wichtige Größen

Nr.	Größe	Einheit	Quecksilberdampf	Luft	Wasserdampf
1	$\kappa(f)$	1	1,667 (3)	1,4 (5)	1,33 (6)
2	M_r	1	200,6	29,16	18,02
3	$(\kappa-1)/\kappa$	1	0,40012	0,285714	0,24812
4	$(\kappa+1)/\kappa$	1	1,59988	1,71429	1,75188
5	$2\kappa/(\kappa-1)$	1	4,9935	7,0	3,06061
6	p^*/p_0	1	0,487092	0,528281	0,540364
7	T^*/T_0	1	0,749906	0,833333	0,858369
8	ρ^*/ρ_0	1	0,649537	0,633938	0,629524
9	$v^* \cdot T_0^{-1/2}$	m·s^{-1} K$^{-1/2}$	7,19911	18,2309	22,9566
10	$v_{max} \cdot T_0^{-1/2}$	m·s^{-2} K$^{-1/2}$	14,3955	44,6808	60,9997
11	$\rho^* v^* T_0^{1/2} p_0^{-1}$	kg K$^{1/2}$ m^{-2} s^{-1} mbar^{-1}	11,2789	4,0546	3,13063

Nr.	Öldämpfe (verschiedenes κ)				
1	1,1 (20)	1,08 (25)	1,06 (33)	1,04 (50)	1,02 (100)
2	435	435	435	435	435
3	0,091	0,074	0,057	0,038	0,020
4	1,90909	1,92593	1,9434	1,96154	1,93039
5	22,0	27,0	35,3334	52,0	102,0
6	0,584679	0,588911	0,593211	0,597578	0,602017
7	0,952381	0,961539	0,970874	0,980398	0,990099
8	0,613913	0,612468	0,611007	0,60953	0,608037
9	4,47538	4,45578	4,43571	4,41514	4,39408
10	20,5088	22,7201	25,9909	31,5304	44,1599
11	14,3708	14,2741	14,176	14,0761	13,9747

Setzt man den Ausdruck

$$\frac{1}{\rho} = \frac{p_0^{1/\kappa}}{\rho_0} \frac{1}{p^{1/\kappa}}$$

aus der Poissongleichung (2.106) in die Bernoulligleichung (2.103) ein und integriert von p_0 bis p_1, dann erhält man die Geschwindigkeit v_1 als Funktion der Anfangswerte v_0 und p_0/ρ_0 sowie des Expansionsverhältnisses p_1/p_0. Geht man schließlich von dem „Ruhezustand" $v_0 = 0$ aus und ersetzt p_0/ρ_0 durch RT_0/M_{molar} entsprechend der Zustandsgleichung (2.31.4) für ideale Gase (vgl. Abschnitt 2.3.1), so folgt für die Strömungsgeschwindigkeit im Stromfaden der Ausdruck

$$v = \left(\frac{2\kappa}{\kappa-1} \frac{RT_0}{M_{molar}} \left[1 - \left(\frac{p}{p_0}\right)^{(\kappa-1)/\kappa} \right] \right)^{1/2}. \tag{2.108}$$

In dieser und allen folgenden Gleichungen bezeichnet der Index 0 den Ruhezustand ($v_0 = 0$), der eine beliebige Stelle der Strömung (des Strahls) bezeichnende Index 1 wird weggelassen. Gl. (2.108) zeigt, daß die Geschwindigkeit allein durch das Expansionsverhältnis p/p_0 und die Ruhetemperatur T_0 bestimmt ist. Bild 2.15 zeigt den Druck p als Funktion der Geschwindigkeit v nach Gl. (2.108); bei der größtmöglichen Expansion auf den Druck $p = 0$ wird die maximale Geschwindigkeit

$$v_{max} = \left(\frac{2\kappa}{\kappa-1} \frac{RT_0}{M_{molar}} \right)^{1/2} \tag{2.109}$$

erreicht. Nach Gl. (2.101) ist die Massenstromdichte im Strömungsfeld

$$j_m = \rho \cdot v = -\frac{dp}{dv}. \tag{2.110}$$

Durch Differentiation von Gl. (2.108) erhält man dp/dv, so daß

$$j_m = \rho \cdot v = -\frac{dp}{dv} = p_0 \left(\frac{2\kappa}{\kappa-1} \frac{M_{molar}}{RT_0} \left[\left(\frac{p}{p_0}\right)^{\frac{2}{\kappa}} - \left(\frac{p}{p_0}\right)^{\frac{1+\kappa}{\kappa}} \right] \right)^{\frac{1}{2}} \tag{2.111}$$

Bild 2.15 Druck p als Funktion der Geschwindigkeit v nach Gl. (2.108). v^* kritische Geschwindigkeit, v_{max} maximal erreichbare Geschwindigkeit. Wendepunkt bei v^* mit $(dp/dv)_{max} = \rho^* v^*$ (Gl. (2.112)). M = Machzahl (Gl. (2.120)).

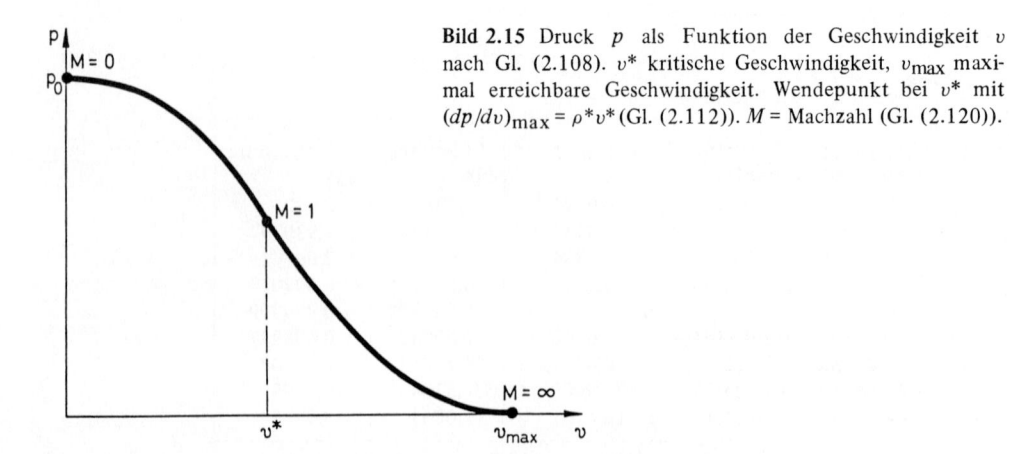

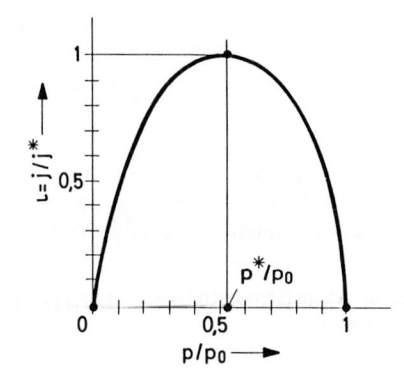

Bild 2.16
Auf die kritische Stromdichte j^* bezogene Stromdichte j als Funktion des auf den Ruhedruck p_0 bezogenen Drucks p (Expansionsverhältnis p/p_0) nach Gl. (2.113) für $\kappa = 1{,}405$. Maximum $\iota = 1$ an der Stelle des kritischen Expansionsverhältnisses p^*/p_0.

wird. Bild 2.15 zeigt, daß die Kurve p als Funktion von v einen Wendepunkt besitzt, die Stromdichte also ein Maximum hat, das sich aus Gl. (2.111) zu

$$j_m^* = \rho^* v^* = p_0 \left(\frac{2}{\kappa + 1} \right)^{\frac{1}{\kappa-1}} \left(\frac{2\kappa}{\kappa + 1} \frac{M_{\text{molar}}}{R T_0} \right)^{\frac{1}{2}} \qquad (2.112)$$

ergibt. Tabelle 2.3 enthält in Zeile 11 Werte von $j_m^* \cdot T_0^{1/2} \cdot p_0^{-1}$ für verschiedene Werte von κ und $M_{\text{molar}} = M_r \cdot \text{kg} \cdot \text{kmol}^{-1}$. Alle Größen an der Stelle des Maximums von j_m werden „kritische Größen" genannt und mit einem Stern gekennzeichnet.

Häufig wird die auf die kritische Stromdichte j_m^* bezogene Stromdichte

$$\iota = \frac{\rho v}{\rho^* v^*} = \left(\frac{\left(\frac{\kappa+1}{2} \right)^{\frac{\kappa+1}{\kappa-1}}}{\frac{\kappa-1}{2}} \left[\left(\frac{p}{p_0} \right)^{2/\kappa} - \left(\frac{p}{p_0} \right)^{(1+\kappa)/\kappa} \right] \right)^{\frac{1}{2}} \qquad (2.113)$$

benutzt. Bild 2.16 zeigt ι als Funktion von p/p_0; man vergleiche auch die Bilder 16.9a ... e.

2.7.3 Kritische Größen, Schallgeschwindigkeit, Machzahl

Aus Gl. (2.111) folgen weitere kritische Größen, zunächst aus der Ableitung der Stromdichte nach p/p_0 das kritische Expansionsverhältnis

$$\frac{p^*}{p_0} = \left(\frac{2}{\kappa + 1} \right)^{\kappa/(\kappa-1)}. \qquad (2.114)$$

Durch Einsetzen dieses Wertes von p^*/p_0 in die Poissongleichung (2.106) erhält man das kritische Temperaturverhältnis

$$\frac{T^*}{T_0} = \frac{2}{\kappa + 1} \qquad (2.115)$$

und das kritische Dichteverhältnis

$$\frac{\rho^*}{\rho_0} = \left(\frac{2}{\kappa + 1} \right)^{1/(\kappa-1)}. \qquad (2.116)$$

2 Gasgesetze, Grundlagen der kinetischen Gastheorie und Gasdynamik

Wenn man das kritische Expansionsverhältnis p^*/p_0 Gl. (2.114) in Gl. (2.108) einsetzt, ergibt sich die kritische Geschwindigkeit

$$\boxed{v^* = \left(\frac{RT_0}{M_{\text{molar}}} \frac{2\kappa}{\kappa+1}\right)^{\frac{1}{2}}.} \quad (2.117)$$

In Tabelle 2.3 sind in den Zeilen 6…9 die kritischen Größen für verschiedene κ-Werte aufgeschrieben.

Eine wichtige Größe der Gasdynamik ist die *Schallgeschwindigkeit a*. Für ein ideales Gas temperaturunabhängiger Wärmekapazität gilt die Beziehung

$$a = \left(\frac{p}{\rho} \cdot \kappa\right)^{\frac{1}{2}}; \quad (2.118)$$

umgeformt mit Gl. (2.31.4) und Gl. (2.106) ergibt sich

$$a = \left(\frac{RT}{M_{\text{molar}}} \cdot \kappa\right)^{\frac{1}{2}} = \left(\frac{RT_0}{M_{\text{molar}}} \cdot \kappa \left(\frac{p}{p_0}\right)^{\frac{\kappa-1}{\kappa}}\right)^{\frac{1}{2}},$$

woraus für den kritischen Wert der Schallgeschwindigkeit die Beziehung

$$\boxed{a^* = \left(\frac{RT_0}{M_{\text{molar}}} \frac{2\kappa}{\kappa+1}\right)^{\frac{1}{2}}} \quad (2.119)$$

folgt. Eine weitere wichtige Größe ist die *Machzahl*, das Verhältnis von Strömungsgeschwindigkeit v (Gl. (2.108)) und Schallgeschwindigkeit a (Gl. (2.118)),

$$\boxed{M \stackrel{\text{def}}{=} \frac{v}{a} = \left(\frac{2}{\kappa-1}\left[\left(\frac{p}{p_0}\right)^{\frac{1-\kappa}{\kappa}} - 1\right]\right)^{\frac{1}{2}}.} \quad (2.120)$$

Im kritischen Zustand ist die Strömungsgeschwindigkeit v^* (Gl. (2.117)) gleich der Schallgeschwindigkeit a^* (Gl. (2.119)), also $M = 1$. Man teilt das Raumgebiet eines strömenden kompressiblen Mediums ein in den Unterschallbereich ($M < 1$) und den Überschallbereich ($M > 1$). Auf der Grenze ($M = 1$) nehmen die Zustandsvariablen die kritischen Werte an. Tabelle 2.4 faßt diesen Tatbestand zusammen.

Wenn man die Geschwindigkeit v (Gl. (2.108)) durch die kritische Geschwindigkeit v^* (Gl. (2.117)) dividiert, erhält man die dimensionslose Größe

$$\boxed{M^* = \frac{v}{v^*} = \left(\frac{\kappa+1}{\kappa-1}\left[1 - \left(\frac{p}{p_0}\right)^{\frac{\kappa-1}{\kappa}}\right]\right)^{\frac{1}{2}},} \quad (2.121)$$

die nur vom Expansionsverhältnis p/p_0 abhängt und daher für einen gegebenen κ-Wert in einer einzigen Kurve dargestellt werden kann (vgl. die Kurven für verschiedene κ-Werte in Bild 16.9, a … e).

Tabelle 2.4 Abgrenzung des Überschallbereichs vom Unterschallbereich

Unterschall		krit. Zustand		Überschall
M	<	$M = 1$	<	M
v	<	v^*	<	v
a	>	a^*	>	a
p	>	p^*	>	p
ρ	>	ρ^*	>	ρ
T	>	T^*	>	T
ι	<	$\iota^* = 1$	>	ι

Zur Bestimmung der Strahlgeschwindigkeit v müssen bei einem gegebenen κ-Wert die Ruhetemperatur T_0 und das Expansionsverhältnis p/p_0 bekannt sein. Dann kann man zunächst aus Tabelle 2.3 den Wert $v^* T_0^{-1/2}$ entnehmen und daraus v^* berechnen. Aus den Kurven des Bildes 16.9, a ... e liest man dann für das vorgegebene p/p_0 den Wert M^* ab, der durch Multiplikation mit v^* die Strömungsgeschwindigkeit v ergibt.

2.7.4 Eindimensionale Strömung

Vorgänge in Düsen mit kleinem Öffnungswinkel können näherungsweise „eindimensional" mit Hilfe der Stromfadentheorie behandelt werden, indem der Zustand des Mediums auf jedem Düsenquerschnitt konstant angenommen wird. Dann gilt für eine stationäre Strömung die Kontinuitätsgleichung in der Form

$$A \cdot j_m = A \rho v = q_m = \text{const.}, \tag{2.122}$$

wobei $A = A(s)$ die Querschnittsfläche und $j_m(s) = \rho(s) v(s)$ die Massenstromdichte an einer beliebigen Stelle der Düse sind und q_m die konstante Massenstromstärke (Massendurchfluß) bedeutet.

Wenn an einer Stelle der Düse mit dem Querschnitt A^* die Schallgeschwindigkeit erreicht wird, das heißt, wenn dort die Zustandsgrößen kritisch werden, folgt aus der Kontinuitätsgleichung (2.122)

$$A \rho v = A^* \rho^* v^*$$

zusammen mit der Gleichung (2.113)

$$\frac{A^*}{A} = \frac{\rho v}{\rho^* v^*} = \iota = \left(\frac{\left(\frac{\kappa+1}{2}\right)^{\kappa+1/\kappa-1}}{\frac{\kappa-1}{2}} \left[\left(\frac{p}{p_0}\right)^{2/\kappa} - \left(\frac{p}{p_0}\right)^{(1+\kappa)/\kappa} \right] \right)^{1/2}. \tag{2.123}$$

Da die bezogene Stromdichte im kritischen Zustand $\iota^* = 1$ den größten Wert besitzt (s. Bild 2.16), ist der kritische Querschnitt $A = A^*$ der kleinste Querschnitt der Düse. Mit anderen Worten: Wenn überhaupt die Voraussetzungen zur Erreichung der kritischen Werte in der Düse gegeben sind, dann stellen sich diese kritischen Werte im engsten Düsenquerschnitt A^* ein.

Die Düse in Bild 2.17 wird von links nach rechts durchströmt. Sie verengt sich zunächst bis auf den Querschnitt A^* und erweitert sich dann wieder (Laval-Düse). Wenn die Drücke p_0 am Einlaß und p am Auslaß eine Überschallströmung in der Düse zulassen, herrscht nach Gl. (2.112) und Bild 2.15 stromaufwärts vom engsten Querschnitt Unterschallge-

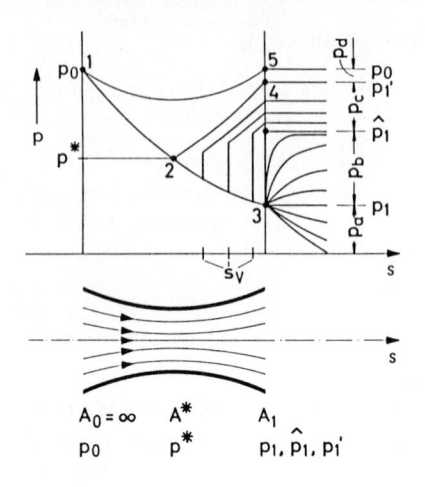

2 Gasgesetze, Grundlagen der kinetischen Gastheorie und Gasdynamik

Bild 2.17

Unten: Längsschnitt durch eine Lavaldüse. Das Gas strömt von links (Eintrittswerte (Ruhewerte) mit Index 0) nach rechts (Austrittswerte Index 1). Im engsten Querschnitt A^* herrschen Schallgeschwindigkeit ($M = 1$) und kritischer Druck p^*.

Oben: Druckverlauf entlang der Düse für den Ruhedruck p_0 (links) und die Gegendrücke (Ansaugdrücke) p_a, p_b, p_c und p_d (rechts).

Die Kurven 1–2–3, 1–2–4 und 1–5 entsprechen isentropen Zustandsänderungen, die übrigen Kurven entsprechen Zustandsänderungen mit Entropieanstieg im Verdichtungsstoß (senkrechter Anstieg des Drucks) an der Stelle s_V.

schwindigkeit ($M < 1$), stromabwärts Überschallgeschwindigkeit ($M > 1$). In Abschnitt 2.7.9 wird diese Strömung anhand von Bild 2.17 im Detail diskutiert.

Setzt man in die Kontinuitätsgleichung (2.122) die kritische Stromdichte aus Gl. (2.112) ein, so folgt für den Massenstrom (Massendurchfluß) der Ausdruck

$$q_m = A^* \rho^* v^* = A^* p_0 \left(\frac{2}{\kappa+1} \right)^{\frac{1}{\kappa-1}} \left(\frac{2\kappa}{\kappa+1} \frac{M_{\text{molar}}}{RT_0} \right)^{\frac{1}{2}}. \qquad (2.124)$$

Der maximale Massenstrom wird also nicht durch die Zustandsgrößen des Gases am Auslaß der Düse beeinflußt; er wird allein durch die kritischen Größen im engsten Querschnitt bestimmt. Physikalisch ist das verständlich, weil sich der niedrige, stromabwärts vom engsten Querschnitt herrschende Druck nur mit Schallgeschwindigkeit gegen das mit Überschallgeschwindigkeit strömende Medium, also gegen die Strömung, fortpflanzen kann. In Tabelle 2.3, Zeile 11 sind die Werte $\rho^* v^* T_0^{1/2} p_0^{-1}$ für verschiedene κ-Werte aufgeführt, aus denen die kritische Stromdichte $j_m^* = \rho^* v^*$ bei gegebenen Ruhewerten T_0 und p_0 berechnet werden kann.

2.7.5 Der Verdichtungsstoß

Verdichtungsstöße treten bei Überschallströmungen in Düsen und freien Strahlen auf. Sie stellen unstetige Anstiege der Zustandsgrößen eines strömenden Gases auf einer Fläche, der Stoßfläche, dar, die senkrecht oder schräg zu den Stromlinien gerichtet sein kann. Dementsprechend nennt man den Verdichtungsstoß senkrecht – üblich ist auch gerade – oder schräg. Die Druckdifferenz auf beiden Seiten der Stoßfläche bewirkt auch eine sprunghafte Verkleinerung der Normalkomponente der Strömungsgeschwindigkeit, während die Tangentialkomponente (parallel zur Stoßfläche) unverändert bleibt (Bild 2.18).

Die folgenden Ausführungen behandeln zunächst den geraden Verdichtungsstoß; in Abschnitt 2.7.8 werden die Ergebnisse auf den schrägen Stoß übertragen.

Zur Berechnung von Verdichtungsstößen geht man von der Erhaltung der Masse, des Impulses und der Energie des Gases beim Durchströmen der Stoßfläche aus. Mit den Zu-

Bild 2.18
Schräger Verdichtungsstoß. Die Geschwindigkeit vor dem Stoß v hat die Komponenten $v_\perp$ senkrecht und $v_\parallel$ parallel zur Stoßfläche, die Geschwindigkeit $\hat{v}$ nach dem Stoß entsprechend die Komponenten $\hat{v}_\perp$ und $\hat{v}_\parallel = v_\parallel$.

standsgrößen ρ, p, h, v vor und $\hat{\rho}$, $\hat{p}$, $\hat{h}$, $\hat{v}$ hinter dem Stoß lauten die entsprechenden Erhaltungssätze

$\rho v = \hat{\rho}\hat{v}$ \quad Erhaltung der Masse \hfill (2.125)

$\rho v^2 + p = \hat{\rho}\hat{v}^2 + \hat{p}$ \quad Erhaltung des Impulses \hfill (2.126)

$h + v^2/2 = \hat{h} + \hat{v}^2/2$ \quad Erhaltung der Energie. \hfill (2.127)

Bei der stetigen Strömung, für die natürlich auch die Erhaltungssätze gelten, haben wir eine isentrope Zustandsänderung vorausgesetzt, die zu den stetig veränderlichen Zustandsgrößen der Strömung führt, wie in den Abschnitten 2.7.2 bis 2.7.4 beschrieben. Insbesondere ergab sich auch eine stetig veränderliche Massenstromdichte $j_m = \rho v$. Im Gegensatz hierzu wird jetzt die Voraussetzung der isentropen Zustandsänderung fallen gelassen, jedoch eine unstetige Zustandsänderung zugelassen, bei der der Strömungsquerschnitt und daher auch die Stromdichte j_m wegen der Erhaltung der Masse (2.125) konstant bleiben.

Aus dem Energiesatz (2.127) folgt unmittelbar – wie bei der stetigen Strömung – daß die „Staupunktwerte" oder „Ruhewerte" der Enthalpie h_0 und $\hat{h}_0$, das heißt, die Werte im Staupunkt einer gedachten isentropischen Fortsetzung der Strömung bis zur Geschwindigkeit Null vor und hinter dem Stoß, konstant bleiben (s. auch Gl. (2.104)), daß also

$$\hat{h}_0 = h_0 \hfill (2.128)$$

ist.
Die Strömung mit Verdichtungsstoß ist also wie die stetige Strömung „isoenergetisch".

Um mit Hilfe der drei allgemeinen Erhaltungssätze (2.125), (2.126), (2.127) die Größen $(\hat{\rho}, \hat{p}, \hat{v}, \hat{h})$ hinter dem Stoß aus den Größen (ρ, p, v, h) vor dem Stoß berechnen zu können, ist eine vierte Gleichung erforderlich, die spezielle Eigenschaften des strömenden Gases beschreibt. Für ein ideales Gas mit temperaturunabhängiger spezifischer Wärmekapazität gilt für die Enthalpie der Ausdruck

$$h = c_p \cdot T = (\kappa/(\kappa - 1)) \cdot p/\rho. \hfill (2.129)$$

Daraus folgt unter Berücksichtigung von Gl. (2.128), daß auch die Staupunkt- oder Ruhetemperatur beim Durchströmen der Stoßfläche konstant bleibt

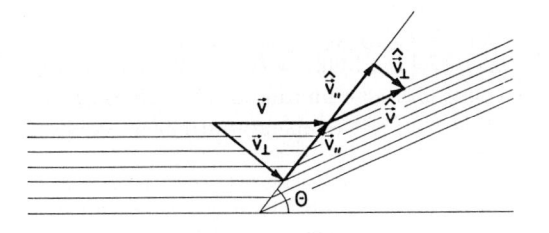

$$\hat{T}_0 = T_0 \hfill (2.130)$$

und damit auch das Verhältnis Druck zu Dichte im Ruhezustand

$$\hat{p}_0/\hat{\rho}_0 = p_0/\rho_0 \hfill (2.131)$$

konstant ist. Über die Werte von Ruhedruck $\hat{p}_0$ und Ruhedichte $\hat{\rho}_0$ hinter dem Stoß selbst sagt Gl. (2.131) nichts aus. Die folgenden Überlegungen zeigen, daß sie kleiner als die Werte vor dem Stoß sind.

2.7.6 *Hugoniot*-Gleichung

Aus den vier Gln. (2.125), (2.126), (2.127), (2.129) folgt die *Hugoniot*-Gleichung für das Verhältnis der Drücke hinter und vor dem Stoß $\hat{p}/p$ als Funktion des Verhältnisses der Dichte hinter und vor dem Stoß $\hat{\rho}/\rho$ für ein ideales Gas mit temperaturunabhängiger spezifischer Wärmekapazität c_p

$$\boxed{\frac{\hat{p}}{p} = \frac{(\kappa+1)\,\hat{\rho}/\rho - (\kappa-1)}{(\kappa+1) - (\kappa-1)\,\hat{\rho}/\rho}.} \qquad (2.132)$$

In Bild 2.19 ist die Hugoniot-Kurve und zum Vergleich die Poisson-Kurve $(\hat{p}/p)_{\text{isentrop}} = (\hat{\rho}/\rho)^\kappa$ für ein Gas mit $\kappa = 1{,}4$ dargestellt.

Die Hugoniot-Kurve hat einige interessante Eigenschaften. Die Dichte hinter dem Stoß $\hat{\rho}$ kann höchstens das $(\kappa+1)/(\kappa-1)$-fache des Wertes ρ vor dem Stoß annehmen, weil hierfür der Druck über alle Grenzen steigt. In dieser Eigenschaft besteht also ein erheblicher Unterschied zur Poisson-Kurve. Dagegen sind sowohl der Ordinatenwert ($\hat{p}/p = 1$) als auch die ersten und zweiten Differentialquotienten beider Kurven beim Wert $\hat{\rho}/\rho = 1$ gleich. Die Poisson-Kurve ist also für den Fall kleiner Verdichtung im Stoß ($\hat{\rho}/\rho \approx 1$) eine gute Näherung für die Hugoniot-Kurve. Die Abweichung der Hugoniot-Kurve von der isentropischen Poisson-Kurve bedeutet eine Entropieänderung $\hat{s} - s$ durch den Stoß; für ein ideales Gas temperaturunabhängiger spezifischer Wärmekapazität ist

$$\begin{aligned}\hat{s} - s &= c_V \ln(\hat{T}/T) + c_V(\kappa-1)\ln(\rho/\hat{\rho}) \\ &= c_V \ln\!\left(\frac{\hat{p}/p}{(\rho/\hat{\rho})^\kappa}\right) = c_V \ln\!\left(\frac{\hat{p}/p}{(\hat{p}/p)_{\text{isentrop}}}\right).\end{aligned} \qquad (2.133)$$

Nach dem zweiten Hauptsatz der Thermodynamik kann die Entropie des Gases beim Durchtritt durch die Stoßfläche nicht kleiner werden, das heißt, $\hat{s} - s \geq 0$. Daraus folgt, daß

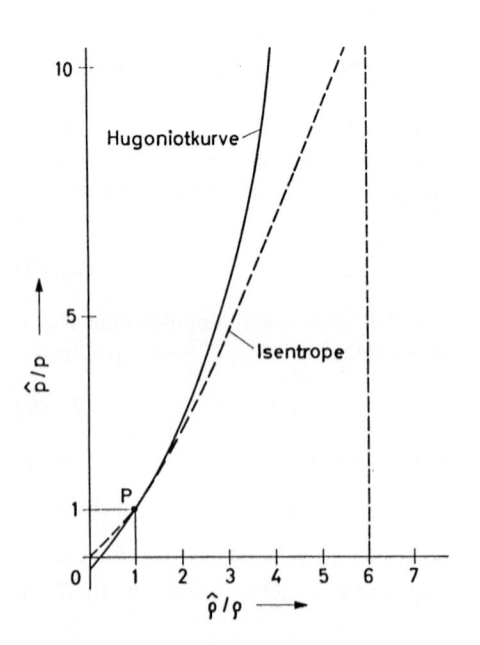

Bild 2.19
Hugoniot-Kurve und Poisson-Kurve (Isentrope) für $\kappa = 1{,}4$.
$(\kappa+1)/(\kappa-1) = 6$

nur der Ast der Hugoniot-Kurve, der oberhalb der Poisson-Kurve liegt ($\hat{p}/p \geq (\hat{p}/p)_{\text{isentrop}}$), eine physikalische Bedeutung hat. Dieser Ast beschreibt eine Stoßverdichtung, das heißt $\hat{\rho}/\rho > 1$ bzw. $\hat{p}/p > 1$. Eine Stoßverdünnung $\hat{\rho}/\rho < 1$ bzw. $\hat{p}/p < 1$ ist nicht möglich. Die Verdichtung eines strömenden Gases kann also sowohl in einem unstetigen Stoß mit Entropiezunahme nach der Hugoniot-Gleichung stattfinden als auch stetig isentrop nach der Poisson-Gleichung. Die Verdünnung erfolgt dagegen immer stetig isentrop.

2.7.7 Das Ruhedruckverhältnis $\hat{p}_0/p_0$

In technischen Verdichtern, wie zum Beispiel Dampfstrahl- oder Diffusionspumpen kann die Verdichtung in einem oder mehreren Verdichtungsstößen und nachfolgender isentropischer Verdichtung stattfinden, bis das Medium zur Ruhe kommt ($v = 0$). Der Druck steigt dann auf den Ruhedruck $\hat{p}_0$ hinter dem Stoß. Der Ruhedruck $\hat{p}_0$ ist also der höchstmögliche Kompressionsdruck des Strahlapparats. Er läßt sich aus dem bekannten Ruhedruck p_0 vor dem Stoß in dem Siedegefäß (Druckgefäß) berechnen. Da die Entropie definitionsgemäß vor dem Stoß und hinter dem Stoß jeweils konstant ist, kann sie auch durch die Zustandsgrößen T_0, $\hat{T}_0$ und ρ_0, $\hat{\rho}_0$ im Ruhezustand ausgedrückt werden. Für den Entropieanstieg im Stoß folgt daraus neben Gl. (2.133) ein zweiter Ausdruck

$$\hat{s} - s = c_V \ln(\hat{T}_0/T_0) + c_V(\kappa - 1) \ln(\rho_0/\hat{\rho}_0). \tag{2.134}$$

Durch Gleichsetzen von (2.133) und (2.134) und Berücksichtigung von $\hat{T}_0 = T_0$ (2.130) ergibt sich dann für das Ruhedruckverhältnis

$$\hat{p}_0/p_0 = ((\hat{p}/p)_{\text{isentrop}}/(\hat{p}/p))^{1/(\kappa-1)}. \tag{2.135}$$

In der praktischen Anwendung ist jedoch der Zustand des strömenden Gases kurz hinter dem Stoß ($\hat{p}, \hat{\rho}$) meist unbekannt. Dagegen kennt man die Ruhegrößen T_0, p_0, ρ_0 vor dem Stoß, die in dem Druckkessel, Siedegefäß oder Boiler herrschen und auf einfache Weise statisch gemessen werden können. Daraus lassen sich die Werte kurz vor dem Stoß (T, p, ρ) berechnen, wenn der kritische Querschnitt A^* und der Querschnitt an der Stelle des Stoßes A bekannt sind (Gln. (2.106) und (2.123)). Das Expansionsverhältnis p/p_0 hängt nur vom Flächenverhältnis A/A^* und der Stoffkonstante κ ab (Gln. (2.123) und (2.113)). Aus Gl. (2.135) läßt sich durch eine zwar elementare, aber langwierige Rechnung das Ruhedruckverhältnis als Funktion des Expansionsverhältnisses ableiten

$$\boxed{\frac{\hat{p}_0}{p_0} = \frac{\kappa+1}{\kappa-1}\left(\frac{p}{p_0}\right)^{1/\kappa} \frac{(1-(p/p_0)^{(\kappa-1)/\kappa})^{\kappa/(\kappa-1)}}{(4\kappa/(\kappa+1)^2 - (p/p_0)^{(\kappa-1)/\kappa})^{1/(\kappa-1)}}.} \tag{2.136}$$

Ähnlich erhält man das Verhältnis des Druckes $\hat{p}$ hinter dem Stoß zum Ruhedruck p_0 vor dem Stoß als Funktion des Expansionsverhältnisses und der Machzahl M vor dem Stoß

$$\begin{aligned}\frac{\hat{p}}{p_0} &= \frac{\kappa+1}{\kappa-1}\left(\frac{p}{p_0}\right)^{1/\kappa}\left(\frac{4\kappa}{(\kappa+1)^2} - \left(\frac{p}{p_0}\right)^{(\kappa+1)/\kappa}\right) = \\ &= \frac{(2\kappa/(\kappa+1))M^2 - (\kappa-1)/(\kappa+1)}{(((\kappa-1)/2)M^2 + 1)^{\kappa/(\kappa-1)}}.\end{aligned} \tag{2.137}$$

Bild 16.9, a ... e zeigt das Ruhedruckverhältnis $\hat{p}_0/p_0$ in Abhängigkeit vom Expansionsverhältnis p/p_0 für verschiedene κ-Werte.

2 Gasgesetze, Grundlagen der kinetischen Gastheorie und Gasdynamik

2.7.8 Der schräge Verdichtungsstoß

Die bisherigen Ergebnisse für den geraden Stoß können auf den schrägen Stoß übertragen werden, indem man einer Strömung mit geradem Stoß und den Geschwindigkeiten $v_\perp$ und $\hat v_\perp$ vor und hinter der Stoßfläche eine zweite Strömung, die parallel zur Stoßfläche verläuft (Geschwindigkeit $v_\parallel$), überlagert (vgl. Bild 2.18). Zur Berechnung von schrägen Stößen müssen dann ersetzt werden

v durch $v_\perp$
$\hat v$ durch $\hat v_\perp$ (2.138)
M durch $M \sin \theta$

(s. Bild 2.18), wobei θ der Winkel zwischen der Strömungsrichtung und der Fläche des Verdichtungsstoßes ist.

Da eine notwendige Bedingung für einen geraden Stoß $M > 1$ ist, und bei schrägem Stoß M durch $M \cdot \sin \theta$ ersetzt wird, ist die entsprechende Bedingung für einen schrägen Stoß $M > M \cdot \sin \theta > 1$. Der Anstellwinkel θ des Stoßes kann also nicht kleiner sein als der Machwinkel α, der durch $\sin \alpha = 1/M$ definiert ist. Der Anstellwinkel θ ist ein zusätzliches geometrisches Bestimmungsstück für den schrägen Verdichtungsstoß im Vergleich zum geraden Stoß. Kleine Anstellwinkel θ bedeuten kleine Änderungen der Zustandsgrößen im Stoß (schwache Stöße). Das Ruhedruckverhältnis hinter einem schrägen Stoß als Funktion des Anstellwinkels θ und des Expansionsverhältnisses p/p_0 ist

$$\frac{\hat p_0}{p_0} = \frac{\frac{\kappa+1}{\kappa-1}\left(\frac{p}{p_0}\right)^{1/\kappa}\left[1-\left(\frac{p}{p_0}\right)^{(\kappa-1)/\kappa}\right]^{\kappa/(\kappa-1)}}{\left[1+\left(\frac{p}{p_0}\right)^{(\kappa-1)/\kappa}\cot^2\theta\right]^{\kappa/(\kappa-1)}\cdot K^{1/(\kappa-1)}}$$ (2.139)

$$K = \frac{4\kappa \sin^2 \theta}{(\kappa+1)^2} - \left(\frac{\kappa-1}{\kappa+1}\right)^2 \left(1+\frac{4\kappa \sin^2 \theta}{(\kappa-1)^2}\right) \left(\frac{p}{p_0}\right)^{(\kappa-1)/\kappa}.$$

Für $\theta = \pi/2$ geht Gl. (2.139) in Gl. (2.136) des geraden Stoßes über.

2.7.9 Strömungsformen in und hinter Lavaldüsen bei verschiedenen „Gegendrücken p_A"

Die Düse Bild 2.17 wird von links aus einem „Druckraum" angeströmt, in dem die Ruhewerte T_0, p_0, $v_0 = 0$ im Querschnitt $A_0 = \infty$ herrschen. Das Medium (Treibgas) verläßt die Düse hinter A_1 nach rechts als freier Strahl und tritt in einen Raum ein, der zum Beispiel der Mischraum einer Strahlpumpe sein kann, vgl. Kapitel 6, Bild 6.1. Dann herrscht dort der „Ansaugdruck" (Gegendruck) p_A des zu pumpenden Gases, der entsprechend dem jeweiligen Evakuierungszustand der Anlage in weiten Grenzen veränderlich ist und sich im allgemeinen von dem statischen Druck p_1 im Strahl am Ausgang der Düse unterscheidet. Bei verschiedenen Ansaugdrücken p_A im Mischraum (Gegendrücke p_A) können verschiedene Strömungsformen innerhalb und außerhalb der Düse entstehen, die im folgenden besprochen werden sollen. Hierzu werden verschiedene Fälle diskutiert, die durch bestimmte Werte des Ansaugdrucks = Gegendrucks $p_A = p_a$, p_b, p_c, p_d charakterisiert werden, vgl. Bild 2.17.

Fall 1: $p_A = p_a < p_1$. Dieser Fall ist in Diffusionspumpen und Dampfstrahlpumpen im Bereich niedriger Ansaugdrücke realisiert. Das Medium expandiert in der Düse entsprechend den Gln. (2.113), (2.120) und (2.123) auf den Wert p_1 am Düsenaustritt (Querschnitt A_1)

und bildet nach Verlassen der Düse — isentrop auf den Druck im Mischraum expandierend und sich verbreiternd — einen freien Strahl. Wenn hierbei der Druck des Treibdampfs im Strahl unter den Gasdruck im Mischraum fällt, wird der Strahlquerschnitt größer als der p_a zugeordnete Gleichgewichtsquerschnitt. Im weiteren Verlauf des freien Strahls bildet sich dann wieder eine Querschnittsverengung, der weitere Erweiterungen und Verengungen periodisch folgen.

Fall 2: $p_A = p_1$. Es herrscht ideale Druckanpassung. Wenn die Düse so konstruiert ist, daß die Stromlinien die Düse parallel verlassen, entsteht ein Parallelstrahl. Sonst können wie im Fall 1 Periodizitäten auftreten.

Fall 3: $p_A = p_b$, wobei $p_1 < p_b < \hat{p}_1$. Dabei soll $\hat{p}_1$ der Druck hinter einem geraden Verdichtungsstoß am Ausgang der Düse (Querschnitt A_1) sein; er kann nach Gl. (2.137) oder Bild 16.9, a ... e aus dem Expansionsverhältnis p_1/p_0 und dem Ruhedruck p_0 bestimmt werden. Wenn der Gegendruck $p_A = p_b$ kleiner als $\hat{p}_1$ ist, kann sich ein gerader Stoß nicht ausbilden. Der Druck im Strahl steigt dann über einen schrägen Stoß am Düsenausgang vom Wert p_1 auf den Wert p_b an, wobei ähnlich wie bei den vorhergehenden Fällen im weiteren Verlauf eine Periodizität entsteht. Die Zustandsänderungen des strömenden Mediums erfolgen in der Düse und hinter der Düse bis an die Stelle s_V des Verdichtungsstoßes isentrop. In dem Verdichtungsstoß entsteht ein Entropieanstieg, so daß die isentropen Gleichungen (2.113), (2.120) und (2.123) in dem Gebiet hinter dem Stoß nicht mehr streng gelten und nur bei „schwachen" Stößen näherungsweise benutzt werden dürfen; sonst ist Gl. (2.139) anzuwenden (Abschnitt 2.7.8).

Fall 4: $p_A = \hat{p}_1$. Jetzt tritt der gerade Stoß am Düsenaustritt auf und vermittelt den Anstieg vom Druck p_1 am Düsenausgang auf den Gegendruck $p_A = \hat{p}_1$.

Fall 5: $p_A = p_c$, wobei $\hat{p}_1 < p_c < p'_1$. Der gerade Stoß verschiebt sich stromaufwärts, bis er bei wachsendem Gegendruck $p_c = p'_1$ den engsten Querschnitt erreicht. Hinter dem Stoß steigt der Druck weiter isentrop an, entsprechend Gl. (2.123) und Bild 16.9. Die Lage des Stoßes beziehungsweise sein Querschnitt A und die Drücke p vor und $\hat{p}$ hinter dem Stoß werden durch die Gleichungen

A/A^* = Funktion von p/p_0 (2.123)

A/A_1 = Funktion von $\hat{p}/p_c$ (2.123)

$\hat{p}/p_0$ = Funktion von p/p_0 (2.137)

bestimmt. Darin sind bekannt der kritische Querschnitt A^*, der Querschnitt A_1 am Ausgang der Düse, der Ruhedruck p_0 und der Gegendruck p_c.

Fall 6: $p_A = p'_1$. Im engsten Querschnitt (A^*) fällt der Druck auf den kritischen Wert p^*, wobei Schallgeschwindigkeit ($M = 1$) erreicht wird. Rechts vom engsten Querschnitt steigt der Druck wieder an bis auf den Wert $p = p'_1$ am Ausgang der Düse (Querschnitt A_1), und die Geschwindigkeit nimmt Unterschallwerte an. Die Zustandsänderung des strömenden Mediums ist isentrop. Deshalb gelten wie für Fall 1 und Fall 2 die Gln. (2.113), (2.120) und (2.123).

Fall 7: $p_A = p_d$, wobei $p_0 > p_d > p'_1$. In diesem Fall wird der kritische Zustand nicht erreicht. In der Düse herrscht an jeder Stelle Unterschallgeschwindigkeit. Diese Bedingungen kommen in Vakuum-Dampfstrahl- und -Diffusionspumpen nicht vor, herrschen jedoch fast immer in Vakuumleitungen. Die Gl. (2.123) gilt auch hier, jedoch ist der kritische Querschnitt A^* eine fiktive Größe A^*_f, die kleiner als der engste Querschnitt A_{min} der Düse ist.

Um die Zustandsgrößen in einem beliebigen Querschnitt A zu berechnen, geht man vom Querschnitt am Ende der Düse A_1 und dem Gegendruck p_d aus und bestimmt A_f^* nach Gl. (2.123). Dann kann man daraus den Druck p im Querschnitt A ermitteln. Das „Rückwärtsrechnen" im Unterschallbereich vom Düsenausgang (Querschnitt A_1, Druck p_d) ist auch physikalisch sinnvoll, weil sich der Druck mit Schallgeschwindigkeit gegen die Unterschallströmung fortpflanzen kann. (Im Gegensatz dazu kann sich der Druck gegen eine Überschallströmung nicht fortpflanzen.) Auch der Massenstrom ist bei Unterschallströmung vom Gegendruck abhängig. Trotzdem gilt der Ausdruck Gl. (2.124)

$$q_m = A_f^* \rho_f^* v_f^*,$$

wobei A_f^* der oben erwähnte fiktive Wert ist, der kleiner als der engste Düsenquerschnitt ist und vom Gegendruck abhängt. ρ_f^* und v_f^* sind Dichte und Geschwindigkeit in A_f^*.

Der engste Düsenquerschnitt A_{min} weicht auch dann vom kritischen Querschnitt A^* ab, wenn die Düse mit Überschallgeschwindigkeit angeströmt und im engsten Querschnitt mit Überschallgeschwindigkeit durchströmt wird. Dies tritt immer dann ein, wenn die Verdichtung in dem sich verjüngenden Teil der Düse so schwach ist, daß im engsten Querschnitt der kritische Zustand nicht erreicht wird. In Staudüsen von Dampfstrahl- und Diffusionspumpen können solche Strömungsformen auftreten, wenn die Gegendrücke hinreichend niedrig sind.

2.7.10 Zweidimensionale Strömung um eine Ecke (Prandtl-Meyer)

Der freie Überschallstrahl hinter der Düse (Abschnitt 2.7.9) läßt sich im allgemeinen nicht mit der eindimensionalen Stromfadentheorie beschreiben. Die hierzu geeigneten ebenen und räumlichen Lösungsmethoden werden ausführlich in der Literatur behandelt [4, 7]. In der Vakuumtechnik genügt es jedoch häufig, das Verhalten des Überschallstrahls in der Nähe der Düsenmündung zu berechnen. Hierzu dient das Verfahren nach *Prandtl-Meyer* [5, 6]. Berechnet wird eine einseitig durch eine Wand begrenzte Parallelströmung, die am Ende der Wand (Ecke) in ein Gebiet mit niedrigerem Gegendruck p als in der Parallelströmung (p_1) eindringt (Bild 2.20). Dabei wird die Strömung aus ihrer ursprünglichen Richtung abgelenkt, die Richtung der Stromlinie (Geschwindigkeit) bildet mit der ursprünglichen Richtung der Parallelströmung einen Winkel ϑ. Die zweidimensionale (ebene) Behandlung des Problems ergibt, daß Betrag und Richtung der Geschwindigkeit $\vec{v}$, d.h. also auch ϑ, und die Zustandsgrößen p, ρ, T auf jedem von der Ecke E ausgehenden Fahrstrahl $\vec{\Sigma}$ (Bild 2.20) konstant sind. Weiterhin ergibt sich, daß die Fahrstrahlen $\vec{\Sigma}$ „Machlinien" sind, d.h. daß sie die Stromlinien (Richtung $\vec{v}$) unter dem Machwinkel α schneiden, wobei nach Abschnitt 2.7.8 $M = (\sin \alpha)^{-1}$ ist. Der Winkel ϑ errechnet sich als Differenz

$$\vartheta = \lambda - \lambda_1 \tag{2.140}$$

der Werte eines Strömungsparameters

$$\lambda = \frac{1}{2} \arccos(\kappa - (\kappa - 1)/[1 - (p/p_0)^{(\kappa-1)/\kappa}])$$
$$+ \frac{1}{2}\left(\frac{\kappa+1}{\kappa-1}\right)^{1/2} \arccos(\kappa - (\kappa + 1)[1 - (p/p_0)^{(\kappa-1)/\kappa}]) - \frac{\pi}{2} \tag{2.141}$$

an der betrachteten Stelle des Strömungsfeldes (λ) und an der Stelle 1 (Parallelströmung vor der Ecke, λ_1). Werte von λ können aus Bild 16.9 entnommen werden.

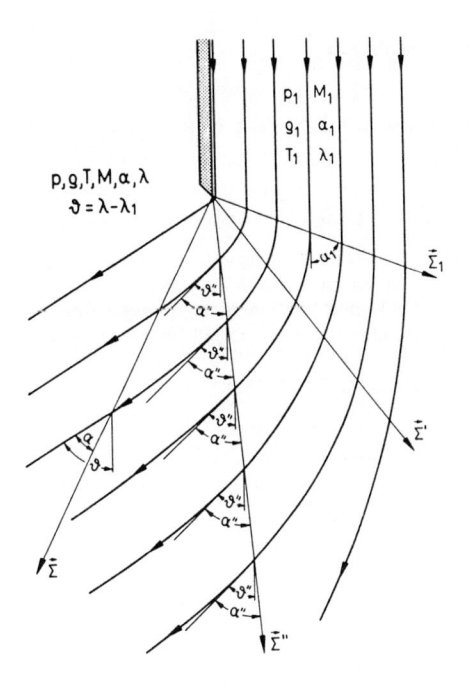

Bild 2.20
Überschallströmung um die Ecke einer Wand. Die Fahrstrahlen $\vec{\Sigma}$ sind Machlinien, auf denen die Zustandsgrößen p, ρ, T und die Strömungsparameter M, α, λ sowie der Ablenkwinkel $\vartheta = \lambda - \lambda_1$ konstant sind. Die Machlinien bilden mit den Stromlinien den Winkel α mit $M = (\sin \alpha)^{-1}$.

Ist die Parallelströmung vor der Ecke gerade kritisch, d.h. $M = 1$, so daß Gl. (2.114) gilt, so folgt aus Gl. (2.141)

$$\lambda_1 = \lambda^* = 0.$$

In diesem Fall wird also der Ablenkwinkel ϑ gleich dem Strömungsparameter λ, der auf diese Weise eine physikalische Bedeutung erhält. Wenn das Gas, dessen Strömung vor der Ecke kritisch ist, hinter der Ecke auf den Druck $p = 0$ expandiert, so folgt aus Gl. (2.141) der maximale Ablenkwinkel

$$\vartheta_{max} = \frac{\pi}{2} \left[\left(\frac{\kappa + 1}{\kappa - 1} \right)^{1/2} - 1 \right]. \tag{2.142}$$

Er wird für Gase mit $\kappa < 1{,}25$ größer als $180°$; da dies physikalisch unmöglich ist, kann das Gas in diesen Fällen nur auf einen endlichen Wert des Druckes p_{min} expandieren. p_{min} läßt sich aus Gl. (2.141) berechnen, wenn man $\lambda = \pi$ setzt. Ähnliches gilt für überkritische Strömungen.

Beispiel 2.9: Als Beispiel soll der Austrittswinkel ϑ eines freien Überschallstrahls aus einer Düse in ein Gebiet mit geringem Gegendruck bestimmt werden (Fall 1 von Abschnitt 2.7.9). Der Strahl bestehe aus Öldampf mit $\kappa = 1{,}1$ und der relativen Molekülmasse $M_r = 435$. Am Düsenausgang herrsche das Expansionsverhältnis $p_1/p_0 = 3 \cdot 10^{-2}$, der Gegendruck p hinter der Düse entspreche einem Expansionsverhältnis $p/p_0 = 10^{-3}$. Aus Bild 16.9d liest man ab $\lambda_1 = 65°$ und $\lambda = 113°$, so daß nach Gl. (2.140) ein Ablenkwinkel

$$\vartheta = \lambda - \lambda_1 = 113° - 65° = 48°$$

folgt.

Aus Bild 16.9d lassen sich auch die Zustandskenngrößen des Gases ablesen:

Düsenausgang ($p_1/p_0 = 3 \cdot 10^{-2}$):

$M_1 = 2{,}8$; $M_1^* = 2{,}4$; $T_1/T_0 = 0{,}72$; $\rho_1/\rho_0 = 0{,}04$; $\hat{p}_{0,1}/p_0 = 0{,}26$; $\iota_1 = 0{,}16$.

Hinter der Düse ($p/p_0 = 10^{-3}$):

$M = 4{,}2$; $M^* = 3{,}2$; $T/T_0 = 0{,}53$; $\rho/\rho_0 = 2 \cdot 10^{-3}$; $\hat{p}_0/p_0 = 0{,}02$; $\iota = 0{,}01$.

Die Größen p_0, ρ_0 und T_0 des Gases im Ruhezustand sind nicht unabhängig voneinander frei wählbar; sie hängen einerseits durch die Zustandsgleichung (2.31.4), andererseits durch die Dampfdruckkurve zusammen. Für das verwendete Öl ($\kappa = 1{,}1$) folgt z.B. aus der Dampfdruckkurve für den Siededruck $p = 10$ Torr $= 13{,}33$ mbar die Siedetemperatur $T_0 = 520$ K. Dann ergibt sich aus Tabelle 2.3, Zeile 9 eine kritische Geschwindigkeit

$$v^* = 4{,}47 \cdot \sqrt{520} = 102 \text{ m} \cdot \text{s}^{-1}$$

und eine kritische Stromdichte (Tabelle 2.3, Zeile 11)

$$j^* = 14{,}37 \cdot 13{,}33/\sqrt{520} = 8{,}4 \text{ kg m}^{-2} \text{ s}^{-1}$$

sowie die weiteren Werte

$v_1 = M_1^* \cdot v^* = 245 \text{ m} \cdot \text{s}^{-1}$
$j_1 = \iota_1 \cdot j^* = 1{,}34 \text{ kg} \cdot \text{m}^{-2} \text{ s}^{-1}$
$v = M^* v^* = 324 \text{ m} \cdot \text{s}^{-1}$
$j = \iota \cdot j^* = 0{,}084 \text{ kg m}^{-1} \text{ s}^{-1}$.

Weitere Beispiele für die Anwendung gasdynamischer Überlegungen finden sich in Kapitel 6.

2.8 Literatur

[1] *Schmidt, E.*, Technische Thermodynamik. Grundlagen und Anwendungen. Elfte neubearbeitete Auflage. *K. Stephan* und *F. Mayinger*. 2 Bde., Springer-Verlag, Berlin/Heidelberg/New York 1975.
[2] *D'Ans-Lax*, Taschenbuch für Chemiker und Physiker, 3 Bände, Springer-Verlag, Berlin 1970.
[3] *Landolt-Börnstein*. Zahlenwerte und Funktionen aus Physik, Chemie, Astronomie, Geophysik, Technik. Springer-Verlag, Berlin/Göttingen/Heidelberg, 6. Auflage, 1947 bis heute, verschiedene Bände.
[4] *Sauer, R.*, Einführung in die theoretische Gasdynamik. 3. Aufl. Springer-Verlag. Berlin/Göttingen/Heidelberg 1960. *Becker, E.*, Gasdynamik. B. G. Teubner Verlagsgesellschaft, Stuttgart 1965.
[5] *Prandtl, L.*, Phys. Zeitschrift **8** (1907) 23.
[6] *Meyer, Th.*, VDI-Forschungsheft **62** (1908).
[7] Handbuch der Physik. Herausg. von *S. Flügge*. Band 12: Thermodynamik der Gase. Springer-Verlag, Berlin/Göttingen/Heidelberg 1958; dort weitere Literatur.

Weitere Literatur:

Dushman, S., Scientific Foundation of Vacuum Techniques. Second edition. J. Wiley u. Sons, 1962.
Chapman, S. u. *Cowling, T. G.*, The Mathematical Theory of Nonuniform Gases, Cambridge 1958.
Huang, K. Statistische Mechanik I, B.I. Hochschultaschenbücher Nr. 68.
Hirschfelder, J. O., Curtiss, C. F. and *Bird, R. B.*, Molecular Theory of Gases and Liquids. New York, London 1954.

3 Sorption und Desorption

3.1. Sorptionsphänomene und deren Bedeutung; Begriffe und Terminologie

Treffen auf eine feste (oder flüssige, was hier außer Betracht bleiben kann) Oberfläche, genannt *Adsorbens* (Bild 3.1), Atome oder Moleküle aus einer Gas- oder Dampfphase, genannt *Adsorptiv*, so werden sie mit einer Haft-Wahrscheinlichkeit $H \leqslant 1$ festgehalten bzw. mit der Wahrscheinlichkeit $(1-H)$ reflektiert. Die haftenden *Adteilchen*, genannt das *Adsorpt*, werden entweder durch *Dipolkräfte* oder *van der Waals-Kräfte* (*Physisorption*) oder durch *Austauschkräfte* (*kovalente Bindung, Chemisorption*) festgehalten. Zur Desorption der Adteilchen ist eine *Desorptionsenergie* E_{des} aufzuwenden (sie ist beim Adsorptionsvorgang frei geworden). Die molaren Desorptionsenergien liegen bei der Physisorption in der Größenordnung $E_{des} \approx 30$ kJ/mol (0,3 eV je Teilchen), bei der Chemisorption in der Größenordnung $E_{des} \approx 500$ kJ/mol (5 eV je Teilchen). Die Bindung durch Chemisorption ist also etwa 10 mal stärker als durch Physisorption. Gehen die *Adteilchen* mit den *Oberflächenteilchen* eine *stöchiometrische chemische Bindung* ein, wobei eine Umlagerung der Teilchen des Adsorbens stattfindet, so erreichen die Adsorptionsenergien die Werte chemischer Reaktionsenergien, die noch etwas größer als die der Chemisorption sind. Die Adteilchen können auch in das Adsorbens eindiffundieren, als „Lösung" im Zwischengitter sitzen: Dann spricht man von *Absorption* oder *Okklusion*. Von *Sorption* spricht man, wenn man über die relativen Anteile der verschiedenen genannten Effekte keine Aussage machen kann oder will (vgl. das Schema in Bild 3.2).

In der *Adsorptionsphase,* genannt *Adsorbat*, können die Adteilchen in *einer* Schicht *dicht gepackt* sein. In dieser *„monomolekularen Schicht"* findet man eine flächenbezogene

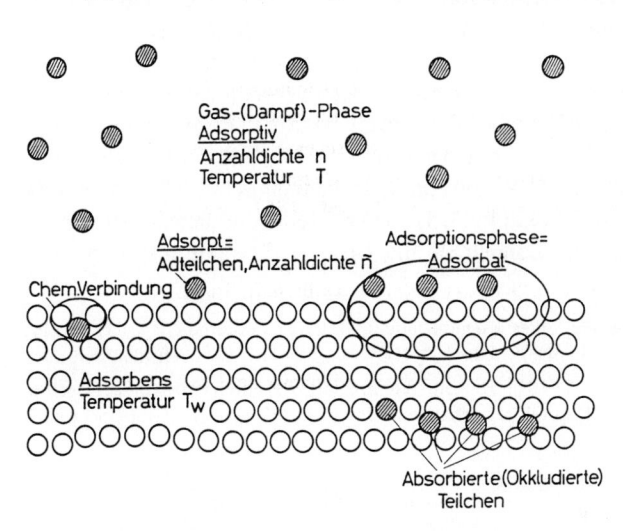

Bild 3.1 Zur Terminologie der Sorptionsvorgänge.

n = Anzahldichte des Adsorptivs im *Gasvolumen* $[n] = m^{-3}$,

$\tilde{n}$ = Anzahldichte des Adsorpts auf der *Oberfläche* des Adsorbens $[\tilde{n}] = m^{-2}$.

T und T_W können gleich oder verschieden groß sein.

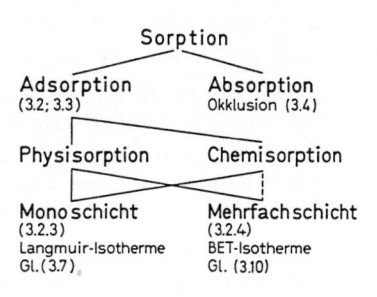

Bild 3.2 Vereinfachtes Schema der Sorptionsvorgänge.

3 Sorption und Desorption

Anzahldichte $\tilde{n}_{mono}$. Bei geringerer als monoatomarer Bedeckung mit der Flächenanzahldichte $\tilde{n} < \tilde{n}_{mono}$ herrscht ein *„Bedeckungsgrad"*

$$\boxed{\theta = \tilde{n}/\tilde{n}_{mono}.} \tag{3.1}$$

Baut sich über der Monoschicht eine weitere Adschicht auf, so wirken als Adsorptionskräfte bei der ersten weiteren Schicht (also der zweiten Adschicht) im wesentlichen, bei weiteren Schichten ausschließlich, die Kräfte zwischen den (einander gleichen) Adsorptiv-Teilchen, die Desorptionsenergie der Teilchen dieser Schicht entspricht daher etwa der Verdampfungs-„Wärme" Λ_v des festen (wenn die Adsorptionsschicht starr, immobil ist) oder flüssigen (wenn die Schicht fluid, mobil ist) Adsorptivs (Beispiel: Λ_v (Wasser, $\vartheta = 0$ °C) = 45,00 kJ/mol $\hat{=}$ 0,47 eV, Λ_v (Eis, $\vartheta = 0$ °C) = 50,86 kJ/mol $\hat{=}$ 0,53 eV).

Beispiel 3.1: Nach Tabelle 16.6 ist der Radius des Stickstoffmoleküls $r = 1,6 \cdot 10^{-10}$ m. Bei dichtester Packung benötigt ein Teilchen (man zeichne sich das auf!) die Fläche $A_1 = 2 \cdot \sqrt{3} r^2$; dann errechnet sich die Flächendichte einer Monoschicht (monomolekular, monoatomar) zu $\tilde{n}_{mono}(=: N/A) = 1/A_1 \approx$ $\approx (2 \cdot \sqrt{3} \cdot r^2)^{-1} \approx 10^{19}$ m^{-2} = 10^{15} cm^{-2}. Bei monoatomarer Belegung befinden sich also auf einem Quadratmeter ideal glatter, also geometrischer Oberfläche etwa 10^{19} Teilchen; dies ist ein Merkwert für Monobelegung. Dabei muß allerdings vermerkt werden, daß auch eine makroskopisch gesehen „glatte" Oberfläche mikroskopisch gesehen, insbesondere in atomaren Dimensionen (einige bis viele Atomabstände), „rauh" sein kann, so daß die wahre Oberfläche wesentlich größer als die gemessene Oberfläche sein kann. Dieser Sachverhalt muß in der Technik des Ultrahochvakuums berücksichtigt werden.

Ist die Anzahldichte n des Adsorptivs (in der Gasphase, vgl. Bild 3.1) groß, d.h., ist der Gas-(Dampf-)Druck groß, so können sich viele Adsorptionsschichten übereinander aufbauen. Man spricht dann von *Kondensation* (vgl. Abschnitt 2.6).

Die Erscheinungen von Sorption und Kondensation spielen in allen Druckbereichen der Vakuumtechnik (Tabelle 16.0) eine große Rolle. Eine günstige Auswirkung haben sie bei Sorptionspumpen (Kapitel 8 und 15), Ionenzerstäuberpumpen (Kapitel 8), Kondensatoren (Kapitel 9) und Kryopumpen (Kapitel 10). Schädliche Wirkungen finden wir bei Ionisationsvakuummeter-Röhren (Kapitel 11) und immer dann, wenn nach einem Sorptionsvorgang eine Entgasung (Desorption adsorbierter, Ausgasung absorbierter (okkludierter) Gase) folgt, z.B. bei der Evakuierung eines Hochvakuumbehälters nach Belüften. Entgasung ist immer unerwünscht, sie bestimmt beim Arbeiten im Hochvakuum (HV) und Ultrahochvakuum (UHV), aber auch schon im Feinvakuum (FV) die zum Erreichen eines bestimmten Arbeits- oder Enddrucks benötigte Auspumpzeit (Kapitel 15). Selbst wenn die dabei auftretenden Gasmengen bzw. Gasströme gering sind, können sie die Ursache für vakuumtechnisch beträchtliche Druckänderungen sein.

Beispiel 3.2: An der inneren Oberfläche A_K eines Kugelbehälters, Radius r, Volumen $V = 1$ ℓ, sei eine Monoschicht Stickstoff adsorbiert. Auf $A_K = 4\pi r^2 = 4\pi \left(\frac{3}{4\pi} V\right)^{2/3} = 4,85 \cdot 10^{-2}$ m^2 befindet sich nach Beispiel 3.1 die Anzahl $N_{ad} = \tilde{n}_{mono} \cdot A_K = 5 \cdot 10^{17}$ Stickstoffadmoleküle. Bei deren vollständiger Desorption (z.B. durch Temperatur-Erhöhung, s. Kapitel 15) erhält man im Behälter bei Raumtemperatur nach Gl. (2.31.6) den Stickstoff-Partialdruck

$$p_{N_2} = \frac{N_{ad}}{V} \cdot kT = \frac{5 \cdot 10^{17} \cdot 1,4 \cdot 10^{-23} \text{ J} \cdot 300 \text{ K}}{10^{-3} \text{ m}^3 \text{ K}} \approx 2 \text{ N} \cdot \text{m}^{-2} = 2 \text{ Pa} = 2 \cdot 10^{-2} \text{ mbar} = 20\, \mu\text{bar}.$$

Die Vorgänge bei der Sorption und Desorption von Gasen und Dämpfen an Festkörperoberflächen und bei der Ausgasung sind sehr komplex. Sie werden daher hier nur in ihren einfachsten Modellen beschrieben, um ein grundsätzliches Verständnis der vakuumtechnischen Prozesse zu ermöglichen.

3.2 Adsorptions- und Desorptionskinetik

3.2.1 Adsorptionsrate

Gl. (2.57) gibt die Teilchenstromdichte des Adsorptivs (Temperatur T) auf die Oberfläche des Adsorbens (Temperatur T_W), wo die Teilchen nach Abschnitt 3.1 mit der Haftwahrscheinlichkeit $H = H_0(T_W)\,f(\theta)$ haften bleiben. Mit $H_0(T_W)$ kann auch berücksichtigt werden, daß die Teilchen in einigen Fällen zunächst physiosorbiert werden und aus diesem Zustand erst unter Überwindung einer Potentialschwelle, also unter Aufwendung einer „Aktivierungsenergie", in den chemisorbierten Zustand übergehen. Dies ist nach neueren Erkenntnissen nicht häufig der Fall, so daß wir – auch der Einfachheit halber – H_0 temperaturunabhängig, d.h. konstant ansetzen können. Die einfachste Annahme der Bedeckungsabhängigkeit von H hat *Langmuir* in der Weise gemacht, daß Teilchen nur dann adsorbiert werden, wenn sie auf ein noch unbesetztes Flächenstück treffen, d.h. bei einatomigen Adsorptiven, wenn $f(\theta) = 1 - \theta$, also

$$H = H_0(1 - \theta) \tag{3.2}$$

ist. Mit diesen vereinfachten Annahmen wird die flächenbezogene Adsorptionsrate oder Adsorptionsstromdichte

$$j_{ad} = H_0(1 - \theta)\frac{n\bar{c}}{4}\,. \tag{3.3}$$

3.2.2 Desorptionsrate

Bringt man einen Festkörper, der bei höherem Druck (z.B. beim Lagern an atmosphärischer Luft oder beim Belüften einer Vakuumapparatur) Gase (Sauerstoff, Stickstoff, Wasserdampf) sorbiert hat, ins Vakuum, so wird zunächst das Adsorpt (Abschnitt 3.1) je nach Größe der Desorptionsenergie mehr oder weniger schnell abgegeben; diesen Vorgang nennt man „Desorption" im eigentlichen Sinne. Das im Innern des Festkörpers befindliche okkludierte Gas tritt unter gleichen Bedingungen mit einer vergleichsweise beträchtlich größeren Zeitkonstante ins Vakuum aus (vgl. Tabelle 3.3); dieser Vorgang wird als „Ausgasung" bezeichnet und in Abschnitt 3.5 gesondert behandelt. In der Technik werden häufig beide – physikalisch völlig verschiedenen – Vorgänge Desorption genannt; hier bezeichnen wir Desorption und Ausgasung gemeinsam als Entgasung.

Die an der Oberfläche adsorbierten Adteilchen schwingen mit einer Frequenz der Größenordnung $\nu_0 \approx 10^{+13}\,\text{s}^{-1}$ bzw. einer Schwingungsdauer $\tau_0 \approx 10^{-13}\,\text{s}$. Zur Desorption müssen sie eine kinetische Energie $E_{kin} \geqslant E_{des}$ besitzen. Nach *Boltzmann* erfüllt von $\tilde{n}$ Teilchen der Bruchteil $d\tilde{n} = \tilde{n}\exp(-E_{des}/kT_W)$ diese Bedingung, so daß die flächenbezogene Desorptionsrate oder Desorptionsstromdichte

$$j_{des} = \frac{d\tilde{n}}{dt} = \nu_0\tilde{n}\cdot\exp(-E_{des}/RT_W) \tag{3.4}$$

sich als Produkt aus der Anzahl der Teilchen, welche die genügende Energie besitzen, und der Häufigkeit ν_0, mit der sie nach außen schwingen, d.h. sich von der Oberfläche weg bewegen, zusammensetzt. Unter den Adteilchen wird es welche geben, die lange auf der Oberfläche verweilen, bis sie desorbieren, und solche, die nur eine kurze Verweilzeit haben; der Mittelwert aus allen Verweilzeiten, die *mittlere Verweilzeit*, errechnet sich aus Gl. (3.4) zu

$$\tau = \tau_0 \cdot \exp(E_{des}/RT_W)\,. \tag{3.5}$$

3 Sorption und Desorption

Beispiel 3.3: Die molare Desorptionsenergie von CO_2 an Kohle ist etwa $E_{des} \approx 34 \text{ kJ} \cdot \text{mol}^{-1}$. Dann beträgt der Exponentialfaktor in Gl. (3.5) bei Raumtemperatur ($T_W = 300$ K) $\epsilon = \exp(34 \cdot 10^3 \text{ J} \cdot \text{mol}^{-1}/8,3 \text{ J} \cdot \text{K}^{-1} \text{mol}^{-1} \cdot 300 \text{ K}) = 8,5 \cdot 10^5$ und bei der Temperatur des flüssigen Stickstoffs ($T_W \approx 90$ K) $\epsilon = 5,85 \cdot 10^{19}$. Nimmt man den Vorfaktor zu $\tau_0 = 10^{-13}$ s an, so beträgt die mittlere Verweilzeit der Adteilchen

bei $T_W = 300$ K (Zimmertemperatur) $\tau \approx 10^{-7}$ s

bei $T_W = \ \ 90$ K (Siedetemperatur des flüssigen Stickstoffs) $\tau \approx 5{,}8 \cdot 10^6$ s $\approx$ 67 Tage.

Tabelle 3.1 gibt für verschiedene Werte der Desorptionsenergie E_{des} und der Oberflächen-(Wand-)Temperatur T_W die Größe des Exponentialfaktors und die Verweilzeit τ für $\tau_0 = 10^{-13}$ s an. Es muß aber nachdrücklich darauf hingewiesen werden, daß experimentell „Vorfaktoren" τ_0 im Wertebereich 10^{-4} s $> \tau_0 > 10^{-15}$ s gefunden worden sind. Meßwerte von E_{des} liegen zwischen den Extremwerten $E_{des} \approx 0{,}08$ kJ/mol ($\hat{=}$ 0,8 meV), Verdampfungswärme des flüssigen Heliums und 980 kJ/mol ($\hat{=}$ 9,8 eV), Adsorption von O_2 an Ti.

Ist die Oberfläche zur Zeit $t = 0$ mit $\tilde{n}_0$ Teilchen belegt, so gibt eine Integration von Gl. (3.4) (negatives Vorzeichen, weil Abnahme) die Teilchenanzahl $\tilde{n}(t)$ zur Zeit t

$$\tilde{n}(t) = \tilde{n}_0 \cdot \exp(-t/\tau) \tag{3.6}$$

in Analogie zum Gesetz des radioaktiven Zerfalls. Die Zeit, die hiernach benötigt wird, um eine Adsorptionsschicht auf den Bruchteil $f = \tilde{n}(t)/\tilde{n}_0$ zu desorbieren, ist

$$t = \tau \cdot \ln \frac{1}{f}, \tag{3.6a}$$

z.B. für $f = 10^{-6}$ wird $t \approx 13{,}8 \, \tau$.

Beispiel 3.4: Auf einer Stahlfläche ist eine Monoschicht von N_2-Molekülen adsorbiert. Wie lange dauert es, bis diese Schicht durch Desorption im Vakuum auf 1 % ($f = 0{,}01$) abgebaut ist, und zwar a) bei Zimmertemperatur ($T_W = 300$ K), b) bei erhöhter Temperatur ($T_W = 600$ K)?

Eine Monoschicht N_2-Moleküle enthält $\tilde{n}_0 = 10^{15}$ Moleküle/cm^2 (siehe Beispiel 3.1). Die Desorptionsenergie für N_2 auf Stahl beträgt $E_{des} = 170$ kJ/mol. Gemäß (3.6) und (3.5) mit $\tau_0 = 10^{-13}$ s ergibt sich für

a) $T = 300$ K:

$$f = \frac{n(t)}{\tilde{n}_0} = 0{,}01 = \exp\left[-\frac{t}{10^{-13} \text{ s}} \cdot \exp\left(-\frac{170 \text{ kJ} \cdot \text{mol}^{-1}}{8{,}314 \text{ J} \cdot \text{mol}^{-1} \cdot \text{K}^{-1} \cdot 300 \text{ K}}\right)\right]$$

$$= \exp\left[-10^{13} \frac{t}{\text{s}} \exp\left(-\frac{1700}{8{,}314 \cdot 3}\right)\right].$$

Die Ausrechnung ergibt $t = 1{,}84 \cdot 10^{17}$ s $= 5{,}8 \cdot 10^9$ Jahre, also keine Desorption.

b) $T = 600$ K: Die analoge Rechnung ergibt $t = 290$ s $= 5$ min.

Das Beispiel zeigt – in Übereinstimmung mit der Praxis (siehe Abschnitt 15) – daß Temperaturerhöhung die Desorption erheblich beschleunigt. Dies gilt auch für die Ausgasung (Abschnitt 3.5).

3.2.3 Mono-Schicht-Adsorption; Langmuirsche Adsorptionsisotherme

Das Adsorptionsgleichgewicht wird erreicht, wenn die Adsorptionsstromdichte Gl. (3.3) gleich der Desorptionsstromdichte Gl. (3.4) ist. Aus dieser Gleichsetzung folgt unter Ver-

3.2 Adsorptions- und Desorptionskinetik 3.2.3

Tabelle 3.1 Exponentialfaktor $\epsilon = \exp(E_{des}/RT_W)$ und mittlere Verweilzeit τ nach Gl. (3.5) mit $\tau_0 = 10^{-13}$ s in Abhängigkeit von der Desorptionsenergie E_{des} und der Temperatur der Festkörperoberfläche T_W (NB! 1 Jahr = $3{,}15 \cdot 10^7$ s)

E_{des}			$T_W = 77$ K $\vartheta_W = -196\ °C$		$T_W = 298$ K $\vartheta_W = 25\ °C$		$T_W = 773$ K $\vartheta_W = 500\ °C$		$T_W = 1273$ K $\vartheta_W = 1000\ °C$		$T_W = 2273$ K $\vartheta_W = 2000\ °C$	
kcal/mol	kJ/mol	eV	ϵ	τ/s	ϵ	τ/s	ϵ	τ/s	ϵ	τ/s	ϵ	τ/s
0,1	0,42	0,004	1,93	$2 \cdot 10^{-13}$	1,18	$1{,}2 \cdot 10^{-13}$	1,07	$1 \cdot 10^{-13}$	1,04	$1 \cdot 10^{-13}$	1,02	$1 \cdot 10^{-13}$
1,0	4,19	0,0436	698	$7 \cdot 10^{-11}$	5,43	$5{,}4 \cdot 10^{-13}$	1,92	$1{,}9 \cdot 10^{-13}$	1,48	$1{,}5 \cdot 10^{-13}$	1,25	$1{,}3 \cdot 10^{-13}$
10	41,9	0,436	$2{,}7 \cdot 10^{28}$	$3 \cdot 10^{15}$	$2{,}2 \cdot 10^7$	$2{,}2 \cdot 10^{-6}$	680	$6{,}8 \cdot 10^{-11}$	52,5	$5{,}3 \cdot 10^{-12}$	9,19	$9 \cdot 10^{-13}$
50	210	2,18			$6{,}7 \cdot 10^{36}$	$6{,}7 \cdot 10^{23}$	$1{,}6 \cdot 10^{23}$	16	$4{,}2 \cdot 10^8$	$4{,}2 \cdot 10^{-5}$	$6{,}7 \cdot 10^4$	$6{,}7 \cdot 10^{-9}$
100	419	4,36					$2{,}1 \cdot 10^{28}$	$2 \cdot 10^{15}$	$1{,}6 \cdot 10^{17}$	$1{,}6 \cdot 10^4$	$4{,}3 \cdot 10^9$	$4 \cdot 10^{-4}$
150	629	6,54							$6{,}6 \cdot 10^{25}$	$6{,}6 \cdot 10^{12}$	$2{,}9 \cdot 10^{14}$	29
300	1257	13,1									$8 \cdot 10^{29}$	$8 \cdot 10^{15}$

wendung von Gl. (2.31.7) für den Zusammenhang zwischen Druck p und Anzahldichte n des Adsorptivs die *Langmuir-Isotherme*

$$\theta = \frac{\tilde{n}}{\tilde{n}_{\text{mono}}} = \frac{p \cdot C_L}{1 + p C_L} \qquad (3.7)$$

mit

$$C_L = \frac{N_A H_0 \cdot \tau_0 \cdot \exp(E_{\text{des}}/RT_W)}{\tilde{n}_{\text{mono}} \sqrt{2\pi RT \cdot M_{\text{molar}}}}, \quad (3.7a)$$

Bild 3.3
Grundsätzlicher Verlauf der Langmuirschen Adsorptionsisothermen (Gl (3.7)) für zwei verschiedene Temperaturen $T_1 < T_2$. Ordinate: Bedeckungsgrad $\theta = \tilde{n}/\tilde{n}_{\text{mono}}$; Abszisse: Druck im Absorptiv (Gas-, Dampfphase).

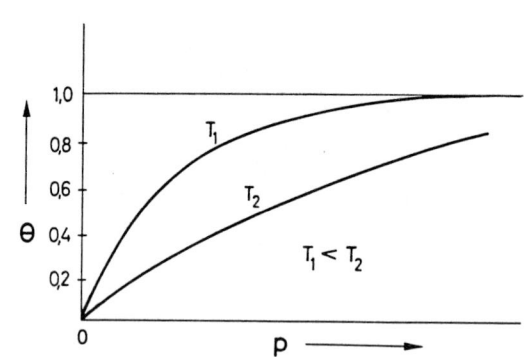

wobei sowohl τ_0 als E_{des} vom Bedeckungsgrad θ und der Temperatur T_W des Adsorbens abhängen können.

Der charakteristische Verlauf dieser Isotherme ist in Bild 3.3 dargestellt; für $p \to \infty$ wird $\theta = 1$, d.h. die Fläche monomolekular bedeckt. Man beachte, daß für $p < \infty$ der Bedeckungsgrad $\theta < 1$ wird, d.h., daß unter der von Langmuir gemachten Annahme $H \propto (1-\theta)$ höchstens eine monoatomare Schicht entstehen kann. Solange $p \ll C_L^{-1}$ ist, wird nach Gl. (3.7) der Bedeckungsgrad $\theta \propto p$; diese Proportionalität nennt man gelegentlich die *Henrysche Adsorptionsisotherme*.

Anstelle der flächenbezogenen Anzahldichten $\tilde{n}$ und $\tilde{n}_{\text{mono}}$ kann man natürlich jede andere flächenbezogene Mengengröße verwenden, nämlich das flächenbezogene Normvolumen $\tilde{v} = \tilde{n} \cdot kT_n/p_n$ (vgl. Abschnitt 2.3.1 und Gln. (2.5) und (2.6)) und die flächenbezogene Masse $\tilde{m} = \tilde{n} \cdot m_a$ nach Gl. (2.10).

3.2.4 Mono-Zeit

Bei Oberflächen-Untersuchungen spielen Ad-Schichten eine bestimmende Rolle. Ihr Aufbau wird durch Gl. (3.3) in Verbindung mit Gl. (3.4) beschrieben, soll jedoch nicht explizit berechnet werden, weil zur Abschätzung der Aufbauzeit der Adschicht die sogenannte „Monozeit" dienen kann; das ist diejenige Zeit, in der unter der Annahme, daß alle aus dem Gasraum auf die zu untersuchende Oberfläche treffenden Atome bzw. Moleküle auf der Oberfläche dauernd haften bleiben, d.h., daß $H = 1$ (Gl. (3.2)) ist, eine Monoschicht entsteht. Für die Monozeit gilt die Gleichung

$$j_{\text{ad}} \cdot t_{\text{mono}} = \tilde{n}_{\text{mono}}, \qquad (3.8)$$

was unter Verwendung von Gl. (3.3), der Zustandsgleichung (2.31.7) $p = nkT$ und der Gl. (2.55) $\bar{c} = \sqrt{8kT/\pi m_a}$ für die mittlere Geschwindigkeit der Gasmoleküle in die Form

$$t_{\text{mono}} = \frac{\tilde{n}_{\text{mono}} \, 4kT \sqrt{\pi m_a}}{p \sqrt{8kT}} = \frac{\tilde{n}_{\text{mono}}}{p \cdot N_A} \sqrt{2\pi M_{\text{molar}} RT} \qquad (3.9a)$$

gebracht werden kann und als Zahlenwertgleichung

$$t_{mono} = 3{,}8 \cdot 10^{-27} \frac{\tilde{n}_{mono}}{p} \sqrt{M_r \cdot T}$$

t_{mono} in s, $\tilde{n}_{mono}$ in m^{-2}, p in mbar, T in K

(3.9b)

lautet. Häufig handelt es sich bei Restgasen um Luft ($M_r \approx 29$) bei etwas erhöhter Zimmertemperatur $T \approx 300$ K; dabei ist $\tilde{n}_{mono} \approx 10^{+19}$ m^{-2} (vgl. Beispiel 3.1). Dann erhält man die nützliche Abschätzungsformel

$$t_{mono} = \frac{3{,}6 \cdot 10^{-6}}{p}$$

t_{mono} in s, p in mbar

(3.9c)

Tabelle 3.2 Monozeit t_{mono} in Abhängigkeit vom Gasdruck p (Luft, $T \approx 300$ K, $\tilde{n}_{mono} \approx$ $\approx 10^{19}$ m^{-2}, Gl. (3.9c))

p	mbar	1	10^{-3}	10^{-7}	10^{-11}
	Torr	3/4	$3/4 \cdot 10^{-3}$	$3/4 \cdot 10^{-7}$	$3/4 \cdot 10^{-11}$
t_{mono}		$3{,}6 \cdot 10^{-6}$ s	$3{,}6 \cdot 10^{-3}$ s	36 s	~ 100 h

Tabelle 3.2 gibt einige Werte. Soll sich bei der Untersuchung von Oberflächeneigenschaften, z.B. bei der Messung der Elektronenaustrittsarbeit, während der Versuchsdauer t_v die Oberflächenbedeckung θ praktisch nicht ändern, so muß $t_v \ll t_{mono}$, der Druck p also entsprechend niedrig sein (Tabelle 3.2), d.h., es muß Ultrahochvakuumtechnik angewandt werden.

3.2.5 Mehr-Schicht-Adsorption; Brunauer-Emmett-Teller-(BET-) Isotherme

Nach Gl. (3.7) und Bild 3.3 kann nur eine Monoschicht entstehen – auch bei beliebig hohem Druck. In vielen Fällen beobachtet man jedoch experimentell bei wachsendem Druck eine Zunahme der Bedeckung über $\theta = 1$ hinaus; das bedeutet, daß auf der chemi- oder physisorbierten Monoschicht eine und mehrere – physisorbierte – Schichten aufwachsen, im Sinne einer Kondensation in einen festen oder fluiden Zustand des Adsorptivs hinein. Die einfachste Beschreibung dieses Vorgangs ist diejenige, bei der sich Schicht für Schicht bis zur vollen Bedeckung komplettiert, d.h., daß *nicht* auf eine schon bestehende n-te Teilschicht ein $(n+1)$ter Teil aufzuwachsen beginnt (auch dieser Vorgang kann relativ einfach quantitativ formuliert werden, soll aber hier außer Betracht bleiben). Die diesbezüglichen Überlegungen stammen von *Brunauer, Emmett und Teller*. Sie gelten – wie die Experimente zeigen – recht gut, solange der Gasdruck p des Adsorptivs klein gegen den Dampfdruck p_s des kondensierten Adsorptivs ist.

Während für die erste Schicht die Parameter von Abschnitt 3.2.3 gelten, setzt man für alle weiteren Schichten anstelle der Desorptionsenergie E_{des} die Verdampfungswärme Λ_v

3 Sorption und Desorption

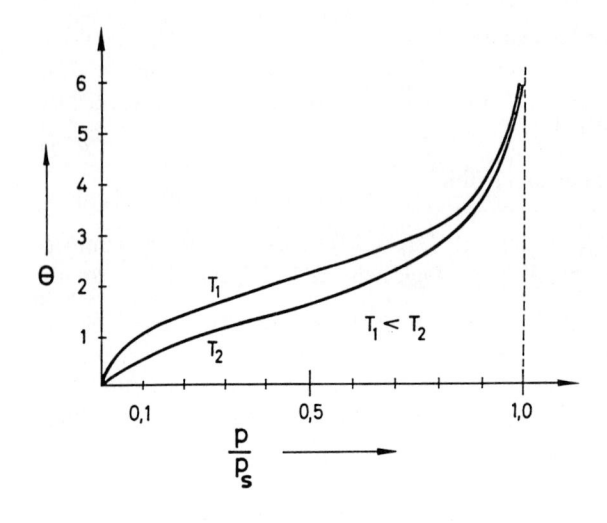

Bild 3.4
Grundsätzlicher Verlauf der BET-Adsorptionsisothermen nach Gl. (3.10) für zwei verschiedene Temperaturen $T_1 < T_2$.

und einen anderen Vorfaktor τ'. Durch eine relativ einfache Summation erhält man dann die *BET-Isotherme*

$$\theta_{BET} = \frac{\tilde{n}}{\tilde{n}_{mono}} = \frac{p \cdot C_{BET}}{(p_s - p)(1 + (C_{BET} - 1) p/p_s)}. \tag{3.10}$$

Dabei sind p_s der Dampfdruck des Kondensats, p der herrschende Druck des Adsorptivs; $\tilde{n}_{mono}$ ist wie in den vorhergehenden Abschnitten die Flächendichte der Teilchenanzahl bei Monobelegung.

$$C_{BET} = \frac{\tau_0}{\tau'} \exp\{(E_{des} - \Lambda_v)/RT_W\} \tag{3.11}$$

ist das Verhältnis der Verweilzeiten auf der „Adschicht" und der „Kondensschicht", mit E_{des} = molare Desorptionsenergie, Λ_v = molare Verdampfungsenergie, R = molare Gaskonstante.

Gl. (3.10) ist in Bild 3.4 schematisch dargestellt. Für $p = p_s$ geht $\theta_{BET} \to \infty$, für $p \ll p_s$ ist $\theta_{BET} \propto p$ (*Henry*-Isotherme). Dazwischen existiert eine Art *Langmuir*scher Sättigungsbereich. Wenn also $p \to p_s$ geht, kondensiert beliebig viel Gas; von diesem Sachverhalt wird bei der Kryopumpe (Kapitel 10) Gebrauch gemacht. Gl. (3.10) kann auch zur Bestimmung der wahren Oberfläche von Adsorbentien dienen.

3.3 Praktische Hinweise zu Adsorption und Desorption

Tabelle 3.1 zeigt sehr deutlich den Einfluß der Desorptionsenergie E_{des} und der Temperatur T_W auf den zeitlichen Verlauf der Desorption adsorbierter Gase. Nach den Gln. (3.4) und (3.5) desorbiert eine Adschicht z.B. nach Temperaturerhöhung oder nach Druckminderung nach dem „Zerfallsgesetz"

$$\tilde{n}(t) = \tilde{n}(0) \cdot \exp(-t/\tau). \tag{3.6}$$

Die Halbwertszeit $T_{1/2} = 0{,}69 \cdot \tau$ ist bei großer Desorptionsenergie (Chemisorption!) groß und umgekehrt. Physisorbierte Schichten lassen sich also „leicht", d.h. bei relativ niedrigen Temperaturen „schnell", d.h. mit kleiner Halbwertszeit, entfernen.

Ist hingegen das Adsorptiv mit dem Adsorbens eine chemische Verbindung in der Oberflächenschicht eingegangen (vgl. Bild 3.1), so sind die Desorptionsvorgänge wesentlich verwickelter; so kann z.b. Gas, das beim Druck p und der Temperatur T adsorbiert worden ist, durch Erniedrigung des Drucks allein bei der gleichen Temperatur T nicht mehr „abgepumpt" werden; dies ist erst bei höheren Temperaturen möglich. Beispiele hierfür sind die chemischen Verbindungen Ag_2O, $Ni(CO)_4$ und NiH_2, die bei der Adsorption von O_2, CO und H_2 an Ag und Ni entstehen. Es ist evident, daß diese Vorgänge sehr system-spezifisch sind.

Abweichungen von den einfachen Gesetzmäßigkeiten des Abschnitts 3.2 ergeben sich bei sehr vielen Systemen daraus, daß die Oberfläche des Adsorbens nicht eine einkristalline Fläche ist, sondern Stufen, Versetzungen, Korngrenzen zwischen Kristalliten verschiedener Orientierung und vieles andere aufweist. Diese verschiedenen „Plätze" haben verschiedene Desorptionsenergien und verschiedene Vorfaktoren (vgl. Gl. (3.5)). Die beobachteten Sorptionsphänomene stellen dann die Summe über die Einzelphänomene dar. Bilden sich Oberflächenverbindungen, (z.B. Oxidhäute), so entsteht im Laufe der Zeit eine Oberfläche mit ganz anderen Eigenschaften.

Edelgase mit ihren abgeschlossenen Elektronenschalen sind chemisch inaktiv, die Adhäsionskräfte sind daher sehr klein (van der Waals-Kräfte), sie werden nur physisorbiert, die Vorgänge werden durch die in Abschnitt 3.2 gegebenen Isothermen gut beschrieben. Schon bei mäßigen Temperaturen desorbieren sie fast vollständig, durch andere Gase mit größerer Desorptionsenergie werden sie aus der Adphase verdrängt.

3.4 Absorption, Okklusion

Grundsätzlich kann jedes Adteilchen ins Innere des Festkörpers hineinwandern, indem es auf Zwischengitterplätze oder auf Fehlstellen des Gitters hüpft oder längs der Korngrenzen der Kristallite (praktisch jeder technische Werkstoff ist ein Polykristall) wandert. Bei jedem Sprung von einem Platz zum anderen ist eine Platzwechselenergie E_{Pl} aufzuwenden, so daß dieser Prozeß *nur bei hohen Temperaturen* nicht gar zu langsam abläuft. Die Gesamtheit dieser Platzwechselprozesse der Teilchen nennt man *Diffusion*; sie verläuft nach Gl. (2.75) unter dem Einfluß eines Konzentrationsgefälles mit der Teilchenstromdichte

$$j_{\text{diff}} = -D \cdot dn_L/dx. \tag{3.12}$$

Dabei ist n_L die Dichte der „gelösten" (okkludierten, absorbierten) Teilchen,

$$D = D_0 \cdot \exp(-E_{Pl}/RT) \tag{3.13}$$

der Diffusionskoeffizient. Wegen der — verglichen mit der Oberfläche — großen Zahl von Plätzen im „Innern" eines Festkörpers, auf denen gelöste (absorbierte, okkludierte) Teilchen sitzen können, kann die absorbierte Gasmenge wesentlich größer als eine adsorbierte sein. Der Prozeß der *Ein*diffusion ist allerdings praktisch ohne größere Bedeutung. Hingegen sind beim Fertigungsprozeß vieler Werkstoffe beträchtliche Mengen an Gasen eingeschlossen (absorbiert, okkludiert, gelöst) worden; bei der Entgasung (Ausgasung) solcher Werkstoffe durch *Aus*diffusion spielt daher der Diffusionsprozeß eine große Rolle.

3.5 Ausgasung (vgl. auch Abschnitt 13.4 und [3])

Wir wollen beispielhaft die Ausgasung eines *dünnen* Blechs betrachten, d.h. eines Blechs, dessen Dicke $2d$ in der x-Koordinate klein gegen seine Länge l und Breite b (y-, z-Koordinate, Fläche $A = l \cdot b$) ist (Bild 3.5). Dann kann das Diffusionsproblem mathematisch

3 Sorption und Desorption

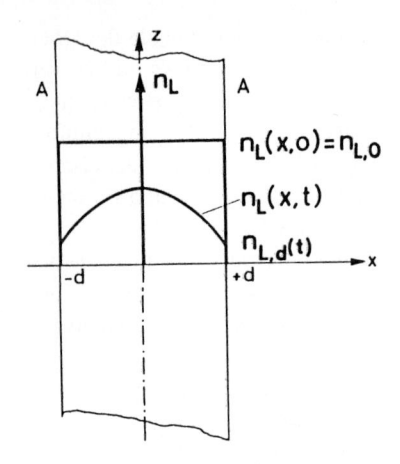

Bild 3.5
Zur Ausgasung eines Blechs. Dicke $2d$, Fläche A, n_L = Teilchenanzahldichte des gelösten (absorbierten, okkludierten) Gases.

relativ einfach (eindimensional) behandelt werden. Die zeitliche Änderung der Anzahldichte n_L [1]) der absorbierten (okkludierten) Teilchen ist dann (Ficksches Gesetz)

$$\frac{\partial n_L}{\partial t} = D \cdot \frac{\partial^2 n_L}{\partial x^2}. \qquad (3.14))$$

Von der Herstellung her wird zu Beginn der Entgasung, also zur Zeit $t = 0$, im ganzen Blech die gleiche Anzahldichte $= n_{L,0}$ vorhanden sein (vgl. Bild 3.5). Zur Zeit $t = 0$ werde durch Erhöhung der Temperatur der Diffusionsvorgang „eingeschaltet", es fließt ein Diffusionsstrom $j_{\text{diff}} \cdot A$ (Gl. (3.12)) symmetrisch nach beiden Seiten aus dem Blech heraus, und es stellt sich eine zeitlich absinkende Dichteverteilung $n_L(x, t)$ (Bild 3.5) ein. Die an die Oberflächen $x = \pm d$ diffundierten Teilchen werden – das hängt vom betrachteten System ab – dort zu einem geringen Teil adsorbiert (Abschnitt 3.2) und desorbieren nach den Gln. (3.4) und (3.5), der andere Teil tritt direkt in den an das Blech angrenzenden (evakuierten) Raum. In jedem Falle ist die Teilchenanzahldichte $n_L(\pm d)$ so klein, daß man sie schon von $t = 0$ an Null setzen kann (vgl. dazu Beispiel 3.5). Dann lautet die Lösung der Diffusionsgleichung (3.14)

$$j_{\text{diff}}(x = \pm d) = \frac{2D}{d} n_{L,0} \sum_{i=0}^{\infty} \exp\left(-\frac{(2i+1)^2 \pi^2 Dt}{4d^2}\right). \qquad (3.15)$$

Die Größe

$$t_a = 4d^2/\pi^2 D \qquad (3.15a)$$

im Argument der Exponentialfunktion ist eine die *Ausgasung charakterisierende Zeitkonstante*; sie ist temperaturabhängig, weil D von der Temperatur abhängt. Für $t > 0{,}5\, t_a$ machen die Summenglieder mit $i \geqslant 1$ weniger als 2 % aus, so daß dann gilt

$$j_{\text{diff}}(x = \pm d) = \frac{2D}{d} n_{L,0} \exp\left(-\frac{\pi^2 D}{4d^2} \cdot t\right) = j_0 \cdot \exp(-t/t_a). \qquad (3.16)$$

---

[1]) Statt der Teilchenanzahldichte n_L kann ebensogut die Massenkonzentration $\rho_L = n_L \cdot m_a$ (m_a = Masse der gelösten Teilchen) oder die Stoffmengenkonzentration $c_L = n_L \cdot m_a/M_{\text{molar}}$ (M_{molar} = molare Masse = $A_r \cdot$ kg kmol^{-1} bzw. $M_r \cdot$ kg kmol^{-1}) verwendet werden.

Für $t < 0.5\, t_a$ kann man statt Gl. (3.15) näherungsweise die einfachere Formel

$$j_{\text{diff}} = \frac{2D}{d} \cdot n_{L,0} \sqrt{\frac{\pi}{16} \frac{t_a}{t}} = j_0 \sqrt{\frac{\pi}{16} \frac{t_a}{t}} \tag{3.17}$$

verwenden; sie wurde „experimentalmathematisch" durch zeichnerischen Vergleich realisiert. Wertbestimmend ist in (3.15), (3.16) und (3.17) die Konstante

$$j_0 = \frac{2D}{d} \cdot n_{L,0} \quad \text{bzw.} \quad j_{m,0} = \frac{2D}{d} \cdot \rho_{L,0}. \tag{3.17a}$$

Die Diffusionsstromdichte nimmt also unter den gemachten Anfangs- und Randbedingungen ($t = 0$, $n_L(x) = n_{L,0}$; $t \geqslant 0$, $n_L(\pm d) = 0$) zunächst nach einem komplizierten (Gl. (3.15)), später nach einem einfachen (Gl. (3.16)) Exponentialgesetz ab. Gl. (3.15) gestattet den Ausgasungszustand des Blechs zu berechnen. In einem Blech der Fläche A sitzen zu Beginn der Entgasung $N_0 = 2d \cdot A \cdot n_{L,0}$ Teilchen; nach der Zeit t sind

$$\Delta N = 2 \int_0^t A \cdot j_{\text{diff}} dt \tag{3.18}$$

Teilchen nach beiden Seiten herausdiffundiert. Die Integration der Gl. (3.18) von t bis ∞ gibt den Restgasgehalt $N(t)$ nach einer Ausgasungszeit t und damit den *Ausgasungsgrad*

$$f = \frac{N(t)}{N_0} = \frac{8}{\pi^2} \left(e^{-\zeta} + \frac{e^{-9\zeta}}{9} + \frac{e^{-25\zeta}}{25} + \ldots \right), \tag{3.19}$$

wobei $\zeta = t/t_a$ gesetzt wurde; für $\zeta = 1$, also $t = t_a$, wird $f = 0,3$; dabei sind die höheren Glieder der Reihe bereits vernachlässigbar. Für $f < 0,3$ kann man daher die einfachere Beziehung

$$t/t_a = \ln(\pi^2/8 f) \tag{3.20}$$

zur Berechnung der Ausgasungszeit t benutzen.

Beispiel 3.5: Ein Nickelblech ($\rho \approx 8 \cdot 10^3$ kg·m^{-3}) der Dicke $2d = 2$ mm mit einem „typischen" Wasserstoff-Massengehalt $w_{H_2} = 10^{-5}$ (oder 10 ppm) soll bei höherer Temperatur entgast werden; zum Vergleich betrachten wir die Verhältnisse bei Raumtemperatur $T = 300$ K.
Dem Massengehalt $w_{H_2} = 10^{-5}$ entspricht eine Massendichte des gelösten Gases $\rho_{H_2,0} = 10^{-5} \cdot \rho_{Ni} = 8 \cdot 10^{-2}$ kg·m^{-3} oder eine Stoffmengenkonzentration $\rho_{St,H_2,0} = \rho_{H_2,0}/M_{\text{molar}} = 8 \cdot 10^{-2}$ kg·m^{-3}/2 kg· ·kmol^{-1} = $4 \cdot 10^{-2}$ kmol·m^{-3} oder eine Teilchenanzahldichte $n_{L,0} = 4 \cdot 10^{-2}$ kmol·m^{-3}·$6 \cdot 10^{26}$ kmol^{-1} = $2,4 \cdot 10^{25}$ m^{-3}.
Für die Temperaturabhängigkeit des Diffusionskoeffizienten von H_2 in Ni gilt nach *Euringer* [1] die empirische Formel

$$D = 2 \cdot 10^{-7} \text{ m}^2 \cdot \text{s}^{-1} \exp(-4350 \text{ K}/T). \tag{3.21}$$

Daraus und mit Gl. (3.20) findet man die in Tabelle 3.3 aufgeführten Werte der Ausgasungszeit t für zwei verschiedene Ausgasungsgrade f. Die Tabelle zeigt, daß bei Raumtemperatur – selbst bei Wasserstoff mit seinem großen Diffusionskoeffizienten – praktisch keine Ausgasung erfolgt.
Die aus der Oberfläche des Blechs einseitig austretende Diffusions-Massen-Stromdichte ist durch Gl. (3.15) bzw. die Näherungen (3.16) oder (3.17) gegeben. Sie ist für $t = 0$ unendlich, was mit der angenommenen Dichteverteilung zur Zeit $t = 0$ (Sprung von $n_{L,0}$ auf Null) zusammenhängt, das Zeit-Integral über Gl. (3.15) ist jedoch endlich. Ein Maß für die Größe der Diffusionsstromdichte gibt die Größe j_0 (Gl. (3.17a)) in den Gln. (3.15), (3.16), (3.17); ihr Wert ist in der letzten Spalte von Tabelle 3.3 eingetragen.

3 Sorption und Desorption

Tabelle 3.3 Diffusionskoeffizient D, Ausgasungszeitkonstante t_a und Ausgasungszeit t für verschiedene Entgasungsgrade f, sowie Massenstromdichtekonstante $j_{m,0}$, bei verschiedenen Temperaturen: Wasserstoff in Nickelblech der Dicke $2d = 2$ mm

$\dfrac{T}{K}$	$\dfrac{D(T)}{m^2 \cdot s^{-1}}$	$\dfrac{t_a}{s}$	$f = 0{,}1$		$f = 10^{-6}$		$\dfrac{j_{m,0}}{kg \cdot m^{-2} s^{-1}}$
			t/s	t	t/s	t	
300	$1 \cdot 10^{-13}$	$4 \cdot 10^{+6}$	$8{,}4 \cdot 10^6$	100 d	$4{,}5 \cdot 10^7$	520 d	$1{,}6 \cdot 10^{-11}$
600	$1{,}4 \cdot 10^{-10}$	$2{,}9 \cdot 10^{+3}$	$6{,}1 \cdot 10^3$	1,7 h	$3{,}3 \cdot 10^4$	9,1 h	$2{,}2 \cdot 10^{-8}$
900	$1{,}6 \cdot 10^{-9}$	$2{,}5 \cdot 10^2$	$5{,}3 \cdot 10^2$	8,8 min	$2{,}9 \cdot 10^3$	48 min	$2{,}6 \cdot 10^{-7}$
1200	$5{,}3 \cdot 10^{-9}$	76	$1{,}6 \cdot 10^2$	2,6 min	$8{,}6 \cdot 10^2$	14 min	$8{,}5 \cdot 10^{-7}$
Gl.	(3.21)	(3.15a)	(3.20)		(3.20)		(3.17a)

Beispiel 3.6: Ein Stahlblech von $d = 2$ mm Dicke mit einem Stickstoffgehalt $w_{N_2} = 10^{-5}$ soll bei $T = 1700$ K, d.h. etwa 100 K unterhalb der Schmelztemperatur, auf $f = 10^{-5}$ entgast werden. Der Diffusionskoeffizient von Stickstoff in Stahl wird nach *Barrer* [2] durch die empirische Formel

$$D(T) = 10^{-5} \cdot \exp(-17000 \text{ K}/T) \text{ m}^2 \text{ s}^{-1} \tag{3.22}$$

beschrieben, woraus $D(1700 \text{ K}) = 4{,}5 \cdot 10^{-10}$ m² · s⁻¹ folgt. Damit gibt Gl. (3.17a) die Konstante der Diffusionsmassenstromdichte

$$j_{m,0} = \frac{2 \cdot 4{,}5 \cdot 10^{-10} \text{ m}^2 \cdot 8 \cdot 10^{-2} \text{ kg}}{\text{s} \cdot 10^{-3} \text{ m} \cdot \text{m}^3} = 7{,}2 \cdot 10^{-8} \frac{\text{kg}}{\text{m}^2 \cdot \text{s}}.$$

Die Ausgasungszeitkonstante errechnet sich aus Gl. (3.15a) zu

$$t_a = \frac{4 \cdot 10^{-6} \text{ m}^2 \cdot \text{s}}{\pi^2 \cdot 4{,}5 \cdot 10^{-10} \text{ m}^2} = 900 \text{ s} = 15 \text{ min},$$

so daß die Ausgasungszeit für $f = 10^{-5}$ nach Gl. (3.20)

$$t = 900 \text{ s} \cdot \ln(10^5 \, \pi^2/8) \approx 10\,500 \text{ s} \approx 3 \text{ h}$$

wird.

Die bei niedrigen Temperaturen (300 ... 600 K) langandauernde Entgasung der Wände des Vakuumgefäßes und von Einbauten im Vakuumgefäß wirkt wie ein Leck. Es ist üblich (vgl. Kapitel 12), die Leckrate als pV-Stromstärke $q_{pV} = p \cdot \dot{V}$ anzugeben. Mit Gl. (2.31.5) wird dann

$$q_{pV} = p \cdot \dot{V} = \dot{m} \frac{RT}{M_{molar}} = j_{m,\text{diff}} \cdot A \cdot \frac{RT}{M_{molar}}. \tag{3.23}$$

Beispiel 3.7: Der Kugelbehälter aus Beispiel 3.2 bestehe aus dem wasserstoffbeladenen Ni-Blech nach Beispiel 3.5 ($\rho_{H_2,0} = 8 \cdot 10^{-2}$ kg · m⁻³) und sei auf der Innenseite monoatomar mit H₂ ($\tilde{n}_{mono} \approx 10^{19}$ m⁻²) bedeckt. Sie werde bei $T = 300$ K evakuiert. Wir berechnen
1. die Desorption der Adschicht nach Abschnitt 3.2.2.
2. die Ausgasung nach Abschnitt 3.5.

1. Die Adsorptionsschicht desorbiert (E_{des} = 83 kJ · mol^{-1}) mit der Verweilzeit (Gl. (3.5)) $\tau = 10^{-13}$ s · exp(83 kJ · mol^{-1}/8,3 J · mol^{-1} · K^{-1} · 300 K) = 48 s ≈ 1 min und einer Anfangsleckrate nach Gl. (3.23). Wir berechnen zunächst für Wasserstoff

$$A \cdot \frac{RT}{M_{molar}} = 4{,}85 \cdot 10^{-2} \, m^2 \, \frac{8{,}3 \, J \cdot 300 \, K \cdot kmol}{mol \cdot K \cdot 2 \, kg} = 6{,}1 \cdot 10^4 \, \frac{J \cdot m^2}{kg}$$

$$= 6{,}1 \cdot 10^4 \, \frac{N \cdot m}{kg} \cdot m^2 = 6{,}1 \cdot 10^4 \, \frac{N}{m^2} \cdot m^3 \cdot \frac{m^2}{kg}$$

$$= 6{,}1 \cdot 10^4 \, Pa \cdot m^3 \cdot \frac{m^2}{kg} = 6{,}1 \cdot 10^8 \, mbar \cdot cm^3 \, \frac{m^2}{kg}$$

Für die Desorption zur Zeit $t = 0$ ist nach Gl. (3.4)

$$\dot{m} = \frac{dm}{dt} = \tilde{n}_{mono} \cdot m_{H_2}/\tau = 6{,}7 \cdot 10^{-10} \, \frac{kg}{m^2 \cdot s}$$

und damit die „Desorptionsleckrate" zur Zeit $t = 0$

$$(q_{pV})_{des} = 6{,}7 \cdot 10^{-10} \, \frac{kg}{m^2 \cdot s} \cdot 6{,}1 \cdot 10^8 \, mbar \cdot cm^3 \, \frac{m^2}{kg}$$

$$= 0{,}41 \, mbar \cdot cm^3 \cdot s^{-1} = 4 \cdot 10^{-4} \, mbar \cdot \ell \cdot s^{-1} \, ,$$

die mit der Zeitkonstanten $\tau = 50$ s abfällt.

2. Demgegenüber ist die Ausgasungsleckrate, die mit der Ausgasungszeitkonstante $t_a = 4 \cdot 10^6$ s = 58,5 d abfällt, nach einer Stunde (wenn von der Desorptionsleckrate nur noch der Bruchteil exp(− 3600 s/50 s) ≈ 10^{-32} vorhanden ist) wegen $j_{m,0} = 0{,}8 \cdot 10^{-11}$ kg m^{-2} s^{-1} (aus Tabelle 3.3; einseitig, daher die Hälfte!) und Gl. (3.17))

$$q_{pV} = j_{m,0} \cdot \sqrt{\frac{\pi}{16} \frac{t_a}{t}} \cdot 6{,}1 \cdot 10^8 \, mbar \cdot cm^3 \, \frac{m^2}{kg}$$

$$= 0{,}8 \cdot 10^{-11} \, \frac{kg}{m^2 \cdot s} \, 14{,}8 \cdot 6{,}1 \cdot 10^8 \, mbar \cdot cm^3 \, \frac{m^2}{kg}$$

$$= 0{,}07 \, mbar \cdot cm^3 \cdot s^{-1} = 7 \cdot 10^{-5} \, mbar \cdot \ell \cdot s^{-1}$$

und nach $t = t_a \approx 2$ Monaten nach Gl. (3.16)

$$q_{pV} = j_{m,0} \exp(-t/t_a) \cdot 6{,}1 \cdot 10^8 \, mbar \cdot cm^3 \, \frac{m^2}{kg}$$

$$= 1{,}87 \cdot 10^{-3} \, mbar \cdot cm^3 \cdot s^{-1} = 1{,}87 \cdot 10^{-6} \, mbar \cdot \ell \cdot s^{-1}$$

Der Wert $7 \cdot 10^{-5}$ mbar · ℓ · s^{-1} ist für den „Hochvakuumbetrieb" viel zu hoch; erst nach ein bis zwei Monaten würden annehmbare Werte erreicht werden. Eine Entgasung des Gefäßes bei hohen Temperaturen („Ausheizen", vgl. Kapitel 15) ist daher dringend erforderlich.
Spezielle Entgasungsprobleme werden auch in Abschnitt 13.4 behandelt.

3.6 Literatur

[1] *Euringer, G.*, Z. Physik **96** (1935) 37.
[2] *Barrer, R.M.*, Diffusion in and through Solids, Cambridge 1951.
[3] *Beavis, L.*, Thermal Desorption Measurements. J. Vac. Sci. Tech. **20** (1982) S. 972...977.

Weiterführende Literatur

Hauffe, K., und *S.R. Morrison*; Adsorption. Walter de Gruyter, Berlin – New York 1974.
Wedler, G., Adsorption. Chem. Taschenbuch Nr. 9, Verlag Chemie, Weinheim 1970.
Mikchail, R.Sh., und *E. Robens*; Microstructure and Thermal Analysis of Solid Surfaces, J. Wiley & Sons. Chichester 1983.

4 Strömungsvorgänge

4.1 Übersicht, Kennzeichnung der Strömung durch Vakuumbereiche

Strömungsvorgänge spielen in der Vakuumtechnik eine große Rolle. Beim Evakuieren oder Belüften eines Behälters muß das Gas (oder der Dampf) durch eine Leitung strömen. Die Kenntnis der Strömungsvorgänge ist daher für die Dimensionierung der Rohrleitung und der ganzen Vakuumanlage von ebenso großer Bedeutung wie für die Umrüstung bestehender Anlagen: Nicht selten wird die Funktion einer zuvor einwandfrei arbeitenden Vakuumanlage durch falsche Dimensionierung der Strömungskanäle erheblich beeinträchtigt. Aus diesen Gründen werden die Strömungsvorgänge im folgenden ausführlich und praxisnah behandelt. Allerdings wird es nicht möglich sein, im Rahmen dieser Darstellung auf nichtstationäre Strömungsvorgänge, wie sie in den Pumpleitungen von z. B. Sperrschieberpumpen und Drehkolbenpumpen auftreten, einzugehen, und ebenso können Schwingungen von Gasmassen in Rohrsystemen, soweit sie die Praxis betreffen, nur an geeigneter Stelle erwähnt werden.

Unter Strömung versteht man die räumlich ausgedehnte Bewegung eines Substrats, z.B. einer Flüssigkeit oder eines Gases, gemeinsam als „Fluide" bezeichnet (Fluidströmung), von Teilchen (Teilchenströmung) oder von geladenen Teilchen (Elektrizitätsträgern, elektrische Strömung oder kürzer elektrischer Strom genannt). Die Strömung ist häufig z.B. durch einen Kanal oder ein Rohr (im elektrischen Fall z.B. durch einen Draht) begrenzt. In der Vakuumtechnik interessieren fast ausschließlich Gasströmungen durch Rohre mit konstantem oder – z.B. bei Düsen – veränderlichem Querschnitt.

Strömungsvorgänge von Gasen, bei denen die Strömungsgeschwindigkeit klein gegen die Schallgeschwindigkeit ist, sind einfacher zu beschreiben als solche mit nahezu Schallgeschwindigkeit oder Überschallgeschwindigkeit; für die letzteren gelten die Gesetze der Gasdynamik, deren physikalische Grundlagen in Abschnitt 2.7 beschrieben sind. Bei den erstgenannten Gasströmungen kann die Gastemperatur als konstant betrachtet werden, wenn nicht äußere Einflüsse die Temperatur verändern.

In einer Strömung wirken im allgemeinen Kräfte, die die Strömung aufrechterhalten, beschleunigen oder verzögern. Es sind dies Druckkräfte und Reibungskräfte; die Schwerkräfte (Schweredruck) spielen im hier betrachteten Fall meist keine Rolle und werden daher nicht mit in die Betrachtung einbezogen. Es gibt Strömungen, bei denen die Reibungskräfte gegenüber den Druckkräften vernachlässigbar sind; dann spricht man von reibungsfreier Strömung. Die Druckkräfte bewirken in diesem Fall nur Beschleunigung oder Verzögerung der Massenelemente des Fluids (Gases), es gilt die Bernoulli-Gleichung (Abschnitt 2.7.2). Auf der anderen Seite bestimmen gerade die Reibungskräfte die Strömung, indem diese und die Druckkräfte entgegengesetzt gleich groß sind. Da die Reibungskräfte durch die „innere Reibung" oder „Zähigkeit" oder „Viskosität" bestimmt sind, spricht man von „viskoser Strömung" (vgl. dazu Abschnitt 2.5.2).

Bei der Beschreibung der Strömungsvorgänge spielt das Verhältnis der mittleren freien Weglänge $\bar{l}$ der Gasmoleküle zur Weite d des Strömungskanals (z.B. Rohrdurchmesser), also das Verhältnis

$$K = \frac{\bar{l}}{d},$$

4.1 Übersicht, Kennzeichnung der Strömung durch Vakuumbereiche

die sogenannte Knudsenzahl (s. auch Abschnitt 2.7.1), eine große Rolle. Ihr Wert kennzeichnet die Art der Gasströmung und ordnet sie einem bestimmten Druckbereich zu. Nach DIN 28 400, Teil 1, wird der gesamte Druckbereich von mehr als 15 Zehnerpotenzen (10^3 mbar $> p > 10^{-12}$ mbar) in die Teilbereiche Grob-, Fein-, Hoch- und Ultrahochvakuum unterteilt (Tabelle 16.0).

Im *Grobvakuum* ist $\bar{l} \ll d$, d.h. $K \ll 1$, die Moleküle führen viele Stöße mit den Nachbarmolekülen aus, das Gas kann als Kontinuum betrachtet, d.h. die molekulare Struktur außer Acht gelassen werden. Die dynamische Viskosität (Zähigkeit) η ist druckunabhängig (Gl. (2.81b)), es liegt eine viskose Strömung vor, die in zwei Formen auftreten kann. Strömt das Gas in „Schichten", analog zu Bild 2.9a, wobei ein abgegrenztes Fluid-Teilchen immer in der gleichen Schicht bleibt, so spricht man von *Schicht*strömung oder *laminarer* Strömung. Löst sich hingegen – bei höheren Geschwindigkeiten – diese Schichtströmung auf, indem ein abgegrenztes Fluid-Teilchen beliebig in eine andere Schicht (die dann eigentlich nicht mehr existiert) überwechselt, so daß die Fluid-Teilchen völlig ungeordnet durcheinanderlaufen, so spricht man von *turbulenter* Strömung. Die Grenze zwischen beiden Strömungsarten ist durch einen kritischen Wert der Reynolds-Zahl [1]

$$Re = \frac{\rho \cdot v \cdot l}{\eta}$$

gegeben, wobei v die (mittlere) Strömungsgeschwindigkeit, ρ die Dichte des Fluids (Gases), l eine charakteristische Länge (z.B. der Rohrdurchmesser d) und η die dynamische Zähigkeit sind. Viskose Strömung liegt immer vor, wenn

$$K < 10^{-2}$$

ist. Für kreisrunde Rohre ist die kritische Reynoldszahl, bei der die laminare in die turbulente Strömung übergeht, $Re_{\text{krit}} \approx 2300$, was bedeutet, daß die Strömung für

$Re < 2300$ laminar
$Re > 4000$ turbulent

ist.

Im *Hochvakuum* und *Ultrahochvakuum* ist die mittlere freie Weglänge $\bar{l}$ größer als der Durchmesser d der Rohrleitung. Die Gasteilchen „merken" nichts voneinander, und die Strömung ist lediglich durch die Zusammenstöße der Gasteilchen mit der Rohrwandung bestimmt. Eine derartige Strömung wird *Molekularströmung* genannt; sie ist charakterisiert durch

$$K > 0{,}5.$$

Tabelle 4.1 Vakuumbereiche und Strömungsarten
p = Gasdruck, d = Rohrdurchmesser, $\bar{l}$ = mittlere freie Weglänge,
$K = \bar{l}/d$ = Knudsenzahl, Re = Reynoldszahl

Grob-Vakuum	Fein-Vakuum	Hoch-/Ultrahoch-Vakuum
Viskose Strömung	Knudsen-Strömung	Molekularströmung
$p \cdot d > 0{,}6$ Pa·m $p \cdot d > 0{,}6$ mbar·cm $K < 10^{-2}$ $Re < 2300$ laminar $Re > 4000$ turbulent	$0{,}6$ Pa·m $> p \cdot d > 10^{-2}$ Pa·m $0{,}6$ mbar·cm $> p \cdot d > 10^{-2}$ mbar·cm $10^{-2} < K < 0{,}5$	$p \cdot d < 10^{-2}$ Pa·m $p \cdot d < 10^{-2}$ mbar·cm $K > 0{,}5$

4 Strömungsvorgänge

Im *Feinvakuum* herrscht die sogenannte *Knudsenströmung*. Nach DIN 28 400 ist „die Knudsenströmung eine Gasströmung im Gebiet zwischen viskoser Strömung und Molekularströmung". Sie ist charakterisiert durch

$$0{,}5 > K > 0{,}01.$$

Tabelle 4.1 gibt eine Zusammenstellung der Vakuumbereiche und der Strömungsarten mit den dazugehörigen Kriterien.

4.2 Gasstrom, Saugleistung, Saugvermögen

Strömt ein Fluid, in unserem Fall ein Gas, durch ein Rohr vom Querschnitt A, so definiert man als Stromstärke q das Verhältnis der in der Zeit Δt durch A hindurchströmenden Menge $\Delta \mathcal{M}$ dividiert durch die Zeit Δt

$$\text{def.:} \quad q =: \frac{\Delta \mathcal{M}}{\Delta t} \, . \tag{4.1}$$

Die Menge $\Delta \mathcal{M}$ des Fluids (Gases) kann gemessen werden als Volumen ΔV oder als Masse Δm oder als Stoffmenge $\Delta \nu$ oder als Teilchenanzahl ΔN. Dementsprechend erhält man die

$$\text{Volumenstromstärke} \quad q_V = \frac{\Delta V}{\Delta t} = \dot{V}; \ [q_V] = \frac{\text{m}^3}{\text{s}} \tag{4.2}$$

$$\text{Massenstromstärke} \quad q_m = \frac{\Delta m}{\Delta t} = \dot{m}; \ [q_m] = \frac{\text{kg}}{\text{s}} \tag{4.3}$$

$$\text{Stoffmengenstromstärke} \quad q_\nu = \frac{\Delta \nu}{\Delta t} = \dot{\nu}; \ [q_\nu] = \frac{\text{mol}}{\text{s}} \tag{4.4}$$

$$\text{Teilchenanzahlstromstärke} \quad q_N = \frac{\Delta N}{\Delta t} = \dot{N}; \ [q_N] = \frac{1}{\text{s}} \, . \tag{4.5}$$

Statt ...stromstärke ist auch die Bezeichnung Volumendurchfluß, Massendurchfluß, Stoffmengendurchfluß, Teilchenanzahldurchfluß gebräuchlich.

Nach der allgemeinen Zustandsgleichung

$$pV = \nu \cdot RT \tag{2.31.1}$$

für ideale Gase (Abschnitt 2.3) ist im stationären Fall, bei dem am Querschnitt A der Druck p und die Temperatur T zeitlich konstant sind

$$p \cdot \frac{\Delta V}{\Delta t} = p \dot{V} = \frac{\Delta \nu}{\Delta t} \cdot RT = \dot{\nu} \cdot RT = q_\nu \cdot RT, \tag{4.6}$$

d.h., die Stoffmengenstromstärke $\dot{\nu}$ dem Produkt $p\dot{V}$ proportional, dem man daher den Namen

$$pV\text{-Stromstärke oder } pV\text{-Durchfluß} \quad q_{pV} = p\dot{V}; \ [q_{pV}] = \frac{\text{Pa} \cdot \text{m}^3}{\text{s}} ; \frac{\text{mbar} \cdot \ell}{\text{s}} \tag{4.7}$$

gegeben hat.

Mit Hilfe der Definitionsgleichung (2.12) der molaren Masse findet man den Zusammenhang

$$q_m = \dot{m} = M_{\text{molar}} \cdot \dot{\nu} = M_{\text{molar}} \cdot q_\nu \, , \tag{4.8}$$

4.2 Gasstrom, Saugleistung, Saugvermögen

durch Vereinigung von Gl. (4.7) und Gl. (4.6)

$$q_{pV} = q_v \cdot RT. \tag{4.6a}$$

Schließlich ergibt sich aus Gl. (4.6a) und Gl. (4.8)

$$q_m = q_{pV} \cdot \frac{M_{\text{molar}}}{RT} \tag{4.9}$$

und aus $q_m = q_N \cdot m_a = q_N \cdot M_{\text{molar}}/N_A$ mit Gl. (4.9)

$$q_N = q_{pV} \cdot \frac{N_A}{RT} \tag{4.9a}$$

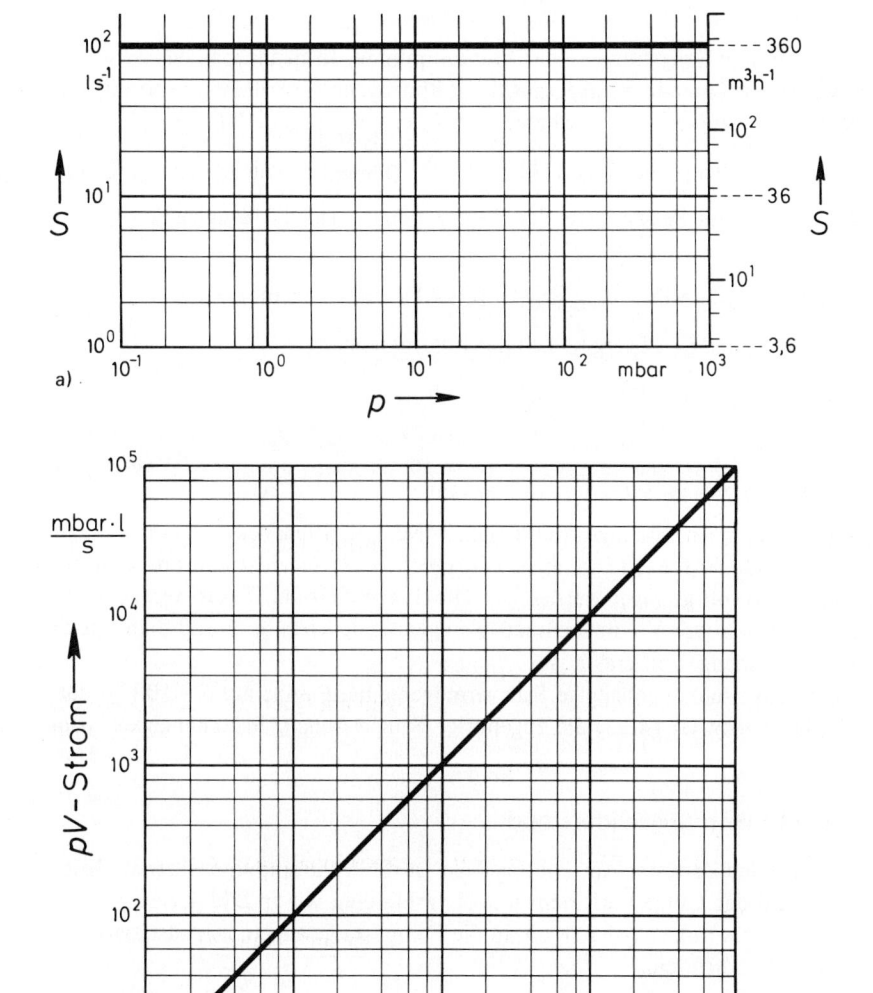

Bild 4.1 Saugvermögen (a) und Saugleistung (b) einer Pumpe vom druckunabhängigen konstanten Saugvermögen $S = 100 \; \ell\text{s}^{-1} = 360 \; \text{m}^3\text{h}^{-1}$.

4 Strömungsvorgänge

Aus dieser Gleichung erhält man die Entsprechungen zwischen pV-Stromstärke (pV-Durchfluß) und Massen-Stromstärke (Massen-Durchfluß)

$$\begin{aligned} 1 \text{ Pa} \cdot \text{m}^3 \cdot \text{s}^{-1} &\stackrel{\wedge}{=} 1{,}2028 \cdot 10^{-4} \cdot \frac{M_{\text{molar}}}{T} \text{ kg} \cdot \text{s}^{-1} \\ 1 \text{ Torr} \cdot \ell \cdot \text{s}^{-1} &\stackrel{\wedge}{=} 1{,}6036 \cdot 10^{-5} \cdot \frac{M_{\text{molar}}}{T} \text{ kg} \cdot \text{s}^{-1} \\ 1 \text{ mbar} \cdot \ell \cdot \text{s}^{-1} &\stackrel{\wedge}{=} 1{,}2028 \cdot 10^{-5} \cdot \frac{M_{\text{molar}}}{T} \text{ kg} \cdot \text{s}^{-1} \\ M_{\text{molar}} \text{ in kg} \cdot \text{kmol}^{-1} &= \text{g} \cdot \text{mol}^{-1}; \; T \text{ in K} \end{aligned} \qquad (4.10)$$

Strömt das Gas in den Saugstutzen einer Vakuumpumpe, so nennt man das durch die Fläche des Saugstutzens strömende = „abgesaugte" zeitbezogene Gasvolumen (also die Volumenstromstärke am Saugstutzen) das Saugvermögen S der betreffenden Pumpe.

def.: $S = \dot{V}_{\text{Saugstutzen}} = q_{V, \text{Saugstutzen}}$; $[S] = \text{m}^3 \cdot \text{s}^{-1}$; $\ell \cdot \text{s}^{-1}$; $\text{m}^3 \text{ h}^{-1}$. (4.11)

Die pV-Stromstärke am Saugstutzen der Pumpe nennt man die Saugleistung $\dot{Q}$ der Pumpe

def.: $\dot{Q} = (\dot{pV})_{\text{Saugstutzen}} = q_{pV, \text{Saugstutzen}}$; $[\dot{Q}] = \text{Pa} \cdot \text{m}^3 \cdot \text{s}^{-1}$; $\text{mbar} \cdot \ell \cdot \text{s}^{-1}$. (4.12)

Aus den Gln. (4.11) und (4.12) ergibt sich der Zusammenhang

$$\dot{Q} = p \cdot S. \qquad (4.13)$$

Beispiel 4.1: Für Luft ($M_{\text{molar}} = 28{,}96$ kg · kmol^{-1}) entspricht bei Raumtemperatur $T = 293$ K einer Saugleistung $\dot{Q} = 1$ Pa · m^3 · s^{-1} = 10 mbar · ℓ · s^{-1} nach Gl. (4.10) die Massenstromstärke (Massendurchfluß) $\dot{m} = q_m = 1{,}2 \cdot 10^{-4} (29/293)$ kg · s^{-1} $\cong 1{,}2 \cdot 10^{-5}$ kg · s^{-1}.

Ist das Saugvermögen S unabhängig vom Druck — was bei vielen Vakuumpumpen über einen großen Druckbereich der Fall ist (vgl. auch Abschnitt 6.4.7) — dann nimmt die Saugleistung $\dot{Q}$ gemäß Gl. (4.13) mit geringer werdendem Druck ebenfalls ab. Dies ist verständlich, da bei niedrigen Drücken in der Volumeneinheit weniger Gasteilchen sind und damit auch weniger Masse bzw. Stoffmenge vorhanden ist.

In Bild 4.1a ist das druckunabhängige Saugvermögen einer Pumpe mit $S = 100$ ℓ/s dargestellt; Bild 4.1b gibt gemäß Gl. (4.13) die zugehörige Saugleistung $\dot{Q}$ in Abhängigkeit vom Druck.

4.3 Rohrleitung als Strömungswiderstand

In der überwiegenden Zahl der Anwendungsfälle ist die Vakuumpumpe über ein Rohr vom Durchmesser d und der Länge l mit dem Kessel verbunden, wie in Bild 4.2 dargestellt. Der Gasstrom q muß dieses Rohr passieren, um in die Pumpe zu gelangen. Dazu ist zwischen den Rohrenden eine Druckdifferenz

$$\Delta p = p_K - p_A > 0 \qquad (4.14)$$

notwendig. In Analogie zur elektrischen Strömung bezeichnen wir das Verhältnis

$$W = \frac{\text{Druckdifferenz}}{\text{Stromstärke}} = \frac{\Delta p}{q} \qquad (4.15)$$

4.3 Rohrleitung als Strömungswiderstand

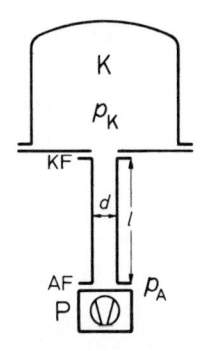

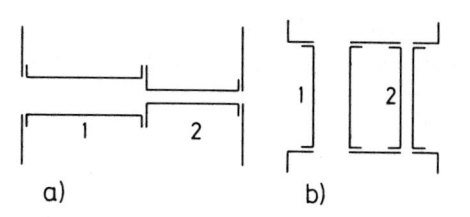

Bild 4.2 Pumpleitung zwischen Kessel K (Druck p_K) und Pumpe P; Druck am Ansaugstutzen AF gleich p_A.

Bild 4.3 Serienschaltung (a) bzw. Parallelschaltung (b) von Leitungen.

als (Strömungs-)Widerstand der Leitung. Er kann – wie im elektrischen Fall der elektrische Widerstand eines Leiters von der Spannung = Potentialdifferenz bzw. von der Stromstärke abhängt – von der Druckdifferenz bzw. Gasstromstärke abhängen oder nicht, d.h. konstant sein (Ohmscher Widerstand).

Den Kehrwert des Widerstands

$$L = \frac{1}{W} = \frac{q}{\Delta p} \tag{4.16}$$

nennt man – ebenfalls in Analogie zum elektrischen Fall – den Leitwert der Leitung.

Man beachte sehr wohl, daß man verschiedenartige Größen „Widerstand" bzw. „Leitwert" erhält, je nachdem, welche Art Stromstärke man verwendet; das drückt sich auch in der Einheit des Widerstands bzw. Leitwerts aus. Verwendet man die pV-Stromstärke, so ist $[W] = \text{s} \cdot \text{m}^{-3}$, $[L] = \text{m}^3 \cdot \text{s}^{-1}$. Das gleiche gilt für die Teilchenstromstärke, weil $q_{pV}/\Delta p = q_N/\Delta N$. Mit der Volumenstromstärke wird $[W] = \text{Pa} \cdot \text{s} \cdot \text{m}^{-3}$, $[L] = \text{m}^3 \cdot \text{s}^{-1} \cdot \text{Pa}^{-1}$.

Schaltet man *elektrische* Leiter hintereinander (Serienschaltung) bzw. parallel (Bild 4.3), so addieren sich die Widerstände bzw. Leitwerte:

Serienschaltung $\quad W = W_1 + W_2 + W_3 + ...$ (4.17)

$$\frac{1}{L} = \frac{1}{L_1} + \frac{1}{L_2} + \frac{1}{L_3} + ...$$

Parallelschaltung $\quad L = L_1 + L_2 + L_3 + ...$ (4.18)

$$\frac{1}{W} = \frac{1}{W_1} + \frac{1}{W_2} + \frac{1}{W_3} + ...$$

Bei der Strömung von Fluiden gelten die Gln. (4.17) bzw. (4.18) nur mit Einschränkungen: Die Strömung eines Fluids durch ein Rohr ist nicht über die ganze Länge hin gleichmäßig, am Rohranfang bildet sich eine „Einlaufströmung" aus, die bewirkt, daß der Widerstand kurzer Rohre (bei denen die Länge der Einlaufströmung gegenüber der Länge des Rohres nicht vernachlässigbar ist) nicht proportional zur Länge ist. Bei der Serienschaltung bedeutet dies die Entstehung einer Übergangsströmung und eines dementsprechenden „Übergangswiderstandes". Bei der Parallelschaltung gilt Gl. (4.18) nur dann, wenn die Rohreinläufe so weit voneinander entfernt sind, daß sich die Einlaufströmungen nicht gegenseitig stören. Wegen der Verhältnisse bei der Molekularströmung vgl. Abschnitt 4.6.4.2.

Für die praktische Berechnung zusammengesetzter Rohrleitungssysteme unterteilt man diese zweckmäßigerweise in jeweils homogene Strömungsabschnitte.

Bei nichtstationären Strömungen muß man komplexe Widerstände einführen: Die Volumina der Leitungen entsprechen der Kapazität von Kondensatoren, die Trägheit der strömenden Gasmassen der Induktivität von Spulen im elektrischen Fall.

4.4 Das effektive Saugvermögen einer Vakuumpumpe

Der Gasstrom q_m bzw. q_v bzw. q_N bzw. bei konstanter Temperatur q_{pV} in einer Leitung − z.B. der Verbindungsleitung Kessel-Pumpe in Bild 4.2 − ist durch jeden Querschnitt der Leitung der gleiche, weil nirgends Gasteilchen verschwinden oder entstehen können (Kontinuitätsgleichung). Auf den Kesselflansch KF und den Ansaugflansch AF in Bild 4.2 angewandt, bedeutet dies für die pV-Stromstärke (Gl. (4.7))

$$q_{pV} = p_K \cdot \dot{V}_K = p_A \cdot \dot{V}_A. \tag{4.19}$$

Am Ansaugstutzen der Pumpe ist nach Gl. (4.11) $\dot{V}_A = S$, gleich dem Saugvermögen der Pumpe und nach Gl. (4.12) $p\dot{V} = \dot{Q}$, gleich der Saugleistung der Pumpe. Definiert man

$$\dot{V}_K = S_K \tag{4.20}$$

als das effektive Saugvermögen S_K am Kesselflansch, so ergibt Gl. (4.19)

$$S_K = \frac{p_A}{p_K} \cdot S < S; \tag{4.21}$$

es ist kleiner als S, weil zur Aufrechterhaltung der Strömung durch die Leitung $p_K > p_A$ sein muß. Die Saugleistung $\dot{Q} = \dot{Q}_K$ hingegen ist − eben wegen der Kontinuitätsgleichung − konstant.

Mit dem Leitwert L der Pumpleitung nach Gl. (4.16) ergibt sich aus den Gln. (4.19) und (4.20) das Druckverhältnis

$$\frac{p_K}{p_A} = 1 + \frac{S}{L} \tag{4.22}$$

und mit Gl. (4.21) das effektive Saugvermögen

$$\frac{1}{S_K} = \frac{1}{S} + \frac{1}{L} \tag{4.23a}$$

oder

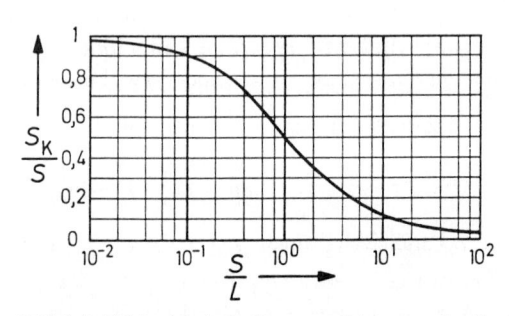

$$S_K = \frac{S}{1 + S/L} \tag{4.23b}$$

Bild 4.4 Abhängigkeit des Pumpenwirkungsgrades S_K/S vom Verhältnis S/L nach Gl. (4.23).

In Bild 4.4 ist Gl. (4.23) graphisch dargestellt. Man sieht, daß man einen Pumpenwirkungsgrad $S_K/S \approx 0{,}9 = 90\,\%$ erst erreicht, wenn der Leitwert 10 mal so groß wie das Saugvermögen der Pumpe ist. Ist der Leitwert $L \ll S$, so wird nach Gl. (4.23) $S_K \approx L$, d.h., das effektive Saugvermögen wird allein durch den Leitwert und nicht mehr durch das Saugvermögen der Pumpe bestimmt. Auch durch Einsatz einer beliebig großen Pumpe kann dann das effektive Saugvermögen nicht mehr vergrößert werden. Gegen diese Gesetzmäßigkeit wird gelegentlich aus Unkenntnis verstoßen. Man mache sich deshalb zur Regel: Soll die

Pumpe zu 90 % ausgelastet werden, so muß der Leitwert der Pumpleitung mindestens 10 mal so groß wie das Saugvermögen sein. Gibt man sich mit einer 50 %-igen Pumpenausnützung zufrieden, dann muß der Leitwert mindestens gleich dem Saugvermögen sein.

4.5 Strömung im Grobvakuumbereich

4.5.1 Reibungsfreie Strömung

4.5.1.1 Strömung durch Düse und Blende

Die reibungsfreie Strömung durch Strömungskanäle mit veränderlichem Querschnitt folgt den Gesetzen der Gasdynamik, wie sie in Abschnitt 2.7 behandelt wurden.

Strömt durch eine Öffnung, die als Düse ausgebildet ist, oder eine Blende, deren Dicke klein gegen ihren Durchmesser ist, in der Wand eines Kessels K (Bild 4.5), in dem durch eine Pumpe der Druck p_K aufrechterhalten wird, aus dem Außenraum ein Gas (Luft), Druck $p_0 > p_K$, so kann wegen der kleinen Länge des Strömungskanals in jedem Falle von der Reibung im Gas abgesehen werden. Strömungsgeschwindigkeit und Massenstromdichte im Strömungskanal sind dann durch die Gln. (2.108) und (2.111) bestimmt. Im Falle einer Düse mit dem engsten Querschnitt A_{min} kann man, solange der Druck p_K größer als der sogenannte kritische Druck p^* nach Gl. (2.114)

$$\frac{p^*}{p_0} = \left(\frac{2}{\kappa+1}\right)^{\frac{\kappa}{\kappa-1}} \quad (4.24) \equiv (2.114)\,^{1)}$$

Bild 4.5
Strömung durch eine Düse oder Blende in einen Vakuum-Kessel.

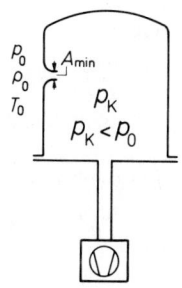

ist, den Druck in A_{min} mit ausreichender Näherung gleich p_K setzen. Dann erhält man aus Gl. (2.111) für die Massenstromstärke q_m durch die Düse in den Kessel

$$q_m = A_{min} \cdot j_m = A_{min} \cdot p_0 \cdot \sqrt{\frac{2 M_{molar}}{RT_0}} \cdot \left(\frac{p_K}{p_0}\right)^{\frac{1}{\kappa}} \cdot \sqrt{\frac{\kappa}{\kappa-1}\left\{1-\left(\frac{p_K}{p_0}\right)^{\frac{\kappa-1}{\kappa}}\right\}}. \quad (4.25)\,^{1)}$$

Hierin bedeuten (s. auch Bild 4.5) A_{min} die Fläche des engsten Querschnitts, p_0 den Druck außerhalb des Kessels, p_K den Druck im Kessel, M_{molar} die molare Masse des einströmenden Gases, R die allgemeine (molare) Gaskonstante, T_0 die Temperatur des einströmenden Gases, $\kappa = C_p/C_V$ das Verhältnis der spezifischen Wärmekapazitäten des Gases (Luft).

Wie in Abschnitt 2.7 dargelegt, steigt q_m zwar mit sinkendem Druck p_K an, erreicht jedoch beim kritischen Druck p^* ein Maximum

$$q_m^* = A_{min} \cdot p_0 \cdot \left(\frac{2}{\kappa+1}\right)^{\frac{1}{\kappa-1}} \cdot \sqrt{\frac{2\kappa}{\kappa+1} \cdot \frac{M_{molar}}{RT_0}}, \quad (4.26) \equiv (2.124)\,^{2)}$$

---

[1] Eingehende Betrachtungen zur Düsenströmung siehe Abschnitt 2.7.9
[2] Zur Auswertung vgl. Tabelle 2.3

das auch bei weiter sinkendem Kesseldruck p_K nicht mehr überschritten werden kann. Sobald eben p_K auf den kritischen Druck p^* gefallen ist, herrscht im engsten Querschnitt der Strömung Schallgeschwindigkeit. Sinkt p_K unter p^*, so nimmt die Strömungsgeschwindigkeit im engsten Querschnitt A_{min} und damit die Massenstromstärke q_m nicht mehr zu (vgl. dazu die Erläuterung in Abschnitt 2.7.4).

Die kritische pV-Stromstärke erhält man aus Gl. (4.26) mit Gl. (4.9) zu

$$q_{pV}^* = A_{min} \cdot p_0 \cdot \left(\frac{2}{\kappa + 1}\right)^{\frac{1}{\kappa - 1}} \cdot \sqrt{\frac{2\kappa}{\kappa + 1} \cdot \frac{RT_0}{M_{molar}}}. \tag{4.27}$$

Für Luft der Temperatur $\vartheta = 20\,°C$ gleich $T = 293$ K ergibt sich daraus die Rechengleichung

$$q_{pV}^* = 20\,A_{min} \cdot p_0, \text{ in } mbar \cdot \ell \cdot s^{-1} \tag{4.27a}$$

A_{min} in cm^2, p_0 in mbar.

Durch die Düse fließen also 20 Liter je Sekunde und Quadratzentimeter des Gases vom Druck p_0. Ist der engste Durchmesser der Düse d, also $A_{min} = \pi d^2/4$, so wird Gl. (4.27a)

$$q_{pV}^* = 15{,}7\,d^2 p_0, \text{ in } mbar \cdot \ell \cdot s^{-1} \tag{4.27b}$$

d in cm, p_0 in mbar

oder

$$q_{pV}^* = 157\,d^2 p_0, \text{ in } Pa \cdot m^3 \cdot s^{-1} \tag{4.27c}$$

d in m, p_0 in Pa.

Für die kritische Massenstromstärke erhält man unter den gleichen Bedingungen

$$q_m^* = 2{,}3625 \cdot 10^{-5} \cdot A_{min} \cdot p_0, \text{ in } kg \cdot s^{-1} \tag{4.26a}$$

p_0 in mbar, A_{min} in cm^2.

Das in den Kessel einströmende Gas entspannt sich adiabatisch, wobei die Gastemperatur absinkt. Diese Temperaturabsenkung ist gegeben durch Gl. (2.106)

$$\frac{T_1}{T_0} = \left(\frac{p_K}{p_0}\right)^{\frac{\kappa - 1}{\kappa}}, \tag{4.28}$$

wobei T_0 die Temperatur des einströmenden Gases und T_1 die Gastemperatur im engsten Querschnitt sind. Beim kritischen Druck p^* wird die Temperaturabsenkung maximal. Aus den Gln. (4.128) und (4.25) folgt unmittelbar

$$T_1^* = T_0 \cdot \frac{2}{\kappa + 1}. \tag{2.115} \equiv (4.29)$$

T_1^* ist die niedrigste Temperatur, die im engsten Düsenquerschnitt auftreten kann (vgl. Tabelle 2.3).

Beispiel 4.2: In einen Kessel strömt durch eine Düse vom Durchmesser $d = 2$ mm Luft ($\kappa = 1{,}4$) vom Zustand $T_0 = 293$ K, $p_0 = 1013$ mbar (760 Torr). In Tabelle 2.3 lesen wir in Zeile 6 ab $p^*/p_0 = 0{,}528$. Damit ist der kritische Druck für diesen Einströmungsvorgang $p^* = 534{,}9$ mbar = 401,1 Torr. Für die Strömungsgeschwindigkeit im kritischen Zustand ergibt sich aus Zeile 9 $v^* = 18{,}24 \cdot \sqrt{293}$ m·s^{-1} = 312,4 m·s^{-1}; sie ist nach Abschnitt 2.7.3 auch gleich der Schallgeschwindigkeit a^* im kritischen Zustand.

4.5 Strömung im Grobvakuumbereich 4.5.1

Als maximale Geschwindigkeit (Entspannung auf $p = 0$, Gl. (2.109)) erhält man aus Zeile 10 die Überschallgeschwindigkeit $v_{max} = 44,68 \cdot \sqrt{293}$ m · s^{-1} = 764,8 m · s^{-1}. Dabei muß angemerkt werden, daß dies eine Grenzgröße der Rechnung ist, die physikalisch nicht mehr sinnvoll ist. Die kritische, also niedrigste Temperatur (Gl. (4.29)) erhält man aus Zeile 7 zu $T^* = 0,833 \cdot 293$ K = 244,1 K = -29 °C. Dieser Temperatur entspricht nach Bild 16.4 bzw. Tabelle 16.9 der Sättigungsdruck des Wasserdampfs $p_s(H_2O)$ = 0,47 mbar = 47 Pa. Enthält die in den Kessel einströmende Luft Wasserdampf vom Druck $p_0(H_2O)$ = 0,87 mbar, $T_0 = 293$ K, so wird dieser bei der adiabatischen Expansion der Luft nach Gl. (2.106) gerade auf 0,47 mbar entspannt und beginnt zu kondensieren und zu gefrieren (Vereisung der Düse!). Da der Sättigungsdruck des Wasserdampfs bei $T_0 = 293$ K den Wert $p_s(H_2O) = 23,33$ mbar besitzt, tritt diese Vereisungsgefahr also schon bei einer relativen Luftfeuchtigkeit $f_{rel} = 0,87$ mbar/23,33 mbar = 3,7 % auf. Die kritische und damit maximale Stromstärke des einfließenden Gases ergibt sich aus Zeile 11 der Tabelle 2.3 oder durch Ausrechnung von Gl. (4.26a) zu

$$q_m^* = 2,36 \cdot 10^{-5} \cdot \frac{\pi}{4} \cdot 0,04 \cdot 1013 \text{ kg} \cdot \text{s}^{-1}$$

$$= 0,75 \text{ g} \cdot \text{s}^{-1} = 2,7 \text{ kg} \cdot \text{h}^{-1}.$$

Pumpt man also den Kessel vom Anfangsdruck p_0 an aus, so steigt der Düsenstrom von $q_m = 0$ auf q_m^* an; dieser Wert wird beim Kesseldruck $p_K = p^* = 535$ mbar (näherungsweise, vgl. oben) erreicht. Bei weiterer Erniedrigung des Kesseldrucks bleibt die Luftstromstärke durch die Düse konstant gleich q_m^*. Dieses Phänomen nennt man auch Verblockung.

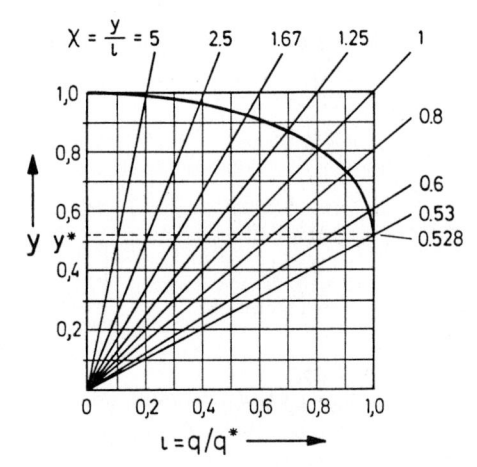

Bild 4.6 Graph zur Bestmmung der Stromstärke durch Düse oder Blende bei reibungsfreier Strömung eines zweiatomigen Gases ($\kappa = 1,4$) für Drücke größer oder gleich dem kritischen Druck $p^* = 0,528\, p_0$. Ordinate: $y = p_K/p_0$ bzw. p_a/p_K.

Bild 4.7 Strömung durch eine Blende

Wie bereits am Schluß des Abschnitts 2.7.2 bemerkt, ist es für graphische Auswertungen zweckmäßig, die auf die kritische Stromstärke (Stromdichte) bezogene Stromstärke (Stromdichte)

$$\iota = \frac{q}{q^*} = f\left(\frac{p}{p_0}\right) \tag{2.113}$$

als Funktion von p_K/p_0 (Einströmung in den Kessel) bzw. p_a/p_K (Ausströmung aus dem Kessel) in einem Diagramm aufzutragen; in Bild 4.6 ist das für Luft ($\kappa = 1,4$) geschehen (vgl. auch Bild 2.16). In den Bildern 16.9a ... 16.9e findet man die Funktion ι für verschiedene κ-Werte. Die Verwendung von Bild 4.6 soll anhand eines Beispiels erläutert werden.

4 Strömungsvorgänge

Beispiel 4.3: In einen Kessel strömt durch eine Düse vom Durchmesser $d = 2$ mm Luft ($\kappa = 1{,}4$) vom Zustand $T_0 = 293$ K, $p_0 = 1013$ mbar. Im Kessel soll $p_K = 826$ mbar ($= 620$ Torr) sein. Dann ist $p_K/p_0 = 0{,}82 = y$; hierfür liest man aus Bild 4.6 den Wert $\iota = q/q^* = 0{,}77$ ab. Mit dem aus Gl. (4.26a) berechneten Wert $q_m^* = 0{,}75$ g·s^{-1} (vgl. Beispiel 4.2) folgt der Wert $q = 0{,}58$ g·s^{-1}.

Bei der Strömung durch eine Blende, deren Dicke klein gegen den Durchmesser ist, ist zu beachten, daß sich der Gasstrom einschnürt (Bild 4.7). Der Grund hierfür besteht darin, daß die Gasteilchen am Blendenrand radial mit einer nicht zu vernachlässigenden Geschwindigkeit die Blendenöffnung anströmen. Für den minimalen Querschnitt A_{min} in Gl. (4.25) (und daraus abgeleitete Gleichungen) ist daher der minimale Querschnitt der freien Strömung zu setzen. Man berücksichtigt dies durch einen Einschnürungsfaktor $\alpha \approx 0{,}7 \ldots 0{,}9$, der ein Erfahrungswert ist.

Mit der Blende oder Düse hat man ein einfaches Mittel, in einen Kessel einen konstanten Gasstrom einströmen zu lassen, der im Bereich $p_K < p^*$ unabhängig vom Kesseldruck p_K ist, der beliebig niedrig sein kann.

4.5.1.2 Düse oder Blende in der Ansaugleitung einer Pumpe

Ein Kessel (Bild 4.8), in dem der Druck p_K herrscht, werde über eine weite Leitung durch eine Pumpe evakuiert, an deren Ansaugflansch der Druck p_A und das Saugvermögen S sind. Am Kesselflansch oder in der weiten Ansaugleitung befinde sich eine Düse mit dem engsten Durchmesser d oder eine Blende, die in dieser Anordnung als „Strömungswiderstand" wirkt und allein die Stromstärke und damit die Druckverhältnisse bestimmt. Nach Gl. (4.21) ist das effektive Saugvermögen am Kesselflansch

$$S_K = \frac{p_A}{p_K} \cdot S \qquad (4.21) \equiv (4.30)$$

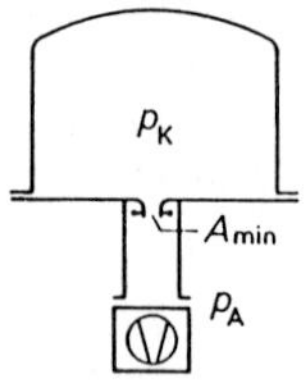

Bild 4.8 Düse in der Pumpleitung

durch das Druckverhältnis (Expansionsverhältnis) p_A/p_K an der Düse bestimmt. Man beachte, daß in diesem Fall $p_K > p_A$, der Kesseldruck der größere Druck ist. Zur Bestimmung des Druckverhältnisses p_A/p_K bilden wir den Quotienten

$$\frac{q_{pV,\text{Pumpflansch}}}{q_{pV,\text{kritisch}}} = \frac{p_A \cdot S}{p_K \cdot S^*}, \qquad (4.31)$$

woraus durch Umordnen

$$\frac{S^*}{S} = \frac{p_A/p_K}{q/q_{\text{krit}}} = \chi \qquad (4.32)$$

folgt. Das Saugvermögen S der Pumpe in Abhängigkeit vom Druck p_A ist bekannt. Das kritische Saugvermögen S^* folgt aus Gl. (4.27) durch Division von q_{pV}^* mit p_K, das dort in diesem Fall anstelle von p_0 stehen muß

$$S^* = \frac{q_{pV}^*}{p_K} = A_{min} \cdot \left(\frac{2}{\kappa+1}\right)^{\frac{1}{\kappa-1}} \cdot \sqrt{\frac{2\kappa}{\kappa+1} \cdot \frac{RT_K}{M_{\text{molar}}}} \qquad (4.33)$$

oder für Luft

$$S^* = A_{min} \cdot \sqrt{\frac{T_K}{293}} \cdot 20, \text{ in } \ell \cdot s^{-1} = A_{min} \cdot \sqrt{\frac{T_K}{293}} \cdot 2 \cdot 10^{-2}, \text{ in } m^3 \cdot s^{-1} \quad (4.33a)$$

A_{min} in cm², T_K in K.

Damit kann der Quotient χ berechnet werden. In Bild 4.6 kann aus dem Schnittpunkt der Geraden χ = const mit der Kurve an der Ordinate das Druckverhältnis p_K/p_A abgelesen und damit nach Gl. (4.30) das effektive Saugvermögen S_K am Kesselflansch berechnet werden. Für $S^*/S = \chi < 0{,}528$ herrscht am Ende der Düse Schallgeschwindigkeit, es fließt der maximale Luftstrom nach Gl. (4.27). (Verblockung. NB! Bild 4.6 gilt für $\kappa = 1{,}4$, zweiatomige Gase, Luft; für andere κ-Werte müssen die Bilder 16.9a ... 16.9e herangezogen werden.)

Beispiel 4.4: Aus einem Kessel soll mit Hilfe einer Pumpe vom konstanten Saugvermögen $S = 72$ m³ · h⁻¹ = 20 ℓ · s⁻¹ Luft ($\kappa = 1{,}4$) der Temperatur $T = 293$ K über eine Düse vom Durchmesser $d_{min} = 1$ cm abgesaugt werden. Dann ist nach Gl. (4.33a) $S^* = 15{,}7$ ℓ · s⁻¹ und nach Gl. (4.32) $\chi = 15{,}7/20 = 0{,}785$. Für diesen χ-Wert entnimmt man aus Bild 4.6 den Wert $p_A/p_K = 0{,}72$, so daß nach Gl. (4.30) $S_K = 0{,}72 \cdot 20$ ℓ · s⁻¹ = 14,4 ℓ · s⁻¹ wird. Die Düse „drosselt" also das Saugvermögen der Pumpe auf 72 %. Verwendet man eine Pumpe mit $S = 36$ m³ · h⁻¹ = 10 ℓ · s⁻¹, so ist $S^*/S = 1{,}57$, und aus Bild 4.6 folgt $p_A/p_K = 0{,}9$; das Saugvermögen der Pumpe wird hier auf 90 % gedrosselt. Mit einer Pumpe vom Saugvermögen $S = 108$ m³ · h⁻¹ = 30 ℓ · s⁻¹ wird $\chi = 0{,}523$, nach Bild 4.6 fließt der maximale Gasstrom durch die Düse, es wird $S_K = S^* = 15{,}7$ ℓ · s⁻¹ = 56,5 m³ · h⁻¹, das Saugvermögen der Pumpe wird auf 52,3 % reduziert. Bei Verwendung einer noch größeren Pumpe mit $S = 144$ m³ · h⁻¹ = 40 ℓ · s⁻¹ bleibt $S_K = S^* = 15{,}7$ ℓ · s⁻¹. Das Druckverhältnis geht nach Gl. (4.30) auf den Wert $p_A/p_K = S^*/S = 15{,}7/40 = 0{,}393$; dabei ist zu beachten, daß der Druck im engsten Querschnitt den kritischen Wert $p_A^* = 0{,}523$ p_K beibehält, $p_A = 0{,}393$ p_K am Pumpenflansch herrscht, Das Saugvermögen der Pumpe wird auf 39,3 % reduziert, das Saugvermögen am Kesselflansch wird auch bei Verwendung einer immer größeren Pumpe nicht mehr größer.

Es sei vermerkt, daß die Überlegungen dieses Abschnitts nur so lange gelten, wie $p \cdot d > 0{,}6$ Pa · m = 0,6 mbar · cm (Grobvakuum) ist, im obigen Beispiel bis herunter zu einem Kesseldruck $p_K \approx 1$ mbar.

4.5.2 Rohrströmung mit Reibung

4.5.2.1 Kennzeichnung der Reibungsströmung

Im Gegensatz zur Düsen- und Blendenströmung mit ihren kurzen Strömungskanälen kann bei der Strömung eines Gases durch ein langes Rohr von der inneren Reibung (Viskosität) nicht mehr abgesehen werden. Strömt ein viskoses Gas durch irgendeinen Strömungskanal, so bildet sich im Falle einer stationären Strömung ein stationäres Geschwindigkeitsprofil aus (vgl. Abschnitt 2.5). Das Geschwindigkeitsprofil ist allerdings nicht im ganzen Rohr das gleiche. Am Anfang des Rohres auf einer Länge $l \approx 25 \ldots 30\,d$ (d = Durchmesser des Rohres), in der sogenannten „Anlaufströmung" (beim Einlauf des Gases aus einem großen Kessel oder beim Übergang von einem Rohr anderen Querschnitts), verändert sich das Geschwindigkeitsprofil von Querschnitt zu Querschnitt, bis es schließlich seine endgültige Form annimmt. In dieser Anlaufströmung ist der längenbezogene Druckverlust etwa 1,5 mal so groß wie der Druckverlust in den folgenden Rohrabschnitten. Das hat zur Folge, daß der Strömungswiderstand (vgl. Abschnitt 4.3) für kurze Rohre nicht und für lange Rohre nur annähernd proportional zur Länge ist.

Die in diesem Abschnitt mitgeteilten Formeln für Stromstärken und Leitwerte (Widerstände) verlieren ihre Gültigkeit für pulsierende Gasströme. Experimentelle Untersuchungen haben gezeigt, daß für solche Strömungen die Druckdifferenzen bei gleicher Stromstärke bis zu 7,5 mal so groß sein können wie bei Gleichströmen (vgl. im elektrischen Fall: Wechselstromwiderstand, Impedanz).

In Abschnitt 4.1 wurde bereits dargelegt, daß die viskose Strömung in zwei Formen, der laminaren und der turbulenten, auftreten kann und daß in einem kritischen Wertebereich der Reynoldszahl

$$Re = \frac{\rho \cdot v \cdot d}{\eta} \tag{4.34}$$

mit ρ = Dichte des strömenden Gases, v = mittlere Strömungsgeschwindigkeit, d = Durchmesser des Rohrquerschnitts, η = dynamische Viskosität,

$Re < 2{,}3 \cdot 10^3$ Strömung laminar,
$Re > 4 \cdot 10^3$ Strömung turbulent, (4.34a)

die eine Form in die andere Form übergeht. Eine scharfe Grenze für den Übergang kann deswegen nicht gezogen werden, weil Wandrauhigkeiten und Einlaufstörungen für den Umschlag eine große Rolle spielen. So ist bereits im Zwischengebiet $2{,}3 \cdot 10^3 < Re < 4 \cdot 10^3$ die Strömung meist turbulent, sie kann aber unter besonders günstigen Bedingungen selbst bei $Re > 4 \cdot 10^3$ noch laminar sein.

Für die praktische Anwendung ist es häufig zweckmäßig, in den Ausdruck für Re anstelle der Größe $\rho \cdot v$ die pV-Stromstärke q_{pV} einzuführen. Nach Gl. (4.9) ist

$$q_{pV} = \frac{RT}{M_{\text{molar}}} \cdot q_m = \frac{RT}{M_{\text{molar}}} \cdot j_m \cdot A = \frac{RT}{M_{\text{molar}}} \cdot \rho \cdot v \cdot \frac{\pi}{4} \cdot d^2.$$

Setzt man hieraus $\rho \cdot v$ in Re ein, so erhält man

$$Re = \frac{4 M_{\text{molar}}}{\pi \cdot \eta \cdot RT} \cdot \left(\frac{q_{pV}}{d} \right) \tag{4.35}$$

und anstelle Gl. (4.34a)

$$\frac{q_{pV}}{d} \begin{cases} < 1{,}8 \cdot 10^3 \cdot \dfrac{\eta \cdot RT}{M_{\text{molar}}} & \text{laminar} \\ > 3{,}2 \cdot 10^3 \cdot \dfrac{\eta \cdot RT}{M_{\text{molar}}} & \text{turbulent.} \end{cases} \tag{4.36}$$

Tabelle 4.2 gibt für eine Reihe von Gasen die kritischen Werte von q_{pV}/d nach Gl. (4.36) an.

4.5.2.2 Formeln für die Gasstromstärke durch ein Rohr

Denkt man sich eine Düse durch ein zylindrisches Rohr verlängert (Bild 4.9), so wird im reibungsfreien Fall die Stromstärke q durch das Rohr durch die Gleichungen von Abschnitt 4.5.1.1 beschrieben, weil — wegen der nicht vorhandenen Reibung — im zylindrischen Rohr kein Druckabfall eintritt, in der Parallelströmung im Rohr das Gas also in jedem Querschnitt A, A', A'' den gleichen Zustand besitzt. Die maximale Stromstärke durch das Rohr ist damit die kritische Stromstärke q^* nach Gl. (4.26). Durch die *Reibung* wird die Gasstromstärke verringert, also in jedem Fall kleiner als q^* sein. Zwischen den Querschnitten 1 und 2 tritt ein Druckunterschied auf, das Gas expandiert also im Rohr, der Strömungsvorgang ist als adiabatischer Vorgang zu beschreiben. Diesbezügliche Rechnungen [2] ergeben für lange Rohre ($l \gg d$) und Gasstromstärken $q < q^*/3$ verhältnismäßig einfache Formeln für die Gasstromstärke, die hier einfach mitgeteilt werden sollen.

4.5 Strömung im Grobvakuumbereich 4.5.2

Tabelle 4.2 Kritische Werte von (q_{pV}/d) für den Übergang von laminarer in turbulente Strömung nach Gl. (4.35) bzw. Gl. (4.36). Temperatur $\vartheta = 20$ °C, $T = 293$ K; η-Werte aus Tabelle 16.3. Gerundete Werte

Strömung			Wasserstoff H_2	Helium He	Argon Ar	Wasserdampf H_2O	Stickstoff N_2	Luft
laminar	$\dfrac{q_{pV}}{d} \Big/ \dfrac{\text{mbar} \cdot \ell \cdot s^{-1}}{\text{cm}}$	<	1 900	2 150	240	220	270	270
	$\dfrac{q_{pV}}{d} \Big/ \dfrac{\text{Pa} \cdot m^3 \cdot s^{-1}}{m}$	<	19 000	21 500	2 400	2 200	2 700	2 700
turbulent	$\dfrac{q_{pV}}{d} \Big/ \dfrac{\text{mbar} \cdot \ell \cdot s^{-1}}{\text{cm}}$	>	3 400	3 800	430	390	490	490
	$\dfrac{q_{pV}}{d} \Big/ \dfrac{\text{Pa} \cdot m^3 \cdot s^{-1}}{m}$	>	33 000	38 000	4 300	3 900	4 900	4 900

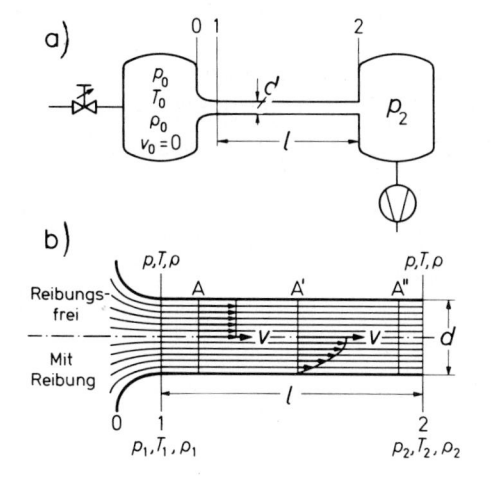

Bild 4.9

a) Rohr als Verbindungsleitung zwischen zwei Kesseln. Im Gebiet 0–1 bildet sich die Strömung erst aus: Anlaufvorgang. Die Strömungsgesetze des Abschnitts 4.5.2.2 gelten daher nur für die Strecke 1–2, die so lang sein muß, daß die Anlaufvorgänge vernachlässigbar sind.

b) Oberer Teil: Reibungsfreie Strömung, v konstant über den Querschnitt, kein Druckabfall. Unterer Teil: Strömung mit Reibung, v wächst von der Wand zur Mitte auf einen Maximalwert, Druckabfall $p_1 - p_2$.

Für die Massenstromstärke $q_m = \dot{m}$ der adiabatischen Reibungsströmung durch ein Rohr der Länge l und vom Durchmesser d ergibt sich

$$q_m^2 = \frac{1}{f} \cdot \frac{\pi^2 \cdot d^4 \cdot M_{\text{molar}}}{16 (l/d) \cdot R T_0} \cdot p_0^2 \cdot \left\{ \frac{1}{(1-\delta_1)^2} - \left(\frac{p_2}{p_0}\right)^2 \cdot \frac{1}{(1-\delta_2)^2} \right\} \quad (4.37)$$

mit

$$\delta_1 = \frac{\kappa - 1}{\kappa + 1} \cdot M_1^2, \quad \delta_2 = \frac{\kappa - 1}{\kappa + 1} \cdot M_2^2.$$

Dabei sind M_1 und M_2 die Machzahlen (Gl. (2.120)) an den Stellen 1 und 2 des Rohres (s. Bild 4.9). f ist der sogenannte Widerstandsbeiwert, er ist aus Tabelle 4.3 für die in der Praxis vorkommenden Fälle zu entnehmen; im laminaren Strömungsgebiet ist er von der Wandrauhigkeit praktisch unabhängig. Im Gebiet der Einlaufströmung (0–1 in Bild 4.9) wird das Gas nur auf einen Bruchteil der Schallgeschwindigkeit beschleunigt, M_1 also sicher nicht größer als 0,2 werden; für Luft ($\kappa = 1,4$) wird dann $\delta < 7 \cdot 10^{-3}$ und kann gegen die

Tabelle 4.3 Widerstandsbeiwerte f für laminare und turbulente Gasströmung in langen Rohren (Gln. (4.37) und (4.38)). Ausführlich in [3].

	Glatte Rohre	Rauhe Rohre
Laminare Strömung	$\dfrac{64}{Re}$	$\dfrac{64}{Re}$
Turbulente Strömung	$\dfrac{0{,}32}{(Re)^{1/4}}$ [4]	$0{,}0032 + \dfrac{0{,}22}{Re^{0{,}237}}$ [5]

Eins in Gl. (4.37) vernachlässigt werden. Am Ende des Rohres kann – wie bei der reibungsfreien Strömung – die Geschwindigkeit des Gases maximal gleich der Schallgeschwindigkeit, also $M_2 = 1$ und damit $\delta_2 = 0{,}167$ werden. Daher kann man anstatt Gl. (4.37) mit guter Näherung

$$q_m^2 = \frac{1}{f} \cdot \frac{\pi^2 \cdot d^4 \cdot M_{\text{molar}}}{16 \cdot (l/d) \cdot RT_0} \cdot (p_0^2 - p_2^2) \tag{4.38}$$

schreiben. Der Fehler bei der Berechnung von q_m nach Gl. (4.38) wird in keinem Fall größer als 20 % gegenüber der Rechnung mit Gl. (4.37), was für die Praxis eine ausreichende Genauigkeit darstellt.

Geht man vom Massenstrom q_m mit Gl. (4.9) zum pV-Strom q_{pV} über, setzt für den Widerstandsbeiwert f die für glatte Rohre geltenden Werte aus Tabelle 4.3 ein, wobei man für die Reynoldszahl Re die Beziehung Gl. (4.35) verwendet, so wird [2]

für laminare Strömung:

$$q_{pV} = \frac{\pi}{128\,\eta} \cdot \frac{d^4}{l} \cdot \frac{p_0^2 - p_2^2}{2}, \tag{4.39}$$

für turbulente Strömung:

$$q_{pV} = d \left\{ \frac{\pi^2 \cdot 20}{16 \cdot 3{,}2} \cdot \frac{d^3(p_0^2 - p_2^2)}{2l} \right\}^{4/7} \cdot \left(\frac{R}{M_{\text{molar}}} \cdot T_0 \right)^{3/7} \cdot \left(\frac{4}{\pi \cdot \eta} \right)^{1/7}. \tag{4.40}$$

η ist die dynamische Viskosität des strömenden Gases.

Auf Luft der Temperatur $\vartheta = 20\ °C$ zugeschnitten lauten diese Gleichungen

für laminare Strömung:

$$q_{pV} = 135 \cdot \frac{d^4}{l} \cdot \frac{p_0^2 - p_2^2}{2}, \text{ in } mbar \cdot \ell \cdot s^{-1} \tag{4.41}$$

l, d in cm, p in mbar

für turbulente Strömung:

$$q_{pV} = 134 \cdot d \left\{ \frac{d^3}{l} \cdot \frac{p_0^2 - p_2^2}{2} \right\}^{4/7}, \text{ in } mbar \cdot \ell \cdot s^{-1} \tag{4.42}$$

l, d in cm, p in mbar.

Sie gelten für glatte, lange Rohre, wenn

bei laminarer Strömung:

$$\frac{l}{q_{pV}} > 1{,}5 \qquad (4.41\mathrm{a})$$

l in cm, q_{pV} in mbar $\cdot$ ℓ $\cdot$ s^{-1}

bei turbulenter Strömung:

$$\frac{l}{d} > 50. \qquad (4.42\mathrm{a})$$

Ein Rohr ist dann als glatt anzusehen, wenn die Wandrauheiten bei nicht zu großen Reynoldszahlen ($Re < 10^5$) 1 % des Rohrdurchmessers nicht übersteigen. In Fällen, in denen die Bedingung „langes Rohr", „glattes Rohr" oder die Bedingung $q/q^* < \frac{1}{3}$ nicht erfüllt ist, werden die Gasströme kleiner als die Gasströme, die man aus den Gln. (4.39) und (4.40) erhält. Auch wenn in der Rohrleitung scharfe Krümmungen enthalten sind, erhält man insbesondere bei hohen Strömungsgeschwindigkeiten kleinere Gasströme, als sie sich aus den Gln. (4.39) und (4.40) ergeben.

Ähnlich wie bei der reibungsfreien Strömung durch die Düse (Abschnitt 4.5.1) tritt auch bei der Reibungsströmung durch ein Rohr Verblockung ein, wenn der Druck am Rohrende genügend abgesenkt wird; am Ende des Rohres herrscht dann Schallgeschwindigkeit. Der Druckabfall ist jetzt allerdings mit zunehmender Reibung erheblich größer als bei der Düse. Das Charakteristische an der Verblockung, daß der Gasstrom auch dann konstant bleibt, wenn der zur Verblockung gehörende Druck unterschritten wird, bleibt aber bestehen.

Für den Druck p_2^*, bei dem Verblockung eintritt, findet man für Laminarströmung bei Luft [2]

$$\frac{p_2^*}{p_0} = 2{,}3 \cdot \frac{d^2}{l} \cdot p_0 \qquad d \text{ und } l \text{ in cm}, \ p_0 \text{ in mbar} \qquad (4.43)$$

und für turbulente Strömung:

$$\frac{p_2^*}{p_0} = \frac{4{,}51 \cdot \left(\dfrac{d^3 \cdot p_0^2}{2l}\right)^{4/7}}{d \cdot p_0} \qquad d \text{ und } l \text{ in cm}, \ p_0 \text{ in mbar}. \qquad (4.44)$$

Der Verblockungsgasstrom wird bei Laminarströmung

$$q_{pV}^* = 135 \cdot d \cdot \frac{d^3}{l} \cdot \frac{p_0^2 - p_2^{*2}}{2} \text{ , in mbar} \cdot \text{ℓ} \cdot \text{s}^{-1} \qquad (4.45)$$

d und l in cm, p_0 in mbar

und für turbulente Strömung:

$$q_{pV}^* = 134 \cdot d \cdot \left(\frac{d^3(p_0^2 - p_2^{*2})}{2l}\right)^{4/7} \text{ , in mbar} \cdot \text{ℓ} \cdot \text{s}^{-1} \qquad (4.46)$$

d und l in cm, p_0 in mbar.

4 Strömungsvorgänge

Verblockung tritt immer dann auf, wenn man nach Gl. (4.43) bzw. Gl. (4.44) einen höheren Druck p_2 bestimmt, als dem Kesseldruck oder dem Ansaugdruck an der Pumpe entspricht. In vielen praktischen Fällen ist p_2^* so klein, daß p_2^{*2} gegen p_0^2 vernachlässigt werden kann.

4.5.2.3 Gasstrom durch ein Rohr; Rohrleitung als Pumpwiderstand

In einem Kessel werde durch eine Pumpe (oder auch durch einen chemischen Prozeß) ein Druck p_K aufrecht erhalten. Durch ein Rohr vom Durchmesser d und der Länge l ströme Luft vom Außendruck p_0 in den Kessel (Bild 4.10). Man erhält den durch das Rohr einströmenden Gasstrom q_{pV} aus den Gln. (4.41) bzw. (4.42), wenn man dort für p_0 den Außendruck und für p_2 den Kesseldruck einsetzt. Die Gln. (4.41) und (4.42) sind zur Vereinfachung der Auswertung in Bild 4.11 aufgetragen. Die Bedingung $q/q^* < 0{,}3$ kann man durch Anwendung der Beziehung (4.27b) für die kritische Gasstromstärke

$$q_{pV}^* = 15{,}7 \cdot d^2 \cdot p_0, \text{ in mbar} \cdot \ell \cdot s^{-1} \quad (4.27b)$$

d in cm, p_0 in mbar

in die für die Rechnung einfachere Form

$$q_{pV} < 4{,}7 \cdot d^2 \cdot p_0 \quad (4.47a)$$

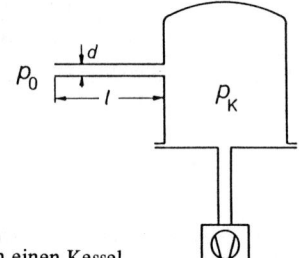

Bild 4.10
Gasstrom durch ein Rohr in einen Kessel

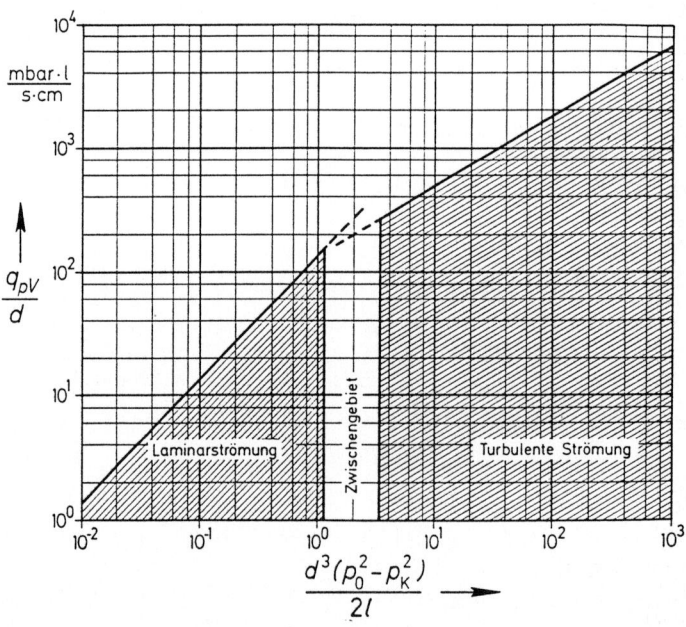

Bild 4.11 Graph zur Bestimmung des Luftstromes nach den Gln. (4.41) und (4.42), der durch ein Rohr in einen Kessel einströmt. Lufttemperatur $\vartheta = 20\,°C$. q_{pV} in mbar $\cdot \ell \cdot s^{-1}$, d und l in cm, p in mbar.
Laminare Strömung: langes Rohr $l/q_{pV} > 1{,}5$ cm/mbar $\cdot \ell \cdot s^{-1}$
Turbulente Strömung: langes Rohr $l/d > 50$

bzw.

$$\frac{q_{pV}}{d} < 4{,}7 \cdot d \cdot p_0 \tag{4.47b}$$

q_{pV} in mbar $\cdot \ell \cdot s^{-1}$, d in cm, p_0 in mbar

bringen.

Beispiel 4.5: Ein Kessel ist über eine Röhre (Kapillare) vom Durchmeser d und der Länge l mit der Außenluft verbunden. Der Außendruck beträgt p_0, der Kesseldruck p_K. Wie groß ist der Gasstrom durch die Kapillare?

Fall 1: $d = 1$ mm, $l = 10$ m, $p_0 = 1000$ mbar, $p_K = 5$ mbar.

Zur Lösung des Problems ziehen wir Bild 4.11 heran und prüfen dann, ob alle Gültigkeitsbedingungen (Gln. (4.47b), (4.41a), (4.42a), (4.43), (4.44) und Tabelle 4.1) erfüllt sind. Der Abszissenwert für Bild 4.11 errechnet sich zu:

$$\frac{d^3(p_0^2 - p_K^2)}{2l} = \frac{10^{-3} \cdot (10^6 - 25)}{2 \cdot 1000} = 0{,}5.$$

Für diesen Wert ist nach Bild 4.11 die Strömung laminar, man liest ab

$$\frac{q_{pV}}{d} = 68 \text{ mbar} \cdot \ell \cdot s^{-1} \cdot cm^{-1},$$

woraus sich

$$q_{pV} = 68 \text{ mbar} \cdot \ell \cdot s^{-1} \cdot cm^{-1} \cdot 0{,}1 \text{ cm} = 6{,}8 \text{ mbar} \cdot \ell \cdot s^{-1}$$

ergibt. Nun ist nach Gl. (4.47b)

$$4{,}7 \cdot d \cdot p_0 = 4{,}7 \cdot 0{,}1 \cdot 1000 = 470 > \frac{q_{pV}}{d} = 68.$$

Damit ist die Anwendung unserer Formeln gerechtfertigt. Die Bedingung für langes Rohr Gl. (4.41a)

$$\frac{l}{q_{pV}} = \frac{1000}{6{,}8} = 147 > 1{,}5$$

ist ebenfalls erfüllt. Nach Gl. (4.43) tritt Verblockung bei dem Druck

$$p_2^* = 2{,}3 \cdot \frac{10^{-2}}{10^3} \, 10^6 \text{ mbar} = 23 \text{ mbar}$$

ein. Das bedeutet, daß in den Abszissenwert von Bild 4.11 dieser kritische Wert einzusetzen ist, was jedoch am Ergebnis nichts mehr ändert. Ist der Kesseldruck also auf $p_K = 23$ mbar abgesunken, so strömt der konstante Gasstrom $q_{pV}^* = 6{,}8$ mbar $\cdot \ell \cdot s^{-1}$ in den Kessel ein, auch wenn man den Kesseldruck beliebig erniedrigt. Damit lautet die Bedingung für die Gültigkeit der Gesetze des Grobvakuumbereichs

$$p \cdot d = 23 \text{ mbar} \cdot 10^{-1} \text{ cm} = 23 \cdot 10^2 \text{ Pa} \cdot 10^{-3} \text{ m} = 2{,}3 \text{ Pa} \cdot \text{m} > 0{,}6 \text{ Pa} \cdot \text{m},$$

sie ist also erfüllt.

Fall 2: $d = 1$ cm, $l = 20$ m, $p_0 = 1000$ mbar, $p_K = 500$ mbar.

In diesem Fall ist $d^3(p_0^2 - p_K^2)/2l = 187{,}5$, wofür man aus Bild 4.11 abliest $q_{pV}/d = 2{,}8 \cdot 10^3$, woraus $q_{pV} = 2{,}8 \cdot 10^3$ mbar $\cdot \ell \cdot s^{-1}$ folgt. Bild 4.11 zeigt ferner, daß die Strömung turbulent ist. Weiter berechnet man $4{,}7 \cdot d \cdot p_0 = 4{,}7 \cdot 10^3 > 2{,}8 \cdot 10^3$; $l/d = 2 \cdot 10^3 > 50$; $p_2^* = 106$ mbar (aus Gl. (4.44)). Bedingungen erfüllt, keine Verblockung.

Beispiel 4.6: Ein Kessel mit einer ohne Zwischenleitung angeflanschten Drehschieberpumpe vom Nennsaugvermögen $S = 18$ m³ $\cdot$ h⁻¹ (Jargon: „18-Kubikmeter-Pumpe") sei über ein Rohr vom Durchmesser $d = 2$ mm und der Länge $l = 12$ m mit der äußeren Atmosphäre, $p_0 = 1000$ mbar, verbunden (Bild 4.10). Wie groß ist der erreichbare Kesseldruck p_K?

4 Strömungsvorgänge

Drehschieberpumpen haben im Bereich 10 mbar $< p <$ 1000 mbar ein praktisch konstantes Saugvermögen, im Bereich 1 mbar $< p <$ 10 mbar fällt es bei Betrieb ohne Gasballast um etwa 10 % ab (siehe z.B. Bild 5.25a, b). Daher kann im Rahmen der Genauigkeit unserer Formeln mit einem konstanten mittleren Saugvermögen gerechnet werden, sofern wir uns im genannten Druckbereich bewegen. Andernfalls ist eine graphische Lösung empfehlenswert, die wir hier anwenden wollen (obwohl wir uns im genannten Druckbereich bewegen). In Bild 4.12 ist in einem Koordinatensystem mit logarithmisch geteilter Abszisse (Druck p) und Ordinate (Volumenstromstärke q_V) als Kurve I das Saugvermögen $S(p_K)$ unserer Pumpe in der Einheit $\ell \cdot s^{-1}$ aufgetragen. Trägt man in das gleiche Diagramm den durch das Rohr einströmenden Volumenstrom als Funktion des Kesseldrucks p_K ein, so gibt der Schnittpunkt der beiden Kurven den gesuchten Kesseldruck. Da wir noch nicht wissen, ob die Strömung im Rohr laminar oder turbulent ist, müssen wir beide Fälle durchrechnen:

Die pV-Stromstärke finden wir aus Gl. (4.41). Für kleine Kesseldrücke $p_2 \equiv p_K$, so daß $p_2^2 \ll p_0^2$ ist, wird

$$q_{pV, \max} = 135 \cdot \frac{d^4}{l} \cdot \frac{p_0^2}{2} = 135 \cdot \frac{(0,2)^4}{1200} \cdot \frac{(10^3)^2}{2} = 90 \text{ mbar} \cdot \ell \cdot s^{-1}$$

konstant, der Volumenstrom $q_V = q_{pV,\max}/p$ ist in der Darstellung des Bildes 4.12 eine fallende 45°-Gerade (Kurve II l). Bei größeren Drücken $p_2 \equiv p_K$ wird q_{pV} kleiner, man schätzt aus Gl. (4.41) leicht ab, daß q_{pV} für $p_2 = 100$ mbar um 1 % kleiner als 90 mbar $\cdot \ell \cdot s^{-1}$ ist; für $p_2 \equiv p_K = p_0$ wird $q_{pV} = 0$, in der Darstellung des Bildes 4.12 nähert sich die Kurve also asymptotisch der Senkrechten bei p = 1000 mbar. Kurve III l stellt den Verlauf von $q_V(p_K)$ nach Gl. (4.41) für die größeren Drücke dar. Der kritische Druck $p_2^* \equiv p_K^*$, bei dem Verblockung eintritt, ergibt sich aus Gl. (4.43) zu

$$p_2^* = \frac{9}{4} \cdot \frac{d^2}{l} \cdot p_0^2 = \frac{9}{4} \cdot \frac{4 \cdot 10^{-2}}{1200} \cdot 10^6 = 75 \text{ mbar}.$$

p_2^{*2} ist also in Gl. (4.45) gegen p_0^2 vernachlässigbar, q_{pV}^* ist also gleich $q_{pV,\max}$ = 90 mbar $\cdot \ell \cdot s^{-1}$. Der p_2^* entsprechende Punkt K_l ist in Kurve II l–III l gekennzeichnet, er hat den Ordinatenwert $q_V = 1,2$ $\ell \cdot s^{-1}$. Zur Ermittlung des Kesseldrucks p_K haben wir nun die durch K_l zu legende 45°-Gerade mit Kurve I zum Schnitt zu bringen; im Beispielfall (weil $q_{pV}^* = q_{pV}$) ist dies Kurve II l. Der Schnittpunkt A_l liefert den Kesseldruck p_{Kl} = 26 mbar; er ist kleiner als p_2^*, die Strömung ist also „verblockt", was sich allerdings wegen der Kleinheit der Drücke p_K und p_2^* nicht bemerkbar macht. Gl. (4.41a) ergibt „langes Rohr".

b) turbulente Strömung:

Gl. (4.42) liefert $q_{pV,\max}$ = 53,6 mbar $\cdot \ell \cdot s^{-1}$, Gl. (4.44) den kritischen Druck p_2^* = 45 mbar. Die Kurve $q_V(p_2) \equiv q_V(p_K)$ ist in Bild 4.12 eingetragen, ihre Abschnitte sind entsprechend mit II t und

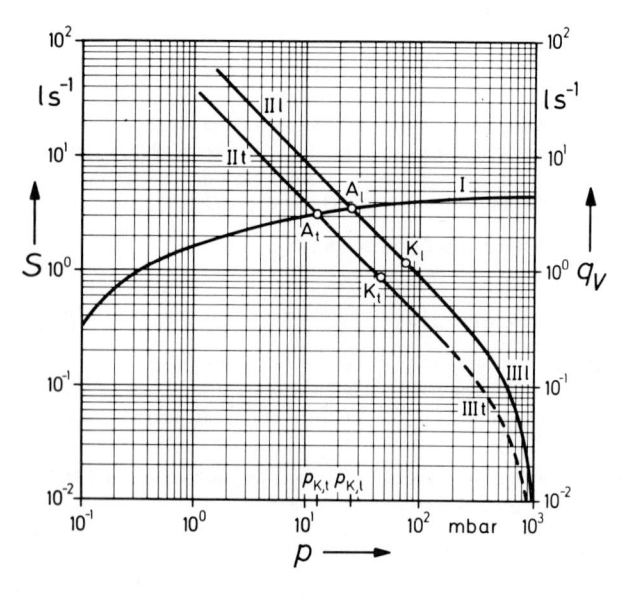

Bild 4.12

Zur graphischen Ermittlung des Kesseldrucks im Beispiel 4.6.

IIIt bezeichnet. Der dem kritischen Druck entsprechende Punkt K_t ($q_V = 0{,}88 \; \ell \cdot s^{-1}$) liegt wieder auf der Geraden II$_t$, deren Schnittpunkt A_t mit I den Wert $p_{K,t} = 12{,}6$ mbar für den Kesseldruck liefert. Auch in diesem Fall haben wir nicht wirksam werdende Verblockung. Gl. (4.42a) ergibt „langes Rohr".

c) Art der Strömung:

Zur Entscheidung, ob die Strömung laminar oder turbulent ist, muß die Reynolds-Zahl nach Gl. (4.35) berechnet, bzw. aus Tabelle 4.2 für den Quotienten q_{pV}/d die Strömungsart entnommen werden. Es zeigt sich, daß die q_{pV}/d-Werte im Übergangsgebiet liegen. Der Kesseldruck wird also zwischen 13 mbar und 25 mbar liegen.

Wird ein Kessel, in dem der Druck p_K herrscht, über ein Rohr der Länge l vom Durchmesser d durch eine Pumpe vom Saugvermögen S, an deren Anschlußflansch der Druck p_A herrscht, ausgepumpt, so sinkt wegen des Widerstands W (Leitwert L) der Rohrleitung das Saugvermögen am Kessel S_K auf den Wert

$$\frac{S_K}{S} = \frac{p_A}{p_K} = \frac{1}{\sqrt{1+x}} \qquad (4.48)$$

mit (aus Gl. (4.41))

$$x = 1{,}47 \cdot 10^{-2} \cdot \frac{S \cdot l}{d^4 \cdot p_A} \quad \text{für laminare Luftströmung} \qquad (4.48a)$$

(Bedingung: $p \cdot S/d < 270$, Gl. (4.36) bzw. Tabelle 4.2)

und (aus Gl. (4.42))

$$x = 3{,}79 \cdot 10^{-4} \cdot \frac{l \cdot S^2}{d^5} \cdot \left(\frac{d}{p_A \cdot S}\right)^{1/4} \quad \text{für turbulente Luftströmung} \qquad (4.48b)$$

(Bedingung: $p_A \cdot S/d > 475$, Gl. (4.36) bzw. Tabelle 4.2)

S in $\ell \cdot s^{-1}$, p_A in mbar, d und l in cm.

Die Bedingung für die Gültigkeit unserer in Abschnitt 4.5.2.2 gegebenen Näherungsformeln, nämlich $q/q^* < 0{,}3$, schreibt man hier zweckmäßigerweise in der Form

$$\frac{p_A \cdot S}{d} < 4{,}7 \; \frac{\ell}{s \cdot cm^2} \cdot d \cdot p_K \qquad (4.49)$$

und da der Druck am Pumpenflansch p_A stets kleiner als derjenige am Kesselflansch p_K ist, erhält Gl. (4.49) die verschärfte Form

$$\frac{S}{d^2} < 4{,}7 \qquad S \text{ in } \ell \cdot s^{-1}, \; d \text{ in cm.} \qquad (4.50)$$

Die Bedingung für „langes Rohr" lautet

$$\frac{l}{d} > 50 \quad \text{für turbulente Strömung}$$

$$\frac{l}{p_A \cdot S} > 2{,}7 \quad \text{für laminare Strömung} \qquad (4.51)$$

S in $\ell \cdot s^{-1}$, p_A in mbar, l und d in cm.

Zur Erleichterung der Auswertung der Gln. (4.48a) und (4.48b) sind die relevanten Größen in den Bildern 4.13 und 4.14 graphisch dargestellt.

4 Strömungsvorgänge

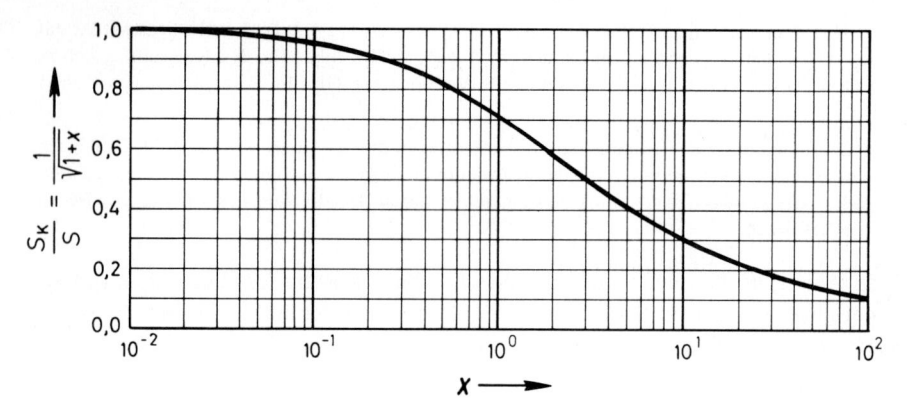

Bild 4.13 Pumpenwirkungsgrad S_K/S in Abhängigkeit von der Rechengröße x.

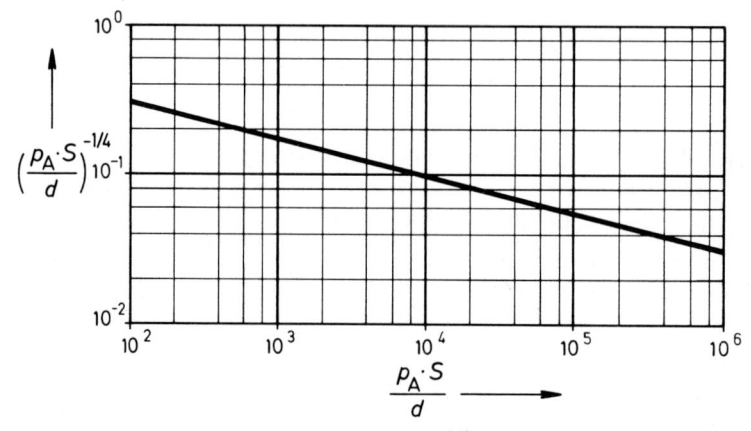

Bild 4.14 Darstellung der Funktion $(p_A \cdot S/d)^{-1/4}$.

Für andere Gase als Luft läßt sich S_K/S auf die gleiche Weise wie oben aus den Gln. (4.39) und (4.40) berechnen; es ergibt sich für die Größe x, die dann in Gl. (4.48) einzusetzen ist:

für laminare Strömung (Bedingung für q_{pV}/d siehe Tabelle 4.2)

$$x = \frac{2 \cdot 128 \cdot \eta \cdot l \cdot S}{\pi \cdot d^4 \cdot p_A} \tag{4.52}$$

und für turbulente Strömung (Bedingung für q_{pV}/d siehe Tabelle 4.2)

$$x = 0{,}32 \cdot \left(\frac{\pi}{4}\right)^{-7/4} \cdot \eta^{1/4} \cdot \left(\frac{RT}{M_{molar}}\right)^{-3/4} \cdot \frac{l \cdot S^2}{d^5} \cdot \left(\frac{p_A \cdot S}{d}\right)^{-1/4}. \tag{4.53}$$

4.5 Strömung im Grobvakuumbereich 4.5.2

Es sei wieder einmal darauf hingewiesen, daß bei der Auswertung dieser Größengleichungen (4.52) und (4.53) kohärente Einheiten (z. B. des SI) verwendet werden müssen:

$$[S] = \frac{m^3}{s}, \quad [p_A] = Pa, \quad [d, l] = m, \quad [\eta] = Pa \cdot s, \quad [T] = K$$

$$R = 8{,}315 \cdot 10^3 \cdot \frac{Pa \cdot m^3}{kmol \cdot K}.$$

Als Größengleichung schreibt sich Gl. (4.49)

$$\frac{p_A \cdot S}{d} < 47 \, \frac{m}{s} \cdot d \cdot p_K \tag{4.49a}$$

und entsprechend Gl. (4.50)

$$\frac{S}{d^2} < 47 \, \frac{m}{s}. \tag{4.50a}$$

Beispiel 4.7: Eine Pumpe mit dem Saugvermögen $S = 18 \, m^3 \cdot h^{-1}$ saugt bei einem Druck $p_A = 2500$ Pa (= 25 mbar = 18,75 Torr) durch eine „Halbzoll-Leitung" ($d = 1{,}27$ cm) der Länge $l = 1$ m aus einem Kessel Luft der Temperatur $\vartheta = 20\,°C$ ($\eta = 1{,}82 \cdot 10^{-5}\,kg \cdot m^{-1} \cdot s^{-1}$) ab. Wie groß ist das „effektive" Saugvermögen am Kesselflansch?

Wir wollen hier einmal konsequent mit den Größengleichungen rechnen. Zunächst ist zu prüfen, ob die Gültigkeitsbedingung Gl. (4.50a) erfüllt ist. Für $S = 18 \, m^3 \cdot h^{-1} = 5 \cdot 10^{-3} \, m^3 \cdot s^{-1}$ und $d = 1{,}27 \cdot 10^{-2}$ m wird

$$\frac{S}{d^2} = \frac{5 \cdot 10^{-3} \, m^3}{s \, (1{,}27 \cdot 10^{-2})^2 \, m^2} = 31 \, \frac{m}{s} < 47 \, \frac{m}{s}.$$

Die Bedingung ist erfüllt, wir können die oben angegebenen Formeln benutzen, S_K kann aus Gl. (4.48) berechnet werden. Zur Berechnung von x muß zunächst festgestellt werden, ob laminare oder turbulente Strömung vorliegt. Dies können wir anhand von Tabelle 4.2 feststellen. Das Produkt

$$\frac{q_{pV}}{d} = \frac{p_A \cdot S}{d} = \frac{2500 \, Pa \cdot 5 \cdot 10^{-3} \, m^3}{s \cdot 1{,}27 \cdot 10^{-2} \, m} = 984 \, \frac{Pa \cdot m^3 \cdot s^{-1}}{m}$$

kennzeichnet laminare Strömung (Tabelle 4.2, letzte Spalte).

Dann ergibt sich aus Gl. (4.52)

$$x = \frac{256 \cdot 1{,}82 \cdot 10^{-5} \, kg \cdot 1 \, m \cdot 5 \cdot 10^{-3} \, m^3 \cdot m^2}{\pi \cdot m \cdot s \cdot s \cdot (1{,}27 \cdot 10^{-2})^4 \, m^4 \cdot 2500 \, N} =$$

$$= \frac{256 \cdot 1{,}82 \cdot 10^{-5} \cdot 5 \cdot 10^{-3} \, kg \cdot m^6 \cdot s^2}{\pi \cdot (1{,}27)^4 \cdot 10^{-8} \cdot 2500 \, m^5 \cdot s^2 \cdot kg \cdot m} = 0{,}114.$$

Für diesen Wert folgt aus Bild 4.13 der Wert $S_K/S = 0{,}94$, womit

$$S_K = 0{,}94 \cdot 5 \cdot 10^{-3} \, m^3 \cdot s^{-1} = 4{,}7 \cdot 10^{-3} \, m^3 \cdot s^{-1} = 17 \, m^3 \cdot h^{-1}$$

wird. Falls das Saugvermögen der Pumpe als Kennlinie gegeben ist, empfiehlt sich die graphische Rechenmethode nach Beispiel 4.5 (Fall 2). Die Bedingung „langes Rohr" für Luft Gl. (4.41a) ist nicht erfüllt: Es soll

$$\frac{l}{q_{pV}} = \frac{l}{p_A \cdot S} = \frac{1 \, m \cdot s}{2500 \, Pa \cdot 5 \cdot 10^{-3} \, m^3} = 0{,}08 \, \frac{m}{Pa \cdot m^3 \cdot s^{-1}}$$

größer sein als

$$\frac{l/cm}{q_{pV}/mbar \cdot \ell \cdot s^{-1}} = 1{,}5$$

4 Strömungsvorgänge

oder

$$\frac{l}{q_{pV}} = 1{,}5 \frac{\text{cm} \cdot \text{s}}{\text{mbar} \cdot \ell} = 1{,}5 \frac{10^{-2}\,\text{m} \cdot \text{s}}{10^2\,\text{Pa} \cdot 10^{-3}\,\text{m}^3} = 0{,}15 \frac{\text{m}}{\text{Pa} \cdot \text{m}^3 \cdot \text{s}^{-1}}.$$

Der Druckabfall in der Rohrleitung wird daher größer als errechnet, also p_K größer und S_K kleiner als $4{,}7\,\ell \cdot \text{s}^{-1}$.

Die Rechengröße x in den Gln. (4.52) und (4.53) für das Kesselsaugvermögen wird mit zunehmendem Druck sowohl im laminaren als auch im turbulenten Strömungsgebiet kleiner; d.h. aber, mit zunehmendem Druck wird das effektive Saugvermögen am Kessel bei gegebener Pumpleitung stets größer und mit abnehmendem Druck stets kleiner. Wie eine Abschätzung der laminaren und turbulenten Rechengrößen zeigt, nimmt die Rechengröße x mit zunehmendem Druck auch dann ab, wenn man dabei vom laminaren ins turbulente Gebiet kommt. Es gilt also die *Regel*:

Ist der Verlust an Saugvermögen der Pumpe, den eine Pumpleitung verursacht, bei einem bestimmten Druck bestimmt worden, so wird der Verlust an Saugvermögen bei höheren Drücken stets kleiner. Dies gilt auch dann, wenn bei höheren Drücken die Strömung turbulent ist. Meist genügt es daher, den Verlust an Saugvermögen beim niedrigsten vorkommenden Druck zu bestimmen. Sind die Bedingungen (4.41a), (4.42a) nicht erfüllt, so wird das Kesselsaugvermögen S_K sowohl im laminaren als auch im turbulenten Fall kleiner, als nach den Formeln herauskommen würde.

Hinweis: Gl. (4.39) für die laminare Strömung kann auch in der Form

$$q_{pV} = \frac{\pi \cdot d^4}{128 \cdot \eta \cdot l} \cdot \frac{p_0 + p_2}{2} \cdot (p_0 - p_2) = L \cdot \Delta p \qquad (4.54) \equiv (4.16)$$

geschrieben werden. Der Leitwert der Rohrleitung ist dann ($p_0 = p_K$; $p_2 = p_A$)

$$L = \frac{\pi \cdot d^4}{128 \cdot \eta \cdot l} \cdot \frac{p_A + p_K}{2} = \frac{\pi \cdot d^4}{128 \cdot \eta \cdot l} \cdot \bar{p} \qquad (4.55)$$

und S_K bestimmt sich aus Gl. (4.22). Da man aber von vornherein die Werte p_A und p_K und damit $\bar{p}$ nicht kennt, kann man L gar nicht bestimmen. Für $L \gg S$ wird nach Gl. (4.22) allerdings $p_K/p_A \approx 1$, und man kann

$$L = \frac{\pi \cdot d^4}{128 \cdot \eta \cdot l} \cdot p_A \qquad (4.55a)$$

schreiben. Setzt man auch bei größeren Druckabfällen $\bar{p}$ immer gleich p_A, so wird das Kesselsaugvermögen immer zu klein bestimmt. (Vgl. auch Bild 16.10.)

Soll das Saugvermögen der Pumpe durch die Ansaugleitung um nicht mehr als 10 % gedrosselt werden (90 % Pumpenausnutzung), dann darf S_K/S den Wert 0,9 nicht unterschreiten. Da dies nach Bild 4.12 einem Wert der Rechengröße $x \approx 2{,}35 \cdot 10^{-1}$ entspricht, erhält man als Bedingung für 90 %ige Pumpenausnutzung (mit Gln. (4.48a) und (4.48b))

$$l < 15{,}7 \cdot \frac{d^4}{S} \cdot p_A \quad \text{bei Laminarströmung} \left(\frac{p_A \cdot S}{d} < 330\right) \qquad (4.56a)$$

$$l < 624 \cdot \frac{d^5}{S^2} \cdot \left(\frac{p_A \cdot S}{d}\right)^{1/4} \quad \text{bei turbulenter Strömung} \left(\frac{p_A \cdot S}{d} > 480\right) \qquad (4.56b)$$

S in $\ell \cdot \text{s}^{-1}$, p_A in mbar, d und l in cm.

Beispiel 4.8: Gegeben sei eine Sperrschieberpumpe mit einem Saugvermögen $S = 72$ m$^3 \cdot$ h$^{-1} = 2 \cdot 10^{-2}$ m$^3 \cdot$ s^{-1}. Es ist ein Ansaugrohr vom Durchmesser $d = 3$ cm vorgesehen. Wie lang darf dieses Rohr höchstens sein, wenn die Pumpe zu 90 % ausgenutzt sein soll, wobei der niedrigste Ansaugdruck

a) $p_A = 70\,000$ Pa $= 700$ mbar $= 525$ Torr
b) $p_A = \;\;1\,500$ Pa $= \;\;15$ mbar $= 11{,}25$ Torr

beträgt?

Fall a): Niedrigster Ansaugdruck $p_A = 700$ mbar

Der Gasstrom beim niedrigsten Druck beträgt

$$q_{pV} = p_A \cdot S = 7 \cdot 10^4 \text{ Pa} \cdot 2 \cdot 10^{-2} \text{ m}^3 \cdot \text{s}^{-1} = 1400 \text{ Pa} \cdot \text{m}^3 \cdot \text{s}^{-1}$$
$$= 14\,000 \text{ mbar} \cdot \ell \cdot \text{s}^{-1} = 10\,502 \text{ Torr} \cdot \ell \cdot \text{s}^{-1}.$$

Damit wird

$$\frac{p_A \cdot S}{d} = \frac{1400 \text{ Pa} \cdot \text{m}^3 \cdot \text{s}^{-1}}{3 \cdot 10^{-2} \text{ m}} = 4{,}7 \cdot 10^4 \frac{\text{N}}{\text{s}} > 4759 \frac{\text{N}}{\text{s}} \quad \text{(Tabelle 4.3)}.$$

Die Strömung ist demnach turbulent. Zur Berechnung von l ist Gl. (4.56) zu verwenden; die Ausrechnung ergibt

$$l_{max} = 32{,}5 \text{ m}.$$

Fall b): Niedrigster Ansaugdruck $p_A = 15$ mbar

Die analoge Rechnung führt – unter Verwendung von Tabelle 4.3 – zunächst zu dem Ergebnis, daß die Strömung laminar ist und damit die maximal zulässige Länge nach Gl. (4.55)

$$l_{max} = 9{,}7 \text{ m}$$

beträgt.

4.5.2.4 Unrunde Querschnitte

Bisher wurden Strömungsvorgänge in Rohrleitungen mit kreisrundem Querschnitt betrachtet. Liegen Rohrleitungen mit anderen Querschnitten vor, so führt man für die Berechnung den sogenannten hydraulischen Radius

$$r_h = \frac{A}{U} = \frac{\text{Querschnittsfläche des Rohres}}{\text{Umfang des Rohres}} \tag{4.57}$$

ein.

Für den Kreisquerschnitt ist der hydraulische Radius

$$r = \frac{\pi \cdot d^2/4}{\pi \cdot d} = \frac{d}{4} \quad \text{oder} \quad d = 4 \cdot r_h. \tag{4.58}$$

Diese Beziehung wird für eine allgemeine Schreibweise der Reynoldszahl Re benutzt

$$Re = \frac{4 \cdot r_h \cdot v \cdot \rho}{\eta}. \tag{4.59}$$

Ist der Strömungsquerschnitt ein Rechteck der Höhe a und der Breite b, so ist nach Gl. (4.59) die Reynoldszahl

$$Re = \frac{4 \cdot \dfrac{a \cdot b}{2(a+b)} \cdot v \cdot \rho}{\eta}. \tag{4.60}$$

Mit Hilfe der Beziehungen

$$q_m = q_{pV} \cdot \frac{M_{\text{molar}}}{RT} \quad \text{und} \quad q_m = a \cdot b \cdot v \cdot \rho \qquad (4.9)$$

läßt sich die Reynolds-Zahl Gl. (4.60) für den rechteckigen Querschnitt

$$Re = q_{pV} \cdot \frac{2}{a+b} \cdot \frac{1}{\eta} \cdot \frac{M_{\text{molar}}}{RT} \qquad (4.61)$$

schreiben. q_{pV} ist dabei die pV-Stromstärke.

In Analogie zu den Gln. (4.39) und (4.40) für die pV-Stromstärke durch ein Rohr der Länge l mit Kreisquerschnitt ergeben sich mittels Gl. (4.69) für die pV-Stromstärke durch ein Rohr der Länge l mit Rechteckquerschnitt (a, b) die Gleichungen

im Falle laminarer Strömung

$$q_{pV} = \frac{4a^3 \cdot b^3}{64 \cdot l \cdot \eta \cdot (a+b)^2} (p_0^2 - p_2^2), \qquad (4.62) \hateq (4.39)$$

im Falle turbulenter Strömung

$$q_{pV} = \left(\frac{RT_0}{M_{\text{molar}}}\right)^{3/7} \cdot \left(\frac{3209}{\eta(a+b)}\right)^{1/7} \cdot \left\{\frac{a^3 \cdot b^3}{l(a+b)} \cdot (p_0^2 - p_2^2)\right\}^{4/7}. \qquad (4.63) \hateq (4.40)$$

Setzt man in die Gln. (4.62) und (4.63) SI-Einheiten, d.h. für die Längen a, b und l die Einheit Meter, für die Drücke p_0 und p_2 die Einheit Pascal, für die dynamische Viskosität η die Einheit kg·m^{-1}·s^{-1}, für die Temperatur T_0 die Einheit K, ein, so ergibt sich q_{pV} in der Einheit Pa·m^3·s^{-1}.

Für Luft der Temperatur $\vartheta = 20\,°C$ lauten die Formeln

für laminare Strömung

$$q_{pV} = \frac{3472}{a+b} \cdot \left\{\frac{a^3 \cdot b^3}{l(a+b)} \cdot (p_0^2 - p_2^2)\right\}, \quad \text{in Pa·m}^3\cdot\text{s}^{-1} \qquad (4.64) \hateq (4.41)$$

a, b, l in m, p_0, p_2 in Pa

für turbulente Strömung

$$q_{pV} = 1947\,(a+b)^{-1/7} \cdot \left\{\frac{a^3 \cdot b^3}{l(a+b)} \cdot (p_0^2 - p_2^2)\right\}^{4/7}, \quad \text{in Pa·m}^3\cdot\text{s}^{-1} \qquad (4.65) \hateq (4.42)$$

a, b, l in m, p_0, p_2 in Pa.

Die Bedingungen 1. „Strömung im Grobvakuumbereich", 2. „langes Rohr" und 3. $q/q^* < \frac{1}{3}$ müssen erfüllt sein. Die kritische Stromstärke q^* berechnet man aus Gl. (4.27), indem man $A_{\min} = ab$ setzt. Die Art der Strömung kann mit Hilfe der Tabelle 4.2 festgestellt werden, wenn man statt q_{pV}/d die Größe $q_{pV}/4r_h$ berechnet und Tabelle 4.2 für diesen Wert anwendet.

4.5.3 Andere Gase als Luft

In Abschnitt 4.5 sind die allgemeinen Gleichungen für die laminare und turbulente Strömung durch Rohre auf das meist auftretende Gasgemisch, die Luft, zugeschnitten, indem die in den Gleichungen auftretenden Konstanten zu einem Zahlfaktor zusammen-

4.5 Strömung im Grobvakuumbereich 4.5.3

gezogen sind. Für andere Gase als Luft ändern sich diese Zahlenfaktoren. Im folgenden werden die wichtigsten Formeln für andere Gase als Luft *für die Temperatur* $\vartheta = 20\,°C$, angegeben.

Aus Gl. (4.39) folgt, wenn man noch von der Proportionalität $\eta \propto \sqrt{M_{molar}}$ nach Gl. (2.81a) Gebrauch macht, für *Laminarströmung*

$$q_{pV} = \frac{\eta_{Luft}}{\eta_{Gas}} \cdot 135 \cdot \frac{d^4}{l} \cdot \frac{p_0^2 - p_2^2}{2}, \text{ in mbar} \cdot \ell \cdot s^{-1} \qquad (4.66) \hat{=} (4.41)$$

l, d in cm, p in mbar

und aus Gl. (4.40) für *turbulente Strömung*

$$q_{pV} = \sqrt{\frac{M_{molar, Luft}}{M_{molar, Gas}}} \cdot 134 \cdot d \cdot \left\{ \frac{d^3}{l} \cdot \frac{p_0^2 - p_2^2}{2} \right\}^{4/7}, \text{ in mbar} \cdot \ell \cdot s^{-1}. \qquad (4.67) \hat{=} (4.42)$$

Die Gültigkeitsgrenzen der Gl. (4.36) sind für verschiedene Gase in Tabelle 4.2 zusammengestellt; es verhalten sich die Grenzwerte für zwei verschiedene Gase 1 und 2

$$\frac{(q_{pV}/d)_{grenz, 1}}{(q_{pV}/d)_{grenz, 2}} = \left(\frac{M_{molar, 2}}{M_{molar, 1}} \right) \cdot \left(\frac{\eta_1}{\eta_2} \right) \approx \sqrt{\frac{M_{molar, 2}}{M_{molar, 1}}}. \qquad (4.68)$$

Da die Bedingung $\eta \propto \sqrt{M_{molar}}$ nicht immer gut erfüllt, empfiehlt es sich, nur für Abschätzungen für die rechte Seite von Gl. (4.68) $(M_{molar, 2}/M_{molar, 1})^{1/2}$ zu schreiben.

Die Gültigkeitsforderung (4.47b) wird wegen Gl. (4.27)

$$\frac{q_{pV}}{d} < 4{,}7 \cdot d \cdot p_0 \cdot \sqrt{\frac{M_{molar, Luft}}{M_{molar, Gas}}} \qquad (4.69) \hat{=} (4.47b)$$

und die Forderung „langes Rohr" heißt dann für laminare Strömung

$$\frac{l}{q_{pV}} > 8{,}2 \cdot 10^{-7} \cdot \frac{M_{molar}}{\eta} \qquad (4.70) \hat{=} (4.41a)$$

l in cm, q_{pV} in mbar $\cdot \ell \cdot s^{-1}$, M_{molar} in kg $\cdot$ kmol^{-1}, η in kg $\cdot$ m$^{-1} \cdot$ s^{-1}

für turbulente Strömung nach wie vor

$$\frac{l}{d} > 50. \qquad (4.71) \equiv (4.42a)$$

Die Rechengröße x in Gl. (4.48) erhält die Form

für *laminare Strömung* (Bedingung $p_A S/d$ kleiner als der in Tabelle 4.2 angegebene Wert nach Gl. (4.36))

$$x = 1{,}47 \cdot 10^{-2} \cdot \frac{\eta_{Gas}}{\eta_{Luft}} \cdot \frac{S \cdot l}{d^4 \cdot p_A} \qquad (4.72) \hat{=} (4.48a)$$

S in $\ell \cdot s^{-1}$, p_A in mbar, d und l in cm,

für *turbulente Strömung* (Bedingung $p_A S/d$ größer als der in Tabelle 4.2 angegebene Wert nach Gl. (4.36))

$$x = 3{,}79 \cdot 10^{-4} \cdot \frac{S^2 \cdot l}{d^5} \cdot \left(\frac{d}{p_A \cdot S} \right)^{1/4} \cdot \left(\frac{M_{molar, Gas}}{M_{molar, Luft}} \right)^{3/4} \cdot \left(\frac{\eta_{Gas}}{\eta_{Luft}} \right)^{1/4} \qquad (4.73) \hat{=} (4.48b)$$

Die Gültigkeitsbedingung (4.50) lautet jetzt:

$$\frac{S}{d^2} < 4{,}7 \cdot \sqrt{\frac{M_{\text{molar, Luft}}}{M_{\text{molar, Gas}}}} \qquad (4.74) \stackrel{\wedge}{=} (4.50)$$

S in $\ell \cdot s^{-1}$, d in cm.

4.6 Strömung im Hoch- und Ultrahochvakuumbereich

4.6.1 Kennzeichen der Molekularströmung

Bei der Strömung im Grobvakuumbereich war die mittlere freie Weglänge $\bar{l}$ der Gasmoleküle in jedem Falle klein gegen die Ausdehnung d der Strömungskanäle, die Knudsenzahl $K = \bar{l}/d < 10^{-2}$ (vgl. Tabelle 4.1). Die Strömungsvorgänge konnten daher als Bewegung eines Kontinuums aufgefaßt werden. Im Hoch- und Ultrahochvakuumbereich hingegen ist $K = \bar{l}/d > 0{,}5$ (Tabelle 4.1); das bedeutet, daß die Teilchen bei der „Strömung" durch Blenden ohne Zusammenstöße untereinander durch die Blende hindurchfliegen und bei der „Strömung" durch Rohre nur Zusammenstöße mit der Rohrwand ausführen. Im Bereich $0{,}5 < K < 10$ der Knudsenzahl können allerdings (z.B. [18]) im Inneren des Rohres Teilchenanzahldichten n auftreten, die zu einigen wenigen Zusammenstößen im Lumen des Rohres führen. Bei einem solchen „Nahezu-freien" Durchgang der Teilchen durch das Rohr ist die Durchlaufwahrscheinlichkeit $\mathscr{P}$ etwas kleiner als bei „freiem" Durchgang (vgl. dazu auch Abschnitt 4.1).

Betrachten wir zunächst die Molekularströmung durch eine dünne Blende B der Fläche A, die zwei Gefäße (Kessel K_1 und K_2 in Bild 4.15a) miteinander verbindet. In K_1 soll

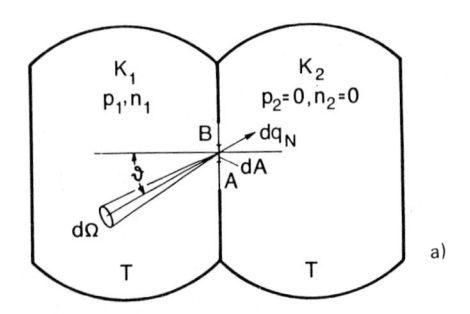

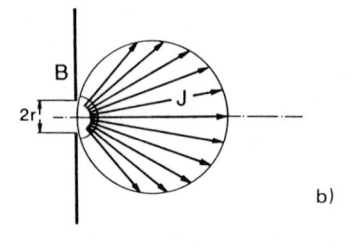

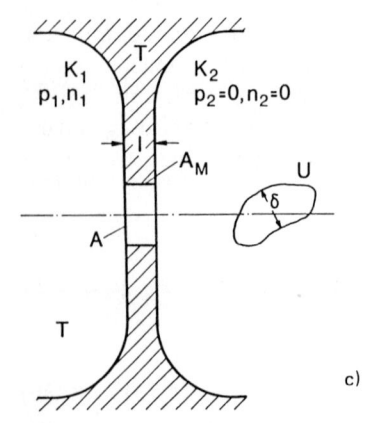

Bild 4.15 a) Molekularströmung durch eine *dünne* Blende in einer ausgedehnten ebenen Wand. b) Intensitätsverteilung der durch eine dünne Blende tretenden Teilchen bei Molekularströmung. Links Teilchenanzahldichte n_1, rechts $n_2 = 0$. Kosinusverteilung nach Gl. (4.75a) [10]. c) Dicke Blende beliebiger Form in der Wand zwischen zwei Kesseln.

der Druck p_1 und die Teilchenanzahldichte n_1 herrschen, p_2 und damit n_2 werden zunächst als Null angenommen. Die Gefäße müssen so groß und so geformt sein (ebene Trennwand), daß die Isotropie der Geschwindigkeitsverteilung nicht gestört ist. Dann tritt durch die Blende in einem Raumwinkelement $d\Omega$, das mit der Blendennormale den Winkel ϑ einschließt, die Teilchenstromstärke

$$dq_N = \frac{n_1 \bar{c}_1}{4\pi} \cdot dA \cdot \cos\vartheta \cdot d\Omega. \tag{4.75a}$$

Die auf den Raumwinkel bezogene Stromdichte (genannt Intensität) ist dann

$$J = \frac{dj_N}{d\Omega} = \frac{dq_N}{dA \cdot d\Omega} = \frac{n_1 \bar{c}_1}{4\pi} \cos\vartheta. \tag{4.75b}$$

Diese Winkelverteilung der Intensität (Intensitätsverteilung) der Teilchenströmung ist in Bild 4.15b dargestellt (Polardiagramm, Länge der Pfeile $\propto J$). Die Gesamt-Teilchenstromstärke durch die Fläche A der Blende ergibt sich aus der Integration der Gl. (4.75a) über ϑ von 0 bis $\pi/2$ zu (vgl. Gl. (2.57))

$$q_{N,B} = \frac{n_1 \bar{c}_1}{4} \cdot A. \tag{4.75c}$$

Ist an die Blende ein Rohr angeschlossen (Bild 4.16a), so können die durch die Blende B eintretenden Teilchen nur zum geringen Teil im Geradeflug durch das Rohr hindurch- und am Ende austreten. Viel häufiger trifft ein Molekül M, das von links durch B in das Rohr hineinfliegt, nach einer kürzeren oder längeren freien Flugstrecke auf die Rohrwand, wird dort „adsorbiert" und haftet eine bestimmte „Verweilzeit" lang, ehe es wieder desorbiert (vgl. Kapitel 3). Bei der Desorption fliegt es mit gleicher Wahrscheinlichkeit vom Haftort weg in alle Richtungen (Desorption nach einem Kosinusgesetz), kann also ebenso gut nach rechts in Richtung K_2 (Bild 4.16a) wie nach links in Richtung K_1 fliegen. Dieser bei genügend langem Rohr mehrfach auftretende Vorgang der „diffusen Reflexion" bewirkt, daß der links von K_1 in das Rohr durch B eintretende Teilchenstrom $q_{N,B}$ (Gl. 4.75b) nur zum Teil durch das Rohr nach K_2 hindurchtreten kann, zum anderen Teil aber nach K_1 zurückgeworfen wird. Dieser Vorgang bewirkt weiter, daß die Intensitätsverteilung der aus dem Rohr in den Kessel K_2 austretenden Teilchen wegen der Ausblendungswirkung des Rohres in Richtung der Rohrachse eingeengt wird, so daß eine gewisse Strahlbildung auftritt; Bild 4.16b zeigt dies für verschiedene Verhältnisse $\lambda = l/r$ der Rohrlänge zum Rohrradius, ebenso die Intensitätsverteilung der zurückgeworfenen Teilchen, die in der Achse ein Defizit aufweist.

Bei diesem (mehrfachen) Reflexionsvorgang hat jedes Teilchen eine von der Eintrittsrichtung ϑ abhängige Wahrscheinlichkeit $\mathscr{P}_\nu$ durch das Rohr hindurchzukommen und dementsprechend die Wahrscheinlichkeit $1 - \mathscr{P}_\nu$ zurückgeworfen zu werden. Der mit der Intensitätsverteilung Gl. (4.75b) über alle Eintrittsrichtungen gebildete Mittelwert der $\mathscr{P}_\nu$ gibt dann die „Durchlaufwahrscheinlichkeit" $\mathscr{P}$ des bei B eintretenden Teilchenstromes, so daß der nach K_2 hindurchtretende Teilchenstrom $q_{N,2}$ dargestellt werden kann als

$$q_{N,2} = q_{N,B} \cdot \mathscr{P}. \tag{4.76a}$$

Für die Blende ist $\mathscr{P} = 1$, für alle anderen Leitungen ist $\mathscr{P} < 1$; es besteht die Aufgabe, $\mathscr{P}$ zu berechnen.

4 Strömungsvorgänge

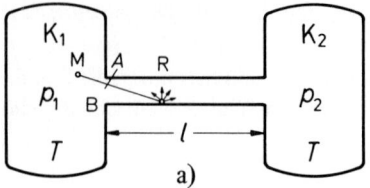

Bild 4.16a Rohrleitung R der Querschnittsfläche A zwischen zwei Kesseln K_1 und K_2. B = Eintrittsöffnung (Eintrittsblende). M = Molekül, an der Rohrwand diffus reflektiert.

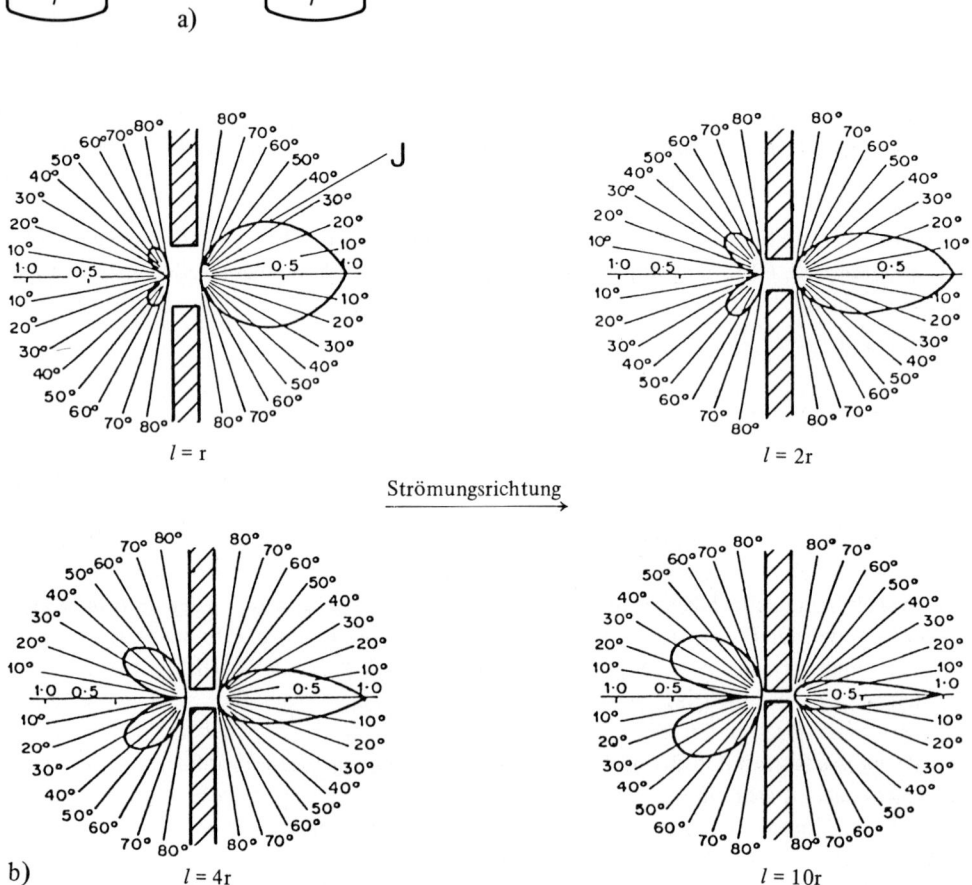

Bild 4.16b Molekularströmung durch ein Rohr: Intensitätsverteilung der durchtretenden und reflektierten Teilchen bei verschiedenem Verhältnis $\lambda = l/r$ (Länge des Rohres durch Radius des Rohres) [6].

Ist der Druck in K_2 nicht wie bisher angenommen gleich Null, sondern p_2 (bzw. die Teilchenanzahldichte n_2), so „fließt" von rechts nach links ein entsprechender Strom, so daß der gesamte Teilchenstrom

$$q_N = n_1 \frac{\overline{c_1}}{4} A_1 \cdot \mathscr{P}_{1,2} - n_2 \frac{\overline{c_2}}{4} A_2 \cdot \mathscr{P}_{2,1} \tag{4.76b}$$

wird, solange sich die einander entgegenlaufenden Teilchenströme nicht stören, was im Gebiet der Molekularströmung – sicher für $K > 10$ – der Fall ist. Für zylindrische und prismatische Röhren ist $A_1 = A_2 = A$ und aus Symmetriegründen $\mathscr{P}_{1,2} = \mathscr{P}_{2,1} = \mathscr{P}$ (vgl. dazu Abschnitt 4.6.4.1) Setzt man dann noch voraus, daß die Temperatur des Gases in K_1 und K_2 gleich, nämlich T, und das Gasgemisch überall das gleiche ist, dann ist auch $\overline{c}_1 = \overline{c}_2 = \overline{c}$. In diesem Fall wird der Teilchenstrom

$$q_N = \frac{\overline{c}}{4} \cdot A \cdot \mathscr{P} \cdot (n_1 - n_2), \tag{4.77a}$$

oder — aus den Gln. (4.2) bis (4.9) ableitbar — der pV-Strom

$$q_{pV} = \frac{\overline{c}}{4} \cdot A \cdot \mathscr{P} \cdot (p_1 - p_2). \tag{4.77b}$$

Benötigt man die Massenstromstärke, so findet man diese aus Gl. (4.9) mit Gl. (2.55) zu

$$q_m = \frac{2}{\pi} \cdot \frac{1}{\overline{c}} \cdot A \cdot \mathscr{P} \cdot (p_1 - p_2). \tag{4.77c}$$

Damit wird nach den Definitionsgleichungen (4.15) und (4.16) im Gebiet der Molekularströmung

der Leitwert

$$L = \frac{q_N}{n_1 - n_2} = \frac{q_{pV}}{p_1 - p_2} = \frac{\overline{c}}{4} \cdot A \cdot \mathscr{P}, \tag{4.78a}$$

der Widerstand

$$W = \frac{n_1 - n_2}{q_N} = \frac{p_1 - p_2}{q_{pV}} = \frac{4}{\overline{c}} \cdot \frac{1}{A} \cdot \mathscr{P}^{-1}. \tag{4.78b}$$

Die Einheiten von L und W sind — gleichgültig ob man mit q_N/Δ_n oder $q_{pV}/\Delta p$ rechnet; vgl. dazu die Anmerkung hinter Gl. (4.16) —

$$[L] = \frac{m^3}{s} ; \frac{\ell}{s} \qquad [W] = \frac{s}{m^3} ; \frac{s}{\ell} . \tag{4.79a, b}$$

Für die *dünne* Blende (Bild 4.15a) ist $\mathscr{P} = 1$ und damit der *Leitwert* bzw. der *Widerstand* einer Blende der Fläche A

$$\boxed{L_B = \frac{\overline{c}}{4} \cdot A} ; \qquad \boxed{W_B = \frac{4}{\overline{c}} \cdot \frac{1}{A}} . \tag{4.80a, b}$$

Leitwert bzw. Widerstand einer beliebigen Rohrleitung können daher allgemein

$$\boxed{L = L_B \cdot \mathscr{P}} ; \qquad \boxed{W = W_B \cdot \mathscr{P}^{-1}} \tag{4.81a, b}$$

geschrieben werden, wenn $\mathscr{P}$ die *Durchlaufwahrscheinlichkeit* bezeichnet, L_B bzw. W_B Leitwert bzw. Widerstand der *Eintrittsöffnung* der Leitung sind.

4.6.2 Molekularströmung durch eine Blende

Leitwert und Widerstand einer *dünnen* Blende der Fläche A sind durch die Gln. (4.80a, b) gegeben.

4 Strömungsvorgänge

Für Luft (M_{molar} = 28,96 kg·kmol^{-1} ≈ 29 kg kmol^{-1}) der Temperatur ϑ = 20 °C (T = 293,15 K ≈ 293 K) findet man für die mittlere Teilchengeschwindigkeit aus Gl. (2.55) oder aus Tabelle 16.5 den Wert $\bar{c}$ = 464 ms^{-1}. Damit wird

$$L_B = 116 \frac{m}{s} \cdot A \ ; \qquad W_B = 8{,}62 \cdot 10^{-3} \frac{s}{m} \cdot \frac{1}{A} \ . \qquad (4.82\text{a, b})$$

Für eine *Kreisblende* der Fläche $A = \pi d^2/4$ wird

$$L_B = 91{,}11 \frac{m}{s} \cdot d^2 \qquad W_B = 1{,}1 \cdot 10^{-2} \frac{s}{m} \cdot \frac{1}{d^2} \qquad (4.83\text{a, b})$$

oder

$$L_B = 9{,}1 \cdot d^2, \text{ in } \ell s^{-1} \qquad W_B = \frac{0{,}11}{d^2}, \text{ in } s\ell^{-1}. \qquad (4.84\text{a, b})$$

d in cm $\qquad\qquad\qquad$ d in cm

Die Werte von L_B und W_B für die Normweiten DN siehe Tabelle 4.4.

Ist die *Blende* nicht extrem dünn, sondern hat sie eine *Dicke l*, wobei die Mantellinien des „Rohres" senkrecht zur Blendenebene stehen, die Form beliebig ist, die kleinste Querausdehnung δ der Blende aber groß gegen l ist (Bild 4.15c), so läßt sich die Durchlaufwahrscheinlichkeit leicht berechnen. Durch die linke Fläche A tritt der Teilchenstrom (Gl. (4.75c))

$$q_{N,A} = \frac{n_1 \bar{c}_1}{4} A \ .$$

Tabelle 4.4 Leitwert L_B und Widerstand W_B (Luft, 20 °C) von Blenden, deren Durchmesser d_i den lichten Weiten international genormter Flansche entspricht (s. Tabelle 14.4). Die eingeklammerten Zahlen bei den W_B-Werten sind die Zehnerexponenten. (S. auch Bild 16.11a)

DN	d_i/cm	$W_B / \frac{s}{\ell}$	$L_B / \frac{\ell}{s}$
10	1,0	1,1 (−1)	9,1
16	1,6	4,3 (−2)	23,3
20	2,1	2,5 (−2)	40,1
25	2,4	1,9 (−2)	52,4
32	3,4	9,5 (−3)	105,2
40	4,1	6,5 (−3)	153
50	5,1	4,2 (−3)	237
63	7,0	2,2 (−3)	446
80	8,3	1,6 (−3)	627
100	10,2	1,1 (−3)	947
125	12,7	6,8 (−4)	1468
160	15,3	4,7 (−4)	2130
200	21,3	2,4 (−4)	4129
250	26,1	1,6 (−4)	6199
320	31,8	1,1 (−4)	9202
400	40,0	6,9 (−5)	14560
500	50,1	4,4 (−5)	22840
630	65,1	2,6 (−5)	38570
800	80,0	1,7 (−5)	58240
1000	100,0	1,1 (−5)	91000

Auf die Mantelfläche A_M des „Rohres" trifft der in $q_{N,A}$ schon enthaltene Anteil des Teilchenstromes

$$q_{N,M} = \frac{1}{2} \frac{n_1 \bar{c}_1}{4} A_M.$$

Der Faktor 1/2 rührt daher, daß auf A_M nur Teilchen aus dem halben Halbraum treffen können. Von $q_{N,M}$ geht bei diffuser Reflexion die Hälfte wieder nach links, so daß also insgesamt der Strom

$$q_{N,B} = q_{N,A} - \frac{1}{2} q_{N,M} = \frac{n_1 \bar{c}_1}{4} A \left(1 - \frac{1}{4} \frac{A_M}{A}\right)$$

durch die dicke Blende hindurchgeht. Bei beliebiger Gestalt der Peripherie mit der Länge des Umfangs U ist $A_M = U \cdot l$, bei Kreisform ist $A_M/A = 2l/r$, so daß

$$q_{N,B} = \frac{n_1 \bar{c}_1}{4} A \left(1 - \frac{1}{4} \frac{Ul}{A}\right)$$

und nach Definition (4.81a) und Gl. (4.78a) für die *dicke* Blende

$$\mathscr{P} = 1 - \frac{1}{4} \frac{Ul}{A} \quad \text{bzw.} \quad \mathscr{P} = 1 - \frac{1}{2} \frac{l}{r} \tag{4.80c}$$

wird (vgl. Gl. (4.89)).

Für andere Gase und Temperaturen entnimmt man $\bar{c}$ aus Tabelle 16.5 oder berechnet $\bar{c}$ nach Gl. (2.55). Da die Durchlaufwahrscheinlichkeit $\mathscr{P}$ für alle Gase gleich ist, sofern die Voraussetzung der diffusen Reflexion erfüllt ist – Abweichungen können auftreten bei geringfügigen Anteilen spiegelnder Reflexion oder bei dauernder Adsorption oder chemischer Reaktion des Gases an der Rohroberfläche – ergibt sich aus den Gln. (4.80a, b), (4.81a, b) und (2.55) für zwei verschiedene Gase gleicher Temperatur wegen $M_{molar} \propto M_r$

$$\frac{L_{Gas}}{L_{Luft}} = \frac{L_{B,Gas}}{L_{B,Luft}} = \sqrt{\frac{M_{r,Luft}}{M_{r,Gas}}} \; ; \quad \frac{W_{Gas}}{W_{Luft}} = \frac{W_{B,Gas}}{W_{B,Luft}} = \sqrt{\frac{M_{r,Gas}}{M_{r,Luft}}}$$

und für dasselbe Gas bei verschiedenen Temperaturen T_1 und T_2

$$\frac{L_1}{L_2} = \frac{L_{B,1}}{L_{B,2}} = \sqrt{\frac{T_1}{T_2}} \; ; \quad \frac{W_1}{W_2} = \frac{W_{B,1}}{W_{B,2}} = \sqrt{\frac{T_2}{T_1}}.$$

In Tabelle 4.5 sind Werte für einige praktisch wichtige Gase zusammengestellt.

Tabelle 4.5 Strömungswiderstand und Leitwert für verschiedene Gase bezogen auf Luft

Gas	$M_r \approx$	W_{Gas}/W_{Luft}	L_{Gas}/L_{Luft}
H_2	2	0,26	3,8
He	4	0,37	2,7
H_2O	18	0,79	1,27
Luft	29	1	1
CO_2	44	1,23	0,81

4 Strömungsvorgänge

Anmerkung: Die Volumenstromdichte j_V durch die Blende ergibt sich aus Gl. (2.60). Wie in Beispiel 2.4 gezeigt ist, ist j_V unabhängig vom Druck, insbesondere ergibt sich für $p_2 = 0$ der Wert für Luft der Temperatur $\vartheta = 20\ °C$

$$j_V = 11{,}6\ \ell \cdot s^{-1} \cdot cm^{-2}. \tag{4.85a}$$

Vergleicht man diesen Wert mit der kritischen (also maximalen) Volumenstromdichte bei der Blendenströmung im Grobvakuumbereich nach Gl. (4.27a)

$$j_V^* = \frac{q_{pV}^*}{A_{min} \cdot p_0} = 20\ \ell \cdot s^{-1} \cdot cm^{-2}, \tag{4.85b}$$

so sieht man, daß bei hohen Drücken der Molekularbewegung offenbar eine Driftbewegung überlagert ist.

Beispiel 4.9: Im Kessel K_1 in Bild 4.15a befinde sich Argon ($M_{molar} = 40$ kg/kmol) vom Druck $p_1 = 10^{-1}$ Pa = 1 µbar in K_2 sei $p_2 = 10^{-3}$ Pa = 10 nbar. Die dünne Blende B habe den Durchmesser $d = 2$ cm. Wie groß ist der pV-Strom durch B?

Gl. (4.77b) ergibt

$$q_{pV} = \frac{\pi}{4} \cdot 4 \cdot 10^{-4}\ m^2 \cdot \sqrt{\frac{8{,}3 \cdot 10^3\ J \cdot 293\ K \cdot kmol}{kmol \cdot K \cdot 2\pi \cdot 40\ kg}} \cdot (10^{-1} - 10^{-3})\ Pa$$

$$= \pi \cdot 10^{-4}\ m^2 \cdot \sqrt{9693\ \frac{kg \cdot m^2}{s^2 \cdot kg}} \cdot 10^{-1}\ Pa$$

$$= 3{,}1 \cdot 10^{-3}\ Pa \cdot m^3 \cdot s^{-1} = 3{,}1 \cdot 10^{-2}\ mbar \cdot \ell \cdot s^{-1}.$$

Hat die Kesselwand und damit die Blende die Dicke $l = 4$ mm, so wird der Leitwert nach Gl. (4.80c) im Falle einer sauberen zylindrischen Bohrung um den Faktor $\mathscr{P} = (1 - l/d) = 4/5$ verringert.

4.6.3 Molekularströmung durch Rohre gleichbleibenden Querschnitts

4.6.3.1 Allgemeine Betrachtungen

Die Wahrscheinlichkeit $\mathscr{P}$ für ein Teilchen M (Bild 4.16a) durch ein Rohr der Querschnittsfläche A beliebiger Form und der Länge l hindurchzukommen, läßt sich zunächst relativ einfach abschätzen. Das „Hemmnis" Rohr kann beschrieben werden durch eine „Durchlaßfläche" A_{durch} und eine „Sperrfläche" A_{sperr}; A_{durch} ist sicher größer als die freie Öffnung A, weil nicht nur gerade durchfliegende Teilchen das Rohr passieren können, A_{sperr} ist dementsprechend kleiner als die ganze diffus reflektierende Rohrwandfläche $A_{wand} = l \cdot U$ (U = Umfang des Quer-Schnitts). Setzt man $A_{durch} = \alpha \cdot A$ mit $\alpha > 1$ und $A_{sperr} = \beta \cdot l \cdot U$ mit $\beta < 1$, so ist die Durchlaufwahrscheinlichkeit

$$\mathscr{P} = \frac{\text{Durchlaß-Fläche}}{\text{Gesamtfläche}} = \frac{\alpha A}{\alpha A + \beta l U} = \left(1 + \frac{\beta}{\alpha} \frac{lU}{A}\right)^{-1}. \tag{4.86}$$

Ist weiter δ eine kennzeichnende Abmessung der Querschnittsfläche (z.B. $\delta = d = 2r$ der Durchmesser eines kreisförmigen Querschnitts), so ist $U \propto \delta$ und $A \propto \delta^2$, also $U/A \propto 1/\delta$. Dann folgt aus Gl. (4.86), daß der Widerstand (vgl. Gl. (4.81b)) einer *langen* Röhre proportional zur Länge l ist. Dies ist – wie in den Einzelfällen weiter unten jeweils angegeben – nur für sehr große l/δ der Fall; das hängt mit der Veränderung der Richtungsverteilung („Strahlbildung", Bild 4.16b) längs des Rohres zusammen und bewirkt, daß der Widerstand zweier hintereinandergeschalteter Rohre nicht einfach addiert werden darf (vgl. dazu die Bemerkungen in Abschnitt 4.3 und den Abschnitt 4.6.4, insbesondere Beispiel 4.10).

4.6 Strömung im Hoch- und Ultrahochvakuumbereich 4.6.3

Zur Berechnung von $\mathscr{P}$ müssen Voraussetzungen gemacht werden, die nicht immer (streng) erfüllt sind: stationäre Strömung, diffuse Einströmung (Bild 4.15b) und konstante Stromdichte an der Eintrittsöffnung, diffuse Reflexion (Kosinusgesetz) an den Rohrwänden, keine Zusammenstöße der Teilchen im freien Raum im Rohrinneren. Die Berücksichtigung solcher Stöße („Nahezu-freie" Molekularströmung, z.B. [18], dort weitere Literatur) erschwert die Rechnung; die $\mathscr{P}$-Werte für $K = 0,5$, wobei je nach Anordnung die Teilchenanzahldichte im Rohr 40 ... 80 % derjenigen im Kessel betragen kann, liegen dann u.U. in der Größenordnung 60 ... 80 % derjenigen bei großen Knudsenzahlen ($K \to \infty$, „Freie" Molekularströmung).

Die Berechnung von $\mathscr{P}$, also auch des Leitwertes L bzw. des Widerstandes W, von Rohren erfordert einen erheblichen mathematischen Aufwand, weil über alle Einzelstreuprozesse an den differentiellen Rohrabschnitten dl integriert werden muß. Dabei sind Integralgleichungen genähert oder numerisch zu lösen oder Variationsmethoden oder Monte-Carlo-Verfahren (Computer-Simulation) anzuwenden. Insbesondere die letzteren können Ergebnisse mit einer relativen Standardabweichung von 1 ... 2 % liefern. Dabei ist zu beachten, daß diese kleine Unsicherheit nur im Rahmen der Gültigkeit der gemachten Voraussetzungen gilt.

Erste Berechnungen der Stromstärke durch ein Rohr im Bereich der Molekularströmung stammen von Knudsen [7], sie wurden von Smoluchowsky [8], Dushman [9] und Clausing [10] ergänzt und verbessert. Umfangreiche Rechnungen mit modernen mathematischen Hilfsmitteln und Methoden wurden in neuerer Zeit von vielen Autoren [11 bis 20] durchgeführt, die Ergebnisse liegen in Form umfangreicher Tabellen oder in Formeln mit 20 und mehr Gliedern und entsprechend vielen Verknüpfungsoperationen vor. Dabei sind die Zahlenwerte als Computerausdrucke mit 4 Stellen hinter dem Komma angegeben. Die Ergebnisse der Arbeiten verschiedener Autoren stimmen gut überein. Abweichende Ergebnisse konnten als Fehler im Ansatz der Rechnungen nachgewiesen werden [20].

Wir haben versucht, aus dem vorliegenden Material das uns einigermaßen Zuverlässige auszuwählen, machen aber darauf aufmerksam, daß die aus den folgenden Angaben errechneten Werte von den *unbekannten wahren Werten* um mehrere und in Einzelfällen viele Prozent abweichen können. Dazu muß allerdings bemerkt und deutlich darauf hingewiesen werden, daß in den allermeisten Fällen der praktischen Anwendung der folgenden Formeln und Graphen eine Unsicherheit von 5 % oder 10 % kleiner als die in der Anlage steckende systematische Unsicherheit ist. Aufmerksamkeit ist geboten, wenn es sich um Standardisierungsprobleme der Meßtechnik handelt.

Es sei nocheinmal darauf hingewiesen, daß die folgenden Angaben über $\mathscr{P}$, L und W für Rohre gelten, *an deren Anfang und Ende sich ein großer Kessel befindet* (Bild 4.16a; vgl. Abschnitt 4.6.1), die Einströmung also nach Gl. (4.75b) erfolgt.

Knudsen [7] berechnete als erster den Widerstand eines langen Rohres beliebigen Querschnitts zu $W = W_B \cdot (3/16) \cdot l \cdot U/A$; Dushman [9] fügte diesem Ausdruck den Summanden W_B hinzu, damit sich für kleine l nicht der Widerstand Null, sondern für $l = 0$ korrekt $W = W_B$ ergibt. Die weiteren Untersuchungen [8, 10 bis 20] haben gezeigt, daß die Knudsen-Dushman-Formel

$$\mathscr{P} = \left(1 + \frac{3}{16}\frac{lU}{A}\right)^{-1} \quad \text{bzw.} \quad \mathscr{P}_{\text{lang}} = \frac{16}{3}\frac{A}{lU} \qquad (4.87\text{a, b})$$

zum Teil erheblicher Korrekturen bedarf. Wir werden dem im folgenden durch Korrekturfaktoren in Form von Graphen Rechnung tragen, wobei wir meist von Gl. (4.87b) ausgehen. Die Ablesegenauigkeit der Graphen ist mehr als genügend für die praktischen Anwendungen. Die Diagramme geben u.E. den gegenwärtigen Stand des Wissens vertretbar wieder.

4.6.3.2 Rohr mit kreisförmigem Querschnitt (Index K)

Durchmesser $d = 2r$; Länge l; gesetzt $\lambda = \frac{l}{r}$; Umfang $U = 2\pi r$; Querschnittsfläche $A = \pi r^2$; dann ist (Gl. (4.87b)):

$$\frac{3}{16}\frac{lU}{A} = \frac{3}{8}\frac{l}{r};$$

Gl. (4.87a) ist zu korrigieren durch einen Faktor ξ [10, 11, 12]

$$\mathscr{P}_K = \left(1 + \frac{3}{8}\frac{l}{r}\right)^{-1} \cdot \xi^{-1}, \tag{4.88}$$

ξ ist für $10^{-1} \leq \lambda \leq 10^3$ in Bild 4.17 aufgetragen. Für $\lambda < 20$ stimmen die Ergebnisse von [10, 11 und 12] sehr gut überein, für $\lambda > 20$ sind die ξ-Werte von [10] kleiner als die von [11, 12]; Bild 4.17 enthält die Werte aus [11, 12]. Gl. (4.88) gilt für lange und kurze Rohre. Bild 4.17 zeigt, daß z.B. bei einer tolerierten Abweichung von 5 % ein Rohr mit $\lambda = 50$ als lang zu bezeichnen ist.

Für *sehr kurze Rohre* wird Gl. (4.88) dargestellt durch [12]

$$\mathscr{P}_K = \left(1 + \frac{1}{2}\lambda\right)^{-1} \tag{4.89}$$

mit einer Abweichung gegenüber der ausführlichen Formel von [12] von 0,8 % bei $\lambda = 1$; 2,8 % bei $\lambda = 2$; 5,3 % bei $\lambda = 3$ (vgl. Gl. (4.80c)).

Leitwert und Widerstand errechnen sich aus Gl. (4.81a, b) mit Gl. (4.82a, b). Siehe dazu auch Bild 16.11b.

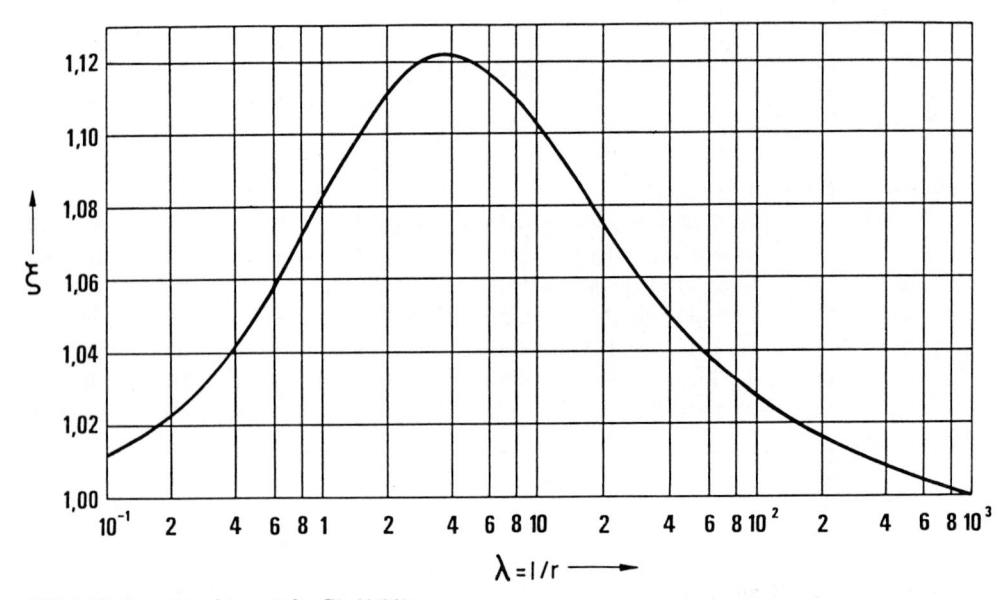

Bild 4.17 Korrekturfaktor ξ für Gl. (4.88)

4.6.3.3 Rohr mit rechteckigem Querschnitt (Index R, Bild 4.18a)

Seiten a, b; $\gamma = \frac{b}{a} < 1$; Länge l; gesetzt $\lambda = \frac{l}{b}$; Umfang $U = 2(a+b)$; Querschnittsfläche $A = a \cdot b$; Formfaktor $\Phi_R(\gamma)$.

$$\frac{3}{16} \frac{lU}{A} = \frac{3}{8} \lambda (1+\gamma)$$

Dann ist (Gl. (4.87b)):

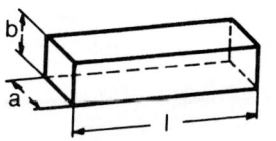

Bild 4.18a Rohr mit rechteckigem Querschnitt

Langes Rohr [16]

$$\mathscr{P}_R = \frac{8}{3} \frac{b}{l} \frac{1}{(1+\gamma)} \frac{1}{\Phi_R} \ . \tag{4.90}$$

Der Korrekturfaktor (Formfaktor) $\Phi_R(\gamma)$ ist aus Bild 4.18b zu entnehmen.

Anmerkung: Gl. (4.90) für $\mathscr{P}_R$ ist symmetrisch in a und b. Das heißt physikalisch, daß die Durchlaufwahrscheinlichkeit nicht davon abhängen kann, welche Seite mit a bzw. b bezeichnet wird. Aus diesem Grund muß $\Phi_R(\gamma) \equiv \Phi_R\left(\frac{b}{a}\right) = \Phi_R\left(\frac{a}{b}\right) \equiv \Phi_R\left(\frac{1}{\gamma}\right)$ sein.

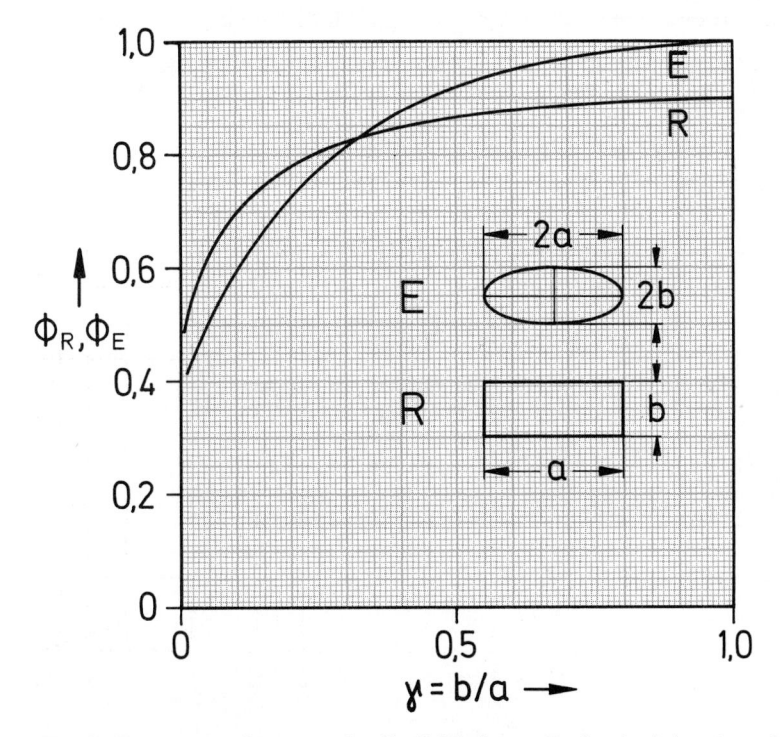

Bild 4.18b Korrekturfaktor Φ_R für Gl. (4.90) (langes Rechteckrohr) und Φ_E für Gl. (4.92) (langes Rohr mit elliptischem Querschnitt).

4 Strömungsvorgänge

Kurzes Rohr [15]

Bild 4.18c gibt $\mathscr{P}_R$ für $\gamma = 0{,}1$; $0{,}2$ und $1{,}0$ im Bereich $\lambda = l/b = 1 \ldots 10$. $\mathscr{P}_R$ für andere γ-Werte kann durch Interpolation abgeschätzt werden.

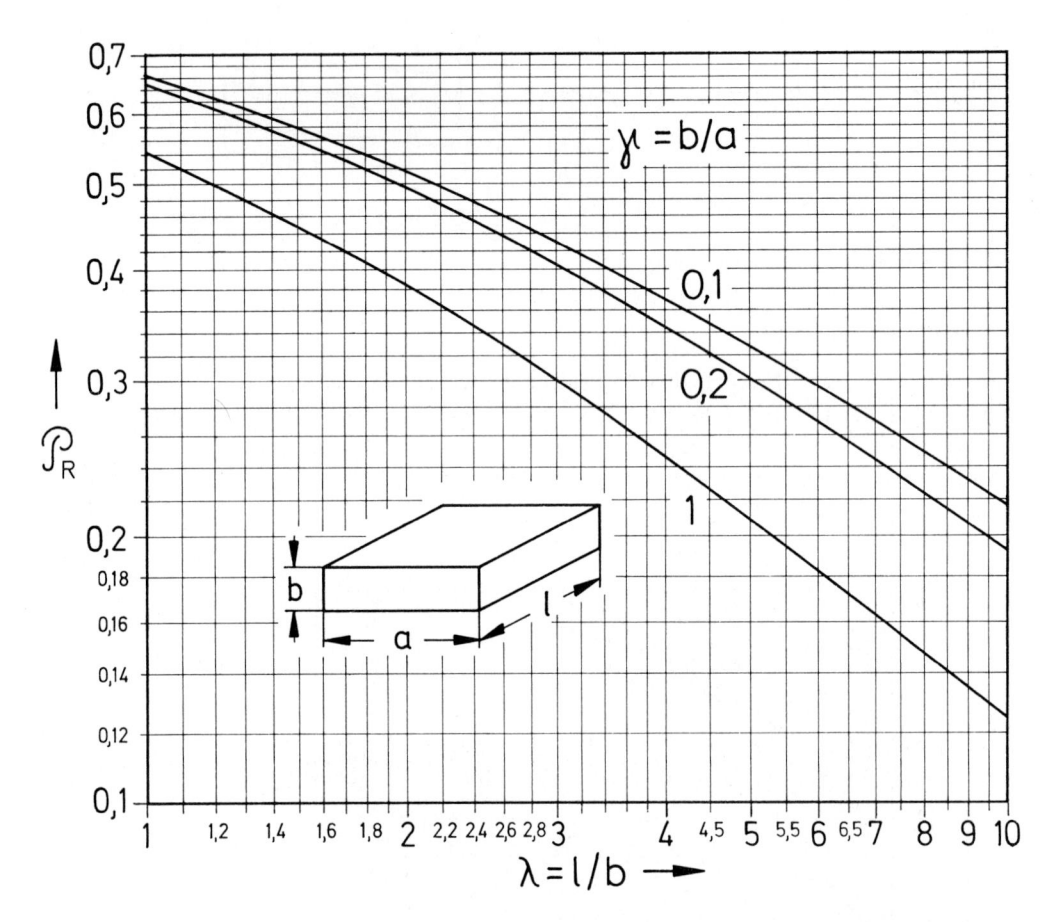

Bild 4.18c Durchlaufwahrscheinlichkeit $\mathscr{P}_R$ für kurzes Rohr mit Recheckquerschnitt

4.6 Strömung im Hoch- und Ultrahochvakuumbereich 4.6.3

Zwischenbereich Kurz/Lang

Bild 4.18d enthält sowohl Bild 4.18c als auch Gl. (4.90). Die Kurven im Zwischengebiet sind durch Interpolation so gezeichnet, daß sie sich an die Geraden bestmöglich anschmiegen.
Leitwert und Widerstand errechnen sich aus Gl. (4.81a, b) mit Gl. (4.82a)

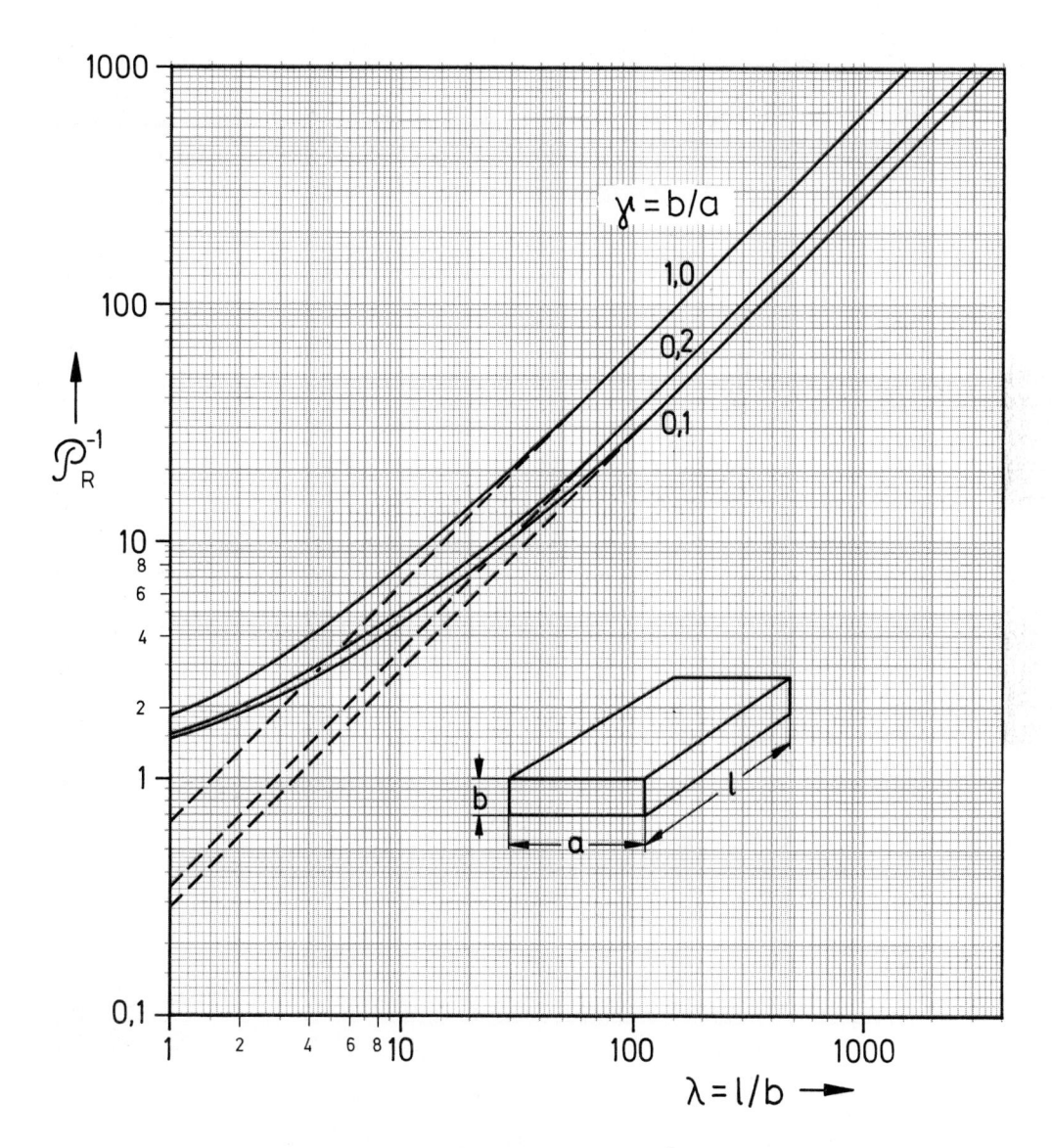

Bild 4.18d Reziproker Wert der Durchlaufwahrscheinlichkeit $\mathscr{P}_R^{-1}$ für Rohr mit Rechteckquerschnitt. Der Zwischenbereich $10 < \lambda < 200$ ist durch Interpolation gewonnen.

4.6.3.4 Enger Spalt zwischen rechteckigen Platten (Index Sp, Bild 4.19a)

Seiten a, b; $\gamma = \frac{b}{a} \ll 1$; Länge l; gesetzt $\lambda = l/b$; breite Platten ($a \gg l$).

$\mathscr{P}_{Sp}$ ist als Funktion von λ in Bild 4.19b aufgetragen: Bereich $0{,}1 < \lambda < 10$ nach [10]; für $\lambda > 10$ nach Gl. (4.91b).

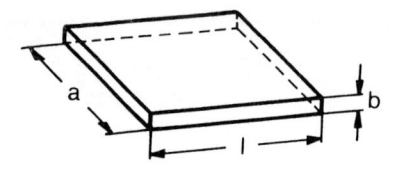

Bild 4.19a Enger Spalt zwischen rechteckigen Platten

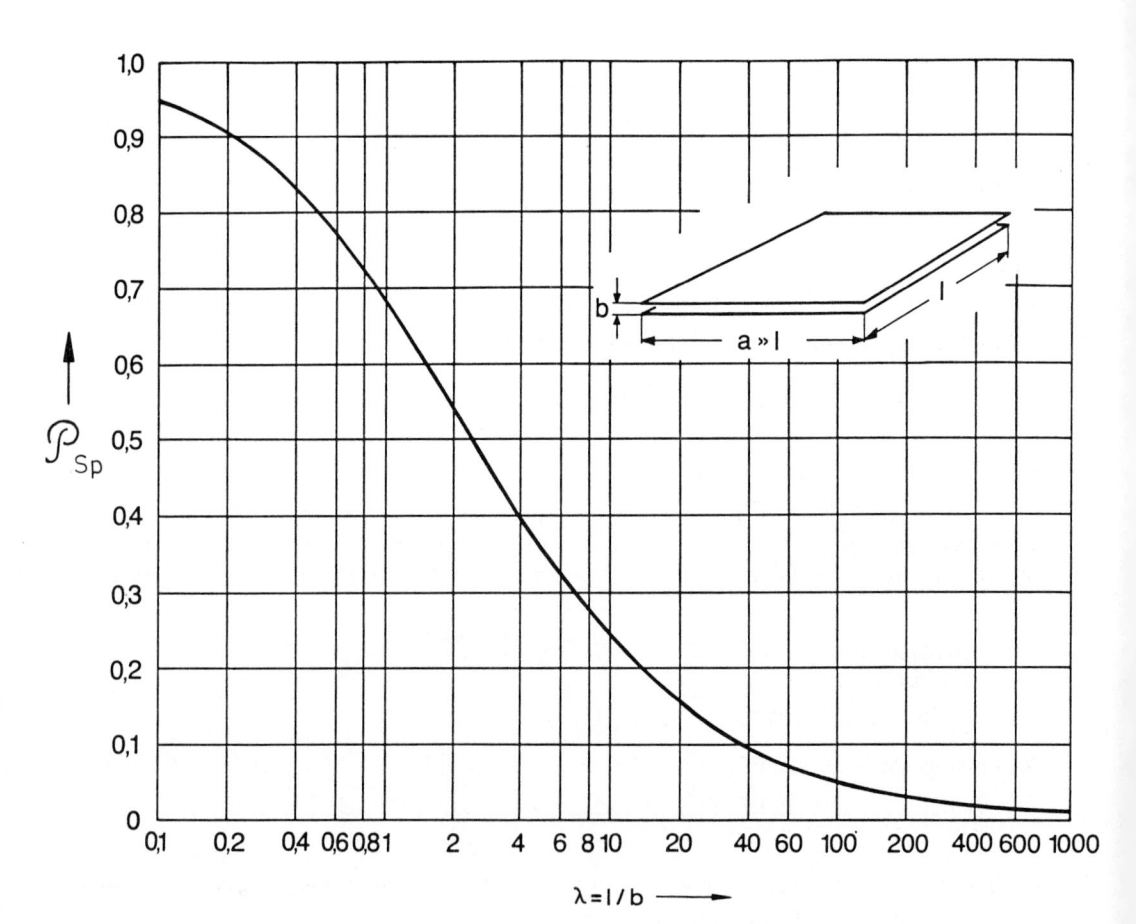

Bild 4.19b Durchlaufwahrscheinlichkeit $\mathscr{P}_{Sp}$ für einen engen Spalt zwischen rechteckigen Platten

Für $\lambda \leqq = 0{,}5$ gilt [12]

$$\mathscr{P}_{Sp} = 1 - \frac{\lambda}{2} + \left(\frac{\lambda}{2}\right)^2 - \frac{1}{3}\left(\frac{\lambda}{2}\right)^3 - \left(\frac{\lambda}{2}\right)^4 \pm \ldots \ldots \qquad (4.91a)$$

Für $\lambda > 4$ gilt [12]

$$\mathscr{P}_{Sp} = \frac{1}{\lambda} \ln 1{,}213 \ \lambda. \tag{4.91b}$$

Leitwert bzw. Widerstand aus Gl. (81a, b) mit Gl. (4.82a, b)

4.6.3.5 Rohr mit elliptischem Querschnitt (Index E)

Halbachsen der Ellipse a, b; $\gamma = \frac{b}{a} < 1$; Länge l; gesetzt $\lambda = \frac{l}{b}$; Umfang $U = 2\pi(a^2 + b^2)/2$; Querschnittsfläche $A = \pi a \cdot b$; Formfaktor $\Phi_E(\gamma)$; dann ist (Gl. (4.87b)):

$$\frac{3}{16} \frac{lU}{A} = \frac{3\sqrt{2}}{16} \sqrt{1+\gamma^2}$$

Langes Rohr

$$\mathscr{P}_E = \frac{8\sqrt{2}}{3} \frac{b}{l} \frac{1}{\sqrt{1+\gamma^2}} \frac{1}{\Phi_E}. \tag{4.92}$$

Der Korrekturfaktor $\Phi_E(\gamma)$ ist aus Bild 4.18b zu entnehmen.
Anmerkung: $\mathscr{P}_E$ ist symmetrisch in a, b; es ist daher $\Phi_E(\gamma) = \Phi_E(1/\gamma)$

Kurzes Rohr

Genauere Rechnungen liegen nicht vor.

1. Abschätzung: In Analogie zu Gl. (4.88) wird gesetzt

$$\mathscr{P}_E^{-1} = \left(1 + \frac{3}{8\sqrt{2}} \frac{l}{b} \sqrt{1+\gamma^2} \ \Phi_E\right) \cdot \xi, \tag{4.93}$$

$\Phi_E(\gamma)$ aus Bild 4.18b; ξ aus Bild 4.17.

2. Abschätzung: Nach Abschnitt 4.6.3.6 ist für lange Rohre gleicher Querschnittsfläche A für rechteckigen (R) und elliptischen (E) Querschnitt $\mathscr{P}_R \cong \mathscr{P}_E$. Unter Annahme der Gültigkeit dieser ungefähren Gleichheit auch für *kurze* Rohre kann man $\mathscr{P}_E$ aus Bild 4.18d entnehmen:

Gegeben: a_E, b_E; $\gamma = b_E/a_E$. Fläche $A_E = \pi \cdot a_E \cdot b_E$.
Gesucht: $\mathscr{P}_E$.
Äquivalent-Rechteck: $A_R = a_R \cdot b_R$, $b_R/a_R = \gamma$.

Daraus folgt die Äquivalenz $b_R = \sqrt{\pi} \cdot b_E$. $\mathscr{P}_E$ wird also in Bild 4.18d an der Stelle $1/\sqrt{\pi} \cdot b_E$ aus der Kurve für das betreffende γ abgelesen bzw. zwischen den Kurven abgeschätzt.

Leitwert bzw. Widerstand aus Gl. (4.81a, b) mit Gl. (4.82a, b).

4.6.3.6 Vergleich der Rohre mit rechteckigem, elliptischem und kreisförmigem Querschnitt bei gleicher Querschnittsfläche [17]

Kreis $\quad A_K = \pi r_e^2$; $r_e =$ Äquivalentradius; $\mathscr{P}_K = \dfrac{8r_e}{3l}$;
Rechteck $\quad A_R = a \cdot b$; $r_e = \sqrt{ab/\pi}$;
Ellipse $\quad A_E = \pi ab$; $r_e = \sqrt{ab}$.

Das Verhältnis $\mathscr{P}_R/\mathscr{P}_K$ bzw. $\mathscr{P}_E/\mathscr{P}_K$ für lange Rohre ist in Bild 4.20 als Funktion von $\gamma = b/a$ aufgetragen. Innerhalb der Grenzen $\pm 1\%$ ist für lange Rohre mit gleichem γ auch $\mathscr{P}_R = \mathscr{P}_E$.

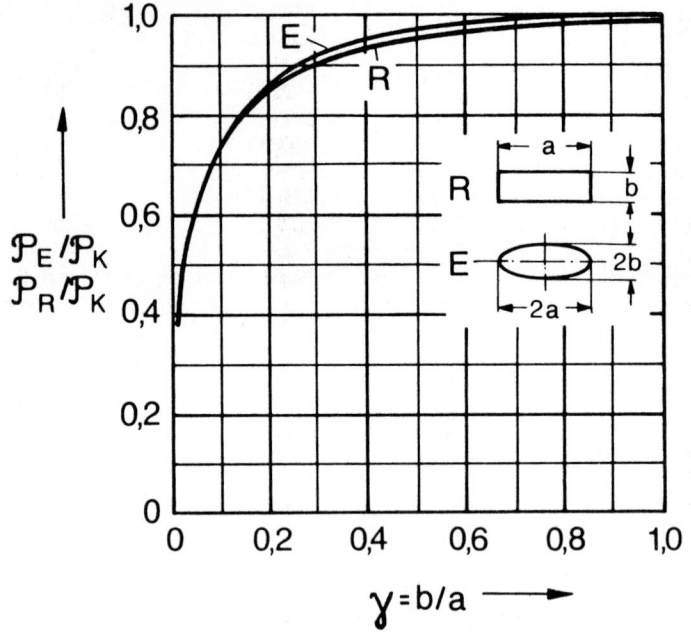

Bild 4.20 Vergleich der Durchlaufwahrscheinlichkeiten langer Rohre gleicher Querschnittsfläche mit elliptischem ($\mathscr{P}_E$) und rechteckigem ($\mathscr{P}_R$) Querschnitt, bezogen auf die Durchlaufwahrscheinlichkeit $\mathscr{P}_K = 8\,r_e/3\,l$ des langen Rohres mit kreisförmigem Querschnitt, in Abhängigkeit von $\gamma = b/a$ [17]

4.6.3.7 Rohr mit Dreieck-Querschnitt (Index $\triangle$)

Gleichseitiges Dreieck, Seitenlänge a; Länge l; Umfang $U = 3a$; Querschnittsfläche $A = \frac{\sqrt{3}}{4} a^2$; Formfaktor $\Phi_\triangle = 0{,}81$; dann ist (Gl. (4.87b)):

$$\frac{3}{16} \frac{lU}{A} = \frac{3\sqrt{3}}{4} \frac{l}{a}.$$

Langes Rohr

$$\mathscr{P}_\triangle = \frac{4}{3\sqrt{3}} \frac{a}{l} \frac{1}{\Phi_\triangle} \tag{4.94a}$$

$$= 0{,}95 \frac{a}{l}. \tag{4.94b}$$

Kurzes Rohr

Abschätzung von $\mathscr{P}_\triangle$ nach Gl. (4.87a)

$$\mathscr{P}_\triangle = \left(1 + 1{,}05 \frac{l}{a}\right)^{-1}, \tag{4.95}$$

Leitwert bzw. Widerstand aus Gl. (4.81a, b) mit Gl. (4.82a, b).

4.6.3.8 Koaxial-Rohr (Raum zwischen zwei konzentrischen Zylindern, Index KA, Bild 4.21a)

Außendurchmesser $d_a = 2r_a$; Innendurchmesser $d_i = 2r_i$; Länge l; gesetzt: $\lambda_a = l/r_a$; $\Lambda = l/(r_a - r_i)$; $\rho = r_i/r_a$ Umfang $U = 2\pi(r_a + r_i)$; Querschnittsfläche $A = \pi(r_a^2 - r_i^2)$;

$$\frac{3}{16}\frac{lU}{A} = \frac{3}{8}\Lambda = \frac{3}{8}\frac{\lambda_a}{1-\rho} \quad . \qquad \text{dann ist (Gl. (4.87b))}:$$

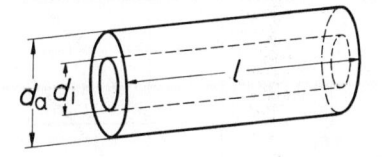

Bild 4.21a Koaxial-Rohr

Langes Rohr

$$\mathscr{P}_{KA} = \frac{8}{3}\frac{1-\rho}{\lambda_a}\frac{1}{\Phi_{KA}(\rho)} \quad . \tag{4.96}$$

Der Formfaktor $\Phi_{KA}(\rho)$ ist in Bild 4.21b aufgetragen. Im Gebiet $0 < \rho < 0{,}6$ ist $\Phi_{KA}(\rho) = 1 - 0{,}27\,\rho$ mit einer Abweichung $< 1{,}2\,\%$. Gl. (4.96) gilt nur *für sehr lange Rohre*. Die Grenzen, oberhalb deren der Fehler gegenüber „genauen" Rechnungen $< 10\,\%$ wird, sind in Bild 4.21c eingetragen.

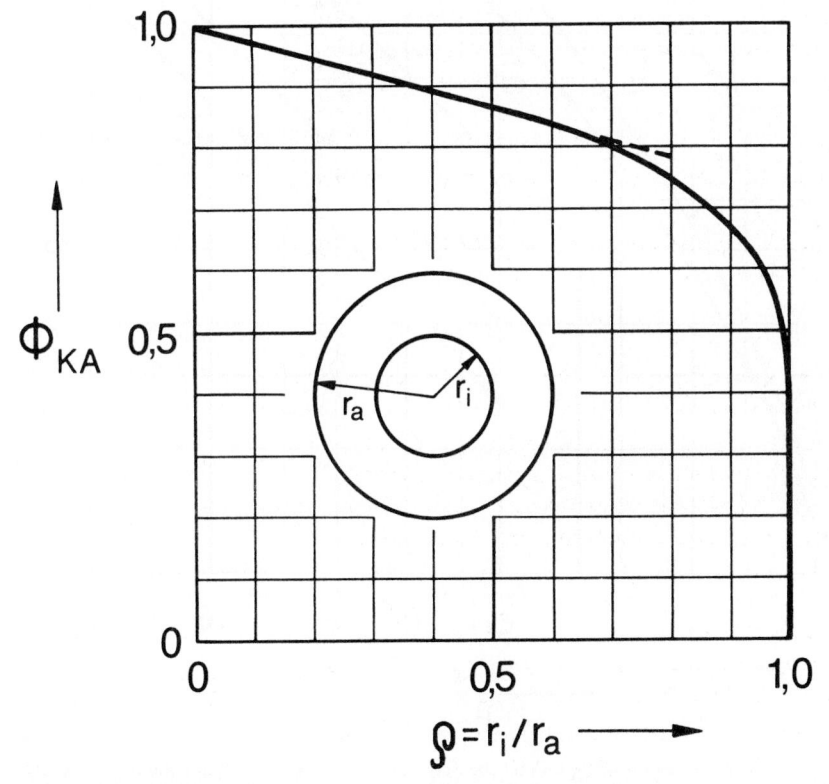

Bild 4.21b Korrekturfaktor $\Phi_{KA}(\rho)$ für Gl. (4.96) (langes Koaxialrohr)

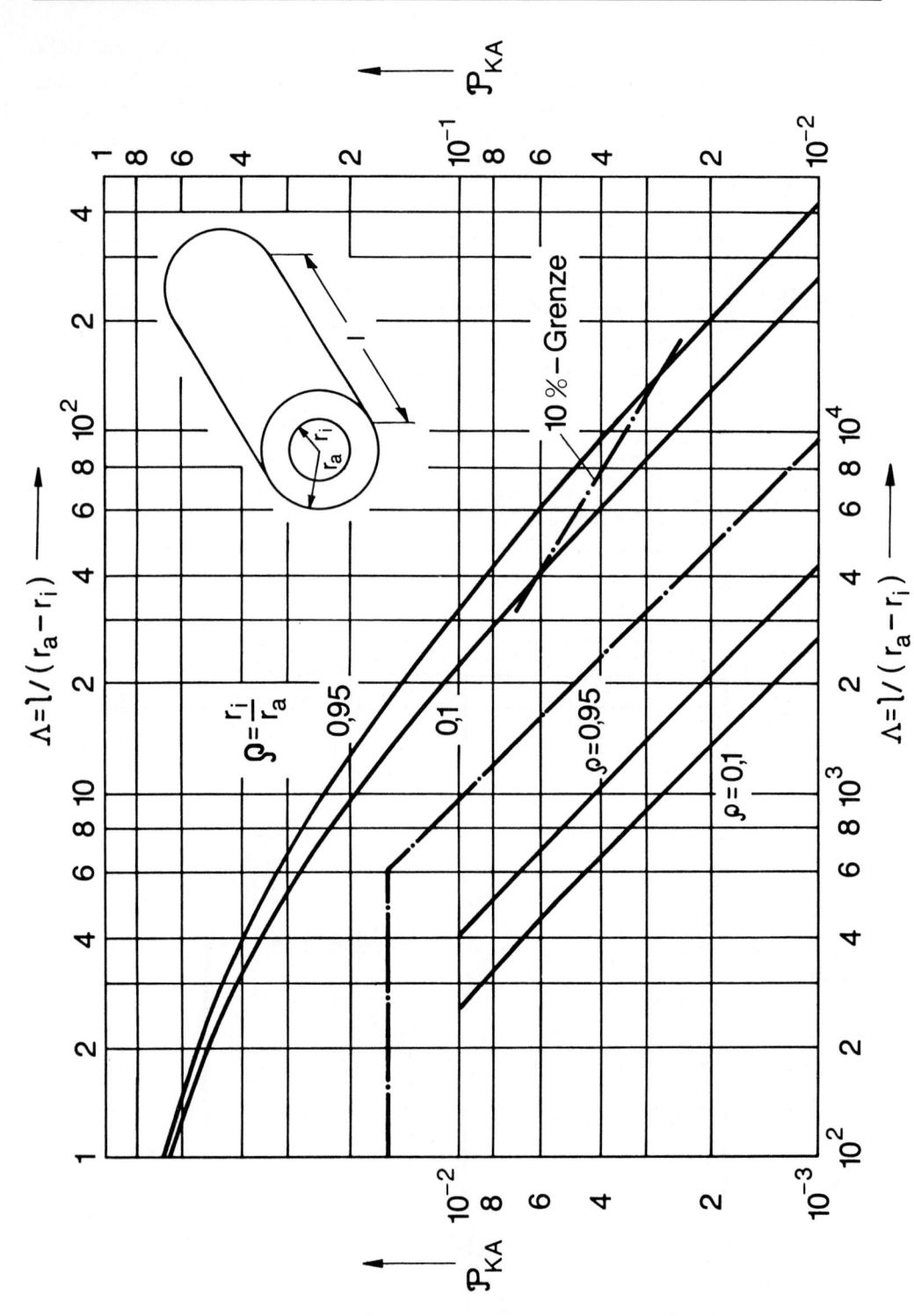

Bild 4.21c Durchlaufwahrscheinlichkeit $\mathscr{P}_{KA}$ (Λ) für die Bereiche $1 < \Lambda < 4 \cdot 10^2$ (obere und rechte Skala) und $10^2 < \Lambda < 4 \cdot 10^4$ (untere und linke Skala). $\Lambda = l/(r_a - r_i)$; Parameter $\rho = r_i/r_a$; im Bereich $0,1 < \rho < 0,95$ Ablesung durch Interpolation

Kurzes Rohr

Umfangreiche Rechnungen von [13] und [14] stimmen sehr gut überein. Die Ergebnisse sind in den Bildern 4.21c und 4.21d aufgetragen. Berman [12] gibt für die Bereiche $0 < \Lambda < 100$ und $0 < \rho < 0{,}9$ die folgende empirische Gleichung an, sie stimmt mit seinen Rechnungen

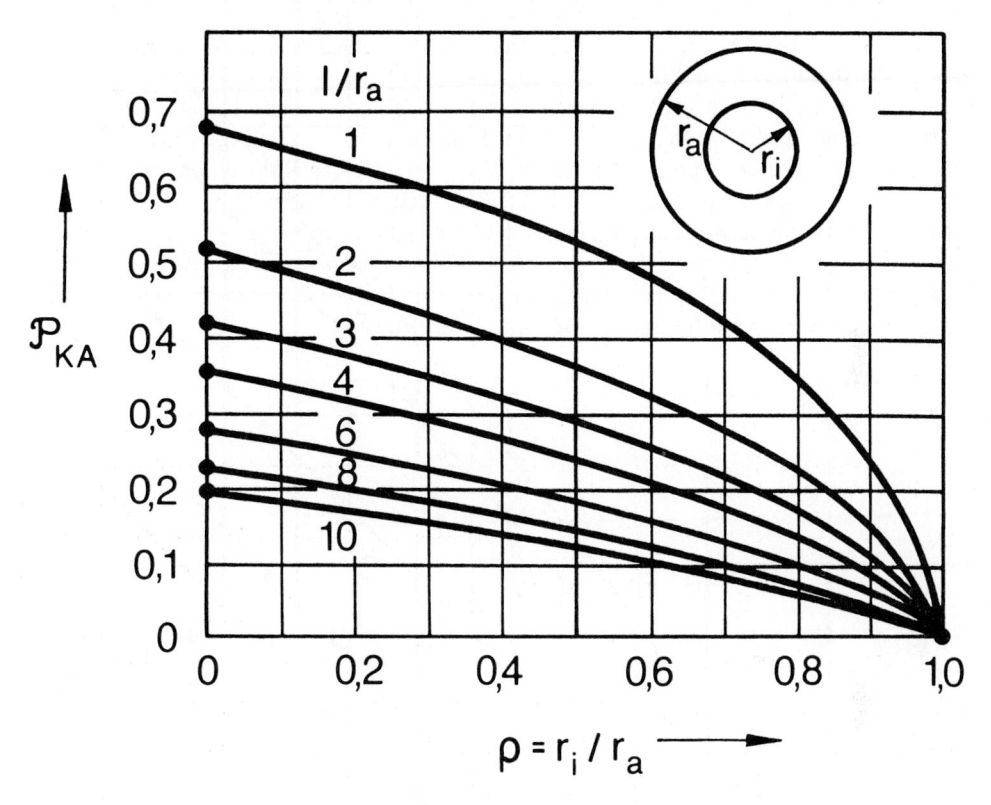

Bild 4.21d Durchlaufwahrscheinlichkeit $\mathscr{P}_{KA}(\rho)$ für ein kurzes Koaxialrohr. $\rho = r_i/r_a$; Parameter $\lambda_a = l/r_a$. Die Werte ● für $\rho = 0$ sind nach Gl. (4.88) (kreiszylindrisches Rohr) berechnet

(Variationsmethode) mit einer maximalen Abweichung von 1,5 % überein.

$$\mathscr{P}_{KA}^{-1} = 1 + \Lambda \left(0{,}5 - u \cdot \arctan \frac{\Lambda}{v} \right), \tag{4.97}$$

wobei

$$u = \frac{0{,}0741 - 0{,}014\,\rho - 0{,}037\,\rho^2}{1 - 0{,}918\,\rho - 0{,}05\,\rho^2} \tag{4.97a}$$

$$v = \frac{5{,}825 - 2{,}86\,\rho - 1{,}45\,\rho^2}{1 + 0{,}56\,\rho - 1{,}28\,\rho^2}. \tag{4.97b}$$

Leitwert bzw. Widerstand aus Gl. (4.81a, b) mit Gl. (4.82a, b).

4 Strömungsvorgänge

4.6.4 Molekularströmung durch andere Bauteile eines Vakuum-Leitungssystems

4.6.4.1 Durchlaufwahrscheinlichkeit für Rohre mit Blenden

In das Rohr (Querschnittsfläche A) nach Bild 4.22a soll links durch die Eintrittsöffnung (Eintrittsblende, Querschnittsfläche A_e) in Ebene 1 der diffuse Teilchenstrom $\dot{N}$ eintreten. Dann erreicht der Strom $\dot{N}\mathscr{P}$ ($\mathscr{P}$ = Durchlaufwahrscheinlichkeit des Rohres ohne Blende, Abschnitt 4.6.3) die Ebene 2 mit der Austrittsöffnung B (Austrittsblende, Querschnittsfläche A_B). Dort wird der Anteil $\wp = A_B/A$, also der Teilchenstrom $\dot{N}_{1,d} = \dot{N}\mathscr{P}\wp$ durchgelassen, der Anteil $\tau = 1 - \wp$ diffus reflektiert; er tritt als diffuser Teilchenstrom $\dot{N}_{1,r} = \dot{N}\mathscr{P}\tau$ bei 2 von rechts in das Rohr ein. Hiervon verläßt der Teil $\dot{N}_{1,r}\mathscr{P}$ das Rohr bei Ebene 1 nach links, während der Teil $\dot{N}_{1,r}\mathscr{R} = \dot{N}_{1,r}(1-\mathscr{P})$ im Rohr nach rechts zurückgeworfen wird und Ebene 2 erreicht. Hiervon verläßt der Anteil $\dot{N}_{2,d} = \dot{N}_{1,r}\mathscr{R}\wp$ das Rohr durch die Blende B nach rechts. Der Anteil $\dot{N}_{2,r} = \dot{N}_{1,r}\mathscr{R}\tau$ wird diffus reflektiert und erleidet das gleiche Schicksal wie $\dot{N}_{1,r}$, so daß im nächsten Schritt durch die Blende B der Strom $\dot{N}_{3,d} = \dot{N}_{2,r}\mathscr{R}\wp$ tritt und so fort. Insgesamt tritt also vom eintretenden Strom $\dot{N}$ die Summe $\dot{N}_d = \dot{N}_{1,d} + \dot{N}_{2,d} + \dot{N}_{3,d} + \ldots$ durch die Blende B. Die Aufsummierung dieser geometrischen Reihe ergibt für die Durchlaufwahrscheinlichkeit der Anordnung nach Bild 4.22a von 1 nach 2

$$\mathscr{P}_{1,2}^{-1} = \left(\frac{\dot{N}_d}{\dot{N}}\right)^{-1} = \mathscr{P}^{-1} + \wp^{-1} - 1. \tag{4.98a}$$

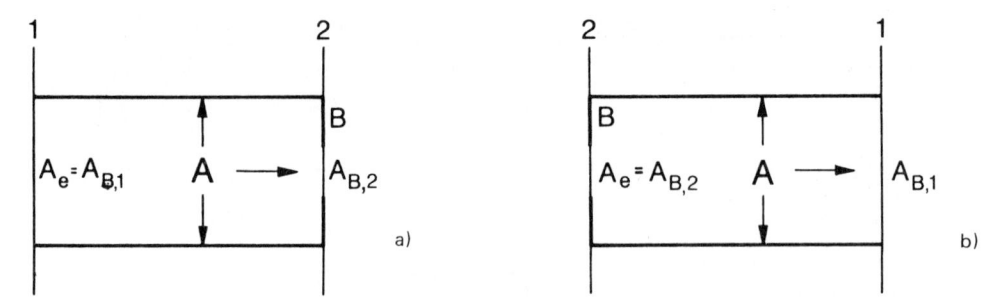

Bild 4.22 Rohr mit Blende am Eintritt bzw. Austritt. Querschnittsfläche des Rohres A. a) Querschnittsfläche der Eintrittsblende $A_e = A_{B,1} = A$, der Austrittsblende $A_{B,2}$. b) Querschnittsfläche der Eintrittsblende $A_e = A_{B,2}$, der Austrittsblende $A_{B,1} = A$. Pfeil = Durchlaufrichtung.

Eine analoge Überlegung gibt für die Anordnung nach Bild 4.22b (d.h. in der Anordnung nach Bild 4.22a für den Durchlauf von rechts nach links) den Ausdruck

$$\mathscr{P}_{2,1}^{-1} = \wp\,\mathscr{P}^{-1} + 1 - \wp. \tag{4.98b}$$

Sind (allgemein bezeichnet) $A_{e,1} = A$ und $A_{e,2} = A_B$ die Querschnittsflächen der *Eintritts*öffnungen, also $\wp = A_{e,2}/A_{e,1}$, so ergibt sich aus den Gln. (4.98a) und (4.98b)

$$A_{e,2} \cdot \mathscr{P}_{2,1} = A_{e,1} \cdot \mathscr{P}_{1,2}. \tag{4.98c}$$

Diese Beziehung gilt – was hier nicht gezeigt werden kann – für jede beliebige Anordnung von passiven Leitungsstücken; sie besagt, daß durch eine derartige Anordnung, sofern das Gas auf beiden Seiten die gleiche Temperatur hat, keine Druckdifferenz aufgebaut werden kann.

Die Ableitung der Gln. (4.98a) und (4.98b) ist im Sinne der in Abschnitt 4.6.3 genannten Voraussetzungen „streng", sofern die Reflexion an den Blenden diffus erfolgt.

4.6.4.2 Gestufte Rohre einschließlich Blenden und Zwischenkesseln

Eine (umfangreiche) Rechnung der gleichen Art wie in Abschnitt 4.6.4.1 für mehrere ($i = 1 \ldots n$) hintereinandergeschaltete Leiterelemente vom Typ Bild 4.22a, wie in Bild 4.23a dargestellt, führt auf die Gesamtdurchlaufwahrscheinlichkeit der Leiteranordnung

$$\mathscr{P}_{ges}^{-1} = 1 + \sum_{1}^{n} \frac{A_e}{A_i} \{(\mathscr{P}_i^{-1} - 1) + (p_i^{-1} - 1)\}. \tag{4.99}$$

Dabei bedeuten:

A_e = Querschnittsfläche des *Eintritts* der Anordnung (z.B. einer Blende oder der Rohröffnung)
A_i = Querschnittsfläche des *i*-ten Rohres
$\mathscr{P}_i$ = Durchlaufwahrscheinlichkeit des *i*-ten Rohres nach Abschnitt 4.6.3
$A_{B,i}$ = Querschnittsfläche der *auf das i-te Rohr folgenden* (Austritts-)Blende
p_i = $A_{B,i}/A_i$ = Durchlaufwahrscheinlichkeit der *auf das i-te Rohr folgenden* (Austritts-)Blende. Nur wenn $A_{B,i} < A_i$, ist $(p_i^{-1} - 1) > 1$; ist $A_{B,i} = A_i$, so wird $(p_i^{-1} - 1) = 0$.

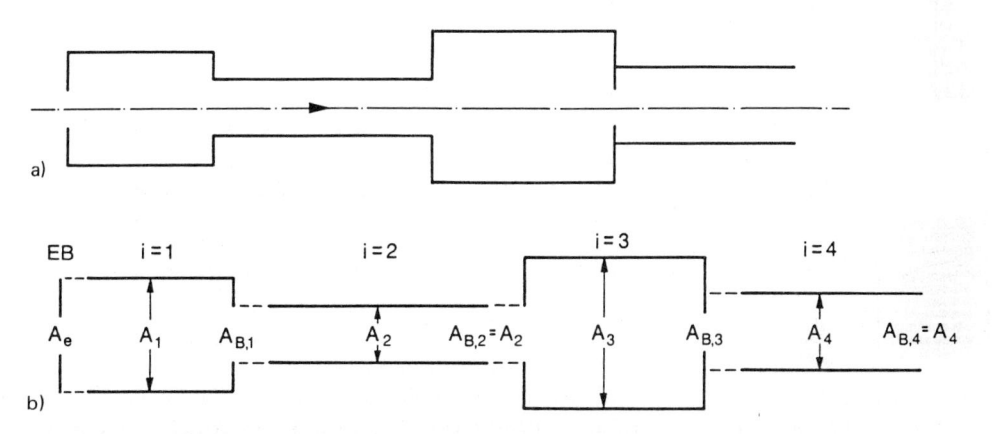

Bild 4.23 a) Allgemeine Anordnung von n = 4 hintereinandergeschalteten Leitern. b) Zerlegung der Anordnung in Teilstücke zur Anwendung von Gl. (4.99).

Es ist zu beachten, daß Gl. (4.99) eine (rohe) Näherung darstellt, weil die Teilchen durch die Blenden *nicht diffus* (Kosinusverteilung, Bild 4.15b) in das nächste Teilstück eintreten (Strahlbildung, Bild 4.16b). Trotzdem gibt die Anwendung von Gl. (4.99) bessere Ergebnisse für den Gesamtwiderstand einer Leiteranordnung als die reine Addition der Teilwiderstände. (Vgl. Beispiel 4.10.)

Zur Anwendung von Gl. (4.99) zerlege man die Anordnung in Teilstücke (Bild 4.23b). Jedes Teilstück ist gekennzeichnet durch seine Querschnittsfläche A_i und die Querschnittsfläche $A_{B,i}$ seiner *Austritts*-Seite, wobei $A_{B,i} \leq A_i$ sein kann. Die Eintrittsöffnung der *Gesamt*-Anordnung hat die Fläche A_e. Merke: Querschnittsverengende Blenden sind bei Anwendung von Gl. (4.99) immer dem vorhergehenden Teilstück zuzurechnen.

Der Widerstand W einer Leitungsanordnung ist definiert durch Gl. (4.81b), im vorliegenden Fall also

$$W = W_e \cdot \mathscr{P}_{ges}^{-1}. \tag{4.81b}$$

Dabei ist

$$W_e = \frac{4}{\bar{c} A_e} \tag{4.80b}$$

der Widerstand der Eintritts-Öffnung (-Blende). Bei der Durchmultiplikation $W_e \cdot \mathscr{P}_{\text{ges}}^{-1}$ treten die Größen

$$W_e \cdot (A_e/A_i) = 4/\bar{c} \, A_i = W_{e,i} \tag{4.100a}$$

und

$$W_e \cdot (A_e/A_i) p_i^{-1} = (4/\bar{c} \, A_e) \cdot (A_e/A_i) \cdot (A_i/A_{B,i}) = (4/\bar{c} \, A_{B,i}) = W_{B,i} \tag{4.100b}$$

auf Gl. (4.100a) stellt den Widerstand $W_{e,i}$ der Eintrittsöffnung, Gl. (4.100b) den Widerstand $W_{B,i}$ der Austrittsöffnung des i-ten Teilstückes dar.

In Tabelle 4.6 sind für einige Anordnungen die Durchlaufwahrscheinlichkeit nach Gl. (4.99) und die zugehörigen Widerstände nach Gl. (4.81b) zusammengestellt.

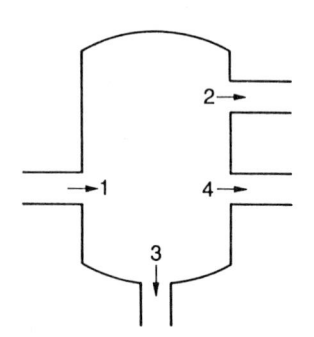

Bild 4.24
Kessel in einer Vakuumleitung. Einströmung bei 1, Ausströmung (zur Pumpe) bei 2 oder bei 3 oder bei 4.

Befindet sich im Leitungssystem ein Kessel, dessen Abmessungen groß gegen die Rohrdurchmesser sind (Bild 4.24), so wird das bei 1 in den Kessel strömende Gas im Kessel maxwellverteilt. Die Einströmung in Rohre an den Stellen 2 und 3 aus dem Kessel wird man daher als „diffus" annehmen dürfen. Rohr 4 liegt Rohr 1 gegenüber. Das bevorzugt in Vorwärtsrichtung aus 1 ausströmende Gas (Strahlbildung, Bild 4.16b) wird daher auch bevorzugt in 4 einströmen. Bei nicht zu kleinen Kesseln ist dieser Effekt nicht allzu groß. Aus der Kosinusverteilung in Bild 4.15c folgt z.B., daß in einen Vorwärtskegel vom Öffnungswinkel $\vartheta = 10°$ senkrecht zur Austrittsöffnung 2,3 % des austretenden Gases strömen; bei der Intensitätsverteilung nach Bild 4.16b, $l = 10r$, sind es hingegen 10 % (berechnet nach [6]). Bei der Berechnung des Widerstandes wird man im ersteren Fall die Widerstände der beiden Teile (vor und hinter dem Kessel) nach Gl. (4.99) berechnen und addieren, im letzteren Fall wird man Gl. (4.99) auf das ganze System anwenden.

Beispiel 4.10: In Tabelle 4.6 ist der Widerstand zweier hintereinandergeschalteter Rohre gleichen Querschnitts zu

$$W = W_e(\mathscr{P}_1^{-1} + \mathscr{P}_2^{-1} - 1) \tag{*}$$

angegeben. Würde man das elektrische Analogon (Gesamtwiderstand = Summe der Einzelwiderstände) wählen, so wäre

$$W = W_e(\mathscr{P}_1^{-1} + \mathscr{P}_2^{-1}). \tag{**}$$

Tabelle 4.6 Durchlaufwahrscheinlichkeiten und Widerstände für einige Leitungen (Hintereinanderschaltung von Rohren und Blenden) nach Gl. (4.99)

a)

$A_e = A_1 = A_{B,1} = A_2 = A_{B,2}$
$\mathscr{P}_{ges}^{-1} = 1 + 1 \cdot \{(\mathscr{P}_1^{-1} - 1) + (1 - 1)\} + 1 \cdot \{(\mathscr{P}_2^{-1} - 1) + (1 - 1)\}$
$\mathscr{P}_{ges}^{-1} = \mathscr{P}_1^{-1} + \mathscr{P}_2^{-1} - 1$
$W_{ges} = W_e \cdot \mathscr{P}_{ges}^{-1} = W_e \cdot \mathscr{P}_1^{-1} + W_e \mathscr{P}_2^{-1} - W_e$
$W_e = 4/\bar{c}\, A_e$

b)

$A_e = A_1 = A_{B,1}; \quad A_2 = A_{B,2}$
$\mathscr{P}_{ges}^{-1} = 1 + 1 \cdot \{(\mathscr{P}_1^{-1} - 1) + (1 - 1)\} + \dfrac{A_e}{A_2}\{(\mathscr{P}_2^{-1} - 1) + (1 - 1)\}$
$\mathscr{P}_{ges}^{-1} = \mathscr{P}_1^{-1} + \dfrac{A_1}{A_2}\mathscr{P}_2^{-1} - \dfrac{A_1}{A_2}$
$W_{ges} = W_e \mathscr{P}_1^{-1} + W_{B,2}\mathscr{P}_2^{-1} - W_{B,2}$
$W_e = 4/\bar{c}\, A_e; \quad W_{B,2} = 4/\bar{c}\, A_2$

c)

$A_e = A_1; \quad A_{B,1}; \quad A_2 = A_{B,2}$
$\mathscr{P}_{ges}^{-1} = 1 + 1 \cdot \left\{(\mathscr{P}_1^{-1} - 1) + \left(\dfrac{A_1}{A_{B,1}} - 1\right)\right\} + \dfrac{A_e}{A_2}\{(\mathscr{P}_2^{-1} - 1) + (1 - 1)\}$
$\mathscr{P}_{ges}^{-1} = \mathscr{P}_1^{-1} + \dfrac{A_1}{A_2}\mathscr{P}_2^{-1} + \dfrac{A_1}{A_{B,1}} - \dfrac{A_1}{A_2} - 1.$
$W_{ges} = W_e \mathscr{P}_1^{-1} + W_{B,2}\mathscr{P}_2^{-1} + W_{B,1} - W_{B,2} - W_e$
$W_e = 4/\bar{c}\, A_e; \quad W_{B,1} = 4/\bar{c}\, A_1; \quad W_{B,2} = 4/\bar{c}\, A_2.$

4 Strömungsvorgänge

Wir wählen zum quantitativen Vergleich zwei Rechteckrohre mit $\lambda = l/b = 10$ und $\gamma = b/a = 1$. Aus Bild 4.18d lesen wir für diese Daten die (reziproke) Durchlaufwahrscheinlichkeit $\mathscr{P}^{-1} = 8{,}1$ und für das zusammengesetzte Rohr ($\lambda = 20$, $\gamma = 1$) den Wert $\mathscr{P}^{-1} = 14$ ab. Demgegenüber liefert Gl. (**) den Wert $\mathscr{P}^{-1} = 16{,}2$ und Gl. (*) den „besseren" Wert $\mathscr{P}^{-1} = 15{,}2$.

4.6.4.3 Rohrknie und Rohrbogen

Verschiedene Rechnungen nach der Monte-Carlo-Methode (z.B. [13, 19]) zeigen, daß für ein rechtwinkliges *Knie* in einem kreiszylindrischen Rohr, dessen geknickte Achse die Länge $l = l_1 + l_2$ besitzt, die Durchlaufwahrscheinlichkeit bis auf einige Prozent gleich ist der eines geraden Rohres der Länge $l = l_1 + l_2$, also

$$\mathscr{P}_{\text{Knie},\llcorner}(l_1/r, l_2/r) = \mathscr{P}_{\text{gerade}}((l_1 + l_2)/r).$$

Ist die Achse nicht um $90°$, sondern um ϑ abgewinkelt, so findet man in [19] Korrekturfaktoren $K = \mathscr{P}(\vartheta)/\mathscr{P}(0)$, die aber im Bereich $0 < \vartheta < 120°$ von 1 nicht mehr als 5% abweichen und daher — auch wegen ihrer eigenen Unsicherheit — für die Praxis uninteressant sind.

Für *Rohrbogen* der Achsenlänge l kann — ebenfalls mit der dem gesamten Problem innewohnenden Unsicherheit — die Durchlaufwahrscheinlichkeit gleich der eines geraden Rohres der Länge l gesetzt werden.

4.6.4.4 Konische Rohre

Bild 4.25 zeigt ein konisches Rohrstück, wie es z.B. als Übergang vom Pumpenflansch auf die Vakuumleitung benutzt werden kann. Gl. (4.99) legt nahe, ein rotationskonisches Rohrstück *geringer Steigung* aus kreiszylindrischen Elementen der Länge dx zusammenzusetzen und die Durchlaufwahrscheinlichkeit durch Integration — anstelle der Summation in Gl. (4.99) — zu berechnen. Für das Element gilt nach Gl. (4.89)

$$\mathscr{P}^{-1} = 1 + \frac{1}{2}\frac{dx}{r}. \tag{4.89}$$

Dann wird nach Gl. (4.99) die Durchlaufwahrscheinlichkeit

$$\mathscr{P}^{-1}_{\text{ges},1,2} = 1 + \int_0^{\ell} \frac{A_{e,1}}{A(x)} \cdot \frac{1}{2} \cdot \frac{dx}{r} + 0 \tag{4.101a}$$

$$= 1 + \frac{r_1 + r_2}{4r_2^2} \cdot l.$$

In der umgekehrten Durchlaufrichtung ist auch über die ρ zu integrieren, so daß

$$\mathscr{P}^{-1}_{\text{ges},2,1} = \frac{r_2^2}{r_1^2} + \frac{r_1 + r_2}{4r_1^2} \cdot l \tag{4.101b}$$

wird. Die Bedingung (4.98c) ist erfüllt.

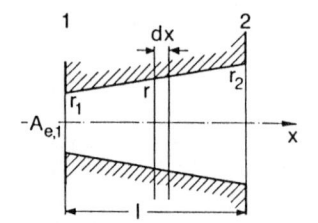

Bild 4.25 Konisches Rohr.

Die Widerstände werden nach Gl. (4.81b)

$$W_{1,2} = W_{e,1} \cdot \mathcal{P}_{1,2}^{-1} = W_{2,1} = W_{e,2} \cdot \mathcal{P}_{2,1}^{-1}$$

einander gleich, nämlich

$$W = \frac{4}{\pi r_1^2 \bar{c}} \left(1 + \frac{r_1 + r_2}{4 r_2^2} \cdot l\right). \tag{4.101c}$$

Für $r_1 = r_2$ geht dies in Gl. (4.89) über, was darauf hinweist, daß diese Abschätzung etwa mit den gleichen Unsicherheiten behaftet ist wie Gl. (4.89), also etwa 5 ... 10 % bei $l/((r_1 + r_2)/2) \approx 3$.

4.6.4.5 Komponenten

Gelegentlich geben Firmen für Bauelemente, z.B. für Ventile, den Leitwert an. Zur Berechnung des Beitrages eines solchen Bauelements zum Leitwert oder Widerstand beim Einfügen in ein Leitungssystem berechnet man aus Gl. (4.81a) die Durchlaufwahrscheinlichkeit des Bauelements und behandelt es dann als i-te Komponente der Leitung (Gl. (4.99) und Bild 4.23).

4.6.4.6 Pumpe als „Leitung": Durchlaufwahrscheinlichkeit der Pumpe

Viele Pumpen haben bei niedrigen Drücken ($p < 10^{-4}$ mbar; vgl. Bilder 6.14, 7.14, 8.9) ein druckunabhängiges konstantes Saugvermögen $S = \dot{V}$. Ihre Saugleistung $\dot{Q}$, d.h. der abgepumpte pV-Strom, ist daher $q_{pV} = p\dot{V} = pS = S \cdot (p - 0)$. Der Vergleich dieser Gleichung mit den Gln. (4.77b) und (4.78a) zeigt, daß die Pumpe (P) aufgefaßt werden kann als ein Rohr, dessen Eingangsquerschnitt gleich der Querschnittsfläche A_{PF} des Pumpenflansches (PF) dessen Leitwert

$$L_P = S \tag{4.102a}$$

ist, und an dessen hinterem Ende der Druck $p = 0$ herrscht. Die Durchlaufwahrscheinlichkeit dieser „Ersatzpumpe" ergibt sich aus der Definitionsgleichung (4.81a) zu

$$\mathcal{P}_P = L_P/L_{PF} = S/L_{PF}. \tag{4.102b}$$

Die Pumpe wird damit im Vakuumsystem zu einem Stück der Leitung, auf die Gl. (4.99) anzuwenden ist.

Beispiel 4.11: Eine Diffusionspumpe mit dem Saugvermögen $S = 100$ $\ell \cdot s^{-1}$ (Flanschdurchmesser $d_F = 70$ mm, Querschnittsfläche $A_{PF} = 38{,}5$ cm^2) sei direkt an den Vakuumkessel angeflanscht. Das effektive Saugvermögen am Kessel soll durch Einbau einer Blende in den Flansch auf den Wert $S_{eff} = S_K = 25$ $\ell \cdot s^{-1}$ reduziert werden. Welchen Durchmesser d_B muß die Blende haben?
Bild 4.26 zeigt die Leitungsanordnung, bestehend aus der einzubauenden Blende und der Ersatzpumpe. Die Durchlaufwahrscheinlichkeit der Pumpe ist $\mathcal{P}_P = S/L_{PF}$ (Gl. (4.102b)). Die Gesamtdurchlaufwahrscheinlichkeit errechnet sich nach Gl. (4.99)

$$\mathcal{P}_{ges}^{-1} = 1 + \frac{A_B}{A_{PF}} \left(\frac{L_{PF}}{S} - 1\right). \tag{4.102c}$$

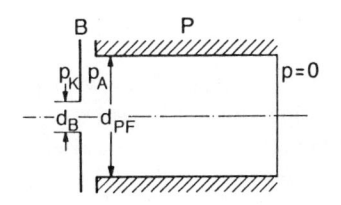

Bild 4.26
Verringerung des Saugvermögens einer Pumpe (P, „Ersatzpumpe") durch Einbau einer Blende B.

4 Strömungsvorgänge

Daraus erhält man mit Gl. (4.81a) den Leitwert der Anordnung $L_{ges} = L_B \cdot \mathscr{P}_{ges}$ und dieser ist gleich dem (effektiven) Saugvermögen der Anordnung $S_{eff} = L_{ges}$. Multipliziert man Gl. (4.102c) mit L_B^{-1} durch, so erhält man

$$\frac{1}{S_{eff}} = \frac{1}{L_B} + \frac{1}{S} + \frac{1}{L_{PF}} \ . \tag{4.102d}$$

Die einfache Betrachtung (elektrisches Analogon) in Abschnitt 4.4 hatte die Gleichung (es ist L durch L_B zu ersetzen)

$$\frac{1}{S_{eff}} = \frac{1}{L_B} + \frac{1}{S} \tag{4.23a}$$

ergeben. Mit den obigen Zahlenwerten findet man mit Gl. (4.84a) $L_{PF} = 446 \ \ell \cdot s^{-1}$. Damit wird nach Gl. (4.102d) $L_B = 0{,}31 \ \ell \cdot s^{-1}$ und $d_B = 1{,}85$ cm, während mit Gl. (4.23) $L_B = 0{,}33 \ \ell \cdot s^{-1}$ und $d_B = 1{,}91$ cm wird. Der Unterschied der d_B-Werte beträgt in diesem Fall etwa 3 %, das elektrische Analogon ist ausreichend genau.

4.7 Strömung im Feinvakuum

4.7.1 Kennzeichnung der Strömung im Feinvakuumbereich

Das Feinvakuumgebiet umfaßt nach Tabelle 4.1 den pd-Bereich $0{,}6 \ \text{Pa} \cdot \text{m} > pd > 10^{-2} \ \text{Pa} \cdot \text{m}$ bzw. den Bereich der Knudsenzahl $10^{-2} < K < 0{,}5$. Bei der Strömung durch ein Leitungssystem, an dessen einem Ende der Druck p_1, an dessen anderem Ende der Druck $p_2 < p_1$ herrscht, wird man also für $p_1 d$ und $p_2 d$ die genannte Eingrenzung verlangen müssen. Es zeigt sich allerdings in der Praxis, daß die entwickelten Gleichungen dieses Abschnitts auch über die Grenzen des Feinvakuumbereichs hinaus gelten. Allerdings ist die Genauigkeit der Rechenergebnisse, die im Grobvakuumgebiet (Abschnitte 4.5.1 und 4.5.2) und im Hochvakuumgebiet (Abschnitt 4.6) bestenfalls 10 % beträgt, im Feinvakuumgebiet noch geringer.

Eine Aussage, welche Art der Strömung im angrenzenden Grobvakuumbereich herrscht (laminar oder turbulent), macht die Reynoldszahl $Re = \rho \cdot v \cdot d/\eta$, die unter Benutzung des Wertes ρ/η aus Gl. (2.81) die Gestalt

$$Re = \frac{2v(d + 2\bar{l})}{\bar{c} \cdot \bar{l}} = 2\frac{v}{\bar{c}} \cdot \frac{1 + 2K}{K} \tag{4.103a}$$

annimmt. Nun kann bei der Rohrströmung die Strömungsgeschwindigkeit v im Grobvakuumbereich nicht größer als $c_{Schall} \approx \bar{c}$ werden, weshalb die Abschätzung

$$Re = \frac{2(1 + K)}{K} = 200 \tag{4.103b}$$

für die obere Grenze des Feinvakuumbereichs ($K = 10^{-2}$) sicher nicht einen zu kleinen Re-Wert ergibt. Die Strömung ist also oberhalb des Feinvakuumbereichs laminar; die die Rohrströmung im Feinvakuumbereich beschreibenden Gleichungen müssen diesen Grenzfall enthalten, ebenso wie sie für $K > 0{,}5$ in die Gleichungen der Molekularströmung übergehen müssen.

4.7.2 Rohrströmung im Feinvakuumgebiet

Aufgrund dieser Überlegungen bezüglich der durch eine Strömungsgleichung wiederzugebenden Grenzfälle und gestützt auf die Ergebnisse einer Reihe von Messungen stellte Knudsen [3] für lange, kreisförmige Rohre für das „Zwischengebiet" — wie man das Feinvakuumgebiet in diesem Zusammenhang häufig nennt — die Gleichung

4.7 Strömung im Feinvakuum   4.7.1/4.7.2

$$q_{pV} = \frac{\pi}{128} \cdot \frac{d^4}{\eta \cdot l} \cdot \frac{(p_1 - p_2)^2}{2} +$$

$$+ \frac{1}{6} \cdot \sqrt{\frac{2\pi RT}{M_{\text{molar}}}} \cdot \frac{d^3}{l} \cdot \frac{1 + \sqrt{\frac{M_{\text{molar}}}{RT}} \cdot \frac{d}{\eta} \cdot \frac{p_1 + p_2}{2}}{1 + 1{,}24 \cdot \sqrt{\frac{M_{\text{molar}}}{RT}} \cdot \frac{d}{\eta} \cdot \frac{p_1 + p_2}{2}} (p_1 - p_2) \quad (4.104)$$

für die pV-Stromstärke auf. Dabei bedeuten p_1, p_2 die Drücke am Anfang und Ende des Rohres vom Durchmesser d und der Länge l, η die dynamische Viskosität des Gases, die im „Zwischengebiet" noch als annähernd konstant angesehen werden kann (vgl. Abschnitt 2.5.2), $R = 8{,}314$ J·mol^{-1}K^{-1} die molare Gaskonstante, T die thermodynamische (absolute) Temperatur des Gases, die über den ganzen Strömungskanal als konstant angesehen wird, und $M_{\text{molar}} = M_r$ kg·kmol^{-1} die molare Masse (M_r = relative Molekülmasse). (NB! Gl. (4.104) ist eine Größengleichung, die Rechenergebnisse werden richtig, wenn man alle Größen im gleichen, kohärenten Einheitensystem, z.B. SI, cgs, wählt.) Setzt man für $(p_1 + p_2)/2 = \bar{p}$, den mittleren Druck im Strömungskanal, und setzt man die Größenwerte von R, $T = 293$ K ($\vartheta = 20$ °C), η und M_r für Luft, ein, so erhält man die Rechengleichung

$$q_{pV} = \left[135 \cdot \frac{d^4}{l} \cdot \bar{p} + 12{,}1 \cdot \frac{d^3}{l} \cdot \frac{1 + 189 \cdot \bar{p} \cdot d}{1 + 235 \cdot \bar{p} \cdot d}\right] (p_1 - p_2), \text{ in mbar} \cdot \ell \cdot \text{s}^{-1} \quad (4.105)$$

d, l in cm, p in mbar.

Die eckige Klammer ist der Leitwert des Rohres im Feinvakuumgebiet. Gl. (4.105) läßt sich auch in der Form

$$q_{pV} = 12{,}1 \cdot \frac{d^3}{l} \cdot f(\bar{p} \cdot d) \cdot (p_1 - p_2), \text{ in mbar} \cdot \ell \cdot \text{s}^{-1} \quad (4.106)$$

mit

$$f(\bar{p} \cdot d) = \frac{1 + 200 \cdot \bar{p} \cdot d + 2620 \cdot \bar{p}^2 \cdot d^2}{1 + 235 \cdot \bar{p} \cdot d} \quad (4.107)$$

l, d in cm, p in mbar

schreiben. Die Leitwertfunktion des Zwischengebiets $f(\bar{p}d)$ hat in zwei Bereichen eine einfache Form:

$\bar{p} \cdot d < 10^{-2}$ mbar·cm $f = 1$ (4.107a)

$\bar{p} \cdot d > 1$ mbar·cm $f = 0{,}85 + 11{,}15 \, \bar{p} \cdot d$ (4.107b)

Im Bereich

10^{-2} mbar·cm $< \bar{p} \cdot d <$ 1 mbar·cm

ist Gl. (4.107) anzuwenden, die entsprechenden Werte sind in Bild 4.27 aufgetragen. Mit Gl. (4.107) schreibt sich der Leitwert des Rohres im Zwischengebiet

$$L_R = \frac{1}{W_R} = 12{,}1 \cdot \frac{d^3}{l} \cdot f(\bar{p} \cdot d), \text{ in } \ell \cdot \text{s}^{-1} \quad (4.108)$$

d, l in cm, p in mbar

4 Strömungsvorgänge

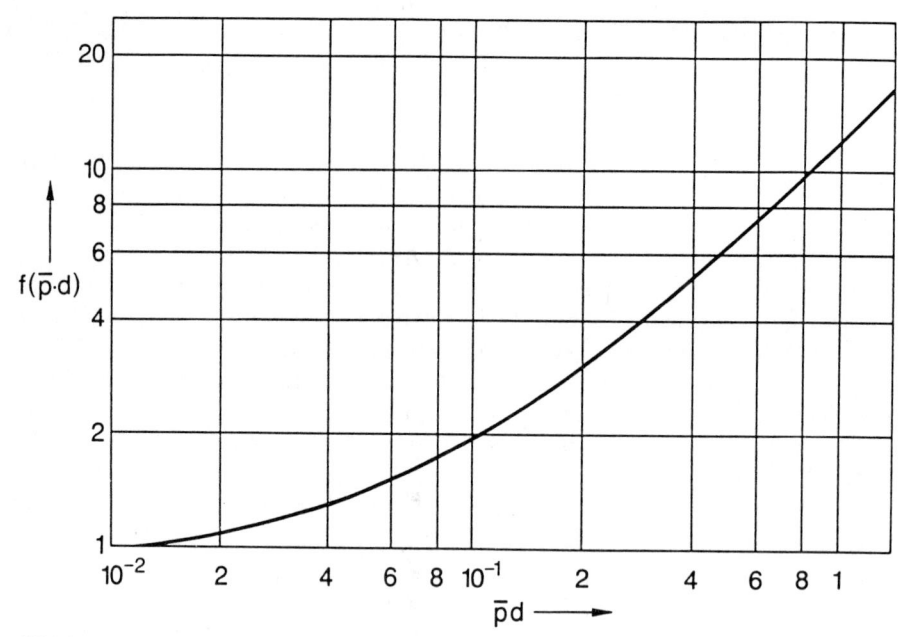

Bild 4.27 Leitwertfunktion $f(\bar{p}d)$ nach Gl. (4.107)

Gl. (4.108) enthält den mittleren Druck $\bar{p} = (p_1 + p_2)/2$. In manchen Anwendungsfällen ist nur p_1 oder p_2 bekannt, so daß $\bar{p}$ nicht berechnet werden kann. Dann setzt man zunächst $\bar{p} = p_1$ oder $\bar{p} = p_2$ oder wählt einen vernünftig erscheinenden Wert von $\bar{p}$, führt die Rechnung durch, berechnet p_2 oder p_1, bildet einen neuen $\bar{p}$-Wert usw., je nach erwünschter Genauigkeit (iteratives Verfahren).

Beispiel 4.14: Eine Rootspumpe mit dem (im Arbeitsbereich druckunabhängigen) Saugvermögen $S = 40\ \ell \cdot s^{-1}$ ist über eine Rohrleitung der Länge $l = 0{,}3$ m und vom Durchmesser $d = 40$ mm an einen Kessel angeschlossen, in dem der Druck $p_K = p_1 = 2 \cdot 10^{-2}$ mbar herrscht. Wie groß ist das effektive Saugvermögen? Der Druck am Ansaugflansch sei $p_A = p_2$. Dann ist nach Gl. (4.106)

$$q_{pV} = p_A \cdot S = 12{,}1 \cdot \frac{d^3}{l} \cdot f(\bar{p} \cdot d) \cdot (p_K - p_A)$$

oder mit $S = 40\ \ell \cdot s^{-1}$, $l = 30$ cm, $d = 4$ cm

$$\frac{p_K}{p_A} = 1 + \frac{S \cdot l}{12{,}1 \cdot d^3 \cdot f(\bar{p} \cdot d)} = 1 + \frac{1{,}55}{f} \qquad (4.14.1)$$

Annahme: $p_A = 1{,}5 \cdot 10^{-2}$ mbar, d.h. $p_K/p_A = 2/1{,}5 = 1{,}33$ und $\bar{p} = (2 + 1{,}5) \cdot 10^{-2}/2$ mbar $= 1{,}75$ mbar. Damit wird $\bar{p} \cdot d = 7 \cdot 10^{-2}$ mbar $\cdot$ cm; dafür berechnet man mit Gl. (4.107) oder entnimmt man Bild 4.24 den Wert $f = 1{,}6$. Mit diesem Wert gibt Gl. (4.14.1) das Verhältnis $p_K/p_A = 1{,}97$ entgegen der Annahme $p_K/p_A = 1{,}33$.
Neue Annahme: $p_A = 1 \cdot 10^{-2}$ mbar, d.h. $p_K/p_A = 2/1 = 2$ und $\bar{p} = (2 + 1) \cdot 10^{-2}/2$ mbar $= 1{,}5 \cdot 10^{-2}$ mbar und $\bar{p} \cdot d = 6 \cdot 10^{-2}$ mbar $\cdot$ cm; hierfür berechnet man $f = 1{,}48$, womit Gl. (4.14.1) den Wert $p_K/p_A = 2{,}05$ ergibt, übereinstimmend mit der neuen Annahme.
Damit wird das effektive Saugvermögen nach Gl. (4.21) $S_K = S_A \cdot p_A/p_K = 40\ \ell\ s^{-1}/2 = 20\ \ell\ s^{-1}$.

Die am Schluß von Abschnitt 4.7.1 genannten Grenzfälle sind in Gl. (4.105) bzw. Gl. (4.106) enthalten. Für große $\bar{p}d$-Werte wird nach Gl. (4.107) und Bild 4.24 die Größe $f(\bar{p} \cdot d) = 11{,}15 \, \bar{p} \cdot d$ und damit (für Luft, $\vartheta = 20\,°C$)

$$q_{pV} = 135 \cdot \frac{d^4}{l} \cdot \bar{p}(p_1 - p_2), \text{ in mbar} \cdot \ell \cdot s^{-1} \qquad (4.109) \equiv (4.41)$$

d, l in cm, p in mbar

Für kleine $\bar{p} \cdot d$-Werte wird nach Gl. (4.107) $f(\bar{p} \cdot d) = 1$ und damit (für Luft, $\vartheta = 20\,°C$)

$$q_{pV} = 12{,}1 \cdot \frac{d^3}{l} \, (p_1 - p_2), \text{ in mbar} \cdot \ell \cdot s^{-1}, \qquad (4.110)$$

d, l in cm, p in mbar

was aus Gl. (4.77b) folgt, wenn man die Durchlaufwahrscheinlichkeit $\mathscr{P}_K$ für ein langes kreisförmiges Rohr ($3l/4d \gg 1$; $\xi = 1$) aus Gl. (4.88) einsetzt.

4.8 Literatur

[1] Vgl. Lehrbücher der Physik
[2] *Wutz, M.*, Vakuumtechnik **14** (1965), 126–131
[3] *Prandtl, L., K. Oswatitsch* und *K. Wieghardt*, Führer durch die Strömungslehre. 8. Auflage, Braunschweig 1984.
[4] *Blasius, H.*, Forschungsber. des Ver. Dt. Ing. 1913, Heft 131.
[5] *Nikuradse, J.*, Strömungsgesetze in rauhen Rohren. VDI-Forschungsheft 361 (1933).
[6] *Dayton, B. B.*, Vac. Symp. Trans. 1956, 5–11, Pergamon Press, London. Gas flow patterns at entrance and exit of cylindrical tubes.
[7] *Knudsen, M.*, Ann. Phys. Lpzg. **28** (1909) 75, 999; **35** (1911) 389.
[8] *Smoluchowski, M. v.*, Ann. Phys. Lpzg. **33** (1910) 1559.
[9] *Dushman, S.*, Scientific foundations of vacuum techniques. 2. Aufl. 1962. Wiley & Sons, New York.
[10] *Clausing, P.*, Ann. Phys. Lpzg. **12** (1932) 961–989. Über die Strömung sehr verdünnter Gase durch Röhren von beliebiger Länge.
[11] *de Marcus, W. C.*, USAEC-Report K 1302, AD 12457 (1956). The problem of Knudsen flow.
[12] *Berman, A. S.*, J. Appl. Phys. **36** (1965) 3356. Free molecule transmission probabilitites.
[13] *Davis, D. H.*, J. Appl. Phys. **31** (1960) 1169–1176. A Monte Carlo calculation of molecular flow rates through a cylindrical elbow and pipes of other shapes.
[14] *Berman, A. S.*, J. Appl. Phys. **40** (1969) 4991–4992. Free molecule flow in an annulus.
[15] *Levenson, L. L., Milleron, N.* and *Davis, D. H.*, Le Vide **103** (1953) 42–54. Molecular flow conductance.
[16] *Holland, L., Steckelmacher, W.* and *Yarwood, J.*, Vacuum manual. E. & F. N. Spon, London 1974.
[17] *Steckelmacher, W.*, Vacuum **28** (1978) 269–275, The effect of cross-sectional shape on the molecular flow in long tubes.
[18] *Füstöss, L.*, Vacuum **31** (1981) 243–246. Monte Carlo Calculations for free molecular and near free molecular flow through axially symmetric tubes.
[19] *Tingwei, Xu* and *Kaiping, Wang*, Vacuum **32** (1982) 655–659. The relation between the conductance of an elbow and the angle between tubes.
[20] *Carette, J. D., Pandolfo, L.* and *Dubé, D.*, J. Vac. Sci. Technol. **A1** (1983) 143–146. New developments in the calculation of the molecular flow conductance of a straight cylinder und J. Vac. Sci. Technol. **A1** (1983) 1574. Erratum dazu.

5 Verdrängerpumpen

5.1 Übersicht (s. Tabelle 5.1)

Die Verdrängerpumpen sind die wichtigsten Pumpen der Vakuumtechnik. Nach DIN 28 400, Teil 2 (1980), wird die Verdränger-Vakuumpumpe definiert als „Vakuumpumpe, die das zu fördernde Gas mit Hilfe von Kolben, Rotoren, Schiebern usw. die mit oder ohne Flüssigkeit gegeneinander abgedichtet sind, ggf. über Ventile ansaugt, verdichtet und ausstößt".

Die einfachsten Verdränger-Vakuumpumpen sind Hubkolbenpumpen (Bild 5.1). Diese Pumpen waren mit die ersten, mit denen Drücke kleiner als Atmosphärendruck erzeugt werden konnten. Bei der Bauart dieser Pumpen läßt sich nicht vermeiden, daß am oberen Totpunkt, wenn der Kolben ganz oben ist, auch bei bester Bearbeitung ein sogenanntes schädliches Volumen übrig bleibt, aus dem die Luft nicht in die Auspuffleitung befördert wird. Deshalb werden nur mäßige Enddruckwerte erreicht. Die in diesem schädlichen Raum unter dem Auspuffdruck bleibende Gasmenge expandiert während des folgenden Saughubes und füllt den Arbeitsraum teilweise oder vollständig aus, so daß kein neues Gas angesaugt werden kann. Keine Verdränger-Vakuumpumpe mit schädlichem Raum kann daher ein höheres Verdichtungsverhältnis erzielen, als das Verhältnis vom maximalen Arbeitsvolumen zum schädlichen Raum.

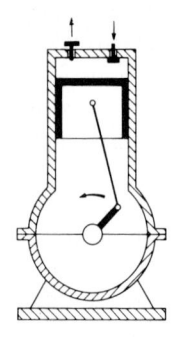

Bild 5.1
Schema der Hubkolbenpumpe

Da als schädlicher Raum nur der gasgefüllte Restraum am Ende des Hubes zu rechnen ist, läßt sich das Verdichtungsverhältnis einer Hubkolbenpumpe durch Ausfüllen des schädlichen Raumes mit Öl beträchtlich erhöhen, so daß die Enddruckwerte wesentlich verbessert werden. Dadurch können aber andere Nachteile (großes Gewicht und großer Platzbedarf) nicht beseitigt werden, so daß man Hubkolbenpumpen heute nur noch selten verwendet.

Wesentlich anders sind die Verhältnisse bei den Rotationsverdrängerpumpen. Diese werden – in den verschiedensten Ausführungsformen (Tabelle 5.1) – in großem Umfang in Industrie und Forschung verwendet.

Zur Erzeugung niedriger Drücke in einem weiten Druckbereich (s. Tabelle 16.11) werden heute in den meisten Vakuumanlagen öldichtete Drehkolben-Vakuumpumpen, Drehschieber- und Sperrschieber-Pumpen (5.3.1 und 5.3.2) eingesetzt. Sie können im

5.1 Übersicht

Tabelle 5.1 Einteilung der Verdränger(vakuum)pumpen nach DIN 28 400/Teil 2 (1980)

```
                    Verdrängervakuumpumpe
          ┌──────────────┴──────────────┐
    Oszillations-                   Rotations-
    verdrängerpumpe                 verdrängerpumpe [1])
          │                               │
    Hubkolbenpumpe (5.1)            Flüssigkeitsringpumpe (5.2)
    Membranpumpe                    Drehschieberpumpe (5.3.1) – Vielzellenpumpe (5.1)
                                    Kreiskolbenpumpe (5.3.4)
                                    Sperrschieberpumpe (5.3.2)
                                    Wälzkolbenpumpe (5.4)
```

gesamten Grobvakuumgebiet und bis weit ins Feinvakuumgebiet verwendet werden. Diese Pumpen besitzen sichelförmige Schöpf- und Verdichtungsräume, die bei Drehschieberpumpen durch in einem Rotor angeordnete Schieber und bei Sperrschieberpumpen durch einen im Gehäuse angeordneten und von einem Exzenter geführten Sperrschieber und einem Drehkolben gegeneinander abgedichtet sind.

Beim Betrieb bildet sich der sichelförmige Schöpfraum jedesmal vom Volumen Null ausgehend neu. Da somit ein schädliches Volumen fehlt, wird – unterstützt durch die Öldichtung sowie durch die Ölüberlagerung des Auspuffventils – ein hohes Saugvermögen bis weit ins Feinvakuumgebiet erreicht.

Eine Untergruppe der ölgedichteten, meist mit zwei oder drei Schiebern ausgerüsteten Drehschieberpumpen stellen die Vielzellen(vakuum)pumpen dar, die auch Vielschieberpumpen genannt werden. Sie sind mit einer größeren Anzahl von Schiebern ausgerüstet und arbeiten meist ohne Ölfüllung. Demgemäß ist ihr Arbeitsbereich nach niedrigen Ansaugdrücken hin begrenzt (s. Tabelle 16.11). Vielzellenpumpen arbeiten im Grobvakuum (Enddruck etwa 50 mbar). Sie werden aber auch zum Erzeugen mäßiger Überdrücke verwendet.

Ein weiteres Anwendungsfeld, speziell für den in der chemischen Industrie oft verwendeten Zwischenvakuumbereich (p = 1 ... 100 mbar) haben Flüssigkeitsringvakuumpumpen (Abschnitt 5.2) gefunden [27, 30, 31].

In der letzten Zeit hat auch das Prinzip der Kreiskolbenmaschinen Eingang in die Vakuumtechnik gefunden. Es gelang, eine Vakuumpumpe zu bauen, die die Vorteile der Sperrschieberpumpen mit den Vorteilen der Drehschieberpumpen verbindet. Nach ihren erzeugenden mathematischen Kurven nennt man sie Trochoidenpumpen (5.3.4).

Hauptsächlich im Feinvakuumgebiet werden häufig die Wälzkolbenpumpen – nach dem ersten Anwender dieses Prinzips in der Luftverdichtung *Roots*-Pumpen genannt – verwendet (5.4). In diesen wälzen sich zwei symmetrisch gestaltete Kolben, die durch ein Zahnradpaar synchronisiert sind, so aufeinander ab, daß zwischen den beiden Kolben sowie zwischen ihnen und dem Pumpengehäuse nur ein ganz schmaler Spalt bleibt.

Da die Kolben somit berührungsfrei laufen, kann man diese schnell drehen lassen und erhält so kleine Pumpen mit hohem Saugvermögen. Bei hohen Drücken treten jedoch durch die Spalte hindurch hohe Gasrückströmungen auf, so daß die Verdichtung nur mäßig ist. Wälzkolben-Vakuumpumpen benötigen deshalb im allgemeinen zum Betrieb eine der obengenannten Pumpen, die auf Atmosphärendruck verdichten, als Vorpumpen.

---

[1]) Früher auch Drehkolben(vakuum)pumpe genannt

5 Verdrängerpumpen

In Verbindung mit Wälzkolbenpumpen, Dampfstrahl- und anderen Treibmittelpumpen erhält man mit den als Vorpumpen eingesetzten Flüssigkeitsring- oder Drehkolbenpumpen leistungsstarke und dem jeweiligen Anwendungsprozeß optimal angepaßte Pumpenkombinationen.

5.2 Flüssigkeitsring-Vakuumpumpen

5.2.1 Wirkungsweise und technischer Aufbau

Flüssigkeitsringpumpen sind Vakuumpumpen, bei denen die Förderung des abzusaugenden Gases mit Hilfe einer kreisenden Flüssigkeit erfolgt. Als Flüssigkeit wird fast ausschließlich Wasser verwendet. Es genügt daher, sich auf die Wirkungsweise und den technischen Aufbau von Wasserring-Vakuumpumpen zu beschränken. Bild 5.2 zeigt schematisch die Bildung des Wasserringes beim Betrieb einer Wasserring-Vakuumpumpe. In einem nur zum Teil mit Wasser gefüllten zylindrischen Gehäuse ist ein Flügelrad exzentrisch angeordnet. Rotiert dieses Flügelrad, so bildet das Wasser einen konzentrisch zur Gehäuseachse rotierenden Ring. Dadurch entstehen Zellen, deren Volumen bei der Rotation des Flügelrades zunimmt (in Bild 5.2 auf der rechten Seite) und bei der Weiterdrehung wieder abnimmt. Führt man den sich vergrößernden Zellenräumen Gas (bzw. Luft) über den Ansaugstutzen aus dem angeschlossenen Vakuumbehälter zu, wird es in Richtung der sich verkleinernden Räume gefördert und nach der Kompression auf Atmosphärendruck durch den Auspuffstutzen aus dem Innenraum der Pumpe ausgestoßen. Durch diese Anordnung wird erreicht, daß die Betriebsflüssigkeit kolbenartig aus den Radzellen aus- und wieder eintritt. Im Bereich des austretenden Flüssigkeitsringes wird das Gas über den Saugschlitz, der Verbindung zum Saugstutzen, angesaugt, im Bereich des eintretenden Ringes verdichtet und dann über den Druckschlitz ausgestoßen.

Bild 5.2
Prinzipbild zur Wirkungsweise der Flüssigkeitsringpumpe (Wasserringpumpe). 1 Auspuffstutzen; 2 Ansaugstutzen; 3 Flüssigkeitsring; 4 Saugschlitz; 5 Rotor; 6 Zellen; 7 Druckschlitz.

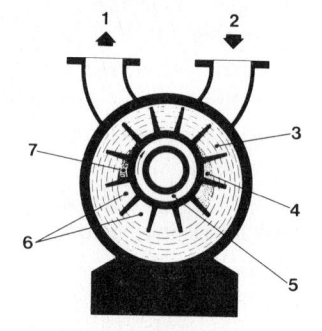

Bei diesem Fördervorgang dient die Flüssigkeit zur Abdichtung des am Saugstutzen angeschlossenen Vakuumraumes gegen den Atmosphärendruck am Auspuffstutzen. Die den Flügelrädern zugeführte Antriebsleistung wird von der Flüssigkeit aufgenommen und von dieser an das zu verdichtende Gas weitergegeben. Dabei ist eine Erwärmung der Dichtflüssigkeit nicht zu vermeiden. Da ein Teil der den Ring bildenden Flüssigkeit mit dem Gas aus dem Druckstutzen ausgestoßen wird, wird der größte Teil der bei der Gasverdichtung entstehenden Wärme abgeführt. Die den Pumpen laufend neu zugeführte Betriebsflüssigkeit hält die Betriebstemperatur von Flüssigkeitsringpumpen nahezu konstant, bei herkömmlichen Wasserring-Pumpen also auf etwa 15 °C bis 20 °C je nach der vorhandenen Wassertemperatur.

Der Antrieb der Flüssigkeitsring-Vakuumpumpen erfolgt durch einen direkt an die Pumpenwelle angekoppelten Motor.

5.2 Flüssigkeitsring-Vakuumpumpen 5.2.1/5.2.2

Bild 5.3
Stroboskopfaufnahme einer Wasserringpumpe bei einem Ansaugdruck von 210 mbar (160 Torr) und einem Gegendruck von 1000 mbar (760 Torr).

Bild 5.4 Demontierte Flüssigkeitsringpumpe des Typs LPHE 405 16 (Fa. Sihi) mit Gleitringdichtungen als Wellenabdichtung.

Bild 5.3 zeigt die Stroboskopaufnahme einer arbeitenden Wasserringpumpe. Dabei betrug der Ansaugdruck 210 mbar (160 Torr), der Verdichtungsdruck 1013 mbar (760 Torr). Eine demontierte Wasserringpumpe zeigt Bild 5.4.

5.2.2 Arbeitsbereich und Saugvermögen [43]

Flüssigkeitsringpumpen werden heute für Saugvermögen zwischen 10 und 25 000 m³/h gebaut. Die erreichbaren Enddrücke werden durch die physikalischen Eigenschaften der jeweiligen Betriebsflüssigkeit bestimmt. Wird Wasser mit einer Temperatur von 15 °C verwendet, so werden je nach Pumpentyp gute Förderleistungen bis herab zu etwa 33 mbar (25 Torr) erreicht. Häufig besitzt das verwendete Betriebswasser jedoch nicht diese Temperatur oder es werden, wie es in der Verfahrenstechnik oft der Fall ist, andere Flüssigkeiten mit teilweise erheblich abweichenden chemischen und physikalischen Eigenschaften (z.B.

5 Verdrängerpumpen

Lösungsmittel, Öle u.a.) als Betriebsflüssigkeiten eingesetzt. Der Enddruck einer Flüssigkeitsringpumpe ist jedoch in der Praxis fast bedeutungslos, da bei Drücken unterhalb $p = 50 \ldots 65$ mbar (40 ... 50 Torr) je nach Betriebsflüssigkeit Kavitation auftreten kann und die Pumpenteile zerstört werden können.

Der Erscheinung der Kavitation liegt folgender Mechanismus zugrunde: Erreicht die Pumpe bei sehr kleinen Gasströmen den Enddruck, so beginnt das Wasser auf der Saugseite zu sieden. Die sich dabei bildenden Dampfblasen fallen zusammen, wenn die jeweilige Pumpenzelle auf die Druckseite der Pumpe gelangt. Dadurch entsteht ein starkes Geräusch und gleichzeitig werden das Pumpenlaufrad und einzelne Gehäuseteile allmählich zerstört. Diese Erscheinung, welche auch bei hydraulischen Strömungsmechanismen auftritt (z.B. an Schiffsschrauben), nennt man Kavitation. Sobald Kavitation entsteht, läßt man durch ein kleines Ventil etwas Frischluft einströmen. Bei sehr kleinen Gasströmen reicht das aber manchmal nicht aus. In diesem Fall macht man in die Ansaugleitung ein kleines Loch, durch das Frischluft einströmen kann. Wenn ein Gasstrahler verwendet wird (5.2.4) tritt keine Kavitation auf.

Das Saugvermögen und der Leistungsbedarf einer Flüssigkeitsringpumpe hängen von anderen Größen, z.B. der Dichte und der Viskosität der Betriebsflüssigkeit ab, nicht allein von der Verdichtungsarbeit.

Einstufige Wasserringpumpen mit einfachen Saugschlitzen haben im Druckbereich von 130 ... 1013 mbar (100 ... 760 Torr) durchweg ein fast konstantes Saugvermögen.

Bei etwa 65 mbar (50 Torr) ist das Saugvermögen auf etwa 50 % des Saugvermögens bei 1013 mbar (760 Torr) abgefallen. Bei noch niedrigeren Drücken ist der Einsatz einstufiger Wasserringpumpen ohne Zusatzpumpen nicht zu empfehlen (s. Abschnitt 5.2.4), weil starker Abfall des Saugvermögens durch Dampfbildung und Kavitation droht.

5.2.3 Zwei- und mehrstufige Flüssigkeitsring-Vakuumpumpen

Einstufige Wasserringpumpen eignen sich im allgemeinen wegen des konstruktiv bedingten Kompressionsverhältnisses von etwa 1:7 nur für Ansaugdrücke zwischen 130 mbar und 1013 mbar (100 Torr und 760 Torr).

Bei Ansaugdrücken unterhalb 130 mbar (100 Torr) ist der Einsatz zweistufiger Flüssigkeitsring-Vakuumpumpen zu empfehlen (Bild 5.5). Bei der zweistufigen Ausführung ist der

Bild 5.5 Zweistufige Flüssigkeitsring-Vakuumpumpe (Fa. Sihi)

5.2 Flüssigkeitsring-Vakuumpumpen 5.2.3

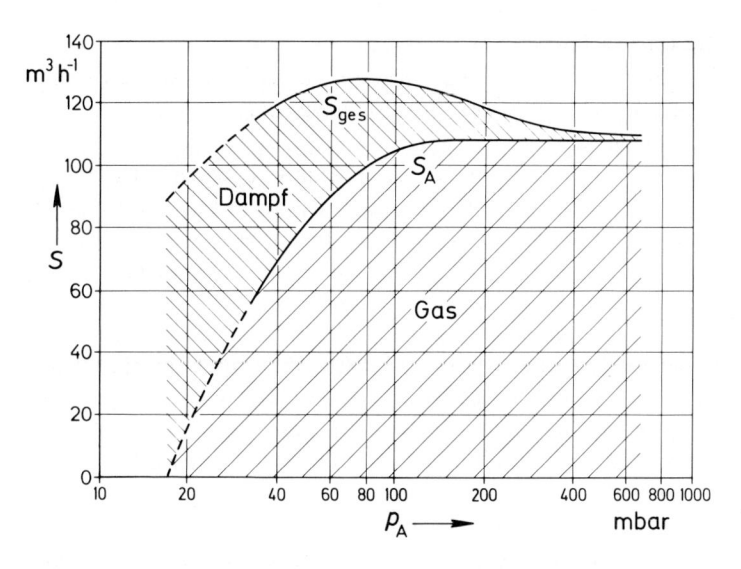

Bild 5.6 Saugvermögenskurve einer zweistufigen Wasserringpumpe. S_A = effektives, S_{ges} = theoretisches Saugvermögen. Betriebstemperatur $\vartheta \approx 15\,°C$.

Auspuffraum der ersten Stufe mit dem Ansaugraum der zweiten Stufe verbunden. Das Verhältnis der Schöpfvolumina der Pumpstufen beträgt bei der in Bild 5.5 gezeigten Pumpe etwa 2,5:1. Der Antrieb erfolgt auch hier durch einen direkt an die Pumpenwelle angekoppelten Motor. Die Abhängigkeit des Saugvermögens einer zweistufigen Wasserringpumpe vom Ansaugdruck zeigt Bild 5.6. Dabei handelt es sich um eine Pumpe mit einem Verhältnis der Schöpfvolumina der Pumpstufen größer als 1. Da sich zwischen den beiden Pumpstufen kein Überdruckventil befindet, kann die kleinere Stufe bei höheren Ansaugdrücken, die von der größeren Pumpstufe zugeführte Gasmenge nicht vollständig weiterführen. Das Saugvermögen ist deshalb bei hohen Drücken kleiner als bei mittleren. Der erreichbare Enddruck zweistufiger Pumpen wird im wesentlichen vom Partialdruck des Wasserdampfes bestimmt.

Bedeutet p_{H_2O} den Wasserdampfdruck bei der Betriebstemperatur, p_A den Ansaugdruck und S_{th} das theoretische Saugvermögen, so gilt für das effektive Saugvermögen unterhalb 130 mbar (100 Torr) erfahrungsgemäß etwa die Gleichung

$$S_{eff} = S_{th} \cdot \left(1 - \frac{p_{H_2O}}{p_A}\right). \tag{5.1}$$

Auch zweistufige Flüssigkeitsringpumpen kann man mit Öl betreiben und erreicht dann entsprechend dem niedrigeren Öldampfdruck niedrigere Drücke. In den meisten Fällen muß aber sowohl im Grob- als auch im Feinvakuumgebiet viel Wasserdampf abgepumpt werden. Da Wasser mit Öl emulgiert, wird von der Möglichkeit der Ölfüllung der Flüssigkeitsringpumpen kaum Gebrauch gemacht. Zum Abführen der Kompressionswärme müßte auch ein zusätzlicher Ölkühler verwendet werden.

Drei- und mehrstufige Flüssigkeitsringpumpen werden nur selten verwendet. Hier bedient man sich eher der Kombinationsmöglichkeiten von Wasserringpumpen mit Gasstrahlern, Dampfstrahlern und Wälzkolbenpumpen.

5 Verdrängerpumpen

5.2.4 Kombination mit einer Gasstrahlpumpe

Die durch den Dampfdruck der Betriebsflüssigkeit einer Flüssigkeitsringpumpe bestimmte untere Grenze des Druckarbeitsbereiches läßt sich zu niedrigeren Drücken hin verschieben, wenn die Flüssigkeitsringpumpe mit einer Gasstrahlpumpe (s. Abschnitt 6.3) kombiniert wird (Bild 5.7). Als Treibgas für die Gasstrahlpumpe, kurz Gasstrahler genannt, wird vielfach atmosphärische Luft verwendet, oder ein auf atmosphärischen Luftdruck verdichtetes unter den Betriebsbedingungen der Pumpenkombination nicht kondensierendes Gas.

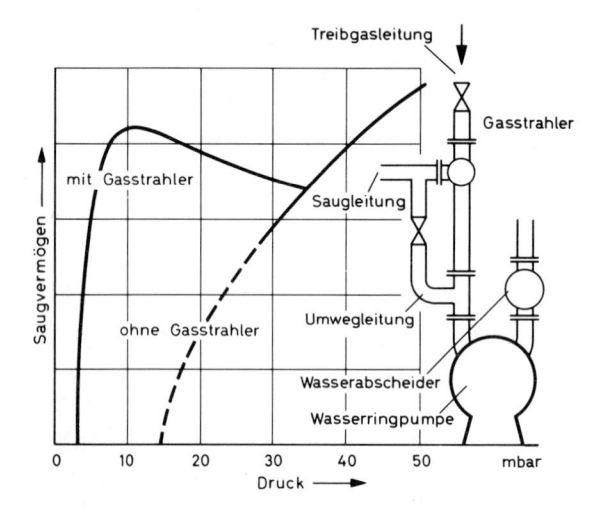

Bild 5.7
Wasserringpumpe mit Gasstrahler

Die Gasstrahler sind durch ihre Abmessungen für bestimmte Saugvermögen ausgelegt. Die richtige Auswahl des Gasstrahlers für die jeweilige Flüssigkeitsringpumpe ist somit entscheidend. Die Hersteller der Flüssigkeitsringpumpen geben deshalb ausführliche Listen von Kombinationen ihrer Pumpen mit Gasstrahlern an.

Das Betriebsverhalten der Flüssigkeitsringpumpen ändert sich durch das Vorschalten eines Gasstrahlers nicht. Bei geschlossenem Ansaugstutzen des Strahlers liegt bei richtiger Kombination der Ansaugdruck der Flüssigkeitsringpumpen außerhalb des Kavitationsbereiches. Eine Pumpe mit Gasstrahler kann deshalb auch bis zur Förderleistung Null eingesetzt werden.

5.2.5 Allgemeine Betriebshinweise

Um die durch die Kompression auftretende Wärme der Pumpe abzuführen, muß während des Betriebs laufend Frischwasser zugeführt werden. Wird das Betriebswasser zu warm, so steigt der Dampfdruck des Wassers und das erreichbare Endvakuum wird schlechter. Außerdem verliert die Pumpe Wasser durch Austritt in die Auspuffleitung und durch Wasserverluste in den Durchführungen; diese Verluste müssen ersetzt werden. Um Wasser zu sparen, verwendet man mit Vorteil einen sogenannten Umlaufbehälter (Bild 5.8). Das Betriebswasser wird durch die Wasseransaugleitung zugeführt, und zwar bei zweistufigen Pumpen an der Stufe mit geringem Druck (kälteres Wasser, kleinerer Dampfdruck). Der Überlauf, der durch einen Siphon gedichtet ist, befindet sich auf der Höhe der Pumpenachse, wodurch auch beim Abschalten der Pumpe der richtige Wasserstand gewährleistet ist. Die Auspuffleitung führt zuerst in den Umlaufbehälter, wo das mitgeführte Wasser abgegeben wird. Das abgepumpte

5.2 Flüssigkeitsring-Vakuumpumpen   5.3 Ölgedichtete Rotations-Vakuumpumpen

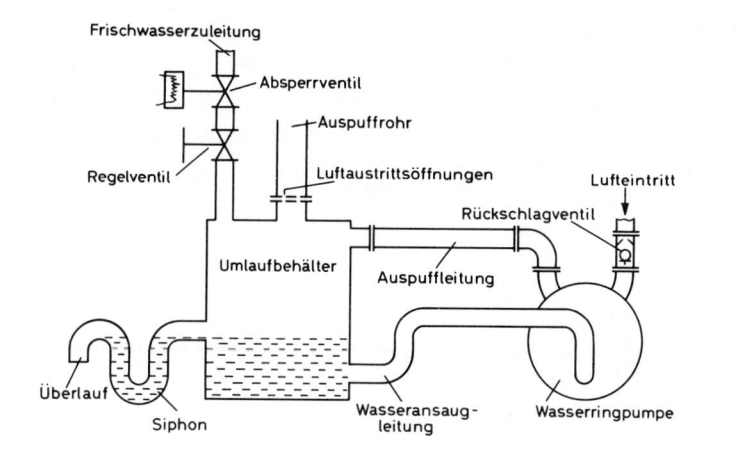

Bild 5.8 Wasserringpumpe mit Umlaufbehälter

Gas entweicht über ein evtl. angeschlossenes Auspuffrohr durch Luftaustrittsöffnungen aus dem Umlaufbehälter. Die Frischwasserzufuhr wird durch ein Regelventil so eingestellt, daß am Überlauf eine Wassertemperatur entsteht, die wenig höher als die Zuflußwassertemperatur ist. Da schon im Umlaufbehälter eine gewisse Wärmeabfuhr erfolgt, ist die benötigte Wasserzufuhr verhältnismäßig gering. Meist verwendet man noch ein Ventil zum An- und Abstellen der Frischwasserzufuhr. Ist dies ein Magnetventil, so wird es so geschaltet, daß es sich gleichzeitig mit dem Anlaufen des Pumpenmotors öffnet. Dann braucht nur der Motorschalter zum An- und Abstellen der Pumpe betätigt zu werden.

Will man auf den Umlaufbehälter verzichten, so kann die Frischwasserleitung mit den Ventilen direkt an die Wasseransaugleitung angeschlossen werden. Durch die Auspuffleitung tritt dann das gepumpte Gas zusammen mit dem Abwasser in den Abfluß. Mit Hilfe eines Wasserabscheiders kann das ausgestoßene Gas vom ausgestoßenen Wasser getrennt werden. Gegenüber dem Umlaufbehälter besteht aber bei dieser Anschlußart immer noch der Nachteil, daß auch bei belüftetem Rezipienten Wasser in diesen gelangen kann, wenn die Wasserzulaufventile nicht ganz dicht sind.

Bei den meisten Wasserringpumpen für niedrige Drücke sind die Wellendurchführungen durch Doppelpackungen mit Wasserkammern gedichtet. An diese Kammern muß zusätzlich eine Frischwasserzuleitung angeschlossen werden, um das aus der Wasserkammer austretende Wasser zu ersetzen.

Wasserringpumpen sind sehr robuste Vakuumpumpen. Gegen Verschmutzung sind sie nahezu unempfindlich, da der Schmutz zusammen mit dem Betriebswasser durch den Druckstutzen ausgeschieden wird. So bedarf die Wasserringpumpe bei richtiger Installation auch während längerer Laufzeiten kaum einer Wartung (zum Abpumpen von korrodierenden Gasen gibt es auch Ausführungen in Rotguß).

5.3 Ölgedichtete Rotations-Vakuumpumpen

Die ölgedichteten Rotationspumpen sind heute in der Vakuumtechnik für das Druckgebiet 1013 mbar (760 Torr) bis 10^{-3} mbar (ca. 10^{-3} Torr) die wichtigsten Pumpen. Zu ihnen zählen die Drehschieberpumpen (5.3.1), die Sperrschieberpumpen (5.3.2) und die Trochoidenpumpen (5.3.4). Die Bedeutung dieser Pumpen kommt auch dadurch zum Ausdruck, daß es für sie die PNEUROP-Abnahmeregeln [20] gibt. Diese Regeln sind allgemein

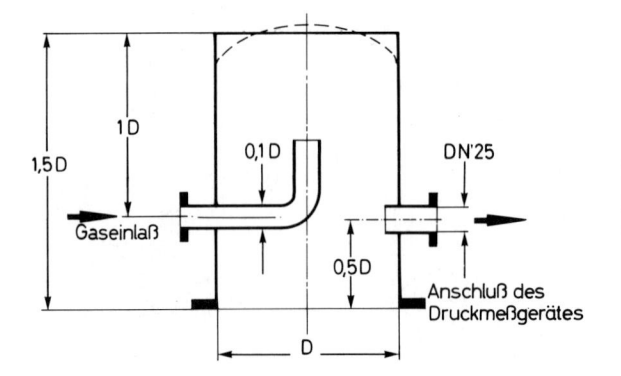

5 Verdrängerpumpen

Bild 5.9
Meßdom zum Messen des Saugvermögens
ölgedichteter Rotationsvakuumpumpen
– nach PNEUROP und ISO

verbindlich und auch im Regelwerk der ISO enthalten (s. auch Tabelle 16.1). Die Abnahmeregeln betreffen Verdrängerpumpen, die das geförderte Gas gegen Atmosphärendruck ausstoßen und einstufig einen Ansaugdruck von weniger als 1 mbar (0,75 Torr) erreichen können.

Einige wichtige Definitionen aus [20] seien angeführt:

Das *Saugvermögen* ist das Gasvolumen, welches in der Zeiteinheit aus einem vorgeschriebenen Meßdom (Bild 5.9) durch den Ansaugquerschnitt der Pumpe strömt. Es wird in $m^3 \cdot h^{-1}$ oder in $\ell \cdot s^{-1}$ angegeben (s. auch Abschnitt 4.2).

Das Saugvermögen ist vom Ansaugdruck p_A abhängig. Die graphische Darstellung dieser Abhängigkeit wird *Saugvermögenskurve* genannt.

Das *Nennsaugvermögen* ist das Produkt aus dem theoretischen Schöpfvolumen je Umdrehung (s. 5.3.1) und der vom Hersteller angegebenen Drehzahl der Pumpe.

5.3.1 Drehschieberpumpen

5.3.1.1 Wirkungsweise und technischer Aufbau

Die Wirkungsweise einer Drehschieberpumpe zeigt Bild 5.10. In einem exzentrisch gelagerten Rotor, der von einer Motorwelle angetrieben wird, sind zwei – in vielen Fällen auch drei oder mehr – Schieber angeordnet, die durch Federn oder durch die Zentrifugalkraft während der Rotation an die Gehäusewand gepreßt werden. Das abzusaugende Gas tritt durch den Ansaugstutzen in den sich bei der Rotation vergrößernden sichelförmigen Schöpfraum durch eine Stirnfläche ein. Da der sichelförmige Ansaugraum beim Ansaugen jedesmal sozusagen neu gebildet wird, entsteht kein schädliches Volumen zum Rezipienten hin. Durch die Vergrößerung des Schöpfraumes beim Drehen der Pumpe kommt die Schöpfwirkung bzw. Pumpwirkung zustande. Etwa bei Stellung II (Bild 5.10) hat der Schöpfraum sein maximales Volumen V_{max} erreicht. Beim Weiterdrehen (Stellung III) kommt das vorher angesaugte Gas in den Verdichtungsraum, während im Schöpfraum neues Gas aus dem abzupumpenden Behälter angesaugt wird. Im Verdichtungsraum wird das Gas so weit verdichtet, bis sich bei etwa 1050 mbar (800 Torr) das Auspuffventil öffnet und das Gas ausgestoßen wird. Zum besseren Abdichten ist die Ölfüllung der Pumpe so gewählt, daß das Auspuffventil im Betrieb ölüberlagert ist. (Über dem Ventil befindet sich noch ein Beruhigungsraum, in dem das ausgestoßene Gas weitgehend vom mitgerissenem Öl befreit wird.)

Durch Ölbohrungen und Ölkanäle wird erreicht, daß zwischen dem Gehäuse und den Stirnflächen des Rotors und Schiebers überall Öl vorhanden ist und daß die Schieber zwischen Schöpf- und Verdichtungsraum einen kleinen Ölsee vor sich herschieben. Dadurch wird eine

5.3 Ölgedichtete Rotations-Vakuumpumpen 5.3.1

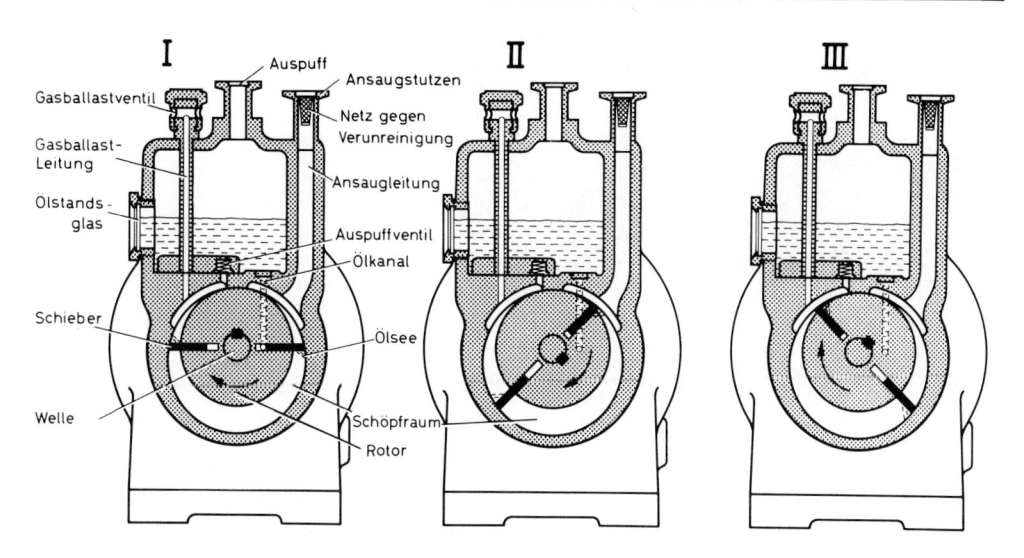

Bild 5.10 Pump-Phasen I bis III der Drehschieberpumpe

gute Abdichtung zwischen Verdichtungs- und Schöpfraum erreicht. Bei sehr kleinen Gasdurchsätzen füllt das Öl des kleinen Ölsees am Schieber kurz vor dem Ausstoßen den Auspuffkanal praktisch ganz aus. Dadurch wird zwar einerseits erreicht, daß auch im Verdichtungsraum kein schädliches Volumen entsteht, andererseits öffnet sich aber das Auspuffventil beim Weiterdrehen durch den Ölschlag plötzlich, wodurch das relativ laute Ventilklappern vieler bei Enddruck laufender Pumpen herrührt. Solange noch Gas gefördert wird, öffnet das Ventil durch das Gaspolster weich. Da heutzutage der durch das Ventilklappern hervorgerufene Lärm stört, wird künstlich den Pumpen durch eine kleine Düse etwas Gas zugeführt, so daß auch während des Betriebs bei Enddruck dieser Ölschlag nicht auftritt.

Die Vakuumpumpe ist also gleichzeitig eine Ölpumpe, die ihren gesamten Ölvorrat dauernd umpumpt. Der Ölkreislauf ist in einer guten Vakuumpumpe mindestens genau so wichtig wie die Gasführung. Meistens beträgt die umgepumpte Ölmenge etwa 1 ‰ des Nennsaugvermögens. Bei der Pumpe mit einem Nennsaugvermögen von 12 m^3/h werden also pro Stunde etwa 12 ℓ Öl umgepumpt.

Drehschieberpumpen werden in ein- und zweistufiger Ausführung gebaut. Durch das Hintereinanderschalten bei den zweistufigen Pumpen wird ein besserer Enddruck und dann im Zusammenhang damit auch bei niedrigen Drücken noch gutes Saugvermögen erreicht. Bei den zweistufigen Pumpen sind die Pumpstufen so geschaltet, daß der Auspuffstutzen der ersten („Hochvakuum"-)Stufe mit dem Ansaugstutzen der zweiten (Vorvakuum-)Stufe ohne Zwischenschalten eines Ventils verbunden ist. Die zweite Stufe wirkt damit sozusagen als Vorpumpe für die erste Stufe. Da die erste Stufe infolgedessen nicht bis auf Atmosphärendruck verdichtet, hat eine zweistufige Pumpe wie oben erwähnt, die besseren Enddrücke. Selbstverständlich ist der Ölkreis so eingerichtet, daß Öl, welches zum Beispiel über dem Ventil mit Gas von Umgebungsdruck in Berührung gekommen ist, zuerst in die Vorvakuumstufe geleitet und hier weitgehend entgast wird, ehe es in die Hochvakuumstufe gelangt.

Bild 5.11 zeigt schematisch das Prinzip einer 2-stufigen Drehschieberpumpe. Moderne Drehschieberpumpen sind über eine Kupplung direkt mit dem Motor verbunden und laufen daher mit der Drehzahl des verwendeten Motors. Durch diese Anordnung ergibt sich ein

5 Verdrängerpumpen

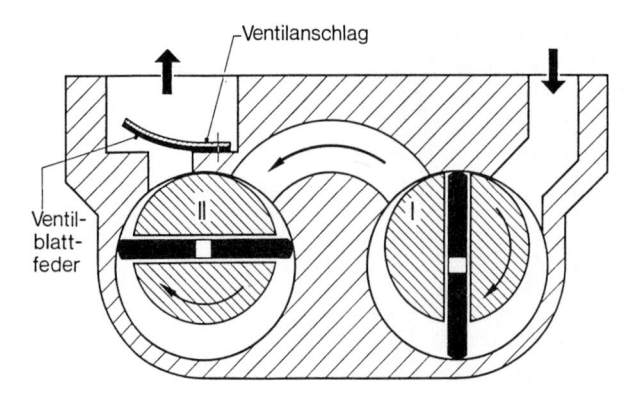

Bild 5.11
Schema einer zweistufigen Drehschieberpumpe, I „Hochvakuum-"Stufe; II Grobvakuumstufe

kompakter Aufbau wie aus Bild 5.12a ersichtlich ist, in der Drehschieberpumpen unterschiedlicher Saugvermögen abgebildet sind, sowie aus Bild 5.12b als Beispiel für eine große, mit zwei Schiebern arbeitende Drehschieberpumpe (s. hierzu auch Abschnitt 5.3.3).

Die Abdichtung wird weitgehend von Rundschnurringen und Simmerringen übernommen. Um das lästige Ölrücksteigen in den unter Vakuum stehenden Rezipienten zu verhindern, gibt es heute vielfach Drehschieberpumpen, die mit einem Ventil im Saugstutzen versehen sind, so daß sich zusätzliche Ventile über der Pumpe erübrigen. Bild 5.13 zeigt eine Drehschieberpumpe mit einem Saugstutzenventil. Das Saugstutzenventil ist so geschaltet, daß bei Stillstand der Pumpe das Ventil geschlossen ist und sich automatisch beim Anlaufen der Pumpe wieder öffnet. Dafür gibt es verschiedene Prinzipien. Im gezeigten Beispiel wird die Umgebungsluft zur Steuerung des Ventils herangezogen. Das Ventil sorgt auch dafür, daß die Pumpe beim Stillsetzen belüftet wird, ohne daß Luft in die Ansaugleitung gelangt (s. Abschnitt 5.3.9.2).

Bild 5.12a Zweistufige Drehschieberpumpen mit Nennsaugvermögen von 4, 8, 16, 25, 40 und 65 m^3 h^{-1}

5.3 Ölgedichtete Rotations-Vakuumpumpen 5.3.1

Bild 5.12b Große, luftgekühlte Drehschieberpumpe in Kompaktbauweise mit integriertem Saugstutzenventil, integrierten Ölnebelfiltern mit Rückführung des abgeschiedenen Öles, vom Dichtmittelkreislauf getrennte Lagerung; Gasballastventil mit Geräuschdämpfung; Ansaugstutzen wahlweise horizontal oder vertikal.
Technische Daten: Nennsaugvermögen: 100 m³/h; Endtotaldruck mit Gasballast: $5 \cdot 10^{-1}$ mbar; Endpartialdruck: $< 4 \cdot 10^{-2}$ mbar; Wasserdampfverträglichkeit: bis 60 mbar; Drehfrequenz: 1500 min^{-1} (Direktantrieb)

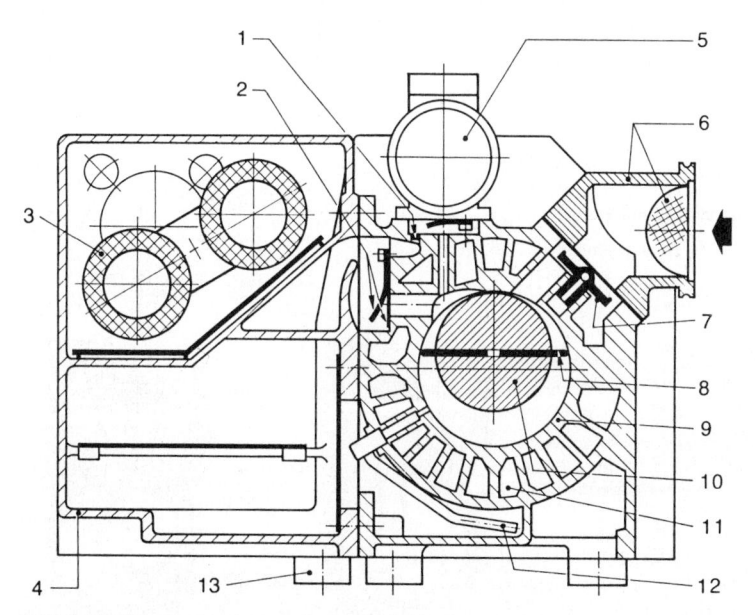

Bild 5.13 Schnitt durch eine einstufige Drehschieberpumpe (schematisch)
1 Geräuschdämpfungsdüse; 2 Auspuffventil mit Hubfänger; 3 Auspuff-Filter; 4 Ölkasten; 5 Gasballasteinrichtung; 6 Saugstutzen mit Schutzsieb; 7 Saugstutzenventil; 8 Schieber; 9 Pumpenring; 10 Rotor; 11 Kühlluftkanäle; 12 Ölansaugrohr; 13 Gummifüße

5.3.2 Sperrschieberpumpen

5.3.2.1 Wirkungsweise und technischer Aufbau

Die Wirkungsweise und den Arbeitszyklus einer Sperrschieberpumpe, die laut DIN 28 400 zu den Drehkolbenpumpen gehört, zeigen Bild 5.14 und Bild 5.15.

Ein Drehkolben ist mit seinem Hals, dem sogenannten Sperrschieber, in einem Sperrschieberlager gelagert. Ein Exzenter bewegt den Drehkolben berührungsfrei längs der zylindrischen Gehäusewand, wobei der Sperrschieber eine hin- und hergehende Bewegung ausführt. Das abzusaugende Gas tritt durch den Ansaugstutzen und eine seitliche Öffnung im Sperrschieber in den sichelförmigen Schöpfraum ein, der sich bei der Drehung laufend vergrößert, wodurch die Schöpfwirkung zustande kommt. Wenn die Pumpe den oberen Totpunkt erreicht hat (kurz nach Stellung III, Bild 5.14), ist der Schöpfraum maximal geworden. Gleichzeitig ist der Sperrschieber so weit oben, daß seine seitliche Öffnung verschlossen ist. Beim Weiterdrehen bildet sich vom Volumen Null ausgehend (daher kein schädliches Volumen) ein neuer Schöpfraum. Das beim vorhergehenden Zyklus abgepumpte Gas kommt in den Verdichtungsraum und wird dort beim Weiterdrehen durch ständiges Verkleinern dieses Raumes so lange verdichtet, bis sich das Auspuffventil bei etwa 1050 mbar (800 Torr) öffnet und das Gas ausgestoßen wird. Die Ölfüllung ist so gewählt, daß das Auspuffventil im Betrieb bei niedrigen Drücken stets ölüberlagert ist, während es bei vollem Durchsatz frei von Öl bleibt. Die ausgestoßene Luft wird in eine dem Ventilraum nachgeordneten Auspuffraum weitgehend mechanisch vom mitgerissenen Öl befreit. Durch Bohrungen und Kanäle wird erreicht, daß an den Stirnflächen des Drehkolbens und Sperrschiebers überall ständig genügend Öl vorhanden ist und sich zwischen Schöpfraum und Verdichtungsraum ein mit dem Kolben umlaufender Ölsee bildet, so daß beide Räume gut gegeneinander abgedichtet sind. Der Ölsee zwischen Schöpf- und Verdichtungsraum füllt bei geringem Gasdurchsatz kurz vor dem oberen Totpunkt den Ventilkanal ganz mit Öl. Dadurch wird zwar erreicht, daß auch im Verdichtungsraum kein schädliches Volumen entsteht; beim Weiterdrehen öffnet sich das Ventil jedoch durch den Ölschlag plötzlich, wodurch auch bei den Sperrschieberpumpen das Ventilklappern vieler Pumpen bei Enddruck verursacht wird.

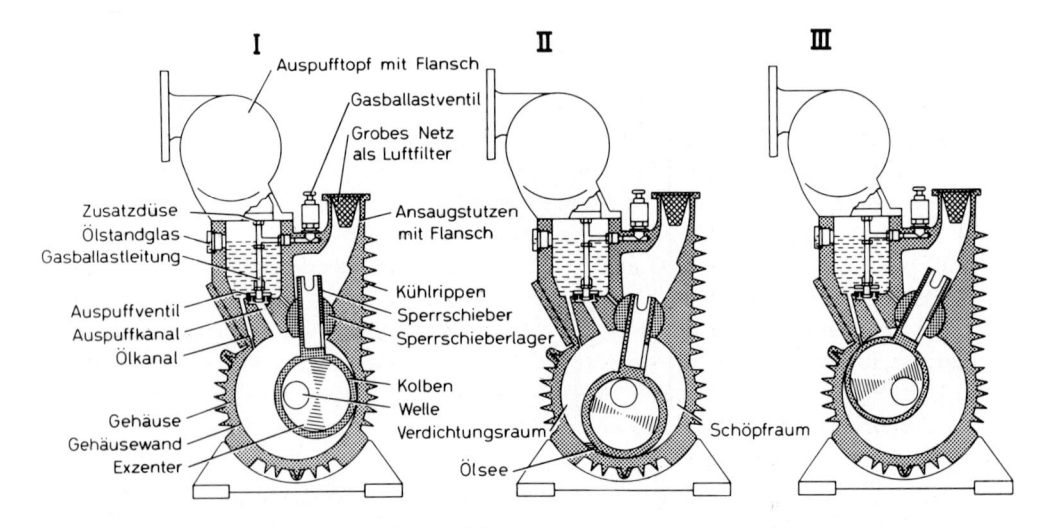

Bild 5.14 Pump-Phasen I bis III einer Sperrschieberpumpe

5.3 Ölgedichtete Rotations-Vakuumpumpen 5.3.2

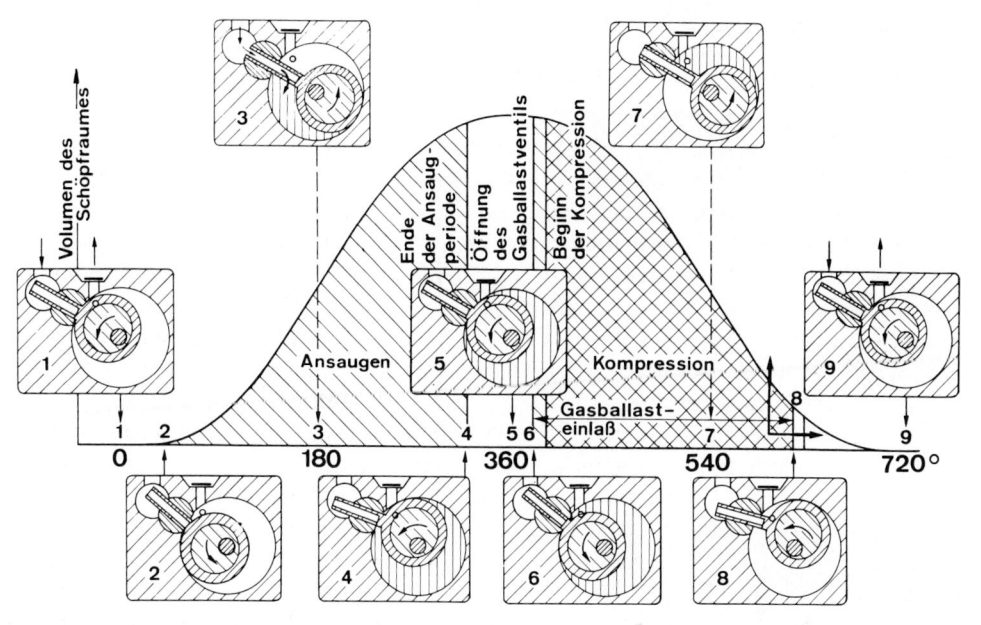

Bild 5.15 Arbeitszyklus einer Sperrschieberpumpe
Stellung 1: Oberer Totpunkt
Stellung 2: Der Schlitz am Saugkanal des Schiebers wird freigegeben, Beginn der Ansaugperiode
Stellung 3: Unterer Totpunkt. Der Schlitz am Saugkanal ist ganz frei. Das abzusaugende Gas (Pfeile) tritt frei in den Schöpfraum (schraffiert gezeichnet) ein.
Stellung 4: Der Schlitz am Saugkanal wird durch die Lamellen wieder verschlossen. Ende der Ansaugperiode.
Stellung 5: Oberer Totpunkt, max. Rauminhalt des Schöpfraumes
Stellung 6: Kurz vor Beginn der Kompressionsperiode gibt die Stirnfläche des Pumpenkolbens die Gasballastöffnung frei. Beginn des Gasballasteinlasses (siehe Abschnitt 5.3.6)
Stellung 7: Gasballastöffnung ist ganz frei
Stellung 8: Ende des Gasballasteinlasses
Stellung 9: Ende der Pumpperiode

Auch die Sperrschieberpumpe ist neben einer Gaspumpe gleichzeitig eine Ölpumpe und auch hier ist der Ölkreislauf ebenso wichtig wie die Gasführung. In den Bildern 5.16 und 5.17 ist eine Sperrschieberpumpe im Schnitt und in einer Ansicht gezeigt. Das Schnittbild zeigt, wie eine Pumpe mit zwei Drehkolben, deren Längen sich wie 2:1 verhalten und die um 180° versetzt sind, über ein Zahnradpaar von einem Motor direkt angetrieben wird. Als Besonderheit bei dieser Bauweise ist zu erwähnen, daß die Luft des Motorgebläses, die über die Pumpe hinwegstreicht, gleichzeitig als Pumpenkühlung dient. Rippen, die bei größeren Pumpen am Pumpengehäuse angebracht sind, vergrößern die Wärmeübergangsflächen. Je größer die Baueinheiten bei den Sperrschieberpumpen werden, desto weniger reicht jedoch eine Luftkühlung aus. Daher sind alle großen Sperrschieberpumpen wassergekühlt.

Die beiden Drehkolben wirken als Pumpstufen. Bei einstufigen Pumpen sind beide Stufen parallel geschaltet. Bei zweistufigen Pumpen ist die Auspuffseite der ersten („Hochvakuum"-)Stufe mit der Ansaugseite der zweiten (Vorvakuum-)Stufe verbunden. Wegen der verschiedenen Längen der Kolben, die in dem gewählten Beispiel aus Gründen des Massenausgleichs nötig sind, haben die Pumpstufen verschiedene Saugvermögen. Der längere Kolben

5 Verdrängerpumpen

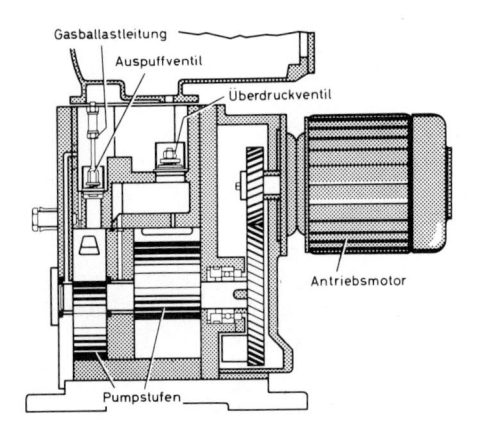

Bild 5.16
Schnitt durch eine Sperrschieberpumpe (schematisch)

Bild 5.17
Ansicht einer Sperrschieberpumpe mit einem Nennsaugvermögen 290 m^3/h. Gesamtlänge: 1109 mm; Gesamthöhe: 740 mm

ist als Hochvakuumstufe geschaltet. Dadurch entsteht bei hohen Ansaugdrücken zwischen den Pumpstufen ein Überdruck, der durch ein Überdruckventil direkt in den Auspuff abgeleitet wird. (Wegen der Abstufung 2:1 entsteht von 1013 mbar (760 Torr) kommend bis 500 mbar (380 Torr) Ansaugdruck ein Überdruck zwischen den Stufen.)

Bild 5.18 zeigt schematisch die Gasführung bei ein- und zweistufigen Pumpen. Selbstverständlich ist bei der zweistufigen Pumpe die Ölführung so, daß Öl, welches mit dem Gas vom Umgebungsdruck in Berührung war, zuerst in die Vorvakuumstufe geleitet wird, wo es entgast wird.

Die Hintereinanderschaltung bzw. Parallelschaltung der Pumpstufen wird durch geeignete Strömungskanäle in der Pumpe vorgenommen, deshalb unterscheiden sich ein- und zweistufige Bauweisen äußerlich in den gewählten Beispielen überhaupt nicht. Die einstufige Pumpe hat bei gleichem Bauvolumen aber ein um etwa 50 % größeres Saugvermögen. Bei Pumpen für höheres Saugvermögen werden lediglich längere Drehkolben verwendet, während die Pumpendurchmesser die gleichen bleiben. Die Abstufung ist so gewählt, daß der kleine Kolben der nächst größeren Pumpe gleich dem größeren Kolben der nächst kleineren Pumpe ist. Daher kommt man mit wenigen Kolbentypen aus, wie Bild 5.19 zeigt.

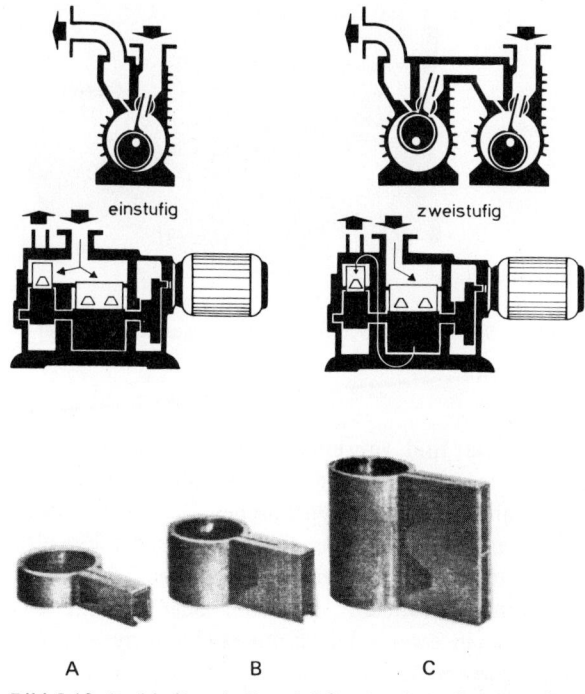

Bild 5.18
Gasführung in einer Sperrschieberpumpe, einstufig oder zweistufig geschaltet

Bild 5.19 Drehkolben A, B und C für eine Baureihe einstufiger (E) und zweistufiger (DK) Sperrschieberpumpen: DK 45 und E 70 großer Kolben: Typ B, kleiner Kolben: Typ A; DK 100 und E 150 großer Kolben: Typ C, kleiner Kolben: Typ B; DK 200 und E 250 großer Kolben: 2 × Typ C, kleiner Kolben: Typ B

Bei der Typenbezeichnung bedeutet E einstufig, DK zweistufig, und die Zahl das Nennsaugvermögen in m³/h.

Diese Bauweise wurde gewählt, weil sie verschiedene Vorteile gegenüber anderen Bauweisen vor allen Dingen beim Massenausgleich (s. Abschnitt 5.3.2.2) ergibt. Selbstverständlich ist es möglich, auch ohne eine Kombination bestimmter Kolbentypen Sperrschieberpumpen zu bauen. Es gibt Sperrschieberpumpen, die nur aus *einem* Drehkolben bestehen, wobei der Massenausgleich durch Anbringen von Auswuchtgewichten an Schwungscheiben (manchmal als Riemenscheibe ausgebildet) vorgenommen wird.

Um das erwähnte, lästige Ventilklappern im Vakuum zu vermeiden, wird während der Kompression durch eine Zusatzdüse etwas Gas in den Verdichtungsraum eingelassen. Die Düse ist so bemessen, daß einerseits das Gaspolster groß genug ist, um das Ventil weich zu öffnen, andererseits aber der Enddruck der Pumpe nicht wesentlich verschlechtert wird. Viele der Sperrschieberpumpen sind mit einer Rücklaufsperre ausgerüstet, die ähnlich wie eine Fahrrad-Rücktrittbremse wirkt und ein Rückwärtsdrehen der Pumpe verhindert. Dadurch wird ein Rücksteigen der Ölfüllung der Pumpe in den unter Vakuum stehenden Rezipienten vermieden.

5.3.2.2 Massenausgleich

Wegen der verhältnismäßig großen exzentrisch umlaufenden Massen ist es bei Sperrschieberpumpen sehr wichtig, die dadurch hervorgerufenen Kräfte und Momente durch einen geeigneten Massenausgleich weitgehend zu kompensieren. Ohne Massenausgleich läuft eine Sperrschieberpumpe mit großen Erschütterungen. Würden bei einer Sperrschieberpumpe

5 Verdrängerpumpen

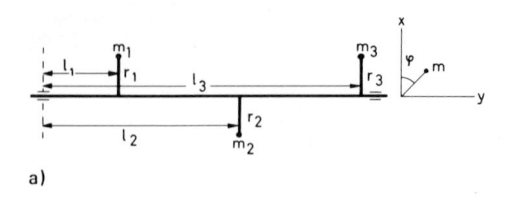

Bild 5.20 a) Zur Berechnung des Massenausgleichs in **Sperrschieberpumpen**, b) Massenausgleich in einer Sperrschieberpumpe

zwei Kolben gleicher Länge, die um 180° versetzt sind, verwendet, so wäre die Pumpe lediglich statisch ausgewuchtet. Von der Reibung abgesehen, bleibt die Pumpe dabei in jeder Lage stehen. Wie unten gezeigt wird, ist dadurch aber noch kein dynamisches Auswuchten möglich. Bei Verwendung von zwei um 180° versetzten Kolben, von denen der eine die doppelte Masse des anderen hat, ist dagegen ein weitgehender Massenausgleich möglich, wenn in geeignetem Abstand eine dritte Masse exzentrisch umläuft. Ein Drei- oder Mehrmassensystem ist technisch leichter auszuwuchten als ein Zwei- oder gar nur Einmassensystem. Bei dem gewählten Beispiel wird diese dritte Masse durch eine Bleieinlage im Antriebszahnrad realisiert, Bild 5.20.

Rechnerische Darstellung

Die exzentrisch umlaufenden Massen können durch in ihrem Schwerpunkt konzentrierte Punktmassen ersetzt werden, die von der Drehachse den Abstand r haben.

Weiterhin wird in die Drehachse ein rechtwinkeliges Kartesisches Koordinatensystem so gelegt, daß die positive z-Achse mit der Drehachse zusammenfällt (Bild 5.20). Die Kräfte, welche dann z.B. auf die Masse m_1 wirken, sind nach dem Grundgesetz der Mechanik

$$F_{x_1} = m_1 \ddot{x}_1; \quad F_{y_1} = m_1 \ddot{y}_1; \quad \left(\ddot{x} = \frac{d^2 x}{dt^2}; \ldots \right). \tag{5.2}$$

In der z-Richtung treten keine Kräfte auf, da in dieser Richtung keine Beschleunigung erfolgt. Soll ein vollständiger Massenausgleich vorhanden sein, so muß die Summe aller Kräfte verschwinden:

$$\sum_i F_{x_i} = \sum_i m_i \ddot{x}_i = 0, \tag{5.3}$$

$$\sum_i F_{y_i} = \sum_i m_i \ddot{y}_i = 0. \tag{5.4}$$

Dies genügt aber noch nicht, denn die Kraft F_{x_1} übt z.B. auf das linke Lager das Moment $F_{x_1} \cdot l_1$ aus. Für den vollständigen Massenausgleich muß also auch die Summe der Momente verschwinden:

$$\sum_i F_{x_i} l_i = \sum_i m_i \ddot{x}_i l_i = 0, \tag{5.5}$$

5.3 Ölgedichtete Rotations-Vakuumpumpen 5.3.2

$$\sum_i F_{y_i} l_i = \sum_i m_i \ddot{y}_i l_i = 0. \tag{5.6}$$

Wenn die Gleichungen (5.3) und (5.4) erfüllt sind, spielt der Bezugspunkt, von dem aus die Abstände l gemessen werden, keine Rolle. Es ist nämlich, wenn der Bezugspunkt um den Betrag A verschoben wird:

$$\Sigma m_i \ddot{x}_i (l_i + A) = \Sigma m_i \ddot{x}_i l_i + A \Sigma m_i \ddot{x}_i. \tag{5.7}$$

Hier ist auf der rechten Seite wegen Gleichung (5.3) der zweite Summand Null. Wir können sagen: Sobald die Gleichungen (5.3) bis (5.6) erfüllt sind, ist der Massenausgleich vollständig, unabhängig davon, wo die Lager sind.

Nun ist:

$$x = r \cos \varphi; \quad \dot{x} = -r\dot{\varphi} \sin \varphi; \quad \ddot{x} = -r\dot{\varphi}^2 \cos \varphi - r\ddot{\varphi} \sin \varphi, \tag{5.8}$$

$$y = r \sin \varphi; \quad \dot{y} = r\dot{\varphi} \cos \varphi; \quad \ddot{y} = -r\dot{\varphi}^2 \sin \varphi + r\ddot{\varphi} \cos \varphi. \tag{5.9}$$

Da bei konstanter Drehzahl:

$$\varphi = 2\pi v t + \vartheta; \quad \dot{\varphi} = 2\pi v; \quad \ddot{\varphi} = 0, \tag{5.10}$$

schreiben sich unsere Gleichungen (5.3) bis (5.6):

$$-\sum_i m_i r_i (2\pi v)^2 \cos(2\pi v t + \vartheta_i) = 0, \tag{5.11}$$

$$-\sum_i m_i r_i (2\pi v)^2 \sin(2\pi v t + \vartheta_i) = 0, \tag{5.12}$$

$$-\sum_i m_i r_i l_i (2\pi v)^2 \cos(2\pi v t + \vartheta_i) = 0, \tag{5.13}$$

$$-\sum_i m_i r_i l_i (2\pi v)^2 \sin(2\pi v t + \vartheta_i) = 0. \tag{5.14}$$

Alle Faktoren von $\cos 2\pi v t$ und $\sin 2\pi v t$ müssen einzeln verschwinden, so daß man, wie man durch Anwendung trigonometrischer Additionstheoreme leicht sieht, als Forderung für den Massenausgleich erhält:

$$\sum_i m_i r_i \cos \vartheta_i = 0; \quad \sum_i m_i r_i \sin \vartheta_i = 0,$$
$$\sum_i m_i r_i l_i \cos \vartheta_i = 0; \quad \sum_i m_i r_i l_i \sin \vartheta_i = 0. \tag{5.15}$$

Schreibt man die links untereinanderstehenden Gleichungen für zwei Massen hin, dann folgt:

$$m_1 r_1 \cos \vartheta_1 + m_2 r_2 \cos \vartheta_2 = 0; \quad m_1 r_1 l_1 \cos \vartheta_1 + m_2 r_2 l_2 \cos \vartheta_2 = 0.$$

Diese beiden Gleichungen sind nur dann zu erfüllen, wenn l_1 gleich l_2 ist. Das würde bedeuten, daß die beiden Kolben denselben Abstand vom Lager haben, was natürlich technisch nicht möglich ist. Für drei Massen, die gegeneinander um 180° versetzt sind,

$$(\vartheta_1 = 0; \quad \vartheta_2 = 180°; \quad \vartheta_3 = 360°)$$

schreiben sich die Gleichungen (5.15), da alle Sinus-Glieder Null sind:

$$m_1 r_1 - m_2 r_2 + m_3 r_3 = 0; \quad m_1 r_1 l_1 - m_2 r_2 l_2 + m_3 r_3 l_3 = 0. \tag{5.16}$$

Wenn der zweite Kolben doppelt so lang wie der erste ist ($m_2 r_2 = 2 m_1 r_1$) folgt aus der ersten Gleichung:

$$m_3 r_3 = m_1 r_1.$$

Dies in die zweite Gleichung eingesetzt, liefert nach Kürzung durch $m_1 r_1$

$$l_1 - 2 l_2 + l_3 = 0 \quad \text{oder} \quad l_3 = 2 l_2 - l_1. \tag{5.17}$$

Wenn man also die exzentrisch umlaufende Masse im Antriebszahnrad so anordnet, daß diese Abstandsbeziehung erfüllt ist und dafür sorgt, daß $m_3 r_3 = m_1 r_1$ ist, ist in unserem Modell ein vollkommener Massenausgleich erreicht.

In Wirklichkeit ist der Massenausgleich nicht ganz vollständig, da wir bei unserer Rechnung die hin- und hergehenden Massen der Kolbenhälse nicht berücksichtigt haben. Würde man anstelle der Ausgleichsmasse im Antriebszahnrad noch einen dritten Kolben mit der Länge des kurzen Kolbens anbringen, so würden auch die hin- und hergehenden Massen der Kolbenhälse weitgehend ausgeglichen sein. Dies bedeutet aber bei einer zweistufigen Pumpe, daß entweder das Abstufungsverhältnis 3:1 gemacht werden muß, was wegen der später zu besprechenden Wasserdampfverträglichkeit (5.3.6) ungünstig ist, oder aber durch eine umständliche und aufwendige Konstruktion die beiden kurzen Kolben zu einer Pumpstufe zusammengefaßt werden müssen. Man begnügt sich deshalb im wesentlichen mit dem in Bild 5.20 angegebenen Massenausgleich, der ohnehin so gut ist, daß man die Pumpen ohne Fundament (z.B. auch auf Rollen montiert) verwenden kann. Bei der technischen Ausführung (Bild 5.20b) sind die Ausgleichsmassen im Antriebszahnrad so angeordnet, daß auch ein Teil der hin- und hergehenden Massen ausgeglichen wird.

5.3.3 Weitere technische Hinweise

Dreh- und Sperrschieberpumpen liefern etwa den gleichen Enddruck, so daß von dieser Seite kein Auswahlkriterium besteht.

Die Sperrschieberpumpe ist in ihrem Bewegungsablauf zwangsgeführt; der Kolben läuft berührungsfrei längs der Gefäßwand und unterliegt daher keiner Abnutzung. Verschleiß kann allerdings in den Lagern zwischen Exzenter und Kolben entstehen, sowie in der Führung des Kolbenhalses. Die relativ große Laufunruhe läßt sich durch Massenausgleich (s. Abschnitt 5.3.2.2) erheblich reduzieren.

Die Drehschieberpumpe ist in ihrem Bewegungsablauf nicht zwangsgeführt; ihre Schieber werden durch Federn oder durch Zentrifugalkraft (oder beides) an die Innenwand des Gehäuses gepreßt, die Drehschieberpumpe arbeitet kraftschlüssig. Infolge der sehr geringen Unwuchten laufen Drehschieberpumpen nahezu erschütterungsfrei. Drehschieberpumpen moderner Konzeption (s. Bild 5.12a) arbeiten mit separaten, vom Schmierölkreislauf getrennten Lagern, so daß im Pumpenraum selbst lediglich die Schieber einem geringen Verschleiß unterworfen sind. Dies ist durch ständige Verbesserung der verwendeten Werkstoffe erreicht worden. Dadurch daß die anspruchsvollere Lagerschmierung von der unkritischen Schmierung im Pumpenraum getrennt ist, kann diese den verschiedenen industriellen Applikationen angepaßt werden, d.h. eine breite Palette unterschiedlicher Schmiermittel verwendet werden.

In Großanlagen der chemischen, aber auch anderer Industrien werden daher neben großen Sperrschieberpumpen und Trochoidenpumpen (Abschnitt 5.3.4) auch große Drehschieberpumpen verwendet, deren Nennsaugvermögen einige 100 $m^3 h^{-1}$ beträgt.

5.3.4 Trochoidenpumpen

Da sich jede normale Kolbenmaschine bei entsprechender Ventilsteuerung auch als Vakuumpumpe verwenden läßt, lag der Gedanke nahe, die Idee des Kreiskolbenmotors auch auf eine Vakuumpumpe zu übertragen. Diese Überlegungen führten zu der unter dem Namen Trochoidenpumpe bekannt gewordenen Vakuumpumpe.

5.3.4.1 Wirkungsweise

Die Wirkungsweise einer Trochoidenpumpe[1]) zeigt Bild 5.21. Ein elliptischer Kolben bewegt sich exzentrisch über eine Welle drehend und in einer Verzahnung abgestützt in einem Gehäuse. Dabei bleibt ein Punkt des Gehäuses in ständigem, abdichtendem Kontakt mit dem Kolben. Von diesem Punkt her bildet sich der Schöpfraum (bei Volumen Null beginnend) und saugt dabei das abzupumpende Gas aus dem Rezipienten nach. Die beiden „Spitzen" des Kolbens sind die anderen Dichtstellen, die sich entlang des Gehäuses, ohne es zu berühren, bewegen. Die Abdichtung erfolgt durch das in den Pumpenraum gebrachte

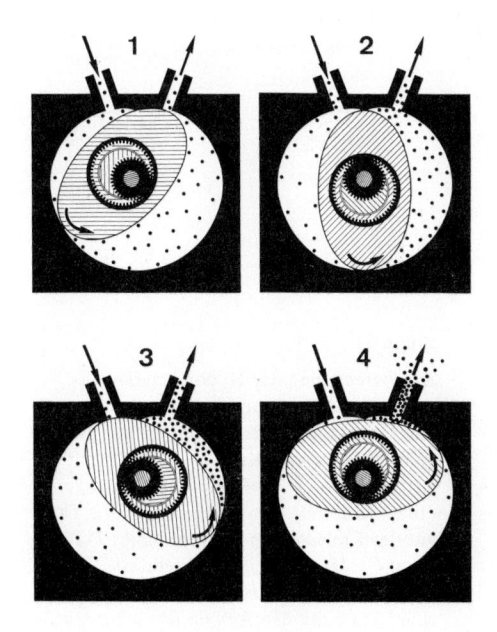

---

[1]) Unter Zykloide, Epi-Z., Hypo-Z. versteht man eine Kurve, die ein Punkt auf der Peripherie eines (Roll-) Kreises beschreibt, wenn dieser gleitungsfrei auf einer Geraden, auf der Außenseite einer feststehenden Kreislinie oder auf deren Innenseite abrollt. Trochoide, Epi-T., Hypo-T. nennt man die analogen Kurven, die durch einen Punkt auf der Rollkreisebene innerhalb oder außerhalb der Peripherie beschrieben werden [50].

5 Verdrängerpumpen

Öl. Solange der Schöpfraum zum Saugstutzen hin offen bleibt, kann Gas nachströmen. Nachdem die Spitze des Kolbens die Kante des Saugstutzens passiert hat, beginnt bei abgeschlossenem Schöpfvolumen die Verdichtung des Gases, bis der Druck erreicht ist, der zum Öffnen des Auspuffventils benötigt wird (ca. 1100 mbar). Das Auspuffventil ist so gestaltet, daß eine Ölüberlagerung gewährleistet ist.

Von den möglichen Trochoidenformen: a) Gehäuse als Epitrochoide, b) Rotor als Epitrochoide, c) Gehäuse als Hypotrochoide, d) Rotor als Hypotrochoide, wurde nach eingehender Prüfung die Form d) gewählt, weil sie als einzige die Bedingungen für eine Vakuumpumpe erfüllt (fester Punkt zwischen Saug- und Druckstutzen, Schöpfvolumen immer mit Null beginnend).

Die Hypotrochoide entsteht (Bild 5.22a) durch Abrollen des Kreises K_2 vom Radius ρ auf dem feststehenden Kreis K_1 vom Radius R, sie wird beschrieben durch den auf der Rollkreisscheibe festen Punkt P. Die Bedingung für gleitungsfreies Abrollen liest man aus Bild 5.22a ab:

$$R \cdot \alpha = \rho \cdot \gamma. \tag{5.18a}$$

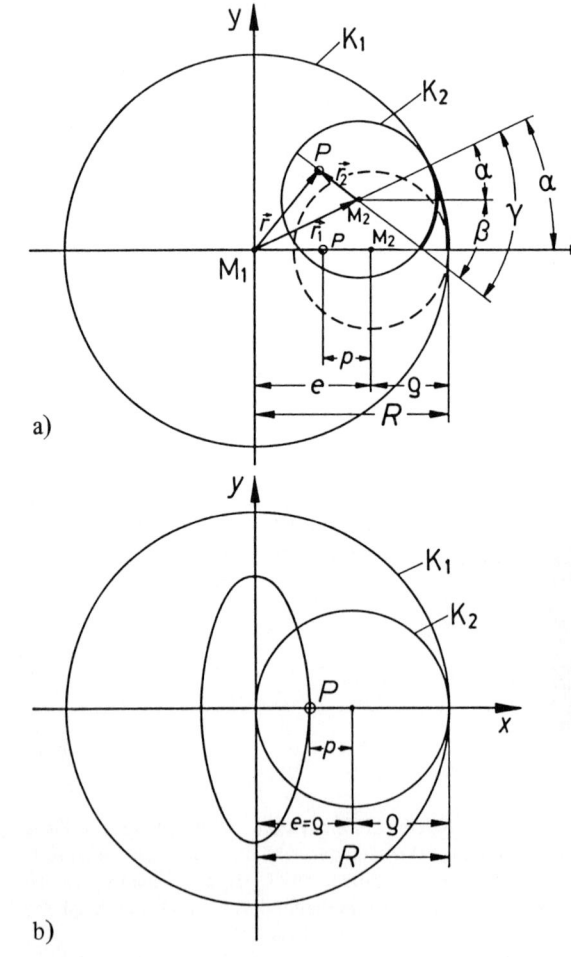

Bild 5.22
Zur Berechnung der Hypotrochoide [3].
a) Der Kreis K_2 (gestrichelt „Nullstellung"), Mittelpunkt M_2 Radius ρ, rollt innen auf dem feststehenden Kreis K_1 Mittelpunkt M_1, Radius R, ab. M_2 bewegt sich dabei auf einem Kreis mit dem Radius $e = R - \rho$. Der auf der Kreis*scheibe* K_1 *feste* Punkt P, Abstand $P - M_2$ gleich p, beschreibt die Trochoide. b) Im Falle $R = 2\rho$ ist die Trochoide eine Ellipse mit den Achsen $R - \rho - p = e - p$ und $e + p$.

Weiter zeigt Bild 5.22a, daß

$$\beta = \gamma - \alpha \tag{5.18b}$$

und

$$e = R - \rho \tag{5.18c}$$

ist. Setzt man

$$\frac{R-\rho}{\rho} = K \quad \text{oder} \quad \frac{R}{\rho} = K + 1, \tag{5.18d}$$

so wird aus Gl. (5.18b) mit (5.18a)

$$\beta = K \cdot \alpha \tag{5.18e}$$

Bezeichnet man weiter die Einheitsvektoren in x- bzw. y-Richtung mit $\vec{i}$ bzw. $\vec{j}$, so erhält man aus Bild 5.22a für die Ortsvektoren von M_2 gegen M_1 und von P gegen M_2 die Beziehungen

$$\begin{aligned}\vec{r}_1 &= \vec{i} \cdot e \cos \alpha + \vec{j} \cdot e \sin \alpha \\ \vec{r}_2 &= -\vec{i} \cdot \rho \cos \beta + \vec{j} \cdot \rho \sin \beta\end{aligned} \tag{5.19}$$

Damit wird der auf M_1 bezogene Ortsvektor der Hypotrochoide

$$\vec{r} = \vec{r}_1 + \vec{r}_2$$

oder

$$\vec{r} = \vec{i} \left[e \cos \alpha - p \cos (K \cdot \alpha)\right] + \vec{j} \left[e \sin \alpha + p \sin (K \cdot \alpha)\right] \tag{5.20a}$$

oder

$$\vec{r} = \vec{i} \left[e \cos \frac{\beta}{K} - p \cos \beta\right] + \vec{j} \left[e \sin \frac{\beta}{K} + p \sin \beta\right]. \tag{5.20b}$$

Soll diese Hypotrochoide eine geschlossene Kurve sein, so muß, wenn α ein volles 2π-Intervall durchläuft, auch $K \cdot \alpha$ ein volles 2π-Intervall oder ein ganzes Vielfaches davon durchlaufen, d.h., es muß

$$K = 1, 2, 3, 4 \text{ usw.} \tag{5.21}$$

sein. Eine geschlossene Kurve gibt es auch dann, wenn beim Intervalldurchlauf des Winkels β von Null bis 2π der Winkel β/K ein 2π-Intervall oder ein ganzes Vielfaches davon durchläuft. Dann muß

$$K = 1, \frac{1}{2}, \frac{1}{3}, \frac{1}{4}, \frac{1}{5} \text{ usw.} \tag{5.22}$$

sein.

Im Gegensatz zur Epitrochoide lassen sich die Halbmesserverhältnisse sowohl im Fall $K = 1, 2, 3, \ldots$ als auch im Fall $K = 1, \frac{1}{2}, \frac{1}{3}, \ldots$ verwirklichen. Dabei wird nach Gl. (5.18d) im ersten Fall

$$\frac{R}{\rho} = 2, 3, 4, 5, 6 \text{ usw.} \quad \text{für } 0 \leqslant \alpha \leqslant 2\pi \tag{5.23}$$

5 Verdrängerpumpen

und im zweiten Fall

$$\frac{R}{\rho} = 2, \frac{3}{2}, \frac{4}{3}, \frac{5}{4}, \frac{6}{5} \text{ usw. } \text{ für } 0 \leq \beta \leq 2\pi. \tag{5.24}$$

Für den Spezifalfall $K = 1$ (d.h. $R/\rho = 2$) ist die Hypotrochoide eine Ellipse (s. Bild 5.22b).

Aus Gl. (5.20a) folgt für den Betrag r des Radiusvektors $\vec{r}$, d.h. für den Abstand vom Koordinatenursprung,

$$r = \sqrt{x^2 + y^2} = \sqrt{e^2 + p^2 - 2e \cdot p \cos[(K+1) \cdot \alpha]}. \tag{5.25}$$

Aus Gl. (5.20b) ergibt sich

$$r = \sqrt{e^2 + p^2 - 2e \cdot p \cos\left(\frac{K+1}{K} \cdot \beta\right)}. \tag{5.26}$$

Da man in Gl. (5.25) die Werte $K = 1, 2, 3, ...$ und in Gl. (5.26) die Werte $K = 1, \frac{1}{2}, \frac{1}{3}, ...$ einzusetzen hat, erkennt man leicht, daß beide Ausdrücke gleich sind. Es handelt sich also bei festgehaltenen Werten von e und p um ähnliche Kurvenzüge; dabei kann man sich den Übergang von einem Kurvenzug in den anderen z.B. durch „Aufblasen" des einen, unter Formerhaltung entstandenen Kurvenzuges denken. Durch Anwendung der Sätze über Maxima und Minima stellt man leicht fest, daß es, wenn man $K = 1, 2, 3, ...$ einsetzt, $K + 1$ maximale Werte des Ursprungsabstandes gibt. Wenn man die K-Werte $1, \frac{1}{2}, \frac{1}{3}, ...$ einsetzt, gibt es $(K+1)/K$ maximale Werte des Ursprungsabstandes. Dies heißt, die Hypotrochoide ähnelt einem $(K+1)$- bzw. $(K+1)/K$-Eck, was auf das gleiche hinausläuft.

Das Gehäuse entsteht dann als Hüllkurve aller Kolbenstellungen. Diese Hüllkurve ist bei elliptischem Rotor eine Kardioide (s. Bilder 5.21 und 5.23b); sie ist eine Epi-Zykloide mit $\rho = R$.

5.3.4.2 Technischer Aufbau

Bild 5.23 zeigt einen Längs- und einen Querschnitt durch das eigentliche Pumpaggregat. Im Gehäuse bewegt sich der elliptische Kolben durch die Exzenterwelle, die in den beiden, fest mit dem Gehäuse verschraubten Lagerflanschen gelagert ist. Links und rechts der Lager sind die beiden Ausgleichsgewichte befestigt, so daß auch hier ein Dreimassensystem entsteht, das entsprechend den Bedingungen nach Abschnitt 5.3.2.2 errechnet werden kann. Die

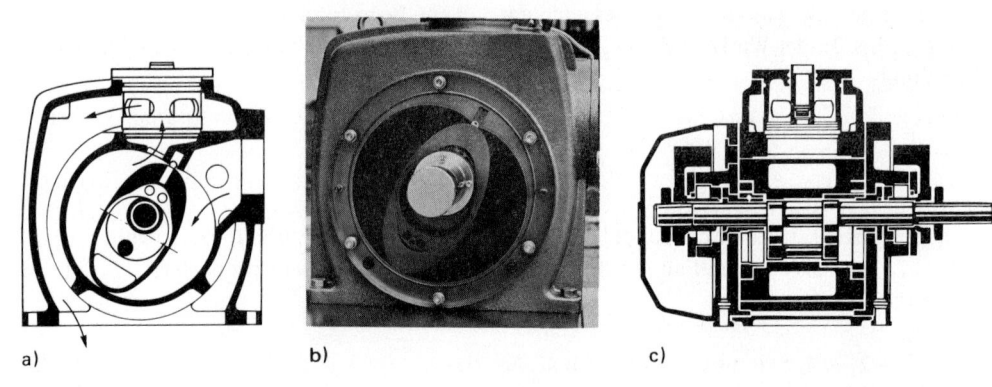

Bild 5.23 a) und b) Querschnitt durch eine Trochoidenpumpe. Der Rotor liegt stets an der Dichtleiste an. c) Längsschnitt.

Bild 5.24
Trochoidenpumpe mit Ölkasten.
Nennsaugvermögen 670 m³/h.
Gesamtlänge: 1516 mm;
Gesamthöhe: 1020 mm.

Lager sitzen in öldurchspülten Kammern, die zum Pumpraum und nach außen abgedichtet sind. Durch eine Bohrung im feststehenden Ritzel, das zusammen mit einem Zahnkranz im elliptischen Kolben die Drehbewegung erzeugt, wird durch eine Düse das Öl in den Pumpraum gespritzt, wo es seine dichtende, schmierende und kühlende Funktion ausüben kann. Durch eine drehbewegliche Dichtleiste, die die fertigungsbedingten Toleranzen ausgleicht, werden Saug- und Druckstutzen voneinander getrennt (Bild 5.23b). Über das Auspuffventil im Gehäuse wird das Gas ausgestoßen und zwischen dem eigentlichen Pumpengehäuse und der Außenwand nach unten geleitet. Im Zentrum des Auspuffventils liegt auch der Gasballasteinlaß mit seinem Ventil (siehe Abschnitt 5.3.6).

Dieses eigentliche Pumpaggregat ist auf dem Ölkasten, in dem Vorratsbehälter und Ölabscheider untergebracht sind, aufgeschraubt (Bild 5.24). Mit dem ebenfalls darauf befestigten Motor ist die Pumpe über eine Kupplung verbunden, d.h. direkt gekoppelt. Die weiteren benötigten Funktionsteile wie Ölpumpe, Ölfilter, Kühler, Druckschalter und Thermostat sind ebenfalls am Ölkasten befestigt. Der Ölkreislauf wird bei der Trochoidenpumpe durch eine Ölpumpe, die das Öl aus dem Ölkasten ansaugt, in Bewegung gehalten. Über den Ölfilter und den Wärmetauscher wird das Öl in die Pumpe und zurück in den Ölkasten gefördert. Die geförderte Ölmenge ist größer als die unbedingt im Pumpeninneren benötigte Menge, um die entstehende Wärme über das Öl abführen und eine konstante Temperatur über den Thermostat einstellen zu können. Durch die Einstellmöglichkeit der Temperatur kann die Pumpe im trockenen Enddruckbetrieb kälter betrieben werden, während beim Absaugen von Wasserdampf die Temperatur an der oberen Verträglichkeitsgrenze gehalten werden kann.

Die Trochoidenpumpe wird ebenso wie die anderen Verdrängerpumpen durch ein „Luftpolster" gegen das lästige Ventilklappern bei Enddruckbetrieb geschützt. Die am Auspuffventil angebaute Düse ist groß genug, um dafür zu sorgen, daß das Ventil weich öffne, aber klein genug, um Enddrücke unter $6,5 \cdot 10^{-2}$ mbar zu ermöglichen.

5.3.4.3 Vergleich mit anderen Verdrängerpumpen

Die Trochoidenpumpen sind einstufige ölgedichtete Verdrängerpumpen, die wie normale einstufige Dreh- und Sperrschieberpumpen das abgepumpte Gas gegen Atmosphärendruck ausstoßen.

Das grundsätzliche Verhalten als Vakuumpumpe ist somit direkt vergleichbar mit den anderen Drehkolbenpumpen. Die kurzen und großen Ansaugquerschnitte führen jedoch dazu, daß bei der Trochoidenpumpe das Saugvermögen erst bei niedrigen Ansaugdrücken abfällt.

Im Bewegungsablauf kann die Trochoidenpumpe als eine Mischung zwischen Dreh- und Sperrschieberpumpe betrachtet werden. Die Kolben bewegen sich formschlüssig, während die Dichtleiste, ähnlich wie die Schieber der Drehschieberpumpe, kraftschlüssig an den Kolben gepreßt wird und auf ihm gleitet.

Da nur rotierende Massen vorhanden sind, kann die Trochoidenpumpe wie die Drehschieberpumpe völlig ausgewuchtet werden, wobei nur noch die transportierten Ölmengen zu kleinen Unwuchten führen können. Dies bedeutet, daß die Trochoidenpumpe mit den gleichen hohen Drehzahlen betrieben werden kann wie eine Drehschieberpumpe, obwohl sie — als Sperrschieberpumpe betrachtet — nur etwa die Hälfte bis ein Drittel der bei Drehschieberpumpen üblichen Drehzahlen erlauben sollte. Dadurch wird das auf das Nennsaugvermögen bezogene Volumen des eigentlichen Pumpaggregates klein.

Durch den Ölkreislauf, der von der separaten Ölpumpe erzeugt wird, können die Trochoidenpumpen bei beliebigen Ansaugdrücken betrieben werden, die Schmierung ist immer gewährleistet. Bei besonderen Einsatzbedingungen kann durch die besondere Ölführung die Pumpe auch an eine zentrale Ölreinigungs- und Versorgungsanlage angeschlossen werden, sofern Ölmenge und Öldruck ausreichen. Ferner kann durch die Verwendung eines Wärmetauschers die normale Kühlung mit Wasser in eine Luftkühlung umgewandelt werden, indem der vorhandene Öl/Wasser-Wärmetauscher durch einen Öl/Luft-Wärmetauscher ersetzt wird.

Die relativ höheren Fertigungskosten der Ellipsen- und Kardioidenform für Kolben und Gehäuse führen dazu, daß die Wirtschaftlichkeit solcher Pumpen erst ab einer unteren Saugvermögensgrenze gegeben ist. Trochoidenpumpen werden heute mit Nennsaugvermögen ab 400 m^3/h gebaut, ein Bereich, der auch von großen ölgedichteten Drehschieberpumpen der in Bild 5.12b gezeigten Bauart (als Beispiel) abgedeckt wird.

5.3.5 Saugvermögen und erreichbarer Enddruck ölgedichteter Verdrängerpumpen

Das Saugvermögen der Verdrängerpumpen wird durch die Größe des Schöpfvolumens und durch die Drehzahl bestimmt. Es ergibt sich daher das Streben nach immer höheren Drehzahlen, um bei kleinen Abmessungen, d.h. geringen Kosten, größere Saugvermögen zu erzielen. Die Drehzahlen sind jedoch durch mechanische und thermodynamische Grenzen nicht beliebig hoch zu setzen.

Bei den heutigen Verdrängerpumpen reichen die Drehzahlen von 300 ... 1500 U/min vereinzelt bis zu 3000 U/min je nach Größe und Art der Pumpe.

5.3.5.1 Saugvermögen und Enddruck ohne Öleinfluß

Befindet sich zwischen Druckmeßgerät und Pumpe eine Kondensationsfläche mit genügend tiefer Temperatur (z.B. eine Flüssigstickstoff(LN_2)-Kühlfalle), so werden Öldämpfe, die aus der Pumpe bei Enddruckbetrieb zurückströmen, an der gekühlten Fläche kondensiert, gelangen auch nicht ins Meßgerät und werden daher nicht mitgemessen. Den so gemessenen Druck nennt man Partialdruck, der nur von den Permanentgasen gebildet wird. Dieser Wert liegt gemäß den Abnahmeregeln nach PNEUROP bzw. DIN 28 426 der Messung des Saugvermögens zugrunde.

Obwohl in der Praxis zwischen Pumpe und Meßgerät bzw. zwischen Pumpe und Rezipient nur selten eine mit LN_2-gekühlte Kondensationsfläche verwendet wird, geben die so gewonnenen Kurven des Saugvermögens die Grenze dessen an, was man mit der Pumpe erreichen kann. Außerdem sind sie von der Dichtflüssigkeit weitgehend unabhängige Merkmale für die Güte der Pumpe.

Bei einstufigen Verdrängerpumpen ist das Saugvermögen (Bild 5.25) von 1013 mbar bis etwa 1 mbar konstant. Bei niedrigeren Drücken fällt das Saugvermögen erst langsam, dann schneller, bis bei einigen 10^{-2} mbar mit dem Saugvermögen Null der Enddruck erreicht ist. Wird in den Verdichtungsraum bei Betrieb mit Gasballast (s. Abschnitt 5.3.6) zusätzlich Luft eingelassen, so liegt der Wert des erreichbaren Enddrucks um etwa eine Zehnerpotenz höher.

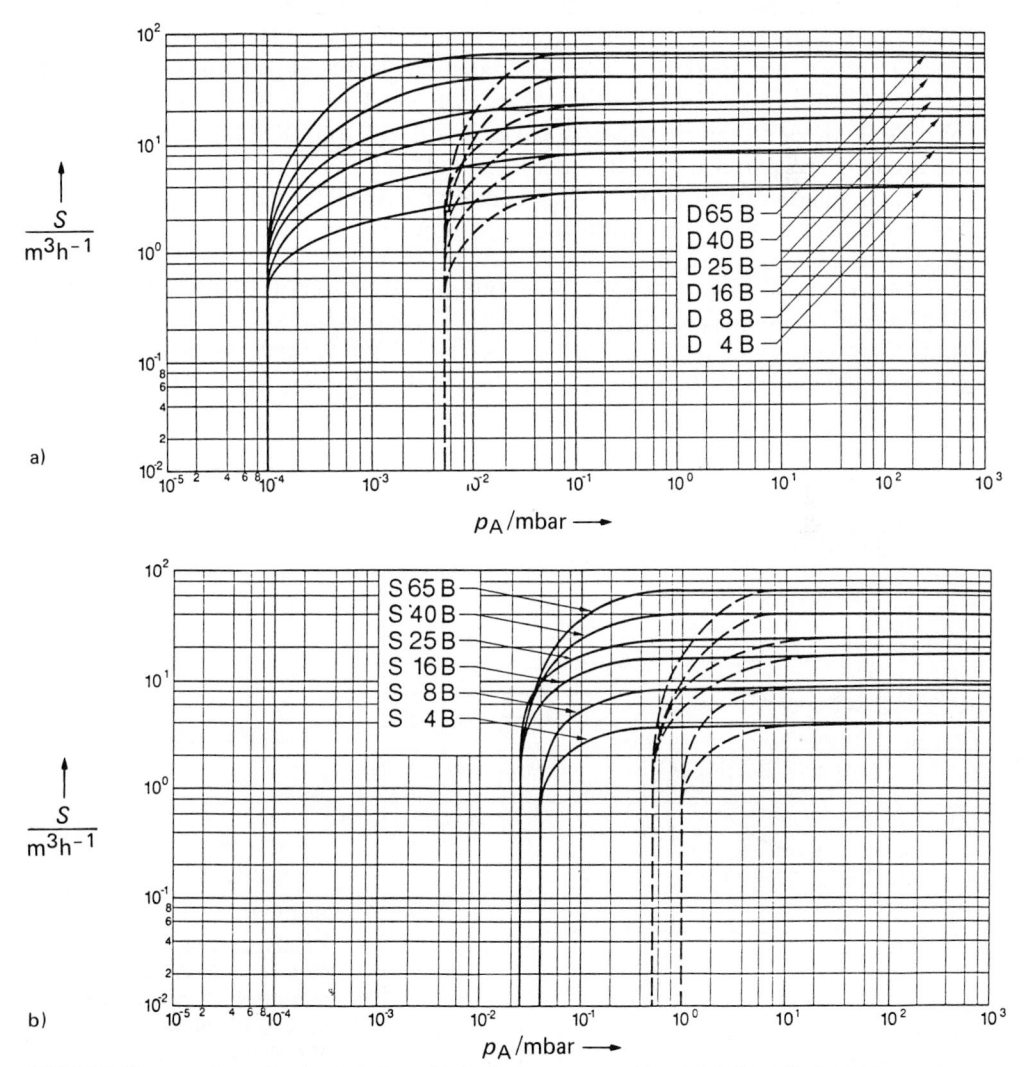

Bild 5.25 Saugvermögen S, a) einstufiger Drehschieberpumpen, b) zweistufiger Drehschieberpumpen, ----- bei Betrieb mit offenem Gasballastventil (siehe Abschnitt 5.3.6), in Abhängigkeit vom Druck p_A am Ansaugstutzen.

5 Verdrängerpumpen

Der Abfall des Saugvermögens unterhalb 1 mbar ist bei zweistufigen Pumpen langsamer. Mit diesen Pumpen werden Enddrücke um 10^{-4} mbar erreicht. Je größer die Pumpen werden, um so niedrigere Enddrücke können im allgemeinen erreicht werden, da das Verhältnis Dichtfläche zu Schöpfvolumen immer kleiner, also günstiger wird. Bei Betrieb mit Gasballast werden Enddrücke um 10^{-2} mbar erreicht.

Für andere Gase und überhitzte Dämpfe (es darf keine Kondensation in der Pumpe auftreten) sind die Kurven für das Saugvermögen mit denen für Luft bzw. Stickstoff praktisch identisch, da die Pumpen als mechanische Schöpfpumpen wirken.

5.3.5.2 Saugvermögen und Enddruck mit Öleinfluß

Fast alle Verdrängerpumpen sind heute ölgedichtet. Der minimal erreichbare Endtotaldruck einer Pumpe (Partialdruck + Öldampfdruck) ist jedoch entgegen ersten Vermutungen nicht allein vom verwendeten Öl bzw. Dichtungsmittel abhängig. Mit guten Mineralölen ohne Zusätze (eng geschnittene Fraktionen) kommt man nach längeren Pumpzeiten, wenn das Öl sich gut entgast bzw. gereinigt hat, bei einer zweistufigen Pumpe auf einen Endtotaldruck von etwa $5 \cdot 10^{-3}$ mbar. Der Endtotaldruck ist auch von der Betriebstemperatur der Pumpe abhängig. Verwendet man ein schweres Silikonöl (z.B. CR 200, DC 705), mit von Haus aus sehr geringem Dampfdruck, so wird zunächst ein Enddruck von $5 \cdot 10^{-4}$ mbar erreicht.

Nach einiger Zeit ist aber der Endtotaldruck praktisch der gleiche wie bei einem unlegierten Mineralöl (Bild 5.26). Nicht anders ist es, wenn man ein Diffusionspumpenöl mit niedrigem Dampfdruck verwendet.

Übrigens könnte man mit den meisten Diffusionspumpenölen – sie sind hauptsächlich auf niedrigen Dampfdruck gezüchtet – auf die Dauer keine ölgedichteten Pumpen betreiben, da die Schmiereigenschaften dieser Öle, insbesondere der Silikonöle, in der Regel so schlecht sind, daß schon nach kurzer Laufzeit starker Verschleiß auftreten würde. Silikonöle bewir-

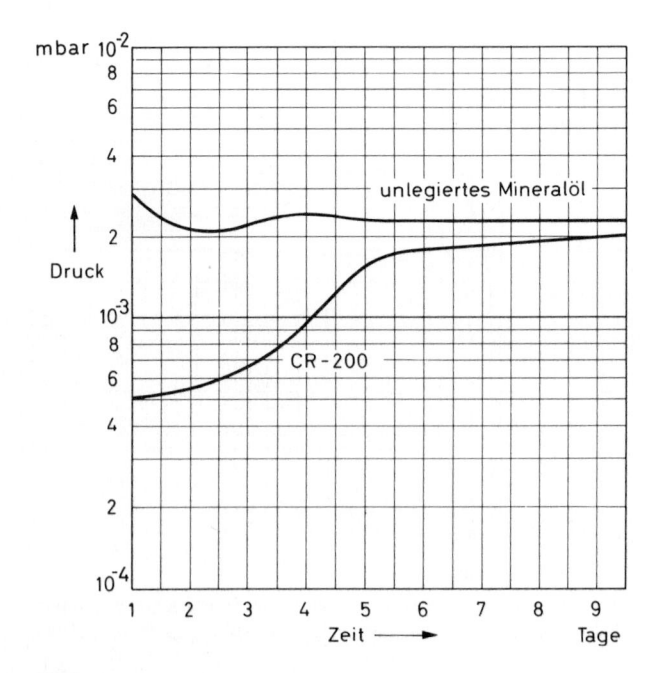

Bild 5.26
Druckverlauf am Ansaugstutzen einer zweistufigen Sperrschieberpumpe beim Betrieb mit Silikonöl CR-200 und einem unlegierten Mineralöl

5.3 Ölgedichtete Rotations-Vakuumpumpen 5.3.5

ken im Gegensatz zu Mineralölen praktisch keinen Korrosionsschutz, so daß die blanken Eisenteile der Pumpe bei Sauerstoffzutritt (z.B. aus der umgebenden Luft) bald anrosten. Verwendet man für die Verdrängerpumpen irgendein anderes legiertes Mineralöl, z.B. von der nächsten Tankstelle, so erreicht man in aller Regel mit einer zweistufigen Pumpe einen Enddruck von etwa 10^{-2} mbar. Dieser Unterschied zum eng geschnittenen unlegierten Mineralöl spielt in der Praxis häufig keine Rolle, so daß man sagen kann: Fast jedes Mineralöl guter Schmiereigenschaften mit geeigneter Viskosität (kinematische Viskosität bei 50 °C etwa $\nu = 60$ cSt $= 60$ mm$^2 \cdot$ s$^{-1} = 6 \cdot 10^{-5}$ m$^2 \cdot$ s^{-1}) ist als Pumpenöl brauchbar. Unbrauchbar sind Mineralöle mit hohen Legierungszusätzen von hohen Dampfdrücken, mit großer Emulgierbarkeit, mit hoher Verseifung und leichter Oxydierbarkeit.

Für die Verdrängerpumpen wird normalerweise reines Mineralöl mit leichtem Korrosionsschutz, Antiemulsionszusätzen (nützlich beim Abpumpen von Dämpfen) und Oxydationsinhibitoren verwendet. Damit wird ein Enddruck von kleiner als $5 \cdot 10^{-3}$ mbar mit zweistufigen Pumpen erreicht, sofern die Betriebstemperaturen nicht zu hoch werden.

Öle mit höherem Korrosionsschutz, sogenannte Korrosionsschutzöle, enthalten in der Regel alkalische Zusätze, die je nach Zusatz eine bestimmte Menge Säure neutralisieren können. Ihr Dampfdruck ist etwas höher als der normaler Mineralöle und sie sind meist hygroskopisch!

Wird frisches Öl in die Pumpe eingefüllt, so dauert es einige Zeit, bis das Öl genügend entgast ist und der erreichbare Enddruck auch tatsächlich erreicht wird. Wird entgastes Öl in der Pumpe verwendet, so wird zunächst ein kleinerer Endtotaldruck erreicht. Erst wenn sich das Öl erwärmt hat (Abhängigkeit des Dampfdruckes von der Temperatur), was bei verschlossener Ansaugleitung (keine Kompressionsarbeit) lange dauert, wird der stationäre Enddruck erreicht (Bild 5.27). Da bei einstufigen Pumpen die Ölentgasung in der Vorstufe fehlt, ist der Endtotaldruck etwa eine Zehnerpotenz höher als bei zweistufigen Pumpen.

In den letzten Jahren sind die Ansprüche an das „Pumpenöl" immer höher geworden. Die spezifischen Leistungen der Pumpen werden immer größer, die Gleitgeschwindigkeiten in Lagern, an den Schiebern u.a. immer höher, die chemischen und thermischen Anforderungen sind gestiegen. Oft sind diese Ansprüche mit normalen Mineralölen – ob legiert oder unlegiert – nicht mehr erfüllbar. Daher werden für spezielle Anwendungsfälle auch spezielle Schmier- und Dichtflüssigkeiten geeigneter Viskosität verwendet.

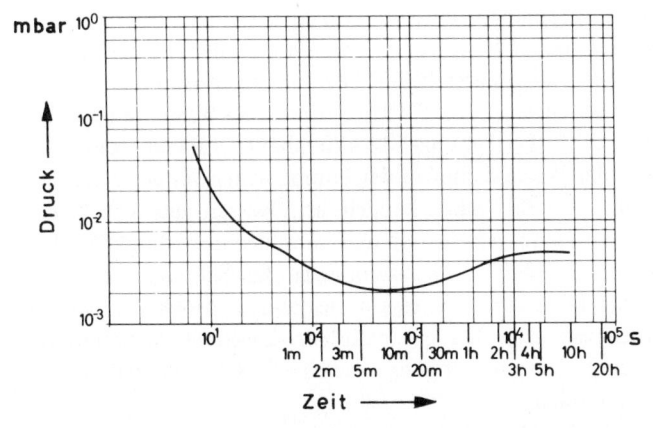

Bild 5.27 Druckverlauf am (verschlossenen) Ansaugstutzen einer zweistufigen Sperrschieberpumpe beim Betrieb mit vorentgastem Öl und offenem Gasballastventil, m = Minute

Schmierflüssigkeiten auf der Basis von Phosphorsäureestern sind z.B. dann zu empfehlen, wenn reiner Sauerstoff abgepumpt werden soll, da die Alterungsgeschwindigkeit von Mineralöl beim Abpumpen von reinem Sauerstoff erheblich steigt. Die Vakuum- und Schmiereigenschaften dieser Flüssigkeiten sind ähnlich denen von unlegierten Mineralölen.

Weiterhin sind in den letzten Jahren verstärkt fluorierte Kohlenwasserstoffe zur Anwendung gekommen, besonders durch die Anforderungen der Urantrennanlagen. Diese fluorierten Kohlenwasserstoffe sind praktisch geruchslos, unbrennbar und nicht korrosiv. Sie finden inzwischen auch für andere Einsatzfälle (Abpumpen von Sauerstoff, Wasserstoff u.a.) Verwendung. Ihre Schmiereigenschaften entsprechen etwa denen von unlegierten Mineralölen. Ihr relativ hoher Preis beschränkt den Einsatz.

Auch Silikonöle haben vereinzelt durch Inhibitoren bessere Schmiereigenschaften bekommen. Aber auch hier steht dem allgemeinen Einsatz der hohe Preis entgegen.

Man kann aber sagen, daß inzwischen das „Pumpenöl" zu einem Konstruktionselement der Pumpen geworden ist [45].

In Tab. 16.16 sind weitere technische Daten zu den in ölgedichteten Verdrängerpumpen verwendeten Ölen und deren Zuordnung zu bestimmten Anwendungsgebieten angegeben.

In diesem Zusammenhang sei darauf hingewiesen, daß in besonderen Anwendungen, die vor allem in der chemischen Industrie ([29] bis [33]) und in der Halbleitertechnik ([37], [42]) anzutreffen sind, die Verwendung eines (oft teuren) Sonderöles keineswegs immer die technische Lösung darstellt. Vielmehr ist zusätzlich oft eine Modifikation der Standardausführung der Verdrängerpumpe erforderlich, die damit als „chemiefeste" oder „korrosionsfeste" Pumpe ([38], [39], [40], [44]) zusammen mit geeigneten Zusatzelementen (z.B. chemischen und/oder mechanischen Filtern, Ölfilter- und Ölumlaufeinrichtungen u.a.) eingesetzt wird [36]. Zum Abpumpen brennbarer und explosiver Stoffe [48] werden Standardpumpen mit einem druckfesten Gehäuse und Flammensperren am Ansaug- und Druckstutzen ausgerüstet; solche Pumpen sind als Ex-geschützte Ausführung mit einem amtlichen (PTB-)Prüfungsschein versehen und dürfen nur zum Abpumpen der im Prüfungsschein angegebenen Stoffe bzw. Stoffgruppen verwendet werden [46].

In diesen, aber auch in anderen Sonderfällen ist vielfach eine Rücksprache mit dem Pumpenhersteller ratsam.

5.3.6 Abpumpen von Dämpfen – Gasballast [23, 24, 49]

Mit den ölgedichteten Verdrängerpumpen, die vom Ansaugdruck auf Atmosphärendruck oder höher verdichten, kann kein reiner Wasserdampf gefördert werden, da die Arbeitstemperatur der Pumpen in den meisten Fällen unter 100 °C liegt und der Wasserdampf daher bei der Kompression in der Pumpe kondensiert. Der Sättigungsdruck des Wasserdampfes bei normaler Betriebstemperatur von ca. 80 °C beträgt ungefähr 470 mbar (s. Tabelle 16.9), d.h., nach Erreichen dieses Drucks wird der Wasserdampf in der Pumpe nicht weiter verdichtet, sondern bei gleichbleibenden Druck p_d = 470 mbar kondensiert. Wasser, das sich in der Pumpe anreichert, wird auf die Ansaugseite verschleppt und verschlechtert durch Wiederverdampfen den Enddruck der Pumpe erheblich. Auch kann es an den Schmierstellen zum Aufreißen des Ölfilms kommen; dies führt zum Festfressen der Pumpe. Außerdem besteht bei größerem Wassergehalt Korrosionsgefahr. Dies gilt natürlich sinngemäß nicht nur für Wasserdampf, sondern für jeden Dampf, dessen Sättigungsdruck bei der Pumpentemperatur kleiner als der Ausstoßdruck (ca. 1100 mbar) ist.

Die Kondensation von Wasserdampf in der Pumpe kann man vermeiden, indem man die Pumpe z. B. durch eine Heizung oder wärmeisolierende Maßnahmen auf eine Temperatur von etwa 110 °C bringt. Man kann jedoch auch das Öl ständig regenerieren bzw. austauschen. Die eleganteste Methode, um Kondensation in der Pumpe zu verhindern, ist die von *Gaede* angegebene Methode des Gasballasts. Sie besteht darin, daß in den Schöpfraum der Pumpe dauernd eine dosierte Menge Frischgas (der sogenannte Gasballast) eingelassen und dadurch der Öffnungsdruck des Auspuffventils bereits erreicht wird, bevor der Wasserdampf auf den der Pumpentemperatur entsprechenden Sättigungsdruck komprimiert ist und damit Kondensation einsetzen kann. Dieser Frischgaseinlaß (meist atmosphärische Luft) beginnt unmittelbar nachdem der Schöpfraum vom Saugstutzen getrennt ist, wodurch die Verschlechterung des Enddruckes in Grenzen gehalten werden kann.

Die Menge des notwendigen Frischgases bzw. die Gasballastmenge erhält man durch folgende Überlegung: Sind p_1 der Druck der permanenten Gase und $p_{D,1}$ der Druck des Dampfes im Rezipienten, sowie $S = n \cdot V_S$ [1]) das Saugvermögen der Pumpe, wobei n deren Drehzahl, V_S deren Schöpfvolumen ist, so errechnet sich der gesamte angesaugte pV-Strom zu

$$q_{pV,\,an} = S(p_1 + p_{D,1}) = n \cdot V_S(p_1 + p_{D,1}). \tag{5.27}$$

Bei jedem „Kolbenhub" wird also aus dem Rezipienten die pV-Menge

$$pV = V_S(p_1 + p_{D,1}) \tag{5.28}$$

angesaugt und auf $V_2 < V_S$ verdichtet. Da keine Kondensation des Dampfes eintreten darf, gelten für permanente Gase und Dämpfe die Gesetze der idealen Gase (Abschnitt 2), also

$$V_S(p_1 + p_{D,1}) = V_2(p_2 + p_{D,2}) \tag{5.29}$$

und einzeln

$$V_S \cdot p_1 = V_2 \cdot p_2 \tag{5.30a}$$

und

$$V_S \cdot p_{D,1} = V_2 \cdot p_{D,2}. \tag{5.30b}$$

Da $p_{D,2}$ bei der Verdichtung maximal gleich dem Sättigungsdampfdruck p_s, der der Betriebstemperatur der Pumpe im Verdichtungsraum bzw. Auspuff entspricht, werden darf, ergibt sich aus Gl. (5.30b)

$$V_2 = V_S \frac{p_{D,1}}{p_s} = V_S \cdot f(p_s) \tag{5.31}$$

und aus Gl. (5.29)

$$p_{tot,2} = (p_2 + p_{D,2}) = (p_1 + p_{D,1}) \cdot \frac{1}{f(p_s)}. \tag{5.32}$$

Dieser Druck hängt über p_s von der Art des abzupumpenden Dampfes ab und reicht bei üblichen Pumpentemperaturen für viele Dämpfe nicht aus, um das Klappventil zu öff-

---

[1]) Das Produkt aus Schöpfvolumen und Drehzahl ist um etwa 10 % größer als das gemessene Saugvermögen S. Dies rührt daher, daß wegen Strömungsverlusten beim Gaseinlaß der Schöpfraum nicht ganz gefüllt wird. Da dieser Umstand aber weder in der Praxis noch bei den hier angestellten theoretischen Überlegungen eine wesentliche Rolle spielt, ist er unberücksichtigt geblieben.

5 Verdrängerpumpen

nen; dazu ist der gegenüber dem Atmosphärendruck p_0 etwas größere Druck $\alpha p_0 \approx 1{,}1\, p_0$ nötig. Das einströmende Ballastgas muß daher den nötigen Zusatzdruck p_B liefern, derart, daß

$$p_2 + p_{D,2} + p_B = \alpha \cdot p_0 \qquad (5.33)$$

wird. Die dazu nötige, also während jedes Hubes einströmende Ballastmenge (Frischluftmenge) ist

$$(pV)_B = p_B \cdot V_2 \qquad (5.34)$$

und der entsprechenden Firschluft-pV-Strom im Dauerbetrieb beträgt

$$q_{pV,\,\text{ball}} = n \cdot p_B \cdot V_2. \qquad (5.35)$$

Setzt man hierin p_B aus Gl. (5.33) und V_2 aus Gl. (5.31) ein, so erhält man

$$q_{pV,\,\text{ball}} = S\, \frac{p_{D,1}}{p_s}\left[\alpha \cdot p_0 - p_s\left(1 + \frac{p_1}{p_{D,1}}\right)\right]. \qquad (5.36)$$

Für p_s ist dabei der Sättigungsdampfdruck an der kältesten Stelle der Pumpe zu wählen, die wahrscheinlich am Auspuff zu finden ist, sonst kondensiert der Dampf zwar nicht im Kompressionsraum, aber im Auspuffraum. Dort löst sich das Kondensat im Öl und ruft die gleichen schädlichen Erscheinungen hervor wie der im Kompressionsraum kondensierte Dampf.

Die Auspufftemperaturen betragen bei kleineren Pumpen im Betrieb 60 ... 65 °C, bei größeren 65 ... 70 °C. Bei der Temperatur $\vartheta = 65$ °C ist für Wasserdampf $p_s \approx 250$ mbar. Betreibt man eine Pumpe ohne Gasballast, so folgt aus Gl. (5.36) bei $q_{pV,\,\text{ball}} = 0$ für das zulässige Partialdruckverhältnis Wasserdampf/Permanentgas im Rezipienten

$$\frac{p_{D,1}}{p_1} = \left(\frac{\alpha \cdot p_0}{p_s} - 1\right)^{-1}, \qquad (5.37)$$

im speziellen Fall mit $\alpha \cdot p_0 = 1{,}086 \cdot 1013$ mbar $= 1100$ mbar und $p_s = 250$ mbar

$$\frac{p_{D,1}}{p_1} = \left(\frac{1100\ \text{mbar}}{250\ \text{mbar}} - 1\right)^{-1} \approx 0{,}3 \quad \text{bzw.} \quad \frac{p_{D,1}}{p_{\text{tot},1}} = 0{,}23.$$

Der Wasserdampfdruck darf also beim Betrieb ohne Gasballast bei einer Auspufftemperatur von $\vartheta = 65$ °C nur 30 % des Permanentgasdrucks betragen.

Den höchsten Druck, mit dem eine Vakuumpumpe unter normalen Umgebungsbedingungen ($\vartheta = 20$ °C, $p_0 = 1013$ mbar) reinen Wasserdampf dauernd ansaugen und fördern kann, nennt man die *Wasserdampfverträglichkeit* p_W der Pumpe (PNEUROP und DIN 28 426). Er wird vom Hersteller (meist in mbar) angegeben. Neben der Wasserdampfverträglichkeit definiert die genannte Norm die *Wasserdampfkapazität* C_W als „das höchste Wassergewicht (Gewicht synonym mit Masse) je Zeiteinheit (also den Wasserdampfmassenstrom $q_{m,w}$ weshalb die Wortwahl „Kapazität" in der Norm irreführend ist), das eine Vakuumpumpe unter normalen Umgebungsbedingungen ($\vartheta = 20$ °C, $p_0 = 1013$ mbar) in Form von Wasserdampf dauernd ansaugen und fördern kann. Ist das Saugvermögen der Pumpe S, so ist der maximale Wasserdampf-pV-Strom $q_{pV} = p_W \cdot S$ und diese sogenannte Wasserdampfkapazität (vgl. Gl. 4.9))

$$C_W = q_{m,w} = q_{pV}\, \frac{M_{\text{molar}}}{RT} = p_W \cdot S\, \frac{M_{\text{molar}}}{RT} \qquad (5.38)$$

oder für $T = 300$ K:

$$C_w = 0{,}723 \cdot p_w \cdot S, \quad \text{in g} \cdot \text{h}^{-1}, \tag{5.38a}$$

p_w in mbar, S in m$^3 \cdot$ h^{-1}.

Dabei ist das Saugvermögen der Pumpe bei dem Ansaugdruck p_w der für den Betrieb der Pumpe mit Gasballast geltenden Saugvermögenskurve zu entnehmen. Dies ist gerechtfertigt, weil das Saugvermögen jeder Schöpfpumpe unabhängig von der Gasart ist (vgl. dazu Abschnitt 5.3.5.1).

Den größten Gasballast-Strom braucht man, wenn reiner Wasserdampf abgepumpt werden soll, also der Permanentgaspartialdruck $p_1 = 0$ ist. Aus Gl. (5.36) ergibt sich für diesen Fall

$$\frac{q_{pV,\text{ball}}}{S} = \frac{p_{D,1}}{p_s}(\alpha \cdot p_0 - p_s). \tag{5.39}$$

Das Verhältnis $q_{pV,\text{ball}}/S$ ist für verschiedene Temperaturen (an der kältesten Stelle der Pumpe, s.o.) und $\alpha = 1{,}1$ in Tabelle 5.2 wiedergegeben. Da q_{pV} ein pV-Strom, S ein Volumenstrom ist, ist für die Tabelle 5.2, Gl. (5.39) durch den Atmosphärendruck p_0 dividiert, so daß dort das Verhältnis Volumenstrom q_V durch Saugvermögen S angegeben ist, unter Volumenstrom ist das Volumen der Ballast-(Frisch-)Luft von Atmosphärendruck durch Zeit zu verstehen. Der Wasserdampfdruck am Ansaugstutzen ist $p_{D,1} = 65$ mbar gesetzt. Die Werte für $q_{pV,\text{ball}}/p_0 S$ der Tabelle 5.2 können daher auch als die für eine Wasserdampfverträglichkeit $p_w = 65$ mbar notwendigen Werte angesehen werden. Wie man sieht, ist bei kälteren Pumpen eine größere Gasballasteinströmung nötig, was im allgemeinen auch verwirklicht wird.

Aus Gl. (5.39) ergibt sich umgekehrt für *vorgegebenen* Gasballast-pV-Strom $q_{pV,\text{ball}}$ die Wasserdampfverträglichkeit

$$p_w = \frac{q_{pV,\text{ball}}}{S} \cdot \frac{p_s - p_a}{\alpha \cdot p_0 - p_s}. \tag{5.40}$$

Dabei bedeuten S das Saugvermögen der Pumpe, das in der Praxis gleich dem Nennsaugvermögen gesetzt werden kann, p_0 den Atmosphärendruck ($p_0 \approx 1000$ mbar), p_s den Sättigungsdruck des Wasserdampfs bei der Temperatur der Abgase; α wird man etwa gleich 1,1 setzen. Ferner ist in Gl. (5.40) — zusätzlich zur bisherigen Betrachtung und Gl. (5.39) — berücksichtigt, daß die eingelassene Frischluft feucht ist, was durch den Partialdruck p_a des Wasserdampfs in der Luft in die Gl. (5.40) eingeht. Aus Gl. (5.40) rechnet man unter Zu-

Tabelle 5.2 Auf das Saugvermögen bezogener Gasballastvolumenstrom q_V ($T = 300$ K) für verschiedene Sättigungsdrücke p_s des Wasserdampfs und einen Wasserdampfdruck im Rezipienten $p_{D,1} = 65$ mbar

$\vartheta/°C$	p_s/mbar	$q_{pV,\text{ball}}/S \cdot p_0 = q_{V,\text{ball}}/S$
60	199	0,295
65	250	0,222
70	311	0,166
75	385	0,122
85	578	0,060

5 Verdrängerpumpen

hilfenahme der p_s-Werte von Tabelle 5.2 aus, daß eine Erhöhung der Auspufftemperatur von $\vartheta = 75\,°C$ auf $\vartheta = 85\,°C$ bei $p_a = 15$ mbar und bei „10 % Gasballast", d.h. $q_{pV,\text{ball}}/p_0 S = 0{,}1$ die Wasserdampfverträglichkeit von $p_w \approx 54$ mbar auf $p_w \approx 114$ mbar steigt.

Bisher wurde in allen Zahlenrechnungen angenommen, daß die Pumpe gegen Atmosphärendruck ausstößt; daher wurde in Gl. (5.36) und den daraus abgeleiteten Gleichungen, insbesondere Gl. (5.40) für die Wasserdampfverträglichkeit der Faktor $\alpha = 1{,}1$ bzw. $p_0 = 1100$ mbar gesetzt. Häufig ist jedoch der Vakuumpumpe eine Auspuffleitung oder ein Abscheider nachgeschaltet, so daß wegen deren Strömungswiderstand der Druck am Auspuffstutzen größer als p_0 ist; in diesem Fall ist also in Gl. (5.40) für α ein größerer Wert einzusetzen. Ist z.B. $\alpha \cdot p_0 = 1500$ mbar, so wird mit den obigen Werten (10 % Gasballast, $\vartheta = 75\,°C$ bzw. 85 °C) die Wasserdampfverträglichkeit p_w (75 °C) = 34,6 mbar und p_w (85 °C) = 63,8 mbar.

Gl. (5.40) gilt — wie die übrigen Gleichungen dieses Abschnitts — natürlich auch für andere Dämpfe. Der Dampfdruck von Äthylalkohol (C_2H_5OH, Äthanol) hat bei der Temperatur $\vartheta = 65\,°C$ den Wert $p_s = 535$ mbar. Eine Pumpe mit dieser Auspufftemperatur und „10 % Gasballast" hat daher nach Gl. (5.40) die „Äthanoldampfverträglichkeit"

$$p_{\text{Äthanol}} = 0{,}1 \cdot 1013\ \text{mbar}\ \frac{(535 - 0)\ \text{mbar}}{(1{,}1 \cdot 1013 - 535)\ \text{mbar}} = 96\ \text{mbar}.$$

Da der Dampfdruck von Äthanol bei $\vartheta = 20\,°C$ etwa den Wert $p_s = 60$ mbar hat, reicht diese Dampfverträglichkeit aus.

Die Pumpentemperaturen an den kritischen Stellen (in der Nähe des Auspuffventils) sind meist wesentlich höher als die Auspufftemperaturen, deshalb kann durch gute Wärmeisolierung der kälteren Pumpenteile die Dampfverträglichkeit nicht unwesentlich erhöht werden. Es ist jedoch darauf zu achten, daß die Temperaturen für das „Pumpenöl" nicht unverträglich hoch werden [34], [35].

5.3.7 Ölrückströmung [11a, 41]

Beim Betrieb ölgedichteter Verdrängerpumpen strömt stets Öldampf gegen den Strom der gepumpten Gase und Dämpfe in den Ansaugstutzen der Pumpe und weiterhin in die Ansaugleitung und schließlich in den Vakuumbehälter. Diese Öldampfrückströmung, auch kurz Ölrückströmung genannt, ist umso höher, je geringer der Gegengasstrom ist, also bei Betrieb der Verdrängerpumpe bei Enddruck am höchsten (Bild 5.28). Der rückströmende Öldampf besteht überwiegend aus den leichten Fraktionen des Pumpenöls.

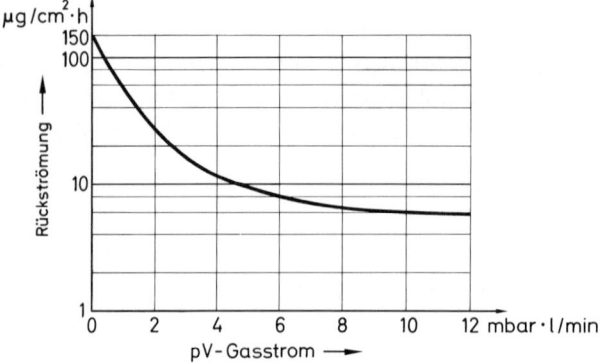

Bild 5.28
Öldampfrückströmung als Funktion des abgepumpten Gasstromes [11a]

Im Zusammenhang mit der Erzeugung kohlenwasserstofffreier Hoch- und Ultrahochvakua, z.B. mit Ionenzerstäuber- oder Turbomolekularpumpen ist jedoch ein möglichst ölfreies Vakuum auch auf der Vorvakuumseite dieser Pumpen erforderlich. Zur Vermeidung der Ölrückströmung haben sich einige Maßnahmen in der Praxis bewährt:

a) Das Einbringen eines künstlichen Lecks in der Saugleitung, so daß ein Druck von 10^{-1} mbar nicht unterschritten wird, reduziert die Rückströmung um ca. 98 %. Das strömende Gas verhindert ein Rückdiffundieren und sorgt dafür, daß die leichten Fraktionen aus der Pumpe transportiert werden.

b) Bei einstufigen Pumpen genügt es oft, das Gasballastventil zu öffnen.

c) Der Einbau einer Feinvakuum-Sorptionsfalle mit einem geeigneten Sorptionsmittel in der Ansaugleitung der Pumpe. Als wirksamstes von allen untersuchten Mitteln hat sich aktiviertes Aluminiumoxyd in Granulatform erwiesen. Es hat einen Wirkungsgrad von 99 % und drosselt das Saugvermögen der Verdrängerpumpe bei richtiger Auslegung nur wenig. Es ist jedoch zu beachten, daß das Sorptionsmittel nach einiger Zeit gesättigt ist und ausgetauscht oder regeneriert werden muß. Die Sättigung erfolgt jedoch nicht nur durch die Sorption rückströmender Öldämpfe, sondern auch durch die Sorption abgepumpter Gase und Dämpfe. Oft ist es daher ratsam, mit Hilfe von Ventilen zwei Fallen parallel einzubauen und sie wechselseitig zu betreiben und zu warten (s. auch Abschnitt 8.1.3.2). Ist dies z.B. aus konstruktiven oder wirtschaftlichen Gründen nicht möglich, so leistet eine Umwegleitung, die die Sorptionsfalle überbrückt, gute Dienste. Durch diese werden bei abgesperrter Falle zunächst die großen Gasmengen – z.B. beim Evakuieren ab Atmosphärendruck – gepumpt und die Falle wird erst dann freigegeben, wenn der Druck nur mehr wenige Millibar beträgt.

d) Andere Maßnahmen zum Herabsetzen der Ölrückströmung sind die Verwendung besonderer, meist aber sehr teurer Pumpenöle oder der Einbau tiefgekühlter Dampfsperren (s. auch Abschnitt 6.4.3). Diese setzen allerdings das Saugvermögen erheblich herab und haben sich aus diesem – aber auch aus anderen Gründen – in Kombination mit ölgedichteten Verdrängerpumpen nicht durchgesetzt.

5.3.8 Leistungsbedarf

Der Leistungsbedarf einer der in den Abschnitten 5.2 und 5.3 beschriebenen Pumpen hängt von der Kompressionsarbeit, den Reibungsverlusten und der Ausschubarbeit ab. Zur Erläuterung der Kompressionsarbeit dient am besten die Hubkolbenpumpe (Bild 5.1). Bewegt sich der Kolben um das Stück dl, so wird, da $F = p \cdot A$ (A = Kolbenfläche) die wirksame Kraft ist, die Arbeit

$$dW = -p \cdot A \cdot dl = -p\, dV \qquad (5.40a)$$

verrichtet. Das Minuszeichen ergibt sich, da bei Volumenverkleinerung (negatives dV) Arbeit zugeführt werden muß (postives dW). Der Ausdruck (5.40a) ist von der Art der verwendeten Pumpe abhängig. Er gilt für alle Verdrängerpumpen mit innerer Verdichtung (wie oben beschrieben).

Wir betrachten nun den Druckverlauf im pV-Diagramm (Bild 5.29) einer Hubkolbenpumpe nach Bild 5.1.

In Bild 5.29 ist

4–1 das Ansaugen (die Füllung des Zylinders) beim Ansaugdruck p_1 im Saugstutzen der Pumpe;

5 Verdrängerpumpen

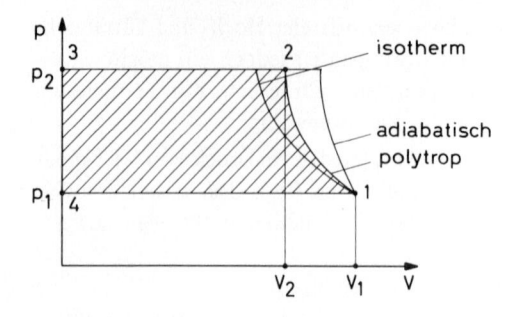

Bild 5.29
p-V-Diagramm des Kompressionsvorganges

1–2 das Verdichten im Zylinder auf den Ausstoßdruck p_2 meist Atmosphärendruck;
2–3 das Ausschieben des verdichteten Gases aus dem Zylinder, wenn das Auspuffventil geöffnet hat;
3–4 Schließen des Auspuff-Ventils, Öffnen des Ansaug-Ventils; die kleine Volumenvergrößerung ist in Bild 5.29 idealisiert gleich Null gezeichnet.

Die Arbeit, die beim Durchlaufen dieses Prozesses verrichtet werden muß, erhält man durch Integration von Gl. (5.40a):

$$W = -\oint p\, dV.$$

Geometrisch bedeutet dieses Integral die in Bild 5.29 schraffierte Fläche, die auch

$$W = \int_{p_1}^{p_2} V\, dp \qquad (5.40b)$$

geschrieben werden kann.

Um den Flächeninhalt berechnen zu können, muß man natürlich den Verlauf der Kurve 1–2 kennen, der aber verschieden ist, je nachdem, ob die Kompression isotherm, adiabatisch oder polytrop verläuft.

5.3.8.1 Isotherme Kompression

Falls durch geeignete Maßnahmen dafür gesorgt wird, daß die entstehende Kompressionswärme wirksam abgeführt wird, erfolgt eine isotherme Kompression (Verdichtung bei konstanter Temperatur). Das ist zum Beispiel bei der Wasserringpumpe weitgehend der Fall. Da dann die Kurve 1–2 eine Isotherme ist, gilt

$$p \cdot V = \text{const} = p_1 \cdot V_1 = p_2 \cdot V_2.$$

Somit ergibt sich für die isotherme Kompressionsarbeit, wenn man $V = p_1 \cdot V_1/p$ setzt

$$W_{is} = \int_{p_1}^{p_2} V\, dp = p_1 V_1 \int_{p_1}^{p_2} \frac{dp}{p} = p_1 V_1 \ln \frac{p_2}{p_1}. \qquad (5.41)$$

5.3.8.2 Adiabatische Kompression

Dies ist der andere Grenzfall. Hier wird die Kompressionswärme während der Verdichtung überhaupt nicht abgeführt. Die Kurve 1–2 ist also eine Adiabate (Gl. (2.106)) und es gilt:

$$p \cdot V^\kappa = \text{const} = p_1 \cdot V_1^\kappa = p_2 \cdot V_2^\kappa \tag{5.42}$$

und daraus

$$V = \frac{V_1 \cdot p_1^{1/\kappa}}{p^{1/\kappa}} .$$

Damit wird die adiabatische Kompressionsarbeit

$$W_{ad} = \int_{p_1}^{p_2} V\,dp = V_1 \cdot p_1^{1/\kappa} \int_{p_1}^{p_2} \frac{dp}{p^{1/\kappa}} = V_1 \cdot p_1^{1/\kappa} \cdot \frac{\kappa}{\kappa-1}\left(p_2^{\frac{\kappa-1}{\kappa}} - p_1^{\frac{\kappa-1}{\kappa}}\right) =$$

$$= \frac{\kappa}{\kappa-1} \cdot p_1 \cdot V_1 \left[\left(\frac{p_2}{p_1}\right)^{\frac{\kappa-1}{\kappa}} - 1\right]. \tag{5.43}$$

5.3.8.3 Polytrope Kompression

Bei den normalen Verdrängerpumpen verläuft die Kompression weder isotherm noch adiabatisch, sondern polytrop. Das heißt, ein Teil der Kompressionswärme wird abgeführt, ein Teil bleibt im Gas. Die Kurve 1–2 ist annähernd eine Polytrope, die durch

$$p \cdot V^\xi = \text{const} = p_1 \cdot V_1^\xi = p_2 \cdot V_2^\xi$$

beschrieben wird, wobei $1 < \xi < \kappa$ ist. Für die polytrope Kompression erhält man dann die Kompressionsarbeit

$$W_{pol} = \frac{\xi}{\xi-1} p_1 V_1 \left[\left(\frac{p_2}{p_1}\right)^{\frac{\xi-1}{\xi}} - 1\right]. \tag{5.44}$$

Der Polytropenexponent ξ liegt umso näher bei κ, je schlechter die Wärmeabfuhr der Pumpe ist, das heißt, je schneller die Pumpe läuft und je größer das Saugvermögen ist (bei größerem Sagvermögen wird das Verhältnis Oberfläche zu Saugvermögen kleiner, die Wärmeabfuhr ist also geringer).

Für den Grenzfall $\xi = \kappa$ ist Gl. (5.44) mit Gl. (5.43) identisch; für den anderen Grenzfall $\xi = 1$ ist Gl. (5.44) mit Gl. (5.41) identisch.

5.3.8.4 Kompressionsleistung

Um die benötigte Kompressionsleistung P zu berechnen, braucht man die Ausdrücke für die Arbeiten W_{is}, W_{ad}, W_{pol} lediglich mit der Drehfrequenz n zu multiplizieren:

$$P_{is} = n \cdot p_1 \cdot V_1 \ln \frac{p_2}{p_1} \tag{5.45}$$

$$P_{ad} = n \cdot \frac{\kappa}{\kappa-1} \cdot p_1 \cdot V_1 \left[\left(\frac{p_2}{p_1}\right)^{\frac{\kappa-1}{\kappa}} - 1\right] \tag{5.46}$$

$$P_{pol} = n \cdot \frac{\xi}{\xi-1} \cdot p_1 \cdot V_1 \left[\left(\frac{p_2}{p_1}\right)^{\frac{\xi-1}{\xi}} - 1\right] \tag{5.47}$$

5 Verdrängerpumpen

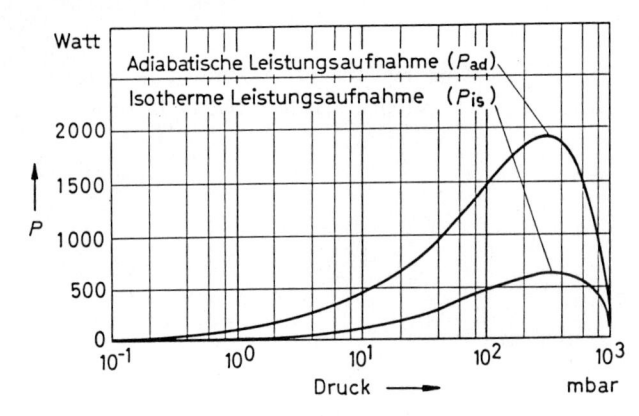

Bild 5.30 Berechnete (Gl. (5.48) und (5.49)) Leistungsaufnahme einer einstufigen Sperrschieberpumpe mit einem Schöpfvolumen $V_S = 5$ ℓ. Abszisse: Druck p_1 am Ansaugstutzen der Pumpe. Ausstoßdruck $p_2 = 1100$ mbar.

Mit n in min^{-1}, p_1, p_2 in mbar, V_1 in ℓ und P in Watt wird

$$P_{is} = 1{,}667 \cdot 10^{-3} \cdot n \cdot p_1 \cdot V_1 \ln \frac{p_2}{p_1} \tag{5.48}$$

$$P_{ad} = 1{,}667 \cdot 10^{-3} \cdot n \cdot \frac{\kappa}{\kappa-1} \cdot p_1 \cdot V_1 \left[\left(\frac{p_2}{p_1}\right)^{\frac{\kappa-1}{\kappa}} - 1\right] \tag{5.49}$$

$$P_{pol} = 1{,}667 \cdot 10^{-3} \cdot n \cdot \frac{\xi}{\xi-1} \cdot p_1 \cdot V_1 \left[\left(\frac{p_2}{p_1}\right)^{\frac{\xi-1}{\xi}} - 1\right] \tag{5.50}$$

In Bild 5.30 sind die Kurven für P_{is} nach Gl. (5.48) und P_{ad} nach Gl. (5.49) in Abhängigkeit vom Druck p_1 im Ansaugstutzen aufgezeichnet, wobei für den „Ausstoßdruck" (Druck, bei dem das Ventil öffnet) der Wert $p_2 = 1100$ mbar eingesetzt worden ist. Man erkennt, daß die Kompressionsleistung für den isothermen Fall bei $p_1 \approx 400$ mbar (300 Torr) und für den adiabatischen Fall bei $p_1 \approx 265$ mbar (200 Torr) ein Maximum aufweist. Den genauen Wert dieses Maximums erhält man aus den obigen Gleichungen durch Differenzieren; man erhält im isothermen Fall $(p_1)_{max} = 400$ mbar (300 Torr), im adiabatischen Fall $(p_1)_{max} = 340$ mbar (255 Torr), für Luft ($\kappa = 1{,}4$).

Zur Kompressionsleistung kommt die zur Überwindung der Reibung (Lager, Dichtungen, Schieber u.a.) benötigte Leistung. Bei der Flüssigkeitsringpumpe wird diese im wesentlichen durch die Flüssigkeitsreibung im Flüssigkeitsring, bei der Drehschieber- und Sperrschieberpumpe im wesentlichen durch die Ölreibung bedingt. Da die Viskosität des Öls sehr stark temperaturabhängig ist, hängt auch die zur Überwindung der Reibung benötigte Leistung sehr stark von der Temperatur ab (Bild 5.31).

Bei niedrigen Drücken wird praktisch keine Kompressionsarbeit mehr verrichtet, die aufgenommene Leistung deckt nur die Reibungsverluste. Wird die Pumpe mit Gasballast betrieben, so fällt die Leistungsaufnahme zu tiefen Drücken hin wegen der Kompressionsarbeit des Gasballastgases nicht so stark ab (Bild 5.32).

Je größer die Pumpen werden, um so größer müssen die Querschnitte des Pumpenausgangs und damit die Auspuffventile sein. Um hinreichende Dichtheit dieser Ventile zu erzielen, wird eine höhere Schließkraft benötigt und damit ein höherer Druck zum Öffnen

5.3 Ölgedichtete Rotations-Vakuumpumpen 5.3.9

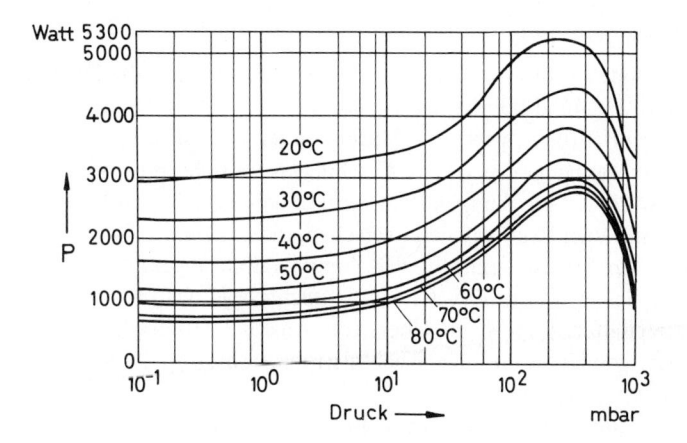

Bild 5.31

Leistungsaufnahme bei Betrieb ohne Gasballast bei verschiedenen Öltemperaturen. (Pumpe wie bei Bild 5.30).

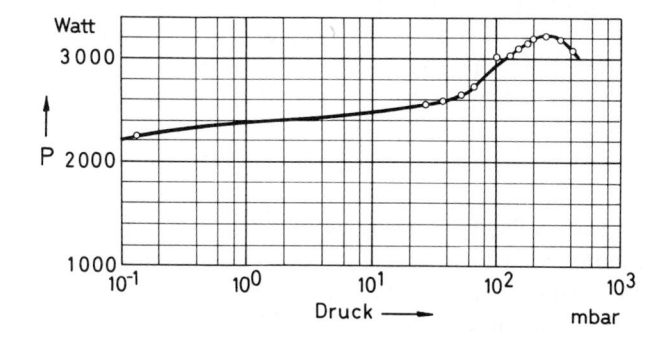

Bild 5.32

Leistungsaufnahme bei Betrieb mit Gasballast bei Betriebstemperatur (Pumpe wie bei Bild 5.30)

des Ventils. Dies trifft nicht nur für Auspuffventile zu, sondern auch für andere nachgeschaltete Bauelemente, wie z.B. Abscheider, die infolge der Drosselung des Gasstromes einen höheren Gegendruck erfordern. Hierfür muß eine zusätzliche Leistung aufgebracht werden, die durchaus die Größenordnung der reinen Kompressionsleistung erreichen kann. Hierauf ist bei der Bemessung des Antriebsmotors besonders größerer Verdrängerpumpen zu achten.

5.3.9 Betriebshinweise

5.3.9.1 Aufstellung und elektrischer Anschluß

Verdrängerpumpen — mit Ausnahme großer Hubkolbenpumpen — können ohne Fundament aufgestellt werden, da ihre Laufruhe üblicherweise ausreicht. Eine Befestigung am Boden sollte jedoch vorgenommen werden. Da am Rezipienten oft auch kleinste Erschütterungen stören, wird häufig zwischen Pumpe und Rezipient ein Dämpfungsglied (z.B. ein Federungskörper) eingebaut, das diese Schwingungen aufnimmt.

Werden umweltschädliche Gase gepumpt, so wird die Pumpe an eine zentrale Auspuffleitung angeschlossen, die die entsprechenden Einrichtungen zur Reinigung hat. In die Auspuffleitung können auch Filter eingebaut werden, die aus dem Ölnebel, der von den Pumpen bei höheren Drücken ausgestoßen wird, das Öl abscheiden. Beim Anschluß an die Auspuffleitung sollte überprüft werden, ob die an der Pumpe auftretenden Schwingungen schädlich sind oder ob auch hier ein dämpfendes oder federndes Element zwischen Pumpe und Auspuffleitung eingebaut werden muß.

5.3.9.2 An- und Abstellen, Saugstutzenventile

Die üblichen Verdrängerpumpen sind mit Drehstrommotoren ausgerüstet, die kleinen Typen mit Wechselstrommotoren. Während bei diesen, die häufig gleich mit einem Ein-Aus-Schalter ausgerüstet sind, die Drehrichtung durch den Motor vorgegeben ist, muß bei den Pumpen mit Drehstrommotor der Drehsinn bei jedem Anschließen neu überprüft werden.

Bei falscher Drehrichtung würden diese Pumpen Pumpenöl in den Rezipienten fördern. Häufig sind diese Pumpen daher mit einer Rücklaufsperre versehen, die ein Drehen in falscher Richtung verhindert. Wird dann der Drehstrommotor der Pumpe falsch angeschlossen, so läuft die Pumpe nicht an. Infolgedessen würde sich der Motor unzulässig erwärmen; er wird daher durch einen Motorschutzschalter — meist als Überstrom-Auslöser (Bimetall) —, der immer vorgesehen werden sollte, geschützt. Bei den Wechselstrommotoren sind als Schutz Übertemperatursicherungen (Klixon) eingebaut.

Die Leistungsaufnahme der Motoren ist bei ölgedichteten Vakuumpumpen gänzlich anders als bei normalen Maschinen. Kurz nach dem Starten wird wegen der Verdichtungsarbeit bei hohen Drücken und der hohen Viskosität des kalten Pumpenöls viel Leistung verbraucht, während die warme Pumpe nahe dem Enddruck nur noch einen Bruchteil der anfänglichen Leistungsaufnahme zeigt (vgl. Bild 5.31). Darauf muß beim Einstellen des Motorschutzschalters geachtet werden. Wenn ein Schutz während des Enddruckbetriebes vorhanden sein soll, muß der Strom entsprechend niedrig eingestellt werden. Dann ist es jedoch nötig, während der Anlaufphase den Schutzschalter (evtl. mit einem Zeitrelais) zu überbrücken.

Die größte Leistungsaufnahme hat die Pumpe beim Anlaufen, wenn sich das kalte Öl im Schöpfraum und Verdichtungsraum befindet. Steht der Rezipient zusätzlich unter Vakuum, so wird der Anlauf zusätzlich erschwert, da im Augenblick des Einschaltens zwischen Schöpf- und Verdichtungsraum ein Druck von einem Bar (1000 mbar) liegt.

Die Motoren der Pumpe sind normal so ausgelegt, daß sie auch bei erschwerten Anlaufbedingungen (Vakuum am Saugstutzen, alles Öl im Verdichtungs- bzw. Schöpfraum, geöffnetes Gasballastventil, kalte Pumpe) noch bei der nach VDE zulässigen 5 % Unterspannung anlaufen. Um die Motoren nicht zu groß wählen zu müssen, ist die niedrigste Anlauftemperatur in den PNEUROP-Abnahmeregeln [20] bzw. in DIN 28 426 genormt [22].

„Die niedrigste Anlauftemperatur ist die mittlere Temperatur der Pumpe, bei der sie in saugseitig belüftetem Zustand mit dem vom Hersteller gelieferten oder empfohlenen Antriebsmotor nach mindestens einstündiger Betriebsunterbrechung noch einwandfrei anläuft. Wenn keine andere Temperatur vereinbart ist, so gilt 12 °C als niedrigste Anlauftemperatur."

Während des Betriebes wird die Pumpe 70 ... 90 °C heiß, was keineswegs besorgniserregend, sondern für ein eventuelles Abpumpen von Dämpfen günstig ist. Die Begrenzung der Temperatur liegt im allgemeinen nicht in der Pumpe, sondern im Pumpenöl begründet.

Wird die Pumpe abgeschaltet, wird sie, wenn nicht besondere Maßnahmen getroffen sind, unter dem Einfluß des äußeren Luftdruckes, rückwärts drehen, das Öl aus der Pumpe wird in die Saugleitung gedrückt und der Rezipient wird belüftet. Bei den Pumpen mit Rücklaufsperre wird zwar nicht das Belüften, jedoch das Rückwärtsdrehen der Pumpe verhindert.

Das Belüften wird beseitigt, indem besondere Ventile den Rezipienten abschließen.

Das Sicherheitsventil, Bild 5.33, das auf den Saugstutzen der Pumpe gesetzt wird, hat die Aufgabe, bei Stromausfall oder beim Abschalten der Pumpe den Saugstutzen gegen den Rezipienten abzusperren und die Pumpe zu belüften. Die Absperrung und die Belüftung er-

5.3 Ölgedichtete Rotations-Vakuumpumpen 5.3.9

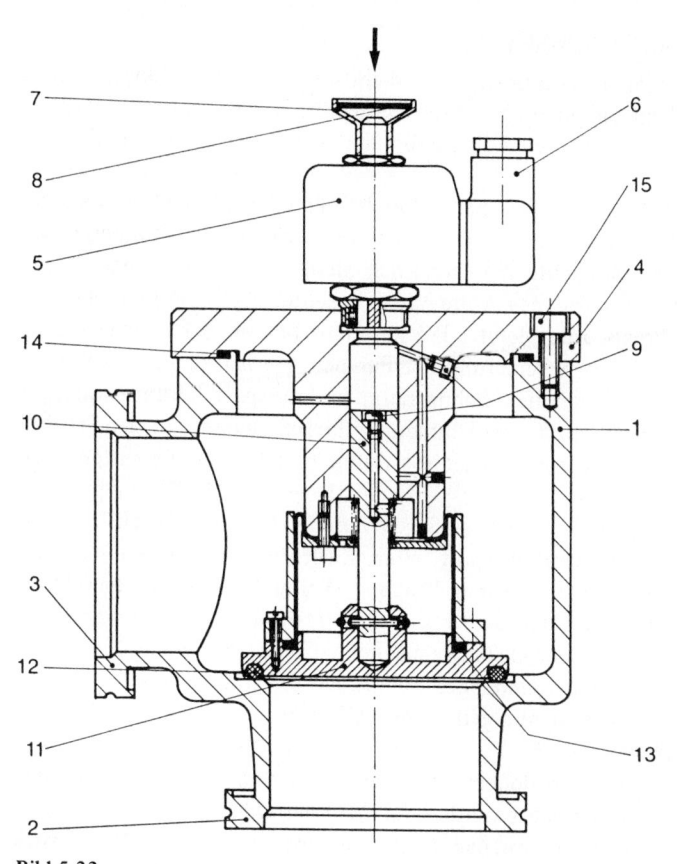

Bild 5.33
Schnitt durch ein Sicherheitsventil des Typs SECUVAC
1 Gehäuse;   2 Anschlußflansch zur Vakuum-Apparatur;   3 Anschlußflansch zur Pumpe;   4 Oberteil;
5 Lufteinlaßventil (elektromagnetisch);   6 Kabelanschluß;   7 Lufteinlaß mit 8 Filterscheibe;   9 Düse;
10 Stempel;   11 Ventilteller;   12 Ventilteller-Dichtung;   13 Rollmembran;   14 Dichtring;   15 Befestigungsschraube

folgen zeitlich nacheinander, so daß ein Luftschluck beim Schließen praktisch vermieden wird. Das elektromagnetische Steuerventil ist elektrisch mit dem Motor verbunden und steuert den Lufteinlaß, der das eigentliche Ventil durch die Druckdifferenz zwischen Saugleitung und Umgebungsdruck schließt und die Pumpe anschließend belüftet, so daß sich der Schöpfraum nicht mit Öl füllt. Beim Starten der Pumpe wird das Steuerventil geschlossen, und die Pumpe evakuiert das Sicherheitsventil bis die eingebaute Feder es wieder öffnet. Eine weitere Methode ist das sogenannte Saugstutzenventil, das in die modernen Drehschieberpumpen eingebaut ist (Bild 5.13). Hier wird durch verschiedene Mechanismen (Fliehkraftschalter, Magnetschalter, hydraulischer Schalter u.a.) dafür gesorgt, daß der Saugstutzen der Pumpe verschlossen und die Pumpe belüftet wird. Bei Vorhandensein eines Saugstutzenventils ist kein Sicherheitsventil wie oben beschrieben erforderlich. Die Leckrate dieser Ventile ist sehr klein und mit den Leckraten normaler Ventile vergleichbar.

5.3.9.3 Auswahl der Pumpen und Arbeitshinweise

Einstufige ölgedichtete Pumpen sind im Grob- und am Anfang des Feinvakuums ideale Pumpen. Sie können sowohl mit als auch ohne Gasballast ohne nennenswerten Abfall des Saugvermögens betrieben werden. Der Grenzdruck für den Arbeitsbereich dieser Pumpen liegt bei etwa 10^{-1} mbar.

Soll der Druck von 10^{-1} mbar betriebssicher unterschritten oder soll noch bei Drücken um und unter 1 mbar mit Gasballast gearbeitet werden, dann sind zweistufige Pumpen vorzuziehen. (Bei Drücken um 1 mbar brauchte man natürlich nicht den vollen Gasballast. Das Schließen des Gasballastventils während des Abpumpens bedeutet aber eine Bedienungserschwernis, so daß es in der Praxis unterbleibt.) Bei längerem Betrieb bei hohen Ansaugdrücken muß geprüft werden, ob die Schmierung der Pumpen, die häufig auf der Schwerkraft bzw. dem Druckunterschied zwischen Schöpfraum und Auspuff beruht, noch ausreicht. Notfalls ist eine sogenannte Saugstutzenschmierung durchzuführen. Bei der Trochoidenpumpe ist dieses Problem nicht gegeben, da diese durch eine separate Ölpumpe unabhängig vom Ansaugdruck versorgt wird.

Für rauhen und schmutzigen Betrieb gibt es für die Pumpen verschiedene Hilfseinrichtungen (Abscheider, Filtereinrichtungen, Auspuff-Filter u.a.), die die Pumpen schützen.

Moderne, öldichte Pumpen, brauchen wenig Wartung. Aufmerksamkeit ist hauptsächlich der Menge und der Beschaffenheit des Öls zu schenken. Man prüfe deshalb wenigstens jede Woche den Ölstand der Pumpe. Der Ölstand muß bei laufender Pumpe im Enddruckbetrieb kontrolliert werden, da sich bei stehender Pumpe das Öl größtenteils im Schöpfraum befinden kann. Bei den Pumpen mit getrenntem Getriebe muß auch hier hin und wieder der Ölstand kontrolliert werden.

Wenn die Pumpe hauptsächlich bei hohem Ansaugdruck oder mit Gasballast betrieben wird, so soll der Ölstand täglich kontrolliert werden, da dann der Ölverlust besonders hoch ist. Für den Ölverlust kann man sich merken, daß je m^3 ausgestoßener Luft von Normdruck etwa 2 ... 3 cm^3 Öl verloren gehen.

Beispiel 5.1: Eine Pumpe mit einem Nennsaugvermögen von 250 m^3/h, die beim Druck p_A = 1 mbar am Ansaugstutzen arbeitet, stößt etwa 250/1013 m^3/h $\approx$ 0,25 m^3/h Luft vom Normdruck aus. Bei p_A = 100 mbar sind es dann bereits 25 m^3/h. Der Ölverbrauch ist dann bei p_A = 1 mbar etwa 0,5 ... 0,75 cm^3/h, bei p_A = 100 mbar etwa 50 ... 75 cm^3/h. Wird die Pumpe mit 10 % Gasballast betrieben, so werden zusätzlich 25 m^3/h Gasballastluft vom Normdruck ausgestoßen. Der Ölverbrauch für den Gasballast beträgt also auch 50 ... 75 cm^3/h. Im 24-stündigen Betrieb mit p_A = 10 mbar Ansaugdruck *und* Gasballast verbraucht die Pumpe 1,25 ... 2 Liter Öl.

Die Intervalle, nach denen das Öl gewechselt werden muß, hängen von der „Verschmutzung" ab. Ölwechsel wird immer dann vorgenommen werden, wenn entweder Zersetzungsprodukte im Öl den Enddruck der Pumpe nicht mehr erreichen lassen oder aber die Pumpe durch „Schmutz" (mechanische Verunreinigungen) oder fehlende Schmierfähigkeit des Öls gefährdet ist. Ganz allgemein kann man sagen: Lieber einmal zuviel als einmal zuwenig Öl wechseln. Bei sehr sauberem Enddruckbetrieb genügt in der Regel ein Ölwechsel jährlich.

5.3.9.4 Ölfilter und Ölreinigung

Häufig tritt während des Betriebs der Vakuumpumpe der Fall ein, daß in einer Pumpphase mit einem größeren Anfall von festen Teilchen zu rechnen ist, die dann in der Pumpe bleiben, sich dort ansammeln und zu Störungen oder übermäßigem Verschleiß führen können. In diesen Fällen ist es zweckmäßig, an der Pumpe eine Einrichtung anzubringen, die während des Betriebs für eine ständige Filterung des Öls sorgt. Dies kann auf unterschiedliche

Weise geschehen. Es gibt Filtergeräte, die im Nebenstrom mit eigener Ölpumpe an die Vakuumpumpe angeschlossen werden oder es werden Filter in die Ölzuführungsleitungen zur Pumpe – Hauptstromfilterung – eingebaut.

Die Wirkungsweise einer solchen Filterung sei am Beispiel der Ölfilterungseinrichtung näher beschrieben. Bei der Ölfilterungseinrichtung wird ein Filtertopf, der an einer Seite ein konzentrisches Adapterrohr besitzt, mit diesem Rohr anstelle der Ölablaßschraube an die Vakuumpumpe geschraubt. Im Filtertopf befindet sich ein Filtereinsatz. Beim Betrieb tritt Öl aus dem Vorrat der Pumpe über den Auspuffventilen durch das äußere konzentrische Rohr (Bild 5.34) in den Filtertopf. Durch Öleinlaßbohrungen gelangt es in den Filtereinsatz (z.B. eine normale LKW-Filterpatrone). Nach Durchlaufen der Filterpatrone, in der mechanische Verunreinigungen zurückgehalten werden, tritt das gereinigte Öl durch das Innere der beiden konzentrischen Rohre wieder in den Ölkreislauf der Pumpe ein. Dadurch entsteht ein selbständiger Ölkreislauf über den Filter vom Ölvorrat auf der Auspuffseite zum Ansaugraum der Vakuumpumpe. Hier wird der Druckunterschied zum Transport des Öls ausgenutzt, während bei anderen Einrichtungen eine separate Ölpumpe diese Aufgabe übernimmt.

Da im Filter immer eine größere Ölmenge mit Gasen hohen Drucks (im Normalfall Luft von Atmosphärendruck) in innige Berührung kommt, ist der Enddruck mit Filtereinrichtung etwas schlechter als ohne diese. Bei zweistufigen Pumpen kann die Zuführung des Öls so gelegt werden, daß es erst entgast wird, bevor es in die saugseitige Stufe (Hochvakuumstufe) gelangt. Durch eine Filtereinrichtung erhöht sich die im Umlauf befindliche Ölmenge der Pumpe. Dies ist bei luftgekühlten Pumpen vorteilhaft, da dann das Öl besser gekühlt wird. Besonders von Vorteil ist dies jedoch, wenn korrodierende Gase oder Dämpfe abgepumpt werden müssen. Sind keine besonderen Maßnahmen getroffen, so hängt es allein von der Menge des vorhandenen Öls (mit entsprechenden Inhibitoren) ab, wieviel der kritischen Medien im Öl gespeichert bzw. neutralisiert werden können. Außerdem macht es die Filtereinrichtung möglich, in den Ölkreislauf ein chemisch wirkendes Element (z.B. Natriumcarbonat bei Säureanfall) einzubringen, das für eine Verminderung der Ölbeladung sorgt.

Da die Filtereinrichtung vom heißen Öl der Vakuumpumpe durchströmt wird, ist es ein Zeichen für einen gestörten Kreislauf, wenn die Leitungen bzw. der Filtertopf kalt werden. Meist ist dann der Filter gesättigt und hat eine so hohe Druckdifferenz aufgebaut, daß das Öl nicht mehr fließen kann. Oft sind jedoch spezielle Überwachungselemente (z.B.

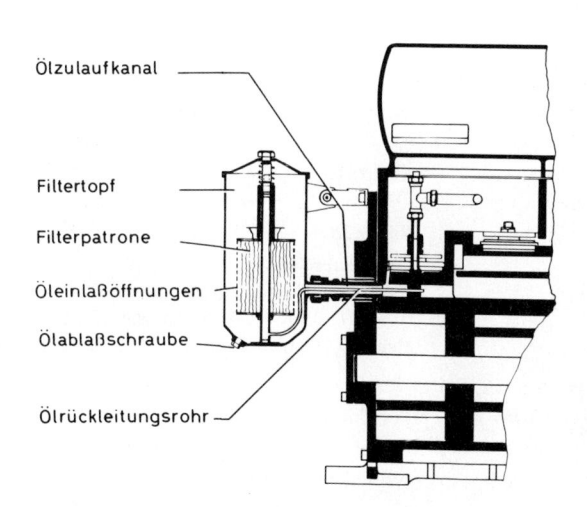

Bild 5.34
Ölfilter (schematisch)

Manometer) vorhanden, die eine Sättigung des Filterelements anzeigen. Dann muß der Filtereinsatz gewechselt oder gereinigt werden. Zweckmäßig ist es, auch gleich einen Ölwechsel an der Pumpe durchzuführen und die Verbindungsleitungen zu reinigen.

5.3.9.5 Auspuff-Filter (Ölnebelscheider)

Durch das innige Vermischen von Gas und Pumpenöl während des Verdichtungs- und Ausstoßvorganges stößt eine Vakuumpumpe nicht nur das gepumpte Gas auf der Auspuffseite aus, sondern auch Ölteilchen, die vom Gas mitgerissen werden (Aerosole) und als „Rauch" oder „Ölnebel" am Auspuff zu sehen sind (dazu kommen noch sehr kleine Mengen Öldampf entsprechend dem Dampfdruck des Öls). Dieser Ölnebel, der sich in den Arbeitsräumen unangenehm bemerkbar macht, wurde früher über eine Auspuffleitung gesammelt und mit dem gepumpten Gas ins Freie ausgestoßen. In den letzten Jahren sind – zum Teil erzwungen durch das ausgeprägtere Umweltbewußtsein – zuerst für die Druckluftkompressoren entwickelt, Filterelemente gebaut worden, die auch bei den Vakuumpumpen als Auspuff-Filter verwendet werden können.

Die im Abgas enthaltenen Ölaerosole haben Tröpfchengrößen von 0,01 ... 0,8 μm. Diese feinen Tröpfchen sind durch die herkömmlichen Gewebe- oder Keramikfilter nicht mehr abzuscheiden. Erst die Schaffung eines Filtermaterials aus sehr feinen Borsilikatfasern, die so miteinander verbunden sind, daß auch genügend Hohlräume entstehen, die Verschmutzungen aufnehmen können, hat hier Abhilfe geschaffen. Dieses Filtermaterial wurde zu zylindrischen Filterelementen geformt und durch entsprechende Maßnahmen abgestützt, damit auch Druckdifferenzen auftreten können. Bei den Auspuff-Filtern entsprechend Bild 5.35 sind diese Filterelemente in zylindrische Behälter eingesetzt. Die Abgase der Pumpe treten

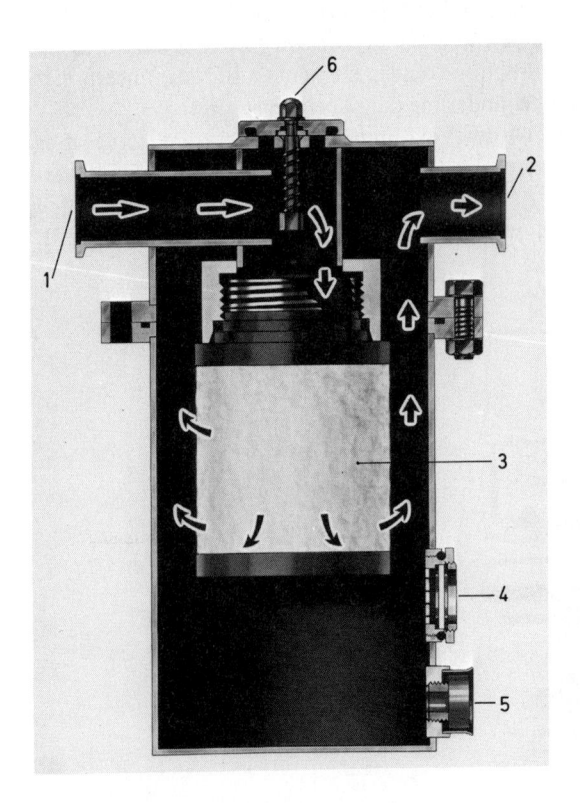

Bild 5.35
Ölnebelabscheider
1 Anschlußflansch zur Pumpe; 2 ölfreier Auspuff; 3 Filter; 4 Ölschauglas; 5 Ölablaß; 6 Überdruckventil

in den Auspuff-Filter ein, werden im Filterelement vom Ölnebel gereinigt und strömen nach Durchtritt des Filterelements aus dem Filter aus. Das Öl wird im Filterelement gesammelt und tropft am unteren Elementende ab. Anhand des Ölschauglases kann das abgeschiedene Öl kontrolliert und evtl. abgelassen werden. Verschmutzt das Filterelement, so steigt der Druckverlust. Bei einem Druck von 1,5 bar (0,5 bar Überdruck) öffnet das eingebaute Überdruckventil, was als Zeichen für den Filterelementwechsel zu betrachten ist.

Diese Auspuff-Filter sind in der Größe auf das Saugvermögen der entsprechenden Pumpe abgestimmt. Es kann jedoch zweckmäßig sein, daß eine Reihe kleinerer Pumpen an einem großen Abscheider betrieben wird, vor allem dann, wenn die Pumpen im Intervallbetrieb arbeiten.

5.3.9.6 Staubfilter

Bei manchen Prozessen (z.B. Stahlentgasen u.a.) entstehen größere Mengen Staub, die vom Gas mitgerissen in die Vakuumpumpen gelangen und dort mit dem vorhandenen Öl für die Pumpe unbekömmliche Schmirgelmischungen ergeben. Sofern die Staubmenge klein genug ist, genügt es, den Ölkreislauf zu filtern. Bei größerem Staubanfall genügen die Ölfilter nicht mehr, vor allem dann nicht, wenn sich der Staub in den Leitungen absetzen kann und dann Zusammenbackungen in die Pumpe gelangen können. Um Schädigungen der Pumpen zu verhindern, werden je nach Einsatzfall und Pumpengröße unterschiedliche Staubfilter verwendet.

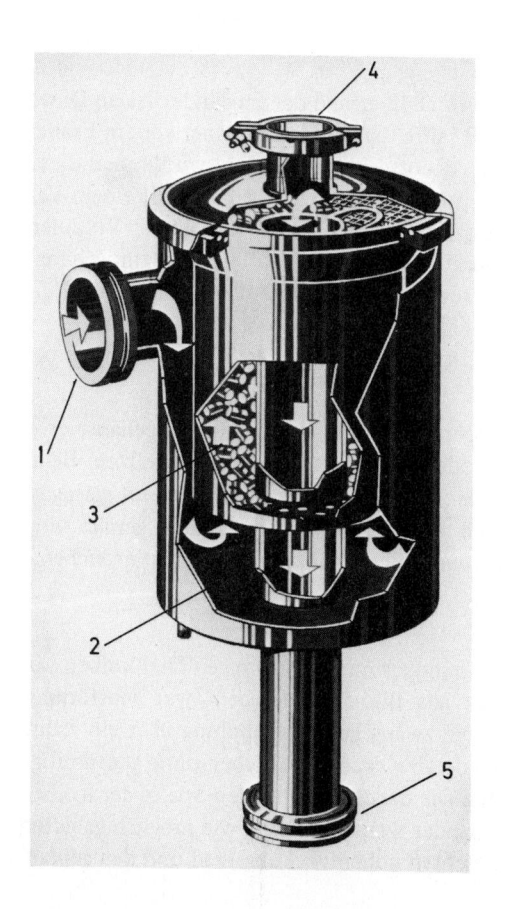

Bild 5.36
Staubfilter
1 Anschlußflansch zur Vakuumanlage;
2 Zyklonenabscheidung; 3 ölgetränkter
Feinabscheider; Pumpenanschlüsse
(wahlweise): 4 Kleinflansch; 5 Festflansch

5 Verdrängerpumpen

Für kleine Pumpen werden häufig in die Leitung eingebaute Wattefilter verwendet, die entsprechend großflächig ausgebildet sein müssen, um die Drosselverluste klein zu halten. Bei Pumpprozessen mit einem niedrigsten Arbeitsdruck um ca. 10 mbar (z.B. in der Verpackungsindustrie) können auch Siebfilter (Maschenweite um 25 μm) oder Papierfilter, wie sie als Luftfilter für große Motoren verwendet werden, zum Einsatz kommen. In diesem Druckbereich spielt die Drosselung noch keine solch entscheidende Rolle und die Dichtheit der Filter reicht aus.

Für den Einsatz unter 10 mbar haben sich die Filter, die nach einem doppelten Prinzip arbeiten, bewährt (Bild 5.36). Die Luft tritt bei 1 tangential ein, wodurch der äußere zylindrische Mantel 2 als Zyklonabscheider wirkt. Nachdem dort die gröberen Verunreinigungen abgeschieden sind, gelangt die Luft in den inneren Mantel, der ölbenetzte Raschigringe 3 enthält; der Abscheidegrad beträgt bis Korngrößen von 10 μm etwa 99,9 % und bis Korngrößen von 2 μm etwa 99,8 %. Die Drosselung des Filters ist bis 10 mbar vernachlässigbar, bei 1 mbar beträgt sie ca. 10 %, bei 10^{-1} mbar ca. 50 % des Saugvermögens der entsprechenden Pumpe. Hier tritt häufig das Problem auf, daß Dämpfe abgesaugt werden müssen, die in der Pumpe aushärten (z.B. Kunststoffdämpfe). Dann ist häufiger (meist täglicher, u.U. stündlicher) Ölwechsel nötig, da eine Aushärtung in der Pumpe diese ernstlich gefährden kann. Die Pumpe bleibt evl. sogar stehen oder läuft am nächsten Tag (nach einer Stillstandzeit) nicht mehr an. Diese Dämpfe können durch Aktivkohlefilter sehr wirksam von der Pumpe ferngehalten werden. Die Aktivkohle hält diese Dämpfe durch Adsorption fest.

5.4 Wälzkolbenpumpen (Rootspumpen)

Wälzkolbenpumpen gibt es schon seit langem. 1848 erfand der Engländer Isaiah Davies eine Pumpe, deren Konstruktionsprinzip etwa 20 Jahre später von den Amerikanern Francis M. und Philander H. Roots übernommen und als „Rootsgebläse" bekannt wurde. Seit dieser Zeit werden die Rootspumpen in der Technik (vornehmlich als Ladegebläse mit einem Verdichtungsverhältnis 1,5 ... 2) und in Umkehrung des Antriebs als Gaszähler — Volumenmessung — verwendet. Läßt man ein Rootsgebläse als „Rootspumpe" gegen Atmosphärendruck laufen, so erreicht man nur einen Enddruck von etwa 450 mbar. Erst etwa 1954 wurde die Rootspumpe für die Vakuumtechnik wiederentdeckt.

Die PNEUROP-Abnahmeregeln und DIN 28 426 definieren die Wälzkolbenpumpen folgendermaßen:

„Wälzkolbenpumpen sind Drehkolbenpumpen, bei denen sich im Fördergehäuse zwei symmetrisch gestaltete Drehkolben mit 2 oder 3 Zähnen gegenseitig abwälzen. Beide Rotoren sind so synchronisiert, daß sie sich ohne gegenseitige Berührung mit geringem Spiel aneinander und an der Gehäusewand vorbeibewegen. Sie können gemäß ihrer Bauweise *mit einer entsprechenden Vorvakuumpumpe* Drücke unter 1 mbar erreichen."

5.4.1 Wirkungsweise

In der Vakuumtechnik werden Wälzkolbenpumpen mit zweizähnigen Drehkolben verwendet. Die grundsätzliche Wirkungsweise geht aus Bild 5.37 hervor. Zwei achtförmige Kolben rotieren gegenläufig in einem Gehäuse. Die zwangsläufige Kupplung über ein Zahnradpaar gleicher Zähnezahl bewirkt ein Aufeinanderabwickeln der Kolben ohne gegenseitige Berührung und ohne Berührung der Gehäusewand. Die dabei entstehenden Spalte der Kolben gegen die Gehäusewand und der Kolben untereinander werden so klein wie möglich gehalten und sind von der Größe der Pumpe, dem gewünschten hohen Wirkungsgrad und den geplan-

5.4 Wälzkolbenpumpen (Rootspumpen) 5.4.1

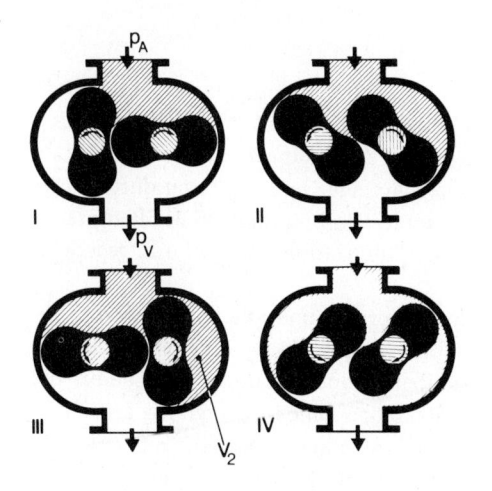

Bild 5.37
Pump-Phasen I bis IV einer Wälzkolbenpumpe.
Rechter Kolben rechtsdrehend, linker Kolben linksdrehend

ten Einsatzbedingungen abhängig. Die tatsächlich vorhandenen Spalte sind ein Kompromiß und liegen in der Größenordnung um 0,1 mm.

Zur vereinfachten Darstellung der Wirkungsweise werde in Bild 5.37 nur die rechte Pumpenseite betrachtet. Bei Kolbenstellung I und II wird das dem Rezipienten zugewandte Volumen der Pumpe vergrößert. Bei der Kolbenstellung III ist der sichelförmige Raum V_2 von der Saugseite abgeschlossen. Bei weiterer Drehung öffnet sich der Raum zur Druckseite (Vorvakuumseite) und das unter dem Vorvakuumdruck p_V stehende Gas strömt in den vorher abgeschlossenen Raum ein (Kolbenstellung IV). Das einströmende Gas verdichtet das dort vorhandene und wird zusammen mit der vorher von der Saugseite geförderten Gasmenge bei weiterer Kolbendrehung ausgestoßen. Das geförderte Gasvolumen ist somit, sofern man von den Verlusten absieht, das Volumen V_2 des sichelförmigen Raums der Stellung III. Da dieses Volumen bei jeder vollen Umdrehung zweimal entsteht und zwei Kolben vorhanden sind (am linken Pumpenteil entsteht V_2 pro Umdrehung auch zweimal), wird das Schöpfvolumen (entspricht dem Hubvolumen bei Kolbenpumpen) der Wälzkolbenpumpe:

$$V_S = 4 \cdot V_2. \tag{5.51}$$

Durch hohe Drehzahlen (z.B. $n = 3000 \text{ min}^{-1} = 50 \text{ s}^{-1}$) erreicht man mit kleinen Pumpen ein hohes Saugvermögen $S_{th} = n \cdot V_S$. Dabei wird die mögliche Drehzahl durch den verwendeten Drehkolbenwerkstoff aufgrund der entstehenden Fliehkräfte begrenzt.

Die Pumpe läuft im Pumpenraum völlig trocken, lediglich die Lager und die Zahnräder werden zur Schmierung mit Öl versorgt. Zwischen dem Pumpenraum und den Lagerräumen befinden sich Kolbenringe, Labyrinthe u.a. zur Abdichtung der Wellendurchführungen, die ein Eindringen von Öl in den trockenen Pumpraum weitgehend verhindern. Daher sind auch Absolutdrücke unter 10^{-3} mbar erreichbar. Als Dichtung zwischen Saugseite und Vorvakuumseite dienen lediglich die engen Spalte (dynamische Dichtung). Bedingt durch den Strömungswiderstand und die unterschiedliche Erwärmung von Kolben und Gehäuse durch die Kompression vor allem im Grob- und Feinvakuumbereich kann die Pumpe nicht beliebig hohe Druckunterschiede erzeugen und daher nur bei Verwendung besonderer Maßnahmen (Rückkühlung, Druckstutzenkühlung) gegen Atmosphärendruck arbeiten. *Sie benötigt normalerweise eine Vorpumpe zum Betrieb.*

5 Verdrängerpumpen

5.4.2 Technischer Aufbau

In Bild 5.38 wird der vereinfachte Aufbau einer Wälzkolbenpumpe gezeigt. Die Achsen der beiden Drehkolben sind aus dem Pumpenraum herausgeführt und die Kolben sind durch ein außerhalb des eigentlichen Pumpenraums liegendes Zahnradpaar gleicher Zähnezahl miteinander gekoppelt. Aus dem Ölvorrat werden die Zahnräder und die Lager durch rotierende Scheiben (Spritzscheibenschmierung) mit Öl versorgt. Die Ölräume und der Pumpraum sind an den Wellendurchführungen durch Kolbenringe, Labyrinthdichtungen u.a. gegeneinander abgedichtet.

Da bei größeren Druckunterschieden zwischen Pumpraum und Ölraum durch die Abdichtung Öl in den Pumpraum gedrückt werden könnte, werden die Ölräume entweder mit der Saugseite oder der Vorvakuumseite der Wälzkolbenpumpe verbunden und damit die Abdichtung entlastet. Der gesamte Innenraum der Wälzkolbenpumpe ist sorgfältig gegen den Umgebungsdruck (normal Atmosphäre) abgedichtet. Leckraten kleiner als 10^{-3} mbar $\cdot$ ℓ $\cdot$ s^{-1} werden ohne Probleme in der Serienfertigung erreicht. Durch die Verwendung von Runddichtringen ist eine leichte Demontage bzw. Montage zur Reinigungs- bzw. notfalls zu Reparaturzwecken gewährleistet.

Bei hohen Drehzahlen ist eine vakuumdichte Drehdurchführung, die auf der einen Seite vom Umgebungsdruck beaufschlagt wird, nicht problemlos und kann zu Störungen im Betrieb führen. Man führt sie als ölüberlagerte Kammern aus, wobei der Ölvorrat gleichzeitig zur Kühlung der verwendeten Wellendichtringe benutzt wird. Die verwendeten Wellendichtringe laufen dazu noch in die Welle ein, was beim (sicher einmal notwendigen) Ersetzen zumindest lästig ist. Deshalb verwendet man bei modernen Konstruktionen von Wälzkolbenpumpen für das Feinvakuumgebiet den Spaltrohrmotor, bei dem Ständerpaket und Läufer durch ein dünnes Rohr aus unmagnetischem Material, z.B. rostbeständigem austenitischen Stahl, vakuumdicht voneinander getrennt sind (Bild 5.39). Der Läufer ist also im Vakuum. Bei Pumpen, die auch im Grobvakuumgebiet arbeiten, also auch größere Druckdifferenzen überwinden müssen, oder wenn Sondermotoren, z.B. mit Explosionsschutz oder Sonderspannungen und -frequenzen, verlangt werden, nimmt man die Nachteile der Ab-

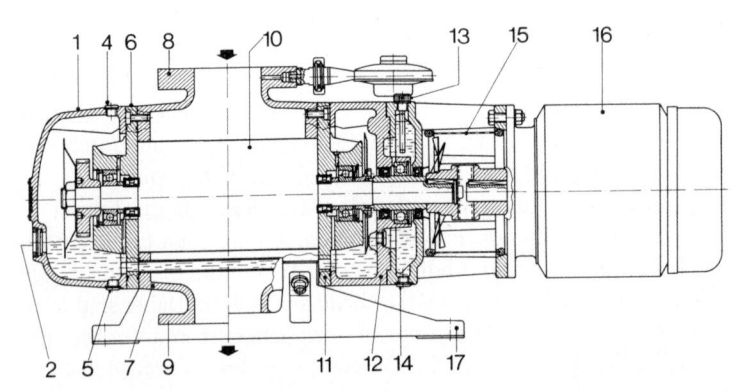

Bild. 5.38 Längsschnitt durch eine Wälzkolbenpumpe. 1 vorderer Abschlußdeckel; 2 Ölstandschauglas; 4 Öleinfüllschraube; 5 Ölablaßschraube; 6 räderseitiger Lagerflansch; 7 Pumpengehäuse; 8 Ansaugflansch; 9 Ausgangsflansch (Anschlußflansch für Vorpumpe); 10 angetriebener Wälzkolben; 11 motorseitiger Lagerflansch; 12 Zwischenflansch; 13 Öleinfüllschraube mit Peilstab (Wellendurchführung); 14 Ölablaßschraube (Wellendurchführung); 15 Laterne mit Schutzkorb; 16 Antriebsmotor; 17 Fuß. Horizontale Strichelung: Öl

5.4 Wälzkolbenpumpen (Rootspumpen) 5.4.2

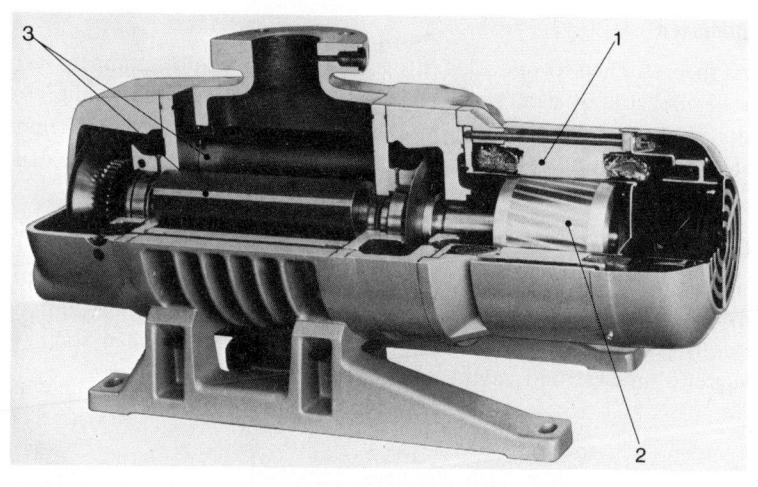

Bild 5.39 Viertelschnitt durch eine einstufige Wälzkolbenpumpe mit Spaltrohrmotor. 1 Ständerpaket; 2 Läufer (im Vakuum); 3 Wälzkolben

Bild 5.40 Wälzkolbenpumpe mit Außenmotor. 1 Laterne mit Schutzkorb, der die **Kupplung** umgibt; 2 Antriebsmotor; 3 Pumpengehäuse mit Kühlrippen. Vertikale Förderrichtung. Theoretisches Saugvermögen 2000 m^3/h; Nennweite der Anschlußflansche DN 150; Gesamtlänge 1242 mm; Gesamthöhe 530 mm.

dichtung mit Wellendichtring in Kauf und setzt den Motor außen als Flansch- oder Fußmotor über eine Kupplung an (Bild 5.40). Beim Auswechseln des Wellendichtrings wird auch eine über die Welle gezogene Buchse, die mit Runddichtringen gedichtet ist, abgezogen. Dadurch entfällt zum Teil die Schwierigkeit des in die Welle einlaufenden Simmerrings.

Viele Pumpentypen sind für die Verwendung eines Druckschalters (meist Membrandruckschalter) vorbereitet, der die Pumpen bei Erreichen des richtigen Ansaugdruckes automatisch einschaltet (s. auch 5.4.4.2).

5.4.3 Theoretische Grundlagen

Die Kenntnis der theoretischen Grundlagen ist gerade bei Wälzkolbenpumpen von besonderer und praktischer Bedeutung, denn sie erlaubt die Berechnung der Saugvermögenskurven für eine Vielfalt von Pumpenkombinationen. Diese können sehr komplex sein und lassen eine experimentelle Simulation – schon wegen der Größe der Aggregate – in den meisten Fällen nicht zu.

5.4.3.1 Der effektive Gasstrom

Eine Wälzkolbenpumpe fördert einen effektiven Gasstrom q_{eff}, der sich aus dem theoretischen Gasstrom q_{th}, den eine verlustfreie Wälzkolbenpumpe fördern würde, durch Berücksichtigung des Verlustgasstroms q_{verl}, der durch Spalte und andere Ursachen von der Vorvakuumseite zur Saugseite zurückströmt, ergibt:

$$q_{eff} = q_{th} - q_{verl}. \tag{5.52}$$

Der theoretische pV-Strom errechnet sich aus dem Schöpfvolumen V_S (Gl. (5.51)), der Drehzahl n der Pumpe und dem Ansaugdruck p_A zu:

$$q_{pV,\,th} = V_S \cdot n \cdot p_A = S_{th} \cdot p_A. \tag{5.53}$$

Der Verlustgasstrom $q_{pV,\,verl,\,sp}$, der durch die Spalte der Drehkolben gegeneinander und durch die Spalte der Drehkolben gegen das Gehäuse bedingt ist, beträgt, wenn L den Leitwert der Spalte und p_v den Druck auf der Vorvakuumseite bedeutet:

$$q_{pV,\,verl,\,sp} = L \cdot (p_v - p_A).$$

Weitere Verluste entstehen beim Übergang von Stellung II nach Stellung III (Bild 5.37), kurz bevor die Stellung III erreicht ist. Hier wird der zwickelförmige Raum zwischen den Kolben so schnell verkleinert, daß die Gasmoleküle nicht genügend Zeit haben, restlos zur Vorvakuumseite abzuströmen. Beim Weiterdrehen expandiert diese Restgasmenge höheren Drucks (höher als der Vorvakuumdruck p_v) wieder in den saugseitigen Raum niedrigeren Drucks. Eine weitere Rückströmung erfolgt dadurch, daß sich die Drehkolben auf der Vorvakuumseite entsprechend den Gleichgewichtsbedingungen mit Gas beladen, das auf der Saugseite bei niedrigerem Druck wieder abgegeben wird; je niedriger die Drücke sind, bei denen die Wälzkolbenpumpe arbeitet, desto bestimmender werden die Erscheinungen der Adsorption und der Desorption. Auch die Hohlräume in den Drehkolben, die aus Masseersparnis angebracht werden, tragen durch Rückexpansion der in den Hohlräumen befindlichen Gasmengen zur Rückströmung bei. Alle diese Einflüsse faßt man unter dem Begriff der schädlichen Rückströmung $S_R \cdot p_v$ zusammen. Der gesamte Verlustgasstrom ist demnach

$$q_{pV,\,verl} = L(p_v - p_A) + S_R \cdot p_v. \tag{5.54}$$

Für den effektiv geförderten Gasstrom erhält man dann:

$$q_{pV,\,eff} = p_A \cdot S = p_A \cdot S_{th} - L(p_v - p_A) - S_R \cdot p_v. \tag{5.55}$$

5.4.3.2 Kompressionsverhältnis K_0 bei Nulldurchsatz

Durch dichtes Verschließen des Saugstutzens einer Wälzkolbenpumpe kann man erreichen, daß der geförderte Gasstrom $q_{pV,\,eff} = 0$ wird. Aus Gl. (5.55) erhält man damit nach Umrechnung das Kompressionsverhältnis bei Nullförderung

$$\left(\frac{p_v}{p_A}\right)_0 = \frac{S_{th} + L}{S_R + L} = \frac{S_{th}}{S_R + L} + \frac{L}{S_R + L} = K_0. \tag{5.56}$$

Dieses Kompressionsverhältnis bei Nullförderung wird gemessen und ist ein Pumpen-Kenn-Wert, der eine der wichtigsten Kenngrößen einer Wälzkolbenpumpe darstellt.

In den PNEUROP-Abnahmeregeln bzw. in DIN 28 426 sind Definitionen und Messung festgelegt:

„Das Kompressionsverhältnis bei Nullförderung ist das Verhältnis der Drücke der Permanentgase im Druck- und Saugstutzen bei abgeschlossenem Saustutzen und der Förderung Null. Dieses Kompressionsverhältnis hängt von der Gasart ab. Der Maximalwert des Kompressionsverhältnisses K_0 wird $K_{0,max}$ genannt."

„Die Messung erfolgt in der Weise, daß die Wälzkolbenpumpe saugseitig abgeschlossen wird und in geeigneter Weise auf der Druckseite unterschiedliche Drücke eingestellt werden."

Einzelheiten zu Meßaufbau und Durchführung der Messung von K_0 in Abhängigkeit vom Vorvakuumdruck p_v sind in [20] und [22] enthalten.

In Bild 5.41 sind Kurven des Kompressionsverhältnisses K_0 verschiedener Wälzkolbenpumpen angegeben. Da K_0 meist über dem Wert 10 liegt und der zweite Ausdruck in Gl. (5.56) kleiner als 1 ist, kann man näherungsweise schreiben:

$$K_0 = \frac{S_{th}}{S_R + L} \quad . \tag{5.57}$$

Im Gebiet hohen Drucks ($p_v > 15$ mbar) ist der Leitwert L der Spalte groß (vgl. Gl. (4.106) und Bild 4.27); dann kann man die schädliche Rückströmung S_R gegen den Leitwert L vernachlässigen, so daß

$$K_0 \approx \frac{S_{th}}{L} \quad \text{für } p_v > 15 \text{ mbar}.$$

Für den Druckbereich $p_v < 10^{-1}$ mbar hat man reine Molekularströmung. Dadurch wird der Leitwert klein (Gl. (4.106) und Bild 4.27) gegen die schädliche Rückströmung und daher

$$K_0 \approx \frac{S_{th}}{S_R} \quad \text{für } p_v < 10^{-1} \text{ mbar}.$$

Der Leitwert wird mit größerem Druck im Bereich der viskosen Strömung größer (Gl. (4.106) und Bild 4.27); damit fällt das Kompressionsverhältnis K_0 bei höheren Drücken ab. Nach niedrigen Drücken zu, nimmt der Leitwert ab und wird schließlich im Bereich der Molekularströmung druckunabhängig und damit konstant. Gleichzeitig steigt aber die schädliche Rückströmung bei niedrigen Drücken, so daß das Kompressionsverhältnis K_0 auch bei niedrigen Drücken wieder absinkt. Wie aus Bild 5.41 zu entnehmen ist, liegt das so verursachte Maximum $K_{0,max}$ des Kompressionsverhältnisses bei einem Vorvakuumdruck $p_v \approx 1$ mbar. Mit zunehmender Pumpengröße steigt das theoretische Saugvermögen S_{th} schneller als der Leitwert L, wodurch auch das Kompressionsverhältnis K_0 größer wird (s. Bild 5.41).

Mit dem Enddruck $p_{v,end}$ der Vorpumpe und dem zugehörigen Kompressionsverhältnis $K_{0,end}$ kann der erreichbare Enddruck der Wälzkolbenpumpe (Kombination als Wälzkolbenpumpe und Vorpumpe) errechnet werden:

$$p_{A,end} = \frac{p_{v,end}}{K_{0,end}} \quad .$$

5 Verdrängerpumpen

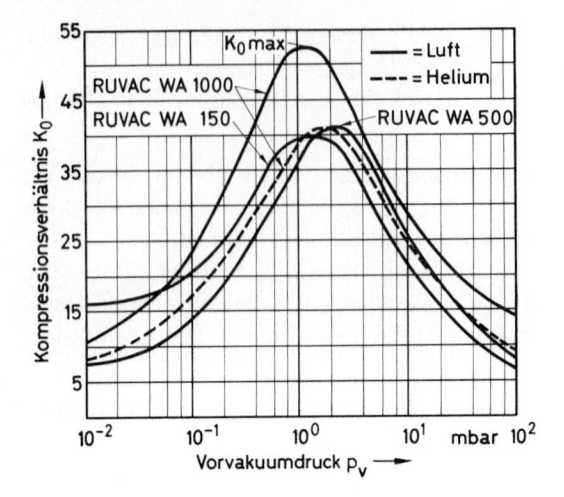

Bild 5.41
Kompressionsverhältnis bei Nullförderung K_0, in Abhängigkeit vom Vorvakuumdruck p_v (Druck am Pumpenausgang der Wälzkolbenpumpe) für verschieden große Wälzkolbenpumpen. Meßkurven

5.4.3.3 Effektives Kompressionsverhältnis und volumetrischer Wirkungsgrad

Wird eine Wälzkolbenpumpe mit Vorpumpe an einen Rezipienten angeschlossen, so fördert sie im allgemeinen einen Gasstrom (aus dem Prozeß oder von Lecks verursacht). Wenn das Saugvermögen der Vorpumpe S_v und das der Wälzkolbenpumpe S ist, so gilt, da nach dem Kontinuitätsprinzip der geförderte pV-Gasstrom beider Pumpen gleich sein muß und bei der Hintereinanderschaltung der Druck p_v auf der Vorvakuumseite der Wälzkolbenpumpe gleich dem Ansaugdruck der Vorpumpe (gleich p_v) ist:

$$p_A \cdot S = p_v \cdot S_v. \tag{5.58}$$

Als effektives (K_{eff}) und theoretisches (K_{th}) Kompressionsverhältnis sei nun definiert:

$$K_{eff} =: \frac{p_v}{p_A} = \frac{S}{S_v}, \qquad K_{th} =: \frac{S_{th}}{S_v}. \tag{5.59}$$

Setzt man Gl. (5.58) in Gl. (5.55) für den effektiven pV-Gasstrom ein, so erhält man unter Berücksichtigung der Definitionen nach Gl. (5.59)

$$\frac{1}{K_{eff}} = \frac{p_A}{p_v} = \frac{S_v}{S_{th}+L} + \frac{S_R+L}{S_{th}+L}.$$

Da man im allgemeinen den Leitwert L gegen das theoretische Saugvermögen S_{th} vernachlässigen kann, wird

$$\frac{1}{K_{eff}} = \frac{S_v}{S_{th}} + \frac{S_R+L}{S_{th}} = \frac{1}{K_{th}} + \frac{1}{K_0}$$

oder mit Gl. (5.59)

$$\frac{K_{eff}}{K_{th}} = \frac{S}{S_{th}} =: \eta_V = \frac{\frac{K_0}{K_{th}}}{1 + \frac{K_0}{K_{th}}}. \tag{5.60}$$

η_V heißt volumetrischer Wirkungsgrad. Dieser kann bestimmt werden, wenn das Saugvermögen der Vorpumpe — $S_v = f(p_v)$ —, das theoretische Saugvermögen der Wälzkolben-

5.4 Wälzkolbenpumpen (Rootspumpen) 5.4.3

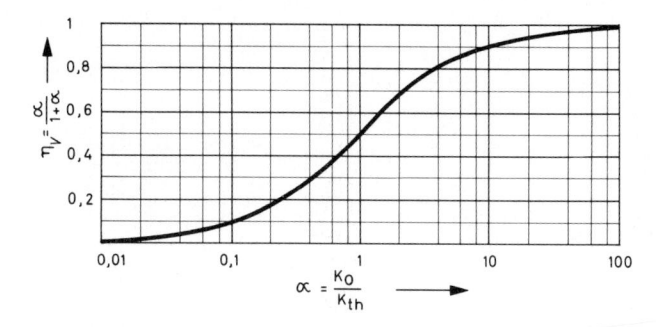

Bild 5.42a
Zur Bestimmung des volumetrischen Wirkungsgrades η_V von Wälzkolbenpumpen nach Gl. (5.62)

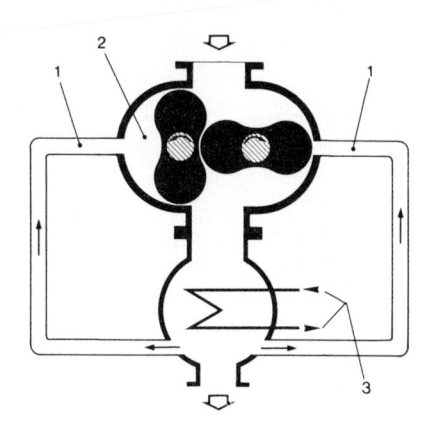

Bild 5.42b
Prinzip der Voreinlaß-Gaskühlung bei Wälzkolbenpumpen
1 Voreinlaßkanal zur Aufnahme eines Teilstromes des abgepumpten Gasstromes; 2 Schöpfraum; 3 Gaskühler

pumpe $- S_{th} = V_S \cdot n$, (Gl. (5.53)) – und das gemessene Kompressionsverhältnis K_0 der Wälzkolbenpumpe $- K_0 = f(p_V)$, s. Bild 5.41 – bekannt sind.

Mit η_V läßt sich dann das Saugvermögen S der Wälzkolbenpumpen-Kombinationen (Wälzkolbenpumpe + Vorpumpe) gemäß

$$S = \eta_V \cdot S_{th} \tag{5.61}$$

bestimmen.

Bezeichnet man K_0/K_{th} mit α, so lautet Gl. (5.60)

$$\eta_V = \frac{\alpha}{1 + \alpha}. \tag{5.62}$$

Dieser Zusammenhang ist in Bild 5.42 graphisch dargestellt.

Gl. (5.61) liefert zunächst das Saugvermögen S als Funktion des Vorvakuumdruckes p_V. Dieser hängt aber über die Kontinuitätsgleichung (5.58) mit dem Ansaugdruck p_A zusammen, so daß damit auch das Saugvermögen S als Funktion des Ansaugdruckes p_A gegeben ist (Saugvermögenskurve). In Tabelle 5.3 ist der Gang der Berechnung anhand eines Zahlenbeispiels angegeben. Aus Bild 5.45 ist zu ersehen, daß gerechnete und gemessene Werte hinreichend nahe beieinanderliegen.

Wenn mehrstufige Kombinationen zu errechnen sind, geht man stufenweise vor, indem man die niedrigstufige Kombination als Vorpumpe für die nächste Wälzkolbenpumpe betrachtet.

5 Verdrängerpumpen

Tabelle 5.3 Berechnung des Saugvermögens S der Kombination einer Wälzkolbenpumpe RUWAC WA 1000 mit den Sperrschieberpumpen E250 und E75. Theoretisches Saugvermögen der Wälzkolbenpumpe abzüglich 2,5 % Schlupf: $S_{th} = 1000\ m^3 h^{-1}(1-0{,}025) = 975\ m^3 h^{-1}$. Saugvermögen der Sperrschieberpumpen entnommen aus deren Saugvermögenskurven bei geschlossenem Gasballastventil (vgl. Bild 5.45).

p_v in mbar	S_v in $m^3 \cdot h^{-1}$	$K_{th} = \dfrac{S_{th}}{S_v} = \dfrac{975\ m^3 h^{-1}}{S_v}$ Gl. (5.59)	K_0 (gemessen) Bild 5.41	$\dfrac{K_0}{K_{th}}$	$\eta_V = \dfrac{\frac{K_0}{K_{th}}}{1+\frac{K_0}{K_{th}}}$ Gl. (5.60)	$S = \eta_V \cdot S_{th}$ Gl. (5.61)	$p_A = \dfrac{p_v \cdot S_v}{S}$ in mbar Gl. (5.58)
E250							
133	250	3,9	13	3,34	0,77	750	44,3
53	250	3,9	16,5	4,23	0,81	789	16,8
13	250	3,9	27	6,93	0,874	851	3,82
7	250	3,9	34	8,72	0,898	875	2
1	250	3,9	52	13,3	0,93	906	0,276
$7 \cdot 10^{-1}$	245	3,98	49,5	12,4	0,929	905	0,189
$1 \cdot 10^{-1}$	185	5,26	27	5,14	0,838	817	$2{,}3 \cdot 10^{-2}$
$5 \cdot 10^{-2}$	105	9,28	19	2,05	0,673	656	$8 \cdot 10^{-3}$
$p_{v,\,end} = 2 \cdot 10^{-2}$			$K_{0,\,end} = 14{,}0$				
E75							
100	74	13,2*)	13	0,985	0,496	484	15,3
40	74	13,2	16,5	1,25	0,556	542	5,5
10	74	13,2	27	2,04	0,673	656	1,13
5	74	13,2	34	2,58	0,722	704	0,53
1	74	13,2	52	3,94	0,798	778	$9{,}5 \cdot 10^{-2}$
$5 \cdot 10^{-1}$	71	13,7	49,5	3,61	0,784	764	$4{,}7 \cdot 10^{-2}$
$1 \cdot 10^{-1}$	52	18,7	27	1,44	0,59	575	$9 \cdot 10^{-3}$
$4 \cdot 10^{-2}$	27	36,1*)	19	0,53	0,35	341	$3 \cdot 10^{-3}$
							$p_e = 1{,}5 \cdot 10^{-3}$

*) theoretische Werte, denn es soll nicht $K_{th} > K_0$ sein, da dann $\eta_V < 0{,}5$.

5.4.4 Abstufung des Saugvermögens Vorpumpe/Wälzkolbenpumpe

Die Abstufung des Saugvermögens von Wälzkolbenpumpe zu Vorpumpe wird in der Hauptsache durch zwei Gesichtspunkte bestimmt:

A. Der volumetrische Wirkungsgrad η_V muß gut sein.
B. Die maximal zulässige Druckdifferenz $\Delta p_{zul} = p_v - p_A$ der Wälzkolbenpumpe darf nicht überschritten werden.

Wird der volumetrische Wirkungsgrad schlecht, so sinkt das effektive Saugvermögen der Wälzkolbenpumpe stark ab ($S = \eta_V \cdot S_{th}$). Wenn die maximale Druckdifferenz überschritten wird, dann erwärmt sich die Pumpe durch die Kompressionsarbeit so stark, daß infolge der Wärmeausdehnung die Kolben festlaufen können, zumal das der Umgebung ausgesetzte Pumpengehäuse relativ gut gekühlt ist und kalt bleibt.

Die maximal zulässige Druckdifferenz Δp_{zul} ist bei relativ kurzen Pumpen größer als bei langen. Sie liegt etwa zwischen 40 mbar und 100 mbar. Im höheren Druckgebiet (über 150 mbar) ist die zulässige Druckdifferenz wegen der durchgepumpten Masse und der damit verbundenen besseren Kühlung der Drehkolben etwas größer. Wenn diese höhere Druckdifferenz ausgenutzt werden soll, muß berücksichtigt werden, daß dann der Leistungsbedarf ebenfalls höher ist.

Durch Einsetzen spezieller Gaskühler am Vorvakuumstutzen (Bild 5.42a) gelingt es, die zulässige Druckdifferenz zu erhöhen, indem durch Rückführung gekühlten Gases die Temperaturen in Grenzen gehalten werden. Energiemäßig ist das Verfahren jedoch nicht sehr wirtschaftlich, da erst eine große Leistung in die Pumpe gesteckt wird, die dann mit erneutem Leistungsaufwand als Wärme wieder abgeführt werden muß.

Um die Pumpenabstufung entsprechend der obigen Bedingungen quantitativ zu untersuchen, bringt man die Kontinuitätsgleichung (5.58) in die Form

$$\frac{p_v}{p_A} = \frac{S}{S_v} \quad \text{oder} \quad \frac{p_v - p_A}{p_A} = \frac{S}{S_v} - 1. \tag{5.63}$$

Soll nun die Druckdifferenz ($p_v - p_A$) an der Wälzkolbenpumpe kleiner als Δp_{zul} (die zulässige maximale Druckdifferenz) sein, so muß gelten:

$$\frac{S}{S_v} \leq \frac{\Delta p_{zul}}{p_A} + 1. \tag{5.64}$$

5.4.4.1 Abstufung bei niedrigen Ansaugdrücken

Im Gebiet des Feinvakuums, also für Drücke $p_A < 1$ mbar, wird bei einer zulässigen maximalen Druckdifferenz $\Delta p_{zul} = 50$ mbar bei einem Ansaugdruck $p_A = 1$ mbar nach Gl. (5.64)

$$\frac{S}{S_v} = \frac{50}{1} + 1 = 51$$

und bei einem Ansaugdruck $p_A = 10^{-1}$ mbar

$$\frac{S}{S_v} = \frac{50}{0{,}1} + 1 = 501.$$

Bei Drücken $p_A < 1$ mbar hängt also die Abstufung nicht von der maximal zulässigen Druckdifferenz ab. Es muß nur darauf geachtet werden, daß der volumetrische Wirkungsgrad gut ist. Liegt der Mittelwert des maximalen Kompressionsverhältnisses etwa um den Wert 30, erhält man beim theoretischen Kompressionsverhältnis K_{th} = 10 einen volumetrischen Wirkungsgrad η_V = 0,75. Dieser Wert ist noch ausreichend hoch und man kann als Faustregel sagen:

> Im Gebiet des Fein- und Hochvakuums verwendet man eine Abstufung des Saugvermögens von Vorpumpe S_v : S Wälzkolbenpumpe $\approx$ 1 : 10.

Zu beachten ist, daß diese Betrachtung für den stationären Zustand gilt. Bei stark wechselnden Arbeitsdrücken, oder aber, wenn der Vorvakuumdruck p_v so klein wird, daß das Kompressionsverhältnis K_0 klein wird, sollte die Abstufung kleiner gewählt werden (z.B. 1 : 5).

Schaltet man während des Abpumpvorgangs – um den gewünschten Betriebsdruck schneller zu erreichen – die Wälzkolbenpumpe schon bei relativ hohen Drücken ein, so wird die zulässige maximale Druckdifferenz im Einschaltmoment überschritten. Ist diese Überschreitung sehr kurz – einige Minuten –, so ist das für die Wälzkolbenpumpe und den Antriebsmotor unbedenklich.

Bei sehr kleinen Drücken ($p_A < 10^{-2}$ mbar) oder wenn eine Vorpumpe mit Gasballast betrieben werden soll, ist es zweckmäßig, eine zweistufige Vorpumpe zu verwenden, da sonst der erforderliche Vorvakuumdruck entweder nicht erreicht oder aber das Saugvermögen der Vorpumpe bei diesem Druck schon zu klein geworden ist. Dies ergäbe wieder ein hohes theoretisches Kompressionsverhältnis und damit einen schlechten volumetrischen Wirkungsgrad.

5.4.4.2 Abstufung bei hohen Ansaugdrücken

Im Gebiet des Grobvakuums, also für Drücke $p_A > 1$ mbar, wird die maximal zulässige Druckdifferenz bestimmend. Bei Δp_{zul} = 75 mbar und einem Ansaugdruck p_A = 15 mbar wird nach Gl. (5.64)

$$\frac{S}{S_v} = \frac{75}{15} + 1 = 6$$

und bei einem Ansaugdruck p_A = 75 mbar

$$\frac{S}{S_v} = \frac{75}{75} + 1 = 2.$$

Dies bedeutet, daß das Abstufungsverhältnis von Wälzkolbenpumpe zur Vorpumpe entsprechend der zulässigen maximalen Druckdifferenz bei einem Ansaugdruck p_A = 15 mbar nur 6 : 1 und bei einem Ansaugdruck p_A = 75 mbar nur 2 : 1 sein darf.

Man muß beachten, daß im Gebiet des Grobvakuums das Abstufungsverhältnis der Saugvermögen Wälzkolbenpumpe/Vorpumpe für jeden Fall gesondert bestimmt werden muß. Die Abstufung ist im allgemeinen klein und der volumetrische Wirkungsgrad daher gut.

Am besten sind die Verhältnisse zu übersehen, wenn man die Saug*leistung* (vgl. Bild 4.1b) der Wälzkolbenpumpe und der Vorpumpe über dem Druck p_A aufträgt. In Bild 5.43 ist aufgetragen:

5.4 Wälzkolbenpumpen (Rootspumpen) 5.4.4

die Saugleistung einer Vorpumpe mit einem als druckunabhängig angenommenen Saugvermögen S_v = 250 m³/h = 69 ℓ/s;
die Saugleistungen der Wälzkolbenpumpen mit

S_{th1} = 500 m³/h = 139 ℓ/s, $\quad K_{th1}$ = 2
S_{th2} = 1000 m³/h = 278 ℓ/s, $\quad K_{th2}$ = 4 $\hspace{4em}$ (vgl. Gl. (5.59))
S_{th3} = 2000 m³/h = 556 ℓ/s, $\quad K_{th3}$ = 8

und die angenommenen zulässigen maximalen Druckdifferenzen

Δp_{zul} = 80 mbar $\quad$ und $\quad \Delta p_{zul}$ = 50 mbar.

Aus dem Diagramm sind die Einschaltdrücke – für Δp_{zul} = 80 mbar, Punkte 1, 2, 3; für Δp_{zul} = 50 mbar die Punkte 4, 5, 6 – für die Wälzkolbenpumpen zu entnehmen. Dies ist eine pessimistische Abschätzung, da die theoretischen und nicht die effektiven Saugleistungen der Wälzkolbenpumpen benutzt werden. Im allgemeinen liegen die Einschaltdrücke höher, ohne daß die Pumpen überlastet werden.

Man kann das Diagramm aber auch benutzen, um bei einem vorgesehenen pV-Gasstrom die erreichbaren Drücke, den „Übergabedruck" an die Vorpumpe und die Druckdifferenzen zu ermitteln. In Bild 5.43 ist dazu ein pV-Gasstrom q_{pV} = 1,3 · 10³ mbar · ℓ · s⁻¹ eingetragen. Die Vorpumpe erreicht dabei einen Druck von p_v = 19 mbar (Punkt 7). Wird dann eine Wälzkolbenpumpe mit S_{th} = 278 ℓ/s nachgeschaltet, so erreicht diese theoretisch einen Druck von p_A = 4,7 mbar (Punkt 9); in Wirklichkeit wird es ein höherer Druck sein, da $S_{eff} < S_{th}$. Die Druckdifferenz beträgt $\Delta p = p_v - p_A$ = 15,3 mbar.

Ist das Saugvermögen der Vorpumpe druckunabhängig, was z.B. bei öldichteten Verdrängerpumpen weitgehend der Fall ist (s. z.B. Bild 5.25), so kann man die Pumpen-

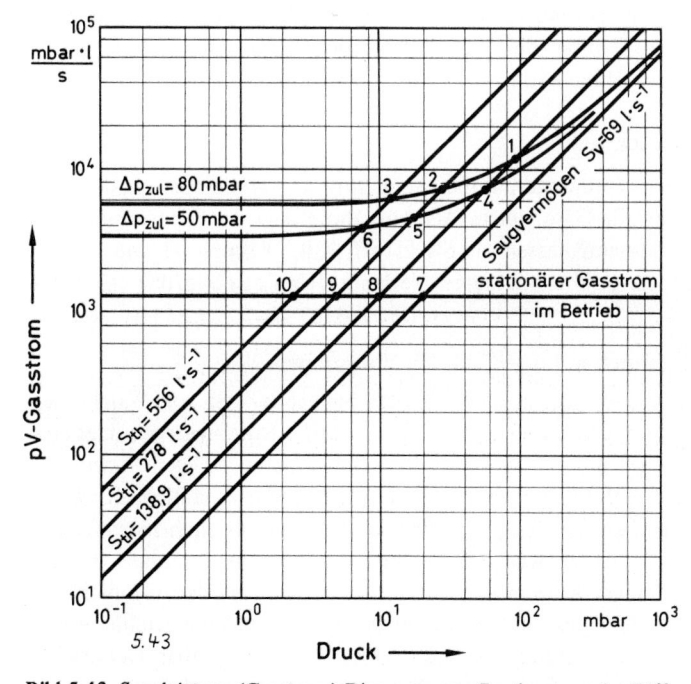

Bild 5.43 Saugleistung (Gasstrom)-Diagramm zur Bestimmung des Differenzdruckes Δp

5 Verdrängerpumpen

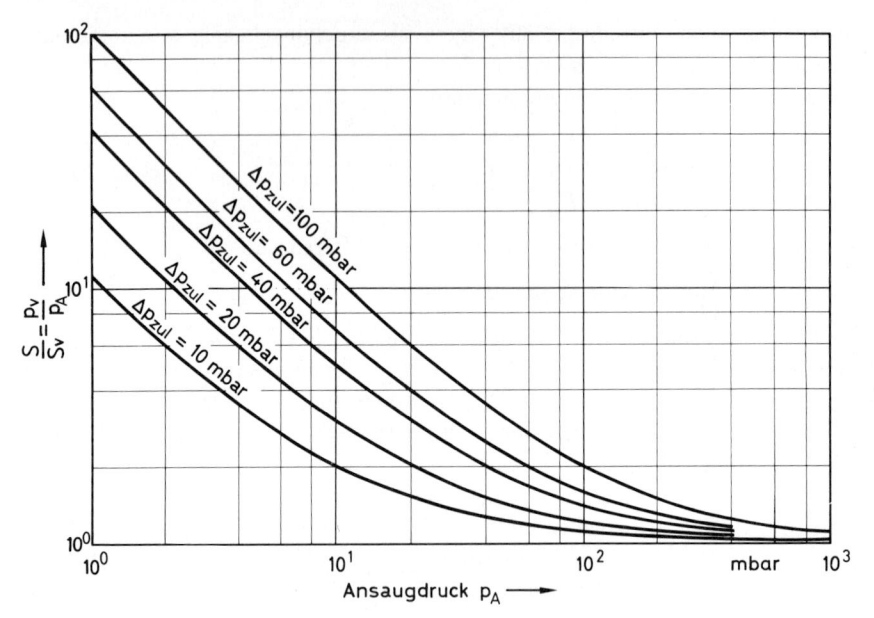

Bild 5.44 Diagramm zur Bestimmung der Pumpenabstufung S (Wälzkolbenpumpe)/S_v (Vorpumpe)

abstufung bzw. den höchstzulässigen Ansaugdruck aus Bild 5.44 entnehmen. Diese Abbildung, die nach Gl. (5.64) gezeichnet wurde, zeigt z.B., daß bei einem Abstufungsverhältnis $S:S_v = 10:1$ und $\Delta p_{zul} = 60$ mbar die Wälzkolbenpumpe mit einem Ansaugdruck $p_A = 6{,}6$ mbar ständig betrieben werden kann.

5.4.5 Saugvermögen und Enddruck

Da die Wälzkolbenpumpen Verdrängerpumpen sind, sind in erster Näherung das Saugvermögen und der Enddruck für alle Gase gleich. Als Ausnahme liegt das Saugvermögen bei Gasen mit kleineren relativen Molekülmassen als Stickstoff, z.B. Wasserstoff und Helium, etwas niedriger, da die durch die Spalte bedingten Verluste dabei etwas größer sind. Das macht sich auch in kleineren K_0-Werten bemerkbar (s. Bild 5.41).

5.4.5.1 Saugvermögen und Enddruck mit ölgedichteten Vorpumpen

In den Bildern 5.45 und 5.46 sind Kurven für das Saugvermögen von Wälzkolbenpumpen mit ölgedichteten Vorpumpen aufgetragen. Das maximale Saugvermögen liegt etwa bei Ansaugdrücken p_A zwischen 1 mbar und 10^{-1} mbar. Bei höheren Drücken macht sich die Vergrößerung des Leitwerts der Spalte, bei tieferen Drücken die schädliche Rückströmung bemerkbar, wodurch das Saugvermögen sowohl nach höheren als auch nach tieferen Drücken etwas abfällt. Im eigentlichen Schöpfraum läuft die Wälzkolbenpumpe trocken, daher wird für die Kurve des Saugvermögens der Totaldruck gelten (bei den ölgedichteten Pumpen ist der Druck der Permanentgase für die Kurven maßgebend). Der erreichbare Endtotaldruck hängt von der gewählten Vorpumpe ab und liegt bei $p_A \approx 10^{-3}$ mbar. Der erreichbare Endpartialdruck liegt niedriger. Der Endtotaldruck wird beeinflußt durch:

5.4 Wälzkolbenpumpen (Rootspumpen) 5.4.5

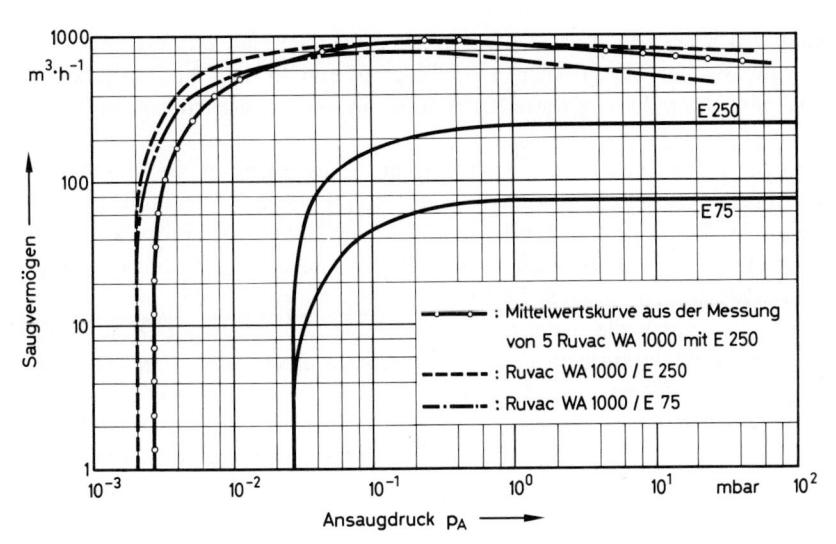

Bild 5.45 Saugvermögenskurven von Wälzkolbenpumpen und der dabei verwendeten Vorpumpen (Sperrschieberpumpen E 250 und E 75). ———— und —·—·—·— berechnet (vgl. dazu Tabelle 5.3)

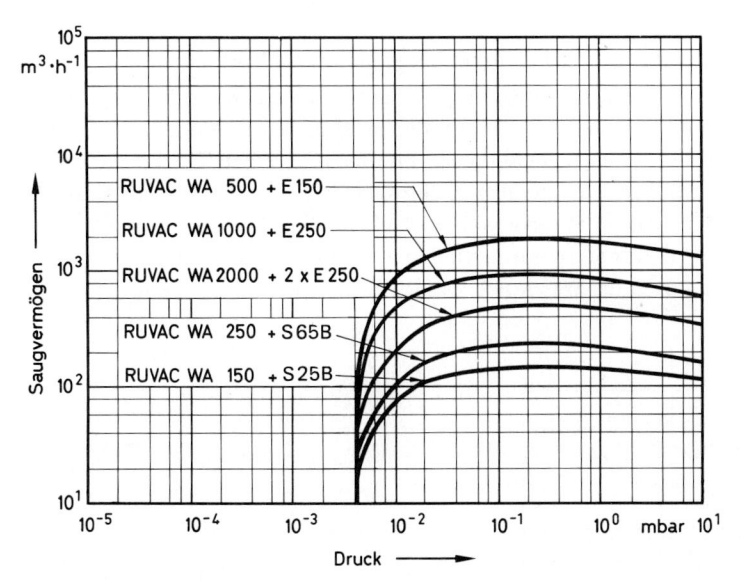

Bild 5.46 Saugvermögenskurven von Wälzkolbenpumpen mit ölgedichteten Rotationsvakuumpumpen als Vorpumpen

A. Den Dampfdruck des Vorpumpenöls (vor allem seiner leichten Fraktionen). Dieser ist am Saugstutzen der Wälzkolbenpumpe um etwa das Kompressionsverhältnis K_0 kleiner als der Endtotaldruck der Vorpumpe, macht sich also bei Ansaugdrücken $p_A \approx 10^{-3}$ mbar bemerkbar.

B. Durch den Dampfdruck des Öls in den Seitenräumen (Ölräumen) der Wälzkolbenpumpe. Durch die Evakuierung der Seitenräume wird Öldampf (im krassen Fall sogar kleine Tröpfchen) von der Lager- bzw. Zahnradschmierung in den an sich trockenen Pumpraum gebracht.

Sollen sehr niedrige Enddruckwerte erreicht werden, so ist es günstig, die Ölräume der Wälzkolbenpumpe mit der Vorvakuumseite der Wälzkolbenpumpe zu verbinden. Dann werden die Crack- bzw. Oxydationsprodukte des Schmieröls mit hohem Dampfdruck (leichte Fraktionen), die durch die Lager- und Zahnradbelastung entstehen, durch die Vorpumpe abgesaugt, ohne die Saugseite zu belasten. Es besteht jedoch die Gefahr, daß beim Betrieb bei relativ hohen Drücken durch die dabei auftretende hohe Druckdifferenz Öl durch die Abdichtung der Wellendurchführungen in den Pumpenraum gedrückt wird. Hier kann eine Fremdabsaugung durch eine kleine separate Vorpumpe Abhilfe schaffen, wenn auch das dabei auftretende Regelproblem von Fall zu Fall untersucht werden muß (der Druck in den Seitenräumen soll kleiner, höchstens gleich dem mittleren Druck im Pumpenraum sein).

Das in den Wälzkolbenpumpen verwendete Schmieröl ist im allgemeinen normales Vorpumpenöl. Für höchste Ansprüche bezüglich des Enddrucks wird auch Diffusionspumpenöl mit sehr niedrigem Dampfdruck verwendet, dessen Schmiereigenschaften jedoch bei geringer Belastung (Enddruckbetrieb) für die Wälzkolbenpumpe ausreichen. Auf die Dauer bringt Diffusionspumpenöl aber keinen Vorteil, da ähnlich wie bei ölgedichteten Pumpen der Dampfdruck (wahrscheinlich durch mechanische Zerstörung der Moleküle) mit der Zeit ansteigt.

5.4.5.2 Saugvermögen und Enddruck mit Flüssigkeitsringpumpen als Vorpumpen

Bei der Verwendung von Flüssigkeitsringpumpen richten sich Saugvermögen und Enddruck nach der verwendeten Flüssigkeit. Am häufigsten wird auch heute noch Wasser verwendet, so daß hier hauptsächlich Wasserringpumpen in Betracht kommen. Da der Enddruck einer Wasserringpumpe je nach Wassertemperatur in der Regel bei 20 ... 30 mbar liegt, ist der erreichbare Enddruck nur um das Kompressionsverhältnis der Wälzkolbenpumpe geringer, er liegt etwa bei 1 mbar. Der Enddruck wird durch den Wasserdampf bestimmt, der von der Wasserringpumpe kommend durch die Wälzkolbenpumpe dringt. Bei höheren Drücken, d.h.

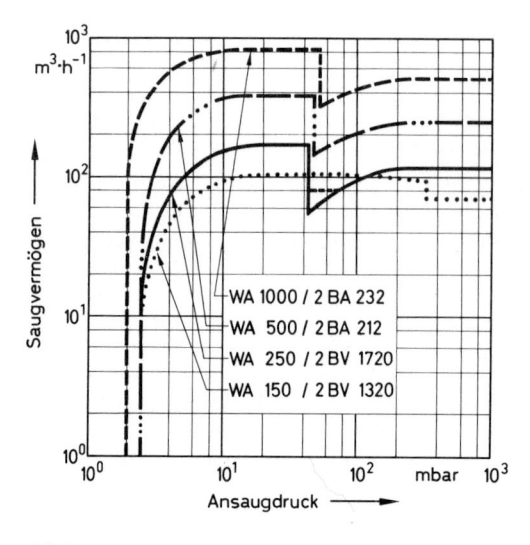

Bild 5.47
Saugvermögenskurven von Wälzkolbenpumpen mit Wasserringpumpen als Vorpumpen

5.4 Wälzkolbenpumpen (Rootspumpen) 5.4.5

bei größeren durchgesetzten Gasströmen, ist der Dampfdruck des Wassers an der Saugseite der Wälzkolbenpumpe kleiner als dem Kompressionsverhältnis entspricht, da durch den durch die Pumpe gesaugten Gasstrom eine zusätzliche Sperre für den Wasserdampf entsteht.

Werden Wasserringpumpen mit Gasstrahlern als Vorpumpen verwendet (s. 5.2.4), so erreicht man Enddrücke $p_A \approx 10^{-1}$ mbar, da der Gasstrahler ebenfalls als Sperre für den Wasserdampf wirkt. Das grundsätzliche Verhalten der Kombination ist jedoch ähnlich.

Saugvermögen von Kombinationen zwischen Wälzkolbenpumpe und Wasserringpumpe zeigt Bild 5.47.

5.4.5.3 Mehrstufige Pumpkombinationen

Nicht immer reichen Kombinationen von einer Wälzkolbenpumpe und einer einstufigen Vorpumpe aus. Entweder soll ein niedrigerer Enddruck oder aber ein höheres Saugvermögen erreicht werden. Es sind dann mehrstufige Kombinationen erforderlich, die meist in komplette Pumpstände zusammengefaßt werden, die entsprechend dem Einsatzgebiet zusammengestellt sind (Bild 5.48). Saugvermögenskurven mehrstufiger Kombinationen zeigt Bild 5.49.

Zweistufige Wälzkolbenpumpen (Bild 5.50), deren Stufen 1:1 abgestuft sind, können wie eine Kombination zweier einstufiger Pumpen betrachtet werden, zeigen jedoch Vorteile im Kompressionsverhältnis, in der zulässigen Druckdifferenz und in der Verwendung — kompakt und handhabbar wie *eine* Pumpe. Die kurzen Wege und der große mögliche Querschnitt führen zu guten volumetrischen Wirkungsgraden, so daß große Abstufungen möglich sind. Bild 5.51 zeigt Saugvermögenskurven zweistufiger Wälzkolbenpumpen mit zweistufiger Vorpumpe.

Besonders interessant sind die mehrstufigen Pumpkombinationen bei der Verwendung von Wasserringpumpen, da dann Enddrücke $p_{end} = 10^{-2}$ mbar möglich werden; d.h., man kommt mit diesen Kombinationen in den Bereich der ölgedichteten Verdrängerpumpen.

Bild 5.48

Betriebsfertiger, luftgekühlter, dreistufiger Wälzkolbenpumpstand RUTA 500/3 mit zwei Wälzkolbenpumpen in Serie und vorgeschalteter Drehschieberpumpe. Pumpentypen (von oben nach unten): WS 500 (einstufige Wälzkolbenpumpe mit Spaltrohrmotor; Nennsaugvermögen 505 m³/h); WA 150 (einstufige Wälzkolbenpumpe mit angeflanschtem Motor; Nennsaugvermögen 153 m³/h); D 30 A (2-stufige Drehschieberpumpe; Nennsaugvermögen 30 m³/h) mit auspuffseitigem Abscheider. Saugvermögen des Pumpstandes bei $p_A = 1 \cdot 10^{-1}$ mbar: 430 m³/h; Endtotaldruck $4 \cdot 10^{-4}$ mbar. Hauptabmessungen (in mm): Breite × Höhe × Tiefe: 850 × 950 × 1000.

5 Verdrängerpumpen

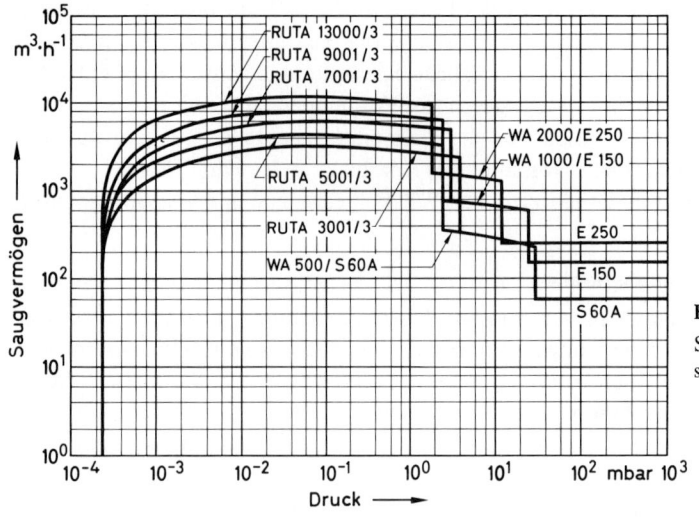

Bild 5.49
Saugvermögenskurven mehrstufiger Pumpenkombinationen

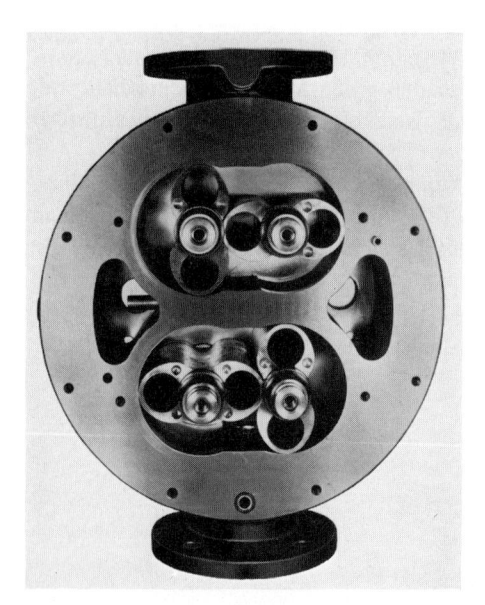

Bild 5.50
Querschnitt durch eine zweistufige Wälzkolbenpumpe

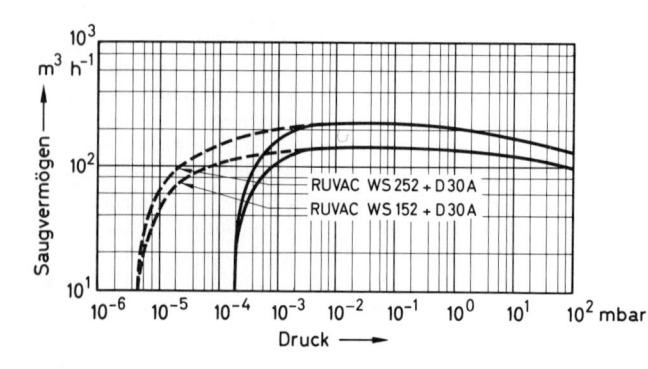

Bild 5.51
Saugvermögenskurven zweistufiger Wälzkolbenpumpen mit zweistufigen Drehschieberpumpen als Vorpumpen.
– – – – Betrieb mit geschlossenem Gasballastventil der Drehschieberpumpe.

5.4.6 Leistungsbedarf

Eine Wälzkolbenpumpe hat einen Leistungsbedarf, der wesentlich von der Kompressionsarbeit und nur zu einem sehr kleinen Anteil von der Reibungsarbeit bestimmt wird.

Die Kompressionsarbeit W beträgt nach Gl. (5.40)

$$W = \oint p\, dV = \int_{p_A}^{p_v} V\, dp. \tag{5.65}$$

Das geförderte Volumen ist dabei das Volumen V_2 des sichelförmigen Raumes in Bild 5.37 (Schöpfraum). In Kolbenstellung III ist, von der Saugseite her gesehen, das Volumen Null (dabei wird wieder nur die rechte Pumpenseite betrachtet). Diese Kolbenstellung entspricht Punkt 1 in Bild 5.52. Über die Kolbenstellungen IV-I-II-III gelangt man zum vollen Volumen V_2, Punkt 2. Bei einer kleinen Weiterdrehung strömt Gas vom Druck p_v in den Schöpfraum, Punkt 3 (isochore Verdichtung). Durch weitere Drehung wird das Gas ausgeschoben, der Schöpfraum wieder Null, Punkt 4. Sozusagen unbeladen steht gleichzeitig, von der Saugseite her gesehen, das Schöpfvolumen Null zur Verfügung, und der gleiche Pumpvorgang wiederholt sich.

Für die Kompressionsleistung P erhält man damit die Rechengleichung

$$P = 1{,}667 \cdot 10^{-6}\, V_s \cdot n\, (p_v - p_A), \tag{5.66}$$

P in kW
n (= Drehzahl) in min^{-1}
V_s (= Schöpfvolumen) in ℓ
p_v, p_A in mbar

Die schraffierte Fläche rechts von der Adiabate in Bild 5.52 ist die Differenz der Verdichtungsarbeit zwischen einer Pumpe, die adiabatisch verdichtet und einer Wälzkolbenpumpe. Bei größerer Verdichtung, also größerer Druckdifferenz, erhält man für die Wälzkolbenpumpe die Kurve 1-2-3a-4a. Es ist zu erkennen, daß das Verhältnis Kompressionsverhältnis zu Kompressionsarbeit oder der sogenannte adiabatische Wirkungsgrad mit größerer Verdichtung schlechter wird.

Die Reibungsverluste der Wälzkolbenpumpe sind, durch die ölfreie Förderung bedingt, sehr klein. Sie betragen in der Regel etwa 1 % der Verdichtungsleistung bei der höchstzulässigen Druckdifferenz. Sie werden hervorgerufen durch die Lagerreibung, durch Pantschverluste an den Spritzscheiben, durch Reibung der Wellendichtringe, durch Reibungsverluste der Verzahnung u.a. Tatsächlich liegen die Leistungen der verwendeten Antriebsmotore nur

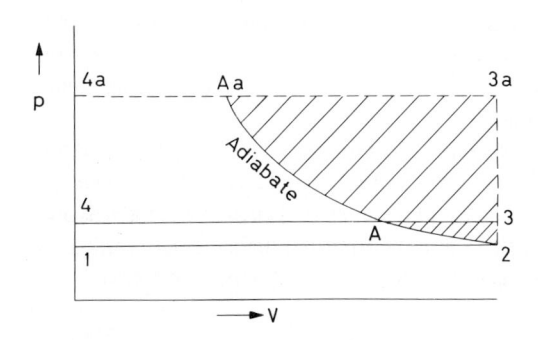

Bild 5.52
p-V-Diagramm einer Wälzkolbenpumpe

etwa 10 % über der Kompressionsleistung bei der höchstzulässigen Druckdifferenz. Entsprechend den Betriebsverhältnissen sind die Reibungsverluste bei schnelldrehenden Maschinen etwas höher als bei langsamdrehenden.

5.4.7 Installation und Betriebshinweise

Die Installation erfolgt so, daß der Vorvakuumstutzen der Wälzkolbenpumpe mit dem Saugstutzen der Vorpumpe verbunden wird. Um die Wälzkolbenpumpe durch die bei hohen Drücken auftretenden großen Druckdifferenzen $p_v - p_A$ nicht zu überlasten, wird beim Herunterpumpen zunächst nur die Vorpumpe eingeschaltet. Die Drehkolben der Wälzkolbenpumpe drehen dann wie bei einem Gaszähler leer mit. Der in der Wälzkolbenpumpe auftretende Drosseleffekt ist relativ klein, er macht sich in einem Druckverlust zwischen 1 mbar und 5 mbar je nach Pumpentyp bemerkbar. Die Drosselung ist bei Drücken $p_A > 20$ mbar so klein, daß das Saugvermögen der Vorpumpe praktisch nicht beeinflußt wird. Die Wälzkolbenpumpe wird erst eingeschaltet, wenn ein so niedriger Druck erreicht ist, daß die nach dem Einschalten an der Wälzkolbenpumpe auftretende Druckdifferenz kleiner als die zulässige maximale Druckdifferenz Δp_{zul} ist. Je nach Abstufung der Pumpen ist dies bei Ansaugdrücken zwischen 10 mbar und 100 mbar der Fall (s. z.B. Bild 5.49). Das Einschalten der Wälzkolbenpumpe kann von Hand oder aber automatisch durch einen Membrandruckschalter erfolgen. Ist zu erwarten (z.B. kleines Rezipientenvolumen), daß die zulässige maximale Druckdifferenz nur kurzzeitig überschritten wird, so kann die Wälzkolbenpumpe auch schon bei etwas höheren Drücken eingeschaltet werden.

Um den möglichen Einschaltdruck zu erhöhen und damit das größere Saugvermögen der Wälzkolbenpumpe wenigstens teilweise auch bei höheren Ansaugdrücken auszunutzen, kann man eine Umwegleitung mit einem Differenzdruckventil verwenden. Umwegleitungen und Ventil können außen angebaut oder aber in der Pumpe integriert sein. Dabei schützt das auf die zulässige Druckdifferenz eingestellte Ventil die Pumpe vor Überlastung, indem es bei höherer Druckdifferenz öffnet und den Anteil des geförderten Gasstroms, den die Vorpumpe nicht wegschaffen kann, wieder auf die Saugseite der Wälzkolbenpumpe bringt. Wird dann auf der Vorvakuumseite der Druck erreicht, bei dem die Vorpumpe den geförderten Gasstrom voll übernehmen kann (ohne Δp_{zul} zu überschreiten), so schließt das Ventil und die Kombination verhält sich wieder normal. Die heutigen Differenzdruckventile sind im geschlossenen Zustand inzwischen so dicht (Leckraten kleiner 10^{-5} mbar $\cdot l \cdot s^{-1}$), daß der Enddruck der Kombination nicht beeinflußt wird. Es ist jedoch zu beachten, daß bei geöffnetem Differenzdruckventil Gas mit höherer Temperatur — es enthält die Kompressionswärme — auf die Saugseite gelangt, und so durch die erneute Verdichtung weiter aufgeheizt wird. Dies kann zu Überhitzungserscheinungen führen, wenn eine Pumpe mit ständig geöffnetem Differenzdruckventil betrieben wird.

Auch mit einem Drehmomentwandler oder mit einem drehmomentgesteuerten Antrieb kann eine Wälzkolbenpumpe vor Überlastung geschützt werden. Dies ist besonders dann wichtig, wenn unkontrollierbare Gasausbrüche bei einem Prozeß zu sehr unterschiedlichen Gasmengen, die abgepumpt werden müssen, führen.

Wälzkolbenpumpen mit Spaltrohrmotoren bzw. mit Motoren, die im Vakuum liegen, sind im allgemeinen mindestens ebenso dicht wie der zu evakuierende Rezipient. Daher genügt es oft, ein Ventil, das zum Absperren des Rezipienten dienen soll, in die Leitung zwischen Vorpumpe und Wälzkolbenpumpe einzubauen. Diese Leitung hat meist einen geringeren Querschnitt — infolge des höheren Drucks möglich — und ermöglicht daher die Verwendung eines preiswerten Ventils. Bei Wälzkolbenpumpen mit außenliegendem Motor sollte das Ventil immer auf der Saugseite der Pumpe angebracht sein.

Wird eine Wälzkolbenpumpe nicht schon komplett in einem Gestell bezogen (Bild 5.53), so muß bei der Aufstellung auf eine verspannungsfreie Montage geachtet werden. Verspannungen des Gehäuses können zur Verkleinerung der Spalte in der Pumpe und damit zum frühen Festlaufen der Pumpe führen. Außerdem soll die Pumpe einigermaßen waagerecht stehen, damit die Ölversorgung von Lagern und Zahnrädern nicht gefährdet wird. Auf federnde Bauelemente in der Leitung zwischen Wälzkolbenpumpe und Rezipient kann im allgemeinen verzichtet werden, da die Wälzkolbenpumpen keine exzentrisch umlaufenden Massen haben und daher praktisch ohne Erschütterungen laufen. Es muß beachtet werden, daß die Vorpumpen oft Erschütterungen erzeugen, die über federnde Bauelemente von der Wälzkolbenpumpe ferngehalten werden müssen.

Beim elektrischen Anschluß der Wälzkolbenpumpe ist auf den richtigen Drehsinn des Drehstrommotors zu achten. Bei montierter Pumpe kann man die Drehrichtung nur bei außen liegenden Motoren an der Motordrehrichtung sehen. Bei Spaltrohrmotoren oder bei im vakuumliegenden Motoren ist dies nicht möglich. Dann muß der richtige Drehsinn über eine Druckkontrolle geprüft werden: Bei falschem Drehsinn steigt, bei richtigem Drehsinn fällt der Druck im Kessel nach dem Einschalten der Wälzkolbenpumpe. Kurzer Lauf bei falscher Drehrichtung schadet der Wälzkolbenpumpe nicht, längerer Lauf kann zum Ausfall der Lager und Zahnräder führen, da die einwandfreie Ölversorgung nicht mehr sichergestellt ist.

Bei niedriger Temperatur gibt es bei einer Wälzkolbenpumpe im Gegensatz zu den ölgedichteten Vorpumpen keine Anlaufschwierigkeiten. Solange beim Anlauf die Temperatur nicht in die Nähe des Stockpunktes des Öls gelangt, solange ist auch eine Schmierung gegeben. Während des Betriebes kann die Außentemperatur ruhig absinken, die Pumpe bleibt warm genug, um die Schmierung sicherzustellen. Allgemein gilt: wo eine ölgedichtete Verdrängerpumpe arbeiten kann, gibt es auch mit Wälzkolbenpumpen keine Schwierigkeiten.

Bild 5.53
Betriebsfertiger, luftgekühlter Wälzkolbenpumpstand mit Wälzkolbenpumpe WA-150 und Drehschieberpumpe S 30 A als Vorpumpe.
Endtotaldruck: $2,5 \cdot 10^{-3}$ mbar
Saugvermögen $S = 125$ m^3 h^{-1} bei $p_A = 1$ mbar
Hauptabmessungen (in mm): Breite × Höhe × Tiefe: 700 × 900 × 470

5 Verdrängerpumpen

5.4.8 Auswahl der Pumpen und Arbeitshinweise

Die richtige Auswahl der Wälzkolbenpumpen bzw. der Pumpkombinationen wird sehr erleichtert, wenn über den Einsatzfall möglichst viel bekannt ist. Es ist ein Unterschied, ob bei einem bestimmten Druck über längere Zeit eine Gasmenge abgepumpt werden muß, oder ob verlangt wird, ein vorgegebenes Volumen in möglichst kurzer Zeit zu evakuieren.

Wird ein niedriger Druck verlangt, so sind Wälzkolbenpumpen mit Spaltrohrmotoren (oder mit im Vakuum liegenden Motoren) wegen der höheren Dichtheit, auch im Langzeitbetrieb, vorzuziehen. Die geeignete Vorpumpe ist dann natürlich die zweistufige ölgedichtete Pumpe.

Bis zu Ansaugdrücken $p_A \approx 10^{-2}$ mbar genügt in der Regel eine einstufige, ölgedichtete Vorpumpe. Sollen niedrigere Ansaugdrücke erreicht oder muß Gasballast bei der Vorpumpe verwendet werden, ist eine zweistufige Vorpumpe oder eine Kombination mit zwei Wälzkolbenpumpen vorzusehen (Bild 5.48). Gegen Staub und trockenen Schmutz ist die Wälzkolbenpumpe ziemlich unempfindlich, nur muß dann eine ölgedichtete Vorpumpe entsprechend geschützt werden (5.3.9.6). Wasserringpumpen sind gegen Verunreinigungen praktisch unempfindlich, deshalb sind sie im sehr rauhen Betrieb nahezu ideale Vorpumpen. Überall da, wo mit starker Verschmutzung zu rechnen ist oder wo mit öllöslichen Substanzen (Gase oder Dämpfe) gearbeitet werden muß, ist die Kombination Wälzkolbenpumpe/Wasserringpumpe den ölgedichteten Einzelpumpen oder Kombinationen überlegen. Durch Reihenschaltung mehrerer Wälzkolbenpumpen kann auch praktisch jeder Druck erreicht werden, der mit Wälzkolbenpumpen erreichbar ist (10^{-4}-mbar-Bereich).

Da in einer Wälzkolbenpumpe wegen der geringen Kompression bei relativ hoher Temperatur Wasserdampf ebenfalls nicht kondensiert, ist die Kombination Wälzkolbenpumpe/Wasserringpumpe auch zum Abpumpen von Wasserdampf geeignet. (*Hinweis:* Die beste Dampfpumpe ist jedoch der Kondensator − Kapitel 11.)

Flüssigkeitsringpumpen werden in der chemischen Industrie gern als Vorpumpen verwendet, da dann oft das Produkt selbst als Betriebsmittel verwendet werden kann. Die Wälzkolbenpumpe dient dann zur Vergrößerung des Saugvermögens und zur Erhöhung des Ansaugdrucks der Vorpumpe, damit das noch dampfförmige Produkt in der Flüssigkeitsringpumpe kondensiert und der Überschuß an Produkt direkt abgezogen werden kann. Die erreichbaren Enddrücke hängen nur vom Dampfdruck (bei der Betriebstemperatur) der verwendeten Betriebs- bzw. Produktflüssigkeit ab.

Die schädliche Wirkung korrodierender Gase und Dämpfe (auch Wasserdampf ist korrodierend) auf Wälzkolbenpumpen wird oft überschätzt, da bei niedrigen Drücken die Korrosionswirkung nicht groß ist. Die größten Korrosionsschäden treten meist bei stehender Wälzkolbenpumpe auf. In solchen Fällen baut man daher immer ein Ventil zwischen Wälzkolbenpumpe und Rezipienten ein, um nach dem Evakuieren des Rezipienten bei geschlossenem Ventil die Wälzkolbenpumpe mit der Vorpumpe bis zur restlosen Entfernung aller korrodierenden Medien laufen zu lassen (ca. 15 ... 30 min).

Bei der Verwendung von Wasserringpumpen ist es zweckmäßig, vor allem, wenn längere Stillstandzeiten auftreten können, auch ein Ventil zwischen Wälzkolbenpumpe und Wasserringpumpe anzuordnen, um die Pumpe vor Korrosion zu schützen. Dieses Ventil wird bei noch laufender Wasserringpumpe geschlossen und verhindert ein Zurücksteigen des Wasserdampfes und eventuell des Wassers.

Normalerweise ist eine Wälzkolbenpumpe wartungsarm; da sie keinen Ölverbrauch hat, kann sie bis zu einem Ölwechsel viele tausend Betriebsstunden laufen. Wurden lange Zeit hindurch öllösliche Stoffe oder Schmutz gepumpt, so ist ein Ölwechsel nach dem Anfall dieser Stoffe zweckmäßig. Eventuell muß die Pumpe auch gereinigt werden, wenn sich zuviel Schmutz auf dem Drehkolben abgelagert hat. War die Pumpe versehentlich voll Wasser (rücksteigend von der Wasserringpumpe) oder anderer flüssiger Substanzen (z.B. Lösungsmittel), so muß die Flüssigkeit abgelassen werden und die Wälzkolbenpumpe mit der Vorpumpe bis zur Entfernung aller Dämpfe weiterpumpen.

5.5 Literatur

[1] *Atta, C. M. van,* Vacuum Science and Engineering. New York, McGraw-Hill Book Company 1965, S. 184 ff.
[2] *Ziock, K.,* Die Dimensionierung von Pumpen-Kombinationen mit Rootspumpen. Vakuumtechnik 6 (1957), S. 98–101
[3] *Wutz, M.,* Vakuumpumpen nach dem Kreiskolbenprinzip. VDI-Z. 117 (1975) Nr. 6, S. 271–281
[4] *Wankel, F.* und *Froede, W.,* Bauart und gegenwärtiger Entwicklungsstand einer Trochoiden-Rotations-Kolbenmaschine. MTZ 21 (1960) Nr. 2, S. 33–45
[5] *Diels, K.* und *Jaeckel, R.,* Leybold Vakuum-Taschenbuch. Berlin, Springer-Verlag 1962
[6] *Holland, L.,* A review of some recent vacuum studies. Vacuum 20 (1970) Nr. 5, S. 175
[7] *Fulker, M. J.,* Backstreaming from rotary pumps. Vacuum 18 (1968) Nr. 8, S. 445–449
[8] *Hennings, K. E.* und *Schütze, H. J.,* Gasanalysen über Vorvakuum-Öldampfsperren. Vakuumtechnik 15 (1966) Nr. 2, S. 35–40
[9] *Mehlig, H.,* Zur Theorie der Drehkolbenverdichter. ATZ 38 (1935) Nr. 15, S. 373–375
[10] *Ramprasad, B. S.* und *Ratha, T. S.,* On some design aspects of rotary vane pumps. Vacuum 23 (1973) Nr. 7, S. 245–249
[11] *Baker, M. A., Holland, L.* und *Laurenson, L.,* The use of perfluoroalkyl polyether fluids in vacuum pumps. Vacuum 21 (1972) Nr. 10, S. 479–481
[11a] *Baker, M. A., Holland, L.* und *Stanton, D. A. G.,* The Design of Rotary Pumps and Systems to Provide Clean Vacua. J. Vac. Sci and Technol. 9 (1972), Heft 1, S. 412–415
[12] *Tippelmann, G.,* Beitrag zur optimalen Auslegung von Rootsgebläsen. Konstruktion 22 (1970) Nr. 1, S. 21–24
[13] *Lorenz, A.* und *Armbruster, W.,* Das maximale Kompressionsverhältnis und der volumetrische Wirkungsgrad von Vakuumpumpen nach dem Rootsprinzip. Vakuumtechnik 7 (1958), S. 81–85
[14] *Atta, C. M. van,* Theory and performance characteristics of a positive displacement rotary compressor as a mechanical booster vacuum pump. Trans. 1956 Nat. Sym. Vacuum Technology
[15] *Lorenz, A.,* Die große Weltraumsimulations-Kammer in Porz-Wahn. Vakuum-Technik 16 (1967), S. 179–185
[16] *Hamacher, H.,* Beitrag zur Berechnung des Saugvermögens von Rootspumpen. Vakuum-Technik 19 (1970), S. 215–221
[17] *Hamacher, H.,* Kennfeld-Berechnung für Rootspumpen. DLR FB 69–88 (1969)
[18] *Bormuth, Ph.,* Ermittlung der Temperaturerhöhung in Roots-Gebläsen. Konstruktion 13 (1961), S. 21–23
[19] *Kestin, J.* und *Owczarek, J. A.,* The expression for work in a root's blower. Proc. Inst. Mech. Engrs. (B) 1 (1952/53) Nr. 5, S. 91–94
[20] PNEUROP, Vakuumpumpen, Abnahmeregeln Teil 1. Maschinenbau-Verlag GmbH, Ffm. 1979
[21] DIN 28 400 (Tab. 16.1)
[22] DIN 28 426 (Tab. 16.1)
[23] *Thees, R.,* Vakuumpumpen und ihr Einsatz zum Absaugen von Dämpfen. Vakuum-Technik 6 (1957), S. 160–170
[24] *Reyländer, H.,* Über die Wasserdampfverträglichkeit von Gasballastpumpen. Vakuum-Technik 7 (1958), S. 78–81

[25] Marchal, P., Industrial vacuum and energy. Proc. 8th Internat. Vac. Congress, Cannes 1980. Suppl. Rev. Le Vide, Nr. 201, Bd. 2, S. 38/48
[26] de Montigny, Ph., La compression mécanique de vapeur d'eau et les économies d'énergie. Ibd. S. 58/61
[27] Mathy, C., Energy saving in industrial vacuum by the use of liquid ring machines. Ibd. S. 62/65
[28] Lang, H., Wälzkolbenvakuumpumpen. Vakuum-Technik. 29 (1980) Nr. 3, S. 72/82
[29] Weber, H. P., Vakuumpumpen in der chemischen Industrie. Ölgedichtete Rotationspumpen. Vakuum-Technik. 29 (1980) Nr. 4, S. 98/104
[30] Bartels, D., Vakuumpumpen in der chemischen Industrie. Flüssigkeitsring-Vakuumpumpen/A. Vakuum-Technik 29 (1980) Nr. 5, S. 131/40
[31] Adam, R. W. und C. Dahmlos, Vakuumpumpen in der chemischen Industrie. Flüssigkeitsring-Vakuumpumpen/B. Vakuum-Technik. 29 (1980) Nr. 5, S. 141/48
[32] Gösling, R., Vakuumpumpen in der chemischen Industrie. Treibmittelpumpen. Vakuum-Technik. 29 (1980) Nr. 6, S. 163/68
[33] Baier, H., Vakuumpumpen in der chemischen Industrie. Wasserdampf-Strahlvakuumpumpen. Vakuum-Technik. 29 (1980) Nr. 6, S. 169/78
[34] Rannow, M., Absaugen von Lösungsmitteldämpfen mit ölüberlagerten Verdrängerpumpen, die mit erhöhter Betriebstemperatur arbeiten. Vakuum-Technik. 27 (1978) Nr. 6, S. 179/83
[35] Mirgel, K. H., Vane-type pump with fresh oil lubrication and 100 °C-technique saves energy and avoids pollution. Proc. 8th Internat. Vac. Congr., Cannes 1980. Suppl. Rev. Le Vide, Nr. 201, Bd. 2, S. 49/52
[36] Berges, H. P., u. a., Increased life and reliability of rotary vane pumps by using process fitting accessories for pumping aggressive gases. Ibd. S. 30/33
[37] Duval, P., Using mechanical vacuum pumps for L. P., CVD, plasma etching and reactive ion etching. Ibd. S. 26/29
[38] Connock, P., A. Devaney und I. Currington, Vaccum pumping of aggressive and dust laden vapors. J. Vac. Sci. Techn. 18 (1981) Nr. 3, S. 1033/36
[39] Dennis, N. T. M., L. J. Budgen und L. Laurenson, Mechanical boosters on clean or corrosive applications. J. Vac. Sci. Techn. 18 (1981) Nr. 3, S. 1030/32
[40] Fischer, K., J. Henning, K. Abbel und H. Lotz, Pumping of corrosive or hazardous gases with turbomolecular and oil-filled rotary vane backing pumps. J. Vac. Sci. Techn. 18 (1981) Nr. 3, S. 1026/29
[41] Harris, N. S., Rotary pump back-migration. Vacuum 28 (1978) Nr. 6/7, S. 261/68
[42] Duval, P., Pumping chlorinated gases in plasma etching. J. Vac. Sci. Techn. A. 1 (1983) Nr. 2, S. 233/36
[43] Powle, U. S., und S. Kar, Investigations on pumping speed and compression work of liquid ring vacuum pumps. Vacuum 33 (1983) Nr. 5, S. 255/63
[44] Carrington, I., u. a., Mechanical vacuum pumping equipment involving corrosive and aggressive materials. J. Vac. Sci. Techn. 20 (1982) Nr. 4, S. 1019/22
[45] Laurenson, L., Technology and application of pumping fluids. J. Vac. Sci. Techn. 20 (1982) Nr. 4, S. 989/95
[46] Budgen, L J., A mechanical booster for pumping radioactive and other dangerous gases. Vacuum 32 (1982) Nr. 10/11, S. 627/29
[47] Bulgen, L. J., Developments in the transmission for mechanical booster pumps. J. Vac. Sci. Techn. A. 1 (1983) Nr. 2, S. 147/49
[48] Fischer, K., u. a., Pumping of corrosive or hazardous gases with turbomolecular and oil-filled rotary vane backing pumps. Vacuum 32 (1982) Nr. 10/11, S. 619/21
[49] Duval, P. und J. Long, Water vapor pumping with vane pumps. A critic of the PNEUROP method. Proc. 9. Intern. Vac. Congr., Madrid 1983. p. 89
[50] Brieskorn, E. und H. Körner, Ebene algebraische Kurven. Birkhäuser, Basel 1981.

6 Treibmittelpumpen

6.1 Einleitung, Übersicht

„Eine Treibmittelpumpe ist eine Vakuumpumpe, bei der ein schnell bewegtes flüssiges, gas- oder dampfförmiges Treibmittel zur Förderung des abzupumpenden Gases benutzt wird" (DIN 28 400, Teil 2). Das schnell bewegte Treibmittel – also der Treibmittelstrahl – ist dieser Klasse von Vakuumpumpen gemeinsam; Bild 6.1 gibt eine schematische Darstellung. Man erzeugt den Strahl mit der Geschwindigkeit v_2 durch Entspannen des Treibmittels vom Druck p_0 im Druckraum 1 auf den Druck p_2 im Strahl. Im Mischraum 3, in dem der Ansaugdruck p_A herrscht, mischt sich das abzupumpende Gas mit dem Treibmittelmedium. Hierdurch wird es beschleunigt und in den Vorvakuumraum 4,C befördert. Dort herrscht ein höherer Druck p_3 als im expandierten Strahl (p_2), so daß das abgepumpte Gas von der Vorvakuumseite entweder direkt oder durch eine weitere Vakuumpumpe (Vorpumpe) in die Atmosphäre gefördert werden kann.

Die Entspannung des Treibmittels in der Treibdüse 5 und im Mischraum 3 sowie der Druckanstieg in der Staudüse 6 erfolgen nach der in Abschnitt 2.7.2 abgeleiteten Bernoulli-Gleichung (2.103) für reibungsfreie Medien

$$v^2 = 2 \int_p^{p_0} \frac{dp}{\rho}, \qquad (6.1)$$

Bild 6.1
Schema einer Treibmittel-Vakuum-Pumpe
1 Druckraum (Druck p_0)
2,2' Treibmittelstrahl
3 Mischraum (Druck im Strahl p_2)
4 Kompressionsraum (Druck p_3)
5 Treibdüse   6 Staudüse
B Treibmittelanschluß
A Vakuumanschluß (Ansaugdruck p_A)
C Vorvakuumanschluß (Druck p_V)

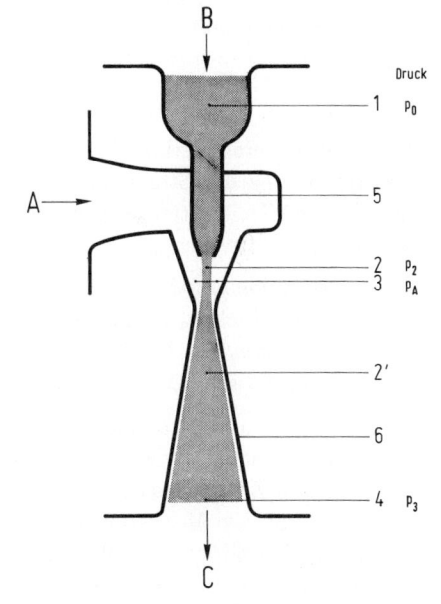

wobei v die Strahlgeschwindigkeit, p den statischen Druck im Strahl, ρ die Dichte des Treibmittels im Strahl und p_0 den Druck im „Druckraum" ($v_0 = 0$) bedeuten.

Die technische Ausführung der verschiedenen Treibmittelpumpen und die Funktionen im einzelnen unterscheiden sich erheblich. Man teilt sie zunächst nach dem Treibmittel ein in (vgl. Tabelle 6.0):

Flüssigkeitsstrahl-Vakuumpumpen
Gasstrahl-Vakuumpumpen
Dampfstrahl-Vakuumpumpen

6 Treibmittelpumpen

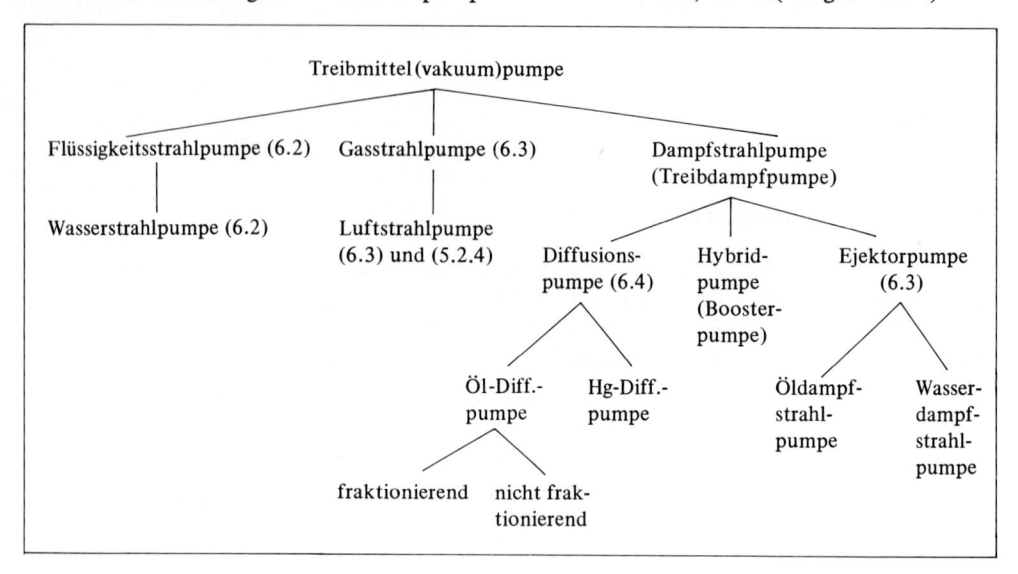

Tabelle 6.0 Einteilung der Treibmittelpumpen nach DIN 28 400, Teil 2 (Ausgabe 1980)

```
                        Treibmittel(vakuum)pumpe
           ┌──────────────────┼──────────────────────┐
Flüssigkeitsstrahlpumpe   Gasstrahlpumpe         Dampfstrahlpumpe
        (6.2)                 (6.3)              (Treibdampfpumpe)
           │                    │            ┌──────────┼──────────┐
Wasserstrahlpumpe (6.2)   Luftstrahlpumpe  Diffusions-  Hybrid-   Ejektorpumpe
                          (6.3) und (5.2.4) pumpe (6.4) pumpe       (6.3)
                                                       (Booster-
                                                        pumpe)
                                     ┌────────┬─────────┐      ┌────────┬────────┐
                                  Öl-Diff.-  Hg-Diff.-       Öldampf-  Wasser-
                                   pumpe     pumpe           strahl-   dampf-
                                                             pumpe     strahl-
                                                                       pumpe
                              ┌───────┬───────┐
                         fraktionierend  nicht frak-
                                         tionierend
```

Hinweis: Die Zahlen in Klammern weisen auf den Abschnitt in Kapitel 6 hin, in dem die betreffende Pumpe behandelt wird.

Ein weiteres Merkmal ist der Arbeitsdruckbereich, denn der Arbeitsdruck beeinflußt die Ausbreitung des Strahls im Mischraum und den Durchmischungsvorgang von abgesaugtem Gas und Treibmittel. Wegen ihrer grundsätzlich verschiedenen Arbeitsweise unterscheidet man deshalb zwischen

1. *Strahlvakuumpumpen*, bei denen der Ansaugdruck p_A im Mischraum etwa gleich dem statischen Druck p_2 im Treibstrahl ist, und
2. *Diffusionspumpen*, bei denen der Ansaugdruck p_A im Mischraum wesentlich niedriger ist als der statische Druck p_2 im Treibstrahl.

Diese historisch zu erklärende und allgemein eingeführte Nomenklatur ist nicht konsequent und hat immer wieder zu Mißverständnissen geführt. Deshalb der Hinweis: Diffusionspumpen nach Ziff. 2 sind *auch* Strahlpumpen. Sie unterscheiden sich von den übrigen Strahlpumpen durch den Mischvorgang, nämlich die Diffusion des abgesaugten Gases in den Treibstrahl. Bei den übrigen Strahlpumpen nach Ziff. 1 erfolgt die Durchmischung vorzugsweise in einer turbulenten Grenzschicht zwischen dem Treibstrahl und dem zu pumpenden Gas.

Leider passen die Dampfstrahlpumpen für den Arbeitsdruckbereich zwischen Hochvakuum und Grobvakuum (etwa 10^{-3} bis 10 mbar) nicht in dieses Schema, denn nach dem Gesagten fallen sie sowohl unter die Strahlpumpen nach Ziff. 1, weil Ansaugdruck p_A = Treibstrahldruck p_2, als auch unter die Diffusionspumpen nach Ziff. 2, weil die Durchmischung durch Diffusion erfolgt (vgl. Abschnitt 6.4 Diffusionspumpen). Die übliche Bezeichnung dieser Pumpen, die auch dieser Text benutzt, ist Dampfstrahlpumpe.

In der folgenden Darstellung wird das Schwergewicht auf diejenigen Pumpenarten gelegt, die die größte Bedeutung in der Vakuumtechnik haben; besondere Berücksichtigung wird der Hochvakuumbereich finden.

Die Vorgänge in Treibmittelpumpen sind im einzelnen sehr verwickelt, deshalb sind die Theorien meistens sehr stark vereinfacht und geben nur in einzelnen Fällen eine quantitative Übereinstimmung mit dem Experiment. Häufige Hinweise auf die Abschnitte über kinetische Gastheorie (2.4 bis 2.6) und Gasdynamik (2.7) ermöglichen eine Beschränkung der Darstellung auf die wichtigsten Ergebnisse, die dem Anwender helfen mögen, in der Praxis sinnvoll zu handeln.

6.2 Flüssigkeitsstrahlpumpen

Da die Dichte ρ der Flüssigkeiten als druckunabhängig angesehen werden kann, lautet die Bernoulli-Gleichung (2.103) in diesem Fall

$$v^2 = \frac{2(p_0 - p)}{\rho} \tag{6.2}$$

Beispiel 6.1: In einer Wasserstrahlpumpe (Bild 6.1) werde das Leitungswasser, in dem der Druck p_0 = 5 bar herrscht, bis auf den Druck p_2 = 0,01 bar im Mischraum entspannt. Mit der Dichte des Wassers ρ = 1000 kg/m^3 ergibt dann die Bernoulli-Gleichung (6.2) die Strahlgeschwindigkeit v_2 = 32 m/s.

Mann kann wohl annehmen, daß bei dieser orkanartigen Geschwindigkeit die Strahloberfläche nicht zusammenhängend und glatt bleibt, sondern in Flüssigkeitspartikel zerfällt. Zur Erhöhung des Pumpeffekts wird häufig in die Treibdüse ein Drallkörper eingebaut, durch den die Flüssigkeit des Treibstrahls aufgerissen wird. Diese Vorgänge, die im einzelnen unbekannt sind, führen zu einer intensiven Durchmischung der abgepumpten Gase mit der Strahlflüssigkeit und damit zu dem erwünschten Pumpeffekt.

Der Druckrückgewinn auf den Atmosphärendruck p_3 = 1 bar in der Staudüse 6 (in Bild 6.1) führt nach Gl. (6.2) zu einer Verringerung der Geschwindigkeit auf v_3 = 28 m/s. In der Praxis ist die Geschwindigkeit des austretenden Flüssigkeitsluftgemischs allerdings kleiner, da die Pumpen unter Berücksichtigung von Verlusten für einen möglichst kleinen Wasser- und Energieverbrauch dimensioniert werden. Der Enddruck (am Vakuumanschluß A) von Flüssigkeitsstrahlpumpen ist durch den Sättigungsdampfdruck des Treibmittels gegeben. Er beträgt bei Leitungswasser etwa 20 ... 30 mbar.

Gelegentlich werden auch Flüssigkeiten als Treibmittel benutzt, die einen niedrigeren Sättigungsdampfdruck haben, z.B. Öl. Dann erzeugt man meistens einen geschlossenen Treibmittelkreislauf mit Hilfe von Druckpumpen. Wirtschaftliche Ölstrahlpumpen konnten jedoch bisher auf diesem Wege noch nicht hergestellt werden.

Wasserstrahlpumpen werden wegen ihrer Unempfindlichkeit gegen korrosive und verunreinigende Gase und Dämpfe besonders in chemischen Laboratorien angewendet. Deshalb gibt es auch Wasserstrahlpumpen aus Keramik, Kunststoffen oder besonderen Legierungen. Tabelle 6.1 enthält die wesentlichen Daten einiger kleiner Laborwasserstrahlpumpen. Im Treibwasser von Wasserstrahl-Vakuumpumpen werden kondensierbare Dämpfe und Gasanteile niedergeschlagen oder gelöst. Dies wird nicht nur im Laboratorium, sondern auch im industriellen Einsatz genutzt. Außerdem werden größere Flüssigkeitsstrahlpumpen, z.B. zum Anfahren von Pumpen in chemischen Prozessoren, zur Entlüftung von Kondensatoren oder auch zum Mischen von Gasen und Flüssigkeiten in der Verfahrenstechnik benutzt. Wasserstrahl-Vakuumpumpen werden in verschiedenen Industriezweigen besonders dort eingesetzt, wo es mehr auf niedrige Anschaffungskosten als auf niedrige Betriebskosten ankommt.

6 Treibmittelpumpen

Tabelle 6.1 Technische Daten von Wasserstrahlpumpen

Pumpenwerkstoff		Leichtmetall eloxiert	Rotguß	Kunststoff (Polyäthylen)
Saugvermögen bei Wasserdruck p_W = 3 bar	$\ell \cdot h^{-1}$	400	850	250
Endtotaldruck bei Wassertemperatur 15 °C	mbar	20	20	20
Auspumpzeit für einen 5-ℓ-Behälter	min	6 ... 10	4 ... 6	8 ... 11
Vakuumanschluß: Schlauchwelle, Außen-ϕ	mm	11	11	11,5
Wasseranschluß: Schlauchwelle, Außen-ϕ	mm	17	–	13
Überwurfmutter (DIN 3293, Bl. 1)		–	$R\ 3/4''$	$R\ 1/2'' + R\ 3/4''$
zum Anschluß an Wasserhahn (DIN 3509)		–	$1/2''$	$1/2'' + 3/8''$
Wasserverbrauch ca.	$\ell \cdot h^{-1}$	500	1500	360
Gesamtlänge	mm	240	320	240
Gewicht	kg	0,16	0,8	0,05

Bild 6.2a zeigt für einige handelsübliche Wasserstrahlpumpen die volumenbezogene Auspumpzeit in Abhängigkeit vom Druck im Vakuumbehälter für verschiedene Wasserdrücke und Pumpengrößen, in der Unterschrift sind für die verschiedenen Größen die Gewichte und die wichtigsten Abmessungen tabellarisch aufgeführt (s. dazu auch Bild 6.2.b).

Beispiel 6.2: Ein Behälter vom Volumen $V = 3\ m^3$ soll mit einer Wasserstrahlpumpe der Größe 07 auf einen Druck $p_A = p_R = 0{,}2$ bar ausgepumpt werden. Der Wasserdruck beträgt $p_W = p_0 = 4$ bar. Aus Bild 6.2 liest man ab: $b \cdot t/V = 38\ min \cdot m^{-3}$. Aus der Bildunterschrift entnimmt man den Pumpengrößenfaktor $b = 15{,}1$. Dann ergibt sich die Pumpzeit $t = V/b \cdot 38\ min \cdot m^{-3} = 3\ m^3/15{,}1 \cdot 38\ min \cdot m^{-3} = 7{,}55$ min.

Bild 6.3 gibt den geförderten Luftstrom in Abhängigkeit vom Ansaugdruck für verschiedene Treibwasserdrücke und Pumpengrößen wieder.

Beispiel 6.3: Bei einem Wasserdruck $p_W = p_0 = 4$ bar, einer Wassertemperatur $\vartheta_W = 24$ °C, einem Ansaugdruck $p_A = 0{,}33$ bar und für eine Pumpengröße 09 ergibt die Kurve mit dem Parameter $p_W = p_0 = 4$ bar in Bild 6.3 am Ordinatenmaßstab 09 den Wert $I_{Luft} = 30{,}6\ kg/h^{-1}$ für den abgepumpten Luftstrom. Den Wasserverbrauch $I_{Wasser} = a \cdot b$ findet man aus $a = 1{,}20\ m^3/h^{-1}$ und $b = 37$ (Pumpengröße 09) zu $I_{Wasser} = 1{,}20\ m^3/h^{-1} \cdot 37 = 44{,}5\ m^3/h^{-1}$.

6.3 Dampf- und Gasstrahl-Vakuumpumpen

Wasserdampfstrahl-Vakuumpumpen haben die weiteste Anwendung gefunden. Der Treibdampf ist Wasserdampf mit einem Ruhedruck $p_0 = 20 \ldots 1$ bar. Eine Ausführung zeigt Bild 6.4. Die Treibdüse 5 ist als Lavaldüse ausgebildet, so daß hinter dem engsten Querschnitt Überschallgeschwindigkeit entsteht (vgl. Abschnitt 2.7.9). Nach dem Verlassen der Treibdüse 5 expandiert der Wasserdampf auch im Mischraum 3 weiter, bis Druckgleichheit mit dem umgebenden abzupumpenden Gas besteht, wobei die Geschwindigkeit weiter ansteigt (vgl. Abschnitte 2.7.9 und 2.7.10). Hierbei durchmischen sich Wasserdampf und Gas und treten als Gasdampfgemisch in die Staudüse 6 ein, die wie die Treibdüse 5 als Lavaldüse ausgebildet ist. Da der Treibstrahl durch das umgebende Gas und die verengte Staudüse an einer weiteren Expansion gehindert wird, entstehen schräge Verdichtungsstöße (vgl. Abschnitt 2.7.8), die einen Druckanstieg in dem verengten Teil der Staudüse 6 bewirken, wobei die Strahlgeschwindigkeit auf nahezu Schallgeschwindigkeit im engsten Querschnitt abnimmt. Der Strömungsverlauf in dem erweiterten Teil der Staudüse wird durch den Gegendruck bestimmt (s. Bild 2.19 aus Abschnitt 2.7.9). Der maximale Gegendruck p_v, bei dem der

6.3 Dampf- und Gasstrahl-Vakuumpumpen

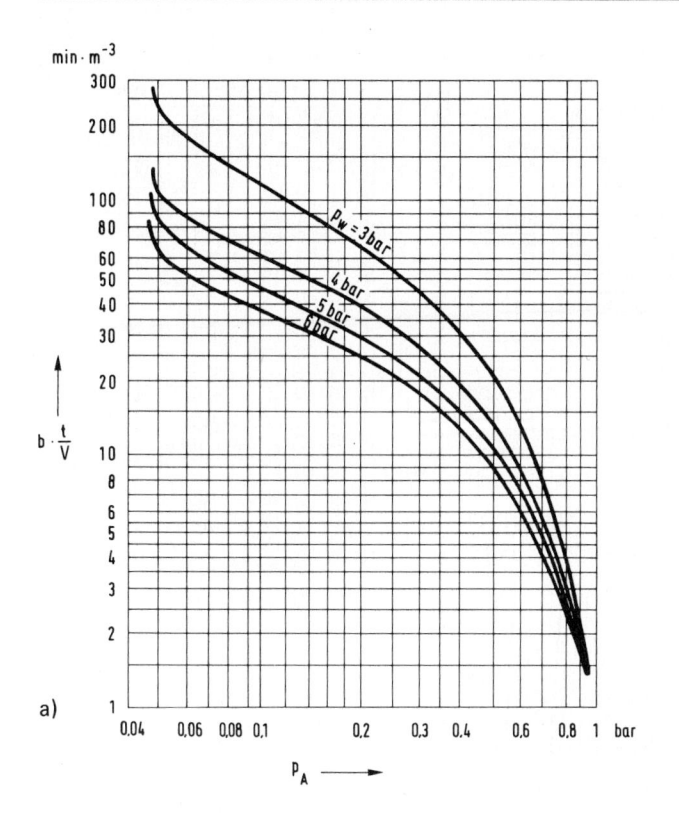

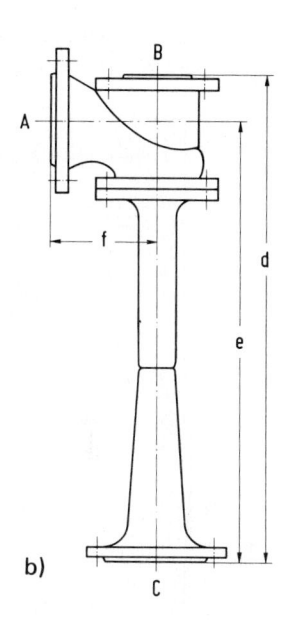

Bild 6.2 a) Volumenbezogene Auspumpzeit $b \cdot t/V$ in Abhängigkeit vom Restdruck auf der Ansaugseite p_A (= Ansaugdruck zur Zeit t) für handelsübliche Wasserstrahlpumpen. (Vgl. auch Beispiel 6.2). p_W = Treibwasserdruck; Wassertemperatur $\vartheta_W \leq 30$ °C; b = Pumpengrößenfaktor.

Größe: Faktor b Gewicht kg	01 1 4,0	02 1,63 5,5	03 2,59 9,0	04 3,74 18	05 5,85 27	06 9,17 40	07 15,1 55	08 23,65 70	09 37 90	10 57 110
B	20	20	25	32	40	50	65	80	100	100
A	20	25	32	40	50	65	80	100	125	150
C	20	25	32	40	50	65	80	100	125	160
d	224	288	346	432	536	682	846	1061	1312	1562
e	200	260	316	394	493	634	792	991	1231	1480
f	85	87	90	126	130	140	150	160	190	225

Alle Maße Millimeter, vgl. Bild 6.2b

6 Treibmittelpumpen

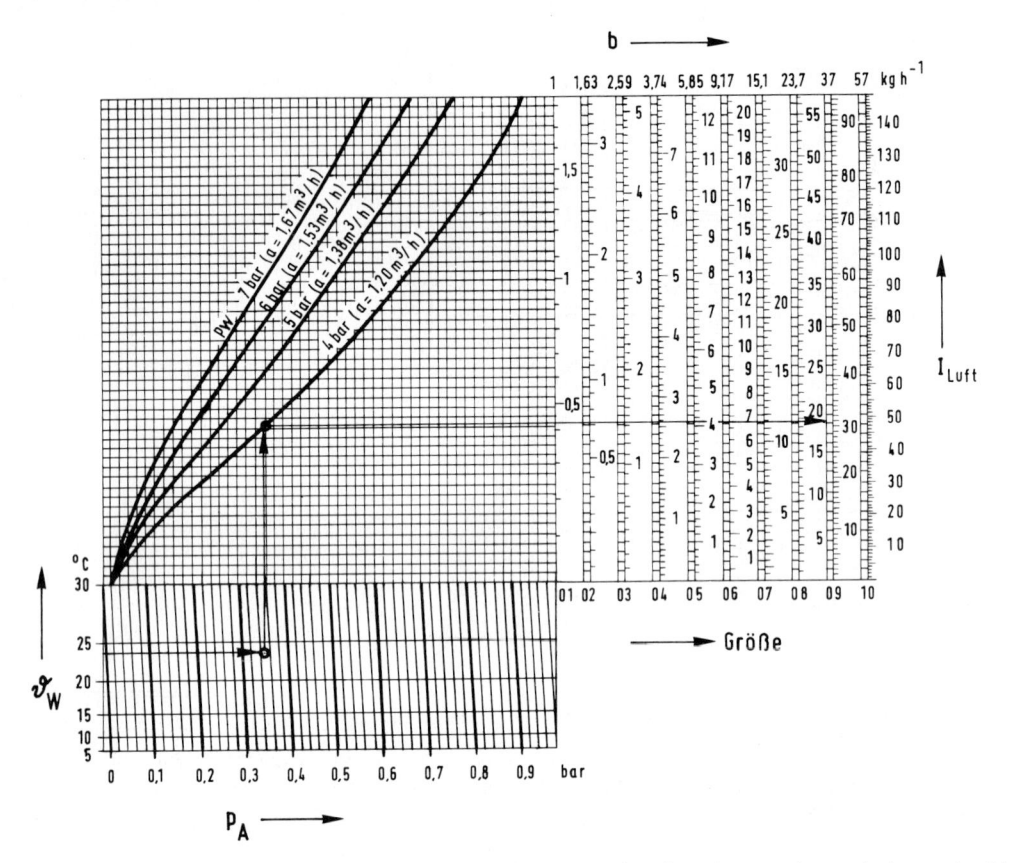

Bild 6.3 Geförderter Luftstrom I_Luft in Abhängigkeit vom Druck auf der Ansaugseite p_A (= Ansaugdruck) für handelsübliche Wasserstrahlpumpen verschiedener Größe „b" bei Wasserdrücken $p_W = p_0 = 4 \ldots 7$ bar und Wassertemperaturen $\vartheta_W = 5 \ldots 30\,°\text{C}$. Jeder Größe (Faktor b, vgl. Bild 6.2 Unterschrift) ist ein eigener Ordinatenmaßstab zugeordnet. Parameter a: Treibwasserstromstärke $I_\text{Wasser} = a \cdot b$.

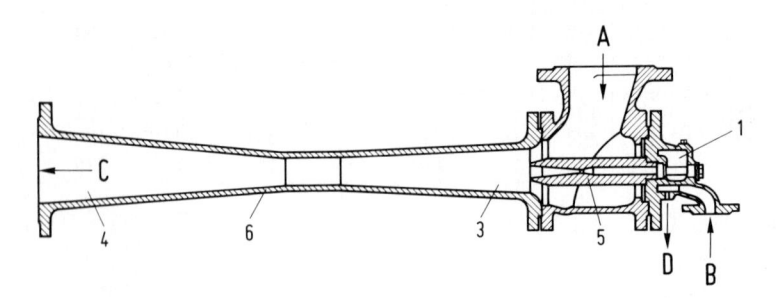

Bild 6.4 Schnittbild einer Dampfstrahl-Vakuumpumpe. 1 Druckraum, 3 Mischraum, 4 Kompressorraum, 5 Treibdüse, 6 Staudüse. 4 und 6 bilden den Diffusor. A Vakuum-Anschluß, B Treibmittelanschluß, C Vorvakuum-Anschluß, D Anschluß für abgeschiedenes Kondensat.

6.3 Dampf- und Gasstrahl-Vakuumpumpen

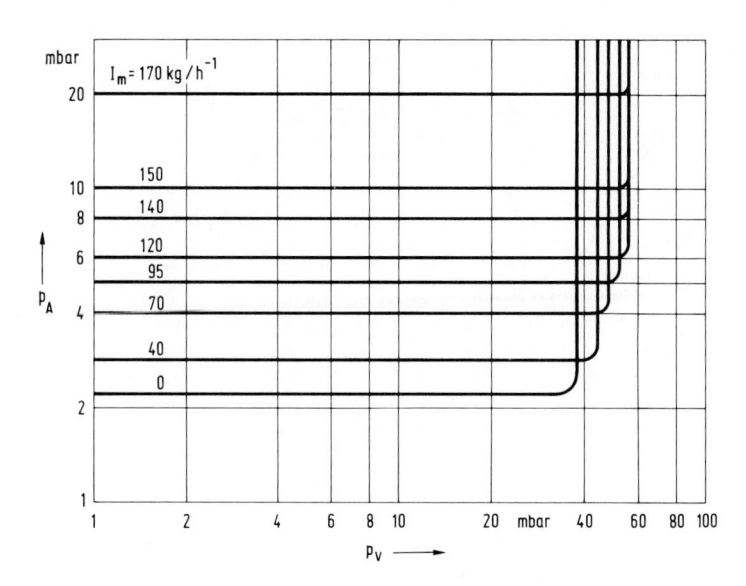

Bild 6.5 Ansaugdruck p_A einer Dampfstrahl-Vakuum-Pumpe in Abhängigkeit vom Gegendruck p_v für verschiedene Massenstromstärken I_m des abgedampften Gases

geschilderte Strömungsverlauf im Mischraum und im verengten Teil der Staudüse – und damit ein stabiler Arbeitszustand – erhalten bleiben, ist der Ruhedruck $\hat{p}_0$ hinter dem Verdichtungsstoß in der Nähe des engsten Querschnitts, wo die Überschall- in eine Unterschallströmung übergeht (vgl. Abschnitt 2.7.7). Eine Erhöhung des Gegendrucks p_v über den Wert $\hat{p}_0$ hinaus verschiebt den Verdichtungsstoß stromaufwärts, so daß die notwendige Abdichtung zwischen dem Strahl und der Düsenwand fehlt und dort das komprimierte Gasdampfgemisch zurückströmt. Die Pumpe arbeitet dann nicht mehr stabil. Der maximal zulässige Gegendruck $p_v = \hat{p}_0$ ist also eine wichtige Kenngröße der Pumpe. Sie hängt etwas von der Menge des abgepumpten Gases bzw. dessen Druck p_A im Mischraum ab. In Bild 6.5 ist der Ansaugdruck p_A in Abhängigkeit vom Gegendruck p_v aufgetragen, für einige Werte des Massenstroms I_m des abgepumpten Gases. Die Unabhängigkeit des Ansaugdrucks p_A vom Gegendruck p_v auf der Vorvakuumseite – dargestellt durch die horizontalen Kurvenstücke – ist für alle Pumpen mit Überschalltreibstrahlen charakteristisch (vgl. auch Abschnitt 6.4.6). Bild 6.6 zeigt das Saugvermögen S in Abhängigkeit vom Ansaugdruck p_A. Die höchsten mit einstufigen Wasserdampfstrahl-Vakuumpumpen erreichbaren Verdichtungsverhältnisse sind im Grobvakuum $p_v/p_A = 10$, im Feinvakuum $p_v/p_A = 20$. Jedoch begnügt man

Tabelle 6.2 Ansaugdruck p_A in mbar bei verschiedenen Treibdampfdrücken p_0 in Abhängigkeit von der Stufenzahl

Stufenzahl	$p_0 > 7$ bar	$p_0 < 6$ bar
1	100	300
2	30	100
3	4	30
4	0,2	4
5	0,05	0,2
6	0,005	0,05
7	0,001	0,005

6 Treibmittelpumpen

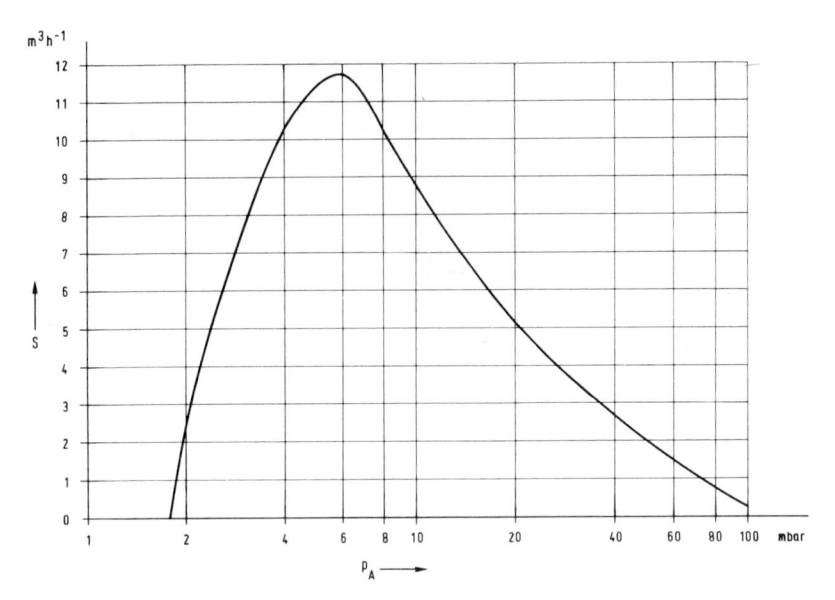

Bild 6.6 Saugvermögen S einer Wasserdampfstrahlpumpe in Abhängigkeit vom Ansaugdruck p_A

sich in der Praxis mit kleineren Werten, die einen besseren Wirkungsgrad und so eine höhere Wirtschaftlichkeit ermöglichen. Wenn man also niedrigere Ansaugdrücke als 300 ... 100 mbar erreichen will, müssen mehrere Stufen hintereinander geschaltet werden. Tabelle 6.2 enthält einige typische Werte für Ansaugdrücke p_A bei verschiedenen Stufenzahlen und Wasserdampfdrücken p_0.

Um nicht den Treibdampf der vorhergehenden Stufen abpumpen zu müssen, werden – wenn möglich – Zwischenkondensatoren benutzt. Bild 6.7 zeigt schematisch eine 5-stufige Wasserdampfstrahl-Vakuumpumpe. Die 1. Stufe verdichtet den angesaugten Gas-/Dampf-Strom von 1 mbar auf 10 mbar. Diese Stufe ist zur Vermeidung der Eisbildung beheizt (s. auch Abschnitt 2.7.2). Beim Druck von 10 mbar kann mit normalem Kühlwasser (Leitungs- oder Rückkühlwasser) der zur Förderung benutzte Wasserdampf noch nicht kondensiert werden. Deshalb übernimmt die 2. Stufe den Gemischstrom der 1. Stufe und fördert ihn in den 1. Zwischenkondensator (Hauptkondensator). Daraus hat die 3. Stufe nur noch die Inertgase zuzüglich dem physikalisch bedingten Wasserdampfanteil entsprechend der Inertgastemperatur abzusaugen. Wenn keine verfahrenstechnischen oder anlagentechnischen Gründe dagegenstehen, kondensiert man nach jeder Dampfstrahlstufe den Treibdampf, damit dieser von der nachfolgenden Stufe nicht gefördert werden muß. So geschieht das auch bei dem gezeigten Schema, bis schließlich das gewünschte Druckniveau erreicht ist. Die dargestellte Pumpe arbeitet mit Mischkondensation. Soll aus verfahrenstechnischen oder aus Umweltschutzgründen die abgesaugte Substanz nicht mit dem Kühlwasser in Berührung kommen, so setzt man anstelle der Mischkondensatoren Oberflächenkondensatoren ein. Da die Kondensatoren unter Vakuum stehen, muß die Ableitung des Kondensats entweder über 11 m Höhenunterschied zum Kondensatsammelgefäß (barometrische Aufstellung) oder über geeignete Kreiselpumpen (halb- und nichtbarometrisch) erfolgen. In der Technik wird die barometrische Aufstellung bevorzugt, da dann die ganze Vakuumpumpe überhaupt keine rotierenden Teile besitzt.

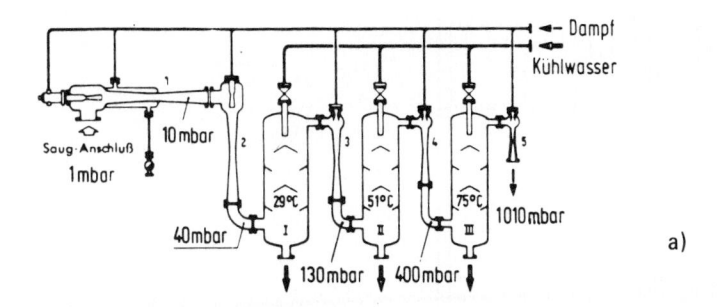

6.3 Dampf- und Gasstrahl-Vakuumpumpen

Bild 6.7
a) Schema einer fünfstufigen Wasserdampf-Strahlvakuumpumpe
   1 ... 5 Einzelstufen, gemäß Bild 6.4
   I ... III Zwischenkondensatoren (Misch- oder Oberflächenkondensatoren)
b) Fünfstufige Wasserdampf-Strahlvakuumpumpe für aggressive Medien, aus Porzellan und Graphit. Hauptabmessungen (in mm): Breite × Tiefe × Höhe: 3500 × 1300 × 2300. Saugleistung $\dot{Q}$ = 18,5 kg/h Gemisch (54 % Luft, 46 % organische Dämpfe). Ansaugdruck p_A = 1 mbar, Gegendruck p_V = 1130 mbar.

Mehrstufige Pumpsätze mit oder ohne Zwischenkondensatoren für technische Anlagen müssen für jeden Anwendungsfall besonders optimiert werden. Hierbei sind der Preis des zur Verfügung stehenden Dampfes und des Kühlwassers, der Dampfdruck, die Kühlwassertemperatur und die Betriebsdauer (kurzzeitige Evakuierung oder Dauerbetrieb) die wichtigsten Parameter.

Als Faustformel für den Treibdampfdruck gilt, daß er mindestens das Dreifache des gewünschten Gegendrucks sein soll — für die Stufe, die gegen Atmosphärendruck arbeitet, also mindestens p_0 = 3 bar. In der Praxis benutzt man meistens Treibdampf von p_0 = 3 ... 11 bar. Für die vorgeschalteten Vakuumstufen kann aber Niederdruckdampf ($p < 1$ bar) benutzt werden, der häufig sehr billig zur Verfügung steht. Der Treibdampfverbrauch hängt

6 Treibmittelpumpen

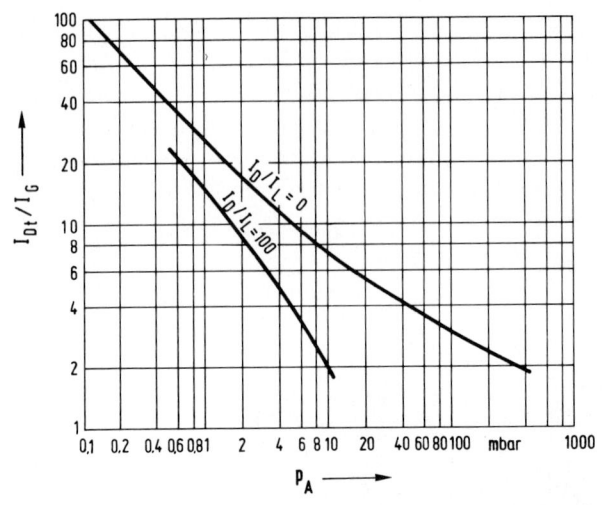

Bild 6.8 Diagramm zur überschlägigen Ermittlung des Treibdampfverbrauchs einer Dampfstrahlpumpe. Ordinate: Treibdampf-Massenstromstärke I_{Dt} durch Pumpgas-Massenstromstärke I_G. Abszisse: Ansaugdruck p_A. I_D/I_L = Verhältnis der Massenstromstärken von Wasserdampf und Luft im Pumpgas: $I_D + I_L = I_G$. Treibdampfdruck p_0 = 7 bar. Kühlwassertemperatur ϑ_K = 30 °C.

hauptsächlich vom Ansaugdruck p_A, dem Anteil Wasserdampf im abgepumpten Gasstrom, der Kühlwassertemperatur ϑ_K und dem Treibdampfdruck p_0 ab. Bild 6.8 zeigt den Dampfverbrauch I_{Dt} bezogen auf den Massenstrom der abgepumpten Gase und Dämpfe $I_G = I_D + I_L$, in Abhängigkeit vom Ansaugdruck p_A für den Treibdampfdruck p_0 = 7 bar und eine Kühlwassertemperatur ϑ_K = 30 °C. Der Parameter I_D/I_L ist das Verhältnis der Massenströme von Wasserdampf und Luft im Saugstrom. Eine Verringerung des Treibdampfdrucks p_0 macht sich nur bei Ansaugdrücken $p_A > 50$ mbar bemerkbar. Eine Verringerung des Treibdampfdrucks auf p_0 = 4 bar erhöht z.B. den Verbrauch in diesem Druckbereich um ca. 30 %. Eine Erniedrigung der Kühlmitteltemperatur ϑ_K kann zu einer erheblichen Einsparung des Dampfverbrauchs führen, z.B. 60 %, wenn es gelingen würde, den Wasserdampfpartialdruck im Kondensator auf 10 mbar herabzusetzen.

Wasserdampfstrahl-Vakuumpumpen werden von kleinen Abmessungen (Ansaugdurchmesser 1 ... 2 cm) für den Laborbetrieb bis zu Abmessungen für den großtechnischen Einsatz (Ansaugdurchmesser bis über 3 m) hergestellt. Sie eignen sich auch zum Pumpen aggressiver Stoffe und werden hierfür aus korrosionsbeständigen Werkstoffen hergestellt, wie Edelstahl, Porzellan, Graphit, Hastelloi, oder sie werden innen gummiert (s. Bild 6.7b).

Mit Wasserdampf betriebene Strahlpumpen werden aus wirtschaftlichen Gründen vielfach mit anderen Vakuumpumpen kombiniert. Sehr gebräuchlich sind Kombinationen mit einer Wasserringpumpe als Endstufe oder einem Wasserstrahlkondensator.

Im ersten Fall verdichten in Reihe geschaltete Strahlstufen von 0,01 mbar auf etwa 80 mbar, die Wasserringpumpe verdichtet weiter auf Atmosphärendruck.

In Kombination mit dem Wasserstrahlkondensator fördern einzelne oder hintereinander geschaltete Dampfstrahlpumpen in einen Dampfsammelraum. Mit einer Spezialdüse, der sogenannten Kondensationsdüse, werden mit Hilfe eines Wasserstrahls die Brüden aus diesem Raum angesaugt, der Wasserdampf kondensiert und die Inertgase gegen Atmosphäre gefördert. Zur Verringerung des Wasserverbrauchs wird das Treibwasser im Kreislauf geführt, wobei die zur Wärmeabfuhr benötigte Frischwassermenge nur gering ist [10].

Die Stufen ohne Zwischenkondensation in einer mehrstufigen Wasserdampfstrahl-Vakuumpumpe kann man auch als Gasstrahl-Vakuumpumpe bezeichnen. Diese unterscheidet sich von der Dampfstrahlpumpe dadurch, daß das Treibmittel unter den gegebenen Bedingungen nicht kondensierbar, also ein Gas ist. Der Einsatz von Gasstrahl-Vakuumpumpen ist wesentlich begrenzter als der von Dampfstrahl-Vakuumpumpen, das Arbeitsprinzip ist aber praktisch das gleiche. Typische Anwendungen sind z.B. die Durchmischung zweier Gasströme in der Verfahrenstechnik oder die Erweiterung des Arbeitsbereichs einer Wasserringpumpe durch Vorschalten einer Luftstrahlpumpe (Abschnitt 5.2.4).

6.4 Diffusionspumpen

6.4.1 Arbeitsweise

Bild 6.9 zeigt eine Diffusionspumpe im Schnitt. Die Pumpe besteht aus dem rohrförmigen Pumpenkörper PK, der oben mit dem ansaugseitigen Hochvakuumflansch F_A versehen ist. Dort ist eine Dampfsperre (Baffle) BA angeflanscht, deren Prallplatten das Eindringen von Treibmitteldampf in den Vakuumbehälter, der am oberen Baffleflansch angeschlossen wird, verhindern. Unten ist der Pumpenkörper durch einen Boden PB abgeschlossen; dieser Teil bildet den geheizten Siederaum S für das Treibmittel. Seitlich mündet das Vorvakuumrohr V, das zum Anschluß der Vorpumpe mit einem Flansch F_V versehen ist. Oberhalb des Vorvakuumrohrs wird der Pumpenkörper durch wasserdurchströmte Kühlrohre KR oder einen Kühlmantel oder – im Falle der Luftkühlung – durch Kühlrippen gekühlt. Der Pumpenkörper nimmt das Pumpeninnenteil, das Düsensystem, auf. In der Abbildung ist eine 4-stufige Pumpe dargestellt mit einer Hochvakuum-, zwei Zwischenvakuum- und einer Vorvakuumstufe (A bis D). Es gibt aber auch Diffusionspumpen mit kleineren oder größeren Stufenzahlen.

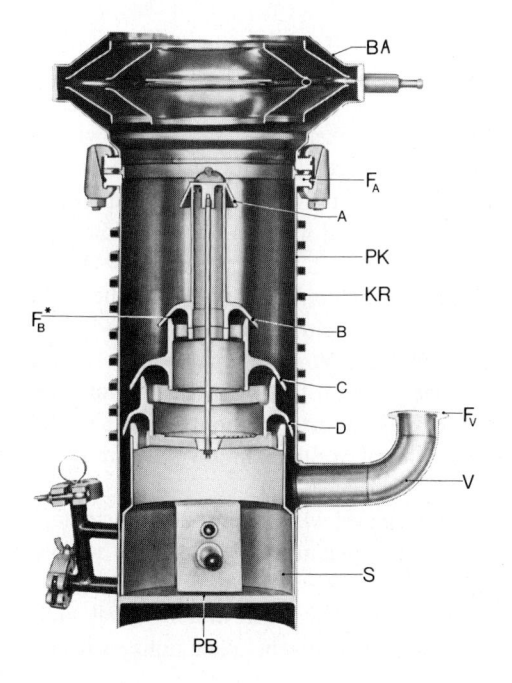

Bild 6.9

Schnitt durch eine vierstufige Diffusionspumpe mit aufgesetzter Dampfsperre (Baffle).

A, B, C, D Ringdüsen; BA Dampfsperre (Baffle); F_A Hochvakuumflansch; F_V Vorvakuumflansch; F_B^* engster Querschnitt (s. Text); KR Kühlrohr (Wasserkühlung); PB Pumpenboden; PK Pumpenkörper; V Vorvakuumrohr; S Siederaum.

6 Treibmittelpumpen

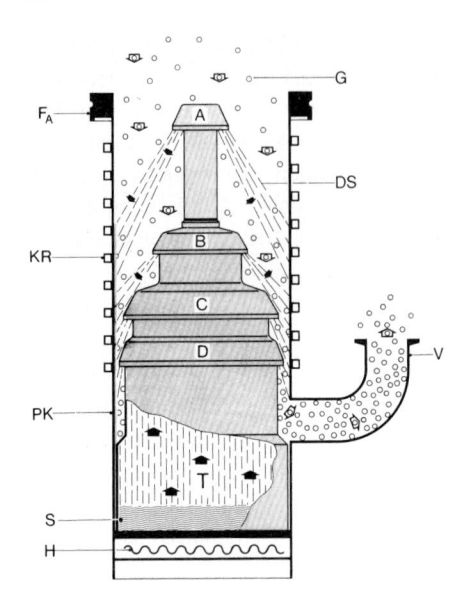

Bild 6.10
Zur Arbeitsweise einer Diffusionspumpe.
H Heizung, S Siederaum, PK Pumpenkörper, KR Kühlrohre, F_A Hochvakuumflansch, G Gasmoleküle des abzupumpenden Gases, DS Dampfstrahl, V Vorvakuumstutzen, A, B, C, D Düsen, T Treibmitteldampf.

Die Arbeitsweise soll anhand des Bildes 6.10 erläutert werden. Das am Boden des Pumpenkörpers befindliche flüssige Treibmittel wird durch eine Bodenheizung H oder eine Tauchsiederheizung so weit erwärmt, daß im Siederaum S ein Dampfdruck $p_0 = 1 \ldots 10$ mbar entsteht (Bild 6.10). Der Treibmitteldampf T steigt in den Dampfrohren des Innenteils nach oben, gelangt in die ringförmigen Düsen A bis D (vgl. Bild 6.9), die aus den Dampfrohren und den Düsenkappen gebildet werden, und wird von diesen nach unten umgelenkt. Hinter dem engsten Querschnitt (z.B. F_B^* in Bild 6.9) expandiert der Dampf entspechend den Gesetzen der Gasdynamik (s. Abschnitt 2.7) und tritt schließlich in den zwischen Düsensystem und gekühlter Wand des Pumpenkörpers gebildeten Raum. Hier erfolgt eine weitere Expansion und Geschwindigkeitszunahme. Es entsteht also in dem Raum unter jeder Düsenkappe zwischen Düsensystem und gekühlter Körperwand ein schirmförmiger Dampfstrahl mit ringförmigem Querschnitt, der mit hoher Überschallgeschwindigkeit ($M \approx 3 \ldots 8$) nach unten strömt. Die abzupumpenden Gasteilchen G treten von oben durch den Hochvakuumanschluß F_A in die Pumpe ein und gelangen zunächst in den Dampfstrahl der Hochvakuumdüse A (Bild 6.10). Sie dringen durch Diffusion in den Strahl ein und nehmen durch Ströße (vgl. Abschnitte 2.4.7 und 2.5.1) dessen nach unten gerichtete Geschwindigkeit an. Der Dampf wird bei Berührung mit der gekühlten Wand des Pumpenkörpers PK kondensiert, die nicht kondensierbaren Gasmoleküle treten in den Dampfstrahl der Zwischenstufen B und dann C ein, wo sie wiederum beschleunigt und in das Gebiet der Vorvakuumstufe D befördert werden. Hierbei steigt der Gasdruck an. Das komprimierte Gas tritt dann in das Vorvakuumrohr V und wird von der Vorpumpe abgepumpt. Das kondensierte Treibmittel läuft an der Wand des Pumpenkörpers nach unten in den Verdampferraum zurück und wird so im Kreislauf wieder verdampft.

Da das abgepumpte Gas von Stufe zu Stufe komprimiert wird, nimmt bei konstantem Massenstrom sein Volumenstrom entsprechend ab. Das Pumpeninnenteil ist deshalb so konstruiert, daß die Pumpfläche zwischen dem jeweiligen Düsensystem und der Wand des Pumpenkörpers von Stufe zu Stufe kleiner wird. Das hat den Vorteil, daß in den vorvakuumseitigen Stufen der Dampf weniger stark expandiert und dementsprechend ein höheres Ruhedruckverhältnis erreicht wird (s. Abschnitt 2.7.7, Gl. (2.135)); das bedeutet also, daß der höchstzulässige Druck auf der Vorvakuumseite hierdurch vergrößert wird.

6.4.2 Treibmittel

Als Treibmittel wurde früher ausschließlich Quecksilber verwendet. Abgesehen davon, daß Quecksilberdampf giftig ist, hat Quecksilber bei Kühlwassertemperatur einen relativ hohen Dampfdruck ($p_s \approx 10^{-3}$ mbar). Man muß also eine tiefgekühlte Falle zwischen Pumpe und Vakuumbehälter schalten, um den Dampfdruck auf hinreichend niedrige Werte zu reduzieren. Heute benutzt man nur noch in Sonderfällen Quecksilber-Diffusionspumpen, z.B. dann, wenn in dem zu evakuierenden Behälter ohnehin Quecksilber vorhanden ist (Quecksilberdampf-Gleichrichter) und deshalb keine Tiefkühlfalle zwischengeschaltet zu werden braucht. Die weitaus meisten Diffusionspumpen sind heute Öl-Diffusionspumpen, die mit hochmolekularen Treibmitteln auf der Basis von Erdöl, Silikonen oder bestimmten Estern betrieben werden (Tabelle 16.10). Bild 16.5 enthält die Dampfdruckkurven einiger Treibmittel.

6.4.3 Dampfsperren (Baffles) und Fallen

Es gibt heute hochmolekulare Treibmittel mit extrem niedrigem Dampfdruck bei Kühlwassertemperatur (etwa $10^{-9} \ldots 10^{-11}$ mbar, s. auch Tabelle 16.10). Deshalb braucht man meistens keine tiefgekühlten Fallen. Jedoch treten aus dem Dampfstrahl der Hochvakuumstufe, insbesondere aus der Gegend in der Nähe der oberen Düsenkappe, erhebliche Mengen von Ölmolekülen entgegen der Pumprichtung nach oben und gelangen in den Vakuumbehälter, wo sie kondensieren. Eine Ölkontamination des Vakuumbehälters muß aber in den meisten Fällen vermieden werden, da es nur wenige Vakuumprozesse gibt, die durch Öldampf nicht empfindlich beeinträchtigt werden. Über 90 % des rückströmenden Öldampfs (einige mg/cm^2 bezogen auf den hochvakuumseitigen Ansaugquerschnitt) kann durch ein gekühltes Düsenhutbaffle abgefangen werden (Bild 6.11). Um den Öldampf im Rezipienten auf den Sättigungsdruck der Kühlwassertemperatur zu reduzieren, benötigt man jedoch ein auf diese Temperatur gekühltes Plattenbaffle, Schalenbaffle oder Chevronbaffle, das zwischen Pumpe und Vakuumbehälter geschaltet wird (Bild 6.12). Eine solche Dampfsperre (Baffle) versperrt mit einer gewissen Überlappung die optische Sicht zwischen Pumpe und Behälter,

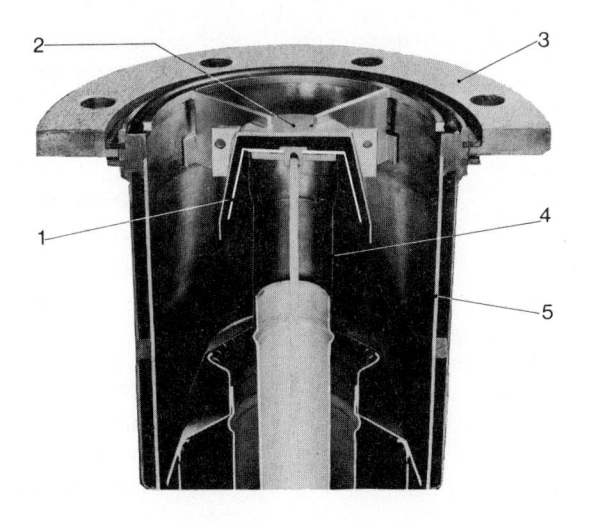

Bild 6.11
Düsenhutdampfsperre, durch wärmeleitende Verbindung mit dem Pumpenkörper gekühlt.

1 Kappe der obersten Diffusionsdüse, 2 Düsenhut-Dampfsperre mit massiven, wärmeleitenden Streben, 3 Hochvakuumflansch der Diffuionspumpe, 4 Dampfsteigrohr, 5 gekühlter Pumpenkörper.

6 Treibmittelpumpen

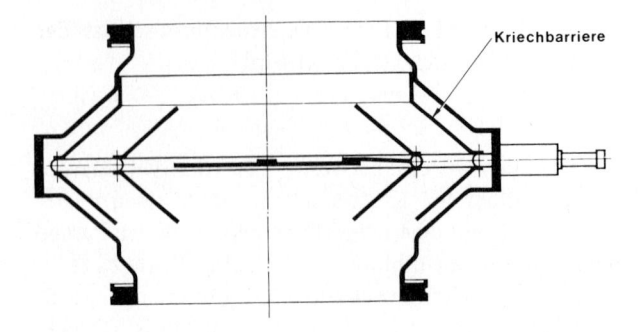

Bild 6.12
Schnitt durch eine Schalendampfsperre

so daß jedes Ölmolekül, das von unten nach oben fliegt, mindestens einmal mit der gekühlten Wand der Sperre in Berührung kommt. Eine weitere Senkung des Öldampfdrucks im Vakuumbehälter ist durch tiefere Kühlung der Baffleflächen möglich und wird auch gelegentlich zur Erzielung von Ultrahochvakuum mit Diffusionspumpen angewendet. Wenn ein tiefgekühltes Baffle benutzt wird, bei dessen Temperatur das Öl so steif wird, daß es nicht in die Pumpe zurückfließt, sollte ein Düsenhutbaffle zwischengeschaltet werden, damit die größte Menge des aufsteigenden Öls dort bei Kühlwassertemperatur kondensiert und in den Kreislauf der Pumpe zurückkehrt. Damit das an den Wänden kondensierte Öl nicht in den Rezipienten kriechen kann, werden die Dampfsperren meistens mit einer Kriechbarriere versehen, die als dünnes Edelstahlblech mit geringem Wärmeleitwert das ungekühlte Gehäuse mit der gekühlten Schale des Baffles verbindet (Bild 6.12). Der aufsteigende kriechende Ölfilm wird so über die gekühlten Teile des Baffles geleitet und am Vordringen in den Rezipienten gehindert.

6.4.4 Fraktionieren, Entgasen

Im Gegensatz zu Quecksilber sind hochmolekulare Treibmittel keine einheitlichen Stoffe. Sie lassen sich deshalb fraktionieren. Dies geschieht durch abgeteilte Verdampferräume für die einzelnen Stufen (Bild 6.13). Das Öl tritt hierbei, nachdem es an der Innen-

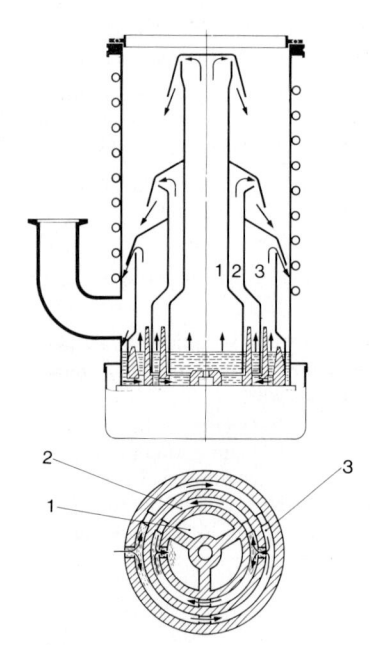

Bild 6.13
Dreistufige Diffusionspumpe mit Fraktionierung.
1 Verdampferraum der Hochvakuumstufe,
2 Verdampferraum der Zwischenstufe,
3 Verdampferraum der Vorvakuumstufe

wand des Pumpenkörpers herabgelaufen ist, zunächst in den Verdampferraum der Vorvakuumstufe 3; dort verdampfen vorzugsweise die leichten Bestandteile, während die dort nicht verdampfenden schweren Anteile in den Verdampferraum der Zwischenstufe 2 und schließlich, nachdem sie hier weiter von leichter flüchtigen Bestandteilen befreit wurden, in den Verdampferraum der Hochvakuumstufe 1 fließen. Hierdurch erreicht man, daß die Hochvakuumstufe im wesentlichen durch schwerverdampfbare Ölbestandteile betrieben wird, die einen niedrigeren Öldampfdruck auf der Hochvakuumseite bewirken.

In hochmolekularen Treibmitteln entstehen durch die thermische und chemische Zersetzung laufend gewisse Mengen von leichteren Spaltprodukten mit wesentlich höherem Dampfdruck. Diese Spaltprodukte kondensieren nicht an den wassergekühlten Dampfsperren, sie können nur durch tiefgekühlte Fallen kondensiert werden. Durch Anwesenheit solcher leichten Spaltprodukte kann das Endvakuum einer Diffusionspumpe um mehrere Zehnerpotenzen höher sein als es dem Gleichgewichtsdampfdruck des eigentlichen Treibmittels entspricht. Es ist deshalb wichtig, das Öl laufend von den leichtflüchtigen Bestandteilen zu befreien. Dies geschieht dadurch, daß der an der Innenwand des Pumpenkörpers herablaufende Ölfilm im unteren Bereich, d.h. unterhalb der Vorvakuumstufe, bis zu 150 °C über die Kühlwassertemperatur aufgeheizt wird. Man erreicht dies sehr einfach dadurch, daß man die Kühlschlangen oder sonstige Kühlvorrichtungen des Pumpenkörpers so hoch in der Nähe der unteren Treibdüse enden läßt, daß der Dampf das herunterlaufende Kondensat auf die gewünschte Temperatur aufheizt. Die leichtflüchtigen Bestandteile verdampfen dann aus dem in den Siederaum zurückfließenden Treibmittel und werden im gasförmigen Zustand zusammen mit dem abgepumpten Gas durch das Vorvakuumrohr abgepumpt, wo sie auf Grund ihres hohen Dampfdrucks nicht kondensieren können. Die beschriebene Entgasungseinrichtung ist auch deshalb sehr wichtig, weil leichtflüchtige Stoffe aus dem Vakuumprozeß – sobald sie in die Pumpe eintreten – wieder aus dem Pumpenöl entfernt werden. Auch ursprünglich im Treibmittel vorhandene Verunreinigungen werden so entfernt.

6.4.5 Kohlenwasserstofffreies Vakuum

Die modernen Diffusionspumpen, bei denen die geschilderten Maßnahmen verwirklicht werden, ergeben zusammen mit gut angepaßten Dampfsperren und mit leistungsfähigen Treibmitteln für sehr viele Anwendungsfälle völlig ausreichende Kohlenwasserstofffreiheit. Jedoch muß berücksichtigt werden, daß bei Außerbetriebnahme, bei Fehlbedienung usw. nicht völlig ausgeschlossen werden kann, daß zusätzlich Kohlenwasserstoffmengen in den Rezipienten gelangen. Man strebt deshalb eine Verringerung dieses Risikos durch Automatisierung des Pumpstands an. Hierbei lösen unvorhergesehene Ereignisse, wie Kühlwasser- und Stromausfall oder der Anstieg des Drucks im Rezipienten über eine bestimmte Grenze geeignete Maßnahmen – z.B. Schließung eines Plattenventils über der Diffusionspumpe – aus (s. Abschnitt 15.4.5).

Auch der Ein- und Ausschaltvorgang wird automatisiert, wobei zu berücksichtigen ist, daß die heiße Pumpe nur belüftet werden darf, wenn der Druck kleiner als einige Zehntel Millibar ist. Diese Regel braucht aber nicht eingehalten zu werden, wenn die Anforderungen an Kohlenwasserstofffreiheit nicht extrem hoch sind und wenn nur relativ kleine Luftmengen durch die heiße Pumpe treten (s. Abschnitt 15.4.5).

Besonderer Wert wird in Diffusionspumpen auch auf eine stoßfreie, gleichmäßige Verdampfung und einen guten und gleichmäßigen Wärmeübergang zum Treibmittel gelegt, damit Übertemperaturen, die zur Zersetzung führen, möglichst vermieden werden.

6 Treibmittelpumpen

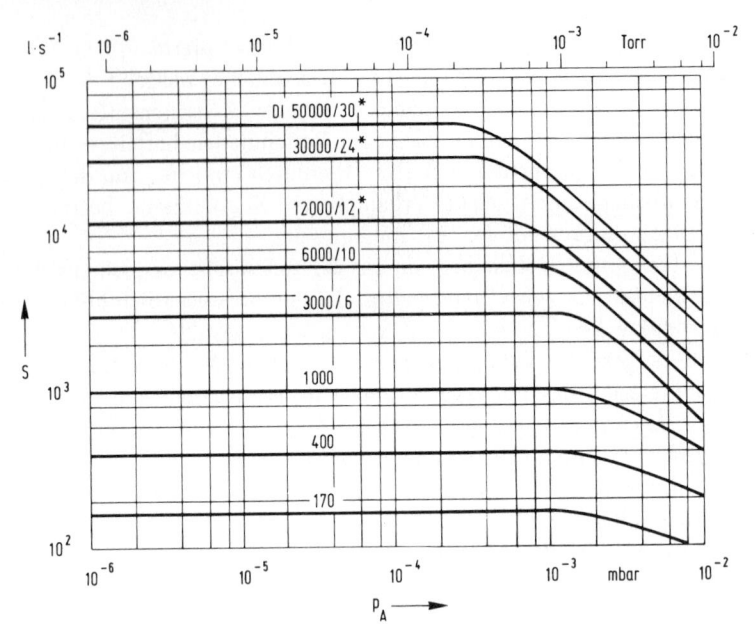

Bild 6.14 Saugvermögen S als Funktion des Ansaugdrucks p_A für einige Öl-Diffusionspumpen. *Saugvermögen am HV-Flansch der eingebauten Düsenhutdampfsperre

6.4.6 Saugvermögen und Vorvakuumbeständigkeit

Bild 6.14 zeigt das Saugvermögen S einer Reihe von Diffusionspumpen als Funktion des Ansaugdrucks. Es ist typisch für Diffusionspumpen, daß diese Kurven in einem breiten Ansaugdruckbereich horizontal verlaufen, das Saugvermögen also druckunabhängig ist. In dieser Eigenschaft unterscheiden sich Diffusionspumpen von Dampfstrahlpumpen, deren Saugvermögen ein ausgesprochenes Maximum aufweist (s. Bild 6.6). Tabelle 6.3 enthält weitere technische Daten dieser Pumpen.

Bild 6.15 zeigt den Ansaugdruck p_A als Funktion des Vorvakuumdrucks p_v einer Diffusionspumpe. Diese Kurven haben, ähnlich wie bei den Dampfstrahlpumpen, einen horizontalen Teil, der die Unabhängigkeit des Ansaugdrucks vom Druck auf der Vorvakuumseite unterhalb eines kritischen Vorvakuumdrucks (Gegendrucks), der Vorvakuumfestigkeit oder Vorvakuumbeständigkeit (s. Tabelle 6.3) p_K, wiedergibt und charakteristisch für den Überschalldampfstrahl ist, s. auch Bild 6.5.

6.4.7 Berechnung der Funktionsgrößen von Diffusions- und Dampfstrahlpumpen anhand eines einfachen Pumpenmodells

Zum Verständnis der Vorgänge in einer Diffusions- bzw. Dampfstrahlpumpe sollen anhand eines einfachen Modells das Saugvermögen S einer Pumpe (d.h. die geförderte Volumenstromstärke) bzw. die Pumpwahrscheinlichkeit W_p und deren Abhängigkeit von Gasart, Druck im Rezipienten, Treibmitteldaten, sowie die Vorvakuumfestigkeit und einige andere charakteristische Größen berechnet werden.

Die Wirkung der Diffusionspumpe beruht auf der Impulsübertragung bei Zusammenstößen zwischen den abgepumpten Gasmolekülen und den mit der Strahlgeschwindigkeit u strömenden Treibdampfmolekülen. Man kann versuchen, das Saugvermögen S oder die

6.4 Diffusionspumpen 6.4.6/6.4.7

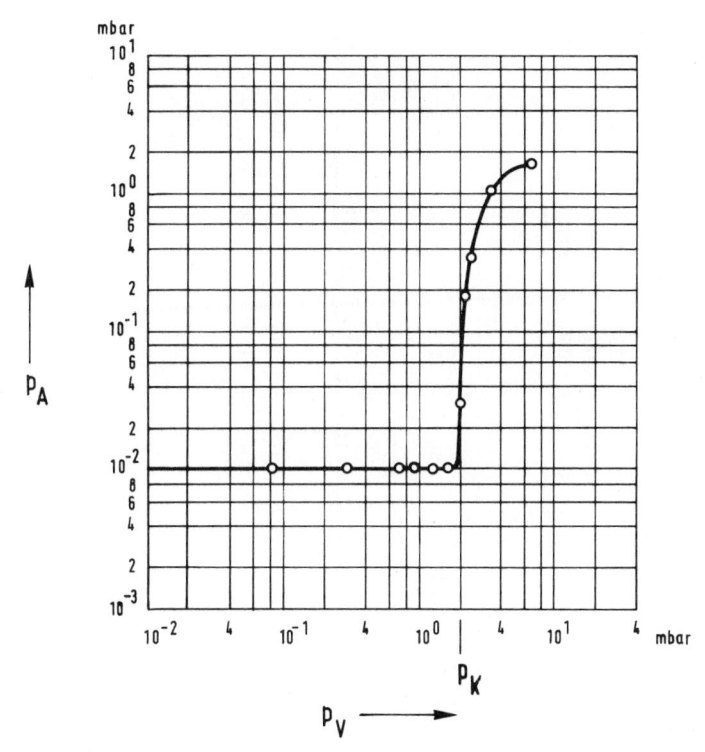

Bild 6.15 Ansaugdruck p_A als Funktion des Druckes auf der Vorvakuumseite. p_K = Vorvakuumfestigkeit (Vorvakuumbeständigkeit)

Pumpwahrscheinlichkeit W_p direkt aus den Stoßprozessen zu berechnen. Da eine solche Rechnung nur näherungsweise durchgeführt werden kann, geben die bisher bekannt gewordenen Ergebnisse die Erfahrung nur unvollkommen wieder [1, 2]. Eine brauchbare Übereinstimmung mit der Erfahrung erhält man jedoch bereits durch ein verhältnismäßig einfaches Modell, das die Stoßprozesse pauschal erfaßt. In diesem Modell wird die Wechselwirkung des abgepumpten Gases mit dem Dampfstrahl als ein Diffusionsvorgang angesehen. Dies entspricht der Gaedeschen Vorstellung [3], auf der auch die Bezeichnung Diffusionspumpe beruht, und den später von Jaeckel [4] durchgeführten Berechnungen, die erstmals realistische Werte des Saugvermögens ergaben. Die Anwendung des Diffusionsbegriffs wurde häufig kritisiert. Man muß jedoch berücksichtigen, daß Diffusion nichts anderes ist als ein makroskopisch beobachtbarer Vorgang, der auf der Statistik von Einzel-(Stoß-)Prozessen beruht (vgl. auch Abschnitt 2.4.5, Beispiel 2.5).

Zur Herleitung des vereinfachten Diffusionspumpenmodells dient Bild 6.16, das die obere Stufe einer Diffusionspumpe darstellt. Der Dampfstrahl S—S tritt aus der ringförmigen Treibdüse T (Breite δ, Fläche A^*) aus, die durch das obere Ende des Dampfrohrs DR und die Düsenkappe D gebildet wird. Er hat die Form eines Hohlkegels, der innen durch DR, außen durch eine unscharfe (diffuse) glockenförmige Zone[1]) begrenzt wird. Die äußere Grenze wird

---

[1]) Eine ausführliche Diskussion der Expansion (Aufweitung) eines Dampfstrahls im Hochvakuum und der Strahlgrenze findet sich in [7].

6 Treibmittelpumpen

Tabelle 6.3 Technische Daten einiger Öldiffusionspumpen

Pumpenart		180	410	1010	3000/6	6000/10	12000/12	30000/24	50000/30
Hochvakuum-Anschluß	DN	65 LF	100 LF	150 LF	250 LF	350 LF	500 LF	800 PF	1000 PF
Vorvakuum-Anschluß	DN	25 KF	25 KF	40 KF	50 KF	65 LF	100 LF	150 LF	150 LF
Saugvermögen für Luft									
bei $1 \cdot 10^{-2}$ mbar	$\ell \cdot s^{-1}$	100	200	400	600	950	1200	2400	3000
bei $1 \cdot 10^{-3}$ mbar	$\ell \cdot s^{-1}$	160	430	780	3000	6000	10000	18000	25000
unterhalb $1 \cdot 10^{-4}$ mbar	$\ell \cdot s^{-1}$	180	410	1010	3000	6000	12000	30000	50000
Arbeitsbereich	mbar	$<10^{-3}$	$<10^{-3}$	$<10^{-3}$	$<10^{-2}$	$<10^{-2}$	$<10^{-2}$	$<10^{-2}$	$<10^{-2}$
Maximal zulässiger Vorvakuumdruck (Vorvakuumbeständigkeit)	mbar	$4 \cdot 10^{-1}$	$5 \cdot 10^{-1}$	$4 \cdot 10^{-1}$	$5 \cdot 10^{-1}$	$5 \cdot 10^{-1}$	$5 \cdot 10^{-1}$	$5 \cdot 10^{-1}$	$5 \cdot 10^{-1}$
Treibmittelfüllung minimal/maximal	cm³	30/70	70/180	100/500	0,6/1,2 ℓ	1,2/2,4 ℓ	2,5/5 ℓ	8/16 ℓ	17/35 ℓ
Heizleistung für Luft	W	450	800	1200	2200	3750	7500	19800	26400
Anheizzeit, ca.	min	12...15	15...18	15...18	25	30	30	40	45
Kühlwasser (Mindestdurchflußmenge)	$\ell \cdot h^{-1}$	15	20	25	210	330	660	1200	2000
Gewicht der Pumpe	kg	6	9	18	26	60	145	380	630
Empfohlenes Saugvermögen der Vorvakuumpumpe[1]) bei Ansaugdrücken im Dauerbetrieb									
über 10^{-4} mbar	m³h⁻¹	8	16	30	100	200	250	500	1000
unter 10^{-4} mbar	m³h⁻¹	4	8	16	30	60	100	200	250

[1]) oder einer Kombination von Vorvakuumpumpen

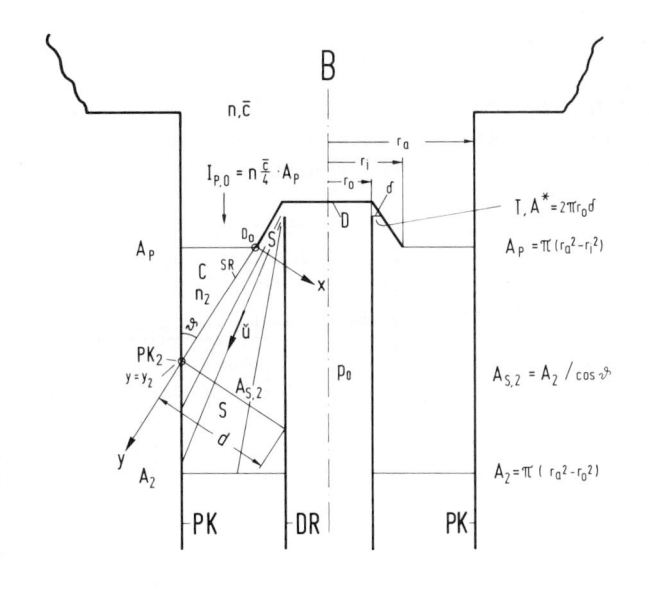

6.4 Diffusionspumpen 6.4.7

Bild 6.16
Zur Berechnung der Funktionsgrößen einer Diffusionspumpe in der obersten Stufe

nun vereinfachend als durch eine Kegelmantelfläche gebildeter scharfer Strahlrand SR angenommen, die sich in Fortsetzung der Düsenkappe D von D_0 nach PK_2 erstreckt; eine Mantellinie dieser Fläche wird als y-Achse (Nullpunkt in D_0, Schnittpunkt mit der Pumpenkörperfläche in PK_2 bei $y = y_2$) eingeführt.

Die aus dem (großen) Behälter B (Bild 6.16) abzupumpenden Gasmoleküle (Teilchenanzahldichte n, mittlere thermische Geschwindigkeit $\bar{c}$) strömen mit der Stromstärke (Abschnitt 2.4.5, (Gl. (2.57))

$$I_{P,0} = n \frac{\bar{c}}{4} \cdot A_P \tag{6.5}$$

durch den Pumpringspalt mit der Fläche A_P (Bild 6.16), treffen auf SR und diffundieren in den Treibstrahl S–S ein. Die Dampfstrahlmoleküle, deren Dichte n_D wesentlich größer als die Dichte n_G der eindiffundierten Gasmoleküle ist, besitzen neben ihrer thermischen Geschwindigkeit $\bar{c}_S$ eine Vorzugsgeschwindigkeit in Strahlrichtung = Strahlgeschwindigkeit u. Sie stoßen mit den eindiffundierten Gasmolekülen zusammen und erteilen diesen ebenfalls eine Vorzugsgeschwindigkeit in Strahlrichtung; weil sich die mittleren Geschwindigkeiten der Moleküle der Komponenten eines Gasgemischs schon nach wenigen Stößen angleichen, können wir annehmen, daß sich auch die Gasmoleküle mit der Vorzugsgeschwindigkeit u in Strahlrichtung bewegen. Wegen $n_D \gg n_G$ und $m_D > m_G$ (m = Molekülmasse) wird der Strahl nicht „gebremst", sondern die Gasmoleküle „werden mitgenommen".

Auf diese Weise wird ein Gasstrom I_2 durch den Strahlquerschnitt $A_{S,2}$ nach unten geführt, d.h. in den Vorvakuumraum gefördert. Nun ist I_2 nicht gleich $I_{P,0}$, sondern kleiner, weil nicht jedes Molekül, das aus B durch A_P nach unten fliegt, in den Strahl diffundiert und gepumpt wird, sondern weil einige Moleküle durch Rückdiffusion, Reflexion an der Wand oder einen anderen Prozeß früher oder später wieder durch A_P nach B zurückfliegen können. Nennt man die Wahrscheinlichkeit für das Zurückfliegen $1 - W_P$, d.h. die Pumpwahrscheinlichkeit W_P, so ergibt sich für das Saugvermögen mit Gl. (6.5) die Gleichung

$$S = \frac{I_{P,0}}{n} \cdot W_P = \frac{\bar{c}}{4} \cdot A_P \cdot W_P = S_0 \cdot W_P. \tag{6.6}$$

S_0 ist das Saugvermögen einer idealen Pumpe ohne Rückströmung (vgl. Abschnitt 2.4.5, Gl. (2.59)).

Diese Rückströmung hat auch zur Folge, daß die Teilchenanzahldichte n_2 der Gasmoleküle im Raum C (zwischen A_P, PK und SR) kleiner als n ist, derart, daß die Bilanz Gesamtstromstärke durch A_P gleich Stromstärke von B nach C minus Stromstärke von C nach B

$$I_{ges} = n \frac{\bar{c}}{4} \cdot A_P - n_2 \frac{\bar{c}}{4} \cdot A_P \qquad (6.7)$$

oder

$$S = \frac{\bar{c}}{4} \cdot A_P \left(1 - \frac{n_2}{n}\right)$$

gilt, woraus mit Gl. (6.6) der Zusammenhang

$$W_P = \left(1 - \frac{n_2}{n}\right) \qquad (6.8)$$

Bild 6.17
Vereinfachtes Modell einer Diffusionspumpe zur Berechnung des Saugvermögens

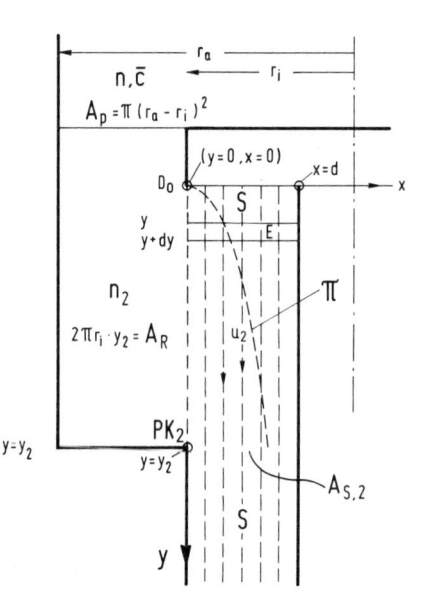

folgt. n_2 ist noch unbekannt, zu seiner Bestimmung — und damit zur Bestimmung von W_P — muß der Diffusionsvorgang aus C in S–S näher untersucht werden.

Zur Berechnung des Diffusionsvorgangs aus C in S–S vereinfacht man das Modell weiter, was sich aus der Diffusionstheorie näherungsweise rechtfertigen läßt, was aber hier nicht gezeigt werden kann; Bild 6.17 gibt diese Vereinfachung. Man ersetzt den kegelförmigen Treibstrahl zunächst durch einen röhrenförmigen mit den Radien r_i und $r_i - d$ (vgl. dazu Bild 6.16), in dem eine Parallelströmung der konstanten Geschwindigkeit u_2 herrscht (im kegelförmigen Strahl ist die Geschwindigkeit an der Düse anders als unten) und in dem überall die konstante Treibdampfteilchenanzahldichte $n_{D,2}$ herrscht; schließlich wickelt man den rohrförmigen Strahl zu einem Band der Länge y_2, der Breite d und der rechteckigen Grundfläche $A_{S,2}$ ab. Dann hat man es mit einem ebenen Diffusionsproblem zu tun.

Wir betrachten nun ein Element E dieses Bandstrahls zwischen y und $y + dy$ (vgl. Bild 6.17). Am linken Rand dieses Elements herrscht dauernd die Gasteilchenanzahldichte n_2. Würde E ruhen und zur Zeit $t = 0$ gasfrei sein (keine Gasmoleküle, nur Treibdampfmoleküle), so würde sich nach der Zeit t eine Verteilung der eindiffundierten Gasmoleküle $n_G(x)$ nach Bild 6.18 ergeben. Die Diffusionstheorie gibt für den Ort des „Halbwerts"

$$x_{diff} \approx \sqrt{D \cdot t}, \qquad (6.9)$$

wenn D der Diffusionskoeffizient des Gases im Treibdampf ist (vgl. die Gln. (2.74) und (2.64) bis (2.71)). Als weitere Vereinfachung ersetzt man die in Bild 6.18 dargestellte Kurve

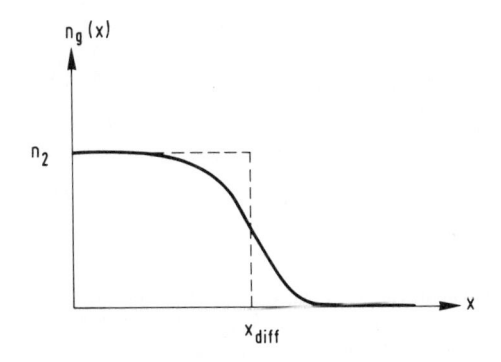

6.4 Diffusionspumpen 6.4.7

Bild 6.18
Teilchenanzahldichte im Treibstrahl und Idealisierung durch eine Rechteck-Verteilung

$n_G(x)$ durch einen Sprung bei $x = x_{diff}$, so daß das Element im Bereich $x = 0$ bis $x = x_{diff}$ mit $n_G = n_2$ gefüllt, für $x > x_{diff}$ „leer" ist. Verfolgt man nun das Strahlelement E bei seiner Bewegung in y-Richtung von D_0 nach PK_2; dabei befindet es sich zur Zeit t an der Stelle $y = u_2 \cdot t$ und ist „gefüllt" bis zur Koordinate $x_{diff} = \sqrt{D(y/u_2)}$, also bis zur Parabel II (Bild 6.17). Nun läßt sich der durch A_2 geförderte Strom der Gasteilchen berechnen, wobei man zu berücksichtigen hat, daß in unserem Modell nur durch den Bruchteil $x_{diff,2}/d$ der Fläche $A_{S,2}$ (vgl. Bild 6.16) Gasteilchen fließen; es ergibt sich

$$I_2 = n_2 \cdot u_2 \cdot A_{S,2} \frac{x_{diff,2}}{d} = n_2 \cdot u_2 \cdot \frac{A_2}{\cos \vartheta} \frac{x_{diff,2}}{d}. \tag{6.10}$$

I_2 wird ein Maximum, wenn $x_{diff,2} = d$ ist. Dies läßt sich bei der Konstruktion von Diffusionspumpen dadurch erreichen, daß die Weite δ der Düsen und die Heizleistung aufeinander abgestimmt gewählt werden; dadurch kann man u_2 und D (Dampfdichte n_D, vgl. Gln. (2.74) und (2.64) bis (2.71)) passend einstellen. Dann wird

$$I_2 = n_2 \cdot u_2 \cdot \frac{A_2}{\cos \vartheta}. \tag{6.11}$$

Nunmehr lassen sich das Saugvermögen S und die Pumpwahrscheinlichkeit W_P berechnen, indem man den Teilchenanzahlstrom durch A_P nach Gl. (6.7) demjenigen durch A_2 nach Gl. (6.10) gleichsetzt. Man erhält dann für die Pumpwahrscheinlichkeit

$$W_P = \frac{1}{1 + \frac{A_P \cos \vartheta}{A_2} \cdot \frac{\bar{c}}{4u_2} \cdot \frac{d}{x_{diff,2}}} \tag{6.12}$$

und das Saugvermögen

$$S = A_P \cdot \frac{\bar{c}}{4} \cdot \frac{1}{1 + a \frac{\bar{c}}{4u_2}} \tag{6.13}$$

mit $a = A_P \cos \vartheta \cdot d / A_2 \cdot x_{diff,2}$.

In Dampfstrahlpumpen muß der Dampfdruck wesentlich höher als in Diffusionspumpen sein. Deshalb ist auch der Diffusionskoeffizient D des Gases im Dampf entsprechend klein, so daß wegen Gl. (6.9) $x_{diff,2} \ll d$ wird. Dann kann man die 1 im Nenner von Gl. (6.12) vernachlässigen und erhält die Pumpwahrscheinlichkeit

$$W_{P, Dampfstrahlpumpe} = b \cdot \frac{4u_2 \cdot x_{diff,2}}{A_P \cdot \bar{c}} \tag{6.14}$$

6 Treibmittelpumpen

und das Saugvermögen

$$S_{\text{Dampfstrahlpumpe}} = b \cdot u_2 \cdot x_{\text{diff},2} \approx 2\pi r_{\text{a}} \cdot x_{\text{diff},2} \cdot u_2 \qquad (6.15)$$

mit der Abkürzung

$$b = \frac{A_2}{\cos\vartheta \cdot d} \approx 2\pi r_{\text{a}} \qquad (6.16)$$

(vgl. Bild 6.16).

Beispiel 6.4: Anhand des beschriebenen Modells soll das Saugvermögen einer mit „Diffelen normal" als Treibmittel betriebenen Öl-Diffusionspumpe berechnet werden, die folgende Konstruktionsdaten aufweist (vgl. Bild 6.16): $r_0 = 10$ mm, $\delta = 1$ mm, $r_{\text{a}} = 50$ mm, $y_2 = 80$ mm, $p_0 = 1$ mbar. Daraus ergibt sich $A^* = 2\pi r_0 \delta = 62{,}8$ mm², $A_2 = \pi(r_{\text{a}}^2 - r_0^2) = 0{,}75 \cdot 10^4$ mm², also ein Expansionsverhältnis $\iota = A^*/A_2 = 8{,}37 \cdot 10^{-3}$. Für diesen ι-Wert lesen wir aus Bild 16.9d für den für Diffelen normal gültigen Wert $\kappa = 1{,}1$ den Wert $M^* = u_2/u^* = 3{,}2$ für die bezogene Geschwindigkeit ab. Tabelle 16.10 liefert die Werte $M_{\text{molar}} = 470$ kg/kmol, $A = 13{,}3$, $B = 6329$ K, mit denen aus der Dampfdruckformel $\log p_0/1$ mbar $= A - B/T_0$ nach Einsetzen von $p_0 = 1$ mbar, $\log(p_0/1\text{ mbar}) = 0$ und damit $T_0 = B/A = 476$ K für die Temperatur im Siedegefäß folgt. Gl. (2.117) gibt nun die Dampfgeschwindigkeit im kritischen Querschnitt A^* zu

$$u^* = \left(\frac{RT_0}{M_{\text{molar}}} \cdot \frac{2\kappa}{\kappa+1}\right)^{1/2} = 94 \text{ m} \cdot \text{s}^{-1}.$$

Damit erhält die gesuchte Dampfgeschwindigkeit an der Stelle y_2 den Wert $u_2 = M^* \cdot u^* = 300$ m·s⁻¹. Für die mittlere thermische Geschwindigkeit der Luftmoleküle bei Labortemperatur entnimmt man Tabelle 16.5 den Wert $\bar{c} = 464$ m·s⁻¹. Damit errechnet sich aus Gl. (6.12) bzw. (6.13) die Pumpwahrscheinlichkeit

$$W_{\text{P}} = \frac{1}{1 + a \cdot \dfrac{\bar{c}}{4u_2}} = \frac{1}{1 + a \cdot 0{,}39}.$$

Dieser Wert soll zur Bestimmung von a mit der Pumpwahrscheinlichkeit der Diffusionspumpe DI 3000/6, deren Saugvermögen (Bild 6.14) $S = 3000$ ℓ/s beträgt, verglichen werden. Der Durchmesser des Ansaugstutzens dieser Pumpe beträgt $2r_{\text{a}} = 250$ mm, also $A_{\text{P}} = 0{,}9\,(2{,}5\text{ dm})^2\,\pi/4 = 4{,}42$ dm². (Der Faktor 0,9 trägt dem Umstand Rechnung, daß etwa 10 % der Fläche durch den oberen Düsenhut D versperrt sind.) Aus Gl. (6.6) folgt dann der experimentelle Wert

$$W_{\text{P,exp}} = S \cdot \frac{4}{\bar{c}} \cdot \frac{1}{A_{\text{P}}} = 3000\,\frac{\text{dm}^3}{\text{s}} \cdot \frac{4 \cdot \text{s}}{464\text{ m}} \cdot \frac{1}{4{,}4\text{ dm}^2} = 0{,}59.$$

Damit ergibt sich für die DI 3000/6 der Wert $a = 1{,}79$.

Mit dem Wert $r_{\text{i}} = 15$ mm (Bild 6.16) errechnet sich der Pumpquerschnitt unserer obigen Modellpumpe

$$A_{\text{P}} = \pi(r_{\text{a}}^2 - r_{\text{i}}^2) = 7{,}15 \cdot 10^3 \text{ mm}^2.$$

Aus den oben gegebenen Werten folgt weiter $\cos\vartheta = 0{,}9$. Dann wird Gl. (6.12)

$$a = \frac{A_{\text{P}}\cos\vartheta}{A_2} \cdot \frac{d}{x_{\text{diff},2}} = 0{,}86 \cdot \frac{d}{x_{\text{diff},2}}$$

und mit dem experimentell ermittelten Wert $a = 1{,}79$

$$\frac{x_{\text{diff},2}}{d} = 0{,}48.$$

Nach der Modellrechnung diffundiert die Luft in der Pumpe DI 3000 also nur bis zur Hälfte der maximal möglichen Tiefe d. Auf eine größere Diffusionstiefe $x_{\text{diff},2}$ durch Einstellung einer niedrigen Dampfdichte wurde in dieser technischen Pumpe wohl verzichtet, weil hierdurch das Kompressionsverhalten der Hochvakuumstufe zu sehr beeinträchtigt würde (s. Beispiel 6.5 und Gl. (6.21)).

Gl. (6.13) sagt aus, daß S unabhängig vom Gasdruck p_A bzw. der Teilchenanzahldichte n am Ansaugstutzen ist. Sie beschreibt damit das horizontale Kurvenstück in Bild 6.14 richtig, der Abfall von S zu höheren Drücken p_A wird weiter unten zu diskutieren sein. Die Abhängigkeit des Saugvermögens von der Gasart ist in $\bar{c} \propto M_{\text{molar}}^{-1/2}$ (vgl. Gl. (2.55)) enthalten. Damit ergibt sich für das Verhältnis des Saugvermögens S_{H_2} zum Saugvermögen S_{Luft} einer Pumpe der Wert

$$\frac{S_{H_2}}{S_{\text{Luft}}} = \sqrt{\frac{M_r(\text{Luft})}{M_r(H_2)}} \cdot \frac{1 + a \cdot \dfrac{\bar{c}(\text{Luft})}{4 u_2}}{1 + a \cdot \dfrac{\bar{c}(\text{Luft})}{4 u_2} \cdot \sqrt{\dfrac{M_r(\text{Luft})}{M_r(H_2)}}} \quad . \tag{6.17}$$

Setzt man die in Beispiel 6.4 gewählten bzw. berechneten Werte von $\bar{c}(\text{Luft})$, u_2, a sowie $M_r(\text{Luft}) = 29$, $M_r(H_2) = 2$ ein, so erhält man

$$\frac{S_{\text{Luft}}}{S_{H_2}} = 0{,}55.$$

Gl. (6.13) ist identisch mit dem Resultat von Jaeckel [4], wenn der Korrekturfaktor $a = 1$ gesetzt wird.

Das hier benutzte Modell erklärt nicht nur die Höhe des horizontal verlaufenen Teils der Saugvermögenskurven, sondern auch das Verhalten der Diffusionspumpe bei Druckänderungen auf der Vorvakuumseite, den Abfall des Saugvermögens bei hohen Ansaugdrücken und die Entstehung eines Saugvermögensmaximums bei Feinvakuum-Diffusionspumpen und Dampfstrahl-Vakuumpumpen.

Wir unterscheiden die Vorvakuumfestigkeit p_K als kritischen Wert des Drucks p_v auf der Vorvakuumseite, bei dessen Überschreiten die Pumpwirkung aufhört (Bild 6.15), und das Kompressionsverhältnis p_v/p_A, das meistens so hoch ist, daß es keinen Einfluß auf das Endvakuum und das Saugvermögen hat. Nur bei leichten Gasen, wie zum Beispiel Wasserstoff, muß das Kompressionsvermögen unter Umständen berücksichtigt werden.

Ähnlich wie bei Dampfstrahlpumpen kann auch bei Diffusionspumpen der Druckanstieg vom Hochvakuum zum Vorvakuum über einen Verdichtungsstoß erfolgen (s. Abschnitt 2.7.9). Wenn der Druck auf der Vorvakuumseite infolge eines erhöhten Gasstroms durch die Pumpe oder durch Einlaß in die Vorvakuumseite der Pumpe ansteigt, dann verschiebt sich der Stoß stromaufwärts, bis er die Stelle PK$_2$ erreicht (Bild 6.16). An dieser Stelle ist das Flächenverhältnis des Treibstrahls A^*/A_2. Nach Gl. (2.136) oder einer Kurve des Bildes 16.9 läßt sich das Ruhedruckverhältnis als Funktion des Flächenverhältnisses

$$\left(\frac{\hat{p}_0}{p_0}\right) = f\left(\frac{A^*}{A_2}\right)$$

bestimmen. Daraus folgt der gesuchte Ruhedruck $\hat{p}_0$ hinter dem Verdichtungsstoß

$$\hat{p}_0 = p_0 \cdot f\left(\frac{A^*}{A_2}\right),$$

der also proportional zum Ruhedruck p_0 des Treibstrahls im Siedegefäß ist.

Für alle Werte des vorvakuumseitigen Drucks p_v, für die $p_v < (\hat{p}_0)_2$ gilt, erreicht der Treibstrahl die Pumpenwand W und dichtet den Hochvakuumraum gegen den Vorvakuumraum ab, die Pumpe arbeitet normal. Wenn jedoch der Druck auf der Vorvakuumseite p_v

über den Ruhedruck des Stoßes an der Stelle PK_2 ansteigt, also $p_v > (\hat{p}_0)_2$ ist dann verschiebt sich die Stoßfront so weit nach oben, daß der Überschallstrahl die Wand nicht mehr erreicht und das gepumpte Gas zwischen Strahl und Pumpenwand zurückströmt. Die Pumpwirkung bricht zusammen. Die Vorvakuumfestigkeit ist also

$$p_K = (\hat{p}_0)_2 = p_0 f\left(\frac{A^*}{A_2}\right). \tag{6.18}$$

Das Flächenverhältnis A^*/A ist unmittelbar durch die Geometrie der Pumpe festgelegt, der Ruhedruck p_0 im Siedekessel hängt außerdem linear von der zugeführten Heizleistung $\dot{Q}$ ab. Deshalb besteht in bestimmten Grenzen ein linearer Zusammenhang zwischen Vorvakuumfestigkeit p_K und Heizleistung $\dot{Q}$.

Beispiel 6.5: Mit dem Flächenverhältnis (Beispiel 6.4) $A^*/A_2 = 8{,}37 \cdot 10^{-3}$ folgt aus Bild 16.9d das Ruhedruckverhältnis

$$f\left(\frac{A^*}{A_2} = 8{,}37 \cdot 10^{-3}\right) = 1{,}7 \cdot 10^{-2}$$

und mit dem angenommenen Ruhedruck $p_0 = 1$ mbar eine Vorvakuumfestigkeit

$$p_K = (\hat{p}_0)_2 = 1 \text{ mbar} \cdot 1{,}7 \cdot 10^{-2} = 1{,}7 \cdot 10^{-2} \text{ mbar}.$$

Das Kompressionsverhältnis $(p_v/p_A)_0$ beim Pumpstrom (Förderstrom) Null, in dem Falle also, wo für jeden Querschnitt A_y an der Stelle $y > y_2$ (Bild 6.17) $I_N = \dot{N} = 0$ ist, finden wir durch Gleichsetzen des durch A_y nach unten gerichteten Konvektionsstroms mit dem nach oben gerichteten Diffusionsstrom

$$A_y \cdot n(y) \cdot u_2 = A_y \cdot D \cdot \frac{dn}{dy}. \tag{6.19}$$

Integration dieser Differentialgleichung mit den Randbedingungen $n(y_2) = n_2$, $n(y_2 + L) = n_L$ und Verwendung von Gl. (2.31.7) führt zu

$$\left(\frac{p_v}{p_A}\right)_0 = \frac{n_L}{n_2} = \exp(u_2 \cdot L)/D. \tag{6.20}$$

Bei der Integration ist sowohl u_2 als auch $D \propto n_D^{-1}$ (wegen $n \ll n_D$) konstant gesetzt worden. Da die Dampfdichte n_D näherungsweise proportional zur Heizleistung $\dot{Q}$ ist, kann Gl. (6.20) auch in der Form

$$\log p_A = \log p_v - C \cdot \dot{Q} \tag{6.21}$$

geschrieben werden, woraus für einen vorgegebenen Vorvakuumdruck p_v für die Abnahme des hochvakuumseitigen Drucks folgt

$$\frac{\log p_{A,2} - \log p_v}{\log p_{A,1} - \log p_v} = \frac{\dot{Q}_2}{\dot{Q}_1}. \tag{6.21a}$$

Gl. (6.21) stellt eine Gerade mit der Steigung eins dar; die Messung in Bild 6.19 wird durch diesen linearen Zusammenhang recht gut geschrieben. Auch Gl. (6.21a) läßt sich an Hand der Messung prüfen: Aus Bild 6.19 entnimmt man z.B. für $p_v = 10^{-3}$ mbar, $p_A = 6 \cdot 10^{-7}$ mbar bei $\dot{Q} = 260$ W und $p_A = 1{,}5 \cdot 10^{-8}$ mbar bei $\dot{Q} = 374$ W. Diese Werte geben für die linke Seite von Gl. (6.21a) den Wert 0,67, für die rechte den Wert 0,7 in befriedigender Übereinstimmung.

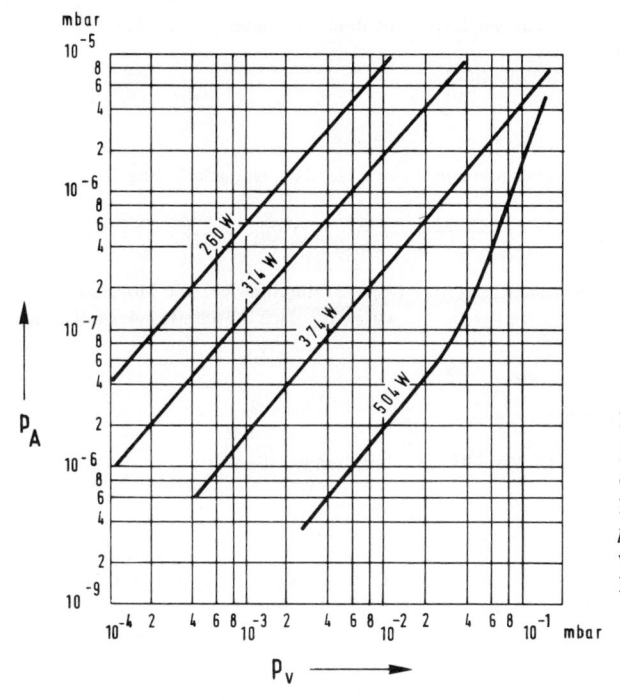

Bild 6.19
Hochvakuumseitiger Druck p_A beim Förderstrom $\dot{N} = 0$ (Enddruck) in Abhängigkeit vom vorvakuumseitigen Druck p_v. p_v wird durch Lufteinlaß in das Vorvakuum verändert
Parameter: Heizleistung $\dot{Q}$

6.4.8 Quantitative Betrachtungen an einer Quecksilber-Diffusionspumpe

Zur Abrundung des Abschnitts 6.4 soll auf Grund des in Abschnitt 6.4.7 entwickelten Modells eine Diffusionspumpe quantitativ untersucht werden. Wir wählen Quecksilber als Treibmittel, weil der Radius r und die relative Atommasse A_r des Hg-Atoms sowie der Adiabatenkoeffizient κ des einatomigen Hg-Dampfs besser bekannt sind als die entsprechenden Daten von Pumpenölen. Diese Rechnung wird auch Gelegenheit geben, die Gültigkeit unseres ziemlich groben Modells zu diskutieren.

Beispiel 6.6: Der Berechnung legen wir Daten analog Beispiel 6.4 zugrunde (vgl. Bild 6.16): $r_0 = 10$ mm, $\delta = 1$ mm, $r_a = 50$ mm, $y_2 = 80$ mm. p_0 (im Siederaum und Dampfsteigrohr) = 5 mbar.

1. Dampfstrahl: Aus den gegebenen Daten finden wir zunächst die Fläche $A^* = 2\pi r_0 \cdot \delta = 62{,}8$ mm² für den engsten (kritischen, vgl. Abschnitt 2.7) Strahlquerschnitt und $A_{S,2} \approx A_2 = \pi(r_a^2 - r_0^2) = 0{,}75 \cdot 10^4$ mm². Das Flächenverhältnis des Quecksilberdampfstrahls ist dann $\iota = A^*/A_2 = 8{,}37 \cdot 10^{-3}$, wofür sich aus dem Diagramm Bild 16.9a für den Adiabatenexponenten des Quecksilbers $\kappa = 1{,}667$ das Expansionsverhältnis $p_2/p_0 = 5 \cdot 10^{-5}$ und das Dichteverhältnis des Dampfes $\rho_2/\rho_0 = n_{D,2}/n_0 = 2{,}4 \cdot 10^{-3}$ ergeben. Für $p_0 = 5$ mbar findet man aus der Dampfdrucktabelle 16.9d für Hg die Siedetemperatur $T_0 = 430$ K. Mit Gl. (2.31.7) berechnet sich dann die Teilchenanzahldichte im Dampfsteigrohr und am kritischen Querschnitt zu

$$n_0 = p_0/kT_0 = 5 \cdot 10^{-3} \cdot 10^5 \text{ N} \cdot \text{m}^{-2}/1{,}38 \cdot 10^{-23} \text{ J} \cdot \text{K}^{-1} \cdot 430 \text{ K} = 8{,}43 \cdot 10^{+22} \text{ m}^{-3}.$$

Damit wird

$$n_{D,2} = 8{,}43 \cdot 10^{22} \text{ m}^{-3} \cdot 2{,}4 \cdot 10^{-3} = 2 \cdot 10^{20} \text{ m}^{-3}.$$

Die kritische Geschwindigkeit des Hg-Dampfs am kritischen Querschnitt ist nach Gl. (2.117)

$$u^* = \left(\frac{RT_0}{M_{\text{molar}}} \cdot \frac{2\kappa}{\kappa+1}\right)^{1/2} = 149 \text{ m/s},$$

6 Treibmittelpumpen

die bezogene Geschwindigkeit $M_2^* = 2$ liest man aus der Kurve mit dem Parameterwert $\kappa = 1{,}667$ (Adiabatenexponent des Hg-Dampfes) ab, woraus

$$u_2 = u^* \cdot M_2^* = 298 \text{ m/s}$$

folgt.

2. Diffusion in den Strahl: Der Diffusionskoeffizient in einem binären Gemisch ist nach Enskog [5]

$$D = \frac{3}{8} \sqrt{\frac{RT}{2\pi \cdot \text{kg} \cdot \text{kmol}^{-1}}} \cdot \frac{M_{r,D} + M_{r,G}}{M_{r,D} \cdot M_{r,G}} \cdot \frac{1}{(r_D + r_G)^2 (n_D + n_G)} = D'/(n_D + n_G). \quad (6.22)$$

Wir wollen die Berechnung für Luft ($M_r = 29$) und Wasserstoff ($M_r = 2$) durchführen. Die Molekülradien entnehmen wir für N_2 und H_2 Tabelle 16.6; für Hg berechnen wir $r(\text{Hg})$ nach Abschnitt 2.4.7 mit dem in Tabelle 16.6 angegebenen $\overline{l}p$-Wert zu

$$r(N_2) = 1{,}9 \cdot 10^{-10} \text{ m}; \quad r(H_2) = 1{,}36 \cdot 10^{-10} \text{ m};$$
$$r(\text{Hg}) = 2{,}8 \cdot 10^{-10} \text{ m}; \quad (M_r(\text{Hg}) = 200)$$

Setzen wir diese Werte in Gl. (6.22) ein und wählen $T = 293$ K, so erhalten wir die Werte

$$D'(\text{Hg} - N_2) = 1{,}77 \cdot 10^{20} \cdot \text{m}^{-1} \cdot \text{s}^{-1}$$
$$D'(\text{Hg} - H_2) = 7{,}94 \cdot 10^{20} \cdot \text{m}^{-1} \cdot \text{s}^{-1}.$$

Damit wird der mittlere Diffusionsweg der Gasteilchen im Strahl nach Gl. (6.9) $x_{\text{diff},2} = \sqrt{Dy_2/u_2}$, wobei wir für $y_2 = 8$ cm zu setzen haben. Mit (wegen $n_D \gg n_G$) $D = D'/n_{D,2}$ wird für

(Hg – N_2) $\quad \overline{x}_{\text{diff}} = 0{,}015$ m
(Hg – H_2) $\quad \overline{x}_{\text{diff}} = 0{,}032$ m.

Diese Werte sind mit $d = (r_a - r_0)/\cos \vartheta = (0{,}05 - 0{,}01) \text{ m}/0{,}9 = 0{,}045$ m zu vergleichen. Die Bedingung $x_{\text{diff},2} \approx d$ ist also bei der gewählten Heizleistung näherungsweise erfüllt bzw. ließe sich durch Verringern der Heizleistung besonders beim Absaugen von N_2 genauer erfüllen.

Zur Beurteilung der Vorgänge in unserer Modellpumpe benötigen wir noch die mittlere freie Weglänge der Gasmoleküle im Dampfstrahl; wir berechnen sie entsprechend Gl. (2.71)

$$\overline{l} = \frac{1}{\sqrt{2}\pi (n_D + n_G)(r_D + r_G)^2}$$

und erhalten ($n_D \gg n_G$)

$\overline{l}(N_2 - \text{Hg}) = 0{,}0047$ m
$\overline{l}(H_2 - \text{Hg}) = 0{,}0060$ m.

Weiter benötigen wir die Stoßzeit (Zeit zwischen zwei Zusammenstößen, nach Gl. (2.72) $\tau_1 = \overline{l}/\overline{c}$, wobei wir für $\overline{c}$ die mittlere Geschwindigkeit unserer ungestörten Gase N_2 und H_2 aus Tabelle 16.5 für $T = 293$ K entnehmen):

$\tau_1(N_2) = 9{,}1 \cdot 10^{-6}$ s
$\tau_1(H_2) = 3{,}1 \cdot 10^{-6}$ s.

Diese Stoßzeiten sind mit $t_2 = y_2/u_2 = 0{,}08 \text{ m}/298 \text{ m} \cdot \text{s}^{-1} = 2{,}7 \cdot 10^{-4}$ s zu vergleichen, sie sind klein dagegen, weshalb die Annahme eines Diffusionsvorgangs berechtigt ist. Ebenso können genügend Stöße stattfinden, um die Impulsübertragung von den Hg-Molekülen auf die Gasmoleküle und damit die Erzeugung der Vorzugsgeschwindigkeit zu erreichen.

6.5 Diffusionspumpen – Dampfstrahlpumpen

Das einfache Diffusionspumpenmodell (Abschnitt 6.4.7) eignet sich auch zur Beschreibung der Vorgänge in Dampfstrahlpumpen. Der Übergang von einer Diffusionspumpe zu einer Dampfstrahlpumpe ist fließend. Bild 6.20 zeigt 3 Saugvermögenskurven einer als

6.5 Diffusionspumpen – Dampfstrahlpumpen

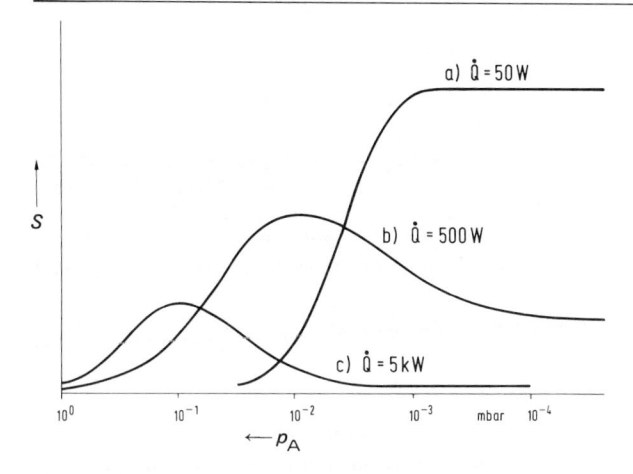

Bild 6.20 Saugvermögen S einer einstufigen Treibmitteldampfpumpe in Abhängigkeit vom Ansaugdruck p_A für verschiedene Heizleistungen $\dot{Q}$. a) Typischer Verlauf für die Hochvakuumstufe einer Diffusionspumpe. b) Typischer Verlauf für die Vorvakuumstufe einer Diffusionspumpe. c) Typischer Verlauf für eine Dampfstrahlpumpe.

Dampfstrahlpumpe konstruierten Pumpe für 3 verschiedene Heizleistungen $\dot{Q}$. Bei der kleinen Heizleistung $\dot{Q}$ = 50 Watt ergibt sich der für Diffusionspumpen typische flache Verlauf im Bereich niedriger Ansaugdrücke und ein steiler Abfall bei $p_A = 10^{-3}$ mbar. Die „Dampfstrahlpumpe" arbeitet also bei geringer Heizleistung als Diffusionspumpe. Bei einer Erhöhung der Heizleistung auf $\dot{Q}$ = 500 Watt wird ein „Zwischenzustand" erreicht, bei dem die Kurve für Ansaugdrücke p_A kleiner als 10^{-4} mbar, wie bei der Diffusionspumpe, flach verläuft, dann aber zu höheren Drücken hin zunächst ansteigt, bei $p_A = 10^{-2}$ mbar ein Maximum erreicht und schließlich wie bei der Diffusionspumpe, steil abfällt. Bei der für die Dampfstrahlpumpe normalen Heizleistung $\dot{Q}$ = 5 kW entsteht das für Dampfstrahlpumpen typische Saugvermögensmaximum und ein Abfall des Saugvermögens bei niedrigen Drücken auf einen Wert $S \approx 0$ (vgl. auch Bild 6.6).

In Abschnitt 6.4.7 wurde die Größe des Saugvermögens einer Diffusionspumpe im flachverlaufenden Kurventeil aus dem Modell abgeleitet. Nun soll gezeigt werden, daß auch der Abfall der Kurve bei hohen Drücken und das Maximum der Kurve einer Dampfstrahlpumpe mit dem Modell erklärt werden können.

Bei der Diffusionspumpe ist der Ansaugdruck so niedrig, daß die Expansion des Strahles praktisch nicht durch das umgebende Gas behindert wird. Im Gegensatz hierzu führt aber bei der Dampfstrahlpumpe gerade die Behinderung der Expansion des Dampfstrahles im Bereich höherer Ansaugdrücke p_A zu der Ausbildung des Saugvermögensmaximums. Deshalb muß bei der Dampfstrahlpumpe der Einfluß des Ansaugdruckes auf die Form des Treibdampfstrahles berücksichtigt werden, besonders die Verlagerung der Strahlgrenze, die in Bild 6.16 durch die „y-Achse" dargestellt wird. Dies zeigt schematisch Bild 6.21. Hier sind die für Diffusionspumpen und Dampfstrahlpumpen typischen Kurven des Saugvermögens S in Abhängigkeit vom Ansaugdruck p_A gezeigt. Für die mit $a\ldots h$ bezeichneten Punkte dieser Kurven sind schematische Darstellungen des Düsensystems und der jeweils zu dem Punkt zuzuordnende Verlauf des Dampfstrahles dargestellt. Man erkennt, daß im Bereich niedriger Ansaugdrücke (Punkte a, b, e und f) die Form des Dampfstrahles praktisch unabhängig vom Ansaugdruck p_A ist. Nur auf der Druckseite im unteren Teil des Strahles hat sich bei erhöhten Ansaugdrücken p_A (Punkte b und f) ein Verdichtungsstoß gebildet, an dessen Stelle der

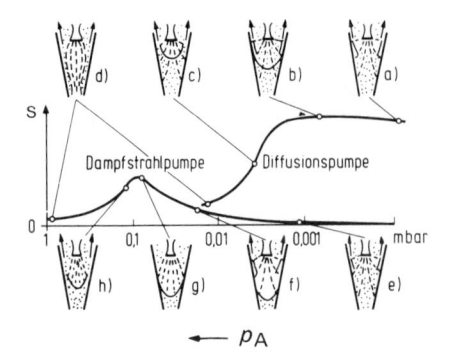

Bild 6.21

Saugvermögen S und schematische Darstellung der Vorgänge in der Pumpe in Abhängigkeit vom Ansaugdruck p_A. Die Punktdichte veranschaulicht die Luftdichte, die gestrichelten Linien sind Stromlinien, die ausgezogenen Linien Verdichtungsstöße.

Druck auf den Wert des Druckes auf der Vorvakuumseite sprungartig ansteigt, ähnlich wie dies in Abschnitt 6.4.7 beschrieben wurde. Bei der Diffusionspumpe (Punkte a und b) trifft der Strahlrand, der durch die y-Achse bezeichnet wird, flach auf die Pumpenwand, und da das Gas tief eindringt, wird sein größter Anteil mit dem Dampfstrahl nach unten befördert, das Saugvermögen ist groß, aus dem Strahlrand strömt nur ein verschwindend kleiner Anteil Gas nach oben zurück.

Im Fall der Dampfstrahlpumpe dringt jedoch das abgepumpte Gas wegen des höheren Dampfdruckes nur in den äußeren Strahlrand ein (vgl. Gln. (6.14) bis (6.16)). Im Bereich niedriger Ansaugdrücke $p_A < 10^{-2}$ mbar (Punkte e und f) kann der Dampfstrahl nahezu ungehindert expandieren. Der Strahlrand trifft also steil auf die Pumpenwand ($\vartheta \approx 90°$), und das eingedrungene Gas strömt, anstatt nach unten, in den Behälter nach oben zurück. Das Saugvermögen ist verschwindend klein.

Wenn der Ansaugdruck auf $p_A \approx 0{,}1$ mbar steigt (Punkt g), kann der äußere Rand des Dampfstrahles nicht so stark expandieren wie bei den niedrigen Ansaugdrücken (e und f). Der Dampfstrahl wird also stärker gebündelt. Die Schnittlinie der Strahloberfläche (y-Achse) schneidet die Pumpenwand unter einem wesentlich kleineren Winkel ϑ. Dies führt dazu, daß das Gas, obgleich es nur in den äußeren Rand des Dampfstrahls eingedrungen ist, nach unten befördert wird und das für Dampfstrahlpumpen charakteristische Maximum der Saugvermögenskurve entsteht. Bei weiterer Erhöhung des Ansaugdruckes p_A beginnt dann eine Rückströmung aus dem Vorvakuumraum, weil der Verdichtungsstoß, der sich – wie bei der Diffusionspumpe – bildet, so weit stromaufwärts wandert, daß eine Verbindung zwischen dem Ansaugraum und dem Raum auf der Vorvakuumseite in der Nähe der Pumpenwand entsteht (Punkt h). Dies ist analog zu dem Diffusionspumpenfall (c). Bei noch weiterer Erhöhung des Ansaugdruckes (d) ist praktisch kein Pumpeffekt mehr zu erreichen, weil das durch den Strahl geförderte Gas fast vollständig zwischen dem jetzt an seiner Expansion stark gehinderten Dampfstrahl und der Pumpenwand zurückströmt. Dies gilt in gleicher Weise für die Diffusionspumpe und die Dampfstrahlpumpe.

Aus diesen Überlegungen ist zu folgern, daß Gl. (6.16) für das Saugvermögen der Dampfstrahlpumpe für den Wert S im Maximum der Kurve gilt. Eine quantitative Beschreibung des Verlaufs der gesamten Kurve müßte die Veränderung des Dampfstrahles mit dem Ansaugdruck und dem Druck auf der Vorvakuumseite berücksichtigen sowie eine genauere Kenntnis darüber, wieviel Gas aus den Randgebieten des Dampfstrahles in Abhängigkeit vom Auftreffwinkel ϑ nach oben strömt. Die Form des Dampfstrahles unter den in Diffusions- und Dampfstrahlpumpen herrschenden Bedingungen wurde sowohl experimentell durch Sichtbarmachen von Quecksilber- und Öldampfstrahlen durch eine hochfrequente Gasentladung als auch theoretisch durch Anwendung der gasdynamischen Methoden untersucht [6, 8].

Ein Beispiel für die Berechnung des Dampfstrahles einer Öldiffusionspumpe [8], die noch im horizontalen Bereich der Saugvermögenskurve, aber in der Nähe des Abfalls bei höheren Ansaugdrücken liegt, zeigt Bild 6.22. Dieser Strömungsverlauf entspricht etwa dem Arbeitspunkt *b* im Bild 6.21. Der dort gezeigte Verdichtungsstoß findet sich in Bild 6.22 an der unteren Strahlgrenze wieder. Die gezeichneten Linien sind sogenannte Charakteristiken, die zur Konstruktion des Strahles dienen.

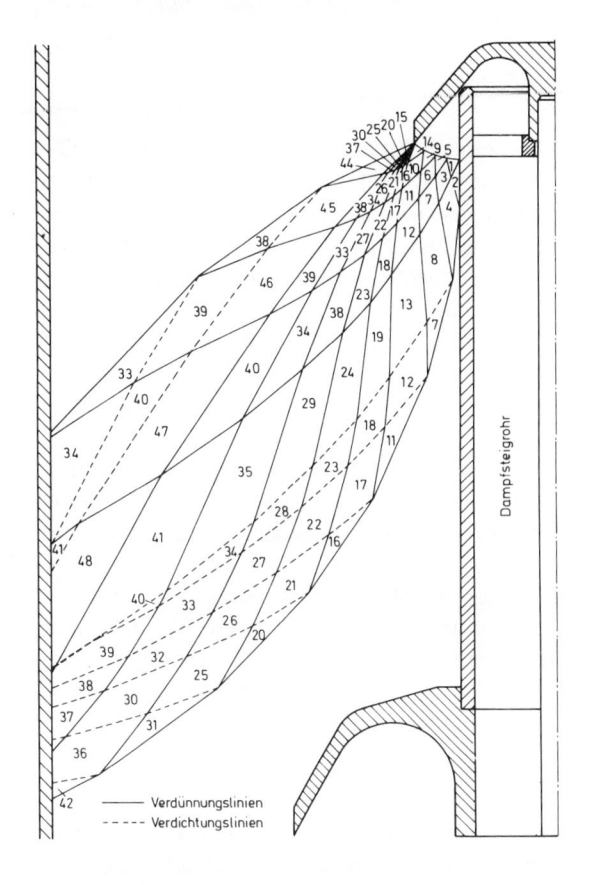

Bild 6.22
Strömungsverlauf außerhalb der oberen Düse einer Diffusionspumpe.
Ansaugdruck $p_A = 2 \cdot 10^{-3}$ mbar,
Gegendruck (Vorvakuumdruck)
$p_V = 8 \cdot 10^{-3}$ mbar [8].

6.6 Literatur

[1] *Florescu, N. A.*, Vacuum **10**, 250 (1960); Vacuum **13**, 560 (1963)
[2] *Toth, G.*, Vakuumtechnik **16**, 41 (1960)
[3] *Gaede, W.*, Ann. Phys. **41**, 337 (1913); Ann. Phys. **46**, 357 (1915)
[4] *Jaeckel, R.*, Kleinste Drucke, Springer-Verlag, Berlin-Göttingen-Heidelberg (1950), S. 140 ff.
[5] *Enskog, S. D.*, Phys. Z. **12**, 5, 33 (1911)
[6] *Nöller, H. G.*, Theory of Vacuum Diffusion Pumps in Beck, Handbook of Vacuum Technology, Part 6, 322 (1966)
[7] *Nöller, H. G.*, J. Vac. Soc. Techn. Vol. 3, No. 4, 202 (1966)
[8] *Wutz, M.*, Molekular-kinetische Deutung der Wirkungsweise von Diffusionspumpen. Friedr. Vieweg & Sohn, Braunschweig 1969
[9] *Jahnke-Emde-Lösch*, Tafeln höherer Funktionen, Stuttgart 1960, S. 26 ff.
[10] *Baier, H.*, Treibmittelpumpen, in: Lehrgangshandbuch „Vakuumtechnik", Lehrgang Nr. 41-01-38, VDI-Bildungswerk Düsseldorf.

7 Molekularpumpen

7.1 Einleitung

Drücke unterhalb Atmosphärendruck im Bereich der laminaren oder turbulenten Gasströmung werden mit Vakuumpumpen erzeugt, die im wesentlichen nach dem Verdrängungsprinzip arbeiten (Kapitel 5). In Druckbereichen $p < 10^{-3}$ mbar sind diese Pumpen in der Regel nicht oder nur begrenzt anwendbar. Die hier verwendeten Pumpen arbeiten entweder nach dem Prinzip der Gassorption (Kapitel 8) oder nach dem Prinzip der Impulsübertragung mit Hilfe eines dampfförmigen Treibmittels (Treibmittelpumpen, Kapitel 6), wobei die Gasteilchen beim Abpumpen eine Vorzugsrichtung erhalten. Beide Pumpenarten haben in der Praxis vielseitige Verwendung gefunden: Sorptionspumpen erzeugen ein extrem sauberes Vakuum (s. z.B. Abschnitt 15.5), haben aber ihrer Wirkungsweise entsprechend nur ein begrenztes Gasaufnahmevermögen; Treibmittelpumpen zeigen keine derartige Begrenzung, können für praktisch beliebig hohe Saugvermögen gebaut werden, haben aber eine merkliche, vielfach störende Treibmittelrückströmung, die allerdings durch geeignete Dampfsperren (Baffle) (Abschnitt 6.4.3) erheblich – allerdings auf Kosten des Saugvermögens – herabgesetzt werden kann.

Die in diesem Kapitel behandelten Molekular- und Turbomolekularpumpen (Abschnitt 7.2 bzw. 7.3) arbeiten nach dem Prinzip der Impulsübertragung an festen Flächen und erzeugen wie die Sorptionspumpen ein extrem sauberes Vakuum; Molekular- und Turbomolekularpumpen sind aber im Gegensatz zu den Sorptionspumpen *mechanisch* gasfördernde Vakuumpumpen, deren Gasaufnahmevermögen nicht begrenzt ist.

7.2 Molekularpumpen

Die Idee der Molekular(vakuum)pumpe stammt von *Gaede* (1913) [1]; er ging von der Überlegung aus, daß Moleküle, die auf eine Wand treffen, dort nicht direkt reflektiert, sondern eine „Verweilzeit" lang adsorbiert werden, ehe sie wieder desorbieren (vgl. Kapitel 3). Bei der Desorption haben sie eine der Wandtemperatur entsprechende, isotrope Geschwindigkeitsverteilung und die mittlere Geschwindigkeit $\bar{c}$ nach Gl. (2.55). Bewegt sich die Wand mit der Geschwindigkeit u, so wird der Geschwindigkeitsverteilung diese „Driftgeschwindigkeit" u (= „Wind" = Strömung des Gases) überlagert. Eine bewegte Wand muß daher eine Strömung erzeugen und demgemäß eine Pumpwirkung besitzen.

Bild 7.1 zeigt das Prinzip der Gaedeschen Molekularpumpe. Auf den mit der Drehfrequenz f umlaufenden Rotor R vom Radius r treffen die Moleküle aus dem Ansaugstutzen A, erhalten eine Vorzugsgeschwindigkeit $u = 2\pi r \cdot f$ und werden mit dieser Geschwindigkeit durch den Spalt Sp der Höhe h zum Vorvakuumstutzen V befördert. Zur Vermeidung einer Rückströmung müssen V von A durch einen Sperrspalt Sp' und die beiden Stirnseiten durch entsprechende Deckel gedichtet werden, d.h. daß die Höhe h' von Sp' und die Spalte zwischen den Deckeln und dem Rotor klein gegen die Spalthöhe h des Spalts Sp sein müssen (Größenordnung einige 10^{-5} m).

7.1 Einleitung   7.2 Molekularpumpen

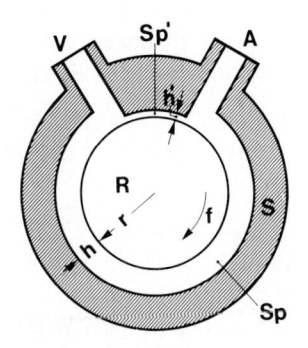

Bild 7.1 Prinzip der Gaedeschen Molekularpumpe.
A = Ansaugstutzen; V = Vorvakuumstutzen;
R = Rotor; S = Stator; Sp = Pumpspalt;
Sp' = Sperrspalt.

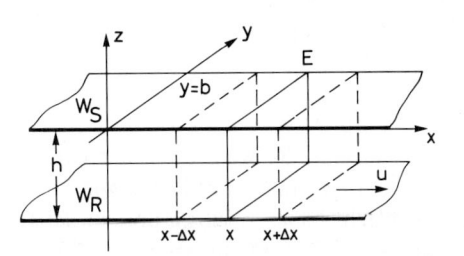

Bild 7.2 Zur Wirkungsweise der Molekularpumpe.
W_S ruhende (Stator-)Wand, W_R bewegte (Rotor-)Wand. Länge der Wände in x-Richtung L, Breite b senkrecht zur Zeichenebene.

Wirkungsweise und Kenndaten der Pumpe lassen sich im Prinzip einfach beschreiben und sollen hier deshalb betrachtet werden, weil dabei alle physikalisch wichtigen Merkmale der Molekular- und Turbomolekularpumpen sichtbar werden. In Bild 7.2 ist je ein Teilstück der Rotorwand W_R, die sich mit der Geschwindigkeit u bewegt, und der ruhenden Statorwand W_S, der Einfachheit halber als Ebenen, herausgezeichnet. Der Abstand h soll klein gegen die freie Weglänge $\bar{l}$ des zwischen W_R und W_S befindlichen Gases der Teilchenanzahldichte n sein. Daher stoßen die Teilchen nur auf die Wände, nicht unter sich; in jedem Augenblick hat daher die Hälfte der Teilchen in x-Richtung die Driftgeschwindigkeit u, die andere Hälfte die Driftgeschwindigkeit Null. Im Kanal (Spalt) Sp (vgl. auch Bild 7.1) fließt daher ein Teilchenstrom

$$q_N = \frac{1}{2} n \cdot u \cdot b \cdot h; \tag{7.1}$$

aus dieser Teilchenstromstärke ergibt sich die Volumenstromstärke q_V, die gleich dem Saugvermögen S ist (vgl. Abschnitt 4.2):

$$S = q_V = \frac{q_N}{n} = \frac{1}{2} u \cdot b \cdot h. \tag{7.2}$$

Dabei sind allerdings die Einflüsse der vorderen und hinteren Begrenzungswand des Kanals unberücksichtigt geblieben; sie dürfen — jedenfalls für die prinzipielle Betrachtung — vernächlässigt werden, wenn $b \gg h$ ist. Das Saugvermögen einer Anordnung nach Bild 7.1 ist also proportional der Umfangsgeschwindigkeit u des Rotors und dem Querschnitt $b \cdot h$ des Spalts Sp. (Die nach Gl. (7.1) ebenfalls zu beschreibende Rückströmung durch Sp' vernachlässigen wir für die Betrachtung des Prinzips ebenfalls.)

Durch den Gasstrom (Gastransport) von A nach V in Bild 7.1 nach Gl. (7.1) entsteht eine Druckdifferenz $p_V - p_A$ bzw. ein Druckgefälle dp/dx (Bild 7.2) bzw. ein Dichtegefälle dn/dx, das zu einer Gegenströmung führt. Durch die y-z-Ebene E an der Stelle x in Bild 7.2, an der die Teilchenanzahldichte $n(x)$ herrschen soll, fließt nach rechts infolge der Driftgeschwindigkeit $u/2$ der Teilchenstrom q_N nach Gl. (7.1). Rechts von x an der Stelle $x + \Delta x$ ist daher die Teilchenanzahldichte $n(x + \Delta x)$ größer als $n(x)$, analog ist $n(x - \Delta x) < n(x)$.

7 Molekularpumpen

Von rechts nach links fließt also durch E nach Gl. (2.57) der thermisch ungerichtete Teilchenstrom $\overleftarrow{q}_{N,\text{th}} = b \cdot h \cdot n(x + \Delta x) \cdot \bar{c}/4$ und von links nach rechts entsprechend $\vec{q}_{N,\text{th}} = b \cdot h \cdot n(x - \Delta x) \cdot \bar{c}/4$, also ein überschüssiger „Gegen"-Strom

$$\overleftarrow{q}_{N,\text{th}} = b \cdot h(n(x + \Delta x) - n(x - \Delta x))\,\bar{c}/4 = b \cdot h \frac{dn}{dx} 2\Delta x \frac{\bar{c}}{4}. \tag{7.3}$$

Die Größe Δx wählen wir auf Grund der gleichen Überlegung wie in Abschnitt 2.5.2: $n(x - \Delta x)$ bzw. $n(x + \Delta x)$ haben wir an *der* Stelle zu wählen, wo die Teilchen ihren letzten Stoß gemacht haben, weil sie dort im Mittel wieder ihre isotrope Verteilung erhalten haben, so daß Gl. (2.57) gilt. In Abschnitt 2.5.2 war dies im Abstand $\bar{l}$, der mittleren freien Weglänge im Gas, vor der in Frage stehenden Ebene. Hier ist aber $\bar{l} \gg h$; der mittlere Stoßweg ist daher hier ungefähr gleich h, jedenfalls von der Größenordnung h (nicht 10 mal größer oder 10 mal kleiner). Wir müssen also hier $\Delta x = \alpha h\,(\alpha > 1)$ setzen und erhalten

$$\overleftarrow{q}_{N,\text{th}} = \alpha \cdot b \cdot h^2 \frac{\bar{c}}{2} \frac{dn}{dx} \tag{7.4}$$

und damit den „Förderstrom"

$$\vec{q}_N = \frac{u}{2} \cdot n \cdot b \cdot h - \alpha \cdot \frac{\bar{c}}{2} \frac{dn}{dx} \cdot b \cdot h^2. \tag{7.5}$$

Er ist ein *Maximum*, wenn $\frac{dn}{dx} = 0$, und wegen $p = nkT$ (Gl. (2.31.7)) $\frac{dp}{dx} = 0$. Er wird *Null* bei der maximal möglichen Kompression. Aus Gl. (7.5) folgt dann durch Integration für $q_N = 0$

$$k_0 = \frac{p_v}{p_A} = \frac{n_v}{n_A} = \exp \frac{u}{\bar{c}} \frac{\mathscr{L}}{\alpha h}. \tag{7.6}$$

Das (Leerlauf-)Kompressionsverhältnis k_0 wächst also exponentiell mit dem Geschwindigkeitsverhältnis $u/\bar{c}$ und der auf die Spalthöhe bezogenen Länge $\mathscr{L}$ des Spaltes.

Beispiel 7.1: Für $r = 5$ cm, $f = 12000$ min^{-1}, $u = 62{,}8$ ms^{-1}, Stickstoff von $T \approx 300$ K mit $\bar{c} = 475$ ms^{-1} (Tabelle 16.5), $h = 1$ mm, $b = 100$ mm, $\mathscr{L} = 0{,}9 \cdot 2\pi r = 0{,}28$ m, $\alpha = 2$, wird $k_0 \approx 10^8$ und $S = 3{,}2$ ℓs^{-1}. Obwohl wegen der mehrfach erwähnten Vernachlässigungen (Störspalte) dieser ideale Wert von k_0 nicht erreicht werden kann, zeigt das Beispiel, daß mit Molekularpumpen sehr kleine Drücke erreicht werden können.

Der Exponent in Gl. (7.6) kann in der Form $const \cdot S/L$ geschrieben werden. Dabei bedeuten $S = ubh/2$ das Saugvermögen nach Gl. (7.2) und $L = 4\bar{c}(bh)^2/3\mathscr{L}2(b+h)$ den Leitwert des Pumpspalts (spaltförmigen Rohres) nach Gl. (4.87) (bei Vernachlässigung von h gegen b in $(b+h)$). In der Literatur über Turbomolekularpumpen findet man auch diese Form für das Leerlaufkompressionsverhältnis k_0.

Die wichtigste Erkenntnis aus Gl. (7.6) ist, daß für großes k_0 das Verhältnis $u/\bar{c}$ möglichst groß sein muß; Molekularpumpen – gleich welcher Art – erfordern also hohe Drehzahlen. Weiter zeigt Gl. (7.6), daß wegen $\bar{c} \propto M_r^{-1/2}$ die schweren Gase (große relative Molekülmasse M_r) größeres Kompressionsverhältnis geben; so ist z.B. das Kompressionsverhältnis für das Pumpenöl R 12 (Difluor-Dichlor-Methan, $M_r = 121$, Tabelle 16.3)

$$k(\text{R}\,12)/k(\text{H}_2) = \exp \sqrt{121/2} = 2400$$

mal so groß wie das für Wasserstoff. Das bedeutet, daß Molekularpumpen extrem kohlenwasserstofffreie Vakua erzeugen können.

7.2 Molekularpumpen

Bild 7.3 Molekularpumpe nach Holweck [2]

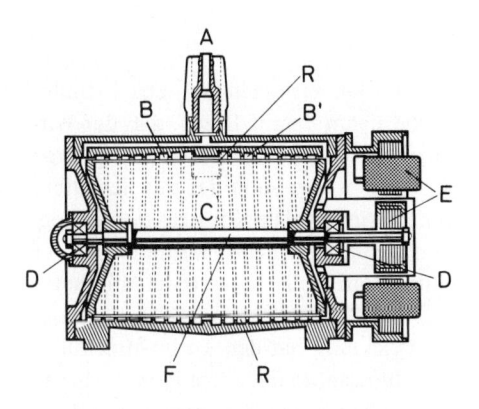

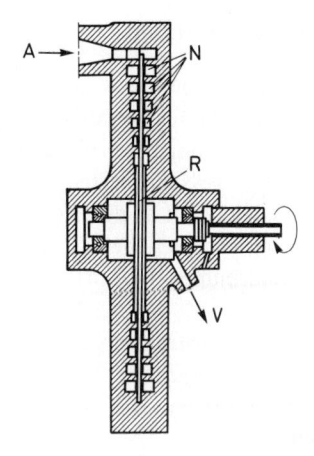

Bild 7.4 Molekularpumpe nach Siegbahn [3].
A = Ansaugstutzen, V = Vorvakuumstutzen,
N = Spiralgängige Fördernut im Gehäuse (Stator),
R = Diskusförmiger Rotor.

Eine von W. Gaede nach dem Prinzip des Bildes 7.1 konstruierte und von E. Leybold's Nachf. 1913 gebaute Molekularpumpe erbrachte bei einer Drehfrequenz f = 8200 min^{-1} für Luft ein Saugvermögen S = 1,5 $\ell \cdot s^{-1}$ und ein Kompressionsverhältnis $k = p_v/p_A = 10^5$ (p_v = Druck am Vorvakuumstutzen, p_A = Druck am (hochvakuumseitigen) Ansaugstutzen).

Im Jahre 1923 entwickelte Holweck [2] eine Molekularpumpe (Bild 7.3), bei der der Rotor durch den glatten Zylinder R gebildet wird und der Stator als schraubenförmige Rille B bzw. B' ausgebildet ist. Bild 7.3 zeigt in der Mitte die mit dem Ansaugstutzen A verbundene an die Hochvakuumseite des „Arbeitskanals" B, B' führende Einlaßöffnung C. An der Vorvakuumseite von B, B' liegt die Lagerung D – ein Vorteil dieser Anordnung. Die Pumpe ist mit einem elektrischen Antrieb E versehen, dessen Läufer direkt auf der Trommelwelle F sitzt und im Vorvakuumraum liegt. Das Saugvermögen dieser Molekularpumpe konnte bei einer Drehfrequenz f = 4500 min^{-1} auf S = 5 ... 7 ℓs^{-1} verbessert werden; die Kompression für Luft erreichte den ansehnlichen Wert $k_0 = 2 \cdot 10^7$.

Als weitere Variante einer Molekularpumpe entwickelte Siegbahn [3] 1943 eine Pumpe, bei der eine sich drehende Scheibe (Bild 7.4) die bewegte Wand des Arbeitskanals bildet.

Für beide Pumpen ist kennzeichnend, daß sich die Höhe h, also der Querschnitt des Arbeitskanals in Richtung wachsenden Drucks p, also wachsender Teilchenanzahldichte n, verjüngt (Bilder 7.3 und 7.4), was nach Gl. (7.1) ohne weiteres einleuchten.

Die beschriebenen Molekularpumpen konnten sich gegenüber Diffusionspumpen nicht durchsetzen. Nachteilig waren vor allem das geringe Saugvermögen und die mit dem Aufbau verbundenen technologischen Schwierigkeiten. Insbesondere mußten die Spalte zwischen stehenden und bewegten Flächen extrem klein gehalten werden, um die Rückströmung in Grenzen zu halten. Dies führte häufig zum Festlaufen der Rotoren im Gehäuse. Eine Vermeidung bzw. Beseitigung dieser Nachteile und damit ein entscheidender Fortschritt in der Vervollkommnung des Gaedeschen Gedankens gelang erst Becker [4] 1958 mit dem Prinzip der Turbomolekularpumpe.

7.3 Turbomolekularpumpen

Die Turbomolekularpumpe wurde 1956 von W. Becker erfunden [4]. Der Erfinder nannte die Pumpe damals „Neue Molekularpumpe" und nahm darauf Bezug, daß der Wirkungsweise der neuen Pumpe das physikalische Prinzip der Gaedeschen Molekularpumpe [1] zu Grunde liegt. Das Neue besteht in der völlig neuen Konzeption des mit Schaufeln versehenen Rotors, der damit an den Rotor von Turbinen erinnert. Die Konstruktion ermöglicht ein hohes Saugvermögen bei „Luftspalten" von 1 mm und mehr, während bei der Gaedeschen Molekularpumpe der Luftspalt zur Abdichtung nur einige hundertstel Millimeter betragen durfte.

Die Beckersche Konstruktion und ihre Weiterentwicklung hat den Turbo-Molekularpumpen weite Anwendungsgebiete (s. Abschnitt 7.7) erschlossen, so daß diese Pumpen heute vielfach statt der klassischen Diffusionspumpe, insbesondere deren kleinerer Baugrößen, eingesetzt werden.

7.3.1 Entwicklung

Die Anordnung von Becker ist schematisch in Bild 7.5a dargestellt; Bild 7.5b zeigt eine Ansicht dieser Pumpe. Auf Stator und Rotor sitzen ineinandergreifende Schaufelkränze ähnlich den Leit- und Radschaufeln einer Turbine. Sie sind aus dicken Scheiben hergestellt, aus denen die „Turbinen"-Schaufeln radial ausgefräst werden, derart, daß die azimutale Schlitzbreite längs des Radius konstant ist. Bild 7.6 zeigt eine radiale Aufsicht auf die

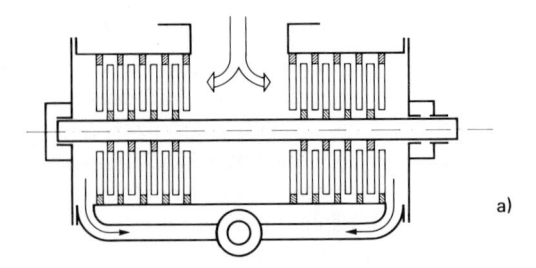

Bild 7.5 a) Schema, b) Photo der Turbomolekularpumpe von Becker [4] (zweiflutig).

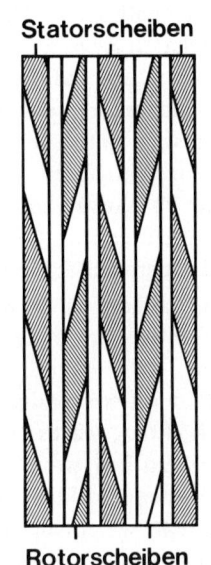

Bild 7.6 Aufsicht auf die Peripherie des Rotor-Stator-Pakets der Beckerschen Turbomolekularpumpe

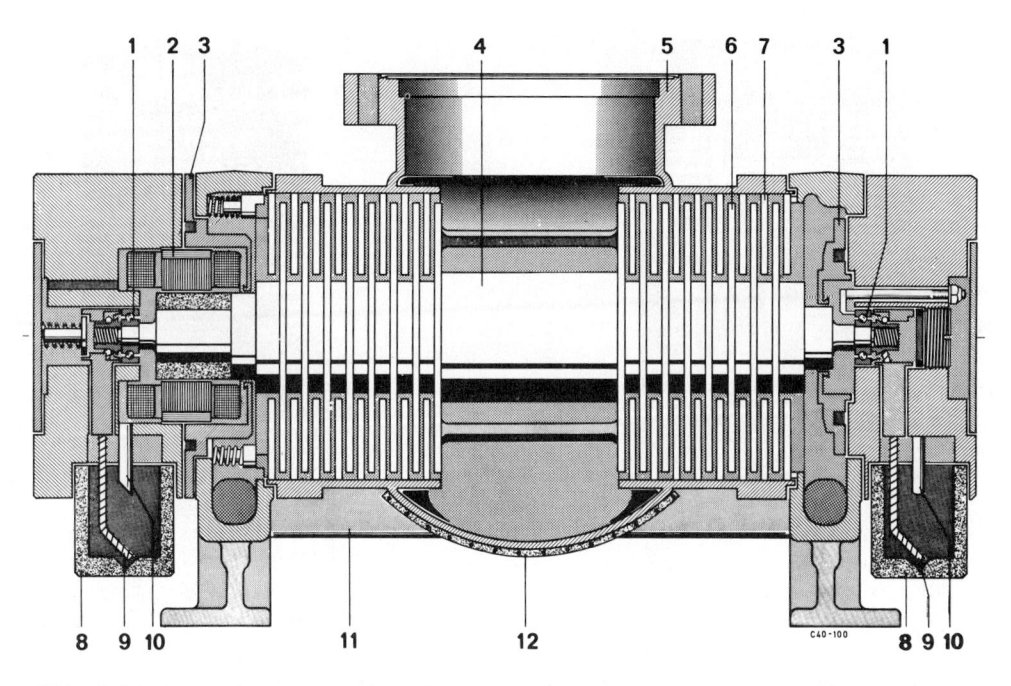

Bild 7.7 Schnittdarstellung der zweiflutigen Turbomolekularpumpe TPU 200 nach Becker. 1 Lager, 2 Motor, 3 Labyrinthkammern, 4 Rotor, 5 Hochvakuumanschluß, 6 Rotorscheibe, 7 Statorscheibe, 8 Ölbehälter, 9 Ölzufuhr zum Lager, 10 Ölrücklauf, 11 Vorvakuumkanal, 12 Heizung.

Peripherie des Rotor-Stator-Pakets. In Bild 7.7 ist ein Schnitt durch eine technische Ausführung, die zweiflutige Turbomolekularpumpe TPU 200, wiedergegeben. Das abzupumpende Gas tritt durch den Flansch 5 in die Pumpe ein und wird sowohl nach rechts als auch nach links („zweiflutig") längs der Rotor-Stator-Konfigurationen auf Vorvakuumdruck verdichtet, im Vorvakuumkanal 11 gesammelt und einer Vorpumpe zugeführt. Eine Ausführung dieser Pumpe erreicht mit 37 Stufen auf jeder Turbinenseite bei der Drehfrequenz $f = 16\,000\,\text{min}^{-1}$ für Luft das Saugvermögen $S = 250\,\ell\text{s}^{-1}$ und das Kompressionsverhältnis $k_0 \approx 10^9$ für Luft.

1960 veröffentlichte Hablanian [5] Untersuchungen an einem als Turbomolekularpumpe verwendeten Turbolader für Flugzeugmotoren. Diese Maschine besaß Rotor- und Statorscheiben mit dünnwandigen Schaufeln. Die praktischen Erfolge mit einer derartigen Anordnung veranlaßten eine Reihe theoretischer Untersuchungen [6] und weiterer Entwicklungen. Die französische Studiengesellschaft für Flugzeugmotoren baute einflutige Turbomolekularpumpen mit senkrechter Drehachse; sie sind in verschiedenen Arbeiten [7] beschrieben. Eine 40-stufige Turbine dieser Bauart erreichte bei $f = 9100\,\text{min}^{-1}$ sehr hohe Kompressionsverhältnisse (berechnet wurde $k_0 = 10^{20}$). Weitere Entwicklungen von Pumpen mit senkrecht angeordneter Turbine wurden Anfang der 70er Jahre bekannt [8]. Der konstruktive Aufbau und die Arbeitsweise dieser Turbomolekularpumpen soll im folgenden an Hand des Typs TURBOVAC 450 (Hersteller Leybold-Heraeus) erläutert werden.

7.3.2 Aufbau

Eine moderne Turbomolekularpumpe (Bild 7.8a und b) setzt sich aus der Turbineneinheit und dem Antrieb zusammen. Die Ansaugstufen 1 der Turbineneinheit befinden sich bei der hier gewählten Konstruktion unmittelbar unter dem Ansaugflansch 12, wodurch

7 Molekularpumpen

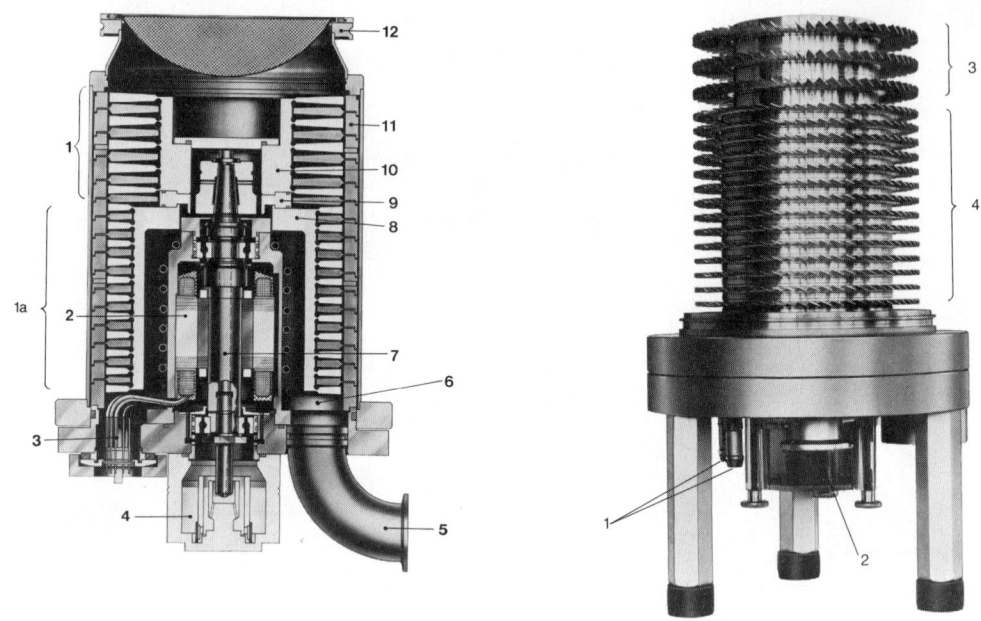

Bild 7.8

a) Schnitt durch die einflutige Turbomolekularpumpe TURBOVAC 450.
1 Rotor-/Stator-Schaufelpaket der Ansaugstufe; 1a Rotor-Stator-Paket der Kompressionsstufe; 2 Kurzschlußläufermotor; 3 Stromzuführungen; 4 Ölvorrat; 5 Vorvakuumstutzen; 6 Vorvakuumraum; 7 Lagerwelle; 8 Unterer Rotorteil; 9 Zwischenflansch; 10 Oberer Rotorteil; 11 Distanzring des Statorpakets; 12 Hochvakuumflansch mit eingesetztem Schmutzfängersieb.

b) Ansicht einer TURBOVAC-Pumpe ohne Gehäuse und Stator. 1 Anschluß der Wasserkühlung; 2 Vorvakuumstutzen; 3 Rotorschaufeln der Ansaugstufe; 4 Rotorschaufeln der Kompressionsstufe.

eine strömungsbegünstigte Zuführung des abzupumpenden Gases in die Turbine gewährleistet wird. Dies hat den Vorteil, daß der Leitwert des Ansaugkanals und damit das Saugvermögen der Pumpe groß werden.

Der Turbinendurchmesser ist etwas größer als der Durchmesser des Ansaugflansches gewählt. Dadurch werden die Schaufeln in das Gebiet besonders hoher Umfangsgeschwindigkeit verlängert, was das Saugvermögen und die Kompression verbessert. Das abzupumpende Gas wird längs der Rotor-Stator-Konfiguration verdichtet und im Vorvakuumraum 6 gesammelt, von wo das Gas über den Vorvakuumstutzen 5 ausgestoßen wird. Der Turbinenrotor besteht aus zwei Teilen, 8 und 10, die über einen Zwischenflansch 9 zusammengehalten werden, der gleichzeitig die Verbindung von Rotor und Lagerwelle 7 herstellt. Der Rotor ist aus einer speziell ausgesuchten Aluminiumlegierung hergestellt. Die Stufen werden in Scheiben aus dem Vollen gedreht und anschließend axial längsgeschlitzt, so daß die Schaufeln entstehen, die auf einen Anstellwinkel α geschränkt werden.

Die mechanische Festigkeit derart hergestellter Rotoren ist sehr hoch. So liegt beispielsweise die Zerreißgrenze für den Rotor des Typs TURBOVAC 450 bei einer Drehfrequenz $f = 45\,000 \text{ min}^{-1}$, so daß ein bedeutender Sicherheitsfaktor gegenüber der Nenndrehfrequenz $f = 24\,000 \text{ min}^{-1}$ gewährleistet ist.

Die Statoreinheit ist aus halbkreisförmigen Stufenpaaren aus Aluminiumblech aufgebaut, die zu je einer Stufe zwischen zwei Rotorstufen zusammengelegt und über Distanzringe 11 gegeneinander auf Abstand gehalten werden. Über die sich selbst zentrierende Stator-

Tabelle 7.1 Auf die mittlere thermische Molekulargeschwindigkeit $\bar{c}$ bezogene Umfangsgeschwindigkeit $u_* = u/\bar{c}$, für eine Umfangsgeschwindigkeit $u = 220$ ms^{-1}, für verschiedene Gase und Dämpfe der Temperatur $\vartheta = 20\,°C \stackrel{\wedge}{=} T = 293$ K

Gas, Dampf	$\bar{c}$ in ms^{-1} bei $\vartheta = 20\,°C$ nach Gl. (2.55)	$u_* = \dfrac{220 \text{ ms}^{-1}}{\bar{c}}$
H$_2$	1754	0,125
N$_2$	470	0,47
Ar	394	0,56
Hg	175	1,26
Apiezon-Öl.	135	1,63

Bild 7.9 TURBOVAC Typenreihe 50/150/360/450/1000/1500/3500 (vgl. Tabelle 7.2)

einheit wird der Pumpenmantel gezogen, der an der oberen Öffnung den Ansaugflansch 12 enthält. Dieser Aufbau gewährleistet eine leichte Demontage des Stators, ohne den Rotor ausbauen zu müssen. Im demontierten Zustand können Rotor und Stator vom Anwender bei Bedarf gereinigt werden.

Bei der Nenndrehfrequenz $f = 24000$ min^{-1} ergibt sich an den Rotorschaufelenden eine Umfangsgeschwindigkeit $u = 220$ ms^{-1}. Die auf die thermische Geschwindigkeit $\bar{c}$ der Moleküle bezogene Umfangsgeschwindigkeit u beträgt in diesem Fall $u_* = u/\bar{c} = 220$ m · s^{-1}/475 m · s^{-1} = 0,47 (vgl. Beispiel 7.1 und Tabelle 7.1). Längs der Schaufel ist die Geschwindigkeit u in Richtung Schaufelfuß kleiner, so daß für die praktische Auslegung der Turbine mit einem Mittelwert der bezogenen Geschwindigkeit $u_* = 0,4$ gerechnet werden muß. Um das Saugvermögen zu steigern, ist der Rotordorn ansaugseitig verjüngt, womit die den einfallenden Gasmolekülen dargebotene Ansaugfläche wesentlich vergrößert wird. Sobald die Gasmoleküle durch einige Ansaugstufen eingefangen sind, können sie auf einem radial weiter außen liegenden Bereich verdichtet werden, wo u_* größer ist.

Der Turbinenrotor wird über eine Lagerwelle 7 durch einen Kurzschlußläufermotor 2 direkt angetrieben. Der Elektromotor ist innerhalb des hohl ausgebildeten Rotors in einem Gehäuse angeordnet und befindet sich im Vorvakuumraum 6. Der Kurzschlußläufer ist auf der Welle aufgeschrumpft. Die Welle ist in zwei ausgewählten Schulterkugellagern gelagert, die eine hohe Lebensdauer gewährleisten. Die Lager werden mit einem Öl extrem niedrigen Dampfdrucks auf sehr einfache Weise versorgt. Dazu ist die Welle hohl und am unteren Ende konisch ausgebildet. Dieses untere Ende taucht in den Ölvorrat 4 ein und fördert durch die Zentrifugalwirkung dosierte Mengen Öl. Das Öl wird über Austrittsöffnungen in die Lager vernebelt. Dadurch wird ein einfacher zuverlässiger Ölkreislauf gebildet, der keine weitere Wartung benötigt. Das Ölvorratsgefäß ist aus Plexiglas hergestellt, so daß der Ölstand leicht kontrolliert werden kann. Das Motorgehäuse wird mit Wasser über eine Kühlschlange gekühlt. Der Kurzschlußläufermotor wird extern von einem Frequenzwandler versorgt, der außerdem die ca. 5 min dauernde Hochlaufphase steuert.

Neben der Ölschmierung der Lager hat sich in neuerer Zeit auch die Fettschmierung [12, 13] durchgesetzt, die einen lageunabhängigen Einbau der Turbomolekularpumpe ermöglicht (s. Tabelle 7.2). Durch die Vollkapselung der Kugellager kann kein Schmiermittel aus dem Motorraum in den Hochvakuumraum gelangen, selbst dann nicht, wenn die Pumpe überkopf betrieben wird.

Beim Mindestmengen-Schmiersystem muß von Zeit zu Zeit mittels einer geeigneten Vorrichtung nachgefettet werden. Hierzu ist für jedes der beiden Kugellager eine Nachfettbohrung vorgesehen.

Durch Verwendung einer sog. „Spindellagerung" kann in der Spindelhülse eine erhebliche Menge Fett untergebracht werden, — dieser Vorrat reicht für die gesamte Lebensdauer der Kugellager zur Schmierung aus, so daß kein Nachfetten erforderlich ist und damit eine Routinewartung entfällt. Dem Ziel einer „beliebig langen" Lebensdauer dient auch der Vorschlag, Gleitlager zu verwenden [14].

Turbomolekularpumpen werden in verschiedenen Größen hergestellt, um den unterschiedlichen Anwendungen Rechnung zu tragen. Das ergibt eine Pumpenreihe mit abgestuftem Saugvermögen. In Bild 7.9 ist eine Pumpenreihe des Typs TURBOVAC (Hersteller Leybold-Heraeus) zu sehen. Die Pumpen unterscheiden sich im wesentlichen durch ihren Durchmesser. In Tabelle 7.2 sind die unterschiedlichen Merkmale aufgeführt. Um für jede Turbine eine etwa gleiche Umfangsgeschwindigkeit zu erhalten, ist die Drehfrequenz bei dem kleinsten Typ am höchsten ($f = 72\,000\,\text{min}^{-1}$) und beträgt beim größten Typ nur mehr $f = 15\,000\,\text{min}^{-1}$. Anstelle der üblichen Wasserkühlung kann vor allem bei kleineren Pumpen wahlweise auch Luftkühlung angewandt werden (s. Tabelle 7.2).

Zwei konstruktive Lösungen für eine völlig kohlenwasserstofffreie Turbomolekularpumpe sind realisiert worden: eine Turbomolekularpumpe mit magnetischer Aufhängung des Rotors [9] und — als andere Lösung — die Verwendung von Luftlagern [10].

7.3.3 Pumpmechanismus

Zur Veranschaulichung des Pumpmechanismus einer Turbomolekularpumpe betrachten wir eine einzige Rotorstufe der Turbineneinheit. Bild 7.10a zeigt eine Draufsicht auf die Schaufeln; sie sind gegen die Stufenebene um den Winkel α geschränkt, ihre Dicke t wollen

7.3 Turbomolekularpumpen   7.3.3

Tabelle 7.2 Kenngrößen und Leistungsdaten der TURBOVAC-Pumpen

TURBOVAC Typ		$50^{1)2)}$	$150^{1)}$	$360^{1)}$	450	$1000^{1)2)}$	1500	3500
Ansaugflansch	DN	40/65	65/100	100/150	150	150/200/250	250	400
Höhe × Durchmesser	mm	150 × 92	203 × 130	240 × 170	415 × 240	328 × 258	439 × 325	600 × 496
Gewicht	kg	2	7	11	30	25	50	160
Drehzahl	min^{-1}	72000	50000	45000	24000	36000	21000	15000
Hochlaufzeit	min	2	1,5	2	4…5	4	10	20
Kühlung		entfällt	Luft/Wasser	Luft/Wasser	Wasser	Luft/Wasser	Wasser	Wasser
Einbaulage		beliebig	beliebig	beliebig	senkrecht	beliebig	senkrecht	senkrecht
Saugvermögen für N$_2$	ℓs^{-1}	33/55	115/145	345/400	450	850/1100/1150	1450	3600
Saugvermögen für H$_2$	ℓs^{-1}	28/30	110/115	340/370	310	900/970/1000	1150	3300
Kompression für H$_2$		10^2	850	$3,5 \cdot 10^3$	630	$2 \cdot 10^3$	$1 \cdot 10^4$	$2 \cdot 10^4$
Empfohlene Vorpumpe		S 2 A oder D 2 A	D 4 B	D 16 B	D 25 B	D 40 B	D 65 B	WAU 250/ D 65 B

[1]) fettgeschmiert;   [2]) Spindeleinheit mit Kugellager (sog. „Spindellagerung")

7 Molekularpumpen

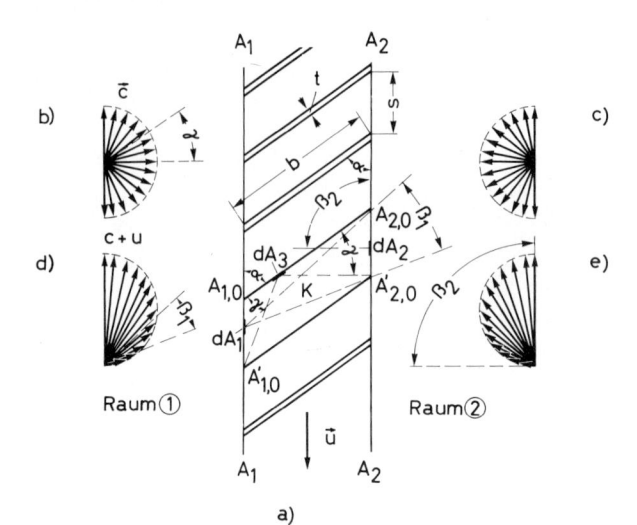

Bild 7.10 Zum Pumpmechanismus der Turbomolekularpumpe

wir im Rahmen dieser Betrachtung vernachlässigen; senkrecht zur Zeichenebene seien die Schaufeln eben, parallel und sehr lang. Die Rotorstufe trennt Raum ① von Raum ② und fördert *dann* Moleküle von ① nach ②, wenn die Wahrscheinlichkeit $P_{1,2}$ dafür, daß ein Molekül, das auf die linke Begrenzungsebene $A_1 A_1$ auftrifft, in den Raum ② zu gelangen, größer ist als die entsprechende Wahrscheinlichkeit $P_{2,1}$ für die Begrenzungsebene $A_2 A_2$. Die Rotorstufe bewegt sich mit der Geschwindigkeit u nach unten. Die Moleküle in ① und ② haben eine räumlich isotrope Geschwindigkeitsverteilung, wie sie in den Bildern 7.10b und c dargestellt ist, allerdings nur mit *der* Hälfte der Geschwindigkeitsvektoren, die auf $A_1 A_1$ bzw. $A_2 A_2$ hin gerichtet sind.

Die Bilder 7.10b und c enthalten bereits die vereinfachende Annahme, daß alle Moleküle den gleichen Geschwindigkeitsbetrag $\bar{c}$ (mittlere thermische Geschwindigkeit) besitzen. Weiter wollen wir vereinfachend annehmen, daß $\bar{c} = u$. Unsere veranschaulichende Betrachtung wird besonders einfach, wenn wir uns auf die bewegten Schaufeln „setzen"; dann hat die „relative" Geschwindigkeitsverteilung die Gestalt der Bilder 10d und e. Diese Beschränkung auf die Geschwindigkeitsvektoren in der Zeichenebene dürfen wir machen, weil die Schaufeln senkrecht zur Zeichenebene sehr lang sein sollen.

Wir betrachten nun eine „Kammer" K zwischen $A_{1,0}$, $A'_{1,0}$, $A'_{2,0}$, $A_{2,0}$:

a) Moleküle, die in ① von links auf das Flächenelement dA_1 treffen, können im Freiflug durch K fliegen, wenn sie in der Geschwindigkeitsverteilung nach Bild 10d in dem durch zwei zur Zeichenebene senkrechten Ebenen begrenzten Sektor mit dem Winkel β_1 liegen. Für die anderen Flächenelemente dA_1 zwischen $A_{1,0}$ und $A'_{1,0}$ ist aus Bild 10 (a und d) ein etwas anderes β_1 zu entnehmen. Eine analoge Betrachtung auf der rechten Seite von Bild 10 zeigt, daß für alle dA_2 zwischen $A_{2,0}$ und $A'_{2,0}$ (Winkel β_2) kein einziges Molekül im Freiflug durch K von rechts nach links fliegen kann. Damit ist infolge der Schaufelbewegung $P_{1,2,\text{frei}} > P_{2,1,\text{frei}}$.

b) Die nicht im Freiflug durch die Kammer kommenden Teilchen treffen auf die Wände $A_{1,0} - A_{2,0}$ und $A'_{1,0} - A'_{2,0}$. Sie werden dort eine Verweilzeit lang adsorbiert und desorbieren nach dieser Zeit isotrop in den über der betreffenden Fläche liegenden Halbraum, und zwar mit der Geschwindigkeit $\bar{c}$, sofern — was anzunehmen ist — die Schaufeltemperatur gleich der Gastemperatur ist (vgl. dazu Abschnitt 3.2). Die vom speziellen

Flächenelement dA_3 — es liegt der Mitte von $A'_{1,0} - A'_{2,0}$ gegenüber — desorbierenden Teilchen werden wegen der Isotropie und aus geometrischen Gründen zu gleichen Anteilen (Winkel γ) in Raum ① und Raum ② fliegen. Für alle rechts von dA_3 liegenden Flächenelemente ist der sich nach ② öffnende Raumwinkel größer als der sich nach ① öffnende ($\gamma_2 > \gamma_1$); da jene in der Überzahl sind, wird also auch der Desorptionsstrom nach ② größer als der nach ① sein. Für die Wand $A'_{1,0} - A'_{2,0}$ gilt das Umgekehrte. Weil aber die Zahl der auf diese Wand auftreffenden und adsorbierten Teilchen kleiner ist als die Zahl der auf die obere Wand auftreffenden und adsorbierten Teilchen — was man in Analogie zu a) plausibel machen kann — ergibt sich wieder ein Überschußstrom an Teilchen von links nach rechts, und es ist infolge einfacher Adsorption/Desorption $P_{1,2,des} > P_{2,1,des}$.

c) Die desorbierenden Teilchen können auch auf die gegenüberliegende Wand treffen und dort erneut adsorbiert werden. Bei der Desorption haben sie wieder die Wahl: nach ①, nach ②, oder nochmals adsorbiert. Der Erfolg für einen effektiven Teilchentransport ① → ② ist nicht mehr einfach überschaubar und kann nur durch umfangreiche Rechnung ermittelt werden.

Die von der Rotorstufe von ① nach ② geförderten Moleküle haben eine von der Maxwellschen abweichende Geschwindigkeitsverteilung, und dieser gestörten Verteilung ist noch eine Driftgeschwindigkeit der Größenordnung $\vec{u}$ überlagert. Mit dieser Drift strömen die Teilchen in den Stator ein. Hat u die Größenordnung $\bar{c}$, so werden sie — abhängig vom Anstellwinkel — parallel zu den Statorwänden strömen und weniger Wandstöße erleben als bei reiner Maxwellverteilung. Die Durchtrittswahrscheinlichkeit wird dadurch in den hinteren Stufen einer mehrstufigen Anordnung etwas größer als in der ersten. Durch die Wandstöße werden die Teilchen wieder mehr (für $u \gtrless \bar{c}$) oder weniger (für $u \approx \bar{c}$) Maxwell-verteilt. Ein Teil hat wiederum die Chance, im Statorkanal zurückzudiffundieren. Der andere Teil, dessen Geschwindigkeitsverteilung noch einen Rest der Drift besitzt, tritt in die nachfolgende Rotorstufe ein.

7.4 Theorie der einstufigen Turbine

Die Theorie der Turbomulekularpumpe muß all die in Abschnitt 7.3.3 angedeuteten Freiflug-, Adsorptions- und Desorptionsprozesse für jedes Raumwinkelelement erfassen und aufsummieren. Dabei sind insbesondere die in Abschnitt 7.3.3 erwähnten Mehrfachprozesse zu beachten. Kruger, Maulbetsch und Shapiro [6] haben sich der mühevollen Aufgabe unterzogen, all diese Prozesse in ein Gleichungssystem zu bringen. Sie machen dabei die folgenden Annahmen:

1. Die mittlere freie Weglänge der Moleküle ist wesentlich größer als die geometrischen Abmessungen der Stufe.
2. Die Gasmoleküle besitzen eine Maxwellsche Geschwindigkeitsverteilung, wobei beim Durchgang durch die Stufe die mittlere thermische Geschwindigkeit erhalten bleibt.
3. Adsorption und Desorption (vgl. Abschnitt 3.2) werden zu einem Reflexionsprozeß zusammengefaßt, der das Cosinus-Gesetz befolgt.
4. Die Schaufeldicke t ist vernachlässigbar klein gegenüber dem Schaufelabstand s (vgl. Bild 7.10).
5. Die Geschwindigkeit u ist längs der Schaufel (in radialer Richtung) konstant.

Die Geometrie der Stufe wird durch die Größen Schaufelabstand s und Schaufelbreite b, die zum Überlappungsgrad s/b zusammengefaßt werden, und Anstellwinkel α (Bild 7.10) beschrieben. Die Geschwindigkeit u wird auf die thermische Geschwindigkeit $\bar{c}$ der Moleküle bezogen und geht in die Rechnung als $u_* = u/\bar{c}$ ein.

7 Molekularpumpen

Das Ziel der Rechnung sind die Durchgangswahrscheinlichkeiten $P_{1,2}$ und $P_{2,1}$ eines Teilchens aus dem Raum ① in den Raum ② und umgekehrt. Von Raum ①, in dem die Teilchenanzahldichte n_1 herrscht, trifft auf die linke Schaufelebene $A_1 - A_1$ (Fläche A) der Teilchenstrom (vgl. Gl. (2.57)) $\vec{I}_{N,1} = \frac{n_1 \bar{c}}{4} A$, von Raum ② entsprechend auf $A_2 - A_2$ der Strom $\vec{I}_{N,2} = \frac{n_2 \bar{c}}{4} A$, so daß insgesamt der Teilchenstrom

$$\vec{I}_N = P_{1,2} \frac{n_1 \bar{c}}{4} A - P_{2,1} \frac{n_2 \bar{c}}{4} A \tag{7.7}$$

von links nach rechts fließt. Der Bruchteil

$$W = \vec{I}_N / \vec{I}_{N,1} \tag{7.8}$$

wird üblicherweise als Pumpwahrscheinlichkeit (auch Ho-Faktor) bezeichnet (vgl. Gl. (6.6)).

Mit $p = nkT$ (Gl. (2.31.7)) findet man aus Gl. (7.7) und (7.8), wenn $T_1 = T_2$ ist, das Kompressionsverhältnis

$$k = \frac{p_2}{p_1} = \frac{P_{1,2}}{P_{2,1}} - \frac{W}{P_{2,1}}. \tag{7.9}$$

Es wird ein Maximum für $W = 0$, d.h., wenn kein Transport stattfindet (Leerlaufkompressionsverhältnis)

$$k_0 = \frac{P_{1,2}}{P_{2,1}}. \tag{7.10}$$

Für $k = 1$ hingegen (am Anfang des Pumpvorgangs, wo $n_2 = n_1$, also $p_2 = p_1$, ist

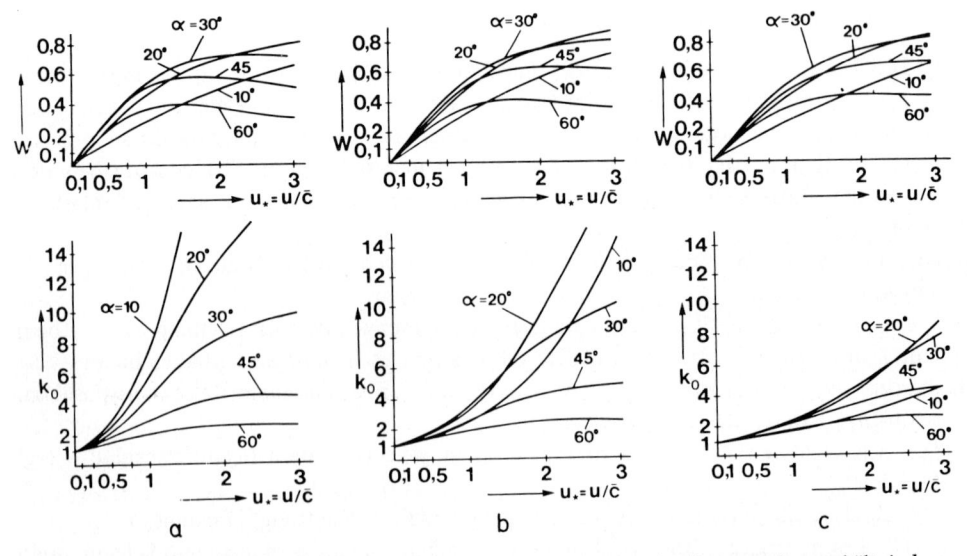

$$P_{1,2} - P_{2,1} = W, \tag{7.11}$$

Bild 7.11 Pumpwahrscheinlichkeit W (HO-Faktor, Gl. (7.8)) und Leerlaufkompressionsverhältnis k_0 (Gl. (7.10)) einer Rotorstufe nach Bild 7.10 in Abhängigkeit von der bezogenen Geschwindigkeit $u_* = u/\bar{c}$ für verschiedene Anstellwinkel α. a) $s/b = 1$, b) $s/b = 1,5$, c) $s/b = 2$ nach Maulbetsch [6].

d.h., die Pumpwahrscheinlichkeit ist gleich der Differenz der Durchtrittswahrscheinlichkeiten. Dann ergibt sich ein Anfangssaugvermögen

$$S_0 = (P_{1,2} - P_{2,1}) \cdot A \cdot \bar{c}/4. \tag{7.12}$$

Die Gleichungen für $P_{1,2}$ und $P_{2,1}$ sind weder geschlossen darstellbar noch analytisch lösbar. Maulbetsch u.a. [6] haben numerische Rechnungen angestellt, deren wichtigste Ergebnisse, nämlich die Pumpwahrscheinlichkeit (der Ho-Faktor) $W = P_{1,2} - P_{2,1}$ und das Kompressionsverhältnis $k = P_{1,2}/P_{2,1}$ ausschnittweise in Bild 7.11 wiedergegeben sind. Man erkennt deutlich, daß das Kompressionsverhältnis k_0 mit steigendem Überlappungsgrad s/b kleiner wird. Die Pumpwahrscheinlichkeit W steigt für alle Parameter α und s/b im Bereich der bezogenen Geschwindigkeit $0 < u_* < 1$ etwa linear an und nimmt für $u_* > 1$ meist wieder etwas ab. Für $\alpha \approx 35°$ ist W für alle Werte von u_* und alle Parameterwerte s/b am größten.

Weitere theoretische Überlegungen zur Turbomolekularpumpe sind in [15] und [16] zu finden. In dieser Arbeit wird durch Berücksichtigung der endlichen Kanallänge im Gegensatz zur unendlichen Kanallänge bei Kruger et al. eine bessere Übereinstimmung des Kompressionsverhältnisses mit dem Experiment erreicht.

7.5 Leistungsdaten von Turbomolekularpumpen (s. auch Tabelle 7.2)

Für den Anwender von besonderem Interesse sind das Saugvermögen S, das Kompressionsverhältnis k, der erreichbare Enddruck p_{end} sowie die Reinheit des erzeugten Vakuums. Aus dem charakteristischen Verlauf von Saugvermögen und Kompressionsverhältnis ergibt sich das Verhalten von Turbomolekularpumpen beim Evakuieren von Vakuumbehältern. Einzelheiten zur *Messung* der Kenngrößen Saugvermögen, Kompressionsverhältnis, Enddruck u.a. sind in der PNEUROP-Schrift [11] enthalten.

7.5.1 Saugvermögen

Das Saugvermögen für den Ansaugdruckbereich $p_A > 10^{-6}$ mbar wird nach der Kapillar- oder Blendenmethode gemessen. In Bild 7.12 ist das Saugvermögen der TURBOVAC 150 über dem Ansaugdruck für verschiedene Gase aufgetragen. Als Vorpumpe wurde eine zweistufige Drehschieberpumpe mit einem Nennsaugvermögen $S = 40 \text{ m}^3/\text{h}$ verwendet. Das Saugvermögen der TURBOVAC 150 für Luft beträgt $S = 145 \text{ l/s}$, während das Saugvermögen für leichtere Gase kleiner ist. Dieses Verhalten kommt im wesentlichen dadurch zustande, daß die Pumpwahrscheinlichkeit W für leichtere Gase kleiner ist als für Stickstoff. Das sich aus der Pumpwahrscheinlichkeit ergebende Saugvermögen wird allerdings etwas angehoben durch den höheren Leitwert der Ansaugöffnung für Gase leichter als Stickstoff. Für die leichtesten Gase, He und H_2, beträgt das Saugvermögen immerhin noch 93% bzw. 80% des Wertes für N_2. Das Saugvermögen bleibt über einen weiten Ansaugdruckbereich konstant. Erst wenn der Ansaugdruck auf einige 10^{-3} mbar ansteigt, beginnt das Saugvermögen abzufallen, obwohl der Antrieb der Turbine bis zum Druck von $p_A \approx 1$ mbar die Nenndrehfrequenz hält. Dieses Verhalten ist dadurch zu erklären, daß mit steigendem Ansaugdruck der Bereich der Molekularströmung — beginnend bei den untersten Vorvakuumstufen — verlassen wird. Obwohl das Saugvermögen S in den Druckbereich zwischen einigen 10^{-3} mbar und 0,1 mbar stark abnimmt, besitzt die Saugleistung $\dot{Q} = pS$ und damit der Massenstrom q_m gerade in diesem höheren Druckbereich ein Maximum, so daß die Turbomolekularpumpen bereits bei hohen Ansaugdrücken eingesetzt werden können, wodurch sich wesentlich kürzere Auspumpzeiten ergeben.

7 Molekularpumpen

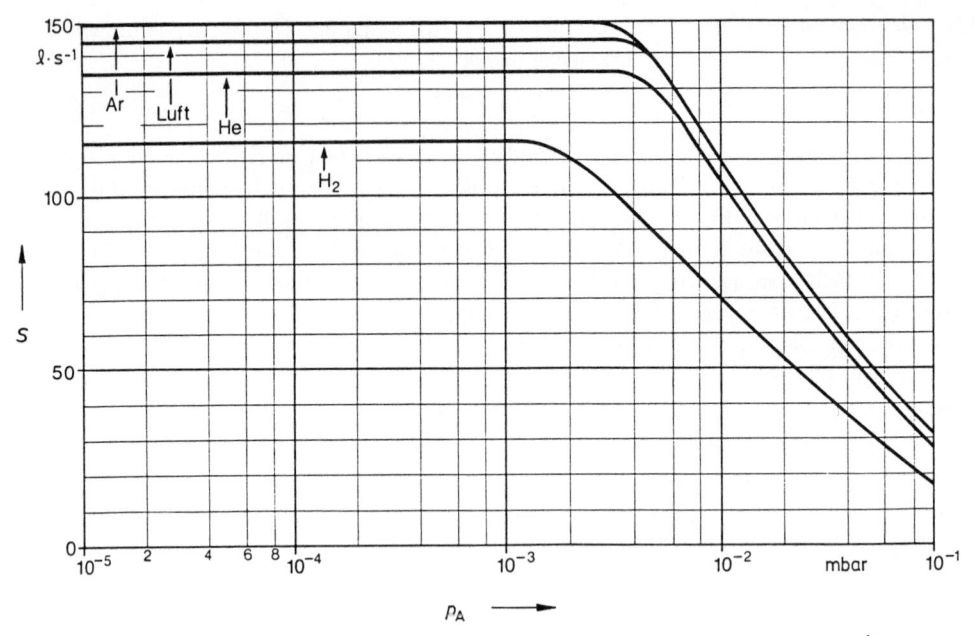

Bild 7.12 Saugvermögen S einer Turbomolekularpumpe (Nenn-Saugvermögen $S_n = 145 \; \ell \cdot s^{-1}$) für verschiedene Gase in Abhängigkeit vom Ansaugdruck p_A.

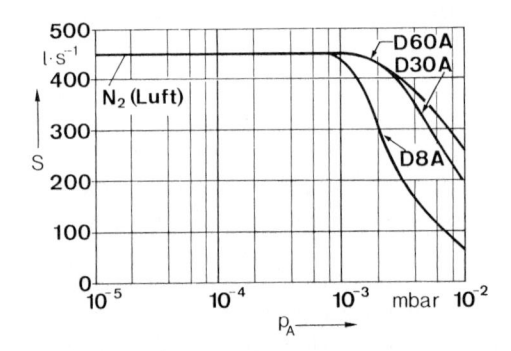

Bild 7.13 Abhängigkeit des Saugvermögens S der Pumpe TURBOVAC 450 von der Größe der Vorpumpe

Wird die Turbomolekularpumpe allerdings vorwiegend in dem hohen Druckbereich eingesetzt, so muß die Saugleistung der Vorvakuumpumpe auf die hohe Saugleistung der Turbomolekularpumpe abgestimmt werden. Reicht die Saugleistung der Vorpumpe nicht aus, die von der Turbine geförderte Gasmenge abzupumpen, so wird das Saugvermögen der Turbomolekularpumpe gedrosselt. Dies zeigt Bild 7.13. Die Kurven gelten für zweistufige Drehschieberpumpen mit einem Nennsaugvermögen $S = 60 \; m^3/h$, $30 \; m^3/h$ und $8 \; m^3/h$. Man erkennt die wesentliche Verbesserung des Saugvermögens bei Verwendung einer Vorpumpe mit einem Saugvermögen $S = 30 \; m^3/h$ gegenüber einer kleineren Vorpumpe mit $S = 8 \; m^3/h$. Eine Vorpumpe mit einem Saugvermögen $S = 60 \; m^3/h$ bringt nur noch eine geringfügige Verbesserung, so daß für den Betrieb der TURBOVAC 450 die zweistufige Drehschieberpumpe mit $S = 30 \; m^3/h$ zu nehmen ist, wenn bei Ansaugdrücken $p_A > 10^{-3}$ mbar gearbeitet werden soll. Dies ist in zunehmendem Maße der Fall (s. auch Abschnitt 7.7).

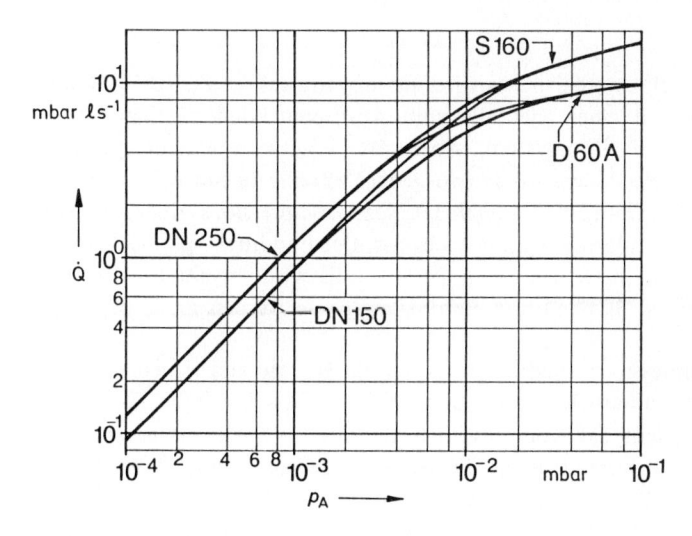

7.5 Leistungsdaten von Turbomolekularpumpen 7.5.1

Bild 7.14

Saugleistung $\dot{Q}$ einer Turbomolekularpumpe mit dem Nennsaugvermögen S_n = 1000 ℓs^{-1} für verschieden große Ansaugflansche und Vorpumpen, in Abhängigkeit vom Ansaugdruck p_A

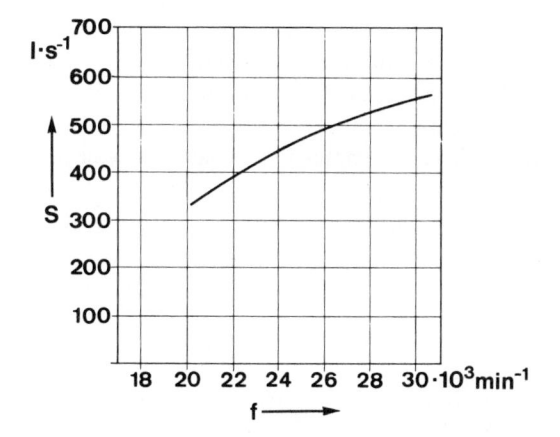

Bild 7.15

Saugvermögen S der Pumpe TURBOVAC 450 für Luft in Abhängigkeit von der Drehfrequenz f

Die Verhältnisse lassen sich am einfachsten übersehen, wenn man (Bild 7.14) die Saug*leistung* gegen den Ansaugdruck aufträgt. Sowohl die Verwendung eines größeren Ansaugflansches (DN 250 statt DN 150 im gewählten Beispiel), als auch die Verwendung einer größeren Vorvakuumpumpe (einstufige Pumpe mit S_n = 160 m³/h statt der zweistufigen Pumpe mit S_n = 60 m³/h) führen zu erheblich höheren Saugleistungen (logarithmische Ordinate in Bild 7.14) im Feinvakuumgebiet.

In Bild 7.15 ist das Saugvermögen der TURBOVAC 450 für Luft über der Drehfrequenz aufgetragen. Die Nenndrehfrequenz dieser Pumpe beträgt 24 000 min^{-1}, bei der das Saugvermögen S = 450 ℓ/s erreicht wird. Bei geringerer Drehfrequenz besitzt die Pumpe schon ein erhebliches Saugvermögen, weshalb Turbomolekularpumpen bereits während der Hochlaufphase aktiv am Auspumpprozeß teilnehmen (s. z.B. Bild 7.19). Bei einer Steigerung der Drehfrequenz auf f = 30 000 min^{-1} steigt das Saugvermögen von S = 450 ℓ/s auf S = 550 ℓ/s an.

7.5.2 Kompressionsverhältnis

Zur Messung des Kompressionsverhältnisses wird ansaugseitig auf die TURBOVAC ein metallgedichtetes Testvolumen mit einer Kühlfalle zum Ausfrieren kondensierbarer Gase und einem Einbaumeßsystem (Extraktorsystem, Abschnitt 11.5.2.4) zur Druckmessung montiert. Das Testvolumen und die Pumpe werden vor jeder Meßreihe für einige Stunden auf eine Temperatur $\vartheta = 200\,°C$ bzw. $\vartheta = 120\,°C$ ausgeheizt. Das Kompressionsverhältnis wird gemessen, wenn das System den Enddruck p_{end} erreicht hat. Der Enddruck p_{end} liegt in der Regel bei einigen 10^{-11} mbar. Durch Öffnen eines Dosierventils wird vorvakuumseitig das Testgas eingelassen; nach einer ca. 30-minütigen Beruhigungspause werden die Drücke p_A und p_v gemessen.

In Bild 7.16 ist das Kompressionsverhältnis $k = p_v/p_A$ für N_2, He und H_2 einer TURBOVAC 1500 über dem Vorvakuumdruck p_v aufgetragen. Bei einem relativ hohen Vorvakuumdruck $p_v = 5 \cdot 10^{-2}$ mbar erreicht das Kompressionsverhältnis für Stickstoff bereits den Wert $k = 8 \cdot 10^8$; das Kompressionsverhältnis für die leichtesten Gase Helium bzw. Wasserstoff beträgt $k = 8 \cdot 10^4$ bzw. 3000. Für schwerere Gase als Stickstoff steigt das Kompressionsverhältnis mit zunehmender relativer Molekülmasse stark an, was dem charakteristischen Verhalten von Turbomolekularpumpen entspricht, kohlenwasserstofffreies Vakuum zu erzeugen. In Bild 7.17 ist die Abhängigkeit des Kompressionsverhältnisses der TURBOVAC 1500 von der relativen Molekülmasse M_r des angesaugten Gases aufgetragen. Die Kurve ist durch Verbinden der Werte für Wasserstoff, Helium, Stickstoff und Argon gewonnen worden. Das Kompressionsverhältnis für Gase mit höherem M_r ist nicht mehr meßbar, da hierfür der ansaugseitige Enddruck kleiner als 10^{-12} mbar sein müßte.

Ähnlich wie das Saugvermögen S hängt auch das Kompressionsverhältnis k von der Drehfrequenz f der Turbine ab (Bild 7.18).

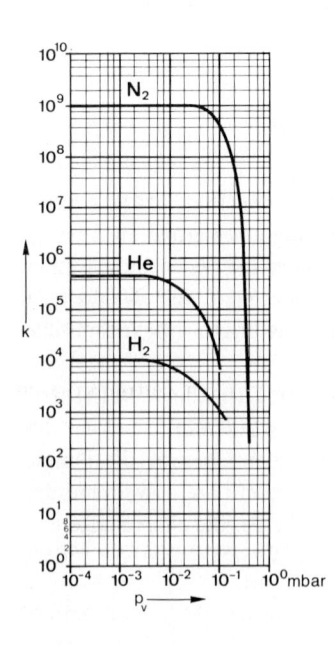

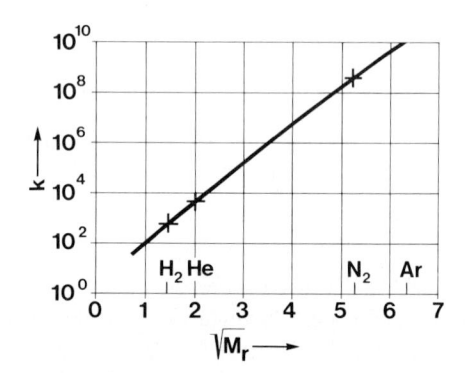

Bild 7.17 Abhängigkeit des Kompressionsverhältnisses k von der relativen Molekülmasse M_r ($p_v \approx 10^{-1}$ mbar, vgl. Bild 7.16)

Bild 7.16 Kompressionsverhältnis k als Funktion des Vorvakuumdrucks p_v für verschiedene Gase TURBOVAC 1500

7.5 Leistungsdaten von Turbomolekularpumpen   7.5.2/7.5.3

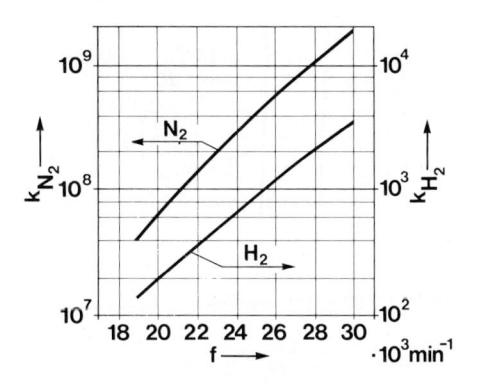

Bild 7.18 Abhängigkeit des Kompressionsverhältnisses k von der Rotor-Drehfrequenz f für H_2 und N_2

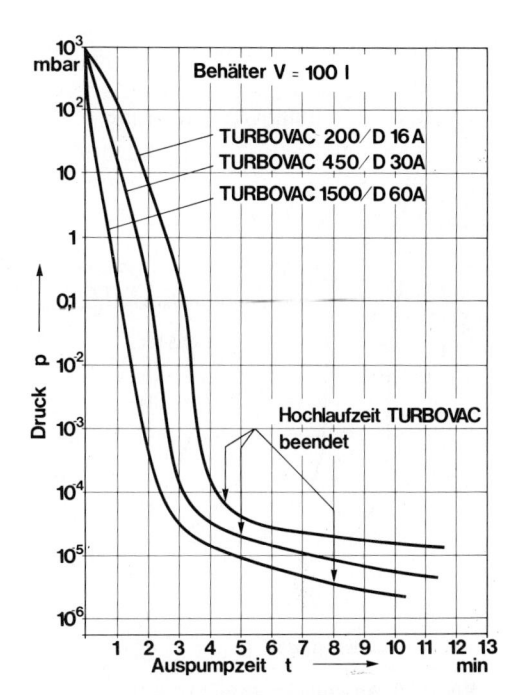

Bild 7.19 Auspumpkurven für einen Behälter vom Volumen $V = 100$ ℓ mit drei verschieden großen Turbomolekularpumpen, ohne Umwegleitung, mit hochlaufender Turbomolekularpumpe (vgl. Tabelle 7.2).

7.5.3 Auspumpverhalten

Das Einsatzgebiet von Turbomolekularpumpen ist wegen deren besonderer Eigenschaften weit gestreut. Im allgemeinen lassen sich drei Arbeitsgebiete unterscheiden:
a) Auspumpen großer Behälter auf Hochvakuum,
b) Auspumpen mittlerer Behälter auf Hochvakuum,
c) Erzeugung von Ultrahochvakuum in mittleren und kleineren Behältern.

Zu a) Die Auspumpkurven eines Behälters von 100 ℓ Inhalt sind für drei verschieden große Turbomolekularpumpen mit den dazugehörigen Vorpumpen in Bild 7.19 angegeben. Auf der Ordinate ist der im Behälter gemessene Druck aufgetragen.

Zur Zeit $t = 0$ werden Vorpumpe und Turbomolekularpumpe gleichzeitig eingeschaltet, so daß der Rezipient über die Turbomolekularpumpe evakuiert wird. Der Druckabfall zwischen 1 bar und 0,1 mbar ist im wesentlichen durch die Drehschieberpumpe bestimmt. Der bei etwa 0,1 mbar einsetzende steilere Druckabfall ist der bereits einsetzenden Pumpwirkung der Turbomolekularpumpe zuzuschreiben, obwohl diese zu diesem Zeitpunkt noch nicht die volle Drehzahl erreicht hat. Die Auspumpkurven zeigen, daß es möglich ist, bereits nach wenigen Minuten Hochvakuum zu erzeugen, wenn Vorpumpe und Turbomolekularpumpe gleichzeitig eingeschaltet werden.

Zu b) Sehr kurze Auspumpzeiten lassen sich erreichen, wenn man die Hochlaufphase der Turbomolekularpumpe umgehen kann, ein Verfahren, das bei häufigem Chargenwechsel vorteilhaft angewandt wird. Dazu sind allerdings ein Hochvakuumventil und eine Umwegleitung erforderlich. Die Turbomolekularpumpe wird bei geschlossenem Hochvakuumventil

7 Molekularpumpen

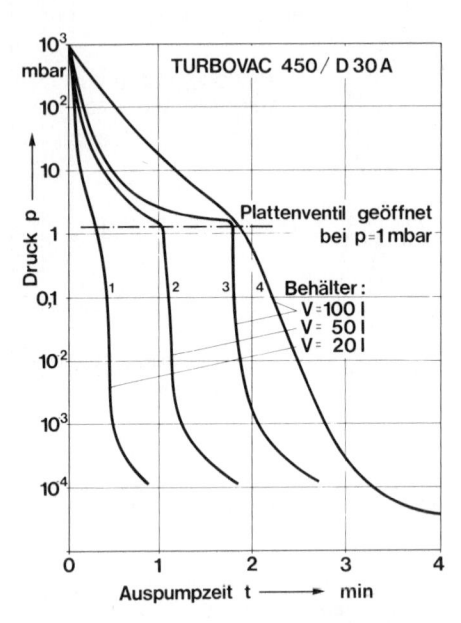

Bild 7.20 Auspumpkurven für verschieden große Behälter mit Umwegleitung und hochgelaufener Turbomolekularpumpe. Zum Vergleich ist die mittlere Kurve in Bild 7.19 als Kurve 4 (Auspumpen ohne Umwegleitung) eingetragen.

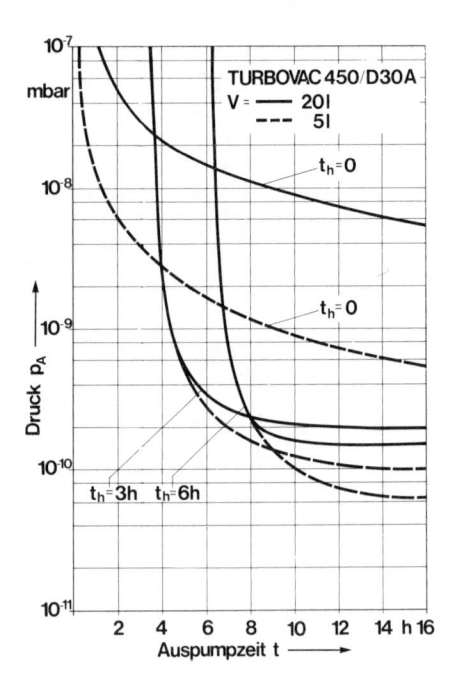

Bild 7.21 Auspumpkurven für einen $V = 5$ ℓ- und einen $V = 20$ ℓ-Behälter. Ordinate: Druck p_A im Behälter. Abszisse: Auspumpzeit t. Parameter: Ausheizdauer t_h.

auf voller Drehzahl gehalten, während das Evakuieren des Behälters von Atmosphärendruck an zunächst lediglich mittels der Vorpumpe über die Umwegleitung erfolgt. Sobald im Rezipienten ein Druck von 1 mbar erreicht ist, wird die Umwegleitung geschlossen und das Hochvakuumventil geöffnet. In diesem Augenblick steht bereits das volle Saugvermögen der Turbomolekularpumpe, die ja auf voller Drehzahl gehalten wurde, zur Verfügung. Die Verhältnisse sind in Bild 7.20 dargestellt. Zum Vergleich ist noch eine der Auspumpkurven aus Bild 7.19 eingetragen.

Zu c) Beim Arbeiten im Ultrahochvakuum werden meist kleinere Behälter verwendet, die metallisch gedichtet sind und höhere Ausheiztemperaturen zulassen. Um das Verhalten der TURBOVAC 450 in diesem Druckbereich zu untersuchen, wurde diese mit einem CF-Flansch ausgerüstet, an den wahlweise ein 20-ℓ- und ein 5-ℓ-Behälter angeflanscht werden konnte. In Bild 7.21 sind verschiedene Auspumpkurven beider Behälter aufgetragen. Man erkennt, daß die Behälteroberfläche stark die Auspumpzeit und den Enddruck beeinflußt, wenn die Behälter nicht ausgeheizt werden ($t_h = 0$). Bei einer Ausheizdauer von $t_h = 3$ h und $t_h = 6$ h besitzen die Auspumpkurven beider Behälter bis in den Druckbereich 10^{-10} mbar den gleichen starken Abfall. Der erreichbare Enddruck im 20-ℓ-Behälter liegt etwa um den Faktor 2 höher als der im 5-ℓ-Behälter. Ferner erkennt man, daß die Verdoppelung der Ausheizdauer von $t_h = 3$ h auf $t_h = 6$ h im Druckbereich $p_A > 10^{-10}$ mbar keine Verbesserung ergibt. Aus den Kurven geht der vorteilhafte Einsatz der Turbomolekularpumpen im Ultrahochvakuumbereich (einige 10^{-10} mbar) hervor.

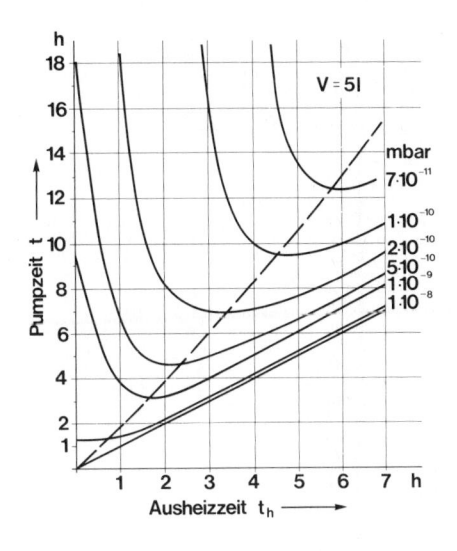

Bild 7.22 Gesamtpumpzeit als Funktion der Ausheizdauer. Parameter: Zu erreichender Druck im Behälter. Das Diagramm dient zur Bestimmung der optimalen Ausheizdauer.

Die optimale Ausheizzeit, die benötigt wird, um die kürzestmögliche Gesamt-Auspumpzeit für einen vorgegebenen Enddruck zu erreichen, wurde für einen 5-ℓ-Behälter anhand mehrerer Auspumpversuche mit unterschiedlicher Ausheizdauer ermittelt. In Bild 7.22 ist die Gesamt-Auspumpzeit über der Ausheizzeit aufgetragen. Parameter der Kurven ist der Druck. Die Minima der Kurven ergeben die optimale Ausheizdauer, um den als Parameter angegebenen Druck zu erhalten.

Beispiel 7.2: Um einen Druck $p_A = 5 \cdot 10^{-10}$ mbar im Behälter zu erreichen, reicht unter den Gegebenheiten der Versuchsanordnung gemäß Bild 7.22 eine Ausheizzeit von 2,3 h aus. Die Gesamtpumpzeit beträgt dann etwa 4,5 h. Eine weitere Verlängerung der Ausheizzeit verlängert die Gesamtpumpzeit um den Betrag dieser Verlängerung, bringt also keinen Zeitgewinn.

7.5.4 Restgaszusammensetzung und Enddruck

Die Bestimmung der Restgaszusammensetzung in einem Behälter, der mit einer Turbomolekularpumpe evakuiert wird, ist mit Rücksicht auf die Verwendbarkeit einer solchen Pumpe zum Erzeugen von Ultrahochvakuum von besonderer Bedeutung. Der Versuchsaufbau ist in Bild 7.23 schematisch dargestellt. An eine TURBOVAC 450 wurde ein 5-ℓ-Behälter angeflanscht, in den zur Messung des Totaldrucks ein Extraktor-Ionisationsvakuummeter-Einbau-System und zur Messung der Restgaszusammensetzung ein Quadrupol-Massenspektrometer eingebaut wurden. Der ganzmetallgedichtete Rezipient wurde zum Erreichen eines niedrigen Enddrucks für einige Stunden auf $\vartheta = 200\,°C$ aufgeheizt, während der obere Teil der Turbomolekularpumpe über eine serienmäßige Heizmanschette geheizt wurde. Die Restgaszusammensetzung wurde mit drei verschiedenen Vorvakuumpumpensystemen bestimmt, Einzelheiten sind dem Bild 7.23 und dessen Unterschrift zu entnehmen. Der erreichte Enddruck liegt in allen drei Fällen im Bereich $p_{end} \approx 10^{-11}$ mbar und unterscheidet sich nur geringfügig. Die drei Restgasspektren zeigen die Gaszusammensetzung. Den Spektren sind keine Massenzahlen größer 44 zu entnehmen, da Turbomolekularpumpen ein Kompressionsverhältnis für hochmolekulare Gase besitzen, das größer 10^{10} ist (Bild 7.17). Wasserstoff ist hingegen mit einem Molekülzahlanteil 80...90 % vertreten. Der relativ hohe Pik der Masse 16 ist vermutlich durch atomaren Sauerstoff verursacht, der durch die Aufspaltung von Wasser an der Kathode des Quadrupolmassenspektrometers Q erzeugt wird.

7 Molekularpumpen

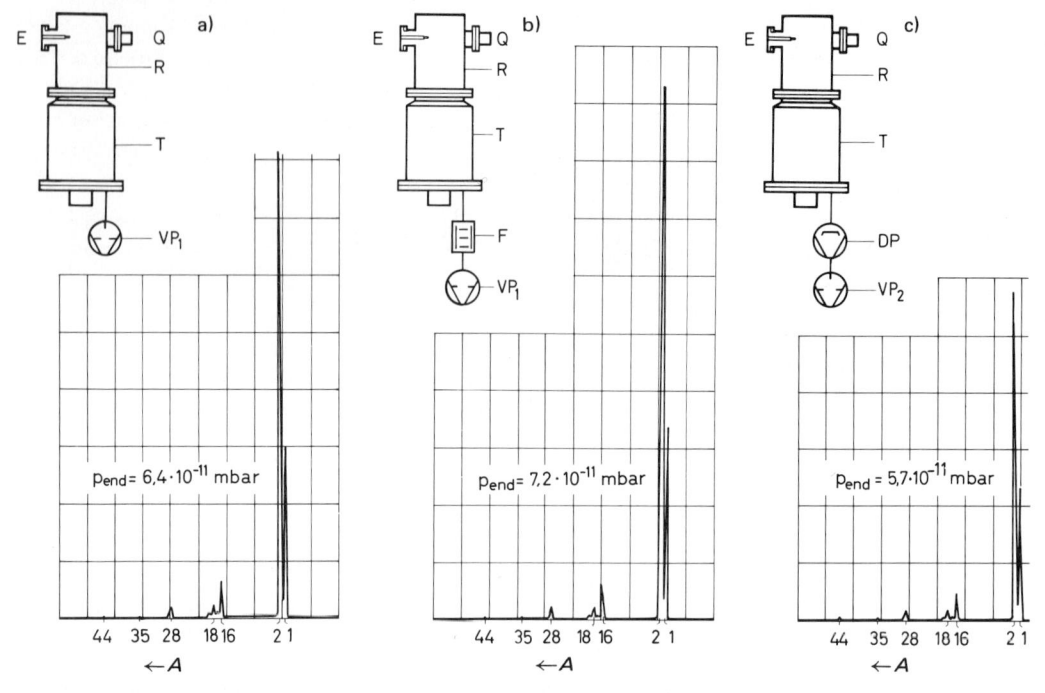

Bild 7.23 Restgasspektren (A = Massenzahl) und Enddrücke p_{end} in einem Behälter mit $V = 5$ ℓ, der durch eine TURBOVAC 450 mit verschiedenen Vorpumpensystemen evakuiert wird. R Behälter, $V = 5$ ℓ. E Extraktor-Ionisationsvakuummeter-Einbausystem. Q Quadrupolmassenspektrometer. T TURBOVAC-Pumpe 450.

a) VP_1 ölgedichtete 2-stufige Drehschieberpumpe, $S_n = 30$ m³h⁻¹
b) VP_1 wie in a), F Adsorptionsfalle (s. Abschnitt 8)
c) DP Öldiffusionspumpe, $S_n = 170$ ℓ·s⁻¹, VP_2 zweistufige, ölgedichtete Drehschieberpumpe, $S_n = 10$ m³h⁻¹.

Tabelle 7.3 Enddrücke p_{end} bei Evakuierung eines Behälters vom Volumen $V = 5$ ℓ mit einer TUBOVAC 450 und verschiedenen Vorpumpensätzen

Vorpumpensatz	p_{end}/mbar
Ölgedichtete einstufige Drehschieberpumpe Typ S 8 A $S_n = 8$ m³h⁻¹	$1{,}6 \cdot 10^{-9}$
Ölgedichtete zweistufige Drehschieberpumpe Typ D 16 A $S_n = 16$ m³h⁻¹	$1{,}2 \cdot 10^{-10}$
Ölgedichtete zweistufige Drehschieberpumpe Typ D 30 A $S_n = 30$ m³h⁻¹	$6{,}9 \cdot 10^{-11}$
Öldiffusionspumpe Typ Leybodiff 40 L, $S_n = 40$ ℓs⁻¹ plus Drehschieberpumpe D 30 A	$4{,}6 \cdot 10^{-11}$

Die Veränderung des Totalenddrucks p_{end} durch die drei Vorpumpsysteme ist auf den unterschiedlichen Wasserstoffgehalt zurückzuführen. Die Adsorptionsfalle drosselt das Saugvermögen der Vorpumpe, wobei es hochvakuumseitig zu einer Anreicherung von Wasserstoff kommt. Beim Betrieb einer Diffusionspumpe hingegen wird das Saugvermögen für Wasserstoff vorvakuumseitig erhöht, womit dieser Anteil im Restgas zurückgeht. Weitere Versuche mit Drehschieberpumpen unterschiedlichen Saugvermögens sowie mit Turbomolekularpumpen als Vorpumpe liefern kein prinzipiell anderes Ergebnis. Zusammenfassend kann daher gesagt werden, daß der Enddruck derartiger Turbomolekularpumpen weitgehend unabhängig von der Wahl des Vorpumpsatzes ist. Dieses Ergebnis ist von wirtschaftlicher Bedeutung, da man auf kostspielige Vorpumpsysteme verzichten kann, selbst wenn extrem niedrige Enddrücke gefordert werden.

Weitere Enddruckwerte mit verschiedenen Vorpumpen sind in Tabelle 7.3 angegeben. Die Unterschiede dürften im wesentlichen auf unterschiedliche Wasserstoffpartialdrücke zurückzuführen sein.

7.6 Betriebshinweise

7.6.1 Wahl der Vorpumpe

Das Nennsaugvermögen der benutzten Vorvakuumpumpen soll zwischen 2 und 10 % des Nennsaugvermögens der Turbomolekularpumpe liegen. An welchen der beiden Werte man sich anlehnt, richtet sich nach dem Inhalt oder dem Gasanfall des zu evakuierenden Behälters und/oder nach der gewünschten Auspumpgeschwindigkeit im Druckbereich zwischen 1 mbar und 10^{-2} mbar. Meist reicht der kleinere Wert aus (s. Tabelle 7.3).

Im allgemeinen werden als Vorpumpen zweistufige Drehschieberpumpen verwendet. Darüber hinaus ist die Verwendung von einstufigen Drehschieberpumpen für den Einsatz von Turbomolekularpumpen im Feinvakuum-Bereich möglich. Während früher für den Betrieb von Turbomolekularpumpen im Druckbereich kleiner 10^{-8} mbar gerne Diffusionspumpen wegen ihres hohen Wasserstoffkompressionsverhältnisses zusätzlich als Vorpumpe eingesetzt wurden, ist dies bei modernen Turbomolekularpumpen überflüssig, wie in Abschnitt 7.5 gezeigt wurde.

7.6.2 Allgemeine Hinweise

Turbomolekularpumpen sind vorzugsweise mit frequenzgesteuerten Asynchronmotoren ausgerüstet, die direkt auf der Turbinenrotorwelle sitzen. Diese Motoren werden von einem externen Frequenzumformer versorgt, der der Motorcharakteristik angepaßt ist. Hierzu bieten die Hersteller wahlweise elektronische oder motorische Umformer an. Bei der Inbetriebnahme solcher Turbomolekularpumpen wird also der Anschluß an einen Frequenzumformer notwendig.

Zur Vermeidung größerer Strömungsverluste wird die Turbomolekularpumpe möglichst direkt mit dem Ansaugflansch an dem zu evakuierenden Behälter befestigt. Um das Hereinfallen von Teilen aus dem Behälter in die Turbine zu vermeiden, wird in die Ansaugöffnung ein Splitterschutzgitter (Bild 7.8) gelegt, was allerdings eine Verminderung des Saugvermögens um 5 ... 10 % erbringt.

Für Anwendungen, bei denen die zwar sehr geringe, aber immerhin noch vorhandene Vibration der Pumpe stören sollte, wird zwischen Pumpe und Behälter ein Federungskörper montiert, es sei denn, man setzt eine praktisch vibrationsfreie Turbomolekularpumpe mit magnetisch gelagertem Rotor [9] ein.

7.6.3 Inbetriebnahme

Zum Betrieb einer Turbomolekularpumpe ist eine entsprechende Vorpumpe erforderlich (s. Tabelle 7.2). Im allgemeinen sollte die Turbomolekularpumpe gleichzeitig mit der

7 Molekularpumpen

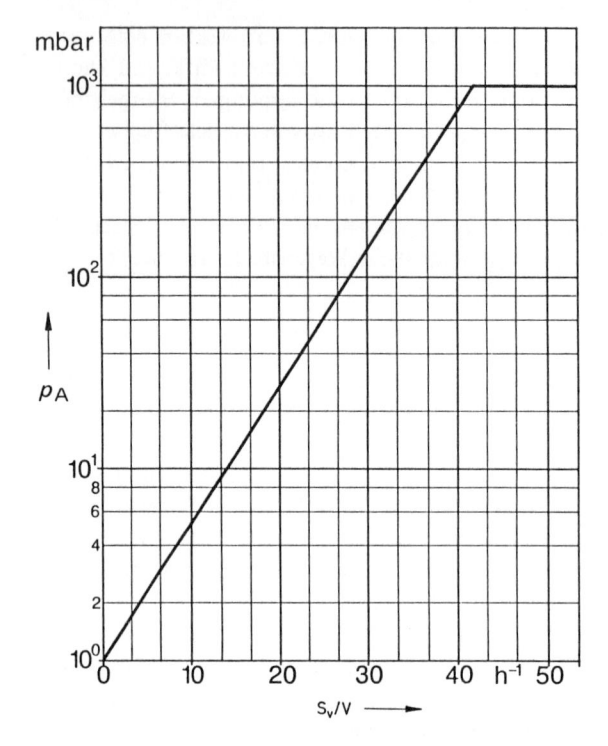

Bild 7.24

Bestimmung des Start-Ansaugdruckes p_A einer Turbomolekularpumpe beim Evakuieren größerer Behälter

S_v = wirksames Saugvermögen der Vorpumpe $(m^3 \cdot h^{-1})$

V = Behältervolumen (m^3)

Vorpumpe bei Atmosphärendruck gestartet werden, damit eine Ölrückströmung von der Vorpumpe in den Vakuumbehälter verhindert wird. Beim Evakuieren größerer Volumina ist ein verzögerter Start der Turbomolekularpumpe sinnvoll, wenn zum Vorpumpen ein relativ kleiner Vorpumpsatz verwendet wird.

Wenn das am Vorvakuumstutzen der Turbomolekularpumpe herrschende Saugvermögen S_v der Vorpumpe und das Behältervolumen V bekannt sind, läßt sich der Ansaugdruck p_A, bei dem die Turbomolekularpumpe zugeschaltet werden kann, grob wie folgt abschätzen (Bild 7.24):

$\dfrac{S_v}{V} \geqslant 40\,h^{-1}$:   Gleichzeitiger Start von TURBOVAC und Vorpumpe

$\dfrac{S_v}{V} \leqslant 40\,h^{-1}$: $p_A = e^{\left(\frac{S_v}{6V}\right)}$ mbar.

(S_v in $m^3 \cdot h^{-1}$, V in m^3)

7.6.4 Belüften

Turbomolekularpumpen sollten nach dem Abschalten belüftet werden, da sonst wegen der großen freien Weglänge der Moleküle im molekularen Strömungsbereich eine Rückdiffusion von Kohlenwasserstoffen von der Vorvakuumseite zum Hochvakuumteil der Pumpe stattfindet.

Durch Belüftung mit einem trockenen Flutgas auf einen Druck von mindestens 200 mbar wird dieser Effekt unterdrückt und eine Verunreinigung des Vakuumsystems vermieden. TURBOVAC-Pumpen können bei Nenndrehzahl belüftet werden und sind auf Grund ihrer speziellen Rotorgeometrie lufteinbruchsicher.

Sofern die Vakuumanlage nicht über den Behälter belüftet werden kann, ist es zweckmäßig, die Belüftung der Turbomolekularpumpe über eine spezielle Gaseinlaßöffnung vorzunehmen, die den Belüftungsstrom entweder an oder zwischen den untersten Turbinenstufen einläßt. Auf alle Fälle sollte vermieden werden, die Turbomolekularpumpe über die mit rückgeströmtem Vorpumpenöl belegte Vorvakuumleitung zu belüften. Ist die Pumpe mit einem Sperrgaseinlaß (s. Abschnitt 7.7) versehen, kann das Belüften auch über diesen erfolgen.

7.6.5 Ausheizen

Ein Ausheizen der Turbomolekularpumpe ist zum Erreichen von Arbeitsdrücken bis 10^{-6} mbar im allgemeinen nicht erforderlich. Um Drücke kleiner 10^{-8} mbar zu erreichen, muß die Turbomolekularpumpe ausgeheizt werden. Dabei ist wegen der Ausheiztemperatur auf die Angaben des Herstellers zu achten.

In der Regel ist jeder Pumpentyp mit einer speziellen Heizmanschette ausgestattet, die in der Nähe der Ansaugöffnung auf die Pumpe montiert wird und den Ansaugstutzen automatisch auf die zulässige Temperatur erwärmt. Gleichzeitig mit dem Ausheizen der Turbomolekularpumpe wird zweckmäßigerweise auch die Vakuumapparatur ausgeheizt. Die Ausheiztemperatur der Vakuumapparatur richtet sich nicht nach der Ausheiztemperatur der Turbomolekularpumpe und liegt je nach Dichtungssystem zwischen 120 °C und 350 °C. Die Ausheizdauer von Behälter und Turbomolekularpumpe richtet sich nach der Größe des Behälters, seinen Einbauten und nach dem angestrebten Enddruck. Wie in Abschnitt 7.5.3 gezeigt werden konnte, reicht die Zeit von etwa $t = 3\,\text{h}$ aus, um kleinere Behälter auf $p = 10^{-10}$ mbar zu evakuieren.

7.6.6 Betrieb in Magnetfeldern

Da Magnetfelder in dem drehenden, metallischen Pumpenrotor Wirbelströme induzieren, kommt es zu einer Erwärmung des Pumpenrotors. Turbomolekularpumpen können daher im Bereich eines Magnetfeldes nur betrieben werden, wenn die magnetische Kraftflußdichte gewisse Grenzwerte nicht überschreitet. Falls größere Magnetfelder im Pumpenbereich vorhanden sind, muß die Turbomolekularpumpe entsprechend abgeschirmt werden [17...19].

7.6.7 Wartung

Turbomolekularpumpen besitzen eine lange Lebensdauer. Die einzigen Verschleißteile sind die Kugellager, deren Lebensdauer etwa 20 000 h beträgt. Die Wartungshinweise des Herstellers sollten beachtet werden. Unter diese fällt das Wechseln des Schmiermittels (Öl), bzw. die Ergänzung des Fettvorrates in vorgeschriebenen Abständen und die Überwachung der Kühlwasserversorgung der Pumpe. Pumpen mit Spindellagerung bedürfen keiner Wartung, da sie eine Lebensdauerschmierung besitzen.

7.7 Anwendungen

Turbomolekularpumpen wurden ursprünglich (ab etwa 1956) vorzugsweise als Hoch- und Ultrahochvakuumpumpen eingesetzt, denn sie liefern ein praktisch kohlenwasserstofffreies Vakuum. Mit zunehmender Verbreitung und damit zunehmender Erfahrung beim

Tabelle 7.4 Anwendungen von Turbomolekularpumpen in Industrie und Forschung (s. auch [20])

Anwendungsgebiet	Arbeitsdruck (mbar)	Verfahren und Einsatz	Anforderungen
Analysentechnik	10^{-7}	Elektronenmikroskopie AUGER, SIMS, ESCA etc.	Vibrationsfreier Lauf; kohlenwasserstofffreies Restvakuum. Wartungsarm.
Schweißen	10^{-6}	Elektronenstrahlschweißen	Häufige Belüftung.
Halbleiter-Technologie	$10^{-2} \ldots 10^{-7}$	Zerstäuben, Ionenätzen, Aufdampfen	Pumpen aggressiver Gase; hohe Strömungsraten.
Optik; dünne Schichten	$10^{-3} \ldots 10^{-7}$	Aufdampfen, Zerstäuben, „Ionplating"	Häufige Belüftung; hohe Strömungsraten, Pumpen von Stäuben und Dämpfen.
Physikalische Forschung	10^{-10}	UHV	Ausheizen; kohlenwasserstofffreies Restvakuum.
Kernforschung	10^{-10}	Vakuumerzeugung in Teilchenbeschleunigern	Strahlungsbeständigkeit; Fernbedienung und Fernsteuerung.
Fusionsforschung	10^{-8}	Vorvakuumpumpsystem für Torus; HV-Pumpsystem für Diagnostik	Strahlungsbeständigkeit; Metalldichtungen; Pumpen von Tritium; Fernbedienung.
Weltraumtechnik	$<10^{-4}$	Variabel	Geringes Gewicht; Lageunabhängigkeit, geringer Leistungsbedarf.
Lecksuche und Ortung	10^{-8}	Massenspektrometrie	Häufige Belüftung; kurze Hochlaufzeit. (Einstellbare) Kompression für Helium.
Röhren- und Bildschirmfertigung	$10^{-6} \ldots 10^{-8}$	Pumpstraßen; Bedampfungen	Häufige Belüftung; Abpumpen von Dämpfen. Wartungsarm.

Betrieb dieser Pumpen hat sich gezeigt, daß Turbomolekularpumpen sinnvoll auch bei Arbeitsdrücken im Feinvakuum eingesetzt werden können (s. Tabelle 7.4), wobei vielfach auch abrasive und reaktive Medien (als Reaktionsprodukte) abzupumpen sind. Beispiele hierfür sind Plasmaätzprozesse, metallurgische Prozesse mit Staubanfall, das Bedampfen von Fernsehbildschirmen.

In solchen Fällen müssen vor allem die Kugellager und der Motorraum der Turbomolekularpumpe besonders geschützt werden. Hierzu kann mit Vorteil das sog. Sperrgasprinzip angewendet werden. Dabei wird über einen speziellen seitlichen Einlaßstutzen ein Schutzgas (z.B. trockener Stickstoff oder Argon) in den Motorraum geleitet, damit die nicht korrosionsfesten Bestandteile des Schmiermittels und der Kugellager gegen einen Angriff durch reaktive Gase geschützt sind. Außerdem wird durch das Schutzgas bei Prozessen, bei denen Metallstaub anfällt, das Eindringen von Staub in den Schmiermittelraum und somit ein Vermengen mit dem Schmiermittel verhindert.

An den seitlichen Einlaßstutzen wird ein Sperrgasventil angeschlossen, das sowohl zum Dosieren der einzulassenden Schutzgasmenge als auch zum Belüften der Turbomolekularpumpe (s. Abschnitt 7.6.4) dient. Das eingeleitete Schutzgas wird über den Vorvakuumstutzen der Pumpe von der dort angeschlossenen Pumpe angesaugt, so daß eine kontinuierliche Schutzgasströmung entsteht.

Wenn Turbomolekularpumpen in Kernfusionsanlagen eingesetzt werden, in denen das radioaktive und giftige Tritiumgas anfällt, müssen Metalldichtungen und Ölbehälter aus Edelstahl verwendet werden; Einrichtungen für fernsteuerbaren, automatischen Ölwechsel sind vorzusehen.

7.8 Literatur

[1] *Gaede, W.,* Ann. Physik (Leipzig), **41** (1913),, 337...380
[2] *Holweck, F.,* C. R. Acad. Science, Paris **177** (1923), 43
[3] *Siegbahn, M.,* Arch. Math. Astr. Fys. **30B** (1943)
 Friesen, S., Rev. Scient. Instr. **11** (1940), 362
[4] *Becker, W.,* Vakuum-Technik **7** (1958), 149...152. Vakuum-Technik **10** (1961), 199...204. Vakuum-Technik **15** (1966), 211...218 und 254...260. Vakuum **16** (1966(, 625...632. Le Vide **129** (1967), 152...156. Vakuum-Technik **17** (1968), 62...67
 Henning, J. Vakuum **21** (1971), 523
 Nesseldreher, W., Vakuum-Technik **20** (1971), 201
 Henning, J., Vakuum-Technik **23** (1974), 65
[5] *Hablanian, M. H.,* Adv. Vac. Science Techn. **1** (1960), 168
[6] *Finol, H. J.,* SM Thesis, Dept. of Mech. Eng., Mass. Inst. Technol., Cambridge, Mass. (1958)
 Kruger, Ch. H., SM Thesis, Dept. of Mech. Eng., Mass. Inst. Technol., Cambridge, Mass. (1960)
 Kruger, Ch. H. und *A. H. Shapiro,* 7th Nat. Symp. Vac. Technol. Transact. (1960), 6
 Kruger, Ch. H. und *A. H. Shapiro,* Rarefied Gas Dynamics, ed. *L. Talbot,* Academic Press (1961), 117
 Maulbetsch, J. S. und *A. H. Shapiro,* SM Thesis, Dept of Mech. Eng., Mass. Inst. Technol., Cambridge, Mass. (1963)
[7] *Zelbstein, U.,* Ing. et Techn. **215** (1967), 87
 Rubet, L., H. Garnier und *M. Rousseau,* Coll. Int. sur L'Ultravide, Paris (1967), 104
 Rubet, L., Le Vide **123** (1966), 227
 Garnier, H., Entropie **8** (1966), 65
[8] *Frank, R.,* J. Techn. Vide Transact. Suppl. Le Vide **157** (1972), 257
 Frank, R. und *K. Teutenberg,* Vuoto **5** (1972), 195
 Mirgel, K. H., J. Vac. Science and Techn. **9** (1972), 408
 Frank, R., W. Bächler und *E. Usselmann,* J. Techn. Vide Transact. Suppl. Le Vide **169** (1974), 229
 Frank, R., Electron Fisc. Appl. **17** (1974), 16; Vakuum-Technik **23** (1974), 109
 Frank, R., W. Bächler und *E. Usselmann,* Press 6th Int. Vaccuum Congr. (1974), Japan; J. Appl. Phys. Suppl. **2** (1974), 13
[9] *Frank, R.* und *E. Usselmann,* Vakuum-Technik **25** (1976), 141
[10] *Maurice, L.,* Proc. 6th Intern. Vacuum Congr. 1974, Japan, J. Appl. Phys. Suppl. **2**, 1 (1974), 21
[11] PNEUROP, Vakuumpumpen, Abnahmeregeln, Teil III. Maschinenbauverlag GmbH., 6 Frankfurt-Niederrad, Lyoner Straße 18, Bestell-Nr. 5608 (1973)
[12] *Henning, H. H.* und *H. P. Caspar,* Vakuum-Technik **31** (1982), 109...113
[13] *Henning, H. H.* und *G. Knorr,* Proc. 8. Intern. Vac.-Congr., Cannes 1980, Suppl. à la Revue „Le Vide et les couches minces", No. 201, 283 ff.
[14] *Osterstrom, A. E.,* J. Vac. Sci. Techn. A **1** (1973), No. 2, 224...227
[15] *Bernhardt, K. H.,* J. Vac. Sci. Techn. A **1** (1983), No. 2, 136...139
[16] *Chu, T. G.* und *Z. X. Hua,* J. Vac. Sci. Techn. **20** (1982), 4, 1101...1104
[17] *Bieger, W.* et al., Vakuum-Technik **28** (1979), 34...40
[18] *Becker, W.* und *J. Henning,* Vakuum-Technik **27** (1978), 6...8
[19] *Nishidé A.* et al., J. Vac. Sci. Techn. **20** (1982), 4, 1105...1108
[20] *Becker, W.* und *K. H. Bernhardt,* Proc. 9. Intern. Vakuum-Kongreß, Madrid, 1983, 212...216

8 Sorptionspumpen

Unter Sorptionspumpen versteht man Anordnungen, bei denen an geeigneten Oberflächen auftreffende Gasteilchen durch Sorption (vgl. Kapitel 3) gebunden werden. Dadurch wird der Gasdruck im Behälter vermindert. Sorptionspumpen wirken also als Gasfalle, ohne daß das Gas wie bei einer eigentlichen „Pumpe" durch die Pumpe gefördert wird. Sorptionspumpen finden vor allem dann Anwendung, wenn es darauf ankommt, jede Verunreinigung des Vakuums durch Fremdstoffe wie Treib-, Schmier- oder Dichtmitteldämpfe auszuschließen. Man setzt Sorptionspumpen im ganzen Vakuumdruckbereich ein, um kohlenwasserstofffreies Vakuum zu erzeugen, vor allem aber in der UHV-Technik. Nach ISO 3529/II [1] unterscheidet man (Tabelle 8.1) Adsorptionspumpen (8.1), Getterpumpen[1]) (8.2.5), Verdampferpumpen (8.2.5.2) und Ionengetterpumpen (8.2.6), bei denen wieder zwischen Ionenverdampferpumpen (8.2.6.1) und Ionenzerstäuberpumpen (8.3) unterschieden wird. Über Kryosorptionspumpen siehe Abschnitt 10.6.1.2.

Tabelle 8.1 Einteilung der Sorptionspumpen

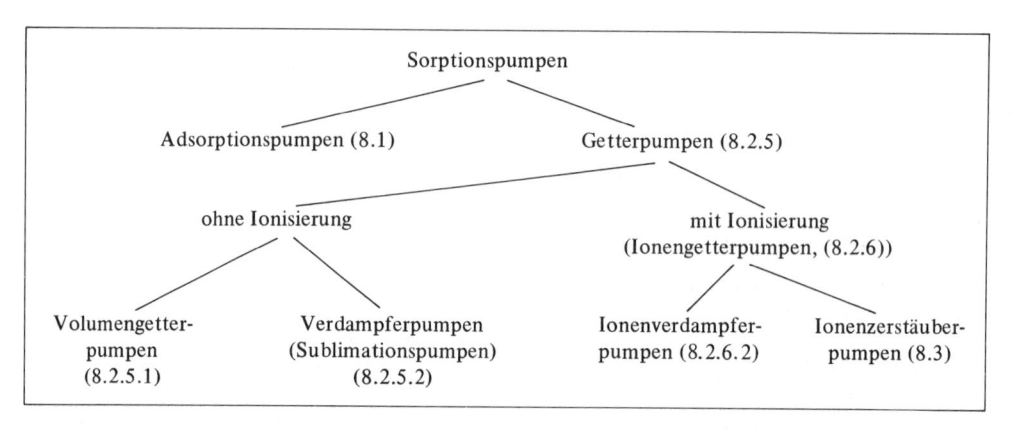

```
                           Sorptionspumpen
                          /               \
           Adsorptionspumpen (8.1)      Getterpumpen (8.2.5)
                                         /              \
                              ohne Ionisierung     mit Ionisierung
                                                   (Ionengetterpumpen, (8.2.6))
                              /           \              /              \
                   Volumengetter-    Verdampferpumpen   Ionenverdampfer-   Ionenzerstäuber-
                   pumpen            (Sublimationspumpen) pumpen (8.2.6.2)  pumpen (8.3)
                   (8.2.5.1)         (8.2.5.2)
```

Bei *Adsorptionspumpen* kommt die Pumpwirkung dadurch zustande, daß manche Feststoffe insbesondere bei tiefen Temperaturen erhebliche Gasmengen binden. Sie werden im Grob- und Feinvakuumbereich eingesetzt. Um z.B. das Vakuum kleiner abgeschlossener Systeme, wie etwa bei Verstärkerröhren, zu verbessern oder aufrecht zu erhalten, werden bestimmte Fremdstoffe als Getterstoffe im System mit eingeschlossen, die Gase und Dämpfe sorbieren. *Getterpumpen* werden benutzt, um großes Saugvermögen oder niedrige Drücke zu erzeugen, z.B. bei UHV-Verfahrensanlagen, Weltraumsimulationskammern und Oberflächenanalysengeräten. *Ionenpumpen,* in denen Gasteilchen ionisiert und unter Einfluß elektrischer Felder in Festkörperoberflächen eingeschossen (implantiert) werden, finden in der Praxis

---

[1]) Das Wort Getter kommt vom englischen „to get" = greifen, fassen.

keine Anwendung. Ihr Wirkungsprinzip wird aber in den *Ionengetterpumpen* und *Ionenzerstäuberpumpen* zusätzlich zum Gettereffekt benutzt, um auch Edelgase und andere schwer getterbare Gase abpumpen zu können.

Im einzelnen gelten nach DIN 28400, Teil 2 (entspr. ISO 3529/II) folgende Definitionen.

Adsorptionspumpe ist eine Sorptionspumpe, in der das Gas hauptsächlich durch physikalische Adsorption an einem Stoff mit großer wirklicher Oberfläche (z.B. an einem porösen Stoff) festgehalten wird.

Getterpumpe ist eine Sorptionspumpe, in der Gas durch ein Getter(material) festgehalten wird. Dies ist meist ein Metall oder eine Metall-Legierung entweder in Form von Vollmaterial oder einer frisch niedergeschlagenen dünnen Schicht.

Verdampferpumpe ist eine Sorptionspumpe, in der ein Gettermaterial im allgemeinen diskontinuierlich verdampft wird.

Ionengetterpumpe ist eine Sorptionspumpe, in der die Gasteilchen ionisiert und dann auf eine Oberfläche in der Pumpe transportiert werden, wo sie durch ein Getter festgehalten werden. Der Transport erfolgt mittels eines elektrischen Feldes, das mit einem magnetischen Feld kombiniert sein kann.

Ionenverdampferpumpe ist eine Ionengetterpumpe, in der die ionisierten Gasteilchen auf ein Getter transportiert werden, das entweder durch kontinuierliches oder diskontinuierliches Sublimieren oder Verdampfen erzeugt wird.

Ionenzerstäuberpumpe ist eine Ionengetterpumpe, in der die ionisierten Gasteilchen auf ein Getter transportiert werden, das durch kontinuierliche Kathodenzerstäubung erzeugt wird.

8.1 Adsorptionspumpen

8.1.1 Wirkungsweise

Manche porösen Stoffe, hauptsächlich Aktivkohle und Zeolithe, besitzen eine sehr große spezifische (d.h. auf die Masse m der porösen Festkörpersubstanz bezogene) Oberfläche der Größenordnung $A_m = A/m \approx 10^6 \; \text{m}^2 \cdot \text{kg}^{-1}$. Daher ist die Gasaufnahmefähigkeit solcher Stoffe durch Adsorption (Abschnitt 3.2 und 3.3) an dieser „inneren" Oberfläche beträchtlich. Nach Beispiel 3.1 ist bei monoatomarer Bedeckung einer Oberfläche durch Adteilchen die flächenbezogene Teilchenanzahldichte $\tilde{n}_{\text{mono}} \approx 10^{19} \; \text{m}^{-2}$, d.h., daß auf einem Quadratmeter 10^{19} Teilchen eng gepackt sitzen. Dem entspricht eine flächenbezogene adsorbierte Stoffmenge $\tilde{\nu}_{\text{mono}} = \tilde{n}_{\text{mono}}/N_A \approx 10^{19} \; \text{m}^{-2}/6 \cdot 10^{23} \; \text{mol}^{-1} \approx 1{,}6 \cdot 10^{-5} \; \text{mol} \cdot \text{m}^{-2}$ (N_A ist die Avogadro-Konstante). Mit der Zustandsgleichung (2.31.6) $pV = NkT$ erhält man die flächenbezogene adsorbierte (pV)-Menge

$$\tilde{b} = \frac{(pV)}{A} = \frac{N}{A} kT = \tilde{n} kT \tag{8.1}$$

und daraus durch Multiplikation mit der spezifischen Oberfläche A_m des Adsorbens die massenbezogene adsorbierte (pV)-Menge

$$\tilde{\mu} = \frac{(pV)}{A} \cdot \frac{A}{m} = \tilde{n} \, kT A_m . \tag{8.2}$$

Die Gln. (8.1) und (8.2) zeigen, daß in der Angabe von (pV)-Mengen die Angabe der Temperatur, bei der die (pV)-Mengen gemessen wird, notwendig ist. Daher ist es zweckmäßig und im allgemeinen sogar notwendig, die (pV)-Mengen-Angaben immer auf die Normtemperatur $T_n = 273{,}15 \; \text{K}$ ($\vartheta = 0 \; °\text{C}$) zu beziehen, weil sie dann eindeutig sind (siehe z.B. die Ad-

8 Sorptionspumpen

sorptionsisothermen Bild 8.3). Allerdings ist oft der Reduktionsfaktor von Zimmertemperatur auf Normtemperatur 293/273 = 1,07 bzw. das Reziproke 0,93 bedeutungslos, weil die Größen p und V, vor allem p, mit einer Meßunsicherheit größer als 7 % behaftet sind. Die Gln. (8.1) und (8.2) lauten dann

$$\tilde{b}_n = \frac{(pV)_n}{A} = \tilde{n} \cdot kT_n \tag{8.3}$$

und

$$\tilde{\mu}_n = \frac{(pV)_n}{m} = \tilde{n} \cdot kT_n \cdot A_m. \tag{8.4}$$

Mit $\tilde{n}_{mono} \approx 10^{19}$ m^{-2} und $A_m = 10^6$ m$^2 \cdot$ kg^{-1} erhält man die Werte

$$\tilde{b}_{n,mono} \approx 0{,}38 \text{ mbar} \cdot \ell \cdot \text{m}^{-2} \tag{8.3a}$$

$$\tilde{\mu}_{n,mono} \approx 3{,}8 \cdot 10^5 \text{ mbar} \cdot \ell \cdot \text{kg}^{-1}. \tag{8.4a}$$

Bild 8.1
Schema einer Adsorptionspumpe. 1 Pumpengefäß aus Edelstahl, 2 Anschlußflansch („Saugstutzen"), 3 Sicherheitsstopfen, 4 Kühlmitteleingang, 5 Kühlmittelausgang, 6 Kühlschlange, 7 Siebrohr, 8 Adsorptionsmittel (z. B. Zeolith), 9 Kühlmittelbehälter. Die Pfeile zeigen den durch Adsorption gepumpten Gasstrom an.

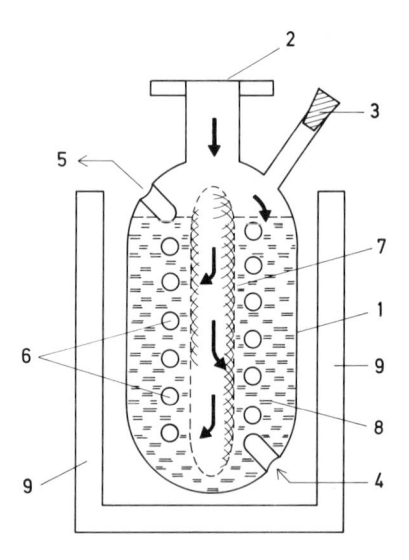

Bei tiefen Temperaturen ist die Wahrscheinlichkeit, daß ein auf der Oberfläche gebundenes Gasatom wieder in den Gasraum hinein desorbiert, kleiner als bei hohen Temperaturen. Die Gasaufnahmefähigkeit ist deshalb bei tiefen Temperaturen höher als bei hohen Temperaturen. Bringt man den mit dem Rezipientenvolumen in Verbindung stehenden Adsorptionsfestkörper auf tiefe Temperatur, so bindet er deshalb mehr Gas als bei Normaltemperatur. Da dieses zusätzlich gebundene Gas aus dem Rezipienten verschwindet, sinkt der Druck im Rezipienten. Das ist die Wirkung einer Adsorptionspumpe. Nach Beendigung des Adsorptionsvorganges wird ein Ventil zwischen Adsorptionspumpe und Rezipient geschlossen. Beim Erwärmen des Adsorbens (in der Regel genügt Erwärmung bis Zimmertemperatur) entweicht das vorher bei tiefer Temperatur gebundene Gas über ein Entlüftungsventil (Sicherheitsventil 3 in Bild 8.1).

Wurde so wenig Gas gebunden, daß man noch weit von der Sättigung entfernt ist, so kann die Pumpe direkt weiter benutzt werden, um den Rezipienten nach Fluten ein zweites Mal auszupumpen. Vor der Belüftung wird das Ventil zur Pumpe geschlossen und zum zweiten Abpumpen wieder geöffnet. Der sich einstellende Enddruck ist allerdings höher als beim ersten Pump- bzw. Adsorptionsvorgang.

8.1.2 Aufbau

Eine Adsorptionspumpe (Bild 8.1) besteht im wesentlichen aus einem vakuumdichten Behälter, der mit Adsorptionsmittel (Adsorbens) gefüllt ist. Durch einen Flansch wird er mit der Vakuumapparatur verbunden. In die Verbindungsleitung wird ein Absperrventil eingebaut. Im allgemeinen wird in käuflichen Adsorptionspumpen nur synthetisch hergestelltes Zeolith verwendet. Zeolithe sind M-Aluminiumsilikate, wobei M Natrium, Calcium oder Lithium bedeuten kann. Sie werden in großen Mengen synthetisch hergestellt und dienen als Molekularsiebe zur Trennung von Stoffgemischen, wobei man die unterschiedliche Adsorption für die Bestandteile der Gemische benutzt. Bild 8.2 zeigt das Strukturmodell eines Zeolithkristalls mit den Käfigen und Poren für die Gasadsorption. *Die Benutzung von Aktivkohle ist gefährlich, weil sie bei plötzlichem Lufteinbruch durch die freiwerdende Adsorptionswärme partiell so stark aufgeheizt werden kann, daß sie mit dem Luftsauerstoff explosionsartig reagiert.* Besonders bei den früher verwendeten Glasapparaturen war die Gefahr sehr groß. Aber auch bei modernen Metallapparaturen muß man mit einem Lufteinbruch z.B. durch Falschbedienung von Ventilen rechnen.

Zum Abkühlen des Adsorbens wird der Behälter in ein Dewargefäß mit Flüssigstickstoff getaucht. Wenn nach dem Auspumpen und Schließen des Ventils das Adsorbens nicht weiter gekühlt wird, muß das freiwerdende Gas durch ein automatisches Entlüftungsventil entweichen können. In seiner einfachsten Ausführung besteht dieses aus einem Gummistopfen in einem Rohr (Bild 8.1).

Bild 8.2
Modell der Molekularsiebstruktur des x-Typs [2].

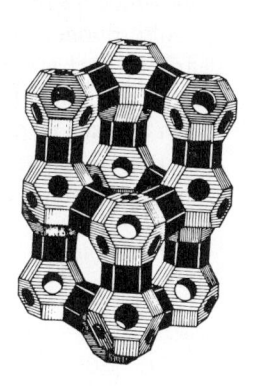

Beispiel 8.1: Ein Behälter vom Volumen V_1 = 30 ℓ wird von Atmosphärendruck p_1 = 1 bar auf einen Druck p_2 = 10 mbar ausgepumpt. Die Adsorptionspumpe hat ein Eigenvolumen V_2 = 1 ℓ. Das Adsorbens nimmt davon etwa die Hälfte ein, so daß nach Wiedererwärmen auf Raumtemperatur wegen Gl. (2.19) pV = const. das ursprünglich im Behälter vorhandene Gas in der Adsorptionspumpe unter dem Druck

$$p_2 = p_1 \frac{V_1}{V_2/2} = 60 \text{ bar}$$

steht.

Im Prinzip ist die Adsorptionspumpe so bereits einsatzbereit. Will man jedoch das Adsorbens optimal ausnutzen, sind einige technische Verbesserungen nötig. Zum schnellen Abkühlen und Abführen der freiwerdenden Adsorptionswärme während des Pumpvorgangs muß das Adsorbens überall gleichmäßig gut gekühlt werden [3]. Wegen des geringen Wärmeleitvermögens üblicher Adsorptionsmittel wird dazu im Pumpenkörper ein System von Kühlrohren oder -blechen angeordnet, die die Wärmetransportwege verkürzen. Weiter muß man für gleichmäßige Verteilung der Gasbeladung auf das ganze Adsorbens sorgen [4]. Dazu

8 Sorptionspumpen

dienen Strömungskanäle aus Drahtnetz, die die Fläche der unmittelbaren Berührung zwischen Gas und Adsorbens vergrößern und die Strömungswege durch das dichtgepackte Adsorbens verkürzen (Bild 8.1).

Zum Regenerieren des Adsorbens dient eine Heizvorrichtung, z.B. eine elektrisch beheizte Manschette, die außen um den Pumpenkörper gespannt wird und das Adsorbens auf $\vartheta = 250 \ldots 350\ °C$ erwärmt.

8.1.3 Endvakuum und Saugvermögen

8.1.3.1 Endvakuum mit einer Adsorptionspumpe

Adsorptionsisothermen eines Molekularsiebes für Stickstoff und Neon zeigt Bild 8.3. Die Adsorptionsisothermen für andere Gase wie Sauerstoff, CO oder auch Argon, sind ähnlich den Stickstoffisothermen. Die leichten Edelgase Helium und Neon werden wesentlich schlechter, Wasserstoff wird nicht adsorbiert. Wie man durch Vergleich von Bild 8.3 mit Bild 3.3 feststellt, gehorcht die Adsorption etwa einer Langmuir-Adsorptionsisotherme (Abschnitt 3.2.3). Man kann die Adsorptionsisothermen vereinfacht durch die in Bild 8.3 gestrichelten Kurven beschreiben. Diese vereinfachten Adsorptionsisothermen liefern eine mehr oder weniger grobe Näherung. Sie beschreiben den Adsorptionsverlauf aber im großen und ganzen richtig. Die nachfolgenden Rechnungen werden durch sie stark vereinfacht, wobei allerdings die berechneten Drücke im Bereich $p > 10^{-3}$ mbar im allgemeinen etwas größer sind als die wirklich erreichten Drücke. Im Bereich $p < 10^{-3}$ mbar beschreiben auch die vereinfachten Adsorptionsisothermen den Adsorptionsverlauf oft nicht mehr richtig, da bei diesen niedrigen Drücken schon kleinste Verunreinigungen stören. Für hochgereinigte Adsorbentien scheinen die vereinfachten Adsorptionsisothermen den Adsorptionsverlauf auch bei niedrigeren Drücken im großen und ganzen richtig wiederzugeben.

Die in Bild 8.3 gestrichelt eingezeichneten vereinfachten Adsorptionsisothermen (vgl. dazu Abschnitt 3.2) lassen sich im ansteigenden Ast in der Form

$$\tilde{\mu}_n = \tilde{\mu}_{n,\text{mono}} \cdot C_\mu \cdot p = A^* p \tag{8.5}$$

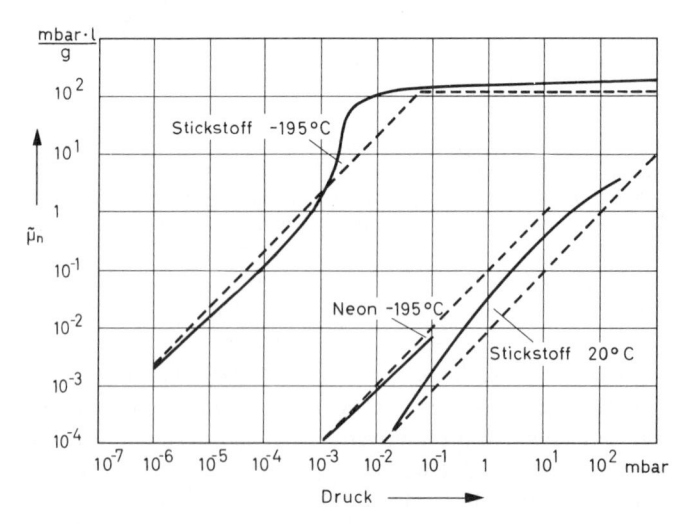

Bild 8.3 Adsorptionsisothermen des Molekularsiebs 5A für Stickstoff und Neon [5]. $\tilde{\mu}_n = (pV)_n/m =$ = massenbezogene adsorbierte (pV)-Menge, reduziert auf Normtemperatur $T_n = 273{,}15$ K.

und im horizontalen Ast in der Form

$$\tilde{\mu}_n = \tilde{\mu}_{n,\text{mono}} \tag{8.6}$$

darstellen, wenn wieder $\tilde{\mu}_n$ die massenbezogene adsorbierte pV-Menge bei Normtemperatur $T_n = 273{,}15$ K darstellt (Gl. (8.3)). Aus Bild 8.3 liest man die speziellen Werte ab:

für *Stickstoff* bei $\vartheta = -195\,°C$ ($T = 78$ K)
  im Bereich $p < 7 \cdot 10^{-2}$ mbar: $A^*_{78} = 2 \cdot 10^6 \,\ell \cdot \text{kg}^{-1}$
  im Bereich $p > 7 \cdot 10^{-2}$ mbar: $\tilde{\mu}_{n,\text{mono}} = 1{,}4 \cdot 10^5 \text{ mbar} \cdot \ell \cdot \text{kg}^{-1}$, \hfill (8.7)

für *Stickstoff* bei $\vartheta = 20\,°C$ ($T = 293$ K):
  $A^*_{293} = 10 \,\ell \cdot \text{kg}^{-1}$,

für *Neon* bei $\vartheta = -195\,°C$ ($T = 78$ K):
  $A^*_{78} = 10^2 \,\ell \cdot \text{kg}^{-1}$.

Beträgt die in der Adsorptionspumpe enthaltene Masse des Adsorptionsmittels m, sind das Volumen von Rezipient und Adsorptionspumpe V, der Anfangsdruck des Gases (Stickstoff) p_1 und seine Temperatur und die Temperatur des Adsorbens T_1, so ist die im System enthaltene gesamte (auf Normtemperatur $T_n = 273{,}15$ K reduzierte, vgl. Abschnitt 8.1.1) $(pV)_n$-Menge gleich

$$(pV)_n = p_1 V \frac{T_n}{T_1} + m \cdot A^*_{T_1} p_1. \tag{8.8}$$

Da kein Gas verschwindet, muß sie auch nach der Abkühlung des Adsorbens auf die Temperatur T_2, wobei wegen der Adsorption der Druck auf p_2 erniedrigt wird, die Temperatur des Gases im Rezipienten auf $T'_1 < T_1$ sinkt, gleich bleiben, so daß

$$p_1 V \frac{T_n}{T_1} + m A^*_{T_1} p_1 = p_2 V \frac{T_n}{T'_1} + m A^*_{T_2} p_2 \tag{8.9}$$

ist. Da der Fehler, der entsteht, wenn man $T'_1 = T_1$ setzt, nicht sehr ins Gewicht fällt, folgt aus Gl. (8.0) für den Enddruck mit $V_0 \stackrel{\text{def}}{=} V T_n / T_1$

$$p_2 = p_1 \frac{V_0 + m A^*_{T_1}}{V_0 + m A^*_{T_2}}$$

$$= p_1 \frac{\frac{V_0}{m} + A^*_{T_1}}{\frac{V_0}{m} + A^*_{T_2}} \approx p_1 \frac{\frac{V_0}{m} + A^*_{T_1}}{A^*_{T_2}} \tag{8.10}$$

weil in den meisten Fällen $A^*_{T_2} \gg V T_n / m T_1 = V_0 / m$.

Gl. (8.10) gilt nur so lange, wie die Adsorptionsisotherme durch Gl. (8.5) darstellbar, im Falle von Stickstoff bei der Adsorbenstemperatur $T = 78$ K also für $p_2 < 7 \cdot 10^{-2}$ mbar. Im Bereich der Sättigung (Monobelegung) gilt Gl. (8.6) und anstelle Gl. (8.10) tritt

$$p_2 = p_1 \frac{V_0 + m \left(A^*_{T_1} - \dfrac{\tilde{\mu}_{n,\text{mono}}}{p_1} \right)}{V_0} = p_1 \frac{\dfrac{V_0}{m} + A^*_{T_1} - \dfrac{\tilde{\mu}_{n,\text{mono}}}{p_1}}{\dfrac{V_0}{m}} \tag{8.11}$$

8 Sorptionspumpen

Wird die Adsorptionspumpe mehrmals hintereinander ohne Zwischenerwärmung, d.h. ohne Desorption des bereits adsorbierten Gases, benutzt, so muß beim zweiten usw. Pumpvorgang die beim ersten usw. Pumpvorgang adsorbierte Gasmenge in Rechnung gestellt werden. Ist $(p_2)_1$ der beim ersten Pumpvorgang erreichte Enddruck, so gilt für den zweiten Pumpvorgang mit dem Enddruck $(p_2)_2$ bei den gleichen Ausgangsbedingungen im Rezipienten die Bilanzgleichung

$$p_1 V_0 + m A^*_{T_2}(p_2)_1 = (p_2)_2 V_0 + m A^*_{T_2}(p_2)_2 \tag{8.12}$$

woraus für den Enddruck nach dem zweiten Pumpvorgang

$$(p_2)_2 = \frac{p_1 V_0 + m A^*_{T_2}(p_2)_1}{V_0 + m A^*_{T_2}}$$

$$= p_1 \frac{\frac{V_0}{m} + A^*_{T_2} \frac{(p_2)_1}{p_1}}{\frac{V_0}{m} + A^*_{T_2}} \approx p_1 \frac{2\frac{V_0}{m} + A^*_{T_1}}{A^*_{T_2}} \tag{8.13}$$

folgt, solange $(p_2)_2$ kleiner als der „Sättigungsdruck" ist.

Unter der Voraussetzung der Gültigkeit der Näherung $A^*_{T_2} \gg V T_n / m T_1 = V_0/m$ erhält man für n-fache Wiederholung des Pumpvorgangs

$$(p_2)_n = p_1 \cdot \frac{n\frac{V_0}{m} + A^*_{T_1}}{A^*_{T_2}} \tag{8.14}$$

Beispiel 8.2: In vielen Fällen werden in der Praxis 50 Gramm Adsorbens je Liter Rezipientenvolumen verwendet, d.h. unter Vernachlässigung des Pumpvolumens $V/m = 20\,\ell \cdot kg^{-1}$ und $(V/m)(T_n/T_1)$ = $18{,}6\,\ell \cdot kg^{-1}$ bei $\vartheta = 20\,°C$. Beim Anfangsdruck $p_1 = 1$ bar wird dann für Stickstoff nach Gl. (8.10) und mit den Werten aus (8.7)

$$p_2 = 1\ \text{bar} \cdot \frac{18{,}6\,\ell \cdot kg^{-1} + 10\,\ell \cdot kg^{-1}}{18{,}6\,\ell \cdot kg^{-1} + 2 \cdot 10^6\,\ell \cdot kg^{-1}} = 1{,}43 \cdot 10^{-2}\ \text{mbar}.$$

Dieser Wert ist kleiner als $7 \cdot 10^{-2}$ mbar, so daß die Anwendung von Gl. (8.10) nachträglich ihre Rechtfertigung findet.

Beispiel 8.3: Wird mit der geschilderten Adsorptionspumpe unter den gleichen Anfangsbedingungen ohne Zwischenerwärmung ein zweiter Pumpvorgang durchgeführt, so ergibt sich nach Gl. (8.13) der Enddruck

$$(p_2)_2 = 1\ \text{bar} \frac{18{,}6\,\ell \cdot kg^{-1} + 2 \cdot 10^6\,\ell \cdot kg^{-1}\ \dfrac{1{,}43 \cdot 10^{-2}\ \text{mbar}}{1\ \text{bar}}}{18{,}6\,\ell \cdot kg^{-1} + 2 \cdot 10^6\,\ell \cdot kg^{-1}} = 2{,}36 \cdot 10^{-2}\ \text{mbar},$$

was wiederum kleiner als $7 \cdot 10^{-2}$ mbar ist.

Beispiel 8.4: Ist $V/m = 200\,\ell \cdot kg^{-1}$ (5 Gramm Adsorbens je Liter Rezipient), so wird unter den gleichen Anfangsbedingungen wie in Beispiel 8.2 nach Gl. (8.11) und dem Wert für $\tilde{\mu}_{n,mono}$ nach (8.7), nach Gl. (8.10)

$$p_2 = 1\ \text{bar} \frac{186\,\ell \cdot kg^{-1} + 10\,\ell \cdot kg^{-1}}{186\,\ell \cdot kg^{-1} + 2 \cdot 10^6\,\ell \cdot kg^{-1}} = 9{,}8 \cdot 10^{-2}\ \text{mbar}.$$

Dieser Wert überschreitet den Gültigkeitsgrenzwert $7 \cdot 10^{-2}$ mbar für Gl. (8.10), so daß mit Gl. (8.11) und dem Wert $\widetilde{\mu}_{n,mono} = 1{,}4 \cdot 10^5$ mbar ℓ kg^{-1} nach (8.7) gerechnet werden muß. Damit ergibt sich

$$p_2 = 1 \text{ bar } \frac{186 \, \ell \cdot kg^{-1} + 10 \, \ell \cdot kg^{-1} - \dfrac{1{,}4 \cdot 10^5 \, \text{mbar} \cdot \ell \cdot kg^{-1}}{1 \, \text{bar}}}{186 \, \ell \cdot kg^{-1}} = 300 \text{ mbar}.$$

8.1.3.2 Endvakuum mit zwei oder mehr Adsorptionspumpen

Zur Erniedrigung des Enddrucks kann man nach Gl. (8.10) bis (8.14) die Masse des Adsorbens vergrößern, z.B. dadurch, daß man zwei Adsorptionspumpen verwendet (Bild 8.4).

A Werden die beiden Pumpen P_1 und P_2 parallel betrieben, so ist der Enddruck nur wenig niedriger.

Beispiel 8.5: Ist bei einer Adsorptionspumpe $V/m = 20 \, \ell \text{kg}^{-1}$, so wird bei gleichzeitiger Kühlung von zwei gleichen Adsorptionspumpen $V/m = 10 \, \ell \text{kg}^{-1}$, also nach Gl. (8.10)

$$p_2 = 1 \text{ bar } \frac{9{,}3 \, \ell \cdot kg^{-1} + 10 \, \ell \cdot kg^{-1}}{2 \cdot 10^6 \, \ell \cdot kg^{-1}} = 9{,}7 \cdot 10^{-3} \text{ mbar},$$

während im Beispiel 8.2 mit nur einer Pumpe $1{,}43 \cdot 10^{-2}$ mbar erreicht wurde.

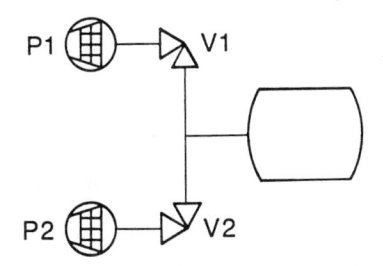

Bild 8.4
Evakuieren mit zwei Adsorptionspumpen.

B Die beiden Adsorptionspumpen P_1 und P_2 werden nacheinander eingesetzt. Beide werden gekühlt, aber nur das Ventil V_1 geöffnet. Sobald der Druck im Rezipienten nicht weiter abnimmt, wird V_1 geschlossen und V_2 geöffnet.
Da beim Einkühlen von P_2 bei $p_1 = 100$ mbar aus dem Pumpeninnern und den Toträumen bis zum Absperrventil eine beachtliche Gasmenge adsorbiert würde, ist die Druckerniedrigung im zweiten Schritt nur gering. Nach Gl. (8.9) erhält man für P_2 mit dem Ausgangsdruck p_2 und dem Enddruck p_3 die Bilanz

$$p_2 \cdot V_0 + m \cdot A^*_{T_1} p_1 = p_3 V_0 + m A^*_{T_2} p_3$$

und daraus

$$p_3 = p_2 \frac{\dfrac{V_0}{m} + A^*_{T_1} \cdot \dfrac{p_1}{p_2}}{\dfrac{V_0}{m} + A^*_{T_2}} = p_1 \frac{\dfrac{V_0}{m} \cdot \dfrac{p_2}{p_1} + A^*_{T_1}}{\dfrac{V_0}{m} + A^*_{T_2}}. \qquad (8.14\text{a})$$

Der Vergleich mit Gl. (8.10) zeigt, daß p_3 nur wenig niedriger liegt als p_2.

C Beide Ventile V_1 und V_2 sind offen. Zunächst wird nur Adsorptionspumpe P_1 gekühlt. Wenn der Druck nicht weiter abfällt, wird das Ventil V_1 geschlossen und Adsorptionspumpe P_2 gekühlt. Da hier die Pumpe 2 zunächst von Pumpe 1 evakuiert wird, werden mit dieser Methode wesentlich geringere Enddrücke erreicht.

Der Einfachheit halber sei im folgenden angenommen, daß die Totvolumina der Adsorptionspumpen und ihrer Zuleitungen klein gegen das Rezipientenvolumen sind. Ist m_1 bzw. m_2 die Masse des Adsorbens in Adsorptionspumpe 1 bzw 2 und p_1 der Ausgangsdruck und p_2 der Enddruck nach Kühlung von P_1 so lautet die Bilanzgleichung für die Kühlung von P_1:

$$p_1(V_0 + m_1 A^*_{T_1} + m_2 A^*_{T_1}) = p_2(V_0 + m_1 A^*_{T_2} + m_2 A^*_{T_1})^{1)}, \qquad (8.15)$$

woraus sich der Enddruck

$$p_2 = p_1 \cdot \frac{V_0 + (m_1 + m_2)A^*_{T_1}}{V_0 + m_1 A^*_{T_2} + m_2 A^*_{T_1}} \qquad (8.16)$$

ergibt.

Wird nun die Pumpe 1 abgetrennt und die Pumpe 2 gekühlt, so sinkt der Druck im Rezipienten auf p_3. Es gilt die zu Gl. (8.9) analoge Bilanzgleichung

$$p_2(V_0 + m_2 A^*_{T_1}) = p_3(V_0 + m_2 A^*_{T_2}) \qquad (8.17)$$

und der erreichbare Enddruck wird analog zu Gl. (8.10)

$$p_3 = p_2 \frac{\frac{V_0}{m_2} + A^*_{T_1}}{\frac{V_0}{m_2} + A^*_{T_2}}. \qquad (8.18)$$

Beispiel 8.6: Wir betrachten der Einfachheit halber zwei gleiche Adsorptionspumpen mit $V/m_1 = V/m_2$ = 20 $\ell \cdot kg^{-1}$ und $p_1 = 1$ bar, $\vartheta_1 = 20$ °C. Dann wird nach Gl. (8.16) der Enddruck nach Kühlung von Adsorptionspumpe 1

$$p_2 = 1 \text{ bar} \frac{18{,}6 \; \ell \cdot kg^{-1} + 2 \cdot 10 \; \ell \cdot kg^{-1}}{18{,}6 \; \ell \cdot kg^{-1} + 10 \; \ell \cdot kg^{-1} + 2 \cdot 10^6 \; \ell \cdot kg^{-1}} = 1{,}93 \cdot 10^{-2} \text{ mbar}$$

Wird nunmehr Adsorptionspumpe 1 abgetrennt und Adsorptionspumpe 2 gekühlt, so ist der sich dann rechnerisch einstellende Enddruck nach Gl. (8.18)

$$p_3 = 1{,}93 \cdot 10^{-2} \text{ mbar} \frac{18{,}6 \; \ell \cdot kg^{-1} + 10 \; \ell \cdot kg^{-1}}{2 \cdot 10^6 \; \ell \cdot kg^{-1}} = 2{,}8 \cdot 10^{-7} \text{ mbar}$$

Leider gelingt es in der Regel nicht, einen Rezipienten, der mit atmosphärischer Luft gefüllt ist, mit zwei Adsorptionspumpen so weit zu evakuieren. Der Grund liegt vor allem im Neon- und Heliumgehalt der atmosphärischen Luft, deren Partialdrücke in der Atmosphäre etwa $1{,}9 \cdot 10^{-2}$ mbar bzw. $5{,}3 \cdot 10^{-3}$ mbar betragen, zum anderen machen sich bei sehr niedrigen Drücken auch kleinste Verunreinigungen des Adsorbens bemerkbar.

Beispiel 8.7: Nimmt man an, daß Neon unabhängig von den anderen Gasen adsorbiert wird – was sicher nicht richtig ist, aber zu einer Abschätzung führen kann – so ist, da die bei Zimmertemperatur adsorbierte Neonmenge vernachlässigt werden kann, $A^*_{293} = 0$. Alsdann wird durch Kühlung der Adsorptionspumpe 1 nach Gl. (8.16) in Verbindung mit dem Wert $A^*_{78} = 10^2 \; \ell \cdot kg^{-1}$ von (8.7) zunächst der Ne-Druck

$$p_2 = 1{,}9 \cdot 10^{-2} \text{ mbar} \frac{18{,}6 \; \ell \cdot kg^{-1} + 0}{18{,}6 \; \ell \cdot kg^{-1} + 10^2 \; \ell \cdot kg^{-1}} = 3{,}0 \cdot 10^{-3} \text{ mbar}$$

$^{1})$ $V_0 \stackrel{\text{def}}{=} V \frac{T_n}{T_1}$ (s. S. 253).

erreicht; nach Kühlen von Adsorptionspumpe 2 wird der Enddruck des Neons

$$p = 3 \cdot 10^{-3} \text{ mbar} \frac{18{,}6 \text{ } \ell \cdot \text{kg}^{-1}}{18{,}6 \text{ } \ell \cdot \text{kg}^{-1} + 10^2 \text{ } \ell \cdot \text{kg}^{-1}} = 4{,}7 \cdot 10^{-4} \text{ mbar}.$$

Dieser Wert ist sicher zu klein, so daß also das praktisch nicht adsorbierte Helium zusammen mit dem Neon einen Restdruck der Größenordnung 10^{-2} mbar ergeben wird.

D Die beiden Pumpen P_1 und P_2 wurden bei geschlossenen Ventilen V_1 und V_2 gleichzeitig abgekühlt. Hierauf wird V_1 geöffnet.
Dabei wird mit dem aus dem Rezipienten in P_1 fließenden Luftstrom auch das in der Luft enthaltene Neon und Helium in die Pumpe P_1 transportiert.
Wartet man, wie im Fall B, bis P_1 das Endvakuum erreicht, so diffundiert der größte Teil der in die Pumpe transportierten und dort *nicht* sorbierten Edelgase in den Rezipienten zurück. Deshalb ist es günstig, V_1 schon bei etwas höherem Druck zu schließen und V_2 zu öffnen.
Den günstigsten Umschaltdruck kann man abschätzen:
Es sei das Verhältnis

$$\frac{\text{Rezipientenvolumen}}{\text{Volumen der Adsorptionspumpe}} = \frac{100 \text{ } \ell}{2 \text{ } \ell} = 50 .$$

Der Partialdruck von Neon und Helium zusammen in Luft bei Atmosphärendruck beträgt etwa $2{,}3 \cdot 10^{-2}$ mbar. Bei der angenommenen Kompression um den Faktor 50 erhöht er sich in der Pumpe auf 1,15 mbar. Die Rückdiffusion wird praktisch verhindert, solange der Rezipientendruck fünfmal größer als der Pumpendruck ist. Die Umschaltung erfolgt daher zweckmäßig beim Rezipientendruck von etwa 6 mbar.
Gegenüber dem unter C beschriebenen Verfahren hat dieses Verfahren übrigens den Vorteil, weniger Zeit zu beanspruchen. Insbesondere Zeolith-Adsorptionspumpen benötigen nämlich bei den meisten technischen Ausführungen eine Abkühlzeit von wenigstens 10 min, bevor sie wirksam werden.

8.1.3.3 Verbesserung des Endvakuums durch Vorevakuieren oder Füllen mit einem Fremdgas

Das Hintereinanderschalten mehrerer Adsorptionspumpen bringt wegen des Edelgasgehalts der Luft bald keinen wesentlichen Vorteil mehr. Deshalb ist es zum Erreichen eines sehr niedrigen Drucks günstiger, den Rezipienten und die Adsorptionspumpe (bzw. die Adsorptionspumpen) zunächst z.B. mit einer Vorpumpe möglichst weit zu evakuieren. Wird der Totaldruck z.B. auf 10^{-1} mbar gesenkt, so sinkt der Neonpartialdruck im Rezipienten auf etwa $2 \cdot 10^{-6}$ mbar.

Verwendet man bei einem vorevakuierten Rezipienten zwei Adsorptionspumpen, so erreicht man in der Praxis Enddrücke in der Größenordnung von 10^{-5} mbar. Wird das Adsorbens während des Vorpumpens zur besseren **Reinigung** auf etwa 450 °C erhitzt, so können mit einer zweistufigen Adsorptionspumpe Drücke von 10^{-9} mbar erreicht werden [6].

Ein anderer Weg, den Edelgaspartialdruck im Rezipienten zu reduzieren, ist, den Rezipienten mit einem gut adsorbierbaren Gas (z.B. Stickstoff) zu spülen bzw. zu füllen. Zum Erreichen sehr niedriger Drücke ist es auch hierbei nötig, das Adsorbens gut zu reinigen [6].

8.1.3.4 Endvakuum bei Berücksichtigung der Wanddesorption

Bei den bisherigen Betrachtungen wurde nur das im Volumen V enthaltene Gas berücksichtigt. Nun ist aber bekannt, daß auch an den Wänden Gas adsorbiert bzw. okkludiert sein kann. Handelt es sich um eine adsorbierte Monoschicht, so ist nach Gl. (8.3a) die flächenbezogene $(pV)_n$-Menge $\tilde{b}_{n,\text{mono}} = 0{,}38$ mbar $\cdot$ ℓ $\cdot$ m^{-2}. Ist Gas okkludiert, so kann nach Abschnitt 13.4.2 bis zu $b = 20$ mbar $\cdot$ ℓ $\cdot$ m^{-2} von der Oberfläche frei werden. Die durch Abgabe dieser adsorbierten bzw. okkludierten Mengen frei werdenden Gase sind gegenüber den im Volumen enthaltenen Mengen völlig vernachlässigbar, wie das folgende Beispiel zeigt.

Beispiel 8.8: Ein kugelförmiger Rezipient vom Volumen $V = 1$ ℓ enthält beim Druck $p = 1$ bar und der Temperatur $\vartheta = 20\,°\text{C}$ die (pV)-Menge $(pV)_n = 930$ mbar $\cdot$ ℓ. Er hat eine Oberfläche $A = 5 \cdot 10^{-2}$ m^2, die je nachdem die (pV)-Mengen $\tilde{b}_{n,\text{mono}} \cdot A = 0{,}38$ mbar $\cdot$ ℓ $\cdot$ m$^{-2} \cdot 5 \cdot 10^{-2}$ m$^2 \approx 2 \cdot 10^{-2}$ mbar $\cdot$ ℓ oder $b \cdot A = 20$ mbar $\cdot$ ℓ $\cdot$ m$^{-2} \cdot 5 \cdot 10^{-2}$ m$^2 = 1$ mbar $\cdot$ ℓ abgibt, das sind $2 \cdot 10^{-5}$ bzw. 10^{-3} der im Volumen enthaltenen Menge. Für $V = 1000$ ℓ ist $A = 5$ m^2 und $(pV)_n = 9{,}3 \cdot 10^5$ mbar $\cdot$ ℓ, $\tilde{b}_{n,\text{mono}} \cdot A = 2$ mbar $\cdot$ ℓ ($= 2 \cdot 10^{-6} (pV)_n$), $b \cdot A = 100$ mbar $\cdot$ ℓ ($= 10^{-4} (pV)_n$).

8.1.3.5 Saugvermögen

Das Saugvermögen einer Adsorptionspumpe hängt sehr stark von Anordnung und Art des Adsorptionsmittels ab [7]. (Das Gas muß u. U. vor der Adsorption lange Diffusionswege zurücklegen.) Die typische Pumpzeitkurve einer Adsorptionspumpe zeigt Bild 8.5. Naturgemäß ist das Saugvermögen von Adsorptionspumpen stark von der Temperatur des Adsorbens abhängig. Insbesondere bei Zeolith-Pumpen ist dies wegen der schlechten Wärmeleitfähigkeit von Zeolith für die Praxis wichtig. Käufliche Zeolith-Pumpen werden vielfach erst nach einer Vorkühlzeit von etwa 10 Minuten wirksam, und erst nach einigen Stunden ist die ganze Pumpenfüllung auf Stickstofftemperatur.

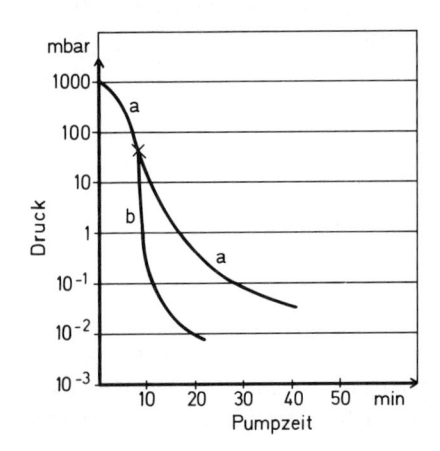

Bild 8.5

Druck p in Abhängigkeit von der Pumpzeit bei Adsorptionspumpen gemäß Anordnung in Bild 8.4. Rezipient $V = 8$ ℓ. Füllung je Adsorptionspumpe $m = 400$ g Linde Molekularsieb. Kurve a: eine Pumpe allein, Kurve b: nach 8 Minuten Wechsel von Pumpe I auf Pumpe II.

8.1.4 Betriebs- und Arbeitshinweise

Das an dem Adsorbens adsorbierte Gas muß, sobald man in die Nähe der Sättigung kommt, wieder entfernt werden (vgl. Abschnitt 8.1.3). Dieses Entgasen geschieht durch mehr oder weniger starkes Erwärmen des Adsorbens [8]. Bei der Verwendung von Zeolithen genügt zum Entgasen normalerweise eine 15- bis 30minütige Erwärmung auf Raumtemperatur. Adsorbiertes Wasser kann dagegen bei Raumtemperatur nicht entfernt werden. Wasser wird von Zeolithen sehr gut aufgenommen, es gelangt während der Lagerung, beim Auspumpen feuchter Rezipienten oder auch durch wiederholtes Auspumpen von Rezipienten (die Desorptionsgasströme von den Rezipientenwänden bestehen hauptsächlich aus Wasser) auf das Adsorptionsmittel. Zum Entfernen von Wasserdampf wird Zeolith längere Zeit auf etwa 300 °C erhitzt. Sollen sehr niedrige Drücke erreicht werden, pumpt man am besten die freiwerdenden

Dämpfe mit einer einfachen Drehschieberpumpe bei einem Druck von ungefähr 1 ... 20 mbar ab. Sofort nach Abstellen der Heizung trennt man die Hilfspumpe ab, um Kontamination des Zeoliths mit Öl zu vermeiden. Um die Wasseraufnahme von vornherein klein zu halten, ist es immer günstig, den Rezipienten vor dem Abpumpen mit einem trockenen Gas zu spülen. Noch besser ist die heute viel geübte Praxis, den Rezipienten zuerst mit einer ölfreien, trockenlaufenden Vielschieber- oder Membranpumpe von 1000 mbar bis ca. 100 mbar bzw. 20 mbar auszupumpen. Dann wird die Adsorptionspumpe nur noch mit weniger als 10% der ursprünglichen Gasmenge beladen, und sie kann ohne Regenerieren häufig wieder eingesetzt werden.

Aktivkohle hat gegenüber den Zeolithen den Vorteil der größeren Wärmeleitfähigkeit. Die Abkühlzeiten sind deshalb kleiner. Ein Nachteil von Aktivkohle ist, daß die Adsorptionseigenschaften meist wesentlich stärker als bei Zeolithen von der Herstellungsart und der Vorbehandlung abhängig sind. *Wird zum Kühlen statt flüssigen Stickstoffs flüssige Luft verwendet, so entsteht bei Gefäßbruch ein gefährlicher Sprengstoff. Ähnliche Gefahren bestehen, wenn größere Mengen Sauerstoff adsorbiert werden* (s. Abschnitt 8.1.2).

8.2 Gasaufzehrung durch Getter

8.2.1 Wirkungsweise

Die Wirkung der Getterstoffe beruht auf der Gasaufnahme durch Adsorption, d.h. durch Anlagerung der Gasmoleküle an der Oberfläche, oder durch Absorption, d.h. durch Lösen der Gasmoleküle im Feststoff, oder aber durch chemische Bindung. Es ist nicht immer leicht, zu entscheiden, welcher Mechanismus der vorherrschende ist, man spricht daher zweckmäßigerweise ganz allgemein von einem Sorptionsvorgang (vgl. Kapitel 3).

In vielen Fällen ist die Getterwirkung durch Adsorption und Absorption bedingt. Dabei werden die auftreffenden Moleküle bzw. Atome zunächst durch Adsorption an der Oberfläche des Getterstoffes festgehalten. Hier bleiben sie jedoch nicht ortsfest gebunden, sondern gelangen durch Diffusion in den Festkörper, wo sie an den Korngrenzen und an Fehlstellen im Kristallgitter festgehalten werden.

Bei der chemischen Bindung reagiert das gebundene Gas mit den Oberflächenatomen des Gettermaterials (chemische Adsorption), oder es findet eine chemische Reaktion mit allen oder doch einem Großteil der Atome des Gettermaterials statt. Der gesamte Fragenkomplex der Gasaufnahme durch Getterstoffe ist außerordentlich kompliziert, vielfältig und in manchen seiner Erscheinungen keineswegs vollständig geklärt. Einige der Ursachen dieser Kompliziertheit seien hier kurz erwähnt:

Jedes vom Getterstoff aufgenommene Gasmolekül bzw. Gasatom muß zuerst an der Oberfläche des Getterstoffes adsorbiert werden. Die Adsorptionsvorgänge sind stark von der jeweiligen Beschaffenheit der Oberfläche abhängig; große spezifische Oberflächen eines porösen Festkörpers binden in der Regel mehr Gas durch Adsorption als glatte Oberflächen. Aber auch Oxidhäute usw., bereits adsorbierte Schichten sowie Fehlstellen im Gitter der Oberfläche beeinflussen die Adsorption mehr oder weniger stark. Die Beschaffenheit einer Festkörperoberfläche hängt sehr von ihrer Entstehung und ihrer Vorgeschichte ab. Selbstverständlich sind die Adsorptionseigenschaften für jedes Gas anders. Selbst bei demselben System Gas/Getterstoff können je nach Beschaffenheit der Oberfläche die Adsorptionseigenschaften sehr verschieden sein.

Die Gasaufnahme durch Absorption und chemische Bindung wird neben der Adsorption durch Oberflächenschichten (Oxidhäute usw.), die als diffusionshemmende Schicht wirken können, auch von der Temperatur beeinflußt. Eine Erhöhung der Temperatur steigert im allgemeinen die Gasaufnahmefähigkeit. Vielfach wird jedoch oberhalb einer bestimmten Temperatur Gas wieder frei, das vorher bei niederer Temperatur aufgenommen wurde. Dies ist z.B. dann der Fall, wenn eine vorher bei niederer Temperatur gebildete chemische Verbindung bei höherer Temperatur wieder zerfällt.

Die Temperatur, bei der maximale Gasaufnahme stattfindet, ist normalerweise für jedes System Gas/Festkörper anders. So kann es z.B. vorkommen, daß ein Getterstoff bei einer bestimmten Temperatur für ein Gas seine maximale Gasaufnahmefähigkeit hat, während der gleiche Getterstoff für ein anderes Gas als Gasquelle wirkt. Durch die Verwendung von Mischgettern, bei denen der Getterstoff aus mehreren Bestandteilen zusammengesetzt ist, kann dieser Effekt oft vermieden werden. Das Mischgetter wird dann bei einer Temperatur betrieben, bei der die Gasaufnahme für alle Gase optimal ist.

Zusammenfassend und reichlich vereinfachend kann man für die Gasaufnahme durch Getterstoffe sagen:

Die Getterwirksamkeit ist um so größer, je größer die spezifische Getterfläche (gleich Fläche durch Masse) ist. Die Gasaufnahme ist für jedes System Getterstoff/Gas anders. Vielfach werden die chemisch aktiven Gase chemisch gebunden. Am schlechtesten werden die chemisch inaktiven Edelgase gebunden, und zwar werden sie meist durch physikalische Adsorption aufgenommen. Auch beim gleichen System Getterstoff/Gas hängt die Gausaufnahme stark von der Beschaffenheit des Getterstoffes ab. Mit steigender Temperatur nimmt die Gasaufnahme vielfach zunächst zu. Bei sehr hohen Temperaturen geben aber die meisten Getterstoffe mehr Gas ab, als sie aufnehmen.

Für die Getterwirksamkeit ist es immer günstig, in vielen Fällen sogar unerläßlich, wenn das Gettermaterial vor der ersten Gasaufnahme weitgehend gasfrei gemacht wurde. Getterstoffe, welche längere Zeit bei höheren Drücken Gas aufgenommen haben, können u.U. bei niedrigeren Drücken als Gasquellen wirken und so die Druckabsenkung beschränken.

8.2.2 Getterarten und Getterherstellung [36]

Man unterscheidet in der Regel Volumengetter und Verdampfungsgetter. Volumengetter bestehen aus kompakten Material [9]. Bei Verdampfungsgettern wird das Gettermaterial verdampft und als getterfähiger Beschlag niedergeschlagen. Volumengetter werden im allgemeinen bei erhöhter Temperatur, Verdampfungsgetter meist bei Raumtemperatur oder bei der Temperatur des flüssigen Stickstoffs betrieben.

8.2.2.1 Volumengetter

Volumengetter bestehen vielfach aus den Elementen Tantal, Niob, Titan, Zirconium oder Thorium. Sie werden im Rezipienten meist in Form von Blechen, Streifen, Stäbchen oder auch als Pulver angebracht. Manchmal sind auch ganze Bauteile aus dem Getterstoff (z.B. Tantalanoden in Hochleistungssenderöhren).

Das Gettermaterial wird zuerst im Vakuum entgast. Dies geschieht am besten bei möglichst hoher Temperatur, weil einmal bei hohen Temperaturen die Entgasung am schnellsten erfolgt, zum anderen bei hohen Entgasungstemperaturen meist auch etwaige Oxidhäute beseitigt werden, die die Gasaufnahme unter Umständen behindern. Am schnellsten geht das Entgasen im Vakuum. Da chemisch gebundene Gase sich in vielen Fällen auch nicht durch sehr hohe Entgasungstemperaturen vollständig entfernen lassen, sind in diesen Fällen nur Gettermaterialien wirksam, bei denen während des Herstellungsverfahrens, z.B. durch Reduktionsmittel oder durch Vakuumbehandlung, chemisch gebundene Gase weitgehend entfernt sind. Das Entgasen kann dann als beendet angesehen werden, wenn bei laufender Pumpe der vor Entgasungsbeginn gemessene Druck wieder in etwa erreicht ist. (Bei Beginn der Gettererhitzung steigt der Druck durch das Entgasen zunächst meist stark an, siehe auch Abschnitte 3.6, 13.4 und 15.1.6.)

Nach dem Entgasen wird der Rezipient vielfach von der Pumpe abgetrennt und das Getter dann auf eine Temperatur gebracht, bei der die Gasaufnahme optimal ist. Wenn sich das Gettermaterial wieder abkühlt, wird bei vielen Volumengettern ein Teil des vorher gebundenen Gases wieder frei. Volumengetter sind so z.B. in einer Röhre oft nur dann wirksam, wenn sie beim Betrieb der Röhre auf die entsprechende Temperatur kommen. Eigenschaften und Temperaturverhalten einiger Getterstoffe für Volumengetter gibt die nachfolgende Übersicht, wobei sich die unteren Werte der angegebenen Arbeitstemperaturen im allgemeinen darauf beziehen, daß bei dieser Temperatur die Aufnahme von Wasserstoff noch gut ist, während bei höheren Temperaturen oft mehr Wasserstoff freigesetzt als gebunden wird.

Tantal

Das Material wird durch mehrstündiges Pumpen bei Temperaturen von etwa 2000 °C entgast. (Man muß diese Temperatur wählen, weil Tantal eine bis 2000 °C beständige Oxidhaut hat.) Die beste Getterwirkung hat das Material zwischen 700 °C und 1200 °C. Apparateteile, die während des Betriebes Rot- oder Gelbglut haben, eignen sich also besonders für Getterzwecke. Es werden praktisch alle Gase aufgenommen, im geringen Maß sogar Edelgase. Die größte Gasaufnahme besteht für Wasserstoff, bis zum 700fachen des Volumens (siehe Beispiel 8.9).

Niob

Niob verhält sich ähnlich wie Tantal. Entgasungstemperatur etwa 1650 °C. Arbeitstemperatur 300 ... 500 °C.

Titan

Titan verhält sich ähnlich wie Tantal und Niob. Entgasungstemperatur etwa 1100 °C, Arbeitstemperatur etwa 500 ... 1000 °C.

Zirconium

Die Entgasungstemperatur liegt etwa bei 700 ... 1300 °C. Mit Stützdraht kann man auf etwa 1700 °C gehen. Die Sorptionsmaxima für verschiedene Gase liegen nicht bei der gleichen Temperatur. Das Maximum für Stickstoff liegt bei etwa 1530 °C, für Sauerstoff bei etwa 1100 °C. Die Wasserstoffaufnahme gehorcht komplizierten Gesetzen. Die Temperaturangaben für Wasserstoff schwanken sehr. Die günstigste Temperatur hängt stark davon ab, ob beim Entgasen die Oxidhaut entfernt wurde. Meist wird als günstigste Temperatur 300 ... 400 °C für die Wasserstoffaufnahme angegeben. Bei 500 °C hört die Wasserstoffaufnahme auf, um bei 850 °C erneut etwas zuzunehmen. Über 850 °C gibt Zirconium Wasserstoff ab. Kohlendioxid wird nicht gebunden.

Thorium

Die Entgasungstemperatur beträgt etwa 1000 °C, die Arbeitstemperatur 400 ... 500 °C.

Mischgetter

Gelegentlich werden sog. Mischgetter benutzt. So besteht z.B. das sog. Ceto-Getter aus 80 % Th und 20 % Mischmetall (Cer, Lanthan u.a.). Die Entgasungstemperatur liegt bei

800 ... 1200 °C; die günstigste Arbeitstemperatur bei 200 ... 500 °C. Zircalloy ist eine Zirconium-Aluminium-Legierung [9], die bei = 600 ... 800 °C entgast wird und Wasserstoff bereits bei Raumtemperatur, andere Gase bei 200 ... 300 °C aufnimmt.

8.2.2.2 Verdampfungsgetter

Verdampfungsgetter bestehen meist aus den Metallen Barium, Magnesium, Aluminium, Thorium oder Titan. Ähnlich wie bei den Volumengettern wird das Verdampfungsgetter zuerst im Vakuum entgast, in dem es so stark erhitzt wird, daß gerade noch keine merkliche Verdampfung stattfindet (vgl. dazu Bild 16.3). Dieses Erhitzen geschieht ebenso wie die nachfolgende Erhitzung zum Verdampfen entweder mit Hilfe einer über den Rezipienten geschobenen Hochfrequenzspule oder durch Erhitzen eines geeigneten hochschmelzenden Unterlagematerials (z.B. Wolfram), auf dem das Gettermaterial angebracht ist, durch direkten Stromdurchgang. Die Entgasung ist dann beendet, wenn bei laufender Pumpe der Druck, der beim Anheizen stark ansteigt, etwa wieder auf den Ausgangsdruck gesunken ist. Am schnellsten entgast natürlich im Vakuum oder in Wasserstoffatmosphäre vorentgastes Material. Metalle, die im Vakuum hergestellt sind, verhalten sich ähnlich.

Nach dem Entgasen wird das Gettermaterial durch Temperaturerhöhung verdampft. (Ausreichende Verdampfungsgeschwindigkeit ist bei einem Dampfdruck von etwa 10^{-2} mbar erreicht; vgl. Bild 16.3) Das verdampfte Gettermaterial schlägt sich an den kalten Rezipientenwänden nieder. Da sich hierbei völlig frische Oberflächen bilden, nimmt das Getter viel Gas auf. Ein Teil des aufgenommenen Gases wird während der Verdampfung sozusagen begraben. Am besten ist die Gasaufnahme, wenn die Oberflächen porös sind.

Poröse Schichten können hergestellt werden, indem auf tiefgekühlte Flächen (meist -180 °C) aufgedampft bzw. kondensiert wird, da dann die kondensierten Atome keine Bewegungsmöglichkeit haben. Auch das Aufdampfen bei hohen Drücken (einige mbar) in Edelgasatmosphäre liefert poröse Schichten hoher Gasaufnahmefähigkeit. (Edelgase werden schlecht aufgenommen und sind leicht zu entfernen, während z.B. das Aufdampfen bei einem Stickstoffdruck von 4 mbar zwar auch eine poröse Schicht ergibt, die aber schon weitgehend gesättigt ist.)

8.2.3 Saugvermögen (Gettergeschwindigkeit)

Die Volumenstromstärke eines Gases auf die Behälterwand der Fläche A, also auch auf eine Getterfläche, ist $q_V = A \cdot j_V = A \cdot \bar{c}/4$, wenn j_V die Volumenstromdichte (Flächenstoßrate, (Gl. (2.57)) und $\bar{c}$ die mittlere thermische Geschwindigkeit der Gasmoleküle (Gl. (2.55), Tabelle 16.5) bedeuten. Treffen die Gasmoleküle auf eine Getterfläche, so werden sie mit der Haftwahrscheinlichkeit H (Abschnitt 3.2.1) festgehalten (adsorbiert), mit der Wahrscheinlichkeit $(1 - H)$ reflektiert. Damit wird also das Saugvermögen eines Getters der Fläche A

$$S = H \cdot q_V = H A j_V = H A \cdot \bar{c}/4. \tag{8.19}$$

Für Luft ($\vartheta = 20$ °C) ergibt sich (Beispiel 2.4) der Wert $j_V \approx 11$ ℓ·s^{-1}·cm^{-2}, für Wasserstoff ($\vartheta = 20$ °C) ist $j_V \approx 42{,}6$ ℓ·s^{-1}·cm^{-2}. Die Haftwahrscheinlichkeit H auf Titan ist für einige Gase in Tabelle 8.2 zusammengestellt. Diese Werte können nur als Richtwerte gelten, weil sie sehr stark von den Versuchsbedingungen abhängen (vgl. auch Tabelle 16.7). Bei niedriger Gettertemperatur ist H größer als bei hoher, mit dem Bedeckungsgrad Θ nimmt H ab. In Bild 8.6 ist eine Messung des Saugvermögens S eines Titanverdampfungsgetters der Fläche $A = 0{,}08$ m^2 für Wasserstoff bei Zimmertemperatur des Getters und vier verschiedenen konstant gehaltenen Drücken p im Rezipienten wiedergegeben [10]. Der Wasserstoff-

8.2 Gasaufzehr durch Getter 8.2.3

Tabelle 8.2 Haftwahrscheinlichkeit H für einige Gase auf Titan [12] bei verschiedenen Bedeckungsgraden Θ. H (77) für die Getterfilmtemperatur $T = 77$ K, H (300) für $T = 300$ K

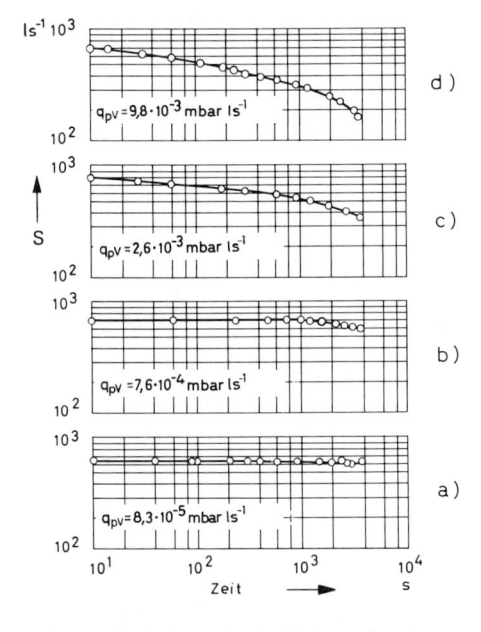

Bedeckungsgrad	$\Theta = 0{,}5$		$\Theta = 1$		$\Theta = 2$		$\Theta = 5$	
Gas	H (77)	H (300)	H (77)	H (300)	H (77)	H (300)	H (77)	H (300)
H_2	0,06	0,04	0,03	0,02	–	–	0,02	0,015
H_2 [13]	0,2	0,01	–	–	–	–	–	–
N_2	1	0,3	0,005	0,001	–	–	–	–
O_2	1	1	1	1	0,8	0,9	0,05	0,001
CO	1	1	0,8	0,2	0,1	–	–	–

Bild 8.6

Abhängigkeit des Saugvermögens S (der „Gettergeschwindigkeit") eines Titan-Verdampfungsgetters (Getterfläche $A = 8 \cdot 10^{-2}$ m², Gettertemperatur $\vartheta = 20$ °C) von der Zeit, für Wasserstoff verschiedenen Drucks: a) $p = 2{,}44 \cdot 10^{-9}$ mbar, b) $p = 2{,}25 \cdot 10^{-8}$ mbar, c) $p = 7{,}59 \cdot 10^{-8}$ mbar, d) $p = 2{,}87 \cdot 10^{-7}$ mbar [10].

Volumenstrom auf das Getter ist in allen vier Fällen zu allen Zeiten der gleiche, nämlich $q_V = 43{,}9$ ℓs⁻¹ cm⁻² · 800 cm² = $3{,}5 \cdot 10^4$ ℓs⁻¹, die pV-Stromstärken $q_{pV} = p \cdot q_V$ sind in den Teilbildern angegeben.

Die Teilbilder zeigen zunächst, daß zu Beginn der Gasaufnahme (bei $t = 10$ s) das Saugvermögen des Getters unabhängig von p den Wert $S_0 = 700$ ℓs⁻¹ besitzt. Die Haftwahrscheinlichkeit H_0 der „frischen" Getteroberfläche errechnet sich daraus mit Gl. (8.19) zu $H_0 = 0{,}02$. Die Teilbilder zeigen weiter: Je höher der Druck im Rezipienten, je höher also der Begasungs- pV-Strom ist, desto schneller fällt das Saugvermögen zeitlich ab. Das bedeutet, daß mit wachsender Bedeckung H sinkt.

Im Falle einer Monobedeckung beträgt die auf der Getterfläche sitzende Wasserstoffmenge nach Gl. (8.3a) $pV_{mono} = \tilde{b}_{mono} \cdot A = 0{,}38$ mbar ℓ m⁻² · 0,08 m² = 0,03 mbar ℓ. Wäre die Haftwahrscheinlichkeit konstant gleich H_0, so würde die Getterfläche in der Zeit $t_{mono} = pV_{mono}/H_0 q_{pV}$, in den Fällen a bis d von Bild 8.6, also in den Zeiten $t_a \approx 18\,000$ s, $t_b \approx 1900$ s, $t_c \approx 560$ s, $t_d \approx 150$ s monobedeckt sein. Im Fall a ist die Versuchszeit nur etwa 1/5 der Monozeit, H ist konstant gleich H_0. Im Fall d ist für $t_d \approx 150$ s das Saugvermögen von $S_0 = 700$ $\ell\mathrm{s}^{-1}$ auf $S = 500$ $\ell\mathrm{s}^{-1}$, also die Haftwahrscheinlichkeit von 0,02 auf 0,014 gesunken. Die Monozeit wird daher etwas größer, etwa zu $t'_d = 180\,\mathrm{s}$, anzunehmen sein. Die Versuchsdauer ist in diesem Fall etwa 20 mal so groß wie die Monozeit, wobei allerdings H auf etwa $H_0/4$ abgenommen hat. Daher kann man abschätzend sagen, daß das Getter 5 bis 10 „Monolagen" aufgenommen hat. Da ein Aufbau von vielen Schichten nicht denkbar ist, weil eine so massive Schicht „festen" Wasserstoff bei Zimmertemperatur darstellen würde, muß man sich daher den Gettervorgang so vorstellen: Die Moleküle treffen auf die Oberfläche, werden dort (mit der Wahrscheinlichkeit H) adsorbiert, bleiben aber nicht dort sitzen, sondern diffundieren ins Innere (wahrscheinlich als H-Atome oder Protonen), wo sie „absorbiert" werden. Dieser Diffusionsprozeß geht so schnell, daß die Oberflächenbedeckung Θ über einen langen Zeitraum sehr klein bleibt ($\Theta \ll 1$), so lange, bis sich ein Gradient der Teilchenanzahldichte dn/dx (x = Richtung senkrecht zur Oberfläche) aufgebaut hat, der die Diffusionsstromdichte immer kleiner werden läßt (vgl. Abschnitte 2.5.1 und 3.5). Dann gilt an der Oberfläche die Gleichung $S = H(\Theta) \cdot q_V = A \cdot D \cdot dn/dx$. Dies bewirkt die Abnahme des Saugvermögens in Bild 8.6 b, c, d. Ist schließlich das Getter mit Teilchen gesättigt, dann wird S beliebig klein.

Bild 8.7
Zeitabhängigkeit des Saugvermögens S eines Barium-Verdampfungsgetters für Sauerstoff und Kohlenmonoxid. Fläche $A = 8\,\mathrm{cm}^2$, Gettertemperatur $\vartheta = 50\,°\mathrm{C}$, Druck im Behälter $p = 6{,}7 \cdot 10^{-4}$ mbar [11].

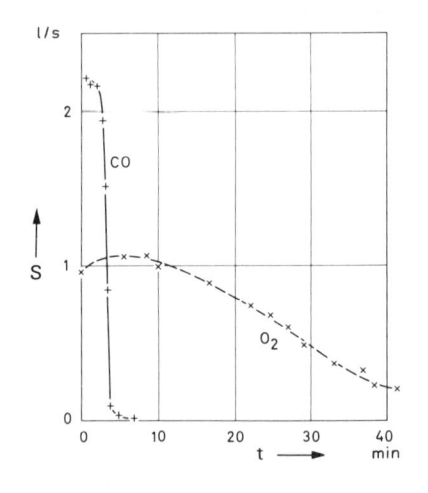

Bild 8.7 zeigt die Zeitabhängigkeit des Saugvermögens S eines Barium-Verdampfungsgetters der Fläche $A = 8\,\mathrm{cm}^2$ für Sauerstoff und Kohlenmonoxid bei der Gettertemperatur $\vartheta = 50\,°\mathrm{C}$ und dem Druck $p = 7 \cdot 10^{-4}$ mbar im Behälter. S_{O_2} bleibt etwa $t = 10$ min konstant, sinkt aber dann stetig ab und beträgt nach $t = 40$ min nur noch 1/5 des Anfangswerts; S_{CO} hingegen ist nach $t = 5$ min praktisch Null geworden. Dieses sehr verschiedenartige Verhalten ist darauf zurückzuführen, daß Sauerstoff mit der ganzen Bariumschicht unter Bildung von Bariumoxid reagiert, während bei Kohlenmonoxid eine dünne Schutzschicht entsteht, die eine weitere Gasaufnahme verhindert. Bei Temperaturen $\vartheta < 40\,°\mathrm{C}$ bildet übrigens auch Sauerstoff eine Schutzschicht. Bei Temperaturen $\vartheta > 80\,°\mathrm{C}$ kann auch die Schutzschicht beim Kohlenmonoxid vermieden werden. Ähnlich wie bei Verdampfungsgettern liegen die Verhältnisse auch bei Volumengettern, was Bild 8.8 zeigt.

8.2.4 Getterkapazität

Die gesamte von einem Getter aufnehmbare Gas- oder Dampfmenge nennt man *Getterkapazität*. Sie ist vielfach so groß, daß die Anzahl der aufgenommenen Atome (Moleküle)

8.2 Gasaufzehrung durch Getter 8.2.4

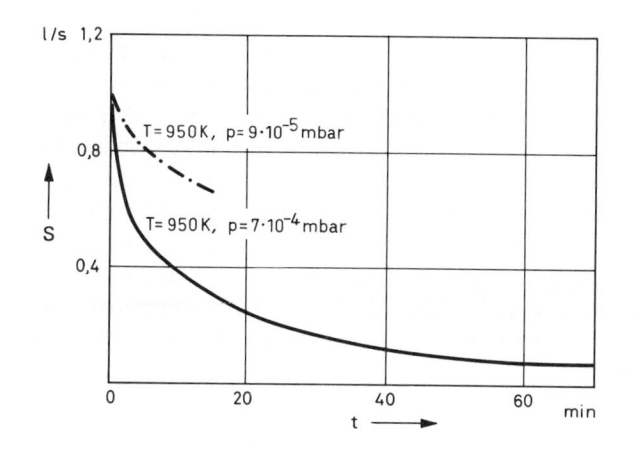

Bild 8.8
Zeitabhängigkeit des Saugvermögens S eines Thorium-Volumengetters für Sauerstoff bei zwei verschiedenen Ansaugdrücken. Fläche $A = 4$ cm^2; Gettertemperatur $T = 950$ K [11].

Tabelle 8.3 Massenbezogene oder spezifische Getterkapazität C_G einiger Stoffe bei $\vartheta = 20$ °C für verschiedene Gase

Getterstoff	Art des aufgenommenen Gases	$\dfrac{C_G}{\text{mbar} \cdot \ell \cdot \text{mg}^{-1}}$	Literatur
Titan	H_2	$270 \cdot 10^{-3}$	[10]
	O_2	$44 \cdot 10^{-3}$	[14]
	N_2	$8,5 \cdot 10^{-3}$	[14]
Aluminium	O_2	$10 \cdot 10^{-3}$	[15]
Magnesium	O_2	$27 \cdot 10^{-3}$	[15]
Barium	H_2	$115 \cdot 10^{-3}$	[15]
	O_2	$20 \cdot 10^{-3}$	[15]
	N_2	$12,6 \cdot 10^{-3}$	[15]
	CO_2	$6,9 \cdot 10^{-3}$	[15]
Mischmetall (Cer-Lantal)	H_2	$61,3 \cdot 10^{-3}$	[15]
	O_2	$28 \cdot 10^{-3}$	[15]
	N_2	$4,3 \cdot 10^{-3}$	[15]
	CO_2	$2,9 \cdot 10^{-3}$	[15]

von der gleichen Größenordnung wie die Anzahl der Atome (Moleküle) des Getterstoffes ist. Bei Edelgasen, die nur an der Oberfläche adsorbiert werden, ist die Getterkapazität meist um viele Zehnerpotenzen kleiner. Einen Überblick über die massenbezogene (oder spezifische) Getterkapazität C_G von im Hochvakuum aufgedampften Verdampfungsgettern gibt Tabelle 8.3.

Beispiel 8.9: Nach Tabelle 8.3 ist die spezifische Getterkapazität von Titan für Wasserstoff $C_G = 0{,}27$ mbar $\cdot \ell \cdot$ mg^{-1}. Die molare Masse von Titan ist $M_{\text{molar}} = A_r$g $\cdot$ mol^{-1} = 48 g $\cdot$ mol^{-1}, die molare Teilchenanzahl (Avogadrokonstante) ist $N_A = 6{,}02 \cdot 10^{23}$ mol^{-1}. Daraus folgt, daß in $m = 1$ mg die Anzahl $N = 1{,}25 \cdot 10^{19}$ Titanatome enthalten sind. Wegen $pV = NkT$ (Gl. (2.31.6)) enthält die pV-Menge $(pV) = 0{,}27$ mbar $\cdot \ell$ = $2{,}7 \cdot 10^{-2}$ Pa $\cdot$ m^3 die Teilchenanzahl $N = 2{,}7 \cdot 10^{-2}$ Pa $\cdot$ m$^3/1{,}38 \cdot 10^{-23}$ JK^{-1} $\cdot$ 293 K = $6{,}7 \cdot 10^{18}$, d.h. auf $1{,}25 \cdot 10^{19}$ Titanatome kommen $6{,}7 \cdot 10^{18}$ Wasserstoffmoleküle, die wahrscheinlich alle in $13{,}4 \cdot 10^{18}$ = $1{,}34 \cdot 10^{19}$ Wasserstoffatome dissoziiert sind, so daß auf ein Titanatom des Getters etwa ein Wasserstoffatom kommt, das wahrscheinlich als Proton (sehr klein!) auf Zwischengitterplätzen des Titans sitzt.

8 Sorptionspumpen

8.2.5 Getterpumpen

Die Wirkung der Getterpumpen beruht auf der Sorption von Gasteilchen durch den Gettereffekt. Man spricht von *Volumengetterpumpen*, wenn das Gas durch einen kompakten Getterkörper nicht nur an der Oberfläche adsorbiert wird, sondern auch in dessen Inneres eindiffundiert. Bei den sogenannten *Verdampfer-Getterpumpen* (Sublimations-Getterpumpen) wird dagegen Gas an der Oberfläche ständig oder intermittierend frisch aufgedampfter dünner Getterflächen adsorbiert. Ionen-Getterpumpen haben zusätzlich eine Elektrodenanordnung, mit der Gasteilchen ionisiert und durch eine Beschleunigungsspannung in die Getterfläche geschossen werden. Hierher gehören die sogenannten *Orbitronpumpen* und vor allem die *Ionenzerstäuberpumpen,* die wegen ihrer großen praktischen Bedeutung in Abschnitt 8.3 besonders behandelt werden.

8.2.5.1 Volumengetterpumpen

Die Volumengetterpumpe arbeitet mit einem Gettermaterial, bei dem die an der Oberfläche adsorbierten Gasteilchen relativ schnell in das Innere diffundieren können und damit weiteren Gasmolekülen Platz an der Oberfläche machen. Die Sorptionswirkung bleibt über längere Zeit erhalten, bis auch die tiefen Schichten mit Gasteilchen angereichert sind.

Vor allem für Wasserstoff bzw. Deuterium, für die der Diffusionskoeffizient groß ist und die mit dem Getterstoff keine beständigen chemischen Verbindungen eingehen, sondern eine Lösung in fester Phase bilden, bleibt das Saugvermögen einer Volumengetterpumpe lange Zeit groß. Bei anderen Gasen bilden sich beständige Verbindungen (Oxid, Nitrit, Karbid usw.), die eine für weitere Gasteilchen diffusionshemmende Schicht bilden. Das Saugvermögen nimmt deshalb schnell ab. Um auch in diesem Fall über längere Zeit Gas abpumpen zu können, arbeitet man mit erhöhter Gettertemperatur ($\vartheta = 300 \ldots 400\,°C$). Dadurch wird die Diffusion der Gasteilchen beschleunigt und die Bildung beständiger Verbindungen verzögert.

In begrenztem Umfang kann durch Erhitzen bis auf $\vartheta \approx 750\,°C$ das Gettermaterial regeneriert werden. Auch dadurch erreicht man eine Verlagerung der Reaktionsprodukte in das Innere des Getters. Der im Getter gelöste Wasserstoff wird bei Temperaturerhöhung allerdings zum großen Teil wieder abgegeben und muß mit einer Hilfspumpe abgepumpt werden. Während einmaliges Regenerieren mit Abpumpen des Wasserstoffs die Getterfähigkeit vollständig wiederherstellt, ist nach mehrmaligem Gebrauch das Gettermaterial für andere Gase erschöpft; das Volumengetter muß dann ausgewechselt werden.

Um bei einer Volumengetterpumpe ausreichend großes Saugvermögen zu erhalten, muß die Kontaktfläche zwischen Gettermaterial und dem Vakuumraum möglichst groß gemacht werden. Deshalb wird das Gettermaterial – eine Legierung mit den Stoffmengenanteilen 85 % Zirkon und 15 % Aluminium – in fein verteilter Form als Pulver auf ein Metallblech als Träger aufgebracht und der Blechstreifen ziehharmonikaartig gefaltet, um möglichst große Getterflächen auf kleinem Raum zu bringen. Diese Streifenpakete werden ringförmig um einen Heizstab angeordnet, der die nötige Arbeits- bzw. Regenerierungstemperatur erzeugt.

8.2.5.2 Verdampfergetterpumpen

Bei den Verdampfergetterpumpen (Sublimationsgetterpumpen) nutzt man die Adsorption von chemisch aktiven Gasen an der Oberfläche eines dünnen Getterfilms zum Pumpen aus. Das Saugvermögen ist dann besonders groß, wenn der Getterfilm frisch aufgebracht ist und durch Kühlen auf niedriger Temperatur gehalten wird. Da das Saugvermögen mit wachsendem Bedeckungsgrad Θ erheblich abfällt, muß die Getterschicht nach Aufbau etwa einer halben Monolage (Θ = 0,5) adsorbierter Gasteilchen erneuert werden.

Nach Gl. (8.19) ist das flächenbezogene Saugvermögen

$$S_A = S/A = H \cdot \bar{c}/4 \qquad (8.19a)$$

und, wenn man die Bedeckungsgradabhängigkeit der Haftwahrscheinlichkeit H vernachlässigt, also $H = H_0$ (Θ = 0) setzt

$$S_A = H_0 \cdot \bar{c}/4. \qquad (8.20)$$

Es ist unabhängig von der Teilchenanzahldichte und damit auch vom Druck, allerdings nur so lange, wie durch kontinuierliche oder diskontinuierliche Erneuerung der Oberfläche durch kontinuierliche oder diskontinuierliche Bedampfung Θ ≪ 1 gehalten wird. Ist die durch Leistung und Anordnung der Verdampferquelle vorgegebene maximal mögliche Aufdampfrate erreicht, wird bei höheren Drücken das Saugvermögen kleiner. Bild 8.9 zeigt dieses Verhalten von $S(p)$. Bei Drücken, bei denen die mittlere freie Weglänge $\bar{l}$ der verdampfenden Atome des Getterstoffs im abzupumpenden Gas in die Größenordnung des mittleren Abstands Verdampfer-Getterschirm L kommt oder kleiner wird ($\bar{l} < L$), wird die Aufdampfrate auf dem Getterschirm immer kleiner, so daß das Saugvermögen weiter reduziert wird und die Pumpwirkung schließlich ganz aufhört.

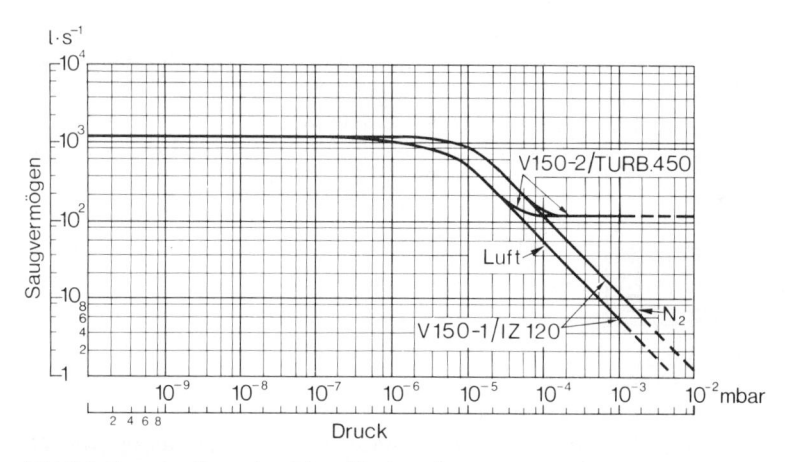

Bild 8.9 Saugvermögen einer Titan-Verdampferpumpe in Abhängigkeit vom Druck beim Abpumpen von Luft und Stickstoff. Verdampferpumpe V 150-1 (Bild 8.10) kombiniert mit Ionenzerstäuberpumpe IZ 120 (s. Abschnitt 8.3). Verdampferpumpe V 150-2 kombiniert mit Turbomolekularpumpe TURBOVAC 450 (s. Abschnitt 7).

Verdampfergetterpumpen sind besonders einfach gebaut (Bild 8.10). Sie bestehen aus einem Verdampfer für den Getterstoff und einem Schirm als Auffänger für den Getterfilm und damit als Sorptionsfläche für das abzupumpende Gas. Als Getterstoff wird heute fast ausschließlich Titan verwendet, das in großtechnischem Maßstab hergestellt wird und billig ist. In seiner einfachsten Form kann der Getterschirm identisch mit einem Teil der Vakuumbehälterwand sein. Insbesondere bei UHV-Apparaturen, in denen hauptsächlich bei Drücken $p < 10^{-8}$ mbar gearbeitet wird, ist die Flächenstoßrate $j_V = n\bar{c}/4$ wegen der geringen Teilchenanzahldichten n klein, die Bedeckung der Getteroberfläche erfolgt so langsam, daß

8 Sorptionspumpen

Bild 8.10 Titan-Verdampferpumpe V 150-2 (s. auch Bild 8.11). 1 Pumpengehäuse, 2 Anschlußflansch für den Vakuumbehälter, 3 Kühlmittelzu- und -abfuhr (Wasser oder LN$_2$), 4 Anschlußflansch für Verdampfereinheit 5, 6 Anschlußflansch für Zusatzpumpe.

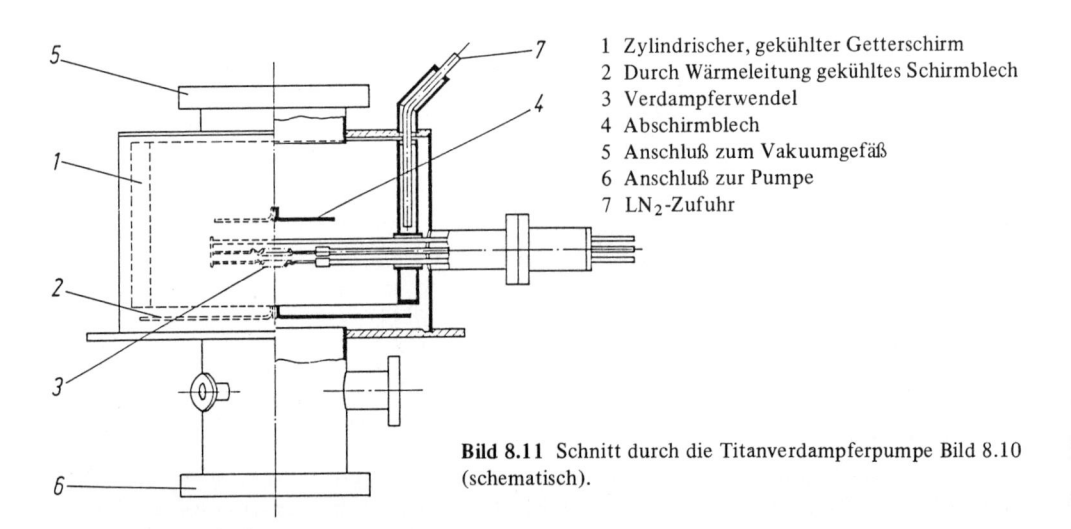

1 Zylindrischer, gekühlter Getterschirm
2 Durch Wärmeleitung gekühltes Schirmblech
3 Verdampferwendel
4 Abschirmblech
5 Anschluß zum Vakuumgefäß
6 Anschluß zur Pumpe
7 LN$_2$-Zufuhr

Bild 8.11 Schnitt durch die Titanverdampferpumpe Bild 8.10 (schematisch).

nur wenig Titan aufgedampft werden muß. Die Wärmezufuhr zum Getterschirm (Kondensationswärme) ist gering, und die Wärmeabgabe durch die Behälterwand an die Umgebung reicht aus, um den Getterfilm auf Raumtemperatur zu halten. Falls trotzdem — bei höheren Drücken — erforderlich, kann der Behälter durch Ventilatoren oder durch eine auf die Außenwand aufgebrachte Kühlschlange gekühlt werden.

Für höhere Saugleistungen, die eine entsprechend höhere Aufdampfrate und damit verbundene Kondensationswärmeleistung bedingen, wird der Getterschirm besser als von der Behälterwand getrennter Einsatz ausgebildet (Bild 8.11). Als Werkstoff eignet sich wegen seiner guten Wärmeleitfähigkeit Kupfer. Wird er mit flüssigem Stickstoff gekühlt, so muß er vom Vakuumbehälter isoliert werden, um den Kühlmittelverbrauch gering zu halten.

Der naturgemäß begrenzte Ti-Vorrat jeder Ti-Verdampferpumpe muß möglichst ökonomisch genutzt werden; dazu dienen:

a) Einrichtungen zum Konstanthalten der Verdampfertemperatur, z.B. durch Stabilisieren der Elektronenemission des heißen Ti-Drahtes, in Analogie zur Emissionsstabilisierung von Glühkathoden-Ionisationsvakuummetern (s. Abschnitt 11.5.2) [31].

b) Elektrische Regeleinrichtungen, die den oder die Titanverdampfer nach einem vorher eingestellten Programm intermittierend betreiben. Dabei wird die Dauer der Betriebspause in Abhängigkeit vom Druck im Behälter oder System automatisch geregelt.

Das Saugvermögen der Pumpe hängt nicht nur von der Größe der Getterfläche, sondern auch von der Geometrie des Schirms ab. Gl. (8.20) gilt streng nur für den Fall, daß die Gasteilchen aus dem ganzen Halbraum ungehindert Zutritt zu jedem Flächenelement dA der Fläche A haben und eine ungestörte Maxwell-Verteilung vorliegt. Im Innenraum des Pumpenhohlkörpers ist diese Verteilung aber sicher gestört. Die Hohlkörperform ergibt sich in der Praxis aber zumeist schon daraus, daß man das rundum von der Verdampferquelle verdampfende Titan möglichst vollständig ausnutzen möchte.

Beispiel 8.10: Der Getterschirm bestehe aus einem Zylinder der Länge l = 0,3 m und des Durchmessers d = 0,25 m und dessen kreisförmiger Bodenplatte. Er hat also die Fläche $A = \pi d l + \pi d^2/4$ = 0,285 m². Die kreisrunde Deckfläche A' = 0,049 m² ist die Ansaugöffnung dieser Getterpumpe. Der Getterschirm wird vollständig mit Titan bedampft, so daß stets eine „frische" Oberfläche vorhanden ist, und wird mit flüssigem Stickstoff gekühlt. Nach Tabelle 8.2 hat die Haftwahrscheinlichkeit bei Θ = 0,5 den Betrag H = 1, nach Tabelle 16.5 ist für Stickstoff der Temperatur ϑ = 20 °C die mittlere thermische Geschwindigkeit $\bar{c}$ = 470 m·s⁻¹, so daß das Saugvermögen sich nach Gl. (8.19) zu

$$S = H \cdot A \cdot \bar{c}/4 = 1 \cdot 0{,}285 \text{ m}^2 \cdot 470 \text{ m} \cdot \text{s}^{-1} \cdot 0{,}25 = 33{,}5 \text{ m}^3 \cdot \text{s}^{-1} = 33\,500 \text{ } \ell \cdot \text{s}^{-1}$$

errechnet. Der Strömungsleitwert der Ansaugöffnung ist nach Gl. (4.80a)

$$L = 11{,}56 \cdot A \cdot \ell \cdot \text{cm}^{-2} \text{ s}^{-1} = 5400 \text{ } \ell \cdot \text{s}^{-1}.$$

Damit wird das effektive Saugvermögen der Anordnung nach Gl. (4.23)

$$\frac{1}{S_{\text{eff}}} = \frac{1}{S} + \frac{1}{L}; \quad S_{\text{eff}} = \frac{S \cdot L}{S+L} = \frac{33\,500 \cdot 5400}{38\,900} \text{ } \ell \cdot \text{s}^{-1} = 4650 \text{ } \ell \cdot \text{s}^{-1}.$$

Das Saugvermögen wird also praktisch durch die Ansaugöffnung bestimmt. Verzichtet man auf die Flüssig-Stickstoff-Kühlung, so ist nach Tabelle 8.2 nur mit H = 0,3 zu rechnen, und das Saugvermögen wird $S = 0{,}3 \cdot 33\,500 \text{ } \ell \cdot \text{s}^{-1} = 10\,050 \text{ } \ell \cdot \text{s}^{-1}$, so daß das effektive Saugvermögen S_{eff} = 3500 $\ell \cdot \text{s}^{-1}$, also nur um 25 % vermindert wird.

Zum Verdampfen bzw. Sublimieren werden hauptsächlich zwei Methoden angewendet.

Der *Widerstandsverdampfer* ist besonders einfach in Aufbau und Bedienung und entspricht damit vollkommen der Einfachheit der übrigen Pumpenbestandteile. Er besteht aus einem (Titan-)Draht, der durch elektrischen Strom direkt erhitzt wird. Der Titandraht ist an zwei Klemmstellen eingespannt, die auf einem gesonderten Flansch montiert sind (s. Bild 8.11), so daß auch ein einfaches Auswechseln möglich ist. Eine Klemme ist über eine vakuumdichte elektrische Durchführung herausgeführt, die andere liegt an Masse. Für einen Draht von 2 mm Durchmesser braucht man einen Strom von etwa 40 ... 50 A, um eine längenbezogene Verdampfungsrate von etwa 0,02 g·h⁻¹·cm⁻¹ zu erreichen. Damit der Verdampfer räumlich nicht zu sehr ausgedehnt ist, wird der Draht wendelförmig aufgewickelt. Drei oder mehr solcher Wendeln sind gemeinsam auf den Flansch montiert. Ist der Titanvorrat einer Wendel erschöpft, wird die nächste in Betrieb genommen, so daß die Vakuumapparatur nicht geöffnet werden muß. Bei hohem Titanbedarf können zwei Wendeln parallel betrieben werden.

Die Temperaturen zur Erzielung genügend hoher Verdampfungsraten (1200 ... 1500 °C) liegen so hoch, daß die mechanische Stabilität des Titandrahts nachläßt, der Draht wird weich, biegt sich durch und wird durch fortschreitende Umkristallisation spröde. Zur Verbesserung der mechanischen Stabilität verwendet man daher häufig Trägerdrähte aus Molybdän oder Wolfram, die mit Titan bewickelt sind. Als beste und heute allgemein übliche Lösung hat sich jedoch ein Draht aus einer Titanlegierung, die 15 % Molybdän enthält, erwiesen [16].

In engen Kanälen (z.B. in Speicherringen) besteht der Ti-Verdampfer lediglich aus einem langen, gestreckten Draht (lineare Pumpe), der in einer Argon-Gasentladung zerstäubt wird [32].

Die *Elektronenstrahlverdampfer* sind aufwendiger gebaut, haben dafür aber einen größeren Titanvorrat. Sie können deshalb länger ununterbrochen betrieben werden. Sie bestehen aus einer Anode aus Titan (Titan-Block oder -Stab) und einer oder mehreren Glühkathoden als Elektronenquellen. Die Elektronen werden mit einer Spannung von 2 ... 4 kV beschleunigt. Auf besondere Strahlablenkung oder Strahlformung kann in der Regel verzichtet werden. Das Aufheizen der Titananode nach Einschalten der Glühkathode benötigt etwa eine bis drei Minuten. Bei hohen Verdampfungsraten muß man mit zusätzlicher Erwärmung der Kathoden durch den Beschuß mit ionisierten Titanatomen rechnen; eine automatische Emissionsstrom-Konstanthaltung ist deshalb unbedingt nötig. Je nach Form der Titananode kann auch eine Nachschubvorrichtung erforderlich sein, wenn Titan teilweise verdampft ist und der Abstand zur Kathode sich dadurch verändert hat.

Solange nur aus der festen Phase verdampft wird, können beide Verdampferarten im allgemeinen in beliebiger Lage eingebaut werden. Dies trifft nicht mehr zu, wenn zum Erzielen besonders hoher Verdampfungsraten aus der flüssigen Phase verdampft werden soll; dies ist im Falle des Elektronenstrahlverdampfers möglich.

Außer dem eigentlichen Getterschirm werden in einer Getterpumpe weitere Schirmbleche angeordnet, damit kein Titan vom Verdampfer durch die Pumpöffnung in den angeschlossenen Rezipienten gelangen kann. Diese Bleche sollen den Leitwert der Ansaugöffnung möglichst wenig drosseln. Sie sind deshalb in der Regel dicht am Verdampfer angeordnet und wie der Getterschirm ebenfalls gekühlt (Bild 8.11).

Die Titanverdampferpumpe wird zusammen mit einer anderen Pumpe verwendet, die die nicht getterbaren Gase abpumpt. Im Grunde genommen eignet sich hierfür jede Hochvakuumpumpe, die ein hinreichendes Saugvermögen für nicht getterbare Gase (Edelgase) besitzt, also eine Diffusionspumpe, Turbomolekularpumpe oder Ionenzerstäuberpumpe. Da man aber die Titanverdampferpumpe meist zur Erzielung eines kohlenwasserstofffreien Vakuums anwendet, vermeidet man die Kombination mit einer Diffusionspumpe. Üblich sind in der Vakuumtechnik daher vor allem Kombinationen von Ionenzerstäuberpumpen oder Turbomolekularpumpen mit einer Titanverdampferpumpe. Das Edelgas-Saugvermögen der zusätzlichen Pumpe braucht dabei nur wenige Prozent des Saugvermögens der Titanverdampferpumpe zu betragen, solange der Anteil der durch Titan nicht getterbaren Gase im abzupumpenden Gasgemisch, wie z.B. im Falle von Luft, gering ist.

Die Verwendung der Turbomolekularpumpe ermöglicht bei kurzen Zykluszeiten besonders schnelles Auspumpen und — bei entsprechend großzügiger Auslegung der Turbomolekularpumpe — Arbeitsdrücke bis hinauf zu 10^{-3} mbar. Der erreichbare Enddruck ist wegen des guten Saugvermögens der Getterpumpe für Wasserstoff nicht mehr durch das Wasserstoff-Kompressionsvermögen der Turbomolekularpumpe beeinträchtigt. Mit der Kombination Titanverdampferpumpe—Turbomolekularpumpe werden deshalb Drücke $p \approx 5 \cdot 10^{-12}$ mbar und weniger erreicht.

Die Kühlung des Getterschirms mit flüssigem Stickstoff hat zwar den Vorteil, daß das Saugvermögen für Stickstoff etwa doppelt so groß wie bei Wasserkühlung wird; für Wasserstoff ist die Saugvermögenszunahme in diesem Fall von geringerer Bedeutung. Sie bringt aber den Nachteil, daß man bei Fluten des Vakuumsystems den kalten Getterschirm vorher aufwärmen und nachher erneut kühlen muß, oder daß man die Titanverdampferpumpe mit einem Ventil abtrennen, also ein weiteres Bauteil verwenden muß.

8.2.6 Ionengetterpumpen

8.2.6.1 Wirkungsweise

Getterpumpen, wie sie in Abschnitt 8.2.5 beschrieben worden sind, können keine Edelgase und andere chemisch inaktiven Gase (z.B. CH_4) pumpen. Um auch das Abpumpen dieser Gase mit Getterpumpen zu ermöglichen, hat man den bekannten Gasaufzehrungseffekt, wie er auch in Ionisationsvakuummetern (Abschnitt 11.5.1) auftritt, zu Hilfe genommen. Dabei werden ionisierte Gasteilchen im elektrischen Feld beschleunigt und in einen Festkörper eingeschossen. Hierzu wird in die Getterpumpe eine Ionisierungsvorrichtung eingebaut, die z.B. aus einer Glühkathode und einer Anode besteht.

Die durch eine Gleichspannung beschleunigten Elektronen ionisieren das Gas; die dabei gebildeten positiven Ionen werden auf die auf entsprechend negativem Potential liegende Getterschicht beschleunigt und in diese eingeschossen [17]. Da dieser Mechanismus *alle* Gasteilchen, unabhängig von ihrer Art, betrifft, ermöglicht die Ionengetterpumpe auch das Abpumpen aller chemisch inerten Gase.

Je nach Art der Schichtbildung und der Ionisierungseinrichtung unterscheidet man Ionenverdampferpumpen (8.2.6.2) und Ionenzerstäuberpumpen (8.3), wobei letztere in der Praxis die weitaus breiteste Verwendung gefunden haben.

8.2.6.2 Die Orbitronpumpe [18]

Die Orbitronpumpe (Bild 8.12) ist eine Ionenverdampferpumpe, bei der die Energie der zur Ionisierung verwendeten Elektronen gleichzeitig zur Verdampfung von Gettermaterial verwendet wird. Zwischen dem zylinderförmigen Vakuumgehäuse als Kathode und einer stabförmigen Anode in der Gehäuseachse wird ein radiales elektrisches Feld erzeugt. Elektronen aus einer Glühkathode, die sich zwischen Kathodenzylinder und Anode befindet, laufen in dieser Feldanordnung viele Male auf Rosettenbahnen („orbit" = Umlaufbahn) um die Anode, bevor sie auf deren Oberfläche treffen. Auf ihrer auf diese Weise stark verlängerten Bahn können die Elektronen mehrmals mit Gasteilchen zusammenstoßen und diese ionisieren. Die Ionen fliegen durch Einwirkung des elektrischen Feldes auf die Gehäusewand und werden in der dort aufgedampften Getterschicht implantiert.

Die Getterschicht wird mit Hilfe einer Verdampferquelle erzeugt, wobei die Quelle je nach Bauart der Pumpe entweder — selten — unabhängig oder — meist — durch den Beschuß mit den ionisierenden Elektronen geheizt wird. Im letzteren Fall ist die Verdampferquelle mit der Anode der Ionisierungsvorrichtung kombiniert: Auf der stabförmigen Anode ist ein Titankörper angebracht, der durch den Aufprall der Elektronen erhitzt wird und verdampft (Bild 8.12).

Die Pumpwirkung mit Hilfe dieser Art der Ionisierung von Gasteilchen ist allerdings gering. Dies kommt in dem relativ geringen Saugvermögen für Edelgase zum Ausdruck, das nur wenige Prozent vom Stickstoff-Saugvermögen beträgt. In dieser Hinsicht ist eine Kombination aus einer einfachen Getterpumpe mit einer zusätzlichen Ionenzerstäuberpumpe oder Turbomolekularpumpe (vgl. Abschnitt 8.2.5) überlegen. Ein wichtiger Vorzug ist je-

8 Sorptionspumpen

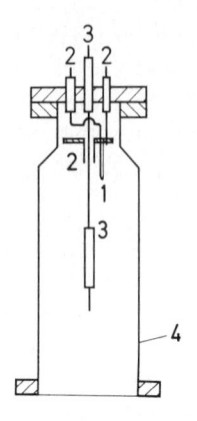

Bild 8.12 Schematische Darstellung der Orbitronpumpe [18].
1 Glühkathode mit Abschirmung gegen Anodenzuführung,
2 Abschirmung auf Kathodenpotential,
3 Anode mit Titankörper,
4 Gehäuse auf Kathodenpotential.

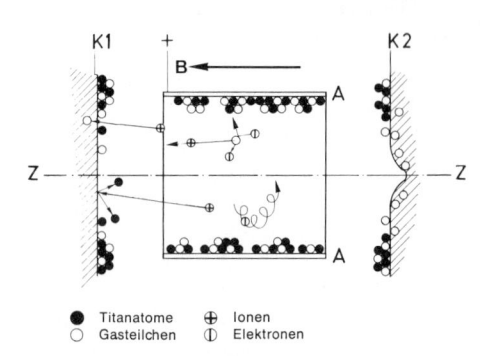

Bild 8.13 Schematische Darstellung der Pumpwirkung einer „Penning"-Zelle (Diode).
K1, K2 Kathodenplatten aus Gettermaterial (Titan)
A Anodenzylinder mit der z-Achse
B Magnetfeld
Auf A und auf den Randbezirken von K1 und K2 Getterfilm mit „begrabenen" Gasteilchen.
Im Innenbezirk von K2 (und ebenso von K1, nicht gezeichnet) implantierte Gasteilchen.

doch, daß Orbitronpumpen im Gegensatz zu den Ionenzerstäuberpumpen (8.3) kein Magnetfeld benötigen, wodurch sie für einige Anwendungen sehr gut geeignet sind.

8.3 Ionenzerstäuberpumpen

8.3.1 Wirkungsweise

In den Ionenzerstäuberpumpen wird die Sorptionswirkung durch Zerstäuben (Kathodenzerstäubung, sputtering) des Gettermaterials in einer Gasentladung und gleichzeitig durch Einschuß (Implantation) der Ionen aus der Gasentladung erzeugt. Die Ausnutzung dieser Prozesse zur Entwicklung und Konstruktion von Vakuumpumpen [20] wurde durch die Untersuchungen über die Verhinderung dieser Effekte (Gasaufzehrung und Druckverfälschung) bei Ionisationsvakuummetern angeregt.

Die Gasentladung in einer Ionenzerstäuberpumpe ist vom Penningtyp (Abschnitt 11.5.3.1). Bild 8.13 zeigt die Elektrodenanordnung, zwei parallele Kathodenplatten K_1 und K_2 und einen Anodenzylinder A, dessen z-Achse senkrecht zu den Kathodenebenen steht. In z-Richtung wird ein Magnetfeld der Kraftflußdichte $B \approx 0{,}1 \ldots 0{,}2$ T angelegt. Die Betriebsspannung U zwischen Anode und Kathoden beträgt etwa 6 kV. Die in solchen Anordnungen brennende Penningentladung wurde vor allem von Knauer [21] und Schuurmann [22] eingehend untersucht. Ihr Mechanismus ist in Abschnitt 11.5.3.1 ausführlich beschrieben.

Zwei Effekte sind – wie bereits erwähnt – für die Pumpwirkung der Ionenzerstäuberpumpe verantwortlich.

a) Der *Ioneneinschuß*. Die in der Entladung erzeugten Ionen werden durch die angelegte Spannung (etwa 6 kV) je nach Entstehungsort auf einige kV beschleunigt, fliegen, da sie wegen ihrer gegenüber der Elektronenmasse großen Atommasse vom Magnetfeld nur wenig beeinflußt werden, fast geradlinig auf die Kathode und dringen größenordnungsmäßig 10 Atomlagen tief in deren Kristallgefüge ein (Ionenimplantation). Dadurch entsteht eine Gasaufzehrung, also eine Pumpwirkung, die für alle Arten von Gasionen wirksam ist, für Atomionen und Molekülionen von Edelgasen und anderen Gasen. Sehr große Molekülionen, z.B. von Kohlenwasserstoffen, können allerdings nicht in das Gitter eindringen; von diesen wird daher nur jener Anteil gepumpt, der beim Aufprall in seine Bestandteile zerschlagen wird. Wegen der kleineren kinetischen Energie dieser Bruchstücke ist deren Eindringtiefe geringer.

b) Die *Kathodenzerstäubung*. Die auf die Kathode auftreffenden und zum Teil in den Kristallverband eindringenden Ionen schlagen aus diesem einzelne oder mehrere Gitteratome heraus. Diese fliegen von der Kathode weg auf die benachbarten Oberflächen und bilden dort einen Getterfilm, sofern die Kathode aus einem Gettermaterial (Titan) besteht. Die Masse des zerstäubten Materials ist dem Druck in der Pumpe etwa proportional. Dieser Pumpeffekt ist, wie jede Getterwirkung (Abschnitt 8.2), bezüglich der verschiedenen Gasarten stark selektiv. Er ist bei der Ionenzerstäuberpumpe der dominierende Effekt. Trotzdem ist der Implantationseffekt von großer Bedeutung, weil er die Ursache für ein nennenswertes Saugvermögen der Ionenzerstäuberpumpen für Edelgase ist. Je nach der durch die Elektroden und die Raumladungen in der Entladung bedingten Feldkonfiguration kann eine Fokussierung der auf die Kathode beschleunigten Ionen auf die z-Achse auftreten, so daß sich im Zentrum der Kathode ein Zerstäubungskrater ausbildet (Bild 8.13, Kathode K_2). In jedem Fall wird die Getterwirkung hauptsächlich am Rande der Kathoden und auf der Anode stattfinden, die Implantation hauptsächlich in der Mittelregion im Krater, weil hier der Getterfilm wieder zerstäubt wird (vgl. Bild 8.13).

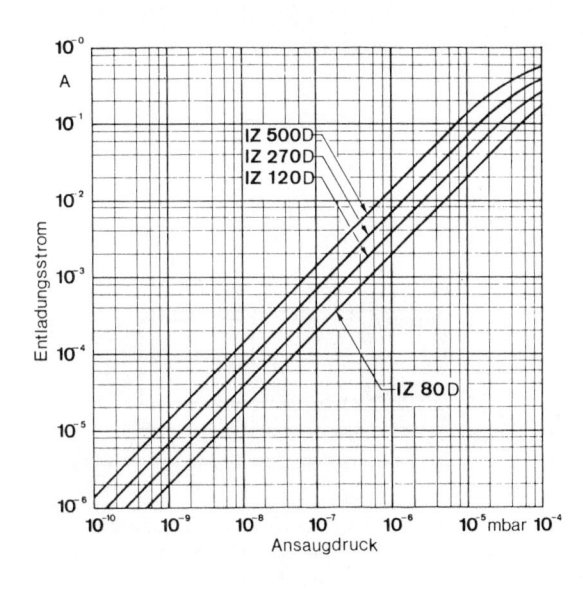

Bild 8.14
Entladungsstrom in Ionenzerstäuberpumpen als Funktion des Ansaugdrucks.

Da der Entladungsstrom I in der Penningentladung druckbereichsweise proportional zum Gasdruck ist (Bild 8.14, vgl. auch Bild 11.37, Knick bei etwa $p \approx 10^{-4}$ mbar), kann die Messung von I wie beim Penningvakuummeter (Abschnitt 11.5.3.1) direkt zur Bestimmung des Drucks in der Pumpe dienen. Da die Entladung noch bei Drücken $p < 10^{-10}$ mbar brennt, kann eine ausgeheizte Ionenzerstäuberpumpe zur Erzeugung extrem niedriger Gasdrücke eingesetzt werden.

8 Sorptionspumpen

Die Lebensdauer einer Ionenzerstäuberpumpe ist im wesentlichen durch den Verbrauch an Gettermaterial bestimmt. Bei der in Bild 8.15 gezeigten Anordnung der Elektroden erfolgt der Abbau der aus Titan bestehenden Kathodenplatten durch Zerstäubung infolge der oben genannten Kraterbildung nur sehr ungleichmäßig, so daß etwa 90% des insgesamt vorhandenen Gettermaterials der Entladung überhaupt nicht ausgesetzt sind und daher ungenutzt bleiben. Eine Verbesserung dieses „Wirkungsgrades" läßt sich erzielen, wenn das Anodensystem (3) in Bild 8.15 parallel zu den Kathodenplatten verschiebbar gemacht wird [33], so daß bisher wenig oder überhaupt nicht beanspruchte Stellen dieser Platten nunmehr zerstäubt werden. Auf diese Weise läßt sich die Lebensdauer der Pumpe etwa verdoppeln (auf 200 h, als Richtwert).

8.3.2 Technischer Aufbau

Um das Saugvermögen der Penninggasentladung auf technisch anwendbare Größenordnungen zu bringen, werden viele Anodenzellen nebeneinander in einer Wabenanordnung parallel geschaltet (Bild 8.15). Die gemeinsamen Kathoden-Platten sind im Abstand von einigen Millimetern davon angeordnet. Das ganze Elektrodensystem ist eine Diode und sitzt in einem vakuumdichten, nicht magnetischen Gehäuse, das sich im Spalt eines außerhalb des Vakuums befindlichen Permanentmagnetsystems befindet. Die Gehäusetaschen sind entweder an einem Pumpengehäuse mit Flansch oder direkt in der Wand des Rezipienten angebracht. So werden z.B. Ionenzerstäuber-Elektrodensysteme in einem Seitenteil der Vakuumkammern von Teilchenbeschleunigern oder Speicherringen angeordnet, wobei der noch ausreichend homogene Außenbezirk des magnetischen Führungsfeldes für die beschleunigten Teilchen gleichzeitig zum Betrieb der Pumpen ausgenutzt wird (Bild 8.16). Diese Anordnung erbringt besonders hohes effektives Saugvermögen, weil keine Pumpleitungen vorhanden sind [34, 35].

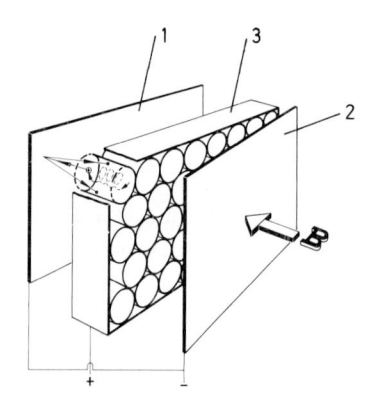

Bild 8.15 Zum konstruktiven Aufbau einer Ionenzerstäuberpumpe vom Diodentyp.
1 und 2 Kathodenplatten aus Titan, dazwischen im Rahmen 3 die zylindrischen Anodenzellen.
B Magnetfeld, durch Permanentmagnete erzeugt.

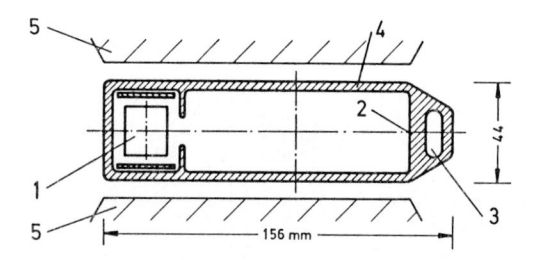

Bild 8.16 Beispiel für eine integrierte Ionenzerstäuberpumpe im Vakuumrohr eines Elektronenbeschleunigers (DESY).
1 Ionenzerstäuberpumpe
2 Strahlungsabsorber für Synchrotronstrahlung
3 Kühlmittelkanal
4 Gehäuse der Vakuumkammer
5 Strahlführungsmagnet

Das Magnetsystem wird vorteilhafterweise für alle Elektrodensysteme gemeinsam mit ringförmigem Joch gebaut. Dadurch werden die Streufeldverluste gering gehalten und die magnetische Kraftflußdichte im „Luftspalt", d.h. in den Elektrodensystemen, möglichst groß. Die Elektrodensysteme sind gemeinsam an eine leicht abnehmbare und auswechselbare Stromdurchführung in der Pumpengehäusewand angeschlossen. Auch die Elektrodensysteme sind bei größeren Pumpen auswechselbar; sie können nach Verbrauch des zerstäubbaren Titans der Kathoden gegen neue Systeme ausgetauscht werden.

Ein Netzgerät versorgt die Pumpe mit Hochspannung, üblicherweise 4 ... 7,5 kV. Um die Pumpe vor Überlastung zu schützen, wenn der Entladungsstrom proportional zum Druck ansteigt (s. Bild 8.14), ist eine Strombegrenzung erforderlich; sie wird meist durch Verwendung eines Streutransformators erreicht. Spannung und Entladungsstrom können durch im Netzgerät eingebaute Meßinstrumente gemessen werden. Für die Stromstärke ist in der Regel ein logarithmischer Meßbereich vorhanden, wobei die Anzeige in Druckeinheiten kalibriert ist, analog zum Penningionisationsvakuummeter.

8.3.3 Saugvermögen

Das Saugvermögen von Ionenzerstäuberpumpen ist vom Druck abhängig und erreicht im Druckbereich von 10^{-6} mbar ein flaches Maximum (Bild 8.17). Der Verlauf der Saugvermögenskurve ist in erster Linie wohl durch die verschiedenen Entladungsformen bestimmt, die in der Penningentladung beim Durchlaufen des über viele Zehnerpotenzen gehenden Druckbereichs auftreten [22].

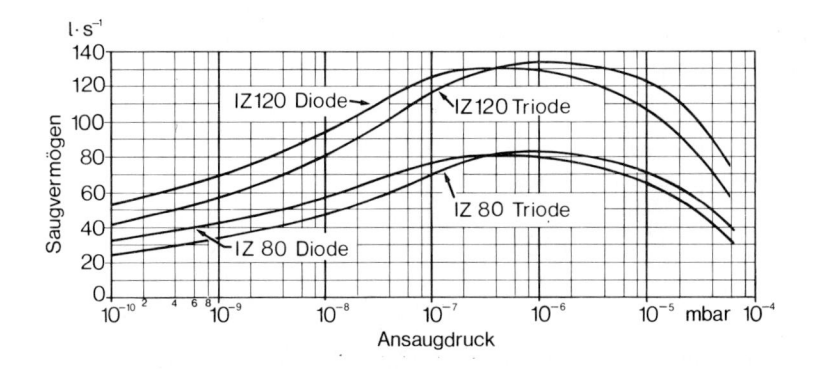

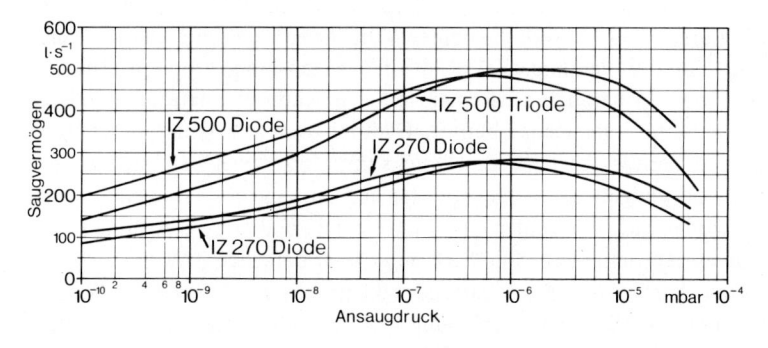

Bild 8.17 Saugvermögen für Luft in Abhängigkeit vom Ansaugdruck von Ionenzerstäuberpumpen verschiedener Größe.

Der Wert des Saugvermögens ändert sich außerdem mit der Betriebsdauer der Pumpe, er hängt von der Gasbeladung der Oberflächen ab. Nach längerem Betrieb wird daher das Saugvermögen kleiner, nach einem Ausheizen der Pumpe wieder größer. Die Sättigung erfolgt naturgemäß langsamer, wenn die Pumpe nur im UHV-Bereich ($p < 10^{-7}$ mbar) arbeitet. Bei sehr kleinen Drücken, in der Nähe des Enddrucks, kann wiederum bereits eine geringe Sättigung eine relativ hohe Desorption − d.h. Saugvermögensabnahme − verursachen.

Das Saugvermögen der Ionenzerstäuberpumpen ist von der Gasart abhängig. Man kann zwei Hauptgruppen von Gasen in Bezug auf das Saugvermögen unterscheiden:

a) Getterbare Gase, die durch Chemisorption gepumpt werden können, z.B. Stickstoff, Sauerstoff, Kohlenoxide, leichte Kohlenwasserstoffe, Wasserdampf. Für diese Gase ist das Saugvermögen nach Tabelle 8.4 wesentlich größer als für die anderen. In Tabelle 8.4 ist das Saugvermögen auf den Wert für Luft bzw. Stickstoff bezogen. Die Unterschiede rühren daher, daß sowohl die Ionisierungswahrscheinlichkeit in der Gasentladung als auch die Haftwahrscheinlichkeit auf der Getterschicht für die Gasteilchen verschieden groß sind. Außerdem wirken sich auch die verschiedenen Zerstäubungsraten der Ionen an der Kathodenoberfläche aus.

Tabelle 8.4 Saugvermögen der Ionenzerstäuberpumpen für verschiedene Gase, bezogen auf das Saugvermögen für Luft

Pumpentyp:	Diode	Triode[1])
Luft	1	1
Stickstoff	1	1
Sauerstoff	1	1
Wasserstoff	1,5 ... 2	1,5 ... 2
Kohlenmonoxid	0,9	0,9
Kohlendioxid	0,9	0,9
Wasserdampf	0,8	0,8
Leichte Kohlenwasserstoffe	0,6 ... 1	0,6 ... 1,2
Argon	0,01	0,25
Helium	0,1	0,3

[1]) s. Abschnitt 8.3.4

b) Gase, die allein durch Ionenimplantation gepumpt werden, insbesondere die Edelgase. Das Saugvermögen der Ionenzerstäuberpumpe für Edelgase ist deshalb kleiner. Außerdem nimmt es nach relativ kurzer Zeit ab, weil die beiden Vorgänge „Ionenimplantation" und „Kathodenzerstäubung" in der Penningzelle (Bild 8.13) gegensinnig arbeiten. Die implantierten Gasteilchen werden nämlich zusammen mit dem Kathodenmaterial, in das sie eingebettet sind, zerstäubt und so wieder befreit. Dadurch treten sogenannte Edelgasinstabilitäten auf, kurz dauernde Anstiege des Drucks um bis zu zwei Zehnerpotenzen, mit einer Periodizität von einigen bis vielen Minuten am Anfang des Pumpenbetriebs; später, wenn die Elektroden sich erwärmt haben, mit einer Periodizität von Bruchteilen von Minuten bis zu mehreren Sekunden. Bild 8.18 zeigt zwei derartige „Ausbrüche", sie läßt erkennen, daß dem Anstieg des Argonpartialdrucks jeweils ein Anstieg des Wasserstoffpartialdrucks mit einer zeitlichen Verschiebung von Sekunden folgt. Auch das Verhalten des Saugvermögens für Wasserstoff S_{H_2} fällt aus dem normalen Verhalten heraus.

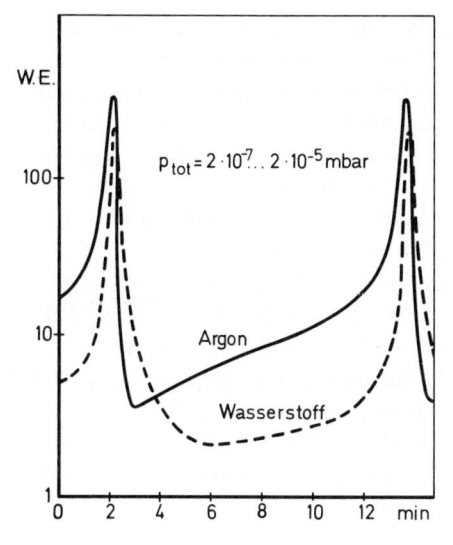

Bild 8.18
Edelgasinstabilität beim Pumpen von Argon.
Ordinate: Partialdruck in willkürlichen Einheiten, logarithmisch geteilt, Abszisse: Zeit.

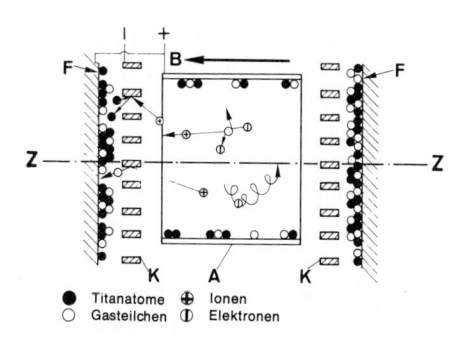

Bild 8.19 Schematische Darstellung der Pumpwirkung einer als Triode aufgebauten Entladungszelle.
K Kathoden, als Gitter ausgebildet, A Anode, F Auffänger, Z Achse der Anode, B Magnetfeld.

Im stationären Betrieb der Pumpe bei kleinen Drücken ist S_{H_2} etwa 1,5 bis 2 mal so groß wie das Saugvermögen für Luft, im Druckbereich $p > 5 \cdot 10^{-6}$ mbar hingegen kann S_{H_2} erheblich abnehmen. Dieser Effekt kann ebenso wie die Wasserstoffausbrüche durch die Erwärmung der Elektroden bei großen Entladungsstromstärken (starkes Ionenbombardement!) erklärt werden. Wasserstoff hat in Titan einen großen Diffusionskoeffizienten und eine große Löslichkeit (vgl. Abschnitt 8.2.4 und Beispiel 8.9). Bei Temperaturerhöhung diffundiert daher Wasserstoff an die Oberfläche und desorbiert.

8.3.4 Die Triodenpumpe

Eine wesentliche Vergrößerung des Saugvermögens von Ionenzerstäuberpumpen für Edelgase und eine bessere zeitliche Konstanz erzielt man mit einer sogenannten Triodenanordnung [26, 27], wie sie in Bild 8.19 dargestellt ist. Die Kathoden K sind hier nicht massive Platten, sondern haben einen gitterförmigen Aufbau. Hinter K sitzt eine Auffängerplatte F, die auf Anodenpotential liegt. Da meist die innere Wand des Vakuumgehäuses als diese „dritte Elektrode" dient, müssen A und F auf Erdpotential gelegt werden.

Die Entladung in einer solchen Anordnung brennt nur im Raum des Anodenzylinders und hat die gleiche Form wie in der sogenannten Diodenpumpe (Abschnitt 8.3.1). Zwischen K und F ist die Entladung „behindert".

Die aus der Entladung auf die Kathode beschleunigten Ionen treffen bei dieser Anordnung hauptsächlich streifend (unter kleinem Glanzwinkel) auf die Kathodenoberfläche auf (vgl. Bild 8.19). Dabei dringen sie nur wenig in diese ein, bewirken aber dennoch eine gewisse Zerstäubung des Kathodenmaterials (Titan), so daß sich auf F (und in geringerem Maße auf A) ein Getterfilm niederschlagen und die damit verbundene Gasaufzehrung eintreten kann. Bei dieser streifenden Reflexion verlieren die Ionen mit großer Wahrscheinlichkeit [30] ihre

Ladung (sie nehmen ein Elektron auf), ihre kinetische Energie vermindert sich jedoch nur relativ wenig, so daß sie auf F treffen, eindringen und implantiert werden können (wichtig für das „Pumpen" der Edelgase [29]). Ionen, die ihre Ladung nicht verloren haben, können nicht gegen das elektrische Feld zwischen K und F anlaufen, sie kehren um und haben erneut die Chance, auf K aufzutreffen und zu zerstäuben. Die Anordnung bewirkt so eine hohe Zerstäubungsrate an K und damit große Getterwirkung, eine geringe Zerstäubungsrate an F (auch die Neutralteilchen können zerstäuben, wegen des beim entladenden Stoßes auf K erlittenen Verlustes an kinetischer Energie aber weniger), so daß die implantierten Teilchen mit viel kleinerer Wahrscheinlichkeit wieder freigesetzt werden; beide Effekte zusammen bewirken, daß das auf Stickstoff bezogene Saugvermögen für Edelgase bei Triodenpumpen 20...30% beträgt gegenüber 1...3% bei Diodenpumpen (vgl. Tabelle 8.4).

Analog zur „Diodenpumpe" werden mehrere Triodenzellen zu kompakten Elektrodensystemen zusammengebaut, die — wie bei der Diodenpumpe — sogenannte Taschen bilden, zwischen denen die Permanentmagnete angeordnet sind (Bild 8.20). Ionenzerstäuberpumpen nach dem Dioden- und Triodenprinzip sind äußerlich nicht unterscheidbar. Bild 8.21 stellt eine serienmäßig hergestellte Ionenzerstäuberpumpe mit einem Nennsaugvermögen — das sich stets auf Luft bezieht — $S_n = 500$ ℓs^{-1} dar (siehe Abschnitt 8.3.6 und Bild 8.17). Das Saugvermögen beträgt bei der Diodenausführung dieser Pumpe für Argon bzw. Helium 5 bzw. 50 ℓs^{-1}, bei der Triodenausführung 125 bzw. 150 ℓs^{-1}. In Triodenausführung beträgt der Startdruck p_{St} (s. Abschnitt 8.3.6) 10^{-2} mbar und ist damit um eine Zehnerpotenz größer als bei der Diodenausführung.

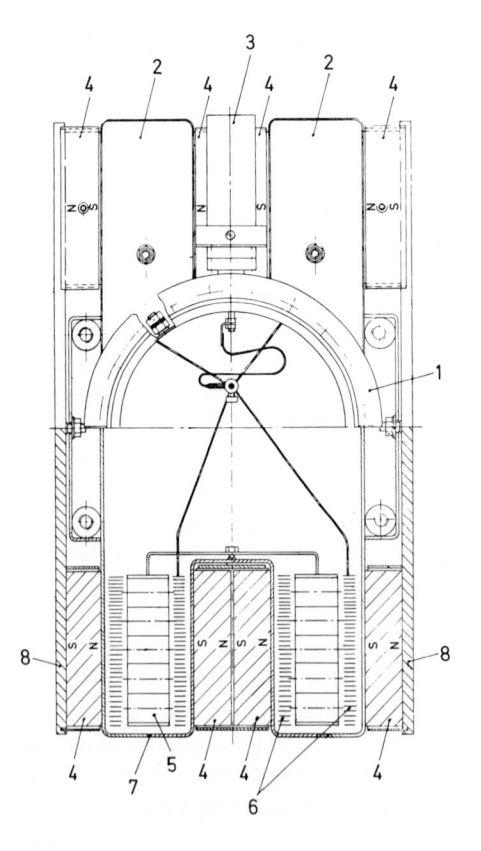

Bild 8.20

Schematische Darstellung des Aufbaus einer Ionenzerstäuberpumpe nach dem Triodenprinzip, von oben gesehen.

Obere Bildhälfte: Draufsicht. 1 Hochvakuumflansch, 2 Elektrodentaschen, 3 Stromzuführung, 4 Permanentmagnete.

Untere Bildhälfte: Schnittbild. 4 Permanentmagnete, 5 Anoden A im Rahmen wie in Bild 8.15, 6 Kathodengitter, 7 Anode F (Bild 8.19), gleichzeitig Teil des nichtmagnetischen Pumpengehäuses, 8 Abdeckplatten.

Bild 8.21
Ionenzerstäuberpumpe IZ 500 bzw. IZ 500 D (Diode). Hauptabmessungen in mm: Breite 408, Tiefe 480, Höhe (ohne Verschlußflansch) 436.

Ausheiztemperaturen: mit Magnet 350 °C, ohne Magnet 450 °C. Acht Elektrodensysteme. Gewicht 135 kg.

8.3.5 Restgasspektrum

Bild 8.22 zeigt ein für Ionenzerstäuberpumpen typisches Restgasspektrum. Hauptbestandteil des Restgases sind Wasserstoff aus den Metallwänden, Kohlenmonoxid und Kohlendioxid sowie Methan, das aus Wasserstoff und den Kohlenstoffoxiden in der elektrischen Entladung gebildet wird. Auch das Restgasspektrum ändert sich bei zunehmender Sättigung der Pumpe. Hierbei tritt der sogenannte „Erinnerungseffekt" auf [28, 29]. Im Spektrum findet man Gase, die früher einmal von der Pumpe sorbiert wurden — auch dann, wenn die Pumpe inzwischen an einen ganz anderen Behälter angeschlossen wurde, der das fragliche

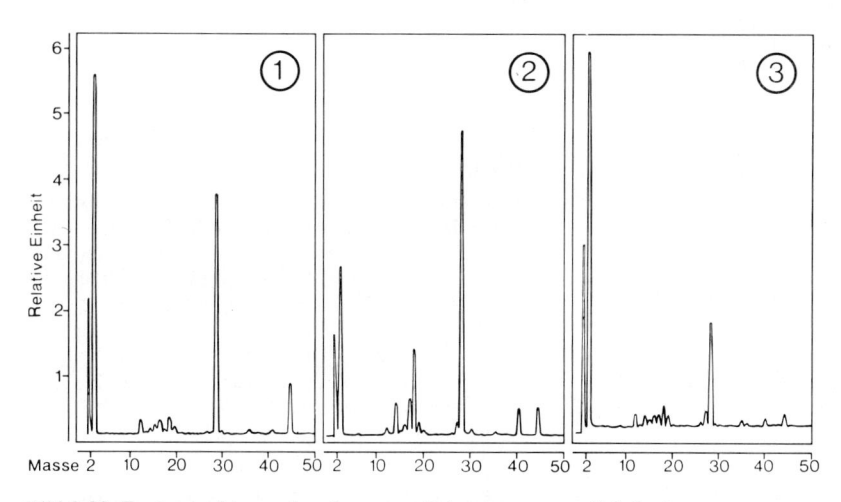

Bild 8.22 Restgasspektrum einer Ionenzerstäuberpumpe vom Triodentyp.

① Einlaß von Luft, Pumpe nicht ausgeheizt; $p_{tot} = 8{,}6 \cdot 10^{-10}$ mbar.

② Einlaß von 400 mbar · ℓ Luft und 3,7 mbar · ℓ Argon. Pumpe nicht ausgeheizt, $p_{tot} = 1 \cdot 10^{-9}$ mbar.

③ wie ②, aber nach mehrstündigem Ausheizen der Pumpe bei 300 °C. $p_{tot} = 7{,}4 \cdot 10^{-10}$ mbar.

8 Sorptionspumpen

Gas nicht enthält. Selbst durch Ausheizen ist der Partialdruck dieser Gase häufig nicht unter die Nachweisgrenze zu bringen. Der Erinnerungseffekt hängt mit dem Wiederfreiwerden von „begrabenen" Gasteilchen bei Erwärmung oder Zerstäubung des Elektrodenmaterials zusammen und ist natürlicherweise für Edelgase besonders groß. Erinnerungsvermögen und Edelgasinstabilitäten werden in der sogenannten Triodenpumpe (8.3.4) vermieden.

8.3.6 Standardeinrichtung zur Messung des Saugvermögens

Die Abhängigkeit des Saugvermögens S der Ionenzerstäuberpumpen von ihrer Betriebsweise macht es notwendig, das Meßverfahren für S zu standardisieren, um vergleichbare Werte für die verschiedenen Pumpen zu erhalten. Die von ISO und PNEUROP [24] empfohlenen Meßanordnungen gleichen sich fast völlig und unterscheiden sich auch nur geringfügig von der Anordnung von Fischer-Mommsen [25]. Bild 8.23 zeigt die Anordnungen mit ihren Abmessungen. Der Meßdom ist durch eine Wand mit Blende Bl in zwei Kammern K1, K2 geteilt, die Pumpe P, das Meßobjekt, wird am Flansch Fl angeschlossen. Die Drücke p_1 und p_2 in K1 und K2 werden durch die Ionisationsvakuummeter P_1 und P_2 gemessen. Zunächst wird bei geschlossenem Ventil V_1 durch V_2 bei arbeitender Pumpe Gas – als Testgas wird trockene Luft verwendet – eingelassen; im stationären Zustand werden die Drücke p_1 und p_2 abgelesen. Dann fließt durch Bl – die Messungen bewegen sich alle im Gebiet der Molekularströmung – nach Gl. (4.16) die (pV)-Stromstärke

$$q_{pV} = L(p_2 - p_1), \qquad (8.21)$$

wobei der Leitwert der Blende (Fläche A) sich nach Gl. (4.80a) zu

$$L = A \sqrt{\frac{RT}{2\pi \cdot M_{\text{molar}}}} \qquad (8.22)$$

berechnet. Das Saugvermögen bei dem am Pumpenflansch herrschenden Druck p_1 ist dann nach der Definitionsgleichung (4.11)

$$S = q_{pV}/p_1 = L\left(\frac{p_2}{p_1} - 1\right). \qquad (8.23)$$

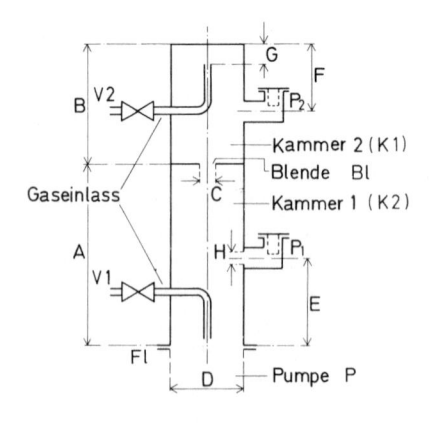

Bild 8.23
Genormter Meßdom zum Messen des Saugvermögens S_n von Ionenzerstäuberpumpen nach ISO und PNEUROP [24] und nach [25]. P_1 und P_2 Ionisationsvakuummeter, V1 und V2 Gaseinlaßventile, Fl Flansch, Bl Blende. P Pumpe (Meßobjekt).

Abmessungen: D Durchmesser des Pumpenflansches		
	Fischer-Mommsen [25]	ISO, PNEUROP [24]
A	3 D	3 D
B	1 D	1,5 D
C	0,05 ... 0,1 D	0,05 ... 0,1 D
E	2,3 D	0,5 D
F	1/2 D	1 D
G	–	0,5 D
H	0,05 ... 0,1 D	–

Zur relativen Kalibrierung der Ionisationsvakuummeter wird V_2 geschlossen und V_1 geöffnet, so daß Druckwerte im gleichen Bereich wie bei der ersten Meßreihe – wiederum bei arbeitender Pumpe – entstehen; im stationären Fall sind dann die Drücke p_1 und p_2 gleich, da kein Gas mehr durch Bl strömt.

Die Form der Gaseinlaßstutzen und der Anschlüsse für die Ionisationsvakuummeter (Bild 8.23) soll sicherstellen, daß in den Kammern des Meßdoms eine ungestörte Maxwellverteilung (vgl. Abschnitt 2.4.3) herrscht. Fischer und Mommsen [25] haben insbesondere den Einfluß der Anordnung der Ionisationsvakuummeterröhre P_1 auf das Meßergebnis untersucht.

Als „Nennsaugvermögen" S_n wird das Maximum der Saugvermögenskurve $S(p)$ bezeichnet, wobei der zugehörige Druck angegeben werden soll (s. Bild 8.17).

8.3.7 Arbeitstechnik

Ionenzerstäuberpumpen werden zum Erzeugen absolut kohlenwasserstofffreien Vakuums eingesetzt. Zwar können insbesondere Triodenpumpen auch Öldämpfe gut abpumpen, doch ist die Verwendung von Sorptionspumpen an Vakuumsystemen, die Öldämpfe enthalten, nicht wirtschaftlich. Diodenpumpen können nämlich durch Verunreinigung mit Öldämpfen stark in ihrer Funktion beeinträchtigt werden: Sie starten langsamer und weisen vermindertes Saugvermögen auf.

Ionenzerstäuberpumpen erfüllen die Forderung nach sehr hoher Betriebssicherheit. Die Pumpe bildet mit dem Vakuumbehälter eine nach außen völlig abgeschlossene Einheit, in die auch bei Aussetzen der Pumpe (z.B. durch Stromausfall oder Kurzschluß) keine Luft eindringen kann. Hohe Umgebungstemperatur, radioaktive Strahlung und starke magnetische Streufelder beeinträchtigen die Funktion der Pumpe kaum.

Ionenzerstäuberpumpen benötigen nur ein einziges Hochspannungskabel, aber keine weiteren Versorgungsleitungen. Über dieses Kabel kann auch über weite Entfernungen die Funktion überprüft und die Pumpe ein- und ausgeschaltet werden (z.B. Fernbedienung bei Teilchenbeschleunigern). Ionenzerstäuberpumpen arbeiten absolut vibrationsfrei; daher sind sie auch an empfindlichsten Meßapparaturen einsetzbar.

Stören können das magnetische Streufeld der Pumpe sowie die Emission von ionisierten und neutralen Teilchen (Titan) und von weicher Röntgenstrahlung aus der Gasentladung. Diese Strahlung kann die Anzeige z.B. von Massenspektrometern und Ionisationsmanometern verändern. Nachteilig ist auch das hohe Gewicht der Ionenzerstäuberpumpen, vor allem aber ihre begrenzte Einsatzfähigkeit bei Drücken $p > 10^{-4}$ mbar. Zwar können kurzfristige Druckanstiege von der Pumpe bewältigt werden, bei längerem Betrieb im Bereich $p > 10^{-4}$ mbar nimmt aber die Ausgasung infolge Erwärmung der Elektroden überhand. Bevorzugter Druckbereich bei Dauerbetrieb ist daher $p < 10^{-5}$ mbar.

Ionenzerstäuberpumpen dürfen erst eingeschaltet werden, wenn ein gewisser „Startdruck" unterschritten wird. Dieser beträgt bei Diodenpumpen $p_{St} \approx 10^{-3}$ mbar, bei Triodenpumpen liegt er bei $p_{St} \approx 10^{-2}$ mbar. Zum Auspumpen des Vakuumsystems auf den Startdruck p_{St} verwendet man nach Möglichkeit Pumpen, die ölfreies Vakuum erzeugen. Für Behälter bis ungefähr 300 ℓ Inhalt eignen sich Adsorptionspumpen (Abschnitt 8.1), die völlig ölfrei arbeiten. Aber auch eine Drehschieberpumpe mit vorgeschalteter Adsorptionsfalle ist gut verwendbar, wenn man das Adsorptionsmittel rechtzeitig durch Ausheizen regeneriert und dabei Sorge trägt, daß kein Öldampf auf der Hochvakuumseite in der Verbindungsleitung kondensiert. Häufig werden Turbomolekularpumpen zum Vorevakuieren benutzt, insbesondere dann, wenn die Vakuumkammern großes Volumen oder – aus konstruktiven Gründen – kleinen Leitwert des Pumpenanschlusses haben, so daß die Ionenzerstäuberpumpen längere Zeit im Druckbereich zwischen $5 \cdot 10^{-3}$ mbar und $5 \cdot 10^{-5}$ mbar arbeiten müßten. In diesem Fall wird mit der Turbomolekularpumpe bis zu etwa $p \approx 10^{-4}$ mbar evakuiert; nach Einschalten der Ionenzerstäuberpumpe läßt man beide Pumpen noch einige Zeit parallel arbeiten.

Der Start einer Ionenzerstäuberpumpe verläuft bei Dioden und Trioden unterschiedlich. Schaltet man bei $p_{St} \approx 10^{-2}$ mbar die Hochspannung ein, entsteht eine Glimmentladung, die sich bei der Diodenpumpe im ganzen Pumpengehäuse und sogar in den Rezipienten hinein ausbreitet, weil die ganze Behälterwand auf Kathodenpotential liegt. Bei der Triodenpumpe hingegen ist die Kathode von der Anode vollständig umschlossen, so daß sich die Entladung von Anfang an auf den Raum zwischen den Elektroden beschränkt. Daher wird bei der Triode von Anfang an Titan zerstäubt, während bei der Diode der Zerstäubungsvorgang erst voll einsetzt, wenn die Entladung bei sinkendem Druck im „Umfeld" der Elektroden erloschen ist.

Bei der Wahl der Pumpengröße ist zu bedenken, daß bereits in der Startphase und erst recht bei dem weiteren Auspumpen nicht so sehr das Volumen der Apparatur, sondern die Gasabgabe aller Oberflächen das erforderliche Saugvermögen bestimmt.

Ist A die gasabgebende Oberfläche und j_{pV} deren Entgasungsstromdichte (vgl. Abschnitt 3.5), ferner q_{pV} ein gewollter (Gaseinlaß) oder ungewollter Leckgasstrom, so gilt nach Gl. (4.13), wenn S das Saugvermögen der Pumpe beim Druck p ist,

$$pS = A j_{pV} + q_{pV}. \tag{8.24}$$

Daraus ergibt sich für einen gewünschten Arbeitsdruck p_{Arb} bzw. Enddruck p_{end} das notwendige Mindestsaugvermögen der Pumpe

$$S = \frac{A j_{pV} + q_{pV}}{p_{Arb}} \quad \text{bzw.} \quad S = \frac{A j_{pV} + q_{pV}}{p_{end}} \tag{8.25a, b}$$

Dabei ist zu beachten, daß für andere Gase als Luft oder Stickstoff nach Tabelle 8.4 das Saugvermögen ein anderes ist.

Für den beim Auspumpen eines sauberen Behälters mit üblichen Abmessungen und dem Volumen V zweckmäßigerweise zu wählenden Startdruck p_{St} einer Triodenpumpe, deren Saugvermögen nach Gl. (8.25) bestimmt ist, gilt die Faustregel

$$p_{St} = (0{,}01 \ldots 0{,}02) \frac{S}{V} \tag{8.26}$$

p_{St} in mbar, S in $\ell \cdot s^{-1}$, V in ℓ.

Bei Diodenpumpen sollte man etwa ein Zehntel des nach Gl. (8.26) abgeschätzten Startdrucks anwenden.

Beispiel 8.11: Ein Edelstahlbehälter vom Volumen $V = 100\ \ell$ (Oberfläche $A \approx 1{,}2\ m^2$) soll mit einer Dioden-Zerstäuberpumpe auf den Arbeitsdruck $p_{arb} = 1 \cdot 10^{-7}$ mbar ausgepumpt werden. Richtwerte für die Ausgasung können dem Bild 13.6 entnommen werden. Für normale Oberflächen erhält man, z.B. nach einer Pumpzeit $t = 12$ h eine flächenbezogene Abgasrate $j_{pV} \approx 1 \cdot 10^{-5}$ mbar $\cdot \ell \cdot s^{-1} \cdot m^{-2}$. Gibt es kein Leck und keinen Gaseinlaß, so kann das benötigte Saugvermögen nach Gl. (8.25a) mit $q_{pV} = 0$ ermittelt werden:

$$S = \frac{A \cdot j_{pV}}{p_{arb}} = \frac{1{,}2\ m^2 \cdot 10^{-5}\ \text{mbar}\ \ell s^{-1} m^{-2}}{10^{-7}\ \text{mbar}} = 1{,}2 \cdot 10^2\ \ell s^{-1}.$$

Nach Bild 8.17 ist also die Pumpe IZ 120 zu wählen. Berücksichtigt man, daß nach längerer Pumpzeit die Ausgasung überwiegend durch Wasserstoff verursacht wird, kann laut Tabelle 8.4 bereits die kleinere

Pumpe IZ 80 mit dem Wasserstoffsaugvermögen $(1,5...2) \cdot 80 \, \ell \cdot s^{-1}$ ausreichen! Der zweckmäßige Startdruck wird nach Gl. (8.26) etwa bei

$$p = (0,01...0,02) \frac{120}{100} \cdot 0,1 \text{ (Diodenpumpe)} \approx (1,2...2,4) \cdot 10^{-3} \text{mbar}$$

liegen.
Wenn die Auspumpzeit bis $p_{\text{arb}} = 1 \cdot 10^{-7}$ mbar gemäß Bild 13.6 von $t = 12$ h auf $t = 3$ h verkürzt werden soll, wird bei einer flächenbezogenen Gasabgabe $j_{pV} = 5 \cdot 10^{-5}$ mbar $\cdot \ell \cdot s^{-1} \cdot m^{-2}$ nach $t = 3$ h ein Saugvermögen

$$S = \frac{1,2 \cdot 5 \cdot 10^{-5}}{10^{-7}} = 600 \, \ell \, s^{-1}$$

benötigt.
Den Auspumpvorgang kann man aus Gl. (8.24) für diskrete Werte t errechnen, wenn korrespondierende Werte für S und j_{pV} aus den Bildern 8.17 und 13.6 eingesetzt werden.

Ionenzerstäuberpumpen werden serienmäßig bis zu einem Nennsaugvermögen von etwa $500 \, \ell \cdot s^{-1}$ gebaut (Bild 8.21). Sie werden als Einzelpumpen und in Vakuumanlagen verhältnismäßig kleiner Abmessungen (z. B. Vakuum-Aufdampfanlagen, Zonenschmelzanlagen) verwendet, in Großanlagen immer dann, wenn das Vakuumgefäß auf Grund seiner Geometrie die Verwendung einer großen Anzahl kleinerer Pumpen statt einer einzigen sehr großen Pumpe erfordert (z. B. Teilchenbeschleuniger, Speicherringe).

8.4 Literatur

[1] ISO 3529/II – Vakuumtechnik; Verzeichnis von Fachausdrücken und Definitionen. Teil II: Vakuumpumpen und verwandte Begriffe, 1975.
[2] *Grubner, D. M.,* u.a., Molekularsiebe. VEB Deutscher Verlag der Wissenschaften, Berlin 1968.
[3] *Dobrozemsky, R.,* Vakuum-Technik **22** (1973), 41...48.
[4] *Visser, J.* und *J. J. Scheer,* Ned. Tijdschrift Vac. Techn. **11** (1973), 17...25.
[5] *Turner, F. T.* und *M. Feinleib,* Transact. of the English Nat. Vac. Symp., Pergamon Press, 1961, pp. 300...306.
Stern, S. A. und *F. S. Paolo,* Vac. Sci. [Techn. **4** (1967), 347...355.
[6] *Windsor, E. E.,* „Physik und Technik von Sorptions- und Desorptionsvorgängen bei niederen Drücken", Rudolf A. Lang Verlag, 1963, 278...283.
[7] *Creek, D. M.,* et al., J. Sci. Instr. (J. Phys. E) **2** (1968), 582...584.
[8] *Miller, H. C.,* J. Vac. Sci. Techn. **10** (1973), 859...861.
[9] *Porta, P. della,* J. Vac. Sci. Techn. **9** (1972), 532...538.
[10] *Kienel, G.* und *A. Lorenz,* Vakuum-Technik **9** (1960), 1...6.
[11] *Wagener, S.,* Z. angew. Physik **6** (1954), 433...442.
[12] *Gupta, A. K.* und *J. H. Leck,* Vacuum **25** (1975), 362...372.
[13] *Elsworth, L.,* et al., Vacuum **15** (1965), 337...345.
[14] *Lückert, J.,* Vakuum-Technik **10** (1961), 1 und 40.
[15] *Ehrke, L. F.* und *C. M. Slack,* J. Appl. Phys. **28** (1957), 1027...1030.
[16] *McCracken, A. M.* und *N. A. Pashley,* J. Vac. Sci. Techn. **3** (1966), 96...98.
[17] *Davis, R. H.* und *A. S. Divatia,* Rev. Sci. Instr. **25** (1954), 1193.
[18] *Douglas, R. A.* et al., Rev. Sci. Instr. **36** (1965), 1...6.
[19] *Penning, F. M.,* Physica IV. **2** (1937), 71...75, Philips Techn. Rundschau **2** (1937), 201...208.
[20] *Hall, L. D.,* Rev. Sci. Instr. **29** (1958), 367...370.
[21] *Knauer, W.,* J. Appl. Phys. **33** (1961), 2093...2099.

[22] *Schuurman, W.,* Rijnhuizen-Report 66-28 (1966), Universität Utrecht.
[23] *Falland, C. H.* et al., Proc. 6th Intern. Vacuum Congr. 1974, Japan. J. Appl. Phys., Supp. 2 Pt 1, 1974, 209...216.
[24] ISO/DIS 3556/I-1974, Ionenzerstäuberpumpen, Messung der Leistungsdaten, Teil I.
PNEUROP, Abnahmeregeln – Vakuumpumpen; Teil 4 – Ionengetterpumpen – 1978.
[25] *Fischer, E.* und *H. Mommsen,* Vacuum 17 (1967), 309...315.
[26] *Brubaker, W. M.,* Transact. of the 6th Nat. Vac. Symp. 1959; Pergamon Press, 302...306.
Vaumoran, J. A. und *M. P. Biasio,* Vacuum 20 (1970), 109...111.
[27] *Singleton, J. H.,* J. Vac. Sci. Techn. 8 (1971), 275...282.
[28] *Henning, H.,* Vakuum-Technik 24 (1975), 37...43.
[28a] *Bance, U. R.* und *R. D. Craig,* Vacuum 16 (1966), 647...652.
[29] *Jepsen, R. L.,* Proc. of the Fourth Intern. Vac. Congress, Mancheser, 1968, 317...324. Inst. of Physics, Conference Series No. 5, London.
[30] *Oechsner, H.,* Z. Naturf. **21a** (1966), 859.
[31] *Strubin, P.,* J. Vac. Sci. Techn. 17 (1980), 1216...1220.
[32] *Blechschmidt, D.* und *W. Unterlechner,* Vakuum-Technik **28** (1979), 130...135.
[33] *Henning, H.,* Proc. 8. Intern. Vac. Congress, Cannes 1980, Suppl. Rev., "Le Vide", Nr. 201, Bd. 2, 143...146.
[34] *Pingel, H.* und *L. Schulz,* ibid., 147...150.
[35] *Blechschmidt, D.*, et al., ibid., 159...163.
[36] *Giorgi, T. A.* et al., J. Vac. Sci. Techn. **A3** (1985), 417...423.

9 Kondensatoren

9.1 Kondensatoren als Vakuumpumpen
9.1.1 Grundlagen

Bei Trocknungs- und Verdampfungsprozessen unter Vakuum ist die Hauptaufgabe der Vakuumpumpeinrichtung das Absaugen der entstehenden Gase und Dämpfe[1]). Für Dämpfe sind Kondensatoren besonders einfache und wirtschaftliche Vakuumpumpen. Da ein Kondensator nur Dämpfe pumpen kann, muß er immer in Kombination mit Vakuumpumpen betrieben werden, die anfangs die im Prozeßbehälter befindliche Luft abpumpen und später die aus dem Prozeß und der Leckage stammenden Gase entfernen. Bild 9.1 zeigt den prinzipiellen Aufbau: In dem Kondensatorgehäuse 1 ist eine Kondensationsfläche 2 angeordnet, die durch Kühlmitteldurchfluß von e nach a in x-Richtung auf einer niedrigen Temperatur gehalten wird. Der Dampf tritt am Eintritt 3 ein und gibt beim Auftreffen auf die Kondensationsfläche 2 seine Kondensationswärme an diese ab, sofern die Temperatur der Kondensationsfläche T_K deutlich niedriger als die Sättigungstemperatur T_s (Taupunkttemperatur, Kondensationstemperatur) des Dampfes ist. Die bei der Verflüssigung des Dampfes freiwerdende Kondensationswärme wird von dem Kühlmittel aufgenommen, das sich dabei erwärmt und die Wärme abführt. Das Kondensat fließt durch den Abfluß 5 ab, die nichtkondensierten Anteile werden durch eine am Austritt 4 angeschlossene Vakuumpumpe entfernt.

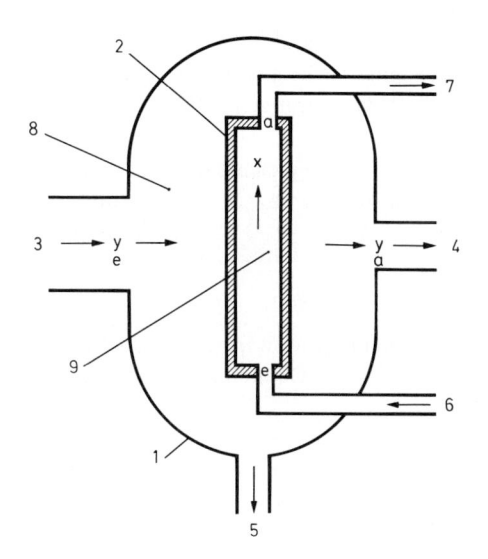

Bild 9.1
Schematische Darstellung eines Kondensators. 1 Gehäuse. 2 Kondensationsfläche = Wand des Kühlmittelkanals. 3 (e) Eintritt des Dampf-Gas-Gemischs. 4 (a) Austritt der nicht kondensierten Anteile des Gemischs. 5 Kondensataustritt. 6 (e), 7 (a) Kühlmittel-, austritt. 8 Dampf-Gas-Raum. 9 Kühlmittelkanal. x Strömungsrichtung des Kühlmittels. y Strömungsrichtung des Dampf-Gas-Gemischs.

---

[1]) Im folgenden werden alle sich auf den Dampf beziehenden Größen durch den Index d, die sich auf das Gas beziehenden Größen durch den Index g gekennzeichnet.

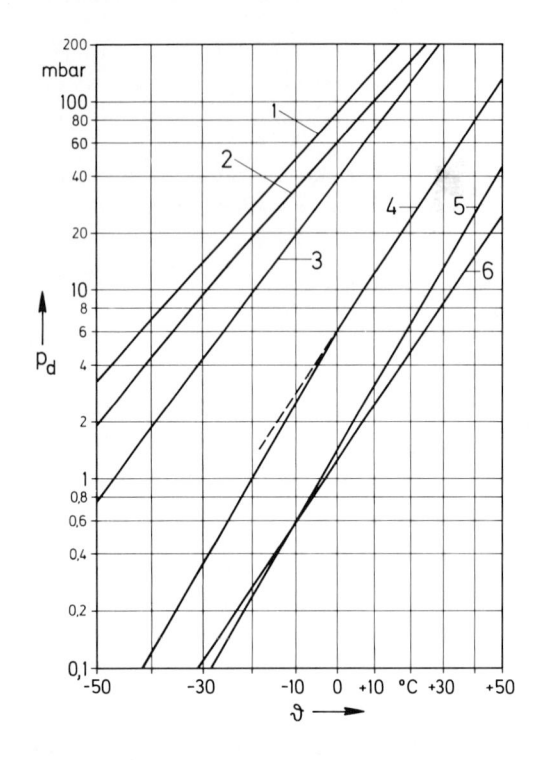

Bild 9.2

Dampfdruck p_d in Abhängigkeit von der Celsius-Temperatur ϑ für einige Stoffe.
1 Aceton. 2 Hexan. 3 Methanol. 4 Wasser. 5 Butanol. 6 Nonan.

Siehe auch Bild 16.4 und die Tabellen 16.8 und 16.9a, b, c

Sättigungstemperatur T_s und Dampfdruck p_d eines Stoffes sind durch die Dampfdruckkurve verknüpft (Abschnitt 2.6.1). Für Wasser und einige Lösungsmittel sind Dampfdruckkurven für den Bereich zwischen $-50\ °C$ und $+50\ °C$ in Bild 9.2 gezeigt. Dabei stellt der Bereich rechts der Dampfdruckkurve den gasförmigen Zustand dar, links der Kurve ist der Stoff flüssig oder fest; auf der Kurve sind Flüssigkeit und gesättigter Dampf im Gleichgewicht koexistent. Bei Erniedrigung der Temperatur eines nicht gesättigten (überhitzten) Dampfes kondensiert er bei der zur vorliegenden Dampf*dichte* gehörigen Sättigungstemperatur (Taupunkttemperatur).

Bei der Kondensation muß die Kondensationswärme — die gleich der Verdampfungswärme ist — abgeführt werden. Die spezifische Kondensationswärme r ist temperaturabhängig; sie ist z.B. für Wasser bei $\vartheta = 25\ °C$ ca. 10 % größer als bei $\vartheta = 100\ °C$. Für einige Stoffe ist sie für eine Kondensationstemperatur von $\vartheta = 25\ °C$ in Tabelle 9.1 angegeben.

Tabelle 9.1 Relative Molekülmasse M_r und spezifische Kondensationswärme (Kondensationsenthalpie) r in $kJ \cdot kg^{-1}$ bei der Kondensationstemperatur $\vartheta = 25\ °C$ für einige Stoffe

Stoff	M_r	$\dfrac{r}{kJ \cdot kg^{-1}}$
Aceton	58	560
Hexan	86	360
Methanol	32	1190
Butanol	74	625
Nonan	128	340
Wasser	18	2440

Liegt der Dampf nicht als gesättigter Dampf — entsprechend dem durch die Dampfdruckkurve gegebenen Zustand — sondern mit höherer Temperatur als überhitzter Dampf vor, so ist auch die Überhitzungswärme, die aus der spezifischen Wärmekapazität (Abschnitt 2.4.6) des Dampfes errechnet werden kann, abzuführen.

Genaue Werte der spezifischen Wärmekapazität und der spezifischen Kondensationswärme bei verschiedenen Kondensationstemperaturen können den Dampftabellen [2] entnommen werden.

9.1.2 Leistung von Kondensatoren

Kondensatoren übertragen die vom Dampf abgegebene Kondensationswärme an das Kühlmittel; damit sind sie Wärmetauscher. Die Wärmeleistung (der Wärmestrom) $\dot{Q}$ (in W) ist proportional der Austauschfläche A (in m^2), der den Wärmetransport verursachenden mittleren Temperaturdifferenz ΔT_m (in K), sowie dem Wärmedurchgangskoeffizienten k (in W·m^{-2}·K^{-1})

$$\dot{Q} = A \cdot \Delta T_m \cdot k. \tag{9.1}$$

Der Kondensatstrom $q_{m,\,C}$ (in kg·s^{-1}) ist proportional der Wärmeleistung $\dot{Q}$ und beträgt

$$q_{m,\,C} = \frac{\dot{Q}}{r} \tag{9.2}$$

worin r die spezifische Kondensationswärme (in J·kg^{-1}) ist.

Zur Darstellung der mittleren Temperaturdifferenz ΔT_m ist in Bild 9.3 der Temperaturverlauf von Dampf und Kühlmittel längs der Kondensationsfläche 2 in Flußrichtung x (vgl. Bild 9.1) aufgetragen. Dabei wurden ideale Kondensationsbedingungen, d.h. im gesamten Dampfraum ein konstanter Dampfdruck p_d und damit eine konstante Sättigungstemperatur (Taupunkttemperatur), angenommen. Das ist nur möglich, wenn reiner Dampf ohne nichtkondensierbare Anteile, z.B. Luft, anfällt und ein Kondensator verwendet wird, der durch große Strömungsquerschnitte für den Dampf keinen Druckabfall hat. Bei realen Verhältnissen sinkt die Sättigungstemperatur (Taupunkttemperatur) T_s längs der Kondensationsfläche ab (vgl. Abschnitt 9.1.3 und Bild 9.7).

Die Temperatur des Kühlmittels T_K steigt von der Eintrittstemperatur $T_{K,e}$ auf die Austrittstemperatur $T_{K,a}$ an, weil die Kondensationswärmeleistung $\dot{Q}$ aufgenommen wird.

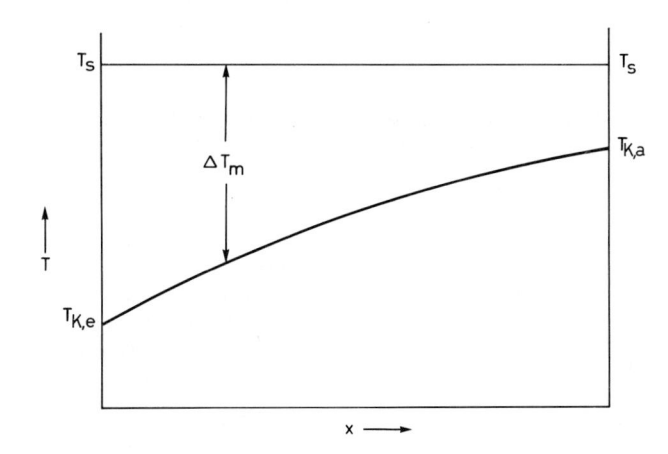

Bild 9.3

Temperaturverlauf bei idealer Kondensation (Taupunkttemperatur T_s = const). x = Koordinate der Durchflußrichtung des Kühlmittels. T_K = Temperatur des Kühlmittels.

Dieser Temperaturanstieg ist bestimmt durch den Massendurchfluß I_K (in kg·s^{-1}) des Kühlmittels und errechnet sich aus

$$T_{K,a} - T_{K,e} = \frac{\dot{Q}}{I_K \cdot c_K}, \qquad (9.3)$$

worin c_K die spezifische Wärmekapazität des Kühlmittels (in J·kg^{-1}·K^{-1}) bedeutet (für Wasser ist c_K = 4200 J·kg^{-1}·K^{-1}).

Für genauere Rechnungen ist (weil $T_K(x)$ etwa einem Exponentialgesetz gehorcht) für die mittlere Temperaturdifferenz in Gl. (9.1) der logarithmische Mittelwert

$$\Delta T_m = \frac{\Delta T_e - \Delta T_a}{\ln \frac{\Delta T_e}{\Delta T_a}} \qquad (9.4)$$

der (größeren) Temperaturdifferenz $\Delta T_e = T_s - T_{K,e}$ am Eintritt und der (kleineren) Temperaturdifferenz $\Delta T_a = T_s - T_{K,a}$ am Austritt des Kondensators einzusetzen.

Bei einem Verhältnis $\frac{\Delta T_e}{\Delta T_a} < 3$ bleibt der Fehler kleiner als 10 %, wenn als mittlere Temperaturdifferenz das algebraische Mittel

$$\Delta T_m = \frac{\Delta T_e + \Delta T_a}{2} \qquad (9.5)$$

eingesetzt wird.

Der Reziprokwert des Wärmedurchgangskoeffizienten k stellt den Wärmedurchgangswiderstand

$$\frac{1}{k} = \frac{1}{\alpha_C} + \frac{d}{\lambda} + \frac{1}{\alpha_K} \qquad (9.6)$$

dar; er setzt sich aus den drei Teilwiderständen $\frac{1}{\alpha_C}$ (Wärmeübergangswiderstand an der Kondensationsseite), $\frac{d}{\lambda}$ (Wärmedurchlaßwiderstand der Kühlflächenwand) und $\frac{1}{\alpha_K}$ (Wärmeübergangswiderstand auf der Kühlmittelseite) zusammen (Bild 9.4). Hierin sind die Wärmeübergangskoeffizienten α in W·m^{-2}·K^{-1}, die Wärmeleitfähigkeit λ des Kühlflächenmaterials in W·m^{-1}·K^{-1} und die Wanddicke d der Kühlfläche in m einzusetzen.

Der Wärmedurchlaßwiderstand $\frac{d}{\lambda}$ des Kühlflächenmaterials ist bei der üblichen Ausführung aus dünnem Metall (Stahl oder Kupfer) vernachlässigbar klein. Auf der Kühlmittelseite

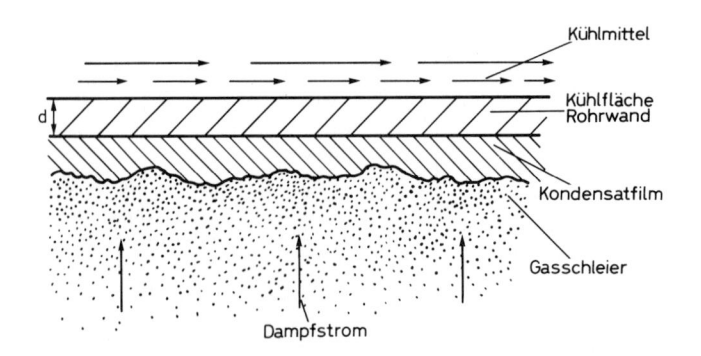

Bild 9.4
Schematische Darstellung der Wärmeübertragung vom kondensierenden Dampf auf das Kühlmittel.

erreicht der Wärmeübergangswiderstand $\frac{1}{\alpha_K}$ günstige kleine Werte, wenn durch ausreichende Strömungsgeschwindigkeit turbulente Strömung erreicht und außerdem die Bildung von Schmutzschichten verhindert wird. Bei Kondensation von reinem Dampf ohne Beimischung von nichtkondensierbaren Anteilen wird der Wärmeübergangswiderstand $\frac{1}{\alpha_C}$ auf der Kondensationsseite fast ausschließlich durch die Wärmeleitung des Kondensatfilms bestimmt und hat dann meist einen sehr günstigen Wert. Unter diesen Voraussetzungen existieren gut fundierte Berechnungsmethoden, die eine sichere Vorausbestimmung des Wärmedurchgangskoeffizienten k gestatten (VDI-Wärmeatlas [1]).

Problematisch wird die Vorausbestimmung des Wärmeübergangswiderstands $\frac{1}{\alpha_C}$ auf der Kondensationsseite, wenn nennenswerte Anteile nichtkondensierbarer Gase im Dampf vorhanden sind. Diese Gase reichern sich vor der Kühlfläche an, da hier nur die Dampfanteile durch Kondensation verschwinden; so entsteht eine starke örtliche Partialdruckerhöhung der nichtkondensierbaren Anteile. Die Dämpfe müssen durch diesen Gasschleier diffundieren, ehe sie an die Kondensationsfläche kommen (s. auch Bild 9.4).

Dicke und Konzentration dieses die Kondensation stark behindernden Gasschleiers werden begünstigt durch hohen Gasanteil im Dampf, laminare Strömung, kleine Strömungsgeschwindigkeit des Dampfes und/oder einen kleinen Totaldruck p_{tot} mit entsprechendem Anstieg der kinematischen Gasviskosität; dadurch wird das Fortblasen des Gasschleiers erschwert. Außerdem können sich durch ungleichmäßige Dampfströmung Gasnester bilden, die Teile des Kondensators ganz wirkungslos machen.

Da es für diese Fälle keine Berechnungsgrundlagen gibt, müssen hier die Wärmedurchgangskoeffizienten aus der Erfahrung und mit entsprechenden Sicherheiten abgeschätzt werden. In Tabelle 9.2 sind grobe Richtwerte für Wärmedurchgangskoeffizienten k bei der Kondensation von Wasserdampf mit Wasser als Kühlmittel zur Orientierung angegeben.

Tabelle 9.2 Richtwerte für den Wärmedurchgangskoeffizienten k in $W \cdot m^{-2} \cdot K^{-1}$ bei Kondensation von Wasserdampf mittels Kühlwasser

Großkondensatoren für reinen Dampf (Turbinenkondensatoren)	3500
Kleine Rohrschlangenkondensatoren für reinen Dampf	1200
Rohrschlangenkondensatoren mit geringem Gasanteil (ca. 5 % am Kondensatorausgang)	800
Rohrschlangenkondensatoren mit hohem Gasanteil (ca. 30 % am Kondensatorausgang)	400

In Bild 9.5 sind die flächenbezogenen Kondensationsströme und das zugehörige flächenbezogene Saugvermögen für einen Kondensator für reinen Wasserdampf angegeben, wenn jener mit Frischwasser von $\vartheta_{K,e} = 12\ °C$ bzw. mit Rückkühlwasser von $\vartheta_{K,e} = 25\ °C$ betrieben wird.

Bei der Kondensation von organischen Stoffen ist, grob überschlägig, mit ähnlichen Kondensatströmen $q_{m,C}$ wie bei der Kondensation von Wasser zu rechnen, obwohl durch die wesentlich kleineren spezifischen Kondensationswärmen r (vgl. Tabelle 9.1) die Wärmeleistung sehr viel kleiner ist; die Wärmeleitfähigkeit λ des Kondensatfilms ist hier wesentlich geringer, und meistens ist der Kondensatfilm infolge höherer Viskosität des Kondensats dicker, so daß der Wärmeübergangskoeffizient α_C auf der Kondensationsseite sehr viel kleiner als der bei der Kondensation von Wasser ist.

9 Kondensatoren

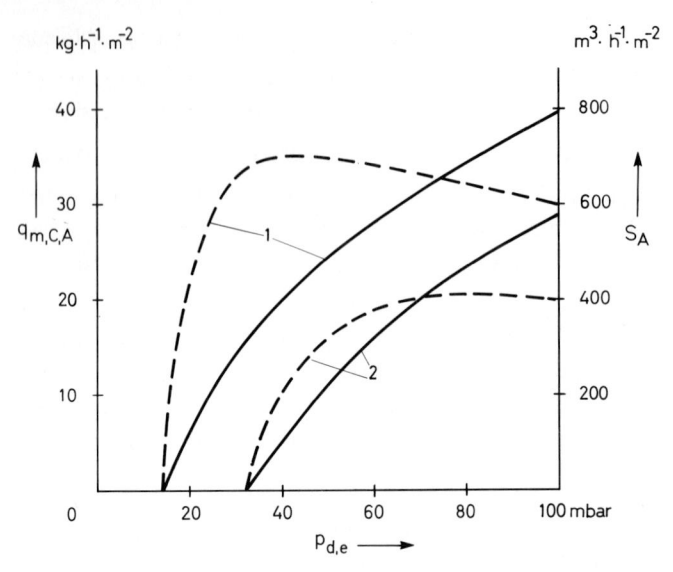

Bild 9.5 Flächenbezogener Kondensationsstrom $q_{m,C,A}$ in kg h^{-1} m^{-2} (ausgezogene Linien) und flächenbezogenes Saugvermögen S_A in m³ h^{-1} m^{-2} (getrichelte Linien) in Abhängigkeit vom Wasserdampfdruck auf der Ansaugseite $p_{d,e}$ beim Wärmedurchgangskoeffizienten k = 1 200 W m^{-2} K^{-1} und bei verschiedenem Kühlmitteldurchfluß I_K: 1 Betrieb mit Frischwasser $\vartheta_{K,e}$ = 12 °C, I_K = 1 000 kg · h^{-1}. 2 Betrieb mit Umlaufwasser $\vartheta_{K,e}$ = 25 °C, I_k = 2 000 kg · h^{-1}.

9.1.3 Stromstärken und Partialdrücke (vgl. Abschnitt 4)

In vielen Fällen sind der bei einem Trocknungs- oder Verdampfungsprozeß anfallende Dampfstrom und der Gas-(Luft-)Leckstrom als Massenstrom (z. B. in kg · h^{-1}) oder als (pV)-Strom (z. B. in mbar · m³ · h^{-1}) bekannt. Das Saugvermögen S der Vakuumpumpen jedoch ist als Volumenstromstärke (z. B. in m³ · h^{-1}) eine ungefähre Apparatekonstante. Daher ist es nötig, die verschiedenen Stromstärken ineinander umzurechnen und weiter den Zusammenhang dieser Größen mit den Partialdrücken eines Gas-(Luft-)Dampf-Gemischs herzustellen.

Nach Abschnitt 2.6.2 kann für Dämpfe ebenso wie für Gase die Zustandsgleichung der idealen Gase (2.31) angewandt werden, die wir in der Form

$$p \cdot V = m \cdot \frac{RT}{M_{\text{molar}}} \qquad (2.31.5)$$

anwenden wollen. Daraus folgt für den Volumenstrom $q_V =: \dot{V}$ durch Differentiation nach der Zeit der Zusammenhang mit dem Massenstrom $q_m =: \dot{m}$

$$q_V =: \dot{V} = \frac{1}{p} \cdot \dot{m} \cdot \frac{RT}{M_{\text{molar}}} = \frac{1}{p} \cdot q_m \cdot \frac{RT}{M_{\text{molar}}}; \qquad (9.7)$$

für den (pV)-Strom q_{pV} erhält man durch Umordnung

$$q_{pV} =: p \cdot \dot{V} = q_m \cdot \frac{RT}{M_{\text{molar}}}. \qquad (9.8)$$

9.1 Kondensatoren als Vakuumpumpen 9.1.3

Setzt man für $R = 8{,}314 \text{ kJ} \cdot \text{kmol}^{-1} \cdot \text{K}^{-1}$ (Gl. (2.30)), für $M_{\text{molar}} = M_r \cdot \text{kg} \cdot \text{kmol}^{-1}$ (Gl. (2.18)), wobei M_r die relative Molekülmasse des betrachteten Dampfes oder Gases ist, und wählt man als Bezugstemperatur $\vartheta = 29\ °C$ entsprechend $T = 302$ K, so wird die Konstante

$$\frac{RT}{M_{\text{molar}}} = \frac{8{,}314 \cdot 10^3 \text{ J} \cdot 302 \text{ K} \cdot \text{kmol} \cdot T}{\text{kmol} \cdot \text{K} \cdot M_r \cdot \text{kg} \cdot 302 \text{ K}}$$

$$\approx \frac{2\,500\,000}{M_r} \text{ J} \cdot \text{kg}^{-1} \cdot \text{K}^{-1} \cdot \frac{T}{302 \text{ K}}.$$

(Man erkennt, daß $\vartheta = 29\ °C$ als Bezugstemperatur gewählt wurde, damit man den runden Zahlenwert 2 500 000 erhält). Werte für die relative Molekülmasse M_r finden sich in Tabelle 9.1 und Tabelle 16.3. Rechnet man mit dieser Konstanten in den Gln. (9.7) und (9.8) weiter, so sind der Druck p in Pascal, das Volumen V in m³ und die Masse in kg einzusetzen. Will man mit der den Problemen meist besser angepaßten Druckeinheit Millibar rechnen, so ergeben sich die Rechengleichungen

$$q_V = \dot{V} \approx \frac{1}{p} \cdot q_m \cdot \frac{25\,000}{M_r} \cdot \left(\frac{T}{302}\right) \tag{9.9}$$

und

$$q_{pV} \approx q_m \frac{25\,000}{M_r} \left(\frac{T}{302}\right) \tag{9.10}$$

$\dot{V}$ in m³·s⁻¹ bzw. m³·h⁻¹, p in mbar, q_m in kg·s⁻¹ bzw. kg·h⁻¹, T in K, q_{pV} in mbar·m³·s⁻¹ bzw. mbar·m³·h⁻¹

Für die Bezugstemperatur $\vartheta = 29\ °C$ entsprechend $T = 302$ K wird der Faktor $T/302$ gleich eins. Zur Unterscheidung von Gas bzw. Dampf werden die Indizes g bzw. d verwendet (z.B. $q_{m,g}$, $q_{pV,d}$, siehe Fußnote 1) auf S. 260).

Das in den Kondensator mit der Stromstärke $q_e = q_{g,e} + q_{d,e}$ eintretende Gas-(Luft-)Dampfgemisch hat einen Totaldruck, der sich aus den Partialdrücken additiv zusammensetzt $p_{\text{tot},e} = p_{g,e} + p_{d,e}$. Bei der Strömung des Gemischs durch den Kondensator tritt wegen des (kleinen) Strömungswiderstands ein (geringfügiger) Druckabfall Δp ein, so daß der Totaldruck am Austritt $p_{\text{tot},a}$ etwas kleiner als am Eingang ist. Im Kondensator wird aber ein Großteil des Dampfes abgeschieden, so daß sein Partialdruck am Austritt $p_{d,a}$ relativ klein geworden ist ($p_{d,a} = (0{,}5 \ldots 0{,}95) p_{\text{tot},a}$, vgl. Abschnitt 9.3); damit muß wegen $p_{\text{tot},a} = p_{d,a} + p_{g,a}$ der Partialdruck des Gases (Luft) ansteigen. Bild 9.6 stellt diesen Druckverlauf bei Durchströmen des Kondensators dar: In Strömungsrichtung y nimmt der Totaldruck p_{tot} geringfügig, der Dampfpartialdruck p_d stärker, aber stetig ab, während der Gas-(Luft-)Partialdruck p_g stetig wächst.

Die Änderung der Partialdrücke läßt sich berechnen, wenn man die Zustandsgleichung für Gasgemische (2.35) heranzieht.

Strömt durch einen Querschnitt in der Zeitspanne t das Gemisch-Volumen V, das die Masse $m_{\text{ges}} = m_d + m_g$ bzw. die pV-Menge $(pV)_{\text{ges}} = p_d \cdot V + p_g \cdot V$ besitzt (p_d, p_g = Partialdrücke von Dampf und Gas, $p_{\text{tot}} = p_d + p_g$), dann entspricht der Volumenstromstärke $q_V = \dot{V}$ der Massenstrom $q_{m,\text{ges}} = q_{m,d} + q_{m,g}$ und der pV-Strom $q_{pV} = p_{pV,d} + p_{pV,g}$. Aus Gl.

9 Kondensatoren

(2.35) lassen sich dann unter Verwendung der Definitionsgln. (9.7) und (9.8) die folgenden Beziehungen herleiten:

$$\frac{p_d}{p_{tot}} = \frac{p_d}{p_d + p_g} = \frac{q_{pV,d}}{q_{pV,d} + q_{pV,g}} = \frac{q_{pV,d}}{q_{pV,ges}} \tag{9.11}$$

und analog

$$\frac{p_g}{p_{tot}} = \frac{q_{pV,g}}{q_{pV,ges}}. \tag{9.12}$$

Durch Division erhält man

$$\frac{p_d}{p_g} = \frac{q_{pV,d}}{q_{pV,g}}. \tag{9.13}$$

Ebenso erhält man

$$\frac{p_d}{p_d + p_g} = \frac{q_{m,d}/M_{r,d}}{q_{m,d}/M_{r,d} + q_{m,g}/M_{r,g}} \tag{9.11a}$$

und hieraus durch Umordnung

$$\frac{q_{m,d}}{q_{m,ges}} = \frac{p_d \cdot M_{r,d}}{p_d \cdot M_{r,d} + p_g \cdot M_{r,g}} \tag{9.11b}$$

sowie die analogen Gln. (9.12a, b), sowie

$$\frac{p_d}{p_g} = \frac{q_{m,d}}{q_{m,g}} \cdot \frac{M_{r,g}}{M_{r,d}} \tag{9.13a}$$

Beispiel 9.1: In einen Kondensator strömt ein Gasgemisch der Stromstärke $q_{m,e} = q_{m,d,e} + q_{m,g,e}$ mit dem Wasserdampfanteil ($M_r = 18$) $q_{m,d,e} = 0{,}95\, q_{m,e}$ und dem Luftanteil ($M_r = 29$) $q_{m,g,e} = 0{,}05\, q_{m,e}$ ein. Beim Durchströmen sollen 50 % (90 %) des Dampfes ($q_{m,C} = 0{,}5\, q_{m,d,e}$ bzw. $0{,}9\, q_{m,d,e}$) kondensiert werden. Aus Gl. (9.13a) findet man

$$\left(\frac{p_d}{p_g}\right)_e = \frac{0{,}95\, q_{m,e}}{0{,}05\, q_{m,e}} \cdot \frac{29}{18} = 30{,}6, \quad \frac{p_d + p_g}{p_g} = 31{,}6$$

$$\frac{p_g}{p_{tot}} = 0{,}03 \quad \text{und} \quad \frac{p_d}{p_{tot}} = 0{,}97.$$

Am Austritt wird $q_{m,d,a} = 0{,}5 \cdot 0{,}95 \cdot q_{m,e} = 0{,}475\, q_{m,e}$ bzw. $q_{m,d,a} = 0{,}1 \cdot 0{,}95\, q_{m,e} = 0{,}095\, q_{m,e}$ und $q_{m,g,a} = q_{m,g,e} = 0{,}05\, q_{m,e}$; mit Gl. (9.13a) erhält man dann

$$\left(\frac{p_d}{p_g}\right)_a = \frac{0{,}475 \cdot 29}{0{,}05 \cdot 18} = 15{,}31 \quad \text{bzw.} \quad 3{,}06$$

d. h.

$$\left(\frac{p_g}{p_{tot}}\right)_a = 0{,}061 \quad \text{bzw.} \quad 0{,}246$$

$$\left(\frac{p_d}{p_{tot}}\right)_a = 0{,}939 \quad \text{bzw.} \quad 0{,}754$$

9.1 Kondensatoren als Vakuumpumpen 9.1.3

Selbst bei 90-prozentiger Abscheidung beträgt der Dampf-Partialdruck am Ausgang des Kondensators noch 75 % des Gesamtdrucks. Aber der durch die Pumpe am Ausgang abzufördernde Gesamtstrom ist dann nur noch 14,5 % des einfließenden Stroms.

Das Absinken des Dampfdrucks p_d in Strömungsrichtung beim Durchströmen des Kondensators, wie es Bild 9.6 zeigt, hat natürlich zur Folge, daß gemäß der Dampfdruckkurve auch die Sättigungstemperatur (Taupunkttemperatur) T_s sinkt. Der in Bild 9.3 dargestellte Temperaturverlauf bei idealer Kondensation ist daher zu korrigieren; Bild 9.7 gibt diesen Sachverhalt wieder. Damit verkleinert sich auch die Temperaturdifferenz ΔT_a.

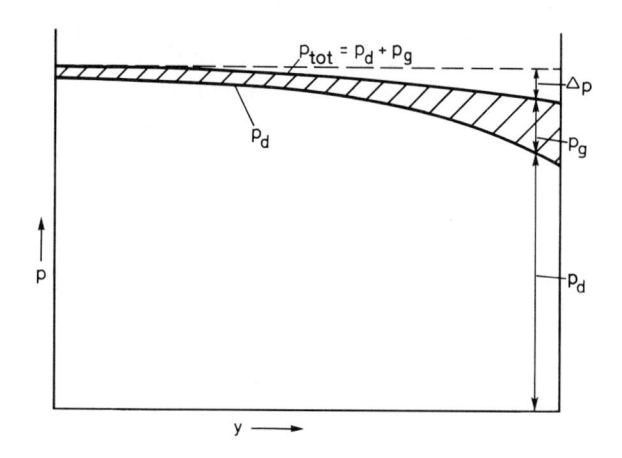

Bild 9.6
Änderung der Partialdrücke von Dampf und Gas in Flußrichtung y des Dampf-Gas-Gemischs durch den Kondensator bei realer Kondensation. $p_d + p_g = p_{tot,e} - \Delta p$.
Δp = Druckabfall im Kondensator infolge des Strömungswiderstandes.

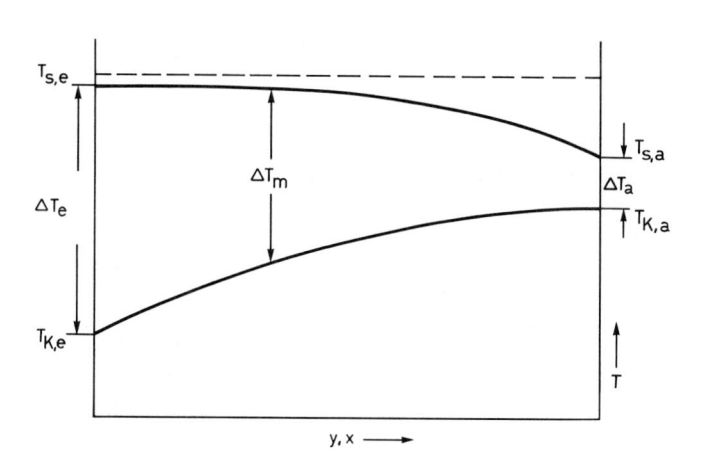

Bild 9.7 Temperaturen im Kondensator bei realer Kondensation. $T_{s,e}$, $T_{s,a}$ Sättigungstemperatur (Taupunkttemperatur) des Dampfes am Eintritt bzw. Austritt des Dampf-Gas-Gemischs, Temperaturverlauf in y-Richtung. $T_{K,e}$, $T_{K,a}$ Kühlmitteltemperatur am Eintritt bzw. Austritt des Kühlmittels, Temperaturverlauf in x-Richtung (vgl. Bild 9.1). ΔT_m vgl. Gln. (9.4), (9.5).

9.1.4 Kühlmittel

Zur Kühlung von Kondensatoren wird überwiegend Kühlwasser benutzt. Die Verwendung von Rückkühlwasser nimmt dabei — bedingt durch die Kostensteigerung für Frischwasser — ständig zu. Während die jahreszeitliche Schwankung der Frischwassertemperatur meist gering ist, können bei Verwendung von Rückkühlwasser im Hochsommer Zulauftemperaturen $\vartheta_{K,e} > 25\ °C$ auftreten, wobei die Gefahr einer Überschreitung der Dampfverträglichkeit der nachgeschalteten Vakuumpumpe besteht (s. Abschnitt 9.3).

Für Sonderfälle werden auch andere Kühlmittel verwendet. Bei der Kondensation von Stoffen mit hohem Schmelzpunkt und bei der Trennung von Dampfgemischen durch Teilkondensation werden Kühlmittel mit erhöhter Temperatur, z.B. Warmwasser, benutzt. Zur Erreichung besonders niedriger Dampfdrücke oder zur Lösungsmittelrückgewinnung wird durch Kältemaschinen gekühltes Wasser mit einer Temperatur knapp über dem Erstarrungspunkt (z.B. $\vartheta_K \approx 1\ °C$) eingesetzt. Tiefgekühlte Sole (z.B. $\vartheta_K \approx -35\ °C$) wird zur Kühlung von Eiskondensatoren, zur Lösungsmittelkondensation und zum Betrieb von Schutzkondensatoren vor Vakuumpumpen angewandt. Eiskondensatoren, Kondensatoren zur Lösungsmittelkondensation und zur restlosen Kondensation hochwertiger Stoffe sowie Kondensatoren zum Schutz von Vakuumpumpen werden auch durch direkt eingespritztes und verdampftes Kältemittel ($\vartheta_K = -20 \ldots -100\ °C$) gekühlt.

Alle diese Sonderaufgaben mit vom Normalfall abweichenden Kondensationsbedingungen auf der Dampf- und Kühlmittelseite erfordern gesonderte Berechnung unter Beachtung der geänderten Bedingungen.

9.2 Bauarten von Kondensatoren

9.2.1 Oberflächenkondensatoren für Flüssigkondensation

In der Vakuumtechnik sind Oberflächenkondensatoren für Flüssigkondensation die Regel. Dabei wird die Kondensationsfläche meistens durch Rohre gebildet, in denen das Kühlmittel — normalerweise Kühlwasser — mit Geschwindigkeiten von 0,4 ... 2 m·s^{-1} fließt. Der Dampf strömt um die Rohre, weil hier leichter genügend weite Querschnitte für das große Volumen des mit kleinem Druck anfallenden Dampfes geschaffen werden können.

Rohrschlangenkondensatoren (Bild 9.8) sind in der Vakuumtechnik besonders weit verbreitet: Die einfache und preisgünstige Herstellung von Kondensatoren bis zu einigen m² Kondensationsfläche ermöglicht gleichzeitig hohe Kühlwassergeschwindigkeiten, große Dampfquerschnitte und — durch das Fehlen vieler Verbindungen — eine sehr gute Dichtheit auch für lange Betriebszeit.

Bild 9.8
Rohrschlangenoberflächenkondensator. 1 Dampfeintritt. 2 Restgasaustritt. 3 Kondensataustritt. 4 Kühlmitteleintritt. 5 Kühlmittelaustritt.

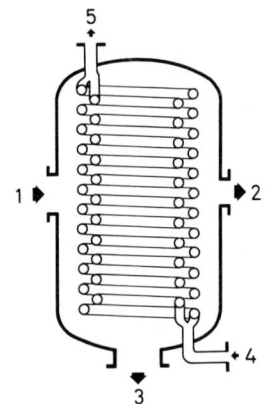

9.2 Bauarten von Kondensatoren 9.2.1

Rohrbündelkondensatoren (Bild 9.9) können leicht mit großen Kondensationsflächen hergestellt werden; sie zeichnen sich durch gute Ausnutzung des Kondensatorraums aus, erlauben einen großen Kühlmitteldurchsatz durch Parallelschaltung der Rohre und können nach Abnehmen der Vorköpfe leicht auf der Kühlwasserseite gereinigt werden. Diese und noch aufwendigere Konstruktionen (z.B. Rohrbündelkondensatoren mit schwimmendem Kopf, die auch auf der Kondensatseite zugänglich sind) werden bevorzugt in der chemischen Industrie eingesetzt.

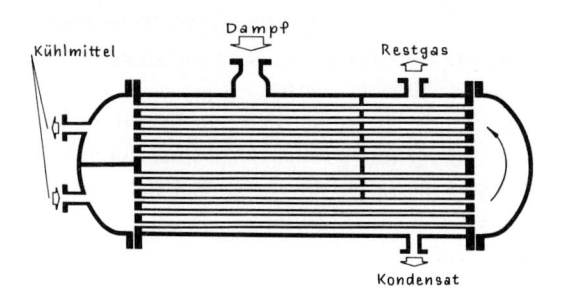

Bild 9.9 Rohrbündeloberflächenkondensator.

Eine sehr günstige Anordnung von Rohrbündelkondensatoren ist in Dünnschicht-Kurzwegverdampfern (Bild 9.10) zu finden, wo hochmolekulare Dämpfe von der Verdampferfläche her allseitig auf das zwei- oder mehrreihige Rohrbündel treffen und dabei die nichtkondensierbaren Anteile durch die Rohre hindurch verdrängen, die dann von der am Innenraum des Rohrbündels angeschlossenen Vakuumpumpeinrichtung leicht entfernt werden können.

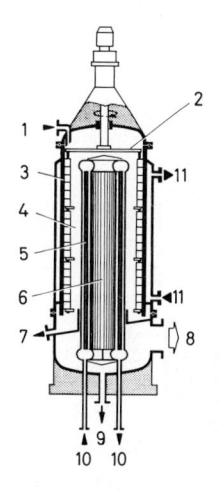

Bild 9.10 Kurzwegdestillationskolonne. 1 Produkteintritt. 2 Verteileinrichtung. 3 Verdampferfläche. 4 Dampfraum. 5 Rohrbündelkondensator. 6 Restgasraum. 7 Rückstandsaustritt. 8 Restgasaustritt. 9 Destillationsaustritt. 10 Kühlmittelein- u. austritt. 11 Heizung durch Umlauf warmer Flüssigkeit.

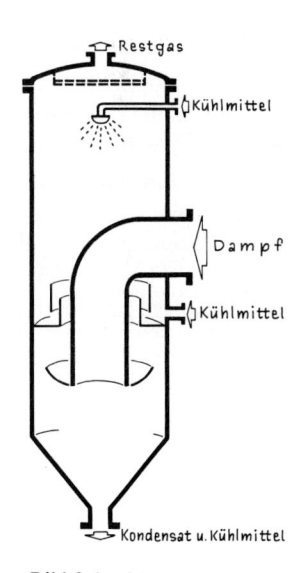

Bild 9.11 Mischkondensator.

9.2.2 Mischkondensatoren

Mischkondensatoren wie in Bild 9.11 sind besonders bei Dampfstrahl-Vakuumpumpen als Zwischenkondensatoren üblich, weil hier größere Mengen Dampf als Treibmittel gebraucht und niedergeschlagen werden müssen. Das Kühlwasser wird hier in den Kondensatorraum direkt eingespritzt und mittels Kaskadenverteiler mehrfach großflächig mit dem Dampf in Kontakt gebracht. Diese Bauart zeichnet sich durch einfachen Aufbau und gute Ausnützung des Kühlwassers aus. Dabei muß in Kauf genommen werden, daß sich Kühlwasser und Kondensat mischen, was nur bei unschädlichem und wertlosem Kondensat möglich ist. Die Auslegung der dem Kondensator nachgeschalteten Pumpstufe muß die im Kühlwasser gelösten und bei dem Kondensationsvorgang frei werdenden Gase berücksichtigen; im Normalfall sind ca. 20 mbar · m^3 Gas in 1000 kg Kühlwasser gelöst.

Da die „Austauschfläche" der Kondensatoren bei dieser Bauart nicht bekannt, aber sehr groß ist, kann die Berechnung der Wärmeleistung $\dot{Q}$ hier aus dem Kühlwasserdurchfluß I_K erfolgen, wenn angenommen wird, daß sich das Kühlwasser von der Eintrittstemperatur $T_{K,e}$ bis auf 1 K auf die Sättigungstemperatur T_s des Dampfes erwärmt:

$$\dot{Q} = I_K \cdot c_K \cdot (T_s - T_{K,e} - 1 \text{ K}) \tag{9.14}$$

Hierin ist die spezifische Wärmekapazität c_K des Kühlmittels in J · kg^{-1} · K^{-1} einzusetzen, wenn $\dot{Q}$ in Watt, I_K in kg · s^{-1} und T in K gemessen wird.

9.2.3 Kondensatausschleusung

Die Kondensatausschleusung, d.h. bei Kondensation unter Vakuum der Transport des angefallenen Kondensats aus der Vakuumanlage, geschieht bei kleinem Kondensatanfall und bei Chargenprozessen diskontinuierlich.

Die einfachste Art des Kondensatsammlers ist eine große Vorlage, die die Kondensatmenge einer Charge aufnehmen kann und danach abgelassen wird. Dabei kann die Kondensatmenge gemessen werden. Zur Sicherheit sollte ein Schwimmerschalter vorgesehen werden, der bei maximalem Kondensatstand in der Vorlage ein Warnsignal auslöst.

Ein kleiner Kondensatsammler kann verwendet werden, wenn das Ablassen des Kondensats durch Bedienungserleichterung für die drei notwendigen Ventile – Absperrventil zwischen Kondensator und Vorlage, Belüftungsventil und Ablaßventil – vereinfacht ist. Eine bewährte Konstruktion zeigt Bild 9.12. Der „Luftschluck", der nach Beendigung der Kondensatentleerung durch das Wiederevakuieren des relativ kleinen Sammelgefäßes in die Vakuumanlage einströmt, bleibt begrenzt.

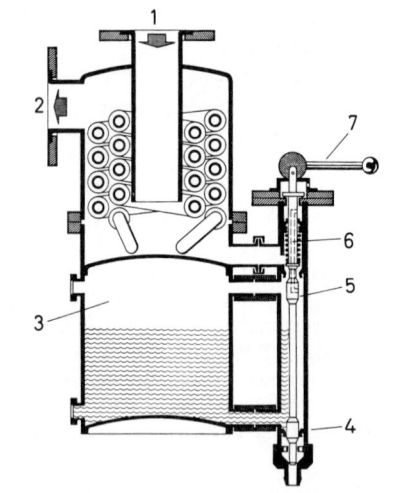

Bild 9.12
Kondensat-Schnellentleerung. 1 Dampfeintritt. 2 Restgasaustritt. 3 Kondensat-Sammelvorlage. 4 Kondensatdurchtrittsventil. 5 Kondensatablaßventil. 6 Belüftungsbohrung. 7 Betätigung der Ventilkombination.

Sinkt der Dampfdruck über der Charge im Verlauf der Trocknung unter den Kondensatordruck ab (z.B. bei der Trocknung von papierisolierten Hochspannungsgeräten), so muß zur Vermeidung der Rückverdampfung von Kondensat — je nach Kühlwassertemperatur bei einem Druck von 15 ... 30 mbar im Kondensator — die Vorlage abgesperrt werden. Dazu kann eine Automatik eingesetzt werden: Ein Zeitrelais schließt das Magnet-Absperrventil zwischen Kondensator und Kondensatsammelgefäß in einstellbaren Zeitabständen (z.B. alle 30 min), während ein über diesem Ventil eingebauter Schwimmerschalter nur dann das Signal zum Wiederöffnen dieses Ventils gibt, wenn noch Kondensat anfällt.

Bei kontinuierlichen Verfahren mit größerem Kondensatanfall wird die Ausförderung mit einer geeigneten Pumpe durchgeführt. Bei sehr gleichmäßigem Kondensatanfall wird diese Pumpe auf die erforderliche Pumpleistung eingeregelt und zur Pufferung in der Saugleitung ein Zwischensammler vorgesehen. Bei ungleichmäßigem Kondensatanfall muß die Förderpumpe für den Spitzenbedarf ausgelegt werden; die Schwankungen des Kondensatstroms werden durch ein vom Flüssigkeitsstand im Zwischensammler gesteuertes Regelventil in einer Umwegleitung kompensiert.

Eine sehr beliebte Art der Kondensatausförderung ist die barometrische Ausschleusung. Hierzu muß im Falle von Wasser als Kondensat eine Höhendifferenz von mindestens 10 m zur Verfügung stehen. Diese Wassersäule entspricht dem Atmosphärendruck von 1000 mbar, so daß auf diese Art Kondensat ohne Zuhilfenahme einer Pumpe aus einer Vakuumanlage ausfließen kann. Besonders bei Verwendung von Mischkondensatoren, bei denen außer dem Kondensat die normalerweise etwa 60 mal größere Kühlwassermenge ausgetragen werden muß, hat sich diese Austragsart eingeführt.

9.2.4 Oberflächenkondensatoren zur Feststoffkondensation

Auch Oberflächenkondensatoren zur Feststoffkondensation (Eiskondensatoren) werden als Rohrschlangenapparate — zum Teil unter Verwendung von Rippenrohren — ausgeführt. Kühlmittel sind hier Sole oder ein Kältemittel, das direkt in den Rohren verdampft und damit Wärme aufnimmt.

Zur Erzielung einer gleichmäßigen Belegung mit Eis sind hier eine besonders gute Dampfverteilung, eine optimale Anordnung der Kondensationsflächen, sowie eine sichere Absaugung der nichtkondensierbaren Gase notwendig. Die Konstruktion erfordert viel Erfahrung (Bild 9.13).

Bei Wasser-Eis sind Belegungen bis zu 15 mm Dicke üblich, d.h., es können ca. 12 kg Eis je m^2 Kühlfläche aufgenommen werden. Bei Chargenbetrieb wird der Kondensator zur Aufnahme der gesamten Kondensatmenge ausgelegt; dabei wird der gegen Ende der Charge schwieriger werdende Wärmetransport durch die dickere Eisschicht durch den dann meist geringeren Dampfanfall kompensiert.

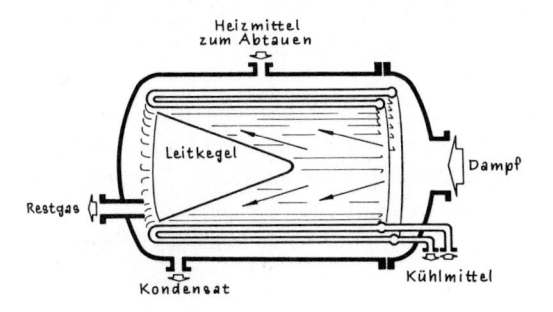

Bild 9.13

Kondensator für Festkondensation (Eiskondensator).

9 Kondensatoren

Bei kontinuierlichen Verfahren werden mehrere Eis-Kondensatoren vorgesehen, die im Wechsel abgesperrt und – meistens durch Einblasen von Heißdampf – in kurzer Zeit abgetaut und, nach entsprechender Vorkühlung, wieder zugeschaltet werden.

9.3 Kondensatoren in Kombination mit Vakuumpumpen

Bei einem Pumpsatz für Chargenbetrieb muß die Vakuumpumpe drei Bedingungen erfüllen: Sie muß erstens die Anfangsevakuierung in einer Zeit durchführen, die im richtigen Verhältnis zur Gesamtchargenzeit steht; zweitens muß der Gaspartialdruck während der Kondensation ausreichend niedrig gehalten werden, und drittens muß die Vakuumpumpe ein ausreichendes Saugvermögen für die meist anschließende Feintrocknung bei niedrigem Druck erbringen, evtl. in Verbindung mit einer vorgeschalteten Wälzkolbenpumpe. Meistens wird die Größe der Vakuumpumpe durch die erste oder letzte Forderung bestimmt. Damit ist sie zum Absaugen der Gase aus dem Kondensator zu groß und muß gedrosselt werden, wenn Wert auf die Rückgewinnung des Kondensats gelegt wird. Der Kondensator soll so ausgelegt werden, daß der Dampfpartialdruck $p_{d,a}$ am Ausgang die Dampfverträglichkeit der Vakuumpumpe nicht übersteigt. In Bild 9.14 ist das Schema eines derartigen Pumpensatzes gezeigt, wobei die stark ausgezogenen Teile die Normalausrüstung kennzeichnen. Bei einem Dampfpartialdruck $p_{d,a}$ am Kondensatorausgang, der die Dampfverträglichkeit der Vakuumpumpe überschreitet, kann durch das Ventil V6 eine Drosselblende eingeschaltet werden (das parallel geschaltete Ventil V4 wird dabei geschlossen). Sie bewirkt, daß sich der Gaspartialdruck $p_{g,a}$ am Kondensatorausgang erhöht.

Bild 9.14
Schema eines Vakuumpumpsatzes für Chargenbetrieb. 1 Vakuumbehälter (z. B. Trockenschrank). 2 Wälzkolbenvakuumpumpe. 3 Kondensator mit Sammelgefäß. 4 Sperrschiebervakuumpumpe. 5 Drosselblende. V1 bis V8 Absperrventile. Fett ausgezogen: Normalausrüstung des Pumpsatzes.

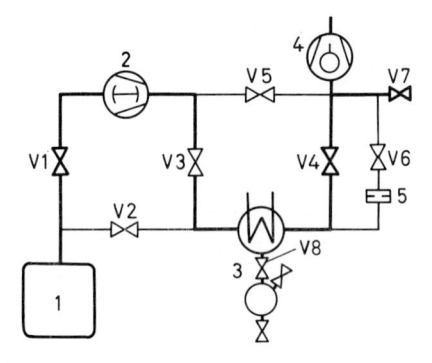

Beim Übergang zur Feintrocknung sinkt der Dampfpartialdruck p_d unter den der Kühlmitteltemperatur $T_{K,e}$ entsprechenden Sättigungsdruck ab; das Kondensatsammelgefäß wird dann durch Schließen des Ventils V8 abgesperrt, um ein Rückverdampfen von Kondensat zu vermeiden (s. auch Abschnitt 9.2.3). Da die Vakuumpumpe auch bei abgesperrtem Kondensatsammelgefäß ca. 1 Stunde benötigt, um die Flüssigkeitsreste aus dem Kondensator abzupumpen, muß für Kurzzeit-Trockenprozesse der ganze Kondensator durch die Ventile V3 und V4 abgesperrt und durch Ventil V5 überbrückt werden.

In seltenen Fällen kann der Dampfanfall während der Grobtrocknung so groß sein, daß die für die Nachtrocknung ausgelegte Wälzkolbenpumpe – die normalerweise von Anfang an mitpumpt – zu klein ist: dann ist eine zusätzliche Umwegleitung mit Ventil V2 vorzusehen; die Ventile V1 und V3 sperren die Wälzkolbenpumpe in dieser Zeit ab.

Im Beispiel 9.2 ist ein Vakuumpumpsatz mit Kondensator für den Fall der Kabeltrocknung durchgerechnet.

Bei kontinuierlichen Prozessen werden die den Kondensatoren nachgeschalteten Vakuumpumpen entsprechend den anfallenden maximalen Gasströmen ausgelegt. Diese Gase müssen bei Gaspartialdrücken $p_{g,a}$ am Ausgang der Kondensatoren abgepumpt werden, die einen guten Betrieb der Kondensatoren ermöglichen; der Gaspartialdruck soll hier je nach der Problemstellung 5 ... 50 % des Totaldrucks p_{tot} betragen. Kleine Gaspartialdrücke werden gewählt, wenn in Hauptkondensatoren Prozeßdämpfe niedergeschlagen werden, während Zwischenkondensatoren zur Entlastung der nachfolgenden Vakuumpumpen die nichtkondensierbaren Anteile möglichst weitgehend verdichten sollen und damit hohe Gaspartialdrücke gefordert werden.

Der Kondensator übernimmt dabei – evtl. nach Vorverdichtung des Dampfes mit Hilfe einer Wälzkolbenpumpe – das Niederschlagen der Hauptdampfmenge. Er soll so ausgelegt werden, daß der Dampfpartialdruck $p_{d,a}$ am Ausgang des Kondensators bei allen vorkommenden Betriebsfällen kleiner ist als die Dampfverträglichkeit der Vakuumpumpe.

9.4 Berechnung von Kondensator-Pumpen-Kombinationen

9.4.1 Rechengang

Bild 9.15 zeigt ein Schema zur Berechnung der Kombination Vakuumpumpe-Kondensator. Bei gegebenem Dampfstrom $q_{m,d,e}$ und Gasstrom $q_{m,g}$ ($q_{m,g,e} = q_{m,g,a}$) am Eintritt sowie dem Eintrittstotaldruck $p_{tot,e}$ und der Kühlmitteleintrittstemperatur $T_{K,e}$ wird zunächst durch Abschätzung oder Festlegung der wünschenswerten Temperaturdifferenzen $T_{K,a} - T_{K,e}$ (Kühlmittelerwärmung) und $T_{s,a} - T_{K,a}$ (Temperaturdifferenz ΔT_a) als wesentlicher Wert der Dampfpartialdruck $p_{d,a}$ am Ausgang festgelegt. Mit dieser Festlegung ergibt sich die Größe des abzusaugenden Volumenstroms $\dot{V}_{g,a} = \dot{V}_{d,a}$ am Ausgang des Kondensators und damit die Größe der Vakuumpumpe. Aus $\dot{V}_{d,a}$ kann $q_{m,d,a}$, daraus zusammen mit $q_{m,d,e}$ der Kondensationsstrom $q_{m,C}$ und daraus der abzuführende Wärmestrom $\dot{Q}$ berechnet werden. Die Größe des Wärmedurchgangskoeffizienten k muß der Erfahrung ent-

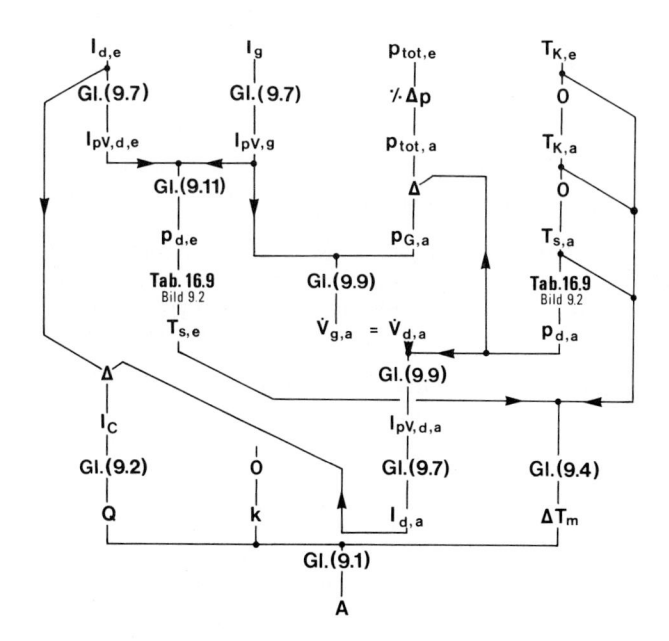

Bild 9.15
Schema zur Berechnung einer Kombination Kondensator-Vakuumpumpe. 0 Schätzung oder Festlegung aus Vorwert oder Tabelle; Δ Differenzbildung.
$I \equiv q_m$, $I_{pV} \equiv q_{pV}$
Index G = gas

nommen oder geschätzt werden; sie wird durch den Gaspartialdruck $p_{g,a}$ am Ausgang des Kondensators und damit wiederum durch die Festlegung des Dampfpartialdrucks $p_{d,a}$ beeinflußt. Als Ergebnis erhält man schließlich die notwendige Austauschfläche A des Kondensators und mit Hilfe von Gl. (9.3) die notwendige Kühlmittelstromstärke I_K.

Wenn das Ergebnis dieser Rechnung nicht befriedigt, kann durch eine Änderung der zu Anfang festgelegten Temperaturdifferenzen mit dadurch geändertem Dampfpartialdruck $p_{d,a}$ am Kondensatorausgang die Rechnung wiederholt werden.

9.4.2 Berechnungsbeispiele

Beispiel 9.2. Kabeltrocknung: Eine Charge papierisolierter Hochspannungskabel mit 5000 kg Papier, das 400 kg Wasser enthält, soll durch Gleichstrom mit einer Leistung von 80 kW beheizt und in einem Behälter mit 25 m³ Volumen getrocknet werden. Nun lehrt die Erfahrung, daß die Vakuumtrocknung des Isolierpapiers von Kabeln in etwa parallel mit der Aufheizung des Kabels vonstatten geht, derart, daß bei Erreichung einer Temperatur $\vartheta = 120$ °C auch die Grobvakuumtrocknung beendet ist. Bei diesem Aufheizungs- und Trocknungsprozeß werden zur Aufheizung des Isolierpapiers und des Kupferleiters sowie zur Deckung der Leitungs- und Strahlungsverluste etwa 55 % der zur Verfügung stehenden Heizleistung gebraucht, so daß mit der restlichen Heizleistung $\dot{Q}$ 0,45 · 80 kW ≈ 35 kW bei der Kondensationsenthalpie $r = 2440$ kJ kg^{-1} (Tabelle 9.1) ein Dampfanfall (Dampfstrom)

$$q_{m,d,e} = \frac{\dot{Q}}{r} = \frac{35 \text{ kW}}{2440 \text{ kJ} \cdot \text{kg}^{-1}} = 0{,}0143 \text{ kg} \cdot \text{s}^{-1} \approx 50 \text{ kg} \cdot \text{h}^{-1}$$

zu erwarten ist, der teils im Kondensator zu kondensieren, teils am Ausgang des Kondensators abzupumpen ist. Dieser Massenstrom ist nach Gl. (9.10) gleich einem pV-Strom

$$q_{pV,d,e} = \frac{50 \cdot 25\,000}{18} \frac{392}{302} \text{ mbar} \cdot \text{m}^3 \cdot \text{h}^{-1} = 90\,200 \text{ mbar} \cdot \text{m}^3 \cdot \text{h}^{-1}.$$

Zu Beginn der Feintrocknung bei $p \approx 20$ mbar, wenn der Kondensator nicht mehr wirksam ist und abgeschaltet wird, muß also das Saugvermögen der Verdrängerpumpe $S \approx 4500$ m³ · h^{-1} sein, was etwa eine Wälzkolbenpumpe der Type LH RA 5001 besitzt. Das erforderliche Saugvermögen der Vorvakuumpumpe ist dann etwa 600 m³ · h^{-1} (vgl. dazu Abschnitt 5.3.4, Beispiel Trochoidenpumpe TR 630); sie reicht auch zur Anfangsevakuierung des Trockenbehälters aus, da sie in ca 15 min den Luftpartialdruck auf 1 mbar senken kann.

Nach Bild 9.5 ist zur Kondensation dieses gesamten Dampfstroms, d.h. im Falle $q_{m,C} = q_{m,d,e}$, bei einem Ansaugdruck $p_{d,e} = 35$ mbar, bei Verwendung von Frischwasser mit einer Zulauftemperatur $\vartheta_{K,e} = 12$ °C, ein Kondensator mit einer Austauschfläche $A = 3$ m² ausreichend.

Wenn jedoch Rückkühlwasser verwendet wird, steigt der Dampfpartialdruck $p_{d,a}$ bei einer Kühlwassertemperatur $\vartheta_{K,e} = 25$ °C im Sommer auf $p_{d,a} = 65$ mbar an und übersteigt damit die Wasserdampfverträglichkeit der Vorvakuumpumpe TR 630. Eine Drosselblende (5 in Bild 9.14) mit 4 cm² Öffnung begrenzt das Saugvermögen auf $S \approx 300$ m³ · h^{-1}; damit wird der Ansaugdruck der Pumpe etwa halbiert und die Wasserdampfverträglichkeit eingehalten. Aus Gründen der Betriebssicherheit und einfachen Bedienung kann in diesem Fall auch eine Überdimensionierung des Kondensators auf eine Austauschfläche $A = 6$ m² erfolgen: Damit wird der Dampfpartialdruck $p_{d,a}$ auch im Sommer bei einer Kühlwassertemperatur $\vartheta_{K,e} = 25$ °C auf $p_{d,a} < 50$ mbar begrenzt und eine Drosselung der Vorvakuumpumpe TR 630 unnötig.

Der Gaspartialdruck $p_{g,a}$ am Ausgang des Kondensators ist bei der Vorvakuumpumpe mit $S = 600$ m³ · h^{-1} selbst bei einer sehr groß angenommenen Leckrate von 30 mbar · m³ · h^{-1} = 8 mbar · ℓ · s^{-1}

$$p_{g,a} = \frac{30 \text{ mbar} \cdot \text{m}^3 \cdot \text{h}^{-1}}{600 \text{ m}^3 \cdot \text{h}^{-1}} = 0{,}05 \text{ mbar}$$

und damit extrem klein. Wenn Wert auf weitgehendes Wiedergewinnen des Kondensats gelegt wird, könnte der Gaspartialdruck $p_{g,a}$ ohne nennenswerte Beeinflussung der Leistung des Kondensators auf $p_{g,a} = 1$ mbar gesteigert werden; dazu kann die effektive Saugleistung mit einer Drosselblende von 0,4 cm² auf $S = 30$ m³ · h^{-1} gesenkt werden.

9.4 Berechnung von Kondensator-Pumpen-Kombinationen 9.4.2

Beispiel 9.3 Turbinen-Kondensator Entlüftung: Dampfturbinen sind mit Großkondensatoren ausgerüstet, in denen der in der Niederdruckstufe bis zu Drücken der Größenordnung 10 ... 100 mbar entspannte Arbeitsdampf niedergeschlagen wird. Diesen Großkondensatoren werden Vakuumpumpsätze nachgeschaltet, die die Leckluft der Anlagen absaugen.

Wir nehmen als Beispiel an, daß ein Leck-Luft-Strom $q_{m,g} = 0{,}0015$ kg·s^{-1} = 5,4 kg·h^{-1} beim Gaspartialdruck $p_{g,e} = 5$ mbar aus einem Großkondensator bei einem Totaldruck $p_{tot,e} = 100$ mbar gefördert werden soll. Der Wasserdampfdruck ist unter diesen Bedingungen $p_{d,e} = 100$ mbar $- 5$ mbar $= 95$ mbar, und daraus ergibt Gl. (9.13a) den Wasserdampfmassenstrom am Eintritt

$$q_{m,d,e} = q_{m,g} \cdot \frac{M_{r,d}}{M_{r,g}} \cdot \frac{p_d}{p_g} = 0{,}0015 \text{ kg·s}^{-1} \cdot \frac{18}{29} \cdot \frac{95 \text{ mbar}}{5 \text{ mbar}}$$

$$= 0{,}0177 \text{ kg·s}^{-1} = 63{,}68 \text{ kg·h}^{-1}.$$

Der Volumenstrom am Eingang ist nach Gl. (9.9) für $T = 302$ K

$$\dot{V} = \frac{0{,}0015}{5} \cdot \frac{25\,000}{29} \frac{\text{m}^3}{\text{s}} = 0{,}259 \frac{\text{m}^3}{\text{s}} = 931 \frac{\text{m}^3}{\text{h}}.$$

Für den Kondensator steht Frischwasser von 12 °C zur Verfügung, das sich auf 22 °C erwärmen soll. Es kann also ein Kondensator vorgesehen werden, mit dem eine Sättigungstemperatur (Taupunkttemperatur) am Ausgang $T_{s,a} = 29$ °C erreicht wird; dieser Temperatur entspricht (Tabelle 16.9) ein Dampfpartialdruck am Ausgang des Kondensators $p_{d,a} = 40$ mbar. Schätzt man außerdem den Druckabfall im Kondensator mit $\Delta p = 10$ mbar ab, so beträgt der Luftpartialdruck an der Vakuumpumpe

$$p_{g,a} = p_{tot,e} - \Delta p - p_{d,a} = (100 - 10 - 40) \text{ mbar} = 50 \text{ mbar}.$$

Damit ist der Gaspartialdruck im Kondensator von $p_{g,e} = 5$ mbar am Eintritt auf $p_{g,a} = 50$ mbar am Austritt auf den zehnfachen Wert angestiegen und gleichzeitig der Volumenstrom wegen der Konstanz des Massenstroms $q_{m,g}$ um den gleichen Faktor 10 auf $\dot{V}_{g,a} = \dot{V}_a = 93$ m^3·h^{-1} gesunken (vgl. Gl. (9.9)). Er kann durch eine Sperrschieberpumpe E 150 mit einem Saugvermögen $S = \dot{V} = 140$ m^3·h^{-1} abgeführt werden. Wegen des größeren Saugvermögens der Pumpe sinkt allerdings der Gaspartialdruck $p_{g,a}$ von 50 mbar auf

$$p_{g,a} = 50 \text{ mbar} \cdot \frac{93 \text{ m}^3 \cdot \text{h}^{-1}}{140 \text{ m}^3 \cdot \text{h}^{-1}} = 33{,}2 \text{ mbar}$$

ab. Damit steigt der Dampfpartialdurck auf den Wert

$$p_{d,a} = p_{tot,e} - \Delta p - p_{g,a} = (100 - 10 - 33{,}2) \text{ mbar} = 56{,}8 \text{ mbar}$$

an und kommt damit gefährlich nahe an die Wasserdampfverträglichkeit der Vakuumpumpe heran.

Die Pumpe fördert mit dem Gasvolumenstrom $\dot{V}_g = S$ einen ebenso großen Dampfvolumenstrom $\dot{V}_d = S = 140$ m^3·h^{-1}, und dieser entspricht nach Gl. (9.9) einem Dampfmassenstrom

$$q_{m,d,a} = p_{d,a} \cdot S \frac{M_r}{25\,000} = 56{,}8 \cdot 140 \cdot \frac{18}{25\,000} \text{ kg·h}^{-1}$$

$$= 5{,}73 \text{ kg·h}^{-1} = 0{,}00159 \text{ kg·s}^{-1}.$$

Die Differenz

$$q_{m,C} = q_{m,d,e} - q_{m,d,a} = (0{,}0177 - 0{,}00159) \text{ kg·s}^{-1} = 0{,}0161 \text{ kg·s}^{-1}$$

muß vom Kondensator niedergeschlagen werden. Der abzuführende Wärmestrom ist dann nach Gl. (9.2)

$$\dot{Q} = q_{m,C} \cdot r = 0{,}0161 \text{ kg·s}^{-1} \cdot 2440 \text{ kJ·kg}^{-1} = 39{,}4 \text{ kW}.$$

Mit den Kühlwassertemperaturen $\vartheta_{K,e} = 12$ °C und $\vartheta_{K,a} = 22$ °C sowie den Sättigungstemperaturen $\vartheta_{s,e} = 45$ °C (entsprechend dem Dampfpartialdruck $p_{d,e} = 95$ mbar) und $\vartheta_{s,a} = 35$ °C (entsprechend $p_{d,a} = 56{,}8$ mbar) errechnet sich nach Gl. (9.5) die mittlere Temperaturdifferenz

$$\Delta T_m = \frac{(45 - 12) + (35 - 22)}{2} \text{ K} = 23 \text{ K}.$$

9 Kondensatoren

Wird für diesen Fall mit hohem Luftanteil ein Wärmedurchgangskoeffizient $k = 500\ \text{W} \cdot \text{m}^{-1} \cdot \text{K}^{-1}$ zugrunde gelegt, so ergibt sich nach Gl. (9.1) eine Kondensationsfläche

$$A = \frac{\dot{Q}}{k \cdot \Delta T_m} = \frac{39\,400\ \text{W}}{500\ \text{W} \cdot \text{m}^{-2} \cdot \text{K}^{-1} \cdot 23\ \text{K}} = 3{,}43\ \text{m}^2.$$

Aus der Typenreihe wird hier ein Kondensator mit 6 m² Austauschfläche vorgesehen, der eine wesentlich größere Leistung hat. Dabei wird sich an dem gegebenen Totaldruck $p_{tot,e}$ im Turbinenkondensator natürlich nichts ändern, ebenso wie der Luftpartialdruck $p_{g,a}$ am Ausgang des Kondensators in der gleichen Höhe bestehen bleibt, da er ja nur von dem Gasmassenstrom $q_{m,g}$ und dem Saugvermögen S der Vakuumpumpe abhängt. Lediglich der Gaspartialdruck $p_{g,e}$ am Eingang des Kondensators (= Ausgang des Turbinenkondensators) wird sich bei dem größeren Wasserdampfmassenstrom deutlich erniedrigen und damit günstiger sein.

Hier muß eine wichtige Betrachtung angefügt werden: Der bei der Rechnung zugrunde gelegte Leckluft-Massenstrom $q_{m,g} = 5{,}4\ \text{kg} \cdot \text{h}^{-1}$ ist ein Maximalwert, der im Normalbetrieb wesentlich unterschritten werden wird: Damit wird der Gaspartialdruck $p_{g,a}$ an der Vakuumpumpe auch kleiner, und der Wasserdampfpartialdruck $p_{d,a}$ muß entsprechend steigen. Wenn jetzt nicht entweder das Saugvermögen der Vakuumpumpe dem Gasanfall entsprechend verkleinert oder der Totaldruck $p_{tot,a}$ durch Drosselung gesenkt wird, wird die Wasserdampfverträglichkeit der Vakuumpumpe überschritten.

Aus dieser Überlegung folgt: Wenn Kondensatoren bei Totaldrücken p_{tot} arbeiten, die wesentlich höher sind als die Wasserdampfverträglichkeit der nachgeschalteten Vakuumpumpe, so muß die Kombination sorgfältig daraufhin überprüft werden, ob bei einer möglichen Verringerung des Gasmassenstroms $q_{m,g}$ ein unzulässig hoher Dampfpartialdruck $p_{d,a}$ auftritt. Bemerkenswert ist, daß diese Überschreitung der Dampfverträglichkeit bei zu *großem* Saugvermögen der Vakuumpumpe droht.

Da eine Regelung des Saugvermögens der Vakuumpumpe entsprechend dem Gasanfall aus technischen Gründen schwierig zu realisieren ist, wird eine in ihrem Saugvermögen dem Volumenstrom $\dot{V} = 931\ \text{m}^3 \cdot \text{h}^{-1}$ am Eingang des Kondensators angepaßte Wälzkolbenvakuumpumpe (z.B. eine WA 1000 aus der Typenreihe) mit $S = 1000\ \text{m}^3 \cdot \text{h}^{-1}$ zwischen den Turbinenkondensator und den Kondensator des Pumpsatzes geschaltet; damit kann einerseits beim maximalen Leckluftstrom $q_{m,g} = 5{,}4\ \text{kg} \cdot \text{h}^{-1}$ ein höherer Eingangstotaldruck $p_{tot,e} = 130\ \text{mbar}$ für den Kondensator erzeugt werden, andererseits – auch bei geringerem Leckluftstrom – der aus dem Turbinenkondensator bei $p_{tot} = 100\ \text{mbar}$ maximal entnommene Wasserdampfvolumenstrom auf $\dot{V}_d = 1000\ \text{m}^3 \cdot \text{h}^{-1}$ und damit der Dampfmassenstrom nach Gl. (9.9) auf

$$q_{m,d,e} \leq \frac{100 \cdot 1000 \cdot 18}{25\,000} = 72\ \text{kg} \cdot \text{h}^{-1} = 0{,}02\ \text{kg} \cdot \text{s}^{-1}$$

begrenzt werden. Es müssen beide Grenzfälle berechnet werden.

Grenzfall 1: Bei dem maximalen Gasmassenstrom $q_{m,g} = 5{,}4\ \text{kg} \cdot \text{h}^{-1}$ ergeben sich die schon oben ermittelten Dampf- und Gas-Volumenströme, die durch die Wälzkolbenpumpe WA 1000 mit einem Saugvermögen $S = 930\ \text{m}^3 \cdot \text{h}^{-1}$ auf 130 mbar verdichtet werden; entsprechend werden der Dampfpartialdruck auf $p_{d,e} = 95 \cdot \frac{130}{100} = 123{,}5\ \text{mbar}$ und der Gaspartialdruck auf $p_{g,e} = 5 \cdot \frac{130}{100} = 6{,}5\ \text{mbar}$ erhöht. Der Dampfpartialdruck $p_{d,a}$ am Ausgang des Kondensators wird wie oben mit 40 mbar abgeschätzt, so daß bei Berücksichtigung eines Druckabfalls von $\Delta p = 10\ \text{mbar}$ ein Luftpartialdruck $p_{g,a} = (130 - 10 - 40)\ \text{mbar} = 80\ \text{mbar}$ erreicht werden kann. Damit ergibt sich ein Gasvolumenstrom am Ausgang des Kondensators (Gl. (9.9))

$$\dot{V}_{g,a} = \frac{1}{p_{g,a}} \cdot q_{m,g} \cdot \frac{25\,000}{M_r} = \frac{0{,}0015 \cdot 25\,000}{80 \cdot 29} = 0{,}0162\ \text{m}^3 \cdot \text{s}^{-1} = 58{,}2\ \text{m}^3 \cdot \text{h}^{-1}.$$

Die Drehschieberpumpe S 60 A hat ein entsprechendes Saugvermögen ($S = 60\ \text{m}^3 \cdot \text{h}^{-1}$) und fördert gleichzeitig nach Gl. (9.9) den Dampfmassenstrom

$$q_{m,d,a} = \frac{40 \cdot 0{,}0162 \cdot 18}{25\,000}\ \text{kg} \cdot \text{s}^{-1} = 0{,}000467\ \text{kg} \cdot \text{s}^{-1} = 1{,}68\ \text{kg} \cdot \text{h}^{-1}.$$

Damit muß vom Kondensator der Massenstrom

$$q_{m,C} = q_{m,d,e} - q_{m,d,a} = (0{,}0177 - 0{,}000467)\ \text{kg} \cdot \text{s}^{-1} = 0{,}0172\ \text{kg} \cdot \text{s}^{-1} = 61{,}9\ \text{kg} \cdot \text{h}^{-1}$$

9.4 Berechnung von Kondensator-Pumpen-Kombinationen 9.4.2

niedergeschlagen und nach Gl. (9.2) der Wärmestrom

$$\dot{Q} = 0{,}0172 \text{ kg} \cdot \text{s}^{-1} \cdot 2450 \text{ kJ} \cdot \text{kg}^{-1} = 43{,}4 \text{ kW}$$

abgeführt werden. Mit den vier Temperaturen $\vartheta_{K,e} = 12\,°C$, $\vartheta_{K,a} = 22\,°C$ sowie $\vartheta_{s,e} = 50\,°C$ (entsprechend $p_d = 123{,}5$ mbar) und $\vartheta_{s,a} = 29\,°C$ (entsprechend $p_d = 40$ mbar) ergibt sich nach Gl. (9.4) eine mittlere Temperaturdifferenz

$$\Delta T_m = \frac{(50-12)-(29-22)}{\ln\frac{38}{7}} \text{ K} = 18{,}3 \text{ K}$$

und – wegen des noch relativ hohen Luftanteils – einem Wärmedurchgangskoeffizienten $k = 400\,\text{W}\cdot\text{m}^{-2}\cdot\text{K}^{-1}$ nach Gl. (9.1) eine Kondensationsfläche

$$A = \frac{43\,400 \text{ W}}{400 \text{ W} \cdot \text{m}^{-2} \cdot \text{K}^{-1} \cdot 18{,}3 \text{ K}} = 5{,}93 \text{ m}^2.$$

Gewählt wird aus der Typenreihe ein 6 m²-Kondensator, der nach Gl. (9.3) einen Kühlwassermassenstrom

$$I_K = \frac{\dot{Q}}{c_K \cdot (T_{K,a} - T_{K,e})} = \frac{43\,400 \text{ W}}{4200 \text{ J} \cdot \text{kg}^{-1} \cdot \text{K}^{-1} \cdot (22-12) \text{ K}} = 1{,}03 \text{ kg} \cdot \text{s}^{-1} = 3720 \text{ kg} \cdot \text{h}^{-1}.$$

braucht.

Grenzfall 2: Wird die abzupumpende Leckluftmenge sehr klein, so hat der vorgesehene Kondensator praktisch den durch die Wälzkolbenvakuumpumpe WA 1000 zugeführten maximalen Wasserdampfmassenstrom $q_{m,d,e} = 0{,}02 \text{ kg} \cdot \text{s}^{-1} = 72 \text{ kg} \cdot \text{h}^{-1}$ zu kondensieren wobei der von der nachgeschalteten Drehschieberpumpe S 60 A abgepumpte Wasserdampf vernachlässigt ist. Das entspricht nach Gl. (9.2) einem Wärmestrom von

$$\dot{Q} = 0{,}02 \text{ kg} \cdot \text{s}^{-1} \cdot 2450 \text{ kJ} \cdot \text{kg}^{-1} = 49 \text{ kW}.$$

Da sich der Wärmedurchgangskoeffizient in diesem Fall durch den kleinen Gasanteil auf $k = 1000 \text{ W} \cdot \text{m}^{-2} \cdot \text{K}^{-1}$ erhöht, ergibt sich nach Gl. (9.1) eine mittlere Temperaturdifferenz

$$\Delta T_m = \frac{\dot{Q}}{A \cdot k} = \frac{49\,000 \text{ W}}{6 \text{ m}^2 \cdot 1000 \text{ W} \cdot \text{m}^{-2} \cdot \text{K}^{-1}} = 8{,}2 \text{ K}.$$

Die Kühlwassererwärmung wird bei unverändertem Kühlwassermassenstrom $I_K = 1{,}03 \text{ kg} \cdot \text{s}^{-1}$ in diesem Fall nach Gl. (9.3)

$$T_{K,a} - T_{K,e} = \frac{49\,000 \text{ W}}{1{,}03 \text{ kg} \cdot \text{s}^{-1} \cdot 4200 \text{ J} \cdot \text{kg}^{-1} \cdot \text{K}^{-1}} = 11{,}3 \text{ K}$$

betragen. Damit wird sich nach Gl. (9.4) die Taupunkttemperatur $\vartheta_{s,a}$ auf knapp 28 °C einstellen; aus der Dampfdrucktabelle 16.9 des Wassers ergibt sich der zugehörige Wasserdampfpartialdruck $p_{d,a} \approx 38$ mbar. Die Wasserdampfverträglichkeit der Vakuumpumpe wird gut eingehalten.

Die Wälzkolbenvakuumpumpe läuft bei diesem Betrieb als Dampfmengenbegrenzer und drosselt den Totaldruck von 100 mbar im Turbinenkondensator auf etwa den halben Druck. Bei dieser Funktion der Wälzkolbenvakuumpumpe – Komprimieren bei großem und Drosseln bei kleinem Gasanfall – kann die Leistungsaufnahme des Motors als indirekte Meßgröße für den Leckluftanfall und damit den Zustand der Anlage verwendet werden.

Beispiel 9.4. Durchlauf-Ölentfeuchtung: Aus einer Durchlauf-Ölentfeuchtungs-Kolonne sind die Mengenströme $q_{m,d,e} = 15 \text{ kg} \cdot \text{h}^{-1}$ Wasserdampf ($M_r = 18$) und $q_{m,g} = 1{,}5 \text{ kg} \cdot \text{h}^{-1}$ gelöste Luft ($M_r = 29$) bei einem Totaldruck $p_{tot,e} = 25$ mbar abzupumpen. Es steht Kühlwasser mit einer Temperatur von $\vartheta_{K,e} = 15$ K zur Verfügung. Aus diesen Daten ergeben sich nach Gl. (9.13a) ein Partialdruckverhältnis

$$\frac{p_d}{p_g} = \frac{q_{m,d}}{q_{m,g}} \cdot \frac{M_{r,g}}{M_{r,d}} = \frac{15 \text{ kg} \cdot \text{h}^{-1} \cdot 29}{1{,}5 \text{ kg} \cdot \text{h}^{-1} \cdot 18} = 16{,}1$$

und mit $p_d + p_g = p_{tot} = 25$ mbar die Werte

$p_{d,e} = 23,54$ mbar; $p_{g,e} = 1,46$ mbar.

Gl. (9.9) liefert den für beide Anteile gleichen Volumenstrom

$$\dot V_{d,e} = \dot V_{g,e} = \frac{q_{m,g} \cdot 25\,000}{p_g \cdot M_{r,g}} = \frac{1,5 \cdot 25\,000}{1,46 \cdot 29} \text{ m}^3 \cdot \text{h}^{-1} = 885,7 \text{ m}^3 \cdot \text{h}^{-1}.$$

Dem Dampfpartialdruck $p_{d,e} = 23,54$ mbar entspricht eine Sättigungstemperatur (Taupunkttemperatur) $\vartheta_{s,e} = 20$ °C. Unter diesen Bedingungen ist bei Verwendung von Kühlwasser mit 15 °C Zulauftemperatur keine wirtschaftliche Kondensation möglich, da die mittlere Temperaturdifferenz ΔT_m zu klein ist. Nun könnte man auf den Kondensator ganz verzichten und zur Evakuierung der Kolonne zwei Trochoidenpumpen TR 400 mit einem Saugvermögen von zusammen 800 m³·h⁻¹ einsetzen. Eine wesentlich günstigere Alternative stellt jedoch der Einsatz einer Wälzkolbenvakuumpumpe WA 1000 mit einem Saugvermögen $S = 900$ m³·h⁻¹ dar, die das Gemisch von 25 mbar auf den neuen Totaldruck $p_{tot,e} = 70$ mbar verdichtet. Damit werden auch alle Partialdrücke um den Faktor 70 : 25 = 2,8 größer und – keine wesentliche Temperaturänderung vorausgesetzt – wegen $p \cdot V =$ const die Volumenströme um den gleichen Faktor 2,8 kleiner. Es liegt also ein Volumenstrom von

$$\dot V_{g,e} = \dot V_{d,e} = \frac{886}{2,8} \text{ m}^3 \cdot \text{h}^{-1} = 316 \text{ m}^3 \cdot \text{h}^{-1}$$

vor, wobei die Partialdrücke $p_{d,e} = 23,54 \cdot 2,8 = 65,9$ mbar und $p_{g,e} = 1,46 \cdot 2,8 = 4,1$ mbar betragen.

Der weitere Gang der Berechnung entspricht dem der Beispiele 9.2 und 9.3: Berechnung der Vakuumpumpe, dazu Annahme $\vartheta_{K,a} = 25$ °C; $\vartheta_{s,a} = 29$ °C entspricht $p_{d,a} = 40$ mbar; Druckabfall $\Delta p = 5$ mbar; folglich $p_{g,a} = 25$ mbar. Nach Gl. (9.10) $\dot V_{g,a} = 52$ m³·h⁻¹. Wahl Drehschieberpumpe S 60 A mit $S = 55$ m³·h⁻¹. Aus $\dot V_{d,a} = \dot V_{g,a}$ folgt (Gl. (9.9)) $q_{m,d,a} = 1,58$ kg·h⁻¹ und daraus $q_{m,C} = 13,42$ kg·h⁻¹. Folglich $\dot Q = 9,13$ kW (aus Gl. (9.2)); $\vartheta_{K,e} = 15$ °C, $\vartheta_{K,a} = 25$ °C, $\vartheta_{s,e} = 38$ °C ($p_{d,e} = 65,9$ mbar) und $\vartheta_{s,a} = 29$ °C ($p_{d,a} = 40$ mbar) ergeben nach Gl. (9.4) $\Delta T_m = 10,9$ K; k gewählt zu 500 W·m⁻²·K⁻¹ und Gl. (9.1) gibt $A = 1,68$ m², Kühlwasserverbrauch nach Gl. (9.2) $I_K = 758$ kg·h⁻¹.

Da in diesem Fall – bedingt durch das Verfahren – keine wesentliche Änderung der abzusaugenden Gas- und Dampf-Mengenströme zu erwarten ist, besteht die Gefahr einer Verschiebung der Partialdrücke in Richtung auf einen unzulässig hohen Dampfpartialdruck wie im Beispiel 9.3 nicht.

Das Ausschleusen des Kondensats erfolgt hier – wenn kein barometrisches Fallrohr möglich ist – am besten mittels einer durch einen Schwimmerschalter automatisierten kleinen Kondensatsammelvorlage (s. Abschnitt 9.2.3); der Einsatz einer Ausförderpumpe ist bei einem Kondensatanfall von ca. 13 kg·h⁻¹ meist noch nicht lohnend.

9.5 Literatur

[1] VDI-Wärmeatlas, 3. Aufl., VDI-Verlag, Düsseldorf 1977
[2] *Koch, W. E.*, VDI-Wasserdampf-Tafeln, 7. Aufl., Oldenbourg-Verlag, München 1968
[3] *Kassatkin, A. G.*, Chemische Verfahrenstechnik, Band 1, VEB-Verlag Technik, Berlin
[4] *Frank/Kutsche*, Die schonende Destillation, Krauskopf-Verlag, Mainz 1969

10 Kryotechnik und Kryopumpen

10.1 Einleitung

„Kryo" ist von dem griechischen Wort Kryos = Kälte abgeleitet. Kryotechnik heißt also nichts anderes als Kältetechnik. Man ist jedoch übereingekommen, nur die Kältetechnik im Temperaturbereich $T < 120$ K als Kryotechnik zu bezeichnen. Obwohl eine scharfe Abgrenzung der beiden Gebiete der Kältetechnik nicht möglich ist, hat sich diese Unterscheidung in der Praxis bewährt.

Zwischen der Kryotechnik und der Vakuumtechnik bestehen vielerlei Wechselwirkungen. Vakuum ist zur Wärmeisolation bei der Anwendung tiefer Temperaturen im Kryobereich unentbehrlich. Je tiefer die Arbeitstemperatur ist, desto wichtiger ist die Güte der Wärmeisolation. In ein gekühltes, vakuumisoliertes System gelangt Wärme von außen durch Wärmestrahlung, Wärmeleitung des Gases im Vakuumraum und Wärmeleitung über feste Verbindungen zwischen Teilen mit verschiedener Temperatur. Wenn die mittlere freie Weglänge der Gasmoleküle größer als die Gefäßdimensionen wird, was im Druckbereich $p < 10^{-3}$ mbar der Fall ist, nimmt die Wärmeleitfähigkeit des Gases linear mit dem Druck ab (Abschnitt 2.5.3) und wird bei Drücken $p < 10^{-4} \ldots 10^{-5}$ mbar gegenüber den anderen Wärmetransportvorgängen vernachlässigbar. Andererseits können tiefe Temperaturen zur Erzeugung von Vakuum dienen. Bei hinreichend tiefen Temperaturen kondensieren alle Gase – außer Helium – als feste Phase mit entsprechend niedrigem Dampfdruck. Obwohl es für vakuumtechnische Anwendungen keine praktische Bedeutung hat, sei erwähnt, daß auch der Dampfdruck von flüssigem ^{4}Helium bis auf $p = 10^{-10}$ mbar erniedrigt werden könnte, wenn die Temperatur mit Hilfe eines ^{3}Helium-Kühlsystems auf $T = 0{,}3$ K abgesenkt würde (^{4}He und ^{3}He siehe Abschnitt 10.3.1).

Im Isoliervakuum kryotechnischer Systeme ist die Kondensation von Gasen im allgemeinen unerwünscht, weil Gaskondensate mit zunehmender Schichtdicke den Emissionsgrad der metallischen Oberflächen erhöhen und damit die Absorption von Wärmestrahlung vergrößern. Hier sind deshalb Drücke $p < 10^{-5}$ mbar erforderlich, und die Leckraten müssen sehr gering gehalten werden. Um dies zu erreichen, werden in der Kryotechnik die Konstruktionsprinzipien der Hochvakuum- und Ultrahochvakuumtechnik angewendet.

Im Laufe ihrer Entwicklung haben die beiden Arbeitsgebiete einander immer wieder Impulse gegeben. Erst die Anwendung von Vakuum zur Wärmeisolation machte die Verflüssigung von Wasserstoff und Helium möglich. Später wurde die mit flüssiger Luft gekühlte Kondensationsfalle ein unentbehrliches Zubehör für die Diffusionspumpe. Für die Weltraumforschung wurden zur Simulation der Weltraumbedingungen und als Raketentreibstoff große Mengen verflüssigter Gase benötigt. Das führte zu beträchtlichen Fortschritten in der Kryotechnik und rückte die Anwendung der Kryopumpe auch für andere vakuumtechnische Zwecke in den Bereich des Möglichen. Wenig später lösten die Ausweitung der Tieftemperaturforschung und die Einführung neuer, tiefe Temperaturen erfordernder Nachrichtenübertragungssysteme die Entwicklung von zuverlässigen Kältemaschinen unterschiedlicher Leistung aus. Sie stehen heute dem Vakuumtechniker als Kälteaggregate für Kryopumpen zur Verfügung.

10 Kryotechnik und Kryopumpen

Die zukünftige technische Anwendung der Supraleitung, sei es für Generatoren, Kabel, Energiegewinnung, Energiespeicherung oder in der Hochfeldmagnettechnik, stellt wiederum an die Vakuumtechnik und an die Kryotechnik große Aufgaben. Die für die supraleitenden Systeme geforderten langen Betriebszeiten und hohe Betriebssicherheit sind nur zu verwirklichen, wenn es gelingt, die Leckraten auch von kalten Dichtungen extrem klein zu halten und die ohnehin vorhandenen Kaltflächen in geeigneter Weise als Kryopumpe zu nutzen. Dazu ist ein tiefgehendes Verständnis der Vorgänge der Kondensation und Adsorption von Gasen bei tiefen Temperaturen unerläßlich [1].

Die Lösung der hier umrissenen vakuumtechnischen Probleme in neuen, tiefe Temperaturen erfordernden Technologien wird sicher die Beziehungen zwischen Vakuumtechnik und Kryotechnik vertiefen und der Kryopumpe auch in der industriellen Anwendung zum Durchbruch verhelfen.

10.2 Kühlverfahren

Zur Erzeugung tiefer Temperaturen im Bereich $T < 120$ K können verschiedene Kühlverfahren angewendet werden. Bevor sie im einzelnen behandelt werden, sei kurz auf die für die Erzeugung tiefer Temperaturen wesentlichsten Begriffe und Aussagen der Thermodynamik sowie deren Hauptsätze hingewiesen.

10.2.1 Begriffe und Hauptsätze der Thermodynamik [69]

Die Hauptsätze der Thermodynamik sind allgemein gültige Prinzipien, die auf Erfahrung beruhen. Sie können nicht bewiesen werden. Ihre Richtigkeit wird allein durch die Tatsache bestätigt, daß alle sich daraus ergebenden Folgerungen mit der Erfahrung übereinstimmen.

Der sogenannte *nullte Hauptsatz* sagt aus, daß zwei Systeme, die mit einem dritten im thermischen Gleichgewicht stehen, sich auch miteinander im thermischen Gleichgewicht befinden. Damit wird die auf Grund von Beobachtungen eingeführte empirische Temperatur zu einer meßbaren physikalischen Größe.

Der *erste Hauptsatz* ist die thermodynamische Verallgemeinerung des Satzes von der Erhaltung der Energie. Auf einfache, geschlossene Systeme angewendet besagt er, daß die Gesamtenergie des Systems, d.h. die Summe aus mechanischer und thermischer Energie, konstant bleibt.

Wird einem System von außen Energie zugeführt, was in Form einer kleinen Wärmemenge δQ oder einer kleinen Arbeit δW (bzw. der endlichen Beträge Q oder W) geschehen kann, so ändert sich die „Innere Energie" U des Systems um den kleinen Betrag

$$dU = \delta Q + \delta W \qquad (10.1)$$

(bzw. den endlichen Betrag $\Delta U = U_2 - U_1$, wenn U_2 die innere Energie nach, U_1 diejenige vor der Energiezufuhr ist). Wird durch die Energiezufuhr U vergrößert, ist dU positiv. Dann folgt aus Gl. (10.1), daß dem System *zugeführte* δQ und δW positiv zu rechnen sind.

Wird eine Arbeit δW durch Expansion, d.h. Volumenzunahme (also positives dV) eines im System eingeschlossenen Arbeitsstoffes nach außen abgegeben, so ist δW in Gl. (10.1) negativ zu rechnen, also $\delta W = -p\, dV$ zu setzen. Entsprechend ist die *endliche* „Volumenarbeit"

$$W = -\int_{V_1}^{V_2} p\, dV; \quad V_1 < V_2$$

anzusetzen. Wird dem System außerdem noch die endliche Wärmemenge Q zugeführt, so wird nach Gl. (10.1) die Änderung der inneren Energie

$$\Delta U = U_2 - U_1 = Q - \int_{V_1}^{V_2} p\, dV \tag{10.2a}$$

oder differentiell geschrieben

$$dU = \delta Q - p\, dV \quad \text{oder} \quad \delta Q = dU + p\, dV. \tag{10.2b}$$

Bei technischen Prozessen strömt meist ein Arbeitsstoff (z.B. Wasserdampf) durch das System hindurch (offenes System). Tritt dabei eine bestimmte Masse m des Arbeitsstoffes vom Volumen V_1 beim konstanten Druck p_1 in das System ein, expandiert dort auf $V_2 > V_1$, $p_2 < p_1$, und tritt beim konstanten Druck p_2 mit dem Volumen V_2 wieder aus dem System aus, so wird von diesem offenen System die Arbeit („technische Nutzarbeit")

$$W_{\text{techn}} = p_1 V_1 + \int_{V_1}^{V_2} p\, dV - p_2 V_2 \equiv -\int_{p_1}^{p_2} V dp \tag{10.3a}$$

nach außen *abgegeben*. Setzt man $\int_{V_1}^{V_2} p\, dV$ aus Gl. (10.3a) in Gl. (10.2a) ein, so ergibt sich nach Umordnen

$$(U_2 + p_2 V_2) - (U_1 + p_1 V_1) =: H_2 - H_1 = \Delta H = Q - W_{\text{techn}}. \tag{10.3b}$$

Die hier auftretende Größe

$$H = U + pV \tag{10.4}$$

wird Enthalpie genannt; sie ist eine Zustandsgröße, weil U, p und V Zustandsgrößen sind.

Der erste Hauptsatz liefert keine Aussage über die Richtung, in der ein Vorgang abläuft, also ob z.B. Wärme vom wärmeren zum kälteren Körper übergeht oder umgekehrt. Der *zweite Hauptsatz* der Thermodynamik besagt, daß alle natürlichen Prozesse irreversibel sind. Für den soeben als Beispiel genannten Vorgang der Wärmeübertragung gilt die Formulierung, daß Wärme nicht von selbst vom kälteren zum wärmeren Körper übergeht. Der zweite Hauptsatz liefert also eine Aussage über die Richtung, in der ein Prozeß verlaufen kann. Aus der mathematischen Formulierung des zweiten Hauptsatzes ergeben sich die thermodynamische Temperaturskala und die Zustandsgröße *Entropie S*.

Die *Entropie* kann zunächst (vgl. unten, dritter Hauptsatz) nicht „absolut" definiert werden, definiert ist nur die Differenz $S_2 - S_1$ bei einer *reversiblen* Überführung eines Stoffes bzw. Systems aus einem Zustand 1 in einen Zustand 2 (z.B. eines Gases der Stoffmenge ν vom Zustand p_1, V_1, T_1 in den Zustand p_2, V_2, T_2). Führt man dem in Frage stehenden Stoff bzw. System die Wärmemenge δQ_{rev} bei der thermodynamischen Temperatur T reversibel zu, so wächst die Entropie des Stoffes bzw. Systems um den Betrag

$$dS := \frac{\delta Q_{\text{rev}}}{T}. \tag{10.5a}$$

Daraus folgt für eine endliche *reversible* Zustandsänderung

$$S_2 - S_1 = \int_1^2 \frac{\delta Q_{\text{rev}}}{T}. \tag{10.5b}$$

10 Kryotechnik und Kryopumpen

Der zweite Hauptsatz bildet auch die Grundlage für den Carnotschen Kreisprozeß, der für die Thermodynamik besondere Bedeutung hat. Beim Carnot-Prozeß wird Wärme in Arbeit verwandelt oder umgekehrt. Als reversibler Prozeß ist er ein Idealprozeß, dessen Wirkungsgrad von keinem wirklich durchgeführten, nicht vollständig reversibel verlaufenden Prozeß erreicht werden kann.

Bei der idealen Kältemaschine wird der umgekehrte Carnot-Prozeß angewendet, bei dem die Wärme Q_{Carnot} vom System bei einer Temperatur $T < 273$ K aufgenommen und bei der Umgebungs- bzw. Kühlwassertemperatur T_u wieder abgegeben wird.

Die von der Kältemaschine aufgenommene Wärme Q_{Carnot} (bzw. Q bei realen Kreisprozessen) bezeichnet man im Englischen als "heat load". Im Deutschen hat es sich dagegen leider eingebürgert, nicht von der aufgenommenen Wärme, sondern von der „erzeugten Kälte" zu sprechen. Die erzeugte Kälte ist die dem gekühlten Objekt bei der Temperatur $T < T_u$ entzogene Wärmemenge, die gleich groß ist wie die von der Kältemaschine aufgenommene. Auf das gekühlte Objekt bezogen ist sie also mit $-Q$ zu bezeichnen. Häufig wird für Q auch der Ausdruck *Kälteleistung* verwendet; als Kälteleistung sollte jedoch nur eine zeitbezogene Wärmemenge $|\dot{Q}| = dQ/dt$ bezeichnet werden.

Das Verhältnis der aufzuwendenden Arbeit W zu der bei der Temperatur T von einer Kältemaschine aufgenommenen Wärme, also der „Wirkungsgrad" der Maschine, ergibt sich beim Carnot-Prozeß zu

$$\eta_{Carnot} = \frac{W}{|Q_{Carnot}|} = \frac{T_u - T}{T} \quad \text{(Carnot-Wirkungsgrad)}. \tag{10.6}$$

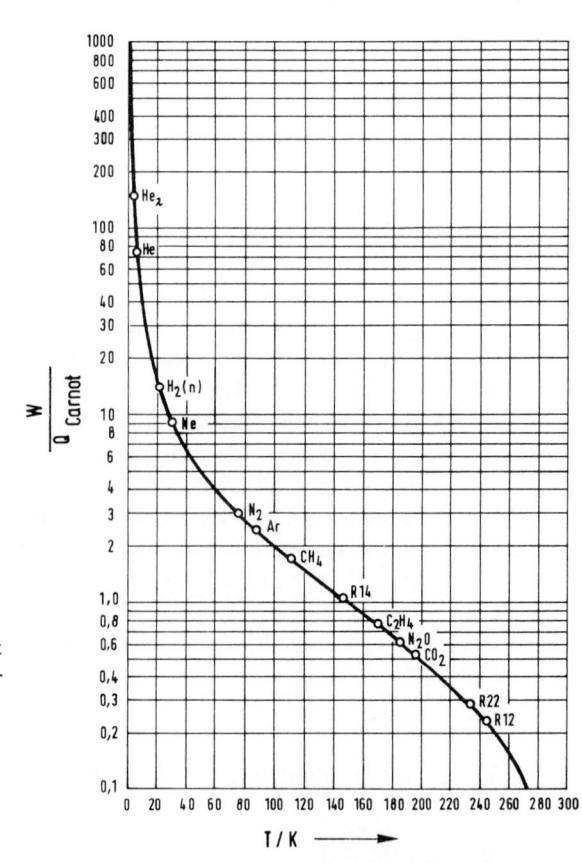

Bild 10.1

Das Verhältnis der beim Carnot-Prozeß aufzuwendenden Arbeit W zu der bei der Temperatur T erzeugten Kälte $|Q_{Carnot}|$, d.h. $W/|Q_{Carnot}| = (T_u - T)/T$, in Abhängigkeit von der Temperatur T; Umgebungstemperatur $T_u = 300$ K, o = Siedetemperatur der Kältemittel [47].

In Bild 10.1 ist dieses Verhältnis $W/|Q_{Carnot}|$ in Abhängigkeit von der Arbeitstemperatur T dargestellt [46]. Die Kurve macht deutlich, daß zwar oberhalb $T = T_u/2 = 150$ K mehr Wärme gefördert als Arbeit verrichtet wird, daß aber der Arbeitsaufwand mit abnehmender Temperatur für $T < T_u/2 = 150$ K erheblich ansteigt. Dabei ist zu berücksichtigen, daß sich aus dem Carnot-Prozeß die mindestens zur Erzeugung von Kälte erforderliche Arbeit ergibt.

Die in Kältemaschinen ablaufenden Prozesse weichen wegen der unvermeidbaren Irreversibilitäten meistens erheblich vom idealisierten Kreisprozeß ab. So ist die in der Praxis für die Erzeugung einer bestimmten *Kältemenge* $|Q|$ aufzuwendende Arbeit W um ein Vielfaches größer als beim Carnot-Prozeß. Deshalb sollte Kälteleistung stets so rationell wie möglich eingesetzt und die Anwendung unnötig tiefer Temperaturen vermieden werden.

Als Leistungsziffer einer Kälteanlage bezeichnet man das Verhältnis von erzeugter Kälte zu aufgewendeter Arbeit:

$$\epsilon = \frac{1}{\eta} = \frac{|Q|}{W}. \tag{10.7}$$

Für das Verständnis der Vorgänge bei der Annäherung an den absoluten Nullpunkt ist der *dritte Hauptsatz* der Thermodynamik (Nernstsches Theorem) von besonderer Bedeutung. Allgemein formuliert sagt der dritte Hauptsatz, daß die Entropie am absoluten Nullpunkt gegen Null geht. Da die Entropie den Grad der Unordnung in einem System angibt, folgt also, daß mit abnehmender Temperatur die Materie in zunehmend höhere Ordnungszustände übergeht. Die Aussage, daß die Entropie, nicht jedoch die Energie am absoluten Nullpunkt verschwindet, entspricht der Beobachtung, daß alle Stoffe eine gewisse Nullpunktsenergie besitzen.

10.2.2 Spezielle Kühlprozesse

Bei allen hier interessierenden Verfahren zur Kälteerzeugung wird die Gasexpansion angewendet. Je nach Art des Kreisprozesses wird das Gas isenthalp[1]) in einem Drosselventil entspannt oder isentrop[2]) in einer Expansionsmaschine. Im kontinuierlichen Betrieb dient die aufzuwendende Arbeit dazu, das entspannte Gas wieder zu verdichten. Neben den Entspannungsprozessen ist ein Wärmeaustausch zwischen dem kälteren Niederdruckgas und dem nachströmenden wärmeren Hochdruckgas erforderlich. Dazu werden entweder Gegenstromwärmetauscher oder Regeneratoren verwendet.

Während in Wärmetauschern das Hochdruckgas und das Niederdruckgas über eine gut wärmeleitende Wand in thermischem Kontakt miteinander stehen, strömen sie in Regeneratoren nacheinander durch ein und dasselbe System. Der Regenerator nimmt also abwechselnd Wärme auf und gibt sie wieder ab.

In den folgenden Abschnitten werden die verschiedenen Verfahren zur Kälteerzeugung beschrieben. Bezüglich konstruktiver Einzelheiten von Kälteanlagen muß jedoch auf die umfangreiche einschlägige Literatur verwiesen werden [70, 71].

10.2.2.1 Joule-Thomson-Entspannung; Linde-Verfahren

Wenn ein reales Gas in einer Drosselstelle ohne Verrichtung von Arbeit und ohne Wärmeaustausch mit der Umgebung (isenthalp ≡ adiabatisch) entspannt wird, tritt im allgemeinen eine Temperaturänderung auf (Joule-Thomson-Effekt), während beim idealen Gas

---

[1]) bei gleichbleibender Enthalpie
[2]) bei gleichbleibender Entropie

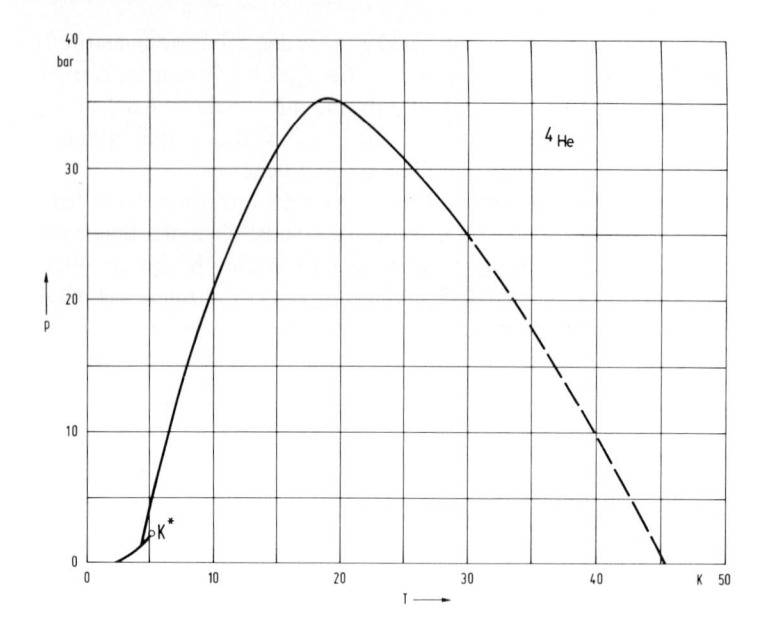

Bild 10.2a
Inversionskurve von ^{4}Helium

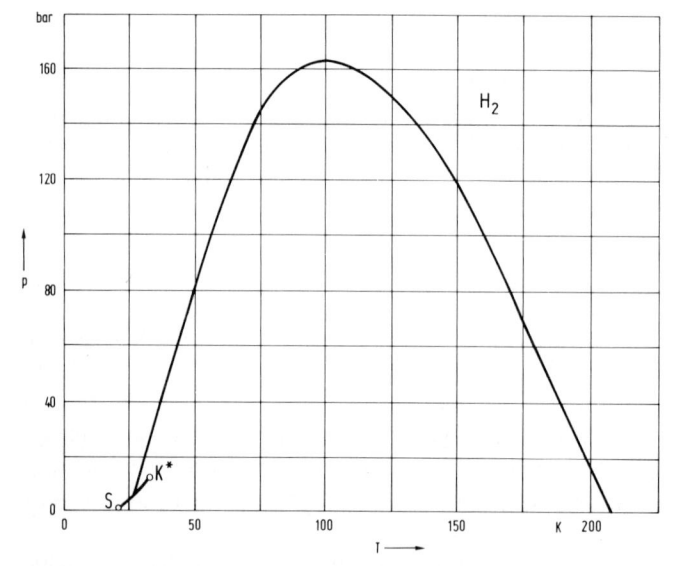

Bild 10.2b
Inversionskurve von Wasserstoff

die Temperatur konstant bleibt. Es gibt jedoch für jedes Gas eine Temperatur, bei der der Joule-Thomson-Effekt verschwindet. Sie wird als Inversionstemperatur bezeichnet. Oberhalb der Inversionstemperatur ist der Joule-Thomson-Effekt negativ, d.h., es tritt eine Erwärmung des Gases bei der Entspannung auf. Unterhalb der Inversionstemperatur ist der Joule-Thomson-Effekt positiv und das Gas kühlt sich ab. Die Inversionstemperatur ist druckabhängig (Inversionskurve).

In Kälteanlagen mit Joule-Thomson-Expansion wird als Drosselstelle ein Ventil verwendet. Um bei der Entspannung die gewünschte Temperaturerniedrigung zu erreichen, muß das Wertepaar Temperatur/Druck vor dem Entspannungsventil innerhalb der Inversionskurve des betreffenden Gases liegen (Bild 10.2).

10.2 Kühlverfahren 10.2.2

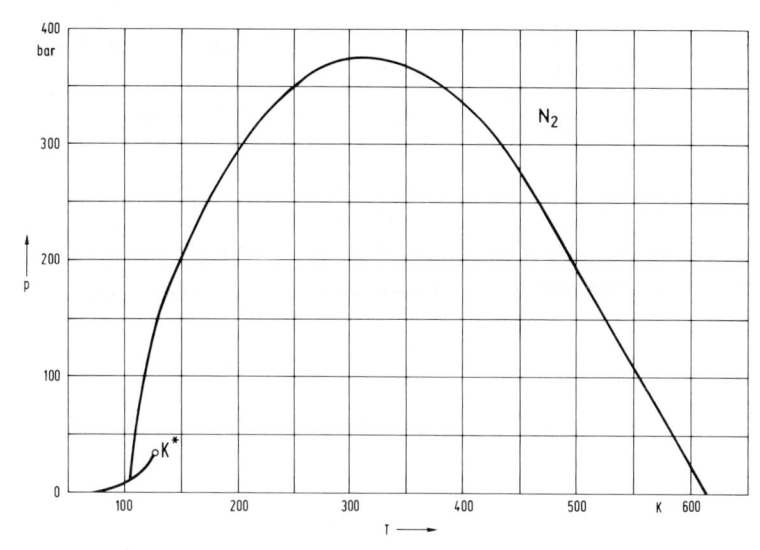

Bild 10.2c
Inversionskurve von Stickstoff

Bild 10.2a, b, c K* = Kritischer Punkt; S = Siedepunkt. Bei Wertepaaren p, T außerhalb der Inversionskurve tritt bei Joule-Thomson-Entspannung Erwärmung auf.

Während bei der Stickstoffverflüssigung tiefe Temperaturen ausgehend von Raumtemperatur allein durch Joule-Thomson-Entspannung erreicht werden können, weil die Inversionskurve die Temperatur 293 K einschließt (vgl. Bild 10.2), müssen Wasserstoff und Helium vorgekühlt werden. Hierfür kommen flüssiger Stickstoff oder die isentrope Entspannung des zu kühlenden Gases unter Verrichtung von Arbeit in Frage. Die Joule-Thomson-Entspannung erfolgt dann in der letzten Kühlstufe.

Die Vorgänge in einer Kälteanlage lassen sich besonders anschaulich im T, S-Diagramm darstellen. Bild 10.3a zeigt den Gaskreislauf, Bild 10.3b die Zustandsänderungen des Gases im T,S-Diagramm beim Lindeverfahren, das die Joule-Thomson-Entspannung zur Kälteerzeugung ausnutzt. Man vergleiche auch die T,S-Diagramme der Bilder 16.12 (N_2) und 16.13 (He).

Das im Kompressor (Bild 10.3a) isotherm komprimierte Gas wird in einem Gegenstromwärmetauscher auf dem Weg 1 ... 2 (entlang der Isobaren 1 ... 2, Bild 10.3b) abgekühlt. Die Entspannung im Drosselventil erfolgt dann längs der Isenthalpen 2 ... 3. Der Punkt 3 liegt auf einer Isobaren 3 ...4 innerhalb der glockenförmigen Phasengrenzkurve; dort liegt das Arbeitsmedium als Gemisch aus Dampf und Flüssigkeit vor. Das Verhältnis der beiden Abschnitte 3 ... 6 und 3 ... 4 auf dem waagerechten Teil der Isobaren entspricht dem Verhältnis von Dampf zu Flüssigkeit, wobei der Abschnitt 3 ... 4 den Flüssigkeitsanteil anzeigt. Bei Aufnahme von Wärme (bzw. bei der Erzeugung von Kälte, $|Q|$), die zur Verdampfung des Flüssigkeitsanteils führt, wird die Isobare 3 ... 4 durchlaufen. Anschließend erfolgt die Erwärmung des Gases im Niederdruckteil des Gegenstromwärmetauschers entlang derselben Isobaren 4 ... 5 auf einen Wert, der etwas unterhalb der Eintrittstemperatur des Hochdruckgases liegt. Die Differenz zwischen Ein- und Austrittstemperatur (T_1, T_5) wird durch die Güte des Wärmetauschers bestimmt.

Konstante Temperaturen lassen sich bei der Joule-Thomson-Entspannung in Kälteanlagen nur erzielen, wenn ein Teil des entspannten Gases verflüssigt wird. In Heliumver-

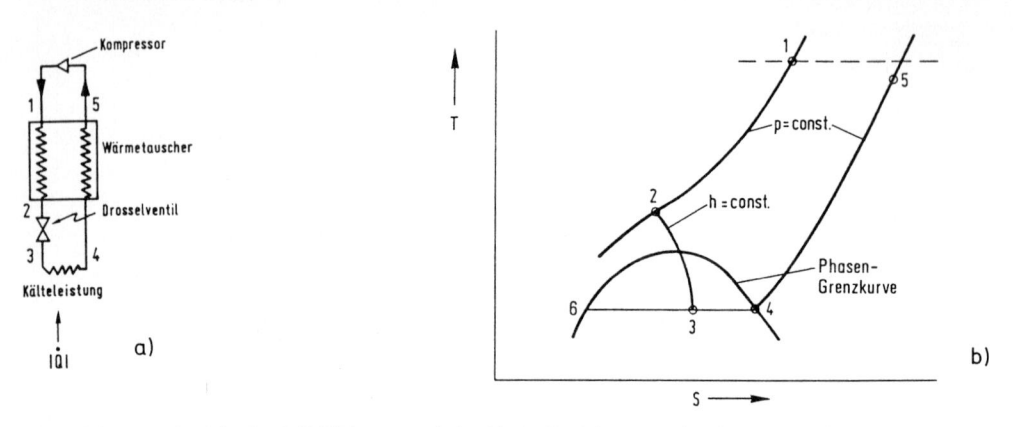

Bild 10.3 a) Gaskreislauf, b) T, S-Diagramm beim Linde-Verfahren (Joule-Thomson-Entspannung, isenthalp).

flüssigern sind dies im allgemeinen 20 % des Gasstromes. Der nicht verflüssigte Anteil des Kältemittels wird, wie oben beschrieben, niederdruckseitig dem untersten Gegenstromwärmetauscher zugeführt. Für einen guten Wirkungsgrad der Kälteanlage ist eine möglichst kleine Temperaturdifferenz zwischen dem Hochdruckgas und dem Niederdruckgas am warmen Ende des untersten Wärmetauschers unerläßlich. Man erreicht dies durch Vorkühlung des Hochdruckgases auf relativ tiefe Temperaturen und möglichst gute Wärmetauscherwirkungsgrade.

Für die Praxis liegt ein besonderer Vorteil der Joule-Thomson-Entspannung darin, daß für den Kühlprozeß keine bewegten Teile benötigt werden. Vom thermodynamischen Standpunkt ist er, gleiches Druckverhältnis vorausgesetzt, jedoch ungünstiger als die isentrope Entspannung.

10.2.2.2 Expansionsmaschinen

Die Entspannung eines Gases in einer Expansionsmaschine (Kolbenmaschine oder Turbine) verläuft im Idealfall isentrop. In das in Bild 10.4 dargestellte T, S-Diagramm eines Gases sind zwei isentrope Entspannungsvorgänge 1 ... 6 und 2 ... 3 eingezeichnet, die von den Anfangstemperaturen T_I bzw. T_{II} ausgehen. Es ist ersichtlich, daß die bei einem Kreisprozeß mit isentroper Entspannung gewonnene Kälteleistung (Enthalpiedifferenz) $\Delta h_I = h_1 - h_3$ bzw. $\Delta h_{II} = h_4 - h_6$ um einen Betrag $h_2 - h_3$ bzw. $h_5 - h_6$ größer ist als die Kälteleistung bei isenthalper Entspannung. Eine isentrope Entspannung ist also stets effektiver als eine einfache Joule-Thomson-Entspannung und hat zudem den Vorteil, auch oberhalb der Inversionskurve zur Abkühlung des Arbeitsmediums zu führen.

In Kälteanlagen wird im allgemeinen die isentrope Entspannung in Expansionsmaschinen nur zum Abkühlen des Arbeitsmediums auf eine Temperatur unterhalb der Inversionstemperatur angewendet, während als letzte Kühlstufe die Joule-Thomson-Entspannung benutzt wird. Wie Bild 10.4 zeigt, nimmt die Effektivität der Joule-Thomson-Entspannung bei tiefen Temperaturen zu. Eine neuere Entwicklung, bei der die Vorteile der isentropen Entspannung konsequent ausgenutzt werden, sind die sogenannten nassen Expansionsmaschinen [3]. Hier ist auch die letzte Kühlstufe eine Expansionsmaschine, aus der dann ein Flüssigkeit/Gas-Gemisch austritt.

10.2 Kühlverfahren 10.2.2

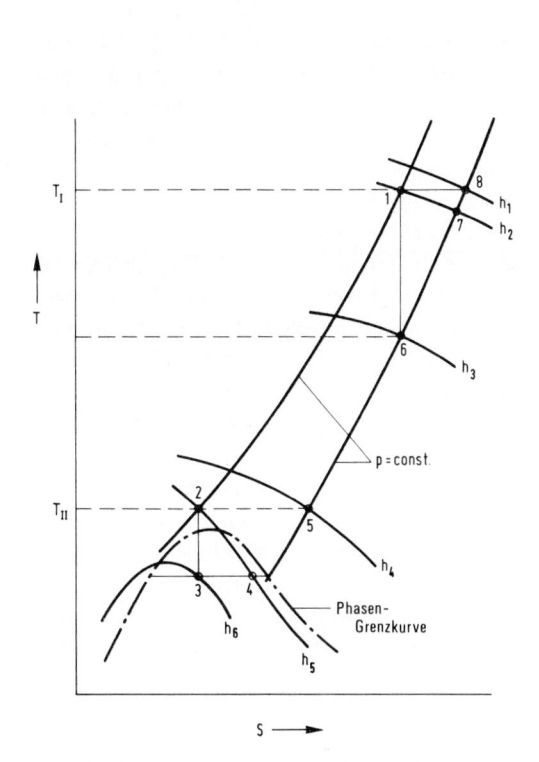

Bild 10.4 Entspannung in einer Expansionsmaschine (isentrop)

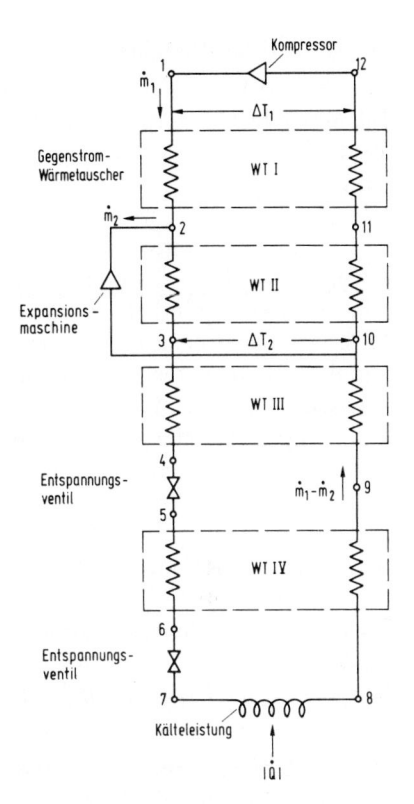

Bild 10.5 Claude-Verfahren mit einer Expansionsmaschine

Während in Anlagen mit kleineren Kälteleistungen ausschließlich Expansions-(Kolben-) Maschinen verwendet werden, sind für große Kälteleistungen Entspannungsturbinen vorteilhafter.

10.2.2.3 Claude-Verfahren

Eine Kombination von Expansionsmaschine und Joule-Thomson-Entspannung hat Claude zum ersten Mal zur Luftverflüssigung angewendet. Dieses Verfahren bildet heute die Grundlage für den größten Teil der Kälteanlagen.

In Bild 10.5 ist eine einstufige Claude-Kältemaschine schematisch dargestellt. Der vom Kompressor zugeführte Hochdruck-Massenstrom $\dot{m}_1$ wird hier hinter dem Wärmetauscher WT I geteilt. Während der Anteil $\dot{m}_1 - \dot{m}_2$ die folgenden Wärmetauscher und die nachgeschalteten Entspannungsventile durchströmt, wird der Anteil $\dot{m}_2$ in der Expansionsmaschine entspannt und dabei abgekühlt. Das kalte Niederdruckgas wird im Gegenstrom zum eintretenden Hochdruckgas durch die Wärmetauscher WT II und WT I geleitet.

In Helium-Kältemaschinen nach dem Claude-Verfahren können die Förderleistung und der Enddruck des Kompressors, die Drehzahl der Expansionsmaschinen sowie die Öffnungszeit des Einlaßventils, und schließlich die Einstellung der Entspannungsventile variiert werden. Es ist einleuchtend, daß ein gutes Verständnis der Zusammenhänge notwendig ist, um bei derartigen Anlagen optimale Betriebsbedingungen einstellen zu können.

10 Kryotechnik und Kryopumpen

10.2.2.4 Stirling-Verfahren

Ein wichtiges Verfahren zur Erzeugung tiefer Temperaturen ist das Stirling-Verfahren [4]. Wie Bild 10.6 zeigt, befinden sich in einem Zylinder ein Kompressionskolben und ein Verdrängerkolben, die von einer gemeinsamen Kurbelwelle betätigt werden. Das Arbeitsgas befindet sich in einem geschlossenen System. Es wird zwischen den beiden Kolben verdichtet, gibt dann beim Durchströmen des Kühlers die Kompressionswärme $|Q_u|$ ab, und wird danach im Regenerator bis auf etwa die Temperatur abgekühlt, bei der die Kälteleistung gewonnen werden soll. Anschließend erfolgt die weitere Abkühlung durch Expansion zwischen dem Verdrängerkolben und dem geschlossenen Zylinderende (Raum 2). Das entspannte kalte Gas nimmt dann rückströmend zunächst die Wärme Q vom zu kühlenden Objekt auf, strömt dann unter weiterer Erwärmung durch den sich dabei abkühlenden Regenerator, und tritt schließlich erwärmt wieder in den Verdichtungsraum 1 zwischen den beiden Kolben ein. Eine vorgegebene Menge Arbeitsgas wird also lediglich zwischen dem Verdichtungsraum 1 und dem Expansionsraum 2 hin und her geschoben und hat auch im entspannten Zustand einen relativ hohen Druck.

Wegen der bei tiefen Temperaturen stark abfallenden spezifischen Wärmekapazität der Regeneratormaterialien können mit diesem Verfahren in zweistufigen Maschinen nur Temperaturen bis etwa 12 K erreicht werden [5]. Nimmt man die Stirling-Maschine als Vorkühlstufe für einen Heliumgasstrom und schaltet dieser eine Joule-Thomson-Kühlstufe nach, so ergeben sich leistungsfähige und besonders kompakte Heliumverflüssiger [6]. Besondere Vorteile von Stirling-Systemen sind der hohe Wirkungsgrad und der einfache mechanische Aufbau.

10.2.2.5 Gifford-McMahon-Verfahren [82]

Auch bei diesem in Bild 10.7 dargestellten Kühlverfahren [7] wird das Arbeitsgas mittels eines Verdrängerkolbens durch einen Regenerator hin und her geschoben. Die Kompression erfolgt jedoch außerhalb bei Raumtemperatur in einem vom Kühlsystem getrennten Kompressor. Bei diesem Prozeß wird dem System keine Arbeit entnommen, sondern eine

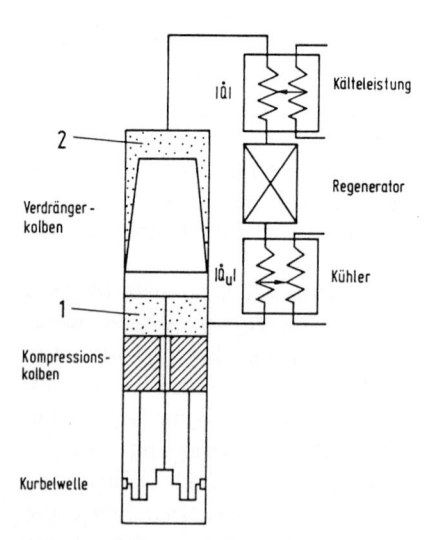

Bild 10.6 Stirling-Verfahren. Punktiert: Arbeitsgas. 1 Verdichtungsraum; 2 Expansionsraum

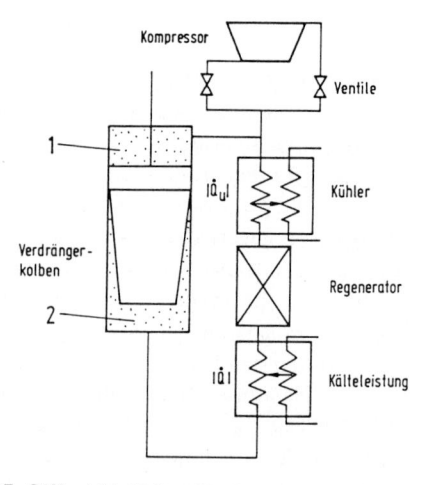

Bild 10.7 Gifford-McMahon-Verfahren. Punktiert: Arbeitsgas. 1 Verdichtungsraum; 2 Expansionsraum

der gewonnenen Kälte $|Q|$ entsprechende Wärmemenge $|Q_u|$ nach außen abgeführt. In der gleichen Weise, wie sich das Gas auf der kalten Seite 2 des Verdrängerkolbens durch Entspannung abkühlt, entsteht nämlich durch Verdichtung des Gases Wärme auf der Raumtemperaturseite 1 des Verdrängerkolbens. Das aus dem System austretende Gas hat also eine höhere Temperatur als das dem System zugeführte Gas.

Das Gifford-McMahon-Verfahren hat den Vorteil, daß außer langsam bewegten Verdrängerkolben keine bewegten Teile bei tiefen Temperaturen erforderlich sind. Im Gegensatz zum Stirling-Verfahren hat das System zwei Steuerventile, die jedoch auf Raumtemperatur liegen. Hinsichtlich der Abnahme der Kälteleistung mit der Temperatur sind beim Gifford-McMahon-Verfahren dieselben Bedingungen gegeben, wie beim Stirling-Verfahren.

Das Kühlverfahren nach Gifford-McMahon wird in Helium-Kälteanlagen, die als Refrigeratoren arbeiten (s. Abschnitt 10.2.3) mit Vorteil eingesetzt: Es erlaubt eine räumliche Trennung von Kompressor und Kaltkopf, so daß die Vibrationen des Kompressors nicht auf den Kaltkopf übertragen werden. Eine solche Anordnung ermöglicht eine beliebige Einbaulage des Kaltkopfes. Dieser kann einstufig, zweistufig, aber auch dreistufig ausgeführt werden.

Die in den Abschnitten 10.5.3 und 10.6.3 behandelten Refrigeratorkryostate bzw. Refrigerator-Kryopumpen arbeiten nach dem Gifford-McMahon-Verfahren; das Kältemittel Helium wird im geschlossenen Kreislauf geführt, so daß keine Kältemittelverluste auftreten.

10.2.3 Allgemeine Kriterien für Kälteanlagen

Kälteanlagen mit den im vorigen Abschnitt beschriebenen Kühlprinzipien stehen heute in einer Vielzahl von Ausführungsformen zur Verfügung. Kälteleistungen und Arbeitstemperaturen der verschiedenen Anlagen sind sehr unterschiedlich [8]. So bestimmt oft die geforderte Kälteleistung den Anlagentyp. Durch die Fortschritte in der Entwicklung von Kälteanlagen während der letzten Jahre konnte eine hohe Betriebssicherheit erreicht werden. Erst damit ist die großtechnische Anwendung tiefer Temperaturen möglich geworden [9].

Bei Helium-Kälteanlagen ist zwischen Verflüssigern und Refrigeratoren zu unterscheiden. Viele können auch wahlweise als Verflüssiger oder als Refrigerator betrieben werden.

Bei einem *Refrigerator* wird das hinter dem Joule-Thomson-Ventil anfallende Flüssigkeit/Gas-Gemisch vollständig dem zu kühlenden Objekt zugeführt, und das dort anfallende Kaltgas wird wieder vollständig in den unteren Gegenströmer der Kälteanlage eingespeist, wie es im Abschnitt 10.2.2.1 an Hand von Bild 10.3 beschrieben ist. Der Refrigerator hat also einen geschlossenen Kreislauf, in dem die Menge des Arbeitsmediums konstant bleibt. Beim *Verflüssiger* dagegen wird die in der Endstufe anfallende Flüssigkeit entnommen. Der niederdruckseitig rückströmende Kaltgasanteil ist entsprechend verringert, und es muß ständig die dem Flüssigkeitsanteil äquivalente Menge warmes Gas in den Kreislauf eingespeist werden. Der Verflüssiger hat also einen offenen Kreislauf.

Der Refrigeratorbetrieb hat den Vorteil, daß die Enthalpie der Gesamtmenge des Arbeitsmediums im Temperaturbereich $T \ldots T_u$ innerhalb der Anlage ausgenutzt werden kann. Ein und dieselbe Anlage hat also im Refrigeratorbetrieb eine höhere Kälteleistung als im Verflüssigerbetrieb. Trotzdem ist der Refrigerator nur dann eindeutig von Vorteil, wenn die benötigte Kälteleistung in einem vorgegebenen Temperaturbereich festlegt und relativ lange Betriebszeiten erforderlich sind. Imponderabilien können nämlich nur durch Installation einer Anlage mit höherer Kälteleistung ausgeglichen werden. Dies wird um so kostspieliger, je tiefer die Arbeitstemperatur ist. Für das Arbeiten im Laboratorium hingegen ist flüssiges Helium im Transport-Dewar vorteilhafter, ebenso für Fälle, in denen eine variable Kälteleistung und/oder über einen größeren Bereich variable Arbeitstemperaturen verlangt werden, die Betriebszeiten kurz sind, Vibrationen ausgeschlossen werden müssen u.a.m.

10 Kryotechnik und Kryopumpen

Wegen der hohen Investitionskosten für Kälteanlagen und Zubehör müssen bei der Projektierung von Tieftemperaturvorhaben die auf die Kälteleistung bezogenen Anschaffungskosten in Betracht gezogen werden. In Bild 10.8 sind diese Daten für eine Reihe von handelsüblichen Kälteanlagen verschiedenen Typs aufgetragen. Für Verflüssiger wurde die Kälteleistung aus der Verflüssigungsleistung berechnet; es ist ersichtlich, daß die auf die Kälteleistung bezogenen Anschaffungskosten mit abnehmender Arbeitstemperatur erheblich ansteigen. Wegen der oben erwähnten höheren Kälteleistung sind die bezogenen Anschaffungskosten für Refrigeratoren niedriger als diejenigen für Verflüssiger. Die Darstellung zeigt auch, daß bei Anlagen mit kleiner Kälteleistung die bezogenen Anschaffungskosten unverhältnismäßig viel höher sind als bei Anlagen mit großer Leistung.

Zu berücksichtigen ist ferner, daß der auf die Kälteleistung bezogene elektrische Leistungsaufwand bei 4,2 K für die konventionellen Heliumverflüssiger schon in der Größenordnung von 1000 Watt/Watt liegt. Bei Kleinkälteanlagen erreicht er noch weit höhere Werte. Dies ist darauf zurückzuführen, daß das Verhältnis von Oberfläche zu Volumen mit abnehmender Größe der Anlage und damit eine Erhöhung der Verluste durch Wärmezufuhr von außen erheblich zunimmt. Ein weiterer, für die Bewertung von Anlagen wichtiger Faktor ist der Personalaufwand für Bedienung und Wartung. Auch hier sind größere Anlagen eindeutig im Vorteil.

Alle diese Fakten sprechen dafür, daß flüssige Kältemittel (Stickstoff und Helium) nach Möglichkeit zentral für größere Verbrauchergruppen erzeugt werden sollten. Der Transport auch über größere Entfernungen bietet heute praktisch keine Schwierigkeiten mehr. Darüber hinaus haben zentrale Tieftemperaturlaboratorien den hervorzuhebenden Vorteil, daß technisch-wissenschaftliche Erfahrungen gesammelt und einem größeren Interessantenkreis nutzbar gemacht werden können [10]. Für den Durchbruch neuer, auf tiefe Temperaturen angewiesener Technologien dürfte dies von entscheidender Bedeutung sein.

Beispiel 10.1: Nach Tabelle 10.1 ist die volumenbezogene Verdampfungsenthalpie (Verdampfungsenthalpie von einem Liter) flüssigen Helium $h_V = 2550 \, J \cdot \ell^{-1}$. Die Verdampfung von einem Liter flüssigen Heliums in einer Stunde bei der Siedetemperatur $T_s = 4,2$ K ergibt daher eine „Kälteleistung"

$$|\dot{Q}| = \frac{2550 \, J \cdot \ell^{-1}}{3600 \, s} \cdot 1 \, \ell = 0{,}71 \, W.$$

Demnach entspricht die Verflüssigungsleistung $10 \, \ell \cdot h^{-1}$ einer He-Verflüssigungsanlage einer Kälteleistung dieser Anlage $|\dot{Q}| = 7{,}1$ W bei $T = 4{,}2$ K.

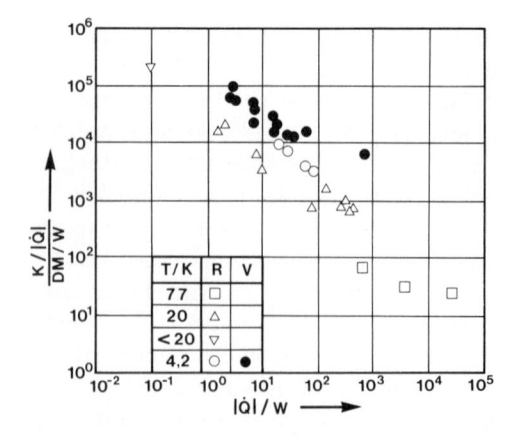

Bild 10.8

Auf die Kälteleistung bezogene Anschaffungskosten $K/|\dot{Q}|$ für Kälteanlagen in Abhängigkeit von ihrer Kälteleistung $|\dot{Q}|$; R = Refrigerator; V = Verflüssiger.

10.3 Stoffeigenschaften bei tiefen Temperaturen

Nicht nur für die Konstruktion von Kälteanlagen, sondern auch für die Anwendung tiefer Temperaturen ist die Kenntnis der Stoffeigenschaften von entscheidender Bedeutung. Alle physikalischen Eigenschaften der Materie sind mehr oder weniger temperaturabhängig, und gerade im Bereich tiefer Temperaturen treten Effekte auf, die einerseits vorteilhaft genutzt werden können, andererseits aber auch spezielle technische Maßnahmen erfordern. Im folgenden wird kurz umrissen, welche Eigenschaften für das Arbeiten bei tiefen Temperaturen besondere Bedeutung haben und wie sie sich auswirken.

10.3.1 Kältemittel

Eine Zusammenstellung der charakteristischen Daten der in der Kryotechnik verwendbaren *Kältemittel* zeigt Tabelle 10.1. Praktische Bedeutung als Kältemittel für vakuumtechnische Anwendungen und für Tieftemperaturexperimente haben jedoch nur Helium, Wasserstoff und Stickstoff. Mit Neon wird kaum gearbeitet, weil die damit erreichbaren Temperaturen sowohl für Kryopumpen als auch für die Tieftemperaturforschung zu hoch liegen. Sauerstoff sollte wegen der Explosionsgefahr nur in unumgänglichen Fällen als Kältemittel Verwendung finden. Das gleiche gilt für flüssige Luft, weil mit zunehmender Verdampfung eine Anreicherung des Sauerstoffs stattfindet bis schließlich reiner Sauerstoff übrig bleibt. Die Verwendung von Sauerstoff ist besonders gefährlich, wenn mit organischen Substanzen oder mit flüssigem Wasserstoff gearbeitet wird.

Tabelle 10.1 zeigt, daß mit flüssigen Kältemitteln nicht alle Temperaturen zwischen 1 K und 120 K eingestellt werden können. Zwischen der kritischen Temperatur des ^{4}Heliums $T = 5,2$ K und dem Tripelpunkt des Wasserstoffs $T = 13,96$ K, sowie zwischen dem Siedepunkt des Wasserstoffs $T = 20,4$ K und dem Tripelpunkt von Stickstoff $T = 63,2$ K bestehen Temperaturlücken. In diesen Bereichen muß man auf Kaltgaskühlung zurückgreifen. Für Temperaturen $T = 5,2 ... 20$ K ist die Anwendung von überkritischem Helium anzuraten.

Neben der spezifischen Verdampfungsenthalpie r stellt die spezifische Enthalpie des Kaltgases einen wesentlichen Anteil der für Kühlzwecke nutzbaren Enthalpie der Kältemittel dar. Während sich die auf 1 ℓ Flüssigkeit bezogenen (volumenbezogenen) Verdampfungsenthalpien h_V von Helium, Wasserstoff und Stickstoff wie 1 : 12,4 : 63,5 verhalten, sind die Wärmekapazitäten C_p der einem Liter Flüssigkeit entsprechenden Gasmengen annähernd gleich groß (0,699 m^3 (p_n, T_n) He: $C_p \approx 660$ J · K^{-1}; 0,787 m^3 (p_n, T_n) H$_2$: $C_p \approx 900$ J · K^{-1}; 0,649 m^3 (p_n, T_n) N$_2$: $C_p \approx 850$ J · K^{-1}) und im hier interessierenden Bereich nur wenig temperaturabhängig.

Es muß hier angemerkt werden, daß in der Laboratoriumskryotechnik zur Angabe von Gasmengen meist das Volumen der äquivalenten Flüssigkeit verwendet wird (Beispiel: Enthalpie des Gases wird in Joule pro Liter Flüssigkeit angegeben). Weiterhin bedient man sich des „Gasäquivalents" als desjenigen Normvolumens (bei $T_n = 273,15$ K und $p_n = 1,01325$ bar, Normzustand, (p_n, T_n), vgl. Abschnitt 2.1, Gln. (2.5) und (2.6)), das einem Liter Flüssigkeit entspricht, und umgekehrt des „Flüssigkeitsäquivalents" als desjenigen Flüssigkeitsvolumens (in Litern), das 1 m^3 (p_n, T_n) Gas entspricht.

Beispiel 10.2: Nach Tabelle 10.1 ist 1 m^3 (p_n, T_n) Heliumgas äquivalent 1,43 ℓ Helium flüssig. Daraus ergibt sich umgekehrt das „Gasäquivalent"

$$1 \text{ ℓ He}_{fl} \stackrel{\wedge}{=} 0,699 \text{ m}^3 (p_n, T_n) \text{ He}_g.$$

Mit der Normdichte $\rho_{n,g} = 0,179$ kg · m^{-3} ergibt sich die weitere Äquivalenz

$$1 \text{ ℓ He}_{fl} \stackrel{\wedge}{=} 0,699 \text{ m}^3 (p_n, T_n) \text{ He}_g \stackrel{\wedge}{=} 0,125 \text{ kg · He}_g.$$

10 Kryotechnik und Kryopumpen

Dieses Ergebnis ist trivial, weil die Dichte des flüssigen Heliums nach Tabelle 10.1 $\rho_{fl} = 0{,}125$ kg·ℓ^{-1} ist und bei der Verdampfung die Masse erhalten bleibt.

Verdampft 1 ℓ He$_{fl}$ bei der Siedetemperatur $T_s = 4{,}22$ K (also beim äußeren Luftdruck $p \approx p_n = 1013$ mbar) so hat das verdampfende Gas die Temperatur T_s und den Druck $p \approx p_n$ (ist also nicht im Normzustand) und damit nach der Zustandsgleichung (2.31.1) das Volumen $V = V_n \cdot T_s/T_n = 0{,}699$ m^3 · 4,22 K/273,15 K = 0,0103 m^3 = 10,3 ℓ.

In Bild 10.9 ist die für einen Kühlprozeß zur Verfügung stehende, auf 1 ℓ Flüssigkeit bezogene Enthalpie

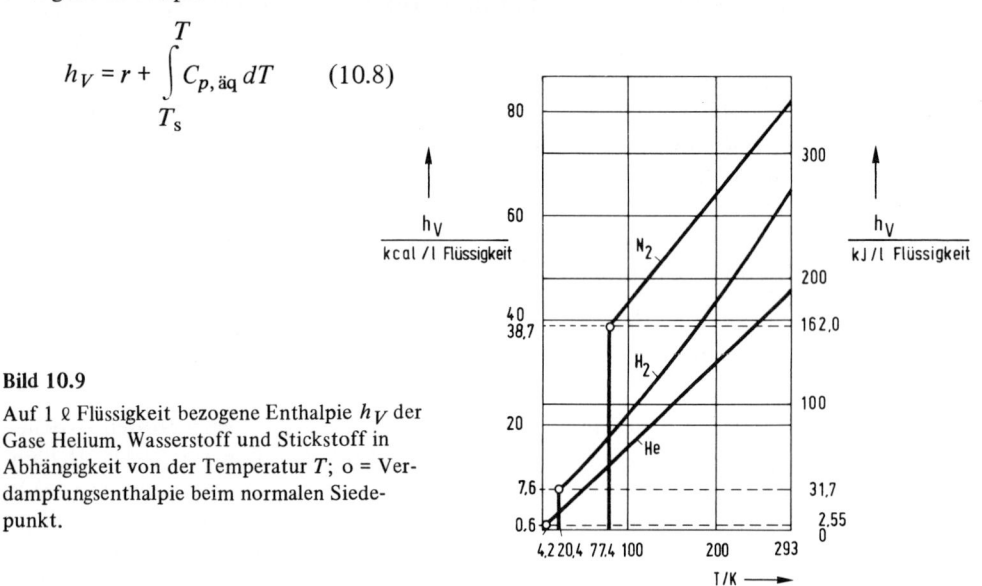

$$h_V = r + \int_{T_s}^{T} C_{p,\text{äq}} \, dT \qquad (10.8)$$

Bild 10.9
Auf 1 ℓ Flüssigkeit bezogene Enthalpie h_V der Gase Helium, Wasserstoff und Stickstoff in Abhängigkeit von der Temperatur T; o = Verdampfungsenthalpie beim normalen Siedepunkt.

für verschiedene Gase in Abhängigkeit von der Temperatur T aufgetragen. In Gl. (10.8) bedeuten r die auf 1 ℓ Flüssigkeit bezogene Verdampfungsenthalpie (Tabelle 10.1, Zeile 7), T_s die Siedetemperatur der Flüssigkeit (Tabelle 10.1, Zeile 8) und $C_{p,\text{äq}}$ die Wärmekapazität der 1 ℓ Flüssigkeit äquivalenten Gasmenge (0,125 kg He, 0,071 kg H$_2$, 0,812 kg N$_2$). Die Wärmekapazität eines Körpers (Volumen V, Masse m) bei konstantem Druck ist durch die Gleichung $C_p = (\delta Q/\Delta T)_p$ definiert, wobei die beim konstanten Druck p zugeführte Wärmemenge δQ die Temperatur des Körpers um ΔT erhöhen soll. Nach Gl. (10.2b) ist $\delta Q = dU + p\, dV$, also $(\delta Q)_p = d(U + pV) = dH$ (Gl. (10.4)). Daraus folgt $C_p = dH/dT$, bzw. für die mittlere Wärmekapazität im Temperaturintervall $T_1 \ldots T_2$ der Ausdruck $\bar{C}_p = (H_2 - H_1)/(T_2 - T_1)$. Aus Bild 10.9 entnimmt man für die Enthalpien der einem Liter flüssigen Heliums entsprechenden Gasmengen (0,699 m^3 (p_n, T_n) He$_g$) bei $T_1 = 4{,}2$ K den Wert $h_{V,1} = 2{,}55$ kJ/$\ell_{\text{He,fl}}$ und bei $T_2 = 293$ K den Wert $h_{V,2} = 193$ kJ/$\ell_{\text{He,fl}}$. Damit wird die mittlere Wärmekapazität dieser speziellen He-Gas-Menge in diesem Temperaturintervall

$$\bar{C}_p = \frac{(193 - 2{,}55) \text{ kJ}/\ell_{\text{He,fl}}}{(293 - 4{,}2) \text{ K}} = 0{,}663 \, \frac{\text{kJ}}{\text{K}} / \ell_{\text{He,fl}}$$

$$\bar{c}_p = 0{,}663 \, \frac{\text{kJ}}{\text{K}} / 0{,}125 \text{ kg He} = 5{,}3 \text{ kJ} \cdot \text{K}^{-1} \text{kg}^{-1}.$$

10.3 Stoffeigenschaften bei tiefen Temperaturen 10.3.1

Tabelle 10.1 Charakteristische Daten der bei Temperaturen $T < 120$ K anwendbaren Kältemittel

		Helium ^{3}He	Helium ^{4}He	Para-Wasserstoff p – H$_2$*)	Normal-Wasserstoff n – H$_2$**)	Neon Ne	Stickstoff N$_2$	Sauerstoff O$_2$
relative Molekülmasse (^{12}C)	M_r	3,016	4,003	2,016	2,016	20,179	28,013	31,999
Normdichte des Gases	$\rho_{n,g}$ kg/m³	0,135	0,179	0,090	0,090	0,900	1,250	1,428
Dichte der Flüssigkeit am Siedepunkt	ρ_{fl} kg/ℓ	0,058	0,125	0,071	0,071	1,204	0,812	1,14
Flüssigkeitsäquivalent von 1 m³ ($p_n T_n$) Gas	ℓ	2,33	1,43	1,27	1,27	0,75	1,54	1,25
spezifische Verdampfungsenthalpie	r kJ/kg kcal/kg	8,302 1,983	20,43 4,88	444,6 106,2	447,2 106,8	86,2 20,6	199,5 47,66	213,7 51,0
Verdampfungsenthalpie bezogen auf 1 ℓ Flüssigkeit	h_V kJ/ℓ kcal/ℓ	0,481 0,115	2,55 0,61	31,57 7,54	31,74 7,58	103,8 24,8	162,0 38,7	243,7 58,2
Siedepunkt ($p = p_n = 1,013$ bar)	T_s K °C	3,2 −269,9	4,2 −268,9	20,27 −252,9	20,39 −252,8	27,17 −246,1	77,4 −195,8	90,2 −183,0
Tripelpunkt	Temperatur T K Druck p mbar		λ-Punkt: T = 2,17 K p = 50,3 mbar	13,81 70,2	13,96 71,8	24,6 430,3	63,2 125,0	54,3 1,6
kritischer Punkt	Temperatur T K Druck p bar	3,33 1,17	5,2 2,29	33,0 12,9	33,2 13,1	44,5 27,2	126,1 33,9	154,3 50,3

*) Gleichgewicht bei T = 20,3 K mit 99,79 % p-H$_2$
**) Gleichgewicht bei T = 273,2 K mit 25 % p-H$_2$

Der letzte, auf die Masse Helium (flüssig = gasförmig!) bezogene Wert stellt die mittlere *spezifische* Wärmekapazität des He-Gases in dem Temperaturintervall $T = 4{,}2 \ldots 293$ K dar. Die Kurven in Bild 10.9 zeigen, daß im Fall von Helium und Wasserstoff die Enthalpie des Kaltgases bei höheren Arbeitstemperaturen die Verdampfungsenthalpie um ein Vielfaches übersteigt. Darum muß bei der Konzeption von Kälteanlagen und Kühlsystemen auch die Enthalpie des Kaltgases möglichst weitgehend genutzt werden.

In diesem Zusammenhang ist darauf hinzuweisen, daß die zur Temperaturregelung und -stabilisierung in Kühlsystemen häufig verwendete Heizung des Objekts unwirtschaftlich ist. Sie sollte nur in unumgänglichen Sonderfällen Anwendung finden. Mit den heutigen Mitteln der Temperaturmessung und -regelung (s. Abschnitt 10.5) lassen sich tiefe Temperaturen auch ohne Heizung durch Mengenstromregelung einstellen und konstant halten.

Obwohl flüssiger *Wasserstoff* wegen des hohen Standes der Helium-Technologie als Kältemittel heute nur noch für spezielle Anwendungen in Frage kommt, sei auf einige Besonderheiten eingegangen. Die hohe Explosionsfähigkeit des Wasserstoffs ist allgemein bekannt[1]. Weniger beachtet wird jedoch, daß sie nicht größer als diejenige von organischen Flüssigkeiten ist, wie z.B. Benzin oder Äther. Die Wasserstofftechnologie ist heute so weit entwickelt, daß der Umgang mit großen Mengen Flüssigkeit keine ernsthaften Probleme mehr bietet. Das ist von besonderem Interesse im Hinblick auf eine zukünftige Verwendung des Wasserstoffs als Energieträger.

Darüber hinaus sei noch die bei tiefen Temperaturen stattfindende ortho-para-Umwandlung des Wasserstoffs erwähnt. Im Wasserstoffmolekül können die Spins der beiden Atomkerne entweder gleich gerichtet oder entgegengesetzt gerichtet sein. Moleküle der ersten Art werden ortho-Wasserstoff genannt, die der anderen para-Wasserstoff. Gleichgewichtswasserstoff (e-H_2)[2] besteht bei Raumtemperatur zu 75 % aus o-H_2 und zu 25 % aus p-H_2. Bei tiefen Temperaturen ist das Gleichgewicht dagegen zugunsten des p-H_2 verschoben. Weil die Umwandlungswärme (49,4 kJ/ℓ bzw. 11,8 kcal/ℓ) größer ist als die Verdampfungsenthalpie (31,7 kJ/ℓ bzw. 7,56 kcal/ℓ), hat frisch verflüssigter Wasserstoff zu Anfang eine sehr hohe Abdampfrate, wenn die Umwandlung bis zum Gleichgewicht nicht schon beim Verflüssigen katalytisch vollzogen worden ist.

Flüssiges *Helium* weist einige besondere Eigenschaften auf. Es hat nicht nur einen sehr nahe am Siedepunkt liegenden kritischen Punkt, sondern darüber hinaus keinen Tripelpunkt. Es kann nur unter Anwendung hoher Drücke ($p > 25$ bar) in die feste Phase überführt werden (Bild 10.10).

Bei Abkühlung geht normal flüssiges Helium I am sogenannten λ-Punkt bei der Temperatur $T = 2{,}172$ K und einem Druck $p = 50{,}4$ mbar in die suprafluide Phase Helium II über. Mit diesem Übergang sind sprunghafte Änderungen einiger physikalischer Eigenschaften verbunden. So hat He I eine Wärmeleitfähigkeit in der Größenordnung der Kunststoffe, während die Wärmeleitfähigkeit von He II sechs Zehnerpotenzen größer ist und damit die der reinsten Metalle noch um fast zwei Zehnerpotenzen übertrifft (s. Bild 10.12). Auch die dynamische Viskosität ändert sich am λ-Punkt sprunghaft; He II hat eine extrem geringe Viskosität.

---

[1] Explosionsgrenzen: untere: Vol. Anteil in Luft-H_2-Gemisch $x_{H_2} = 4{,}1$ %; obere: $x_{H_2} = 74{,}2$ %; niedrigste Zündtemperatur $\vartheta_z = 510$ °C.

[2] e-H_2 ist Gleichgewichts-Wasserstoff (e = equilibrium) im orthopara-Gleichgewicht bei der angegebenen Temperatur (vgl. Tabelle 10.1).

Bild 10.10

Die Phasendiagramme von ^{4}Helium und von Wasserstoff: He I normale Modifikation des flüssigen ^{4}He. He II suprafluide Modifikation des flüssigen ^{4}He. $\lambda - \lambda'$: λ-Kurve. A kritischer Punkt von ^{4}He (5,2 K, 2,29 bar). ^{3}He Dampfdruckkurve von ^{3}He. B kritischer Punkt von ^{3}He (3,33 K, 1,17 bar). C kritischer Punkt von H_2 (33,2 K, 13,1 bar). T Tripelpunkt von H_2 (13,96 K, 71,8 mbar). ① ^{4}He fest. ② ^{4}He dampfförmig. ③ H_2 fest. ④ H_2 flüssig. ⑤ H_2 dampfförmig. λ-Punkt (2,172 K, 50,4 mbar). λ'-Punkt (1,76 K, 30,3 bar).

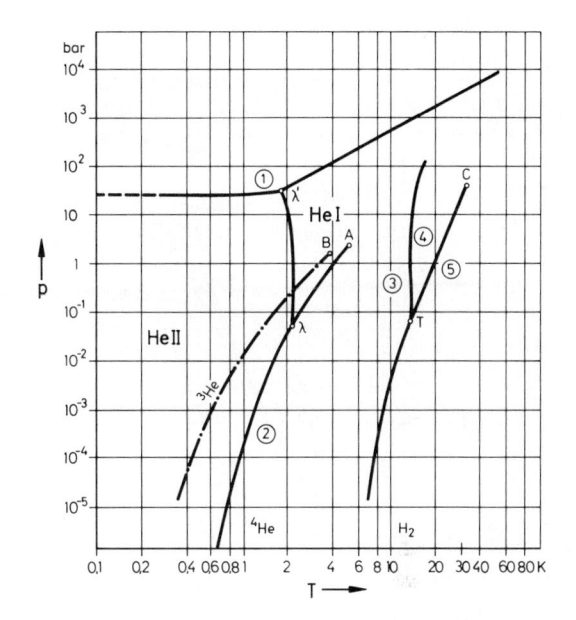

He II fließt daher noch bei kleinsten Druckdifferenzen durch Spalte oder Poren mit einer Weite bis hinab zu 10^{-5} cm. Die Fließgeschwindigkeit ist von der Druckdifferenz unabhängig. Diese Eigenschaft kann sich beim Auftreten geringfügiger Undichtheiten in Apparaturen als „Lambda-Leck" sehr unangenehm bemerkbar machen. Andererseits kann man ein „Super-Leck" (feinporiges Filter) zur Handhabung von He II nutzen. Ein Beispiel sind automatische Nachfüllvorrichtungen, in denen das Filter als temperaturgesteuertes Ventil wirkt (s. Abschnitt 10.5.1.3).

Ein weiteres, beim Arbeiten mit He II zu beachtendes Phänomen ist der Filmfluß: Der suprafluide Anteil der Flüssigkeit kriecht an den Gefäßwänden in Richtung höherer Temperaturen hinauf. Der Oberflächenfilm hat eine Dicke von 10^{-6} cm und eine Kriechgeschwindigkeit von 20 ... 40 cm/s. Er führt zu erhöhten Abdampfraten und muß demzufolge durch geeignete konstruktive Maßnahmen (Kriechblenden) unterdrückt werden.

Zum Verständnis der für praktische Anwendungen von He II zu beachtenden Effekte ist das Zwei-Flüssigkeiten-Modell besonders anschaulich (vgl. [11]). Es geht von einem suprafluiden Anteil mit der Temperatur $T = 0$ K und einem „normalen" Flüssigkeitsanteil aus, deren Mischungsverhältnis sich mit abnehmender Temperatur zugunsten des suprafluiden Anteils ändert.

Obwohl *Luft* als Kältemittel keine Rolle spielt, können ihre Eigenschaften hier nicht außer Betracht gelassen werden. Ihre Hauptbestandteile (N_2, O_2, Ar, CO_2, H_2O) gehen bei unterschiedlichen Temperaturwerten im Bereich $T = 273 ... 54$ K in die feste Phase über. Damit können sie in Kühlsystemen zu störenden Verunreinigungen werden, die Leitungen, Ventile u. a. verstopfen.

10.3.2 Werkstoffe

Mit abnehmender Temperatur ändern sich die physikalischen Eigenschaften der verschiedenen Werkstoffe — reine Metalle, Legierungen, Kunststoffe, Gläser usw. — in sehr unterschiedlicher Weise. In vielen Fällen werden Extremwerte erreicht. So ist nicht nur eine

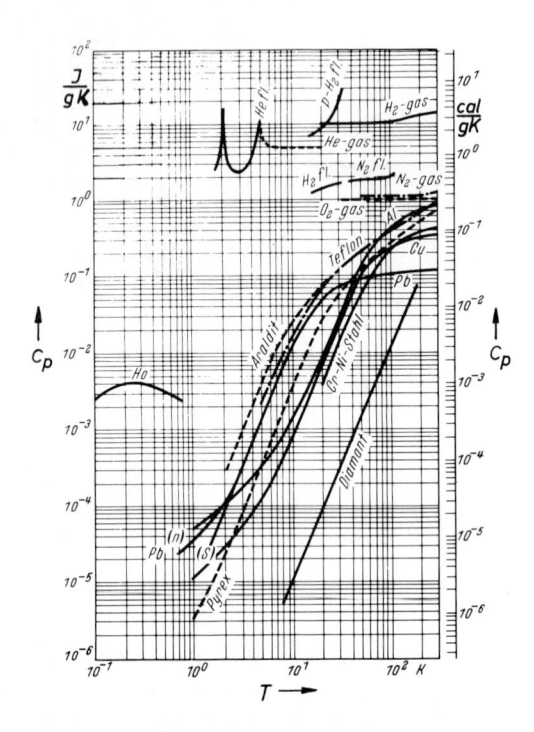

Bild 10.11 Spezifische Wärmekapazität c_p der Kältemittel und einiger Werkstoffe

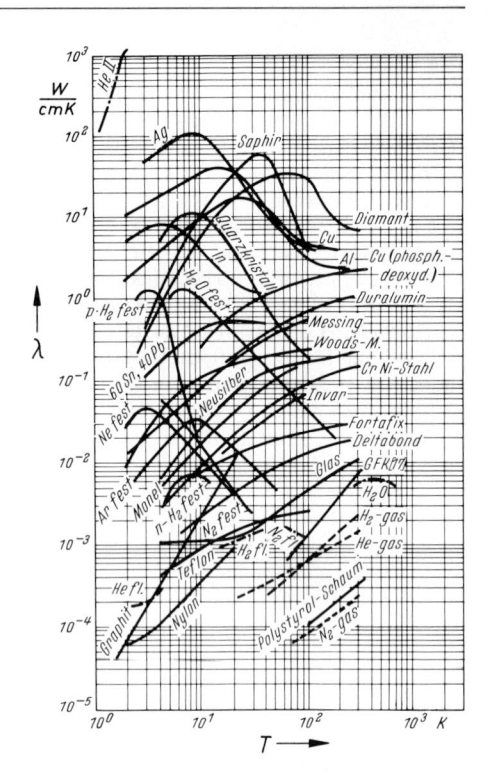

Bild 10.12 Wärmeleitfähigkeit λ von Kältemitteln, Werkstoffen und kondensierten Gasen

gute Kenntnis der Werkstoffeigenschaften bei den verschiedenen Temperaturen notwendig, sondern es gilt, gerade die Extremwerte so geschickt wie möglich zu nutzen.

Die *spezifische Wärmekapazität* c_p aller Feststoffe wird bei tiefen Temperaturen ($T < 100$ K) sehr klein. Bei $T < 10$ K ist die spezifische Wärmekapazität des flüssigen Heliums um zwei bis vier Zehnerpotenzen größer als diejenige der Feststoffe (Bild 10.11). Das hat einerseits den Vorteil, daß in diesem Bereich zur Abkühlung großer Massen nur relativ wenig Kälteleistung erforderlich ist. Andererseits ergibt sich dadurch eine Grenze des Anwendungsbereichs thermischer Regeneratoren bei $T \sim 10$ K.

Die *Wärmeleitfähigkeit* λ (Bild 10.12) reiner Metalle und anderer reiner Stoffe, wie Saphir, Diamant, Quarzkristall, nimmt bei Temperaturen $T < 100$ K zunächst zu, im Bereich $T = 10 \ldots 20$ K wird ein Maximum durchlaufen, und bei tieferen Temperaturen nimmt sie wieder ab. Legierungen, Kunststoffe und Gläser zeigen dagegen eine stetige Abnahme der Wärmeleitfähigkeit, wobei die Kunststoffe und Gläser ein bis zwei Zehnerpotenzen unter den Legierungen liegen und etwa dieselbe Wärmeleitfähigkeit haben wie flüssige Kältemittel. Die Wärmeleitfähigkeit fester Gase zeigt einen ähnlichen Verlauf wie diejenige von anderen reinen Stoffen, sie liegt aber in der Größenordnung derjenigen der Legierungen. Insgesamt bestehen Unterschiede bis zu sechs Zehnerpotenzen in der Wärmeleitfähigkeit von Feststoffen und Kältemitteln.

Die unterschiedliche *thermische Ausdehnung* der Werkstoffe (Bild 10.13) muß bei allen Konstruktionen berücksichtigt werden, einerseits, um Schäden und die Bildung uner-

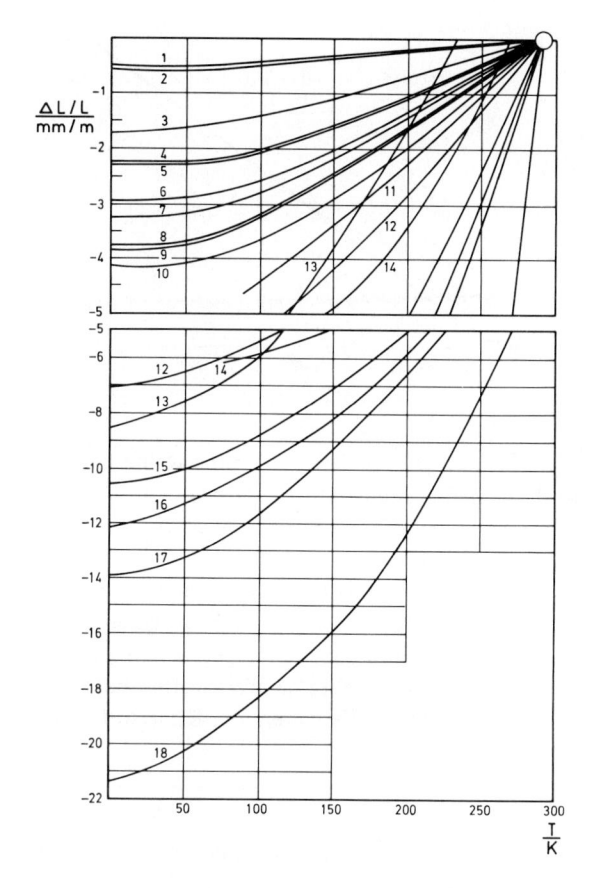

Bild 10.13

Thermische Ausdehnung einiger Werkstoffe: Längenänderung ΔL bezogen auf die Länge L bei $T = 293$ K. Ausnahmen: Quecksilber: L bei $T = 234,3$ K; Eis: L bei $T = 273,15$ K.

1 Invar	10 Aluminium
2 Pyrex	11 Weichlot
3 unleg. Stahl	12 Indium
4 Nickel	13 Quecksilber
5 Contracid	14 Eis
6 rostf. Stahl	15 Araldit
7 Kupfer	16 Plexiglas
8 Neusilber	17 Nylon
9 Messing	18 Teflon

wünschter Wärmebrücken durch unterschiedliche Kontraktion zu vermeiden, andererseits, um spezielle Effekte, wie das Anziehen von Dichtungen oder Steckverbindungen, zu erreichen. Es sei erwähnt, daß die thermische Ausdehnung von Kunststoffen durch geeignete Füllstoffzusätze derjenigen bestimmter metallischer Werkstoffe weitgehend angepaßt werden kann [12].

Ebenso notwendig ist es, die Änderung der *mechanischen Eigenschaften* mit abnehmender Temperatur für die einzelnen Werkstoffe zu kennen. Die Deformierbarkeit von Metallen nimmt mit sinkender Temperatur ab. Die meisten Metalle werden bei tiefen Temperaturen spröde, bleiben jedoch als dünne Folie hinreichend duktil. Die Abnahme der Elastizität mit sinkender Temperatur ist insbesondere für Dichtungsmaterialien von Bedeutung. Anstelle der üblichen Dichtungsmaterialien werden deshalb bei tiefen Temperaturen duktile Metalle, vor allem Indium, Kunststoff-Folien (Kapton) und andere Dichtungen spezieller Konstruktion verwendet [13].

Die dynamische Viskosität von Schmierstoffen nimmt mit abnehmender Temperatur erheblich zu, so daß bewegte Teile gasgelagert werden müssen. In manchen Fällen wird auch der Werkstoff PTFE (Polytetrafluoräthylen, Teflon) für Gleitflächen verwendet.

Der spezifische *elektrische Widerstand* ρ (die Resistivität) von Metallen nimmt mit sinkender Temperatur ab (Bild 10.14). Er setzt sich aus einer für das reine und unverformte Metall gültigen Temperaturfunktion und einem temperaturunabhängigen Zusatzwiderstand zusammen, der durch Zusätze oder Verformungen hervorgerufen ist. Bei genügend tiefen

Bild 10.14
Der spezifische elektrische Widerstand (die Resistivität) ρ von Metallen in Abhängigkeit von der Temperatur (schematisch): 1 reines Metall; 2 Metall mit endlichem Restwiderstand; 3 Supraleiter (T_c = Übergangstemperatur).

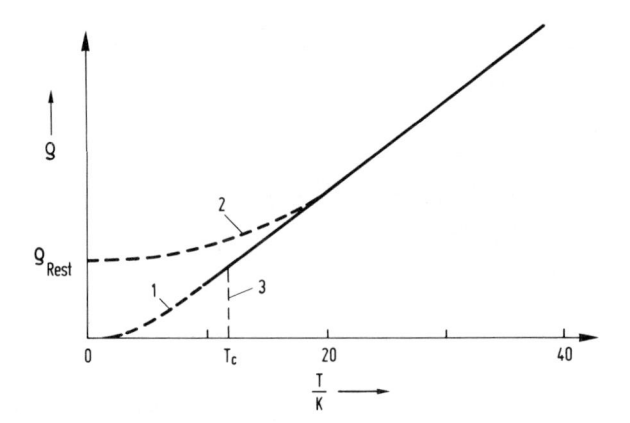

Temperaturen existiert nur dieser Zusatzwiderstand (Restwiderstand). Eine Reihe von Metallen, Legierungen und Verbindungen wird bei tiefen Temperaturen supraleitend, d.h., der spezifische elektrische Widerstand wird Null. Der Übergang erfolgt bei einer für das betreffende Material charakteristischen Temperatur, der Übergangstemperatur T_c.

Der hier gegebene Überblick über die Werkstoffeigenschaften gehört zum Grundwissen jedes Anwenders tiefer Temperaturen. Detaillierte Angaben sind beispielsweise den vom US National Bureau of Standards (NBS), Boulder, Colorado, herausgegebenen umfangreichen Datensammlungen über das Verhalten von Kältemitteln und Werkstoffen bei tiefen Temperaturen zu entnehmen [14]. Eine Übersicht über das Verhalten von Kunststoffen bei tiefen Temperaturen gibt [15].

10.4 Temperaturmessung

Geeignete Methoden der Temperaturmessung sind die Voraussetzung für alle Anwendungen tiefer Temperaturen einschließlich der Temperaturregelung. Bei Temperaturen $T < 120$ K werden Meßverfahren angewendet, die sich zum Teil von den herkömmlichen Methoden der Thermometrie unterscheiden, weil andere physikalische Eigenschaften der Materie ausgenutzt werden müssen. Bild 10.15 gibt einen Überblick über die verschiedenen Verfahren, die in den Abschnitten 10.4.2 bis 10.4.8 behandelt sind. Man unterscheidet zwi-

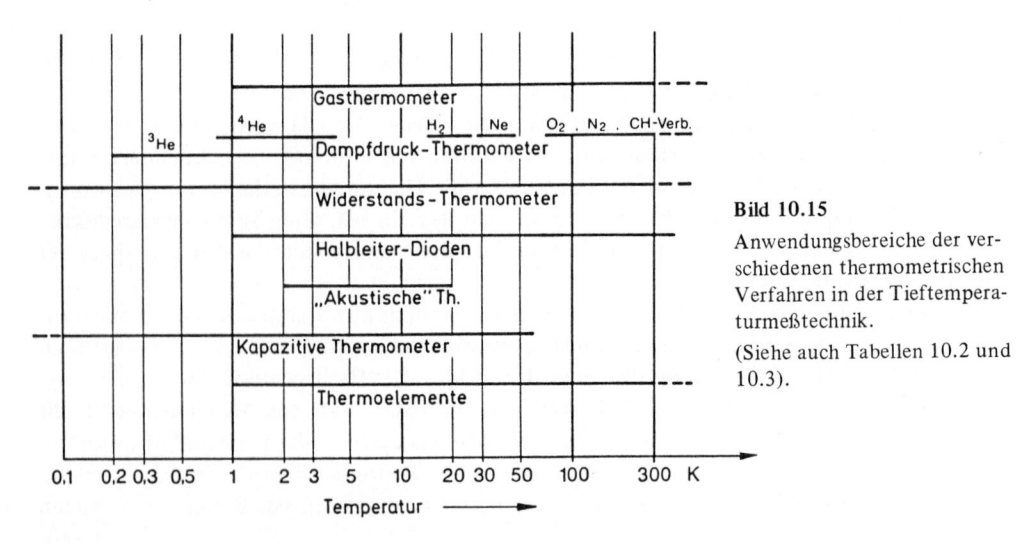

Bild 10.15
Anwendungsbereiche der verschiedenen thermometrischen Verfahren in der Tieftemperaturmeßtechnik.
(Siehe auch Tabellen 10.2 und 10.3).

schen Primär- und Sekundärthermometern. Erstere (Gasthermometer, Dampfdruckthermometer) dienen zur Approximation der thermodynamischen Temperaturskala und damit auch zum Eichen bzw. Kalibrieren der Sekundärthermometer (Betriebsthermometer).

10.4.1 Temperaturskalen (vgl. dazu auch Abschnitte 2.1 und 2.3)

Die Definition der thermodynamischen Temperatur T erfolgt mit Hilfe des 2. Hauptsatzes der Thermodynamik. Die bei einem Carnotprozeß umgesetzten Wärmemengen verhalten sich wie die zugehörigen Temperaturen

$$\frac{Q_1}{Q_2} = \frac{T_1}{T_2}. \tag{10.9}$$

Damit erhält man die Temperatur allein auf Grund der Messung von Wärmemengen (bzw. Arbeitsbeträgen).

Die Einheit der thermodynamischen Temperatur ist das Kelvin (Einheitenzeichen K). Zur Festlegung der thermodynamischen Temperatur*skala* wurde die Temperatur des Tripelpunktes von Wasser $T = 273{,}16$ K als Fixpunkt gewählt. Der normale Gefrierpunkt des Wassers liegt dann bei $T_0 = 273{,}15$ K, so daß der Zusammenhang von thermodynamischer Temperatur T und Celsiustemperatur ϑ durch die Gleichung

$$T = 273{,}15 \text{ K} + \vartheta = T_0 + \vartheta \tag{10.10}$$

gegeben ist[1]). In der Celsiusskala liegt der Tripelpunkt des Wassers also bei $\vartheta = 0{,}01$ °C.

Die thermodynamische Temperaturskala ist für *ideale* Gase mit der aus der allgemeinen Zustandsgleichung (2.31) folgenden Kelvin-Skala (absolute Temperatur) identisch. Die Zustandsänderung idealer bzw. weitgehend idealer Gase (Helium in angemessenem Abstand oberhalb der Siedetemperatur) kann daher als „Gasthermometer" zur Temperaturmessung verwendet werden. Aus

$$pV = \nu RT \tag{2.31.1}$$

(p = Druck, V = Volumen, ν = Stoffmenge, R = allgemeine Gaskonstante, T = thermodynamische Temperatur) folgt für ein Gasthermometer mit konstantem Volumen (V = const, ν = const) der Zusammenhang zwischen Gasdruck p und Temperatur T

$$p = \frac{p_\text{a}}{T_\text{a}} T, \tag{10.11}$$

wobei p_a, T_a Druck und Temperatur im Füllzustand sind. Durch Gl. (10.11) wird also die Temperaturmessung mit dem Gasthermometer auf eine Druckmessung zurückgeführt [16].

Meßfehler durch das nicht ideale Verhalten des Füllgases bei tiefen Temperaturen, durch Größe und Temperatur des Totvolumens, durch Volumenänderungen der gesamten Apparatur, durch Gasadsorption an den Gefäßwänden sowie durch die temperaturabhängige Druckdifferenz zwischen Manometer und Meßvolumen bei niedrigen Drücken müssen durch Korrekturen ausgeglichen werden. Ein für Präzisionsmessungen geeignetes Gasthermometer ist ein sehr aufwendiges Meßgerät, das nur für Eichzwecke Verwendung findet.

Zur Realisierung der thermodynamischen Temperaturskala wurden internationale Vereinbarungen über eine praktische Temperaturskala (IPTS 68) getroffen [17]. Danach wird ein

---

[1]) T_0 ist die zur Definition des Normzustandes festgelegte Normtemperatur T_n (Gl. (2.5)).

10 Kryotechnik und Kryopumpen

nach bestimmten Vorschriften konstruiertes Platinwiderstandsthermometer als Standardinstrument im Temperaturbereich von T = 13,81 K (Tripelpunkt e-H_2 [1])) bis T = 903,89 K (Schmelzpunkt Sb) verwendet. Für den hier interessierenden Temperaturbereich T = 13,81 ... 273,16 K gilt eine Bezugsfunktion in Verbindung mit vier verschiedenen Abweichungsfunktionen. Die Eichung erfolgt also in vier Teilbereichen unter Benutzung der in Bild 10.16 angegebenen Fixpunkte. Im Temperaturbereich T = 0,2 ... 5,2 K gelten die sehr genau bestimmten Dampfdrücke von ^{3}He und ^{4}He als Bezugswerte [67, 68].

Die in Bild 10.16 zum Vergleich dargestellte Temperaturskala veranschaulicht, daß im logarithmischen Maßstab der zugängliche Bereich der tiefen Temperaturen im Umfang dem zugänglichen Bereich hoher Temperaturen nahezu entspricht. Das Bild gibt ferner einen Überblick über die Anwendungsbereiche der verschiedenen Kühlverfahren.

10.4.2 Gasthermometer

Die in Abschnitt 10.4.1 erwähnte Verwendung des Gasthermometers als Eichinstrument ist allgemein bekannt. Es wird jedoch vielfach übersehen, daß ein vereinfachtes Gasthermometer für viele Anwendungen im Bereich tiefer Temperaturen ein praktisches, leicht zu handhabendes Meßgerät ist. Der Aufbau ist in Bild 10.17 schematisch dargestellt. Ein Meßfühler 1 (Kammer mit dem Volumen V) ist über eine dünnwandige Kapillare 2 aus einem Werkstoff mit geringer Wärmeleitfähigkeit (z.B. Edelstahl) mit einem Druckmeßinstrument 3 verbunden. Dieses System (Vakuumbehälter 4) wird über das Ventil 6 mit Helium gefüllt. Der Meßfühler muß in gutem Wärmekontakt mit der Probe 5 stehen.

Wenn eine Meßkammer von etwa 10 cm^3 Inhalt und ein Feinmeßmanometer mit kleinem Totvolumen (etwa 10 cm^3) verwendet und die Meßwerte unter Berücksichtigung des nicht idealen Verhaltens des Füllgases und des Temperaturgradienten längs der Kapillare rechnerisch korrigiert werden, kann damit eine Meßunsicherheit von etwa einem Zehntel Kelvin erreicht werden [18].

Für viele Zwecke ist eine geringere Genauigkeit ausreichend. Dann genügt ein kleineres Volumen der Meßkammer und es kann ein Grobmanometer mit linearer Anzeige, z.B. ein einfaches Bourdon-Manometer, verwendet werden. Diese Art Gasthermometer hat sich für die Überwachung von Kälteanlagen über größere Temperaturbereiche bewährt. Je höher der Fülldruck im Gasthermometer gewählt wird, desto stärker machen sich die Abweichungen vom idealen Gasgesetz bemerkbar. Man spricht dann vom nichtlinearen Gasthermometer [19].

Der Fülldruck im Gasthermometer kann auch so hoch gewählt werden, daß das Füllgas bei entsprechend tiefen Temperaturen kondensiert. Wenn sich in der Meßkammer Flüssigkeit bildet, geht das Gasthermometer in ein Dampfdruckthermometer über. Dadurch kann die Meßunsicherheit im Bereich tiefer Temperaturen mit einfachen Mitteln beträchtlich verringert werden.

Bild 10.18 zeigt als Beispiel den von einem solchen, mit Neon gefüllten Thermometer (Fülldruck p_a = 22 bar bei T_a = 293 K) angezeigten Druck als Funktion der Temperatur: im Bereich T = 300 ... 40 K Anzeige als Gasthermometer, unterhalb T = 40 K Kondensation des Neons und damit Funktion als Dampfdruckthermometer bis herunter zu T = 24,5 K (Schmelzpunkt). Bei Füllung mit Wasserstoff liegt der Bereich des Dampfdruckthermometers im Intervall T = 25 ... 14 K und bei Helium im Intervall T = 5,2 ... 1,5 K.

---

[1]) Siehe Anmerkung 2) auf S. 320. Am Tripelpunkt ist im Gleichgewicht der Stoffmengenanteil (Molekülzahlanteil) an Parawasserstoff 99,79 % (sog. „reiner" p-H_2); vgl. Tabelle 10.1.

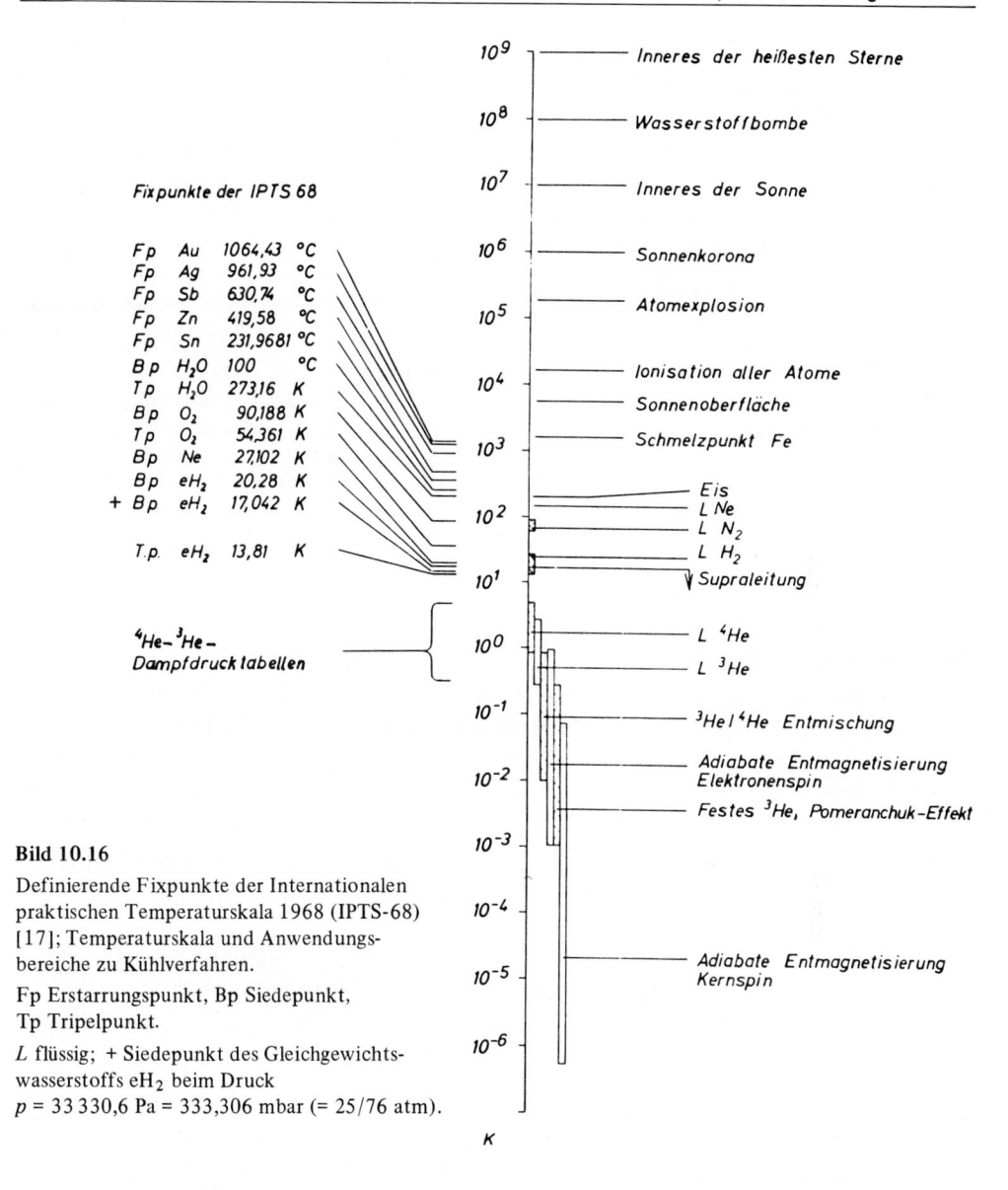

10.4 Temperaturmessung   10.4.2

Fixpunkte der IPTS 68

Fp	Au	1064,43	°C
Fp	Ag	961,93	°C
Fp	Sb	630,74	°C
Fp	Zn	419,58	°C
Fp	Sn	231,9681	°C
Bp	H_2O	100	°C
Tp	H_2O	273,16	K
Bp	O_2	90,188	K
Tp	O_2	54,361	K
Bp	Ne	27,102	K
Bp	eH_2	20,28	K
+ Bp	eH_2	17,042	K
T.p.	eH_2	13,81	K

^{4}He–^{3}He– Dampfdrucktabellen

Skala (K):
- 10^9 — Inneres der heißesten Sterne
- 10^8 — Wasserstoffbombe
- 10^7 — Inneres der Sonne
- 10^6 — Sonnenkorona
- 10^5 — Atomexplosion
- 10^4 — Ionisation aller Atome; Sonnenoberfläche
- 10^3 — Schmelzpunkt Fe
- 10^2 — Eis; L Ne; L N_2; L H_2
- 10^1 — Supraleitung
- 10^0 — L ^{4}He; L ^{3}He
- 10^{-1} — ^{3}He/^{4}He Entmischung
- 10^{-2} — Adiabate Entmagnetisierung Elektronenspin
- 10^{-3} — Festes ^{3}He, Pomeranchuk-Effekt
- 10^{-4}
- 10^{-5} — Adiabate Entmagnetisierung Kernspin
- 10^{-6}

Bild 10.16
Definierende Fixpunkte der Internationalen praktischen Temperaturskala 1968 (IPTS-68) [17]; Temperaturskala und Anwendungsbereiche zu Kühlverfahren.

Fp Erstarrungspunkt, Bp Siedepunkt, Tp Tripelpunkt.

L flüssig; + Siedepunkt des Gleichgewichtswasserstoffs eH_2 beim Druck $p = 33\,330{,}6$ Pa $= 333{,}306$ mbar $(= 25/76$ atm$)$.

Bild 10.17
Schematische Darstellung des Aufbaus des Gasthermometers und des Dampfdruckthermometers: 1 Meßfühler; 2 Zuleitung; 3 Druckmesser; 4 Vakuumbehälter; 5 Probe; 6 Gaseinlaß.

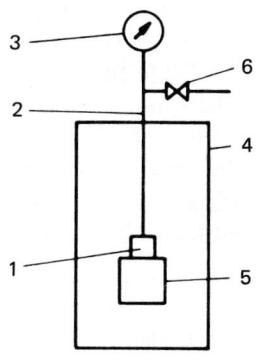

10 Kryotechnik und Kryopumpen

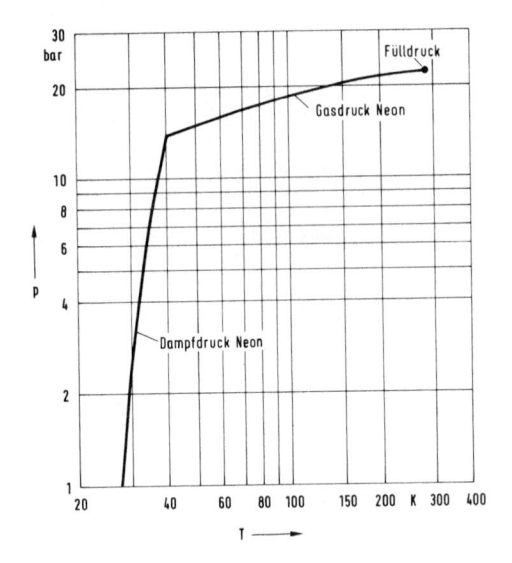

Bild 10.18
Temperaturmessung mit einem Neongasthermometer mit höherem Fülldruck (p = 22 bar bei T = 293 K). Bei 40 K geht das Gasthermometer in ein Dampfdruckthermometer über.

10.4.3 Dampfdruckthermometer

Für die Temperaturabhängigkeit des Dampfdrucks beim Phasengleichgewicht Gas/Flüssigkeit gilt bei reinen Stoffen die Clausius-Clapeyron-Gleichung in der Form

$$\frac{dp}{dT} = \frac{S_g - S_{fl}}{V_g - V_{fl}} = \frac{\Lambda_{v,\text{molar}}}{(V_g - V_{fl})\,T} \;. \tag{10.12}$$

Darin sind S_g, S_{fl} molare Entropien und V_g, V_{fl} molare Volumina von Gas und Flüssigkeit bei dem durch p und T gekennzeichneten Zustand, $\Lambda_{v,\text{molar}}$ ist die molare Verdampfungsenthalpie.

Im Bereich niedriger Drücke kann das molare Volumen der flüssigen Phase V_{fl} gegenüber dem des Gases V_g vernachlässigt und für letzteres nach der Zustandsgleichung (2.31.2) der idealen Gase $V_g = RT/p$ gesetzt werden. Damit kann die Clausius-Clapeyron-Gleichung in die integrierte Form (vgl. Abschnitt 2.6.1), die Zahlenwertgleichung

$$\log p = A - \frac{B}{T} \;(+\text{Zusatzglieder in } T) \tag{10.13}$$

gebracht werden. Auf Grund des Zusammenhangs zwischen dem Dampfdruck p und der Temperatur T kann man also aus dem gemessenen Dampfdruck die Temperatur der Meßkammer bestimmen. In der Literatur sind Dampfdrücke meist in Form von Gl. (10.13) durch die Werte von A und B angegeben. Die für praktische Anwendungen interessierenden Dampfdrücke der bei tiefen Temperaturen siedenden Gase sind in [20] aus den Dampfdruckgleichungen berechnet und tabelliert worden (siehe Tabellen 16.9e bis f).

Beispiel 10.3: Der Dampfdruck von flüssigem Stickstoff wird im Temperaturbereich T = 63,2 ... 77,9 K durch die Zahlenwertgleichung

$$\log p = 6{,}620\,84 - \frac{255{,}821}{T - 6{,}6}\;,\quad p \text{ in mbar}, T \text{ in K}$$

beschrieben.

Wenn mit einem Stickstoff-Dampfdruckthermometer der Druck $p = 384,4$ mbar gemessen wird, errechnet man mit $\log p = 2,584\,78$ aus der Dampfdruckgleichung die zugehörige Temperatur zu

$$T = \frac{255,821}{6,620\,84 - 2,584\,78} + 6,6 = 69,98$$

also

$T \approx 70$ K.

Im Aufbau unterscheidet sich das Dampfdruckthermometer nicht vom Gasthermometer (s. Bild 10.17), nur hat die Meßkammer 1 ein kleineres Volumen (etwa 1 cm³).

Für praktische Temperaturmessungen ist das Dampfdruckthermometer unentbehrlich, denn es liefert bei Temperaturen $T < 120$ K die zuverlässigsten Meßwerte. Gegenüber den in den Abschnitten 10.4.4 und 10.4.5 beschriebenen Methoden der Temperaturmessung zeichnet es sich dadurch aus, daß es nicht kalibriert zu werden braucht und daß für die Messung keine Fremdenergie zugeführt werden muß. Weitere günstige Eigenschaften sind die einfache Anzeige, die geringe Größe des Meßfühlers und die Möglichkeit, einen guten Wärmekontakt zwischen Meßfühler und Probe herzustellen. Die Meßkammer wird nämlich häufig direkt in die Probe bzw. den Probenträger eingearbeitet (siehe z.B. Bild 10.46 in Abschnitt 10.6.3.2). Da das Druckmeßgerät Raumtemperatur hat, ist die Zuleitung so auszuführen, daß der Probe durch Wärmeleitung nur ein Minimum an Wärme zugeführt wird (dünnwandige Kapillare aus Edelstahl). Weitere Einzelheiten siehe [20].

In Bild 10.19 sind die Dampfdruckkurven der tiefsiedenden Gase graphisch dargestellt. Der Maßstab für die Temperatur ist in den einzelnen Bereichen so gewählt worden, daß sich Kurven mit annähernd gleichem Anstieg ergeben. Aus der Darstellung sind die der Dampfdruckmessung nicht zugänglichen Temperaturlücken $T = 5,2 ... 13,9$ K, $T = 30 ... 63,2$ K und $T = 130 ... 134$ K ersichtlich. Weitere Dampfdruckkurven bei tiefen Temperaturen siehe Bild 16.8a und b.

10.4.4 Widerstandsthermometer

Bei der Widerstandsthermometrie können die allgemein bekannten Vorteile der elektrischen Meßtechnik ausgenutzt werden. Verschiedene Stoffe (Metalle, Halbleiter, Kohlewiderstände) haben bei tiefen Temperaturen einen für die Temperaturmessung genügend großen Temperaturkoeffizienten des elektrischen Widerstandes. Die Temperaturabhängigkeit des Widerstandes (im folgenden Widerstandskurve genannt) ist meistens gut reproduzierbar und kann oft durch einfache Gleichungen beschrieben werden. So ist es möglich, in einem größeren Temperaturbereich mit wenigen Fixpunkten unter Anwendung von Interpolationsverfahren zu arbeiten. Gewisse Abweichungen von der Widerstandskurve können im Magnetfeld eintreten [21], worauf hier jedoch nicht eingegangen werden kann.

Der Widerstand der für die Thermometrie geeigneten *reinen Metalle* Platin und Kupfer nimmt bis zu $T \approx 60$ K linear mit der Temperatur ab; zu tieferen Temperaturen hin verringert sich die Temperaturabhängigkeit (Bild 10.14, Kurve 2), so daß bei $T \approx 20$ K die untere Grenze des Meßbereiches erreicht ist. Reinstes Indium [22] und Rhodium-Eisen (0,5 Atom %) [23] können als Widerstandsthermometer bei Temperaturen $T < 20$ K verwendet werden.

Die besten Eigenschaften als Werkstoff für Widerstandsthermometer hat Platin. Neben der günstigen Widerstandskurve weist es eine gute Reproduzierbarkeit auf, weil es extrem rein dargestellt und unter Einhaltung kleinster Toleranzen mechanisch gut bearbeitet werden kann. Platin-Widerstandsthermometer sind im Handel erhältlich. Der Platindraht befindet sich in einer Kapsel aus Glas, Kupfer oder Platin, die mit Heliumgas als Wärmeübertragungsmedium gefüllt ist.

10 Kryotechnik und Kryopumpen

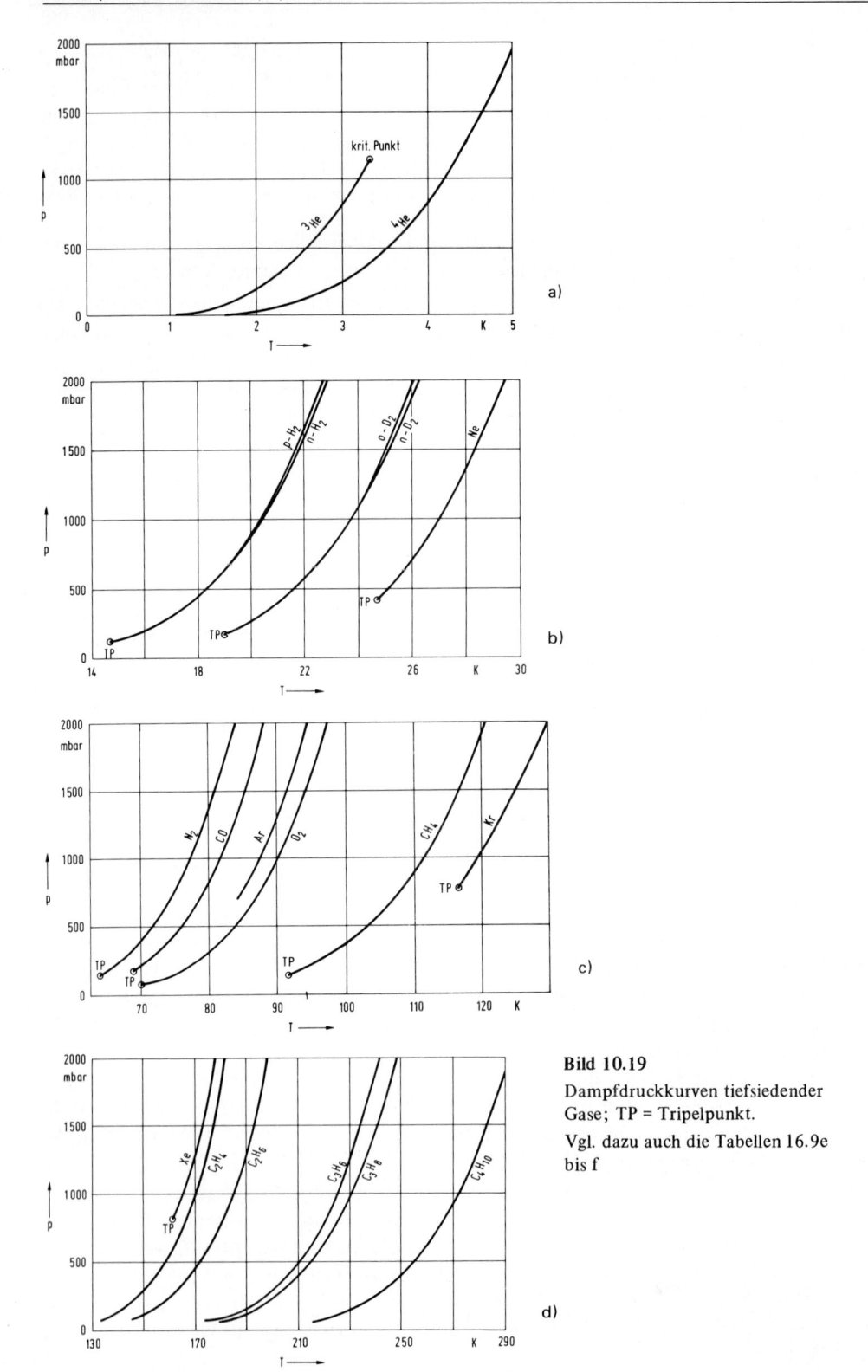

Bild 10.19
Dampfdruckkurven tiefsiedender Gase; TP = Tripelpunkt.
Vgl. dazu auch die Tabellen 16.9e bis f

Halbleiter und *Kohlewiderstände* zeichnen sich durch einen relativ großen negativen Temperaturkoeffizienten $dR/dT < 0$ aus. Bei tiefen Temperaturen nimmt also im Gegensatz zu den Metallen der Widerstand zu. Die Widerstandskurven dieser Stoffe sind im Bereich $T < 30$ K so gut reproduzierbar wie die der Platinthermometer im Bereich $T > 30$ K. Diese Eigenschaften machen sie zu den am meisten benutzten Sekundärthermometern. Der Meßwiderstand ist so auszuwählen, daß der Widerstandswert bei der tiefsten zu messenden Temperatur nicht größer als $R = 10^5$ Ω wird.

Als Präzisionsthermometer im Bereich $T < 100$ K werden *Germaniumwiderstände* verwendet, deren Widerstandskurve von der Dotierung mit anderen Elementen abhängt. Die höchste Empfindlichkeit weisen sie bei Temperaturen $T < 10$ K auf (Bild 10.20). Gebrauchsfertige, gekapselte Germaniumwiderstände werden im allgemeinen kalibriert vom Hersteller bezogen. Beim Ausheizen von Apparaturen ist zu beachten, daß die Reproduzierbarkeit der Widerstandskurve nicht gewährleistet ist, wenn die Widerstände über 100 °C erhitzt werden.

Für die Messung von Temperaturen $T > 20$ K sind *oxidische Halbleiter*, die sogenannten Thermistoren, speziell entwickelt worden [24]. Der einzelne Meßfühler kann in einem größeren Temperaturbereich benutzt werden [25].

Kohlewiderstände haben wie die Halbleiter einen negativen Temperaturkoeffizienten des elektrischen Widerstandes. In Form von handelsüblichen Radiowiderständen kommen sie vor allem für Temperaturen $T < 20$ K zur Verwendung [26]. Am meisten benutzt werden spezielle Widerstände der Firma Allen & Bradley [1]) (270 Ω, 0,1 W; 56 Ω, 0,5 W; 10 Ω, 1 W; 2,7 Ω, 1 W), deren Widerstandskurven in Bild 10.21 aufgetragen sind. Für die Messung von Temperaturen $T < 1$ K hat sich ein Widerstand der Firma Speer [2]) (470 Ω, 0,5 W) als beson-

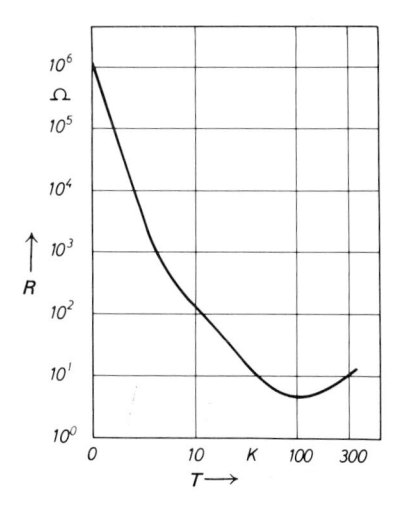

Bild 10.20 Widerstand R eines Germaniumthermometers in Abhängigkeit von der Temperatur T.

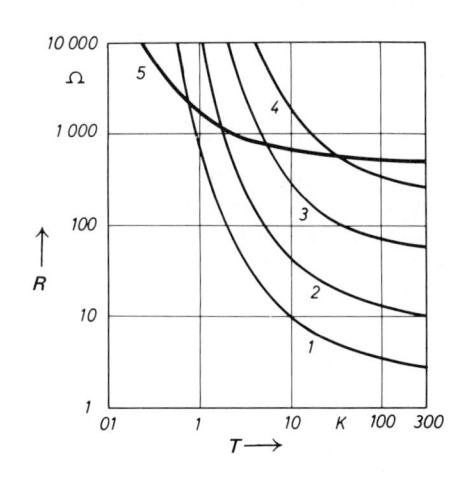

Bild 10.21 Widerstand R der in der Kryotechnik häufig benutzten Kohlewiderstände in Abhängigkeit von der Temperatur T.

1 Allen & Bradley 2,7 Ω; 1 W
2 Allen & Bradley 10 Ω; 1 W
3 Allen & Bradley 56 Ω; 0,5 W
4 Allen & Bradley 270 Ω; 0,1 W
5 Speer 470 Ω; 0,5 W

---

[1]) Allen & Bradley Co., Milwaukee 4, Wisconsin, USA
[2]) Speer Carbon Company, Bradford, Pa. 16701, USA

ders geeignet erwiesen. Die gute Reproduzierbarkeit der Widerstandskurven dieser Kohlewiderstände (± 3 ‰) bleibt über viele kalt/warm-Zyklen erhalten. Ein weiterer Vorteil der Kohlewiderstände liegt darin, daß verschiedene Exemplare des gleichen Typs nur geringfügige Abweichungen ihrer Widerstandskurven aufweisen. Kohlewiderstände dürfen nicht über 150 °C erhitzt werden.

In letzter Zeit werden für den Temperaturbereich 1...300 K auch *Kohle-Glas*-Widerstände [83] verwendet, die aus mit kolloidalem Kohlenstoff imprägnierten porösem Glas bestehen und ähnlich wie Germaniumwiderstände in eine Kapsel eingebaut sind. Kohle-Glas-Widerstände haben bei höheren Temperaturen eine höhere Empfindlichkeit als Kohle-Widerstände und sind daher bis 300 K zur Temperaturmessung gut geeignet.

10.4.5 Halbleiter-Dioden [84]

Zu diesen zählen Gallium-, Arsenid- und Silizium-Dioden. Diese weisen eine annähernd lineare Charakteristik im Temperaturbereich von ca. 1...400 K auf. Ausgenutzt wird die Temperaturabhängigkeit der Durchlaßspannung bei konstantem Strom. Die Steilheit der Kennlinie dU/dT gewährleistet eine ausreichende Empfindlichkeit. Die Reproduzierbarkeit liegt bei ca. $\pm 10^{-2}$ K und entspricht damit den meisten Anforderungen an die Meß- und Regelgenauigkeit. Äußere Magnetfelder beeinflussen die Temperaturmessung.

10.4.6 Akustisches Thermometer [85]

Dieses durch einen erheblichen Meßaufwand gekennzeichnete Thermometer gehört zu den primären Thermometern, die die Bestimmung der thermodynamischen Temperatur ohne Kalibrieren ermöglichen.

Beim akustischen Thermometer wird die Temperatur aus der Schallgeschwindigkeit in einem Gas bestimmt.

10.4.7 Kapazitives Thermometer [86]

Diese Thermometer beruhen auf der Temperaturabhängigkeit der Dielektrizitätskonstante der Metallkeramik Strontiumtitanat ($SrTiO_3$). Aus diesem Material hergestellte Kapazitätsfühler haben sehr kleine Abmessungen (z.B. $5 \times 2 \times 1$ mm^3) mit Kapazitätswerten $C \approx 11...19 \,\mu F$. Die C/T-Charakteristik (Bild 10.21a) wird selbst durch sehr hohe magneti-

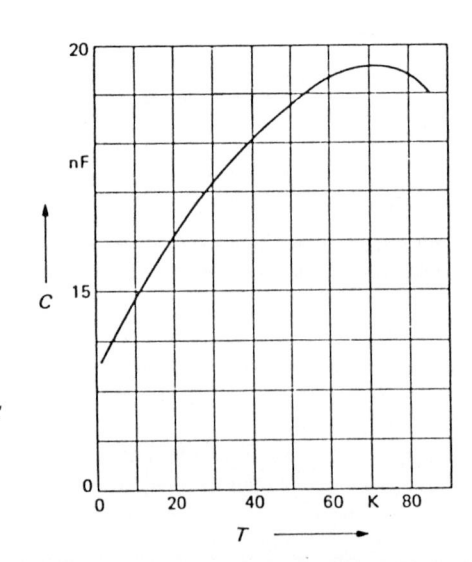

Bild 10.21a

Temperaturabhängigkeit der Kapazität C eines $SrTiO_3$-Thermometers.

sche Flußdichten ($B \approx 8\,\text{T}$) nicht beeinflußt, was die zunehmende Verwendung solcher Thermometer in Gegenwart hoher magnetischer Feldstärken begründet.

10.4.8 Thermoelemente

Durch die Entwicklung geeigneter Thermodrähte wurde es möglich, die Vorteile der Temperaturmessung mit Thermoelementen auch bei tiefen Temperaturen zu nutzen. Dazu gehören die besondere Einfachheit der Meßanordnung und die durch die Verwendung dünner Drähte gegebene geringe Trägheit des Meßsystems. Thermoelemente eignen sich besonders zur Messung kleiner Temperaturdifferenzen. Die Bezugstemperatur T_R sollte dabei möglichst nahe der Meßtemperatur T liegen, damit die zu messende Thermospannung klein ist und geringfügige Temperaturänderungen mit genügender Genauigkeit festgestellt werden können. Häufig wird als Bezugstemperatur $T_R = 77{,}4$ K, also die Siedetemperatur des flüssigen Stickstoffs bei $p = 1013$ mbar, gewählt. Für die gebräuchlichen Thermopaare liegen die Thermospannungen tabelliert vor [27, 28].

Für viele Anwendungen genügt die Benutzung der Tabellenwerte. Es ist jedoch ratsam, durch eine Vergleichsmessung an einem der Fixpunkte der IPTS 68 (Bild 10.16) eine gegebenenfalls vorhandene Chargenabweichung zu ermitteln. Weil eine solche Abweichung von den tabellierten Werten im allgemeinen linear mit der Temperaturdifferenz zunimmt, läßt sich durch dieses einfache Verfahren die Meßgenauigkeit über den gesamten Temperaturbereich wesentlich erhöhen. Bei hohen Genauigkeitsansprüchen müssen Vergleichsmessungen an verschiedenen Fixpunkten durchgeführt werden. In begrenzten Temperaturintervallen können dann die Thermospannungen für die Zwischentemperaturen mit Hilfe von quadratischen oder kubischen Gleichungen interpoliert werden.

Die zur Messung höherer Temperaturen geeigneten Thermoelemente Kupfer/Konstantan und Eisen/Konstantan können auch für Temperaturen im Bereich $T > 30$ K benutzt werden. Kupfer/Konstantan-Thermoelemente weisen eine gute Reproduzierbarkeit auf.

Speziell für Tieftemperaturanwendungen wurden Thermodrähte aus Gold mit geringen Zusätzen an Kobalt bzw. Eisen entwickelt, die mit anderen, herkömmlichen Thermodrähten kombiniert werden:

Gold (2,1 Atom % Kobalt)/Nickelchrom,
Gold (2,1 Atom % Kobalt)/Kupfer,
Gold (0,02 Atom % Eisen)/Normalsilber (0,37 Atom % Au),
Gold (0,02 Atom % Eisen)/Chromel.

In Bild 10.22 ist die Thermospannung E der für die Messung tiefer Temperaturen gebräuchlichen Thermoelemente in Abhängigkeit von der gemessenen Temperatur T dargestellt (Bezugstemperatur $T_B = T_0 = 273{,}15$ K).

Thermoelemente aus Gold (2,1 Atom % Co) gegen Nickelchrom oder Kupfer haben die höchste Empfindlichkeit $\Delta E/\Delta T$ im Bereich $T = 20 \ldots 100$ K (vgl. Kurven 3 und 4 in Bild 10.22). Als übersättigte Lösung von Kobalt in Gold weist dieses Material jedoch häufig Inhomogenitäten auf, die zu Abweichungen der Thermospannung von den tabellierten Werten und zu Alterungserscheinungen führen können. Deshalb sind diese Thermoelemente auch besonders empfindlich gegen Überhitzung. Bereits bei $\vartheta = 70\,°\text{C}$ setzt Entmischung ein. Die Drähte können daher nicht durch Löten, sondern nur durch Zusammenklemmen in Kapillarröhrchen miteinander verbunden werden.

Die Empfindlichkeit von Thermoelementen aus Gold (0,02 Atom % Fe) gegen Chromel ist über den gesamten Temperaturbereich $T = 1 \ldots 300$ K nahezu konstant (vgl. Kurve 6 in Bild 10.22). Die geringe Wärmeleitfähigkeit sowie der hohe elektrische Widerstand des

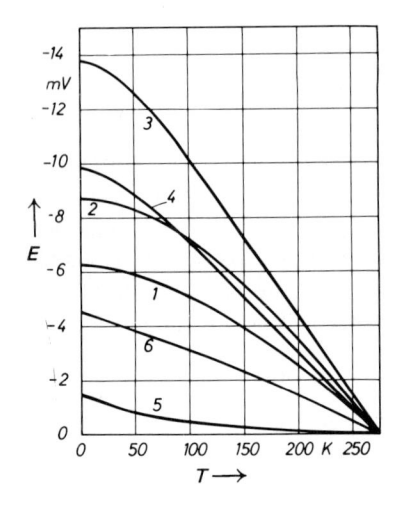

Bild 10.22
Thermospannung E verschiedener Thermoelemente in Abhängigkeit von der gemessenen Temperatur T (Bezugstemperatur der warmen Lötstelle $T_B = T_0 = 273{,}15$ K):
1 Kupfer/Konstantan
2 Eisen/Konstantan
3 Gold (2,1 Atom % Co)/Nickelchrom
4 Gold (2,1 Atom % Co)/Kupfer
5 Gold (0,02 Atom % Fe)/Normalsilber (0,37 Atom % Au)
6 Gold (0,02 Atom % Fe)/Chromel

Chromeldrahtes (140 Ω/m bei 0,1 mm Durchmesser) sind vorteilhafte Eigenschaften. Das Thermoelement Gold (0,02 Atom % Fe)/Normalsilber hat bei Raumtemperatur eine wesentlich geringere Empfindlichkeit, erreicht jedoch bei $T < 20$ K fast die gleichen Werte wie die Kombination mit Chromel. Beide Thermopaare weisen wenig Inhomogenitäten auf und haben eine sehr gute Reproduzierbarkeit.

10.4.9 Kontaktieren von Temperaturmeßfühlern

Bei der Temperaturmessung spielt der Wärmeübergang zwischen der Probe und dem Temperaturmeßfühler eine entscheidende Rolle. Bei unzureichender Kontaktierung stellt sich eine Temperaturdifferenz zwischen Probe und Meßfühler ein. Die relativ große Meßkammer eines Gasthermometers wird durch eine geeignete Löt- oder Klemmverbindung oder auch durch flexible Kupferbänder mit der Probe in guten Wärmekontakt gebracht. Der Meßfühler des Dampfdruckthermometers kann ebenfalls in dieser Weise kontaktiert oder besser, wie schon erwähnt, direkt in die Probe eingearbeitet werden. Bei den gekapselten Widerstandsthermometern werden die Kapseln an die Probe geschraubt (Bild 10.23a). Der Wärmeübergang ist dabei dem Anpreßdruck proportional. Bei vielen Anwendungen klebt man Widerstandsthermometer jedoch auch direkt in Bohrungen oder Schlitze in der Probe ein (Bild 10.23b). Zur Erzielung dünner Klebeschichten sollte der Spalt nicht breiter als 0,1 mm sein. Der Kleber muß eine möglichst große Wärmeleitfähigkeit und einen großen elektrischen Widerstand haben. Geeignet sind Vakuumfett, Epoxidharz mit Kupferpulver, Fortafix und Deltabond. Die Wärmeleitfähigkeit von Fortafix[1] und Deltabond[2] liegt in der gleichen Größenordnung wie diejenige von Neusilber [29]. Die Resistivität (der spezifische elektrische Widerstand) ist extrem groß ($\rho = 10^8$ Ωm bzw. $\rho = 10^{14}$ Ωm). Beide Kleber sind bei mittleren Temperaturen ausheizbar. Fortafix ist wasserlöslich.

Vorteilhaft ist es, Widerstandsthermometer in die Meßkammer eines Dampfdruckthermometers einzuführen. Der elektrische Meßfühler kann dann unter Verwendung verschie-

---

[1] Detakta, 2000 Hamburg 39, Alsterdorfer Straße 266
[2] Neumüller GmbH, 8000 München 2, Karlstraße 55

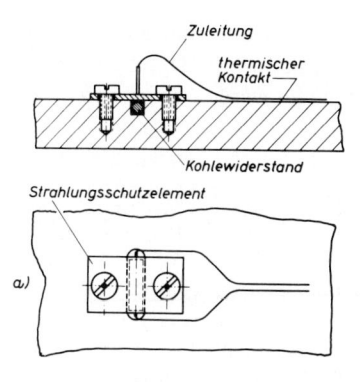

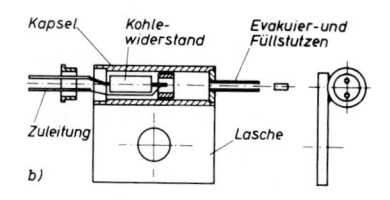

Bild 10.23 Beispiele für die Kontaktierung von Temperaturmeßfühlern: a gekapselter Meßfühler. b ungekapselter Meßfühler.

dener Füllgase bei beliebigen Zwischentemperaturen nachkalibriert werden. Für die eigentliche Messung wird das Dampfdruckthermometer in diesem Fall mit Heliumgas als Wärmeübertragungsmedium gefüllt.

Bei der Messung mit Widerstandsthermometer darf die dem Meßfühler zugeführte, auf seine Oberfläche bezogene Leistung im allgemeinen nicht größer sein als $P_A = 10^{-2}\,\mathrm{Wm^{-2}}$. Sie setzt sich aus der für die Messung zuzuführenden elektrischen Leistung und der durch Wärmeleitung über die Anschlußdrähte und durch Wärmestrahlung übertragenen Leistung zusammen. Die für die Messung aufgewendete elektrische Leistung sollte dementsprechend stets kleiner als $10^{-6}\,\mathrm{W}$ sein. Die durch Wärmeleitung und Wärmestrahlung übertragene Leistung wird beim Arbeiten in Kältemittelbädern im allgemeinen vom Bad aufgenommen. Befinden sich Probe und Meßfühler jedoch im Vakuum, so muß der Wärmestrom über die Zuführungen durch Verwendung geeigneter Werkstoffe und durch eine entsprechende Vorkühlung (Kontaktierung mit gekühlten Apparaturteilen) klein gehalten werden. Die Wärmestrahlung muß durch Anbringen von Strahlungsschutzschilden so weit wie möglich reduziert werden (Bild 10.23b).

Auch bei Thermoelementen muß die Wärmezufuhr zur Lötstelle durch Wärmeleitung über die Drähte unterbunden werden. Deshalb werden letztere über eine Länge von etwa 10 cm mit der Probe selbst in Wärmekontakt gebracht. Darüber hinaus werden sie wie die Anschlußdrähte von Widerstandsthermometern mit anderen kalten Teilen der Apparatur kontaktiert.

10.4.10 Kalibrieren von Sekundärthermometern

Das Kalibrieren der verschiedenen Sekundärthermometer erfordert je nach der Anzahl der Konstanten in der Interpolationsgleichung einen unterschiedlich hohen Aufwand. Daneben spielt der Temperaturbereich, für den kalibriert werden muß, eine wesentliche Rolle. Im folgenden werden nur die Verfahren besprochen, die im Laboratorium angewendet werden können.

Am einfachsten können Fixpunkte der Temperaturskala mit den in den Laboratorien vorhandenen flüssigen Kältemitteln realisiert werden. Ihre Temperatur kann bei Kenntnis des jeweils herrschenden Luftdrucks sehr genau angegeben werden. Man kann das Sekundärthermometer zur Kalibrierung in ein Kältemittelvorratsgefäß eintauchen. Wie bereits im vorigen Abschnitt erwähnt wurde, ist es günstig, Sekundärthermometer in der Meßkammer eines Dampfdruckthermometers zu kalibrieren.

Für die Kalibrierung über größere Temperaturbereiche eignen sich Verdampferkryostate (vgl. Abschnitt 10.5.2, Kühlkammer), die mit flüssigem Helium gekühlt und wie ein

10 Kryotechnik und Kryopumpen

Dampfdruckthermometer mit dem jeweiligen Temperaturbereich entsprechenden Gas gefüllt werden. Diese Kryostaten haben u.a. den Vorteil, daß ohne Risiko mit flüssigem Wasserstoff und ohne zu hohen Kostenaufwand mit flüssigem Neon gearbeitet werden kann, weil jeweils nur kleinere Gasmengen im Kryostaten kondensiert sind.

Wenn verschiedene Sekundärthermometer häufig kalibriert werden müssen, z. B. in zentralen Tieftemperaturlaboratorien, empfiehlt es sich, einen aufwendigeren Kryostaten speziell für diesen Zweck zu installieren, der mit geeigneten Standardthermometern (Germanium, Platin) ausgerüstet ist.

In den Tabellen 10.2 und 10.3 sind neben den hier behandelten Temperaturmeßverfahren auch Methoden zur Messung von Temperaturen $T < 1$ K (siehe auch [25]) aufgeführt. Für jeden Temperaturbereich gibt es verschiedene, unterschiedlich aufwendige Meßverfahren. Eine für praktische Anwendungen ausreichende Meßgenauigkeit läßt sich bis herunter zu $T = 1$ K durchweg mit verhältnismäßig geringem Aufwand erreichen. Von Seiten der Temperaturmeßtechnik ergeben sich also für die Anwendung tiefer Temperaturen keine besonderen Schwierigkeiten.

Tabelle 10.2 Temperatur-Meßverfahren für Temperaturen $T = 293 ... 1$ K [30, 81]

Verfahren	Bereich K	Volumen des Meßfühlers cm^3	Energie-zufuhr W	Meß-unsicherheit K	Reproduzierbarkeit K	Differenz-messung	Meßaufwand
Gasthermometer	1...1500 1...1500	> 10 ⩽ 10	→ 0	10^{-2} $10^{-2}...10^0$	10^{-2} $10^{-2}...10^0$	sehr schlecht	sehr groß[1]) sehr klein
Dampfdruck-thermometer	0,2...5,2 13,8...44,2 ab 53		0,5...1	→ 0	10^{-2} [2])	10^{-4} 10^{-3} 10^{-2}	schlecht	sehr klein
Pt-Widerstand, gekapselt	10...20 20...500		< 1	$10^{-6}...10^{-4}$	10^{-2} [2])	10^{-2} 10^{-3}	schlecht	groß
Rhodium + 0,5 Atom % Fe	4...300		< 1	$10^{-6}...10^{-4}$	10^{-2} [2])	10^{-3}		
Germanium, gekapselt	2...20		< 1	$< 10^{-7}$	10^{-2} [2])	10^{-4}	schlecht	klein
Thermistor	20...400	10^{-2}	$< 10^{-5}$	10^{-2} [2])	10^{-1}	schlecht	klein
Kohlewiderstand	10^{-3}...50	10^{-2}	$< 10^{-5}$	10^{-2} [2])	10^{-3}	schlecht	klein
Kohle-Glas-Widerstand	10^{-2}...300	10^{-1}	10^{-6}	10^{-2} [2])	10^{-3}		
GaAs-Halbleiter Diode	1...400	10^{-2}	$< 10^{-5}$	10^{-2} [2])	10^{-3}		
Si-Halbleiter-Diode	1...400	10^{-2}	$< 10^{-5}$	10^{-2} [2])	10^{-3}		
Akustisches Thermometer	2...20	1000	→ 0	$10^{-4}...10^{-3}$	$10^{-4}...10^{-3}$	sehr schlecht	sehr groß
Kapazitives Thermometer SrTiO$_3$	10^{-2}...60	10^{-1}	→ 0	10^{-2} [2])	10^{-3}		
Thermoelemente: Cu-Konstanten Au/Co-Cu Au/Fe-Chromel	20...900 20...300 1...500	10^{-4} 10^{-4} 10^{-4}	→ 0 → 0 → 0	[3]) [3]) [3])	0,3 % 1 % 0,5 %	sehr gut sehr gut sehr gut	sehr klein sehr klein sehr klein

[1]) für Eichzwecke [2]) entsprechend Eichverfahren [3]) keine Absolutmessungen

Tabelle 10.3 Temperatur-Meßverfahren für Temperaturen $T < 1$ K [31]

Verfahren	Bereich	Kalibrierung	thermische Ankopplung	Größe	Erwärmung durch Meßvorgang	wesentliche Fehlerquellen	Meßdauer	Kosten (kDM)
x	1 K bis 6 mK (2 mK)	eine Messung bei bekannter Temperatur	He (Drähte)	1 cm³ + Spulen	Wirbelströme in Metallteilen	schlechter Kontakt, „magnetische Temperatur"	10 s	6
NO	je nach Probe, $T < 0{,}2$ K 1 Dekade	eine Messung bei hoher Temperatur	metallische Probe	einige mm³	begrenzt Präparatstärke	—	einige min	15
MFA	wie NO, $T < 1$ K	keine	metallische Probe	Folie 3 cm²	vernachlässigbar	Vibration, Absorberdicke	10 min bis 1 h	60
MEQ	wie NO, $T < 1$ K	keine	metallische Probe	Folie 1 cm²	begrenzt Präparatstärke	Vibration, radioaktive Erwärmung	10 min bis 1 h	60
NMR	1 K bis 10^{-5} K	eine Messung bei bekannter Temperatur	metallische Probe	0,1 cm³ + Spule	Wirbelströme, gepulste NMR	Skintiefe, Wirbelströme	10 s	12
R	1 K bis 20 mK (10 mK)	im ganzen Bereich	Lack, He	0,5 cm³	empfindliche Brücke notwendig (pW), Zuleitung	schlechter Kontakt, Hochfrequente Einstreuung	10 s	4

Abkürzungen:
x   Suszeptibilität
NO Kernorientierung
MFA Mößbauer-Effekt mit gekühltem Absorber
MEQ Mößbauer-Effekt mit gekühlter Quelle
NMR Kernresonanz
R   Kohlewiderstand

10.5 Kryostatentechnik

Die vielfältigen Anwendungen tiefer Temperaturen benötigen Kryostate. Darunter versteht man tiefgekühlte, meist zylindrische Gefäße, in die die abzukühlende Probe oder Apparatur eingebracht wird. Zur Abkühlung werden vor allem die Kältemittel flüssiger Stickstoff (LN_2) und flüssiges Helium (LHe) verwendet, jedoch auch Kältemaschinen (Refrigeratoren), bei denen das Kältemittel im geschlossenen Kreislauf geführt wird. Dem Kühlprinzip entsprechend unterscheidet man:

Bad-Kryostate,
Verdampferkryostate,
Refrigeratorkryostate.

Zum Erzeugen extrem niedriger Kryostattemperaturen ($T < 1$ K) werden zur Kühlung ^{3}He- und ^{3}He/^{4}He-Mischungen verwendet (^{3}He-Kryostate, ^{3}He/^{4}He-Mischkryostate).

Zum Betrieb von Kryostaten wird eine Reihe zusätzlicher Bauelemente benötigt; zu diesen zählen in erster Linie vakuumisolierte Leitungen (Heber, Transferleitungen), Nachfüllvorrichtungen, Einrichtungen zur Temperaturregelung, Vorratsgefäße und Temperaturmeßfühler.

Die in der Kryostatentechnik benutzten Konstruktionsprinzipien und Zusatzelemente werden auch beim Bau und Betrieb von Kryopumpen (vgl. Abschnitt 10.6) verwendet.

10.5.1 Badkryostate

Die nach Dewar benannten vakuumisolierten Gefäße aus Glas sind heute in verschiedenen Ausführungen verfügbar. Sie werden je nach den experimentellen Erfordernissen zur Reduktion der Wärmezufuhr durch Strahlung vollständig versilbert, mit Sichtstreifen versehen oder bleiben unversilbert.

Der in Bild 10.24 dargestellte *Glaskryostat* besteht aus zwei ineinandergesteckten Dewargefäßen. Das äußere Dewar 5 enthält flüssigen Stickstoff und bildet den Strahlungsschutz für das innere, mit flüssigem Helium oder auch flüssigem Wasserstoff gefüllte Dewar 6. Das Heliumdewar ist oben durch einen Deckel 1 geschlossen, dessen Konstruktion weitgehend vom Experiment abhängt. Die hier gezeigten Anschlüsse am Deckel dienen zum Einsetzen der Meßprobe in das Kältemittelbad, zur Erniedrigung des Dampfdruckes über der siedenden Flüssigkeit, zum Anschluß einer automatischen Nachfüllvorrichtung für flüssiges Helium und zur Montage von Stromdurchführungen. Der hier aus Plexiglas bestehende Splitterschutz 4 verringert die Unfallgefahr und verhindert die Kondensation von Wasserdampf am äußeren Dewargefäß.

Es ist ein besonderer Vorteil der Glaskryostate, daß das Experiment visuell zugänglich ist. Nachteilig sind die Bruchempfindlichkeit und die Tatsache, daß Glas in geringem Maße für Helium durchlässig ist. Bei Hartglas und Quarz kann dieser Effekt so störend sein, daß solche Kryostate einen Anschluß zum Nachevakuieren haben (s. auch Kapitel 13).

Metallkryostate bestehen hauptsächlich aus Edelstahl und Kupfer. Diese beiden Werkstoffe weisen einen erheblichen Unterschied in der Wärmeleitfähigkeit λ auf (vgl. Bild 10.12). Dies wird bei der Konstruktion genutzt, um einerseits die Wärmezufuhr durch Wärmeleitung so klein wie möglich zu halten, und um andererseits einen möglichst guten Temperaturausgleich an Apparaturteilen größerer Abmessung zu erreichen (Strahlungsschilde, Objektträger u.a.). Die Präzision, mit der Rohre und Flansche heute gefertigt und montiert werden können, ermöglicht minimale Abstände zwischen den Außen- und Innenwänden einschließlich der dazwischen liegenden Strahlungsschilde. Metallkryostate zeichnen sich daher durch ein optimales Verhältnis von nutzbarem Innenraum zu äußerem Durchmesser aus.

10.5 Kryostatentechnik 10.5.1

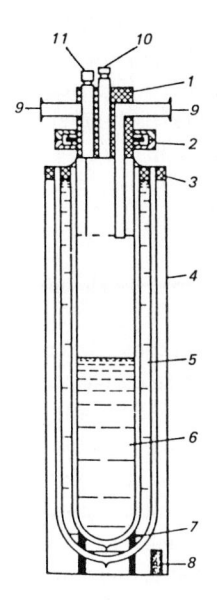

Bild 10.24
Glaskryostat.

1 Deckel
2 Spannringe
3 Abdeckringe
4 Plexiglasrohr (als Splitterschutz)
5 Stickstoff-Dewar
6 Helium-Dewar
7 Distanzringe
8 Trockenpatrone
9 Abgasrohrstutzen
10 Probeneinführung
11 Helium-Einlaß-Anschluß

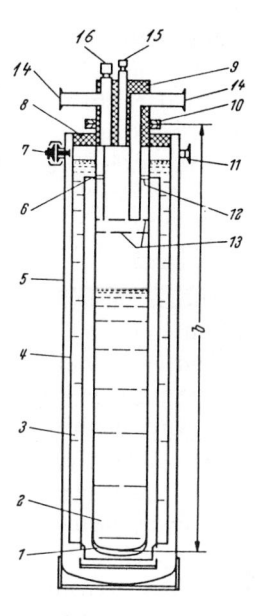

Bild 10.25
Badkryostat aus Metall.

1 Tasche mit Adsorptionsmittel
2 Helium-Dewar mit weitem Halsrohr
3 Stickstoff-Strahlungsschutz
4 Rohr mit Kupfermantel
5 Vakuummantel
6 Wärmebrücke
7 Sicherheitsventil
8 Abdeckring
9 Deckel
10 Dewar-Flansch
11 Evakuierungsstutzen mit Verschlußventil
12 LN_2-gekühltes Baffle mit Federkontakten
13 Heliumabgas-gekühltes Baffle
14 Abgasrohrstutzen
15 Probeneinführung
16 Helium-Einlaß-Anschluß

Der Aufbau des in Bild 10.25 gezeigten einfachen Metallkryostaten entspricht dem eines Glaskryostaten. Weil Metallbehälter für Helium nicht durchlässig sind, weisen sie eine geringe Leckrate auf ($< 10^{-9}$ mbar · ℓ · s^{-1}) und Nachevakuieren ist im allgemeinen entbehrlich. Trotzdem sollte der Vakuummantel 5 mit einem Verschlußventil 11 und darüber hinaus mit einem Sicherheitsventil 7 ausgerüstet sein. Zur Erhöhung der Standzeit ist es üblich, ein Absorptionsmittel (1) in den Vakuumraum zu bringen.

Mit der Substitution eines Teiles der Schweißverbindungen durch Flansche wird ein Kryostat vielseitiger verwendbar. Die Austauschbarkeit von einzelnen Bauelementen des Kryostaten ist erleichtert und damit auch die Anpassungsmöglichkeit an verschiedene experimentelle Erfordernisse. Von besonderem Interesse ist es oft, „Tail"-Stücke mit oder ohne Fenster ansetzen zu können; auch zahlreiche andere Varianten sind nach diesem Prinzip realisierbar [32].

Zum kontinuierlichen Betrieb von Badkryostaten müssen die Kältemittelverluste (Abdampfen von LN_2 und LH_2) durch Nachfüllen ausgeglichen werden. Hierzu dienen spezielle (automatische) Nachfüllvorrichtungen, auf die in Abschnitt 10.5.6 eingegangen wird. Zur Temperaturregelung von Badkryostaten werden mechanisch und elektrisch arbeitende Regelelemente verwendet (Ventilregelung bzw. Heizungsregelung – s. Abschnitt 10.5.7).

10.5.2 Verdampferkryostate

Die reproduzierbare Einstellung beliebiger Temperaturen im Bereich $T = 2,5 ... 293$ K bei kontinuierlichem Betrieb ist mit Hilfe von Verdampferkryostaten möglich [10, 40, 41]. Dabei wird unter optimaler Ausnutzung des Kältemittels eine hohe Temperaturkonstanz erreicht. Als Regelgröße zur Temperatureinstellung dient der Kältemitteldurchsatz durch den Verdampfer. Dieser wird durch ein Ventil zwischen dem Kryostaten und einer Förderung für das Abgas variiert.

Bild 10.26 zeigt einen Verdampferkryostaten in schematischer Darstellung. Der Verdampfer c befindet sich in einem evakuierten Gehäuse b, das in vielen Fällen unmittelbar auf das Vorratsgefäß a aufgesetzt wird. Über einen Vakuummantelheber l, der mit einem Ventil zur Drosselung des Kältemittelstroms und zum Absperren ausgerüstet sein sollte, steht der Verdampfer mit dem Vorratsgefäß in Verbindung. An den Kühlkopf k des Verdampfers ist eine Rohrschlange m angeschlossen, die entweder selbst den Strahlungsschutz für den Kühlkopf bildet oder zur Kühlung eines oder mehrerer größer dimensionierter Strahlungsschilde dient. Über ein Regelventil e hat die Rohrschlange Anschluß an eine als Förderpumpe dienende Vakuumpumpe h, die druckseitig mit dem Helium-Rückgewinnungssystem in Verbindung steht. Das Regelventil e wird mit Hilfe eines am Kühlkopf k oder an der Probe angeordneten Temperaturmeßfühlers gesteuert.

Bei laufender Pumpe und geöffnetem Regelventil bildet sich im Verdampfer Unterdruck aus. Dadurch gelangt flüssiges Kältemittel in den Kühlkopf des Verdampfers. Die Flüssigkeit verdampft hier und bewirkt die Abkühlung. Bei Solltemperaturen oberhalb des Siedepunktes des Kältemittels wird im Kühlkopf nicht nur die Verdampfungsenthalpie, sondern auch ein der jeweiligen Temperatur entsprechender Anteil der Enthalpie des Gases zur Kühlung genutzt. Das aus dem Kühlkopf austretende kalte Gas kühlt anschließend den Strahlungsschutz und wird dann über das Regelventil in das Rückgewinnungssystem gefördert. Sobald sich am Kühlkopf die gewünschte Temperatur eingestellt hat, drosselt das Regelventil den Kältemittelstrom durch den Verdampfer so weit, daß die Solltemperatur bei ge-

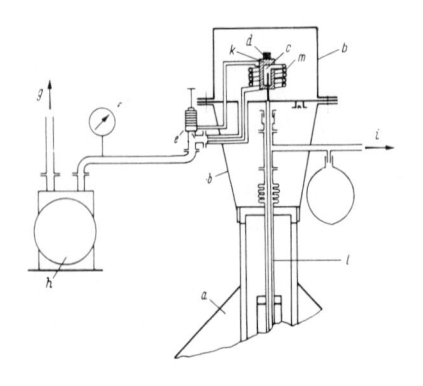

Bild 10.26

Verdampferkryostat-Gesamtaufbau.

a He-Vorratsgefäß
b evakuiertes Gehäuse
c Verdampfer
d zu kühlende Probe
e Regelventil
f Manometer
g Verbindung zur He-Rückgewinnung
h Vakuumpumpe
i Abgasaustritt
k Kühlkopf
l Vakuummantelheber
m Rohrschlange (abgasgekühlt)

ringstem Kältemittelverbrauch konstant gehalten wird. Die Einstellung anderer Werte der Solltemperatur geschieht in einfacher Weise durch Veränderung der Ventileinstellung. Verdampferkryostate gibt es in verschiedenen Ausführungsformen [10].

Die nicht an die Siedebereiche der Gase gebundenen Verdampferkryostate haben neben der Einstellbarkeit beliebiger Temperaturen einige weitere Vorteile. Wegen der Kühlung des Strahlungsschutzes mit Abgas wird nur *ein* Kältemittel benötigt, dessen Enthalpie von der Siedetemperatur bis zur Raumtemperatur nahezu vollständig genutzt werden kann. Unterbrechungen des Betriebes sind nicht mit Kältemittelverlusten verbunden, weil der Kryostat kein Flüssigkeitsbad enthält. Deshalb ist auch im Gegensatz zu Badkryostaten die Einbaurichtung beliebig. Das Verdampferprinzip erlaubt die Realisierung kompliziertester Kühlsysteme in größeren Apparaturen (Elektronenmikroskope, Aufdampfanlagen, Röntgenkameras, Magnete usw.).

10.5.3 Refrigeratorkryostate

Darunter versteht man Kryostate, die mit Gaskältemaschinen gekühlt werden, die nach einem der im Abschnitt 10.2.2 beschriebenen Kühlprozesse arbeiten. Als Beispiel für die vielfältigen Möglichkeiten sei ein Refrigeratorkryostat besprochen, der von einem zweistufigen, nach dem Gifford-McMahon-Prinzip arbeitenden Refrigerator gekühlt wird (Bild 10.26a).

Ein derartiger, mit Helium im geschlossenen Kreislauf arbeitender Refrigerator besteht aus einer wassergekühlten Kompressoreinheit und einem Kaltkopf mit zwei Temperaturstufen, der über zwei flexible Druckleitungen mit der Kompressoreinheit verbunden ist. Das Heliumgas wird in einem geschlossenen Kreislauf vom Kompressor durch den Kaltkopf gefördert, hier nacheinander in zwei Stufen entspannt und dadurch abgekühlt.

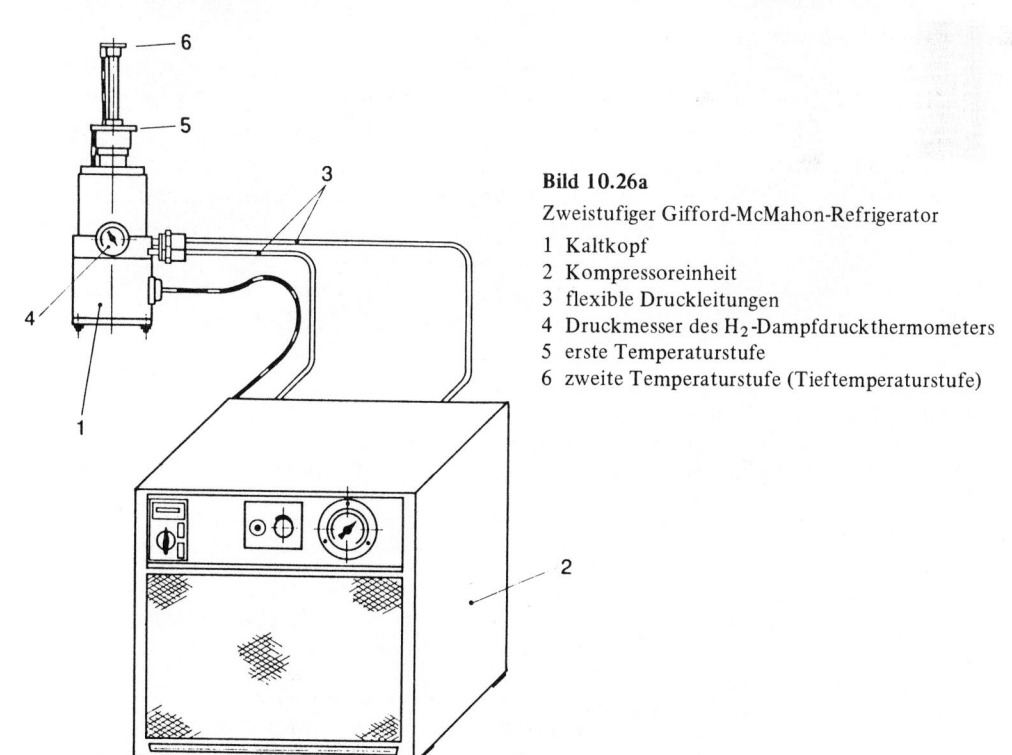

Bild 10.26a
Zweistufiger Gifford-McMahon-Refrigerator
1 Kaltkopf
2 Kompressoreinheit
3 flexible Druckleitungen
4 Druckmesser des H_2-Dampfdruckthermometers
5 erste Temperaturstufe
6 zweite Temperaturstufe (Tieftemperaturstufe)

10 Kryotechnik und Kryopumpen

Aus dem zweistufigen Refrigerator „entsteht" ein Refrigeratorkryostat dadurch, daß das zu kühlende Objekt (Probe) gut wärmeleitend auf der zweiten Stufe befestigt wird, während die erste Stufe mit einem zylindrischen Strahlungsschutz versehen wird. Darüber wird ein vakuumdicht abschließender Vakuummantel gestülpt, der in dem als Beispiel angegebenen Bild 10.26b mit Sichtfenstern versehen ist, im übrigen aber nach dem jeweiligen Anwendungszweck gestaltet sein kann.

Ohne Temperaturregelung beträgt die Temperatur der ersten Stufe 80 K, die der zweiten Stufe 10 K. Die Temperaturregelung der zweiten Stufe mittels Heizung (s. Abschnitt 10.5.7) überdeckt den Bereich 10...300 K.

Werden Kryostat-Temperaturen von weniger als 10 K gefordert, dann ermöglicht die Anwendung dreistufiger Refrigeratoren eine Temperatur von 4,2 K der dritten Stufe. Für noch niedrigere Temperaturen müssen ^{3}He-Kryostate und He-Mischkryostate verwendet werden.

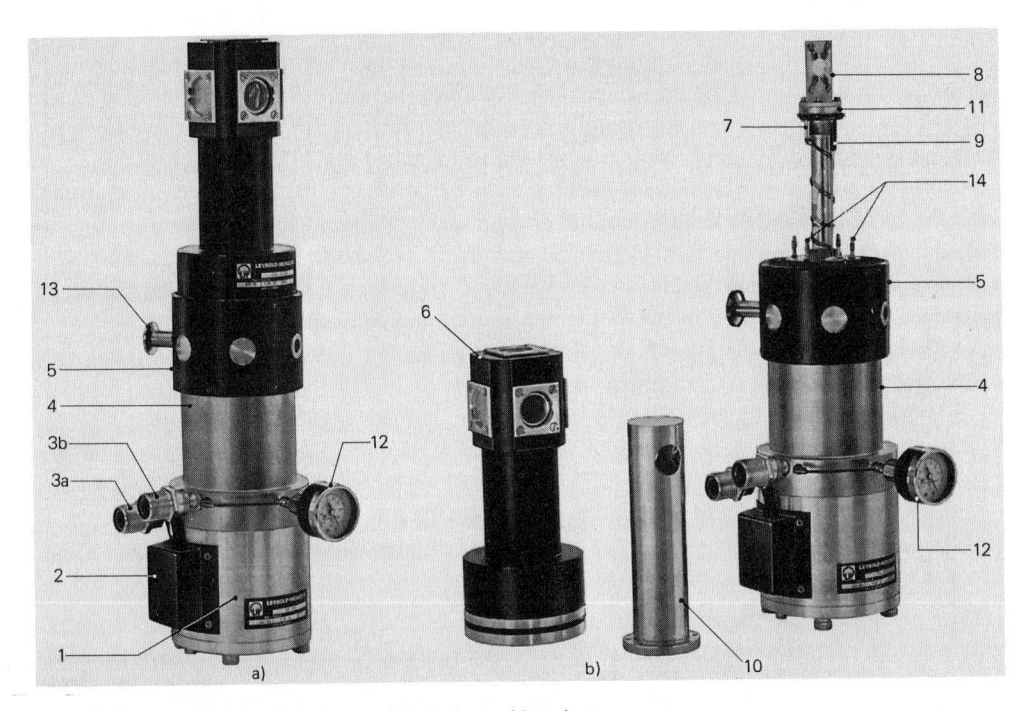

Bild 10.26b Refrigerator-Kryostat a) komplett b) zerlegt.
1 Kaltkopf (vgl. 1 in Bild 10.26a)
2 elektrischer Anschluß an die Kompressoreinheit (vgl. Bild 10.26a)
3a,b Helium-Hochdruck, -Niederdruck-Anschluß
4 Anschweißrohr
5 Zwischenring mit Pumpenanschluß 13 und Sicherheitsventil (nicht sichtbar), darin erste Stufe
6 Vakuum-Mantel mit Fenstern, der mit Dichtungen versehen in den Zwischenring 5 eingesteckt wird
7 zweite Stufe
8 montierte Probe
9 Dampfdruck-Meßkammer
10 Strahlungsschutz
11 Proben-Kontaktierung oder -Heizung
12 Manometer des Dampfdruckthermometers
13 Pumpenanschluß zur Evakuierung des Kaltkopfes
14 Federstifte zum Aufstecken des Strahlungsschutzes

10.5.4 ^{3}He-Kryostate und ^{3}He/^{4}He-Mischkryostate

Ließen sich Temperaturen von wenigen Kelvin noch durch eine Verminderung des Dampfdruckes über einem ^{4}He-Bad in einem herkömmlichen Kryostaten erzeugen, so ist bei einer Temperatur von ca. 1 K eine Grenze dieser Methode erreicht, da der Dampfdruck des ^{4}He bei noch tieferen Temperaturen schon sehr gering ist — bei 1,0 K beträgt der Dampfdruck von ^{4}He 0,16 mbar — und außerdem in zunehmendem Maße Verluste durch den suprafluiden Heliumfilm auftreten. Die Erzeugung tieferer Kryostattemperaturen erfordert daher andere Methoden, bei denen in der Praxis weitgehend ^{3}He als zusätzliches Kältemittel verwendet wird. Mit dem ^{3}He-Kryostaten wird der Temperaturbereich 1 ... 0,3 K abgedeckt, mit ^{3}He/^{4}He-Mischkryostaten werden Temperaturen bis herunter zu 10 mK erreicht.[1])

10.5.4.1 Der ^{3}He-Kryostat

Der ^{3}He-Kryostat ist ein Badkryostat (Bild 10.26c). Er besteht aus einem ^{4}He-Badkryostaten herkömmlicher Bauart, der in seinem Heliumbad den von einer Vakuumkammer umgeschlossenen ^{3}He-Behälter aufnimmt. Da der Dampfdruck von L^{3}He für alle Temperaturen wesentlich höher ist als der Dampfdruck von L^{4}He (vgl. die Tabellen 16.9e und 16.9f; bei $T = 1$ K ist das Verhältnis der Dampfdrücke schon 74), kann man durch Verdampfen von L^{3}He durch Abpumpen relativ einfach Temperaturen im Bereich 1 ... 0,3 K erzeugen.

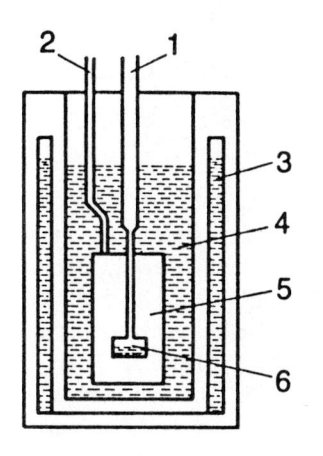

Bild 10.26c

Schema eines ^{3}He-Kryostaten
1 ^{3}He-Zufuhr
2 Evakuierungsleitung für Volumen 5
3 LN$_2$-Schild
4 L^{4}He-Bad (ca. 1,2 K)
5 Isoliervolumen
6 ^{3}He-Tank (ca. 0,3 K)

Das Abpumpen kann entweder durch eine bei 1 angeschlossene externe Vakuumpumpe oder durch eine in dem Kryostaten eingebaute Adsorptionspumpe (vgl. Bild 10.40) erfolgen. ^{3}He-Kryostate erlauben in der einfachsten Ausführung nur intermittierenden Betrieb. Für kontinuierlichen Betrieb muß das abgepumpte gasförmige ^{3}He kondensiert und über ein Drosselventil dem ^{3}He-Bad des Kryostaten wieder zugeführt werden; diese Maßnahme erfordert allerdings einen zusätzlichen, oft nicht unerheblichen externen apparativen Aufwand, dessen Rechtfertigung von den speziell vorliegenden Verhältnissen abhängt, wobei der vergleichsweise hohe Preis von L^{3}He besonders in Betracht zu ziehen ist.

---

[1]) Im Temperaturgebiet unter 0,3 K werden auch zahlreiche andere Methoden angewandt, deren Behandlung allerdings hier zu weit führen würde. Beispiele: Adiabatische Entmagnetisierung, Pomeranchuk-Kühlung (adiabatische Druckverfestigung ($p > 30$ bar), ggf. einschließlich Entmagnetisierung.

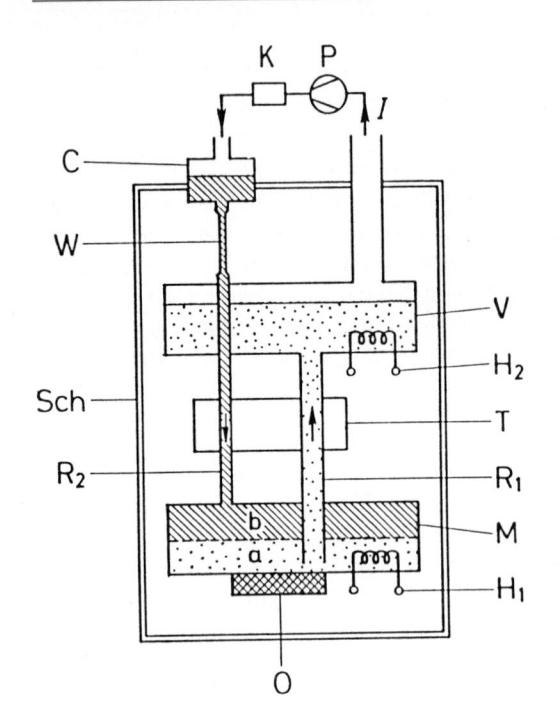

Bild 10.26d

Schematischer Aufbau eines ^{3}He/^{4}He-Misch-Kryostaten

M   Gemisch-Kammer mit Zwei-Phasen-Gemisch
    a ^{3}He-arme „schwere" Phase, darin ^{4}He superfluid
    b ^{3}He-reiche „leichte" Phase
R_1 ⎫
R_2 ⎭ Rohre für den ^{3}He-Kreislauf
V   Verdampfungskammer
T   Wärmetauscher
H_1 ⎫
H_2 ⎭ Heizer
P   Pumpe
K   Vorkühler
C   Kondensator (≈ 1 K)
W   Strömungswiderstand
Sch Schirmung gegen Wärme-Einstrahlung
O   Meßobjekt
I   He-Zirkulationsstrom (98% ^{3}He)

10.5.4.2 Der ^{3}He/^{4}He-Mischkryostat

Mit den gegen Ende der sechziger Jahre entwickelten ^{3}He/^{4}He-Kryostaten ist es möglich, Temperaturen im Milli-Kelvin-Bereich kontinuierlich einzustellen und dauernd aufrecht zu erhalten. Die prinzipielle Wirkungsweise soll am schematischen Aufbau im Bild 10.26d erläutert werden [94]. Bei $T < 0{,}88$ K trennt sich ein Gemisch aus L^{3}He in zwei Phasen, eine („schwere") ^{3}He-arme Phase a größerer Dichte und eine („leichte") ^{3}He-reiche Phase b kleinerer Dichte; das Phasengleichgewicht hängt von der Temperatur ab. Die leichte Phase b schwimmt in der Gemischkammer M auf der schweren Phase a; in dieser ist das L^{4}He superfluid. Der Übergang eines ^{3}He-Atoms von b nach a in das superfluide ^{4}He entspricht einer „Verdampfung ins Vakuum". Dabei wird der Phase b die Verdampfungswärme entzogen. Sorgt man für eine Störung des Phasengleichgewichts, indem man der Phase a laufend ^{3}He selektiv entzieht, so kühlt sich das System M + O ab, bis der durch den Meßprozeß und Lecke zugeführte Wärmestrom gleich dem durch ^{3}He-Entzug abgeführten Wärmestrom ist. Je größer man also den aus a abgeführten ^{3}He-Strom macht, desto niedriger wird sich die Gleichgewichtstemperatur einstellen. Eine weitere Steuerung der Temperatur von M + O kann durch einen mit dem Heizer H_1 zugeführten Wärmestrom erfolgen.

Die selektive Entfernung des ^{3}He aus a geschieht in der Verdampfungskammer V, die mit a in M durch das Rohr R_1 verbunden ist, durch Abpumpen mittels der Pumpe P. Zur Erzielung eines erträglichen Pumpaufwandes wird V durch den Heizer H_2 auf $T \approx 0{,}7$ K gehalten, dabei ist der Partialdruck $p\,(^3\text{He}) \approx 10^{-3}$ mbar, während der von ^{4}He demgegenüber sehr klein ist, so daß der abgepumpte Dampf zu etwa 98 % aus ^{3}He besteht. In P wird dieses Gas auf etwa 130 mbar verdichtet, über den Vorkühler K dem Kondensator C zugeführt und bei etwa 1 K kondensiert. Die Flüssigkeit gelangt über R_2 nach b zurück, wobei in V und im Wärmetauscher T bereits eine Temperaturangleichung erfolgt. Der Strömungswiderstand W besorgt den Druckausgleich zwischen 130 mbar in C und 0,1 mbar in V.

Kälteleistung und Kalttemperatur hängen vom ^{3}He-Zirkulationsstrom I ab. In einer einfachen Anordnung nach Bild 10.26d erreicht man bei $I(^3\text{He}) \approx 10 \ldots 100\,\mu\text{mol} \cdot \text{s}^{-1}$ — das entspricht einer „Transportgeschwindigkeit" der ^{3}He-Atome in R_1 der Größenordnung $10\,\mu\text{m} \cdot \text{s}^{-1}$. — Kälteleistungen $\dot{Q} \approx 10 \ldots 100\,\mu\text{W}$ bei $T \approx 100\,\text{mK}$.

Mit den zur Zeit leistungsfähigsten Mischkühlern können konstante Temperaturen um 5 mK beliebig lange aufrechterhalten werden; im diskontinuierlichen Betrieb lassen sich Temperaturen bis etwa 3,5 mK erreichen. Besonderer Beachtung bedürfen dabei natürlich die Wärmelecke: Hochfrequenz- und Wärme-Einstrahlung, Wärmeleitung zwischen Mischkammer M und allen anderen Bauteilen, Vibrationen des Kryostaten oder seiner Bauteile. Schon Wärmelecke unterhalb 10^{-6} W können die erreichbare Minimaltemperatur entscheidend beeinflussen. Ausführliche Darstellung über Mischkryostate und ihre theoretischen Grundlagen in [94–97].

10.5.5 Vakuumisolierte Leitungen [80]

In allen kältetechnischen Anlagen werden metallische Leitungen zur Entnahme und Förderung von Kältemitteln benötigt. In kryotechnischen Anlagen ($T < 120$ K, s. Abschnitt 10.1) müssen solche Leitungen thermisch extrem verlustfrei sein. Die Leitungen bestehen im allgemeinen aus zwei koaxialen, dünnwandigen Edelstahlrohren, bei denen der Raum zwischen dem inneren, das Kältemittel führende Rohr und dem äußeren Mantelrohr vakuumisoliert ist. In der Praxis werden verschiedene Arten der thermischen Vakuumisolierung verwendet (Bild 10.26e).

Die effektive Wärmeleitfähigkeit der verschiedenen Isoliermedien ist aus Bild 10.26f zu entnehmen.

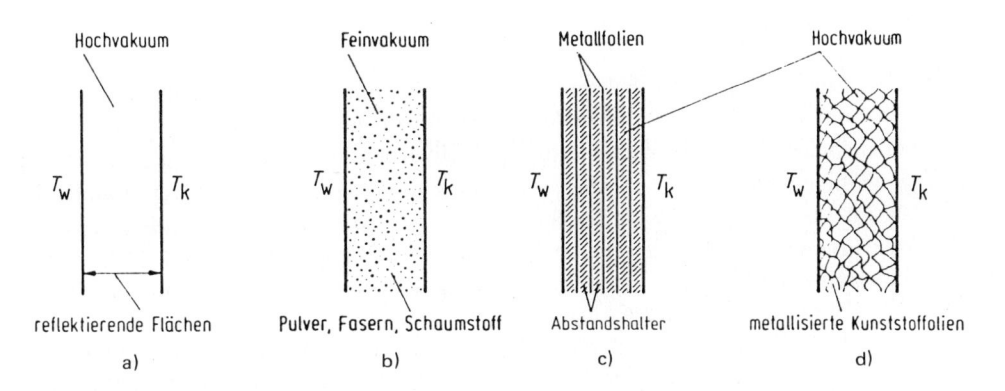

Bild 10.26e
a) Einfache Hochvakuumisolierung (oft mit geringer Menge eines Adsorptionsmittels z.B. Molekularsieb 13 X, zur Verlängerung der Standzeit des Hochvakuums).
b) Isolierung durch poröse Stoffe.
c), d) Vielschichten- oder Superisolation.

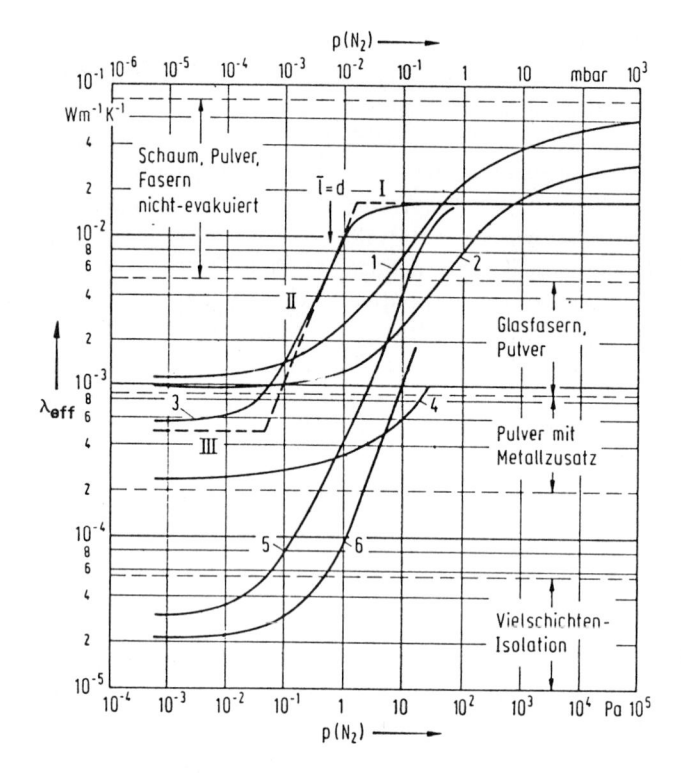

Bild 10.26f

Effektive Wärmeleitfähigkeit λ_{eff} verschiedener Isolationen in Abhängigkeit vom Druck $p\,(N_2)$.

1. Glasfaser ($\rho = 64$ kgm^{-3})
2. Perlit-Pulver ($\rho = 100$ kgm^{-3})
3. Vakuumisolation für
   $\epsilon_w = \epsilon_k = 0{,}04$, $d = 12{,}5$ mm
   $T_w = 300$ K, $T_k = 72$ K
   (T_w Temperatur der Warmfläche,
   T_k Temperatur der Kaltfläche,
   d Abstand der Flächen,
   ϵ Emissionsgrad
   (vgl. Abschnitt 10.5.8)).
4. Santocel-Pulver + Cu-Pulver
   ($\rho = 180$ kg/m^3)
5. Al-bedampfte Mylarfolien
   (Packungsdichte 25 Folien/cm)
6. Al-Folien + Glasfasergewebe
   (Packungsdichte 25 Folien/cm)

10.5.6 Nachfüllvorrichtungen

Bei Langzeitversuchen oder bei Experimenten und Verfahren, bei denen der Kältemittelvrbrauch groß ist, muß Kältemittel nachgefüllt werden. Dies ist bei allen Kryoanlagen erforderlich, die nicht mit ausschließlich geschlossenen Kühlmittelkreisläufen ausgerüstet sind. Zum Nachfüllen dienen automatisch arbeitende Vorrichtungen.

Das automatische *Nachfüllen von flüssigem Stickstoff* ist häufig sowohl in der Vakuumtechnik als auch in der Kryotechnik nötig. Es sind zahlreiche konstruktive Lösungen für Stickstoff-Nachfüllvorrichtungen bekannt, die sich nur hinsichtlich der Ausbildung der Steuerorgane unterscheiden. Das zugrundeliegende Prinzip ist jeweils gleich. Es sei hier an Hand einer einfachen dampfdruckgesteuerten Nachfüllvorrichtung (Bild 10.27) beschrieben.

Das Verbrauchergefäß 11 ist über eine Transferleitung 2 mit dem Vorratsgefäß 1 verbunden. Im Verbrauchergefäß ist ein Niveaufühler 10 — hier ein mit verdampfendem und wieder kondensierendem Methan gefülltes, dünnwandiges Metallrohr mit Anschluß an den oben geschlossenen Faltenbalg 9 — angeordnet, der ein Ventil 6 in der Entlüftungsleitung 4 des Vorratsgefäßes steuert. Bei geschlossener Entlüftungsleitung baut sich im Vorratsgefäß durch Eigenverdampfung, die ggf. durch Heizung oder Zufuhr von Druckgas beschleunigt werden kann, ein Überdruck auf, der den Überlauf von Flüssigkeit durch die Transferleitung bewirkt. Bei Öffnung der Entlüftungsleitung wird der Überdruck abgebaut und der Überlauf unterbrochen.

Bei elektrisch gesteuerten Nachfüllvorrichtungen ist der Dampfdruck-Meßfühler durch einen elektrischen Meßfühler (Diode, Kohlewiderstand o.a.) ersetzt, der über ein Steuergerät ein elektromagnetisches Ventil in der Entlüftungsleitung betätigt. Zur Erfassung des Flüssig-

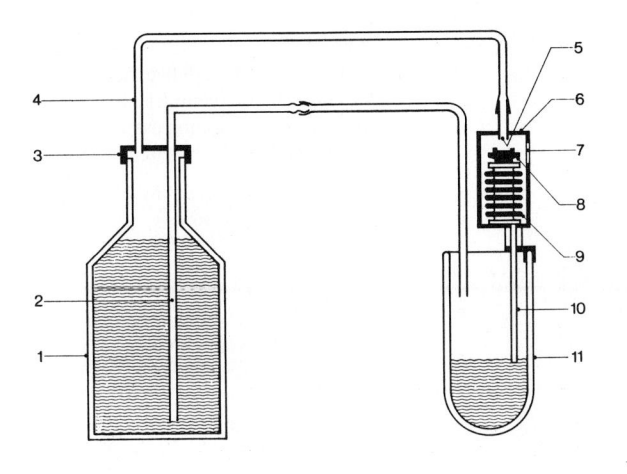

Bild 10.27
Nachfüllvorrichtung für flüssigen Stickstoff mit dampfdruckgesteuertem Ventil.

1 Vorratsgefäß
2 Transferleitung
3 Gasdichter Kannendeckel
4 Entlüftungsleitung
5 Ventilsitz
6 Steuerventil
7 Entlüftungsöffnung
8 Ventilteller mit Gummidichtung
9 Faltenbalg
10 Niveaufühler (mit CH_4-Füllung)
11 Verbrauchergefäß

keitsspiegels wird meist die infolge unterschiedlicher Wärmeableitung beim Übergang Flüssigkeit/Gasphase auftretende Temperatur- und damit Widerstandsänderung am Meßfühler ausgenutzt.

Unabhängig von der Art der Nachfüllvorrichtung ist zu beachten, daß die Häufigkeit des Nachfüllvorganges für die Kältemittelverluste in der Transferleitung bestimmend ist. Wenn eine Zweipunktregelung mit maximalem und minimalem Flüssigkeitsstand im Verbraucher ausreicht, können die Nachfüllzeiten im Verhältnis zu den Betriebszeiten des Verbrauchers kurz gehalten werden. Dann ergeben sich relativ geringe Verluste. Werden jedoch besonders geringe Niveauschwankungen verlangt (Einpunktregelung) so wird der Nachfüllvorgang jeweils nur kurzzeitig unterbrochen. Die Kältemittelverluste durch Wärmeaufnahme in der Transferleitung können dann unzulässig groß werden. In solchen Fällen ist die Wärmeisolation der Transferleitung von entscheidender Bedeutung. Es ist zweckmäßig, einen Vakuummantelheber zu benutzen und diesen so kurz wie möglich auszuführen.

Durch die Verwendung von Nachfüllvorrichtungen zur Handhabung von flüssigem Stickstoff können erhebliche Betriebsvereinfachungen erreicht werden.

Eine *Nachfüllvorrichtung für flüssiges Helium bei* $T = 4,2$ K ist in Bild 10.27a dargestellt [33, 34]. Der Kryostat 8 ist mit dem Helium-Vorratsgefäß 1 durch einen Vakuummantelheber 7 verbunden. Der Vakuummantel 1 des Hebers in Bild 10.27b und Bild 10.27c enthält neben der flüssigkeitsführenden Leitung 4 eine Abgasleitung 3, die mit dem Strahlungsschutz 3 für die Heliumleitung kontaktiert ist. Das im Kryostaten verdampfte Helium kühlt also den Strahlungsschutz der Zuleitung, wodurch die Verdampfungsverluste beim Überlauf vom Vorratsbehälter zum Kryostaten auf ein Minimum reduziert werden. Vom Auslaßventil 9 in Bild 10.27a strömt das Helium zunächst in einen nachgeschalteten Sinterkörper 2 in Bild 10.27d, der die Phasentrennung begünstigt und die beim Nachfüllen normalerweise auftretenden Turbulenzen im Dampfraum und im Bad unterdrückt. Die Flüssigkeit tropft gleichmäßig ins Bad. Ist der für den Überlauf des flüssigen Heliums erforderliche Überdruck im Vorratsgefäß eingestellt und ist die Entfernung zwischen Sinterkörper und Flüssigkeitsoberfläche im Kryostaten geeignet gewählt (2 ... 4 cm), verursacht der Nachfüllvorgang nur eine vernachlässigbar geringe Störung des Temperaturgradienten im Kryostaten. Das Flüssigkeitsniveau schwankt um wenige Millimeter.

10 Kryotechnik und Kryopumpen

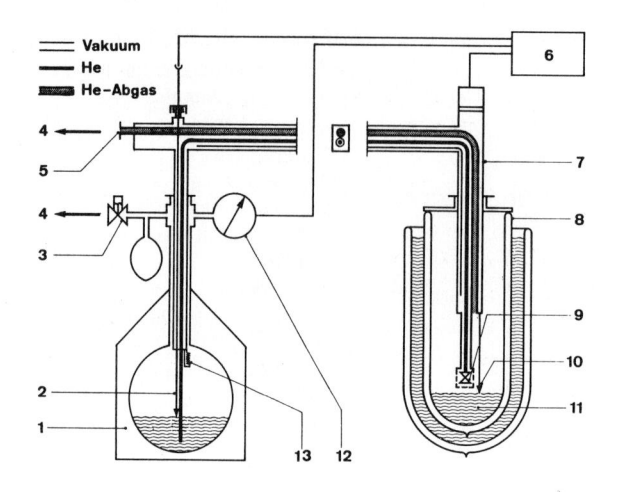

Bild 10.27a
Automatische Nachfüllvorrichtung von normalsiedendem Helium (4,2 K) unter Konstanthaltung des Flüssigkeitsspiegels im Kryostaten (rechtes Dewar-Gefäß).

1 Helium-Vorratsgefäß
2 Peilstab mit Niveaufühler (Kohlewiderstand)
3 Überströmventil
4 zum Rückgewinnungssystem
5 Heber-Abgasanschluß DN 10 KF
6 Netz- und Regelgerät
7 Vakuummantelheber mit abgasgekühltem Strahlungsschutz
8 Kryostat
9 Auslaßventil mit Sinterkörper
10 Niveaufühler
11 Heliumbad
12 (Kontakt-)Manometer
13 Heizung

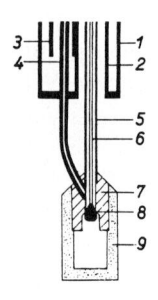

Bild 10.27b
Zufuhr von fl. Helium (Flüssigkeit-Dampf-Gemisch) über Auslaßventil in den Sinterkörper. 1 Vakuummantel des Hebers; 2 He-Abgasleitung im Heber; 3 Strahlungsschild; 4 Zuleitung für flüssiges He; 5 Führungsrohr; 6 Ventilstange; 7 Endstück im Ventilsitz; 8 Ventilelement; 9 Sinterkörper (s. Bild 10.27d). 6, 7 und 8 entsprechen 9 in Bild 27a

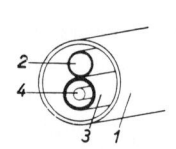

Bild 10.27c Schnitt durch Vakuummantelheber mit abgasgekühltem Strahlungsschutz. 1 Vakuummantel des Hebers; 2 He-Abgasleitung im Heber; 3 Strahlungsschutz; 4 Zuleitung für flüssiges Helium.

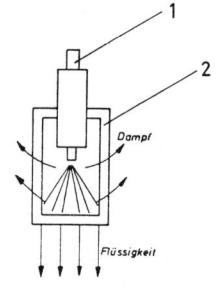

Bild 10.27d Sinterkörper zur Phasentrennung Flüssigkeit-Dampf. 1 He-Zufuhr; 2 Sinterkörper.

Das Auslaßventil 9 wird durch einen Kohlewiderstand als Niveaufühler 10 in Bild 10.27a im Kryostaten gesteuert. Er liegt in einer Brückenschaltung. Reicht die natürliche Abdampfrate des Vorratsgefäßes zur Aufrechterhaltung der für den Überlauf des flüssigen Heliums erforderlichen Druckdifferenz nicht aus, so kann durch eine Heizung 13 im Helium-Vorratsgefäß zusätzlich Kältemittel verdampft werden. Es ist zweckmäßig, das Heizelement im Dampfraum des Vorratsgefäßes anzubringen. Damit wird die Ansprechzeit des Systems erniedrigt.

Neben der Unterdrückung von Störungen durch den Nachfüllvorgang selbst hat eine Nachfüllvorrichtung den zusätzlichen Vorteil, daß der Kältemittelverbrauch im Kryostaten herabgesetzt werden kann. Wie Bild 10.28 zeigt, nimmt die Abdampfrate eines mit flüssigem Helium gefüllten Glaskryostaten zunächst proportional zur Füllhöhe zu, steigt dann jedoch erheblich stärker an. Große Füllhöhen verursachen also unverhältnismäßig hohe Abdampfraten. Bei Verwendung einer Nachfüllvorrichtung kann der Flüssigkeitsstand so niedrig gewählt werden, daß die Probe gerade mit flüssigem Helium bedeckt ist.

Die in Bild 10.27 gezeigte Anordnung für das Nachfüllen von normal siedendem Helium (4,2 K) läßt sich unter Verwendung von Zusatzkomponenten für das Nachfüllen von flüssigem Helium im Temperaturbereich $T = 4{,}2 \ldots 2{,}18$ K (λ-Punkt) ausbauen [35], sowie auch für den Temperaturbereich unterhalb des λ-Punktes [37].

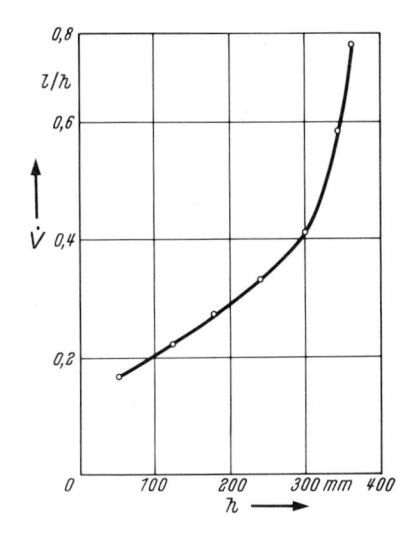

Bild 10.28
Abdampfrate $\dot{V}$ eines mit flüssigem Helium gefüllten Glaskryostaten in Abhängigkeit von der Füllhöhe h

10.5.7 Temperatureinstellung und -Regelung

In Badkryostaten werden Temperaturen unterhalb des normalen Siedepunktes durch Druckerniedrigung über dem Flüssigkeitsbad eingestellt. Während dies keine besonderen technischen Schwierigkeiten bereitet, ist eine Druckerhöhung zur Einstellung von höheren Siedetemperaturen in normalen Kryostaten nicht praktizierbar.

Eine Methode zur Einstellung von Temperaturen oberhalb 4,2 K bzw. 77 K in Badkryostaten ist in Bild 10.31 dargestellt [39]. Hier ist dem Heliumbad a ein oberhalb desselben angeordneter Wärmetauscher b nachgeschaltet, in dem das Kältemittel verdampft wird. Die Probe d befindet sich hinter dem Wärmetauscher im Kaltgasstrom, der durch ein Nadelventil h entsprechend der gewünschten Temperatur eingestellt wird.

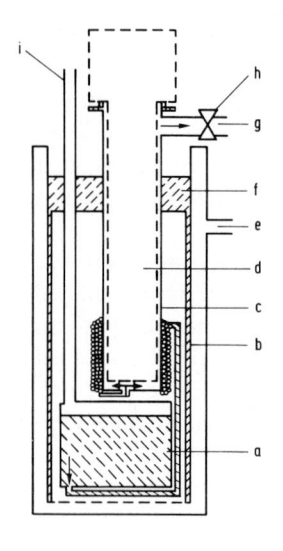

10 Kryotechnik und Kryopumpen

Bild 10.31
Badkryostat mit Wärmetauscher für Temperaturen $T > 4,2$ K und $T > 77$ K. Die Pfeile zeigen den Strömungsweg des Heliums.
a Heliumbad; b Wärmetauscher; c Probenkammer; d Probe; e Vakuum-Anschluß; f Stickstoffbad; g Anschluß Vakuumpumpe; h Nadelventil; i Nachfüllung flüssiges Helium.

Die Temperatureinstellung an der Probe bereitet bei derartigen Kryostaten gewisse Schwierigkeiten. Weil der Kältemittelstrom entweder nur aus Heliumgas oder aus einem Gas/Flüssigkeitsgemisch besteht, treten verschiedene Wärmeübergangsmechanismen auf. Stabilisieren läßt sich die Temperatur nur mit einer Heizung.

Zur Temperaturregelung werden
a) Regelventile (für Bad- und Verdampferkryostate),
b) Heizungsregelgeräte (generell anwendbar),
verwendet.

10.5.7.1 Regelventile

Zur Temperatureinstellung in Verdampferkryostaten dienen dampfdruckgesteuerte mechanische Regelventile oder elektromagnetische Regelventile.

Bild 10.33 zeigt ein dampfdruckgesteuertes mechanisches Regelventil [41]. Es enthält zwei konzentrische Faltenbälge 7a, 7b, deren Enden in den Ventilkörper 6 und in eine bewegliche, die Ventilspindel aufnehmende Deckplatte 8 eingelötet sind. Der sich ergebende Ringraum 7 steht über eine dünne Rohrleitung (Anschluß 2) mit einem Temperaturmeßfühler (Meßkammer eines Dampfdruckthermometers) am Kühlkopf des Verdampfers in Verbindbindung. Der Regelvorgang ergibt sich durch die von den Temperaturschwankungen am Meßfühler abhängige Kondensation und Wiederverdampfung des Füllmediums, die zur Kontraktion bzw. Ausdehnung der Faltenbälge und damit Verschiebung der Ventilspindel führt. Ein Manometer in der Zuführungsleitung liefert gleichzeitig die Temperaturanzeige des Dampfdruckthermometers. Eine Veränderung der Spindelstellung bewirkt die Einstellung einer höheren bzw. tieferen Temperatur innerhalb des durch das Füllgas bestimmten Regelbereiches. Der ebenfalls einstellbare Beipaß (Nebenschluß) dient zur Erhöhung der Temperaturkonstanz.

Ein Wechsel des Regelbereiches erfordert einen Austausch des Füllgases im Regelsystem. Wie beim Dampfdruckthermometer gibt es Temperaturlücken (Tabelle 10.4), in denen eine Regelung nach diesem Verfahren nicht möglich ist.

10.5 Kryostatentechnik 10.5.7

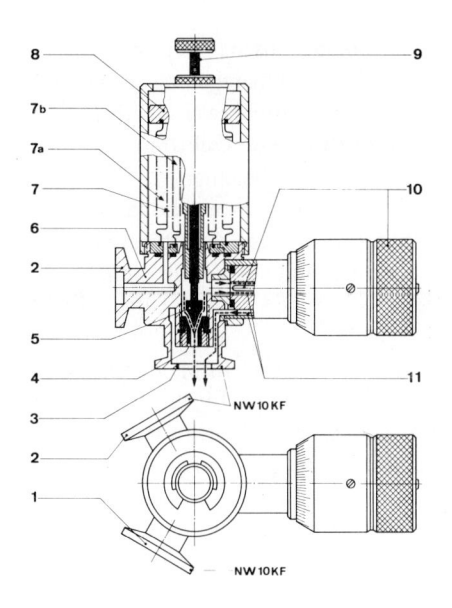

Bild 10.33

Dampfdruckgesteuertes mechanisches Regelventil (Beipaß-Regelventil). 1 Gaseintritt; 2 Anschluß für Dampfdruckthermometer; 3 Gasaustritt; 4 Ventilsitz des Regelventils; 5 Ventilnadel des Regelventils; 6 Ventilkörper; 7 Ringraum, gebildet vom 7a äußeren und 7b inneren Federungskörper (Tombak); 8 Deckplatte; 9 Regelventil-Einstellspindel; 10 Ventilnadel mit Einstellmutter; 11 Gasführung durch Beipaß (Nebenschluß).

Tabelle 10.4 Regelbereiche eines dampfdruckgesteuerten Regelventils für die verschiedenen Füllgase

Füllgas	Siedepunkt K	Schmelzpunkt (Tripelpunkt) Temperatur K	Schmelzpunkt (Tripelpunkt) Dampfdruck mbar	Regelbereich Temperatur K	Regelbereich Dampfdruck mbar
Helium ^{4}He	4,2	–	–	2,5 ... 5	102 ... 2000
Wasserstoff n-H$_2$	20,4	13,9	71,8	14,1 ... 23	80 ... 2000
Neon Ne	27,1	24,5	432,0	24,6 ... 30	440 ... 2000
Stickstoff N$_2$	77,3	63,2	125,8	64 ... 84	133 ... 2000
Argon Ar	87,4	83,8	685,9	84 ... 94	698 ... 2000
Sauerstoff O$_2$	90,2	54,4	1,46	71 ... 97	80 ... 2000
Methan CH$_4$	111,7	90,7	116,4	92 ... 120	133 ... 2000
Äthylen C$_2$H$_4$	169,3	104,0	1,2	136 ... 182	80 ... 2000
Äthan C$_2$H$_6$	184,6	89,9	$9,3 \cdot 10^{-3}$	148 ... 198	80 ... 2000
Propan C$_3$H$_8$	231,1	85,5	$5,3 \cdot 10^{-6}$	186 ... 247	80 ... 2000
Butan n-C$_4$H$_{10}$	272,7	134,8	$5,3 \cdot 10^{-3}$	220 ... 292	80 ... 2000

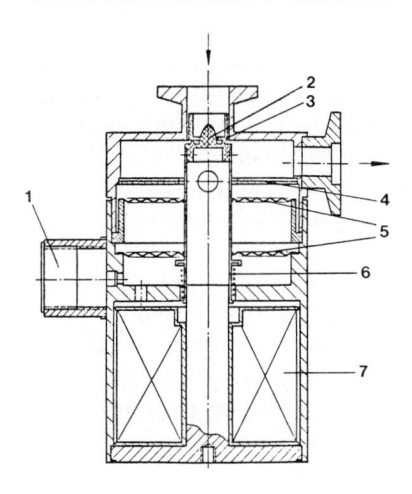

Bild 10.34

Elektrodynamisches Regelventil. 1 Elektrischer Anschluß; 2 Ventilkegel; 3 Ventilsitz; 4 Schutzplatte; 5 Membranen; 6 Tauchspule; 7 Feldspule.

351

Eine lückenlose Temperaturregelung erlauben elektromagnetische Regelventile. In Bild 10.34 ist ein elektrodynamisches Regelventil für eine Proportionalregelung dargestellt. Es ist wie ein Lautsprecher aufgebaut. Eine Tauchspule 6 wird durch zwei Membranen 5 gehalten und zentriert und kann sich frei federnd im Ringspalt eines Elektromagneten 7 bewegen. Mit der Tauchspule starr verbunden ist das konische Ventilelement 2. Fließt ein Strom durch die Tauchspule, so wird sie mit einer dem Spulenstrom proportionalen Kraft in senkrechter Richtung aus der Ruhelage ausgelenkt. Sie kann jede beliebige Stellung zwischen dem vollständig geöffneten und dem geschlossenen Zustand des Ventils einnehmen. Die Änderung des Durchlaßquerschnittes ist der Sollwertabweichung an der Meßstelle direkt proportional und erfolgt kontinuierlich.

Weil die beweglichen Teile des Ventils an reibungsarmen, elastischen Membranen aufgehängt sind, wird eine hohe Ansprechempfindlichkeit und eine hohe Einstellgenauigkeit erreicht. Die bewegten Teile haben eine geringe Masse und der erforderliche Regelhub ist meistens klein. Daraus ergibt sich ein nahezu verzögerungsfreies Ansprechen des Reglers mit extrem hoher Stellgeschwindigkeit. Die beweglichen Ventilteile unterliegen praktisch keiner Abnutzung. Die Ruhelage der Tauchspule und damit die Ruhestellung des Ventils bei Sollwertabweichung Null sind auf elektrischem Wege veränderbar. Mit dem elektrodynamischen Regelventil wird der gesamte Kältemitteldurchsatz geregelt, d.h., es ist kein Nebenschluß erforderlich.

Bei der Kühlung von Verdampferkryostaten treten mitunter im Bereich $T = 4,2 ... 15$ K unzulässig große Temperaturschwankungen auf. Dies gilt insbesondere für Systeme mit kleinen Abmessungen. In diesem Temperaturbereich bildet das strömende Helium ein Zweiphasengemisch. Es treten unterschiedliche Mechanismen des Wärmeübergangs auf (Verdampfungskühlung und Kaltgaskühlung), die die Temperaturschwankungen verursachen. Mit einem Vakuummantelheber spezieller Bauart [42], über den wahlweise kaltes Gas oder Flüssigkeit angesaugt werden kann, lassen sich diese Störungen vermeiden.

Zur Einstellung von Temperaturen im Bereich $T = 4,2 ... 1$ K in Badkryostaten wird der Dampfdruck über der siedenden Flüssigkeit erniedrigt und konstant gehalten. Letzteres wird durch Regelung des Abgasstromes erreicht. Dafür können druckgesteuerte Manostaten unterschiedlicher Bauart verwendet werden [43, 44]. Besonders gute Regeleigenschaften zeigt jedoch auch für diese Anwendung das oben beschriebene elektrodynamische Regelventil in Verbindung mit einem Druckaufnehmer.

10.5.7.2 Heizungsregelung

Das Einstellen gewünschter Solltemperaturen und deren Regelung an Verdampfer- und Refrigeratorkryostaten über einen weiten Temperaturbereich (bis 300 K) bei konstantem Kältemitteldurchsatz erfolgt vielfach durch Heizen der Kaltfläche. Das erforderliche Heizelement wird wie z.B. beim Verdampferkryostaten als Draht permanent in die Kaltfläche eingebaut oder wie beim Refrigeratorkryostaten als separate Heizplatte an der Kaltfläche gut wärmeleitend befestigt. Die Heizleistung wird von einem Heiz- und Regelgerät geliefert. Zur Regelung wird die temperaturabhängige Widerstandsänderung von an der Kaltfläche angebrachten Meßfühlern (Metallwiderstand, Kohlewiderstand, Thermistor, Si-Diode u.a.) verwendet. Gemäß der vorliegenden Widerstands-Temperatur-Kurve des Meßfühlers wird am Regelgerät der der gewünschten Solltemperatur entsprechende Widerstand eingestellt. Dieser Einstellung entspricht ein Sollwert-Spannungsabfall, der vom Regelgerät mit dem Istwert-Spannungsabfall verglichen wird. Abhängig von Richtung und Größe der Istwert-Abweichung wird die Heizspannung solange verändert, bis Istwert- und Sollwert-Spannung übereinstimmen und damit die gewünschte Temperatur der Kaltfläche erreicht ist.

10.5.8 Kältemittelverluste

In Abschnitt 10.5.1 wurde bereits auf die Bedeutung der Kältemittelverluste beim Nachfüllen von flüssigem Stickstoff und flüssigem Helium hingewiesen. Im folgenden werden die wesentlichen, die Verdampfungsverluste bestimmenden Parameter erläutert. Die minimale Massenverdampfungsstromstärke $I_m = \dot{m}$ (auch Massenabdampfrate genannt), d.h. der Kältemittelverbrauch ohne die im Betrieb bzw. durch das Experiment gegebene Wärmezufuhr, ergibt sich aus der Summe der dem Kältemittelbad durch Wärmestrahlung und Wärmeleitung zugeführten Leistung.

Die vom Flächenelement dA eines schwarzen bzw. grauen Körpers der Temperatur T frei *abgestrahlte Leistung*, d.h. die von dA insgesamt nach allen Richtungen ausgehende Energie-(Wärme-)Stromstärke dI, ist nach Stefan-Boltzmann, wenn $\sigma = 5{,}67 \cdot 10^{-8} \text{W} \cdot \text{m}^{-2} \cdot \text{K}^{-4}$ die Stefan-Boltzmann-Konstante ist,

$$dI = \epsilon \sigma T^4 dA. \tag{10.15}$$

ϵ, der „Emissionsgrad", ist für einen schwarzen Körper $\epsilon = 1$; für einen grauen Körper ist $\epsilon < 1$, unabhängig von der Wellenlänge bzw. Frequenz im Strahlungsspektrum. Nur für $\epsilon \leqslant 1 = \text{const}$ gilt Gl. (10.15). Zur Abschätzung der in kryotechnischen Anlagen auftretenden Strahlungsverluste kann diese Gültigkeit mit ausreichender Näherung vorausgesetzt werden.

Ein Körper K2 mit der höheren Temperatur T_2 wird also – wie Gl. (10.15) nahelegt – einem Körper K1 der niedrigeren Temperatur T_1 mehr Energie zustrahlen als umgekehrt, so daß ein dauernder Energiestrom $I_\text{Strahlung}$ von K2 nach K1 fließt. Die Größe von $I_\text{Strahlung}$ hängt auch von der Geometrie der Körper 1 und 2 ab; nur für einfache geometrische Anordnungen ergeben sich einfache Strahlungsformeln. Solch einfache Anordnungen sind konzentrische Zylinder, konzentrische Kugeln, parallele Ebenen, wenn man voraussetzt, daß die Randstörungen, die durch die endliche Ausdehnung (Ränder!) der Gebilde bedingt sind, vernachlässigbar sind. Dazu müssen die Linearausdehnungen der strahlenden Flächen A_1 und A_2 der Körper K1 und K2 groß gegen den (überall gleichen!) Abstand von A_1 und A_2 sein. Im Falle von Kugeln treten Ränder auf, wenn man nur Kugelausschnitte (z.B. Halbkugeln) betrachtet.

Umgibt der Körper 2 (strahlende Fläche A_2, Temperatur T_2, Emissionsgrad ϵ_2) den Körper 1 ($A_1, T_1 < T_2, \epsilon_1$) konzentrisch, so findet man [72] für die Strahlungsstromstärke

$$I_{\text{Strahlung}, 2 \to 1} = A_1 \frac{\sigma}{\dfrac{1}{\epsilon_1} + \dfrac{A_1}{A_2}\left(\dfrac{1}{\epsilon_2} - 1\right)} (T_2^4 - T_1^4). \tag{10.16}$$

Ist $T_1 > T_2$, so wird I negativ, d.h., daß der Strom von 1 nach 2 fließt. Der Strahlungsstrom zwischen parallelen Ebenen ergibt sich aus Gl. (10.16) für $A_1 = A_2$.

Führt man die die Anordnung kennzeichnende „Strahlungskenngröße"

$$C_S = \frac{\sigma}{\dfrac{1}{\epsilon_1} + \dfrac{A_1}{A_2}\left(\dfrac{1}{\epsilon_2} - 1\right)} \tag{10.17}$$

ein, so läßt sich Gl. (10.16) in der Form

$$I_{\text{Strahlung}, 2 \to 1} = A_1 \cdot C_S (T_2^4 - T_1^4) \tag{10.18}$$

10 Kryotechnik und Kryopumpen

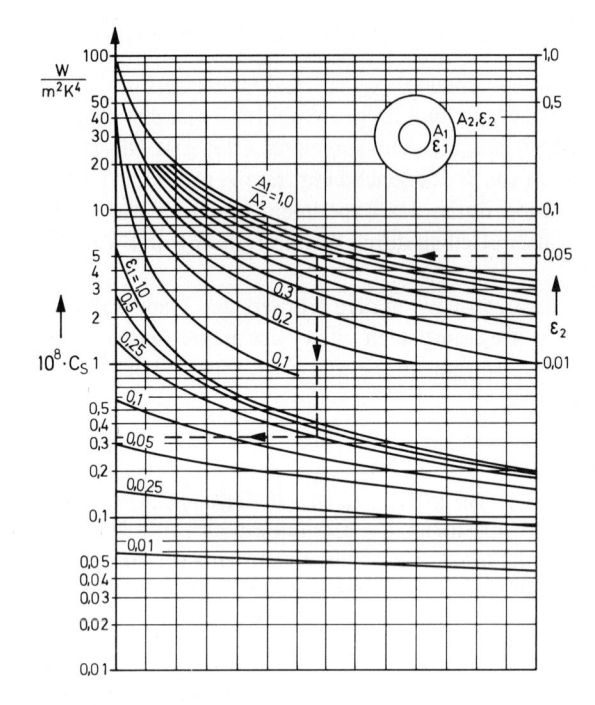

Bild 10.35 Diagramm zur graphischen Bestimmung der Strahlungskenngröße

$$C_S = \frac{\sigma}{1/\epsilon_1 + A_1/A_2 \, (1/\epsilon_2 - 1)} \text{ in } \text{Wm}^{-2}\text{K}^{-4} \quad (\text{Gl. (10.17)})$$

$\sigma = 5{,}67 \cdot 10^{-8} \, \text{Wm}^{-2}\,\text{K}^{-4}$
(Stefan-Boltzmann-Konstante).

Bild 10.36
Diagramm zur Ablesung von T^4

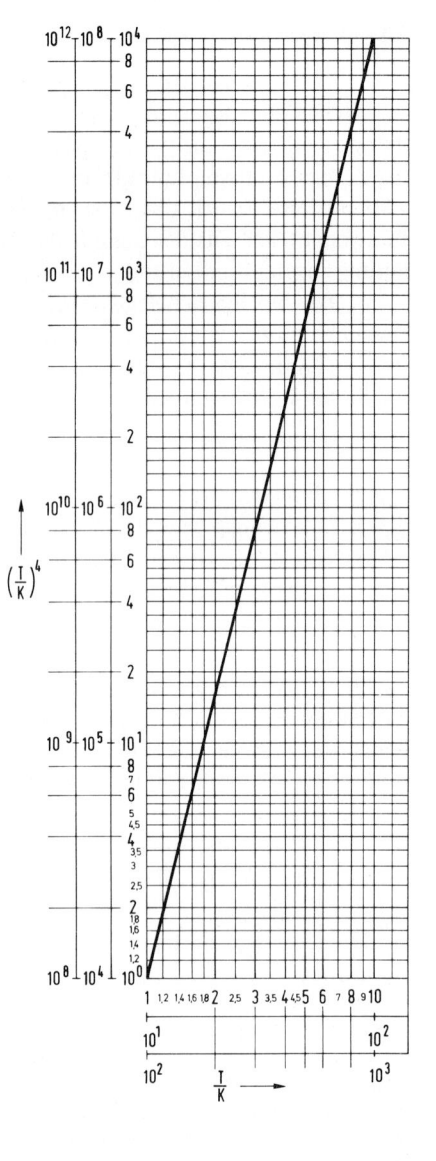

schreiben. Die Strahlungskenngröße C_S und die Werte von T^4 können aus den Bildern 10.35 und 10.36 abgelesen werden.

Beispiel 10.4: Der Heliumbehälter (innerer Teil des Dewargefäßes 2) des in Bild 10.25 dargestellten Kryostaten habe eine abstrahlende Fläche (Zylinder plus ebener Boden (oder Kugelzone)) $A_1 = 1{,}42 \text{ m}^2$, seine Temperatur sei $T_1 = 4 \text{ K}$. Er ist konzentrisch von einem ähnlich geformten Mantel der Fläche $A_2 = 1{,}58 \text{ m}^2$ umgeben, der durch das Stickstoffbad 3 auf der Temperatur $T_2 = 77 \text{ K}$ gehalten wird. Behälter und Mantel bestehen aus Kupfer, das bei der Herstellung poliert wurde und erfahrungsgemäß im Langzeitbetrieb den Emissionsgrad $\epsilon_1 = \epsilon_2 = 0{,}1$ besitzt. Für $\epsilon_2 = 0{,}1$ und den Wert $A_1/A_2 = 0{,}9$ sowie $\epsilon_1 = 0{,}1$ liest man aus Bild 10.35 den Wert $C_S = 0{,}32 \cdot 10^{-8} \, \text{W} \cdot \text{m}^{-2} \cdot \text{K}^{-4}$ ab (Rechnung: $C_S = 0{,}313 \cdot 10^{-8} \, \text{W} \cdot \text{m}^{-2} \cdot \text{K}^{-4}$). Bild 10.36 gibt $T_2^4 = 3{,}5 \cdot 10^7 \, \text{K}^4$, wogegen $T_1^4 = 2{,}56 \cdot 10^2 \, \text{K}^4$ vernachlässigt werden kann. Dann gibt Gl. (10.18) die Strahlungsstromstärke

$$I_{\text{Strahlung}, 2 \rightarrow 1} = 1{,}42 \text{ m}^2 \cdot 0{,}32 \cdot 10^{-8} \, \text{W} \cdot \text{m}^{-2} \cdot \text{K}^{-4} \cdot 3{,}5 \cdot 10^7 \text{K}^4 = 0{,}16 \text{ W}.$$

Würde man auf die Stickstoffkühlung des äußeren Mantels verzichten, so wäre $T_2 \cong 300$ K, und es ergäbe sich

$$I_{\text{Strahlung}, 2 \to 1} = 1{,}42 \text{ m}^2 \cdot 0{,}32 \cdot 10^{-8} \text{ w} \cdot \text{m}^{-2} \cdot \text{K}^{-4} \cdot 81 \cdot 10^8 \text{K}^4 = 36{,}8 \text{ W}.$$

Beispiel 10.5: Ein Dewar-Gefäß für flüssigen Stickstoff aus Glas habe ein zylindrisches Innengefäß mit kugeligem Boden mit dem inneren Durchmesser $d_i = 0{,}16$ m und der Länge $h = 0{,}5$ m und einen ebensolchen Mantel mit dem äußeren Durchmesser $d_a = 0{,}20$ m, so daß die Spaltbreite $d = 0{,}02$ m ist. Der Zwischenraum ist evakuiert, der Restgas-(Luft-)Druck $p = 10^{-6}$ mbar. Die an den Spalt angrenzenden Glasflächen seien einmal unversilbert ($\epsilon_1 = \epsilon_2 \cong 1$), einmal versilbert ($\epsilon_1 = \epsilon_2 \cong 0{,}1$). Im Gefäß befinde sich flüssiger Stickstoff der (Siede-) Temperatur $T_1 = 77$ K, der Mantel soll Raumtemperatur $T_2 = 300$ K haben. Mit $A_1 = \pi d_i \cdot h + \pi d_i^2/4 = 0{,}29$ m^2 und $A_2 = \pi d_a h + \pi d_a^2/4 = 0{,}345$ m^2, also $A_1/A_2 = 0{,}84$ liest man aus Bild 10.35 für $\epsilon_1 = \epsilon_2 = 1$ den Wert $C_S = 5{,}67 \cdot 10^{-8}$ W $\cdot$ m$^{-2} \cdot$ K^{-4} und für $\epsilon_1 = \epsilon_2 = 0{,}1$ den Wert $C_S = 0{,}32 \cdot 10^{-8}$ W $\cdot$ m$^{-2} \cdot$ K^{-4} ab. Damit wird für das unversilberte Dewar-Gefäß der Strahlungsstrom nach Gl. (10.18)

$$I_{\text{Strahlung}, 2 \to 1} = 0{,}29 \text{ m}^2 \cdot 5{,}67 \cdot 10^{-8} \text{ W} \cdot \text{m}^{-2} \cdot \text{K}^{-4} (300^4 - 77^4) \text{ K}^4$$
$$= 1{,}64 \cdot 10^{-8} \text{ W} \cdot \text{K}^{-4} (810 - 3{,}5) \cdot 10^7 \text{ K}^4 = 133 \text{ W}.$$

(Man sieht, daß die 3,5 gegenüber der 810 im Rahmen der Rechengenauigkeit vernachlässigbar ist!). Für das versilberte Gefäß ergibt sich analog $I_{\text{Strahlung}, 2 \to 1} = 7{,}5$ Watt, also ein fast 18mal kleinerer Wert.

Nach Tabelle 10.1 ist die auf das Flüssigkeitsvolumen bezogene Verdampfungsenthalpie von Stickstoff $h_V = 162$ kJ/ℓ. Damit ergibt sich – herrührend von der Wärmestrahlung – eine Abdampfrate $\dot{V} = I_{\text{Strahlung}}/h_V$, also beim unversilberten Gefäß $\dot{V} = 2{,}96$ ℓ/h und beim versilberten Gefäß $\dot{V} = 0{,}167$ ℓ/h.

Durch das Restgas im evakuierten Spalt fließt ein Wärmestrom $I_{\text{gas}} = \lambda \cdot A (T_2 - T_1)/d$, wobei A eine mittlere Fläche, z.B. $(A_1 + A_2)/2$, ist und λ die Wärmeleitfähigkeit des Gases bedeutet. Setzt man in Gl. (2.90) für die Teilchenanzahldichte nach Gl. (2.31.7) den Ausdruck $n = p/kT$ und für die mittlere Geschwindigkeit der Gasteilchen nach Gl. (2.55) den Ausdruck $\bar{c} = \sqrt{8RT/\pi \cdot M_{\text{molar}}}$ ein, berücksichtigt weiter, daß – wie in Abschnitt 2.5.3.2 ausgeführt – statt des Faktors 1/2 in Gl. (2.90) ein wenig verschiedener Faktor φ einzusetzen ist, so entsteht für die Wärmeleitfähigkeit der temperaturabhängige Ausdruck

$$\lambda = \varphi \sqrt{\frac{8}{\pi \cdot M_{\text{molar}} \cdot R}} \cdot C_{\text{molar}, V} \cdot \frac{1}{\sqrt{T}} \cdot \frac{d}{d + A \cdot \bar{l}_T} (\bar{l} \cdot p)_T \qquad (1)$$

Die Größe $A = 2(2 - a)/a$ mit dem Akkomodationskoeffizienten a hat nach Tabelle 2.1 für Luft (Stickstoff, Sauerstoff) den Wert $A = 8$ für reine Oberfläche bzw. $A = 3$ für normale Oberfläche. Das Produkt $(\bar{l} \cdot p)$ und die mittlere freie Weglänge $\bar{l}$ hängen von der Temperatur ab und sind Tabelle 16.6 zu entnehmen, wo auch die Temperaturabhängigkeit Θ vermerkt ist. Aus dieser Tabelle entnimmt man für $T = 273{,}15$ K den Wert $(\bar{l} \cdot p)_{273} = 6 \cdot 10^{-5}$ m $\cdot$ mbar (Luft = Gemisch aus N$_2$ und O$_2$) und errechnet für $T = 77$ K die Werte $\Theta = 0{,}17$ und $(\bar{l} \cdot p)_{77} = 6 \cdot 10^{-5}$ m $\cdot$ mbar $\cdot$ 0,17 = 1 $\cdot$ 10^{-5} m $\cdot$ mbar. Für hohe Drücke ($p \approx 1$ bar) ergibt sich damit je nach Temperatur eine mittlere freie Weglänge $\bar{l} \approx 6 \ldots 1 \cdot 10^{-8}$ m und der Wert $A\bar{l} \approx 5 \ldots 1 \cdot 10^{-7}$ m, der in (1) gegen $d = 0{,}02$ m im Nenner zu vernachlässigen ist. Nun hängt $\bar{l} \cdot p$ nicht vom Druck, sondern nur von der Temperatur ab, und damit ergibt sich die Wärmeleitfähigkeit bei hohen Drücken zwar temperatur-, aber nicht druckabhängig. Aus Tabelle 16.3 ist die Wärmeleitfähigkeit bei der Meßtemperatur $T_M = 293$ K und dem Meßdruck $p_M = 1$ bar bekannt, nämlich $\lambda_M = 0{,}025$ Wm^{-1}K^{-1}. Dividiert man (1) durch

$$\lambda_M = \varphi \sqrt{\frac{8}{\pi \cdot M_{\text{molar}} \cdot R}} \cdot C_{\text{molar}, V} \cdot \frac{1}{\sqrt{T_M}} (\bar{l} \cdot p)_{T_M}$$

so erhält man für andere Temperaturen und Drücke ($\bar{l}$ hängt vom Druck ab) den Wert

$$\lambda = \lambda_M \sqrt{\frac{T_M}{T}} \cdot \frac{d}{d + A \cdot \bar{l}_T} ((\bar{l} \cdot p)_T/(\bar{l} \cdot p)_{T_M}) \qquad (2)$$

Damit können wir den Wärmeleitungsstrom im Spalt unseres Dewargefäßes berechnen (abschätzen!). Die Wände haben die Temperaturen $T_1 = 77$ K und $T_2 = 300$ K. Wir rechnen in (2) mit der mittleren Temperatur $T = 190$ K. (In Wirklichkeit müßten wir das Wärmeleitungsintegral, vgl. Gl. (10.19), mit Hilfe von (2) berechnen, aber damit würden wir unsere Formeln überstrapazieren.) $T = 190$ K ergibt nach Tabelle

16.6 den Wert $\Theta = 0{,}62$ und $(\bar{l} \cdot p)_{190} = 6{,}1 \cdot 10^{-5}$ m · mbar · $0{,}62 = 3{,}8 \cdot 10^{-5}$ m · mbar, wofür mit $p = 10^{-6}$ mbar die mittlere freie Weglänge $\bar{l}_{190} = 38$ m wird. Reine Oberflächen ($A = 8$) bzw. normale Oberflächen ($A = 3$) führen zu $d/(d + A \cdot \bar{l}_{190}) = 6{,}6 \cdot 10^{-5}$ bzw. $1{,}75 \cdot 10^{-4}$. Damit erhält man

$$\lambda = 0{,}025 \cdot \mathrm{Wm^{-1}K^{-1}} \cdot \sqrt{\frac{293}{190}} \cdot 6{,}6 \text{ (bzw. } 17{,}5) \cdot 10^{-5} \cdot 0{,}62$$
$$= 1{,}3 \text{ (bzw. } 3{,}4) \cdot 10^{-6} \mathrm{Wm^{-1}K^{-1}}$$

Wäre der Druck im Spalt $p = 10^{-3}$ mbar, so ergäbe sich analog wie oben für $\bar{l}_{190} = 3{,}8$ cm und – wenn wir nur mit normalen Oberflächen ($A = 3$) rechnen – der Ausdruck $d/(d + A \cdot \bar{l}_{190}) = 0{,}02$ m/$(0{,}02$ m $+ 3 \cdot 0{,}038$ m$) = 0{,}15$, also

$$\lambda = 0{,}025\, \mathrm{Wm^{-1}K^{-1}} \sqrt{\frac{293}{190}} \cdot 0{,}15 \cdot 0{,}62 = 0{,}0029\, \mathrm{Wm^{-1}K^{-1}}$$

Im ersten Fall ($p = 10^{-6}$ mbar) wird der Wärmestrom, wenn man $\bar{A} = 0{,}3$ m² und $T_2 - T_1 = 223$ K setzt,

$$I_{\text{Wärmeleitung}} = 1{,}3 \text{ (bzw. } 3{,}4) \cdot 10^{-6}\, \mathrm{Wm^{-1}K^{-1}} \cdot 0{,}3\, \mathrm{m^2} \cdot 223\, \mathrm{K}/0{,}02\, \mathrm{m}$$
$$= 4{,}3 \text{ (bzw. } 11{,}4) \cdot 10^{-3}\, \mathrm{W}$$

vernachlässigbar gegen die Strahlungsverluste. Im zweiten Fall ($p = 10^{-3}$ mbar) wird

$$I_{\text{Wärmeleitung}} = 2{,}9 \cdot 10^{-3}\, \mathrm{Wm^{-1}K^{-1}} \cdot 0{,}3\, \mathrm{m^2} \cdot 223\, \mathrm{K}/0{,}02\, \mathrm{m}$$
$$= 9{,}7\, \mathrm{W}$$

von gleicher Größenordnung wie der Strahlungsstrom zwischen den versilberten Wänden.

Für den *Wärmeleitungsstrom* I_{Leitung} durch einen Draht oder Stab vom konstanten Querschnitt A und der Länge L, zwischen dessen Enden die Temperaturdifferenz $T_2 - T_1$ ($T_2 > T_1$) liegt und der keinen seitlichen Wärmeverlust (etwa durch Strahlung) aufweist, ergibt sich die Gleichung

$$I_{\text{Leitung}} = \frac{A}{L} \int_{T_1}^{T_2} \lambda(T)\, dT; \qquad (10.19\mathrm{a})$$

$\lambda(T)$ ist die temperaturabhängige Wärmeleitfähigkeit des Stabmaterials, die längs des Stabes wegen des Temperaturabfalls verschieden ist. Ändert sich der Querschnitt $A(x)$ längs des Stabes (Koordinate $x = 0 \ldots L$), so ergibt sich der Wärmestrom – wieder unter Voraussetzung keines seitlichen Wärmeverlusts – aus der Gleichung

$$I_{\text{Leitung}} \cdot \int_0^L \frac{dx}{A(x)} = \int_{T_1}^{T_2} \lambda(T)\, dT, \qquad (10.19\mathrm{b})$$

wobei T_1 die Temperatur an der Stelle $x = 0$, T_2 an der Stelle $x = L$ ist.

Für einen gestuften Stab, an dessen Anfang die Temperatur T_1, an dessen Ende die Temperatur T_2 herrscht, errechnet sich daraus der Wärmestrom

$$I_{\text{Leitung}} = \frac{\displaystyle\int_{T_1}^{T_2} \lambda(T)\, dT}{\dfrac{L_1}{A_1} + \dfrac{L_2}{A_2} + \ldots}. \qquad (10.19\mathrm{c})$$

10.5 Kryostatentechnik

In Tabelle 10.5 sind Werte des in den Gln. (10.19) auftretenden „Wärmeleitungsintegrals" für einige in der Kryotechnik häufiger verwendete Werkstoffe zusammengestellt. Dabei wurde die untere Grenze des Integrals gleich 4 K gesetzt, die obere Grenze läuft schrittweise von 6 bis 300 K. Der Wert des Integrals für ein Intervall $T_3 \ldots T_4$ ergibt sich durch Subtraktion

$$\int_{T_3}^{T_4} \lambda(T)\,dT = \int_{T=4\,\mathrm{K}}^{T_4} \lambda(T)\,dT - \int_{T=4\,\mathrm{K}}^{T_3} \lambda(T)\,dT. \tag{10.20}$$

Beispiel 10.6: Das aus Edelstahl bestehende Halsrohr eines Kryostaten hat die Abmessungen: Außendurchmesser $D = 50$ mm, Wanddicke $s = 0{,}4$ mm, Länge $L = 320$ mm. Die Querschnittsfläche ergibt sich zu

$$A = 3{,}14\,(25^2 - 24{,}6^2)\ \mathrm{mm^2} = 62{,}3\ \mathrm{mm^2} = 0{,}623\ \mathrm{cm^2}.$$

Das Halsrohr hat an seinem unteren Ende Heliumtemperatur $T_1 = 4$ K, während es am oberen Ende durch wärmeleitende Verbindung mit dem stickstoffgekühlten Strahlungsschild auf einer Temperatur $T_2 = 80$ K gehalten wird. Aus Tabelle 10.5 wird der Wert des Wärmeleitungsintegrals für Edelstahl für das Intervall zwischen T_1 und T_2 abgelesen zu

$$\int_{T_1=4\,\mathrm{K}}^{T_2=80\,\mathrm{K}} \lambda\,dT = 3{,}49\ \mathrm{W\cdot cm^{-1}}.$$

Damit ergibt sich nach Gl. (10.19a) für den Wärmeleitungsstrom

$$I_\mathrm{Leitung} = \frac{0{,}623\ \mathrm{cm^2}}{32\ \mathrm{cm}} \cdot 3{,}49\ \frac{\mathrm{W}}{\mathrm{cm}} = 68\ \mathrm{mW}.$$

Tabelle 10.5 Wärmeleitungsintegrale für einige in der Kryotechnik häufig verwendete Werkstoffe [14]

$\dfrac{T_2}{\mathrm{K}}$	\multicolumn{6}{c}{$\int_{T_1=4\,\mathrm{K}}^{T_2} \lambda\,dT$ — $\mathrm{W\cdot cm^{-1}}$}			\multicolumn{3}{c}{$10^{-3}\,\mathrm{W\cdot cm^{-1}}$}	
	\multicolumn{2}{c	}{Kupfer}	Manganin	Messing	Aluminium	Edelstahl AISI 303, 304,316, 317	Glas Pyrex Quarz Borsilik.	\multicolumn{2}{c}{Kunststoffe}
	elektrol. Zähkupfer	phosph. desoxid.						Teflon	Nylon
6	8,0	0,176		0,053	1,38	0,0063	2,11	1,13	0,321
10	33,2	0,785		0,229	6,07	0,0293	6,81	4,4	1,48
20	140	3,95		1,12	27,6	0,163	20,0	16,4	8,23
40	406	16,4	1,54	4,76	96,2	0,824	58,6	50,8	38,5
60	587	35,5	3,74	10,4	170	1,98	115	93,6	85,9
76	686	53,9	5,76	16,2	220	3,17	175	130	131
80	707	58,9	6,28	17,7	232	3,49	194	139	142
100	802	85,8	8,98	26,5	284	5,28	292	187	204
120	891	115	11,8	36,5	330	7,26	408	237	269
140	976	146	14,7	47,8	376	9,39	542	287	336
160	1060	180	17,8	60,3	420	11,7	694	338	405
180	1140	215	21,0	73,8	464	14,1	858	390	475
200	1220	253	24,3	88,3	508	16,6	1030	442	545
250	1420	353	33,4	128	618	23,4	1500	572	720
300	1620	461	43,8	172	728	30,6	1990	792	895

10 Kryotechnik und Kryopumpen

Weil die Wärmezufuhr durch Wärmeleitung im allgemeinen durch geeignete Wahl der Werkstoffe und geeignete Dimensionierung der wärmeleitenden Teile vernachlässigbar klein gegenüber der Wärmezufuhr durch Strahlung gemacht werden kann, genügt zur Abschätzung der minimalen Massenabdampfrate meist allein die Berücksichtigung der letzteren, so daß

$$I_m = \dot{m} = \frac{I_{\text{Strahlung},A}}{r} \tag{10.21}$$

gesetzt werden kann, wobei A die bestrahlte Fläche und r die spezifische Verdampfungsenthalpie des Kühlmittels sind (vgl. auch Beispiel 10.5).

10.5.9 Vorratsbehälter

Kältemittelvorratsbehälter sind in der Kryotechnik unentbehrlich. Sie weisen ähnliche Konstruktionsmerkmale auf wie Kryostaten. Bild 10.37 zeigt die gebräuchlichsten Ausführungsformen von Metallbehältern für flüssigen Stickstoff und flüssiges Helium in schematischer Darstellung. Diese Art von Transport- und Vorratsbehältern kann ein Fassungsvermögen bis zu einigen tausend Litern haben. Für kleinere Mengen flüssigen Stickstoffs werden auch Transportbehälter aus Glas verwendet. Große Kältemittelmengen werden in ortsfesten Standtanks unterschiedlicher Bauart aufbewahrt.

Bei dem in Bild 10.37 A dargestellten Behälter für flüssigen Stickstoff ist der Vakuummantel a gleichzeitig Außenmantel des Behälters. Er ist mit einem Sicherheitsventil d und einem Verschlußventil g zum Nachevakuieren versehen. Der zylindrische Stickstoff-Behälter b ist am Halsrohr e im Vakuummantel aufgehängt und durch die Stütze h gegen Verschiebung gesichert. Zur Verringerung der Abdampfrate ist der Behälter mit Superisolation c — eine Vielzahl von Lagen metallbeschichteter Kunststoff-Folie oder abwechselnd Metallfolie und schlecht wärmeleitende Zwischenlagen — umgeben.

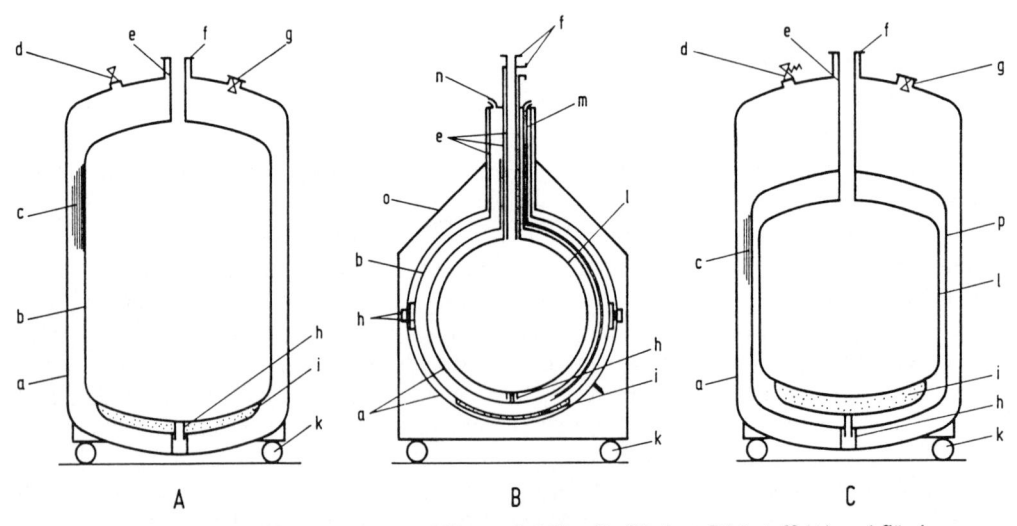

Bild 10.37 Die gebräuchlichen Transport- und Vorratsbehälter für flüssigen Stickstoff (A) und flüssiges Helium (B, C). a Vakuummantel; b Stickstoff-Behälter; c Superisolation; d Sicherheitsventil; e Halsrohr; f Anschlußflansch; g Verschlußventil; h Stützen; i Adsorptionsmittel zur Verbesserung des Isoliervakuums; k Räder; l Helium-Behälter; m Stickstoff-Einfüllrohr; n Stickstoff-Abgasrohr; o Schutzmantel; p Abgasgekühlter Strahlungsschild.

Bild 10.37 B zeigt einen Behälter für flüssiges Helium in herkömmlicher Bauart mit stickstoffgekühltem Strahlungsschild [45]. Der Helium-Behälter l ist hier von einem Vakuummantel a umgeben, der seinerseits im Stickstoffbehälter b angeordnet ist. Letzterer ist wiederum durch einen Vakuummantel a isoliert und schließlich von einem Schutzmantel o umgeben. Die Halsrohre e der verschiedenen Behälter sind konzentrisch ineinander angeordnet.

Einen einfacheren Aufbau hat der in Bild 10.37 C wiedergegebene superisolierte Behälter für flüssiges Helium. Hier ist der Vakuummantel a des Helium-Behälters l zugleich Außenmantel des Behälters. Der Helium-Behälter ist von einem (oder mehreren) metallischen Strahlungsschild p umgeben, der mit dem Halsrohr e in wärmeleitender Verbindung steht, so daß er durch das Helium-Abgas gekühlt wird. Auf den Strahlungsschild ist die Superisolation c aufgewickelt.

Bei Vorratsbehältern soll die Abdampfrate möglichst klein sein. Neben der Optimierung des Strahlungsschutzes muß deshalb die Wärmeleitung durch die Zuleitungsrohre und Stützen minimal gehalten werden. Die Halsrohre sind deshalb möglichst lang und dünnwandig. Die Stützen haben unterschiedliche Konstruktion und werden häufig durch eine wärmeleitende Verbindung mit dem Strahlungsschild vorgekühlt.

Bei der Auswahl von Behältern für flüssiges Helium ist zu berücksichtigen, daß die beiden in Bild 10.37 gezeigten, unterschiedlichen Ausführungsformen (B und C) jeweils Vor- und Nachteile haben. Die Behälter mit stickstoffgekühltem Strahlungsschild haben gegenüber den superisolierten ein höheres Gewicht und bei gleichem Fassungsvermögen meist größere Abmessungen. Andererseits haben sie den Vorteil einer kürzeren Abkühlzeit. Die superisolierten Behälter sind leichter, in der Form gedrungener und erfordern kein zweites Kältemittel zur Kühlung des Strahlungsschildes. Die Gleichgewichtseinstellung bei der Abkühlung erfordert jedoch einige Zeit, d.h., die volle Wirkung der Superisolation ist erst nach etwa 48 h erreicht. Alle handelsüblichen Kältemittelbehälter haben heute geringe Abdampfraten ($\dot{m}/m_{max} = 1\ \%/d$; m_{max} = maximale Füllmenge = Fassungsvermögen).

10.6 Kryopumpen

Es ist seit langem bekannt, daß Gase und Dämpfe an gekühlten Flächen gebunden werden [47]. Während dieser Effekt praktisch seit seiner Entdeckung zur Vakuumverbesserung genutzt wurde (Kühlfallen, Baffles), hat die Vakuumerzeugung mit Hilfe tiefgekühlter Flächen, also mit Kryopumpen, erst seit 1957 [48, 49] zunehmendes Interesse gefunden.

Nach DIN 28 400, Teil 2 (Ausgabe 1980) ist „eine Kryopumpe eine gasbindende Vakuumpumpe, in der die Gase an tiefgekühlten Flächen kondensieren und/oder an tiefgekühlten Sorptionsmitteln (Festkörper oder Kondensat) adsorbieren. Das Kondensat und/oder Adsorbat wird auf einer Temperatur gehalten, bei der der Gleichgewichtsdampfdruck gleich oder geringer ist als der gewünschte niedrige Druck in der Vakuumkammer.

Die Kryopumpe arbeitet im Bereich des Hochvakuums und des Ultrahochvakuums."

Als Kryopumpen gelten nur solche Vakuumpumpen, die im Bereich unter 120 K arbeiten. Die gewählte Temperatur hängt von der Art des abzupumpenden Gases ab.

Kondensationspumpen, die bei höheren Temperaturen arbeiten, werden als Dampfkondensatoren oder als Kondensatoren schlechtweg bezeichnet (s. Kapitel 9).

Im Gegensatz zum herkömmlichen Verlauf bei der Entwicklung eines Pumpentyps, nämlich von kleinem zu immer größerem Saugvermögen, hatten die ersten Kryopumpen ein extrem hohes Saugvermögen ($S \approx 10^6$ ℓ/s). Sie wurden zur Simulation von Weltraumbedingungen eingesetzt. Nur hier, wo mit konventionellen Pumpen das notwendige Saugvermögen nicht mehr erreicht werden konnte, schien zunächst der hohe kältetechnische Aufwand gerechtfertigt. Technologische Fortschritte haben inzwischen die Kälteerzeugung erleichtert, so daß es heute eine ganze Reihe von Anwendungen gibt, bei denen Kryopumpen mit kleinerem Saugvermögen mit konventionellen Pumpen erfolgreich konkurrieren oder oft sogar die vorteilhafteste technische Lösung darstellen.

Die besonderen Merkmale der Kryopumpe seien im folgenden kurz umrissen. Im Gegensatz zu allen anderen Pumpen kann die Kryopumpe das theoretische Saugvermögen erreichen. Die pumpende Kaltfläche wird meistens unmittelbar im Rezipienten angeordnet. Weil die Form der Kaltfläche den räumlichen Gegebenheiten vollständig angepaßt werden kann, steht das volle Saugvermögen auch an sonst für Pumpvorgänge schwer zugänglichen Stellen zur Verfügung. Vorteilhaft ist ferner, daß keine Treibmitteldämpfe in den Rezipienten gelangen. Die Kapazität einer Kryopumpe ist begrenzt, weil das abgepumpte Gas auf der Kaltfläche gebunden bleibt. Im Hoch- und Ultrahochvakuum, dem derzeitigen Hauptanwendungsgebiet der Kryopumpe, ist dies wegen der geringen anfallenden Gasmengen kein Nachteil. Zweifellos wird aber die Anwendung von tiefen Temperaturen für Vakuumprozesse bei höheren Drücken zunehmende Bedeutung erlangen. Bei kurzen Pumpzeiten ist die begrenzte Kapazität einer Kryopumpe unter Umständen auch dann nicht störend. Dauerbetrieb ist bei Drücken $p > 10^{-4}$ mbar jedoch nur unter Regenerierung der Pumpe möglich.

Man unterscheidet: Badkryopumpen (10.6.3.1), Verdampferkryopumpen (10.6.3.2) und Refrigeratorkryopumpen (10.6.3.4).

10.6.1 Die Bindung von Gasen an Kaltflächen

Bei der Bindung von Gasen an Kaltflächen werden verschiedene Mechanismen wirksam. Neben der Kondensation treten Kryotrapping und Kryosorption auf. In der Praxis ist es oft nicht möglich, diese Mechanismen klar zu trennen (vgl. dazu auch die Kapitel 3 und 8).

10.6.1.1 Gaskondensation

Die bei vorgegebener Temperatur der Kaltfläche durch Kondensation erreichbaren Drücke ergeben sich aus dem Dampfdruck der festen Phase. Bild 16.8 zeigt die Dampfdruckkurven der vakuumtechnisch interessierenden Gase und einiger anderer Stoffe; korrespondierende Zahlenwerte sind in Tabelle 10.6 zusammengefaßt. Neben den Bestandteilen der Luft (Tabelle 16.4) einschließlich Wasser sind einige Kohlenwasserstoffe und Quecksilber aufgeführt. Drei Gruppen von Gasen sind zu unterscheiden. Während der Dampfdruck von Wasser, Kohlendioxid und den höheren Kohlenwasserstoffen bereits bei der Temperatur des flüssigen Stickstoffs ($T = 77$ K) Werte $p < 10^{-9}$ mbar erreicht, fällt der Dampfdruck von Methan, Argon, Sauerstoff und Stickstoff erst bei $T \approx 20$ K in diesen Bereich ab. Um den Dampfdruck von Neon und Wasserstoff auf Werte $p < 10^{-9}$ mbar zu senken, sind schließlich Temperaturen im Bereich des flüssigen Heliums, also $T \leq 4{,}2$ K, notwendig. Helium nimmt eine Sonderstellung ein, da es durch Temperaturerniedrigung allein nicht in die feste Phase überführt werden kann (vgl. Abschnitt 10.3.1).

Die Temperatur $T = 20$ K ist also ausreichend, um für alle Gase bis auf Neon, Wasserstoff und Helium UHV-Bedingungen zu erreichen. Während Neon und Helium vakuumtechnisch von geringerer Bedeutung sind, ist Wasserstoff von besonderem Interesse, da er von vielen Werkstoffen ins Vakuum abgegeben wird. Er ist deshalb die im UHV-Bereich am meisten störende Restgaskomponente. Für die Bindung von Wasserstoff an einer Kaltfläche im UHV sind Temperaturen $T < 3{,}5$ K erforderlich, wenn man nicht auf die im folgenden behandelten Bindungsmechanismen des Kryotrapping und der Kryosorption zurückgreift.

Tabelle 10.6 Die Dampfdrücke vakuumtechnisch interessierender Stoffe [50, 51, 52] im Bereich niedriger Drücke extrapoliert

Symbol	Substanz	Kp. K	Fp. K	Temperatur in K für Dampfdruck in 1,333 mbar														
				10^{-12}	10^{-11}	10^{-10}	10^{-9}	10^{-8}	10^{-7}	10^{-6}	10^{-5}	10^{-4}	10^{-3}	10^{-2}	10^{-1}	10^0	10^1	10^2	10^3
He	Helium	4,2	–	0,268	0,288	0,310	0,335	0,366	0,403	0,45	0,50	0,57	0,66	0,79	0,99	1,27	1,74	2,64	4,52
H_2	Wasserstoff	20,4	13,4	2,88	3,01	3,21	3,45	3,71	4,03	4,40	4,84	5,38	6,05	6,90	8,03	9,55	11,7	15,1	21,4
Ne	Neon	27,1	24,6	5,79	6,11	6,47	6,88	7,34	7,87	8,45	9,19	10,05	11,05	12,30	13,85	15,8	18,45	22,1	27,5
N_2	Stickstoff	77,3	63,2	19,0	20,0	21,1	22,3	23,7	25,2	27,0	29,0	31,4	34,1	37,5	41,7	47,0	54,0	63,4	80,0
Ar	Argon	87,3	83,8	21,3	22,5	23,7	25,2	26,8	28,6	30,6	33,1	35,9	39,2	43,2	48,2	54,4	62,5	73,4	89,9
O_2	Sauerstoff	90,2	54,4	22,8	24,0	25,2	26,6	28,2	29,9	31,9	34,1	36,7	39,8	43,3	48,1	54,1	62,7	74,5	92,8
CH_4	Methan	111,7	90,1	25,3	26,7	28,2	30,0	32,0	34,2	36,9	39,9	43,5	47,7	52,9	59,2	67,3	77,7	91,7	115,0
Kr	Krypton	120,0	116,0	29,3	30,9	32,6	34,6	36,8	39,3	42,1	45,4	49,3	53,9	59,5	66,3	74,8	86,0	100,8	129,4
O_3	Ozon	161,3	22,2	40,0	42,1	44,3	46,9	49,8	53,0	56,7	60,8	65,8	71,6	78,6	87,2	101,1	116,0	136,2	165,4
Xe	Xenon	165,0	161,4	40,5	42,7	45,1	47,7	50,8	54,2	58,2	62,7	68,1	74,4	82,1	91,5	103,5	118,5	139,5	170,0
C_2H_6	Äthan	184,6	89,9	46,4	48,8	51,4	54,4	57,8	61,5	65,8	70,8	76,5	83,4	91,4	101,9	113,7	130,3	153,9	189,8
CO_2	Kohlendioxid	194,6	–	62,2	65,2	68,4	72,1	76,1	80,6	85,7	91,5	98,1	106,0	114,5	125,0	137,5	153,5	173,0	198,0
NH_3	Ammoniak	239,8	195,4	74,1	77,6	81,5	85,8	90,6	95,9	102,0	108,5	116,5	125,5	136,0	148,0	163,0	181,0	206,0	245,0
C_3H_6O	Aceton	329,5	178,2											1)	191,0	213,8	242,1	280,9	337,0
C_2HCl_3	Trichloräthylen	360,4	200,2											1)	211,5	234,5	264,4	305,8	369,2
H_2O	Wasser	373,2	273,2	118,5	124,0	130,0	137,0	144,5	153,0	162,0	173,0	185,0	198,5	215,0	233,0	256,0	284,0	325,0	381,0
H_2O_2	Wasserstoffperoxyd	431,0	271,5												1)	289,0	323,3	368,6	431,5
J_2	Jod	456,2	386,8	147,5	154,0	161,5	169,5	178,5	188,5	199,5	212,0	226,0	243,0	262,0	285,0	312,0	345,0	389,0	471,0
Hg	Quecksilber	630	234,4	161,2	169,6	178,8	189,2	200,8	214,1	229,1	246,4	266,8	290,8	320,0	355,2	399,6	457,2	534,8	645,1

1) Für die feste Phase liegt keine Dampfdruckgleichung vor. Kp Siedetemperatur; Fp Schmelztemperatur

10.6.1.2 Kryotrapping und Kryosorption

Durch Kryotrapping und Kryosorption kann die Wirksamkeit einer Kryopumpe merklich erhöht werden.

Unter *Kryotrapping* versteht man die Kondensation eines tiefersiedenden, und dementsprechend schwerer kondensierbaren Gases im Gemisch mit einem anderen, höhersiedenden Gas. Wegen seiner besonderen Bedeutung wird im folgenden als tiefsiedendes Gas nur Wasserstoff behandelt, jedoch gilt ähnliches auch für andere Gase. Als Kondensationspartner für Wasserstoff wurden bisher Argon, Methan, Kohlendioxid, Ammoniak und höhere Kohlenwasserstoffe untersucht. Die entstehenden Mischkondensate besitzen bei vorgegebener Temperatur der Kaltfläche einen gegenüber dem Dampfdruck pH_2 über dem reinen Kondensat (vgl. Tabelle 10.6) um mehrere Zehnerpotenzen kleineren Wasserstoffpartialdruck. Bild 10.38a zeigt dies am Beispiel von Mischkondensaten aus Ammoniak und Wasserstoff [53].

Um Vakuum durch Kryotrapping zu erzeugen, muß während des Pumpens die zweite Komponente des Gasgemisches ständig im Rezipienten vorhanden sein. Für das Pumpen reiner Gase bedeutet dies, daß die zweite Komponente kontinuierlich in den Rezipienten eingelassen werden muß. Daher wird man dieses Verfahren zum Pumpen reiner Gase kaum anwenden. Andererseits ist jedoch zu beachten, daß Kryotrapping in der Praxis zwangsläufig immer beim Pumpen von Gasgemischen auftritt. In diesen Fällen kann der Pumpvorgang bei Kenntnis der Trappingwirkung der verschiedenen Komponenten optimiert werden.

Bei der *Kryosorption* wird das tiefersiedende Gas an einer vor Beginn des Pumpvorganges niedergeschlagenen Kondensatschicht eines höhersiedenden Gases oder an einem gekühlten festen Adsorptionsmittel gebunden.

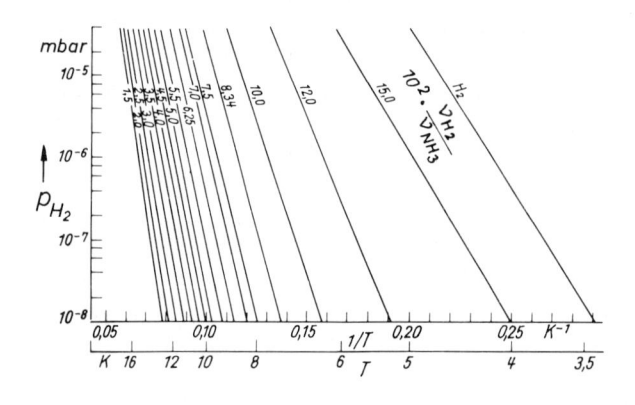

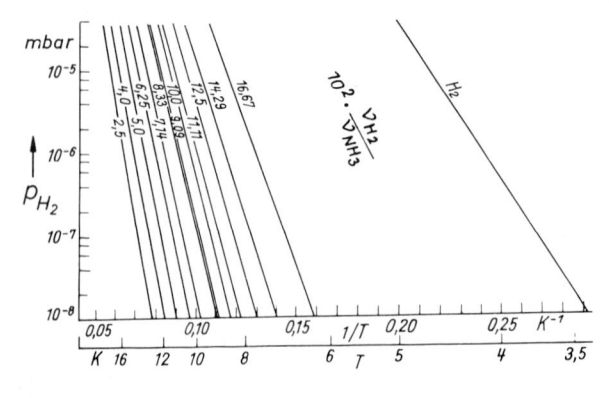

Bild 10.38

a) *Kryotrapping* von Wasserstoff mit Ammoniakdampf: Wasserstoff-Partial-Dampfdruck über NH_3/H_2 Mischkondensaten mit verschiedenen Stoffmengenverhältnissen ν_{H_2}/ν_{NH_3}; Erzeugung der Mischkondensate bei $T = 7{,}99$ K [53].

b) *Kryosorption* von Wasserstoff an festem Ammoniak: Adsorptionsgleichgewichte von H_2 an NH_3-Kondensaten für verschiedene Stoffmengenverhältnisse ν_{H_2}/ν_{NH_3}. Erzeugung der NH_3-Kondensate bei $T = 7{,}99$ K [53].

10.6 Kryopumpen 10.6.1

Bild 10.38b zeigt die Kryosorption von Wasserstoff an festem Ammoniak. Der Vergleich mit Bild 10.38a ergibt, daß die Dampfdruckerniedrigung bei der Kryosorption bei gleichem Stoffmengenverhältnis von Ammoniak zu Wasserstoff um etwa 30 % kleiner ist als beim Kryotrapping [53]. Für die praktische Anwendung bietet die Kryosorption jedoch den Vorteil, daß das als Adsorbens dienende Gaskondensat, dessen Dampfdruck bei der Betriebstemperatur der Kryopumpe vernachlässigbar ist, vor dem eigentlichen Pumpvorgang erzeugt werden kann.

In Bild 10.39 ist die molare Adsorptionsenthalpie ΔH von Wasserstoff an verschiedenen Gaskondensaten in Abhängigkeit von der Kondensationstemperatur T_K des Adsorbens aufgetragen. Kohlendioxid ist danach als Adsorbens für Wasserstoff besonders geeignet. Ferner ist ersichtlich, daß für alle Adsorbentien ein Bereich der Kondensationstemperatur T_K existiert, in dem Schichten mit besonders starker Bindung entstehen [54].

Die Verwendung von Gaskondensaten als Kryosorbens bietet gewisse Vorteile gegenüber der Verwendung fester Adsorbentien. Zwangsläufig ist bei Kondensaten der notwendige gute thermische Kontakt mit der Kaltfläche gegeben. Ferner kann die Kryopumpe durch Verdampfen des Kondensats und Erzeugung einer neuen Schicht schon bei relativ niedrigen Temperaturen in einfacher Weise regeneriert werden. Stören kann in manchen Fällen, daß auch bei der Kryosorption ein Fremdgas im System in Kauf genommen werden muß.

Beim Kondensieren von Gasgemischen an kalten Flächen tritt neben dem Kryotrapping natürlich auch Kryosorption auf. Eine Klassifizierung der ablaufenden Vorgänge nach den genannten Mechanismen ist dabei nicht möglich.

Das Hauptproblem bei der Anwendung *fester Adsorbentien* (Molekularsiebe, Aktivkohle) zur Druckerniedrigung im Hoch- und Ultrahochvakuum durch Kryosorption ist die Wärmeübertragung vom Adsorbens an die Kaltfläche. Da bei niedrigen Drücken die Wärmeleitung durch das zu pumpende Gas vernachlässigbar klein wird, kann die Abkühlung nur durch Wärmeleitung im Adsorbens selbst erfolgen. Hierzu ist eine gut wärmeleitende Kontaktierung des Adsorbens mit der Kaltfläche erforderlich, die meist durch Kleben hergestellt wird. Durch Auswahl eines geeigneten Klebemittels muß sichergestellt werden, daß die geklebte Verbindung auch bei tiefen Temperaturen fest haftet, also keinerlei, auch nicht lokale, Ablöseerscheinungen zeigt. In Kryoapparaturen, in denen ohnehin große Kaltflächen zur Verfügung stehen, werden schon seit langem feste Adsorbentien zur Aufrechterhaltung von Drücken $p < 10^{-4}$ mbar benutzt (z.B. im Isoliervakuum). Das Adsorptionsmittel muß vor dem Abkühlen der Apparatur so weit wie möglich durch Ausheizen entgast werden. In der Tieftemperaturtechnologie dürfte diese Methode der Kryosorption zunehmende Bedeutung erlangen.

Bild 10.39
Molare Sorptionsenthalpie ΔH von Wasserstoff in Abhängigkeit von der Kondensationstemperatur T_K des Adsorbens an verschiedenen Adsorbentien (Gaskondensaten) 20 mmol H_2/mol Adsorbens). Gestrichelt: Kondensation von H_2 gas an H_2 fest.

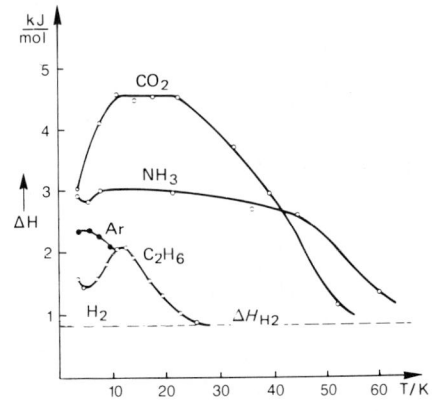

10 Kryotechnik und Kryopumpen

Im Grobvakuumbereich, insbesondere als saubere Vorpumpen für Ionengetterpumpen, haben sich mit flüssigem Stickstoff gekühlte Kryosorptionspumpen mit Zeolithfüllung bewährt (s. Abschnitt 8.1).

Ein Anwendungsbeispiel für Kryosorption sind ^{3}He-Kryostate, in denen die Temperatur des ^{3}He-Bades intermittierend durch Druckabsenkung mit einer Kryosorptionspumpe bis auf Werte $T < 0,3$ K erniedrigt wird. Bei dem in Bild 10.40 wiedergegebenen Kryostaten [56] ist die mit Aktivkohle gefüllte Sorptionspumpe 6 über dem ^{3}He-Bad 14 in axialer Richtung verschiebbar angeordnet. Sie befindet sich zunächst oberhalb des ^{4}He-Bades 11 und hat eine Temperatur $T \approx 80$ K bei der praktisch noch keine Adsorption stattfindet (vgl. Bild 10.41). Nach dem Einkondensieren des ^{3}He-Bades wird sie nach unten in den Bereich des ^{4}He-Bades geschoben. Dort beginnt sie zu pumpen, wenn das Adsorptionsmittel Temperaturen $T < 10$ K angenommen hat. Weil die Adsorption von ^{3}He eine beträchtliche Wärmemenge freisetzt, ist die thermische Ankopplung der Kryosorptionspumpe an das ^{4}He-Bad hier eines der wesentlichen konstruktiven Probleme.

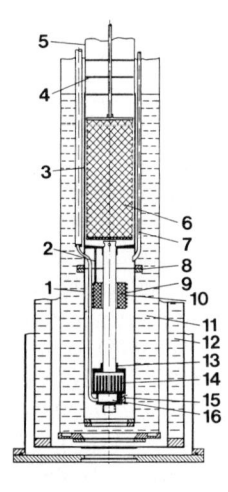

Bild 10.40

^{3}Helium-Kryostat (Ausschnitt) mit Aktivkohle-Kryosorptionspumpe zur Druckerniedrigung über dem ^{3}He-Bad und zur Einstellung des Isolationsvakuums [56].

1, 3 Vakuumbehälter; 2 Wärmewiderstand; 4 Strahlungsblenden; 5 oberer Teil des Vakuumbehälters (V$_2$A); 6 verschiebbare Sorptionspumpe für ^{3}He-Bad (50 g Aktivkohle); 7 Zuführung Kontaktgas und elektrische Leitungen; 8 Indiumdichtung; 9 Sorptionspumpe für Kontaktgas (2 g Aktivkohle); 10 Heizung; 11 ^{4}Helium-Bad: $T = 4,2 \ldots 1,2$ K; 12 Stickstoff-Bad (LN$_2$); 13 Heizung; 14 Helium-Gefäß (Cu) mit Rippen (ca. 50 cm^2), $T \approx 0,3$ K; 15 Kohlewiderstand (Speer); 16 Dampfdruckthermometer.

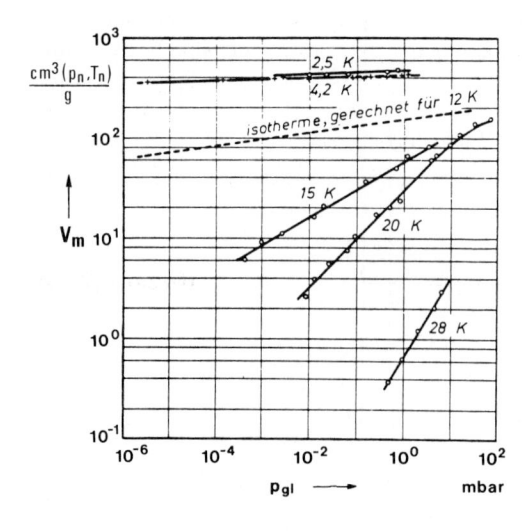

Bild 10.41

Adsorptionsisothermen von ^{3}He an Aktivkohle „Supersorbon B16": Auf die Masse des Adsorbens bezogenes adsorbiertes ^{3}He-Volumen V_m in cm^3 (p_n, T_n)/g; p_{gl} Gleichgewichtsdruck (Gleichgewicht zwischen Gasphase und Adsorbat) [56].

10.6.2 Kenngrößen einer Kryopumpe

Wie jede andere Vakuumpumpe charakterisiert man auch die Kryopumpe durch eine Reihe von Kenngrößen. Es sind folgende: Startdruck p_{St}, Enddruck p_{end}, Saugvermögen S, Standzeit $\bar{t}_B$, Gasaufnahme (Kapazität) C. Neben der Behandlung dieser Kenngrößen wird im folgenden gezeigt, in welcher Weise sich die Einflußgrößen Wärmezufuhr zur Kaltfläche sowie Wärmeleitfähigkeit und Wachstumsgeschwindigkeit der Kondensatschicht auswirken.

10.6.2.1 Startdruck p_{St}

Die Ausführungen über Adsorptionspumpen für den Grobvakuumbereich in Abschnitt 8.1 zeigen, daß eine Kryopumpe im Prinzip auch bei Atmosphärendruck gestartet werden kann. Dies ist jedoch aus mehreren Gründen unzweckmäßig. Solange die mittlere freie Weglänge der Gasmoleküle kleiner ist als die Abmessungen des Rezipienten ($p > 10^{-3}$ mbar), ist die Wärmeleitung durch das Gas so groß, daß sich eine unzulässig große Wärmezufuhr zur Kaltfläche ergibt. Darüber hinaus würde sich bereits beim Start auf der Kaltfläche eine relativ dicke Kondensatschicht bilden. Die für die eigentliche Betriebsphase zur Verfügung stehende Kapazität der Kryopumpe wäre damit merklich verringert. Daher empfiehlt es sich, Kryopumpen für den Hoch- und Ultrahochvakuumbereich unter Einsatz einer Vorvakuumpumpe erst bei Drücken $p < 10^{-3}$ mbar zu starten. Letztere kann nach Erreichen des Startdrucks abgeschaltet werden, wenn sie nicht als Hilfspumpe für nichtkondensierbare Gase dienen muß (s. Abschnitt 10.6.2.2). Die Problematik des Startdruckes hängt eng mit der maximalen Gasaufnahmefähigkeit der Kryopumpe zusammen (vgl. Abschnitt 10.6.2.5).

10.6.2.2 Enddruck p_{end}

Als Enddruck wird der niedrigste Druck bezeichnet, der in einem vorgegebenen System mit einer vorgegebenen Pumpenanordnung erreicht werden kann. In einem abgeschlossenen isothermen System, bei dem das umhüllende Gefäß und der verdampfende Stoff die *gleiche* Temperatur T besitzen, stellt sich ein „Sättigungs-Dampfdruck" $p_s(T)$ bzw. eine Sättigungsteilchenanzahldichte $n_s = p_s(T)/kT$ ein (dynamisches Gleichgewicht, Abschnitt 2.6.1). Auch im Falle der Kryokondensation besteht ein dynamisches Gleichgewicht, die Kondensationsstromdichte $j_{N,kond}$ an der Kaltfläche ist gleich der Verdampfungsstromdichte $j_{N,verd}$; beide sind durch Gl. (2.94) gegeben. Während aber für das verdampfende Gas in Gl. (2.94) die Temperatur T_k der Kaltfläche und die Sättigungsteilchenanzahldichte $n_s = p_s(T_k)/kT_k$ anzusetzen sind, sind für das kondensierende Gas (näherungsweise, weil das mit der Wand im thermischen Kontakt stehende Gas durch Vermischung mit dem verdampfenden Gas immer etwas abgekühlt wird) die (höhere) Temperatur der Wand T_w und die Teilchenanzahldichte $n_g = p_g/kT_w$ anzusetzen, wobei p_g der Gas(Dampf-)Druck im Gefäß ist. Im *Endzustand*, der dem Enddruck p_{end} entspricht, müssen die Kondensationsstromdichte

$$j_{N,kond} = \sigma_K \cdot n_{g,end} \cdot \bar{c}_w/4 = \frac{1}{4} \cdot \sigma_K \cdot \frac{p_{g,end}}{kT_w} \cdot \sqrt{\frac{8kT_w}{\pi m_a}} \qquad (1022a) \triangleq (2.94)$$

und die Verdampfungsstromdichte

$$j_{N,verd} = \sigma_K \cdot \frac{p_s}{kT_k} \cdot \sqrt{\frac{8kT_k}{\pi m_a}} \qquad (10.22b) \triangleq (2.94)$$

einander gleich sein. Daraus findet man den Enddruck

$$p_{end} = p_s \sqrt{\frac{T_w}{T_k}}. \qquad (10.23)$$

Dabei ist also p_s der Sättigungsdampfdruck des oder der zu pumpenden Gase bei der Kaltflächentemperatur der Kryopumpe T_k, und T_w die Wandtemperatur des Rezipienten. Weil letztere fast immer höher ist als die Kaltflächentemperatur T_k, ist der erreichbare Enddruck fast immer höher als der Sättigungsdampfdruck des Kondensats.

Beispiel 10.7: Für den Enddruck p_{end} einer Kryopumpe erhält man bei vorgegebener Rezipiententemperatur T_w = 300 K je nach der Kaltflächentemperatur T_k verschiedene Werte:

T_k = 2,5 K $p_{end} = p_s (2{,}5\ K) \sqrt{\frac{300\ K}{2{,}5\ K}} \approx 11\ p_s (2{,}5\ K)$

T_k = 4,2 K $p_{end} \approx 8{,}5\ p_s (4{,}2\ K)$

T_k = 20 K $p_{end} \approx 4\ p_s (20\ K)$

Das ergibt im Fall von Stickstoff, für den der Sättigungsdampfdruck p_s bei 20 K nach Tabelle 10.6 den Wert p_s = 1,33 · 10^{-11} mbar hat, einen Enddruck

$$p_{end} \approx 4\,p_s \approx 5 \cdot 10^{-11}\ \text{mbar}.$$

Für Wasserstoff werden bei Temperaturen T_k < 3 K der Gl. (10.23) entsprechende Enddrücke nicht erreicht, wenn die Kaltfläche der Wärmestrahlung von Wänden mit Raumtemperatur T_w = 293 K ausgesetzt ist. Die volle Wirksamkeit der Kaltfläche erhält man nur bei Wandtemperaturen $T_w \leqslant$ 77 K [57].

Wie in Abschnitt 10.6.1.2 ausgeführt, sind durch Anwendung von Kryotrapping und Kryosorption weit niedrigere Enddrücke als bei der Kryokondensation zu erreichen. Ihre Berechnung ist jedoch nicht möglich.

Falls in einer zu evakuierenden Apparatur Gase vorhanden sind, die bei der Betriebstemperatur der Kryopumpe nicht kondensieren oder nicht in ausreichendem Maße durch Trapping oder Adsorption gebunden werden, muß eine Hilfspumpe vorhanden sein. Sie ist z.B. für Wasserstoff, Neon und Helium erforderlich, wenn Luft mit einer Kryopumpe bei T_k = 20 K gepumpt wird. Die Hilfspumpe kann ein erheblich kleineres Saugvermögen als die Kryopumpe haben.

10.6.2.3 Saugvermögen S

Ist der Endzustand noch nicht erreicht, so ist $j_{N,\text{kond}}$ nach Gl. (10.22a) größer als $j_{N,\text{verd}}$ nach Gl. (10.22b), die Anordnung pumpt, und die Differenz der beiden Ausdrücke ergibt die Teilchen-Pump-Stromdichte beim Druck p im Rezipienten

$$j_{N,\text{pump}} = j_{N,\text{kond}} \left(1 - \frac{j_{N,\text{verd}}}{j_{N,\text{kond}}}\right) = j_{N,\text{kond}} \left(1 - \frac{p_s}{p} \sqrt{\frac{T_w}{T_k}}\right).$$

Als *flächenbezogenes Saugvermögen* S_A bezeichnet man die Volumenstromdichte (Gl. (4.11)), der Zusammenhang mit der Teilchenanzahlstromdichte ergibt sich aus den Gln. (2.60) und (2.57), so daß

$$j_{V,\text{pump}} \equiv S_A = \frac{1}{4} \sigma_K \bar{c}_w \left(1 - \frac{p_s}{p} \sqrt{\frac{T_w}{T_k}}\right) \qquad (10.24)$$

wird. Der Index w an der mittleren Geschwindigkeit $\bar{c}$ der Gasmoleküle bedeutet, daß für die Gastemperatur die Wandtemperatur T_w des Rezipienten (näherungsweise, s. Abschnitt

10.6.2.2) eingesetzt werden soll. Für den Kondensationskoeffizienten σ_K (vgl. auch Tabelle 16.7), das Verhältnis der auf der Kaltfläche kondensierenden Anzahl von Gasmolekülen zur Anzahl der auftreffenden Moleküle, kann man bei den in Frage stehenden tiefen Temperaturen mit hinreichender Genauigkeit den Wert $\sigma_K = 1$ setzen.

Als Zahlenwertgleichung kann Gl. (10.24) geschrieben werden

$$S_A = 3{,}64 \sqrt{\frac{T_w}{M_r}} \left(1 - \frac{p_s}{p} \sqrt{\frac{T_w}{T_k}}\right), \qquad \text{in } \ell \cdot s^{-1}\, cm^{-2} \qquad (10.24a)$$

T_k, T_w in K, M_r = relative Molekülmasse (reine Zahl), p_s und p in der gleichen Einheit, z. B. mbar oder Pa (Verhältnis!).

Voraussetzung für die Gültigkeit von Gl. (10.24) bzw. (10.24a) ist, daß durch den Pumpvorgang das thermische Gleichgewicht im Gas, d.h. die Wahrscheinlichkeitsverteilung der Geschwindigkeiten, nicht oder nur geringfügig gestört wird. Diese Bedingung ist erfüllt, wenn die Abmessungen der pumpenden Kaltfläche klein im Vergleich zur Behälteroberfläche sind.

Nach Gl. (10.24) besitzt eine Kaltfläche der Fläche A_k das (theoretische) Saugvermögen

$$S = A_k \cdot S_A . \qquad (10.24b)$$

Dabei ist in die Zahlenwertgleichung (10.24a) A_k in cm² einzusetzen. p_s ist der Sättigungsdruck des Gases = Dampfes bei der Temperatur T_k der Kaltfläche, p ist der Druck des Gases = Dampfes im Rezipienten.

Tabelle 10.7 Das maximale flächenbezogene Saugvermögen für einige Gase bei verschiedenen Temperaturen

Gas	O_2	N_2	Ne	H_2
T_w/K	$S_{A,\,max}$/$\ell\, s^{-1}\, cm^{-2}$			
293	11,0	11,8	13,9	44,2
77	5,7	6,1	7,2	22,8

Gl. (10.25) liefert für $S = 0$ den Enddruck nach Gl. (10.23). Bei $p \gg p_s \sqrt{T_w/T_k}$ ist S bzw. S_A praktisch gleich dem maximal möglichen, durch die Volumenstromdichte Gl. (2.60) gegebenen Wert $S_{A,\,max} = \bar{c}_w/4 = \sqrt{RT_w/2\pi M_{molar}}$.

Für die verschiedenen Gase ergeben sich also unterschiedliche Werte für das flächenbezogene maximale Saugvermögen, von denen einige in Tabelle 10.7 aufgeführt sind. Sie stellen auch deshalb obere Grenzwerte dar, weil in der Praxis die Bedingung des nahezu ungestörten thermischen Gleichgewichts häufig nicht gegeben ist, da zur Erzielung kurzer Pumpzeiten und eines guten Endvakuums große Kaltflächen vorhanden sein müssen. Abweichungen ergeben sich auch, wenn die Kaltfläche mit einem gekühlten Strahlungsschutz umgeben ist.

10.6.2.4 Standzeit $\bar{t}_B$

Als Standzeit $\bar{t}_B$ bezeichnet man die mittlere Betriebsdauer einer Kryopumpe bei konstantem Druck p_R im Rezipienten bis zur „Sättigung". Da die Pumpwirkung auf Kondensation beruht, hängt sie im wesentlichen vom Kondensationskoeffizient σ_K ab und damit von Oberflächentemperatur und Struktur der Kondensatschicht. $\bar{t}_B$ ist daher eine Funktion der Wärmeleitfähigkeit λ (Abschnitt 10.6.2.7) und der Schichtdicke x bzw. der Wachstumsgeschwindigkeit W_K (Abschnitt 10.6.2.8, Gl. (10.27)) der Schicht. Einen Schätzwert für $\bar{t}_B$ als Kenngröße erhält man, wenn man als Erfahrungswert für die „Grenz"-Schichtdicke x_{gr} = 0,5 cm setzt, zu

$$\bar{t}_B = x_{gr}/W_K . \tag{10.25a}$$

W_K liest man aus Bild 10.43 ab oder berechnet es aus Gl. (10.27); mit σ_K = 1 und der Gastemperatur T = 293 K ergeben sich mit Werten der Tabelle 10.8 in Abhängigkeit von p_R die Näherungs-(Zahlenwert-)Gleichungen

für N_2 $\bar{t}_B = 1,1 \cdot 10^{-2}/p_R$,
für Ar $\bar{t}_B = 1,5 \cdot 10^{-2}/p_R$,
für H_2 $\bar{t}_B = 3 \cdot 10^{-3}/p_R$,

$\bar{t}_B$ in h, p_R in mbar.

Beispiel 10.8: Bei einem Druck im Rezipienten $p_R = 10^{-6}$ mbar sind die Standzeiten: $\bar{t}_B(N_2) = 1,1 \cdot 10^4$ h = 1,25 a; $\bar{t}_B(Ar) = 1,5 \cdot 10^4$ h = 1,7 a; $\bar{t}_B(H_2) = 3 \cdot 10^3$ h = 0,34 a.

10.6.2.5 Kapazität (maximale Gasaufnahme) C

Als Kapazität der Kryopumpe bezeichnet man die Gasmenge, die durch Kondensation oder Sorption aufgenommen werden kann, bis das Saugvermögen erheblich absinkt. Sind x_{gr} die dieses Absinken kennzeichnende Grenz-Schichtdicke (Abschnitt 10.6.2.5), ρ die Dichte des Kondensats (Tabelle 10.8) und A_k die Kaltfläche, so ist die „Massenkapazität"

$$C_m = \rho \cdot A_k \cdot x_{gr}; \quad [C_m] \text{ z.B. kg, g.} \tag{10.25b}$$

Als pV-Wert läßt sich C auch schreiben

$$C_{pV} = S \cdot p_R \cdot \bar{t}_B; \quad [C_{pV}] \text{ z.B. mbar} \cdot \ell , \tag{10.25c}$$

wobei S das Saugvermögen der Pumpe für das Gas im Rezipienten vom Druck p_R und der Temperatur $T \approx 293$ K ist; $\bar{t}_B$ ist die Standzeit nach Gl. (10.25a).

Beispiel 10.9: Eine Kryopumpe mit dem Saugvermögen $S = 3500$ ℓs^{-1} für N_2 soll in einem Gefäß den Druck $p_R = 10^{-6}$ mbar aufrechterhalten. Dann ist nach Beispiel 10.8 $\bar{t}_B = 1,1 \cdot 10^4$ h und nach Gl.(10.25c) $C_{pV} = 3500$ $\ell s^{-1} \cdot 10^{-6}$ mbar $\cdot 1,1 \cdot 10^4 \cdot 3600$ s $\approx 1,4 \cdot 10^5$ mbar ℓ.

Die Kapazität ist im Falle des Dauerbetriebes von Kryopumpen eine bestimmende Größe. Sollen große Gasmengen dauernd abgepumpt werden, so verwendet man zwei über Ventile oder Schieber an den Rezipienten angeschlossene Kryopumpen im Wechselbetrieb. Während die eine Pumpe in Betrieb ist, wird die andere regeneriert, d.h. so weit erwärmt, daß das Kondensat schmilzt und als Flüssigkeit abgezogen werden kann (siehe dazu auch Abschnitt 8.1.3.2). Heizungen und die entsprechenden Anschlüsse am Pumpenbehälter sind in solchen Fällen vorzusehen. Nach Evakuierung und Abkühlung ist die Pumpe wieder betriebsbereit.

Statt eines Wechselbetriebes kann es allerdings wirtschaftlicher sein, die im Abschnitt 10.6.3.3 beschriebenen Kryopumpen mit integriertem Refrigerator-Kaltkopf zu verwenden.

10.6.2.6 Wärmeübertragung auf die Kaltfläche

Die auf die Kaltfläche übertragene Wärmeleistung $\dot{Q}$ bestimmt maßgeblich die zum Betrieb einer Kryopumpe aufzuwendende Kälteleistung. Der Kaltfläche wird Wärme nicht nur durch Wärmestrahlung und Wärmeleitung zugeführt, wie es sonst bei kalten Flächen der Fall ist (vgl. Abschnitt 10.5.4), die Kaltfläche muß auch die Kondensationswärme des Gases aufnehmen, so daß

$$\dot{Q} = \dot{Q}_{Strahlung} + \dot{Q}_{Leitung} + \dot{Q}_{Kondensation}.$$

Im allgemeinen überwiegt jedoch die Wärmezufuhr durch *Wärmestrahlung*, die nach Gl. (10.15) bzw. (10.16) berechnet werden kann. Mitunter ist bei einer Kryopumpe sogar der ungünstige Fall gegeben, daß die Kaltfläche allseitig von Flächen mit Raumtemperatur umgeben ist, so daß die Wärmezufuhr durch Strahlung besonders hoch ist.

Wird die Kaltfläche statt mit einer Fläche von $T = 300$ K mit einem stickstoffgekühlten Strahlungsschutz (Baffle) der Temperatur $T = 77$ K umgeben, so hat der durch Strahlung auftretende Wärmestrom weniger als 1 % des Wertes, der bei einer Wandtemperatur $T = 300$ K aufträte (s. Beispiel 10.4). Ein solches Baffle besteht meistens aus Blenden bzw. abgewinkelten Blechen (Chevrons). Diese sind häufig geschwärzt, um möglichst wenig reflektierte Strahlung auf die Kaltfläche gelangen zu lassen. Baffles haben einen Strömungswiderstand (vgl. Kapitel 4) und verringern demzufolge das Saugvermögen der Kryopumpe.

Die durch Strahlung übertragene Wärmeleistung hängt neben anderen Größen auch vom Emissionsgrad ϵ der Kaltfläche ab. Beim Bau von Kryostaten ist es zweckmäßig, den Emissionsgrad der kalten Teile durch Polieren oder Vergolden möglichst weit herabzusetzen. Bei Kryopumpen ist dies jedoch nur dann sinnvoll, wenn geringe Gasmengen anfallen, so daß die auf der Kaltfläche niedergeschlagene Kondensatschicht dünn bleibt. Mit zunehmender Schichtdicke des Gaskondensats nimmt der Emissionsgrad der Kaltfläche zu. Während eine polierte Kupferfläche einen Emissionsgrad $\epsilon = 0{,}03$ hat, ist bei einer Schichtdicke des Gaskondensats von 1 cm mit einem Wert $\epsilon = 0{,}9$ zu rechnen.

Die Wärmezufuhr durch *Wärmeleitung* über Apparaturteile kann, wie ebenfalls im Abschnitt 10.5.4 ausgeführt wurde, durch konstruktive Maßnahmen vernachlässigbar klein gemacht werden. Die Wärmeleitung durch das zu pumpende Gas spielt nur bei Drücken $p > 10^{-3}$ mbar eine Rolle.

Im HV- und UHV-Bereich ist auch die *Kondensationswärme*, die für die hier interessierenden Gase im Bereich $r = 80 \ldots 800 \, J \cdot g^{-1}$ liegt, wegen der kleinen kondensierenden Gasmengen vernachlässigbar.

10.6.2.7 Wärmeleitfähigkeit der Kondensate

In Bild 10.42 ist die Wärmeleitfähigkeit λ verschiedener Gaskondensate in Abhängigkeit von der Temperatur T dargestellt [58]. Die zum Vergleich eingezeichneten Wärmeleitfähigkeitskurven einiger anderer Werkstoffe zeigen, daß feste Gase eine vergleichbar große Wärmeleitfähigkeit haben können. Die hier dargestellten Kurven gelten für sehr reine, teilweise als Einkristall vorliegende und teilweise polykristalline Proben. Abweichungen in der Struktur der Schichten, insbesondere die Ausbildung lockerer, schneeartiger oder amorpher Kondensate, kann die Wärmeleitfähigkeit um ein bis zwei Zehnerpotenzen verringern.

Der Wärmeleitwert des Kondensats ist bei der Entstehung dicker Schichten von besonderem Interesse. Mit wachsender Schichtdicke, d.h. wachsendem Wärmewiderstand nimmt die Oberflächentemperatur des Kondensats zu. Das bedeutet aber, daß das Saugvermögen der Kryopumpe mit zunehmender Schichtdicke mehr und mehr abnimmt, ja sogar den Wert Null

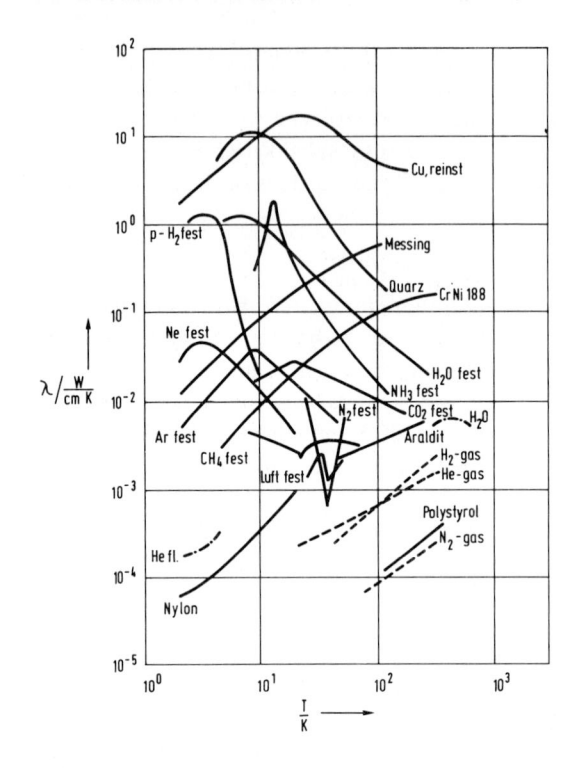

Bild 10.42
Wärmeleitfähigkeit fester Gaskondensate [58]

erreichen kann. Innerhalb gewisser Grenzen läßt sich dieser Effekt durch Absenken der Kaltflächentemperatur ausgleichen. Dies führt jedoch zur Erhöhung der aufzuwendenden Kälteleistung.

10.6.2.8 Wachstumsgeschwindigkeit der Kondensatschicht

Durch die Kondensation wächst auf die Kaltfläche eine Schicht der Dicke x auf, die zeitliche Zunahme der Schichtdicke (Wachstumsgeschwindigkeit) dx/dt findet man aus der Zunahme der Massenbelegung $m/A = Nm_a/A$ der Schicht zu

$$\frac{dx}{dt} = \frac{m_a}{\rho} \cdot j_{N,\text{kond}}, \tag{10.26}$$

wobei m_a die Teilchenmasse, ρ die Dichte des Kondensats und $j_{N,\text{kond}}$ die Teilchenanzahl-Kondensationsstromdichte ist. Durch Einsetzen von Gl. (10.22a) findet man als „Wachstumsgeschwindigkeit der Kondensatschicht"

$$W_K \stackrel{\text{def}}{=} \frac{dx}{dt} = 4{,}38 \cdot 10^{-2}\ \text{cm/s} \cdot \frac{p/\text{mbar}}{\rho/\text{g} \cdot \text{cm}^{-3}} \sqrt{\frac{M_r}{T/K}} \tag{10.27}$$

Dabei ist $\sigma_K = 1$ gesetzt worden.

In die Gl. (10.27) für die Wachstumsgeschwindigkeit geht die Dichte der aufgewachsenen Schicht ein; sie hängt von der Struktur der Schicht, und diese wiederum von den Kondensationsbedingungen ab (vgl. Abschnitt 10.6.2.5). In Tabelle 10.8 sind Werte der Dichte fester Gaskondensate angegeben. Man wird sie für die Berechnung von W_K nur mit einer gewissen Unsicherheit heranziehen können. Im Rahmen dieser Unsicherheit ergeben sich für die Gase O_2, Ar und CO_2, sowie für N_2 und Ne, schließlich für H_2 nach Gl. (10.27)

Tabelle 10.8 Dichte flüssiger und fester Gaskondensate; (ber) berechnete Werte

Gas	T_siede / K	ρ_fl / g·cm^{-3} bei	T / K	T_schmelz / K	ρ_fest / g·cm^{-3} bei	T / K
Ar	87,27	1,59	86	83,77	1,59	83,77
					1,65	40
					1,81	0 (ber)
Ne	27,17	1,204	27,17	24,54	(0,8)[1]	
H$_2$	20,39	0,071	20,39	13,95	0,087	13,95
		0,076	14,8		0,088	2,1
N$_2$	77,33	0,81	77,4	63,15	0,95	63,15
					1,03	20,6
					1,14	0 (ber)
O$_2$	90,18	1,14	90,18	54,36	1,43	20,6
		1,22	74,8		1,57	0 (ber)
CO$_2$	194,7	–	–		1,56	194,2
					1,63	84,2
^{4}He	4,22	0,125	4,22		0,188	0 (ber)
		0,146	1,62			

[1]) abgeschätzt: $\rho(\text{Ne}) = \rho(\text{Ar}) \cdot M_r(\text{Ne})/M_r(\text{Ar})$

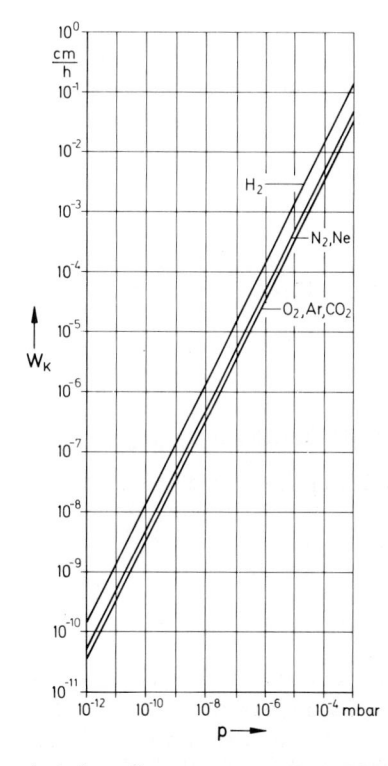

Bild 10.43
Wachstumsgeschwindigkeit W_K verschiedener Kondensatschichten in Abhängigkeit vom Gasdruck p bei der Gastemperatur $T = 293$ K, berechnet nach Gl. (10.28). Kondensatdichte ρ nach Tabelle 10.8.

bei einer Gastemperatur $T = 293$ K die in Bild 10.43 eingetragenen Geraden für die Abhängigkeit der Wachstumsgeschwindigkeit vom Druck des Gases. Daraus liest man z.B. ab, daß Stickstoff vom Druck $p = 10^{-6}$ mbar in ungefähr 2000 Stunden eine Kondensatschicht der Dicke 1 mm erzeugt.

10 Kryotechnik und Kryopumpen

Die maximal zulässige Schichtdicke hängt, wie im Abschnitt 10.6.2.5 abgehandelt wurde, von der Wärmeleitfähigkeit des Kondensates ab, die wiederum von der Struktur der Schicht beeinflußt wird. Je tiefer die Kondensationstemperatur, desto lockerer ist das Gefüge der Schicht [59]. Auf Grund der bis jetzt vorliegenden, lückenhaften Kenntnisse der Eigenschaften verschiedener Gaskondensate läßt sich die Kapazität von Kryopumpen unter unterschiedlichen Betriebsbedingungen nicht mit hinreichender Genauigkeit berechnen.

10.6.3 Konstruktionsprinzipien

Für Kryopumpen gelten die gleichen konstruktiven Richtlinien, wie sie im Abschnitt 10.5 für Kryostaten beschrieben werden. Es gibt also Kryopumpen, die ein Kältemittelbad enthalten, solche, die nach dem Verdampferprinzip aufgebaut sind und schließlich solche, die mit einem Kryogenerator (Refrigerator) betrieben werden. Die Konstruktion der Pumpe und die Art der Kältemittelversorgung können in weiten Grenzen variiert und damit sehr unterschiedlichen praktischen Anwendungsfällen angepaßt werden. Dies wird im folgenden an Hand einiger bewährter Ausführungen gezeigt.

10.6.3.1 Bad-Kryopumpen

Die einfachste, in Bild 10.44 dargestellte Form der Kryopumpe entspricht im Prinzip der wohlbekannten Kühlfalle. Die Wand des mit flüssigem Helium gefüllten inneren Behälters 1 bildet die pumpende Kaltfläche 8. Der Heliumbehälter ist im Hinblick auf einen niedrigen Heliumverbrauch von einem stickstoffgekühlten Strahlungsschutz 7 umgeben. Da dieser als

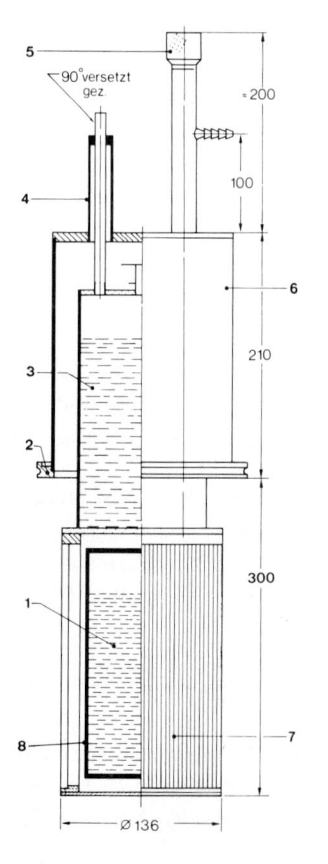

Bild 10.44
Badkryopumpe.
1 flüssiges Helium im Tank 8 (inhalt 1,25 ℓ)
2 Anschlußflansch DIN 150
3 flüssiger Stickstoff (Tankinhalt 1,5 ℓ)
4 LN$_2$-Füll- und Abgasstutzen
5 LHe-Einlaß mit seitlichen Abgasstuzen
6 Außenmantel
7 Baffle
8 Heliumgekühlte Kondensationsfläche
Saugvermögen für N$_2$: 2250 ℓ/s
Saugvermögen für H$_2$: 7000 ℓ/s
LHe-Verbrauch bei 4,2 K und $p < 10^{-5}$ mbar   0,035 ℓ/h
LHe-Standzeit bei 4,2 K und $p < 10^{-5}$ mbar   35 h
LN$_2$-Verbrauch bei 4,2 K und $p < 10^{-5}$ mbar   0,75 ℓ/h

optisch dichtes Baffle ausgebildet ist, kann nicht das volle Saugvermögen der Kaltfläche genutzt werden (vgl. Abschnitt 10.6.1). Beim Pumpen von Gasgemischen, die höhersiedende Komponenten enthalten, ist jedoch auch der Strahlungsschutz eine selektiv wirkende Pumpe.

Die Verwendung von Nachfüllvorrichtungen für flüssiges Helium (vgl. Abschnitt 10.5.1.1) ermöglicht den Dauerbetrieb von Bad-Kryopumpen bei Temperaturen im Bereich $T = 4{,}2 \ldots 1{,}5$ K.

Daß auch Bad-Kryopumpen speziellen Anforderungen angepaßt werden können, zeigt eine in jeder Hinsicht optimierte Bad-Kryopumpe nach Bild 10.45 [60]. Sie kann bei einer Temperatur der Kaltfläche von 2,3 K betrieben werden und hat in diesem Falle — je nach Pumpengröße — für Wasserstoff ein Saugvermögen von 4500 und 11 00 ℓ/s. Der erreichbare Enddruck beträgt ca. 10^{-13} mbar. Pumpen dieser Konstruktion sind mit einem Isoliervakuum versehen; dadurch ist der Verbrauch an flüssigem Helium sehr gering, zumal auch der Strahlungsschutz mit kaltem Heliumgas gekühlt wird. Die Betriebszeiten ohne Heliumnachfüllen betragen bei 4,2 K rd. 200 Stunden, was für bestimmte Anwendungen von besonderem Interesse ist [61].

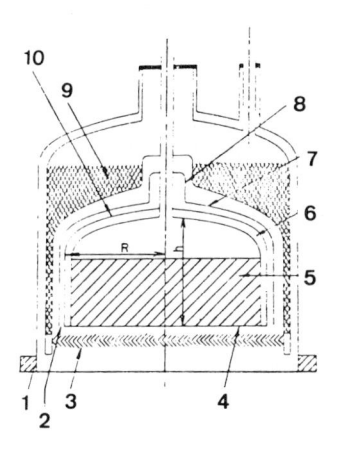

Bild 10.45
CERN — Badkryopumpe mit langer Standzeit zum Erzeugen extrem niedriger Gasdrücke [60a].

1 Anschlußflansch
2 Spalt
3 Baffle
4 pumpende Fläche (Kondensationsfläche)
5 flüssiges Helium
6 mit Ne gefülltes Volumen zum Erzeugen des Isoliervakuums
7 Strahlungsschutz
  (innen Ag-plattiert, außen geschwärzt)
8 Hals, kupferplattiert
9 flüssiger Stickstoff
10 Schutzgehäuse (silberplattiert)

10.6.3.2 Verdampfer-Kryopumpen

Das Verdampferprinzip wurde bereits im Abschnitt 10.6.2 beschrieben. Bild 10.46 zeigt eine Kryopumpe, deren innere Kaltfläche 5 auf 2,5 K gekühlt werden kann, während die äußere, zylinderförmige Fläche 3 eine Temperatur von 18 ... 20 K erreicht [41]. Der Zylinder 3 besteht aus einer vom kalten Abgas gekühlten, bifilaren Rohrwicklung, die einen teilweisen Strahlungsschutz für die innere Kaltfläche 5 bildet. An der inneren Kaltfläche 5 kann Wasserstoff unter UHV-Bedingungen kondensiert werden, während an der äußeren Kaltfläche 3 höhersiedende Gase kondensieren. Ohne Kryotrapping und Kryosorption (vgl. Abschnitt 10.6.1.2) beträgt das Saugvermögen einer solchen Pumpe für Wasserstoff 2000 ℓ/s und für Stickstoff 5000 ℓ/s bei einem Verbrauch von 1 ℓ/h flüssigem Helium.

Eine größere Verdampfer-Kryopumpe für eine Weltraumsimulationskammer, in der Wasserdampf und Luft mit einem Enddruck von 10^{-6} mbar gepumpt werden, ist in Bild 10.47 wiedergegeben. Bei einer Kaltflächentemperatur von 20 K wird unter Verbrauch von 1 ℓ/h flüssigem Helium im Dauerbetrieb ein Saugvermögen von $1{,}2 \cdot 10^4$ ℓ/s für Stickstoff erreicht. Der Strahlungsschutz 1, 3, 9 wird hier jedoch nicht mit kaltem Heliumgas, sondern mit flüssigem Stickstoff gekühlt [63, 64].

10 Kryotechnik und Kryopumpen

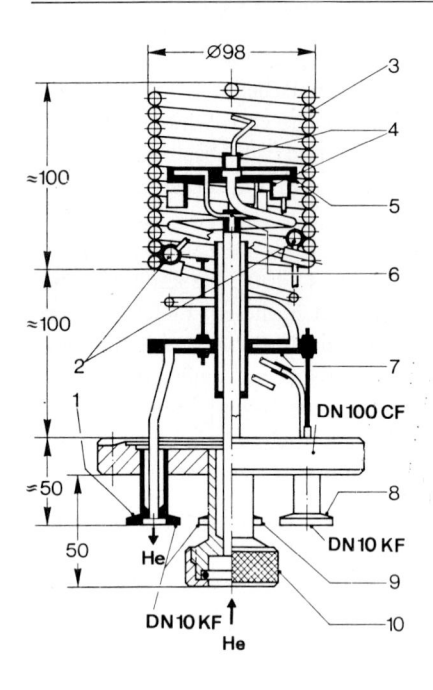

Bild 10.46

Verdampferkryopumpe.

1. He-Abgasleitung
2. Dampfdruck-Meßkammer
3. äußere Kaltfläche
4. Dampfdruck-Meßkammer
5. innere He-durchströmte Kaltfläche
6. Verteilerkreuz für Helium-Einspeisung
7. Strahlungsschutzplatte
8. Anschluß der Meßkammer 4
9. Anschluß der Meßkammer 2
10. Helium-Einlaßkupplung

max. Saugvermögen für N_2 .... $5000\ \ell \cdot s^{-1}$
max. Saugvermögen für H_2 .... $2000\ \ell \cdot s^{-1}$
LHe-Verbrauch .... $1\ \ell \cdot s^{-1}$

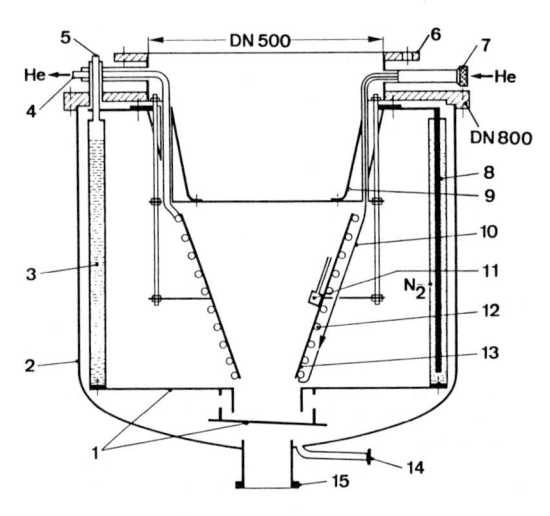

Bild 10.47

Verdampfer-Kryopumpe für Raumsimulationskammer [63, 64].

1. Stickstoffgekühlte Strahlungsschutzelemente
2. Mantelbehälter
3. Stickstoff-Behälter (Strahlungsschutz)
4. Helium-Abgasleitung
5. Stickstoff-Zuleitung
6. Anschlußflansch
7. Anschluß Helium-Zuleitung
8. Kupfer-Tauchstab
9. Stickstoffgekühlter Strahlungsschild ($T \approx 80\,K$) = Kondensationsfläche für Wasserdampf
10. Helium-Zuleitung
11. Temperaturfühler
12. Verdampfer-Wärmetauscher
13. Heliumgekühlte Kondensationsfläche aus Kupfer ($T \approx 20\,K$)
14. Leitung zum Abziehen von Flüssigkeit beim Regenerieren der Pumpe
15. Anschluß Vorpumpe

Einen ganz andersartigen Anwendungsbereich für Verdampfer-Kryopumpen bildet das Elektronenmikroskop. Bei der Untersuchung gekühlter Objekte ist es erforderlich, im Probenraum ein möglichst gutes Vakuum ($p \approx 10^{-10}$ mbar) aufrechtzuerhalten, um die Entstehung störender Adsorptions- oder Kondensationsschichten von Fremdstoffen auf dem Objekt zu vermeiden (Druck im Mikroskop 10^{-5} mbar). Mit einer unmittelbar im Objektraum angeordneten Kryopumpe mit sehr kleinen Abmessungen (Bild 10.48) läßt sich dieses Problem lösen.

10.6 Kryopumpen   10.6.3

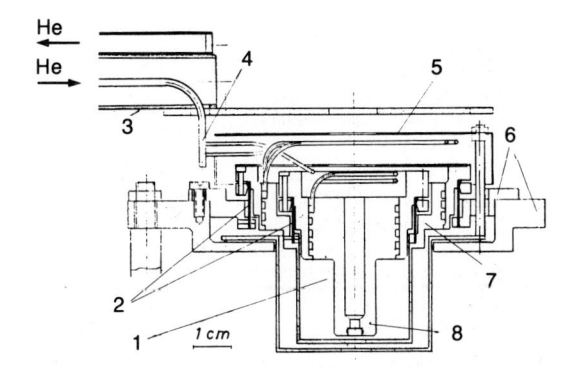

Bild 10.48

Verdampferkryopumpe mit Doppelkühlkreislauf (s. Bild 10.49) zur Objektkühlung im Elektronenmikroskop.

1 Raum für Kippvorrichtung; 2 Tragringe mit sehr geringer Wärmeleitfähigkeit; 3 Abgasgekühlter Strahlungsschild der He-Zuleitung; 4 Heliumzuleitung-Verzweigung; 5 Strahlungsschild ($T = 80$ K); 6 Verschiebevorrichtung; 7 Kryopumpe ($T = 20$ K); 8 Objektkühlkopf ($T = 5...293$ K).

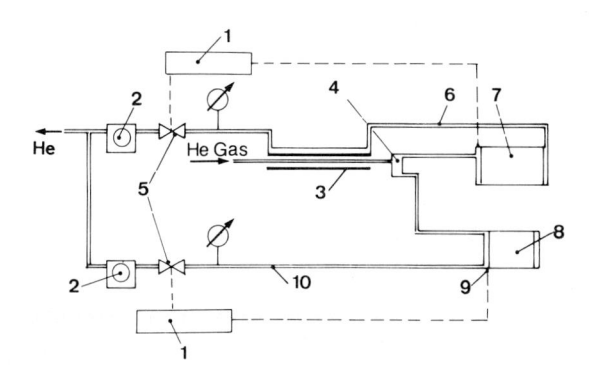

Bild 10.49

Doppelkühlkreislauf der Kryoverdampferpumpe Bild 10.48.

1 Temperatur-Regelgeräte; 2 Helium-Förderpumpen; 3 Abgasgekühlter Strahlungsschild der He-Zuleitung; 4 Heliumzuleitung-Verzweigung; 5 Regelventile; 6 Helium-Abgasleitung der Kryopumpe; 7 Kryopumpe ($T = 20$ K); 8 Objektkühlkopf; 9 Temperaturfühler; 10 He-Abgasleitung des Objektkühlkopfes 8.

Die Kryopumpe 7 und der Objektkühlkopf 8 sind unter Verwendung eines Doppelkühlkreislaufes (Bild 10.49) miteinander gekoppelt. Das flüssige Helium wird über eine gemeinsame Zuführung eingespeist, die sich erst innerhalb der Objektkammer verzweigt 4. Das Helium-Abgas aus dem Objektkühlkopf 8 und aus der ihn umgebenden Kryopumpe 7 wird über getrennte Leitungen 6 und 10 abgepumpt. Der Durchsatz durch den Objektkühler und durch die Kryopumpe wird über zwei in den beiden Abgasleitungen angeordnete elektrodynamische Regelventile 5 (vgl. Abschnitt 10.5.3.1) mit entsprechenden Regelgeräten 1 gesteuert. Mit diesem System kann die Temperatur des Objektträgers im Bereich $T = 5 ... 293$ K variiert werden, während die Temperatur der Kryopumpe auf $T \approx 20$ K gehalten werden kann. Die Temperaturkonstanz am Objektkühler beträgt $\Delta T/T \leqslant 10^{-4}$. Drift und Vibrationen des Objekts lassen sich weitestgehend ausschalten [64].

Dieses Beispiel zeigt die Möglichkeit, mit einer Kryopumpe innerhalb einer größeren evakuierten Apparatur lokal UHV Bedingungen zu erreichen.

Eine Kryopumpe mit kleinen Abmessungen und mehreren Kaltflächen zeigt Bild 10.50. Es handelt sich um eine gekühlte Ionenquelle für eine Forschungsrakete, mit der in großen Höhen Partialdrücke massenspektrometrisch gemessen werden [65]. Während bei den bisher beschriebenen Kryopumpen durchweg flüssiges Helium zur Kühlung benutzt wird, diente hier überkritisches Helium ($T \geqslant 5,2$ K, $p \geqslant 2,29$ bar) als Kältemittel. In diesem speziellen Fall ergaben sich dadurch besonders günstige Bedingungen für die Kältemittelförderung.

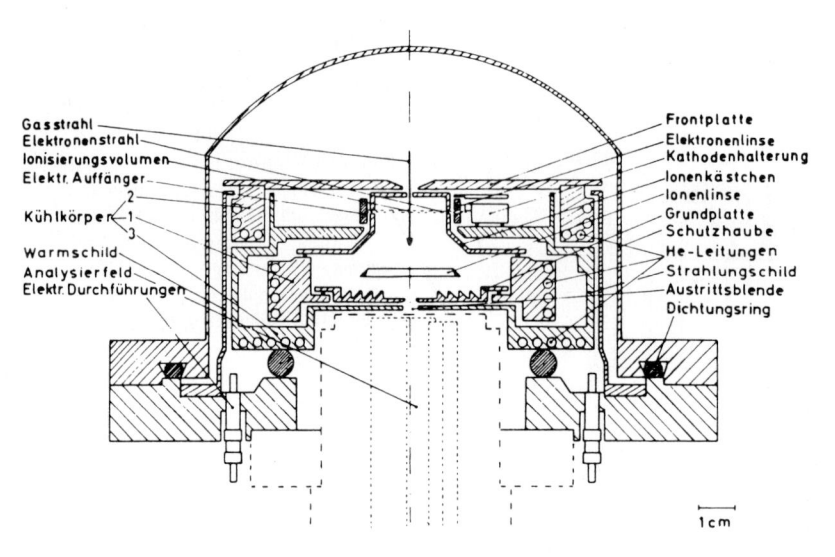

Bild 10.50 Schnitt durch eine heliumgekühlte Ionenquelle [65]

10.6.3.3 Kryopumpen mit Kältemaschine (Refrigerator-Kryopumpen) [73 bis 79]

Für die Kühlung von Kondensationsflächen ($T < 120\,\text{K}$) kommen prinzipiell alle in den Abschnitten 10.2.2.1 bis 10.2.2.5 beschriebenen Kältemaschinen in Frage. Zur Verwendung an Kryopumpen, deren Saugvermögen von der gleichen Größenordnung sein soll wie das Saugvermögen anderer Hoch- und Ultrahochvakuumpumpen genügen jedoch Kältemaschinen mit relativ kleinen Abmessungen. Von den hier zur Auswahl stehenden Maschinen haben sich die nach dem Gifford-McMahon-Verfahren arbeitenden (Abschnitt 10.2.2.5) als sehr zweckmäßig erwiesen, da bei ihnen Kompressor und Kaltkopf (s. auch Bild 10.26a) räumlich voneinander getrennt sind, wobei der Kaltkopf in jeder Lage betrieben werden kann. Diese Flexibilität erstreckt sich auch auf die Refrigerator-Kryopumpen, die ebenfalls in beliebiger Lage mit dem zu evakuierenden Behälter verbunden werden können. Die Kleinrefrigeratoren zeichnen sich durch hohe Betriebssicherheit aus, die den bei vielen vakuumtechnischen Anwendungen benötigten Langzeitbetrieb gewährleisten.

In Analogie zum Refrigeratorkryostaten (Abschnitt 10.5.3) läßt sich auf den Kaltkopf eines zweistufigen Gifford-McMahon-Refrigerators eine Refrigerator-Kryopumpe aufbauen (Bild 10.52). Mit der ersten Stufe sind Strahlungsschutz und Baffle der Kryopumpe mechanisch kontaktiert. Mit der zweiten Stufe sind die Kaltflächen kontaktiert. Diese sind als ebene, gekröpfte Kupferbleche ausgebildet, die sich in geringem Abstand gegenüberstehen (Bild 10.52). Die einander zugekehrten Seiten (Innenseiten) dieser Bleche sind mit Aktivkohle belegt (s. Abschnitt 10.6.1.2). Geometrie der Anordnung und Oberflächenbeschaffenheit der tiefgekühlten Bleche (Kaltflächen) sorgen dafür, daß bei den oben angegebenen Temperaturen der zweiten Stufe alle leicht kondensierbaren Gase vorzugsweise an den Außenflächen in die feste Phase kondensieren, während die schwer kondensierbaren Gase (Wasserstoff, Neon, Helium) an den mit Aktivkohle belegten Innenflächen sorbiert werden.

Die erste Stufe wird mit einer Kälteleistung zwischen 10 W und 80 W – je nach Refrigeratortyp und in Abhängigkeit von der Belastung – auf eine Temperatur von 30 K bis max. 80 K gekühlt. An der zweiten Stufe steht eine Kälteleistung von 2...5 W bei einer Temperatur zwischen 8 K und 20 K – je nach Last – zur Verfügung.

10.6 Kryopumpen 10.6.3

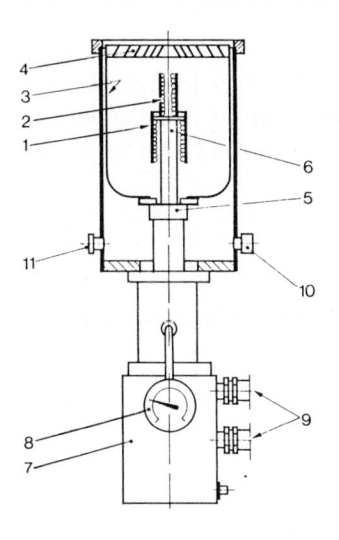

Bild 10.52
Refrigerator-Kryopumpe mit integriertem Kaltkopf.
1 Kaltfläche der 2. Stufe
2 Adsorptionsmittel (Innenbelag der Kaltfläche)
3 Strahlungsschutz
4 Baffle
5 Kaltkopf 1. Stufe
6 Kaltkopf 2. Stufe
7 Refrigerator Kaltkopf
8 Dampfdruckthermometer
9 He-Gasanschlüsse zum Kompressor
10 Sicherheitsventil
11 Vorvakuum-Anschlußflansch

Serienmäßig werden Refrigerator-Kryopumpen verschiedener Größe hergestellt, deren Saugvermögen für Luft von 800 ℓ/s bis 18 000 ℓ/s reicht. Die Adsorptionsflächen (2 in Bild 10.52) sind durchweg so bemessen, daß das Saugvermögen für Wasserstoff ähnliche Werte erreicht. Je nachdem, wo der Anschlußflansch angebracht ist, kann die Refrigerator-Kryopumpe direkt in den Vakuumbehälter eingebaut werden (Einbautype Bild 10.54) oder an den Behälter angebaut werden (Anbautype Bild 10.53).

Bild 10.53 Refrigeratorkryopumpe (Anbautyp) nach Schema des Bildes 10.52

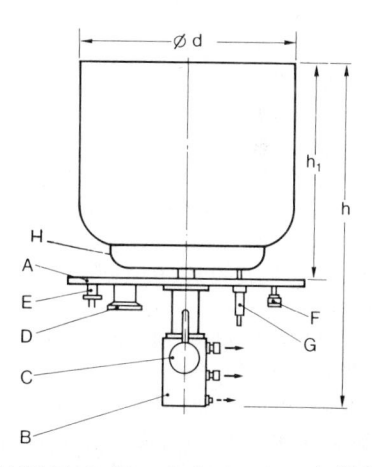

Bild 10.54 Refrigeratorkryopumpe als Einbautyp.
A Anschlußflansch für Vakuumbehälter; B Refrigerator-Kaltkopf; C Dampfdruckthermometer; D Vorvakuumanschluß; E Thermoelement; F Sicherheitsventil; G Zuführung zum Ringtank H; H Ringtank für flüssigen Stickstoff.

h Gesamthöhe – je nach Pumpengröße 540 ... 900 mm
h_1 Höhe des Strahlungsschutzes 240 ... 530 mm
d Außendurchmesser des Strahlungsschutzes 146 ... 484 mm

377

Für den Betrieb von großen Kryopumpen mit hohem Saugvermögen sind Refrigeratoren mit entsprechend großen Kälteleistungen erforderlich. Es gibt jedoch auch die Möglichkeit für die Kühlung der Kaltflächen einen kleinen Refrigerator einzusetzen, und Strahlungsschutz und Baffle mit flüssigem Stickstoff (LN_2) zu kühlen, der von einem in den Strahlungsschutz integrierten Behälter (Bild 10.54) aufgenommen wird. Durch die hohe Kühlkapazität von LN_2 können mit solchen Pumpen beträchtliche Mengen von Wasserdampf auch bei höheren Drücken gepumpt werden. Die Verluste an flüssigem Stickstoff können mit einer automatisch arbeitenden Nachfüllvorrichtung ersetzt werden, die über einen Vakuummantelheber an den Stickstoffbehälter der Kryopumpe angeschlossen werden kann (bei G in Bild 10.54).

Kompressoreinheit und Kaltkopf können rund ein Jahr ununterbrochen wartungsfrei betrieben werden.

Refrigerator-Kryopumpen dürfen — wie jede andere Kryopumpe — erst dann zu pumpen beginnen, wenn zwei Bedingungen erfüllt sind:

1. Die abzupumpende Gasmenge pV in dem zu evakuierenden Volumen V muß in einer vernünftigen Relation zur Kapazität C der Pumpe (Abschnitt 10.6.2.5) stehen. Dabei ist V je nach Vakuumanlage entweder nur das Volumen des Pumpengehäuses — wenn dieses durch ein Ventil vom Vakuumbehälter getrennt ist — oder das Gesamtvolumen von Vakuumbehälter und Pumpengehäuse.

2. Der „Start"-Druck p_{St} (Abschnitt 10.6.2.1) in V muß so gewählt sein, daß die durch den Kondensationsstrom (vgl. Gl. (10.22a)) der Kaltfläche zugeführte Wärmeleistung — bis auf eine kurze Anfangsphase — nicht größer ist als die Wärmeleistung $\dot{Q}_2$ der zweiten Stufe der Pumpe. Bei kleinem Volumen V (z.B. bei Einkühlung der abgesperrten Pumpe) wird man p_{St} höher wählen dürfen, weil bei der geringen pV-Menge im Pumpengehäuse die Anfangsphase kurz ist.

Bei großem Volumen muß man ein sehr niedriges p_{St} verlangen; vor dem Start wird man daher den Behälter mit einer Vorpumpe auf das verlangte p_{St} evakuieren. Bei eingekühlter Refrigerator-Kryopumpe liegt der $p_{St}V$-Wert aufgrund obiger Überlegungen wesentlich höher als bei einer abzukühlenden Pumpe. Dies ist von entscheidender Bedeutung für Hochvakuumanlagen im Chargenbetrieb, bei denen während des Belüftens des Vakuumbehälters die Kryopumpe über ein Ventil abgesperrt ist und weiter in Betrieb bleibt.

Die Erfahrung zeigt, daß alle genannten Faktoren durch die empirische Beziehung

$$\frac{p_{St} \cdot V}{\dot{Q}_2} \leq 30 \text{ mbar} \cdot \ell \cdot W^{-1},$$

p_{St} in mbar, V in ℓ, $\dot{Q}_2$ in W,

für praktische Zwecke ausreichend bewertet werden. $\dot{Q}_2$ ist die Kälteleistung des Refrigerators an der zweiten Stufe bei $T = 20$ K.

Beispiel 10.8: Wird eine Kryorefrigerator-Pumpe mit einer Kälteleistung $Q_2 = 5$ W bei $T_k = 20$ K zum Evakuieren eines belüfteten Behälters mit einem Volumen $V = 50$ ℓ verwendet, wobei die bereits kalte Kryopumpe mittels eines Ventils vom Behälter abgetrennt ist, so muß der Behälter gemäß obiger Beziehung auf einen Druck von

$$p_{St} = \frac{30 \text{ mbar} \cdot \ell \cdot W^{-1} \cdot 5 \text{ W}}{50 \ell} = 3 \text{ mbar}$$

vorevakuiert werden, bevor das Ventil zur Kryopumpe geöffnet werden darf.

Für Prozesse, bei denen kontinuierlich Gas in die Kryopumpe strömt oder eingelassen wird, z.B. beim Sputtern mit Ar, darf ein maximaler Einlaßdruck nicht überschritten werden. Dieser ist abhängig von den Kälteleistungen des Refrigerators und den Abmessungen der Kaltflächen: Als Richtwerte für den maximal zulässigen Kesseldruck p_{max} können für standardmäßige Kryopumpen eingesetzt werden:

$p_{max} \approx 5 \cdot 10^{-3}$ mbar für N_2, Ar

$p_{max} \approx 1,5 \cdot 10^{-3}$ mbar für H_2.

Für spezielle Anwendungen kann man Kryopumpen unter Einsatz von Standard-Heliumverflüssigern im Refrigeratorbetrieb „maßschneidern". Das Saugvermögen solcher Pumpen beträgt $S \geq 100\,000$ ℓ/s bei Temperaturen $T \geq 4,5$ K.

Wenn ein sehr hohes Saugvermögen für Wasserstoff, Deuterium und Tritium bei Drücken $p < 10^{-9}$ mbar verlangt wird, kann es zweckmäßig sein, die Kryopumpe bei Temperaturen $T < 2,18$ K mit Helium II zu betreiben. Geeignete Kälteanlagen mit einer Leistung $\dot{Q} = 300$ W bei der Temperatur $T = 1,8$ K wurden für andere Anwendungen schon gebaut [66]; damit könnte ein Saugvermögen $S > 10^8$ ℓ/s erreicht werden.

10.6.4 Anwendungsbeispiele

Kryopumpen sind Hoch- und Ultrahochvakuumpumpen. Sie zeichnen sich vor allem dadurch aus, daß sie sauberes Vakuum erzeugen [87], ein hohes spezifisches Saugvermögen haben (bezogen auf die Abmessungen der Pumpe), ein hohes flächenbezogenes Saugvermögen für Wasserstoff besitzen (s. Tabelle 10.7) und praktisch beliebig groß gebaut werden können. Kryopumpen werden daher bereits seit längerer Zeit in den Vakuumanlagen der Großforschung – Kernfusionstechnik, Raumfahrttechnik, Teilchen-Beschleuniger und Strahlführungssysteme – eingesetzt, neuerdings aber auch – in zunehmendem Maße – in industriellen Anlagen. Die Auswahl der Pumpe (Größe und Art), aber auch im Hinblick auf die alternative Verwendung anderer Hochvakuumpumpen [88] richtet sich ganz nach den jeweiligen Betriebsanforderungen und Betriebsbedingungen, wobei insbesondere die Parameter Standzeit $\bar{t}_B$ (Abschnitt 10.6.2.4) und Kapazität C (Abschnitt 10.6.2.5) zu berücksichtigen sind.

Tabelle 10.9 Große Kryopumpen in Kern-Fusionsanlagen [89]

Fusionsexperiment oder -Anlage	Baffle-Konstruktion	Saugvermögen für H_2 in ℓ/s	Gewicht t	geschätzte Kühlleistung LH_2-Flächen, W	geschätzte Kühlleistung LN_2-Flächen, kW
Doublet III[1]	„Santeler" und Chevron	$1,4 \cdot 10^6$	–	23	–
TFTR[2]	Chevron	$3,5 \cdot 10^6$	5,5	45	4,7
JET[3]	offene Bauweise	$9,0 \cdot 10^6$	4	80	20
MFTF[4]	Z-Konfiguration	$4,6 \cdot 10^7$	66	1200	60
TEXTOR[5]	Chevron	$0,9 \cdot 10^6$		6*)	

[1] Fusionsexperiment der General Atomic, San Diego, USA
[2] TFTR = Tokamak Fusion Test Reactor, Princeton, USA
[3] JET = Joint European Torus, Culham, U.K.
[4] MFTE = Mirror Fusion Test Facility, Lawrence Livermore Lab., USA
[5] TEXTOR = Tokamak Experimental Torus, KFA, Jülich, Westdeutschland
*) Gemessene Kühlleistung

10 Kryotechnik und Kryopumpen

10.6.4.1 Kryopumpen in der Kernfusionstechnik

In den für diese Technik weltweit gebauten (und zu bauenden) Großanlagen (USA, UdSSR, Europa national und international, Japan) fallen neben Helium große Mengen von Wasserstoff und dessen Isotopen (D, T) an. Extrem hohe Saugvermögen für das Abpumpen dieser Gase sind erforderlich, so daß der Einsatz großer Kryopumpen am wirtschaftlichsten ist. Tabelle 10.9 enthält einige Daten solcher Kryopumpen zur Veranschaulichung der Größenordnung.

10.6.4.2 Kryopumpen in der Raumfahrttechnik

Zum Evakuieren großer Weltraumsimulationskammern (siehe z.B. Bild 1.5) dienen vorzugsweise Kryopumpen, da sie ein extrem sauberes Hochvakuum erzeugen und bereits als Einzelaggregat für hohes (Stickstoff) Saugvermögen gebaut werden können. So beträgt beim größten Weltraumsimulator der Welt (Höhe 40 m, Durchmesser 22 m) der NASA in Houston (Texas) das Stickstoffsaugvermögen der dort eingesetzten vier Helium-Refrigeratoren zur Kühlung der 180 m² großen Kryoflächen auf 13 K insgesamt $S(N_2) = 7 \cdot 10^6 \, \ell \cdot s^{-1}$. In der etwas kleineren Kammer des Bildes 1.5 sind zwei Refrigeratoren eingesetzt mit $S(N_2) = 3 \cdot 10^7 \, \ell \cdot s^{-1}$. Die Weltraumsimulationskammer der Industrieanlagen-Betriebsgesellschaft (LABG) in Ottobrunn bei München (Länge 13 m, Durchmesser 7 m) wird mit vier Refrigerator-Kryopumpen evakuiert, von denen jede ein Stickstoffsaugvermögen $S(N_2) = 5,5 \cdot 10^4 \, \ell \cdot s^{-1}$ hat. Jede Pumpe ist mit zwei zweistufigen Kaltköpfen (20 K, 80 K) ausgerüstet; Einzelheiten sind Bild 10.55 (a und b) zu entnehmen. Strahlungsschutz und Baffle werden mit flüssigem Stickstoff im separaten Kreislauf gekühlt. Die guten Erfahrungen, die man mit Kryopumpen zum Evakuieren von Simulationskammern gemacht hat, haben dazu geführt, daß an älteren Anlagen eingesetzte Diffusionspumpen und andere Hochvakuumpumpen (z.B. Ionenzerstäuberpumpen) ganz oder teilweise durch Kryopumpen ersetzt wurden [90].

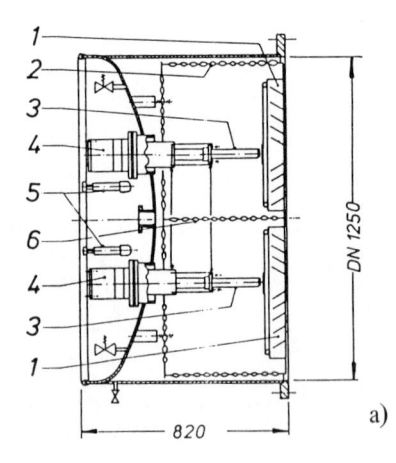

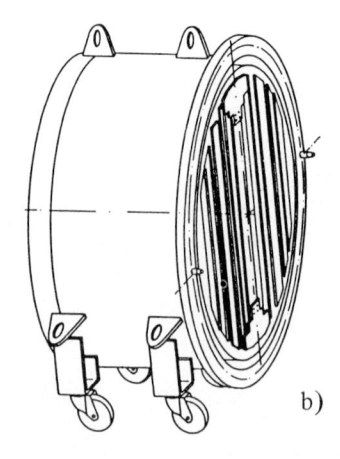

Bild 10.55 Kryopumpe zum Evakuieren einer Raumsimulationskammer. $S(N_2) = 5,5 \cdot 10^4 \, \ell \cdot s^{-1}$.
1 Baffle, 2 und 6 Strahlungsschilde, 3 Kaltflächen, 4 Kaltköpfe, 5 LN_2-Anschlüsse

10.6.4.3 Kryopumpen in Teilchenbeschleunigern

Die röhrenförmige Vakuumkammer von Teilchenbeschleunigern (Länge der Kammer $\gg$ Abmessungen ihres Querschnitts) wird durch eine Vielzahl kleiner Hochvakuumpumpen (Turbomolekularpumpen, Ionenzerstäuberpumpen) evakuiert, so daß die Verwendung von Kryopumpen auf (wenige) Sonderfälle beschränkt ist. Kryopumpen finden sich an ausgewählten Stellen der Anlage, wo ein besonders niedriger Druck (10^{-10} mbar) und/oder ein besonders hohes Saugvermögen benötigt werden. Hierfür reichen im allgemeinen verhältnismäßig kleine Kryopumpen vom Refrigeratortyp oder Badkryopumpen mit Saugvermögen bis zu einigen 10^3 $\ell \cdot s^{-1}$ je Pumpe aus. Als Beispiel sei hier die in Bild 10.45 gezeigte Badkryopumpe [60a] genannt.

10.6.4.4 Kryopumpen in industriellen Anlagen

(Refrigerator-)Kryopumpen kleiner und mittlerer Größen werden in steigendem Maße auch in Produktionsanlagen eingesetzt. Zu diesen zählen Vakuumbeschichtungsanlagen [91...93], sowohl solche, die nach dem Zerstäuberprinzip arbeiten, als auch nach dem Aufdampfprinzip arbeitende. In Anlagen zur Herstellung von Bildwandlerröhren und Bildverstärkerröhren verdrängen Kryopumpen zunehmend Diffusionspumpen und Ionenzerstäuberpumpen, wobei u.U. mehrere Refrigeratorpumpen von einer gemeinsamen Kompressoreinheit betrieben werden können. Von allgemeiner Bedeutung ist der Einsatz von Kryopumpen zum beschleunigten Erreichen von Ultrahochvakuum [91].

10.6.5 Entwicklungstendenzen für die Kryopumpe

Um die Kryopumpe vollständig bewerten zu können, muß man sie mit den anderen Hochvakuumpumpen vergleichen. In Bild 10.56 ist der auf das Saugvermögen bezogene Leistungsbedarf in Abhängigkeit vom Saugvermögen für Stickstoff aufgetragen. Verglichen werden Diffusionspumpen mit Baffle (1) und ohne Baffle (2), Turbomolekularpumpen (3),

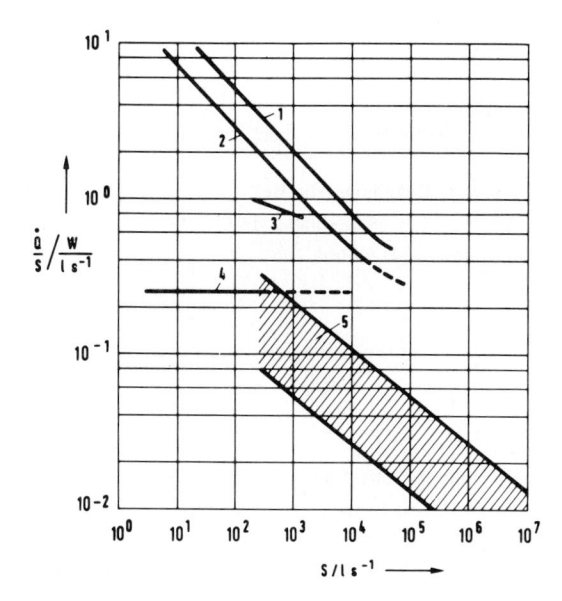

Bild 10.56
Auf das Saugvermögen S bezogener Leistungsbedarf $\dot{Q}$ verschiedener Vakuumpumpen in Abhängigkeit von ihrem Saugvermögen S für Stickstoff.

1 Diffusionspumpe mit Stickstoff
2 Diffusionspumpe ohne Stickstoff
3 Turbomolekularpumpe
4 Ionengetterpumpe
5 Kryopumpe

Ionengetterpumpen (4) und Kryopumpen (schraffierter Bereich) (5); Bad-Kryopumpen und Kryopumpen mit Kältemaschine sind dabei zusammengefaßt.

Die Kurven 1 bis 4 repräsentieren Mittelwerte aus einer Reihe von Herstellerkatalogen. Bei Kryopumpen ist eine Mittelwertbildung wegen der Vielfalt der Konstruktionen für verschiedene Betriebsbedingungen nicht ohne weiteres möglich. Deswegen ergibt sich eine verhältnismäßig große Streuung der Werte, was durch den schraffierten Bereich angedeutet ist. Die handelsüblichen Heliumverflüssiger und -Refrigeratoren wurden in diese Aufstellung mit einbezogen, d.h., aus ihrer Kälteleistung wurde das erzielbare Saugvermögen berechnet.

Titanverdampferpumpen (vgl. Abschnitt 8.2.5.2) wurden nicht in dieses Diagramm aufgenommen. Sie haben zwar ein Saugvermögen bis zu $S \approx 10^7$ ℓ/s, können jedoch keine chemisch inerten Gase pumpen. Die Titanverdampferpumpen mit gekühlter Kondensationsfläche ($T = 80$ K) können als ein spezieller Fall der Kryopumpe angesehen werden. Wenn man für diese Pumpe den Leistungsbedarf ermitteln will, muß neben der relativ geringen Leistung für die Titanverdampfung auch der Leistungsbedarf für die Stickstoffverflüssigung berücksichtigt werden.

Die Kurven in Bild 10.56 zeigen den Bereich des Saugvermögens für den die einzelnen Pumpen verfügbar sind. Saugvermögen $S > 10^5$ ℓ/s können nur mit Kryopumpen und Titanverdampferpumpen erreicht werden. Hinsichtlich des Leistungsbedarfs sind Kryopumpen aber auch bei Saugvermögen $S < 10^5$ ℓ/s den anderen Pumpen überlegen. Freilich sollte beachtet werden, daß für die Auswahl einer bestimmten Pumpenart der Leistungsbedarf allein nicht ausschlaggebend ist.

Der Bedarf an Hochvakuumpumpen ist seit ihrer Einführung ständig angestiegen. Darüber hinaus werden immer größere Saugvermögen gefordert. Es ist anzunehmen, daß diese Entwicklung sich weiter fortsetzen wird. Daraus folgt zwangsläufig, daß die Bedeutung der Kryopumpe zunehmen wird.

Kryopumpen weisen hinsichtlich der Konstruktion und der Betriebsweise eine weit größere Vielfalt auf als jeder andere Pumpentyp. Sie sind deshalb unübertroffen anpassungsfähig an vorgegebene Bedingungen, ebensogut stehen aber auch vielseitig verwendbare Standardmodelle zur Verfügung.

10.7 Literatur

[1] *Klipping, G.:* Proceedings 6th Int. Vac. Congress, Kyoto 1974 – Japan J. Appl. Phys. Suppl. 2 (1974) Part 1, 81
[2] *Koeppe, W.:* Kältetechnik **12** (1960) 376 (H_2); private Mitteilung (N_2, He)
[3] *Johnson, R. W., S. C. Collins, J. L. Smith Jr.:* Advances Cryogenic Engng. **16** (1971)
[4] *Köhler, J. W. L., C. O. Jonkers:* Philips Tech. Rev. **16** (1954) 69 und 105
[5] *Prast, G.:* Philips Techn. Rundschau **26** (1965) 1
[6] *Haarhuis, G. J.:* Philips Techn. Rundschau **29** (1968) 202
[7] *McMahon, H. O., W. E. Gifford:* Adv. Cryogenic Engng. **5** (1960) 354 und 368
[8] *Crawford, A. H.:* Cryogenics **10** (1970) 28
[9] *Hogan, W.:* Adv. Cryog. Engng. **20** (1974)
[10] *Klipping, G.:* Cryogenics **13** (1973) 197
[11] *Mendelssohn, K.:* Die Suche nach dem absoluten Nullpunkt, Kindler-Verlag, München 1966
[12] *Hamilton, W. O., Greene, D. B., Davidson, D. E.:* Rev. Sci. Instrum. **39** (1968) 645; *Wood, G. H.:* Cryogenics **11** (1971) 234
[13] *Walter, H.:* Konstruktionselemente der Kryotechnik, Lehrgangshandbuch Kryotechnik, VDI-Bildungswerk, Düsseldorf, April 1973

10.7 Literatur

[14] *Johnson, V. J. (Ed.): A Compendium of the Properties* of Materials at Low Temperatures, N.B.S. Boulder, Colorado (1960); WADD Techn. Report 60–56, Washington (1960)
[15] *Kasen, M. B.:* Cryogenics **15** (1975) 327
[16] *Barber, C. R.:* Helium Gas Thermometry at Low Temperatures, in: Temperature, Vol. III, Part 1, Ed. F. G. Brickwedde, Reinhold Publ. Corp., New York 1962, S. 103
[17] The International Practical Temperature Scale of 1968, Metrologia **5** (1969) 35; *Schley, U.* und *W. Thomas*, PTB-Mitteilungen **85** (1975) Heft 1; s. auch *German, S., P. Draht:* Handbuch SI-Einheiten, Vieweg, Braunschweig und Wiesbaden 1979.
[18] *Hulm, J. K., R. D. Blaugher:* Cryogenics **1** (1961) 229
[19] *Mendelssohn, K.:* Z. Physik **73** (1931) 482
[20] *Klipping, G., F. Schmidt:* Kältetechnik **17** (1965) 382
[21] *Dijk, H. van:* Physica **30** (1964) 1498
[22] *Kos, J. F., M. Drolet, J. L. Lamarche:* Can. J. Phys. **45** (1967) 275
[23] *Rusby, R. L.:* Vth Symp. on Temperature, Washington 1971, Paper R6–23
[24] *Sachse, H. B.:* Z. angew. Physik **15** (1963) 4
[25] *Rubin, L. G.:* Cryogenics **10** (1970) 14
[26] *Clement, J. R., E. H. Quinnell:* Rev. Sci. Instrum. **23** (1952) 213
[27] *Sparks, L. L., R. L. Powell:* Cryogenic Thermocouple Tables. NBS-Report 8750 (1965)
[28] Reference Tables for Thermocouples, March 1973, British Calibration Service, Dept. of Trade & Industry, 1 Victoria St, London SW1, England
[29] *Denner, H.:* Cryogenics **9** (1969) 282
[30] *Kutzner, K., F. Schmidt:* Messung tiefer Temperaturen. Sommerschule für Supraleitung Steibis, Fachausschuß Tiefe Temperaturen der DPG, Karlsruhe Dezember 1967, S. 259
[31] *Klein, E.:* I. Phys. Inst., FU Berlin, private Mitteilung
[32] *Mendelssohn, K.:* Progress in Cryogenics, Vol. 2, Heywood and Company, London 1960
[33] *Elsner, A., G. Hildebrandt, G. Klipping:* Kältetechnik **18** (1966) 233
[34] *Ruppert, U.:* Automatische Nachfüllvorrichtung für flüssiges Helium, Diplomarbeit, FU Berlin 1969
[35] *Elsner, A., G. Hildebrandt, G. Klipping:* Dechema-Monographien **58** (1968) 9
[36] *Klipping, G., U. Ruppert, H. Walter:* Proceedings ICEC **4** (1972) 358
[37] *Elsner, A., G. Klipping:* Adv. Cryogen. Engng. **14** (1968) 416
[38] *Roubeau, P.:* Cryogenics **6** (1966) 207
[39] *Swenson, C. A., R. H. Stahl:* Rev. Sci. Instrum. **25** (1954) 608
[40] *Klipping, G.:* Kältetechnik **13** (1961) 250
[41] *Klipping, G.:* Chemie-Ing.-Techn. **36** (1964) 430
[42] *Klipping, G., W. D. Schönherr, W. Schulze:* Cryogenics **10** (1970) 501
[43] *Simon, I.:* Rev. Sci. Instrum. **20** (1949) 832
[44] *Sommers, H. S.:* Rev. Sci. Instrum. **25** (1954) 793
[45] *Wexler, A.:* J. Appl. Phys. **22** (1951) 1463
[46] *Reischle, J.:* Wärme **75** (1969) 78
[47] *Tait and Dewar:* Proc. Roy. Soc. (Edinburgh) **8** (1874) 348 und 628
[48] *Lasarew, B. G., Je. S. Borovik, M. F. Fedorowa, N. M. Zin:* Ukr. Phys. J. (1957) 176
[49] *Bailey, B. M., R. L. Chuan:* Transact. V. Nat. Symp. Vacuum Technology, Pergamon Press (1958) 262
[50] *Honig, R. E., H. O. Hock:* R.C.A. Review **21** (1960) 360
[51] *Pollack, G. L.:* Rev. mod. Phys. **36** (1964) 748
[52] *Landolt-Börnstein:* 6. Auflage, 1960, II/2a, S. 1 ff.
[53] *Schönherr, W. D.:* Dissertation, TU Berlin, Berlin 1970
[54] *Becker, K., G. Klipping, W. D. Schönherr, W. Schulze, V. Tölle:* Proceedings ICEC 4, Eindhoven 1972, S. 319 und S. 323
[55] *Leybold-Heraeus:* Köln, Firmenschrift GA 457

[56] *Wiedemann, W.:* „Extrem tiefe Temperaturen – Grundlagen, Meßtechnik und Anwendungen" in Lehrgangshandbuch Kryotechnik, VDI-Bildungswerk, Düsseldorf 1970 und 1973
[57] *Lee, T.I.:* J. Vac. Sci. **9** (1972) 257
[58] *Dallügge, W.:* Dissertation, TU Berlin, Berlin 1971 (Ergebnisse und Quellennachweis)
[59] *Schulze, W., D. M. Kolb, G. Klipping:* Proceedings ICEC 5, Kyoto 1974, S. 268
[60] *Benvenuti, C., D. Blechschmidt:* Proc. 6th Intern. Vacuum Congr. 1974, Japan J. Appl. Phys. Suppl. 2, Pt. 1, 1974, S. 77
[60a] *Benvenuti, C., M. Firth:* Vacuum **29** (1979) 427 ff.
[61] *Benvenuti, C.:* J. Vac. Sci. Technol. **11** (1974) 591
[62] *Bieger, W., H.-J. Forth, H. Tuczek:* Vakuum-Technik **19** (1970) 12
[63] *Forth, H.-J., A. Hofmann, G. Schäfer, P. Schäfer, M. Schinkmann:* Vakuum-Technik **21** (1972) 81
[64] *Klipping, G., U. Ruppert, H. Walter:* Proceedings ICEC 4, Eindhoven 1972, 358
[65] *Trinks, H.:* Diplomarbeit, Universität Bonn, Bonn 1969
[66] *Sellmaier, A., R. Glatthaar, E. Kliem:* Proceedings ICEC 3, Berlin 1970, 310
[67] *Sydoriak, S. G., T. R. Roberts, R. H. Cherman:* J. Res. Nat. Bur. Stand. **68A** (1964) 559
[68] *Brickwedde, F. G. et al.:* J. Res. Nat. Bur. Stand. **64A** (1960) 1
[69] *Schmidt, E.:* Technische Thermodynamik, 11. Aufl., bearbeitet von K. Stephan und F. Mayinger, Springer-Verlag, Berlin 1975
[70] *Plank, R.* (Ed.): Handbuch der Kältetechnik, Bd. 8 (H. Hausen, Erzeugung sehr tiefer Temperaturen), Springer-Verlag, Berlin 1957
[71] *Haselden, G. G.* (Ed.): Cryogenic Fundamentals, Kap. 2 (G. G. Haselden, Refrigeration and Liquefaction Cycles), Academic Press, London und New York 1971
[72] *Eckert, E.:* Technische Strahlungsaustauschrechnungen, VDI-Verlag, Berlin 1937. Derselbe, Wärme- und Stoffaustausch, 3. Aufl., Springer-Verlag, Berlin 1966
[73] *Gifford, W.E.:* Advances in Cryo Eng. **11** (1966), 152... 159
[74] NBS Monograph 111, Technology of Liquid Helium (1968), 83... 151
[75] *Ackermann, R. A., W. E. Gifford:* Adv. in Cryo Eng. **16**, (1971)
[76] *Forth, H.-J., R. Frank, G. Lentges:* Proc. ICEC, Grenoble (1976), 132 ff.
[77] *Rüthlein, H., H.-J. Forth, J. Visser:* Proc. 7, Int. Vac. Congr., Wien (1977) 77
[78] *Heisig, R., H.-J. Forth:* Proc. 7, ICEC London (1978) 615
[79] *Frank, R., H.-H. Klein, H.-J. Forth, R. Heisig:* Proc. of the 8. Int. Vac. Congr., Cannes (1980)
[80] *Haefer, R. A.:* Kryo-Vakuumtechnik, Springer Verlag, Berlin, 1981
[81] *Frey, H., R. A. Haefer:* Tieftemperaturtechnologie, VDI-Verlag, Düsseldorf, 1981
[82] *Gifford, W. E., M. O. McMahon:* Adv. Cryogen. Eng. **5** (1960), 354
[83] *Lawless, W. N.:* Rev. Sci. Instr. **43** (1972), 1743
[84] *Swartz, D. L., T. M. Swartz:* Cryog. Technology **5** (1960), 250
[85] *Plumb, H. H., G. Catuland:* J. Res. NBS **69A** (1965), 375
[86] *Lawless, W. N.:* Rev. Sci. Instr. **42** (1971), 561
[87] *Nöller, H. G.:* Proc. 9. Inter. Vac. Congr., Madrid 1983, 217...226
[88] *Bentley, P. D.:* Vacuum **30** (1980), Nr. 4/5, 145...158
[89] *Hands, B. A:* Vacuum **32** (1982), Nr. 10/11, 603...612
[90] *Saenger, G.,* et al.: Vakuum-Techn. **31** (1982), 71...81
[91] *Scheer, J. J., J. Visser:* Vakuum-Techn. **31** (1982), 34...45
[92] *Klein, H.-H., R. Heisig:* Proc. 9. Intern. Vac. Congr., Madrid 1983, 90
[93] *Schäfer, G.* et al.: Proc. Intern. Vac. Congr., Madrid 1983, 70
[94] *Staats, F.:* Kontinuierliches Kühlen im mK-Bereich, Philips Techn. Rundschau **36** (1976/77), Nr. 3, 61...76
[95] *Frossati, G., D. Thoulouze,* Proceedings of the 6th Intl. Conf. of Cryogenic Engineering, Grenoble 1976
[96] *Lounasmaa, O. V.:* Experimental Principles and Methods below 1 K, Academic Press, London 1974
[97] *Wilks, J.:* The properties of liquid and solid Helium

11 Vakuummeßgeräte und Lecksuchgeräte

11.1 Druck und Teilchenanzahldichte; Übersicht

Druck ist definiert (vgl. Abschnitt 2.1) als die flächenbezogene Kraft; die SI-Einheit ist $N \cdot m^{-2}$ = Pascal = Pa. Teilchenanzahldichte ist (vgl. Abschnitt 2.2) der Quotient aus der Anzahl der in einem geeignet gewählten Volumenelement enthaltenen Teilchen (Atome, Moleküle usw.) und dem Volumenelement (DIN 28 400, Blatt 1). Gasdruck p und Teilchenanzahldichte n in einem idealen Gas sind durch die Zustandsgleichung (2.31.7)

$$p = nkT \tag{11.1}$$

(T = thermodynamische Temperatur, k = Boltzmannkonstante) verknüpft; sie ist bei den in der Vakuumtechnik herrschenden Drücken für alle Gase beliebig gut erfüllt (Abschnitt 2.6.2).

Die Messung des Drucks erfolgt in der Vakuumtechnik nach zwei Verfahren:
a) durch Messung der flächenbezogenen Kraft (direkte Druckmessung)
b) durch Messung der druckproportionalen Teilchenanzahldichte n oder einer ihr proportionalen physikalischen Größe (indirekte Druckmessung).

Diese Zweiteilung der Meßverfahren und damit auch der zu ihrer Durchführung benötigten Vakuummeßgeräte ergibt sich daraus, daß bei niedrigen Drücken die flächenbezogenen Kräfte so gering sind, daß ihre Messung nur mit erheblichem Aufwand oder schließlich überhaupt nicht mehr möglich ist. In solchen Fällen führt die indirekte Druckmessung zum Ziel. Die Grenze zwischen beiden Meßverfahren bzw. der Anwendbarkeit der entsprechenden Vakuummeßgeräte liegt bei technischen Geräten bei etwa $p = 1\,Nm^{-2} = 10^{-2}$ mbar; mit hochempfindlichen direkt messenden Geräten läßt sich diese Grenze bis zu $p = 10^{-3}\,Nm^{-2} = 10^{-5}$ mbar herabsetzen.

Der Bereich der in der Vakuumtechnik zu messenden Drücke erstreckt sich von 1000 mbar bis 10^{-12} mbar. Diesen Bereich, der nach DIN 28 400, Teil 1 (Juli 1979) in die Vakuumbereiche

Grobvakuum	$p \approx$	1000 ... 1 mbar
Feinvakuum	$p \approx$	1 ... 10^{-3} mbar
Hochvakuum	$p \approx$	10^{-3} ... 10^{-7} mbar
Ultrahochvakuum	$p <$	10^{-7} mbar

unterteilt ist und der sich über 15 Zehnerpotenzen erstreckt, kann man nicht mit einem einzigen Meßgerät überstreichen. Über die in den einzelnen Meßbereichen verwendeten Meßgeräte gibt Tabelle 16.12 einen Überblick. In dieser Tabelle sind nur solche Gerätearten angeführt, die in der Praxis weitverbreitet sind. Darüber hinaus gibt es noch eine ganze Reihe anderer Vakuummeßgeräte, die z.T. auch andere physikalische Größen zur Druckmessung ausnützen (z.B. Reibungsvakuummeter), deren Verwendung allerdings im wesentlichen auf Spezialfälle und Laboratorien beschränkt geblieben ist.

11 Vakuummeßgeräte und Lecksuchgeräte

Die in Tabelle 16.12 angegebenen Gerätearten messen den Gesamtdruck [63]. Sogenannte Partialdruckmeßgeräte (s. Abschnitt 11.6), die im wesentlichen Ionisationsvakuummeter mit Einrichtungen zur Trennung der einzelnen Ionenarten sind, können auch die Partialabdrücke der Komponenten eines Gasgemisches messen.

11.2 Mechanische Vakuummeter

11.2.1 Prinzip und Einteilung

Bild 11.1 zeigt das Schema der direkten Druckmessung. Die Membran M mit der Fläche A trennt zwei Räume 1 und 2, in denen die Gasdrücke p_1 und p_2 herrschen. Dann wirkt nach Gl. (2.1) auf die Membran die Kraft

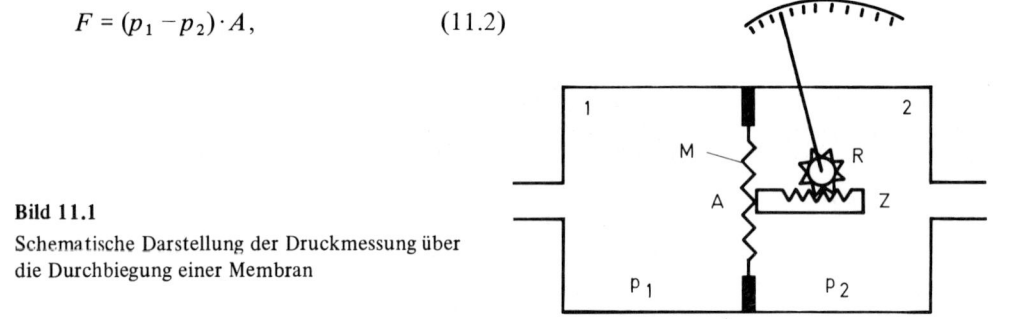

$$F = (p_1 - p_2) \cdot A, \qquad (11.2)$$

Bild 11.1
Schematische Darstellung der Druckmessung über die Durchbiegung einer Membran

die zu einer Durchbiegung der Membran führt. Wandelt man den Verschiebungsweg x — im Schema des Bildes 11.1 im einfachsten Fall durch Zahnstange Z und Ritzel R — in eine Winkeldrehung φ um, so erhält man ein die Druckdifferenz $(p_1 - p_2)$ direkt anzeigendes Meßgerät. Wird Raum 2 auf einen Druck $p_2 \ll p_1$ evakuiert, so gibt die Anzeige des Vakuummeters den Druck p_1 in Raum 1 direkt an.

Mechanische Vakuummeter auf dieser oder ähnlicher Basis sowie alle Flüssigkeitsvakuummeter (Abschnitt 11.3) messen grundsätzlich die Differenz zwischen zwei Drücken, wobei einer dieser beiden Drücke vernachlässigbar gering sein kann. Der prinzipielle Unterschied zwischen mechanischen und Flüssigkeitsvakuummetern besteht darin, daß die Empfindlichkeit eines mechanischen Vakuummeters durch Kalibrieren festgestellt werden muß, wogegen die Empfindlichkeit eines Flüssigkeitsvakuummeters durch die Dichte der die beiden Räume trennenden Flüssigkeit bestimmt ist. Direkt messende Vakuummeter sind dadurch charakterisiert, daß ihre Anzeige *unabhängig von der Gasart* ist.

Die gebräuchlichsten Geräte dieser Klasse lassen sich auf Grund der gegenseitigen Zuordnung von Meßwertaufnehmer und Vergleichsdruck in vier verschiedene Gruppen unterteilen.
a) Der Vergleichsdruck ist der jeweilige Atmosphärendruck. Der Meßwertaufnehmer befindet sich ebenfalls auf der Atmosphärendruckseite (Abschnitt 11.2.2).
b) Der Vergleichsdruck ist Null. Der Meßwertaufnehmer befindet sich in dem Teil, der mit dem Raum verbunden ist, in dem der Druck gemessen werden soll (Abschnitt 11.2.3).
c) Der Vergleichsdruck ist Null. Der Meßwertaufnehmer befindet sich in dem Raum mit dem Vergleichsdruck Null (Abschnitt 11.2.4).
d) Der Raum für den Vergleichsdruck und den Druckaufnehmer ist mit einer Pumpleitung versehen, so daß in diesem Raum entweder über eine zusätzliche Pumpe ein Vergleichsdruck Null oder ein beliebiger Vergleichsdruck eingestellt werden kann (Abschnitt 11.2.5).

11.2.2 Röhrenfedervakuummeter (Meßbereich 1013 ... 10 mbar)

Ein typischer Vertreter der Gruppe a) ist das in Bild 11.2 dargestellte Röhrenfeder- oder Bourdonvakuummeter. Das Innere eines kreisförmig gebogenen Rohres R wird an den Raum angeschlossen, in dem der Druck gemessen werden soll. Nimmt der Druck im Innern des Rohrs R ab, so wird es unter der Wirkung des äußeren Luftdrucks zusammengedrückt. Die damit verbundene Wegänderung wird über ein Hebelsystem H auf einen Zeiger Z übertragen, der den Meßwert unmittelbar auf einer am Manometer angebrachten Skala anzeigt. Die Anzeige der Geräte dieser Gruppe ist abhängig vom äußeren Luftdruck (Wetteränderung, Höhe des Aufstellungsorts); dieser Fehler kann dadurch korrigiert werden, daß die Skala um die Zeigerachse verdreht werden kann. Röhrenfedervakuummeter sind relativ robust und weitgehend korrosionsbeständig, weil nur das Innere der Bourdonröhre mit dem Gas in Berührung kommt, dessen Druck gemessen wird.

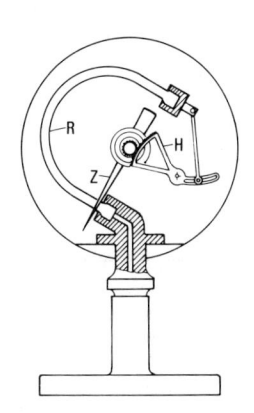

Bild 11.2
Röhrenfedervakuummeter nach Bourdon
a) Schnitt; b) Ansicht

11.2.3 Kapselfedervakuummeter (Meßbereich 1013 ... 10 mbar)

Um vom äußeren Luftdruck unabhängig zu sein, wurde das Kapselfedervakuummeter geschaffen. Eine aus einer festen Wand und einer Wellmembran oder aus zwei Wellmembranen gebildete Dose wird evakuiert und vakuumdicht verschlossen. Der gegenseitige Abstand der beiden Wände wird entsprechend ihrer eigenen Federkraft bzw. durch eine eingebaute Druckfeder mit abnehmendem äußeren Druck größer. Diese Verschiebung ist die Meßgröße, die von einem geeigneten Meßwertaufnehmer in eine Anzeige umgewandelt wird. Bei dem in Bild 11.3 dargestellten Gerät erfolgt die Meßwertübertragung ähnlich wie beim Bourdonvakuummeter über ein Hebelsystem. Der Meßwertaufnehmer und die Anzeige befinden sich in dem Raum, in dem der Druck gemessen werden soll. Der Vorteil dieser Geräte liegt vor allem darin, daß der „Weg" weitgehend proportional dem Druck ist, ihr Nachteil liegt darin, daß sie unbrauchbar werden, wenn korrodierende oder kondensierende Gase in das Meßwerk gelangen. Derartige Meßsysteme sind für die Meßbereiche 1000 mbar, 100 mbar und 20 mbar Vollausschlag gebräuchlich.

Es ist grundsätzlich möglich, die Meßgenauigkeit eines solchen Geräts in einem bestimmten Druckbereich dadurch zu verbessern, daß ein empfindliches Dosensystem mit einem Gas vorgegebenen Drucks gefüllt wird. So ist es beispielsweise möglich, im Druckbereich von 100 bis 110 mbar mit einer Unsicherheit von 1 % abzulesen. Der Nachteil dieser Handhabung liegt aber darin, daß der Druck des Gases in der Membrandose temperaturab-

11 Vakuummeßgeräte und Lecksuchgeräte

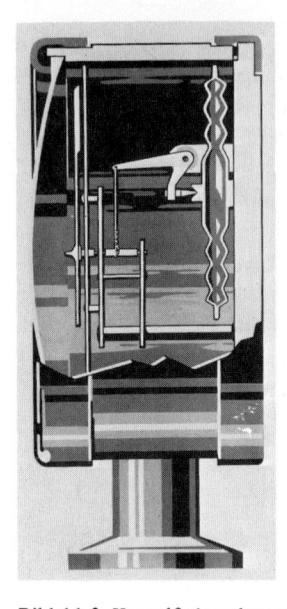

Bild 11.3 Kapselfedervakuummeter

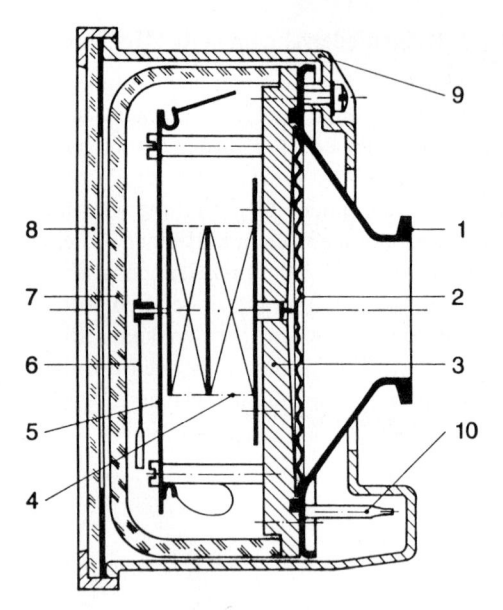

Bild 11.4 Schnitt durch ein Membranvakuummeter (schematisch)
1 Anschlußflansch und Gaszutritt, 2 Membran, 3 Grundplatte, 4 Übertragungssystem der Membrandeformation, 5 Skalenscheibe, 6 Zeiger, 7 vakuumdicht abschließende Glaskappe, 8 Frontplatte als Teil des Gehäuses 9, 10 Evakuierungsstutzen.

hängig ist; aus Gl. (11.1) folgt, daß eine Temperaturänderung $\Delta T = 3$ K eine relative Unsicherheit in der Druckanzeige von etwa 1 % zur Folge hat.

Der Aufbau des Kapselfedervakuummeters findet sich etwas abgewandelt im Membrandruckschalter wieder (s. Abschnitt 11.2.7).

11.2.4 Membranvakuummeter (Meßbereich 1013 ... 1 mbar)

Wenn man Raum 2 des in Bild 11.1 dargestellten Systems auf den Druck $p = 0$ evakuiert und vakuumdicht verschließt, so erhält man ein Membranvakuummeter, das weitgehend alle Forderungen erfüllt: Die Anzeige ist unabhängig von der Temperatur und dem äußeren Luftdruck, der Meßwertaufnehmer und die Anzeige befinden sich nicht in Verbindung mit dem zu messenden Gas. Ein Gerät dieser Art ist daher weitgehend korrosionsbeständig, weil keine empfindlichen Teile mit dem zu messenden Gas in Berührung kommen. Lediglich die Wellmembrane, die aus einer Kupfer-Beryllium-Legierung hergestellt ist, muß im Falle erhöhter Anforderungen einseitig, beispielsweise durch eine Goldschicht, gegen Korrosion geschützt werden.

Wie bereits in Abschnitt 11.2.3 erwähnt, ist die Durchbiegung einer Wellmembran der Druckdifferenz weitgehend proportional. Damit ist die Skala eines solchen Vakuummeters bei einer proportionalen Umsetzung von Weg in Anzeige linear. Da es jedoch in vielen Fällen erstrebenswert ist, die Anzeige bei niedrigen Drücken zu spreizen, wird bei dem beschriebenen Membranvakuummeter vielfach ein zusätzlicher Kunstgriff angewendet: Bei Druckgleichheit auf beiden Seiten der gewellten Membran, d.h. bei niedrigen Drücken, steht die ganze Membranfläche zur Druckaufnahme zur Verfügung. Mit zunehmendem Druck legt

11.2 Mechanische Vakuummeter 11.2.4

Bild 11.5
Frontplatte eines serienmäßigen Membran-Vakuummeters mit gespreizter Skala

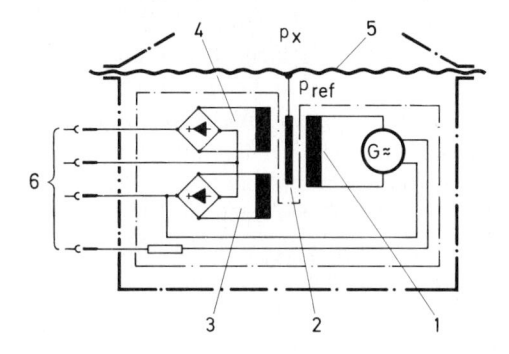

Bild 11.6
a) Membranvakuummeter zur Fernanzeige mit induktivem Wegaufnehmer. p_{ref} Bezugsdruck; p_x Meßdruck; $p_{ref} \ll p_x$. 1, 3, 4 Differentialtransformator. 2 ferromagnetischer Tauchstift; 5 Membran; 6 elektrische Anschlüsse.

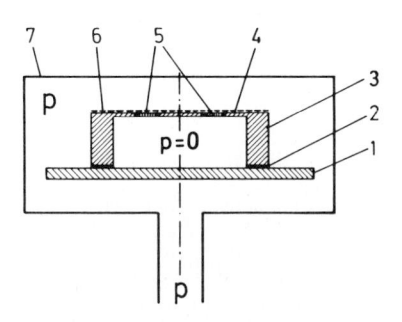

b) Membranvakuummeter zur Fernanzeige mit piezoresistivem Aufnehmer. 1 Silizium-Grundplatte; 2 Cu-Si vakuumdichte Verschmelzung; 3 Kappe aus n-Silizium; 4 Membran; 5 in die Membran eindiffundierte Widerstandsbrücke aus p-Silizium mit Anschlußdrähten; 6 Flexible Schutzschicht; 7 Gehäuse.

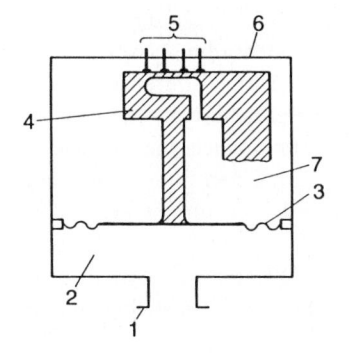

c) Membranvakuummeter mit Dehnungsmeßstreifen.
1 Anschlußflansch
2 Meßvolumen
3 Membran
4 Biegebalken
5 Dehnungsmeßstreifen
6 Gehäuse
7 Volumen mit Vergleichsdruck $p = 0$

sich im Bereich 10 ... 15 mbar die erste Welle der Membran an die Grundplatte, die eine entsprechende Kontur aufweist, an (Bild 11.4). Die Membranfläche wird dadurch kleiner, die Membransteifigkeit größer, und damit wird die Empfindlichkeit kleiner. Die Membranfläche wird dann im Bereich 50 ... 60 mbar durch Anlegen der nächsten Welle an die Grundplatte nochmals verkleinert. Dieser Vorgang wiederholt sich ein drittes Mal im Bereich 150 ... 200 mbar. Durch diesen Kunstgriff erreicht man, eine über einen weiten Druckbereich gespreizte Skala, so daß bei einer Ableseunsicherheit von ± 1 % der Skalenlänge die Meßunsicherheit im Druckbereich 1 ... 10 mbar nur 0,2 ... 0,3 mbar beträgt (Bild 11.5).

Membranvakuummeter in der beschriebenen Art eignen sich in besonderem Maße für den Einsatz von elektrischen Meßwertaufnehmern. Mögliche Lösungen sind der *kapazitive Weg*aufnehmer, auf den in Abschnitt 11.2.5 eingegangen wird, und die in Bild 11.6a und b dargestellten Aufnehmer. In jedem Fall erhält man ein elektrisches Signal, das — falls nötig — elektronisch linearisiert und fernübertragen werden kann. Bei dem im Bild 11.6a dargestellten *induktiven Weg*aufnehmer ragt ein ferromagnetischer Stift mehr oder weniger weit in eine Differentialtransformatorspule hinein, es entsteht ein der Durchbiegung der Membran proportionales Signal. Bild 11.6b zeigt einen *piezo-resistiven* Meßwertaufnehmer. Meßelement ist dabei eine Silizium-Membran, in die druck-/zug-empfindliche Leiterschichten in Form einer Widerstandsbrücke eindiffundiert sind. Die Brücke ist bei $p < 1$ mbar abgeglichen. Die Änderung des Gasdrucks bewirkt eine Verformung der Silizium-Membran und eine aus der daraus resultierende Widerstandsänderung folgende Verstimmung der Brücke. Das elektronisch linearisierte Signal ist proportional zum Absolutdruck und sowohl vom äußeren Luftdruck als auch von der Gasart unabhängig. Der Meßkopf zeichnet sich durch ein sehr kleines Meßvolumen von nur 1 cm^3 aus; der Meßbereich reicht von 1013 bis 1 mbar. Das verstärkte Signal kann auch zu Betätigung eines Schreibers oder zum Auslösen von Schalt- und Steuervorgängen in automatischen Anlagen verwendet werden.

In einer neueren Konstruktion (Bild 11.6c) wird die Membranauslenkung auf einen Biegebalken (4) übertragen, auf dem Dehnungmeßstreifen angebracht sind, die in Brückenschaltung das elektrische Ausgangssignal liefern. Die Anordnung erlaubt präzise Druckmessungen im Bereich 0 ... 2000 mbar. Industriell gefertigte Geräte sind mit digitaler Druckanzeige ausgestattet.

11.2.5 Membran-Differenzdruck-Vakuummeter mit hoher Empfindlichkeit

Ein Membran-Differenzdruck-Aufnehmer, wie er in Bild 11.1 schematisch dargestellt ist, kann bei Verwendung geeigneter Wegaufnehmer sehr empfindlich gemacht werden. Besonders geeignet für diesen Zweck sind kapazitive Wegaufnehmer, wie in Bild 11.7 gezeigt. Bei Auslenkung der Membran vergrößert sich die Kapazität auf der Seite mit dem niedrigen Druck, wogegen sich die Kapazität auf der Seite mit dem höheren Druck verkleinert. Diese doppelte Kapazitätsänderung kann mit Hilfe geeigneter Kapazitätsmeßbrücken mit so großer Genauigkeit gemessen werden, daß Wegänderungen bis in die Größenordnung von 10^{-9} m noch erfaßt werden können. Geräte dieser Art sind in der Lage, Druckdifferenzen bis zu 10^{-6} mbar — im Bereich niedriger Drücke allerdings mit großer Meßunsicherheit — zu messen. Bei dieser Empfindlichkeit ist es jedoch im allgemeinen nicht mehr möglich, die Vergleichsseite hermetisch zu verschließen; sie muß vielmehr mit einem zusätzlichen Pumpsystem auf einen meßbaren Druck evakuiert werden, um zu erreichen, daß der Druck auf der Vergleichsseite immer klein gegen den zu messenden Druck ist.

Membranvakuummeter dieser Art werden häufig auch als Differenzdruck-Meßgeräte eingesetzt, wenn die Aufgabe besteht, einen unbekannten Druck mit einem einstellbaren und bekannten Druck zu vergleichen.

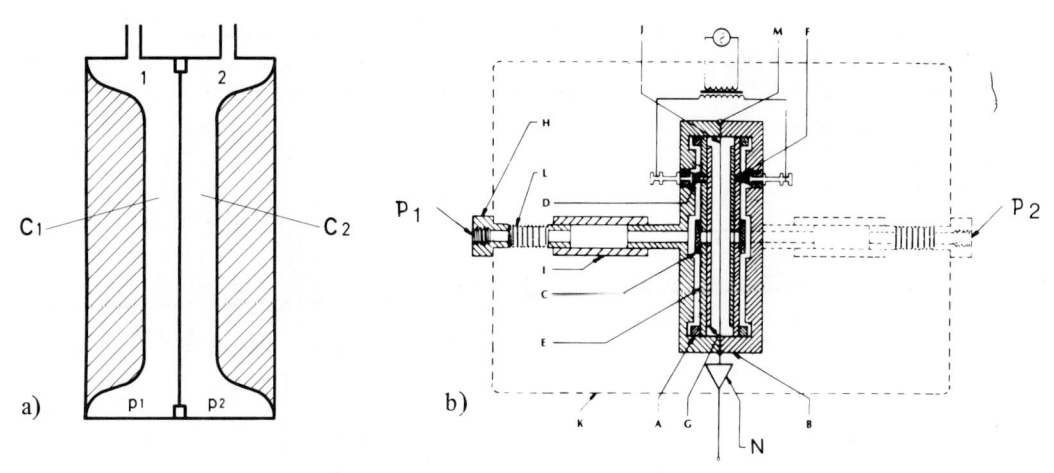

Bild 11.7 Membranvakuummeter mit kapazitiven Wegaufnehmer
a) Prinzip; b) Aufbau einer Meßzelle [21]
A Halterung, B hermetisch verschlossenes Gehäuse, C Filter, D Kontaktdraht, E keramischer Elektrodenträger, F Ende der Beschichtung, G Metallschicht (Elektrode), H Anschluß für Gaseinlaß, 1 keramisches Verbindungsstück, J Membran, K Außengehäuse, L Zugentlastung, M Schweißnaht, N Impedanzwandler, p_1 Eingangsdruck, p_2 Eingangsdruck, wenn die Zelle zum Messen von Druckdifferenzen verwendet wird.

11.2.6 Reibungsvakuummeter mit rotierender Kugel

Die dynamische Viskosität der Gase hängt im Gebiet niedriger Drücke vom Gasdruck bzw. von der Teilchenanzahldichte ab (vgl. hierzu Abschnitt 2.5.2). Daher wurde schon frühzeitig versucht, die Gasreibung zur Messung des Gasdrucks heranzuziehen. Im einfachsten Fall [27] wurde ein Quarzfaden im Vakuumgefäß in Schwingungen versetzt und deren Dämpfung gemessen. In einer komplizierteren Anordnung [28] wurde eine an einem feinen Torsionsfaden aufgehängte kreisrunde Scheibe durch eine darunter angeordnete rotierende Scheibe gleicher Geometrie durch die Gasreibung mitgenommen, bis das Verdrillungsmoment gleich dem Reibungsmoment ist; der Verdrehungswinkel ist dann ein Maß für den Gasdruck. Beide Anordnungen haben sich als praktisch wenig brauchbar erwiesen. Erst ein Vorschlag von Beams [29], die bremsende Wirkung der Gasreibung auf eine magnetisch frei aufgehängte rotierende Kugel zu messen, führte durch die daran anknüpfenden Arbeiten von Fremerey et al. [30 ... 37] zu einem Meßgerät, das zuverlässige Absolutdruckmessungen im Bereich einige mal 10^{-7} mbar bis etwa $2 \cdot 10^{-2}$ mbar gestattet und sogar als Transferstandard geeignet ist (s. Tabelle 11.3).

11.2.6.1 Meßanordnung und Meßprinzip

In Bild 11.2.6.1a ist die schematische Anordnung der wesentlichen Teile des Meßprinzips, in Bild 11.2.6.1b ein Schnitt durch den Meßkopf unter Weglassung einiger Teile dargestellt. In einem an das Vakuumgefäß angeflanschten Rohr (2) (Länge $l \approx 60$ mm, Durchmesser $D_i = 7,5$ mm) rotiert eine Kugellagerkugel (1) ($d_K = 2r_K = 4,5$ mm); sie ist in dem inhomogenen Magnetfeld der Permanentmagnete (3) und der Spulen (4) frei schwebend aufgehängt. Durch geregelte Einspeisung sorgen die Spulen (4) für vertikale Stabilisierung, ebenso vier nicht gezeichnete Spulen für Horizontalstabilisierung. Vier Antriebsspulen (5) erzeugen ein in der horizontalen Ebene mit der Frequenz $f_0 = 425 \, \text{s}^{-1}$ umlaufendes Drehfeld, das die

11 Vakuummeßgeräte und Lecksuchgeräte

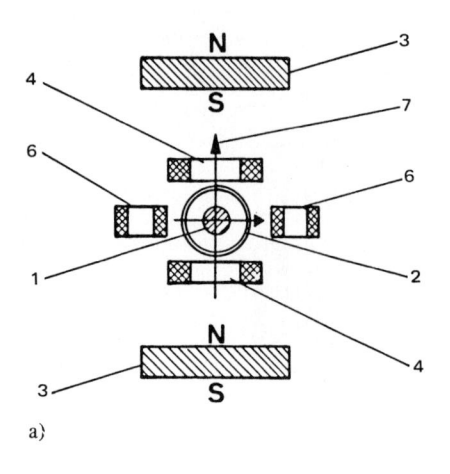

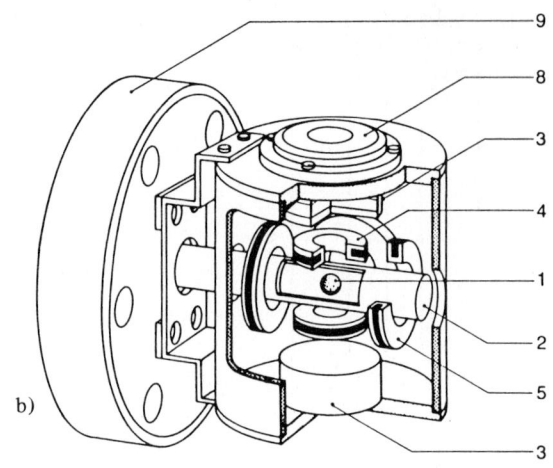

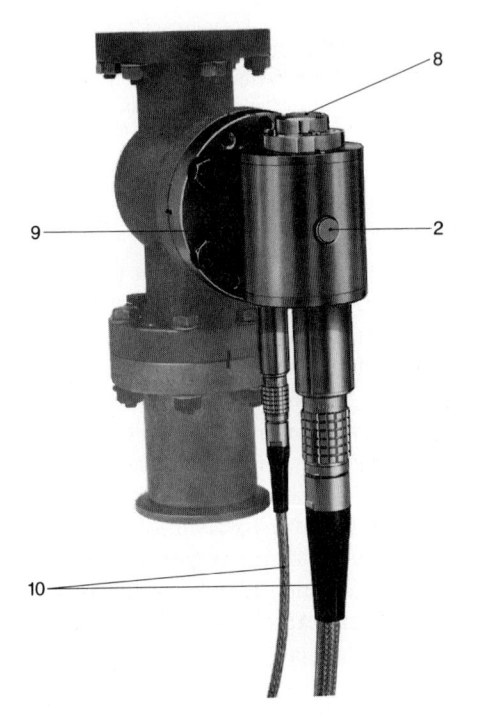

Bild 11.2.6.1
a) Schema, b) Schnitt durch den Meßkopf des Reibungsvakuummeters, c) Technische Ausführung des Meßkopfes mit Anschlüssen

1. Kugel, $d_K = 2\,r_K = 4{,}5$ mm ϕ, Kugellagerkugel
2. Vakuumrohr, Innendurchmesser $D_i = 7{,}5$ mm, Länge $l \cong 60$ mm
3. Zwei Permanentmagnete, Kraftflußdichte am Ort der Kugel $B = 0{,}05$ T
4. Zwei Vertikal-Stabilisierungsspulen
5. Vier Antriebsspulen, in a) nicht eingezeichnet, die vordere wurde in b) nicht eingezeichnet
6. Zwei Aufnehmerspulen
7. Rotationsachse
8. Libelle zur Auslotung der Anordnung
9. Anschlußflansch
10. Kabelverbindungen zum Betriebs- und Anzeigegerät (Bild 11.2.6.1 c)

Nicht eingezeichnet: Vier Querstabilisierungsspulen

Kugel um die vertikale Achse (7) auf die Anfangsdrehfrequenz f_0 antreibt. Nach Erreichen dieser Drehfrequenz wird das Drehfeld abgeschaltet, die Kugel läuft dann gemäß der auf sie wirkenden Bremsmomente langsam aus. Durch die herrschenden Magnetfelder erhält die Kugel eine Magnetisierung. Sie ist wegen der magnetischen Härte des Stahls inhomogen und erzeugt ein dem Erdmagnetfeld in seiner Konfiguration ähnliches Außenfeld. Dieses Feld ist — wegen der genannten Inhomogenität azimutal nicht konstant und induziert daher in zwei in der Horizontalebene liegenden Aufnehmerspulen (6) eine Wechselspannung der Drehfrequenz f der Kugel. Sie ist relativ klein und nimmt — da proportional zu f — mit der Bremsung ab. Damit das Meßsignal innerhalb der Bremsphase nicht zu unterschiedliche Werte annimmt, erfolgt die Messung nur in einem relativ kleinen Frequenz-Bereich $f_0 = 425$ s^{-1} bis $f \approx 340$ s^{-1}.

11.2.6.2 Bremsung durch Gasreibung

Befindet sich im Rohr (2) ein Gas vom Druck $p = nkT$ (n Teilchenanzahldichte), so trifft auf jedes Flächenelement dA der Kugeloberfläche ein Teilchenstrom nach Gl. (2.57) $dI_N = \frac{n\bar{c}}{4} dA$. Bei der Wechselwirkung mit der Oberfläche (kurzdauernde Adsorption) erhält jedes Teilchen von der „bewegten Wand" (rotierenden Kugeloberfläche) einen Impuls $P_a = a_p \cdot m_a \cdot v_O$ übertragen, wenn v_O die Tangentialgeschwindigkeit des betrachteten Flächenelements dA und a_P der tangentiale Impulsakkommodationsfaktor (vgl. Abschnitt 2.5.2) sind. Ein gleich großer „bremsender" Reaktionsimpuls wird auf die Kugel übertragen, auf dA wirkt daher die Bremskraft $dF = P_a dI_N = (a_P m_a v_O) \cdot \left(\frac{n\bar{c}}{4} dA \right)$ und ein entsprechendes Bremsmoment dT.

Die Kugelzone zwischen φ und $\varphi + d\varphi$ (φ = „geographische Breite") hat die Fläche $dA = 2\pi r_K \cos\varphi \cdot r_K d\varphi$ und die Geschwindigkeit $v_O = 2\pi f r_K \cos\varphi$. Sie erfährt durch die auftretenden Teilchen die Bremskraft $dF = \left(a_P \frac{n\bar{c}}{4} m_a \right) \cdot (2\pi f r_K \cos\varphi) \cdot (2\pi r_K \cos\varphi \cdot r_K d\varphi)$ und das bremsende Drehmoment $dT = r_K \cos\varphi \cdot dF$.

Die Integration von dT über die Kugeloberfläche ergibt dann mit $n\bar{c}m_a = 8p/\pi\bar{c}$ und $4\pi r_K^3/3 = V_K$ das vom Gas herrührende Bremsmoment

$$T_{Brems} = \frac{8a_P}{\bar{c}} r_K V_K f p. \tag{11.2.6.1}$$

Gl. (11.2.6.1) setzt voraus, daß die auf die Kugel treffenden Teilchen eine ungestörte Geschwindigkeitsverteilung besitzen (nur dann gilt Gl. (2.57)), inbesondere, daß dieser Verteilung keine Driftgeschwindigkeit überlagert ist. Ist der Druck im Rohr (2) genügend klein, dann stoßen die Teilchen, die beim Stoß auf die Kugel einen Zusatzimpuls erhalten haben, auf die Rohrwand, akkommodieren dort (vgl. dazu 11.2.6.5) und werden mit einer der Wandtemperatur T_W entsprechenden Verteilung reemittiert. Die mittlere Geschwindigkeit in Gl. (11.2.6.1) ist dann $\bar{c} = \sqrt{8kT_W/\pi m_a}$. Dieser Vorgang wird sich in der geschilderten Weise abspielen, solange die mittlere freie Weglänge $\bar{l}$ der Teilchen größer als die Gefäßdimensionen, also abschätzend $\bar{l} \geqslant D_i = 7{,}5$ mm, ist. Tabelle 16.6 gibt als Größenordnung für die Werte $\bar{l}p \approx 7{,}5 \cdot 10^{-5}$ m · mbar. Gl. (11.2.6.1) wird also bis zu Werten $p \approx 10^{-2}$ mbar sicher gelten.

Bei höheren Drücken wird das Gas zunehmend in eine Schichtströmung um die Kugel übergehen, die letzten Stöße der Teilchen vor dem Stoß auf die Kugeloberfläche erfolgen in einer rotierenden Gasschicht (Driftgeschwindigkeit, Abschnitt 2.5.2), und der bremsende Impulsübertrag und das Bremsmoment werden kleiner sein als man nach Gl. (11.2.6.1) berechnet. Manche Autoren [36, 39] verwenden im Grenzfall $\bar{l} \ll D_i$ für das Bremsmoment die druckunabhängige Gleichung

$$T_{Brems} = 8\pi\eta r_K^3 \omega = 12\pi\eta V_K f, \tag{11.2.6.2}$$

wie sie von Stokes [40] für die Rotation einer Kugel in einem unendlich ausgedehnten fluiden Kontinuum abgeleitet worden ist, übersehen aber dabei, daß Gl. (11.2.6.2) nur für Reynoldszahlen $Re \ll 1$ gilt, und daß diese Voraussetzung für die Betriebsdaten eines Reibungsvakuummeters ($Re \approx 8$) bei weitem nicht erfüllt ist (detaillierte Ausführungen hierzu bei Lamb [41].

Die Abbremsung der Kugel durch die Gasreibung berechnet sich nun – wenn $\theta = \frac{2}{5} m_K \cdot r_K^2$ das Trägheitsmoment der Kugel (Masse m_K) um ihre Schwerpunktachse ist – aus der Gleichung

$$\frac{d}{dt}(\theta \omega) = \theta \frac{d\omega}{dt} + \omega \frac{d\theta}{dt} =$$

$$= \frac{4\pi}{5} m_K r_K^2 \frac{df}{dt} + \frac{8\pi}{5} m_K f r_K \frac{dr_K}{dt} \qquad (11.2.6.3)$$

$$= -T_{Brems} - T_{Rest} .$$

T_{Brems} ist das Bremsmoment nach Gl. (11.2.6.1), T_{Rest} das druckunabhängige Restbremsmoment (Abschn. 11.2.6.4). T_{Rest} und das Glied mit $\frac{dr_K}{dt}$ in Gl. (11.2.6.3) sollen zunächst unberücksichtigt bleiben und erst in Abschnitt 11.2.6.4 bzw. 11.2.6.5 diskutiert werden. Dann folgt aus Gl. (11.2.6.3) mit Gl. (11.2.6.1) für die zeitliche Abnahme der relativen Drehfrequenz der Kugel

$$-\frac{1}{f}\frac{df}{dt} = \frac{10}{\pi} \frac{a_P}{r_K \rho_K} \frac{1}{c} p . \qquad (11.2.6.4)$$

Dabei ist ρ_K die Massendichte der Kugel. Wir wollen im folgenden die „Kugelkonstante"

$$K = \frac{\pi}{10} r_K \rho_K \qquad (11.2.6.5)$$

einführen, und die Größe

$$-\frac{1}{f}\frac{df}{dt} =: \mathscr{V} \qquad (11.2.6.6)$$

setzen und „Verzögerung" nennen. Damit wird Gl. (11.2.6.4)

$$K \mathscr{V} = \frac{p}{c} a_P . \qquad (11.2.6.7)$$

Der tangentiale Impulsakkommodationsfaktor a_P an der Oberfläche glatter Kugellagerkugeln hängt geringfügig sowohl vom Druck wie von der Gasart ab, Bild 11.2.6.2 zeigt diese Abhängigkeit. Tab. 11.2.6.1 gibt zusätzlich Information über die Variation von a_P von Kugel zu Kugel. Man sieht, daß a_P nur um einige Prozent von eins abweicht, daß diese Abweichung für genaue Messungen jedoch zu berücksichtigen ist. Präzisionsmessungen [38] an einer größeren Anzahl Kugeln haben allerdings gezeigt, daß sich der individuelle a_P-Wert auch über mehrere Jahre nicht ändert, so daß eine „kalibrierte" Kugel als Transferstandard – unabhängig vom Meßgerät – geeignet ist [39].

Die mittlere Geschwindigkeit $\bar{c}$ der Gasteilchen in einem reinen Gas hängt von deren Masse m_a (bzw. der relativen Molekülmasse M_r) sowie von der Gastemperatur T_g ab, darüber hinaus von der Verteilungsfunktion. Darauf wird in Abschnitt 11.2.6.5 noch eingegangen. In

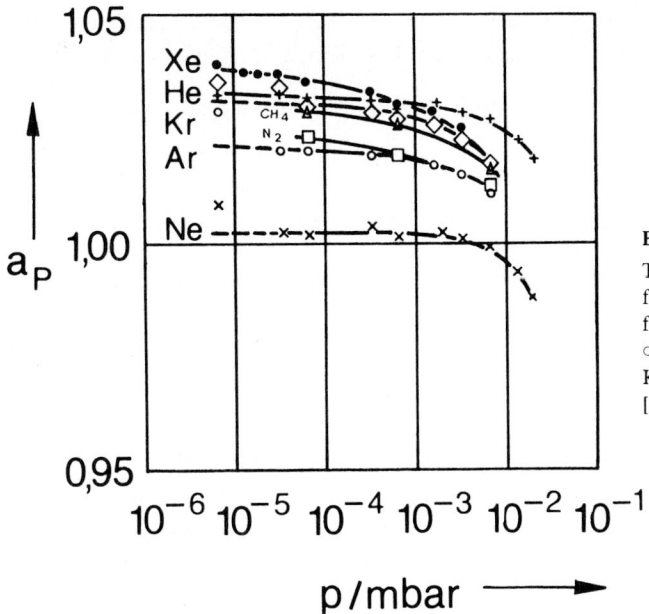

Bild 11.2.6.2
Tangentialer Impulsakkommodationsfaktor a_P als Funktion des Drucks für verschiedene Gase (+ He, x Ne, ○ Ar, ◊ Kr, ● Xe, □ N_2, △ CH_2). Kugel Nr. 101. (Nur als Richtlinie) [25].

Tabelle 11.2.6.1 Tangentialer Impulsakkommodationsfaktor a_P für verschiedene Kugellagerkugeln in Argon

Druck	Kugel Nr.			
10^{-5} mbar	100	101	102	103
6,7	1,013	1,020	1,007	1,007
67	1,013	1,018	1,006	1,004
670	1,008	1,011	0,996	0,995

Statistische Unsicherheit $u = 0,005$

einem Gasgemisch von n Komponenten mit den Volumenanteilen $\chi_i = V_i/V$ mit $\sum_{1}^{n} \chi_i = 1$ lautet Gl. (11.2.6.7)

$$K \mathscr{V} = p \sum_{1}^{n} \frac{a_{P,i} \chi_i}{\bar{c}_i}, \qquad (11.2.6.7\mathrm{a})$$

wobei p der Totaldruck des Gasgemisches ist. Sind die Größen K, $a_{P,i}$, χ_i, $\bar{c}_i$ bekannt und wird die Verzögerung $\mathscr{V}$ der Kugel gemessen, so stellt diese Messung eine *Absolutdruckmessung* dar.

11.2.6.3 Durchführung der Messung

Zur Messung von $\mathscr{V}$ könnte man naheliegenderweise die Umdrehungszahlen der Kugel in gleichen aufeinanderfolgenden Zeitintervallen messen. Meßtechnisch günstiger ist die Vorgabe einer festen Umdrehungszahl $N°$ und die Messung aufeinanderfolgender Zeitintervalle

$\tau_1 < \ldots \tau_i < \tau_{i+1} < \ldots \tau_n$, die während jeweils $N°$ Umdrehungen vergehen. Gemäß der Definition der Drehfrequenz $f = dN/dt \approx N°/\tau$ sind dann die (mittleren) Frequenzwerte in zwei aufeinanderfolgenden Zeitintervallen

$$f_i = \frac{N°}{\tau_i} \text{ und } f_{i+1} = \frac{N°}{\tau_{i+1}}. \tag{11.2.6.8}$$

Gl. (11.2.6.6) lautet in Differenzform $-\Delta f = \mathscr{V} \bar{f} \, \bar{\tau} = \mathscr{V} N°$, so daß

$$f_i - f_{i+1} = \frac{N°}{\tau_i} - \frac{N°}{\tau_{i+1}} = \mathscr{V} N°$$

wird und die Verzögerung $\mathscr{V}$ sich zu

$$\mathscr{V} = \frac{1}{\tau_i} - \frac{1}{\tau_{i+1}} = \frac{\tau_{i+1} - \tau_i}{\tau_i \cdot \tau_{i+1}} = \frac{\Delta \tau_i}{\tau_i \cdot \tau_{i+1}} \tag{11.2.6.9}$$

als Differenz der Reziprokwerte zweier aufeinanderfolgender Zeitintervalle ergibt. Diese werden mit einer Quarzuhr (Frequenz etwa 10 MHz) gemessen, ein im Betriebsgerät eingebauter Rechner bildet daraus die $\mathscr{V}$-Werte. Die vorzugebende Umdrehungszahl $N°$ ist dabei so zu wählen, daß bei höheren Drücken eine genügende Anzahl n Intervalle gemessen werden kann, und bei niedrigen Drücken die $\Delta \tau_i$-Werte wegen der Meßunsicherheiten (Abschnitt 11.2.6.5) genügend groß werden.

Bild 11.2.6.3 Frontansicht des Betriebs- und Anzeigegeräts

Beispiel 11.2.6.1: Im Gasreibungsvakuummeter Viscovac (Bilder 11.2.6.1c und 11.2.6.3) werden Kugellagerkugeln verwendet mit den mittleren Werten $r_K = 2{,}25 \cdot 10^{-3}$ m und $\rho_K = 7{,}726 \cdot 10^3$ kgm^{-3} (bei 23 °C). Für diese Kugeln ist nach Gl. (11.2.6.5) die Kugelkonstante $K = 5{,}4612$ kg m^{-2}. Für Argon der Temperatur $\vartheta = 23$ °C ist (Tabelle 16.5 und Gl. (2.55)) $\bar{c} = 396$ m s^{-1}. Wählt man für das Beispiel $ap = 1$, so wird nach Gl. (11.2.6.7) $p = 2162{,}7$ Pa · s · $\mathscr{V}$. Tabelle 11.2.6.2 zeigt die Meßwerte von $n = 20$ aufeinanderfolgenden Umdrehungszeiten τ_i für eine vorgewählte Umdrehungszahl $N° = 1200$. Bei einer Anfangsdrehfrequenz $f_0 = 400$ s^{-1} ist eine Umdrehungszeit $\tau_0 = 3$ s zu erwarten. Die Messung beginnt erst bei einer Umdrehungszeit $\tau_1 = 3{,}06$ s, was einem „Vorlauf" ohne Registrierung der Meßwerte entspricht. In Tabelle 11.2.6.2 sind die Differenzwerte $\Delta \tau_i$[1]) gebildet; wie man sieht, streuen sie um einen Mittelwert $\overline{\Delta \tau_i} = 267{,}74$ µs mit einer Standardabweichung des Einzelwerts

$$s_{\Delta \tau_i} = \left[\Sigma (\Delta \tau_i - \overline{\Delta \tau_i})^2 / (n-1) \right]^{1/2} = 2{,}47 \text{ µs}$$

---

[1]) Die $\Delta \tau_i$-Werte nehmen (theoretisch) zeitlich ab. Diese Abnahme ist aber nach Ausweis der Meßtabelle kleiner als die Zufalls-Streuung der Meßwerte. Daher kann das übliche Verfahren zur Schätzung der Standardabweichung angewendet werden.

11.2 Mechanische Vakuummeter 11.2.6

Tabelle 11.2.6.2 Auswertung einer Messung mit dem Gasreibungsvakuummeter.

i	$\tau_i/\mu s$	$\dfrac{\Delta\tau_i}{\mu s}$
1	3060655	
		266
2	3060921	
		8
3	3061189	
		5
4	3061454	
		7
5	3061721	
		4
6	3061985	
		8
7	3062253	
		5
8	3062518	
		7
9	3062785	
		5
10	3063050	
		8
11	3063318	
		8
12	3063586	
		9
13	3063855	
		74
14	3064129	
		71
15	3064400	
		71
16	3064671	
		66
17	3064937	
		9
18	3065203	
		9
19	3065475	
		7
20	3065742	

Argon $\vartheta = 23\,°C$
$\overline{c} = 396\,\text{m s}^{-1}$
$K = 5{,}46\,\text{kg m}^{-2}$
$a_P = 1$
$N° = 1200$
$\overline{\Delta\tau_i} = 267{,}74\,\mu s$
$s_{\Delta\tau_i} = 2{,}47\,\mu s$
$s_{\overline{\Delta\tau_i}} = 0{,}57\,\mu s$
$\mathscr{V} = 28{,}53 \cdot 10^{-6}\,\text{s}^{-1}$
$K\overline{c}/a_P = 2162{,}7\,\text{Pa} \cdot \text{s}$
$p = 6{,}17 \cdot 10^{-2}\,\text{Pa} = 6{,}17 \cdot 10^{-4}\,\text{mbar}$
$\dfrac{s_{\overline{\Delta\tau_i}}}{\tau_i} = 2{,}1\,\%_\text{oo}$

und der Standardabweichung des Mittelwertes $s_{\overline{\Delta\tau_i}} = s_{\Delta\tau_i}/\sqrt{19} = 0{,}57\,\mu s$. Damit ergibt sich die Verzögerung $\mathscr{V} = \dfrac{267{,}7\,\mu s}{3{,}060 \cdot 3{,}066\,\text{s}^2} = 28{,}53 \cdot 10^{-6}\,\text{s}^{-1}$. Dabei wurde im Nenner das Produkt $\tau_1 \cdot \tau_{20}$ gesetzt. Die Standardabweichung in $\mathscr{V}$ setzt sich nach dem Fehlerfortpflanzungsgesetz aus denjenigen in $\Delta\tau_i$ und τ_i zusammen. Letztere sind vernachlässigbar, so daß die relative Standardabweichung $s_\mathscr{V}/\mathscr{V} = s_{\overline{\Delta\tau_i}}/\overline{\Delta\tau_i} = 2{,}1\,\%_\text{oo}$ wird. Der Druck errechnet sich nun zu $p = 2162{,}7\,\text{Pa} \cdot \text{s} \cdot 28{,}53 \cdot 10^{-6}\,\text{s}^{-1} = 6{,}17 \cdot 10^{-2}\,\text{Pa} = 6{,}17 \cdot 10^{-4}\,\text{mbar}$ mit einer von der Zeitmessung herrührenden relativen Meßunsicherheit $u_\text{rel} = 2{,}1\,\%_\text{oo}$ (vgl. dazu Abschnitt 11.2.6.5).

Gl. (11.2.6.7) zeigt, daß die eigentliche Meßgröße $p/\overline{c}$ ist, und diese ist wiederum – verfolgt man die Herleitung in Abschnitt (11.2.6.2) zurück – $p/\overline{c} = \pi j_m/2$. Die Messung liefert also, ein reines Gas vorausgesetzt, die Massenstromdichte j_m auf die (Kugel-) Wand. Kennt man Masse m_a der Gasteilchen und Temperatur T_g des Gases, so kann man mit Hilfe der in Abschnitt 2 beschriebenen gaskinetischen Zusammenhänge andere interessierende Größen berechnen, so z.B. die Teilchenanzahldichte $n = p/kT = 4\,j_m/m_a\overline{c}$, die Massendichte $\rho_\text{gas} = n \cdot m_a$, die Wandstromdichte (Flächenstoßrate) $j_N = n\overline{c}/4 = j_m/m_a$. Da Gl. (11.2.6.7) nur im Gebiet niedriger Drücke gilt, sind Größen, in die die druckunabhängige dynamische Viskosität η bei hohen Drücken eingeht, *nicht* aus j_m ableitbar [36, 39].

11.2.6.4 Grenzen des Meßbereichs

Bei *hohen Drücken* $p > 10^{-2}$ mbar sind die Voraussetzungen für die Gültigkeit von Gl. (11.2.6.1) nicht mehr erfüllt, was bereits in Abschnitt 11.2.6.1 begründet wurde. Bis zum wahren Druck $p_W \approx 7{,}5 \cdot 10^{-3}$ mbar ist der angezeigte Druck p_A proportional (gleich) p_W. Für $p_W > 7{,}5 \cdot 10^{-3}$ mbar wird die Anzeige p_A zunehmend kleiner als p_W, bei $p_W \approx 10^{-2}$ mbar beträgt die Abweichung schon etwa 3 %. Bild 11.2.6.4 demonstriert dies. In dieser Darstellung (Ordinate linear, Abszisse logarithmisch geteilt) stellt sich der lineare Zusammenhang $p_A = p_W$ als exponentieller Anstieg (Kurve A) dar. Für $p_W > 4 \cdot 10^{-2}$ mbar erkennt man auch

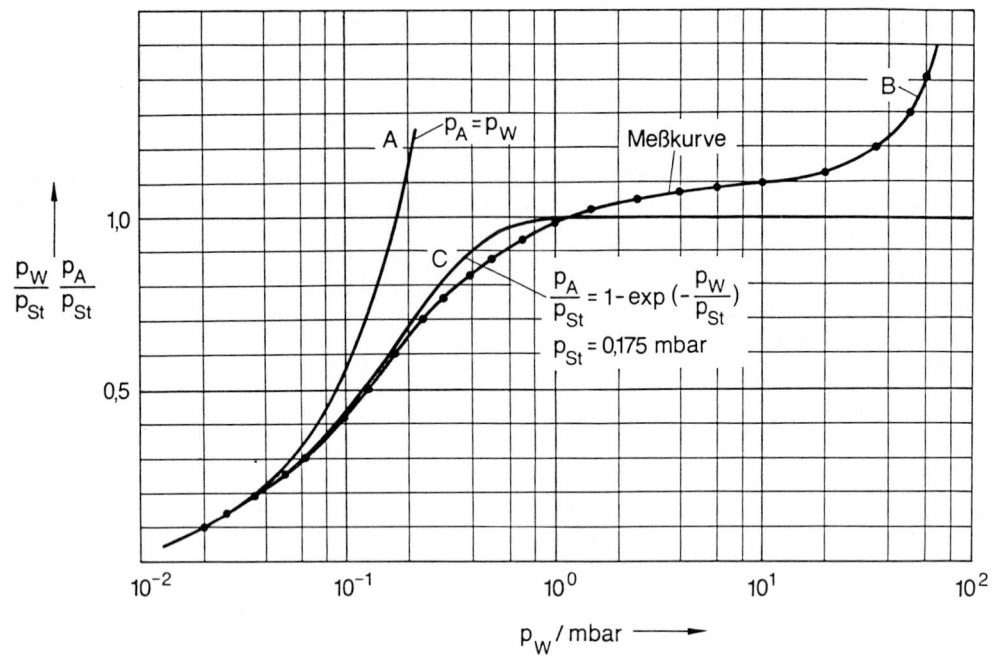

Bild 11.2.6.4 Druckanzeige p_A/p_{St} in Abhängigkeit vom wahren Druck (Argon). A linearer Zusammenhang. B Meßkurve. C nach Gl. (11.2.6.11). p_{St} = 0,175 mbar, Gl. (11.2.6.10).

aus dem Diagramm deutlich die Abweichung der Meßkurve B vom „linearen" Zusammenhang, Kurve A.

Würde nun für hohe Drücke die Stokes-Gleichung (11.2.6.2) für das Bremsmoment gelten, so ergäbe sich aus den Gln (11.2.6.2) und (11.2.6.3) — wenn man wieder T_{Rest} vernachlässigt und $dr_K/dt = 0$ setzt — die druckunabhängige Verzögerung $\mathscr{V} = 20 \, \pi \eta r_K/m_K$; sie würde aufgrund von Gl. (11.2.6.7) die vom Druck p_W im Gefäß unabhängige konstante maximale Anzeige

$$p_{A,Stokes} (\Rightarrow p_{St}) = \frac{3\pi}{2} \frac{\bar{c}}{r_K} \frac{1}{a_P} \eta \qquad (11.2.6.10)$$

bewirken. Der Ordinatenmaßstab in Bild 11.2.6.4 enthält die auf diese „Maximalanzeige" bezogene Druckanzeige p_A/p_{St}, der horizontale Ast von Kurve C entspricht diesem Stokes-Fall. Bild 11.2.6.4 zeigt demgegenüber, daß der Anstieg nach einem Flacherwerden wieder deutlich zunimmt, was wegen der einsetzenden Turbulenzen zu erwarten ist [42].

Für Drücke $p_W > 10^{-2}$ mbar ist daher eine Korrektur der Anzeige p_A erforderlich, etwa durch Darstellung der Abweichung zwischen Anzeige und Kalibrierdruck durch eine Potenzreihe, deren Konstanten gasspezifisch zu bestimmen sind. [36, 39] verwendet für die Korrektur den — physikalisch nicht begründbaren — Ansatz

$$p_A = p_{A,St} \left(1 - \exp\left(-\frac{p_W}{p_{A,St}}\right)\right), \qquad (11.2.6.11)$$

der für $p_W \gg p_{A,St}$ die Linearität $p_A = p_W$ beinhaltet und für p_W den korrigierten Druck

$$p'_W (\approx p_W) = p_{A,St} \cdot \ln\left(1 - \frac{p_A}{p_{A,St}}\right) \tag{11.2.6.12}$$

ergibt. Mit diesem Ansatz folgt nach [36, 39] für $p_W < 0{,}1$ mbar eine relative Abweichung $|p'_W - p_W|/p_W < 2\,\%$ bei kalibrierten Geräten. Bei nichtkalibrierten Geräten (Kugeln) kann die relative Unsicherheit des korrigierten Druckes p'_W, im Bereich 0,1 bis 1 mbar die Größenordnung 4 % bis 10 % erreichen.

Bei *niedrigen Drücken* wird das vom Gas herrührende Bremsmoment klein, so daß in Gl. (11.2.6.3) das Restmoment T_{Rest} zu wirken beginnt. Die Wirbelstromanteile von T_{Rest} sind zur Drehfrequenz f proportional, also $T_{Rest} = C_{Rest} \cdot f$. Damit wird die Verzögerung um einen konstanten Anteil vermehrt:

$$\mathscr{V} = \frac{a_P}{K\bar{c}} \cdot p + C_{Rest} = \frac{a_P}{K\bar{c}}(p + p_{Rest}), \tag{11.2.6.13}$$

was sich wie ein konstanter Restdruck p_{Rest} auswirkt. p_{Rest} kann im UHV bestimmt werden. Bei einer guten Kugel ist p_{Rest} über lange Zeiten konstant und erreicht in günstigen Fällen Werte $p_{Rest} < 10^{-7}$ mbar. Die erreichbaren Werte von p_{Rest} stellen die untere Grenze des Meßbereichs des Reibungsvakuummeters dar.

11.2.6.5 Fehlerquellen. Unsicherheit des Meßergebnisses

Ursachen für fehlerhafte und ungenaue Meßergebnisse gibt es mehrere.

Kugelkonstante K: In K gehen der Durchmesser d_K und die Masse m_K der Kugel ein. Sie können so präzise gemessen werden, daß die diesbezügliche Meßunsicherheit u gegenüber allen anderen Unsicherheiten vernachlässigt werden kann. Die Mittelwerte der handelsüblichen Stahlkugeln ($d_K = 4{,}5$ mm, $\rho_K = 7{,}726 \cdot 10^{-3}$ kg m^{-3}, $\vartheta = 23$ °C) streuen allerdings um diese Werte um etwa 0,12 %, was bei unkalibrierten Kugeln in Rechnung zu stellen ist.

Verzögerung $\mathscr{V}$: Gl. (11.2.6.9) ist gewonnen, indem in Gl. (11.2.6.6) der Differentialquotient durch einen Differenzenquotienten ersetzt worden ist. Damit sind in Gl. (11.2.6.9) Glieder dritter und höherer Ordnung in $\Delta \tau_i$ vernachlässigt worden. Sie liefern zu u keinen ins Gewicht fallenden Beitrag. Die Meßunsicherheit in den τ_i kann im praktischen Betrieb bis zu $s_{\tau_i} \approx 10\,\mu$s, bei 10 Messungen also $s_{\overline{\Delta \tau_i}} \approx 10\,\mu\text{s}/\sqrt{10} = 3{,}2\,\mu$s und damit (Fehlerfortpflanzung) $s_{\overline{\Delta \tau_i}} \approx 4{,}5\,\mu$s betragen (vgl. auch Beispiel 11.2.6.1).

Tangentialer Impulsakkommodationsfaktor a_P: Bei nicht kalibrierten Kugeln muß mit einer Streuung der a_P-Werte gerechnet werden, die eine relative Unsicherheit $u_{rel} = 3$ % bewirkt, wenn man $a_P = 1$ setzt. Bei kalibrierten Kugeln ist $u_{rel} = 1{,}5$ % mit einer Langzeitstabilität $u_{rel} = 1$ %, so daß in diesem Fall sich eine Unsicherheit $u_{rel} = 2$ bis 2,5 % auf das Ergebnis der Druckmessung überträgt.

Temperatur-Einflüsse: Gl. (11.3.1) setzt eine ungestörte Verteilung definierter Temperatur der auf die Kugel treffenden Teilchen voraus. Haben die „Wände" von Kugel und Rohr verschiedene Temperatur T_K und T_W und verschiedene Energieakkommodationsfaktoren a_E, so wird in $\bar{c}$ eine mittlere Temperatur einzusetzen sein. Eine Differenz $\Delta T = T_W - T_K$, also eine Unsicherheit in $T (\approx 300$ K) von $\frac{\Delta T}{2} = 1$ K wird in p bereits eine relative Unsicherheit von 2 ‰ verursachen (Fehlerfortpflanzung).

Eine Temperaturänderung mit der Zeit $\frac{dT}{dt}$ beeinflußt das Meßergebnis in mehrfacher Weise. Der Durchmesser der Kugel hängt von der Temperatur gemäß $d_K = d_{K_0}(1 + \beta\vartheta)$ – wobei ϑ = Celsiustemperatur, β = linearer thermischer Ausdehnungskoeffizient von Stahl $\beta \approx 10^{-5}$ K^{-1}) – ab. Die Kugelkonstante $K \propto r_K \cdot \rho_K \propto d_K^{-2}$ ändert sich also mit der Temperatur wie $K = K_0 (1 - 2\beta \frac{dT}{dt} \cdot \Delta t)$. Die mittlere Geschwindigkeit ändert sich wie $\bar{c} = \bar{c}_0 \left(1 + \frac{1}{2T} \frac{dT}{dt} \Delta t\right)$, so daß $p = p_0 \left(1 - \left(2\beta - \frac{1}{2T}\right) \times \frac{dT}{dt} \cdot \Delta t\right)$ wird, wobei $2\beta \ll \frac{1}{2T}$, also vernachlässigbar ist. Ein wichtiger Temperatureinfluß steckt in dem in Abschnitt 11.2.6.2 in Gl. (11.2.6.4) zunächst vernachlässigten Glied $\frac{2}{r_K} \frac{dr_K}{dt}$. Es tritt zur Verzögerung $\mathscr{V}$ hinzu:

$$\mathscr{V} = \mathscr{V}_{gas} + 2\beta \frac{dT}{dt}.$$

Die zeitliche thermische Ausdehnung der Kugel bewirkt also durch den Pirouetteneffekt eine scheinbare Vergrößerung des Drucks. Selbst bei $\mathscr{V}_{gas} = 0$, $p_{gas} = 0$ erfolgt eine Druckanzeige $p' = \frac{K \cdot \bar{c}}{a_P} \cdot 2\beta \frac{dT}{dt}$ die sich zum Gasdruck addiert.

Beispiel 11.2.6.2: Ist $\frac{dT}{dt} = 3{,}6$ K h^{-1} = 1 mK s^{-1}, $\beta \approx 10^{-5}$ K^{-1} und – wie in Beispiel 11.2.6.1 – $K = 5{,}46$ kg m^{-2}, $a_P = 1$, so ist $p' = 4{,}4 \cdot 10^{-5}$ Pa $= 4{,}4 \cdot 10^{-7}$ mbar.

Eine geringfügige Erwärmung der Kugel durch Wirbelströme beim Andrehen wird also die Druckanzeige so lange fälschen, bis die Temperatur der Kugel wieder zeitlich konstant ist.

Die *relative Unsicherheit* u_{rel} des Meßergebnisses eines Kugelreibungsvakuummeters setzt sich aus den diskutierten einzelnen Abweichungen bzw. Unsicherheiten zusammen. Man wird eine obere Grenze von u_{rel} abschätzen können, indem man die Einzelposten addiert. (Da es sich nicht um Varianzen normalverteilter Größenwerte handelt, ist dies die Methode der Wahl.) Die Kugel trägt durch den a_P-Wert im nichtkalibrierten Fall 3 %, im kalibrierten Fall 1,5 % und bezüglich der Langzeitkonstanz des a_P-Wertes weitere 1 % bei, so daß für $u_{rel,K} \approx 2{,}5 \ldots 4$ % anzusetzen ist. Der Beitrag der Zeitmessung kann gering gehalten werden und schlägt mit $u_{rel,\tau} \approx 0{,}2 \ldots 1$ % zu Buche. Hinsichtlich der Restanzeige p_{Rest} kann korrigiert werden, allerdings muß die Streuung dieses Wertes mit $\delta p_{Rest} \approx 5 \cdot 10^{-8}$ mbar veranschlagt werden. Die Temperaturunsicherheiten gehen im wesentlichen über den Pirouetteneffekt ein, der nach Abklingen der anfänglichen Temperaturdrift auf einen restlichen Wert $dT/dt \approx 10^{-4}$ K s^{-1} noch eine Unsicherheit der Druckangabe $\delta p_T \approx 5 \cdot 10^{-8}$ mbar bedingt. Die algebraische Addition dieser Werte ergibt dann eine Obergrenze der Meßunsicherheit

$$u_{rel} = u_{rel,K} + u_{rel,\tau} + \frac{\delta p_{rest} + \delta p_T}{p}$$
$$u_{rel} = \left((2{,}5 \ldots 5) + \frac{10^{-7} \text{ mbar}}{p} \cdot 100\right) \%. \quad (11.2.6.14)$$

Bei $p_W = 1 \cdot 10^{-7}$ mbar ist die relative Unsicherheit 100 %, also $\delta p \approx 1 \cdot 10^{-7}$ mbar, bei $p_W = 10^{-6}$ mbar wird $u_{rel} \approx 12$ bis 15 %, und an der oberen Grenze des Linearitätsbereichs $p_W \approx 7{,}5 \cdot 10^{-3}$ mbar erhält man $u_{rel} \approx 2{,}5$ bis 5 %.

11.2.7 Druckschalter und Druckregler

Oft ist es beim Arbeiten mit Vakuumanlagen erwünscht, beim Erreichen eines bestimmten Druckes Ventile zu öffnen oder zu schließen, Pumpen ab- oder zuzuschalten, Signale auszulösen, Heizungen ab- oder zuzuschalten und ähnliche Vorgänge auszulösen. Hierzu dienen sog. Druckschalter, die beim Erreichen des dem Schaltpunkt entsprechenden Druckes (Schaltdruck) den Schaltvorgang auslösen. Druckregler sorgen dafür, daß bei einem Vakuumverfahren ein bestimmter Prozeßdruck nicht überschritten wird.

Die in der Vakuumtechnik verwendeten Konstruktionen schließen sich im wesentlichen an die Konstruktion mechanischer Vakuummeter (s. z.B. Abschnitt 11.2.4) an. Es genügt daher, im Rahmen dieses Abschnitts auf den am meisten verwendeten Membrandruckschalter bzw. Membrandruckregler einzugehen.

Der Membrandruckschalter (Bild 11.2.7.1a und b) besteht aus einer dünnwandigen Membran (2), die das Volumen des Schalters in eine Meßkammer (8) und ein Bezugsvolumen (3) trennt. In diesem befindet sich ein Kontaktstift (4), der isoliert (5) nach außen geführt ist. Den Gegenkontakt bildet die auf Masse liegende Membran. Das Einstellen des gewünschten Schaltpunktes erfolgt über ein kleines, eingebautes Ventil (1); bei geöffnetem

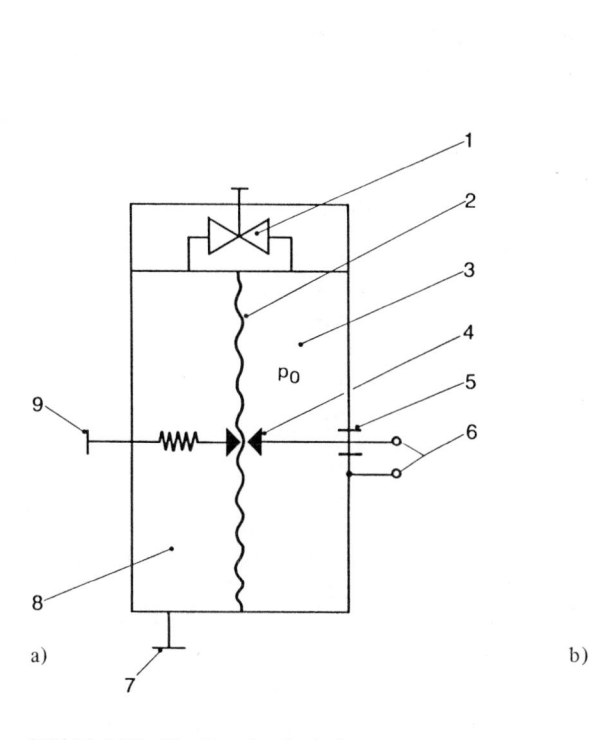

Bild 11.2.7.1 Membrandruckschalter.
a) Prinzip; b) Schnitt.
1 Bypaßventil; 2 Membran; 3 Bezugsvolumen (Referenzgasdruck p_0); 4 Kontaktstift; 5 Stromdurchführung; 6 Elektr. Anschluß; 7 Anschlußflansch; 8 Meßkammer; 9 Stellschraube.

Ventil wird über (7) Gas mit dem Solldruck p_0 (Referenzdruck) eingelassen, so daß in (3) und (8) Druckgleichheit herrscht und die Membran im entspannten Zustand ist. Sie berührt dabei den Kontaktstift (4). Zur Sicherstellung dieser Berührung, vor allem aber zum Ausgleich von Fertigungstoleranzen, die höchstens einige hundertstel Millimeter betragen, wird die Membran mittels der Stellschraube (9) federnd an den Kontakt (4) leicht angedrückt. – Das Prinzip der entspannten Membran führt zu einer hohen Langzeitstabilität und einer hohen Schaltgenauigkeit von ± 0,1 mbar.

Unterschreitet der Druck in der Meßkammer den eingestellten Referenzwert p_0 um mehr als 0,1 mbar, öffnet sich der Kontakt und bringt das Relais des angeschlossenen Schaltverstärkers zum Ansprechen. Dem Schaltkreis des Verstärkers ist gewöhnlich eine Kippstufe mit Verzögerung von ca. 0,5 s vorgeschaltet. Damit wird ein flatterfreies Anziehen des Ausgangsrelais gewährleistet. Aus Sicherheitsgründen ist der Abschaltvorgang im Regelfall nicht verzögert.

Als eine Weiterentwicklung des eben beschriebenen Membrandruckschalters ist der in Bild 11.2.7.2 schematisch dargestellte Membrandruckregler anzusehen. Er ist dadurch ge-

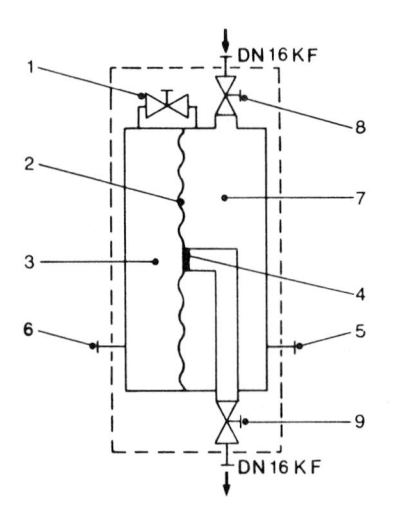

Bild 11.2.7.2
Prinzip des Membrandruckreglers
1 Bypaßventil
2 Membran
3 Bezugsvolumen (Referenzdruck p_0)
4 Drosselstelle
5 Meßanschluß Prozeßdruck
6 Meßanschluß Referenzdruck
7 Regelkammer
8 Rezipientenventil
9 Ventil zur Vakuumpumpe

kennzeichnet, daß in der Regelkammer eine Drosselstelle eingebaut ist. Dieses Einstellen des Referenzdruckes p_0 erfolgt genauso wie beim oben beschriebenen Membrandruckschalter. Bei Druckgleichheit zwischen den beiden Kammern (3) und (7) liegt die Drosselstelle an der Membran (2) an. Steigt der Druck im Rezipienten infolge Gasanfalls an, dann hebt sich (bei geöffnetem Ventil (8) die Membran von der Drosselstelle ab und gibt über das offene Ventil (9) den Pumpweg frei. Die nunmehr am Rezipienten wirksame Pumpe senkt den Druck in diesem ab. Sobald der eingestellte Prozeßdruck p_0 wieder erreicht ist, legt sich die Membran an die Drosselstelle an; der Pumpweg wird gesperrt und damit eine weitere Druckminderung im Rezipienten vermieden.

In Analogie zum Membranvakuummeter (Abschnitt 11.2.4) beträgt der Regelbereich (Bereich der einstellbaren Referenzdrücke p_0) des Membrandruckschalters 10 ... 1000 mbar.

Die Ansprechzeiten betragen wenige Millisekunden, die Regelgenauigkeit beträgt wenige Prozente des eingestellten Referenzdruckes. Mit den in Bild 11.2.7.2 angegebenen Größen der Ventile (8) und (9) (DN 16) beträgt der maximale Gasstrom 16 m³ (T_n, p_n)/h.

11.3 Flüssigkeitsmanometer

11.3.1 Offenes Flüssigkeitsmanometer

Bei den Flüssigkeitsmanometern (Bild 11.8) übernimmt eine „Absperrflüssigkeit" die Aufgabe der in Bild 11.1 dargestellten Membran M und des Wegaufnehmers. Die beiden Räume 1 und 2 mit den Drücken p_1 und p_2 sind durch ein durchsichtiges U-Rohr mit dem Querschnitt A verbunden, das mit einer Sperrflüssigkeit gefüllt ist. Gleichgewicht herrscht dann, wenn in irgendeinem unterhalb beider Flüssigkeitsspiegel liegenden Niveau N im linken und im rechten Schenkel der gleiche Druck herrscht, d.h. wenn

$$p_1 + \frac{m_1 \cdot g}{A_1} = p_2 + \frac{m_2 \cdot g}{A_2} \qquad (11.3)$$

oder

$$p_1 + \frac{\rho \cdot A_1 \cdot h_1 \cdot g}{A_1} = p_2 + \frac{\rho \cdot A_2 \cdot h_2 \cdot g}{A_2} \qquad (11.4)$$

oder

$$p_1 - p_2 = \rho \cdot g (h_2 - h_1) = \rho \cdot g \cdot \Delta h \qquad (11.5)$$

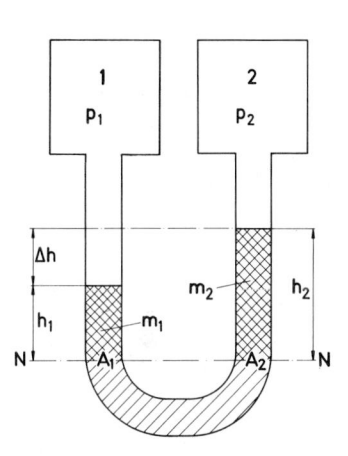

Bild 11.8
Druckmessung mit dem Flüssigkeitsvakuummeter

ist. Dabei sind ρ die Massendichte der Sperrflüssigkeit und $g = 9{,}81$ m · s^{-2} die Fallbeschleunigung (gleich Schwerefeldstärke). Die Meßgröße Δh ist also proportional der Druckdifferenz

$$\Delta h = \frac{1}{\rho \cdot g} \cdot \Delta p = \epsilon \cdot \Delta p, \qquad (11.6)$$

die Empfindlichkeit ϵ ist umgekehrt proportional der Dichte ρ.

Verwendet man als Sperr-(Meß-)Flüssigkeit Quecksilber mit der Dichte $\rho = 13{,}6$ kg · dm^{-3} = $13{,}6 \cdot 10^3$ kg · m^{-3} bei $\vartheta = 20$ °C, so ergibt sich aus Gl. (11.5) mit $g = 9{,}81$ m · s^{-2} = $9{,}81$ N · kg^{-1} die Druckdifferenz

$$\begin{aligned}p_1 - p_2 &= \Delta h \cdot 13{,}6 \cdot 10^3 \text{ kg} \cdot \text{m}^{-3} \cdot 9{,}81 \text{ N} \cdot \text{kg}^{-1}\\ &= 133 \cdot 10^3 \text{ N} \cdot \text{m}^{-2} \cdot \Delta h \cdot \text{m}^{-1}\\ &= 1330 \text{ mbar} \cdot \Delta h \cdot \text{m}^{-1}\end{aligned}$$

11 Vakuummeßgeräte und Lecksuchgeräte

Für Δh = 760 mm = 0,76 m erhält man die Normdruckdifferenz (vgl. Abschnitt 2.1)

$p_1 - p_2$ = 1330 mbar · 0,76 m · m^{-1} = 1013 mbar (= 760 Torr).

11.3.2 U-Rohr-Manometer (geschlossenes Flüssigkeitsmanometer)

Wenn man den einen Schenkel des U-Rohrs abschließt und durch geeignete Maßnahmen erreicht, daß in diesem Schenkel oberhalb der Flüssigkeitssäule kein Gas vorhanden ist, wird aus dem U-Rohr-Manometer ein direkt messendes und absolutes Vakuummeter (s. Bild 11.9), das als primärer Standard für das Kalibrieren anderer Vakuummeter verwendet werden kann.

Die Meßgenauigkeit eines U-Rohr-Manometers und damit der Meßbereich (s. Tabelle 16.12) nach niedrigen Drücken hin ist begrenzt durch den unkontrollierbaren Einfluß von Kapillarkräften und durch die Genauigkeit, mit der die Höhendifferenz Δh bestimmt werden kann. Da die Kapillardepression umgekehrt proportional dem Durchmesser der Flüssigkeitssäule abnimmt, kann man davon ausgehen, daß hohe Meßgenauigkeiten nur bei Verwendung von U-Rohr-Manometern mit großem Innendurchmesser erreicht werden können. Dieser beträgt bei U-Rohr-Manometern, die als primäre Standards verwendet werden, mindestens 14 mm. Als Meßflüssigkeit wird überwiegend reines Quecksilber verwendet. In diesem Fall beträgt die untere Meßgrenze bei handelsüblichen Geräten einige Millibar.

Die Meßunsicherheit derartiger Geräte kann durch Anwenden moderner Methoden zur Längenmessung, wie z.B. Laserinterferometrie [44], wesentlich verringert werden.

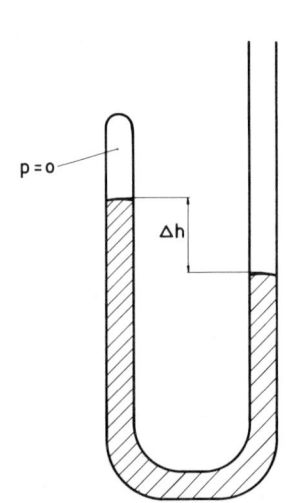

Bild 11.9 U-Rohr Manometer

11.3.3 Kompressions-Vakuummeter nach McLeod (Meßbereich 10 ... 10^{-4} mbar bzw. 10^{-6} mbar, s. Tabelle 16.12)

Der Meßbereich von Flüssigkeitsvakuummetern nach dem U-Rohr-Prinzip ist nach niedrigen Drücken hin durch die Meßgenauigkeit der Länge Δh begrenzt. Eine Erweiterung des Meßbereichs derartiger Vakuummeter wird durch die Kompressionsvakuummeter erreicht, deren bekanntester Vertreter das McLeod-Vakuummeter ist [45].

Komprimiert man das zu messende Gas, das in ein bekanntes Volumen eingeschlossen ist, durch hochsteigendes Quecksilber, so kann man den Druck so weit erhöhen, daß er mit einem U-Rohr-Manometer bequem gemessen werden kann. Sind p der ursprüngliche Druck und V das Ausgangsvolumen, so gilt, wenn p' der Druck und V' das Volumen des Gasraums nach der Kompression sind, nach der Zustandsgleichung (2.31.1) unter der Voraussetzung, daß das Gas bei der Kompression nicht erwärmt wird (also T = const)

$$p \cdot V = p' \cdot V' \quad \text{oder} \quad p' = \frac{V}{V'} \cdot p \qquad (11.7)$$

d.h., daß nach der Kompression der Druck um das Kompressionsverhältnis V/V' größer geworden ist.

Beispiel 11.1: Sind der zu messende Druck $p = 10^{-3}$ mbar und das Kompressionsverhältnis $V/V' = 5000$ (was sich durch geeignete Dimensionierung des Meßgeräts leicht erreichen läßt), so ist der sich nach der Kompression einstellende Druck nach Gl. (11.7)

$p' = 5000 \cdot 10^{-3}$ mbar = 5 mbar = 3,75 Torr

bequem meßbar.

Bild 11.10a
Kompressions-Vakuummeter nach McLeod. V Kompressionsvolumen, bestehend aus den Volumina der Kugel, der Kapillare K_1 und des Halses S_1. K_1 und K_2 Kapillaren mit gleichem Querschnitt A_K. 0–0 Nullmarke für Messung mit quadratischer Skala h (vgl. Bild 11.10b). M_1, M_2 Marken für Messung mit linearer Skala.

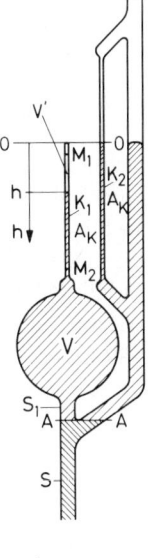

Gl. (11.7) verliert ihre Gültigkeit, wenn das zu messende Gas ganz oder teilweise aus solchen Gasen besteht, die bei der Kompression kondensieren. Darauf ist in jedem Einzelfall besonders zu achten, insbesondere wenn bei der Druckmessung mit der Anwesenheit von Wasserdampf oder von Öldämpfen (z.B. aus der Vorpumpe) zu rechnen ist (s. Beispiel 11.2).

Die Funktion eines McLeod-Vakuummeters soll anhand von Bild 11.10a im einzelnen beschrieben werden. Nachdem sichergestellt ist, daß sich ein gleichmäßiger Druck im Kompressionsvolumen V, in der Meßkapillaren K_1 und in der Vergleichskapillaren K_2 eingestellt hat, wird das Quecksilber aus einem Vorratsgefäß – z.B. durch den äußeren Luftdruck über einen Dreiwegehahn – in das Steigrohr S hochgedrückt. Sobald beim Hochsteigen der Querschnitt A-A erreicht wird, erfolgt die Abtrennung des Kompressionsvolumens V, bestehend aus dem Volumen der Kugel, dem Volumen des Steigrohrteils S_1 und dem Volumen der Kapillare K_1, vom übrigen Vakuumsystem. Man läßt das Quecksilber weiterhin so weit steigen, bis der Meniskus des Quecksilbers in der Vergleichskapillare K_2 das Niveau 0-0 erreicht hat. Dies ist die Nullmarke einer nach unten zählenden Längenskala h. Der Quecksilberspiegel in K_1 steht dann um h tiefer als die Nullmarke. Meß- und Vergleichskapillare haben den gleichen Querschnitt A_K, eine Voraussetzung, die erfüllt sein muß, damit die Kapillardepression in beiden Kapillaren annähernd gleich ist. Die in der Meßkapillare K_1 eingeschlossene Gasmenge vom ursprünglichen Volumen V hat dann das Volumen $V' = A_K \cdot h$

11 Vakuummeßgeräte und Lecksuchgeräte

und steht unter dem Druck $p' = \rho g h + p$, der sich aus dem Druck der Quecksilbersäule, der Höhe h und dem in K_2 auf dieser lastenden Gasdruck p im Meßgefäß zusammensetzt. Anwendung von Gl. (11.7) ergibt dann

$$p \cdot V = p' \cdot V' = (\rho g h + p) \cdot h \cdot A_K, \tag{11.8}$$

woraus sich für den zu messenden Druck p der Zusammenhang

$$p = \frac{\rho \cdot g \cdot A_K}{V - h \cdot A_K} \cdot h^2 \tag{11.9}$$

mit der Meßgröße h ergibt. Ist — was im allgemeinen zutrifft — $h \cdot A_K \ll V$, so erhält man den Zusammenhang

$$p = \frac{\rho \cdot g \cdot A_K}{V} \cdot h^2 \tag{11.9a}$$

In Bild 11.11 sind die durch Gl. (11.9a) bestimmten Meßbereiche veranschaulicht.

Sind Meßflüssigkeit und Abmessungen des McLeod-Vakuummeters bekannt, so läßt sich aus Gl. (11.9a) die quadratische Skala berechnen. Bild 11.10b zeigt eine Gl. (11.9a) entsprechende Skala eines Vakuummeters mit $V = 30$ cm³ und $A_K = 7{,}85 \cdot 10^{-3}$ cm² ($d = 1$ mm). In Bild 11.11 sind die durch Gl. (11.9a) bestimmten Meßbereiche veranschaulicht.

Man kann das McLeod-Vakuummeter auch mit linearer Skala verwenden: Bringt man an der Meßkapillare K_1 eine oder zwei Marken M_1, M_2 (vgl. Bild 11.10a) derart an, daß das oberhalb von M_1 bzw. M_2 liegende Volumen V_1' bzw. V_2' in K_1 in einem passenden Verhältnis zu V steht (z.B. $V/V_2' = 1000$; $V/V_1' = 10\,000$), und füllt bei der Kompression K_1

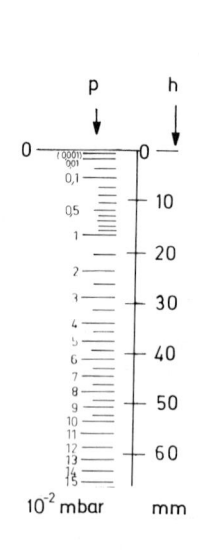

Bild 11.10b Quadratische McLeod-Skala für $V = 30$ cm³ und $d_K = 1$ mm, $A_K = 0{,}785$ mm², d.h. Gl. (11.9)

$$\frac{p}{\text{mbar}} = 3{,}5 \cdot 10^{-5} \left(\frac{h}{\text{mm}}\right)^2$$

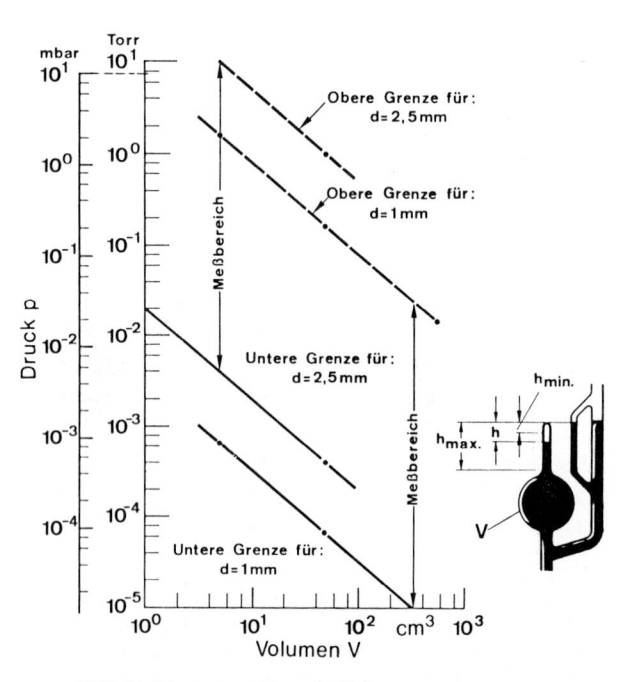

Bild 11.11 Meßgrenzen des McLeod-Vakuummeters bei Ablesung auf quadratischer Skala nach Gl. (11.9a). d = Innendurchmesser der Kapillaren.

bis M₁ bzw. M₂, so zeigt die Länge h der in K₂ über M₁ bzw. M₂ stehenden Quecksilbersäule direkt den nach Gl. (11.7) zu berechnenden Druck p' an. Ist p nicht sehr klein gegen p', so muß eine entsprechende Korrektur angebracht werden.

$$(p + \rho g h) V' = pV \quad \text{oder} \quad p = \frac{\rho \cdot g \cdot h}{V - V'} V'. \tag{11.10}$$

Sie beträgt beim Kompressionsverhältnis $V/V' = 100$ nur noch 1 %, ist also kleiner als die Meßunsicherheit und kann daher vernachlässigt werden. Bild 11.12 veranschaulicht die Meßbereiche des McLeod-Vakuummeters bei Anwendung des Meßverfahrens mit linearer Skala.

Das McLeod-Vakuummeter ist ein absolut messendes Gerät, das keiner Eichung bedarf.

Die Meßgenauigkeit eines solchen Kompressionsvakuummeters ist weitgehend von der Voraussetzung abhängig, daß die Kapillardepressionen in Meß- und Vergleichskapillare gleich sind. Diese Voraussetzung ist sicher im allgemeinen nur dann erfüllt, wenn unter sauberen Bedingungen gearbeitet wird. Der kleinste mit einem McLeod meßbare Druck ist nach Gl. (11.9a) durch die Größe des Kompressionsvolumens V (und damit durch die Quecksilbermenge) bestimmt (Bilder 11.11 und 11.12). Die Frage, ob das McLeod-Vakuummeter den natürlichen Wasserdampfgehalt der atmosphärischen Luft mit mißt oder nicht, soll am Beispiel 11.2 erörtert werden:

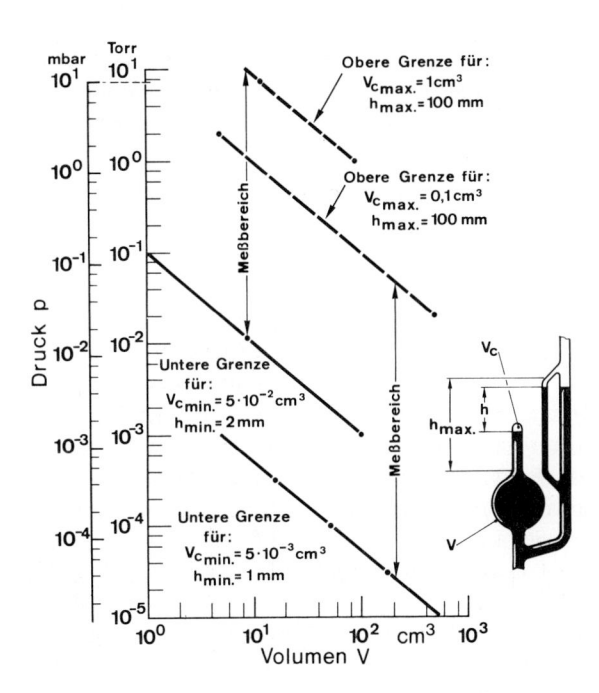

Bild 11.12

Meßgrenzen des McLeod-Vakuummeters bei Ablesung auf linearer Skala nach Gl. (11.10)

Beispiel 11.2: An einen Vakuumbehälter, der mit einer Rotationsvakuumpumpe evakuiert wird, sind ein U-Rohr-Manometer und ein McLeod-Vakuummeter angeschlossen. Am Behälter wird nach Evakuieren ausgehend vom Atmosphärendruck p_A ein Druck erzeugt, der vom U-Rohr-Manometer nicht mehr angezeigt wird, also $p < 1$ mbar beträgt. Die Messung mit dem McLeod liefert einen Druck $p = 5 \cdot 10^{-2}$ mbar. Ist dies der Gesamtdruck einschließlich des Partialdrucks des atmosphärischen Wasserdampfes oder lediglich der Gesamtdruck aller nicht kondensierbaren Gase? Bei McLeod-Vakuummetern üblicher Bauart gehört zur Ablesung $p = 5 \cdot 10^{-2}$ mbar ein Kompressionsverhältnis $V/V' = 1000$ und eine Anzeige (Länge der

Quecksilbersäule) $p \stackrel{\wedge}{=} 50$ mbar. Da die Luftdruckreduzierung gemäß U-Rohr-Anzeige größer 1000 ist (Gesamtatmosphärendruck einschließlich Partialdruck des H_2O-Dampfes p_A = 1000 mbar angenommen), so beträgt der H_2O-Teildruck p_{H_2O} im evakuierten Behälter, wenn man voraussetzt, daß alle Partialdrücke im gleichen Verhältnis reduziert werden und bei Annahme von f_r = 50 % relative Feuchtigkeit bei ϑ = 20 °C (also Partialdruck $p_{H_2O} \approx 10$ mbar bei p_{ges} = 1000 mbar), lediglich

$$p_{H_2O} = 10 \text{ mbar} \cdot \frac{1}{1000} = 10^{-2} \text{ mbar}.$$

Die Kompression erhöht diesen Teildruck auf $10^{-2} \cdot 10^3$ mbar = 10 mbar, führt also noch zu keiner Kondensation des H_2O-Dampfes. Diese tritt bei ϑ = 20 °C erst dann ein, wenn der Teildruck p_{H_2O} über 20 mbar ansteigt. In der McLeod-Ablesung „$5 \cdot 10^{-2}$ mbar" ist also der Teildruck des Wasserdampfes mit enthalten, wenn auch nicht angebbar.

Man kann allgemein sagen, daß beim Messen mit McLeod-Vakuummetern üblicher Bauart der Wasserdampf, der von der Feuchtigkeit der atmosphärischen Luft herrührt, nicht kondensiert, sondern sich wie ein Permanentgas verhält. Dies gilt allerdings nur dann, wenn das McLeod *ohne* LN_2-gekühlte Falle betrieben wird.

Für die Praxis ist jedoch einschränkend zu bemerken, daß bei Vorhandensein starker Wasseradsorption (z.B. an Metallwänden des Rezipienten oder an der Oberfläche eines porösen Füllguts) u.U. die obige Voraussetzung infolge langsamer Desorption nach dem Evakuieren nicht erfüllt sein kann.

Der Dampfdruck des Quecksilbers beträgt bei Zimmertemperatur etwa $2 \cdot 10^{-3}$ mbar. Somit wird sich in einem Vakuumsystem, dessen Druck mit einem McLeod gemessen werden soll, zumindest nach einer gewissen Zeit in dem mit dem McLeod verbundenen Gefäßsystem ein Quecksilberdampfdruck dieser Größenordnung einstellen. Um eine solche unerwünschte „Verunreinigung" mit Quecksilber zu verhindern, kann man in die Meßleitung eine mit flüssigem Stickstoff gekühlte Kühlfalle legen; sie verhindert einerseits, daß Quecksilber aus dem McLeod in das Vakuumsystem gelangen kann, zum andern hindert sie aber auch solche Gase daran, in das McLeod zu gelangen, die bei der Siedetemperatur des flüssigen Stickstoffs (ϑ = −196 °C, T = 77 K) einen hinreichend niedrigen Dampfdruck haben. Diese „kondensierbaren" Gase werden also nicht mitgemessen.

Für das gasförmige Quecksilber im McLeod stellt die Kühlfalle eine sehr wirksame Kondensationspumpe dar. Dieser Pumpeffekt, auch Gaede-Ishii-Effekt [1, 46] genannt, hat einen ständigen Quecksilberdampfstrom aus dem McLeod zur Kühlfalle zur Folge. Dieser Dampfstrom wirkt ebenso wie eine Diffusionspumpe, so daß der Druck der zu messenden Gase im McLeod immer kleiner ist als der Druck dieser Gase vor der Kühlfalle, also im Vakuumsystem. Das Verhältnis von wahrem Druck p_w zu gemessenem Druck p_m ist, wie Bild 11.13 zeigt, vom Druck und von der relativen Molekülmasse M_r(Art) des zu messenden Gases abhängig [1].

Kompressionsvakuummeter dienten vielfach als Kalibrier- und Vergleichsmeßgeräte, weil ihre „Empfindlichkeit" aus mit großer Genauigkeit möglichen Längenmessungen und Wägungen abgeleitet wird, ein Kalibrieren daher nicht erforderlich ist. Damit erfüllt das McLeod zwar die Voraussetzung für ein fundamentales (absolutes) Meßgerät, wird aber als solches heute nicht mehr verwendet, da andere fundamentale Meßgeräte (s. Abschnitt 11.2.6) zur Verfügung stehen, die einfacher zu bedienen sind und eine kontinuierliche Druckanzeige besitzen. Auch entfällt beim Arbeiten mit diesen Geräten das Risiko einer Quecksilbervergiftung, das beim Arbeiten mit dem McLeod gegeben ist. In Gegenwart der meist unverzichtbaren Kühlfalle schränkt der Gaede-Ishii-Effekt die Zuverlässigkeit des McLeods als Kalibriergerät erheblich ein.

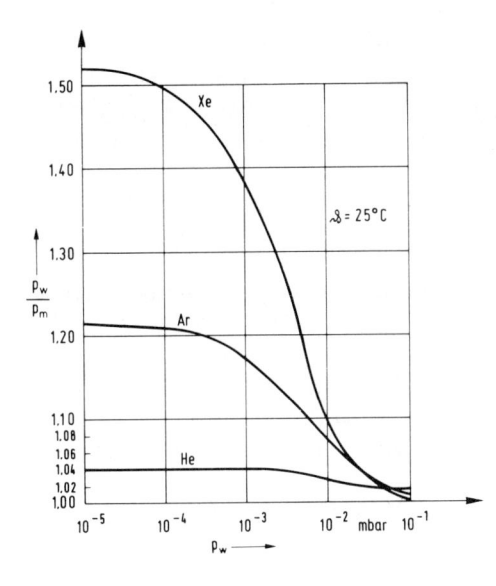

Bild 11.13
Druckverfälschung infolge des Pumpeffekts (Gaede-Ischii-Effekts) einer vor das McLeod-Vakuummeter geschalteten LN$_2$-Kühlfalle. p_w/p_m = „wahrer" Druck/gemessener Druck. Unsicherheit in p_w – je nach Anordnung – bis zu 10 %.

Betriebshinweise: Auf Grund der Arbeitsweise des McLeod-Vakuummeters ist kein kontinuierliches Messen möglich. Für jede Druckmessung wird etwa eine Minute benötigt. Es ist darauf zu achten, daß die Meßkapillare (und das verwendete Quecksilber) absolut sauber sind. Ist dies nicht der Fall, so werden durch die Verunreinigungen Gase okkludiert, die der Messung verloren gehen (besonders wichtig beim Messen kleinerer Drücke). Ist das Gerät, z.B. bei Vorhandensein von Dämpfen, verschmutzt worden, so muß es demontiert und das Quecksilber herausgelassen werden (Vorsicht: Quecksilberdämpfe sind giftig!). Nach gründlichem Reinigen aller Teile (kleinere Verunreinigungen werden mit einem organischen Lösungsmittel, z.B. Alkohol, entfernt, größere Verunreinigungen dagegen mit Chromschwefelsäure, wobei im Anschluß mit destilliertem Wasser gründlich gespült wird) wird in das gut getrocknete Meßgerät gereinigtes und vor allem trockenes Quecksilber eingefüllt.

11.4 Wärmeleitungsvakuummeter (Meßbereich 10^{-3} ... 100 mbar, s. Tab. 16.12)

11.4.1 Prinzip

Ein Wärmeleitungsvakuummeter besteht im Prinzip (vgl. Bild 11.14) aus einem Draht D mit dem Durchmesser $2r_1 \approx 5 \ldots 20$ μm und der Länge $l \approx 50 \ldots 100$ mm, der in einem zylindrischen Rohr vom Durchmesser $2r_2 \approx 20 \ldots 30$ mm axial ausgespannt ist. Heizt man diesen Draht elektrisch, so stellt sich eine Gleichgewichtstemperatur T_1 ein, bei der die zugeführte elektrische Leistung $\dot{Q}_\text{el} = I \cdot U$ gleich der abgeführten Leistung ist. Die letztere setzt sich aus drei Anteilen zusammen:
1. die Wärmeleitung durch das Gas zwischen dem erwärmten ($T_1 \approx 400$ K) Draht und der auf Raumtemperatur befindlichen Wand ($T_2 \approx 300$ K). Nach Gl. (2.93) ist die Energiestromstärke – abgeführte Wärmeleistung

$$\dot{Q}_\text{gas} = \mathcal{E} \frac{p}{1 + g \cdot p} \tag{11.11}$$

druckabhängig und die Grundlage des Meßprinzips. In der Konstante $\mathcal{E}$ (Empfindlichkeit) sind Eigenschaften des Gases (C_molar, V, $\bar{c}$, vgl. Gl. (2.93)), aber auch die Geometrie der Anordnung enthalten; g ist ein diese Geometrie enthaltender Faktor.

11 Vakuummeßgeräte und Lecksuchgeräte

2. die Wärmeableitung $\dot Q_{end}$ an den Drahtenden über die Drahthalterung und
3. die Wärmestrahlung $\dot Q_{strahl}$ des gegenüber der Umgebung wärmeren Drahts.

$\dot Q_{end}$ und $\dot Q_{strahl}$ sind Störeffekte, die einen Gasdruck p_0 — wir wollen ihn Nulldruck nennen — vortäuschen, auch wenn gar kein Gas in der Meßzelle vorhanden ist, d.h. der Meßdruck den Wert Null hat. Wir setzen

$$\dot Q_{end} + \dot Q_{strahl} = \mathcal{E} \cdot p_0 \qquad (11.12)$$

Bild 11.14
Prinzip eines Wärmeleitungs-Vakuummeters

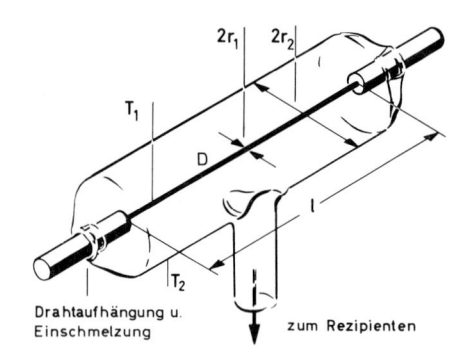

und definieren damit den Nulldruck. Wenn die Drahttemperatur T_1 und die Umgebungstemperatur T_2 konstant gehalten werden, sind $\dot Q_{end}$ und $\dot Q_{strahl}$, also auch p_0 konstant. Die Leistungsbilanz am Draht D (zugeführte Leistung = abgeführte Leistung) verlangt dann

$$\dot Q_{el} = \dot Q_{end} + \dot Q_{strahl} + \dot Q_{gas} \qquad (11.12a)$$

oder mit den Gln. (11.11) und (11.12)

$$\dot Q_{el} = U_D \cdot I_D = U_D^2 / R_D = \mathcal{E} \left(p_0 + \frac{p}{1 + g \cdot p} \right), \qquad (11.13)$$

Mißt man also die dem Draht einer Meßzelle (Widerstand R_D) nach Bild 11.14 elektrisch zugeführte Wärmeleistung $\dot Q_{el}$ oder eine mit ihr zusammenhängende Größe in Abhängigkeit vom Druck p, so wird man bei sehr großen Drücken, wo die Wärmeleitfähigkeit λ vom Druck unabhängig ist (vgl. Gl. (2.90a)), nach Gl. (11.12.a) keine Druckabhängigkeit von $\dot Q_{el}$ feststellen. Bei niedrigeren Drücken, wo $\lambda \propto p$, addiert sich zu der „Null-Leistung" ein druckproportionales Glied. Stellt man $\dot Q_{el}$ nach Gl. (11.13) in Abhängigkeit vom Druck p in einem Diagramm mit logarithmisch geteilten Koordinaten dar, so erhält man das schematische Bild 11.15. Die 45°-Grade liegt um so höher, je größer die Empfindlichkeit $\mathcal{E}$ ist.

Ein Meßbeispiel ist in Bild 11.16 dargestellt; mit einem Wolframdraht der Länge $l = 60$ mm und des Durchmessers $2r_1 = 7{,}7$ µm wurden bei einer Temperaturdifferenz $\Delta T = T_2 - T_1 = 100$ K für verschiedene Gase die Heizleistungen $\dot Q_{el}$ in Abhängigkeit vom Druck p gemessen. Man erkennt aus Bild 11.16, daß die Empfindlichkeit $\mathcal{E}$ dieses Vakuummeters, die durch die Lage der Kurven (gestrichelte Linien) gekennzeichnet ist, von der Gasart abhängt und daß der Nulldruck p_0 (am Schnittpunkt zwischen der gestrichelten 45°-Geraden und der gestrichelten Horizontalen) je nach Gasart zwischen 9 µbar und 22 µbar liegt. Der Wert von p_0 ist bei $\Delta T \approx 100$ K nur wenig von der Temperatur T_1 abhängig, er ändert sich aber mit dem Gesamtemissionsgrad der Oberfläche des Drahts. Bei den Messungen nach Bild 11.16 betrug der Strahlungsanteil 10 % der Null-Leistung.

Der Nulldruck bestimmt die untere Grenze des Meßbereichs eines Wärmeleitungsvakuummeters, die obere Grenze p_{max} liegt für ein Gas mit großer relativer Molekülmasse M_r, z.B. UF_6, bei etwa 10 mbar, für Wasserstoff mit $M_r = 2$ bei etwa 500 mbar; man beachte,

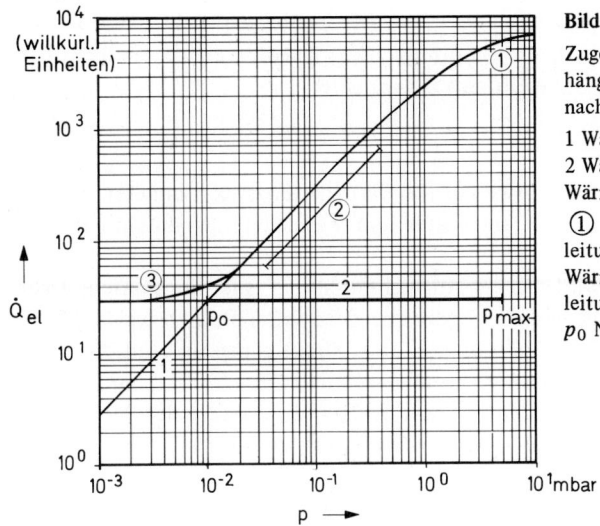

11.4 Wärmeleitungsvakuummeter 11.4.1

Bild 11.15
Zugeführte elektrische Leistung $\dot{Q}_{el}$ in Abhängigkeit vom Gasdruck p in einer Meßzelle nach Bild 11.14 (schematisch).

1 Wärmeleitung durch das Gas nach Gl. (11.11),
2 Wärmeableitung an den Drahtenden plus Wärmeabstrahlung des Drahtes nach Gl. (11.12).

① Bereich der gasdruckunabhängigen Wärmeleitung, ② Bereich der druckproportionalen Wärmeleitung, ③ Bereich, in dem die Wärmeleitung durch das Gas vernachlässigbar ist.
p_0 Nulldruck, $p_0 \dots p_{max}$ Meßbereich.

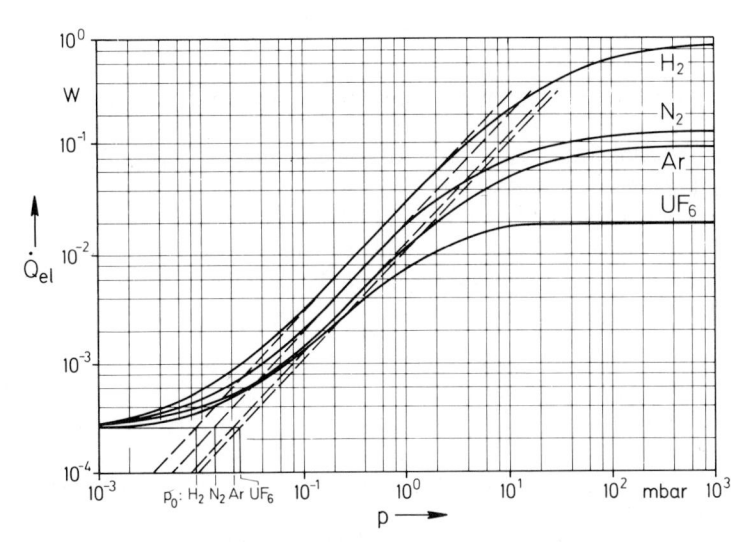

Bild 11.16 Elektrische Heizleistung $\dot{Q}_{el}$ zur Aufrechterhaltung konstanter Heizfadentemperatur T_1 ($\Delta T = T_1 - T_2 = 100$ K) als Funktion des Gasdrucks p für verschiedene Gase. Die gestrichelten Geraden veranschaulichen den linearen Bereich der Wärmeleitung (Gl. (11.11)).

Tabelle 11.1 Empfindlichkeit $\mathcal{E}$, untere Grenze (Nulldruck p_0) und obere Grenze p_{max} des Meßbereichs handelsüblicher Wärmeleitungsvakuummeter

Gas	$\mathcal{E}$ Watt·mbar^{-1}	p_0 mbar	p_{max} mbar
H_2	0,029	$9 \cdot 10^{-3}$	500
N_2	0,019	$1,37 \cdot 10^{-2}$	200
Ar	0,013	$2,16 \cdot 10^{-2}$	150
UF_6	0,011	$2,2 \cdot 10^{-2}$	10

daß bei UF_6 (großes M_r) der lineare Bereich $\dot{Q}_{el} \propto p$ (45°-Gerade) gar nicht mehr erreicht wird. Tabelle 11.1 enthält Angaben über die Empfindlichkeit $\mathcal{E}$, sowie die untere und obere Meßbereichsgrenze handelsüblicher Wärmeleitungsvakuummeter.

11.4.2 Betriebsweise

Es gibt zwei unterschiedliche Betriebsweisen für Wärmeleitungsvakuummeter: Wärmeleitungsvakuummeter mit konstanter Drahttemperatur und Wärmeleitungsvakuummeter mit konstanter Heizleistung.

Bei der ersten Betriebsweise wird die zur Aufrechterhaltung einer konstanten Drahttemperatur notwendige Heizleistung gemessen, wogegen bei der zweiten Betriebsweise, die sich bei konstanter Heizleistung einstellende Drahttemperatur indirekt gemessen wird. Das erste Prinzip ist etwas aufwendiger, dafür ist der Meßbereich relativ groß – 10^{-3} mbar... einige 100 mbar – wogegen bei der zweiten Methode der Aufwand geringer, der Meßbereich – 10^{-3} mbar... 10 mbar – allerdings um etwa eine Zehnerpotenz kleiner ist.

11.4.3 Wärmeleitungsvakuummeter mit konstanter Drahttemperatur

Als Meßdraht wird hierbei ein feiner Draht aus Wolfram oder Nickel mit einem Durchmesser $2r_1 = 7...10\,\mu m$ verwendet. Dieser Draht ist, wie aus Bild 11.17 zu erkennen, ein Zweig R_D einer Wheatstoneschen Brücke, bestehend aus den Widerständen $R_2 \approx R_3 \approx R_4 \approx R_D$ und dem Temperaturkompensationswiderstand R_T. Die an der Brücke liegende Spannung U_1 wird über einen Verstärker V_1 so geregelt, daß der Widerstand des Meßdrahts und damit seine Temperatur unabhängig vom Wärmestrom, also vom Druck, konstant ist. Die Brücke ist in diesem Fall immer abgeglichen.

Da es jedoch elektronisch sehr aufwendig ist, die im Heizfaden umgesetzte Heizleistung $\dot{Q}_{el}$ oder – was dasselbe ist – das Quadrat der Heizspannung U_D^2 anzuzeigen, beschränkt man sich im allgemeinen darauf, die Brücke nicht voll abzugleichen, sondern die an der Brücke anliegende Spannung U_1 auf einem entsprechend kalibrierten Voltmeter anzuzeigen. Der Zu-

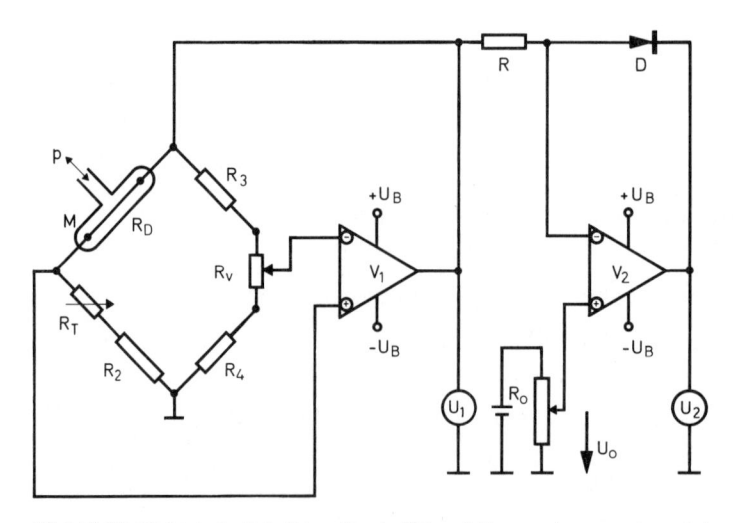

Bild 11.17 Elektrische Schaltung für ein Wärmeleitungsvakuummeter mit konstanter Drahttemperatur. M = Meßzelle, R_D = Widerstand des Meßdrahts.

11.4 Wärmeleitungsvakuummeter 11.4.2/11.4.3

Bild 11.18 Skala eines Wärmeleitungsvakuummeters mit konstanter Drahttemperatur (Schaltung nach Bild 11.17) und mit Nulldruck-Kompensation.

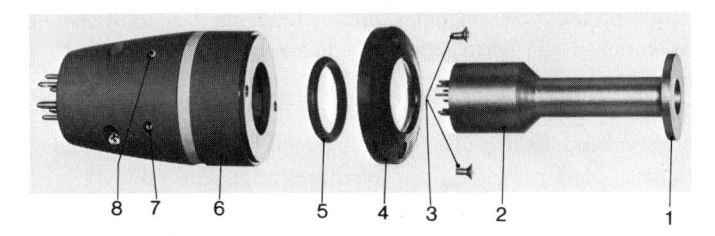

Bild 11.19 Meßröhre eines Wärmeleitungsvakuummeters mit abgebautem Meßkopf.
1 Anschluß der Meßröhre, 2 Meßzelle, 3 Befestigungsschrauben für Klemmring, 4 Klemmring, 5 Dichtring, 6 Meßkopf, 7 Potentiometer für Vollausschlag-Abgleich, 8 Potentiometer für Nullpunkt-Abgleich.

sammenhang zwischen der angezeigten Spannung U_1 und dem Druck p ist in diesem Fall nach Gl. (11.13) ungefähr gegeben durch

$$U_1 = 2 \sqrt{R_D \, \mathcal{E} \left(p_0 + \frac{p}{1 + gp} \right)}. \tag{11.14}$$

Man erhält also eine nichtlineare Skala, deren Nulldruck bei etwa 10^{-2} mbar liegt, so daß der Druckbereich $10^{-2} \ldots 10^{-3}$ mbar nicht mehr gemessen werden kann (Kurvenabschnitt ③ in Bild 11.15). In einer aufwendigeren Schaltung (vgl. Bild 11.17, rechter Teil) kann der Nulldruck durch eine Spannung U_0 an dem Potentiometer R_0 kompensiert werden. Logarithmiert man dann mit Hilfe einer Diode D die Spannung $U_1 - U_0$, so erhält man eine Skala gemäß Bild 11.18.

Da die Empfindlichkeit $\mathcal{E}$ und der Nulldruck p_0 von Meßsystem zu Meßsystem etwas unterschiedlich sein können, muß die Möglichkeit eines Abgleichs gegeben sein. Dieser Abgleich geschieht in folgender Weise:

Bei Atmosphärendruck wird die Soll-Temperatur des Heizfadens und damit die Empfindlichkeit $\mathcal{E}$ über das Potentiometer R_V (Bild 11.17) so eingestellt, daß das Anzeigeinstrument 1000 mbar anzeigt. Anschließend wird die Meßröhre auf einen Druck ausgepumpt, der klein gegen den kleinsten nachweisbaren Druck ist, in diesem Falle etwa 10^{-4} mbar. Dann wird die Kompensationsspannung U_0 an R_0 so eingestellt, daß das Anzeigeinstrument U_2 Null anzeigt. Sind die Abgleichpotentiometer R_V und R_0 zusammen mit den anderen Widerständen der Wheatstoneschen Brücke und dem Temperaturkompensationswiderstand R_T im Kopf der Meßröhre eingebaut, wie es in Bild 11.19 dargestellt ist, dann kann die Meßröhre vor der Auslieferung so abgeglichen werden, daß sie an alle Meßgeräte ohne individuellen Abgleich angeschlossen werden kann.

413

Dieser Abgleich bleibt im allgemeinen erhalten, es sei denn, am Heizfaden treten irreversible Änderungen auf. Hier besteht die Möglichkeit, daß die „Schwärzung" des Heizfadens durch Ablagerung von Verunreinigungen zunimmt. Eine solche Zunahme hat zur Folge, daß der Nulldruck steigt und das Gerät im unteren Meßbereich immer einen zu hohen Druck anzeigt, der Nullpunkt also nicht erreichbar ist. Diese Abweichung kann durch nachträglichen Abgleich mit Hilfe der Spannung U_0 in weiten Grenzen ohne erheblichen Einfluß auf die Meßgenauigkeit kompensiert werden.

11.4.4 Wärmeleitungsvakuummeter mit konstanter Heizung

Neben der in Abschnitt 11.4.3 beschriebenen Betriebsweise eines Wärmeleitungsvakuummeters mit konstanter Drahttemperatur kann man den Heizdraht auch mit konstanter Heizspannung (oder konstantem Heizstrom) betreiben und den Widerstand des Heizdrahts als Maß für dessen Temperatur in Abhängigkeit vom Druck messen.

Bei dem bekanntesten, von Pirani angegebenen Prinzip bildet der Heizdraht einen Zweig einer mit konstanter Spannung (U_B) betriebenen Wheatstoneschen Brücke. Ändert der Heizdraht infolge Druckänderung seine Temperatur, so ändert sich auch sein Widerstand R_D; diese Widerstandsänderung hat eine Verstimmung der Brücke zu Folge, die auf dem Anzeigeinstrument in der Brückendiagonale als Spannung U bzw. bei entsprechender Kalibrierung des Anzeigeinstruments als Druck p z.B. in mbar angezeigt wird (Bild 11.20).

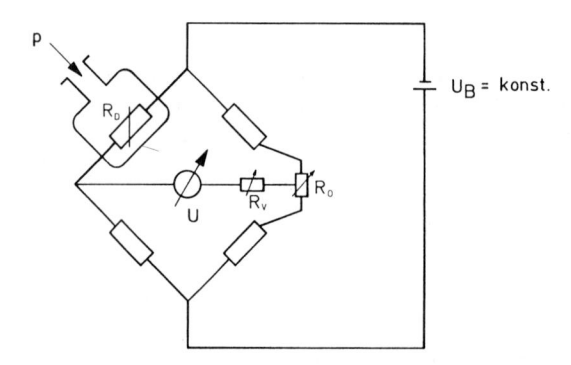

Bild 11.20a
Elektrische Schaltung für ein Wärmeleitungsvakuummeter mit konstanter Speisespannung U_B und veränderlicher Drahttemperatur

Bild 11.20b
Skalenteilungen eines Wärmeleitungsmanometers mit veränderlicher Drahttemperatur. Drahtabmessungen: oben: $l = 6$ mm, $2r_1 = 20$ μm; unten: $l = 5$ mm, $2r_1 = 30$ μm.

11.4 Wärmeleitungsvakuummeter 11.4.4

Dabei muß der Meßdraht aus einem Material hergestellt sein, dessen Widerstand einen möglichst großen Temperaturkoeffizienten hat. Diese Bedingung ist im allgemeinen bei Verwendung reiner Metalle oder von Halbleiterwiderständen (Thermistoren mit positiven oder negativen Temperaturkoeffizienten) erfüllt.

Ähnlich wie bei dem in Abschnitt 11.4.3 beschriebenen Wärmeleitungsvakuummeterprinzip läßt sich auch hier die Abhängigkeit der Anzeige vom Druck herleiten. Unter Vernachlässigung von Größen zweiter Ordnung ergibt sich die Gleichung

$$U = A \cdot U_B \frac{p}{p + Bd/l} \approx \frac{AU_B}{B \cdot d/l} \cdot p = \mathcal{E} \cdot p, \tag{11.15}$$

worin A und B Konstante sind. Der entscheidende Parameter für den Meßbereich solcher Wärmeleitungsvakuummeter ist das Verhältnis von Drahtdurchmesser $2r_1 = d$ zu Drahtlänge l.

Die obere Grenze des Meßbereichs derartiger Geräte ist dann erreicht, wenn die Drahttemperatur T_1 nur noch wenig höher ist als die Umgebungstemperatur T_2. Die untere Grenze des Meßbereichs ist im allgemeinen ein Tausendstel des höchsten meßbaren Drucks.

Verwendet man einen dünnen langen Draht, so wird der Faktor d/l im Nenner von Gl. (11.15) klein und damit die Empfindlichkeit $\mathcal{E}$ groß, jedoch ist der größte meßbare Druck nicht besonders hoch. Ein Beispiel zeigt Bild 11.20b, oben. Bei einem Drahtdurchmesser $2r_1 = 20\,\mu m$ und einer Fadenlänge $l = 60$ mm erhält man einen Meßbereich von $10^{-3} \ldots 1$ mbar. Verwendet man dagegen einen kurzen Draht mit größerem Querschnitt, so verschiebt sich der Meßbereich nach höheren Drücken. Die Skala bei Verwendung eines Drahts mit einer Länge $l = 5$ mm und einem Durchmesser $2r_1 = 30\,\mu m$ zeigt Bild 11.20b, unten. Der Meßbereich beträgt hier $10^{-2} \ldots 10$ mbar.

Exemplarstreuungen der Heizdrähte können durch zwei Abgleichpotentiometer R_0 und R_V (vgl. den Brückenteil von Bild 11.17) ausgeglichen werden. Der Abgleich muß hier in der Weise erfolgen, daß zunächst das Meßsystem auf einen Druck evakuiert wird, der klein gegen den kleinsten meßbaren Druck ist. Die Anzeige wird dann mit Hilfe des Potentiometers R_0 auf Null eingestellt. Anschließend wird bei Atmosphärendruck über das Potentiometer R_V der Vollausschlag abgeglichen. In gleicher Weise wie beim Wärmeleitungsvakuummeter mit konstanter Temperatur können sämtliche Brückenwiderstände und die Abgleichpotentiometer im Meßkopf eingebaut werden, so daß ein Vorabgleich möglich ist. Weiterhin können auch bei diesen Meßsystemen Abweichungen der Anzeige bei niedrigen Drücken infolge Veränderungen der Oberfläche des Heizdrahts durch nachträglichen Abgleich kompensiert werden.

Die Temperatur des Heizdrahts kann auch direkt mit einem Thermoelement gemessen werden, wie es Bild 11.21 zeigt. Am Heizdraht wird ein Thermoelement angebracht, dessen Thermospannung unmittelbar angezeigt wird. Der Abgleich erfolgt hier in der Weise, daß über einen regelbaren Vorwiderstand die Heizdrahttemperatur bei niedrigem Druck so eingestellt wird, daß das Anzeigeinstrument Vollausschlag erreicht. Ein Abgleich bei Atmosphärendruck ist nicht notwendig, weil der Heizdraht bei Atmosphärendruck nur wenig wärmer als die Umgebungstemperatur ist. Auch hier kann es notwendig werden, Änderungen der Oberflächenbeschaffenheit des Heizdrahts durch Nachstellen des Abgleichpotentiometers zu kompensieren. Für den Meßbereich und dessen Abhängigkeit von Drahtdurchmesser und Drahtlänge gilt das gleiche wie oben.

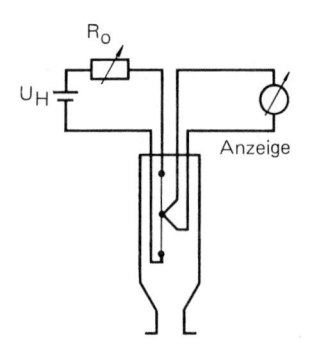

Bild 11.21 Schema eines Wärmeleitungsvakuummeters mit Thermo-Element.

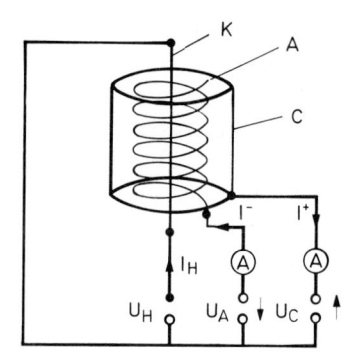

Bild 11.22 Prinzip des Ionisationsvakuummeters mit Glühkathode.
U_H = Heizspannung; I_H = Heizstrom der Glühkathode; U_A = Anodenspannung; I^- = Elektronenstrom zur Anode; I^+ = Ionenstrom zum Kollektor.

11.4.5 Hinweise zur Verwendung von Wärmeleitungsvakuummetern

Wärmeleitungsvakuummeter haben ihre größte Bedeutung im Druckbereich des Feinvakuums und dort insbesondere zur Kontrolle des Vorvakuums von mehrstufigen Pumpsystemen und zur Überwachung des Grobpumpvorgangs. Darüber hinaus sind Wärmeleitungsvakuummeter, und zwar insbesondere die nach dem Prinzip der konstanten Temperatur arbeitenden, in hohem Maße für Steuer- und Regelzwecke geeignet, da sie eine sehr kleine Einstellzeit – 20 ... 50 ms – haben und über ein großes Ausgangssignal – 0 ... 10 V – verfügen. Diese Eigenschaften zusammen mit der Tatsache, daß Wärmeleitungsvakuummeter die preiswertesten elektrisch anzeigenden Vakuummeter sind, lassen es verständlich erscheinen, daß sie zu den am weitesten verbreiteten Vakuummeßgeräten gehören.

Die Skalenangaben der Anzeigeinstrumente der im Handel befindlichen Wärmeleitungsvakuummeter gelten für Luft und Stickstoff. Für andere Gase sind die in Bild 16.16 angegebenen, auf Luft (Stickstoff) bezogenen Kalibrierkurven zu beachten. In diesem Fall wird der angezeigte Druck auch als „Stickstoffäquivalentdruck" bezeichnet.

11.5 Ionisationsvakuummeter (Meßbereich 1 ... 10^{-11} mbar, s. Tabelle 16.12)

11.5.1 Prinzip und Einteilung

Bei Ionisationsvakuummetern erfolgt die Druckmessung auf indirekte Weise durch Messung einer der Teilchenanzahldichte n proportionalen elektrischen Größe. Zur Erzeugung dieser elektrischen Größe wird das Gas, dessen Druck gemessen werden soll, ionisiert. Je nach der Art, wie diese Ionisierung vorgenommen wird, ist die elektrische Meßgröße entweder ein reiner Ionenstrom (Glühkathoden-Ionisationsvakuummeter, Abschnitt 11.5.2) oder ein Gasentladungsstrom (Kaltkathoden-Ionisationsvakuummeter, Abschnitt 11.5.3). Das Meßprinzip soll an Hand der zuerst genannten Meßgröße erläutert werden. Das Ionisationsvakuummeter besteht in diesem Falle (s. Bild 11.22) aus einer Elektronen emittierenden Glühkathode K, einer diese umgebenden positiven, als Gitter ausgebildeten Anode A und – wiederum konzentrisch dazu – dem Ionenkollektor C, dessen Potential negativer als die Potentiale von Kathode und Anode ist. Die von der Kathode K emittierten Elektronen mit der Stromstärke I^- stoßen mit den Gasteilchen zusammen, die dabei ionisiert werden.

11.5 Ionisationsvakuummmeter 11.5.1

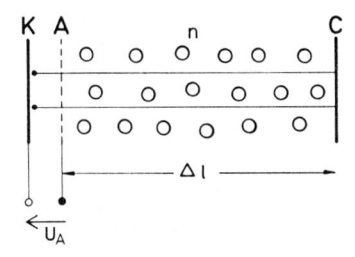

Bild 11.23 Schema des Ionisationsvakuummeters zur Berechnung des Ionenstroms I^+. U_A = Beschleunigungsspannung der Elektronen, eU_A = Elektronenenergie.

Bild 11.24
Differentielle Ionisierung S_0 von Elektronen verschiedener Energie in verschiedenen Gasen des Zustands $p_0 = 1{,}33$ mbar, $\vartheta = 0$ °C ($T = 273{,}15$ K).

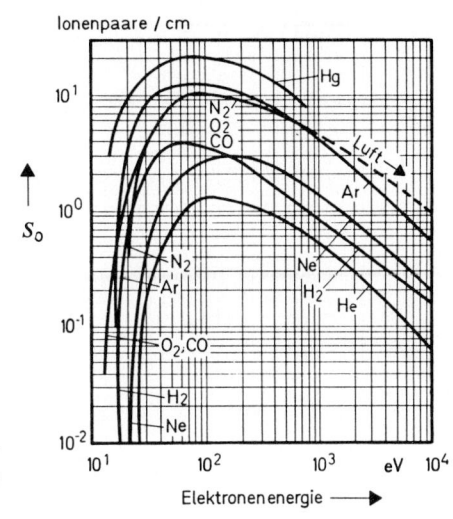

Die so gebildeten positiven Ionen gelangen zum Ionenfänger C und werden als Ionenstrom I^+ gemessen.

Auf dem Weg Δl durch das Gas der Teilchenanzahldichte n (vgl. Bild 11.23 und Abschnitt 2.4.7 sowie Bild 2.7) führen N^- Elektronen

$$\Delta N^- = N^- \cdot n \cdot \sigma \cdot \Delta l \tag{11.17}$$

Stöße aus und bilden dabei ebensoviele Ionenpaare $\Delta N^- = \Delta N^+$. Dabei ist σ der von der Energie der stoßenden Elektronen und der Gasart abhängige Wirkungsquerschnitt für Ionisierung. Die Größe $n \cdot \sigma = \Delta N^-/(N^- \cdot \Delta l)$ gibt die von einem Elektron auf der Längeneinheit seines Weges in einem Gas der Teilchenanzahldichte n gebildete Zahl von Ionenpaaren an; sie wird „differentielle Ionisierung" S genannt. Für ein Gas vom Druck $p_0 = 1$ Torr $= 1{,}33$ mbar und der Temperatur $T_0 = 273$ K ($\vartheta = 0$ °C) ist nach Gl. (11.1) $n_0 = 3{,}54 \cdot 10^{22}$ m^{-3}; in Bild 11.24 ist die differentielle Ionisierung S_0 für diesen Gaszustand für verschiedene Gase dargestellt.

Dividiert man Gl. (11.17) durch die Zeit, so erhält man Stromstärken; der Elektronenstrom I^- erzeugt also den Ionenstrom

$$I^+ = I^- \cdot n \cdot \sigma \cdot \Delta l = I^- \cdot S \cdot \Delta l \tag{11.18}$$

mit $S = S_0 \cdot n/n_0$. Setzt man in Gl. (11.18) den Wert von n aus Gl. (11.1) ein, so ergibt sich der Zusammenhang des auf dem Kollektor C aufgefangenen Ionenstroms I^+ mit dem Gasdruck p

$$I^+ = I^- \cdot \frac{\sigma \cdot \Delta l}{kT} \cdot p = I^- \cdot \frac{S_0}{p_0} \frac{T_0}{T} \Delta l \cdot p = I^- \cdot \epsilon \cdot p. \tag{11.19}$$

Die hier eingeführte sog. Vakuummeterkonstante $\epsilon = I^+/(I^- \cdot p)$ hängt von der Geometrie des Systems ab (nur für das einfache System Bild 11.23 wäre gemäß Gl. (11.19) $\epsilon = \sigma \cdot \Delta l/kT$); sie muß daher experimentell bestimmt werden. Gl. (11.19) zeigt aber, daß ϵ von der Temperatur T abhängt, was in der Praxis zu berücksichtigen wäre, wenn die Anzeige in *Druck*einheiten (statt *Teilchenanzahldichte*-Einheiten, Gl. (11.18)) kalibriert ist. Da jedoch die relative Meßunsicherheit bei diesen Geräten etwa $\Delta p/p \approx \pm 10$ % beträgt, fallen Temperaturschwankungen im Bereich von $\Delta T \approx \pm 30$ K um die Kalibriertemperatur $T \approx 300$ K nicht ins Gewicht.

417

11 Vakuummeßgeräte und Lecksuchgeräte

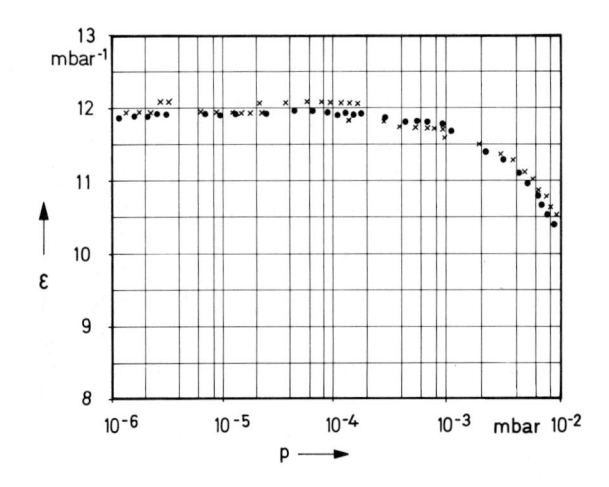

Bild 11.25

Vakuumeterkonstante ϵ eines Ionisations-Vakuummeters für Argon als Funktion des Gasdrucks p [19].

× nach der statischen Methode gemessen (Abschnitt 11.8.3)
● nach der dynamischen Methode gemessen (Abschnitt 11.8.4)

Die Vakuummeterkonstante ϵ hat z.B. die Einheit $mbar^{-1}$. Sie ist von der Gasart, der Elektronenenergie (Anodenspannung) und – wie gesagt – von der Geometrie des Meßsystems abhängig. Bild 11.25 zeigt ϵ als Funktion von p im Bereich $p = 10^{-2} \ldots 10^{-6}$ mbar für ein bestimmtes System.

Neben der Vakuummeterkonstante ϵ wird häufig auch die Empfindlichkeit K angegeben [47, 48], die durch die Gleichung

$$I^+ = K \cdot p \tag{11.20}$$

definiert ist. Im Falle von Glühkathoden-Ionisationsvakuummetern ist nach Gl. (11.19)

$$K = \epsilon \cdot I^-. \tag{11.21}$$

Beim Betrieb von Ionisationsvakuummetern können sich insbesondere bei der Messung niedriger Drücke Störeinflüsse bemerkbar machen, die im allgemeinen eine Druckanzeige zur Folge haben, die größer als der wahre Druck ist. Gründe dafür sind: Gasabgabe von erhitzten Teilen des Meßsystems; durch Elektronenbeschuß induzierte Gas- und Ionendesorption; Reststrom am Ionenfänger, hervorgerufen durch den sog. Röntgeneffekt (vgl. Abschnitt 11.5.2.3); Dissoziation von Gasteilchen an heißen Oberflächen durch Elektronenstoß.

Es ist aber auch möglich, daß in einem Ionisationsvakuummetersystem eine Gasaufzehrung stattfindet, die zu einer Druckanzeige führen kann, die niedriger als der wahre Druck ist. Eine Abschätzung für die Gasaufzehrung erhält man, wenn man annimmt, daß jedes gemessene Ion aufgezehrt, d.h. gepumpt wird. In diesem Fall ergibt sich für die zeitbezogene „abgepumpte" Teilchenanzahl aus Gln. (11.19) und (11.21)

$$\dot{N} = \dot{N}^+ = \frac{I^-}{e} \cdot \epsilon \cdot p = \frac{K}{e} \cdot p. \tag{11.22}$$

Zusammen mit der Zustandsgleichung (2.31.6)

$$V = N \frac{kT}{p} \quad \text{und entsprechend} \quad \dot{V} = \dot{N} \frac{kT}{p} \tag{11.23}$$

ergibt sich das Saugvermögen

$$S =: \dot{V} = \frac{kT}{e} \cdot K \tag{11.24}$$

oder

$$S = 0{,}25\,K \qquad (11.25)$$

mit $[S] = \ell \cdot s^{-1}$; $[K] = A \cdot mbar^{-1}$.

Eine solche Gasaufzehrung tritt in besonderem Maße dann auf, wenn das Meßsystem eine große Empfindlichkeit K hat. Dieser Effekt wird bei Ionenzerstäuberpumpen ausgenutzt (s. Abschnitt 8), die im Prinzip aus einer großen Anzahl von parallel geschalteten Ionisationsvakuummetersystemen bestehen.

Die Gruppe der Ionisationsvakuummeter wird nach dem Prinzip der Erzeugung der Ionisierung unterteilt in

a) Glühkathoden-Ionisationsvakuummeter: die zur Ionisation des Gases notwendigen Elektronen werden von einer Glühkathode emittiert, und

b) Kaltkathoden-Ionisationsvakuummeter (Penning-Vakuummeter): die Elektronen und Ionen werden in einer Gasentladung mit kalter Kathode erzeugt.

Der Betrieb von Glühkathoden-Ionisationsvakuummeter-Systemen ist im allgemeinen aufwendiger als der Betrieb eines Penning-Vakuummeters, jedoch sind Meßgenauigkeit und Zuverlässigkeit der Druckmessung mit einem Glühkathoden-Ionisationsvakuummeter größer als mit einem Penning-Vakuummeter.

Warnung!

Befindet sich in einem *nicht geerdeten* Metall-Vakuumgefäß eine Elektrode, die auf hoher Spannung (> 100 V) gegen Erde liegt und ist der Druck im Gefäß größer als etwa 10^{-3} mbar, so kann bei *Erdung* des Gefäßes im Gefäß eine Entladung zünden. Die Zündung wird begünstigt durch die „Vor"-Ionisation zwischen einer Glühkathode und zugehöriger Anode (z.B. im Ionisationsvakuummeter). Wird die Erdung durch den menschlichen Körper (Berühren) hergestellt, so kann der Berührende durch den elektrischen Strom (Schlag) zu Schaden kommen. Die Gerätehersteller versuchen, solche Schäden durch entsprechenden Aufbau der Geräte so klein und so selten wie möglich zu halten. Völlig vermieden können solche Schäden nur dann werden, wenn sich der Experimentator oder Betreiber der genannten Tatsachen stets bewußt ist und seine Anlage elektrisch dementsprechend aufbaut und betreibt.

11.5.2 Glühkathoden-Ionisationsvakuummeter

Der Ionenstrom I^+ ist gemäß Gl. (11.20) die dem Druck p proportionale Meßgröße. Im allgemeinen ist es üblich, den von der Kathode emittierten Elektronenstrom I^-, der sich infolge Gasbeladung und anderer Oberflächeneffekte (Austrittsarbeit) mit p ändert, durch entsprechende Regelung der Kathodenheizung mit elektronischen Mitteln auf einem konstanten, im Bereich $I^- = 10\,\mu A \ldots 10$ mA wählbaren Wert zu halten. Bei dem typischen Wert $I^- = 1$ mA ergibt sich mit der Vakuummeterkonstante $\epsilon = 10$ mbar^{-1} die Empfindlichkeit $K = 10^{-2}$ A $\cdot$ mbar^{-1}, d.h. einem Druck $p = 10^{-6}$ mbar entspricht ein Ionenstrom $I^+ = 10^{-8}$ A.

Bild 11.26 zeigt das Blockschaltbild eines Ionisationsvakuummeters, wobei der mit H bezeichnete Block den Emissionsstrom der Kathode K regelt (der Elektronenstrom I^- kann in mehreren Stufen einstellbar sein), im Block A wird die Anodenspannung erzeugt, und im Block C wird der Ionenstrom so weit verstärkt, daß er auf einem üblichen Strommesser angezeigt werden kann. Bild 11.27 zeigt die Ansicht eines Ionisationsvakuummeter-Meßgerätes, als Beispiel für zahlreiche handelsübliche Vakuumeßgeräte dieser Art. Mit Hilfe eines Emissionsregelkreises wird der Heizstrom der direkt geheizten Kathode des Meßsystems (Meß-

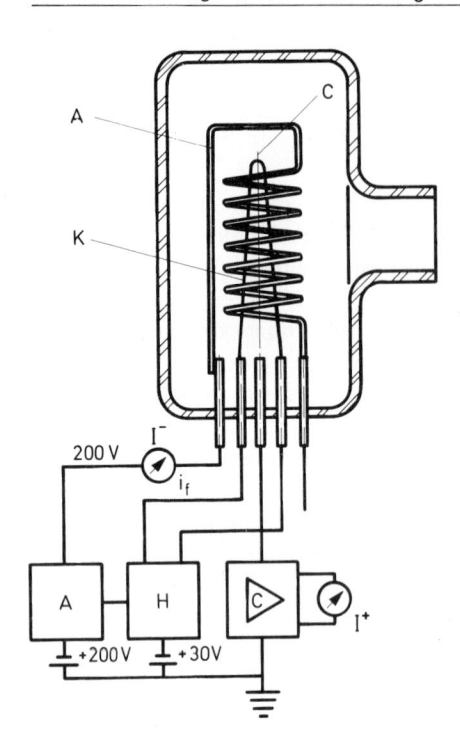

Bild 11.26
Blockschaltbild zum Betrieb eines Glühkathoden-Ionisations-Vakuummeters. Elektrodensystem (K, A, C) nach Bayard-Alpert (Abschnitt 11.5.2.3).

Bild 11.27 Betriebsgerät eines Glühkathoden-Ionisations-Vakuummeters mit digitaler Druckanzeige.

röhre oder Einbaumeßsystem) so geregelt, daß der emittierte Elektronenstrom auf 2 % genau konstant gehalten wird.

Zum Vermeiden der in Abschnitt 11.5.1 genannten Störeinflüsse muß das Meßsystem entgast (ausgeheizt) werden. Das Ausheizen erfolgt durch Betätigen des entsprechenden Drucktastenschalters. Dabei wird das Meßsystem durch Elektronenbombardement erhitzt und so von Verunreinigungen (adsorbierten Schichten) gereinigt. Es gibt allerdings auch Geräte, bei denen das Ausheizen durch Erhitzen der Anode durch direkten Stromdurchgang erfolgt. Der Meßbereich des in Bild 11.27 gezeigten Gerätes beträgt 10^{-5} ... 1 mbar. Der Meßwert wird digital angezeigt. Die Meßbereich-Umschaltung erfolgt automatisch. Das Gerät schaltet automatisch ab, wenn (im vorliegenden Fall) der Gasdruck 2 mbar überschreitet. Auf der Rückseite des Betriebsgerätes sind u. a. Ausgänge für Anschluß eines Schreibers, einer Fernbedienung und ein BCD-(Binary Coded Digit-)Ausgang vorhanden.

Auf der Basis des in Bild 11.22 dargestellten Glühkathoden-Ionisationsvakuummeter-Prinzips ist eine große Anzahl verschiedener Ausführungsformen entwickelt worden, insbesondere nach den Gesichtspunkten des Meßbereichs [49] und des fertigungstechnischen Aufwands. Im folgenden sollen die wichtigsten vier Bauprinzipien von Meßsystemen beschrieben werden, die sich vor allem durch ihren Meßbereich unterscheiden.

11.5.2.1 Konzentrische Triode ($p = 10^{-2}$ ... 10^{-7} mbar)

Dieses älteste Ionisationsvakuummeter-System ist aus einer Verstärkertriode hervorgegangen, wobei die zentral angeordnete Kathode von einem zylindrischen Gitter (Anode) als Elektronenfänger und dieses wiederum konzentrisch von einem zylinderförmigen Ionenfänger umgeben ist. Die von der Kathode emittierten Elektronen werden in Richtung auf die Anode beschleunigt und können einige Male um die Gitterdrähte pendeln, bevor sie die

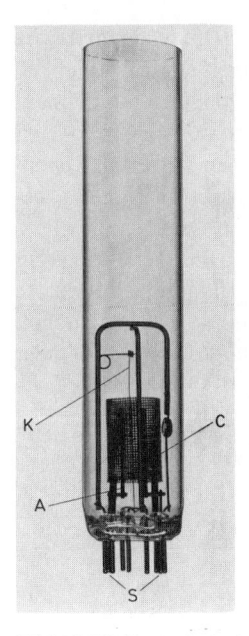

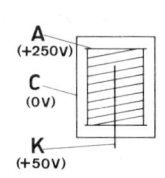

Bild 11.28 Normale Ionisations-Vakuummeter-Röhre aus Glas, daneben Schema der Elektrodenanordnung mit Elektrodenpotentialen.
K Kathode, A Zuleitungen zur Anode (Drahtspirale innerhalb C), C Ionenkollektor, S Sockelstifte.

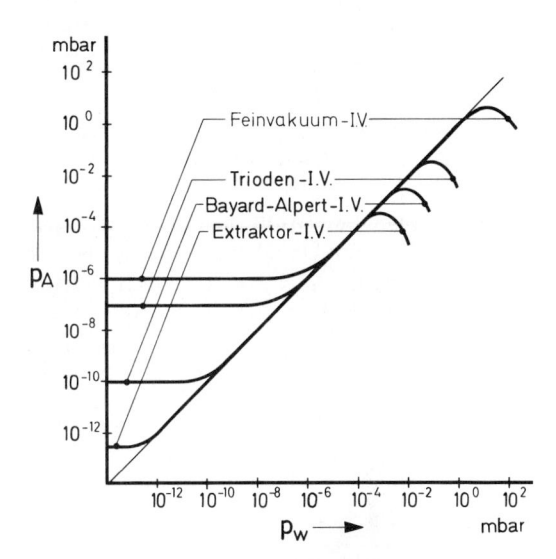

Bild 11.29 Druckanzeige p_A als Funktion des wahren Drucks p_w für verschiedene Ionisationsvakuummeter-Meßsysteme. Trioden-I.V. s. Bild 11.28, Feinvakuum-I.V. s. Bild 11.30, Bayard-Alpert I.V. s. Bild 11.31, Extraktor I.V. s. Bild 11.32.

Anode erreichen. Die dabei im Bereich zwischen Anode und Ionenfänger durch Elektronenstoß erzeugten Ionen gelangen zum Ionenfänger und erzeugen so ein dem Druck proportionales Gleichstromsignal.

Dieses Prinzip wird häufig als möglichst einfaches und damit preiswertes Meßsystem verwirklicht. Die Kathode besteht aus Wolfram und muß gegen den Betrieb bei zu hohen Drücken ($p > 10^{-2}$ mbar) durch eine entsprechende Schutzschaltung im Ionisationsvakuummeter-Gerät geschützt werden, da andernfalls bei Betrieb in sauerstoffhaltigen Gasen die Gefahr des Durchbrennens des W-Fadens besteht. Die Schutzschaltung besteht darin, daß die Kathodenheizung immer dann abgeschaltet wird, wenn der jeweils eingeschaltete Meßbereich überschritten wird (vgl. Abschnitt 11.5.2). Bild 11.28 zeigt eine solche Ionisationsvakuummeter-Röhre für den Meßbereich (s. Bild 11.29) $p = 10^{-2} \ldots 10^{-7}$ mbar.

11.5.2.2 Feinvakuum-Ionisationsvakuummeter ($p = 1 \ldots 10^{-6}$ mbar)[1]

Durch die Entwicklung von „durchbrennsicheren" Kathoden konnte einerseits die Lebensdauer von Ionisationsmanometer-Systemen verlängert, zum anderen die Beschränkung auf einen maximalen Arbeitsdruck von 10^{-2} mbar entfallen. Es war jedoch zunächst nicht möglich, den Meßbereich mit der in 11.5.2.1 beschriebenen Konfiguration nach höheren

---

[1] Bezeichnung nach DIN 28400 Teil 3 (Ausgabe Oktober 1980); früher Hochdruck-Ionisationsvakuummeter genannt.

Drücken hin zu erweitern, weil die Empfindlichkeit mit zunehmendem Druck abnimmt; die Eichkurve weicht, wie auf Bild 11.29 (Triode) dargestellt, vom linearen Verlauf erheblich ab [50]. Dieses Problem konnte man durch Vertauschen der Funktionen von Anode und Ionenfänger und durch Verringern der Abstände lösen. Die in der Mitte angeordnete Kathode ist von einem gegenüber der Kathode auf negativem Potential befindlichen Gitter als Ionenfänger und dieses wiederum von einer gegenüber der Kathode auf positivem Potential befindlichen Anode als Elektronenfänger umgeben. Durch die Betriebsweise ist es möglich, den Meßbereich von 10^{-2} mbar auf 1 mbar auszudehnen (s. Bild 11.29). Bild 11.30 zeigt ein solches Meßsystem als Einbausystem. Die Kathode besteht aus einem Iridiumband, welches mit einer Thorium-Oxid-Schicht belegt ist. Eine solche Kathode brennt auch bei hohen Luftdrücken nicht durch, sie ist jedoch wesentlich kostspieliger als eine Kathode aus einem dünnen Wolframdraht.

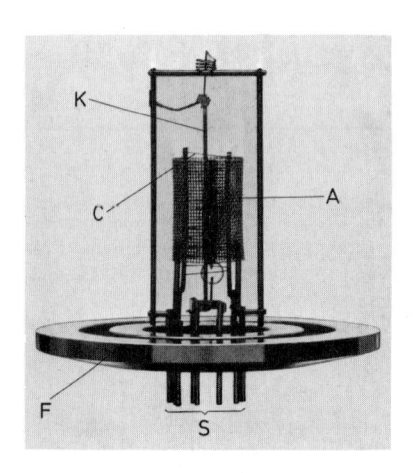

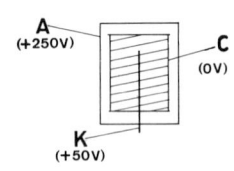

Bild 11.30
Feinvakuum-Ionisationsvakuummeter-Meßsystem (als Einbausystem), daneben Elektrodenanordnung mit Elektrodenpotentialen. K Durchbrennsichere Iridium-Bandkathode, A Anode, C oberste Windung des als Drahtspirale ausgebildeten Ionenfängers, F Anschlußflansch, S Sockelstifte.

11.5.2.3 Bayard-Alpert-Vakuummeter ($p = 10^{-3} \ldots 10^{-9}$ mbar)

Bei Ionisationsvakuummetern ist der kleinste meßbare Druck im allgemeinen dadurch gegeben, daß ein druckunabhängiger Reststrom I_R zum Ionenfänger fließt, der seine Ursache im sogenannten „Röntgeneffekt" hat: Beim Auftreffen von Elektronen auf Materie entstehen Photonen („Röntgenstrahlen"), deren Anzahl proportional dem Elektronenstrom I^- ist. Diese Photonen lösen beim Auftreffen auf Oberflächen Photoelektronen aus, die die Oberfläche dann verlassen können, wenn ein entsprechendes elektrisches Feld vorhanden ist. Ein solches Feld ist in einem Ionisationsvakuummeter-System – bezogen auf den Ionenfänger – immer vorhanden, weil der Ionenfänger immer negativer als Kathode und Anode ist. Dieser den Ionenfänger verlassende druckunabhängige, dem Elektronenstrom I^- proportionale Photoelektronenstrom vergrößert den zum Ionenfänger hinfließenden positiven Ionenstrom (Gl. (11.26)) um den konstanten Wert I_R, so daß eine zu hohe Druckanzeige

$$p = \frac{I^+ + I_R}{K} \qquad (11.26)$$

die Folge ist. Die dadurch hervorgerufene Begrenzung des Meßbereichs zu niedrigen Drücken hin liegt bei den in 11.5.2.1 und 11.5.2.2 beschriebenen Meßsystemen zwischen 10^{-6} mbar und 10^{-7} mbar (s. auch Bild 11.29).

11.5 Ionisationsvakuummmeter 11.5.2

Die Idee von Bayard und Alpert [2] zur Verringerung von I_R bestand darin, ein Ionisationsvakuummeter-System aufzubauen, bei dem der Ionenfänger eine besonders kleine Oberfläche hat. Ein nach diesem Prinzip aufgebautes Meßsystem zeigt Bild 11.31. Um den zentral angeordneten Ionenfänger, der aus einem sehr dünnen Draht besteht, ist konzentrisch die Anode angeordnet. Die Kathode befindet sich außerhalb der Anode. Bei derartigen Systemen ist es möglich, Restströme zu erreichen, die einem Druck von etwa 10^{-10} mbar entsprechen. Meßsysteme dieser Art können sowohl mit einer Wolfram-Kathode als auch mit einer Iridium-Kathode ausgerüstet werden.

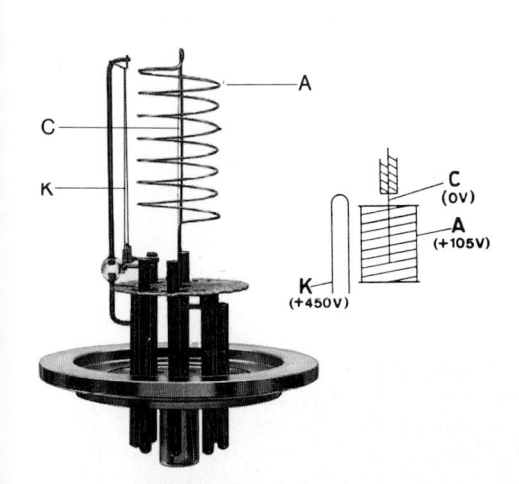

Bild 11.31 Glühkathoden-Ionisationsvakuummeter. Einbau-Meßsystem nach Bayard-Alpert, daneben Schema der Elektrodenanordnung mit Elektrodenpotentialen. K Kathode, A Anode, C zentraler Ionenfänger.

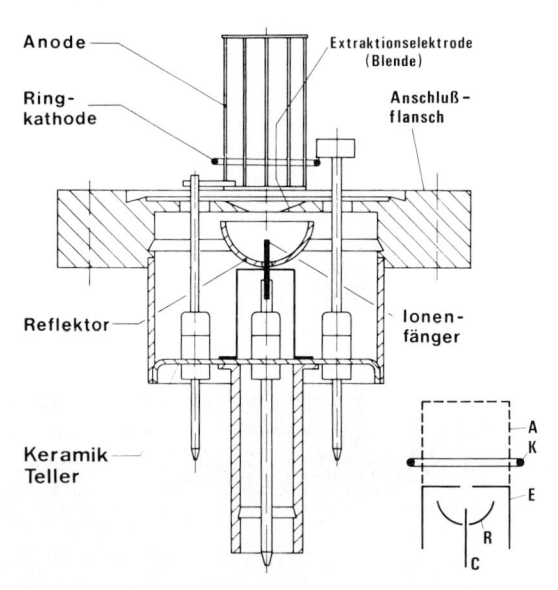

Bild 11.32 Extraktor-Meßsystem für Einbau. Nebenfigur: A Anode (300 V); K Ringkathode (200 V); E Extraktionselektrode (0 V); R Reflektor (290 V); C Ionenkollektor (0 V).

11.5.2.4 Extraktor-Ionisationsvakuummeter ($p = 10^{-3} \ldots 10^{-12}$ mbar)

Noch niedrigere Drücke als mit dem Bayard-Alpert-Meßsystem kann man nur dann messen, wenn es gelingt, den Röntgeneffekt weiter zu reduzieren. Bei dem Extraktor-Meßsystem erfolgt das dadurch, daß — wie in Bild 11.32 gezeigt — der Ionenfänger „versteckt" angeordnet ist [3]. Die zylinderförmige Anode ist im unteren Teil von einer ringförmigen Kathode umgeben. Am unteren Ende ist die Anode durch eine negative Extraktionselektrode mit einer Öffnung begrenzt. In dem Raum unterhalb der Extraktionselektrode befindet sich ein kleiner drahtförmiger Ionenfänger, der wiederum von einer Reflektorelektrode, die sich auf dem Potential der Anode befindet, umgeben ist. Durch diese Elektrodenanordnung wird bei richtiger Gestaltung erreicht, daß die innerhalb der Anode erzeugten Ionen durch die Öffnung der Extraktionselektrode auf den Ionenfänger fokussiert werden. Wie zu erkennen ist, ist der Raumwinkel, unter dem an der Anode gebildete Photonen den Ionenfänger erreichen können, wesentlich kleiner als bei einem Bayard-Alpert-System. Der Röntgeneffekt ist entsprechend niedriger. Er entspricht einer Druckanzeige von etwa $5 \cdot 10^{-13}$ mbar. Die obere Grenze des Meßbereichs (s. Bild 11.29) liegt bei etwa 10^{-4} mbar.

11 Vakuummeßgeräte und Lecksuchgeräte

Das Extraktorsystem ist nicht nur dann mit Vorteil einzusetzen, wenn es darum geht. Drücke unter 10^{-10} mbar zu messen, sondern auch für den Druckbereich unterhalb 10^{-8} mbar, weil die in 11.5.1 erwähnten Störeffekte bei diesem Vakuummetersystem sehr klein sind.

Die für den Betrieb der in 11.5.2 bis 11.5.4 beschriebenen Meßsysteme notwendigen Meßgeräte unterscheiden sich im Prinzip nicht von dem in 11.5.1 beschriebenen Gerät. Neben dem linearen Meßbereich kann beispielsweise noch ein logarithmischer hinzugefügt werden (s. Bild 11.33). Auch kann es bei manchen Anwendungen von Interesse sein, den Emissionsstrom stufenweise veränderbar zu machen, beispielsweise von 0,1 mA auf 1 und 10 mA.

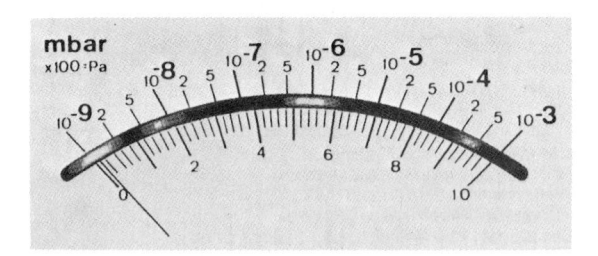

Bild 11.33 Typische Skalen von Glühkathoden-Ionisationsvakuummetern

Bild 11.35 Kombinationsmeßgerät. Meßbereiche 1000 mbar ... 10^{-3} mbar (Wärmeleitungsvakuummeter) und 10^{-2} mbar ... 10^{-8} mbar (Ionisationsvakuummeter) mit digitaler Anzeige.

Handelsübliche Geräte sind mit automatischer Meßbereichsumschaltung ausgerüstet, verfügen über digitale Meßwert- und Meßbereichsanzeige und sind mit einem eingebauten Druckschaltgerät versehen, dessen Schaltpunkte einstellbar sind.

Oft befindet sich in einem Hochvakuumsystem (neben einem Ionisationsvakuummeter) auch ein Meßgerät für den höheren Druckbereich, beispielsweise ein Wärmeleitungsvakuummeter. Ein Kombinationsgerät aus einem Glühkathodenionisationsvakuummeter (Meßbereich 10^{-2} ... 10^{-8} mbar mit zwei automatisch umschaltenden logarithmischen Bereichen) und zwei Wärmeleitungsvakuummetern (Meßbereich 1000 ... 10^{-3} mbar) zeigt Bild 11.35. Als besondere Bedienungserleichterung verfügt dieses Gerät über die Möglichkeit, das Ionisationsvakuummeter über das Wärmeleitungsvakuummeter bei einem Druck von 10^{-2} mbar automatisch aus- und einzuschalten.

11.5.2.5 Andere Glühkathoden-Ionisationsvakuummeter

Außer den in den Abschnitten 11.5.2.1 bis 11.5.2.4 beschriebenen Meßsystemen sind noch zahlreiche andere Meßsysteme bekannt geworden, die allerdings keine breitere Anwendung gefunden haben. Wir beschränken uns dabei auf eine Aufzählung und verweisen auf die Spezialliteratur: Bayard-Alpert-System mit Modulator [4], Suppressor-System nach Schuemann [5], Orbitron-System (besonders lange Elektronenwege) [6], Magnetron-Vakuummeter mit Glühkathode nach Lafferty [7]. Die Meßbereiche dieser Systeme sind in Tabelle 16.12 angegeben.

Diese und noch weitere Meßsysteme wurden vor allem zur Messung extrem niedriger Drücke ($< 10^{-10}$ mbar) entwickelt [51, 52, 53].

11.5.3 Kaltkathoden-Ionisationsvakuummeter

11.5.3.1 Penning-Vakuummeter

Das Arbeitsprinzip dieser Meßgeräte für niedrige Drücke besteht darin, daß zwischen zwei Metallelektroden (Anode, Kathode) durch Anlegen einer hinreichend hohen Gleichspannung (Größenordnung Kilovolt) eine Gasentladung gezündet wird. Der Gasentladungsstrom ist druckabhängig und dient als Meßgröße. Die untere Meßgrenze liegt — wenn keine zusätzlichen Maßnahmen getroffen werden — aber bereits bei etwa 10^{-2} mbar, weil bei niedrigeren Drücken infolge der geringen Teilchenanzahldichte die Trägererzeugung zu gering ist, um die Gasentladung aufrecht erhalten zu können; der Gasentladungsstrom reißt ab. Ordnet man aber ein Magnetfeld hinreichender Stärke so an, daß der Weg der Elektronen von der negativen (Kathode) zur positiven (Anode) Elektrode durch Ausbildung von Spiralbahnen wesentlich verlängert wird, was zu einer höheren Ionenausbeute führt, so kann man erreichen, daß die Entladung auch bis zu sehr niedrigen Drücken brennen kann (sogenannte Penning-Entladung). Der Entladungsstrom ist dann in weiten Grenzen ein Maß für den Druck.

Anhand des Bildes 11.36 sei die Wirkungsweise eines Penning-Vakuummeters im einzelnen erläutert: Die in einem Hochspannungsgerät HV erzeugte Gleichspannung von beispielsweise $U_H = 3000$ V wird über einen Vorwiderstand R an die ringförmige Anode AR des Penning-Meßsystems P angelegt. Das Gehäuse G der Penning-Röhre besteht aus Metall und ist geerdet. Die beiden Wandflächen parallel zum Anodenring AR bilden die Kathoden K. Das Magnetfeld $\vec{B}$ ist so angeordnet, daß seine Feldlinien von Kathode zu Kathode durch den Anodenring verlaufen. Der Entladungsstrom I wird über das Amperemeter A gemessen. Besondere Maßnahmen müssen getroffen werden, um zu verhindern, daß Isolationsströme zwischen Anode und Kathode fließen, da diese vom Anzeigeinstrument mitgemessen werden.

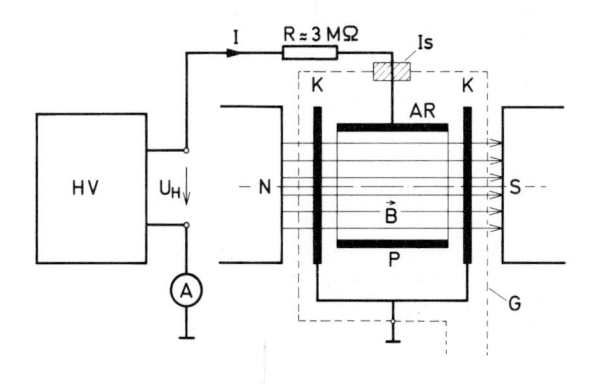

Bild 11.36
Penning-Vakuummeter, Schema.
AR = Ringförmige Anode,
K = Kathodenbleche, G Gehäusewand, Is Isolator, N, S Polschuhe eines Magneten, HV Hochspannungsgerät. $U_H \approx 3000$ V, $B \approx 0,1 \ldots 0,2$ T.

Durch den Vorwiderstand R (einige MΩ) wird u.a. auch der Entladungsstrom, insbesondere bei hohen Drücken, begrenzt.

Bild 11.37 zeigt eine typische Eichkurve für ein Penning-Vakuummeter im Bereich von $10^{-2} \ldots 10^{-8}$ mbar. An der Eichkurve kann man erkennen, daß offensichtlich zwei verschiedene Entladungsmechanismen auftreten, wobei der Übergang im Bereich $1 \ldots 2 \cdot 10^{-4}$ mbar liegt. Wie in Bild 11.37 angegeben, ist die Entladung bei niedrigen Drücken ($p < 10^{-4}$ mbar) durch einen negativen Ringstrom, bei höheren Drücken ($p > 10^{-3}$ mbar) durch ein Plasma gekennzeichnet. In jedem Fall ist für den Entladungsmechanismus das Magnetfeld ($B \approx 0{,}1 \ldots \ldots 0{,}2$ T) von entscheidender Bedeutung, weil es die Bewegung der Elektronen senkrecht zu den Feldlinien, also zur Anode hin (vgl. Bild 11.36), stark behindert. Bei niedrigen Drücken bildet sich nach Knauer [8, 9] (vgl. Bild 11.38, in der typische Werte angegeben sind) konzentrisch zur Achse des Anodenzylinders eine rotierende Elektronenraumladung, also ein

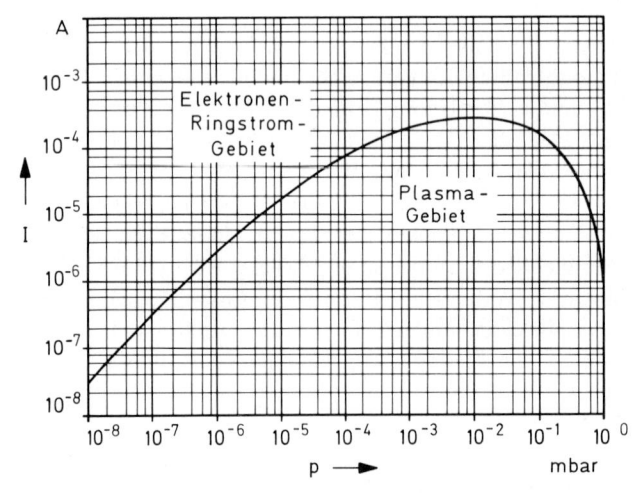

Bild 11.37 Typische Eichkurve eines Penning-Vakuummeters. I = Entladungsstrom, p = Druck. Im „linearen" Teil bei niedrigen Drücken ist die Empfindlichkeit $K \approx 3$ A/mbar. Übergang Elektronenringstrom $\leftrightarrow$ Plasma bei $p \approx 10^{-4}$ mbar.

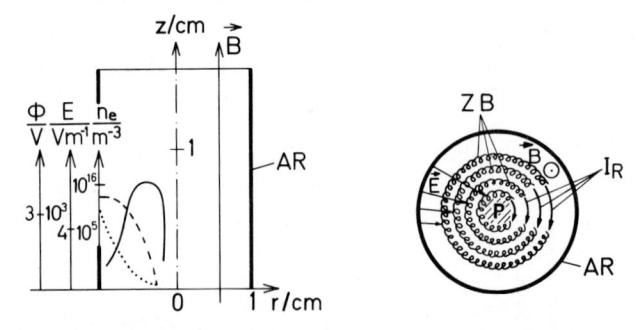

Bild 11.38 Mechanismus der Penningentladung bei niedrigen Drücken ($p < 10^{-4}$ mbar) nach Knauer [8, 9]. AR = Anode, $\vec{B}$ = Magnetfeld, $\vec{E}$ = Elektrisches Feld, I_R = Elektronenringstrom (etwa 1 A). ZB Zykloidenbahnen der Elektronen. ---- E = Elektrische Feldstärke, ... Φ = Potential, ——— n_e = Elektronendichte als Funktion von r; Typische Werte. P = Plasma; Rollkreisradius der Zykloidenbahnen der Elektronen $r_c \approx 10^{-4}$ m.

Ringstrom der Größenordnung $I_R \approx 1$ A aus. Zwischen der Anode und dieser Raumladung herrscht ein starkes elektrisches Feld $\vec{E}$, an dem fast die gesamte an den Elektroden liegende Spannung der Größenordnung $U_H \approx 3000$ V abfällt. Innerhalb des Raumladungsrings befindet sich ein Plasma P mit gleichen, sehr kleinen Anzahldichten der Ionen und Elektronen; sein Potential liegt nur wenige hundert Volt höher als das Kathodenpotential, für den Entladungsmechanismus ist es von untergeordneter Bedeutung. Die Elektronen im Ringstrom führen unter dem Einfluß der gekreuzten Felder $\vec{E} \times \vec{B}$ Zykloidenbahnen aus und können nur durch Stöße mit Gasatomen schrittweise zur Anode gelangen. Die „Diffusion" der Elektronen nach außen ist also ein durch das Magnetfeld stark behinderter Prozeß; im gasfreien Raum würde der Ringstrom beliebig lange aufrecht erhalten werden. Sind Gasatome im Raum vorhanden, so können neben den genannten die Diffusion bewirkenden Stößen auch ionisierende Stöße stattfinden. Dabei werden ein Elektron und ein Ion gebildet. Das Elektron wird in die Raumladungswolke, den Ringstrom, inkorporiert, das Ion hingegen wird durch das Feld $\vec{E}$ nach innen beschleunigt. Im Gegensatz zu den Elektronen, deren „Bahnradius" im kombinierten elektrischen und magnetischen Feld von der Größenordnung $r_c \approx 10^{-4}$ m ist, ist derjenige der Ionen um das Verhältnis Ionenmasse durch Elektronenmasse größer. Die Ionen gelangen daher nach einigen Hin- und Hergängen durch das Zentrum schnell zur Kathode. Da nun die Anzahl der in der Zeiteinheit gebildeten Ionen (die Ionisierungsrate) ebenso wie der Diffusionskoeffizient quer zum Magnetfeld proportional zur Gasdichte n_g sind, kann sich ein Gleichgewicht zwischen Trägererzeugung und Trägerverlust (= Stromstärke im äußeren Kreis) im Ringstrom einstellen, derart, daß die Elektronendichte im Ringstrom I_R und damit I_R unabhängig von n_g konstant bleiben. Damit wird der äußere Strom im gesamten Druckbereich $p < 10^{-4}$ mbar bis herunter zu $10^{-11} \ldots 10^{-13}$ mbar proportional zu n_g und wegen Gl. (11.1) proportional zum Druck p.

Der Ringstrom übernimmt in einem solchen Penning-System die gleiche Funktion wie der Elektronenstrom in einem Glühkathoden-Ionisationsvakuummeter, jedoch ist die Empfindlichkeit wesentlich größer, weil die Elektronenstromstärke viel höher ist. Typisch für Penning-Systeme dieser Art ist eine Empfindlichkeit von $2 \ldots 5$ A·mbar^{-1} bei Drücken unter 10^{-4} mbar. Nach niedrigeren Drücken hin bleibt diese Empfindlichkeit erhalten, solange der Ringstrom erhalten bleibt. Es ist offensichtlich so, daß für die Aufrechterhaltung des Ringstroms ein gewisser Nachschub an Elektronen, hervorgerufen durch die Auslösung von Elektronen aus den Kathoden, notwendig ist; andernfalls verarmt der Ringstrom und verlöscht mit abnehmendem Druck. Je nach Geometrie, magnetischer und elektrischer Feldstärke kann man solche Entladungen bis zu Drücken weit unter 10^{-11} mbar aufrechterhalten.

Ionenzerstäuberpumpen (s. Kapitel 8) arbeiten nach dem gleichen Prinzip, ihr Saugvermögen bei niedrigen Drücken hängt davon ab, ob es gelingt, den Entladungsmechanismus aufrechtzuerhalten.

Bei Drücken $p > 10^{-4} \ldots 10^{-3}$ mbar wird die positive Trägerdichte im Ringstrom so groß, daß die oben beschriebene Entladungsform nicht mehr stabil bleibt. Im ganzen Anodenzylinder bildet sich ein ungefähr äquipotentiales Plasma aus, das nunmehr für den Entladungsmechanismus bestimmend ist. Sein Potential liegt zwischen dem von Kathode und Anode, gegen beide Elektroden ist es durch Raumladungsschichten abgegrenzt. In der Kathodenschicht werden die Ionen des Plasmas auf die Kathoden beschleunigt, lösen dort Elektronen aus und sorgen für die Nachlieferung der Elektronen – und damit der ionisierenden Träger –, die durch Diffusion quer zum Magnetfeld aus dem Plasma an die Anode verloren gegangen sind. Dieser Diffusionsprozeß wird bei diesem Mechanismus durch Fluktuationen (Schwingungen) im Plasma verstärkt, ohne solche diffusionsfördernde Prozesse könnten die großen Ströme durch solche Entladungen nicht verstanden werden (Bohm [10]). In diesem Druckbereich sind Entladungsstrom und Druck nicht mehr proportional (Bild 11.37). Da die Elektronenauslösung beim Ionenstoß von der Beschaffenheit der Kathodenoberfläche abhängt, ist die Anzeige eines solchen Penning-Vakuummeters im Bereich höherer Drücke vom Zustand der Kathodenoberflächen abhängig. Es kann deshalb notwendig sein, die Kathoden häufiger zu reinigen. Dem wird im allgemeinen dadurch Rechnung getragen, daß die Kathoden aus zwei dünnen Edelstahlblechen bestehen, die zum Zwecke der Reinigung ausgetauscht werden können.

Die ursprüngliche Bedeutung von Kaltkathodenvakuummetern lag vor allen Dingen darin, daß der Entladungsstrom in einem Penning-System so groß ist, daß die Druckanzeige mit einem empfindlichen Ampèremeter bis in den Bereich von $1 \cdot 10^{-6}$ mbar ohne Verstärker möglich ist (s. auch Bild 11.37). Ein solches Penning-Vakuummeter war damit immer preiswerter und problemloser als ein Ionisationsvakuummeter mit heißer Kathode, obwohl man immer wußte, daß die Meßgenauigkeit, insbesondere bei höheren Drücken, nicht besonders groß ist. Das Penning-Vakuummeter wird vorzugsweise immer dann verwendet, wenn es darum geht, den Druck in einem Vakuumsystem eher zu kontrollieren als genau zu messen, und einfache Steuerungsaufgaben zu lösen. Bild 11.39 zeigt eine Ganzmetall-Meßröhre. Bild 11.40, einen Teilschnitt durch das dazugehörige Penning-System. Anode und Kathodenblech können zum Reinigen herausgezogen werden. Um die oben erwähnte mögliche Verschmutzungsanfälligkeit zu reduzieren, sollten Penning-Systeme durch eine Dampfsperre, wie sie in Bild 11.40 dargestellt ist, geschützt werden.

Eine Erweiterung des in Bild 11.37 angegebenen Meßbereichs nach niedrigeren Drücken ist bei Verwendung solcher Penning-Meßsysteme möglich; das Versorgungsgerät muß dann durch einen zusätzlichen Verstärker ergänzt werden, der eine vorzugsweise logarithmische Charakteristik haben sollte. Man erhält dann eine ungefähr logarithmisch geteilte Druckskala über den Meßbereich von $10^{-2} \ldots 10^{-9}$ mbar.

Bild 11.39 Penning Meßzelle (s. auch Bild 11.40).

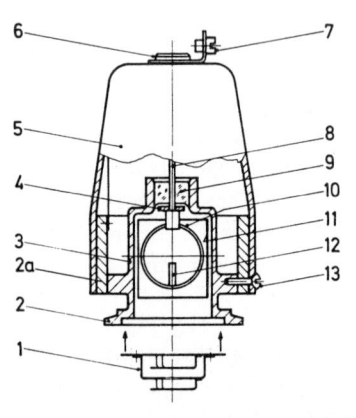

Bild 11.40 Schnitt durch eine Penning-Vakuummeterröhre.
1 Dampfsperre mit Zentrierung, herausgezogen; 2 Kleinflansch – Vakuumanschluß; 2a Permanentmagnet; 3 Gehäuse; 4 Schutzblech für Isolator 9; 5 Abdeckhaube; 6 Anschlußbuchse für Betriebs-Hochspannung; 7 Anschluß für Schutzerde; 8 Anodenzuführung; 9 Druckglaseinschmelzung (vgl. Abschnitt 14.4.2); 10 Ringanode; 11 Kathodenblech (auswechselbar); 12 Zündstift; 13 Befestigungsschraube für Abdeckhaube 5.

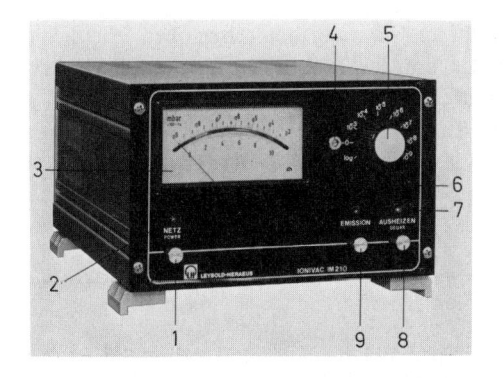

Bild 11.41
Kombinationsgerät für den Anschluß einer Penning (P) – Meßstelle und zweier Wärmeleitungs (T) – Meßstellen. Meßbereich 1000 ... 10^{-6} mbar. 1 Netzschalter; 2 Netz-Kontroll-Lampe; 3 Anzeige-Instrument mit P- und T-Skala; 4, 5 Anzeige-Lampen für P- oder T-Betrieb; 6, 7 Störanzeige Meßstelle T_1 bzw. T_2; 8 Tast-Wahlschalter für Betriebsart.

Penning-Vakuummeter bieten sehr große Vorteile, wenn sie mit einem Wärmeleitungsvakuummeter kombiniert werden. Bild 11.41 zeigt ein solches Kombinationsmeßgerät für eine Penning-Meßstelle und zwei Wärmeleitungsvakuummetermeßstellen (konstante Temperatur). Der wesentliche Vorteil dieses Geräts liegt darin, daß in der Betriebsweise „Automatik" die eine der beiden Wärmeleitungsmeßstellen die Penning-Meßstelle in der Weise steuert, daß sie bei Unterschreiten eines Drucks von $5 \cdot 10^{-3}$ mbar eingeschaltet und bei Überschreiten dieses Drucks wieder abgeschaltet wird. Dadurch erreicht man eine kontinuierliche Druckanzeige von 1000 ... 10^{-6} mbar und verhindert eine Fehlbedienung des Penning-Vakuummeters, die – wie die Eichkurve Bild 11.37 zeigt – dann auftreten kann, wenn das Penning-System bei Drücken über 10^{-2} mbar betrieben wird, weil der Entladungsstrom in diesem Druckbereich wieder kleiner und damit die Druckanzeige zweideutig wird.

11.5.3.2 Andere Kaltkathodenvakuummeter

In Analogie zu den Ionisationsvakuummetern mit Glühkathode (s. 11.5.2.5) sind auch im Falle des Kaltkathodenvakuummeters zahlreiche andere Ausführungen bekannt geworden. Erwähnt seien [14]: das Penning-System mit zusätzlicher Glühkathode („Trigger") [11], das sogenannte Magnetronsystem [12] und das inverse Magnetronsystem [13].

11.5.4 Allgemeine Hinweise

Alle Ionisationsvakuummeter sind in ihrer Anzeige (Stickstoffäquivalentdruck – s. 11.4.5) von der Gasart abhängig. Diese „Gasartabhängigkeit" kann man (wenn man Gasart und Gaszusammensetzung kennt) durch Multiplikation des angezeigten Druckwerts mit dem in Tabelle 11.2 eingetragenen Korrekturfaktor berücksichtigen. Diese Faktoren wurden zunächst für die Korrekturen von Glühkathoden-Ionisationsvakuummetern bestimmt; sie sind jedoch im Rahmen der Meßgenauigkeit von Penning-Vakuummetern auch für diese Meßgeräte gültig. Bezüglich der Gasartabhängigkeit der Druckanzeige sei auf eine gewisse Problematik bei Kombinationsvakuummetern aus Wärmeleitungsvakuummetern und Ionisationsvakuummetern hingewiesen. Wie aus Tabelle 11.2 und den Angaben in Abschnitt 11.4 sowie Bild 11.16 zu erkennen ist, ist die Gasartabhängigkeit bei beiden Meßprinzipien gerade in der Weise gegenläufig, daß ein Wärmeleitungsvakuummeter in Gegenwart von Wasserstoff einen zu hohen, ein Ionisationsvakuummeter dagegen einen zu niedrigen Druck anzeigt. Umgekehrt ist die Anzeige eines Ionisationsvakuummeters bei einem Gas, dessen raltive Molekülmasse M_r größer ist als die relative Molekülmasse M_r von Stickstoff, größer als der wahre Druck, wogegen die Anzeige des Wärmeleitungsvakuummeters kleiner als der wahre Druck ist. Darauf sollte im Überschneidungsbereich, insbesondere bei Kombinationsdruckmeßgeräten, geachtet werden.

Tabelle 11.2 Korrekturfaktoren $\mathcal{K}$ (Richtwerte, die Literaturangaben schwanken erheblich) zur Berücksichtigung der Abhängigkeit der Anzeige von Ionisationsvakuummetern von der Gasart (wahrer Wert = angezeigter Wert × Korrekturfaktor).
Für Gasgemische mit den Stoffmengenanteilen x_i gilt

$$\frac{1}{\mathcal{K}} = \sum_i x_i \frac{1}{\mathcal{K}_i}$$

Gas	$\mathcal{K}$
Luft	1
Helium	7,1
Neon	4,46
Argon	0,83
Krypton	0,58
Xenon	0,4
Wasserstoff	2,44
D_2	2,5
Sauerstoff	1,05
Stickstoff	0,98
Kohlenmonoxid	0,95
Kohlendioxid	0,69
Quecksilberdampf	0,26
Joddampf	0,17
CH_4	0,70
C_2H_6	0,36
C_3H_8	0,22
CF_2Cl_2	0,35
Öldämpfe	etwa 0,1

Beim Betrieb von Ionisationsvakuummetern ist ferner darauf zu achten, daß in allen Systemen, in denen Ionen erzeugt werden, gleichzeitig eine Gasaufzehrung [13a] auftritt, die darauf beruht, daß ein Teil der Ionen die Oberflächen, an denen sie neutralisiert worden sind, nicht mehr verläßt, sondern implantiert wird. Dieser Effekt führt dazu, daß jedes Ionisationsvakuummeter-System eine kleine Pumpe darstellt [54]. Deren Saugvermögen ist zwar, verglichen mit dem üblicher Hochvakuumpumpen, sehr klein – S = 0,5 ... 0,01 ℓ/s –, es muß jedoch stets dann in Betracht gezogen werden, wenn der Leitwert (Kapitel 4) der Verbindungsleitungen zwischen dem Meßsystem und dem Vakuumsystem nicht groß gegenüber den obengenannten Werten ist. Ionisationsvakuummeter-Röhren sollten deswegen mindestens mit dem vom Hersteller angegebenen Leitungsquerschnitt angeschlossen werden. Der Einfluß der Gasaufzehrung wird jedoch bedeutungslos, wenn statt Meßröhren Einbaumeßsysteme verwendet werden. Auf das Langzeitverhalten von Ionisationsvakuummetern wird in [60] und [61] ausführlich eingegangen.

11.6 Partialdruckmeßgeräte

11.6.1 Allgemeines

Neben der Kenntnis des Totaldrucks ist in vielen Fällen auch eine Übersicht über die Gaszusammensetzung für die Beurteilung eines Vakuumsystems oder für die Kontrolle eines Vakuumverfahrens von großer Bedeutung [64]. Zur Lösung derartiger Aufgaben werden Partialdruckmeßgeräte verwendet, die im Prinzip genauso aufgebaut sind wie analytische Massenspektrometer, sich von diesen jedoch vor allen Dingen darin unterscheiden, daß das Meßsystem wesentlich kleiner ist. Ein Partialdruckmeßgerät kann auch als Erweiterung eines Ionisationsvakuummeters dahingehend aufgefaßt werden, daß die in der Ionenquelle gebildeten Ionen in einem Trennsystem durch geeignete magnetische und/oder elektrische Felder im Hinblick auf ihr unterschiedliches Verhältnis „Masse durch Ladung", m/q, getrennt werden. Die einzelnen Ionenarten werden nach dieser Trennung durch einen geeigneten Detektor im allgemeinen zeitlich nacheinander nachgewiesen.

Partialdruckmeßgeräte werden im wesentlichen durch folgende Kenngrößen charakterisiert (s. auch DIN 28 410):

Linienbreite Δm bzw. Auflösungsvermögen $A = m/\Delta m$
Empfindlichkeit K
maximaler Arbeitsdruck p_{max}
kleinster nachweisbarer Partialdruck p_{min}
kleinstes nachweisbares Partialdruckverhältnis V
Massenbereich $m_{max} - m_{min}$ (bzw. $A_{r,max} - A_{r,min}$, bzw. $M_{r,max} - M_{r,min}$)

Registriert man den Auffängerstrom eines Massenspektrometers = Partialdruckmeßgeräts bei der stetigen Änderung (beim „Durchfahren") eines mit der Masse m (genauer dem Verhältnis m/q) verknüpften Parameters, z.B. einer Spannung oder eines Magnetfeldes, so erhält man im „Massenspektrum" (vgl. Bild 11.44) „Linien", die an der Spitze sehr gut einer Gaußkurve (Glockenkurve) ähneln, (evtl. bei breitem Auffängerspalt ein flaches Dach und Gaußflanken besitzen), an den „Füßen" aber i.a. breiter sind, als es einer Gaußkurve entsprechen würde. Man kennzeichnet daher zweckmäßig die „Linienbreite" durch zwei Angaben, nämlich den durch die Linie in 50 % der Spitzenhöhe (Pikhöhe) eingenommenen Massenbereich Δm_{50} und den in 10 % der Pikhöhe eingenommenen Bereich Δm_{10}. Stellt man sich die Linien im Massenspektrum als Rechtecke der Breite Δm vor, so erkennt man, daß sich diese Rechtecklinien zweier Ionensorten der Massendifferenz $m_i - m_j = \Delta m$ gerade berühren, d.h. gerade nicht mehr trennen bzw. „auflösen" lassen. Man nennt daher die Linienbreite Δm auch den Massen-Auflösungs-Abstand und definiert als „Auflösungsvermögen bei der Masse m" die Größe $A = m/\Delta m$, eine Zahl, die um so größer ist, je kleiner die Linienbreite Δm. A hängt i.a. von der Masse m, d.h. vom Ort im Spektrum, ab.

Die Empfindlichkeit (Gl. (11.21))

$$K = I_A/p_i \qquad (11.28a)$$

eines massenspektrometrischen Partialdruckmeßgeräts ist analog zu der eines Ionisationsvakuummeters (Abschnitt 11.5.1 und Gl. (11.20)) definiert als Quotient aus dem am Auffänger gemessenen Ionenstrom I_A und dem Partialdruck p_Q eines Bezugsgases in der Ionenquelle; als Bezugsgas wird meist Argon, als Bezugsion $^{40}Ar^+$ verwendet.

Als „maximalen Arbeitsdruck" bezeichnet man den Totaldruck p_{max}, bei dem die Empfindlichkeit um 20 % abgenommen hat.

Der „kleinste nachweisbare Partialdruck" $p_{i,min}$ ist das Verhältnis von kleinstem meßbarem Ionenstrom I_{min}^+ zu Empfindlichkeit

$$p_{i,min} = I_{min}^+/K. \qquad (11.28b)$$

Das „kleinste nachweisbare Partialdruckverhältnis" ist der Quotient aus kleinstem nachweisbarem Druck zu jeweiligem Totaldruck

$$V = p_{i,min}/p_{total}. \qquad (11.28c)$$

V kann vom Totaldruck und von der Masse abhängen. Es wird meist in ppm (parts per million) = 10^{-6} angegeben.

Der „Massenbereich" hängt nicht nur von den Eigenschaften des Meßsystems, sondern auch von dem zugehörigen Betriebsgerät ab. Er gibt an, welche Massen mit dem Gerät erfaßbar sind, genauer gesagt, welche Werte des Verhältnisses Massenzahl M durch Ladungszahl ξ gemessen werden können ($^{40}Ar^{++}$ entspricht $M/\xi = 20$ ebenso wie $^{20}Ne^{+}$).

Neben diesen Kenngrößen, die im wesentlichen von den Eigenschaften des Meßsystems abhängen, gibt es noch eine Reihe von weiteren Kriterien, die sich nur auf das Meßgerät beziehen, wie zum Beispiel die Durchlaufzeit, d.h. die Zeit, die zum Aufzeichnen eines den gesamten Massenbereich erfassenden Massenspektrums benötigt wird; die Art der Anzeige, digital, analog oder oszillographisch; die Genauigkeit; den Bedienungskomfort.

Im folgenden werden die gebräuchlichsten Partialdruckmeßgeräte im einzelnen beschrieben und deren Kenngrößen angegeben. Diese Zusammenstellung erhebt keinen Anspruch auf Vollständigkeit.

11.6.2 Magnetisches Sektorfeld-Massenspektrometer

Bild 11.42 zeigt den Schnitt – senkrecht zu den Magnetfeldlinien $\vec{B}$ – durch ein Sektorfeldmassenspektrometer mit dem Sektorwinkel $\Phi = 180°$; Bild 11.43 gibt einen Schnitt – parallel zu $\vec{B}$ – durch die Ionenquelle. Durch einen magnetisch geführten Elektronenstrahl El der Stromstärke I^- wird – vgl. dazu Abschnitt 11.5.1 – das Gas vom Druck p ionisiert, aus einem gegenüber seiner Breite langen, zum Magnetfeld parallelen Spalt im Anodenkästchen A wird durch die „Ziehelektrode" 1 ein bandförmiges Ionenbündel extrahiert. Dieses

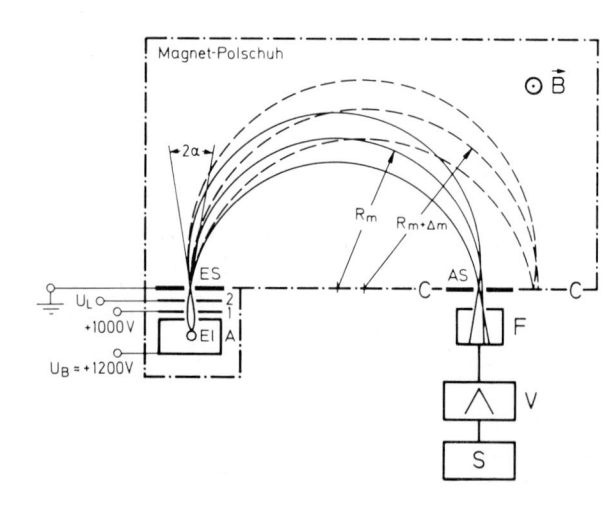

Bild 11.42

Magnetisches Sektorfeld-Massenspektrometer, Sektorwinkel $\Phi = 180°$. Blick auf die Polschuh-Ebene. El Elektronenstrahl; A Anodenkästchen; 1 Extraktionselektrode; ES Eintritts-Spalt, Breite s_1; 1, 2, ES Elektrische Linse; AS Austrittsspalt = Analysier-Spalt, Breite s_2; F Faraday-Käfig; V = Verstärker; S Schreiber; $\vec{B}$ Homogenes Magnetfeld senkrecht zur Zeichenebene.

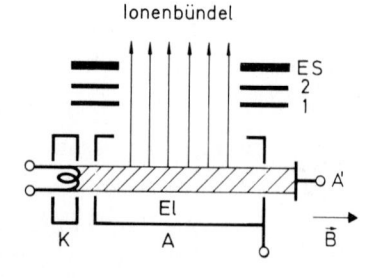

Bild 11.43

Ionenquelle des Sektorfeld-Massenspektrometers Bild 11.42, Schnitt durch den Elektronenstrahl El. K Kathode, A Anodenkästchen, A' Auffänger- oder Reflektorelektrode, dementsprechend mit A oder K verbunden.

wird durch die elektrische Linse 1, 2, ES (Linsenspannung U_L an 2) auf den Eintrittsspalt ES der Breite s_1 fokussiert und tritt mit dem Öffnungswinkel 2 α in das homogene Magnetfeld der Kraftflußdichte B ein. Dort beschreiben die durch die Beschleunigungsspannung U_B (zwischen A und ES, größenordnungsmäßig 1000 V) beschleunigten Ionen der Masse m und der Ladung q Kreisbahnen vom Radius

$$R = \frac{1}{B} \sqrt{2 \frac{m}{q} \cdot U_B}. \tag{11.29}$$

Sektorfelder besitzen die Eigenschaft der „optischen Abbildung", sie wirken auf das bandförmige Ionenbündel wie eine Zylinderlinse; beim 180°-Feld speziell entsteht nach Durchlaufen eines Halbkreises (Φ = 180°) ein gleich großes Bild des Eintrittsspalts ES (Bildbreite s_1) in der Bildebene C-C. Sind im Ionenbündel Ionen verschiedener Masse m_i (verschiedene Gase, Isotope) enthalten, so entstehen gemäß Gl. (11.29) in C-C nebeneinander ebensoviele Bilder, wie Ionensorten vorhanden sind. Es ist leicht einzusehen, daß diese in C-C nur dann voneinander getrennt erscheinen, wenn ihr Abstand größer als ihre Breite s_1 ist, d.h. wenn

$$2 \cdot \Delta R = 2 \cdot \frac{R}{2} \frac{\Delta m}{m} \geq s_1 \quad (\Delta R = R_{m + \Delta m} - R_m) \tag{11.30}$$

ist, was man durch Differenzieren von Gl. (11.29) leicht realisieren kann. Aus Gl. (11.30) folgt, daß nur Teilchen mit einem Massenunterschied

$$\Delta m \geq m \frac{s_1}{R} \tag{11.31a}$$

in der Bildebene C-C getrennt erkannt werden oder — wie man sagt — daß das Massenauflösungsvermögen des Spektrometers

$$A =: \frac{m}{\Delta m} = \frac{R}{s_1} \tag{11.31b}$$

ist.

Bringt man in der Bildebene C-C einen „Analysatorspalt" AS an, dessen Breite s_2 kleiner als die oder höchstens gleich der Eintrittsspaltbreite s_1 ist, so kann man durch Veränderung von B oder U_B (vgl. Gl. (11.29)) nacheinander die Partialströme I_i^+ der Partialbündel m_i/q_i (bzw. M_i/ξ_i) durch AS in den Faradaybecher F fallen lassen und über Verstärker V und Schreiber S registrierend messen, d.h. das Massenspektrum (vgl. Bild 11.44) des Gasgemischs aufnehmen. Die Breite der „Massenlinien" bei dieser elektrischen Messung wird um die Spaltbreite s_2 vergrößert, so daß das Auflösungsvermögen

$$A =: \frac{m}{\Delta m} = \frac{R}{(s_1 + s_2)} \tag{11.31c}$$

kleiner wird; großes Auflösungsvermögen erfordert daher *kleine* Spaltbreiten s_1 und s_2. Die Pikhöhen im Massenspektrum sind proportional zu den Partialdrücken p_i der einzelnen Komponenten i des Gasgemischs, weil der Ionenstrom im Faradaykäfig

$$I_i^+ = \epsilon \cdot I^- \cdot p_i \cdot g \cdot s_2 = K \cdot p_i \tag{11.32}$$

gleich dem gemäß Gl. (11.19) in der Ionenquelle erzeugten Ionenstrom mal einem die Bündelgeometrie berücksichtigenden Faktor g mal der Analysatorspaltbreite s_2 (solange $s_2 \leq s_1$) ist. Große Empfindlichkeit K erfordert daher *große* Spaltbreite s_2. Die Gln. (11.31c)

11 Vakuummeßgeräte und Lecksuchgeräte

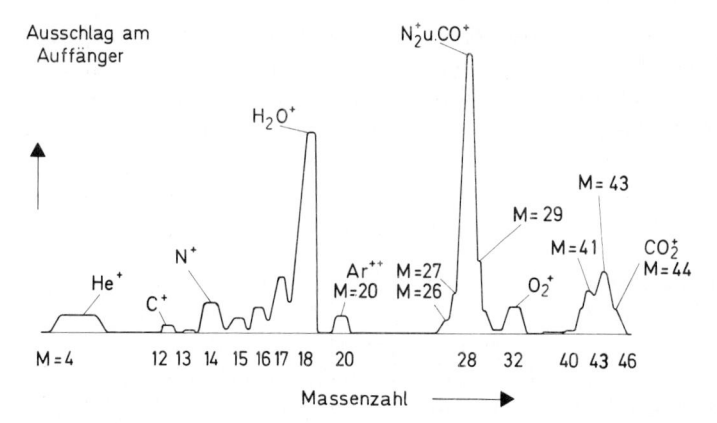

Bild 11.44 Massenspektrum, gemessen mit einem magnetischen 180°-Massenspektrometer. Abszisse Massenzahl M bzw. für ξ-wertige Ionen M/ξ (Ar^{++}: $M = 40$, $\xi = 2$, $M/\xi = 20$).

und (11.32) zeigen, daß eine Vergrößerung von $s_2 \ll s_1$ auf $s_2 = s_1$ einen hohen Gewinn an Empfindlichkeit, aber nur einen Verlust an Auflösungsvermögen um den Faktor 2 einbringt; man wird daher, wenn nicht besondere Anforderungen vorliegen, $s_2 = s_1 = s$ machen. In diesem Fall wird das Produkt

$$A \cdot K = \frac{1}{2} R \, \& \, I^- g = G \tag{11.33}$$

eine von der Spaltbreite unabhängige Gerätekonstante.

Aus der Lage der Massenpike in der Spannungsskala (bei Spannungsänderung, B = const) oder in der Magnetfeldskala (bei Änderung der Kraftflußdichte, U_B = const) kann man die relative Atommasse A_r bzw. die relative Molekülmasse M_r der Ionen bestimmen, wenn man Gl. (11.29) in der Form

$$A_r \text{ bzw. } M_r = 48{,}24 \, \frac{R^2 \cdot B^2}{U_B} \cdot \xi \tag{11.29a}$$

R in mm, B in T, U_B in V, ξ-wertige Ionen $q = \xi \cdot e$, schreibt. In der Praxis arbeitet man mit Eichlinien und mit der den Werten A_r bzw. M_r nahe benachbarten ganzzahligen „Massenzahl" M bzw. mit M/ξ.

Beispiel 11.2: Ein Massenspektrometer nach Bild 11.42 habe einen Spaltabstand ES − AS = 100 mm. Das Magnetfeld werde durch einen Permanentmagneten erzeugt, die Kraftflußdichte im homogenen Teil sei $B = 0{,}1$ T (= 1000 G). Beim Durchfahren der Spannung trete bei $U_B = 43$ V ein Pik auf. Dann findet man aus Gl. (11.29a) die „Massenzahl" $M = 28$, die man entweder dem Stickstoffmolekül N_2 oder dem Kohlenoxidmolekül CO zuordnen kann.

Typisch für kleine Sektorfeld-Spektrometer ist ein Auflösungsvermögen $A = 50$; bei einem Spaltabstand ES − AS = $2R$ = 100 mm entspricht dies nach Gl. (11.31c) für den Fall $s_1 = s_2 = s$ einer Spaltbreite $s = 0{,}5$ mm. Ein typischer Wert der Empfindlichkeit ist $K = 10^{-4}$ A·mbar^{-1}. Die Gerätekonstante G ergibt sich dann nach Gl. (11.33) zu $G = 5 \cdot 10^{-3}$ A·mbar^{-1}. Der maximale Arbeitsdruck derartiger Geräte liegt bei einigen 10^{-4} mbar, der kleinste nachweisbare Partialdruck − je nach verwendetem Verstärker − zwischen 10^{-10} mbar und 10^{-11} mbar. Verwendet man anstelle des Faradaykäfigs für den

Ionennachweis einen Sekundärelektronenvervielfacher, so können Partialdrücke bis herab zu 10^{-14} mbar gemessen werden. Das kleinste nachweisbare Partialdruckverhältnis hängt sehr stark von konstruktiven Einzelheiten, dem Auflösungsvermögen, der Masse und dem Druck ab und kann zwischen 0,1 ppm und 1000 ppm liegen. Auch der Massenbereich ist weitgehend von konstruktiven Details abhängig, insbesondere von den verwendeten Magneten.

Typische — und für vakuumtechnische Arbeiten ausreichende — Werte liegen für eine einfache Ausführung im Bereich $M/\xi = 2 \ldots 50$, für aufwendige Geräte im Bereich $M/\xi = 2 \ldots 200$.

11.6.3 Omegatron [15]

Ein kleines Massenspektrometer, das als Partialdruckmeßgerät für spezielle Anwendungen Bedeutung erlangt hatte, ist das Omegatron, dessen Wirkungsweise an Hand des Schemas Bild 11.45 beschrieben werden soll. Ein von der Kathode 1 ausgehender Elektronenstrahl 3, der durch das Magnetfeld $\vec{B}$ geführt wird, erzeugt innerhalb des Analysenraums 2 Ionen. Diese Ionen bewegen sich unter dem Einfluß des Magnetfelds und eines senkrecht dazu stehenden elektrischen Hochfrequenzfeldes $\vec{E}$ auf Spiralbahnen: Diejenigen Teilchen, für die zwischen der Hochfrequenz f, der magnetischen Kraftflußdichte B, der Ladung q und der Masse m die Beziehung

$$m = \frac{q}{2\pi} \frac{B}{f} \quad (11.34)$$

Bild 11.45
Prinzipbild zum Omegatron-Massenspektrometer.
1 Glühkathode; 2 Anodenkästchen (Analysenraum);
3 Elektronenstrahl; 4 Hochfrequenzelektroden;
5 Ionenfänger; 6 Verstärkeranschluß; $\vec{B}$ homogenes
Magnetfeld; $\vec{E}$ elektrisches Hochfrequenzfeld.

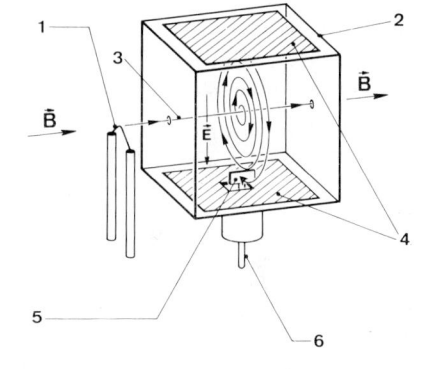

erfüllt ist, nehmen laufend Energie aus dem elektrischen Feld auf, so daß ihr Radius immer größer wird, bis sie schließlich den Ionenfänger 5 erreichen. Das Massenspektrum wird im allgemeinen durch Variation der Frequenz aufgenommen. Typische technische Daten für ein derartiges Omegatron sind: Empfindlichkeit $\mathcal{E} = 5 \cdot 10^{-5}$ A/mbar, maximaler Arbeitsdruck $p_{max} = 2 \cdot 10^{-5}$ mbar, kleinster nachweisbarer Druck $p_{min} = 1 \cdot 10^{-11}$ Torr, kleinstes nachweisbares Partialdruckverhältnis 10 ppm, Massenbereich $M/\xi = 1 \ldots 200$. Das Auflösungsvermögen

$$A = \frac{m}{\Delta m} = \frac{\text{const}}{m} \quad (11.35)$$

wird mit zunehmender Masse kleiner; daher ist dieses Gerät besonders für die Untersuchung bei kleinen Massen, etwa bis zu $M/\xi = 50$ geeignet.

Der wesentliche Vorteil eines Omegatron-Massenspektrometers beruht darin, daß das Meßsystem sehr klein ist — es wird normalerweise in ein Glasrohr mit einem Durchmesser von weniger als 40 mm eingebaut; es wird daher aus Edelmetallen hergestellt und kann sehr gut ausgeheizt und gereinigt werden. Aus diesen Gründen ist das Omegatron besonders zur

Untersuchung von kleinen Gasmengen geeignet, die beispielsweise in Elektronenröhren auftreten, oder für die Untersuchung von Reaktionen zwischen Gasen und Festkörperoberflächen unter extrem sauberen Bedingungen. Nachteilig ist der verhältnismäßig schwere Permanentmagnet zur Erzeugung des Magnetfelds, der nicht ausheizbar ist. Er muß daher vor jedem Ausheizen der Meßröhre abgenommen und nach dem Ausheizen wieder eingeschoben werden, was jedesmal eine neuerliche genaue Einstellung erfordert.

11.6.4 Quadrupol-Massenspektrometer [17]

Ein Qudrupol-Massenspektrometer oder Massenfilter besteht im Idealfall aus vier hyperbolischen Zylinderflächen, die in der Praxis jedoch meist durch kreiszylindrische Rohre oder Stäbe ersetzt werden (Bild 11.48), an denen eine Gleichspannung U und eine dieser überlagerte Wechselspannung $\tilde{u} = u \cdot \cos 2\pi f t$ der Frequenz $\omega = 2\pi f$ liegen. Tritt in dieses Vierpolfeld ein Teilchen der Ladung $q = \xi \cdot e$ und der Masse m ein, das – aus der Ionenquelle IQ kommend – durch die Spannung U_B beschleunigt worden ist, so führt es in diesem Feld eine komplizierte Schwingung um die z-Achse aus. Die Amplitude dieser Schwingung und damit der Abstand der Teilchenbahn von der z-Achse ist entweder begrenzt, d.h., sie überschreitet einen Maximalwert r_{max}, der von den Einschußbedingungen und den Feldparametern abhängt, nicht, oder sie wächst über alle Grenzen, so daß die Teilchen auf die Elektroden E_1 bis E_4 oder die Wände treffen und aus dem Ionenbündel ausscheiden; von den Teilchen, die auf *stabilen* Bahnen laufen, gehen alle diejenigen durch dieses „Filter" hindurch, deren Amplitude $r_{max} < r_0$ ist. Die Stabilitätsverhältnisse sind gekennzeichnet durch die beiden Parameter

$$a = \frac{8\xi \cdot e}{\omega^2 \cdot r_0^2} \frac{U}{m}; \quad \text{bzw.} \quad a = 0{,}194 \frac{\xi}{f^2 r_0^2} \frac{U}{M_r} = 2C \frac{U}{M_r} \quad (11.37\text{a,b})$$

$$q = \frac{4\xi \cdot e}{\omega^2 \cdot r_0^2} \frac{u}{m}; \quad \text{bzw.} \quad q = 0{,}097 \frac{\xi}{f^2 r_0^2} \frac{u}{M_r} = C \frac{u}{M_r}. \quad (11.38\text{a,b})$$

In den Gln. (11.37b) und (11.38b) ist f in MHz, r_0 in cm, U und u in V einzusetzen, M_r ist die relative Molekül- bzw. Atommasse. In Bild 11.49 ist in einem a-q-Diagramm derjenige Bereich von a und q schraffiert, in dem stabile Bahnen existieren. Gibt man U, u, f und r_0 in den Gln. (11.37) und (11.38) vor, so hängt es nur noch von M_r ab (nicht aber von U_B!), ob die betreffenden Ionen das Filter passieren können oder nicht (Massenfilter).

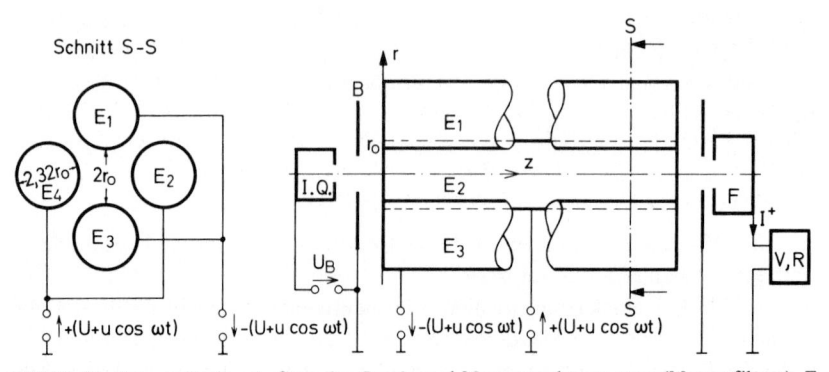

Bild 11.48 Schematischer Aufbau des Quadrupol-Massenspektrometers (Massenfilters). E_1, E_2, E_3, E_4 Elektroden des Vierpolfelds, IQ Ionenquelle, F Faraday-Becher, V, R Verstärker und Registrierung.

11.6 Partialdruckmeßgeräte 11.6.4

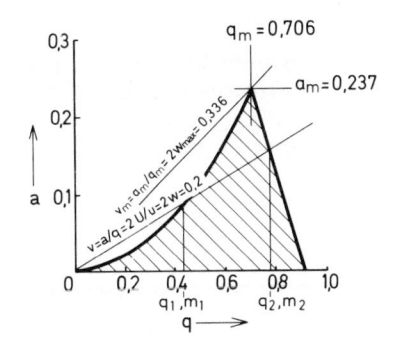

Bild 11.49
Stabilitäts-(Durchlaß-)Bereich des Quadrupol-Massenfilters

Von den verschiedenen Möglichkeiten zur Aufnahme eines Massenspektrums mit dem Massenfilter wählt man meist diejenige, bei der die Frequenz f und das Spannungsverhältnis $w = U/u$ festgehalten werden, während man die Spannungen u und $U = wu$ variiert. Bild 11.49 zeigt, daß für das Verhältnis $v = a/q = 0{,}2$ bzw. nach den Gln. (11.37) und (11.38) $w = v/2 = 0{,}1$ alle Parameterwerte q im Bereich $q_1 \ldots q_2$, d.h. nach Gl. (11.38) im Bereich $M_{r_1} \ldots M_{r_2}$ stabile Bahnen liefern, also durch das Filter hindurchgelassen werden.

Beispiel 11.3: Das Filter soll mit $f = 3$ MHz betrieben werden, es sei $r_0 = 1$ cm. Die Ionen seien einfach geladen, $\xi = 1$. Dann wird (Gl. (11.37,38)) $C = 0{,}011$. Aus Bild 11.49 ergibt sich für $w = 0{,}1$ der Durchlaßbereich $q_1 = 0{,}43 \ldots q_2 = 0{,}77$, dem nach Gl. (11.38) der Massenbereich $M_{r_1} = \dfrac{u}{39} \ldots M_{r_2} = \dfrac{u}{70}$, und je nach Wahl von u (und damit von $U = w \cdot u$) der Bereich $M_{r_1} = 1 \ldots M_{r_2} = 1{,}75$ (bei $u = 39$ V) oder der Bereich $M_r = 100$ bis $M_r = 175$ (bei $u = 3900$ V) entspricht.

Das Beispiel zeigt in Verbindung mit Bild 11.49, daß der Massenbereich durch Änderung von u (und proportionaler Änderung von $U = w \cdot u$) durchfahren, also ein Massenspektrum aufgenommen werden kann; es zeigt weiter, daß zur Verkleinerung des durchgelassenen Massenbereichs, des „Massenfensters", das Verhältnis $a/q = v$ bzw. $U/u = w = v/2$ sehr nahe an den Grenzwert $v_m = a_m/q_m = 0{,}336$ gelegt werden muß. In der Umgebung dieses Grenzwerts (der Spitze des Stabilitätsbereichs) kann aus Bild 11.49 für das Massenfenster ΔM_r, oder anders ausgedrückt für die Linienbreite, der Näherungsausdruck

$$\Delta M_r \approx 1{,}37\, M_{r,m}(1 - v/v_m) \tag{11.39}$$

abgeleitet werden, der nichts anderes als eine Beziehung für das *theoretische Auflösungsvermögen*

$$A = \frac{M_{r,m}}{\Delta M_r} \approx \frac{0{,}73}{1 - v/v_m} \tag{11.40}$$

ist. $M_{r,m}$ ist dabei die dem Wert q_m entsprechende Masse. Das *praktische* Auflösungsvermögen ist durch die Konstanz der Feldparameter begrenzt. Das sieht man leicht ein, weil für $A = 73$ das Verhältnis $v = U/u = 0{,}99$, für $A = 730$ das Verhältnis $v = 0{,}999$ ist, dementsprechend die Spannungsverhältnisse auf Promille und besser konstant gehalten werden müssen.

Gl. (11.39) gibt aber auch an, wie man v beim Durchfahren des Massenbereichs zu ändern hat, um im ganzen Massenbereich konstante Linienbreite zu erzielen. Will man z.B. die Linienbreite $\Delta M_r = 0{,}1$ machen, so folgt aus Gl. (11.39) für $M_{r,m} = 1$, d.h. für das Wasserstoffion H^+ der Wert $v/v_m = 0{,}927$, für $M_{r,m} = 140$, einen Wert etwas oberhalb der Xe-Ionen, der Wert $v/v_m = 0{,}999479$.

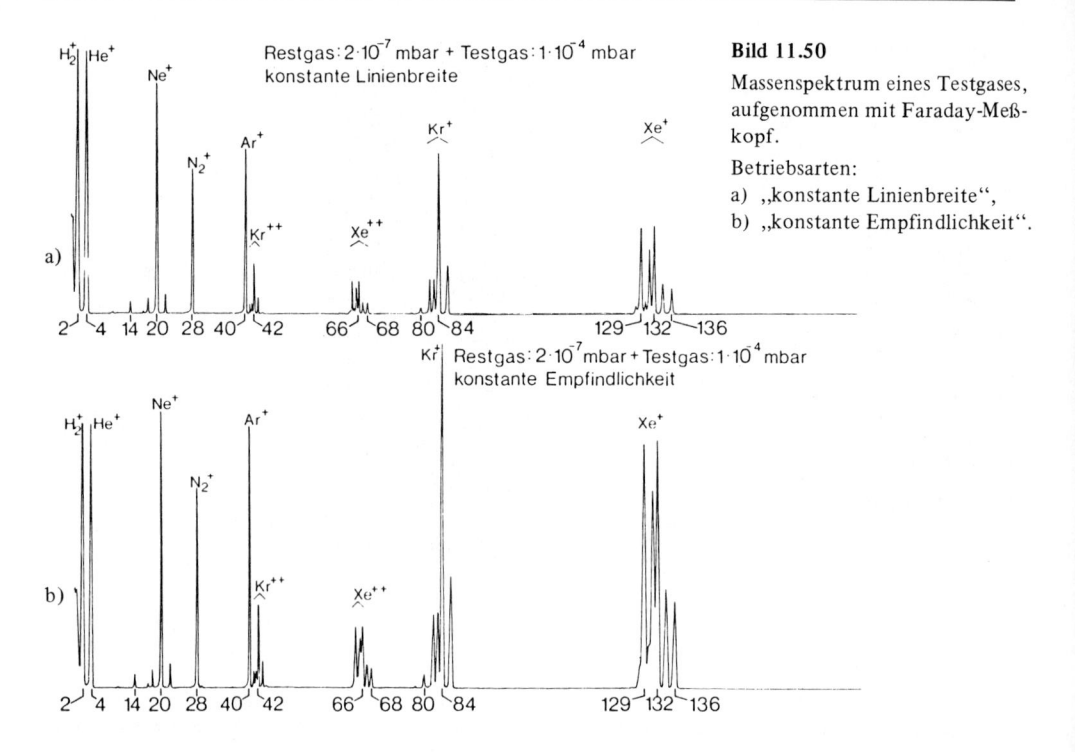

Bild 11.50
Massenspektrum eines Testgases, aufgenommen mit Faraday-Meßkopf.
Betriebsarten:
a) „konstante Linienbreite",
b) „konstante Empfindlichkeit".

Die Transmission T des Filters und damit die Empfindlichkeit K des Geräts nimmt nach anfänglicher Konstanz mit wachsendem Auflösungsvermögen ab; sie kann allerdings in einem weiten Bereich konstant auf $T = 100\,\%$ gehalten werden, wenn man den Radius der Einschußblende B kleiner r_0 macht und den Öffnungswinkel der eingeschossenen Ionen begrenzt. Im Bereich großen Auflösungsvermögens, wo $T < 100\,\%$ geworden ist, hat schon eine geringe Veränderung von w einen großen Einfluß auf T und damit auf die Empfindlichkeit K. Diese Abhängigkeit von T bzw. K von w macht es möglich, durch eine geeignete Veränderung von w beim Durchfahren des Massenbereichs die Empfindlichkeit K konstant zu halten; dann ändert sich allerdings die Linienbreite.

In Bild 11.50 sind zwei mit einem Massenfilter bei konstanter Frequenz durch Ändern von u aufgenommene Massenspektren im Bereich $M_r = 2 \ldots 140$ dargestellt. Als Testgas ist dabei ein Gemisch verwendet worden, in dem die Anteile der häufigsten Isotope so gewählt wurden, daß $n \cdot \sigma$ (vgl. Gl. (11.18)) (ungefähr) konstant ist. Dann sind — sofern die Empfindlichkeit nicht aus apparativen Gründen von der Masse abhängt, also konstant ist — für die entsprechenden Nuklide gleiche Pikhöhen zu erwarten. Im Fall Bild 11.50a sind die Spannungen U mit u so geändert, daß die Linienbreite ΔM_r konstant bleibt; die Pikhöhen werden dabei wegen der abnehmenden Transmission T mit wachsendem M_r kleiner. Im Fall Bild 11.50b ist U mit u so geändert, daß die Transmission T und damit K unabhängig von M_r sind; die Pikhöhen bleiben (ungefähr) konstant, aber die Linienbreiten werden größer.

Die Theorie des Quadrupol-Trennsystems verlangt zum Erreichen der geforderten Feldkonfiguration hyperbolische Elektrodenflächen. Diese Forderung wird in der Praxis im allgemeinen durch vier geeignet dimensionierte Stäbe mit kreisförmigem Querschnitt angenähert, die in entsprechenden Vorrichtungen so montiert werden, daß der geforderte Abstand $2r_0$ von zwei gegenüberliegenden Elektroden eingehalten wird. Da dieser Abstand eine sehr

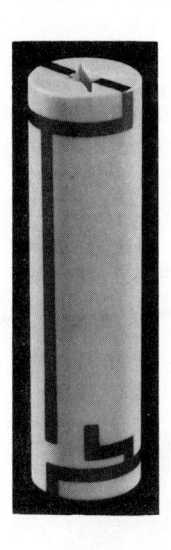

Bild 11.52
Vierpol-Elektrodensystem
auf Keramik-Körper.

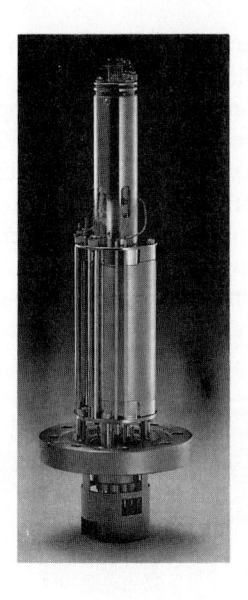

Bild 11.53
Meßkopf mit Multiplier
(Ringkathode des Meßkopfes
oben) für ein Quadrupol-
Massenspektrometer.

kritische Größe ist, ist hohe Präzision notwendig. Bild 11.52 zeigt ein Vierpolsystem mit hyperbolisch geformten Elektroden, gefertigt aus einem einzigen Keramikteil. Die Elektroden werden durch einen Metallfilmbelag gebildet. Dieses System hat gegenüber dem oben beschriebenen den großen Vorteil, daß einerseits die Forderung nach hyperbolischen Elektroden voll erfüllt wird, und andererseits der Abstand $2r_0$ durch die Präzision gegeben ist, mit der das Keramikteil gefertigt worden ist, also nicht von der Genauigkeit der Montage abhängt. Quadrupol-Massenspektrometer mit solchen Elektrodensystemen können problemlos demontiert werden — etwa zur Durchführung einer gelegentlich notwendigen Reinigung —, ohne daß nach dem Wiedereinbau bei der Inbetriebnahme Probleme zu erwarten sind. Das System ist bis 400 °C ausheizbar und kann bei Temperaturen bis 200 °C betrieben werden [18].

Der kleinste nachweisbare Partialdruck ist nach Gl. (11.28)

$$p_{i,\,min} = I^+_{min}/K \tag{11.28}$$

durch den kleinsten meßbaren Ionenstrom I^+_{min} gegeben, also durch die Eigenschaften des verwendeten Verstärkers. Ein typischer Wert ist $I^+_{min} = 10^{-15}$ A, so daß zusammen mit einem typischen Wert der Empfindlichkeit $K = 10^{-4}$ A·mbar^{-1} der Wert $p_{i,\,min} = 10^{-11}$ mbar resultiert. Dieser Wert reicht im UHV-Bereich nicht immer aus. Man verwendet daher anstelle des Faradaybechers einen Sekundärelektronenvervielfacher, bei dem die auftreffenden Ionen aus einer Konverterelektrode Elektronen auslösen, die ihrerseits aus einer Folge von (z.B. 16) Dioden jeweils mehr als ein Elektron je auftreffendem Elektron auslösen, so daß am Ausgang 10^4 ... 10^6 Elektronen für jedes am Eingang auftreffende Ion austreten (Verstärkungsfaktor 10^4 ... 10^6). Die auf den Ausgang des Multipliers bezogene Empfindlichkeit beträgt dann $K = 1$ ... 100 A·mbar^{-1}, so daß $p_{i,\,min} \leq 10^{-15}$ mbar wird. Bild 11.53 zeigt einen Meßkopf mit Multiplier, wie er in Quadrupolmassenspektrometern verwendet wird.

Der wesentliche Vorteil eines Multipliers beruht aber nicht nur darin, daß kleinere Drücke gemessen werden können, sondern vor allem auch darin, daß die hohe Verstärkung eine wesentliche Verkürzung der notwendigen Meßzeit pro Pik ermöglicht. Während man bei üblichen Elektrometerverstärkern im empfindlichsten Meßbereich Meßzeiten bis zu 10 s pro

Pik braucht, ist es bei Einsatz eines Multipliers möglich, selbst im UHV-Bereich Meßzeiten von 10 ms pro Pik zu erreichen.

Bild 11.54 zeigt ein Quadrupol-Massenspektrometer-Betriebsgerät mit integriertem HF-Sender für den Massenbereich $M_r = 1 \ldots 200$ zum Anschluß von Meßsystemen ohne oder mit Multiplier. Ein solches sehr universelles Gerät ist sowohl als empfindlicher Restgasanalysator als auch zur Durchführung von Gasanalysen mittleren Schwierigkeitsgrades geeignet. Der Massendurchlauf kann entsprechend der geforderten oder vom Verstärker her möglichen Schnelligkeit zwischen 0,1 s und 6 min für den ganzen Massenbereich eingestellt werden. Es ist aber auch möglich, interessierende Massengruppen einzustellen, wie es in Bild 11.55 für die Gruppe der Xenon-Isotope gezeigt ist.

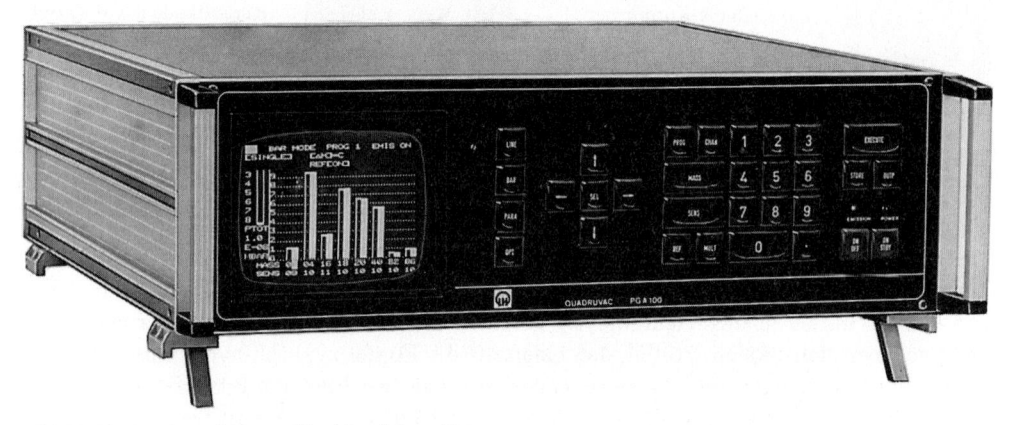

Bild 11.54 Quadrupol-Massenfilter-Betriebsgerät

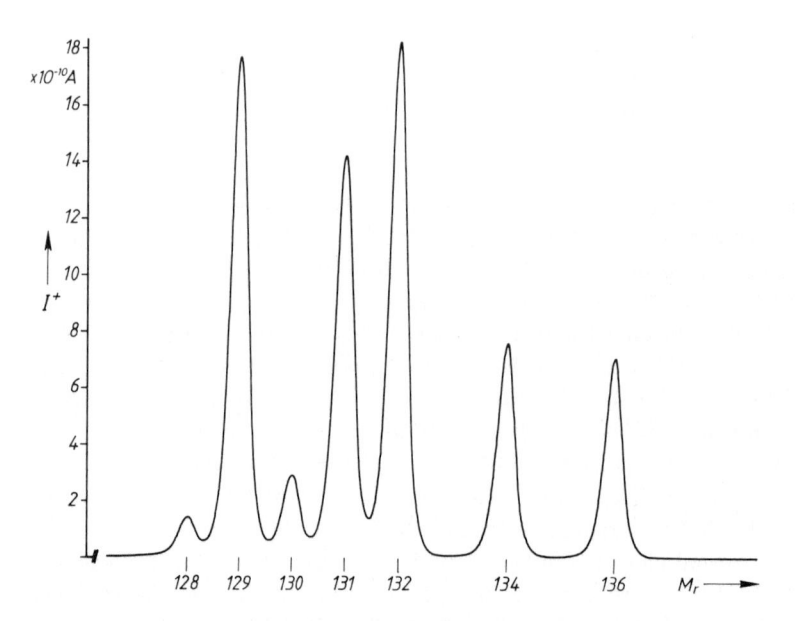

Bild 11.55 Mit einem Quadrupol-Massenfilter aufgenommenes Spektrum der Xenon-Isotopengruppe. Xe-Partialdruck $p_{Xe} = 5 \cdot 10^{-5}$ mbar.

Bei den nachstehend zusammengestellten typischen technischen Daten von Quadrupol-Massenspektrometern (-Massenfiltern) sind die Daten für eine Ausführung mit Multiplier jeweils in Klammern gesetzt.

Empfindlichkeit: $10^{-4} \ldots 10^{-3}$ A·mbar^{-1} (1 ... 100 A·mbar^{-1})
maximaler Arbeitsdruck: 10^{-2} mbar (10^{-5} mbar)
kleinster nachweisbarer (Partial-)Druck: 10^{-11} mbar (10^{-14} mbar)
kleinstes nachweisbares Partialdruckverhältnis: 1 ppm
Massenbereich: 1 ... 200
Auflösungsvermögen: 50 ... 400.

Das Quadrupol-Prinzip als Massenspektrometer erlaubt die Auslegung von Geräten für einen sehr weiten Anwendungsbereich. So ist es möglich, relativ einfache Geräte als Restgasanalysatoren für den Massenbereich $M_r = 2 \ldots 50$ zu bauen. Auf der anderen Seite gibt es Quadrupol-Massenspektrometer für analytische Aufgaben mit einem Massenbereich bis über $M_r = 1000$.

11.7 Lecksuchgeräte

11.7.1 Allgemeines

Befindet sich in einem Vakuumsystem eine undichte Stelle — ein Leck — und wird das System durch eine Pumpeinrichtung mit dem Saugvermögen S auf einen Druck p, der klein gegen den äußeren Druck p_a ist, evakuiert, so fließt durch den Leckkanal ein konstanter Gasstrom; als pV-Strom (pV-Durchfluß) q_{pV} gemessen nennt man ihn die „Leckrate". Zwischen q_{pV}, p und S besteht bei stationärem Pumpen der Zusammenhang (Gln. (4.11, 12, 13))

$$p = \frac{q_{pV}}{S}. \tag{11.41}$$

Zur Lecksuche und Leckmessung kann man (vgl. Abschnitt 12) das Vakuumsystem mit einem Testgas T umgeben oder absprühen und den Partialdruck

$$p_T = \frac{q_{pV,T}}{S_T} \tag{11.42}$$

mit einem testgasspezifischen Detektor — dem Lecksucher — nachweisen oder messen.

Die Lecksuche kann zwei verschiedenen Zwecken dienen:
1. der Überprüfung des gesamten Systems auf Dichtheit (integraler Lecktest)
2. der Suche nach undichten Stellen (Einzellecken).

Während bei der ersten Aufgabenstellung das gesamte System gleichmäßig mit Testgas umgeben werden muß, werden bei der zweiten Aufgabenstellung nur kleine Bereiche der Oberfläche mit Testgas besprüht.

Neben der Vakuumlecksuche (Unterdrucklecksuche), bei der das Eindringen des Testgases durch den Druckunterschied zwischen äußerem Atmosphärendruck und dem „Vakuum" bewirkt wird, gibt es die sogenannte Überdruckmethode. Dabei wird das zu untersuchende System mit einem Testgas oder Testgas-Luftgemisch gefüllt, dessen Druck größer als der umgebende Atmosphärendruck ist. Das austretende Gas wird bei der Suche nach einzelnen undichten Stellen abgeschnüffelt, wobei die am Orte einer Undichtheit mit Testgas angereicherte Luft dem Testgasdetektor als Nachweisgerät zugeführt wird.

11 Vakuummeßgeräte und Lecksuchgeräte

Geräte zum Nachweis von eindringendem Testgas oder von ausströmendem Testgas sind im Prinzip gleich aufgebaut, so daß häufig mit demselben Lecksuchgerät beide Verfahren durchgeführt werden können.

Im folgenden soll vorzugsweise auf solche Lecksuchgeräte eingegangen werden, die für die Dichtheitskontrolle von Vakuumsystemen Bedeutung erlangt haben. An sich geht das Problem der Dichtheitsprüfung von Umhüllungen weit über das Gebiet der Vakuumtechnik hinaus: Jegliche Art von Verpackung, Leitung, Behälter muß „dicht" sein (s. auch Abschnitt 12).

Da beim Betrieb von Vakuumanlagen durch die Lecke Luft einströmt, ist es notwendig, die mit dem Testgas gemessene Leckrate $q_{pV,T}$ in diejenige für Luft $q_{pV,L}$ umzurechnen, mit Hilfe eines Faktors α, der die Abhängigkeit des Strömungswiderstands des Leckkanals von den speziellen Eigenschaften (relative Molekülmasse, Zähigkeit) von Testgas und Luft berücksichtigt (siehe dazu die Abschnitte 4 und 12).

Da jedes Vakuumsystem über eine Pumpe mit definiertem Saugvermögen verfügt, ist das Problem der Lecksuche gelöst, wenn das System mit einem Partialdruckmeßgerät (Abschnitt 11.6) zur Bestimmung des Testgasdrucks ausgerüstet wird. In vielen Fällen, insbesondere bei UHV-Systemen, wird so verfahren. In anderen Fällen jedoch – insbesondere zur Prüfung von einzelnen Bauelementen – verwendet man ein separates Hochvakuumpumpsystem mit integriertem Massenspektrometer-Partialdruckmeßgerät. Diese Geräte unterscheiden sich von den in Abschnitt 11.6 beschriebenen Partialdruckmeßgeräten dadurch, daß sie für ein spezielles Testgas – vorzugsweise Helium – ausgelegt sind.

Neben Massenspektrometer-Partialdruckmeßgeräten werden auch noch andere Anordnungen wie der Halogen-Detektor verwendet.

An das Testgas wird eine Reihe von Forderungen gestellt; die wichtigsten sind:
1. Verträglichkeit mit der Umwelt,
2. chemische und physikalische Neutralität (keine Adsorption),
3. geringer Gehalt in der normalen Umwelt (Luft),
4. Vorhandensein geeigneter hochspezifischer Detektoren mit geringer Empfindlichkeit gegenüber anderen Gasen.

Diese Forderungen werden in hohem Maße von Edelgasen, insbesondere von Helium erfüllt. Helium ist völlig ungiftig, es verursacht keine Korrosion und neigt nur sehr wenig zur Adsorption. Der Volumengehalt der atmosphärischen Luft an Helium beträgt nur 5 ppm (s. Tabelle 16.4). Kleine Spezial-Massenspektrometer haben sich als hochempfindliche Detektoren für Helium seit langem ausgezeichnet bewährt.

Selbstverständlich eignen sich auch andere Edelgase wie z.B. Argon als Testgas, jedoch sind die Massenlinie von Ar^+ bei $M_r = 40$ durch Kohlenwasserstoffe und die Massenlinie von Ar^{++} bei $M_r = 20$ durch Neon ^{20}Ne und Schweres Wasser $^{18}OH_2$ zusätzlich belegt, was zu Fehlern führen kann. Darüber hinaus beträgt der Argongehalt der Luft 1 %, so daß die Forderung (3) nur unzureichend erfüllt ist.

11.7.2 Massenspektrometer-Lecksuchgeräte (s. auch DIN 28 411)

Den schematischen Aufbau eines Helium-Massenspektrometer-Lecksuchers zeigt Bild 11.56. Testgasdetektor ist das Massenspektrometer MS, welches durch den dazugehörigen Hochvakuumpumpstand 1, bestehend aus Diffusionspumpe mit Vorpumpe, evakuiert wird. Der Testgasstrom $q_{pV,T}$ wird gemessen als das Produkt aus Testgaspartialdruck p_T in MS und Saugvermögen $S_{M;T}$ des Hochvakuum-Pumpstandes für das Testgas am Anschluß des Massenspektrometers

$$q_{pV,T} = p_T \cdot S_{M;T}. \tag{11.42}$$

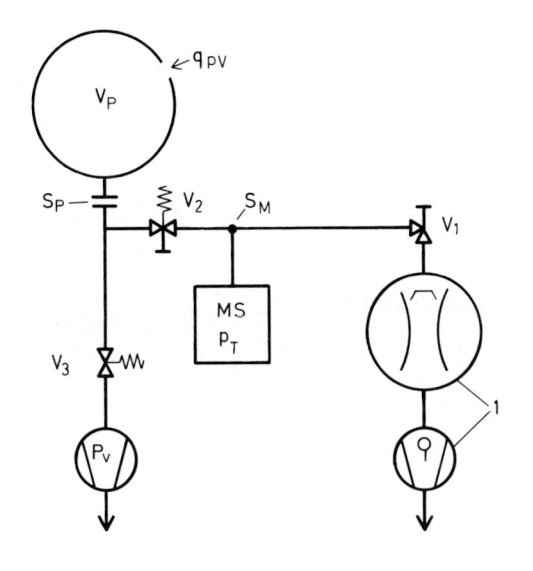

11.7 Lecksuchgeräte 11.7.2

Bild 11.56
Schema des Aufbaus eines He-Massenspektrometer-Lecksuchers. MS Massenspektrometer; V_p Prüfling (Volumen V_p). 1 Pumpeinrichtung für MS. V_1, V_2, V_3 Ventile. P_V Vorpumpe. S_M, S_P Saugvermögen von 1 an den gekennzeichneten Orten. q_{pV} Leckrate.

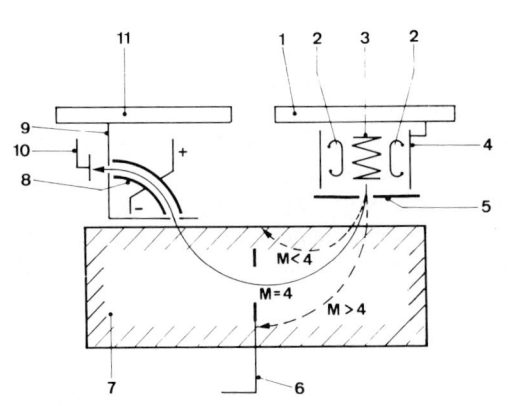

Bild 11.57
Schematischer Aufbau eines doppelfokussierenden Massenspektrometers für Helium-Lecksuche.
1 Flansch der Ionenquelle; 2 Kathoden (jeweils nur eine in Betrieb); 3 Anode (geheizt); 4 Abschirmrohr; 5 Austrittspalt und Totaldruck-Kollektor; 6 Zwischenblende; 7 Magnetfeld (Magnetisches Sektorfeld: Impulsdispersion); 8 Zylinderkondensator (Elektrisches Sektorfeld: Energiedispersion); 9 Austrittsspalt; 10 Ionenfänger; 11 Flansch des Ablenksystems.

Das Saugvermögen des Pumpstands kann durch ein Drosselventil V_1 in gewissen Grenzen geregelt werden.

Als Massenspektrometer werden vorzugsweise magnetische Sektorfeld-Spektrometer gemäß Abschnitt 11.6.2 verwendet, wobei besonderer Wert auf hohe Empfindlichkeit für Helium und auf ein möglichst kleines nachweisbares Partialdruckverhältnis gelegt wird. Ein typisches Beispiel zeigt das Schema Bild 11.57, ein doppel-fokussierendes Massenspektrometer, bei dem im Teil 7 die übliche magnetische Massentrennung erfolgt, während im anschließenden elektrischen Sektorfeld 8 die Ionen „falscher" Masse aussortiert werden, die durch Zusammenstöße mit Restgasteilchen ihre primäre Energie so weit geändert haben, daß sie den Spalt zwischen 7 und 8 durchfliegen konnten. Auf diese Weise wird der kontinuierliche Untergrund und damit das kleinste nachweisbare Partialdruckverhältnis in erheblichem Maße reduziert. Bild 11.58 zeigt ein Massenspektrum von Luft, im Bereich $M_r = 4$. Die Höhe der Heliumlinie ($M_r = 4$) entspricht einem Volumengehalt von 5 ppm. Tatsächlich meßbar sind Volumengehalte bis zu 0,1 ppm. Die Empfindlichkeit eines solchen Massenspektrometers beträgt für Helium $2 \cdot 10^{-4}$ A/mbar, der kleinste Meßpartialdruck beträgt $p_{He,min} = 2 \cdot 10^{-12}$ mbar.

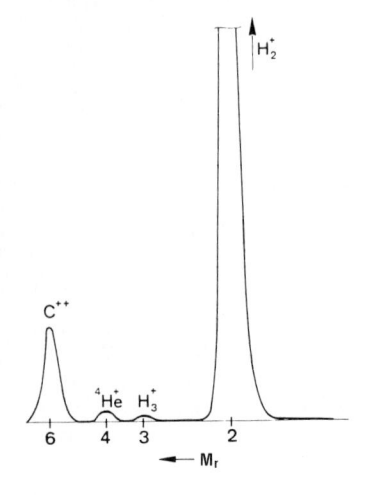

Bild 11.58
Massenspektrum von atmosphärischer Luft im Bereich $M_r = 3 \dots 6$, aufgenommen mit einem Helium-Lecksucher, Luftdruck $p \approx 5 \cdot 10^{-5}$ mbar. $M_r = 3$: $^3\text{He}^+$; $M_r = 4$: $^4\text{He}^+$; $M_r = 6$: $^{12}\text{C}^{++}$. Der hohe H_2^+-Pik bei $M_r = 2$ gehört zum Wasserstoffgehalt des Restgases.

Mit einem Saugvermögen $S_{M,\text{He}} = 2{,}5\ \ell \cdot \text{s}^{-1}$ für Helium ergibt sich damit aus Gl. (11.42) die kleinste nachweisbare Leckrate $q_{pV,\text{He,min}} = 5 \cdot 10^{-12}$ mbar $\cdot \ell \cdot \text{s}^{-1}$. Da es für viele Anwendungsfälle wünschenswert ist, über ein größeres Saugvermögen zu verfügen, werden He-Lecksuchgeräte mit Pumpen ausgerüstet, deren $S_{\text{He}} = 5 \dots 20\ \ell \cdot \text{s}^{-1}$ ist. Dann wird $q_{pV,\text{He,min}} = 1 \dots 5 \cdot 10^{-11}$ mbar $\cdot \ell \cdot \text{s}^{-1}$. Das Verhältnis von größter und kleinster nachweisbarer Leckrate liegt bei den gebräuchlichen Geräten zwischen 10^4 und 10^6.

Die Einstellzeit t_e eines Lecksuchgeräts (vgl. Abschnitt 12), d.h. die Zeit, die vergeht, bis das Anzeigeinstrument vom Moment der Lokalisierung eines Lecks an gerechnet auf einen Bruchteil f des Endausschlags ansteigt, hängt von der Zeitkonstante

$$\tau = \frac{V_P}{S_{P,T}}, \qquad (11.43)$$

ab, wo V_P das Volumen des Prüflings — des zu testenden Behälters — und $S_{P,T}$ das Saugvermögen für das Testgas T an der Flanschverbindung zwischen Prüfling und Verbindungsleitung ist, deren Leitwert bis zur Stelle, an der das Massenspektrometer angeschlossen ist, L_V sei. Für $f = 0{,}95$ (Anstieg auf 95 % des Endausschlags) ist

$$t_e = 3\tau = 3\,V_P/S_{P,T} \qquad (11.44)$$

$S_{P,T}$ ist immer kleiner als $S_{M,T}$, nach Gl. (4.23) gilt

$$\frac{1}{S_P} = \frac{1}{S_M} + \frac{1}{L_V} \qquad (11.45)$$

(vgl. dazu Abschnitt 4). Ist das Leck so klein, daß MS auf den dort herrschenden Druck p_T nicht mehr anspricht, so kann durch Drosselung mit Hilfe des Ventils V_1 (Bild 11.56) das Saugvermögen $S_{M,T}$ verringert und damit — der Leckgasstrom $q_{pV,T}$ bleibt ja konstant — nach Gl. (11.42) der Testgasdruck erhöht werden. Dabei wird allerdings nach Gl. (11.45) auch S_P kleiner und nach Gl. (11.44) t_e größer; der Zeitaufwand zum Lokalisieren einer Leckstelle steigt damit an.

Wie bei allen Massenspektrometern gibt es auch für das Detektor-Massenspektrometer einen maximal zulässigen Arbeitsdruck $p_{\max}$. Aus diesem und dem Saugvermögen S_L für

Luft ergibt sich der für ein Massenspektrometer-Lecksuchgerät zulässige maximale Luftstrom

$$q_{pV,\,\mathrm{L,\,max}} = p_{\max} \cdot S_{\mathrm{L}}, \tag{11.46}$$

der den maximal zulässigen Druck im Behälter, bei dem mit einer Lecksuche begonnen werden kann, bzw. die maximal zulässige Gesamtleckrate bestimmt. Je größer dieser Wert ist, desto kürzer ist beispielsweise die Vorpumpzeit.

11.7.3 Technische Ausführungen von Heliumlecksuchgeräten

11.7.3.1 Helium-Lecksucher mit doppelt fokussierendem Massenspektrometer

Bild 11.59 zeigt die wesentlichen Elemente eines kleinen tragbaren Heliumlecksuchgeräts; seine Bestandteile sind in der Bildunterschrift gekennzeichnet. Die Kühlfalle hat drei wesentliche Aufgaben: Schutz des Massenspektrometers vor Verunreinigung aus dem Prüfling, Schutz des Massenspektrometers vor einer möglichen Verunreinigung durch das Treibmittel der Diffusionspumpe und Erhöhung des Saugvermögens des Pumpsystems für kondensierbare Gase, inbesondere Wasserdampf. Die Kühlfalle muß so dimensioniert sein, daß sie bei dem maximal zulässigen Arbeitsdruck noch hinreichend wirksam ist und eine große Standzeit aufweist. Am Eingang des Heliumlecksuchgeräts kann ein kombiniertes Dosier- und Sicherheitsventil angebracht werden, das zwei Aufgaben zu erfüllen hat: Sicherung des Hochvakuum-Pumpstands und des Massenspektrometers bei plötzlichem Druckanstieg (z.B. infolge eines Lufteinbruchs) – das Ventil schließt automatisch – und Dosierung der einströmenden Gasmenge. Geräte dieser Art sind vorzugsweise als transportable Lecksuchgeräte zur Kontrolle von Hochvakuumpumpständen und -anlagen gedacht.

Für die Prüfung von einzelnen Bauteilen oder sonstigen Elementen auf Dichtheit werden Lecksuchgeräte einschließlich Vorpumpeinheit und kompletter Automatisierung verwendet, siehe auch Abschnitt 12.5. Bild 11.60 zeigt einen fahrbaren Heliumlecksucher mit integriertem Vorpumpsystem und automatischer Teilstrom-Regelung (s. Vakuumschaltbild 11.56).

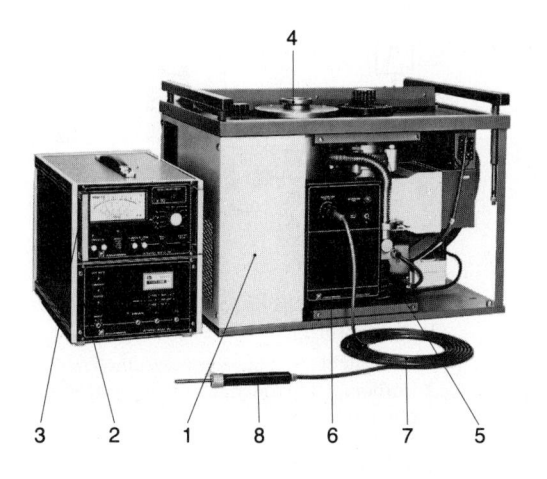

Bild 11.59

Helium-Lecksuchgerät, eingerichtet für Schnüffelbetrieb.

1 Hauptgerät mit Hochvakuumpumpsatz, Massenspektrometer mit Tiefkühlfalle; 2 Elektronisches Betriebsgerät für das Massenspektrometer; 3 Leckraten-Anzeigegerät mit Meßbereichsschalter; 4 Einfüllstutzen für das Kühlmittel; 5 Luftgekühlte Diffusionspumpe; 6 Testgas (He-Luftgemisch)-Ansauggerät („Quickschnüffler"); 7 Verbindungsschlauch Lecksuchgerät – Schnüffler; 8 Schnüffler.

11.7.3.2 Heliumlecksucher nach dem Gegenstromprinzip

Zu Beginn des Abschnittes 11.7.3.1 wurde auf die Bedeutung der Kühlfalle als Mittel zur Erhöhung des Saugvermögens für Wasserdampf hingewiesen. Durch diese Maßnahme wird am Ort des Massenspektrometers die He-Konzentration vergrößert und der Totaldruck erniedrigt mit dem Ergebnis, daß die Pumpzeit bis zur notwendigen Freigabe der Lecksuche wesentlich verkürzt wird (s.a. Abschnitt 13.4.1) gegenüber einem Gerät ohne Kühlfalle für flüssigen Stickstoff (oder bei Betrieb der Kühlfalle ohne flüssigen Stickstoff).

Verschiedentlich wurde nach Mitteln gesucht ein He-Lecksuchgerät auch ohne flüssiges N_2 zu betreiben, ohne daß die Pumpzeit dabei drastisch vergrößert wird. Als geeignet hat sich das von Becker 1967 [62] vorgeschlagene Gegenstromprinzip, unter Verwendung einer Turbomolekularpumpe (und etwa gleichzeitig von Briggs mit einer Öldiffusionspumpe) erwiesen. Die Grundlage dieses Prinzips beruht darauf, daß das Kompressionsverhältnis K dieser Pumpen in hohem Maße von der relativen Molekülmasse M_r des Gases abhängt (s. Bilder 7.17 und 7.18).

Die Anordnung in Bild 11.60a nützt diesen Sachverhalt aus. Dringt durch eine Undichtheit des mit Helium von außen abgesprühten Prüflings (4) Helium in das System ein, zusammen mit den Bestandteilen der atmosphärischen Luft (Wasserdampf und schwere Gase), so wird dieser Gasstrom zum größten Teil durch die Vorpumpe (3) abgepumpt, ein geringer

Bild 11.60 Fahrbares Helium-Lecksuchgerät mit – auch bei groben Lecks – quantitativer Leckanzeige und automatischer Meßbereichsumschaltung. Kleinste nachweisbare Leckrate je nach Betriebsart: $2 \cdot 10^{-12}$ mbar $\cdot \ell \cdot s^{-1}$ bzw. $2 \cdot 10^{-11}$ mbar $\cdot \ell \cdot s^{-1}$.

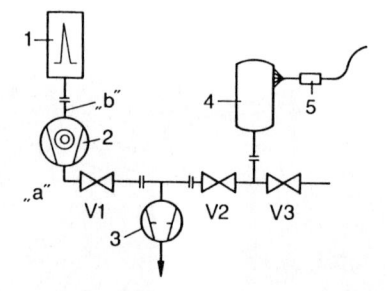

Bild 11.60a Schema zum Gegenstromlecksuchprinzip.
1 (gebräuchliches) Massenspektrometer
2 Turbomolekularpumpe (als Gegenstrompumpe)
3 Vorpumpe
4 Prüfling
5 Heliumsprüheinrichtung

Teil allerdings gelangt durch Diffusion an den Ausgang „a" der Turbomolekularpumpe. Infolge der sehr unterschiedlichen Kompressionsverhältnisse gelangt lediglich das leichte Helium in meßbarer Konzentration an den Eingang „b" der Turbomolekularpumpe und damit in das dort angebrachte Massenspektrometer (1), das die Anwesenheit von Helium anzeigt, nicht aber die anderer Gase.

Das Gegenstromprinzip erlaubt die Feststellung von kleinsten Leckraten von $1 \cdot 10^{-8} \ldots 1 \cdot 10^{-10}$ mbar $\cdot \ell \cdot s^{-1}$.

Praktisch wird so vorgegangen, daß bei Verwendung einer Turbomolekularpumpe als Gegenstrompumpe die Drehzahl dieser Pumpe so eingestellt wird, daß z.B. K_{He} = 50 beträgt (s. Bild 7.18). Damit ist K_{H_2O} = 4000 und K_{N_2} = 30 000. Das bedeutet, daß die Konzentration von Helium am Ort des MS gegenüber N_2 600 mal größer ist als auf der Vorvakuumseite und für Wasserdampf 80 mal. Damit werden Verhältnisse erzeugt, die bezüglich des Wasserdampfes dem Einsatz einer Kühlfalle entsprechen.

11.7.4 Halogenleckdetektor

Der Halogendetektor ist ein sehr spezifisches und empfindliches Gerät zum Nachweis von gasförmigen Halogenverbindungen und unter diesen wiederum von Fluor-Chlor-Kohlenwasserstoffen wie z.B. Freon 12 mit der Zusammensetzung CCl_2F_2. Bei diesem empfindlichen Partialdruckdetektor (Bild 11.61) wird eine Emitter-Elektrode — im allgemeinen ein Röhrchen — durch einen mit konstanter Spannung betriebenen Heizer auf eine Temperatur von 800 ... 900 °C erhitzt, wobei ein Basis-Ionenemissionsstrom I_B von einigen µA fließt. Dieser Ionenstrom steigt in Gegenwart der oben genannten Gase an, die Ionenstrom*änderung* wird angezeigt und ist ein Maß für den Halogen-Partialdruck. Für den Kollektorstrom I_C in Abhängigkeit vom Halogen-Partialdruck p_{Hal} gilt etwa die Beziehung

$$I_C = I_B(1 + \mathscr{E} \cdot p_{Hal}). \tag{11.48}$$

$\mathscr{E}$ ist die Empfindlichkeit; ihr Wert kann, je nach Betriebsbedingungen und Lebensdauer, sehr verschieden sein. Typische Werte sind $\mathscr{E}$ = 100 ... 10 000 mbar^{-1}. Bei einer mittleren Empfindlichkeit von 1000 mbar^{-1} ergibt sich eine Verdoppelung des Basisstroms I_B bei einem Halogen-Partialdruck $p_{Hal} = 10^{-3}$ mbar.

Halogendetektoren werden im allgemeinen nicht in kompletten Lecksuchgeräten wie bei Heliumlecksuchern (Abschnitt 11.7.2) eingesetzt, sondern als „Lecksuchröhren" an ein zu kontrollierendes Vakuumsystem unmittelbar angeschlossen. Zur Erhöhung der Empfindlichkeit ist es im allgemeinen vorteilhaft, die Lecksuchröhre an die Vorvakuumleitung in der Nähe der Vorpumpe anzubauen (s. auch Abschnitt 12). Bild 11.62 zeigt den Schnitt durch eine solche Detektorröhre.

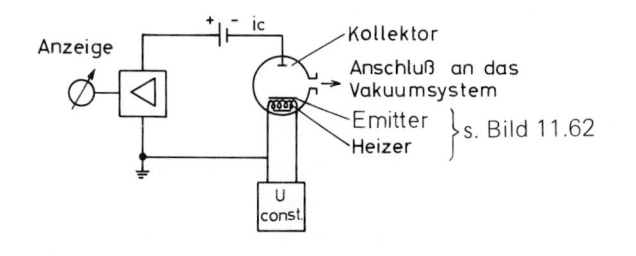

Bild 11.61
Schema eines Halogenlecksuchers

Je nach Anordnung und Saugvermögen lassen sich mit einem solchen Lecksuchgerät Undichtheiten bis zu 10^{-6} mbar·ℓ·s^{-1} bei Drücken kleiner 10 mbar lokalisieren.

11.7.4.1 Halogendetektorsonden

Bei Drücken größer als 10 mbar bis einige 100 mbar werden Halogendetektorsonden direkt in die Verbindungsleitung zur Pumpe eingesetzt (Bild 11.63). Diese Sonden messen den Halogengehalt im strömenden Gas. Solche Sonden werden vorzugsweise zur Überwachung von umfangreichen Gastransporteinrichtungen verwendet, beispielsweise in der Turbinenentlüftungsleitung von Dampfkraftwerken.

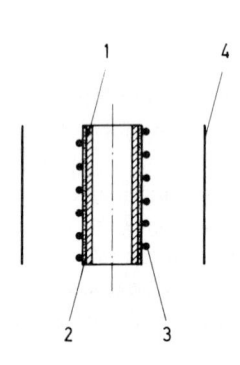

Bild 11.62 Schema des zylinder-symmetrischen Elektrodensystems einer Halogenlecksuchröhre (oder -Sonde). 1 Keramikröhrchen; 2 Ionenemittierende Paste (Anode); 3 Heizspirale aus Platin; 4 Kathode (Kollektor).

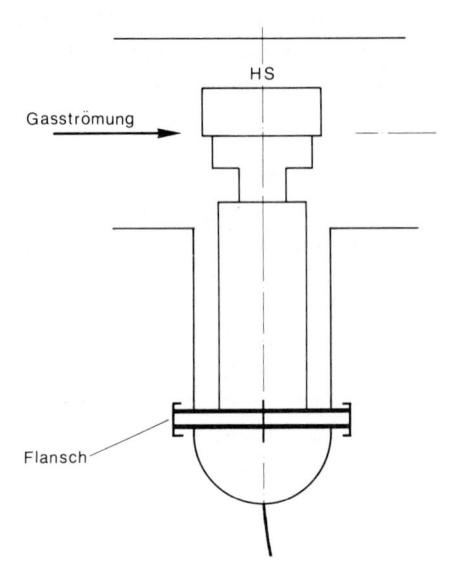

Bild 11.63 Einbau der Halogendetektorsonde HS in die Vakuumleitung

11.7.4.2 Halogenschnüffel-Lecksucher

Der Halogendetektor kann in gleicher Weise wie Heliumleckdetektoren zum Abschnüffeln von Geräten und Behältern eingesetzt werden, die mit geeigneten Gasen von hinreichendem Überdruck gefüllt sind. Typische Beispiele sind mit Freon oder verwandten Gasen betriebene Kälteaggregate, sowie Aerosoldosen, die Halogene als Treibgas enthalten. Ein solches Gerät besteht aus einem Schnüffelschlauch unterschiedlicher Länge, einem Detektor und einer Pumpe, die die auf Halogene zu überprüfende Luft durch den Schnüffelschlauch und die Detektorzelle saugt. Mit solchen Detektoren sind Undichtheiten bis zu 10^{-7} mbar·ℓ·s^{-1} bzw. Halogengehalte bis zu 0,1 ppm nachweisbar.

11.8 Kalibrieren von Vakuummetern

11.8.1 Grundlagen

Wie alle Meßgeräte müssen auch Vakuummeter kalibriert werden. Das Kalibrieren besteht in der Bestimmung der Empfindlichkeit, welche als das Verhältnis von Ausgangsgröße zu Druck bzw. Teilchenanzahldichte gegeben ist. Die Ausgangsgröße kann ein Weg wie bei

11.8 Kalibrieren von Vakuummmetern 11.8.1

Membranvakuummetern, ein elektrischer Strom wie bei Ionisationsvakuummetern und bei Partialdruckmeßgeräten oder eine elektrische Spannung wie bei Wärmeleitungsvakuummetern sein. Ein Kalibrieren wird also immer darin bestehen, den Zusammenhang zwischen dieser Ausgangsgröße und dem jeweiligen auf andere Weise bekannten (Kalibrier-)druck herzustellen.

Es gibt im wesentlichen drei Möglichkeiten, einen bestimmten Druck zu erzeugen:
1. Durch Messung des Drucks mit einem fundamentalen Druckmeßgerät als primärem Standard. Ein fundamentales Meßgerät führt die Messung der physikalischen Größe — in diesem Falle den Druck — auf einfache Längen-, Masse- und Zeitmessungen zurück. Ein solches fundamentales Druckmeßgerät ist das U-Rohr-Vakuummeter sowie das Kompressionsvakuummeter nach McLeod (s. Abschnitt 11.3.3) und in gewissen Grenzen (s. Bild 11.2.6.1) auch das Reibungsvakuummeter mit rotierender Kugel (Abschnitt 11.2.6) [54a].
2. Ein niedrigerer Druck kann durch die definierte Expansion eines nach 1 bekannten Drucks erzeugt werden. Dabei gibt es die Möglichkeit einer statischen oder dynamischen Expansion.
3. Die Messung des jeweiligen Drucks mit einem Meßgerät, das vorher mit einem Verfahren nach 1 oder 2 kalibriert worden ist. Alle Vakuummeter können in diesem Sinne sekundäre Standarde sein.
4. Bestimmung des Druckes nach dem Molekularstrahlprinzip. Hierbei wird zum Messen des Bezugsdruckes ein Meßinstrument verwendet, das nach einem Verfahren gemäß 1 oder 2 kalibriert ist.

Tabelle 11.3 gibt eine Übersicht über geeignete primäre und sekundäre Standarde für verschiedene Druckbereiche.

Tabelle 11.3 Druckmeßstandarde (s. auch Bild 11.69 und [54b])

mbar	Druckbereiche sekundärer Standarde	Druckbereiche primärer Standarde ls
10^3		
10^2	U-Rohr-Vakuummeter (Abschnitt 11.3.2)	
10		
1		Membran-Vakuummeter (Abschnitt 11.2.4)
10^{-1}	Statische Expansionsmethode	
10^{-2}	(Abschnitt 11.8.3)	
10^{-3}		
10^{-4}		Reibungs-Vakuummeter
10^{-5}		(Abschnitt 11.2.6)
10^{-6}		Verschiedene Arten von
10^{-7}	Dynamische Expansionsmethode	Ionisations-Vakuummetern
10^{-8}	(Abschnitt 11.8.4)	mit Glühkathode
10^{-9}		(Abschnitte 11.5.2.1;
10^{-10}		11.5.2.3 und 11.5.2.4)
10^{-11}	Molekularstrahlmethode	
10^{-12}	(Abschnitt 11.8.5)	

11.8.2 Kalibrieren durch Vergleichsmessung [55]

Verfahren nach 1 und 3 sind Vergleichsmessungen, wobei die Ausgangsgröße mit dem gemessenen Druck verglichen wird. Bei diesen Verfahren muß darauf geachtet werden, daß sichergestellt ist, daß an allen Orten der Kalibriereinrichtung der gleiche Druck herrscht. Voraussetzung hierzu ist, daß die Druckanzeige des Meßgeräts und der zu kalibrierenden Geräte vor Beginn des Kalibrierens klein gegen den niedrigsten Druck ist, bei dem die Kalibrierung durchgeführt werden soll. Das bedeutet, daß das Vakuumsystem sorgfältig evakuiert, evtl. sogar ausgeheizt werden muß (s. Kapitel 15). Darüber hinaus muß durch die Art der Gasführung dafür gesorgt werden, daß kein Druckabfall durch Gasströmung im Bereich der Meßgeräte auftreten kann. Bild 11.64 zeigt eine typische Anordnung für die Durchführung von Vergleichsmessungen zwischen einem primären oder sekundären Standardmeßgerät N und mehreren zu kalibrierenden Meßsystemen M. Wie zu erkennen ist, muß der Gaseinlaß grundsätzlich im Bereich zwischen Meßsystem und Pumpe angeordnet sein. Darüber hinaus muß sichergestellt sein, daß keine Abweichungen dadurch entstehen, daß in den Meßsystemen eine nennenswerte Gasaufzehrung stattfindet. Aus diesem Grund ist ein Kalibrieren mit hoher Genauigkeit nur mit Edelgasen und anderen wenig aktiven Gasen wie Stickstoff möglich.

Mit dieser bei weitem am häufigsten durchgeführten Methode zum Kalibrieren von Vakuummetern und Partialdruckmeßgeräten sind je nach Qualität des Bezugsmeßsystems Kalibrierungen mit einer Genauigkeit bis zu 1 % durchführbar [56].

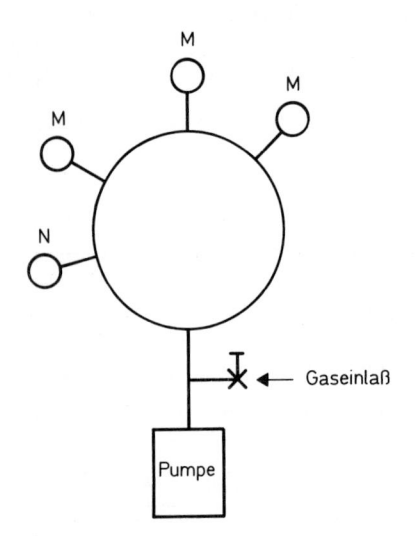

Bild 11.64

Schema einer Kalibriereinrichtung. Die zu kalibrierenden Meßsysteme M werden mit einem Bezugssystem N verglichen, das ein primäres oder sekundäres Standardmeßsystem sein kann (Transferstandard).

11.8.3 Bestimmung des Drucks durch statische Expansion

Obwohl es möglich ist, mit einem McLeod unter Berücksichtigung aller Vorsichtsmaßnahmen relativ niedrige Drücke genau zu messen, überstreicht der Meßbereich der absoluten Vakuummeter auf keinen Fall den ganzen heute in der Vakuumtechnik üblichen Druckbereich, so daß ein direktes Kalibrieren bei niedrigen Drücken nicht möglich ist. Aus diesem Grunde sind Anordnungen angegeben worden, die es ermöglichen, einen absolut gemessenen Druck auf einen genau bestimmbaren Bruchteil herabzusetzen.

Bei der statischen Expansion wird, wie in Bild 11.65 schematisch dargestellt, in den kleinen Behälter V_1 Gas eines bestimmten Drucks p_1 eingelassen, der mit dem U-Rohr-

11.8 Kalibrieren von Vakuummetern 11.8.2/11.8.3

Vakuummeter U absolut gemessen werden kann. Anschließend wird die Gasmenge aus V_1 in die Behälter V_2 und V_3 auf den Druck $p_2 = p_1/(V_1 + V_2 + V_3)$ expandiert. V_2 hat einen großen, V_3 dagegen wieder einen kleinen Inhalt. Anschließend wird die in V_3 befindliche Gasmenge in den relativ großen Behälter V_4 expandiert, so daß dort der Druck

$$p_4 = p_1 \frac{V_1}{V_1 + V_2 + V_3} \frac{V_3}{V_3 + V_4} \tag{11.49}$$

herrscht.

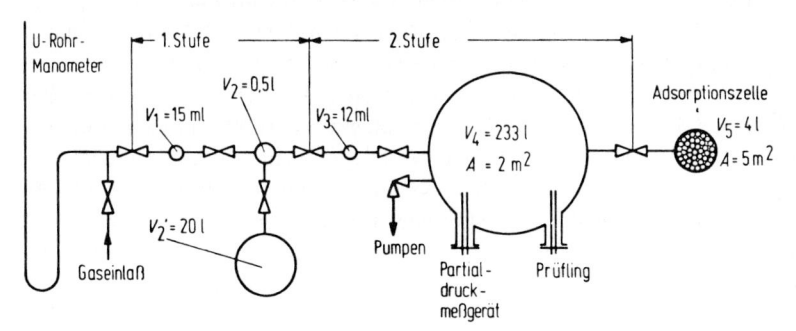

Bild 11.65 Schematische Darstellung des Expansionssystems zum Erzeugen von Kalibrierdrücken im Bereich 100 Pa bis 10^{-6} Pa (1 mbar bis 10^{-8} mbar) [20]. Statische Expansionsmethode.

Durch wiederholtes Expandieren der mit Hilfe des Vorrats in V_2 immer wieder aufgefüllten Gasmenge in V_3 in den Behälter V_4 läßt sich der Druck stufenweise erhöhen. Wie aus Gl. (11.49) zu erkennen, ist die Genauigkeit der Druckangabe p_4 nur durch die Genauigkeit gegeben, mit der der Druck p_1 und der Inhalt der vier Behälter V_1, V_2, V_3 und V_4 bekannt ist. Die Meßunsicherheit dieses Verfahrens kann bei Einhaltung aller Vorsichtsmaßnahmen im Druckbereich 10^{-2} mbar unter 1 %, bei etwa 10^{-6} mbar unter 10 % gehalten werden. Der Vorteil dieser statischen Methode liegt zweifellos darin, daß die stufenweise eingelassenen Gasmengen mit großer Genauigkeit bestimmt werden können. Nachteile sind, daß Gasaufzehrung und Gasabgabe die Meßgenauigkeit bei sehr kleinen Drücken erheblich einschränken können.

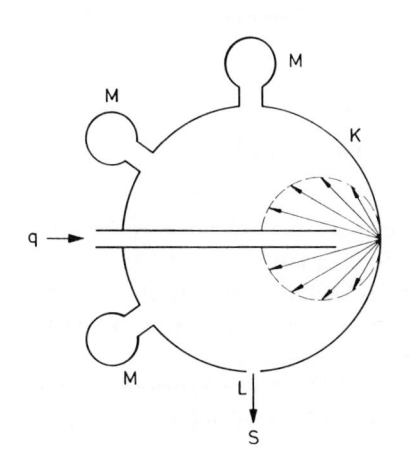

Bild 11.66
Prinzip des Kalibrierens von Vakuummetern M nach der dynamischen Methode im Druckbereich $p < 10^{-5}$ mbar. K Kugelbehälter; L Lochblende (Leitwert L_L). S Pumpe, Saugvermögen $S \gg$ Leitwert L_L.

11 Vakuummeßgeräte und Lecksuchgeräte

11.8.4 Dynamische Kalibrieranordnungen (DIN 28416 und 28417)

Für das Kalibrieren im Bereich unter 10^{-5} mbar sind statische Verfahren kaum noch mit hinreichender Genauigkeit einsetzbar. In diesem Bereich haben dynamische Methoden wesentliche Vorteile, insbesondere deshalb, weil das Problem der Gasabgabe leichter zu beherrschen ist. Das Prinzip der dynamischen Methoden zeigt Bild 11.66. Die zu kalibrierenden Meßsysteme M werden an einen Behälter angeschlossen, in den ein bekannter Gasstrom q eingelassen wird. Dieses Gas wird durch eine Lochblende L mit bekanntem molekularen Strömungsleitwert L_L abgepumpt. Im stationären Zustand stellt sich dann der Druck $p = q/L_L$ ein. Ein solches Verfahren ist nur bei Drücken möglich, bei denen die mittlere freie Weglänge größer als der Durchmesser der Lochblende ist. Der Meßbereich derartiger Verfahren hängt von der Größe des Saugvermögens S ab, welches groß gegen den Leitwert L_L der Lochblende sein muß, sowie von dem kleinsten meßbaren Gasmengenstrom q. Bei Verwendung von großen Pumpen, insbesondere Kryopumpen mit Saugvermögen von einigen 1000 ℓ/s und Strömungsmeßgeräten mit einem Meßbereich bis $1 \cdot 10^{-6}$ mbar $\cdot$ ℓ $\cdot$ s^{-1}, ist es möglich, mit diesem Verfahren Kalibrierungen bis in den 10^{-10} mbar-Bereich durchzuführen, wobei Meßunsicherheiten von nur wenigen Prozent erzielt werden können. Den Aufbau einer entsprechenden Apparatur zeigt Bild 11.67 im Schema.

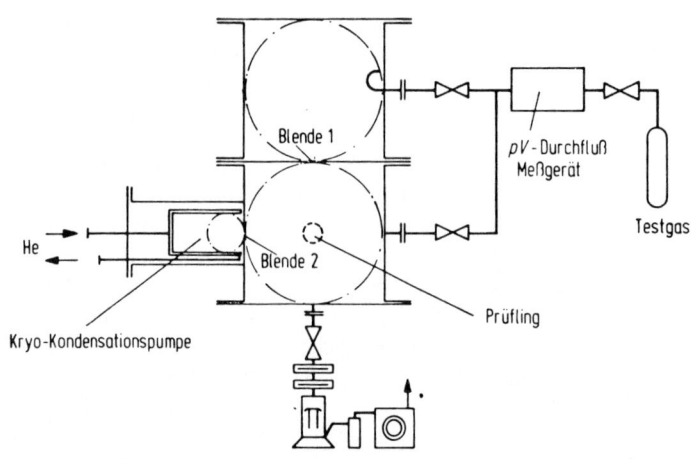

Bild 11.67 Schematische Darstellung der Apparatur zum Erzeugen von Kalibrierdrücken nach dem Blendenströmungsverfahren im Bereich 10^{-3} Pa bis 10^{-7} Pa (10^{-5} mbar bis 10^{-9} mbar) [20]. Dynamische Methode.

11.8.5 Erzeugung von Kalibrierdrücken im Bereich 10^{-12} mbar bis 10^{-8} mbar mittels der Molekularstrahlmethode

Bei der sogenannten Molekularstrahlmethode wird eine Molekularströmung (Abschnitt 4.6.1) zur Erzeugung eines meßbaren sehr niedrigen Gasdruckes verwendet. Bild 11.68 zeigt das Schema. In der Knudsenzelle K_1 herrscht der durch das kalibrierte Bezugsvakuummeter M_1 gemessene Druck des Testgases p_1, Anzahldichte $n_1 = p_1/kT$. Durch die Blende B_1 strömt das Gas molekular in die UHV-Kammer VK, in der mit Hilfe einer Kryopumpe und vorgeschalteten weiteren Pumpen ein sehr niedriger Druck ($p_{VK} \approx 10^{-13}$ mbar) aufrechterhalten wird, so daß keine Stöße stattfinden und die Einströmung aus VK in K_1 und K_2 vernachläs-

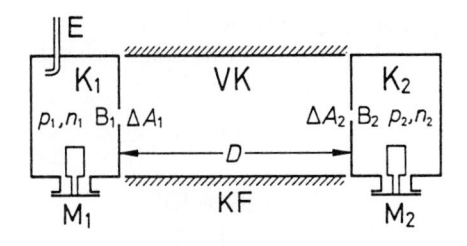

Bild 11.68
Schema der Kalibrieranordnung nach der Molekularstrahlmethode.

K$_1$ Knudsenzelle
K$_2$ Kalibrierkammer
VK UHV-Kammer
KF Kaltflächen
E Gaseinlaß

B$_1$ Blende, Fläche ΔA_1
B$_2$ Blende, Fläche ΔA_2
M$_1$ Kalibriertes Bezugsvakuummeter
M$_2$ Zu kalibrierendes Vakuummeter

sigbar ist. Zur Aufrechterhaltung des Druckes p_1 fließt durch ein Einlaßsystem E ebensoviel Gas in K$_1$ ein, wie durch B$_1$ ausströmt. Von dem aus B$_1$ ausströmenden Teilchenstrom tritt der Anteil (Gl. (4.75a))

$$dq_N = (n_1 \bar{c}_1/4\pi) \cdot \Delta A_1 \cdot \cos\vartheta \cdot \Delta\Omega,$$

wobei $\vartheta = 0$ und $\Delta\Omega = \Delta A_2/D^2$ ist, in die Kalibrierkammer ein. Dieser Molekularstrahl (in K$_2$, in VK ist kein Molekularstrahl vorhanden) trifft auf die Rückwand von K$_2$, wird dort diffus reflektiert, die Teilchen nehmen in K$_2$ durch Wandstöße (annähernd!) eine Maxwell-verteilung an. Die Teilchenanzahldichte $n_2 = p_2/kT$ dieses Gases findet man aus der Gleichheit von dq_N und der molekularen Ausströmung aus K$_2$ durch B$_2$, die nach Gl. (4.75c) den Betrag $q_2 = (n_2 \bar{c}_2/4) \cdot \Delta A_2$ hat, zu

$$n_2 = \frac{1}{\pi} \cdot \frac{\bar{c}_1}{\bar{c}_2} \cdot \frac{\Delta A_1}{D^2} \cdot n_1, \quad \text{oder} \quad p_2 = \frac{1}{\pi} \frac{\bar{c}_1}{\bar{c}_2} \frac{T_2}{T_1} \frac{\Delta A_1}{D^2} p_1$$

Das so berechnete Druckverhältnis entspricht aber dem sich wirklich einstellenden nur annähernd, weil Störeinflüsse wirksam sind: Ausgasung der Wände von K$_2$ (Ausheizung!), Pumpwirkung des zu kalibrierenden Meßgeräts, Wärmeabstrahlung von K$_2$ nach KF (T_2 unbekannt), Blende nicht unendlich dünn (Gl. 4.80c), u.a., so daß eine Kalibrierung der Anordnung als ganzes, d.h. die Messung des Druckreduktionsfaktors $R = p_2/p_1$ mit Hilfe zweier kalibrierter Vakuummeter bei höheren Drücken ($p_1 \approx 10^{-3} \ldots 10^{-5}$ mbar, $p_2 \approx 10^{-7} \ldots 10^{-9}$ mbar) erforderlich ist.

In einer Realisierung dieses Prinzips [57, 58] konnten durch sorgfältige Minimierung der Störeinflüsse Druckreduktionsfaktoren $R \approx 10^{-4}$ mit einer Unsicherheit von etwa 1 ‰ reproduzierbar gemessen werden. Die Bezugsvakuummeter waren dabei nach einem der in diesem Abschnitt genannten Fundamentalverfahren kalibrierte Bayard-Alpert-Systeme mit einer Meßunsicherheit von 6 % Für die zu kalibrierenden Vakuummeter ergaben sich in den mbar-Druckbereichen $10^{-10}/10^{-11}/10^{-12}$ die relativen Unsicherheiten 10 %/15 %/30 %.

11.8.6 Druckskalen

Eine Zusammenfassung der Ergebnisse, die sich mit den in den Abschnitten 11.8.3 bis 11.8.5 beschriebenen Kalibriermethoden erreichen lassen, ist in Bild 11.69 dargestellt, das die Unsicherheit der Druckbestimmung als Funktion des Druckes zeigt. Eine solche Darstellung wird als *Druckskala* bezeichnet, die im allgemeinen von amtlichen Kalibrierstellen erstellt und bereitgehalten wird. Sie steht damit auch dem Deutschen Kalibrierdienst (DKD)

11 Vakuummeßgeräte und Lecksuchgeräte

zum Kalibrieren von Transferstandards zur Verfügung. Die Druckskala des Bildes 11.69 gilt vorzugsweise für Edelgase, sowie für Stickstoff und Metan. Über die davon etwas abweichende Druckskala für Wasserstoff wurde in [59] berichtet.

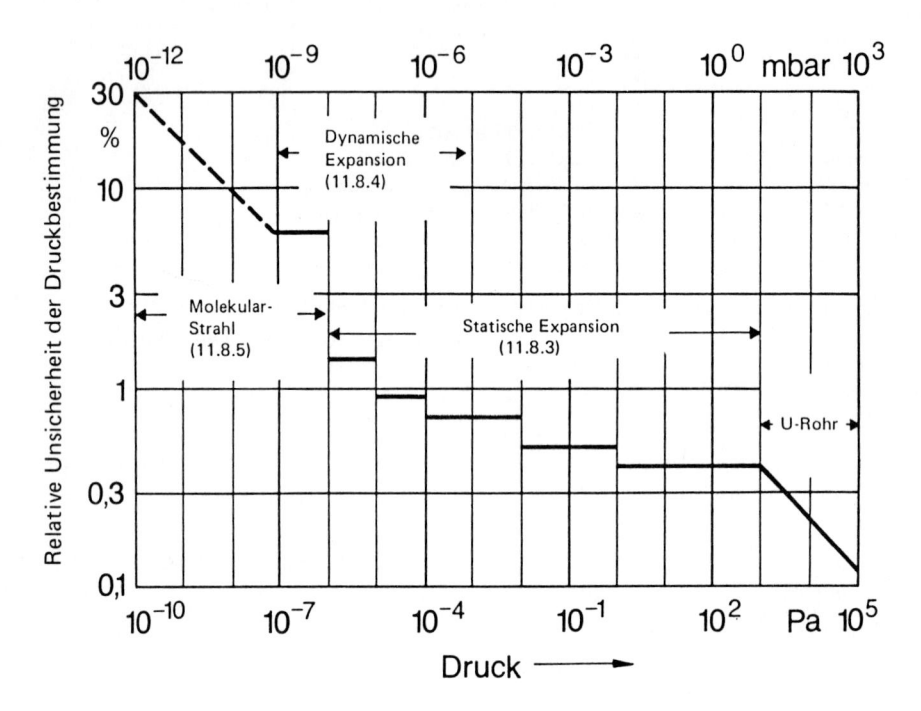

Bild 11.69 Druckskala der Physikalisch-Technischen Bundesanstalt (PTB), Berlin, (Stand August 1984). Gültig für Edelgase, Stickstoff und Methan.

11.9 Literatur

[1] *Meinke, Chr., u. G. Reich,* Vacuum **13** (1963) 579 ... 581
[2] *Bayard, R. T. u. D. Alpert,* Rev. Sci. Instr. **21** (1950) 571
[3] *Redhead, P. A.,* J. Vac. Sci. and Techn. **3** (1966) 173
[4] *Redhead, P. A.,* Rev. Sci. Instr. **31** (1960) 343
[5] *Schuemann, W. C.,* Rev. Sci. Instr. **34** (1963) 700
[6] *Meyer, E. A. u. R. G. Herb,* J. Vac. Sci. and Techn. **4** (1967) 63
[7] *Lafferty, J. M.,* Trans. Am. Vac. Soc. Vac. Symp. **7** (1960) 97
[8] *Knauer, W.,* J. Appl. Phys. **33** (1962) 2093
[9] *Knauer, W.* et al., Appl. Phys. Letters **3** (1963) 111
[10] *Bohm, D.* et al., National Nuclear Energy Series I, 5 (1949), 77 ff. und 173 ff.
[11] *Young, J. R. u. F. P. Herrion,* Trans. Am. Vac. Soc. Vac. Symp. **10** (1963) 234
[12] *Redhead, P. A.,* Can. J. Phys. **37** (1959) 255
[13] *Hobson, J. P. u. P. A. Redhead,* Can. J. Phys. **36** (1958) 271
[13a] *Adam, H.,* Vakuum-Technik 7 (1958) 29 ... 34.

11.9 Literatur

[14] Vacuum Measurements and the Community Bureau of References (BCR), Vacuum **25** (1975) 223
[15] *Sommer, H., H. A. Thomas* u. *J. A. Hipple,* Phys. Rev. **82** (1951) 697
[16] *Beeck, U.,* Vakuum-Technik **10** (1971) 1–5
[17] *Paul, W.* u. *H. Steinwedel,* Zs. Naturforschung **8a** (1953) 448
[18] *Kluge, A.,* Vakuum-Technik **23** (1974) 168–171
[19] *Meinke, Chr.* u. *G. Reich,* J. Vac. Sci. und Techn. **4** (1967) 356–395
[20] *Messer, G.,* Physikal. Blätter **33** (1977) 343–355
[21] *Heerens, W. C.,* Ned. Vac. Tijdschrift **17** (1979) 57–63
[22] *Poulter, K. F.,* J. Physics E **10** (1977) 112
[23] *Reich, G.,* Proc. 8th Int. Vacuum Congr., Cannes (1980), Vol. II, 222–225 (Bericht des Deutschen Kalibrierdienstes – DKD – für Vakuummeßgeräte u. kalibrierte He-Lecks)
[24] *Gentsch, H.* u. *G. Messer,* Proc. 8th Int. Vacuum Congr., Cannes (1980) Vol. II, 203–207
[25] *Comsa, G., J.K. Fremerey, B. Lindenau, G. Messer* u. *P. Röhl,* J. Vac. Sci. Techn. **17** (1980) 642–644
[26] *Messer, G.* and *L. Rubet,* Proc. 8th Int. Vacuum Congr., Cannes (1980), Vol. II, pp. 259–262
[27] *Langmuir, I.,* J. Am. Chem. Soc. **35** (1913) 107; Phys. Rev. **1** (1913) 337–338
[28] *Haber, F.* u. *F. Kerschbaum,* Z. Elektrochem. **20** (1914) 296
[29] *Beams, J. W., D. M. Spitzer jr.,* u. *J. P. Wade jr.,* Rev. Sci. Instr. **33** (1962) 151–155
[30] *Fremerey, J.K.,* J. Vac. Sci. Techn. **9** (1972) 108–111
[31] *Fremerey, J.K.,* Rev. Sci. Instr. **44** (1973) 1396–1397
[32] *Fremerey, J.K.* u. *K. Boden,* J. Phys. E **11** (1978) 106
[33] *Comsa, G., J.K. Fremerey* u. *B. Lindenau,* Proc. 7th Int. Vacuum Congr. Vienna (1977), Vol. 1, pp. 157–160
[34] *Comsa, G., J.K. Fremerey* and *B. Lindeanu,* Proc. 8th Int. Vacuum Congress, Cannes (1980), Vol. II, pp. 218–221
[35] *Fremerey, J.K.,* Vacuum **32**, (1982) 685
[36] *Reich, G.,* Vakuum-Technik **31** (1982) 172–178
[37] *Fremerey, J.K., B. Lindenau* and *K. Wittlauer,* Proc. 9th Int. Vacuum Congr., Madrid (1983) p. 100
[38] *Messer, G.,* Proc. 8th Int. Vacuum Congr. Cannes (1980), Vol. 2, S. 191–194
[39] *Reich, G.,* J. Vac. Sci. Techn. **20** (1982) 1148–1152
[40] *Stokes, G.G.,* Trans. Cambridge Phil. Soc., **VIII** (1845) 287; 9 (1850) 8
[41] *Lamb, H.,* Lehrbuch der Hydrodynamik (aus dem Englischen übersetzt), Leipzig 1931
[42] *Prandtl, L., T. Oswatitsch* u. *K. Wieghardt,* Führer durch die Strömungslehre. 8. Aufl. Vieweg, Braunschweig und Wiesbaden 1984
[43] *Poulter, K.F.,* Le Vide, Bd. 36 (1981) Nr. 207, 521/30
[44] *Bauer, H.,* PTB-Mitteilungen, Nr. 89 (1979) Bd. 4, S. 248
[45] *McLeod,* Proc. Phys. Soc. (1874) 1, S. 30/34
[46] *Sharma, J.K.H.* et al., J. Vac. Sci. Techn., **17** (1980) 820/25
[47] *Bartness, J.E.* u. *R.M. Georgiades,* Vacuum, **33** (1983) 149/53
[48] *McCulloh, K.E.* u. *C.R. Tilford,* J. Vac. Sci. Techn., **19** (1981) 994/96
[49] *Edelmann, Chr.* u. *P. Engelmann,* Vak.-Techn., **31** (1982) 2/10
[50] *Kno, Z.H.,* Vacuum **31** (1981) Nr. 7, S. 303/08
[51] *Chen, J.Z.* et al., J. Vac, Sci., Techn., **20** (1982) S. 88/91
[52] *Chen, J.Z.* et al., Proc. 9. Intern. Vac. Congr., Madrid (1983), S. 99
[53] *Ohsako, N.,* J. Vac. Sci. Techn. **20** (1982) S. 1153/55
[54] *Bermann, A.,* Vacuum **32** (1982) 497/507
[54a] *McCulloh, K.E.,* J. Vac. Sci. Techn., A, Bd. 1 (1983) 168/71
[54b] *Messer, G.,* Physikal. Blätter, **33** (1977) S. 343

[55] *Nash, P.J.* u. *T.J. Thompson,* J. Vac. Sci. Techn., A, Bd. 1 (1983) 172/74
[56] *Sutton, C.M.* u. *K.F. Poulter,* Vacuum, Bd. 32 (1982) 247/51
[57] *Grosse, G.* u. *G. Messer,* Intern. Vac. Congr. Cannes 1980, Suppl. Rev., Le Vide, Nr. 201, Bd. 2, 255/258
[58] *Grosse, G.* u. *G. Messer,* Vak.-Techn., Bd. 30 (1981) S. 226/31
[59] *Grosse, G.* u. *G. Messer,* Proc. 9. Intern. Vac. Congr., Madrid (1983) S. 101
[60] *Poulter, K.F.* u. *S.M. Sutton,* Vacuum 31 (1981) 147/150 (Langzeitverhalten von Ionisationsvakuummetern)
[61] *Messer, G.,* Proc. 8. Intern. Vac. Congr., Cannes 1980, Suppl. Rev., Le Vide, Nr. 201, Bd. 2, 191/194 (Langzeitverhalten von Bezugsvakuummetern.)
[62] *Becker, W.,* Vak.-Techn., **17** (1968) 203/205
[63] *Edelmann, Chr.,* Vak.-Techn., **34** (1985) 162 ... 180
[64] *Poulter, K.F.,* J. Vac. Sci. Techn. **A2** (1984) 150 ... 158

12 Lecksuchtechnik

12.1 Überblick

In den letzten Jahrzehnten sind die Anforderungen an die Dichtheit von Behältern, Apparaturen und Anlagen erheblich gestiegen. Nicht nur Vakuumanlagen aller Art, sondern auch industrielle Fertigungsprodukte wie Kühlschränke oder Kühltruhen, Gas- und Flüssigkeitsbehälter sowie Spezialteile wie gasgefüllte Relais, flüssigkeitsgefüllte Thermostate und elektronische Bauelemente müssen – häufig während des Massenproduktionsprozesses – Dichtheitsprüfungen unterworfen werden. Verpackungen, Fässer, Blechkannen, Dosen und Kunststoffbehälter aller Art müssen in steigendem Maße Dichtheitsprüfungen durchlaufen, um nicht von der Beförderung durch Bahn oder Post ausgeschlossen zu werden und um den verschärften Umweltschutzbedingungen zu genügen. Und schließlich stellt die Reaktortechnik ganz besonders hohe Anforderungen an die Dichtheit von Rohrleitungen, Behältern und sonstigen Bauelementen. Dabei kommt es nicht allein auf die Prüfung der Dichtheit und die Bestimmung der Größe der Undichtheit, des Lecks, an, von besonderer Bedeutung ist die Lokalisierung der Undichtheit zum Zwecke ihrer Beseitigung.

Im Hinblick auf die überaus zahlreichen und immer noch wachsenden Anwendungen der Lecksuche in Industrie und Forschung hat sich im Laufe der Zeit eine spezielle Lecksuchtechnik entwickelt, die, gestützt auf geeignete Geräte, sowohl das Auffinden kleiner und kleinster Undichtheiten schnell und sicher ermöglicht als auch Aussagen über die Größe der Undichtheit zuläßt. Derartige Geräte sind unter der Bezeichnung „Lecksucher" oder „Leckdetektor" auf dem Markt (vgl. dazu auch Abschnitt 11.7).

12.1.1 Größe eines Lecks. Leckrate

Ein Leck, z.B. eine Pore in einer Behälterwand oder ein Haarriß in einer Schweißnaht oder ein radial verlaufender Kratzer auf einer Flanschoberfläche, ist eine mehr oder weniger regelmäßig geformte „Röhre", auf deren einer Seite ein höherer Druck p_1 – wenn es sich um das Äußere eines Vakuumgefäßes handelt, i.a. Atmosphärendruck – und auf deren anderer Seite ein niedrigerer Druck p_2 – im Innern eines Vakuumgefäßes i.a. $p_2 \ll p_1$ – herrscht. Durch diese Röhre, deren Länge l' i.a. größer als z.B. die Dicke l der Gefäßwand sein wird, strömt auf Grund der Druckdifferenz $p_1 - p_2$ das Gas bzw. Gasgemisch von der Seite 1 nach der Seite 2. Die Massenstromstärke q_m bzw. die pV-Stromstärke q_{pV} läßt sich nach den Strömungsgesetzen des Kapitels 4 nicht ohne – teils recht grobe – Fehler berechnen, weil die Abmessungen und die Querschnittsform des Strömungskanals nicht bekannt sind. Nach Tabelle 16.6 hat die mittlere freie Weglänge der Luftmoleküle bei $p \approx 1$ bar den Wert $\bar{l} \approx 6 \cdot 10^{-8}$ m und bei $p \approx 10^{-3}$ mbar den Wert $\bar{l} \approx 6 \cdot 10^{-2}$ m; sie ist also im ersteren Fall klein, im letzteren Fall groß gegen einen Leckkanal der Querausdehnung $d \approx 10^{-5}$ m = 10 μm. In einem Leckkanal dieser Größe in einer Vakuumapparatur wird also „außen" viskose, „innen" Molekularströmung herrschen, dazwischen „Übergangsströmung", sofern die Reibungsströmung nicht verblockt ist (vgl. Abschnitt 4.5.2.2). Zwei stark idealisierte Beispiele sollen dies veranschaulichen.

Beispiel 12.1: Der Leckkanal sei zylindrisch, habe den Durchmesser $d = 3$ µm $= 3 \cdot 10^{-4}$ cm, die Länge $l = 0,2$ cm. „Außen" herrsche der Atmosphärendruck $p_a = p_0 = 1000$ mbar, „innen" sei Vakuum ($p_i = 0$). Nimmt man zunächst laminare Reibungsströmung im ganzen Kanal an, so berechnet man mit Gl. (4.41) die pV-Stromstärke durch den Leckkanal $q_{pV} = 2,73 \cdot 10^{-6}$ mbar $\cdot \ell \cdot s^{-1}$. Gl. (4.43) gibt den „Verblockungsdruck" auf der „Innenseite" des Lecks $p_2^* = 1$ mbar. Bei diesem Druck ist die mittlere freie Weglänge [nach Tabelle 16.6] der Luft $\bar{l} = 63 \cdot 10^{-4}$ cm $= 21\,d$. Das heißt aber, daß im inneren Teil des Leckkanals auf einer Länge l_2 Molekularströmung herrschen muß, so daß für diesen Teil nach Gl. (4.78) $q_{pV,\text{molek}} = 12,2\,d^3 p_2/l_2$ gilt; p_2 ist – das Gebiet der Übergangsströmung werde vernachlässigt – der Druck an der „Nahtstelle" zwischen Molekularströmung und Reibungsströmung, für die Gl. (4.41) $q_{pV,\text{lam}} = 135\,d^4 p_0^2/2\,l_1$ mit $l_1 + l_2 = l$ gilt. Setzt man $q_{pV,\text{lam}} = q_{pV,\text{molek}}$ und wählt p_2 so, daß an dieser Stelle gerade $\bar{l} = d$ (also $p_2 \cdot d = 6,3 \cdot 10^{-3}$ cm·mbar), so findet man die Werte $p_2 = 21$ mbar, $l_2 = 0,012\,l$ und $q_{pV} = 2,8 \cdot 10^{-6}$ mbar $\cdot \ell \cdot s^{-1}$. Hier ist also das oben geschilderte Nacheinander der Strömungsformen erfüllt, das Gas (die Luft) tritt aus dem Leckkanal als Molekularströmung ins Vakuum.

Beispiel 12.2: Wählt man $d = 10$ µm $= 10^{-3}$ cm, $l = 0,1$ cm, $p_0 = 1000$ mbar, so ergibt Gl. (4.41) $q_{pV,\text{lam}} = 6,75 \cdot 10^{-4}$ mbar $\cdot \ell \cdot s^{-1}$ und Gl. (4.43) $p_2^* = 23$ mbar, woraus $\bar{l} = 2,7 \cdot 10^{-4}$ cm $= d/4$ folgt. Man kann also (annähernd!) über den ganzen Leckkanal mit Reibungsströmung rechnen. Diese ist verblockt mit $p_2^* = 23$ mbar an der Mündung des Leckkanals, das Gas (die Luft) schießt also als „Strahl" mit etwa Schallgeschwindigkeit ins Vakuumgefäß. Bei größeren „Löchern" wird meist eine derartige Strömung vorliegen.

Die stark idealisierten Verhältnisse werden durch sich längs des Kanals verändernde Querschnitte, durch Ecken und scharfe Krümmungen gestört, so daß Turbulenzen auftreten können und quantitative Beziehungen nicht angebbar sind. Aus diesem Grunde ist es nicht zweckmäßig, die „Größe" eines Lecks etwa durch einen auf eine Längeneinheit bezogenen „Äquivalentradius" zu kennzeichnen. Man ist daher übereingekommen (DIN 28402), als *Leckrate* q_L die pV-Stromstärke q_{pV} durch das Leck anzugeben, wobei die beiden Druckwerte p_1 und p_2 anzugeben sind. (Das wird häufig übersehen; die Druckdifferenz $p_1 - p_2$ genügt auch nicht in jedem Falle, weil bei der viskosen Strömung $q_{pV} \propto p_1^2 - p_2^2$, vgl. Gl. (4.39).) Anstelle der pV-Stromstärke kann auch die Massenstromstärke q_m verwendet werden. Einheiten von $q_L = q_{pV}$ und von q_m sowie deren Umrechnungsfaktoren sind in Tabelle 12.1 enthalten.

Die Messung von $q_L = q_{pV}$ geschieht am einfachsten durch Druckanstieg-(bzw. Druckabfall-)Messung im zu prüfenden Gefäß. Ändert sich die Druckdifferenz $p_1 - p_2$ während der Meßdauer nur wenig, so ist q_{pV} durch das Leck zeitlich konstant. Besitzt das Gefäß das Volumen V, herrscht im Gefäß der Druck p und ändert sich dieser in der (zu messenden) Zeit Δt um den (zu messenden) Betrag Δp, so ändert sich die pV-Menge des Gases im Gefäß durch den Strom q_{pV} um

$$\Delta(pV) = q_{pV} \cdot \Delta t, \tag{12.1}$$

woraus wegen $V = $ const die Leckrate

$$q_L = q_{pV} = V \cdot \frac{\Delta p}{\Delta t} \tag{12.2}$$

folgt; die in der Vakuumtechnik meist benutzte Einheit der Leckrate ist

$$[q_L] = \text{mbar} \cdot \ell \cdot s^{-1}. \tag{12.3}$$

Mit Hilfe der Zustandsgleichung

$$pV = \frac{m}{M_{\text{molar}}} RT \tag{2.31.5}$$

Tabelle 12.1 Umrechnungsfaktoren für Leckraten q_L und Massenströme $\dot{m} = q_m$ (s. auch [12])

Einheit	mbar·ℓ·s⁻¹ (T_n)[1]	cm³ (T_n, p_n)·s⁻¹[1]	Pa·ℓ·s⁻¹ (T_n)	Torr·ℓ·s⁻¹ (T_n)	kg·h⁻¹ Luft (20 °C)	Frigen 12 g/Jahr	Lusec (T_n)[2]
1 mbar·ℓ·s⁻¹ (T_n)	1	0,99	100	0,75	$4,3 \cdot 10^{-3}$	$1,55 \cdot 10^5$	$7,51 \cdot 10^2$
1 cm³ (T_n, p_n)·s⁻¹ (T_n)	1,01	1	101	0,76	$4,3 \cdot 10^{-3}$	$1,55 \cdot 10^5$	$7,59 \cdot 10^2$
1 Pa·ℓ·s⁻¹ (T_n)	10^{-2}	$\sim 10^{-2}$	1	$7,5 \cdot 10^{-3}$	$4,3 \cdot 10^{-5}$	$1,55 \cdot 10^3$	7,51
1 Torr·ℓ·s⁻¹ (T_n)	1,33	1,32	133	1	$5,7 \cdot 10^{-3}$	$2,1 \cdot 10^5$	10^3
1 kg·h⁻¹ Luft (20 °C)	230	230	23 000	175	1	—	$1,75 \cdot 10^4$
1 Gramm/Jahr Frigen 12	$6,4 \cdot 10^{-6}$	$6,4 \cdot 10^{-6}$	$6,4 \cdot 10^{-4}$	$4,9 \cdot 10^{-6}$	—	1	$4,8 \cdot 10^{-3}$
1 Lusec (T_n)	$1,33 \cdot 10^{-3}$	$1,32 \cdot 10^{-3}$	0,133	10^{-3}	$5,7 \cdot 10^{-6}$	$2,1 \cdot 10^2$	1

[1]) 1 mbar·ℓ·s⁻¹ (T_n) entspricht 0,9869 cm³ (T_n, p_n) eines idealen Gases im Normzustand. Für die Praxis ist es ausreichend 1 mbar·ℓ·s⁻¹ (T_n) = 1 cm³ (T_n, p_n) zu setzen. Ferner gilt: 1 mbar·ℓs⁻¹ (T_n) = 4,41·10^{-5} mol s⁻¹

[2]) Die Einheitenbezeichnung Lusec ist die englische Verballhornung der (heute obsoleten) Einheit ℓ·μ·sec⁻¹ (Liter mal Mikron durch Sekunde), wobei 1 μ = 10^{-3} Torr (1 μm = 10^{-3} mm) ist, also 1 Lusec = 10^{-3} Torr·ℓ·s⁻¹.

12 Lecksuchtechnik

kann q_L in den Massenstrom

$$q_m = \dot{m} = q_L \frac{M_{molar}}{RT} \tag{12.4}$$

umgerechnet werden. Die Gln. (12.2), (2.31.5) und (12.4) zeigen, daß bei Angabe der Leckrate q_L die Temperatur des Gases angegeben werden muß und daß in die Umrechnung von q_L in q_m sowohl T als M_{molar} eingehen. Den Umrechnungsfaktoren in Tabelle 12.1 liegt ein Gas im Normzustand zugrunde, angedeutet durch Normtemperatur T_n (Gl. (2.5)) und Normdruck p_n (Gl. (2.6)). In der Praxis spielt bei der Angabe der Meßwerte q_L der Unterschied zwischen Raumtemperatur und Normtemperatur wegen der Meßunsicherheit meist keine Rolle.

Man unterscheidet grundsätzlich zwischen der Gesamtundichtheit oder auch *Gesamtleckrate* eines Bauteils oder einer Gruppe miteinander verbundener Bauteile, und der *Einzelleckrate*; darunter wird die Undichtheit einer bestimmten einzelnen Stelle verstanden. Keine Vakuumapparatur oder -anlage ist absolut vakuumdicht und braucht es auch nicht zu sein; es muß lediglich dafür gesorgt werden, daß die Gesamtleckrate einen bestimmten, den jeweils vorliegenden Verhältnissen angepaßten Wert nicht überschreitet.

Für Hochvakuumapparaturen gilt etwa die Faustregel:

Gesamtleckrate $q_L = 10^{-6}$ mbar · ℓ · s^{-1}: sehr dicht,
10^{-5} mbar · ℓ · s^{-1}: hinreichend dicht,
10^{-4} mbar · ℓ · s^{-1}: undicht.

Wird der „undichte" Vakuumbehälter (Leckrate q_L) durch eine Pumpe vom Saugvermögen S ausgepumpt und ist der Strömungsleitwert L des Behälters groß gegen S, so stellt sich im stationären Zustand nach Gl. (4.11, 4.12) im Behälter der Druck $p = q_L/S$ ein. Eine Undichtheit könnte also durch entsprechend großes Saugvermögen der Vakuumpumpe ausgeglichen werden; in der Praxis verzichtet man jedoch meist auf diese Lösung, weil der mit der atmosphärischen Luft einströmende Sauerstoff in vielen Fällen den durchzuführenden Vakuumprozeß beeinträchtigt. Außerdem ist es unwirtschaftlich, extrem große Pumpen anzuschaffen und zu betreiben, um lediglich Leckluft abzupumpen.

Beispiel 12.3: In einem evakuierten Rezipienten vom Volumen V = 15 ℓ steigt nach Abschalten der Pumpe der Druck in Δt = 2 min um $\Delta p = 4 \cdot 10^{-2}$ mbar. Dann beträgt die Leckrate nach Gl. (12.2) q_L = 15 ℓ · 4 · 10^{-2} mbar/120 s = 5 · 10^{-3} mbar · ℓ · s^{-1}. Die Apparatur ist also grob undicht, wobei noch offen ist, welchen Anteil eine evtl. Gasabgabe von Behälterwand und Einbauten als virtuelles Leck an der Gesamtleckrate hat. Der Massenstrom $\dot{m}$ beträgt in diesem Fall, wenn Luft (M_{molar} = 29 kg · kmol^{-1}) der Temperatur T = 290 K einströmt, nach Gl. (12.4)

$$\dot{m} = q_L \frac{M_{molar}}{RT} = 5 \cdot 10^{-3} \frac{10^2 \text{ Pa} \cdot 10^{-3} \text{ m}^3}{\text{s}} \cdot \frac{29 \text{ kg} \cdot \text{kmol}^{-1}}{8{,}31 \cdot 10^3 \text{ JK}^{-1} \text{ kmol}^{-1} \cdot 290 \text{ K}}$$

$$= 6 \cdot 10^{-9} \text{ kg} \cdot \text{s}^{-1} = 2{,}17 \cdot 10^{-5} \text{ kg} \cdot \text{h}^{-1}.$$

Selbst eine Pumpe vom Saugvermögen S = 100 ℓ · s^{-1} könnte nur den Druck $p = 5 \cdot 10^{-3}$ mbar · ℓ · s^{-1}/ 100 ℓ · s^{-1} = 5 · 10^{-5} mbar aufrechterhalten.

Ein Leck stellt – wie gesagt – einen Strömungskanal komplizierter Geometrie dar. Auf der Hochdruckseite dieses Kanals wird die Strömung i.a. laminar sein (Abschnitt 4.5.2, Gl. (4.39)); auf der Niederdruckseite herrscht gegebenenfalls Molekularströmung (Abschnitt

Tabelle 12.2 Auf Luft bezogene, gemessene Leckraten q_{rel} für verschiedene Gase für Luftleckraten der Größenordnung $q_{L,Luft} \approx 10^{-4}$ mbar·ℓ·s^{-1}

Gas	H_2	He	CH_4	N_2	Luft	O_2	Ar	C_3H_8	C_4H_{10}	Kr	CF_2Cl_2
q_{rel}	2,3	0,9	1,7	1	1	0,9	0,8	2,1	2,3	0,7	1,4

4.6, Gln. (4.78), (4.86)). In beiden Fällen gilt — gleiche Temperatur vorausgesetzt — das Verhältnis der Leckraten zweier Gasarten

$$q_{rel} = \frac{q_{L,1}}{q_{L,2}} \approx \frac{\sigma_1}{\sigma_2} \sqrt{\frac{M_{molar,2}}{M_{molar,1}}}, \quad \text{speziell} \quad q_{rel,Luft} \approx \frac{\sigma_{gas}}{\sigma_{Luft}} \sqrt{\frac{M_{r,Luft}}{M_{r,gas}}} \qquad (12.5)$$

wobei $\sigma = \pi R_T^2$ die Stoßwirkungsquerschnitte (Tabelle 16.6) der beiden Gase sind. Wegen der Kompliziertheit der Strömung durch einen Leckkanal gibt Gl. (12.5) aber nur die Größenordnung des Verhältnisses an (z.B. für $q_{L,H_2}/q_{L,Luft} = 1{,}93$, für $q_{L,He}/q_{L,Luft} = 0{,}88$). Für Zwecke der Praxis müssen daher die Werte von q_{rel} experimentell bestimmt werden; Tabelle 12.2 gibt Werte von q_{rel} für verschiedene Gase bei $p_1 = 1$ bar bezüglich Luft für eine Luftleckrate $q_{L,Luft} > 10^{-6}$ mbar·ℓ·s^{-1}. Für das in der Lecksuchtechnik besonders häufig verwendete Prüfgas Helium wird im Bereich der (viel kleineren!) Luftleckraten $q_{L,Luft} < 10^{-7}$ mbar·ℓ·s^{-1}, also im Gebiet der Molekularströmung im Leckkanal, mit $q_{rel} = 2{,}7$ gerechnet, so daß

$$q_{L,He} = 2{,}7 \, q_{L,Luft}. \qquad (12.6)$$

Wird daher eine Vakuumapparatur, die eine bestimmte Dichtheitsforderung gegenüber atmosphärischer Luft erfüllen soll, mit einem Helium-Lecksucher geprüft, so befindet man sich bei kleinen Undichtheiten hinsichtlich der Größenbestimmung der Leckrate immer auf der sicheren Seite.

Die extrem geringen Leckraten, die in der Vakuumtechnik berücksichtigt werden müssen und auch meßbar sind, gewinnen an Anschaulichkeit, wenn man statt der Einheit mbar·ℓ·s^{-1} (T_n) die Einheit cm^3 (T_n, p_n)·s^{-1} wählt. Der Leckrate $q_L = 10^{-10}$ mbar·ℓ·s^{-1} (T_n) entspricht dann die Volumenstromstärke $q_V \approx 10^{-10}$ cm^3 (T_n, p_n) s^{-1}. Das bedeutet, daß 1 cm^3 (T_n, p_n) des Gases 317 Jahre benötigt, um das Leck zu durchfließen.

12.1.2 Leckarten

12.1.2.1 Porenlecke

Porenlecke sind feine und feinste „Kanäle", z.B. Haarrisse oder Versetzungen in vor allem polykristallinen Werkstoffen, die bei der mechanischen (Biegen) oder thermischen Bearbeitung entstehen. Sie können mehrfach oder vielfach nebeneinander liegen und erscheinen dann als ein größeres Leck. Sie sind im Grunde immer vorhanden, stören aber nur dann, wenn sie der Vakuumerzeugung (UHV) eine unerwünschte Grenze setzen. Eine solche Grenze liegt bei $q_L < 10^{-11}$ mbar·ℓ·s^{-1} ($p_1 = 1$ bar, $p_2 = 0$), sie ist auch ungefähr die Nachweisgrenze handelsüblicher Lecksuchgeräte.

12.1.2.2 Lecke in lösbaren und nicht lösbaren Verbindungen

Lecke in lösbaren Verbindungen sind Undichtheiten, die beim nicht sachgemäßen Herstellen von Flanschverbindungen entstehen; sie treten insbesondere dann auf, wenn beschädigte Dichtungselemente verwendet werden. Lecks in Schliffverbindungen sind in den meisten Fällen auf unsachgemäßes Fetten zurückzuführen. *Lecke in nicht lösbaren Verbindungen* sind mehr oder weniger grobe Undichtheiten in Verbindungen, die durch Schweißen oder Hartlöten hergestellt wurden, sowie in Glas-Metall-Verschmelzungen (Meßröhren!) und Keramik-Metall-Verbindungen.

12.1.2.3 Virtuelle oder scheinbare Lecke

Virtuellle oder scheinbare Lecke liegen dann vor, wenn irgendwelche Hohlräume über eine nach innen gerichtete Pore oder eine Öffnung mit kleinem Querschnitt mit dem zu evakuierenden Raum in Verbindung stehen. Das Evakuieren solcher Hohlräume nimmt unter Umständen sehr viel längere Zeit in Anspruch als das Evakuieren des eigentlichen Behälters. Bei einer Druckanstiegsmessung (s. Abschnitt 12.1.1) werden mitunter Werte ermittelt, die das Vorhandensein eines echten Lecks vermuten lassen. In Wirklichkeit ist der gemessene Druckanstieg aber z.B. auf einen Hohlraum in einem Gußteil oder auf nicht entlüftbare Schrauben in Sacklöchern zurückzuführen. Da virtuelle Lecke in der Praxis schwer zu lokalisieren sind, ist schon bei der Konstruktion und Fertigung von Vakuumbauteilen besondere Aufmerksamkeit darauf zu richten, daß die Entstehung virtueller Lecke vermieden wird. Auch die Gasabgabe der Innenwände eines Rezipienten oder in diesem enthaltener Bauteile oder Aufbauten kann als virtuelles Leck angesehen werden. Die Unterscheidung zwischen den in 12.1.2.1 und 12.1.2.2 genannten „wahren" Lecken und den „virtuellen" Lecken ist oft sehr schwierig und zeitraubend.

Tabelle 12.3 Leckratenbereiche üblicher Lecksuchverfahren und Lecksuchgeräte

	Leckrate in mbar·l·s^{-1}												
	10^1	10^0	10^{-1}	10^{-2}	10^{-3}	10^{-4}	10^{-5}	10^{-6}	10^{-7}	10^{-8}	10^{-9}	10^{-10}	10^{-11} 10^{-12}
Vakuum-Verfahren		Helium-Lecksuchgerät →											
		Halogen-Lecksucher →											
		Hochfrequenz-Vakuumprüfer											
		Druckanstiegsmethode											
Überdruck-Verfahren			Helium-Schnüffler →										
			Halogen-Schnüffler →										
		Blasentest (Luft/Wasser)											
		Druckabfallmethode											

——— normaler Bereich   – – – – erweiterter Bereich

12.1.3 Lecksuchverfahren

Die Lecksuchverfahren dienen dazu, festzustellen, ob überhaupt eine Undichtheit vorhanden ist, und, wenn dies der Fall ist, die undichten Stellen zu lokalisieren. Im Laufe der Zeit ist eine Reihe von Verfahren entwickelt worden, die zum Teil mehr oder weniger unsicher, umständlich und zeitraubend sind. Als es später gelang, spezielle Lecksuchgeräte (Leckdetektoren) herzustellen, die universell anwendbar sind und eine extrem gesteigerte Empfindlichkeit gegenüber gewissen Testgasen besitzen, führten sich diese Geräte schnell in Forschung und Industrie ein (s. Tabelle 12.3 und Abschnitt 11.7).

Zur Feststellung und Lokalisierung von Undichtheiten an Behältern, Apparaturen und Anlagen kommen zwei verschiedene Verfahren zur Anwendung:
a) Überdruck-Verfahren (Überdruck-Lecksuche, Abschnitt 12.2)
b) Vakuum-Verfahren (Vakuum-Lecksuche, Abschnitt 12.3)

Bei den Überdruckverfahren wird der Prüfling mit einem Gas oder einer Flüssigkeit; z.B. Wasser oder Öl, unter Überdruck gefüllt. Das aus einem Leck austretende Prüfmedium ermöglicht das Auffinden der Undichtheiten.

Bei der Vakuumlecksuche wird der Prüfling evakuiert und aufgesprühtes Testgas dringt durch Undichtheiten in den Prüfling ein. Das eingedrungene Testgas wird durch Meßzellen oder Meßsysteme nachgewiesen, die innerhalb des evakuierten Prüflings angebracht sind oder mit diesem durch eine Vakuumleitung in Verbindung stehen.

Grundsätzlich sollte ein Prüfling immer mit derjenigen Methode auf Undichtheit geprüft werden, die seinem Verwendungszweck entspricht, d.h. an einem Druckbehälter sollte mit dem Überdruckverfahren, an einem Vakuumbehälter dagegen mit dem Unterdruckverfahren gearbeitet werden.

12.2 Überdruckverfahren

Bei Anwendung von Überdruck zum Auffinden von Undichtheiten sind generell die einschlägigen Sicherheitsbestimmungen zu beachten und gegebenenfalls entsprechende Sicherheitsvorkehrungen zu treffen. Die nachstehend angegebenen Verfahren sind teilweise durch handelsübliche Lecksuchgeräte als technisch überholt zu betrachten. Tabelle 12.4 gibt eine Übersicht über die Überdruck-Lecksuchmethoden.

12.2.1 Überdrucklecksuche durch Druckabfallmessung

Ein Prüfling mit dem Volumen V wird über ein Ventil so lange mit dem Testgas gefüllt, bis der gewünschte Druck p_1 erreicht ist. Dann wird das Ventil geschlossen und die Zeitspanne Δt gemessen, in der der Druck um den Betrag $\Delta p_1 \ll p_1$ abfällt. Nach Gl. (12.2) beträgt dann die Gesamtleckrate des Prüflings

$$q_L = V \cdot \frac{\Delta p_1}{\Delta t}. \tag{12.2}$$

Ist $\Delta p_1 \not\ll p_1$, so erfolgt der Druckabfall bei viskoser Strömung (Gl. (4.41), $q_{pV} \propto (p_1^2 - p_2^2)$) nach einem komplizierten Exponentialgesetz.

Beispiel 12.4: In einem Behälter vom Volumen $V = 3$ m³ wird zur Prüfung der Dichtheit ein Luftüberdruck $p_1 - p_2 = 1$ bar hergestellt, wobei $p_2 = 1$ bar der äußere Luftdruck sein soll. Nach Schließen des Ventils mißt man in der Zeitspanne $\Delta t = 1$ h den Druckabfall $\Delta p_1 = 100$ mbar = 0,1 bar, also die relative Druckänderung $\Delta p_1/p_1 = 0,1$. Gl. (12.2) ergibt dann eine Leckrate

$$q_L = 3 \text{ m}^3 \cdot \frac{0{,}1 \text{ bar}}{3600 \text{ s}} = \frac{3000 \text{ ℓ} \cdot 100 \text{ mbar}}{3600 \text{ s}} = 83 \text{ mbar} \cdot \text{ℓ} \cdot \text{s}^{-1}.$$

Tabelle 12.4 Überdrucklecksuchmethoden

Methode	Prüfgas	kleinstes feststellbares Leck mbar·ℓ·s^{-1}	Bemerkungen
Luft-Wasser	Luft	ungefähr 10^{-5}	Blasentest ("bubble test")
Luft-Seifenlösung	Luft	ungefähr 10^{-5}	Die Seifenlösung kann eine Verstopfung der Undichtigkeit verursachen; es können auch andere Detergentien verwendet werden.
Ammoniak unter Druck	Ammoniak	$5 \cdot 10^{-6}$	a) Verwendung von Phenol-Farbe, die auf die verdächtigen Stellen gestrichen wird; b) eine durchsichtige mit CO_2 gefüllte Haube wird über die verdächtige Stelle gestülpt; man wartet die Entwicklung von „weißen" Ammonium-Carbonat-Dämpfen ab; Empfindlichkeit ist 10 ... 100 mal geringer.
Halogenschnüffler und Halogensonde	organische Halogene	$1 \cdot 10^{-6}$	Empfindlichkeit der Meßzelle temperatur- und druckabhängig, Lebensdauer abhängig von der zugeführten Halogenmenge
He-Leckdetektor und Quick-Schnüffler	Helium	$1 \cdot 10^{-7}$	
Massenspektrometer	Helium, Wasserstoff	einige 10^{-7}	Unter besonderen Bedingungen können auch Argon und andere Gase verwendet werden.

Eine genauere Rechnung zeigt, daß dieser Wert, weil $\Delta p_1/p_1 = 0{,}1 \not\ll 1$ ist, schon um etwa 10 % kleiner ist als der bei $\Delta p_1/p_1 \ll 1$, also in kürzerer Zeit Δt, gemessene. Bei doppelter Meßzeit würde wegen des nichtlinearen Druckabfalls $\Delta p_1 < 200$ mbar gemessen werden, sich also eine noch kleinere Leckrate ergeben. Bei $p_1 - p_2 = 2$ bar ($p_2 = 1$ bar, äußere Atmosphäre) würde man (vgl. Gl. (4.41)), wenn $\Delta p_1/p_1 \ll 1$ ist, eine etwa dreimal so große Leckrate messen. Daraus erhellt die Wichtigkeit der Angabe der den Meßwert der Leckrate beeinflussenden Größen, insbesondere der Drücke p_1 und p_2.

Bei dieser Art von Messung spricht man von einer *integralen Leckrate*, da ja sämtliche Undichtheiten zusammengenommen bestimmt werden. Die Größe des Überdrucks richtet sich nach dem zulässigen Prüfdruck, nach Konstruktion und Material des Behälters, der Anlage oder nach dem für den späteren Betrieb geforderten Arbeitsdruck.

Die Nachweisempfindlichkeit bei der Überdrucklecksuche durch Messen des Druckabfalls ist auf 1 mbar·ℓ·s^{-1} begrenzt; dieser Wert ist jedoch nur bei Verwendung spezieller Differenzdruckmeßgeräte zu erreichen.

12.2.2 Überdrucklecksuche durch Blasentest

Hat der Prüfling nicht allzu große Abmessungen, so läßt sich nach Erzeugen des Überdrucks durch Eintauchen des Prüflings in Wasser und Beobachtung der austretenden Luftblasen eine einfache Überdrucklecksuche durchführen, deren Nachweisgrenze bei etwa 10^{-5} mbar·ℓ·s^{-1} liegt, wenn man warmes entspanntes Wasser verwendet. Ein Nachteil dieser Methode ist, daß der Prüfling hinterher getrocknet werden muß. Auf einfache Art und

12.2 Überdruckverfahren 12.2.2/12.2.3/12.2.4/12.2.5/12.2.6

Weise läßt sich die Leckgröße bestimmen: Man stülpt einen mit Wasser gefüllten Meßzylinder über das Leck, so daß die aufsteigenden Luftblasen das Wasser im Meßzylinder verdrängen. Wird an der Skala des Meßzylinders das Volumen ΔV abgelesen, das unter dem äußeren Luftdruck p_a (ggf. korrigiert um den Druck der Wassersäule im Meßzylinder) steht, so wird die Leckstromstärke, also die Leckrate $q_{pV} = p_a \cdot \Delta V/\Delta t = q_L$. Die genannte Korrektion und die Reduktion auf den Normzustand erübrigen sich i. a. wegen der Meßunsicherheit.

12.2.3 Überdrucklecksuche durch Seifenblasentest

Hierbei werden leckverdächtige Stellen an der Apparatur oder Anlage mit einer Seifenlösung bepinselt. Im Fachhandel werden dazu fertige Lösungen in Spraydosen unter dem Namen Nekal und Ergantol angeboten. Die Nachweisempfindlichkeit entspricht etwa der des Blasentests unter Wasser, d.h. sie beträgt größenordnungsmäßig $q_{L,\min} \approx 10^{-5}$ mbar $\cdot$ ℓ $\cdot$ s^{-1}. Das entspricht der Entstehung einer „Seifenblase" vom Radius r = 1 mm gegen den Atmosphärendruck $p_a \approx 1$ bar in $\Delta t \approx 5$ min.

12.2.4 Überdrucklecksuche durch Abdrücken mit Flüssigkeiten

Anstelle von Luft wird der Prüfling mit Wasser oder anderen Flüssigkeiten (Öl) gefüllt und abgedrückt. Dies kann direkt an der Wasserleitung geschehen, wenn der Prüfling den normalen Wasserdruck von 6 bis 8 bar aushält. Die kleinsten nachweisbaren Leckraten liegen hier bei etwa 1 mbar $\cdot$ ℓ $\cdot$ s^{-1}. Größter Nachteil dieser Verfahren ist die völlige innere Benetzung des Bauteils. Meist ist eine aufwendige Trocknung erforderlich. Wenn das nicht oder nicht sorgfältig genug geschieht, treten später Korrosionserscheinungen auf. Im allgemeinen muß anschließend noch ein empfindlicheres Lecksuchverfahren angewendet werden, um eventuell vorhandene kleinere Lecke aufzuspüren.

12.2.5 Überdrucklecksuche mit chemischen Verfahren

Wird als Druckgas im Prüfling nicht Luft, sondern Ammoniak-Gas genommen, so verfärbt sich Ozalidpapier (Blaupauspapier) an den undichten Stellen des Prüflings dunkel. Anstelle des Ozalidpapiers kann der Prüfling auch mit ozalidgetränkten Mullbinden umwickelt werden. Im allgemeinen findet dieses Verfahren nur an solchen Apparaten oder Anlagen Verwendung, die ohnehin später mit Ammoniak gefüllt werden. Durch die Verwendung von Ammoniak besteht verstärkte Korrosionsgefahr. Zum Nachweis sehr kleiner Lecke sind lange Wartezeiten (12 Stunden und mehr) erforderlich bei einer Nachweisgrenze von etwa 10^{-7} mbar $\cdot$ ℓ $\cdot$ s^{-1}.

12.2.6 Überdrucklecksuche mit halogenhaltigen Gasen

Zur Überdrucklecksuche mit halogenhaltigen Gasen wird ein handelsüblicher Halogendetektor (s. Abschnitt 11.7.5 und 11.7.7) verwendet; er hat die in Abschnitt 12.2.2 bis 12.2.5 genannten Methoden weitgehend verdrängt. Als Testgas hat sich Frigen 12 (Freon, CCl_2F_2), das von der Kältetechnik her bekannt ist, allgemein eingeführt. Frigen ist ungiftig, billig und überall zu haben. Es ist schwerer als Luft und sinkt daher zu Boden, wenn es aus einer Vorratsflasche ausströmt. Zur Überdrucklecksuche mit Frigen wird die Apparatur oder Anlage mit dem Testgas oder mit einem Frigen-Luft-Gemisch unter leichtem Überdruck gefüllt. Dann werden mit dem „Schnüffler" die leckverdächtigen Stellen abgeschnüffelt. Auf diese Weise ist ein exaktes Lokalisieren der Undichtheit möglich.

12 Lecksuchtechnik

Als Maß für die Nachweisempfindlichkeit des Halogenschnüfflers hat sich die in der Kältetechnik verwendete Einheit der Massenstromstärke „ein Gramm Frigen pro Jahr", wie sie dort für den Gasverlust gebräuchlich ist, eingebürgert. Nach Gl. (12.4) entspricht q_m = 1 g Frigen/a der pV-Stromstärke (M_{molar} = 121 kg · kmol^{-1}, T = 293 K), q_{pV} = 6,4 · 10^{-6} mbar · ℓ · s^{-1}. Ein handelsüblicher Halogenlecksucher mit der Nachweisempfindlichkeit ϵ = 0,5 g Frigen/a kann demnach eine Leckrate (Frigen!) q_L = 3,2 · 10^{-6} mbar · ℓ · s^{-1} noch nachweisen. Die Nachweisgrenze einiger auf dem Markt befindlicher Halogendetektoren liegt beim Schnüffelbetrieb bei einem um eine Zehnerpotenz kleineren Wert, wenn saubere Umgebungsbedingungen herrschen.

Eine quantitative Bestimmung der Leckrate ist nur durch vergleichende Kontrolle der am Leckdetektor eingestellten Empfindlichkeit möglich, wenn ein sogenanntes „Testleck" zur Verfügung steht (vgl. Abschnitt 12.4).

Beim Arbeiten mit „Halogenlecksuchern" ist zu beachten, daß alle halogenhaltigen Gase und Dämpfe, die sich in dem betreffenden Raum befinden, von dem Gerät angezeigt werden, was zu Irrtümern bei der Lecksuche führen kann. Herumstehende Gefäße mit chlorhaltigen Reinigungsmitteln oder halogenhaltigen Gasen (z. B. CCl_4) und Substanzen (z. B. Clophen), aber auch Zigarettenrauch, beeinflussen die Meßzelle des Schnüfflers und rufen eine Anzeige hervor, ohne daß ein Leck an der Apparatur vorhanden ist.

Grobe Undichtheiten, wie sie an Grobvakuum- oder auch Flüssigkeitsbehältern auftreten, lassen sich mit einem sogenannten „Faßlecksucher" auffinden. Diese Geräte sind in Form einer Lampe gebaut und besitzen im unteren Teil eine kleine Propangasvorratsflasche. Das Propan heizt ein Kupferröhrchen bis zur Rotglut auf und brennt dabei mit blauer Flamme. Der Faßlecksucher wird an leckverdächtigen Stellen entlanggeführt; sobald halogenhaltiges Gas aus einem Leck in die Glühzone eintritt, erfolgt eine Zersetzung des Gases, und die blaue Propangasflamme verfärbt sich grünlich. Auf diese Weise lassen sich grobe Lecke in etwa lokalisieren. Diese Anzeigegeräte werden häufig in der Kältetechnik angewendet.

12.2.7 Überdrucklecksuche mit Helium. Trägergasprinzip

Die massenspektrometrische Lecksuche mit einem Heliumlecksucher ist bei weitem die sicherste Nachweismethode unter allen Überdruckverfahren. Ihre Empfindlichkeit wird in erster Linie durch den Heliumgehalt der atmosphärischen Luft begrenzt; sie beträgt bei Füllung des Prüflings mit reinem Helium einige 10^{-7} mbar · ℓ · s^{-1}. Das durch ein Leck austretende Helium wird zusammen mit der atmosphärischen Luft durch einen Schnüffler angesaugt und über einen Schlauch — meist einen biegsamen Kunststoffschlauch von einigen Metern Länge und maximal 20 mm Nennweite — in die Ionenquelle des Massenspektrometers geleitet. Da dort ein Betriebsdruck $p < 10^{-4}$ mbar herrschen muß, muß die Drosselstelle im Mundstück des Schnüfflers den Druckabfall von p = 1 bar auf p = 10^{-4} bar bewältigen, also bei einer Länge von einigen Millimetern einen lichten Durchmesser von einigen hundertstel Millimetern besitzen. Die Flußdauer des durch die feine Eingangsöffnung angesaugten Luft-Helium-Gemischs von der Drosselstelle zur Ionenquelle bestimmt die „Ansprechzeit" t (vgl. dazu auch Abschnitt 11.7.2), sie ist proportional dem Verhältnis aus Quadrat der Länge l des Schnüffelschlauches und dessen Durchmesser d ($t \propto l^2/2d\bar{c}$). Das bedeutet, daß für große Leitungslängen das Verfahren unter den oben genannten Bedingungen sehr zeitraubend wird.

Wesentlich kürzere Ansprechzeiten, selbst bei großen Leitungslängen, erhält man, wenn man durch Anwendung des sog. *Trägergasprinzips* von Molekularströmungsbedingungen im Schnüffelschlauch zur Laminarströmung übergeht. Gemäß Bild 12.0 wird mit Hilfe einer kleinen Membranpumpe (6) eine relativ große Luftmenge durch einen sehr dünnen Schlauch (7) (Innendurchmesser ca. 1 mm) angesaugt. Dieser Luftstrom ist bei Auffinden eines Lecks (9) mit Helium angereichert und wird am Einlaß (4) des Lecksuchgerätes (1) an einer Drossel oder an einer Membran (3) vorbeigeführt, wobei ein Teil des im Trägergas Luft mitgeführten Heliums in den mit dem Massenspektrometer (2) ausgerüsteten Heliumlecksucher (1) gelangt und so nachgewiesen wird.

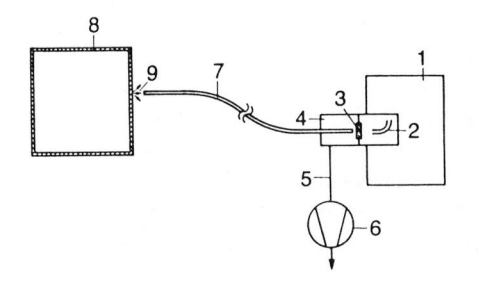

Bild 12.0 Schema des Trägergasprinzips
1 (He-)Lecksuchgerät
2 Massenspektrometer im Lecksuchgerät
3 Membran
4 Anschluß zum Lecksuchgerät
5 Ansaugleitung
6 Membranpumpe
7 Schnüffel-Leitung
8 Prüfling
9 Leckstelle am Prüfling

Die entsprechende apparative Einrichtung wird als „Quickschnüffler" bezeichnet (s. Abschnitt 11.7.6). Es ergeben sich auch bei großen Entfernungen zwischen Prüfling und Leckdetektor kurze Ansprechzeiten:

Leitungslänge	Ansprechzeit mit Quickschnüffler	Ansprechzeit ohne
5 m	1 s	1 s (3 m)
25 m	5 s	44 s
50 m	15 s	270 s

Da in der Schnüffelspitze und Schnüffelleitung im Gegensatz zum Halogenschnüffler keinerlei elektrische Versorgung enthalten ist, läßt sich eine Überdrucklecksuche mit dem He-Schnüffler auch in explosionsgeschützten Räumen durchführen, wobei der eigentliche Lecksucher außerhalb des explosionsgeschützten Raumes steht. Die Ansprechzeiten sind gemäß der Länge der gewählten Verbindungsleitung zu berücksichtigen.

Der Anschaffungspreis für das zur Lecksuche verwendete Testgas Helium ist zwar in den letzten Jahren stark zurückgegangen; trotzdem kann es interessant sein, durch Verwendung eines Helium-Luft-Gemisches Helium einzusparen, besonders wenn es sich beim Prüfling um große Behälter handelt, wie es bei der Überdrucklecksuche häufig der Fall ist. Das ergibt sich aus einer Betrachtung der Leckströme.

Nach Gl. (4.41) ist der Heliumgasstrom, der aus einem Behälter mit dem Heliumdruck p_{He} gegen den Atmosphärendruck p_0 (= 1 bar) ausströmt, $q_{pV} \propto (p_{He}^2 - p_0^2)$. Bei Vergrößerung des Heliumdrucks im Behälter kann also bei vorgegebener Grenzempfindlichkeit des Lecksuchers ein viel kleineres Leck noch nachgewiesen werden oder — anders ausgedrückt — der Nachweis wird nach einem Quadratgesetz empfindlicher. Die relative Steigerung der Nachweisempfindlichkeit bei laminarer Strömung im Leckkanal

$$\epsilon_{rel} = \frac{p_{He}^2 - p_0^2}{(2p_0)^2 - p_0^2} \tag{12.7}$$

ist in Bild 12.1 in Abhängigkeit vom Helium-Überdruck im Behälter aufgetragen. Dies ermöglicht die Anwendung von Helium-Luft-Gemischen höheren Drucks, wodurch Helium gespart wird, wie im Beispiel 12.5 gezeigt werden soll.

12 Lecksuchtechnik

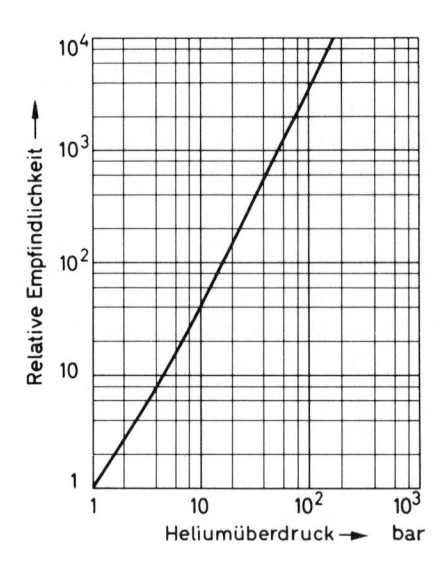

Bild 12.1
Relative Empfindlichkeit ϵ_{rel} des Lecknachweises mit einem Helium-Lecksucher nach Gl. (12.7) beim Schnüffelverfahren in Abhängigkeit vom Heliumüberdruck $\Delta p = p_{He} - p_0$ im Kessel.

Beispiel 12.5: Ein Heliumschnüffel-Lecksucher soll eine Grenzempfindlichkeit von 10^{-7} mbar·ℓ·s^{-1} besitzen; das bedeutet, daß am Anzeigegerät ein „noch beobachtbarer" Ausschlag entsteht, wenn in die Spitze des Schnüfflers der Heliumstrom $q_{pV} = 10^{-7}$ mbar·ℓ·s^{-1} einfließt. Dies soll für ein vorgegebenes Leck gerade erfüllt sein, wenn im Behälter reines He mit $p_{He} = 2$ bar, im Außenraum Luft mit $p_0 = 1$ bar vorhanden ist. Wird der Druck des reinen He im Behälter auf $p_{He} = 20$ bar gesteigert, so fließt durch das Leck nach Gl. (12.7) ein $(20^2 - 1^2)/(2^2 - 1^2) = 133$ mal so großer Leckstrom, d.h. mit dem gegebenen Lecksucher kann ein 133 mal kleineres Leck noch nachgewiesen werden oder die Nachweisempfindlichkeit des Verfahrens steigt auf 10^{-7} mbar·ℓ·s$^{-1}/133 = 7{,}5 \cdot 10^{-10}$ mbar·ℓ·s^{-1}.

Verwendet man ein He-Luft-Gemisch mit den molaren (Teilchenanzahl-) Anteilen $f(He) = 0{,}1$ (= 10 %) und f(Luft) = 0,9 (= 90 %), so beträgt bei dem Druck des Gemisches $p_{He} + p_{Luft} = 20$ bar der Anteil des Heliums an der pV-Stromstärke ein Zehntel, die Nachweisempfindlichkeit steigt auf 10^{-7} mbar·ℓ·s^{-1}/(133/10) = $7{,}5 \cdot 10^{-9}$ mbar·ℓ·s^{-1}. Trotzdem wird nur ebenso viel He zur Füllung des Behälters verbraucht wie beim Verfahren mit reinem Helium vom Druck $p_{He} = 2$ bar.

Verwendet man schließlich bei $p_{He} + p_{Luft} = 20$ bar ein Gemisch mit f(He) = 0,01 (= 1 %) und f(Luft) = 0,99 (= 99 %), braucht dabei zur Füllung des Behälters nur noch 10 % des bei den beiden vorigen Beispielen nötigen Heliums, so verbessert man die Nachweisempfindlichkeit immer noch auf den Wert 10^{-7} mbar·ℓ·s^{-1}/(133/100) = $7{,}5 \cdot 10^{-8}$ mbar·ℓ·s^{-1}.

Es sei angemerkt, daß diese Abschätzungen nur deshalb vernünftig sind, weil die dynamischen Viskositäten η von He und Luft ungefähr gleich groß sind. Andernfalls müßte in Gl. (12.7) noch η berücksichtigt werden, wobei dann noch die Frage der Viskosität von Gasgemischen zu stellen wäre.

12.2.8 Kritische Wertung der Lecksuchmethoden mit Überdruck

Der Hauptvorteil der Überdruckmethode ist darin zu sehen, daß mit ihrer Hilfe auch solche dünnwandigen Behälter auf Undichtheiten untersucht werden können, die einer Unterdrucklecksuche infolge der dabei auftretenden Belastung durch den Atmosphärendruck nicht standhalten und Gefahr laufen, zusammengedrückt zu werden.

Ferner wird die Überdrucklecksuche überall dort vorteilhaft angewendet, wo Testgas sowieso in der zu untersuchenden Apparatur oder Anlage vorhanden ist, z.B. als Kältemittel in Kühlaggregaten, Kühltruhen, Eisschränken usw.

Beim Arbeiten mit dem Halogenschnüffler wirkt sich einerseits vorteilhaft aus, daß die Heizstromeinstellung der Meßzelle, die ausschlaggebend für die Nachweisempfindlichkeit ist, nicht wie bei der Vakuumlecksuche dem jeweilig herrschenden Druck angepaßt zu werden braucht, weil die Meßzelle stets bei Atmosphärendruck arbeitet. Daraus ergibt sich andererseits der Nachteil, daß halogenhaltige Atmosphärenluft den Schnüffelbetrieb störend beeinflussen kann.

Der Hauptnachteil des Schnüffelverfahrens besteht darin, daß das Testgas immer mit atmosphärischer Luft und ihren Verunreinigungen vermischt ist und unter Umständen mit geringerer Konzentration in die Meßzelle des Schnüfflers gelangt als bei der Vakuumlecksuche. Ein weiterer Nachteil des Überdruckverfahrens ist, daß das Auffinden sehr kleiner Lecke mit dem Schnüffler schwieriger ist und mehr Sorgfalt verlangt als das Absprühen bei der Unterdruckmethode. Bei Verwendung von Helium als Testgas begrenzt vor allem der He-Gehalt der Luft (s. Tabelle 16.4) die Empfindlichkeit des Schnüffelverfahrens.

12.3 Lecksuchverfahren bei Vakuum

Grundsätzlich lassen sich alle gasartabhängigen Vakuummeßgeräte für eine Vakuumlecksuche verwenden. Wärmeleitungs-Vakuummeter sowie Kalt- und Heißkathoden-Ionisationsvakuummeter sind für Stickstoff (N_2) kalibriert. Bei der Druckmessung mit anderen Gasen oder mit Dämpfen ergeben sich bei gleichem Druck andere Anzeigewerte (vgl. Abschnitt 11.5.4). Es liegt nahe, diese Eigenschaft der Meßgeräte zur Lecksuche heranzuziehen, indem man auf leckverdächtige Stellen z.B. Alkohol oder Azeton aufpinselt oder Propan, Kohlendioxid, Helium usw. aufsprüht und die Änderung des Ausschlags des Meßgeräts beobachtet, die auftritt, sobald das andere Medium durch das Leck hindurchtritt. In der Praxis zeigt sich jedoch, daß bei dieser Methode starke Unsicherheitsfaktoren auftreten, die u.a. in der Kondensationswahrscheinlichkeit und dem Strömungsverhalten der aufgesprühten Medien begründet liegen. Es ist daher anzuraten, für die Lecksuche spezielle Leckdetektoren zu verwenden, da sie sicherer und zeitsparender arbeiten.

In Analogie zu den Lecksuchmethoden mit Überdruck im Prüfling (Abschnitt 12.2) sind auch für die Vakuumlecksuche eine Reihe von Verfahren entwickelt worden, die jedoch durch das Aufkommen von Halogen- und Heliumlecksuchern stark an Bedeutung verloren haben. Tabelle 12.3 gibt einen Überblick über die Leckratenbereiche der Überdruck- und der Vakuumverfahren.

12.3.1 Druckanstiegsmessung

Ehe man mit der eigentlichen Lecksuche beginnt, sollte man sich Kenntnis über die Größenordnung vorhandener Undichtheiten verschaffen, ob sich eine Lecksuche also überhaupt lohnt. Diesem Zweck dient die Druckanstiegsmessung (vgl. Abschnitt 12.1.1). Der auf einen bestimmten Druck evakuierte Behälter mit dem Volumen V wird durch ein Ventil vakuumdicht verschlossen. Mit einem Vakuummeter wird der Druckanstieg Δp im Behälter in der Zeitspanne Δt gemessen. Die Leckrate q_L ergibt sich dann aus Gl. (12.2).

Ein nach dieser Methode errechneter Wert für q_L enthält aber nicht nur den Gasstrom, der über echte Undichtheiten in die Apparatur einströmt, sondern umfaßt alle virtuellen Gasquellen, die je nach dem Druckbereich, in dem gemessen wird, den Druckanstieg erheblich beeinflussen können.

Um festzustellen, ob die gemessene Leckrate q_L durch einen echten Leckgasstrom hervorgerufen wird, muß die Druckanstiegsmessung mehrmals und außerdem in verschiedenen Druckbereichen durchgeführt werden. Zeigt sich im Druckbereich kleiner als 10^{-1} mbar ein

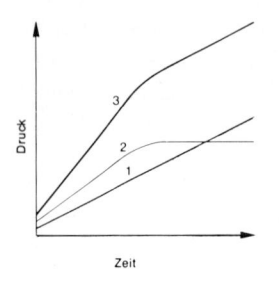

Bild 12.2
Druckanstieg in einem Behälter nach Abschalten der Pumpe (schematisch). 1 Druckanstieg bei Vorhandensein einer Undichtheit; 2 Druckanstieg aufgrund von Gasabgabe der Behälterwände und Einbauten; 3 Summe der beiden Effekte.

rascher Druckanstieg, der sich aber mit dem Ansteigen des Drucks mehr und mehr verkleinert, um schließlich ganz zu verschwinden, so ist das ein sicheres Anzeichen für das Vorhandensein von Entgasung und Verdampfung. Bleibt hingegen der Druckanstieg $\Delta p/\Delta t$ bis zu hohen Drücken konstant, so ist daraus auf das Vorhandensein eines echten Lecks in der Apparatur zu schließen. In der Praxis sind meistens Entgasungsströme und Leckgasströme gleichzeitig vorhanden. Bild 12.2 gibt die Verhältnisse im Grundsätzlichen wieder. Kurve 3 für den Druckanstieg ergibt sich in der Praxis am häufigsten. Der Kurvenverlauf zeigt deutlich, daß im niedrigen Druckbereich dem Leckgasstrom ein Entgasungsstrom (Desorption, Ausgasung, Verdampfung) überlagert ist, der mit steigendem Druck mehr und mehr abnimmt. Mit Erreichen eines bestimmten Drucks hört die Entgasung auf, und der Leckgasstrom bleibt allein übrig, gekennzeichnet durch den etwa linearen Verlauf des Druckanstiegs.

Die (quantitative) Trennung von wahrer und virtueller Leckrate bei der Druckanstiegsmessung ist schwierig, da Zahlenangaben für die Entgasungsrate von Metallen höchstens der Größenordnung nach zur Verfügung stehen. (Vgl. Abschnitte 3.5, 13.3 und 13.4).

Die Druckanstiegsmessung wird häufig dazu verwendet, um zu prüfen, ob eine bestimmte, durch das Verfahren zu fordernde maximal zulässige Gesamtleckrate q_L nicht überschritten wird.

Beispiel 12.6: In einem Behälter vom Volumen $V = 2$ ℓ soll ein Prozeß im Grobvakuumbereich ablaufen. Dementsprechend steht zur Druckmessung ein Membranvakuummeter zur Verfügung, an dem $\Delta p = 1$ mbar sicher abgelesen werden kann. Die Leckrate darf (Sauerstoff!) den Wert $q_L = 10^{-4}$ mbar·ℓ·s^{-1} nicht übersteigen. Dann ist nach Gl. (12.2) zur Messung von q_L eine Standzeit von mindestens $\Delta t = 2 \cdot 10^4$ s = 5,5 h nötig.

Das Beispiel zeigt, daß bei kleiner Leckrate q_L eine im Grobvakuum vorgenommene Druckanstiegsmessung ungewöhnlich lange Zeit in Anspruch nimmt. Die erforderliche Beobachtungszeit von 5,5 Stunden wird mit zunehmendem Behältervolumen noch länger und steht in der Praxis nur ganz selten zur Verfügung. Eine Verkürzung der Zeit Δt wird erreicht, wenn die Druckanstiegsmessung in einem niedrigeren Druckbereich durchgeführt wird, z.B. bei 10^{-4} mbar. Bei sonst gleichen Daten ergibt sich dann bei einem Druckanstieg $\Delta p = 1 \cdot 10^{-4}$ mbar die Zeit $\Delta t = 2$ s.

Die Verlegung der Druckanstiegsmessung in niedrige Druckbereiche hat allerdings zur Folge, daß Entgasungsströme erheblich stören. In solchen Fällen ist anzuraten, mehrere Druckanstiegsmessungen in verschiedenen Druckbereichen hintereinander vorzunehmen; dabei wird ersichtlich, ob Entgasungsströme auftreten oder ob es sich um eine echte Undichtheit handelt.

12.3.2 Seifenblasentest

Auf ähnliche Weise wie in 12.2.3 beschrieben, kann der Seifenblasentest an Behälteroberflächen, Schweißnähten usw. auch dann angewendet werden, wenn die Erzeugung eines

Überdrucks im Prüfling nicht möglich ist. Die leckverdächtige Stelle wird zuerst mit einer Seifenlösung (Nekal) oder ähnlichem eingepinselt. Dann wird eine durchsichtige mit Perbunan abgedichtete Haube auf die leckverdächtige Stelle des Prüflings aufgesetzt. Wird die Haube evakuiert, so erzeugt der im Innern des Prüflings herrschende Atmosphärendruck an der Leckstelle eine Seifenblase, deren Entstehung von außen beobachtet werden kann.

Schwierigkeiten bereitet bei diesem Verfahren die Anfertigung der meistens individuell anzupassenden Haube und ihre einwandfreie Abdichtung auf den meist unbearbeiteten Außenflächen des Prüflings.

12.3.3 Unterdrucklecksuche mit Hochfrequenzvakuumprüfer

Bei der Prüfung von *Glas*apparaturen auf Dichtheit kann von einem Hochfrequenzvakuumprüfer Gebrauch gemacht werden. Der Anwendungsbereich liegt im Druckbereich 10^{-3} ... 100 mbar. Der Hochfrequenzvakuumprüfer besteht aus einem Handapparat (Teslatransformator) mit bürstenförmiger HF-Elektrode und einem Netzgerät zur Versorgung des Teslatransformators. Nähert man die Elektrode des Handapparats von außen einer evakuierten Glasapparatur, so zündet in deren Innerem eine Hochfrequenzentladung, deren Leuchterscheinungen für den jeweiligen Druckbereich charakteristisch sind.

Zur Lecksuche an Glasapparaturen werden leckverdächtige Stellen mit der Elektrode des Handapparats abgetastet. Kommt man an eine Pore, so brennt im Leckkanal eine helle Kapillarentladung, wodurch das Leck lokalisiert ist. Bei dünnen Glaswänden kann man allerdings auch durch einen Funkendurchschlag ein Loch im Glas hervorrufen, das vorher nicht vorhanden war.

Eine andere Methode besteht darin, daß man bei festgehaltenem Handapparat das Vakuumgefäß mit z.B. Alkohol abpinselt. Streicht man dabei über ein Leck, so dringt durch dieses die Flüssigkeit ein und verdampft, wodurch fast augenblicklich die Farbe der Entladung deutlich umschlägt.

Das Gerät kann auch zur Porensuche an Kunststoffoberflächen auf Metall- bzw. leitender Unterlage verwendet werden.

12.3.4 Unterdrucklecksuche mit Halogendetektoren

Moderne Halogenleckdetektoren gestatten nicht nur Schnüffelbetrieb (Abschnitt 12.2.6), sie sind auch zur Unterdrucklecksuche geeignet. Die Arbeitsweise des Halogenleckdetektors wurde in Abschnitt 11.7.4 beschrieben; dort sind auch Hinweise auf die Detektorröhre und in Abschnitt 11.7.5 auf die Detektorsonde zu finden. Bei der praktischen Verwendung des Halogenleckdetektors sollten zusätzlich noch nachstehende Hinweise beachtet werden, die zum Teil auch für den Schnüfflerbetrieb (Abschnitt 12.2.6) gelten. Das Gerät braucht zum Erreichen der vollen Betriebsbereitschaft eine gewisse Anheizzeit. Mit der Lecksuche darf erst dann begonnen werden, wenn der Zeiger des Meßinstruments einen konstanten Ruhestrom anzeigt (konstanter Druck!). Das Vorhandensein von Halogenen, d.h. Chlor-, Brom-, Jod-, Fluor-Molekülen, in der betreffenden Anlage kann die Einstellung eines konstanten Ruhestroms verhindern. Ist dies prozeßbedingt der Fall, so muß die Heliumlecksuche (Abschnitt 12.3.5) angewendet werden.

Detektorröhren (Meßzellen) und Detektorsonden sollten möglichst nahe der auf Atmosphärendruck verdichtenden Vorpumpe angebracht sein, da hier mit einer hohen Konzentration des Testgases zu rechnen ist; diese Anbringung ermöglicht auch, praktisch die gesamte Anlage auf Undichtheit zu prüfen. Beim Anbringen der Halogenmeßröhre oder -sonde in der Nähe der ölgedichteten Vorvakuumpumpe ist jedoch unbedingt zu beachten: Alle ölge-

12 Lecksuchtechnik

dichteten Rotationsvakuumpumpen weisen eine gewisse Ölrückströmung auf; wird eine Halogenmeßzelle so unglücklich angebracht, daß zurückströmender Öldampf unmittelbar in die Zelle gelangt, so wird sie durch die Verunreinigung mit Kohlenwasserstoffen schnell unempfindlich. Eine Halogenmeßzelle in der Nähe einer ölgedichteten Rotationspumpe sollte daher immer über einen Rohrbogen senkrecht stehend angebracht werden. Dies hat auch den Vorteil, daß Kondensate, die im Prüfling oder in der Rohrleitung anfallen, nicht in die Meßzelle gelangen können.

Um ein schnelles und empfindliches Arbeiten der Meßzelle unter allen Betriebsbedingungen zu gewährleisten, empfiehlt sich oft die Zuführung einer kleinen Menge Sauerstoff. Ein sogenanntes Haarleck, d.h. ein im Zentrierring des Anschlußflanschs der Meßzelle festgeklemmtes Haar, erfüllt diese Aufgabe auf einfachste Weise. Ein Menschenhaar erzeugt eine Leckrate $q_L \approx 10^{-4}$ mbar·ℓ·s^{-1}, so daß der Druck in der Vakuumapparatur dadurch nicht beeinträchtigt wird. Die Meßzelle arbeitet aber infolge des Sauerstoffgehalts der einströmenden Leckluft optimal.

Die Meßzelle hat eine durchschnittliche Lebensdauer von 800 ... 1000 Stunden im normalen Betrieb. Erhält die Meßzelle jedoch über längere Zeit starke Halogenkonzentrationen, so führt das zu einem vorzeitigen Taubwerden. Eine gewisse Regenerierung wird erreicht, wenn die Meßzelle unter Betriebsbedingungen atmosphärischer, reiner Luft ausgesetzt wird. Betriebsbereitschaft und Empfindlichkeit eines Halogenleckdetektors werden am besten mit Hilfe eines Testlecks (s. Abschnitt 12.4) überprüft. Testlecks können auch zur Eichung des Halogenleckdetektors dienen.

12.3.5 Unterdrucklecksuche mit dem Heliumlecksucher (Leckdetektor)

Heliumlecksucher arbeiten mit einem Massenspektrometer, das vorzugsweise auf die Anzeige bzw. Registrierung von He$^+$-Ionen ($M/\xi = 4$) eingestellt ist (s. Abschnitte 11.7.2 und 11.7.3). Beim Arbeiten mit derartigen Geräten (s. Bilder 11.59 und 11.60) muß dafür gesorgt werden, daß mit der Lecksuche erst dann begonnen wird, wenn im Massenspektrometer, d.h. in der Ionenquelle, Hochvakuum herrscht. Das Verfahren läuft wie folgt ab (vgl. Bild 11.56):

Nach Anschließen des zu testenden Behälters (Volumen V_P) wird dieser zunächst über die Pumpe P_V vorevakuiert. Nach Erreichen eines Drucks zwischen 1 mbar und 0,1 mbar öffnet das Drosselventil V_2 in kleinen Schritten, die so bemessen sind, daß der Druck im Massenspektrometer den maximal zulässigen Wert nicht überschreitet. Erst dann, wenn dieses Ventil ganz geöffnet ist und der Massenspektrometerdruck hinreichend niedrig ist, schließt das Ventil V_3. Der Lecksucher ist damit zur Durchführung der Lecksuche mit der vorher festgestellten Empfindlichkeit bereit. Falls der anfallende Gasstrom q_{pV} größer als $q_{pV,\max}$ ist, bleibt das Ventil V_2 in einer gedrosselten Stellung, das Ventil V_3 bleibt offen. Durch das Leck eindringendes Testgas gelangt in diesem Zustand nur zum Teil in den Testgasdetektor, der andere Teil wird von der Vorpumpe abgepumpt. Das Gerät arbeitet im Teilstrombetrieb bei reduzierter Empfindlichkeit, wobei die angezeigte Leckrate $q_{pV,a}$ kleiner ist als die wahre Leckrate $q_{pV,w}$

$$q_{pV,a} = q_{pV,w} \cdot \frac{S_P}{S_P + S_{\text{Vorpumpe}}}. \tag{12.8}$$

Mit diesem Verfahren ist es möglich, den Meßbereich bis zur Messung von Leckraten $q_{pV} = 10$ mbar·ℓ·s^{-1} zu erweitern.

Weitere Hinweise zum Arbeiten mit dem Heliumlecksucher sind in den Abschnitten 12.5 und 12.6 zu finden.

12.4 Testlecke für Lecksuchgeräte

„Testlecke" werden in der Hauptsache zur Funktionskontrolle und zum Kalibrieren von Leckdetektoren verwendet. Die Leckrate dieser Testlecke ist eine Apparatekonstante und auf dem Typenschild in mbar $\cdot \ell \cdot s^{-1}$ oder cm^3 (T_n, p_n) s^{-1} oder einer anderen Einheit angegeben. Aus der Vielzahl der Testleck-Konstruktionen haben sich in der Praxis die im folgenden beschriebenen Typen bewährt.

12.4.1 Testlecke ohne Gasvorrat (Kapillarleck)

Ein Testleck ohne Gasvorrat (Bild 12.3) besteht aus einer Glaskapillare 4, die in einem Edelstahlgehäuse 5 untergebracht ist. Auf der Gaseintritts- 6 und auf der Gasaustrittsseite (bei 3) schützen Sinterfilter die Kapillare vor Verschmutzung. Diese Sinterfilter sollten nicht entfernt werden und sind je nach Staubanfall in Alkohol zu reinigen.

Das Arbeiten mit Testlecken ohne Gasvorrat geschieht unter Zuhilfenahme einer Gummiblase, die mit trockenem Testgas (Helium) gefüllt und mittels einer Schlauchklemme verschlossen wird. Dann wird die Gummiblase an die Schlauchwelle des Testlecks (bei 6) angeschlossen und das Spülventil 1 geöffnet. Durch Lösen der Schlauchklemme und ggf. leichtes Zusammendrücken der Gummiblase wird Testgas in das Testleck gedrückt, um die in der Kapillare und dem Testleckgehäuse befindliche Luft über das geöffnete Spülventil zu entfernen. Um unnötige Verluste an Testgas zu vermeiden, wird das Spülventil nach Beendigung des Spülvorgangs wieder geschlossen. Jetzt ist das Testleck betriebsbereit; reines Testgas (Druck $p_1 \approx 1$ bar) durchströmt die Kapillare und tritt durch das Sinterfilter in den bei 2 angeschlossenen Leckdetektor ein. Die Leckrate ist durch die geometrischen Abmessungen der Glaskapillare 4 gegeben und beträgt bei handelsüblichen Testlecken bei Helium als Testgas $q_L \approx 10^{-5}$ mbar $\cdot \ell \cdot s^{-1}$.

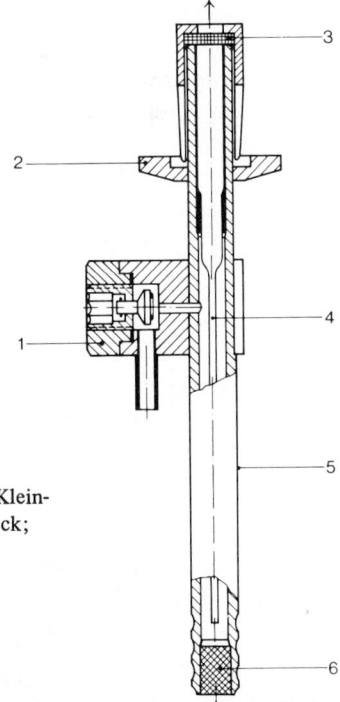

Bild 12.3
(Helium-)Testleck ohne Gasvorrat. 1 Spülventil; 2 Kleinflanschanschluß DN 10; 3 Auslaßfilter; 4 Kapillarleck; 5 Edelstahlgehäuse; 6 Gaseinlaßfilter.

12 Lecksuchtechnik

Bei Kapillarlecks für sehr kleine Leckraten (z.B. $< 1 \cdot 10^{-6}$ mbar $\cdot \ell \cdot s^{-1}$) muß der Durchmesser der Kapillare sehr klein sein, was leicht zum Blockieren des He-Gasstromes durch Verunreinigungen führen kann. Abhilfe schafft hier die Verwendung einer etwas weiteren Kapillare und eines Gemisch-Gasstromes mit einem Helium-Volumen-Anteil von wenigen Prozent.

Die Reproduzierbarkeit des Testsignals, sowie die Betriebsbereitschaft und richtige Empfindlichkeitseinstellung des Leckdetektors sollten während der Dauer der Lecksuche des öfteren überprüft werden. Zu diesem Zweck wird eine zweite Gummiblase mit Luft gefüllt und gegen die mit Helium gefüllte Gummiblase ausgetauscht. Nach Durchführung des Spülvorgangs strömt dann lediglich Luft durch die Kapillare, und das Signal am Leckdetektor muß völlig verschwinden.

Die Leckratenangabe von Lecksuchgeräten bezieht sich auf Kalibrierung mit reinem Testgas, so daß diese Angabe bei Schnüffelbetrieb (Testgas/Luftgemisch) quantitativ unzutreffend ist. Die erforderliche Korrektur läßt sich mit Hilfe von Testlecken ohne Gasvorrat, die eine verhältnismäßig hohe Leckrate haben und damit dem Schnüffelbetrieb anpaßbar sind, in einfacher Weise bestimmen. Dazu dient die in Bild 12.4 dargestellte einfache Einrichtung zum Kalibrieren eines Schnüfflers: Die Schnüffler-Spitze wird in geringem Abstand an die Testleckspitze gehalten. Nach einem größeren Zeigerausschlag am Leckratenmeßinstrument reduziert sich die Anzeige auf einen konstanten Wert, der der Leckrate des Testlecks entspricht. Aus dem angezeigten Meßwert und der bekannten Leckrate des Testlecks wird der Korrekturfaktor gebildet, der bei den nachfolgenden Lecksuchen anzuwenden ist. Voraussetzung ist jedoch, daß die gleichen Bedingungen wie beim Kalibrieren eingehalten werden: Abstand, Luftturbulenz, Testgaseinlaßdruck etc..

Die auf der Kalibriereinrichtung (Bild 12.4) angebrachte Meßstrecke dient zum Simulieren der Lecksuche am Prüfling. Dabei ist die Schnüffelspitze in gleichbleibendem Abstand und mit gleichbleibender Geschwindigkeit über die Meßstrecke zu führen, in deren Mitte das Testleck angebracht ist. Durch Veränderung von Abstand und Geschwindigkeit lassen sich für den jeweiligen Schnüffler die optimalen Bedingungen für das Lokalisieren einer Undichtheit finden.

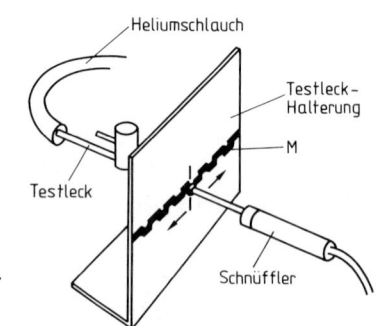

Bild 12.4
Vorrichtung zum Kalibrieren eines (Helium-)Schnüfflers.
M Meßstrecke.

12.4.2 Testleck mit Heliumvorrat (Diffusionsleck)

Das Testleck mit Heliumvorrat (Bild 12.5) besteht aus einem zylindrischen Edelstahlbehälter 5, der mit Helium gefüllt ist. Im Innern des Behälters ist ein Diffusionsleck 3 angeordnet, das über ein Absperrventil 1 mit dem Anschlußflansch 2 in Verbindung steht. Am freien Ende des Vorratsbehälters befindet sich – unter einer Verkleidung – ein nur vom Her-

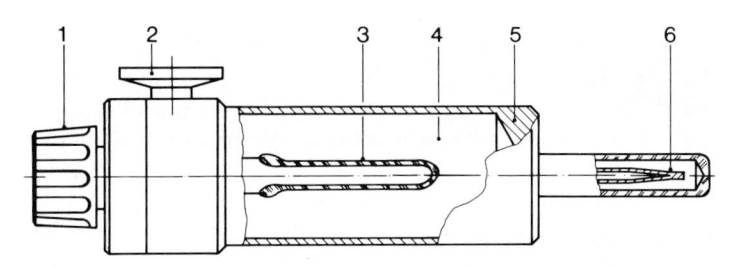

Bild 12.5 Testleck mit Heliumvorrat. 1 Absperrventil; 2 Hochvakuumanschluß DN 10; 3 Diffusionsleck; 4 Heliumvorrat; 5 Edelstahlbehälter; 6 Füllstutzen.

steller zu öffnender Füllstutzen 6. Das Testleck wird mit dem Flansch 2 an den Heliumlecksucher angeschlossen und ist sofort betriebsbereit. Bei konstantem Fülldruck und Hochvakuum im Anschlußflansch liegt die Leckrate eines solchen Testlecks bei $q_L \approx 5 \cdot 10^{-8}$ mbar$\cdot \ell \cdot s^{-1}$; sie ist auf dem Typenschild angegeben. Die zeitliche Leckratenänderung beträgt $\Delta q_L/q_L \cdot \Delta t = 0{,}005$ a^{-1}, der Temperaturkoeffizient $\Delta q_L/q_L \cdot \Delta T = 0{,}03$ K^{-1}.

Testlecke, insbesondere solche ohne Gasvorrat (Abschnitt 12.4.1), dienen nicht nur zur Prüfung der Betriebsbereitschaft oder zur Empfindlichkeitskontrolle von Leckdetektoren, sondern werden auch bei der Feststellung und Messung der „Ansprechzeit" (s. auch 11.7.2) verwendet. Die Ansprechzeit-Bestimmung ist ein wichtiges und bei räumlich ausgedehnten Anlagen nicht zu ersetzendes Hilfsmittel, um Irrtümer bei der Lokalisierung von Lecken zu verhindern (s. Abschnitt 12.4.3).

12.4.3 Kalibrieren von He-Testlecks [14, 15, 17]

Um quantitative Aussagen über Undichtheiten an Geräten und Anlagen, die mit Helium als Testgas geprüft werden, zu ermöglichen, – eine immer häufiger gestellte Forderung bei der industriellen Dichtheitsprüfung, Abschnitt 12.6 – sind kalibrierte Helium-Testlecks erforderlich. Wie vielfach bei Kalibrieraufgaben hat man ganz allgemein zwischen der Herstellung von primären Standards und der von sekundären Standards, die auch als Transfer-Standards bezeichnet werden, zu unterscheiden.

Zur Herstellung primärer Leckstandards werden zwei Methoden verwendet, deren Ausarbeitung ebenso wie die Herstellung der Standards im allgemeinen amtlichen Laboratorien (z. B. PTB [17]) obliegt. Die erste Methode besteht im Vergleich des aus dem He-Testleck kommenden Helium pV-Stromes mit einem bekannten Helium pV-Strom. Die zweite Methode mißt den Anstieg des Totaldruckes durch den Leckstrom in einem bekannten Volumen.

Die Herstellung von sekundären (Transfer-) Standard-Heliumlecken erfolgt durch Vergleich mit dem primären Standard. Das Kalibrieren eines noch unbekannten He-Testlecks erfolgt durch Vergleich mit sekundären Standard He-Lecken, deren jeweilige Leckrate größer bzw. kleiner als die zu bestimmende Leckrate des Testlecks ist. Diese wird dann durch Interpolation bestimmt.

Die Kalibrier- und Vergleichsmethoden werden sowohl zur quantitativen Bestimmung der Leckrate von He-Diffusionslecken (Abschnitt 12.4.2) als auch von He-Kapillarlecken (Abschnitt 12.4.1) angewandt, und zwar für He-Diffusionslecke im Bereich 10^{-7} mbar $\ell\,s^{-1}$ bis 10^{-8} mbar $\ell\,s^{-1}$, für Kapillarlecke im Bereich $10^{-6}\ldots 10^{-9}$ mbar $\ell\,s^{-1}$ [17]. Die Meßunsicherheit in diesen Bereichen beträgt etwa 4 %.

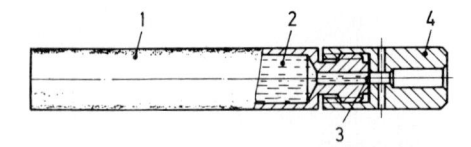

Bild 12.6 Halogentestleck. Frigen 12 (CCl$_3$F)-Leckrate q_L = 0,3 g/a bei ϑ = 22 °C. 1 Edelstahlgehäuse; 2 Frigenfüllung (flüssig); 3 dampfdurchlässige Kunststoffmembran (Diffusionsleck); 4 Ansatzstück zum Kalibrieren des Schnüfflers.

12.4.4 Halogentestleck für Überdrucklecksuche

Bei dem Halogentestleck für Schnüffelbetrieb (Bild 12.6) ist verflüssigtes Testgas Frigen in einem kleinen Edelstahlbehälter eingeschlossen. Die Verschlußschraube enthält ein Diffusionsleck, aus dem das Testgas auf Grund seines von der herrschenden Temperatur abhängigen Dampfdrucks (p_d (20 °C) $\approx$ 5,8 bar) in die freie Atmosphäre ausströmt. Die Leckrate dieser Testlecke liegt bei $q_L \approx$ 300 mg Frigen 12 pro Jahr bei der Temperatur ϑ = 22 °C, das bedeutet umgerechnet eine Leckrate $q_L \approx 2 \cdot 10^{-6}$ mbar $\cdot$ ℓ $\cdot$ s^{-1}. Mit diesem Testleck lassen sich die Betriebsbereitschaft und die optimale Empfindlichkeitseinstellung eines Halogenleckdetektors leicht und sicher kontrollieren (vgl. auch Abschnitt 12.2.6).

12.5 Allgemeine Hinweise für die Lecksuche

Die Vorteile der Halogen- und Heliumlecksuchgeräte gegenüber anderen Lecksuchmethoden kommen erst dann voll zur Geltung, wenn bei ihrer Handhabung gewisse Grundregeln eingehalten und beachtet werden. Dazu gehört in erster Linie ein systematisches Vorgehen. Selbst in Fällen, in denen nur kurze Zeit für eine Lecksuche zur Verfügung steht, sollte man sich nicht davon abbringen lassen, die notwendigen vorbereitenden Maßnahmen in der angegebenen Reihenfolge der weiter unten in diesem Abschnitt folgenden „12-Punkte-Liste" durchzuführen und die eigentliche Lecksuche in sinnvoller, vom Zustand und Aufbau des Prüflings bedingter Weise, planvoll zu betreiben.

Hinsichtlich des Druckbereichs, in dem die Lecksuche erfolgt, ist folgendes grundsätzlich zu beachten: Mit ganz wenigen Ausnahmen befinden sich im Prüfling stets mehr oder weniger große Mengen von Verunreinigungen wie Wasser, Lösungsmittelreste, Öl- oder Fettrückstände oder sogar Reste eines vorangegangenen Prozesses. Im Laufe der Evakuierung des Prüflings stellen diese Verunreinigungen mehr oder weniger große Dampfquellen dar. Solche Dampfquellen lassen bei Duckanstiegsmessungen das Vorhandensein eines Lecks vermuten, das in Wirklichkeit gar nicht vorhanden ist (virtuelles Leck). Wann sich diese Dampfquellen störend bemerkbar machen, hängt vom Dampfdruck der Verunreinigung und von der herrschenden Temperatur ab.

Im *Grobvakuum* stört im allgemeinen nur das Vorhandensein von Wasser. Bei einer großen inneren Oberfläche des Prüflings, der über längere Zeit offen gestanden hat, genügt die aus der Luftfeuchtigkeit an den Wänden gebildete Wasserhaut völlig, um zu verhindern, daß ggf. über längere Zeit ein niedrigerer Druck erreicht wird, als dem Wasserdampfdruck bei der herrschenden Temperatur entspricht.

Im *Feinvakuum* beginnt Rost sich bereits störend bemerkbar zu machen, und auch die schwerer verdampfbaren Flüssigkeiten treten mit ihrer Dampfabgabe in Erscheinung, indem sie die Pumpzeiten verlängern und das Erreichen niedrigerer Drücke verhindern.

Im *Hochvakuum* verlängern z.B. Bauteile, die nur ungenügend von Maschinenöl, Fett, Rostschutzöl oder -fett gereinigt wurden, die Pumpzeit beliebig. Auch alle Kunststoffteile sind im Hochvakuum große Dampfquellen.

Noch kritischere Verhältnisse liegen im *Ultrahochvakuum* vor (s. Kapitel 15).

Deshalb sollte ein Prüfling trocken und sauber sein, um eine Lecksuche erfolgreich und schnell durchführen zu können. Dabei haben die Begriffe „trocken" und „sauber" für die einzelnen Druckbereiche verschiedene Bedeutung.

Vor Beginn einer Lecksuche empfiehlt es sich, nachstehend aufgeführte Einzelheiten sorgfältig zu ermitteln und bei der Auswahl der Lecksuchmethode und der Art des Vorgehens entsprechend zu berücksichtigen.

1. Wie ist der Prüfling beschaffen:
   Form und Rauminhalt, Wanddicke, Material, Herstellungsart (geschweißt, genietet, gegossen, gelötet, gerollt); Zahl, Durchmesser und Art der Anschlußflansche (Nut und Feder, Flachdichtungen, Rundschnurdichtungen); sind Kleinflansche vorhanden, um Leckdetektor oder zusätzlich erforderliche Pumpaggregate schnell und bequem anschließen zu können; bestehen vom Prüfling ausgehend Verbindungsleitungen, die mitzuprüfen sind (Durchmesser, Länge, Ventile); sind eingebaute Kunststoffteile vorhanden.
2. Wozu dient der Prüfling; Arbeitet er in einer Überdruck- oder Unterdruck-Anlage.
3. In welchem Zustand befindet sich der Prüfling: naß oder trocken, sauber oder verunreinigt, glatte innere Oberflächen oder zerklüftet, verrostet oder blank.
4. Bei welchem Arbeitsdruck wird der Prüfling im Einsatz betrieben.
5. Welches Druckmeßgerät steht zur Verfügung, um den Druck im Prüfling zu verfolgen.
6. Wie groß darf die Gesamtleckrate des Prüflings sein.
7. Wie groß darf die Einzelleckrate des Prüflings sein.
8. Welchen Endtotaldruck und welchen Endpartialdruck erreicht ein bereits vorhandenes Pumpaggregat am Prüfling
   a) blindgeflanscht, b) am Prüfling;
   Aus welchen Einzelpumpen besteht dieses Pumpaggregat und welches Saugvermögen besitzen die einzelnen Pumpen.
9. War der Prüfling vor kurzem noch in Betrieb und in Ordnung; ist die Undichtheit während des Betriebs aufgetreten; ist der Prüfling demontiert, gereinigt und wieder zusammengebaut worden und wurden dabei eventuell neue Bauteile verwendet.
10. Muß die Lecksuche während des Arbeitsprozesses im Prüfling erfolgen oder kann der Prüfling zur Durchführung der Lecksuche stillgelegt werden.
11. Welche Zeit steht für die Lecksuche zur Verfügung, einschließlich der Vorbereitung des Prüflings und des Leckdetektors.
12. Soll die Lecksuche an einem einzelnen Prüfling oder einer einzelnen Anlage erfolgen oder handelt es sich um Prüfungen auf Dichtheit an Massengütern innerhalb der Serienproduktion.

Die Vielzahl der vorstehend aufgeworfenen Fragen, wobei keinerlei Anspruch auf Vollständigkeit erhoben wird, zeigt deutlich, die Problematik einer schnellen, eindeutigen und genauen Lecksuche. Nur eine gründliche Erfassung der vorhandenen Einflußgrößen ermöglicht den wirtschaftlichen Einsatz der Lecksuchgeräte und des Bedienungspersonals.

Welche Leckrate für eine Anlage oder einen Behälter noch zulässig ist (Ziffer 6), kann nur der Anwender, der den jeweiligen Verwendungszweck des Prüflings genau kennt, bestimmen und fordern. Danach hat sich die Lecksuche zu richten. Übersteigt die gemessene Gesamtleckrate den zulässigen Wert, so wird eine Einzellecksuche erforderlich, um nach erfolgter Lokalisierung des oder der einzelnen Lecke eine Abdichtung vornehmen zu können. Die Angabe der größten zulässigen Einzelleckrate ist vor allem in chemischen Betrieben von Bedeutung, wenn explosible oder giftige Stoffe im Prüfling verarbeitet werden. Bei Reaktorbehältern müssen Einzellecke in der Größenordnung von 10^{-8} mbar $\cdot$ ℓ $\cdot$ s^{-1} nachgewiesen und lokalisiert werden.

12 Lecksuchtechnik

Je nach Art, Größe, Zustand und Zugänglichkeit des zu prüfenden Objekts ist der für die Lecksuche erforderliche Zeitaufwand (Ziffer 11) unterschiedlich groß. Ist die zur Verfügung stehende Gesamtzeit vorgegeben, so kann z.B. das Vorpumpaggregat so dimensioniert werden, daß die Zeit für das Vorpumpen des Prüfobjekts praktisch nicht ins Gewicht fällt und damit zusätzliche Zeit für die Lecksuche gewonnen wird. Bei der Lecksuche an Massengütern spielt der Zeitfaktor eine ganz entscheidende Rolle. Bei der gelegentlichen Lecksuche an Behältern oder Anlagen (Ziffer 12) wird man – abgesehen von der im Leckdetektor vorhandenen Automatisierung – die Lecksuche von Hand vornehmen. Wird der Leckdetektor jedoch dazu verwendet, die gesamte Tagesproduktion auf Undichtheiten zu untersuchen, so muß in den meisten Fällen der ganze Prüfungsablauf vollautomatisiert werden.

12.6 Lecksuchtechnik in der Serienfertigung [18 ... 21]

12.6.1 Industrieelle Dichtheitsprüfung

In der industriellen Serienfertigung wird die bisher manuell durchgeführte Lecksuche (Wasserbad, Druckanstiegs- oder Druckabfallmessung) mehr und mehr durch automatisch arbeitende Lecksuchanlagen ersetzt und zwar aus folgenden Gründen:

Rationalisierung durch Einsparen von Arbeitskräften; Reduzierung der Reklamationsrate durch zuverlässigere Endkontrollen; Qualitätsverbesserung und dadurch Erhöhung der Konkurrenzfähigkeit; Verbesserung der Arbeitsbedingungen bei der Lecksuche und erhöhte Sicherheit am Arbeitsplatz, z.B. bei Drucktesten an Behältern; Ausschaltung von Bedienungsfehlern, die besonders bei Serienprüfungen mittels manueller Lecksuche nicht zu vermeiden sind.

Die in der Serienfertigung verwendeten Prüfanlagen werden überwiegend mit Helium als Testgas betrieben und enthalten ein auf dieses Gas eingestelltes massenspektrometrisches Meßsystem. Dieses ist manchmal auch auf andere Testgase (Wasserstoff, Argon) einstellbar. Je nach Verwendungszweck des Prüflings werden die Dichtheitsprüfungen entweder im Unterdruck-(Vakuum-)Verfahren (Bild 12.7) oder im Überdruckverfahren (Bild 12.8) durchgeführt. Beide Methoden setzen voraus, daß der Prüfling unter einer geschlossenen, dichten Haube getestet wird. Das Prüfverfahren ist ein integrales Lecksuchverfahren, das mit

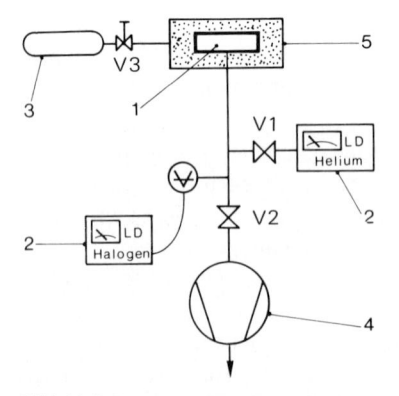

Bild 12.7 Integrale Dichtheitsprüfung mittels Vakuumverfahren (Prinzip). 1 Prüfling durch Pumpe 4 evakuiert; 2 Lecksuchgeräte (wahlweise); 3 Testgasbehälter; 4 Vakuumpumpe; 5 mit Testgas gefüllte Hülle.

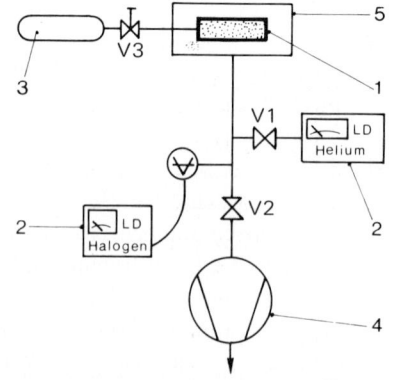

Bild 12.8 Integrale Dichtheitsprüfung mittels Überdruckverfahren (Prinzip). 1 mit Testgas aus Vorrat 3 gefüllter Prüfung; 2 Lecksuchgeräte (wahlweise); 3 Testgasbehälter; 4 Vakuumpumpe zum Evakuieren der Hülle 5; 5 evakuierte Hülle.

der Entscheidung dicht — undicht abschließt. Die undichten Prüflinge müssen zur Lokalisierung der Lecks einer gesonderten Lecksuche unterworfen werden, sofern dies wirtschaftlich vertretbar ist.

Die Prüfung erfolgt in 4 Takten (vgl. Bilder 12.7 und 12.8).
1. Absenken der Prüfhaube;
2. Öffnen von Ventil V_2 und Auspumpen des Prüflings bzw. der Prüfhaube;
3. Schließen von Ventil V_2 und Öffnen von Ventil V_3 zum Einlaß des Heliums;
4. Öffnen von Ventil V_1, so daß Helium zum Massenspektrometer gelangt und dort als Leckrate angezeigt wird.

12.6.2 Anforderungen an eine Dichtheitsprüfanlage

An eine Lecksuchanlage für industriellen Einsatz werden folgende Forderungen gestellt:

1. *Einknopfbedienung:* Nach Inbetriebnahme der Anlage muß der gesamte Prüfablauf über eine Einknopfbedienung erfolgen.
2. *Eigenüberwachung:* Vor und nach jeder Prüfung müssen über ein Steuerprogramm verschiedene Parameter abgefragt werden, um sicher zu sein, daß ein als dicht ausgewiesener Prüfling einwandfrei geprüft wurde.
3. *Reproduzierbarkeit:* Die Meßergebnisse müssen so eindeutig sein, daß eine Mehrfachprüfung am selben Prüfling immer die gleiche Aussage über die Leckrate liefert.
4. *Service:* Die Funktionsgruppen müssen als Bausteine so ausgelegt werden, daß die Einschubtechnik ein kurzfristiges Auswechseln bei Störungen ermöglicht.
5. *Betriebskosten:* Die laufenden Betriebskosten einschließlich der Abschreibungen müssen geringer sein als die Kosten bei manueller Prüfung.

12.6.3 Aufbau einer Helium-Dichtheitsprüfanlage

Abhängig vom Einsatzgebiet werden die industriellen Helium-Dichtheitsprüfanlagen
a) bei der Kleinserien- und Großteil-Fertigung als Einzelprüfplätze aufgebaut,
b) bei der Großserien-Fertigung in die Produktionslinien integriert und mit anderen Produktionseinrichtungen verkettet.

Grundsätzlich ist eine industrielle Dichtheitsprüfanlage (Bild 12.9) mit folgenden Baugruppen ausgerüstet:
1. *Prüfling-Transport- und Handlingsystem* zum voll- oder teilautomatischen Transport der Prüflinge von der Anlagen-Zuführposition in die Prüfvorrichtung und aus der Prüfvorrichtung zur Anlagen-Abführposition, z.T. mit automatischer Ausschleusung der Prüflinge.
2. *Dichtheits-Prüfvorrichtung* (Schema Bild 12.10), angepaßt an die Prüflinge, die Prüfaufgabe und das Prüfverfahren mit den erforderlichen Einrichtungen zur Prüflingsaufnahme, Schaffung der Prüfräume (Testgasflutraum und Analysenraum), voll- oder teilautomatische Kopplung des Prüflings mit der Dichtheitsprüfanlagen-Ausrüstung und zum Anschluß der entsprechenden Anlagenausrüstungsgruppen.
3. *Dichtheitsprüfanlagen-Ausrüstung* entsprechend der Prüfaufgabe und dem Prüfverfahren. Die Einrichtung besteht hauptsächlich aus
Analysenraum-Evakuier- und Belüftungssystem ggf. mit Gasspülung während des Prüflingwechsels,
Testgasflutraum mit Füll- und Ablaßsystem,

12 Lecksuchtechnik

Bild 12.9 Helium-Dichtheitsprüfanlage für Pkw-Felgen. 1 Prüfung – Transport- und Handlungsystem; 2 Dichtheits-Prüfvorrichtung (s. auch Schema Bild 12.10); 3 Dichtheitsprüfanlagen – Ausrüstung; 4 zentrale Elektro-Ausrüstung und -Steuerung.

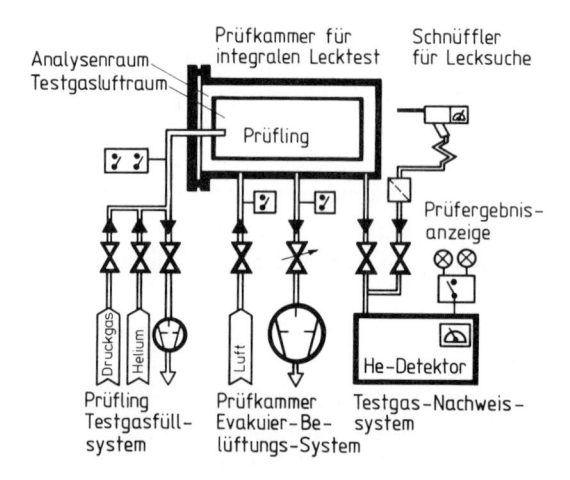

Bild 12.10 Dichtheitsprüfvorrichtung (Geräteschema) der Anlage in Bild 12.9

Testgas-Nachweissystem (Helium-Massenspektrometer) mit Lecksignal-Grenzwerterkennung zur Prüfergebnisaussage.

4. *Zentrale Elektro-Ausrüstung und -Steuerung,* unterteilt in Leistungs- und Steuerteil mit den erforderlichen Versorgungs-, Schalt-, Meß- und Kontrollgeräten sowie Steuerungssysteme zum Betrieb und zur vollautomatischen Steuerung der Anlage, mit zusätzlichen Betriebs-, Kontroll- und Störddiagnose-Programmen. Je nach Anlagen-Ausrüstung und Anforderung werden frei programmierbare Automatisierungssysteme bis hin zu Steuerungssystemen mit Rechnerstruktur und Dokumentationssystem eingesetzt.

12.6.4 Vollautomatische (integrale) Lecksuche

Die vollautomatische Dichtheitsprüfung läuft in folgenden Takten ab:
1. Einlegen. Der Prüfling wird automatisch zum Prüftisch befördert und dort justiert.
2. Absenken der Haube über dem Prüfling. Nach dem Aufsetzen der Haube wird durch sie ein Endlagenschalter betätigt.
3. Evakuieren. Prüfling und Haube werden in der kürzest möglichen Zeit evakuiert.
4. Heliumeinlaß. Nach Erreichen des Prüfdrucks wird eine definierte Menge Helium in den Prüfling bzw. in die Haube eingelassen (vgl. Bilder 12.7 und 12.8).
5. Dichtheitsprüfung. Helium dringt durch die Undichtheiten und wird in Richtung Massenspektrometer abgepumpt. Über ein Licht- oder Tonsignal erfolgt die Aussage dicht/undicht.
6. Belüften. Prüfling und Haube werden bis zum Atmosphärendruck belüftet. Die Prüfhaube wird automatisch abgehoben.
7. Entnahme. Der Prüfling wird vom Prüftisch wieder auf das Transportband befördert.

Die Prüfdauer ist von der Größe des Prüflings und der nachzuweisenden Leckrate abhängig. Erfahrungswerte liegen zwischen 8 und 30 Sekunden. Der Grad der Automatisierung ist sowohl von der Form und Größe des Prüflings als auch von der Fertigungsmethode abhängig. Daher kann es manchmal wirtschaftlicher sein mit teilautomatisierten Anlagen zu arbeiten, bei denen der Prüfling von Hand in die Anlage eingegeben und dieser entnommen wird.

12.6.5 (Halbautomatische) lokalisierende Lecksuche

Während die integrale Methode nur eine Aussage über die Gesamtundichtheit liefert, bietet die lokale Lecksuche den Vorteil, daß das Leck nach Größe und Ort genau festgestellt werden kann. Diese Prüfart wird immer dann eingesetzt, wenn entweder große Bauteile, z.B. komplette Motoren, Behälter, oder nur ein oder zwei kritische Stellen am Bauteil oder nur geringe Stückzahlen geprüft werden müssen.

Die Prüftakte laufen in diesem Fall folgendermaßen ab:
1. Anschluß. Der Prüfling wird mit einem Schnellanschluß manuell an das Vakuumsystem angeschlossen.
2. Evakuieren. Nach Betätigung des Startknopfes wird der Prüfling evakuiert, und eine Signallampe meldet „Prüfbereit".
3. Prüfen. Mit Hilfe einer Handpistole wird Helium auf die kritischen Stellen des Prüflings gesprüht. Übersteigt der Wert der Anzeige den vorher eingestellten Sollwert, so erfolgt das optische Signal „Undicht". Die aufgefundene undichte Stelle am Prüfling wird markiert.
4. Verbindung lösen. Nach erfolgter Prüfaussage wird der Prüfling belüftet und manuell vom Vakuumanschluß gelöst.

12.6.6 Dichtheitsprüfung kleiner Massengüter

Hierfür werden Prüfverfahren angewendet, die unter der Bezeichnung Bomben-Test ("Bombing Test") und Blasen-Test ("Bubble Test") in die Praxis Eingang gefunden haben. Sie dienen zur Prüfung der Dichtheit solcher (Klein-)Teile, die bereits hermetisch verschlossen sind, jedoch einen inneren Hohlraum aufweisen, der entweder gasgefüllt oder evakuiert sein kann. Die zu prüfenden Teile (z.B. Transistoren, IC-Gehäuse, Schutzgasrelais, Reedkontakte) werden in ein Druckgefäß gegeben, das mit Testgas, vorzugsweise Helium gefüllt wird. Bei relativ hohem Testgasdruck (5 bis 10 bar) und einer Standzeit bis zu mehreren Stunden wird im Inneren von undichten Prüflingen eine Testgas-Ansammlung erreicht. Dieser Vorgang ist das eigentliche Bomben ("Bombing"). Danach werden die Prüflinge in eine Vakuumkammer gebracht und – wie beim Überdruckverfahren gemäß Bild 12.8 – auf Dichtheit integral geprüft. Grobundichte Prüflinge verlieren allerdings bereits während des Evakuierens der Vakuumkammer (5 in Bild 12.8) ihr Testgas und werden so bei der eigentlichen Dichtheitsprüfung mit dem Leckdetektor nicht als undicht erkannt. Der Dichtheitsprüfung in der Vakuumkammer geht deshalb in vielen Fällen der sogenannte Blasentest ("Bubble Test") voraus: Die gebombten Prüflinge werden in ein Flüssigkeitsbad getaucht. Aufsteigende Bläschen (bubbles) zeigen die Undichtheit an. Die Leckfindung ist allerdings sehr stark von der Aufmerksamkeit des Prüfers abhängig und verleitet – zur Erhöhung der „Empfindlichkeit" – dazu immer höhere Testgasdrücke beim Bomben anzuwenden, wobei meist die geltenden Sicherheitsbestimmungen unbeachtet bleiben. Die Methode ist bei geringen Leckraten sehr zeitraubend.

Als Prüfflüssigkeit nimmt man Wasser (eventuell erhitzt, mit und ohne Netzmittel) oder Mineralöl, dessen Oberflächenspannung $7{,}5 \cdot 10^{-4}$ N·cm^{-1} nicht überschreiten sollte.

12.6.7 Anwendungsbereiche

Automatisch arbeitende Lecksuchanlagen werden in der Autoindustrie (Motorenprüfung, Prüfung des Benzineinspritzsystems, Prüfung von Zylinderklopfen, Drehmomentwandlern und Benzintanks) verwendet, ferner in der metallverarbeitenden Industrie (Prüfung von Heizungsradiatoren, Rohrleitungen, Fässern und Behältern) sowie in der elektronischen Industrie (z.B. Dichtheitsprüfung von Transistoren) und in der Kälteindustrie.

12.7 Literatur

[1] *Moraw, M.* u. *H. Prasel*, Leak detection in large vessels. Vacuum **28** (1978) 63 ... 67
[2] *David, J. U.*, Model calculations for maximum allowable leak rates of hermetic packages. I. Vac. Si. Techn., **12** (1975) 423 ... 429
[3] *Becker, W.*, Erhöhung der Empfindlichkeit des Heliumlecksuchers durch Verwendung einer Turbomolekularpumpe besonderer Konstruktion, Vak.-Technik, **17** (1968) 203 ... 205
[4] *Reich, G.*, Lecksuche, in „Handbuch der Vakuumtechnik" im VDI-Bildungswerk des Vereins Deutscher Ingenieure (VDI), Düsseldorf 1980
[5] *Bühler, H.-E.* u. *K. Steiger* (Herausgeber), Lecksuche an Chemieanlagen, Dechema Monographie, **89** (1980), 221 Seiten, Frankfurt/M.
[6] *Jansen, W.*, Grundlagen der Dichtheitsprüfung mit Hilfe von Testgasen, Vak.-Technik **29** (1980) 105 ... 113
[7] *Mennenga, H.*, Dichtheitsprüfung von Kleinteilen, Vak.-Technik **29** (1980) 195 ... 200
[8] *Falland, Ch.*, Ein einfacher Universal-Lecksucher mit luftgekühlter Turbopumpe, Vak.-Technik **29** (1980) 205 ... 208
[9] *Paasche, K.*, Einsatz der Helium-Dichtheitsprüfung an Produktionsanlagen, Vak.-Technik **29** (1980) 227–231
[10] *Cavalor, K. O.*, Einfluß der Kaltwasserdruckprüfung auf die Lecksuche mit Testgasen an einem Versuchs-Wärmeaustauscher. Vak.-Technik **29** (1980) 201–204
[11] *Burger, H. D.*, Lecksuche an Chemieanlagen mit Helium-Massenspektrometer-Lecksuchern, Vak.-Technik **29** (1980) 232 ... 246

[12] *Sigmond, R. S.,* The conversion of leak rates. Vacuum Bd. **30** (1980) Nr. 8/9, S. 329/33.
[13] *Blanc, B.* et al, Guide de l'étanchéité, Société Française du Vide, Paris 1982
[14] *Rubet, L.,* Calibration of standard leaks for helium detectors. Proc. 8th Internat. Vac. Congr., Cannes 1980, Suppl. Rev. Le Vide, Nr. 201, Bd. **2**, S. 349/51.
Rubet, L., Étalonnage des fuites d'hélium. Le Vide Bd. 38 (1983) Nr. 215, S. 21/29
[15] *Iverson, M. V.,* Methods for Calibration of standard leaks. J. Vac. Sci. Techn., Bd. 20 (1982) S. 982/85
[16] ISO 3530, Vacuum technology-Mass-spectrometer type leak detector calibration. Genf 1979
[17] *Grosse, G.* et al., Calibration methods for helium reference leaks. Proc. 9. Internat. Vac.-Conf., Madrid 1983, S. 93
[18] *Lentges, J. G.,* Experience with fully automatic He-testing plants used in large scale series production. Proc. 8. Intern. Vac. Congr., Cannes 1980, Suppl. Rev. Le Vide. Nr. 201, Bd. 2, 357/59
[19] *Holme, A. E.* et al., Microporcessor controlled vacuum leak test plant for in line production leak testing. Ibid. S. 360/63
[20] *Holme, A. E.,* Leak testing using a helium mass spectrometer on industrial scales. Proc. 9. Internat. Vac. Conf., Madrid 1983, S. 92
[21] *Fuhrmann, W.* et al., New applications in the field of industrial leak testing technology. ibid., S. 93
[22] *Bohátka, S.* et al., Leak detection of high pressure vessels. Vacuum 33 (1983) 17 ... 18.
[23] *Engelhardt, W.* und *M. Hrivnatz,* Lecksuchanlagen in der Industrie. Vak. Techn. 33 (1984) 238 ... 241

13 Werkstoffe

13.1 Allgemeine Gesichtspunkte und Einteilung

13.1.1 Anforderungen und Auswahl

Keine Vakuumapparatur oder -anlage kann erwartungsgemäß funktionieren, wenn sie nicht aus richtig ausgewählten und richtig bearbeiteten Werkstoffen besteht. Die Ansprüche an die Werkstoffe, an deren Bearbeitung und Vorbehandlung werden um so größer, je niedriger der Druck ist, bei dem die Anlage arbeiten soll. In diesem Abschnitt werden die für die Vakuumtechnik wichtigsten Werkstoffe behandelt, insbesondere wird auf Gasdurchlässigkeit und Gasabgabe eingegangen. In der Praxis verwendete und bewährte Rezepte zur Oberflächenbehandlung, Reinigung und Entgasung sind der in Abschnitt 13.5 angegebenen Literatur zu entnehmen.

Die in der Vakuumtechnik verwendeten Werkstoffe müssen zwei Arten von *Forderungen* erfüllen:

a) solche, die spezifisch vakuumtechnischer Natur sind:
   − Gasdichtheit
   − geringer Eigendampfdruck (Sättigungsdampfdruck; Schmelz- und Siedetemperatur sind zu beachten)
   − geringer Fremdgasgehalt (leichte Entgasbarkeit)
   − saubere Oberflächen (keine oder leicht entfernbare adsorbierte Schichten)

b) solche, die durch die vakuumtechnischen Verfahren bedingt sind:
   − chemische Resistenz gegenüber Gasen und Dämpfen
   − Wärmedehnungsverhalten
   − Temperaturwechsel-Beständigkeit
   − mechanische Festigkeit

Auswahl und Verwendbarkeit der Werkstoffe richten sich vor allem nach dem Druckarbeitsbereich und den extrem vorkommenden Temperaturen. Diese können einerseits relativ hoch sein (z.B. beim Ausheizen), andererseits aber auch sehr niedrig (z.B. bei kryotechnischen Anwendungen). Allgemein gilt, daß die Auswahl an Werkstoffen um so geringer ist, je niedriger der Arbeitsdruck ist. Dies kommt besonders deutlich beim Aufbau von Ultrahochvakuum-Anlagen und -Apparaturen und deren Betrieb zum Ausdruck (s. z.B. Abschnitt 15.5).

In der Vakuumtechnik werden nicht nur reine Metalle, sondern auch Metall-Legierungen verwendet, sowie eine Reihe von Nichtmetallen in festem, flüssigem oder gasförmigem Zustand (s. Tabelle 13.1). Neben den in Tabelle 13.1 angeführten Werkstoffen spielt in der Vakuumtechnik eine Reihe von metallischen Spezialwerkstoffen wie z.B. Wolfram und Molybdän eine Rolle, die allerdings hauptsächlich beim Bau von Vakuummeßsystemen und in der Vakuumverfahrenstechnik (z.B. W-Schiffchen in der Vakuumbeschichtungstechnik) verwendet werden.

Tabelle 13.1 In der Vakuumtechnik verwendete Werkstoffe

1 Metalle	2 Nichtmetalle
1.1 Reine Metalle Normalstahl Titan Aluminium Kupfer Quecksilber Silber und Gold Indium	2.1 Feste Stoffe Silikate (Glas, Quarz) Keramik (Al_2O_3, Zeolith) Elastomere (Perbunan, Viton, Teflon) Fette und Harze (Araldit)
1.2 Legierungen Edelstahl Eisen-Nickel-Legierungen Al-Legierungen Kupfer-Legierungen Fe–Ni–Co-Legierungen	2.2 Flüssige Stoffe Mineralöle Silikonöle Flüssiger Stickstoff (LN_2) Flüssige Luft
	2.3 Gase Stickstoff, Argon, Helium Wasserstoff Freon

13.1.2 Einteilung der Werkstoffe (nach ihrer Verwendung)

a) Werkstoffe, die vor allem für den Aufbau und Betrieb von Vakuumanlagen verwendet werden; aus ihnen bestehen Vakuumkessel, Vakuumleitungen, Flanschverbindungen, Ventile, Vakuumpumpen und andere Vakuum-Bauelemente.

b) Werkstoffe für Einbauten und für vakuumdichte Durchführungen aller Art, nämlich Durchführungen für elektrische und mechanische Energie und Flüssigkeitsdurchführungen (s. dazu auch Kapitel 14).

c) Werkstoffe für Vakuummeßröhren. Hierbei spielen alle Werkstoffe eine Rolle, die auch beim Bau von Elektronenröhren verwendet werden. Hierzu gehören vor allem die hochschmelzenden Metalle Wolfram, Molybdän und Tantal, die Edelmetalle Platin und Palladium und eine Reihe von Sonderlegierungen auf Eisen- und Nickelbasis.

Im Rahmen von Kapitel 13 werden vor allem die zu a) gehörigen Werkstoffe behandelt, da sie vakuumtechnisch am wichtigsten sind und auch mengenmäßig bei weitem überwiegen. Die eingangs aufgezählten vakuumtechnischen Forderungen treffen in gleicher Weise auf die zu b) und c) gehörigen Werkstoffe zu.

13.2 Die Werkstoffe im einzelnen

13.2.1 Metalle

13.2.1.1 Aufbau und Herstellung

Metalle sind dadurch gekennzeichnet, daß im festen Zustand die Atome über größere Bereiche völlig regelmäßig angeordnet sind. Das so entstehende Kristallgitter erfüllt nur in Ausnahmefällen das ganze Metallstück — man spricht dann von einem Einkristall. Meist besteht ein Metallstück aus vielen kleinen Kristallkörnern, den sogenannten Kristalliten. Form und Größe der Kristallite bestimmen die mechanischen Eigenschaften. Feine gestreckte Kristallite machen das Metall hart und spröde; die Festigkeit ist dann hoch (hartgewalzt). Bei längerem Erhitzen über die sogenannte Rekristallisationstemperatur bilden sich große Kristallite, wodurch das Metall weich und duktil wird (Weichglühen). In der Regel ist die Rekristallisationstemperatur $T_R \approx 0{,}4\, T_E$, wobei T_E die Schmelztemperatur (thermodynamische Temperatur $[T_R] = [T_E] = K$) ist.

Beim Erhitzen des Metalls nimmt zwar die (Schwingungs-) Energie der Atome zu und die mechanische Festigkeit damit ab, die regelmäßige Anordnung der Atome im Kristalliten bleibt aber erhalten. Erst bei der Schmelztemperatur „zerfällt" das Gitter und das feste Metall geht in den flüssigen Zustand über.

Metallische Körper werden durch Gießen des flüssigen Metalls in Formen oder durch Ziehen, Walzen und Strangpressen hergestellt. Da beim Auskristallisieren aus der Schmelze (Erstarren) immer ein kleinerer oder größerer Volumenschwund eintritt, sind Gußstücke wegen der damit verbundenen Gefahr von Einschlüssen (Lunker) für die Vakuumtechnik nur bei geringeren Ansprüchen oder unter Berücksichtigung besonderer Gießtechniken verwendbar. Gezogenes, gewalztes oder gepreßtes Material ist vorzuziehen. Legierungen mehrerer Metalle dürfen nur verwendet werden, wenn sie keine Bestandteile enthalten, die bei der höchsten im Betrieb auftretenden Temperatur einen merklichen Dampfdruck haben. Metalle lassen sich im allgemeinen mehr oder weniger leicht verschweißen oder verlöten. Durch Drehen, Fräsen, Tiefziehen usw. kann ein fertiges Metallstück weiter verformt werden.

13.2.1.2 Die wichtigsten Metalle

Normalstahl (Kohlenstoff-Stahl)

Normalstahl wird in handelsüblichen Qualitäten verwendet zum Bau von Vakuumanlagen, Vakuum-Bauelementen, Vakuumleitungen usw., solange nicht Drücke von weniger als etwa 10^{-5} mbar erzeugt und aufrechterhalten werden müssen und ein Korrosionsschutz nicht erforderlich ist.

Ausgangshalbfabrikate sind Bleche, Stangen und nahtlose Rohre. Für Arbeiten im Grob- und Feinvakuum werden auch Graugußteile (z.B. als Pumpen- oder Ventilkörper) verwendet.

Die Anwendungsarten entsprechen denen im normalen Kesselbau, wobei die Dimensionierung natürlich die Beanspruchung durch den äußeren Atmosphärendruck zu berücksichtigen hat (s. Abschnitt 14.3).

Normalstahl ist ein (verhältnismäßig) billiges Bau- und Konstruktionsmaterial. Es ist quecksilberfest. Übliche Verunreinigungen sind Kohlenstoff, Phosphor und Schwefel. Bei höheren Arbeitstemperaturen beobachtet man eine ständige Gasabgabe von CO.

Reinst-Eisensorten finden in der Vakuumtechnik vor allem aus Preisgründen nur geringe Anwendung.

Edelstahl

In allen Fällen, in denen es auf Schutz gegen Korrosion und auf besonders saubere Bedingungen (Beispiel: UHV-Anlagen) ankommt, muß der relativ teure Edelstahl verwendet werden. Aus Preisgründen werden nichtstabilisierte Stähle genommen, insbesondere Stähle mit den Bezeichnungen 4301, 4306 (geringer C-Gehalt) und X5CrNi18/9. Aus Preisgründen muß in Europa von der Verwendung vakuumgeschmolzenen Materials abgesehen werden. Vakuum-umgeschmolzenes Material ist billiger. Sogenannte Leckkapillaren kommen in Edelstählen häufiger vor als in Normalstählen. Auch nichtmagnetische Edelstahlfeingußteile werden in der Vakuumtechnik verwendet.

Stahl-Sonderlegierungen

Zur Herstellung von Glas-Metall-Verschmelzungen und zum Anlöten an vormetallisierte Keramik dienen Sonderlegierungen, die unter verschiedenen Handelsnamen kommerziell erhältlich sind. Am gebräuchlichsten sind Eisen-Nickel-Legierungen als binäre Legierungen verschiedener Zusammensetzung zum Verschmelzen mit Weichgläsern und zum Hartanlöten an keramische Formkörper, ferner die ternären Eisen-Nickel-Kobalt-Legierungen, die unter der Bezeichnung Kovar, Fernico, Nilo K und Vacon bekannt geworden sind. Diese Legierungen sind im thermischen Ausdehnungskoeffizienten den zu verschmelzenden Gläsern bzw. der Keramik angepaßt. Solche Verschmelzungen werden für hochausheizbare vakuumdichte Stromdurchführungen aller Art benötigt (s. Kapitel 14 und 15).

Titan

Der Werkstoff Titan, dessen Dichte zwischen der von Aluminium und Eisen liegt, hat in den letzten Jahren in der Vakuumtechnik besondere Bedeutung erlangt. Er wird im wesentlichen als Gettermaterial in Ionen-Getterpumpen und in Verdampferpumpen verwendet. In den erstgenannten Pumpen bestehen die Kathoden, die durch Ionenbeschuß zerstäubt werden, z.B. aus Titanplatten, die mehrere Millimeter dick sind. In den Verdampferpumpen wird Titan durch Stromdurchgang erhitzt und so verdampft. Die Bevorzugung von Titan gegenüber anderen, unter Umständen sogar wirksameren Getterstoffen, wie etwa Tantal, hat vor allem zwei Gründe: Titan hat erstens schon bei Temperaturen unterhalb des Schmelzpunktes ($\vartheta = 1670\,°C$) eine erhebliche Verdampfungsrate. Praktisch wird Titan in Ti-Verdampferpumpen bei etwa $\vartheta = 1350\,°C$ verdampft. Bei dieser Temperatur erhält man nach einstündiger Verdampfung in der Umgebung der Dampfquelle eine Schichtdicke der Größenordnung $d = 5\,\mu m$.

Titan ist zweitens, vakuumtechnisch gesehen, ein sauberes Metall. Es wird heute im Vakuumschmelzverfahren gewonnen, hat in handelsüblicher Qualität einen geringen Kohlenstoffgehalt und ist duktil. Es wird in großen Mengen hergestellt und ist daher billig. Titanhydrid wird zur Vormetallisierung von Keramik verwendet.

Aluminium

Aluminium wird in der Vakuumtechnik wegen der höheren Festigkeit meist als Legierung (Al-Si-Legierung/Silumin) verwendet. Bauteile, wie z.B. Rohre, Kleinflansche, T-Stücke, werden wegen des geringen Gewichtes vielfach aus Silumingruß hergestellt, wobei allerdings auf Lunkerbildung und Porosität besonders zu achten ist. Poröse Gußteile können durch Imprägnieren mit harzartigen Substanzen vakuumdicht gemacht werden, sollen aber nicht im Hochvakuum verwendet werden. Legiertes Aluminium wird auch zum Bau von HV- und UHV-Kammern verwendet.

Der Dampfdruck von Aluminium ist gering und beträgt beim Schmelzpunkt ($\vartheta_s = 660\,°C$) nur 10^{-8} mbar. Aluminium und seine Legierungen werden von Quecksilber stark angegriffen; Aluminiumteile können allerdings durch Überziehen mit Silikonlack quecksilberfest gemacht werden.

Aus Rundmaterial hergestellte Reinst-Al-Ringe und Al-Folie werden als metallische Dichtung von Flanschverbindungen (s. Bild 14.10a) verwendet. Diese sind bis $\vartheta = 300\,°C$ ausheizbar und bei richtiger Dimensionierung und Verarbeitung ultrahochvakuumdicht.

Kupfer

Kupfer wird in vielen Gebieten der Vakuumtechnik erfolgreich verwendet, insbesondere wegen seiner hohen Wärmeleitfähigkeit in der Kryotechnik und wegen seiner hohen elektrischen Leitfähigkeit in hochvakuumdichten Stromdurchführungen. Für die meisten Anwendungen reicht normalerweise technisch reines Kupfer aus. In Ausnahmefällen, die aber technisch wichtig sind, muß sogenanntes OFHC-Kupfer (oxygen free high conducitivity) wegen seiner kontrollierten Härte und seiner guten Kaltschweißbarkeit genommen werden. Diese Eigenschaften werden gefordert, wenn Kupfer als metallisches Dichtungselement für ausheizbare Flanschverbindungen dienen soll, die bis $\vartheta = 400$ °C ausheizbar sind. Kupfer wird wie Aluminium von Quecksilber angegriffen. Der Angriff ist allerdings bei niedrigen Temperaturen nicht kritisch; daher kann Kupfer zum Bau von Kühlfallen, die bei der Temperatur des flüssigen Stickstoffs arbeiten, verwendet werden. Von den Kupferlegierungen wird in der Vakuumtechnik (allerdings nicht im Hochvakuum) seit langem Tombak (Stoffmengenanteile: 72 % Cu, 28 % Zn) in Form von Tombakschlauch als flexible Vakuumleitung verwendet. Der früher vielfach verwendete Tombakfederbalg wird neuerdings durch den Federbalg aus Edelstahl ersetzt. Wegen des hohen Zinkgehaltes ist der Gebrauch von Tombak in der Vakuumtechnik beträchtlich eingeschränkt. Tombakschlauch sollte nur bei Arbeitstemperaturen $\vartheta < 50$ °C verwendet werden, weil aus Messing, das einen Zink-Stoffmengenanteil $x_{Zn} = 5 \ldots 45$ % hat, schon bei $\vartheta = 200$ °C Zink in so großen Mengen verdampft, daß die Oberflächen des Ms-Körpers infolge Zinkverdampfung rot werden. Dadurch bedingt fressen sich z.B. Messingschrauben fest, und die Apparatur wird durch Zink verunreinigt. Zum Hartlöten werden wegen der niedrigen, nur um $\vartheta = 700$ °C liegenden Verarbeitungstemperaturen Kupferlegierungen mit Phosphor verwendet, vor allem „Silphos" (Stoffmengenanteile: 15 % Ag, 5 % P, 80 % Cu) und das binäre Eutektikum mit 8,4 % P und 91,6 % Cu. Der Phosphorgehalt (Phosphor hat einen hohen Dampfdruck, $p \approx 10^{-5}$ mbar bei $\vartheta = 100$ °C) beschränkt die Verwendung auf Verbindungen, die thermisch nicht belastet werden.

Quecksilber

Quecksilber ist nach wie vor ein wichtiger Werkstoff in der Vakuumtechnik, wenn auch die Glastechnik durch die Metalltechnik und die klassische Quecksilberdiffusionspumpe aus Glas durch die Öldiffusionspumpe aus Stahl in den Hintergrund gedrängt wurden.

Quecksilber wird als Manometerflüssigkeit im U-Rohr-Manometer und im McLeod-Vakuummeter und allen seinen Abwandlungen verwendet, sowie in Hg-Diffusionspumpen aus Glas oder Metall. Quecksilber läßt sich durch chemische Verfahren und mehrfache Destillation im Vakuum sehr rein darstellen. Stets sind sein hoher Dampfdruck ($p_d \approx 10^{-3}$ mbar bei Zimmertemperatur) und seine toxischen Eigenschaften zu beachten. Offene Quecksilberspiegel müssen mit Aktivkohle überschichtet werden. Quecksilber greift alle Metalle an, mit Ausnahme von Eisen, Stahl und Stahllegierungen, Wolfram und Graphit.

Silber und Gold

Sowohl Silber als auch Gold sind vakuumtechnisch brauchbare Metalle (Dampfdrücke siehe Bild 16.3). Sie werden technisch rein in Form von Drahtringen zum Abdichten von hochausheizbaren Flanschverbindungen verwendet sowie als Ventilsitz in Ganzmetallventilen. Elektrische Anschlüsse von Stromdurchführungen werden mit einem temperaturbeständigen und abriebfesten Goldüberzug versehen. Silber- und Goldlegierungen finden als Hartlote in der Vakuumtechnik vielfache Verwendung. Die bekanntesten dieser Verbindungen sind die binären Legierungen mit den Stoffmengenanteilen: 28 % Cu, 72 % Ag ($\vartheta_E = 779$ °C, Eutektikum) und 70 % Cu, 30 % Au ($\vartheta_E = 980$ °C) sowie Silphos (s. oben).

Indium

Indium hat trotz seines niedrigen Schmelzpunktes (156 °C) Eingang in die Vakuumtechnik gefunden. Sein Dampfdruck ist sehr gering (s. Bild 16.3). Es wird zur Herstellung metallischer Dichtungen verwendet, nicht nur als Lot, sondern auch als festes Dichtungsmaterial zwischen Flanschen. Es findet vorzugsweise überall dort Anwendung, wo aus physikalischen Gründen gummielastische Dichtungen nicht verwendbar sind. Wegen der Weichheit des Materials sind die zum Abdichten erforderlichen Kräfte gering. Indiumlegierungen (z.B. Sn/In = 50/50, Schmelzpunkt ϑ_E = 116 °C) werden vor allem zum Löten verwendet.

13.2.2 Technische Gläser

13.2.2.1 Allgemeines

Die Bedeutung des Werkstoffes „Glas" — als Sammelbegriff für eine Reihe technischer Gläser verschiedener Zusammensetzung und damit verschiedener physikalischer und chemischer Eigenschaften — für die Vakuumtechnik sollte auch heute nicht unterschätzt werden. Wenn auch der Aufbau von Vakuumapparaturen aus Glas heute weniger üblich ist und zugunsten der Metallbauweise eingeschränkt erscheint, so ist eine eingehende Kenntnis des Werkstoffes Glas und seiner Anwendungsmöglichkeiten in der Vakuumtechnik nach wie vor erforderlich. Hierbei ist vor allem zu beachten, daß Glas ein chemisch sehr beständiger Werkstoff ist, der nur von ganz wenigen organischen und anorganischen Verbindungen angegriffen wird. In der Chemie-Ingenieurtechnik, die auch eine ganze Reihe von Vakuumverfahren (Beispiel: Molekulardestillation) einschließt, ist Glas unentbehrlich.

Im amorphen „Fest"-Körper Glas sind die Atome nicht regelmäßig angeordnet, sondern bilden ein unregelmäßiges, unsymmetrisches Netzwerk. Dadurch gleichen Gläser eher einer unterkühlten Flüssigkeit als einem Kristall. Schon bei Zimmertemperatur hat Glas eine endliche Viskosität (ein bei Zimmertemperatur schräg in eine Ecke gelehnter Glasstab ist nach einigen Wochen krumm). Beim Erwärmen nimmt die Viskosität des Glases mit steigender Temperatur erst langsam, dann schnell und dann wieder langsamer ab. Ein definierter Schmelzpunkt wie bei unlegierten Metallen besteht nicht. Bild 13.1 zeigt den schematischen Verlauf der dynamischen Viskosität eines Glases in Abhängigkeit von der Temperatur. In Bild 13.1 sind an der linken Ordinate die für die Verarbeitung von Gläsern charakteristischen Werte der dynamischen Viskosität angegeben.

Bei längerer bzw. öfter wiederholter Erhitzung über die sogenannte Entglasungstemperatur hinaus tritt Kristallisation ein, wodurch Glas undurchsichtig wird: es „entglast". Vielfach tritt hierbei Volumenänderung ein, wodurch im Glas Sprünge oder Risse entstehen und es somit für Vakuumzwecke ungeeignet wird. Temperatur und Erhitzungszeit, bei der Entglasung eintritt, schwanken je nach Glasart erheblich. Meist liegt die Entglasungstemperatur bei Werten, denen ein Viskositätswert im Bereich $\eta = 10^6 \ldots 10^2$ kg·m^{-1}·s^{-1} entspricht.

13.2.2.2 Eigenschaften der wichtigsten Gläser (Tabelle 13.2)

Glas ist ein spröder Werkstoff, der bei Stoßbeanspruchung leicht bricht; er besitzt aber, entgegen landläufiger Meinung, eine hohe Elastizität. Die Druckfestigkeit von Gläsern ist etwa so groß wie bei Metallen, während die Zugfestigkeit $\sigma_B = 10^7$ N/m^2 um mehr als eine Zehnerpotenz geringer als bei Metallen ist. Der Elastizitätsmodul gleicht dem der Metalle und liegt im Bereich $E = 5 \cdot 10^{10} \ldots 10^{11}$ N/m^2. Glas kann im Dauerbetrieb bis zu Temperaturen verwendet werden, die etwa 30 K niedriger als die untere Kühltemperatur sind (s. Bilder 13.1 und 13.2).

13 Werkstoffe

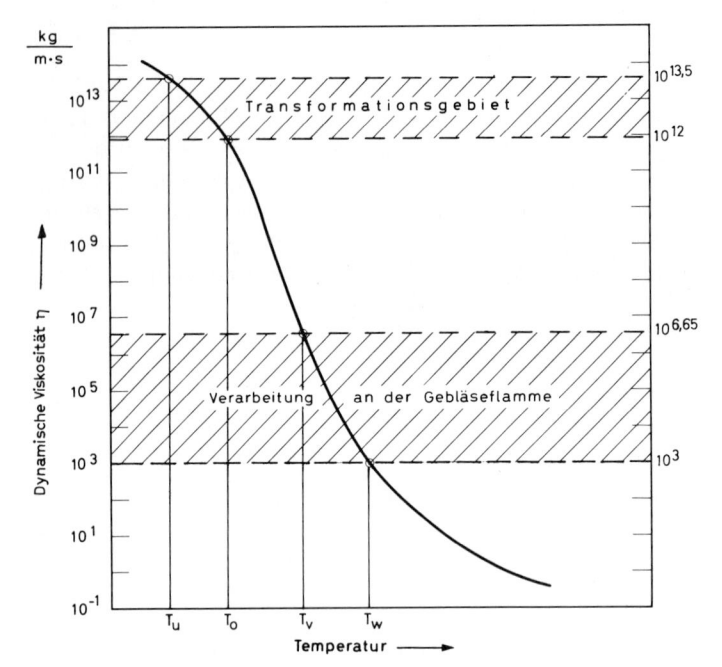

Bild 13.1 Abhängigkeit der dynamischen Viskosität η von Glas von der Temperatur T (schematisch). Untere Kühltemperatur T_u, obere Kühltemperatur T_0, Erweichungstemperatur T_w und Verarbeitungstemperatur T_v sind durch die an der Ordinate gekennzeichneten Zähigkeitswerte definiert.
(1 kg m^{-1} s^{-1} = 1 Pa s = 10 Poise (P))

Man unterscheidet: Weichglas, Hartglas, Quarzglas, Sinterglas und auskristallisiertes Glas.

Weichgläser

Gläser mit einem mittleren linearen Ausdehnungskoeffizienten $\bar{\alpha} = 60 \cdot 10^{-7}$ ... ... $120 \cdot 10^{-7}$ K^{-1} nennt man Weichgläser. Ihre Temperaturwechselbeständigkeit – definiert nach DIN 52 325 – ist schlecht, d.h., Abkühlen und Aufheizen müssen sehr langsam erfolgen. Nach Verarbeitung ist gutes Entspannen im Transformationsgebiet – mit nachfolgendem langsamen Abkühlen – erforderlich.

Eine etwas andere Definition versteht unter einem Weichglas ein Glas, dessen untere Kühltemperatur zwischen 370 °C und 450 °C liegt. In der Regel ist ein Glas, das im Sinne der Temperaturwechselbeständigkeit weich ist, auch im Sinne der Kühltemperatur weich.

Oft haben Weichgläser Stoffmengenanteile von 65 % ... 70 % SiO$_2$, 5 % ... 15 % Na$_2$O und 5 % ... 15 % CaO. Infolge des geringen SiO$_2$-Gehaltes liegen die Temperaturen des Verarbeitungsgebietes relativ niedrig (s. Bild 13.2). Typische Vertreter von Weichglas sind in Deutschland das AR-Glas der Ruhrglas AG, in Amerika das 0010 der Dow Corning Glass Works, deren Ausdehnungskoeffizienten bei $\bar{\alpha} = 90 \cdot 10^{-7}$ K^{-1} liegen.

Hartgläser

Gläser mit einem mittleren Ausdehnungskoeffizienten $\bar{\alpha} < 50 \cdot 10^{-7}$ K^{-1} nennt man Hartgläser. Ihre Temperaturwechselbeständigkeit ist gut. Eine etwas andere Definition ver-

Tabelle 13.2 In der Vakuumtechnik gebräuchliche Gläser

Glasart	Dichte g/cm³	$\bar{\alpha}$ ¹⁾ 10^{-7} m·m⁻¹·K⁻¹	kennzeichnender Massenanteil	TWB²⁾ °C	ϑ_g ³⁾ °C	ϑ_a ⁴⁾ °C	ϑ_e ⁵⁾ °C	$\vartheta_{\sigma 100}$ ⁶⁾ °C	Anmerkungen
									Weichgläser
AR-Glas		99 20...400 °C			420	320	716	211	
OSRAM 905c	2,52	102 20...300 °C		110	500	400			Normalglas
OSRAM 123a	3,11	91 0...400 °C	31 % PbO	92	425	325	630	325	hochisolierendes Röhrenglas
									Hartgläser
JENAer GLAS 8243	2,25	50 20...300 °C		185	480	380	714	340	VACON 70 (KOVAR)- und Mo-Einschmelzglas
JENAer GLAS 8482	2,34	51,5 20...300 °C		–	493	393	738	416	zum Verschmelzen mit W-Drähten
JENAer GLAS 8487		41 20...300 °C			523	420	765	275	typisches W-Einschmelzglas
JENAer GLAS 8330 DURAN	2,23	32,5 20...300 °C		250	530	430	815	248	

1) Mittlerer thermischer Längenausdehnungs-Koeffizient $\bar{\alpha}$ mit Angabe des Temperatur-Bereiches, über den gemittelt wurde
2) Temperatur-Wechsel-Beständigkeit TWB
3) Transformationstemperatur ϑ_g
4) maximale Ausheiztemperatur ϑ_a
5) Erweichungstemperatur ϑ_e, definiert durch $\eta = 10^{6,6}$ kg m⁻¹ s⁻¹ $= 4 \cdot 10^6$ kg m⁻¹ s⁻¹
6) $\vartheta_{\sigma 100}$ Temperatur, bei der die elektrische Leitfähigkeit σ des Glases den Wert $\sigma = 100 \cdot 10^{-8}$ Ω⁻¹ m⁻¹ besitzt

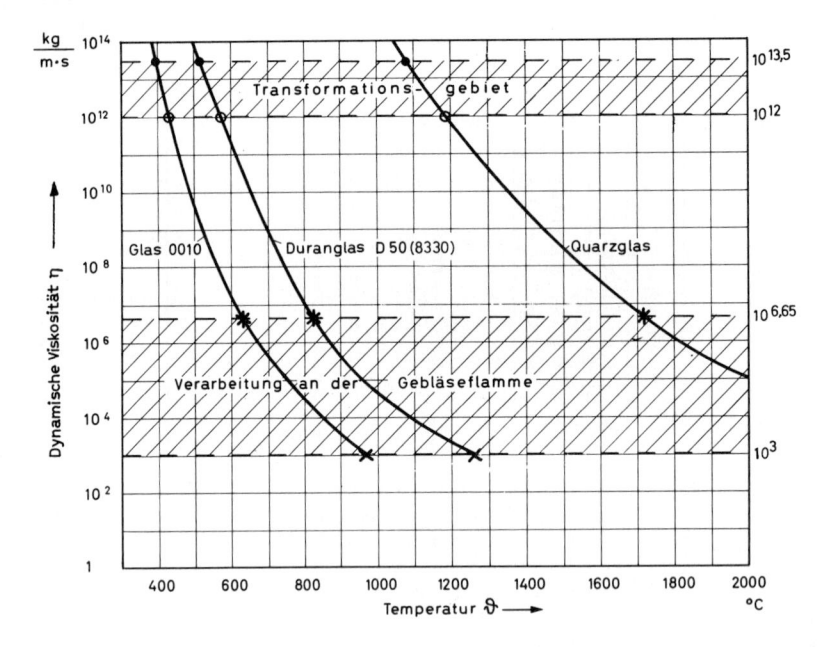

Bild 13.2 Dynamische Viskosität η des Weichglases 0010 (Corning Glass Werks, Corning, NY., USA), des Hartglases DURAN 50 (Jenaer Glaswerke Schott & Gen., Mainz) und von Quarzglas (Heraeus Quarzschmelze GmbH., Hanau) in Abhängigkeit von der Temperatur.

steht unter einem Hartglas ein Glas, dessen untere Kühltemperatur über etwa 500 °C liegt. In der Regel besteht zwischen den beiden so definierten Gläsern kein Unterschied.

Hartgläser haben im allgemeinen einen Stoffmengenanteil von mehr als 70% SiO_2, deshalb liegt das Transformations- und Arbeitsgebiet bei relativ hohen Temperaturen (s. Bild 13.2). Typische Vertreter von Hartglas sind in Deutschland Duranglas des Jenaer Glaswerkes Schott & Gen. und in Amerika das diesem etwa entsprechende Pyrexglas der Dow Corning Glass Works. Der Ausdehnungskoeffizient beider Gläser liegt bei etwa $\bar{\alpha} = 30 \cdot 10^{-7}$ K^{-1}.

Quarzglas

Quarzglas ist reines SiO_2-Glas. Wegen des kleinen Ausdehnungskoeffizienten $\bar{\alpha} = 5 \cdot 10^{-7}$ K^{-1} ist die Temperaturwechselbeständigkeit sehr gut. Die Temperaturen für das Verarbeitungs- und Transformationsgebiet sind die höchsten aller bekannten Gläser (s. Bild 13.2). Quarzglas kann danach im Dauerbetrieb bis etwa 1050 °C benutzt werden. Oberhalb 1100 °C entglast es mit der Zeit. Schon verhältnismäßig geringe Mengen von Alkalidämpfen setzen die Entglasungstemperatur wesentlich herab.

In den letzten Jahren wurden für die Halbleiter-Industrie sogenannte stabilisierte Quarzglasrohre entwickelt, die aus hochreinem SiO_2 mit einer äußeren stabilisierenden Schicht aus Cristobalit versehen sind und bis etwa $\vartheta = 1300$ °C verwendet werden können.

Sinterglas

Sinterglas ist fein gemahlenes Glas, welches nach dem Pressen zusammengesintert wird. Vorteile: man kann leicht beliebige Formen pressen. Durch geeignete Pulverwahl kann weiterhin praktisch jeder Ausdehnungskoeffizient, der mit Gläsern erreichbar ist, eingestellt werden.

Auskristallisierte Gläser

Auskristallisierte Gläser entstehen durch Zusatz von Kristallbildnern. Nach dem Formen, das wie beim gewöhnlichen Glas bei relativ tiefen Temperaturen erfolgt, wird durch weiteres Erhitzen Rekristallisation herbeigeführt. Die so erzeugten Stoffe haben bessere thermische (und meist auch bessere elektrische) Eigenschaften als das Ausgangsglas.

13.2.2.3 Verwendung von Glas in der Vakuumtechnik

Glas wird zum Bau von kleinen Quecksilberdiffusionspumpen und kleinen Öldiffusionspumpen verwendet sowie zur Herstellung von Glashähnen, Kühlfallen und Vakuummeßröhren, wie z.B. des McLeod-Vakuummeters und des U-Rohr-Manometers (s. Kapitel 11). Für Vakuumaufdampfapparaturen werden Glasglocken benötigt sowie vakuumdichte Schaugläser, wenn die Glocke aus Metall besteht. Hochvakuumdichte Stromdurchführungen aller Art werden mit Glas elektrisch isoliert.

Weichgläser werden vor allem wegen ihrer guten elektrischen Isoliereigenschaften sowie wegen ihrer geringen Durchlässigkeit für H_2 und He aus der Atmosphäre [auch bei höheren Betriebstemperaturen] verwendet. Die Durchlässigkeit von Bleiglas (s. Abschnitt 13.3.2), das zur Kategorie der Weichgläser gehört, beträgt nur etwa 1/10 000 der Durchlässigkeit üblicher technischer Hartgläser. Die niedrige Erweichungstemperatur der Weichgläser begrenzt ihre Verwendbarkeit in der Hochvakuumtechnik.

Vakuumtechnisch generell ungünstig ist das hartnäckige Haften von Wasserhäuten an Glasoberflächen, die für hochvakuumtechnische Anwendungen durch Erhitzen (Abflammen oder Ausheizen im Ofen) entfernt werden müssen. Dabei ist es unter Umständen erforderlich, bis nahe an die Erweichungstemperatur des Glases zu gehen.

Im Rahmen dieses Abschnittes ist es nicht möglich, auf die Einzelheiten der Glastechnologie einzugehen. Die obigen Hinweise müssen genügen. Im Literaturverzeichnis sind die bekanntesten Standardwerke zum weiterführenden Studium angegeben.

13.2.3 Keramische Werkstoffe

13.2.3.1 Allgemeines

Unter keramischen Werkstoffen werden sogenannte Silikatkeramiken, Reinoxidkeramiken und spezielle keramische Werkstoffe, die z.B. karbidhaltig sind, verstanden. Die Silikatkeramiken bestehen aus Mischungen anorganischer kristalliner Stoffe mit mehr oder weniger glasartigen Fluß- und Bindemitteln. Deshalb besitzen Silikatkeramiken genauso wie Gläser – denen sie in ihren sonstigen Eigenschaften ähnlich sind – keinen definierten Schmelzpunkt. Die Brenntemperatur liegt im Bereich $\vartheta_B = 1300 \ldots 1500\,°C$. Reinoxidkeramiken sind kristalline Stoffe. Sie besitzen daher wie Metalle einen definierten Schmelzpunkt; ihre Brenntemperatur liegt im Intervall $\vartheta_B = 1800 \ldots 2000\,°C$.

Für Vakuumzwecke eignen sich nur die sogenannten dichtgebrannten Scherben. Neben geeignet gewählter Brenntemperatur und Brenndauer ist dazu meist auch ein gutes Trocknen der Ausgangsmasse – am besten unter Vakuum – nötig. Durch Aufbringen einer Glasurschicht werden in der Regel auch nicht ganz dichtgebrannte Scherben vakuumdicht. Die Glasur wird nach Art der Emailtechnik als Hartglasur auf den getrockneten oder vorgebrannten Scherben oder als Weichglasur auf den fertiggebrannten Scherben aufgebracht.

Infolge des Schrumpfens beim Brand ist die Maßgenauigkeit von keramischen Körpern im allgeimenen nicht sehr groß. Von Ausnahmefällen abgesehen, können fertiggebrannte Keramikteile nur durch Schleifen bearbeitet oder mit der Diamantsäge geschnitten werden.

13.2.3.2 Eigenschaften der wichtigsten keramischen Werkstoffe

Silikat-Keramiken sind Porzellane (Massenanteile etwa 6 ... 8 % ungelöste Quarztrümmer, etwa 26 % Mullite und etwa 66 % Feldspatkieselsäuregläser), Steatite, Forrestite und Keramiken mit hohem Al_2O_3-Anteil. In den meisten Eigenschaften ähneln Silikat-Keramiken guten Hartgläsern, haben diesen gegenüber aber den Vorteil höherer Temperaturfestigkeit, besserer mechanischer und meist auch besserer elektrischer Eigenschaften. Fast alle Porzellane, Steatite und Forrestite können bis etwa $\vartheta = 1000$ °C, hoch Al_2O_3-haltige Keramiken bis etwa $\vartheta = 1350$ °C verwendet werden.

Reinoxid-Keramiken sind Aluminium-, Magnesium-, Beryllium- und Zirkoniumoxid. Am wichtigsten davon ist für Vakuumzwecke Aluminiumoxid (Al_2O_3). Gegenüber Silikat-Keramiken zeichnet sich dieses vor allem durch höhere Temperaturfestigkeit (maximale Verwendungstemperatur $\vartheta = 1800$ °C), durch eine sehr gute Temperaturwechselbeständigkeit sowie durch bessere mechanische und elektrische Eigenschaften aus.

Glaskeramik – darunter versteht man eine kristalline Keramik, die aus dem normalen amorphen Zustand mittels kristallbildender Zusätze und Wärmebehandlung in die kristalline Struktur übergeführt wurde. Diese Keramik zeichnet sich vor allem dadurch aus, daß sie im gebrannten Zustand mit üblichen Werkzeugen maschinell bearbeitet werden kann [7]. Das Material ist unter dem Namen „Macor" im Handel und hat die Nummer Corning 9658. Sein mittlerer thermischer Ausdehnungskoeffizient ist gleich dem handelsüblicher technischer Weichgläser (s. Tabelle 13.2). Die max. Arbeitstemperatur beträgt 1000 °C. „Macor" läßt sich metallisieren und wird für Stromdurchführungen, zur Herstellung elektrischer Isolatoren und – allgemeiner – vakuumdichter keramischer Formkörper verwendet.

Saphir ist monokristallines Al_2O_3 und zeichnet sich durch eine hohe Strahlendurchlässigkeit (im UV und Infrarot) aus. Saphirscheiben werden als ausheizbare Einblickfenster verwendet (s. Abschnitt 14.4.4).

13.2.3.3 Verwendung von Keramik in der Vakuumtechnik

Keramiksorten, die im wesentlichen aus Al_2O_3 bestehen, werden heute z.B. als Werkstoff für thermisch und elektrisch hoch beanspruchte Leistungselektronenröhren (Senderöhren) oder Vakuumkammern in Beschleunigern verwendet. Die einzelnen Bauteile sind durch Einbrennen (Sintern) gewonnene Formteile, die auch ohne Glasierung vakuumdicht sind. Korrosionsfeste Dampfstrahler werden heute ebenfalls aus Keramik hergestellt.

Besondere Bedeutung hat Keramik als elektrische Isolierung von Stromdurchführungen gewonnen, die hochausheizbar sind (500 °C und mehr) und die bei hohen Betriebstemperaturen arbeiten. Auch hier wiederum wird die Oxidkeramik mit hohem Al_2O_3-Gehalt (Stoffmengenanteil $> 92\,\%$) vorzugsweise verwendet. Die Technik der vakuumdichten, permanenten Keramik-Metall-Verbindung ist als Molybdän-Mangan- und als Titan-Hydrid-Verfahren bekannt geworden; über Einzelheiten dieser wichtigen Verfahren wird im Abschnitt 14.1.4 berichtet, sowie ganz ausführlich in den in Abschnitt 13.5 angegebenen Standardwerken.

13.2.3.4 Zeolith

Neuerdings haben die in der chemischen Industrie in großem Maßstab als Trockenmittel verwendeten künstlichen Zeolithe auch in der Vakuumtechnik Eingang gefunden. Es sind dies poröse Aluminiumoxid-Silikate mit Alkali-Metallen. Die künstlich hergestellten Stoffe unterscheiden sich von den natürlich vorkommenden durch eine einheitliche Porengröße. Zeolithe dienen in der Vakuumtechnik nicht nur zur Adsorption von Wasserdampf, sondern auch von Öldämpfen (Kohlenwasserstoffen) und einer Reihe von Gasen. Die Adsorptionswirkung wird durch Kühlung des Zeoliths auf die Temperatur des flüssigen Stickstoffs besonders erhöht. Das Material kann durch Erwärmen völlig regeneriert werden. Sogenannte Zeolith-Pumpen werden zum Vorevakuieren von Ionen-Getterpumpen verwendet (s. Kapitel 8).

13.2.4 Kunststoffe

13.2.4.1 Allgemeines

In der Vakuumtechnik werden Elastomere, Thermoplaste und Duroplaste vor allem für Dichtungszwecke verwendet. In Elastomeren sind die fadenförmigen Makromoleküle durch mehr oder weniger starke chemische Bindungen miteinander verknüpft. Zur Erzeugung bestimmter Eigenschaften enthalten die Elastomere in der Regel mehr oder weniger Zusatzstoffe (Weichmacher, Füllstoffe u.ä.). In Thermoplasten sind die Makromoleküle fadenförmig gestaltet. Vielfach enthalten Thermoplaste sogenannte Weichmacher, welche die Bindungskräfte zwischen den Molekülfäden herabsetzen. In Duroplasten sind die Molekülgruppen räumlich vernetzt.

13.2.4.2 Eigenschaften der wichtigsten Kunststoffe (Tabelle 13.3)

Elastomere sind Werkstoffe mit gummiähnlichen Eigenschaften. Ihre hervorstechendste Eigenschaft ist demnach, daß sie sich bei Druck- und Zugbeanspruchung leicht verformen lassen, wobei das Gesamtvolumen des Kunststoffkörpers nicht verändert wird. Bei Aufhören der Druck- und Zugbeanspruchung nimmt der Kunststoff wieder seine ursprüngliche Form an. Die gummiartigen Elastomere sind deshalb für Dichtungen besonders geeignet. Für diesen Zweck werden heute hauptsächlich synthetischer Kautschuk (Perbunan o.ä.), Silikongummi und Viton verwendet, während die Verwendung von Naturgummi wegen der geringen Öl- und Abriebfestigkeit stark zurückgegangen ist.

Thermoplaste sind bei Normaltemperatur, da die einzelnen Makromolekülfäden ineinander verschachtelt sind, mehr oder weniger hart. Bei höheren Temperaturen (Größenordnung 100 °C) nimmt die Beweglichkeit der Makromolekülfäden gegeneinander zu, so daß der Kunststoff plastisch verformbar wird. Thermoplaste mit kurzen Molekülfäden sind auch bei Raumtemperatur klebrig weich, solche mit langen Makromolekülfäden werden durch Weichmacherzusatz je nach der Zugabemenge und Zugabeart zähweich, elastisch oder weichgummiartig.

Duroplaste sind infolge der Vernetzung der einzelnen Molekülgruppen im allgemeinen auch bei höheren Temperaturen (Größenordnung 100 °C) hart. Für Vakuumzwecke werden hauptsächlich *Epoxidharze* verwendet, die unter dem Handelsnamen Araldit bekannt sind. Dies sind thermisch irreversible Kitte, die aus einer Harzlösung und einem Härter bestehen. Beide Bestandteile werden getrennt aufbewahrt und erst unmittelbar vor der Herstellung der Verbindung zusammengebracht. Epoxidharze haften gut an Metallen, Glas und Keramik, sie sind mechanisch sehr fest und je nach Art der verwendeten Komponenten auch thermisch bis über 100 °C belastbar. Kalthärtende Epoxidharze sind bis zu Betriebstemperaturen von etwa 100 °C, heißhärtende Epoxidharze bis etwa 180 °C verwendbar. Die Gasabgabe ausgehärteter und trockener Kittungen mit Epoxidharzen ist sehr gering und etwa gleich der Gasabgabe der Kunststoffe Teflon und Hostaflon. Kittungen mit Epoxidharzen werden beispielsweise zum hochvakuumdichten Ankitten von Fenstern aller Art oder zur Verbindung von PVC-Vakuumschläuchen mit metallischen Anschlußflanschen angewendet. Auch bei der Herstellung von Vakuumkammern für Beschleuniger können sie verwendet werden, vorausgesetzt, daß das Betriebsvakuum nicht extrem niedrig sein muß ($p > 10^{-6}$ mbar).

Tabelle 13.3 Vakuumtechnisch gebräuchliche Elastomere* und Thermoplaste**

Kurzzeichen (DIN ISO 1629)	Erläuterung	Handelsname	besondere kennzeichnende Eigenschaften	Verwendung in der Vakuumtechnik
1. Gummi NR	Naturkautschuk			flexible Verbindung, dickwandiger Gummischlauch
2. PVC weich**	hochpolymeres Polyvinilchlorid		chemisch resistent, niedriger Preis	flexible Verbindung, Vakuumschlauch zur Verwendung im Grob- und Feinvakuum
3. NBR	Acryl-nitril-butadien Kautschuk	Perbunan N	resistent gegen Öl, gute mechanische Eigenschaften, niedriger Preis	allgemein im Hochvakuum verwendetes Dichtungsmaterial; Dichtringe; Temperaturbereich $-25\,°C$ bis $+80\,°C$
4. CR*	Polychlorbutadien	Neoprene	wie 3	wie 3
5. MVQ	Silikonkautschuk	Silopren	temperaturbeständig bis maximal $150\,°C$ dauernd	nur noch selten verwendet bei Temperaturen bis $150\,°C$
6. FPM*	Vinylidenfluorid-Hexafluorpropylen-Copolymerisate (Fluorkautschuk)	Viton	temperaturbeständig von $-10\,°C$ bis $+200\,°C$	in der Ultrahochvakuumtechnik weitgehend verwendet als Dichtungsmaterial zwischen ausheizbaren Flanschen (Dichtringe)
7. PTFE*	Polytetrafluoräthylen	Teflon Hostaflon Halon	temperaturbeständig bis maximal $300\,°C$, (unbelastet) sehr geringe Gasabgabe	als Balgmaterial im Hoch- und Ultrahochvakuum
8. CFM* (PCTFE)	Polytrifluorchloräthylen	Kel F	ähnlich wie 7 temperaturbeständig bis $50\,°C$ unter Last	Ventildichtung in Ventilen der Tieftemperaturtechnik
9. –	Copolymer von Tetrafluoräthylen Perfluormethylvinyläther	Kalrez [9]	hohe Temperaturbeständigkeit ($300\,°C$) und chemische Beständigkeit	O-Ringe, Schläuche, Platten

Zur Gasdurchlässigkeit und Gasabgabe gummielastischer Werkstoffe (Elastomere) siehe die Abschnitte 13.3 und 13.4.

13.2.5 Fette

Vakuumfette werden heute praktisch nur mehr beim Zusammenbau von Vakuumapparaturen aus Glas benötigt. Zum Fetten von Hähnen und Schliffen verwendet man aus schweren Kohlenwasserstoffen bestehende Apiezonfette oder (bei höheren Betriebstemperaturen) Silikonfette. Alle Fette müssen einen niedrigen Dampfdruck haben (s. Bild 16.6) und eine dem Verwendungszweck angepaßte Viskosität, zwei Forderungen, die gleichzeitig nicht immer erfüllbar sind. Die Gasabgabe ins Vakuum kann beträchtlich sein. Fette sollten deshalb stets nur in sehr dünner Schicht aufgetragen werden, um eine raschere Entgasung zu erreichen. (Zur Frage des Fettens von Dichtungsringen siehe Kapitel 15.)

13.2.6 Öle

Öle spielen in der Vakuumtechnik als Schmier- und Dichtungsmittel und als Treibmittel für Öldiffusionspumpen eine große Rolle. Man verwendet Kohlenwasserstofföle und Silikonöle. An die Qualität aller Öle werden je nach dem Verwendungszweck mehr oder weniger hohe Anforderungen gestellt. Während bei Ölen, die als Schmier- und Dichtungsmittel in Dreh- oder Sperrschieberpumpen dienen, der Dampfdruck bei Zimmertemperatur keine besonders entscheidende Rolle spielt, sondern vor allem die Schmiereigenschaften (Viskosität) wichtig sind, müssen Öle zum Betrieb von Diffusionspumpen vielen strengen Forderungen genügen. So müssen diese Öle einen niedrigen Dampfdruck bei Zimmertemperatur (s. Bild 16.5) und eine hohe thermische Stabilität besitzen. Diese Öle müssen in heißem Zustand möglichst resistent gegenüber dem Luftsauerstoff sein, eine hohe relative Molekülmasse (Molekulargewicht) besitzen, nicht brennbar und nicht toxisch sein. Auch der Preis der Öle spielt eine beträchtliche Rolle.

Hier sei auf das Spezialöl mit dem Handelsnamen „Fomblin" verwiesen [8]; es ist ein Perfluorpolyäthylen (PFPE), dessen Molekül kein Wasserstoffatom enthält. Es zeichnet sich im Gegensatz zu üblichen Mineralölen durch eine besonders hohe chemische Resistenz und durch sehr niedrigen Dampfdruck aus, der allerdings von der jeweiligen Fraktion abhängt. Das Öl wird je nach Fraktion in Rotationsvakuumpumpen und Diffusionspumpen auch zum Abpumpen aggressiver Dämpfe und von Sauerstoff verwendet. Der hohe Preis dürfte die Verwendung von „Fomblin" auf Spezialfälle beschränken.

13.2.7 Gase

Atmosphärische trockene Luft, technisch reiner Stickstoff und Argon werden vorzugsweise für vakuumtechnische Messungen, wie etwa zur Messung des Saugvermögens und zum Kalibrieren von Meßgeräten verwendet. Stickstoff dient auch als Spülgas. Argon und Wasserstoff sind bevorzugte Schutzgase. Zur Lecksuche (s. Kapitel 12) an Hoch- und Ultrahochvakuumgeräten und an Bauelementen wird fast ausschließlich Helium verwendet. Wenn es nicht auf höchste Empfindlichkeit ankommt (Grob- und Feinvakuum), findet zur Lecksuche Frigen (CCl_2F_2, Freon 12) als Testgas Verwendung.

13.2.8 Kühlmittel

Große mechanische Pumpen, Diffusionspumpen und bestimmte Typen von Ölfängern werden mit Wasser gekühlt (Kühltemperatur etwa $+10\,°C$). Mit ein- oder zweistufigen handelsüblichen Kühlaggregaten erhält man Kühltemperaturen von etwa $-20\,°C$ bis $-40\,°C$.

Weite Anwendung findet nach wie vor die Kühlung mit flüssigem Stickstoff (Siedepunkt $T_s = 77\,K$, $\vartheta_s = -196\,°C$) und in der Kryotechnik die Kühlung mit flüssigem Helium (Siedepunkt $T_s = 4{,}2\,K$) in sogenannten Badkryostaten. Verdampferkryostaten werden mit Heliumkaltgas gespeist, das aus einem Vorrat von Helium abgedampft wird. Flüssige Luft wird aus Sicherheitsgründen heute nur noch selten verwendet. Ein Vorrat von flüssiger Luft reichert sich beim Stehen mit flüssigem Sauerstoff an, da frisch hergestellte flüssige Luft eine zwischen dem Siedepunkt des Stickstoffs ($-196\,°C \,\widehat{=}\, 77\,K$) und dem Siedepunkt des Sauerstoffs ($-183\,°C \,\widehat{=}\, 90\,K$) liegende Temperatur hat, so daß der Stickstoff rascher verdampft. Die Mischung wird also beim Stehen reicher an Sauerstoff und stellt so eine Gefahrenquelle dar. Ebenfalls aus Sicherheitsgründen wird die Verwendung von flüssigem Wasserstoff (Siedetemperatur $-253\,°C \,\widehat{=}\, 20\,K$) als Kühlmittel, wenn irgend möglich, vermieden.

13.3 Gasdurchlässigkeit

Die Frage nach der Gasdichtheit bzw. nach der Gasdurchlässigkeit einer Gefäßwand stellt sich bei allen Werkstoffen, die für Umhüllungen, Behälter und Abdichtungen verwendet werden. Sie betrifft somit metallische und nichtmetallische Feststoffe in gleicher Weise. Der Gesamtvorgang des Durchganges von Gasen durch feste Stoffe wird auch als Permeation bezeichnet. Diese besteht aus den Einzelvorgängen Adsorption an der Wandoberfläche an der Seite hohen Drucks, Diffusion durch die Wand und Desorption von der Wandoberfläche an der Seite niedrigen Druckes.

Die Gasdurchlässigkeit wurde für zahlreiche Stoffkombinationen Gas-Festkörper gemessen. Sie hängt stark von der Temperatur ab.

Es gilt folgende *praktische Regel*: Bei üblichen Wanddicken, die schon aus Festigkeitsgründen einzuhalten sind, sind die üblichen Werkstoffe (s. Tabelle 13.1), also z.B. Metalle und Gläser, luftundurchlässig. Dies gilt auch noch bei Temperaturen von einigen hundert Grad Celsius. Allerdings muß die Voraussetzung erfüllt sein, daß das Material fehlerfrei ist, also keine Poren oder Leckkapillaren besitzt (Poren können z.B. bei gegossenen Formstücken, Leckkapillaren bei gewalztem Material auftreten).

Die Gasdurchlässigkeit einer Wand ist quantitativ durch den sogenannten Permeationsgasstrom q gegeben, der proportional der Wandfläche A und in guter Näherung umgekehrt proportional der Wanddicke d ist:

$$q \propto \frac{A}{d}. \tag{13.1}$$

q hängt außerdem — in nicht immer durch eine einfache Funktion darstellbarer Weise — von der Wandtemperatur $T - f_1(T)$ — und von den Drücken p_1 und p_2 des durchgelassenen Gases zu beiden Seiten der Wand — $f_2(p_1, p_2)$ — ab, so daß

$$q = f_1(T) \cdot f_2(p_1, p_2) \cdot \frac{A}{d}. \tag{13.2}$$

Der Permeationsgasstrom q wird meist als pV-Stromstärke q_{pV} (vgl. Kapitel 4) in der Einheit mbar·ℓ·s^{-1} oder Pa·m^3·s^{-1} (oder Torr·ℓ·s^{-1}) angegeben, gelegentlich auch als Volumenstromstärke q_{V_n} des Gases im Normzustand (s. Abschnitt 2.1) in cm^3 $(T_n, p_n) \cdot$ s^{-1}. Häufig wird ein „bezogener Permeationsgasstrom"

$$\bar{q}_{\text{Perm}} = q_{pV} \cdot \frac{d}{A(p_1 - p_2)} \tag{13.3}$$

angegeben, wobei die Bezugswerte $A = 1$ m^2, $d = 1$ mm, $p_1 - p_2 = 1013{,}25$ mbar (= 1 bar) gewählt werden, also

$$[\bar{q}_{\text{Perm}}] = \text{mbar} \cdot \ell \cdot \text{s}^{-1} \frac{\text{mm}}{\text{m}^2 \text{ bar}}.$$

Gl. (13.3) entspricht der Definitionsgleichung der elektrischen bzw. der Wärmeleitfähigkeit (Gl. (2.82)) so daß in Analogie $\bar{q}_{\text{Perm}}$ als „Permeationsleitfähigkeit" bezeichnet werden kann.

Die Permeabilitätsleitfähigkeit $\bar{q}_{\text{Perm}}$ ist nach Gl. (13.2) i.a. von Druck und Temperatur abhängig (ebenso wie elektrische und Wärmeleitfähigkeit von der Temperatur und anderen Größen abhängen können).

13.3.1 Gasdurchlässigkeit von Metallen

Die Permeationsleitfähigkeit, also der pV-Strom, bezogen auf eine Wandfläche $A = 1\,\text{m}^2$ und eine Wanddicke $d = 1$ mm für $p_1 = 1013$ mbar, $p_2 = 0$ mbar, ist für eine Reihe von Metall-Gas-Systemen als Funktion der Temperatur in Bild 13.3 angegeben (vgl. auch Bild 16.15).

Wie man sieht, ist bei Zimmertemperatur die Gasdurchlässigkeit sehr gering. Am leichtesten durchdringt im allgemeinen Wasserstoff die Metalle. Am ausgeprägtesten ist diese Erscheinung beim Palladium. Geheizte Palladiumrohre werden deshalb auch zum Einlaß von Wasserstoff in Vakuumsysteme verwendet. Da praktisch kein anderes Gas durchgelassen wird, ist es auf diese Weise auch möglich, höchstreinen Wasserstoff herzustellen. Dies geschieht mit Hilfe sogenannter Palladium-Permeationszellen. Silber zeigt eine bemerkenswert große Sauerstoffdurchlässigkeit, die gelegentlich zum Einlaß von Sauerstoff in Vakuumsysteme benutzt wird. Da in der Atmosphäre wenig Wasserstoff vorhanden ist (s. Tabelle 16.4), stört die Wasserstoffdurchlässigkeit von Eisen im Normalfall kaum. An wassergekühlten Wänden entsteht bei der Korrosion atomarer Wasserstoff, der dann durch das Eisen dringt. Bei Verwendung rostbeständiger Stähle wird diese Erscheinung weitgehend vermieden, da einmal die Korrosion gering ist und zudem die Wasserstoffdurchlässigkeit solcher Stähle geringer ist als die von Normalstahl oder Eisen.

Dennoch ist diese, insbesondere bei höheren Temperaturen, keineswegs vernachlässigbar. In der Kernfusionstechnologie wird die Permeation der Wasserstoff-Isotope Deuterium

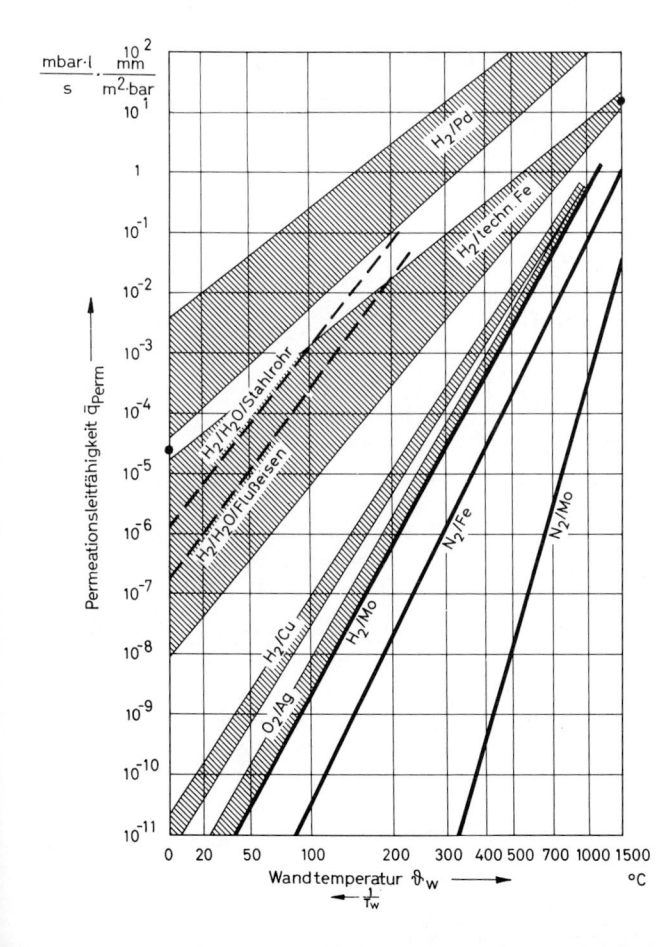

Bild 13.3

Permeationsleitfähigkeit $\bar{q}_{\text{perm}}$ verschiedener Gase durch Metalle in Abhängigkeit von der Wandtemperatur, d.h. Permeations-pV-Gasstrom, bezogen auf eine Wandfläche $A = 1\,\text{m}^2$ und eine Wandstärke $d = 1$ mm, wobei auf der einen Seite der Wand ein Druck $p_1 = 1013$ mbar herrscht, auf der anderen Seite der Druck $p_2 = 0$ ist. Zur Berechnung des Gasstromes q_{pV} für andere Wandflächen und Wandstärken sind (Gl. (13.3)) die $\bar{q}_{\text{perm}}$-Werte des Diagramms mit A/d zu multiplizieren (A in m^2, d in mm).

Die Abszissenteilung entspricht einer Auftragung von $\dfrac{1}{T_W}$ nach links.

13 Werkstoffe

und Tritium durch legierte Stähle und permeationshemmende Schichten solcher Stähle eingehend und quantitativ untersucht [12].

13.3.2 Gasdurchlässigkeit von Gläsern und Keramiken

Die Permeationsleitfähigkeit $\bar{q}_{\text{perm}}$ ist für verschiedene Gläser und Gase in Bild 13.4 angegeben. Bemerkenswert ist vor allem die große Gasdurchlässigkeit von Quarzglas für Helium. Mit abnehmendem SiO_2-Gehalt sinkt die Gasdurchlässigkeit für Helium, die so für Weichgläser in der Regel niedriger als für Hartgläser ist. Über die Gasdurchlässigkeit von Keramiken liegen bisher wenig quantitative Messungen vor. Bei höheren Temperaturen scheint vor allem Wasserstoff hindurchgelassen zu werden.

Für Nichtmetalle ist der Permeationsgasstrom q_{pV} der Druckdifferenz $p_1 - p_2$ proportional, es gilt das „Ohmsche Gesetz"

$$q_{pV} = \bar{q}_{\text{perm}}(T) \cdot (p_1 - p_2) \cdot \frac{A}{d}, \tag{13.4}$$

so daß sich aus den Werten $\bar{q}_{\text{perm}}$ in Bild 13.4 der Permeationsgasstrom nicht nur für andere Wandflächen A und andere Wanddicken d berechnen läßt, sondern auch für Druckdifferenzen $\Delta p = (p_1 - p_2)$, die von 1013 mbar $\approx$ 1 bar verschieden sind.

Beispiel 13.1: Bei Zimmertemperatur wird die Gasdurchlässigkeit von Quarzglas für atmosphärische Luft im wesentlichen durch deren Heliumgehalt bestimmt. Der Partialdruck von Helium in Luft beträgt (s. auch Tabelle 16.4) $5,3 \cdot 10^{-3}$ mbar. Nach Bild 13.4 ist für $\vartheta = 20$ °C die Permeationsleitfähigkeit $\bar{q}_{\text{perm}} = 5 \cdot 10^{-5}$ (mbar $\cdot$ ℓ $\cdot$ s^{-1}) $\cdot$ (mm $\cdot$ m^{-2} $\cdot$ bar^{-1}) und nach Gl. (13.4) der He-Permeationsgasstrom q_{pV} durch die Fläche $A = 0,5$ m^2 bei der Wanddicke $d = 2$ mm durch die Wand (der „Leckstrom")

$$q_{pV} = 5 \cdot 10^{-5} \frac{\text{mbar} \cdot \ell}{\text{s}} \frac{\text{mm}}{\text{m}^2 \, \text{bar}} \cdot 5,3 \cdot 10^{-3} \, \text{mbar} \cdot \frac{0,5 \, \text{m}^2}{2 \, \text{mm}} = 6,6 \cdot 10^{-11} \frac{\text{mbar} \cdot \ell}{\text{s}}.$$

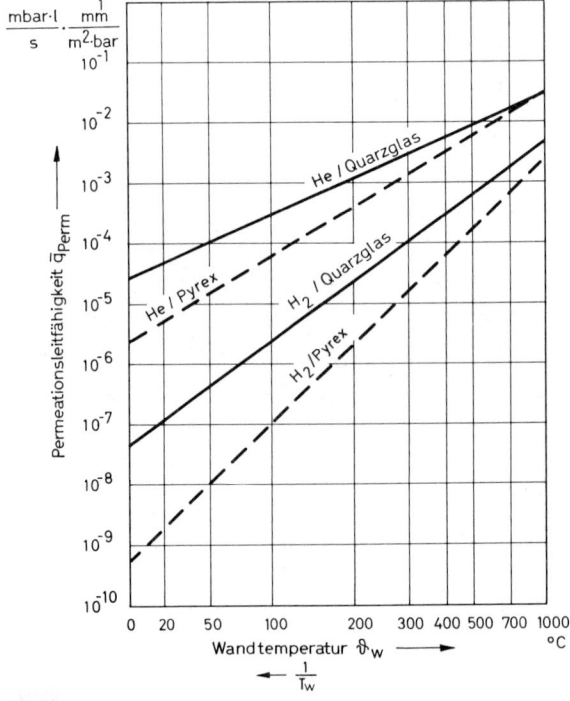

Bild 13.4
Permeationsleitfähigkeit $\bar{q}_{\text{perm}}$ für verschiedene Gläser und Gase in Abhängigkeit von der Wandtemperatur. Zur Berechnung des Gasstromes q_{pV} für andere Wandflächen A, Wanddicken d und Druckunterschiede Δp sind (Gl. (13.4)) die $\bar{q}_{\text{perm}}$-Werte des Diagramms mit dem Faktor $(A/d) \cdot \Delta p$ zu multiplizieren (A in m^2, d in mm, Δp in bar).
Die Abszissenteilung entspricht einer Auftragung von $\frac{1}{T_w}$ nach links.

13.3.3 Gasdurchlässigkeit von Kunststoffen [4]

Die Gasdurchlässigkeit von Kunststoffen (s. Bild 13.5) hängt naturgemäß sehr stark von der Kunststoffart und Zusatzstoffen im Kunststoff ab. Meistens steigt die Durchlässigkeit für atmosphärische Luft stark mit zunehmender Luftfeuchte. Leider liegen bisher wenig quantitative Messungen vor. Vorläufige Kurven für die Luftdurchlässigkeit einer Wand der Fläche $A = 1\ m^2$ und der Dicke $d = 1\ mm$ bei einem Druckunterschied $\Delta p = 1\ bar$ und einer relativen Luftfeuchte $f_r = 60\,\%$ zeigt für die gebräuchlichsten Gummisorten Bild 13.5. Bei Epoxidharzen beträgt die Permeationsleitfähigkeit für Wasserdampf und Raumtemperatur etwa $\bar{q}_{perm} = 10^{-1}\ mbar\cdot \ell \cdot s^{-1}\cdot mm\cdot m^{-2}\cdot bar^{-1}$.

Beispiel 13.2: Ein Rundschnurring der Länge $l = 1\ m$ vom ursprünglichen Durchmesser $d_0 = 5\ mm$, im gequetschten Zustand also der ungefähren Höhe $h = 2{,}5\ mm$ und der ungefähren Dicke $d = 8\ mm$, hat die Permeationsfläche $A = 1\ m \cdot 2{,}5\ mm = 2{,}5 \cdot 10^{-3}\cdot m^2$. Nach Bild 13.5 ist für Perbunan bzw. Viton bzw. Silikongummi die Permeationsleitfähigkeit $\bar{q}_{perm} = 2\cdot 10^{-2}$ bzw. $3\cdot 10^{-3}$ bzw. $3\cdot 10^{-1}$ $(mbar\cdot \ell \cdot s^{-1}) \cdot (mm\cdot m^{-2}\cdot bar^{-1})$, so daß durch den Dichtring aus der Atmosphäre nach Gl. (13.3) die Gasströme (Leckströme)

für Perbunan
$$q_{pV} = 2\cdot 10^{-2}\ \frac{mbar\cdot \ell}{s} \cdot \frac{mm}{m^2\ bar} \cdot 1\ bar \cdot \frac{2{,}5\cdot 10^{-3}\ m^2}{8\ mm} =$$
$$= 6{,}25\cdot 10^{-6}\ \frac{mbar\cdot \ell}{s}$$

für Viton $\qquad q_{pV} = 9{,}4\cdot 10^{-7}\ \dfrac{mbar\cdot \ell}{s}$

für Silikongummi $\qquad q_{pV} = 9{,}4\cdot 10^{-5}\ \dfrac{mbar\cdot \ell}{s}$

in den Vakuumbehälter einfließen.

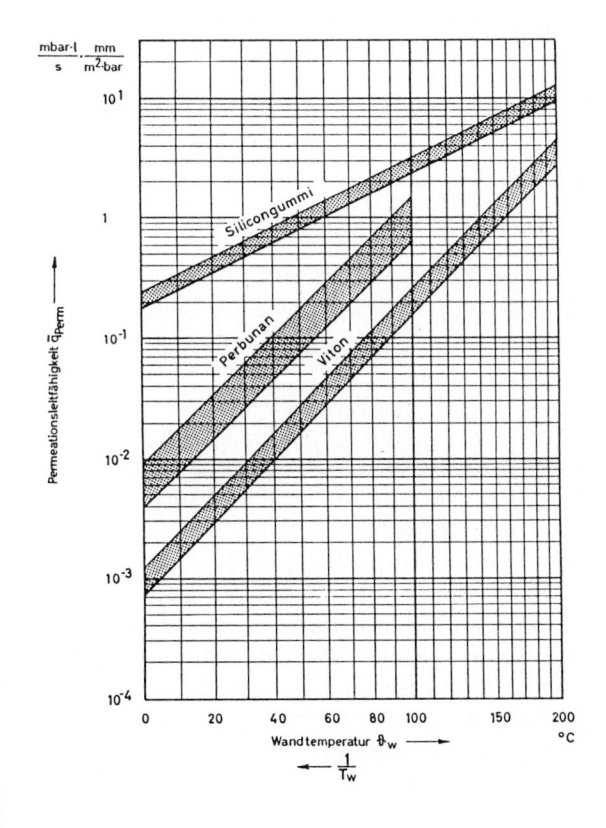

Bild 13.5

Permeationsleitfähigkeit $\bar{q}_{perm}$ für verschiedene gummielastische Stoffe, die als Dichtmittel verwendet werden, und für atmosphärische Luft, in Abhängigkeit von der Wandtemperatur. Für andere Werte von A, d und Δp sind (Gl. (13.4)) die $\bar{q}_{perm}$-Werte des Diagramms mit $(A/d)\cdot \Delta p$ zu multiplizieren (A in m^2, d in mm, Δp in bar). (Frdl. Mitteilung von W. Beckmann, Fa. Carl Freudenberg, Weinheim/Bergstraße.) Die Abszissenteilung entspricht einer Auftragung von $\dfrac{1}{T_W}$ nach links.

13 Werkstoffe

Zusammenfassend kann man sagen:

Metallische Wände üblicher Wanddicken (einige Millimeter) sind bei Zimmertemperatur, aber auch noch darüber, für Luft undurchlässig.

Quarz- und Hartgläser sind bei Zimmertemperatur für Helium und — in geringerem Maße — für Wasserstoff durchlässig. Hierauf ist in der UHV-Glastechnik besonders zu achten.

Kunststoffe, die vorzugsweise zum Abdichten von Flanschverbindungen und Ventilverschlüssen verwendet werden, sind für Helium durchlässig. Darauf ist besonders bei der Dichtheitsprüfung (Lecksuche) an Apparaturen und Anlagen zu achten (Abschnitte 12.3.7 und 12.4.5).

13.4 Gasabgabe

Jeder Festkörper, der ins Vakuum gebracht wird, gibt Gas ab. Für diese Gasabgabe sind drei Quellen möglich:

a) der Eigendampfdruck des Festkörpers (Abschnitt 2.6),
b) die Desorption von Gasen die an der Oberfläche des Festkörpers adsorbiert sind (Abschnitt 3.2.2),
c) die Diffusion gelöster oder absorbierter Gase aus dem Inneren des Festkörpers (Abschnitt 3.5).

13.4.1 Sättigungsdampfdruck (s. auch Abschnitt 2.6)

Jeder Stoff verdampft und steht im abgeschlossenen System mit seiner Dampfphase im thermodynamischen Gleichgewicht. Der sich dabei einstellende Dampfdruck p_s heißt Eigendampfdruck oder auch Sättigungsdampfdruck. Die flächenbezogene Verdampfungsrate ist um so höher, je höher die Temperatur des Stoffes ist. Damit steigt auch der Sättigungsdampfdruck mit der Temperatur an. Die flächenbezogene Teilchenverdampfungsrate ist durch Gl. (2.94), die flächenbezogene Massenverdampfungsrate durch Gl. (2.97) gegeben; für diese ergibt sich die Zahlenwertgleichung

$$(j_m)_{max} = 0{,}438 \; \sigma_K \sqrt{\frac{M_r}{T}} \cdot p_s(T); \tag{13.5}$$

j_m in kg·m^{-2}·s^{-1}, T in K, p_s in mbar. M_r ist die relative Molekülmasse (Molekulargewicht) des Stoffes, σ_K die Kondensationswahrscheinlichkeit (vgl. Abschnitt 2.6.1 und Tabelle 16.7).

Gl. (13.5) nach p_s aufgelöst ergibt:

$$p_s(T) = 2{,}28 \; \frac{1}{\sigma_K} \cdot \sqrt{T/M_r} \; (j_m)_{max}. \tag{13.6}$$

Für die Vakuumtechnik ist der Zusammenhang zwischen Sättigungsdampfdruck und Temperatur von besonderer Bedeutung. Er ist durch die Sättigungsdampfdruckkurve gegeben. Die Dampfdruckkurven der vakuumtechnisch wichtigsten Metalle sind in Bild 16.3 zusammengestellt. Hinzugenommen sind die wegen ihres hohen Eigendampfdruckes in der Vakuumtechnik zu meidenden Metalle Magnesium, Kadmium und Zink. Diese Metalle treten häufig als Bestandteile gebräuchlicher Legierungen auf. Sie dampfen dann bei entsprechenden Temperaturwerten im Vakuum infolge ihres hohen Dampfdruckes aus. Sie verschlechtern u.U. das Vakuum und verunreinigen die Apparatur. Ergänzend gibt die Tabelle 13.4 die Temperaturen an, bei denen die betreffenden Werkstoffe einen Sättigungsdampfdruck $p_s = 10^{-5}$ Torr haben. Außerdem sind die Schmelzpunkte eingetragen.

Tabelle 13.4 Schmelztemperatur ϑ_E und Temperatur $\vartheta\,(10^{-5})$ beim Dampfdruck $p_d = 10^{-5}$ Torr $= 1{,}33 \cdot 10^{-5}$ mbar für einige vakuumtechnisch wichtige Werkstoffe. Bei den mit *) gekennzeichneten Stoffen ist $\vartheta\,(10^{-5}) > \vartheta_E$

Werkstoff	ϑ_E/°C	$\vartheta\,(10^{-5})$/°C
Quecksilber*)	-39	-15
Kadmium	321	145
Zink	419	210
Magnesium	650	280
Blei*)	327	500
Indium*)	156	650
Silber	961	785
Zinn*)	232	850
Aluminium*)	659	895
Kupfer	1083	955
Stahl (Eisen)	1535	1045
Nickel	1453	1050
Gold*)	1063	1090
Titan	1690	1327
Molybdän	1622	1930
Tantal	2696	2400
Wolfram	3382	2570

Tabelle 13.4 zeigt, daß zwischen Sättigungsdampfdruck und Schmelzpunkt kein eindeutiger Zusammenhang besteht. Die mit *) bezeichneten Metalle erreichen Sättigungsdampfdruck 10^{-5} Torr erst im geschmolzenen Zustand. Die Verwendung von Zinn in der Vakuumtechnik ist wegen des niedrigen Schmelzpunktes dieses Metalles allerdings eingeschränkt.

Bei den festen und flüssigen Nichtmetallen, die in der Vakuumtechnik eine Rolle spielen, also bei Gläsern, Keramiken, Fetten und Ölen handelt es sich um chemisch relativ kompliziert aufgebaute Substanzen, die aus Molekülgruppen unterschiedlicher molarer Masse bestehen. Es kann daher nicht, wie bei den reinen Metallen, von einem Dampfdruck des betreffenden Stoffes schlechthin gesprochen werden, wie dies z.B. beim Dampfdruck des Quecksilbers der Fall ist, sondern lediglich vom Dampfdruck bestimmter Molekülgruppen, die je nach der Temperatur vorherrschend den gemessenen Dampfdruck bestimmen. In diesem Sinne sind die in den Diagrammen (s. Bilder 16.4 bis 16.7) angegebenen Dampfdruckkurven zu verstehen. Die Kurven dieser Bilder beziehen sich auf sorgfältig entgaste Materialien, worauf bei diesen besonders zu achten ist, wenn nicht die Eigengasabgabe dieser Stoffe durch die oft überwiegende Fremdgasabgabe (siehe unten) überdeckt werden soll.

Bei technischen Gläsern, Keramiken und Quarz handelt es sich um amorphe bis kristalline Netzwerke verschiedener Oxide, deren „Dampfdruck" auch bei höheren Temperaturen niedrig und daher vakuumtechnisch ohne Bedeutung ist. Anders verhält es sich mit dem „Dampfdruck" von gummielastischen Werkstoffen, Fetten, Harzen und Ölen.

13.4.2 Desorption von der Oberfläche (s. auch Abschnitt 3.2.2)

Jede Oberfläche einer Substanz, die dem Vakuum ausgesetzt wird, ist von einer adsorbierten Schicht überzogen (vgl. Kapitel 3), die davon herrührt, daß die Substanz vorher mehr oder weniger lange der atmosphärischen Luft ausgesetzt war. Die adsorbierte Schicht besteht im wesentlichen aus den in der Luft enthaltenen Gasen, also vor allem aus Sauerstoff, Stickstoff und Wasserdampf. Beim Arbeiten im Hoch- und Ultrahochvakuum, aber auch schon im Feinvakuum kommt es darauf an, die adsorbierte Schicht so rasch und gründlich wie möglich zu entfernen (s. Kapitel 15). Die Gasdiffusion in Metallen, Gläsern und Keramiken ist bei Zimmertemperatur gering. Deshalb spielt die Gasabgabe, welche durch Diffusion von im Inneren des Festkörpers gelösten bzw. absorbierten (okkludierten) Gasen herrührt, bei Zimmertemperatur keine große Rolle. Die an den Oberflächen adsorbierten Gasmengen dagegen können beträchtlich sein, so daß diese Gasabgaben keineswegs zu vernachlässigen sind.

Nach Beispiel 3.1 ist die Flächendichte der Adteilchen in einer Monoschicht $\tilde{n}_{mono} = N/A \approx 10^{19}$ m^{-2}. Dies entspricht nach Gl. (2.31.6) für $T = 300$ K einer flächenbezogenen pV-Menge

$$\frac{pV}{A} = \frac{N}{AN_A} RT = \tilde{n}_{mono} \cdot kT = 10^{19} \cdot \text{m}^{-2} \cdot 1{,}4 \cdot 10^{-23} \text{JK}^{-1} \cdot 300 \text{ K} =$$
$$= 4{,}2 \cdot 10^{-2} \frac{\text{Pa} \cdot \text{m}^3}{\text{m}^2} = 0{,}42 \frac{\text{mbar} \cdot \ell}{\text{m}^2}.$$

Desorbiert die Menge 0,42 mbar·ℓ in ein Volumen $V = 1$ ℓ, so herrscht dort der Druck $p = 0{,}42$ mbar; bei $V = 210$ ℓ wird $p = 2 \cdot 10^{-3}$ mbar.

Häufig findet man für die insgesamt von der Oberfläche desorbierte Gasmenge etwa 20 mbar·ℓ·m^{-2}. Dies würde eine adsorbierte Menge bedeuten, die aus etwa 50 Moleküllagen besteht. Obwohl – auch bei bester Politur – die wirkliche Oberfläche (Mikro-Oberfläche, s. Beispiel 3.1) immer größer als die geometrisch ermittelte Makro-Oberfläche ist, kann diese große Gasabgabe nicht allein auf Desorption zurückgeführt werden, es muß „Ausgasung" (Abschnitt 3.5) mitwirken. Der Ausgasungsmechanismus ist heute noch weitgehend ungeklärt. Eine eindeutige Klärung ist deshalb schwierig, weil eine Festkörperoberfläche keineswegs einheitlich ist und sich zudem – ebenso wie die Struktur des Festkörpers – mit der Zeit (und der Temperatur) verändert. Es ist daher gar nicht verwunderlich, wenn die Gasabgabe sehr stark von der Beschaffenheit der Oberfläche (Rost usw.) und den Gasaufnahmebedingungen abhängt. Meist erhöhen schon kleine Verunreinigungen, wie dünne Rostschichten usw., die Gasaufnahme und damit die Gasabgabe wesentlich. Die desorbierte Gasmenge besteht vielfach zu über 90 % aus Wasserdampf. Oberflächen, die längere Zeit feuchter Luft ausgesetzt waren, zeigen deshalb eine besonders hohe Gasabgabe.

Über die Gasabgabe von Gläsern und Keramiken liegen relativ wenig Messungen vor. Wahrscheinlich bestehen die abgegebenen Gasmengen zu einem noch größeren Anteil als bei Metallen aus Wasserdampf.

Die Desorption der an der Oberfläche von Metallen, Gläsern und Keramiken gebundenen Gase bzw. Dämpfe kann durch Temperaturerhöhung im Vakuum sehr stark beschleunigt werden. Schon nach einem Ausheizen bei 100 °C sinkt die Gasabgabe beträchtlich. Als Faustregel kann man sich merken: Je 100 °C Temperaturerhöhung setzt die Gasabgabe nach dem Ausheizen um je etwa eine Zehnerpotenz herab. Entsprechend dieser Faustregel sinkt die Gasabgabe sehr sauberer Metall-, Glas- oder Keramikoberflächen nach mehrstündigem Ausheizen bei 450 °C auf etwa $q_{pV} = 10^{-8} \ldots 10^{-10}$ mbar·ℓ·s^{-1}·m^{-2}.

13.4.3 Diffusion aus dem Inneren

Fremdgasgehalt im Stoffinneren ist technisch schwer zu entfernen. Die vom Herstellungsprozeß im Inneren eines Stoffes enthaltenen Gase (Fremdgasgehalt) sind vakuumtechnisch störend (s. oben). Ihre gründliche Entfernung ist technisch schwieriger als die Entfernung der unter 13.4.2 erwähnten Adsorptionsschichten und ist vollständig nur bei hohen Temperaturen möglich. Dies führt insbesondere bei Elastomeren zu Schwierigkeiten, da diese hohen Temperaturen nicht ausgesetzt werden dürfen. Die Abgabe von Gasen, die aus dem Inneren eines Festkörpers stammen, wird durch den Diffusionskoeffizienten D bestimmt (s. Abschnitt 2.5.1). Die zeitliche Abnahme (vgl. auch Abschnitt 3.5) des Ausgasungsstroms folgt verschiedenen Gesetzmäßigkeiten, die im einzelnen wenig erforscht sind. Recht gesichert ist, daß bei Metallen die Gasabgabe zeitlich proportional $1/t$ abnimmt. Bild 13.6 macht dies deutlich.

Bei Kunststoffen erfolgt die Abnahme etwa proportional $1/\sqrt{t}$, aber auch proportional e^{-t/t_0}, wobei $t_0 \propto d^2/D$ und d eine Längenausdehnung (Dicke) in Diffusionsrichtung ist (vgl. dazu die Abschnitte 3.4 und 3.5, die Gln. (3.15a), (3.16) und (3.17)). Bild 13.7 zeigt beide Verhaltensweisen. Perbunan und Viton genügen für längere Zeiten dem $1/\sqrt{t}$-Gesetz, Silikongummi zeigt das Exponentialverhalten.

In Bild 16.14 ist eine größere Anzahl gemessener Ausgasungskurven zusammengestellt. Man erkennt daraus, daß die Ausgasung ein komplexer und von vielen Vorbedingungen und Parametern abhängiger Prozeß ist. Man muß sich daher bei quantitativen Abschätzungen von Ausgasungsvorgängen und Ausgasungszeiten (vgl. Abschnitt 15.3.5) der in Bild 16.14 zum Ausdruck kommenden Unsicherheiten bewußt sein.

Am ehesten können die in Abschnitt 3.5 angegebenen Gesetzmäßigkeiten offenbar das Verhalten der Kunststoffe beschreiben. In Bild 13.8 sind eine berechnete Ausgasungskurve I und eine berechnete Permeationskurve II (Abschnitt 13.2) dargestellt.

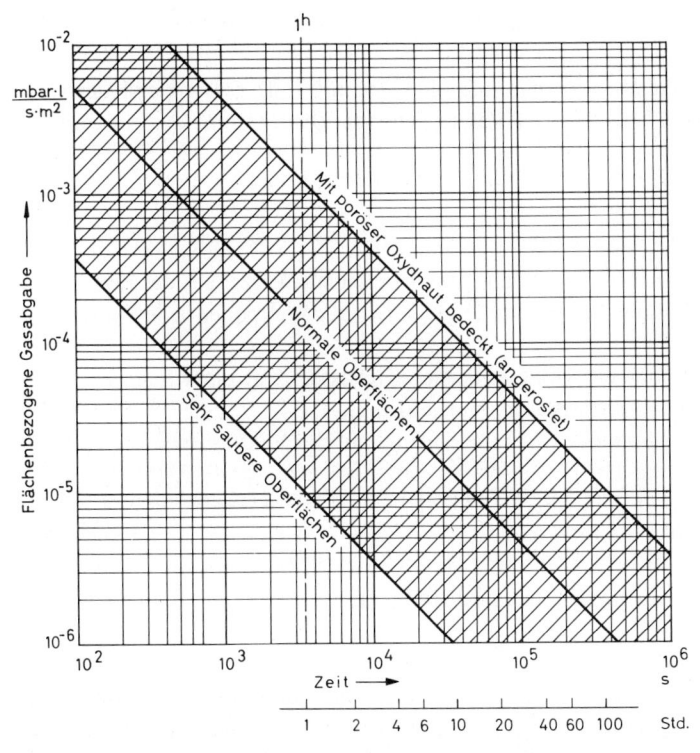

Bild 13.6 Flächenbezogene Gasabgabe (Entgasung = Ausgasung und Desorption) von Metalloberflächen in Abhängigkeit von der Zeit (Richtwerte) bei Raumtemperatur.

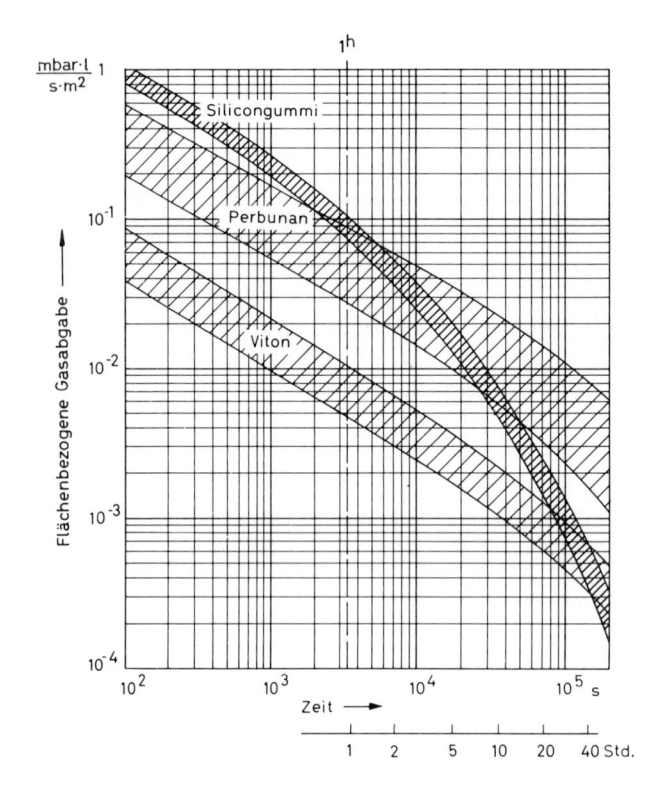

Bild 13.7
Zeitlicher Verlauf der flächenbezogenen Gasabgabe gebräuchlicher gummielastischer Werkstoffe (nach [5])

Der Rechnung I liegt das Modell zugrunde, daß ein mit Luft gesättigter Kunststoff (Daten für Viton) der Dicke d beidseitig an Vakuum grenzt. Dann nimmt der Ausgasungsstrom bis etwa zur Zeit

$$t_W \approx 5 \cdot 10^{-2} \cdot \frac{d^2}{D} \tag{13.7}$$

(bzw. in Abschnitt 3.5 bis $t_W \approx 0{,}5\, t_a$) ungefähr proportional zur Wurzel aus der Zeit ab; für $t > t_W$ setzt eine schnellere Gasabgabe ein (d.h. jetzt überwiegt das exponentielle Verhalten): Siehe Bild 13.8, Kurve I.

Bei der Rechnung II grenzt ein völlig entgaster Kunststoff mit einer Seite an atmosphärische Luft, mit der anderen an Vakuum. Nun diffundiert Luft in den Kunststoff ein, durchdringt ihn (Permeation, Abschnitt 13.3) und gelangt auf der Vakuumseite in den Rezipienten. Nach der Zeit t_K, also für

$$t > t_K \approx 0{,}3 \cdot \frac{d^2}{D} \tag{13.8}$$

stellt sich ein konstanter Permeationsgasstrom nach Gl. (13.3) durch den Kunststoff ein: Siehe Bild 13.8, Kurve II.

Wird nun ein Kunststoff, der Gas gelöst bzw. absorbiert hat, auf der einen Seite der Atmosphäre, auf der anderen Seite dem Vakuum ausgesetzt (Dichtungsfall), so nimmt längs der Kurve 1–2 (Bild 13.8) die Gasabgabe ab. Längs der Kurve 2–3 macht sich die Permeation schon bemerkbar. Längs der Kurve 3–4 wird der Gasstrom ins Vakuum praktisch durch den Permeationsgasstrom bestimmt.

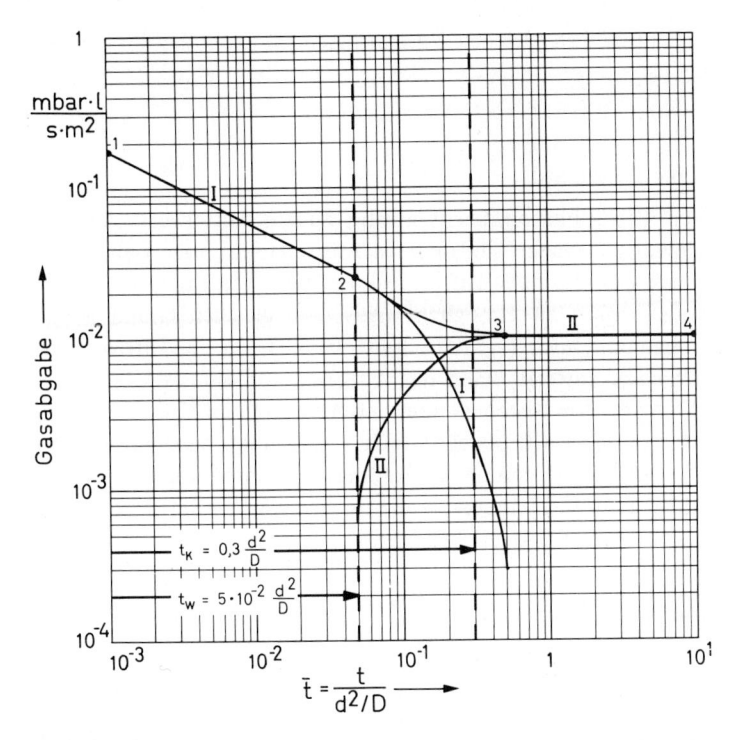

Bild 13.8 Grundsätzlicher zeitlicher Verlauf der Gasabgabe von Kunststoffen (berechnete Kurven)

Manche für Vakuumzwecke ungeeignete Kunststoffe enthalten Substanzen (Weichmacher usw.) mit hohem Dampfdruck. Das Ausgasen dauert dann so lange, bis alle Substanz von hohem Dampfdruck ausgedampft ist. Der Kunststoff hat danach — durch den Weichmacherverlust — meist andere Eigenschaften.

Den zeitlichen Verlauf der Ausgasung gebräuchlicher Gummisorten zeigt Bild 13.7. Die zur Messung verwendeten Proben waren Stäbe von 13 mm ⌀ und 6 mm Höhe, die vorher eine Woche bei $\vartheta = 20\ °C$ und $f_r = 60\ \%$ relativer Luftfeuchte klimatisiert waren.

Die Werte der Diffusionskoeffizienten D von Stickstoff in den wichtigsten Kunststoffen bei $\vartheta = 20\ °C$ liegen ([5] und private Mitteilung Beckmann) etwa in den Bereichen

Perbunan N $\quad D = (1{,}7 \ldots 2{,}5) \cdot 10^{-11}\ m^2 s^{-1}$
Viton $\quad\quad\quad\ D = (3{,}8 \ldots 4{,}2) \cdot 10^{-12}\ m^2 s^{-1}$
Silikongummi $\ D = (5{,}9 \ldots 8{,}1) \cdot 10^{-10}\ m^2 s^{-1}$.

Danach errechnen sich bei der Gummidicke $d = 5$ mm nach Gl. (13.7) die Zeitwerte t_W bis zu denen die Ausgasung proportional $1/\sqrt{t}$ abnimmt

Perbunan N $\quad\quad t_W \approx 14 \ldots 20$ Std.
Viton $\quad\quad\quad\quad\ t_W \approx\ \ 8 \ldots\ \ 9$ Std.
Silikongummi $\quad\ t_W \approx 0{,}4 \ldots 0{,}6$ Std.

Die Zeit, die vergeht, bis sich unter den gleichen Verhältnissen im Dichtungsfall ein konstanter Permeationsgasstrom einstellt, wird nach Gl. (13.8)

  Perbunan N $t_K \approx 80 \ldots 120$ Std.
  Viton $t_K \approx 50 \ldots 56$ Std.
  Silikongummi $t_K \approx 0,4 \ldots 0,6$ Std.

Obwohl die ermittelten Diffusionskoeffizienten (die zudem Mittelwerte aus den Diffusionskoeffizienten verschiedener Proben sind) keinen Anspruch auf hohe Genauigkeit haben, sieht man aber doch, daß z.B. der hohe Diffusionskoeffizient von Stickstoff in Silikongummi relativ kurze Ausgasungszeiten ermöglicht. Aus dem gleichen Grund ist die Gasdurchlässigkeit von Silikongummi hoch (vgl. Abschnitt 13.3.3). Da der Diffusionskoeffizient mit der Temperatur stark ansteigt, kann das Ausgasen von Kunststoffen durch Ausheizen stark beschleunigt werden. Am besten ist natürlich Ausheizen im Vakuum, jedoch bringt vielfach schon das Ausheizen im Lufttrockenschrank — wegen der dabei erfolgenden Desorption von Wasserdampf — eine Verringerung der Anfangsausgasraten um eine Zehnerpotenz. Selbstverständlich darf die Ausheiztemperatur die höchstzulässige Betriebstemperatur des Kunststoffs nicht überschreiten.

13.4.4 Diffusion aus dem Inneren und Permeation

Die Abszisseneinteilung in den Bildern 13.3 bis 13.5 entspricht einer von rechts nach links laufenden $1/T_W$-Skala. Die Geraden können also durch ein Exponentialgesetz

$$\bar{q}_{\text{Perm}} = \bar{q}_0 \cdot \exp(-E/kT_W) \tag{13.9}$$

dargestellt werden. Stellt man sich den Permeationsstrom durch eine Platte der Dicke d, an deren Eintrittsseite „innen" die Teilchenanzahldichte $n_{1,i}$ des Gases und an deren Austrittsseite „innen" $n_{2,i}$ herrscht, als Diffusionsstrom vor, so ist nach Gl. (2.75) die Diffusionsteilchenstromdichte im Inneren

$$j_{N,\text{diff}} =: \frac{1}{A} \cdot \frac{dN}{dt} = -D \cdot \frac{dn}{dx} = D \cdot \frac{n_{1,i} - n_{2,i}}{d}; \tag{13.10}$$

der Diffusionskoeffizient $D = D_0 \exp(-E_D/kT_W)$ hängt von der Temperatur des Mediums (Wand) T_W und der Platzwechselenergie (Aktivierungsenergie des Diffusionsvorganges) E_D ab. Mit Gl. (2.31.6) $pV = NkT$ und Gl. (2.31.7) $p = nkT$ kann Gl. (13.10) auch geschrieben werden

$$\frac{1}{A} \cdot \frac{1}{kT} \cdot \frac{d(pV)}{dt} = D \frac{1}{kT} \frac{p_{1,i} - p_{2,i}}{d} \tag{13.11}$$

oder

$$j_{pV,\text{diff}} = D \frac{p_{1,i} - p_{2,i}}{d}$$

bzw. $\tag{13.12}$

$$q_{pV,\text{diff}} = AD \frac{p_{1,i} - p_{2,i}}{d}.$$

Ein Vergleich von Gl. (13.12) mit Gl. (13.3) zeigt, daß die Permeationsleitfähigkeit gleich dem Diffusionskoeffizienten ist, sofern die Drücke bzw. Teilchenanzahldichten des Gases außerhalb und innerhalb der Oberflächen gleich sind ($p_{1,a} = p_{1,i}$ und $p_{2,a} = p_{2,i}$). Nun muß aber zum Eintritt eines Teilchens in den (Fest-)Körper (die Platte) i.a. eine Energie E_e (Eintrittsarbeit) aufgewendet werden. Das hat zur Folge, daß die Teilchenanzahldichten und entsprechend die Drücke „innen" und „außen" an der Oberfläche verschieden sind:

$$\frac{n_{1,i}}{n_{1,a}} = \frac{p_{1,i}}{p_{1,a}} = \frac{p_{2,i}}{p_{2,a}} = \frac{n_{2,i}}{n_{2,a}} = \exp(-E_e/kT), \tag{13.13}$$

so daß Gl. (13.12) die Form erhält

$$q_{pV,\text{perm}} = A \cdot D_0 \exp(-E_D/kT) \cdot \exp(-E_e/kT) \frac{p_{1,a} - p_{2,a}}{d} \tag{13.14}$$

und der Vergleich mit Gl. (13.3) die Beziehung

$$\bar{q}_{\text{Perm}} = D_0 \exp(-E_D/kT) \cdot \exp(-E_e/kT) = D \cdot \mathcal{E} \tag{13.15}$$

liefert. In unserem einfachen Modell setzt sich also $\bar{q}_{\text{Perm}}$ aus dem Diffusionskoeffizienten D und dem Eintrittsfaktor $\mathcal{E}$, meist „Löslichkeit" genannt, zusammen; es setzt voraus, daß D bzw. E_D nicht von n abhängt und Gl. (13.13) gilt (was für höhere Drücke ungefähr der Fall ist).

Beispiel 13.2: Aus der Kurve für He/Quarzglas in Bild 13.4 entnimmt man für $\vartheta'_W = 0$ °C ($T'_W = 273$ K, $1/T'_W = 36{,}6 \cdot 10^{-4}$ K^{-1}) den Wert $\bar{q}'_{\text{Perm}} = 3 \cdot 10^{-5} \cdot 10^{-9}$ m^2 s^{-1} und für $\vartheta''_W = 1000$ °C ($T''_W = 1273$ K, $1/T''_W = 7{,}9 \cdot 10^{-4}$ K^{-1}) den Wert $\bar{q}''_{\text{Perm}} = 3 \cdot 10^{-2} \cdot 10^{-9}$ m^2 s^{-1}. Daraus folgt mit Hilfe von Gl. (13.9) für die Summe $E_D + E_e = E$ (Gl. 13.15) und Gl. (13.9) der Wert $E = 0{,}21$ eV. E_D und E_e einzeln können aus den vorliegenden Daten nicht bestimmt werden.

Beispiel 13.3: Aus Bild 13.5 liest man für Viton bei $\vartheta_W = 20$ °C ab: $\bar{q}_{\text{Perm}} = 4 \cdot 10^{-3} \cdot 10^{-9}$ m^2 s^{-1}, nach S. 461 ist $D = 4 \cdot 10^{-12}$ m^2 s^{-1} also $\mathcal{E} \approx 1$; für Silikongummi ist $\bar{q}_{\text{Perm}} = 3 \cdot 10^{-1} \cdot 10^{-9}$ m^2 s^{-1} und $D = 7 \cdot 10^{-10}$ m^2 s^{-1}; d.h. $\mathcal{E} \approx 0{,}4$ oder $E_e \approx 0{,}023$ eV. Analog Beispiel 13.2 findet man $E = 0{,}22$ eV und damit $E_D \approx 0{,}19$ eV. Dies sind ganz grobe Abschätzungen – auch wegen der großen Unsicherheit der Meßwerte; sie sollen nur zeigen, daß das zugrunde liegende Modell des Permeationsvorgangs nicht ganz abwegig ist.

Beispiel 13.4: Euringer (vgl. Abschnitt 3.5 und 3.6 [1]) hat die Ausgasung von H_2 aus Nickel ins Vakuum, die als reiner Diffusionsprozess betrachtet werden kann, im Bereich $T = 358 \ldots 438$ K gemessen. Aus diesen Messungen folgt für den Diffusionskoeffizienten D die Formel

$$D = 2 \cdot 10^{-7} \text{ m}^2 \text{ s}^{-1} \exp(-4350 \text{ K}/T). \tag{3.21}$$

Sie ergibt für $\vartheta = 0$ °C ($T = 273$ K) den Wert $D = 2{,}5 \cdot 10^{-14}$ m^2 s^{-1} = $2{,}5 \cdot 10^{-5}$ (mbar $\cdot \ell \cdot$ s^{-1}) $\cdot$ (mm $\cdot$ m^{-2} $\cdot$ bar^{-1}) und für $\vartheta = 1500$ °C ($T = 1773$ K) – soweit diese Extrapolation zulässig – den Wert $D = 1{,}72 \cdot 10^{-9}$ m^2 s^{-1} = 17,2 (mbar $\cdot \ell \cdot$ s^{-1}) $\cdot$ (mm $\cdot$ m^{-2} $\cdot$ bar^{-1}). Diese beiden Werte sind in Bild 13.3 als dicke Punkte am linken und rechten Rand eingetragen, die Verbindungsgerade fällt fast mit der oberen Grenzgerade des Bereiches H_2/techn. Fe zusammen.

13.4.5 Richtwerte für die Gesamtgasabgaberate [6, 13]

Adsorbierte und okkludierte Gase werden im Vakuum anfangs schnell und dann zeitlich abnehmend abgegeben. Um einen Vergleich zu haben, gibt man die Gesamtentgasungsrate nach 10-stündiger Gasabgabe im Vakuum bei Raumtemperatur an. Es gelten (vgl. dazu auch Tab. 16.16 und Bild 16.14) etwa folgende Richtwerte:

Metalle 10^{-9} mbar $\cdot \ell \cdot$ s$^{-1} \cdot$ cm^{-2}
Elastomere 10^{-7} mbar $\cdot \ell \cdot$ s$^{-1} \cdot$ cm^{-2}.

Ausnahmen sind Teflon und Hostaflon; die Entgasungsraten dieser Kunststoffe liegen etwa dazwischen.

Die verhältnismäßig hohe Gasabgabe der Elastomere führt zu folgender Regel: Kunststoffe sind in Vakuumanlagen so weit wie möglich zu vermeiden und keinesfalls als Werkstoffe (Isolierstoffe) für Einbauten zu verwenden. Wo ihre Anwendung unbedingt erforderlich ist, etwa beim Abdichten von Flanschverbindungen oder als Ventilsitz, dürfen nur Spezialkunststoffe (s. Tabelle 13.3) verwendet werden, und auch diese nur so, daß eine möglichst geringe Fläche dieser Stoffe dem Vakuum ausgesetzt ist.

13.5 Literatur

[1] *Espe, W.*, Werkstoffkunde der Hochvakuumtechnik, VEB Deutscher Verlag der Wissenschaften, Bd. 1 (Metalle u. metallisch leitende Werkstoffe) 1959; Bd. 2 (Silikatwerkstoffe) 1960; Bd. 3 (Hilfswerkstoffe) 1961

[2] *Diels, K.* und *R. Jaeckel*, Leybold Vakuum-Taschenbuch, 2. Auflage 1962, Springer-Verlag, Berlin/Göttingen/Heidelberg

[3] *Waldschmidt, E.*, Gasabgabe u. Gasdurchlässigkeit metallischer Vakuumbaustoffe; Metall 8 (1954), S. 749 ... 758

[4] *Beckmann, W.* und *J. H. Seider*, Gasdurchlässigkeit von gummielastischen Werkstoffen für Stickstoff, Kolloid Zsch. u. Zsch. für Polymere, Bd. 220 (1967), S. 97 ... 107

[5] *Beckmann, W.*, Gasabgabe von gummielastischen Werkstoffen im Vakuum; Vacuum 13 (1963), S. 349 ... 357 (in Deutsch u. Englisch)

[6] *Elsey, R. J.*, Outgassing of vacuum materials; Vacuum 25 (1975) 299 ff. und 347 ff. (Ausführliche Tabellen).

[7] *Mog, D.*, Machinable glass – ceramic: a new material for vacuum equipment; Vacuum 26 (1976), 25 ff.

[8] *Caporiccio, A.* und *R. A. Steenrod jr.*, Properties and use of perfluoroethers for vacuum applications; J. Vac. Sci. Technol. 15 (2) (1978) 775 ff.

[9] *Chernatony, L.*, Recent advances in elastomer technology for UHV applications. Vacuum 27 (1977), 605–609

[10] *Cherepnin*, Treatment of materials for use in high vacuum. 1978 Holon/Israel, Verlag Ordentlich, 192 S.

[11] *Peacock, R. M.*, Practical selection of elastomer materials. J. Vac. Sci. Techn., 17 (1980), 330–336.

[12] *Esser, H.-G.*, DEUPERM eine Anlage zur Messung von Festkörper-Diffusion und -Permeation für Wasserstoffisotope; Vak.-Techn. 33 (1984), H. 8, S. 226 ... 237 (31 Literatur-Angaben)

[13] *Erikson, E. D.* et al., Vaccum outgassing of various Materials. J. Vac. Sci. Techn. A 2 (1984) 206 ... 210

[14] *Dauphin, J.*, Materials in space: Working in vacuum. Vacuum 32 (1982) 669 ... 673

14 Bauelemente der Vakuumtechnik und ihre Verbindungen

Im weiteren Sinne gehören sämtliche Bestandteile einer Vakuumapparatur zu den Bauelementen. Im engeren Sinne umfaßt dieser Begriff jedoch nur die Behälter, Dichtungen, Verbindungen, Durchführungen und Absperrelemente, also Teile, die zum Aufbau und Betrieb der Anlagen erforderlich sind, jedoch nicht zur Erzeugung oder Messung des Vakuums beitragen. Die Dichtheit und die Gasabgabe der Bauteile bestimmen die abzupumpenden Gasmengen und damit die Auslegung der Pumpen. Der Enddruck einer Vakuumapparatur ist bei Gleichgewicht der Gasströme erreicht. Dichtheit und Gasabgabe sind deshalb Gütemerkmale sämtlicher Bauelemente (s. Kapitel 13).

Die einzelnen Funktionseinheiten einer Vakuumapparatur werden lösbar oder nicht lösbar miteinander verbunden. Nichtlösbare Verbindungen, die vor allem durch Schweißen und Hartlöten, selten durch Kleben oder durch andere Verfahren hergestellt werden, sind in Abschnitt 14.1 beschrieben. Sie eignen sich für den Aufbau von Anlagen mit längerer Betriebsdauer und sind im allgemeinen billiger und sicherer als lösbare Verbindungen. Zum Einbringen von Gegenständen, zur Wartung, Säuberung und Instandsetzung müssen Teile der Anlage geöffnet werden können. An diesen Stellen werden, abgesehen von Sonderfällen, lösbare Verbindungen als Schraub- oder Steckverbindungen eingesetzt (Abschnitt 14.2).

14.1 Nichtlösbare Verbindungen [6]

Die angewendeten Verfahren zur Herstellung solcher Verbindungen werden weitgehend durch den Werkstoff bestimmt. Metalle können durch Schweißen oder Löten verbunden werden. Die Verschmelzungen sind auf Gläser beschränkt, und Klebungen werden immer dann angewendet, wenn die Verbindungsstelle nur geringen mechanischen und thermischen Ansprüchen genügen muß oder die Werkstoffkombination die Anwendung der anderen Verfahren ausschließt.

14.1.1 Schweißverbindungen

Schweißungen sind bei Metallen in konventioneller Technik nur möglich, wenn die Partner aus annähernd gleichem Werkstoff hergestellt sind. Die größten Erfahrungen bestehen bei den Stählen. Die Schweißnähte müssen frei von Poren oder Rissen sein, die Undichtheiten verursachen. Normalstähle mit niedrigem Kohlenstoffgehalt und die oft verwendeten austenitischen Chrom-Nickelstähle sind besonders gut schweißbar. In der Vakuumtechnik werden elektrische Schweißungen unter Schutzgas bevorzugt. Das Argon-arc (WIG = Wolfram-Inert-Gas)-Verfahren liefert sehr gleichmäßige zunderfreie Nähte und ermöglicht das Fügen auch bei kleinen Wanddicken. Bis zu einer Blechdicke von 3 mm kann auf Zusatzwerkstoff verzichtet werden. Die zu fügenden Teile müssen vor dem Schweißen gründlich gereinigt und entfettet werden, damit die Güte der Schweißnaht nicht beeinträchtigt wird. Das Schweißen von Teilen unterschiedlicher Dicke erfordert eine Schweißnahtvorbereitung, die sicherstellt, daß an der Schweißstelle beide Teile annähernd gleich hoch erhitzt werden. Die Schweißnähte liegen vorzugsweise immer auf der Vakuumseite,

14 Bauelemente der Vakuumtechnik und ihre Verbindungen

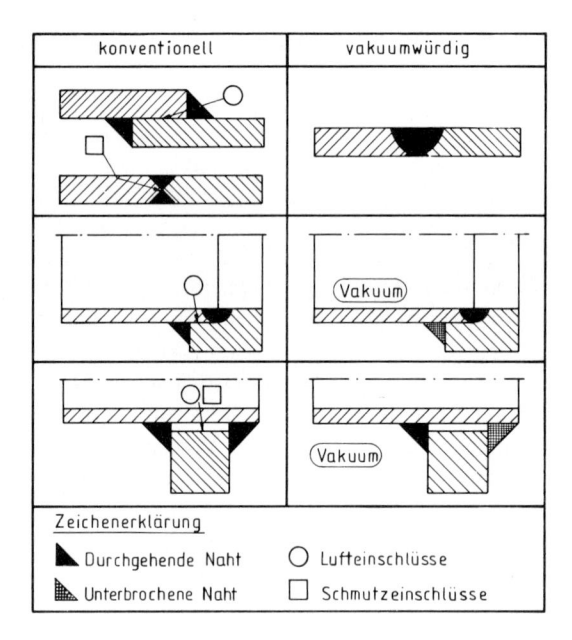

Bild 14.1
Vergleich zwischen konventionellen und vakuum-„würdigen" Schweißverbindungen [1]

weil die Schweißnahtwurzeln oft Spalte und Poren enthalten. Bei dickeren Teilen sind oft aus Festigkeitsgründen zusätzlich unterbrochene Nähte an der Atmosphärenseite erforderlich. Der Raum zwischen beiden Nähten muß mit der Atmosphärenseite in Verbindung stehen, damit Undichtheiten der Innennaht durch Lecksuche entdeckt werden können. Bild 14.1 zeigt einige Beispiele vakuumtechnisch geeigneter Schweißverbindungen.

Neben dem Argon-arc-Verfahren bietet das Mikroplasma- und das Elektronenstrahlschweißen besondere Vorteile für die Anwendung in der Vakuumtechnik. Die Einbrandtiefe ist bei beiden Verfahren gegenüber der Breite größer als beim Argon-arc-Verfahren. Das Mikroplasmaverfahren ermöglicht die Verbindung sehr dünner Bleche, während das Elektronenstrahlschweißen sowohl für Folien als auch für sehr dickwandige Bauteile brauchbar ist. Die zu verbindenden Bauteile befinden sich dabei in einer Vakuumkammer und sind damit den Einflüssen der Atmosphäre oder des Schutzgases entzogen. Die genaue Regelung der zugeführten Energie und die besonders kleine Schweißzone ermöglichen zusammen mit anderen Vorteilen des Verfahrens auch das Verbinden von hochschmelzenden und empfindlichen Werkstoffen.

Auch Reibschweißen [7] liefert extrem vakuumdichte Verbindungen, insbesondere von so unterschiedlichen Metallen wie z.B. Aluminium und Stahl [8].

14.1.2 Lötverbindungen

Die Verbindung von Bauteilen durch Weichlöten genügt – trotz des niedrigen Dampfdrucks von Zinn – im allgemeinen nicht den Anforderungen der Vakuumtechnik. Die geringe Festigkeit der Weichlötungen kann beim Auftreten mechanischer und thermischer Spannungen zu Undichtheiten führen. Ausheizen ist nur bedingt möglich. Diese Nachteile und Einschränkungen sind bei Hartlötungen nicht anzutreffen. Diese sind hinsichtlich Festigkeit und Dichtheit vakuumgerecht ausgeführten Schweißverbindungen durchaus ebenbürtig.

In der Vakuumtechnik werden fast nur solche Hartlötverbindungen hergestellt, die oberhalb 600 °C gelötet werden, vielfach aber – wegen des billigeren Lotes – oberhalb 900 °C (Hochtemperatur-Lötverbindungen).

Tabelle 14.1 Einige in der Vakuumtechnik häufig verwendete Hartlote (siehe auch [2])

Vakuumlot	Arbeitstemperatur °C	Arbeitsdruck[1]) in mbar	Hauptsächliche Anwendung
CuAgP (60/15/5) („Silphos')	≈ 700	$10^{-2} \ldots 10^{-3}$	nur für Cu-Cu
Ag/Cu (73/38) (Eutektikum)	779	$10^{-1} \ldots 10^{-3}$	Cu, Fe/Ni
Au/Cu (80/20)	≈ 910	$10^{-1} \ldots 10^{-2}$	Cu, Ni, Fe/Co, Fe/Ni, Fe/Cr
Ag	≈ 960	$10^{-2} \ldots 10^{-3}$	Fe, Ni
Cu/Au/Ni (63/35/3)	≈ 1030	$1 \ldots 10^{-1}$	Ni, Ni/Cu, Fe/Ni
Cu (OFHC)	1084	$10^{-2} \ldots 10^{-3}$	Fe, Vacon, Monel
Cu/Ni (70/30)	≈ 1230	$< 10^{-3}$	W, Mo
Ni/Cr/Si/B/Fe (82/7/4, 5/2, 9/3)	≈ 1025	$10^{-2} \ldots 10^{-4}$	Cr/Ni-Stahl
Ni/Cr/P (77/13/10)	980–1065	$5 \cdot 10^{-2}$	

[1]) Druck im Behälter bei Löten im Vakuum

Die Hartlötverbindungen werden im Vakuum oder in einer sauberen Inertgas-Atmosphäre (z. B. H_2) hergestellt. Dadurch kann auf die Verwendung eines stark korrosiven Flußmittels, das meist auch hohen Dampfdruck hat, verzichtet werden; man erhält oxidfreie Verbindungen hoher Festigkeit.

In Analogie zur vakuumgerechten Schweißverbindung ergibt sich eine vakuumgerechte Hartlötverbindung, wenn vor allem folgende Forderungen erfüllt sind:

a) sorgfältig gereinigte Oberfläche der zu verbindenden Teile,
b) sorgfältige Ausbildung des Lötspaltes,
c) Verwendung eines gasfreien Lots mit niedrigem Dampfdruck,
d) gute Fließ- und Benetzungseigenschaften des Lots (Spaltfüllung!),
e) möglichst gut definierte Schmelzzone des Lots (ideal sind Eutektika, also Legierungen mit definiertem Schmelzpunkt!),
f) geringe Reaktion zwischen Lotmaterial und Grundwerkstoff.

Die Anzahl der handelsüblichen Hartlote ist bedeutend, nicht minder die Anzahl von Spezialloten. Die handelsüblichen Hartlote lassen sich in zwei große Gruppen einteilen:
1. Hartlote auf Edelmetallbasis (meist Silber) und
2. Hartlote auf Nickelbasis.

In Tabelle 14.1 sind die gebräuchlichsten Hartlote angeführt, mit denen die meisten löttechnischen Aufgaben der Vakuumtechnik gelöst werden können. Die Bezeichnung „Vakuumlot" am Kopf der ersten Spalte soll darauf hinweisen, daß es sich um gasfreie und saubere Lote handelt, also nur solche, die – wenn überhaupt – höchstens Spurenverunreinigungen wie z.B. Cd, Zn und Pb enthalten. Sind solche Beimengungen zu einem Prozent oder mehr in der Lotlegierung enthalten, dann ist diese, vakuumtechnisch gesehen, abzulehnen.

Die auf Edelmetallbasis (Ag, Au) aufgebauten niedriger schmelzenden Hartlote sind etwa 100mal teurer als die höher schmelzenden auf Ni-Basis aufgebauten Lote. Man wird daher diese Lote, wo immer dies technisch möglich ist, bevorzugen und die höhere Ver-

14 Bauelemente der Vakuumtechnik und ihre Verbindungen

arbeitungstemperatur in Kauf nehmen. Der hohe Phosphorgehalt mancher Hartlote (z.B. von „Silphos") ist trotz des an sich hohen Dampfdrucks von Phosphor vakuumtechnisch unbedenklich, da beim Verarbeiten des phosphorhaltigen Lots der Phosphor eine chemische Verbindung niedrigen Dampfdrucks eingeht. Hartlote auf Ni-Basis enthalten oft Bor, da dieses Element die Fließeigenschaft des Lots verbessert. Borhaltige Lote sind allerdings aggressiv und greifen beim Verlöten den Grundwerkstoff an (intergranulare Penetration), was insbesondere beim Verlöten dünnwandiger Konstruktionen sehr nachteilig sein kann. In der Vakuumtechnik werden daher borfreie Hartlote bevorzugt.

Die Hartlote werden auf die sorgfältig gereinigte Oberfläche der zu lötenden Teile als Draht, Folie oder Pulver aufgebracht. Pulverförmige Lote müssen vorher mit einem organischen Bindemittel zu einer streichfähigen Paste angerührt werden.

Die Verweildauer auf Löttemperatur soll möglichst kurz sein, um die Bildung spröder Verbindungszonen zu vermeiden. Die Lötdauer beträgt auch bei größeren Lötflächen selten mehr als 5...10 min. Man hält die Lötdauer aber auch kurz, um ein Ausdampfen von Legierungsbestandteilen, die bei der Löttemperatur einen erheblichen Dampfdruck haben können, und damit eine Veränderung der ursprünglichen Lotzusammensetzung zu vermeiden.

Der Ausbildung des Lötspalts ist besondere Aufmerksamkeit zu schenken. Je nach Art des verwendeten Lots und je nach Höhe der Löttemperatur betragen die Lötspalte (bei Zimmertemperatur) 0,03...0,1 mm; es gibt aber auch Fälle, in denen ein unmeßbar kleiner Lötspalt erforderlich ist. Das Wärmedehnungsverhalten der zu verlötenden Partner bestimmt ebenfalls die Weite des Lötspalts wesentlich. Einige Beispiele für Anordnungen zum Hartlöten zeigt Bild 14.2.

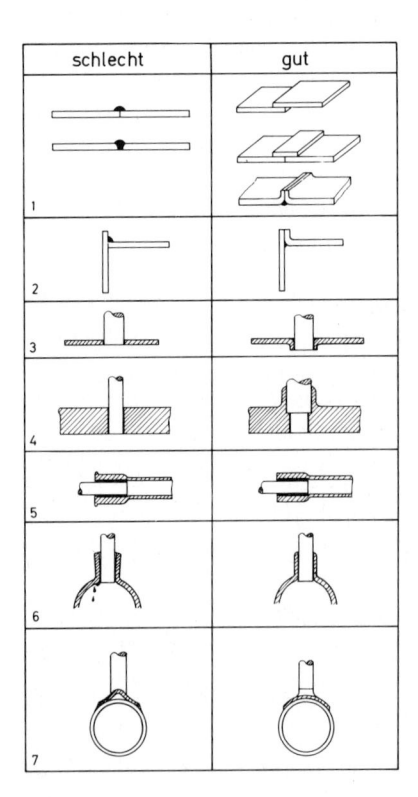

Bild 14.2
Beispiele guter und schlechter Hartlötverbindungen [2]

Die Frage, wann Schweißen und wann Hartlöten anzuwenden ist, läßt sich allgemein und umfassend nur schwer beantworten; man kann vielleicht sagen, daß Hartlöten immer dann zu bevorzugen sein wird, wenn möglichst viele Verbindungsstellen gleichzeitig in einer Charge hergestellt werden können, also wenige Bauteile mit vielen Lötstellen je Bauteil oder viele Bauteile mit einer oder nur wenigen Lötstellen je Bauteil.

14.1.3 Verschmelzungen

Dabei handelt es sich um Glas-Glas- und um Glas-Metall-Verschmelzungen. Glas-Glas-Verschmelzungen sind überall dort von Bedeutung, wo Vakuumapparaturen aus Glas bestehen (z. B. kleine UHV-Laborapparaturen). Glas-Metall-Verschmelzungen finden ihre Hauptanwendung bei vakuumdichten Stromdurchführungen, bei ausheizbaren Schaugläsern und bei der Herstellung von Vakuummeßröhren.

Die Glas-Glas-Verschmelzungstechnik betrifft vor allem das spannungsfreie Verschmelzen von Glasrohren. Dies geschieht bis zu Rohraußendurchmessern von 25 mm überwiegend von Hand, Glasrohre größeren Durchmessers werden zweckmäßig maschinell miteinander verschmolzen. Wenn irgend möglich, bestehen die zu verschmelzenden Partner aus der gleichen Glassorte (gleichbedeutend mit gleicher Wärmeausdehnung). Sind aus irgendwelchen Gründen verschiedenartige Gläser miteinander zu verschmelzen, z. B. Bleiglas mit Pyrex, also ein Weichglas (hohe Wärmeausdehnung) mit einem Hartglas (geringe Wärmeausdehnung), so kann eine derartige Verbindung nur durch Verwendung einer Reihe sogenannter Zwischengläser hergestellt werden, die dafür sorgen, daß die große unterschiedliche Wärmeausdehnung der beiden Partner entsprechend abgestuft wird. Derartige Übergangsgläser („graded seals") sind schwierig herzustellen und gegenüber Temperaturschwankungen empfindlich.

In der Technik der Glas-Metall-Verschmelzungen werden die Partner vorzugsweise so gewählt, daß deren Wärmeausdehnungen über einen möglichst weiten Temperaturbereich möglichst gut übereinstimmen (sogenannte *angepaßte Verschmelzungen*). Tabelle 14.2 gibt einige typische Beispiele. Um die genannte thermische Bedingung zu erfüllen, wurden zahlreiche Speziallegierungen entwickelt, die unter Handelsnamen wie Fernico, Kovar, Vacon, Nilo u.a. bekannt geworden sind. Es sind dies Legierungen, die aus zwei oder mehreren Bestandteilen der Metalle Fe, Ni, Co, Cr bestehen. Als reine Einschmelzmetalle für thermisch angepaßte Verschmelzungen stehen lediglich W, Mo und Pt zur Verfügung.

Vielfach werden auch sogenannte „nicht angepaßte" Glas-Metall-Verschmelzungen verwendet, bei denen entweder von den elastischen Eigenschaften dünner Metalle (z. B. dünne Schneiden aus Kupfer, genannt „Housekeeper-seal") oder von der hohen Druckfestigkeit des Glases (Druckglaseinschmelzungen, s. Bild 14.3) Gebrauch gemacht wird.

Schwierig auszuführen sind Verschmelzungen mit Quarzglas, da dieses eine sehr kleine Wärmeausdehnung besitzt, die von keinem Metall und von keiner Metall-Legierung auch nur annähernd erreicht wird. Da Quarzglas sich erst bei hohen Temperaturen verformen läßt, sind auch die Einschmelztemperaturen recht hoch (über 1000 °C). Einschmelzmetalle sind Wolfram und Molybdän (Folie) unter Verwendung von Zwischengläsern.

Die mittleren thermischen Ausdehnungskoeffizienten handelsüblicher technischer Gläser liegen (vgl. Tabelle 13.2) — bei Quarzglas beginnend — zwischen etwa $\bar{\alpha} = 6 \cdot 10^{-7}\,\mathrm{K}^{-1}$ und $\bar{\alpha} = 100 \cdot 10^{-7}\,\mathrm{K}^{-1}$ (Weichgläser), die der üblichen Einschmelzmetalle und Einschmelzlegierungen zwischen $\bar{\alpha} = 44 \cdot 10^{-7}\,\mathrm{K}^{-1}$ (Wolfram) und $\bar{\alpha} = 165 \cdot 10^{-7}\,\mathrm{K}^{-1}$ (Kupfer). Die Intervalle überdecken sich nur teilweise — ein Sachverhalt, dem in der gesamten Glas-Metall-Verschmelztechnik höchste Beachtung geschenkt werden sollte.

14 Bauelemente der Vakuumtechnik und ihre Verbindungen

Tabelle 14.2 Typische Metall-Glas Paarungen für thermisch angepaßte, vakuumdichte Verschmelzungen

Metall (Handelsname)	Mittlerer thermischer Ausdehnungs Koeffizient $\bar{\alpha}$ in 10^{-7} K^{-1}	Glasart	Glasbezeichnung[8])	Anmerkungen
Wolfram	46 (20 ... 600 °C)	Hartglas[7])	Duran 50	[1]) 48 % Ni, Rest Fe
Molybdän	53 (25 ... 700 °C)	Hartglas[7])	1639	[2]) Dies ist ein Draht, der aus einer Ni-Fe-Seele (42 % Ni, Rest Fe) besteht, die mit einem dünnen Kupfermantel überzogen ist (Kupfermanteldraht). Verwendbar bis zu einem Durchmesser von max. 0,8 mm
Platin	56 (0 ... 500 °C)	Weichglas[6])	16 Normalglas	
Nickel-Eisen[1]) („NILO-48")	85 (0 ... 400 °C)	Weichglas[6])	8095 (Bleiglas)	
Ni/Fe und Cu[2]) (Finkdraht)	85 (0 ... 400 °C)	Weichglas[6])	8095 (Bleiglas)	
Chrom-Eisen (Chrom-Eisen 25)[3])	110 (25 ... 500 °C)	Weichglas[6])		[3]) 25 % Cr, Rest Fe
Nickel-Chrom-Eisen (NILO 475)[4])	52 (0 ... 400 °C)	Hartglas[7])	8242	[4]) 47 % Ni, 5 % Cr, Rest Fe
Nickel-Kobalt-Fe („VACON 10")[5])	50 (20 ... 400 °C)	Hartglas[7])	8242	[5]) 28 % Ni, 18 % Cr, Rest Fe
				[6]) Weichglas: $\bar{\alpha} = 80 ... 100 \cdot 10^{-7}$ K^{-1}
				[7]) Hartglas: $\bar{\alpha} = 30 ... 50 \cdot 10^{-7}$ K^{-1}
				[8]) JENAer Gläser (Schott u. Gen., Mainz)

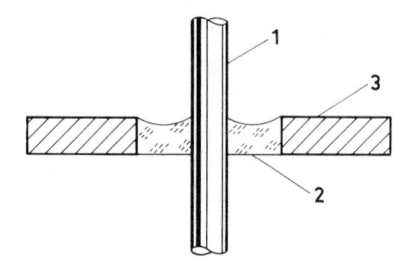

Bild 14.3
Druckglas-Einschmelzung. 1 Legierter Innenleiter ($\bar{\alpha}_1$); 2 Glas ($\bar{\alpha}_2 \leq \bar{\alpha}_1$); 3 Äußerer Druckring ($\bar{\alpha}_3 > \bar{\alpha}_2$); ($\bar{\alpha}_1, \bar{\alpha}_2, \bar{\alpha}_3$ mittlere lineare thermische Ausdehnungskoeffizienten)

14.1.4 Verbindungen mit Metallisierung [3]

Hierzu gehören in erster Linie die sogenannten Keramik-Metall-Verbindungen, die in der Vakuumtechnik vor allem als hochisolierende und hochausheizbare Stromdurchführungen dienen, aber auch zur Herstellung von Hochleistungssenderöhren und zum Aufbau aus

Keramik bestehender Vakuumkammern für Teilchenbeschleuniger der physikalischen Großforschung verwendet werden.

Das Prinzip der Verbindungstechnik soll am Beispiel einer Stromdurchführung behandelt werden. Diese besteht zunächst aus einem keramischen Isolierkörper, der aus hochprozentigem Aluminiumoxid (92 % bis 98 % Al_2O_3) besteht. An den mit dem Metall zu verbindenden Stellen wird die Keramik vormetallisiert, ein Verfahren, das besondere Sorgfalt und viel praktische Erfahrung benötigt; denn es muß dafür gesorgt werden, daß die dünne Metallschicht mit der darunter liegenden Keramik eine innige, lunker- und porenfreie Verbindung eingeht. Der metallische Überzug besteht – je nach dem angewendeten Metallisierungsverfahren – entweder aus Molybdän oder aus Titan. Dies gilt auch für das Metallisieren von Saphir (s. Abschnitt 13.2.3.2), das für die Herstellung von Einblickfenstern (Abschnitt 14.4.4) erforderlich ist.

Auf die festhaftende Metallschicht wird nach üblichem Verfahren eine Nickelschicht aufgebracht und bei etwa $\vartheta = 1000\,°C$ in einer Atmosphäre trockenen Wasserstoffs in die Vormetallisierung eingebrannt. An die Metallisierung wird ein geeignetes metallisches Bauelement, z.B. eine Metallkappe, hart angelötet, in die der eigentliche Stromleiter eingelötet wird. Einzelheiten sind aus Bild 14.4 zu entnehmen.

Analog zur Technik der Glas-Metall-Verschmelzungen ist auch bei der Herstellung von Keramik-Metall-Verbindungen auf die Wärmeausdehnung der einzelnen Partner besondere Rücksicht zu nehmen. Keramik-Metall-Verbindungen sind meist thermisch angepaßte vakuumdichte Verbindungen. Der Keramikkörper wird bisweilen an den außenliegenden, nicht metallisierten Stellen mit einer sehr dünnen Glasur versehen. Diese erhöht die mechanische Festigkeit und bildet eine glatte Oberfläche, die sich leicht reinigen läßt. Allerdings ist jeweils zu beachten, ob durch Anbringen einer Glasur nicht andere vorteilhafte Eigenschaften der Keramik-Metall-Verbindung (z.B. hohe Temperatur- und Temperaturwechsel-Beständigkeit, hoher elektrischer Widerstand u.a.) merklich beeinträchtigt werden.

14.1.5 Verbindungen durch Kleben [9]

Das Verkleben von metallischen Bauteilen hat in der Vakuumtechnik nur geringe Bedeutung. Die Ausheizbarkeit bleibt wegen der Erweichung der Kleber auf geringe Temperaturen begrenzt. Leicht flüchtige Lösungsmittel oder Weichmacher sollen nicht in der Klebestelle enthalten sein. Günstige Eigenschaften zeigen Epoxydharze, die z.B. unter dem Namen Araldit bekannt geworden sind. Sie bestehen aus Harzlösungen und Härtern, die vor der Her-

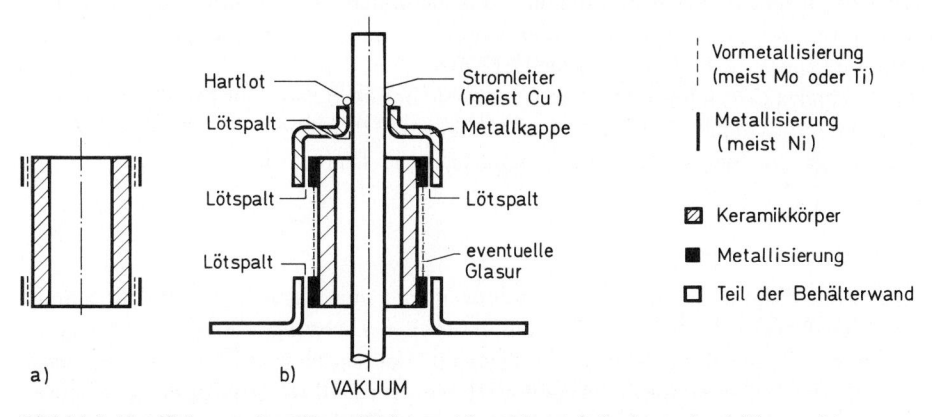

Bild 14.4 Metallisierung eines Keramikkörpers (a) und keramische Stromdurchführung (b)

stellung der Klebverbindung miteinander vermischt werden müssen. Das Mischungsverhältnis beeinflußt die Verarbeitungs- und Aushärtezeit. Anwendungsgebiete sind z.B. die Verbindungen zwischen Kunststoffschläuchen und Flanschen oder das Ankitten von Glasfenstern.

Hinweise: Früher wurde für semilösbare Verbindungen häufig Pizein oder Siegellack verwendet. Beide Substanzen sind bei Zimmertemperatur fest und bei $\vartheta \approx 100\,°C$ zähflüssig. Durch Erwärmen und nachheriges Abkühlen können leicht reversible Kittungen durchgeführt werden. Aber auch eine dichte Kittung bekommt durch mechanische Erschütterungen leicht Haarrisse, wodurch sie undicht wird und Ärger verursacht. Da das Herstellen einer solchen Verbindung zudem wesentlich umständlicher ist als das einer Flansch- oder Schliffverbindung, sei von der Verwendung von Pizein oder Siegellack abgeraten. Außerdem werden von Pizein und Siegellack Dämpfe und Gase abgegeben und es findet eine Permeation statt. Deshalb ist auch die Dichtheit dieser Kittverbindungen in der Regel nicht besser als die von gummigedichteten Flanschverbindungen.

14.2 Lösbare Verbindungen [6]

Die zum Zusammenbau von Vakuumapparaturen benötigten Bauelemente sind mit Dichtflächen ausgerüstet, an denen die einzelnen Bauelemente gegeneinander gepreßt werden. Wegen der unvermeidbaren Abweichungen von der Idealform sind an den Stoßstellen stets Spalte anzutreffen, deren Größe von der Oberflächengüte, der Planheit und der Nachgiebigkeit der Dichtflächen abhängt. Der eindringende Leckstrom kann nur dann toleriert werden, wenn die Saugleistung der Pumpen ausreicht, um den gewünschten Druck zu halten (vgl. dazu Abschnitt 12.1). Das ist im allgemeinen bei großen Druckdifferenzen mit vertretbarem Aufwand nicht zu verwirklichen. Die Spalte an den Dichtflächen müssen deshalb durch elastische oder plastische Dichtungsmittel ausgefüllt sein, so daß kein freier Durchlaß bleibt.

14.2.1 Dichtungsmittel

Zum vakuumdichten Verschließen der Spalte werden im Falle metallischer Dichtflächen gummielastische und metallische Dichtelemente (z.B. Drahtringe) verwendet; bestehen die Dichtflächen aus Glas, so dienen zur Abdichtung gummielastische Dichtelemente und Fette.

Die Dichtelemente bestehen im Hinblick auf Gasabgabe, Gaspermeation, Wärmeleitfähigkeit und mechanische Beanspruchung aus besonders ausgewählten Werkstoffen (s. Kapitel 13). Eine Übersicht über die in der Vakuumtechnik verwendeten gummielastischen Dichtmittel und ihren Einsatz ist in Tabelle 13.3 gegeben. Metallische Dichtringe werden in der UHV-Technik (s. Abschnitt 15.5) verwendet; sie bestehen meist aus Cu, Al, Au oder Ag. Vakuumtechnisch brauchbare Fette sind in Abschnitt 13.2.5 besprochen. In diesem Zusammenhang sei darauf hingewiesen, daß gummielastische Dichtringe nicht gefettet werden sollen.

14.2.2 Kraftbedarf

Die Abdichtkräfte der Festkörperdichtungen sind vor allem durch die Querschnittsform und den Werkstoff bestimmt. Bei den elastischen Dichtungen haben sich Ringe mit Kreisquerschnitt (sogenannte O-Ringe) durchgesetzt. Bei den üblichen Abmessungen genügt eine auf die Dichtlänge bezogene Anpreßkraft von etwa 10 N/cm (1 kp/cm), um zuverlässige Abdichtungen zu erreichen; dabei dürfen weder Dichtflächen noch Dichtungen Beschädigungen, Beläge oder größere Rauheiten aufweisen. Metalldichtungen erfordern weit höhere Kräfte. Für Aluminiumdichtungen mit Rautenquerschnitt beträgt die Belastung je 1 cm Dichtungslänge etwa 1000 N (100 kp). Dichtungen mit Rundquerschnitt aus dem gleichen Werkstoff erfordern 1500 N/cm. Neben der Dichtungsform bestimmt vor allem die Formänderungsfestigkeit des Dichtungswerkstoffs die Dichtkräfte.

In Tabelle 14.3 sind die entsprechenden Werte für Aluminium, Kupfer und Weicheisen bei verschiedenen Temperaturen eingetragen.

Die Dichtkräfte müssen durch Schrauben oder Klammern aufgebracht werden. Der Aufwand wird durch die aufzubringenden Kräfte bestimmt. Deshalb sind Verbindungen mit Metalldichtungen teurer als z.B. O-Ring-gedichtete Verbindungen. Die Erfahrung zeigt, daß selbst bei O-Ringen von weniger als 20 mm mittlerem Durchmesser die Druckdifferenz zwischen Atmosphäre und evakuiertem Behälter genügt, um Dichtheit zu erreichen. Aus Sicherheitsgründen wird meist mit höheren Kräften angepreßt, bis eine Deformation des Rings von etwa 20 % erreicht ist. Bei Metalldichtungen würde eine Dichtwirkung durch die Druckdifferenz 1 bar erst bei einem mittleren Dichtungsdurchmesser von etwa 4 m erreicht; dies zeigt den erforderlichen größeren Aufwand. Neuere Entwicklungen werden mit dem Ziel betrieben, Metalldichtungen mit kleiner Anpreßkraft zu erhalten.

Beispiel 14.1: Ein PNEUROP-Festflansch DN 400 hat eine Öffnung vom Durchmesser $2r = 400$ mm, der mittlere Durchmesser des zugehörigen O-Rings beträgt $D = 417$ mm, so daß die Fläche $A = \pi D^2/4 = \pi \cdot 417^2$ mm²$/4 = 0{,}14$ m² vom Luftdruck $p = 1$ bar $= 10^5$ Nm^{-2} beaufschlagt wird. Auf dem Umfang $u = \pi \cdot D = \pi \cdot 417$ mm $= 1{,}31$ m des O-Ringes wirkt also die Kraft $F = p \cdot A = 10^5$ N $\cdot$ m$^{-2} \cdot 0{,}14$ m² $= 14$ kN $\cong 1{,}4$ Mp. Daraus ergibt sich eine längenbezogene Kraft $F/u = 14$ kN$/1{,}31$ m $= 11$ kN $\cdot$ m$^{-1} \cong 1$ Mp $\cdot$ m^{-1}, die das Zehnfache der nach dem oben Gesagten Mindestkraft beträgt. Hängt allerdings an dem Flansch ein Apparateteil, so wird die durch den Luftdruck hervorgerufene Dichtkraft um die Gewichtskraft verringert. Am Beispiel-Flansch dürfte die Gewichtskraft nicht größer als 10 kN, die Masse des Apparateteils also nicht größer als $m = 1000$ kg sein.

14.2.3 Schliffe

Durch Ineinanderstecken konischer aufeinander eingeschliffener Rohrstücke geringer Steigung entstehen Haftverbindungen. Nach DIN 12 242 sind Hauptabmessungen, Durchmesser und Steigung (1:10) festgelegt. Diese Verbindungsart wird fast ausschließlich bei Glasapparaturen angewendet. Die Schliffe werden mit Fett geringen Dampfdrucks abgedichtet. Das Fett soll nur etwa die Hälfte der tragenden Länge des Schliffs benetzen. Zur Vakuumseite hin bleibt ein enger Spalt, der die Diffusion der flüchtigen Bestandteile behindert (Bild 14.5).

Tabelle 14.3 Formänderungsfestigkeit verschiedener metallischer Dichtwerkstoffe in Abhängigkeit von der Temperatur (Richtwerte!)

Dichtwerkstoff	Fließ-Druckspannung in bar (Größenordnung)				
	Temperatur in °C				
	20	100	200	300	400
Aluminium	1000	400	200	(50)	–
Kupfer	2000	1800	1300	1000	(400)
Weicheisen (zum Vergleich)	3500	3100	2600	2100	1700

Tabelle 14.4 Nennweiten DN und empfohlene Innendurchmesser d_i (lichte Weiten) international genormter Flansche für die Vakuumtechnik. Die links stehenden Nennweiten entsprechen der Nennweitenreihe R5 und sollen bevorzugt verwendet werden

DN	d_i mm
10	10
16	16
20	21
25	24
32	34
40	41
50	51
63	70
80	83
100	102
125	127
160	153
200	213
250	261
320	318
400	400
500	501
630	651
800	800
1000	1000

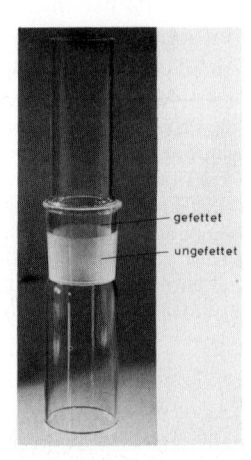

Bild 14.5 Schliffverbindung aus Glas

Die Verbindungen sind von Hand drehbar; durch Aneinanderreihen von Schliffverbindungen lassen sich begrenzt flexible Leitungen (Schliffketten) herstellen. Das Auseinanderfallen bei plötzlicher Belüftung kann durch zusätzliche Spannklammern vermieden werden. Die Verbindung sollte weder Zug- noch Biegekräften ausgesetzt sein, da sonst Undichtheiten auftreten können.

Einem Schliff aus Glas kann man ansehen, ob er dicht ist: Schlieren in der Fettschicht kennzeichnen einen „undichten", eine glatte Fettschicht einen „dichten" Schliff. Die Dichtheit gut ausgeführter Schliffverbindungen ist größer als die von gut ausgeführten gummigedichteten Flanschen, jedoch neigt ein Schliff, wenn er nicht dauernd aufeinandergepreßt wird – was im allgemeinen vom Luftdruck besorgt wird –, zu gelegentlichem Undichtwerden. – Schliffe aus undurchsichtigem Werkstoff (Metall) sind nicht durch Sichtkontrollen prüfbar und werden deshalb selten benutzt.

14.2.4 Flanschverbindungen

Durch Zusammenarbeit der Hersteller von Verdichtern, Vakuumpumpen und Druckluftwerkzeugen in der internationalen Organisation PNEUROP wurde die Konstruktion der verschiedenen Flanschverbindungen vereinheitlicht und damit deren Anzahl verringert. Die Normung betrifft die Nennweiten und sämtliche Maße, die für den Austausch von Teilen verschiedener Hersteller wichtig sind. Die Nennweiten sind nach neuerer Festlegung in der internationalen Normzahlenreihe R 10 abgestuft, wobei jedoch die Normzahlenreihe R 5 als Teil von R 10 bevorzugt werden soll. Die der Reihe R 5 entsprechenden Nennweiten sind (s.a. Tabelle 14.4): 10, 16, 25, 40, 63, 100, 160, 250, 400, 630, 1000. Die PNEUROP-Empfehlungen für Flansche der Vakuumtechnik sind in entsprechende DIN-Normen übernommen worden [4].

14.2.4.1 Kleinflanschverbindungen

Der Aufbau von Vakuumapparaturen kann sehr beschleunigt werden, wenn umständliche Schraubarbeiten bei der Herstellung von Verbindungen entfallen. Deshalb hat sich für Nennweiten bis DN 50 die Kleinflanschverbindung durchgesetzt. Die Abmessungen sind nach DIN 28403, PNEUROP [5] und auch nach ISO 2861/I festgelegt.

Die beiden Rohrenden tragen Flansche mit konischen Anzugflächen (Bild 14.6), an denen der Spannring angesetzt wird. Der Zentrierring hat eine dreifache Funktion: Er bringt die Rohrachsen zur Deckung, stützt den gummielastischen Dichtring ab und begrenzt sein Zusammendrücken beim Anziehen des Spannrings. Bild 14.6 zeigt das Verbinden zweier mit Kleinflansch ausgerüsteter Rohrstücke.

Für Ansprüche an extreme Dichtheit (UHV-Technik) und höhere Temperaturbeständigkeit werden Aluminium-Dichtscheiben (Bild 14.7) eingesetzt. Die notwendigen höheren

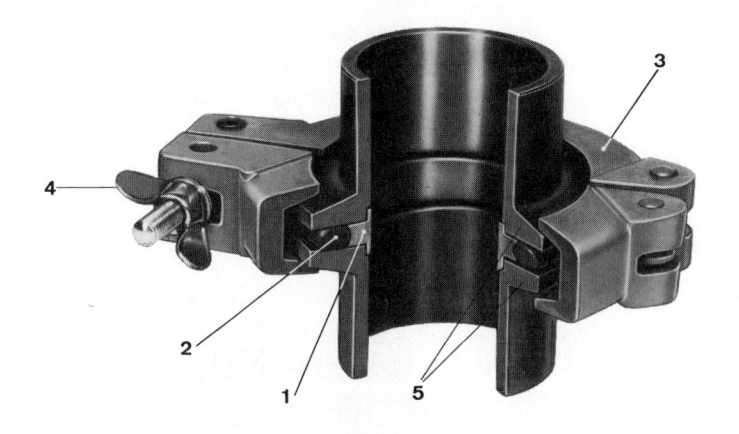

Bild 14.6
Kleinflanschverbindung.
1 Zentrierung
2 Dichtring aus Perbunan
3 Spannring
4 Spann-Flügelmutter
5 Kleinflansche mit Rohransatz

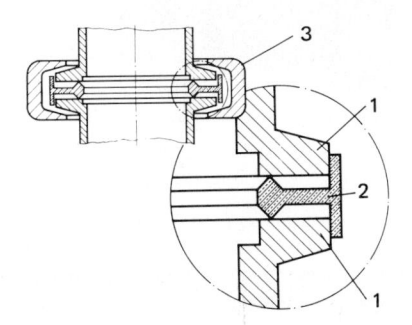

Bild 14.7
Schnittbild einer Kleinflanschverbindung mit Metall-(Al-) Dichtung (nach PNEUROP, ISO und DIN – Tabelle 16.1).
1 Kleinflansch; 2 Al-Dichtscheibe; 3 dreigeteilter, verstärkter Spannring

Spannkräfte werden durch dreigeteilte Spannringe aufgebracht, die mit Schrauben festgezogen werden. Die Aluminium-Dichtscheibe zentriert die Rohrenden am Außendurchmesser der Flansche. Die Abmessungen der Dichtscheiben sind so gewählt, daß sie gegen Dichtringe aus Elastomeren ausgetauscht werden können. Beim Zusammensetzen der Apparatur kann zunächst mit den wiederholt verwendbaren gummielastischen Dichtringen gearbeitet werden, bevor die nur begrenzt wiederverwendbaren Aluminium-Dichtscheiben für den bleibenden Aufbau eingesetzt werden. Kleinflanschverbindungen, die mit Aluminium-Dichtscheiben ausgerüstet sind, können bis 200 °C ausgeheizt werden.

Indium-Dichtringe anstelle der Elastomer-Dichtringe bieten ebenso wie die Aluminium-Dichtringe den Vorteil der geringeren Gasabgabe. Sie können jedoch nur auf etwa 100 °C ausgeheizt werden.

14.2.4.2 Schraubflanschverbindungen

Mit Elastomeren gedichtete Flansche, die mit mehreren Schrauben festgezogen werden, werden in der Praxis ab Nennweite 50 verwendet. Sie sind allerdings gemäß DIN 28404 [4] und PNEUROP [5] bereits ab DN 10 genormt. Je zwei gleiche Flansche gehören zu einer Verbindung. Man unterscheidet gemäß dieser Normung

a) sogenannte Festflansche. Diese haben einen festen Loch-Teilkreis, der zur Aufnahme der Schrauben dient (Bild 14.8);

b) sogenannte Klammerflansche. Diese weisen eine umlaufende Nut auf, in die seitlich Klammerschrauben eingehakt und dann festgezogen werden. Diese Flansche sind vor dem Festziehen der Klammerschrauben drehbar (Bild 14.9).

c) sogenannte Überwurfflansche. Sie sind mit einem Lochteilkreis versehen und dienen z.B. zur Verbindung von Festflanschen mit Klammerflanschen (Bild 14.10).

Die genormten Flansche a) ... c) werden meist mit gummielastischer Dichtung (Perbunan, Neopren, Viton) gedichtet, die auch in eine zum Zentrieren dienende Dichtscheibe eingelegt werden kann (Bild 14.9).

Soll die Dichtheit der Flanschverbindung auch bei höheren Temperaturen (Ausheiztemperaturen, Arbeitstemperaturen im Dauerbetrieb) gewährleistet sein, dann wird statt einer gummielastischen Dichtung ein Aluminium-Dichtring (s. Bild 14.10a) mit Vorteil verwendet (max. zulässige Temperatur 200 °C).

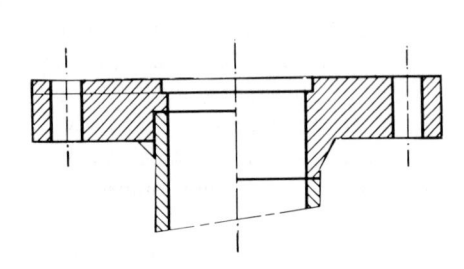

Bild 14.8
Festflansch (nach PNEUROP, ISO und DIN – siehe Tabelle 16.1). Zwei Ausführungen:
a) mit angeschweißtem Rohr – linke Bildhälfte
b) als Vorschweißflansch – rechte Bildhälfte

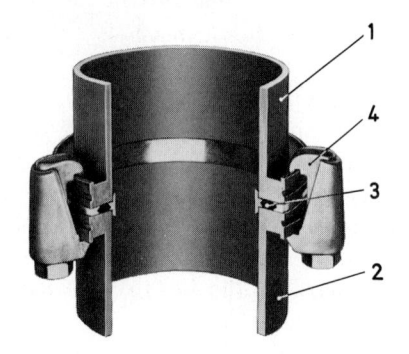

Bild 14.9
Klammerflanschverbindung (nach PNEUROP, ISO und DIN – siehe Tabelle 16.1). 1, 2 Klammerflansch mit Rohransatz; 3 Dichtscheibe mit gummielastischem Dichring; 4 Klammerschraube.

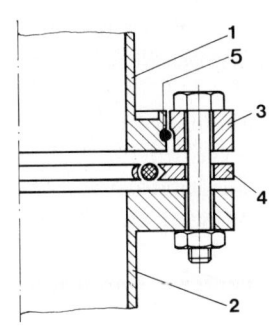

Bild 14.10

Verbindung Klammerflansch-Festflansch mittels Überwurfflansch. 1 Klammerflansch mit Rohransatz (siehe Bild 14.9); 2 Festflansch (siehe Bild 14.8); 3 Überwurfflansch; 4 Dichtscheibe mit Dichtring; 5 Sprengring in Nut des Klammerflansches.

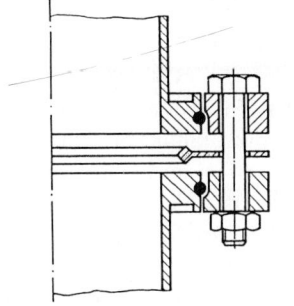

Bild 14.10a

Verbindung von Klammerflanschen mit Überwurfflanschen untereinander; Dichtscheibe aus Aluminium (sog. Spießkantring).

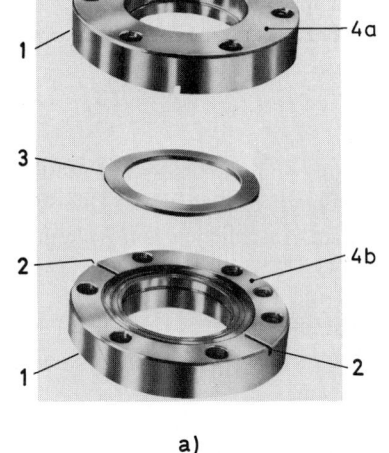

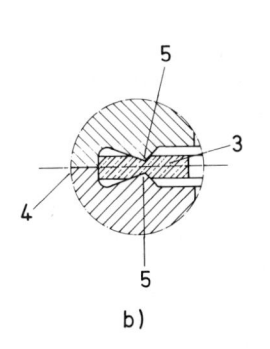

Bild 14.11

Ausheizbare UHV-Flanschverbindung mit Metall-(Cu-) Dichtung. 1 zwei gleiche Flansche aus nichtrostendem Spezialstahl; 2 Nut zur Dichtheitsprüfung; 3 Dichtscheibe aus OFHC-Kupfer; 4 (a, b) Flanschfläche mit Lochkreis; 5 Dichtschneide, gegenüber Flanschfläche 4 zurückliegend.

In der Ultrahochvakuumtechnik müssen mit Rücksicht auf hohe Ausheiztemperaturen (meist $\vartheta > 300\ °C$) und extrem geringe Gasabgabe Metalldichtungen verwendet werden. Die zum Abdichten benötigten hohen Kräfte (s. Abschnitt 14.2.2) erfordern spezielle Flanschkonstruktionen. Von diesen werden in der Praxis die sogenannten CF-Flansche am häufigsten verwendet. Eine CF-Flanschverbindung (s. Bild 14.11) besteht aus zwei gleichen Flanschen, die aus nichtrostendem Spezialstahl hoher Härte hergestellt sind. Zum Abdichten wird eine aus sauerstofffreiem (OFHC) Kupfer bestehende Dichtscheibe verwendet. Das Kupfer für die Dichtung soll möglichst weich sein, um den Dichtschneiden einen geringen Widerstand entgegenzusetzen. Die Verbindung ist für Ausheiztemperaturen von 450 °C geeignet. Die Dichtschneiden springen gegenüber den Flanschflächen zurück und sind deshalb vor Beschädigungen geschützt (s. Bild 14.11b). Der Kupferdichtring kann im allgemeinen nur einmal verwendet werden.

Für CF-Flansche mit den Nennweiten 16, 35, 63, 100, 160 und 200 sind Teilkreis für die Schrauben und Anzahl der Schrauben gemäß ISO/DIS 3669 und PNEUROP [5] genormt.

Flanschverbindungen der in 14.2.4.1 und 14.2.4.2 beschriebenen Art sind nur dann mit Sicherheit vakuumdicht, wenn dafür gesorgt wird, daß vor dem Zusammenbau die Dichtflächen keine mechanischen Beschädigungen (Kerben, Kratzer) aufweisen. Das gleiche gilt für das verwendete Dichtelement. Die Dichtflächen müssen außerdem sauber sein; Fingerab-

14 Bauelemente der Vakuumtechnik und ihre Verbindungen

drücke sind zu vermeiden. Die Anforderungen an die Sauberkeit sind bei den metallgedichteten Flanschverbindungen besonders hoch. Auch auf ein gleichmäßiges Anziehen der Schrauben ist in jedem Fall zu achten.

Wegen der Gasdurchlässigkeit gummielastischer Dichtungen (s. Abschnitt 13.3.3) liegt der durch die Flanschverbindung in den Vakuumkessel einströmende Gasstrom oft in der Größenordnung von 10^{-5} mbar $\cdot \ell \cdot s^{-1}$. Da die Permeationsflächen und damit der von der Dichtung hindurchgelassene Gasstrom etwa linear mit dem Durchmesser wachsen, wird bei sehr großen Flanschdurchmessern und hohen Dichtheitsansprüchen eine Doppeldichtung mit einem Zwischenkanal verwendet, der evakuiert wird (Bild 14.12). Das im Zwischenkanal erzeugte Vakuum wird oft auch als Stützvakuum bezeichnet.

Gummigedichtete Flanschverbindungen sind auch bei Glas- und Keramikrohren möglich. Hierbei wird an den Rohrenden ein Flansch angeschmolzen, dessen Dichtfläche poliert ist. Ein metallischer Flanschring, der die Schrauben aufnimmt, wird hinter dem Glasflansch angebracht (Bild 14.13). Wegen der Sprödigkeit von Glas bzw. Keramik müssen die Schrauben sehr gleichmäßig angezogen werden. Auch sollte das Anziehen nicht stärker erfolgen, als der benötigten Anpreßkraft entspricht. Die Dichtheit gummigedichteter Glasflansche ist etwa genau so groß wie die gummigedichteter Metallflansche.

14.2.4.3 Steckverbindungen

Zum Verbinden dünner Glasrohre (bis etwa 25 mm Außendurchmesser) mit Metallrohren werden häufig Anordnungen gemäß Bild 14.14 verwendet, die auch als „Quetschverschraubungen" bezeichnet werden. Sie sind besonders zum Anschließen von Vakuummeßröhren aus Glas an Metallapparaturen geeignet.

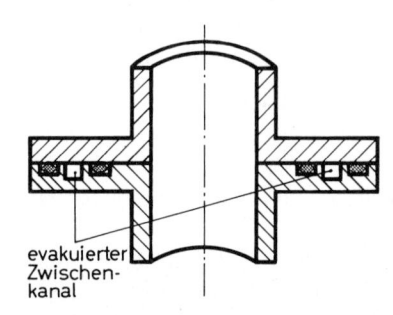

Bild 14.12
Doppeldichtung mit evakuiertem Zwischenkanal

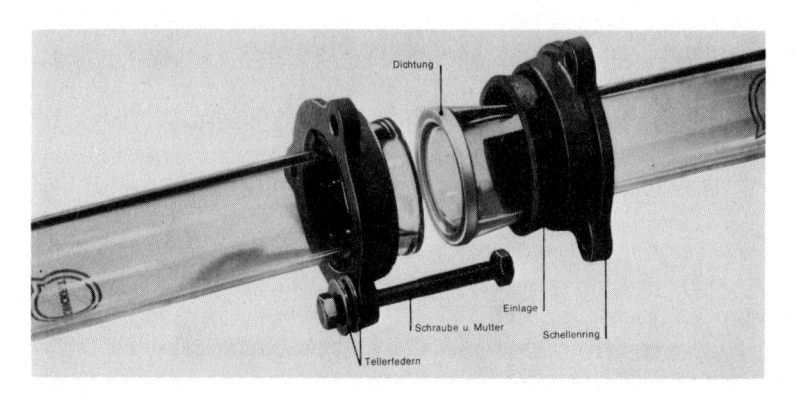

Bild 14.13 Gummigedichtete Flanschverbindung aus Glas

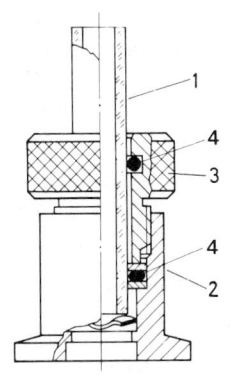

Bild 14.14 Vakuumdichte Glas-Metall Steckverbindung („Quetschverschraubung").
1 Glasrohr; 2 Metallteil (Kleinflansch mit Rohransatz); 3 Rändelschraube; 4 Gummielastische Dichtringe.

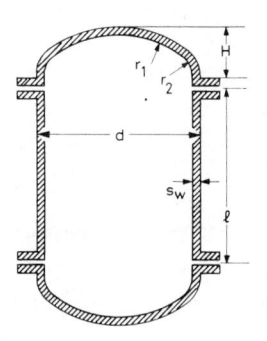

Bild 14.15 Zylindrischer Vakuumbehälter mit Klöpperboden ($H = 0{,}2\,d$; $r_1 = d$; $r_2 = d/10$; s_w Wanddicke).

14.3 (Vakuum-)Behälter

Die Behälter müssen dem äußeren Luftdruck standhalten und sind deshalb in günstiger Gestalt und ausreichender Wanddicke auszuführen. Der Werkstoff bestimmt im wesentlichen die für die Vakuumtechnik wichtigen Eigenschaften. Laborgeräte werden häufig aus Glas hergestellt. Der größte Nachteil ist die Bruchgefahr bei stoßartigen mechanischen Beanspruchungen. Die Baugröße ist bei vertretbarem Aufwand begrenzt. Für die technische Anwendung haben sich Behälter aus duktilen Metallen durchgesetzt, die in beliebigen Abmessungen herstellbar sind.

14.3.1 Bemessung der Wanddicke

Für die Auslegung von Vakuumbehältern ist der Druck im Innern gleich Null zu setzen, da der absolute Unterschied zwischen den einzelnen Vakuumdruckbereichen vernachlässigbar klein ist. Die Behälter sind für einen Außendruck von 1 bar zu berechnen. Ebene Flächen sind für größere Abmessungen wegen der Beulgefahr ungeeignet; deshalb werden die Behälter als Zylinder mit gewölbten Böden ausgeführt (Bild 14.15). Die Kugelform wäre noch günstiger, ist aber schwerer herstellbar und bietet bei der Handhabung keine Vorteile. Die gewölbten Wände und die Böden sind nach zwei Gesichtspunkten zu überprüfen. Die zulässige Spannung in der Wand darf nicht überschritten werden, und die Sicherheit gegen elastisches Einbeulen muß gegeben sein. Vakuum-Behälter unterliegen der Druckbehälter-Vorschrift. In dieser ist auf die „Technischen Regeln Druckbehälter (TRB)" verwiesen, in diesen wiederum auf die Merkblätter der Arbeitsgemeinschaft Druckbehälter (AD) — Berechnung, Herstellung, Werkstoffe u.ä. —, die als „Regeln der Technik" anerkannt sind. Für die Vakuumtechnik wichtige Merkblätter sind beispielsweise:

B0 — Berechnung von Druckbehältern
B3 — Gewölbte Böden
B6 — Zylindrische Mäntel unter äußerem Überdruck
B11 — Rohre mit innerem und äußerem Überdruck

14 Bauelemente der Vakuumtechnik und ihre Verbindungen

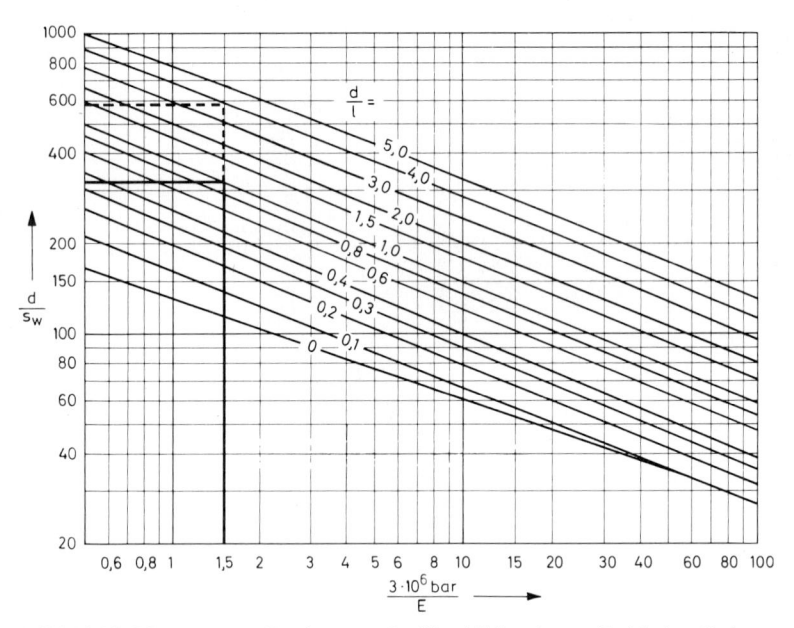

Bild 14.16 Diagramm zur Bestimmung der Wanddicke eines zylindrischen Rohres gegen elastisches Einbeulen. E Elastizitätsmodul in bar; d, l, s_W siehe Bild 14.15.

Verbindlich ist immer die jeweils gültige Ausgabe der AD-Merkblätter, erhältlich beim Beuth-Vertrieb, Berlin.

Die Wanddicke s_W zylindrischer Körper kann aus Bild 14.16 (Sicherheit gegen elastisches Einbeulen) und Bild 14.17 (Sicherheit gegen plastische Verformung) ermittelt werden. Der größere Wert aus beiden Ermittlungen bestimmt die Wanddicke, wobei als Mindestwanddicke bei Metallen $s_W = 2$ mm gefordert wird. Bei Körpern, deren Wanddicke nicht überall gleich ist, sind Zuschläge erforderlich. Mit kleineren Wanddicken kommt man bei Anbringen geeigneter Versteifungsringe aus.

Beispiel 14.2: Ein zylindrisches Stahlrohr habe eine Länge $l = 5$ m und einen Durchmesser $d = 5$ m, also ein Verhältnis Durchmesser/Länge $d/l = 1$. Für Stahl ist der Elastizitätsmodul $E = 2 \cdot 10^6$ bar und die Streckgrenze $\sigma_S = 2 \cdot 10^3$ bar. Aus Bild 14.16 liest man für $3 \cdot 10^6$ bar$/E = 1,5$ und für $d/l = 1$ den Wert $d/s_W = 320$ ab, so daß $s_W = d/320 = 5000$ mm$/320 = 15,6$ mm wird. Aus Bild 14.17 folgt mit dem Sicherheitsbeiwert $S_F = 2$ für Stahl zunächst der Abszissenwert 10^2 bar $S_F/\sigma_S = 200$ bar$/2 \cdot 10^3$ bar $= 0,1$, und daraus für $d/l = 1$ der Wert $d/s_W = 300$, so daß hiernach $s_W = 5000$ mm$/300 = 16,7$ mm wird. Man wird also eine Wanddicke von mindestens $s_W = 17$ mm wählen.

Werden auf die Kesselwand drei Versteifungsringe im Abstand $l' = 1,25$ m aufgeschweißt, so wird $d/l' = 4$, woraus für den größeren Wert der Wanddicke aus Bild 14.17 $s_W = 8,8$ mm folgt.

Die Wanddicke s_W eines Klöpperbodens vom Durchmesser d errechnet sich nach der Gleichung

$$s_W = 7,25 \frac{d}{\sigma_S} S_i ; \qquad (14.1)$$

dabei sind σ_S die Streckgrenze in bar und S_i ein Sicherheitsbeiwert. Für Stahl ist $S_i = 1,7$, für Aluminium und Kupfer ist $S_i = 4,5$ zu setzen. Die Mindestwanddicke $s_W = 2$ mm darf in keinem Fall unterschritten werden. Befindet sich im Klöpperboden ein Mannloch, so kommen zu den nach Gl. (14.1) ermittelten Werten der Wanddicke noch Zuschläge.

14.4 Durchführungen

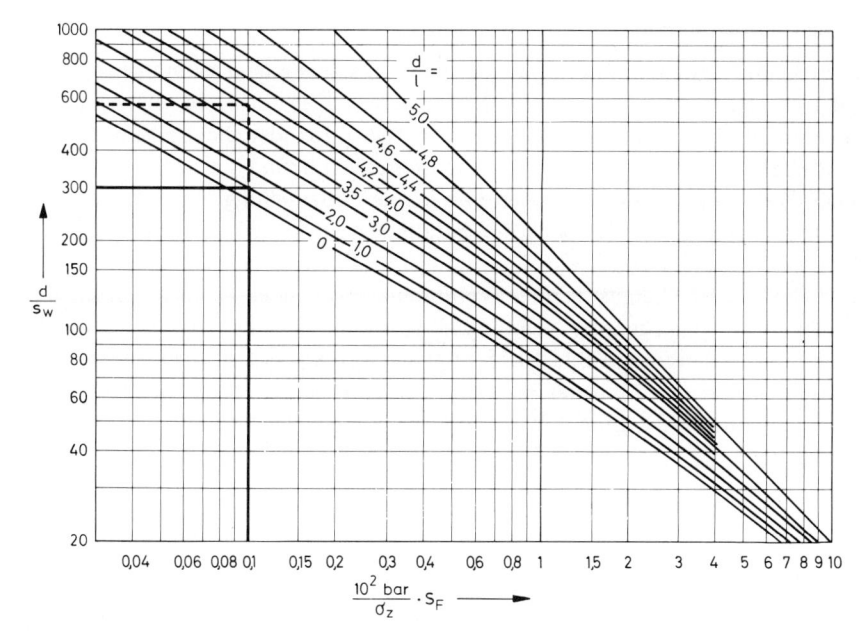

Bild 14.17 Diagramm zur Bestimmung der Wanddicke eines zylindrischen Rohres gegen plastische Verformung. S_F Sicherheitsbeiwert; S_F = 2 für Stahl; S_F = 4,5 für Rein-Aluminium und Kupfer; σ_z Streckgrenze oder Zugfestigkeit in bar.

Beispiel 14.3: Ein Stahlklöpperboden mit dem Durchmesser d = 5 m muß nach Gl. (14.1) mindestens die Wanddicke $s_W = 7{,}25 \cdot \dfrac{5\,\text{m}}{20} \cdot 1{,}7 = 3{,}1 \cdot 10^{-3}$ m = 3,1 mm haben.

14.3.2 Doppelwandige Behälter

Neben dem konventionellen einwandigen Vakuumbehälter werden bisweilen — vorzugsweise in der Ultrahochvakuumtechnik — auch doppelwandige Vakuumbehälter verwendet, deren Aufbau und Funktion in Abschnitt 15.5.2 beschrieben ist.

14.4 Durchführungen

In den meisten Vakuumapparaturen sollen physikalische oder chemische Veränderungen des eingebrachten Gutes stattfinden oder mechanische Bewegungen ausgeführt werden. Zu diesem Zweck muß Energie in verschiedener Form oder auch Materie (z.B. Kühlmittel) durch die feste Wand des Behälters geleitet werden können. Hierzu werden vakuumdichte Durchführungen benötigt.

Die Durchführungen unterscheiden sich in ihrer Bauart im wesentlichen nach der Energieart, die in den evakuierten Raum übertragen werden soll. Man unterscheidet deshalb die Hauptgruppen: Mechanische Durchführungen zur Übertragung von Bewegungen, Stromdurchführungen zum Einleiten von elektrischer Energie und Durchführungen zum Einleiten von Gasen oder Flüssigkeiten. Die Einblickfenster können im weiteren Sinne ebenfalls zu den Durchführungen gerechnet werden.

Die Schmierung in Vakuumanlagen steht in Verbindung zu den mechanischen Durchführungen und ist deshalb am Ende von Abschnitt 14.4 behandelt.

14.4.1 Mechanische Durchführungen

Man unterscheidet Durchführungen für drehende, schiebende oder zusammengesetzte Bewegungen. Bei geringen Ansprüchen an die Dichtheit besorgen fett- oder ölgeschmierte Elastomere die Abdichtung. Meist werden Simmerringe, Nutringe oder Dichtringe mit Kreisquerschnitt (O-Ringe) verwendet. Bei den Drehdurchführungen befindet sich auf der Vakuumseite zwischen Welle und Dichtring immer eine kleine Ansammlung von Schmierstoff. Die Schiebedurchführungen schleppen bei jeder Betätigung geringe Gasmengen ein, da die geschmierte Oberfläche auf der Druckseite Gase in den Schmierfilm aufnimmt und auf der Vakuumseite wieder abgibt. Bereits geringe Verunreinigungen oder Rauheitsspitzen der Oberfläche können Beschädigungen der Dichtung hervorrufen. Deshalb werden Drehdurchführungen im allgemeinen bevorzugt. Bild 14.18 zeigt schematisch den Aufbau einer ölüberlagerten Drehdurchführung mit Lippendichtungen. Die zulässige Drehzahl der Wellen ist durch die Reibtemperatur der Dichtlippe begrenzt. Die gebräuchlichen Elastomere sind bis etwa 100 °C beständig.

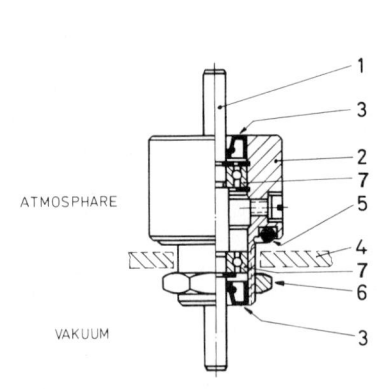

Bild 14.18 Drehdurchführung (ohne Antrieb). 1 Welle; 2 Gehäuse; 3 Simmerringe; 4 Kessel- oder Gefäßwand; 5 Dichtring; 6 Befestigungsmutter; 7 Kugellager.

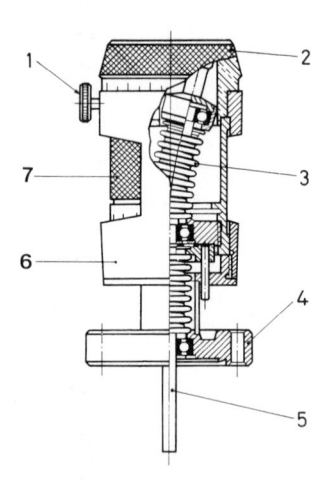

Bild 14.19 Drehschiebedurchführung, federbalggedichtet (10 mm Hub, maximale Drehzahl 150 min^{-1}). 1 Feststellschraube; 2 Drehknopf (Drehbewegung); 3 Balg; 4 CF-Flansch (siehe Bild 14.11); 5 Welle; 6 Gehäuse; 7 Mutterstück (Hubbewegung).

Schiebe- und Drehdurchführungen mit besonders hoher Dichtheit lassen sich unter Verwendung von Faltenbälgen herstellen. Bild 14.19 zeigt eine Vorrichtung zum gleichzeitigen Übertragen von Hub- und Drehbewegungen. Dabei übernimmt der untere Federbalg den Hub, während der obere gebogene Federbalg die Taumelbewegung abdichtet. Die Enden der Federbälge lassen sich nicht gegeneinander drehen, deshalb sind Lager im Vakuumraum erforderlich. Die dargestellte Dreh-Schiebedurchführung ist (ohne Antrieb) bis 450 °C ausheizbar.

Durch Anlegen von veränderlichen Magnetfeldern lassen sich Bewegungen berührungslos ins Vakuum übertragen. Dabei muß die Trennwand zur Atmosphäre aus unmagnetischem Werkstoff bestehen. Meist wird ein Rohr benutzt, das im Luftspalt des magnetischen Kreises angeordnet ist.

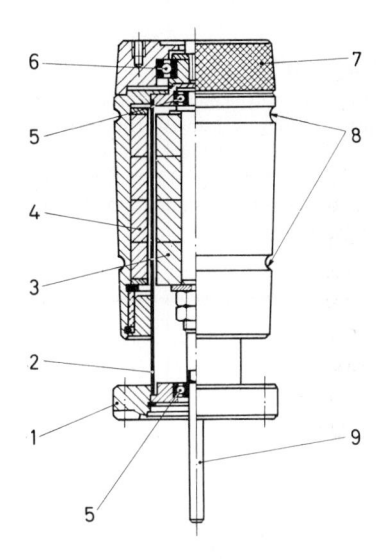

Bild 14.20

Magnet-Drehdurchführung. 1 CF-Flansch (siehe Bild 14.11); 2 Nichtmagnetisches Stahlrohr („Spaltrohr"); 3 Innere Magnete, mit Welle verbunden; 4 Äußere Antriebsmagnete; 5, 6 Kugellager; 7 Drehknopf für Handantrieb; 8 Nuten für Riemenantrieb; 9 Welle.

Die wichtigsten Bauarten sind magnetische Kupplung und Spaltrohrmotor. Der Spaltrohrmotor ist meist als Drehstrom-Asynchronmotor ausgebildet, bei dem sich der Kurzschlußläufer im Vakuum dreht und vom Ständer und den Wicklungen durch ein unmagnetisches Rohr getrennt ist (siehe z.B. Bild 5.39). Die elektrischen Verluste und damit die Erwärmung sind wegen der Spalte größer als bei den üblichen Motoren gleicher Leistung.

Eine magnetische Kupplung besteht aus einem oder mehreren umlaufenden starken Dauermagneten, die ihre Drehbewegung auf einen magnetisierbaren Anker übertragen (Bild 14.20). Das übertragbare Drehmoment ist durch die Stärke der Magnete begrenzt; bei größerem Widerstand kann der Rotor außer Tritt fallen und zum Stillstand kommen.

14.4.2 Stromdurchführungen

Im allgemeinen bestehen die Vakuumbehälter aus Metall. Deshalb müssen die elektrischen Durchführungen von der Behälterwand isoliert werden. Die gebräuchlichen isolierenden Werkstoffe sind Kunststoffe, Glas und Keramik. Die Verbindung zwischen Isolator und Metall muß besonders sorgfältig ausgeführt sein, weil durch die verschieden großen Ausdehnungen Relativbewegungen oder mechanische Spannungen entstehen, die beim Erwärmen oder Abkühlen zu Undichtheiten führen.

Durchführungen mit geringen Anforderungen an die Temperaturbeständigkeit sind mit Kunststoff isoliert. Die stromführenden Leiter werden mit Vergußmasse in Gießharzkörper eingebettet (Bild 14.21). Der Anschluß an den Behälter wird über eine Kleinflanschverbindung oder eine Verschraubung erreicht. Die Abdichtung übernimmt dabei jeweils ein Rundschnurring.

Die thermische Belastbarkeit dieser Durchführung ist durch die zulässige Erwärmung des Kunststoffs (etwa 80 °C) begrenzt. Glas- und keramikisolierte Durchführungen sind besonders dicht und höher belastbar (Bild 14.22). Die Wärmeausdehnung kann durch Verwendung von Metallen mit angepaßtem Ausdehnungskoeffizienten gleich groß gehalten werden. Daneben sind Einschmelzungen gebräuchlich, bei denen das Glas unter Wärmebelastung nur Druckspannungen ausgesetzt wird (Bild 14.3). Die Ausdehnungskoeffizienten von Glas und Metall stimmen hier nicht überein, weshalb gewöhnliches Eisen bzw. Stahl verwendet werden kann. Bei und nach dem Erkalten des geschmolzenen Glases übt der

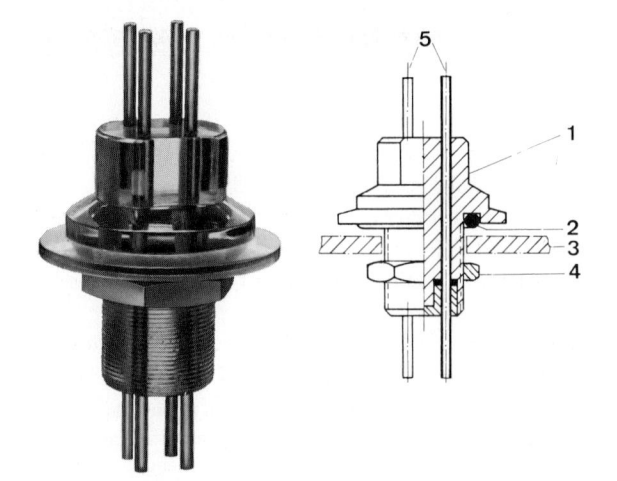

Bild 14.21
Mit Kunststoff isolierte Mehrfach-Stromdurchführung. 1 Kunststoffkörper, als Kleinflansch ausgebildet; 2 Gummielastischer Dichtring; 3 Wand mit Bohrung; 4 Befestigungsmutter; 5 Metall-Stäbe oder -Rohre.

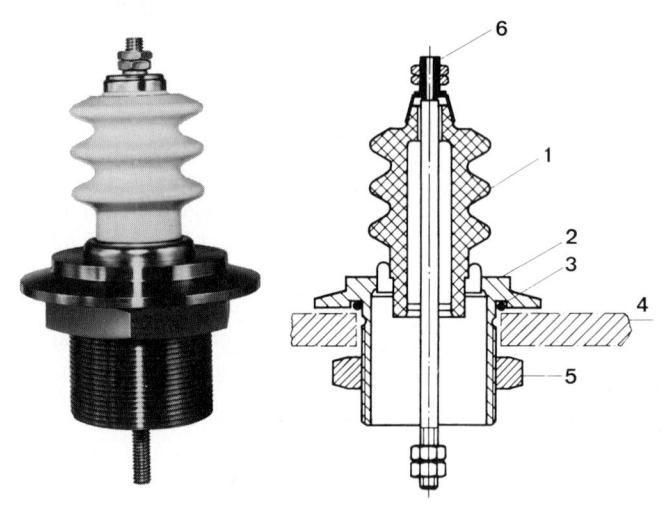

Bild 14.22
Mit Keramik isolierte Hochspannungsdurchführung (Prüfspannung 25 kV).
1 Keramikkörper
2 Kleinflansch mit Rohransatz
3 Gummielastische Dichtung
4 Wand mit Bohrung
5 Befestigungsmutter
6 Metallstab oder Metallrohr

äußere Metallring deshalb symmetrisch starke Druckkräfte auf das Glas aus, die aber infolge der großen Druckfestigkeit von Glas ohne weiteres aufgenommen werden. Um die benötigten Druckkräfte aufbringen zu können, darf der Metallring eine gewisse Dicke allerdings nicht unterschreiten.

Bezüglich der elektrischen Belastbarkeit von Stromdurchführungen, insbesondere solcher für höhere Spannungen (Spitzenspannung größer 300 Volt als Richtwert) sei darauf hingewiesen, daß die Spannungsfestigkeit bei hohen Gasdrücken (etwa 1 bar und darüber) und bei sehr niedrigen Gasdrücken (Hoch- und Ultrahochvakuum) am größten ist. Im „Zwischengebiet" nimmt sie erheblich ab, so daß es zu funkenartigen Überschlägen, aber auch zur Ausbildung einer Gasentladung (Glimmentladung) kommen kann (s. Bild 16.17). Die Stromdurchführung sollte daher während des Evakuierens bzw. Belüftens spannungsfrei sein.

Stromdurchführungen nach der Glas-Metall-Verschmelztechnik oder der Keramik-Metallisierungstechnik sind bei entsprechendem Einbau durch Schweißen oder Hartlöten auf hohe Temperaturen ausheizbar:

angepaßte Glas-Metall-Verschmelzungen: bis 450 °C
Druckglas-Einschmelzungen: bis 300 °C
Keramik-Verbindungen: über 500 °C.

Ihre Dichtheit ist, auch bei höheren Temperaturen, sehr hoch (Leckrate etwa 10^{-11} mbar $\cdot \ell \cdot s^{-1}$).

14.4.3 Durchführungen für Flüssigkeiten und Gase

Meist handelt es sich um geschlossene Kreisläufe zur Heizung oder Kühlung. Die Rohre werden in die Behälterwand oder häufiger in Blindflansche eingeschweißt oder eingelötet. Besondere Schwierigkeiten treten auf, wenn Medien hoher oder niedriger Temperatur eingeleitet werden sollen, da durch Temperaturwechsel Schweiß- und Lötnähte stark mechanisch beansprucht werden können und eine unerwünschte Beeinflussung durch Wärmeleitung eintritt.

In diesen Fällen wird die Verbindung zwischen Flansch und Rohr durch ein genügend langes und dünnwandiges Übergangsstück, z. B. einen Metallschlauch aus Chromnickelstahl, ausreichend verringert; der Flansch behält dann seine Normaltemperatur, und das durchfließende Medium wird nur geringfügig beeinflußt. Aufwendigere Lösungen sind in der Tieftemperaturtechnik erforderlich.

14.4.4 Einblickfenster (Schaugläser)

Die Vorgänge in metallischen Behältern können durch Einblickfenster beobachtet werden. Die einfachsten Ausführungen bestehen aus durchsichtigen Acrylglas-Blindflanschen, die mit den üblichen Spannmitteln vorsichtig befestigt werden. Die optischen Eigenschaften und die Dichtheit dieser Bauteile sind aber oft nicht ausreichend; deshalb werden meist Glasfenster, zum Teil plangeschliffen, benutzt. Extreme Dichtheit und Ausheizbarkeit sind nur durch eingeschmolzene Scheiben erreichbar. Der Einblickwinkel soll möglichst groß sein, deshalb muß die Glasscheibe möglichst in der Ebene der Behälterwand liegen. Bild 14.23 zeigt den Aufbau eines Glasfensters, das in einen Flansch eingeschmolzen ist und den Anforderungen der UHV-Technik genügt. Solche Einblickfenster können bis zu Durchmessern von 150 mm (serienmäßig) hergestellt werden, wobei die Glasoberfläche, sei es zur Entspiegelung oder zum Vermeiden statischer Aufladungen, entsprechend beschichtet sein kann.

Wegen seiner hohen Strahlendurchlässigkeit im Infrarot und Ultraviolett wird Saphir in entsprechenden Sonderfällen als Material für vakuumdichte und hochausheizbare Einblickfenster verwendet. Die Saphirscheibe (25 mm ϕ sind üblich) wird nach dem Molybdän-Mangan-Verfahren (s. Abschnitt 14.1.4) metallisiert und mit einem thermisch angepaßten Ni-Fe Rohrstück vakuumdicht verbunden; das andere Ende dieses Rohrstückes wird in den Stahlflansch eingeschweißt. (Bild 14.23a)

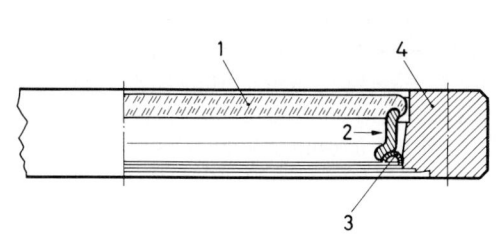

Bild 14.23 Ausheizbares Einblickfenster (Schauglas), nach der Glas-Metall-Verschmelztechnik (Abschnitt 14.1.3) hergestellt. 1 Glasscheibe (Jenaer Glas 8242); 2 Einschmelzmetall (VACON 10); 3 Elastisches Verbindungsstück (VACON 10); 4 UHV-Schneidenflansch (siehe Bild 14.11).

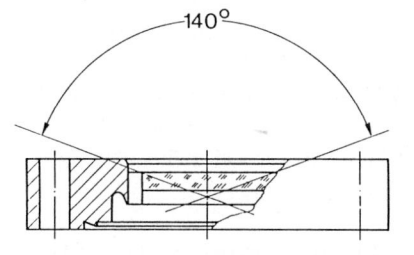

Bild 14.23a Saphirfenster (23 mm ϕ), vakuumdicht eingesetzt in UHV-Flansch Typ CF (s. Abschnitt 14.2.3.2) DN 35, Transmission >80% im Wellenlängenbereich 0,25 bis 5,5 μm. Ausheiztemperatur max. 400 °C.

14.4.5 Schmieren im Vakuum

Die üblichen Schmiermittel sind nur bei Drücken größer als 10^{-2} mbar verwendbar. Diese Grenze ist durch den Dampfdruck des Schmiermittels gegeben. Im Bereich bis etwa 10^{-6} mbar können Diffusionspumpen-Treibmittel oder Hochvakuumfette benutzt werden. Die Schmierwirkung dieser Substanzen ist aber nicht immer ausreichend, und die Forderung nach weitgehend kohlenwasserstofffreiem Vakuum kann nicht erfüllt werden. Schmiermittel, deren Wirkung auf der Adsorption von Gasen beruht, versagen im Vakuum (z.B. Graphit), dagegen haben sich Molybdänsulfid (MoS_2) und Polytetrafluoräthylen (PTFE) unter verschiedensten Bedingungen bewährt, sowie neuerdings auch Wolfram-Selenid (WSe_2).

Die meist anzutreffenden Mischungen aus Fett oder Öl und MoS_2 sind wegen des Ausdampfens der flüchtigen Bestandteile nicht geeignet. MoS_2 wird zweckmäßigerweise als trockenes Pulver verwendet. Dabei muß darauf geachtet werden, daß die Oberflächen durch Einreiben oder Einlaufen eine gleichmäßige Bedeckung durch einen MoS_2-Film erhalten. PTFE kann ähnlich wie MoS_2 angewendet werden. Im Handel sind Platten und Buchsen aus Metall erhältlich, die einseitig mit einer Gleitschicht aus PTFE bedeckt sind. Diese Bauelemente sind ohne weitere Anpassung auch im Hochvakuum brauchbar. Die gefürchteten Kaltverschweißungen können durch geeignete Wahl der Reibpartner vermieden werden. Dünne Oberflächenschichten aus Edelmetallen (Silber, Gold) verhindern weitgehend das Kleben, solange die Belastung gering bleibt. In bestimmten Fällen kann auch eine dünne Oxidschicht vor Verschweißungen schützen.

14.5 Flexible Verbindungsstücke

Zum Ausführen von Bewegungen, zum Ausgleich von Toleranzen in Rohrleitungen oder zur Schwingungsisolation benötigt man flexible Schläuche oder Bälge, die aus Gummi, Kunststoffen oder Metall bestehen können. Die Schlauchenden sind mit Flanschen verklebt, verlötet oder verschweißt. Für die Elastomerschläuche besteht die Gefahr des Einbeulens. Das wird bei den Gummischläuchen durch eine sehr große Wanddicke im Vergleich zum Durchmesser und bei den Kunststoffschläuchen durch eine eingelegte Drahtarmierung verhindert. Die großen Oberflächen begünstigen die Permeation von Gasen. Deshalb sollen Elastomerschläuche nur im Druckbereich $> 10^{-3}$ mbar verwendet werden.

Metallschläuche und Metalldehnungskörper aus Tombak oder Edelstahl genügen dagegen auch hohen Anforderungen. Störend wirkt hier die Gasabgabe der großen inneren Oberflächen.

Die Reinigung bereitet oft Schwierigkeiten, da Schmutzreste oder Reste des Reinigungsmittels in den Metallwellen zurückbleiben. Schläuche und Bälge mit verhältnismäßig weiten Wellenabständen werden deshalb bevorzugt. Wellenformen ohne Hinterschreitung erleichtern die Reinigung wesentlich. Die Zahl der Lastwechsel, die ein Metallfederrohr aushält, bevor es undicht wird, hängt stark von der Verformung ab. Beträgt die Längenänderung beim Lastwechsel z.B. nicht mehr als 10%, so sind bei Raumtemperatur häufig mehrere Millionen Lastwechsel möglich.

14.6 Absperrorgane (Ventile)

14.6.1 Aufbau, Typen, Benennung

Die Absperrorgane verschließen oder öffnen die Leitungen zwischen Pumpen, Meßgeräten, Behältern und anderen Bauteilen, erlauben den Einlaß von Gasen oder dienen als Schleusen für Gase und Festkörper. Entsprechend unterschiedlich sind die Anforderungen, die an den Aufbau gestellt werden.

Die wichtigsten Teile eines Absperrorgans sind das Gehäuse und eine bewegliche Platte (Ventilteller) mit einer Dichtung, die je nach Stellung den Durchlaß freigibt oder sperrt. Der Ventilteller muß von der Atmosphärenseite aus bewegt werden können und soll die Durchlaßöffnungen so dicht wie möglich verschließen. Der Strömungswiderstand (siehe Kapitel 4, insbesondere Abschnitt 4.6.4) der Ventile darf die Gasströmung nur wenig behindern. Im geschlossenen Zustand beträgt der größte Druckunterschied am Ventilteller 1 bar. Robuste Ventile sollen gegen dieses Druckgefälle in beiden Richtungen dicht und schaltbar sein. Diese Forderung wird meist nur bei den kleinen Nennweiten erfüllt, weil die erforderlichen Kräfte mit dem Quadrat der Linearabmessungen ansteigen. Ventile großer Nennweiten lassen sich bei vertretbarem Aufwand nur bei gleichem Druck auf beiden Seiten schalten und sind oft nur mit Unterstützung des Druckunterschieds dicht. Die Benennung der verschiedenen Ventilarten leitet sich aus dem konstruktiven Aufbau oder der Funktion her. Ventile, deren Rohranschlüsse einen Winkel von etwa 90° einschließen, heißen Eckventile. Bei den Durchgangsventilen stimmen dagegen die Achsen der Anschlüsse überein. Die Schieber und Klappen sind nach der charakteristischen Bewegungsart des Ventiltellers benannt. Die Schieber geben durch seitliches Wegziehen des Tellers die Öffnung völlig frei, während die Klappen in geöffneter Lage innerhalb des Durchlasses verbleiben. Weitere Ventiltypen sind meist aus diesen Merkmalen abgeleitet und zeichnen sich durch besondere Eigenschaften aus. Beispielsweise kennen Dosierventile nicht nur die beiden Schaltzustände AUF-ZU, sondern erlauben die Regulierung des Gasstroms über den ganzen Verstellbereich. Schnellschlußventile besitzen sehr geringe Schließzeiten, und Differenzdruckventile wechseln bei bestimmten Druckverhältnissen selbsttätig die Schaltstellung.

Die in der Vakuumtechnik verwendeten Ventile unterscheiden sich von den industriell allgemein üblichen Ventilen zum Einlassen von Flüssigkeiten oder Gasen vor allem hinsichtlich der höheren Anforderungen an Dichtheit und Gasabgabe. Handelsübliche „industrielle" Ventile können daher in der Vakuumtechnik nur dort verwendet werden, wo die für die Vakuumtechnik spezifischen Anforderungen weniger streng sind. So können z. B. übliche Kugelhähne aus Messing mit geschmierten Dichtringen im Grobvakuum Verwendung finden.

14.6.2 Betätigungsarten

Die einfachsten Ventile werden von Hand durch Dreh- oder Schwenkbewegungen betätigt. Die größten Kräfte sind beim Andrücken des Ventiltellers gegen den Sitz und beim Öffnen gegen Differenzdruck erforderlich. Der Bewegungswiderstand des Ventiltellers und der Durchführung bleibt während des Hubs meist sehr gering. Deshalb werden neben Gewindespindeln Exzenter, Hubkurven oder Kniehebel verwendet, die kurze Schaltzeiten bei ausreichenden Schließkräften ermöglichen. Der Spindelantrieb hat wegen seines einfachen Aufbaus die weiteste Verbreitung.

Nachstellvorrichtungen haben die Aufgabe, daß sich die größte Schließkraft beim Aufsetzen des Tellers einstellt und ein selbsttätiges Lösen auch bei Rüttelbeanspruchung nicht auftritt.

Die fortschreitende Automatisierung der Vakuumanlagen erfordert den Einsatz fernbetätigter Ventile. Die Hubkraft wird elektrisch oder pneumatisch aufgebracht. Ventile mit Gewindespindel können über Getriebemotoren angetrieben werden. Dabei muß sichergestellt sein, daß in den Endstellungen des Ventils der Antrieb nicht blockiert. Hubmagnete und Preßluftzylinder erzeugen Linearbewegungen, die unmittelbar oder über eine Hubübersetzung auf den Ventilteller wirken. Federn übernehmen bei Preßluft- oder Magnetventilen kleiner Nennweiten meist den Schließvorgang, so daß nur einfach wirkende Elemente erforderlich sind. Größere Ventile können nur mit doppelt wirkenden Zylindern betätigt werden.

14.6.3 Abdichtungen

Die Abdichtung der mechanischen Durchführungen entspricht weitgehend den in Abschnitt 14.4 beschriebenen Prinzipien. Als Abdichtung der bewegten Teile werden gewellte nachgiebige Federungskörper immer mehr bevorzugt. Diese Bauelemente sind höher ausheizbar als die übrigen Durchführungen, absolut dicht und erlauben bei richtiger Auslegung eine ausreichende Anzahl von Schaltvorgängen, mehr als 200 000 defektfrei. Die Baulänge dieser Elemente wird durch den erforderlichen Hub bestimmt. Deshalb erhalten Ventile großer Nennweite zur Einsparung an Baulängen eine Hubübersetzung im Vakuum.

Die Abdichtung des Ventilsitzes übernimmt im allgemeinen ein Ring aus Perbunan oder Viton. Die Dichtheit reicht für die meisten Anwendungsfälle aus. Die Ventile sind bei Verwendung von Viton bis etwa 150 °C ausheizbar. Beim Arbeitsdruck unter etwa 10^{-7} mbar beginnt die Gasabgabe der Elastomere zu stören. Die Gasdurchlässigkeit (Permeation) ist nicht mehr vernachlässigbar. Deshalb verwendet man Metalldichtungen für Flansche und Gehäuse. Der O-Ring am Ventilsitz wird oft auch bei niedrigeren Drücken noch beibehalten, da Ventile mit Ganzmetallabdichtung am Ventilsitz sehr hohe Kräfte erfordern (Abschnitt 14.2.2) und vor allem im größeren Durchmesserbereich außerordentlich aufwendig sind.

14.6.4 Eckventile

Der Leitwert von Eckventilen ist vergleichbar mit den Rohrbogen gleichen Eckmaßes (s. Abschnitt 4.6.4.3). Als Werkstoffe für das Gehäuse werden meist Aluminium oder Edelstahl verwendet. Die Innenteile bestehen fast ausschließlich aus Edelstahl. Bild 14.24 zeigt im Schnitt ein handbetätigtes Kleinflansch-Eckventil mit Federbalgabdichtung der Spindel, Bild 14.25 im Schnitt ein elektromagnetisch betätigtes Eckventil. Die genannten Ventilarten werden serienmäßig vorzugsweise mit kleineren Nennweiten (bis etwa DN 150 bzw. DN 50) gebaut, Ventile mit elektropneumatischem Antrieb dagegen (Bild 14.26) mit Nennweite DN 10 beginnend bis zu sehr großen Nennweiten. Auch diese Ventile sind bei kleineren Nennweiten mit Schließfedern ausgerüstet (4 in Bild 14.26), bei größeren Nennweiten jedoch mit doppelt wirkenden Druckluftzylindern.

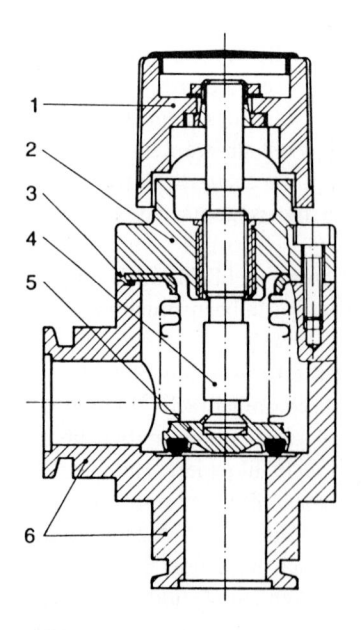

Bild 14.24
Handbetätigtes Eckventil.
1 Drehknopf
2 Deckel
3 Dichtringe
4 Innenteil mit Federbalg
5 Ventilteller mit Dichtring
6 Gehäuse mit Anschlußflanschen

14.6 Absperrorgane (Ventile) 14.6.3/14.6.4

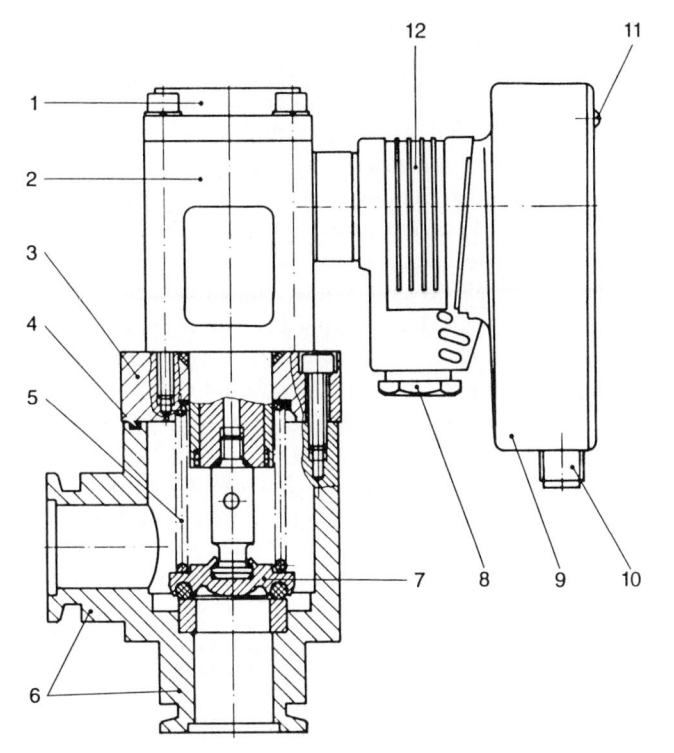

Bild 14.25

Eckventil mit elektromagnetischem Antrieb.

1. Deckel mit Sensor
2. Magnet
3. Zwischenflansch
4. Dichtring
5. Schließfeder
6. Gehäuse mit Anschlußflanschen
7. Ventilteller mit Dichtring
8. Durchführung zur Stromversorgung
9. Elektronik
10. Anschluß Stellungsmelder
11. Optische Ventilstellungsanzeige (LED)
12. Steckerteil

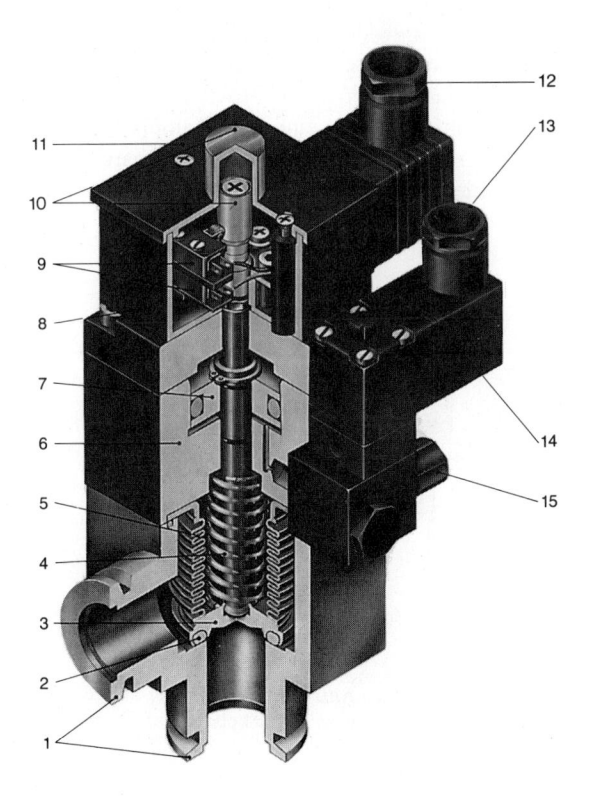

Bild 14.26

Schnitt durch ein elektropneumatisch betätigtes Eckventil mit angebautem Ventilstellungsgeber.

1. Anschlußflansche
2. Ventilteller-Dichtung aus Vitilan
3. Ventilteller
4. Schließfeder
5. Federbalg aus Edelstahl
6. Pneumatikzylinder
7. Pneumatikkolben
8. Kunststoffdeckel
9. Mikroschalter zur Ventilstellungsanzeige
10. Optische Stellungsanzeige
11. Ventilstellungsgeber (Kunststoffgehäuse)
12. Anschluß an potentialfreien Lagemeldekontakt
13. Stromanschluß für elektromagnetisches Steuerventil
14. Elektromagnetisches Steuerventil
15. Preßluftanschluß

535

14 Bauelemente der Vakuumtechnik und ihre Verbindungen

Bei *handbetätigten* Ventilen ist die Stellung des Ventils („Auf" oder „Zu") je nach Ventilkonstruktion entweder aus der Stellung des Handhebels oder aus der meist farbigen Markierung erkennbar, die an geeigneter Stelle am Ventilkörper angebracht ist.

Ventile mit *elektromagnetischem* Antrieb sind im stromlosen Zustand geschlossen. Eine starke Schließfeder bringt die Dichtkraft und die zusätzliche Kraft für den Differenzdruck am Ventilteller auf, damit das Ventil in jeder Lage und Durchflußrichtung eingebaut werden kann. Beim Öffnen muß der Magnet die Federkraft und eine zusätzlich anstehende Druckkraft überwinden können. Deshalb sind Vorschaltgeräte erforderlich, die einen hohen Strom beim Anzugsvorgang erzeugen und anschließend auf einen wesentlich kleineren Haltestrom bei geöffnetem Ventil umschalten. Die Vorschaltgeräte sind bei einigen Bauarten am Ventil angebaut (s. Bild 14.25). In diese Vorschaltgeräte sind Ventilstellungsgeber integriert, so daß z.B. eine optische Ventilstellungsanzeige möglich ist. Da Ventile mit elektromagnetischer Betätigung meist nur bis zu kleinen Nennweiten gebaut werden, lassen sich solche Ventile auch gegen Atmosphärendruck öffnen.

Das gleiche trifft für *elektropneumatische* Ventile kleiner Nennweiten zu. Elektropneumatische Ventile schließen bei Strom- und/oder Preßluftausfall — je nach Konstruktion. Die eingebauten oder zusätzlich anbringbaren Ventilstellungsgeber dienen zur elektrischen Rückmeldung der exakten Ventilstellung, was insbesondere beim Einbau in ferngesteuerte Anlagen von Bedeutung ist. Auch eine optische Stellungsanzeige kann vorgesehen werden. Bei größeren Ventilen bietet der Ventilkörper genügend Platz für zusätzliche Anschlußflansche für beispielsweise Bypass-Leitungen oder Vakuum-Meßgeräte. Bezüglich der Ausheizbarkeit der Ventile sei auf die Herstellerangaben verwiesen. Je nach Art der verwendeten Werkstoffe sind Ausheiztemperaturen bis 150 °C möglich, wobei allerdings dafür zu sorgen ist, daß die Pneumatik erheblich unter dieser Temperatur gehalten wird. Für wesentlich höhere Ausheiztemperaturen sind die nachstehend beschriebenen Spezialventile zu nehmen.

Metallgedichtete Ventile (Bild 14.28) erfordern wesentlich höhere Anpreßkräfte als die elastomergedichteten. Deshalb können nur hand- oder pneumatisch betätigte Ventile dieser Art gebaut werden. Der Ventilteller besteht meist aus einer Edelstahlplatte mit galvanisch aufgebrachter dünner Goldschicht (oxidfreie Oberfläche, gute Verformbarkeit). Der Ventilteller ist leicht auszuwechseln. Die Ventile sind meist Eckventile und mit metallge-

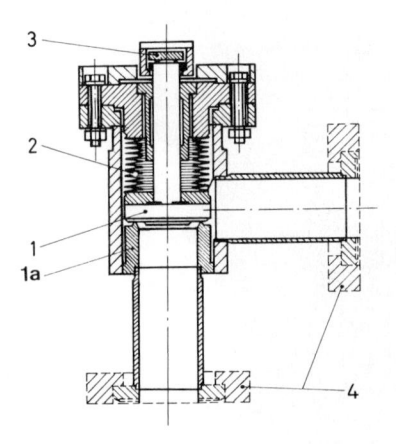

Bild 14.28 Ausheizbares Ganzmetall-Eckventil (ohne mechanischen Antrieb). 1 Ventilteller mit goldbeschichterer Dichtfläche; 1a Ventilsitz mit Schneide; 2 Federungskörper; 3 Druckplatte, auf die der mechanische Antrieb wirkt; 4 CF-Flansche (siehe Bild 14.11).

dichteten CF-Flanschen (Abschnitt 14.2.4.2) ausgerüstet. Dies ermöglicht hohe Ausheiztemperaturen des Ventils im geschlossenen Zustand (bis 400 °C). Die Antriebe dieser Ventile müssen daher entweder temperaturbeständig oder leicht demontierbar sein.

14.6.5 Durchgangsventile

Bei den Durchgangsventilen liegen die beiden Ventil-(Flansch-) Anschlüsse im Gegensatz zu den Eckventilen in einer geraden Achse. Man unterscheidet zwei Arten:
a) Durchgangsventile, bei denen der Ventilteller bei geöffnetem Ventil den Ventilquerschnitt nur teilweise freigibt;
b) Durchgangsventile, bei denen im geöffneten Zustand der Querschnitt völlig freigegeben wird. Derartige Ventile werden Schieberventile oder auch nur Schieber genannt.

Die unter a) genannten Durchgangsventile unterscheiden sich von den entsprechenden, in Abschnitt 14.6.4 beschriebenen Eckventilen vielfach nur durch die Gestaltung des Ventilkörpers, der die beiden Anschlußflansche trägt, in vielen Fällen ist der Antriebs- und Schließmechanismus austauschbar (vgl. z. B. Bild 14.29 mit Bild 14.25, linke Bildhälfte). Daher gilt das in Abschnitt 14.6.4 Gesagte praktisch auch für Durchgangsventile der Gruppe a). Grundsätzlich verschieden in Aufbau und Betätigungsmechanismus sind die unter b) genannten Schieberventile.

Die besonderen Vorteile dieser Absperrorgane sind deren geringe Bauhöhe, der freie Durchgang und damit der hohe Strömungsleitwert. Es gibt sogenannte Pendelschieber und Zugschieber. Beim Pendelschieber wird der Ventilteller durch eine Drehbewegung seitlich umgelenkt, beim Zugschieber (Bild 14.30) dagegen geradlinig über eine lange Zugstange in die gewünschte Stellung gebracht. Beide Schieberarten werden je nach Konstruktion entweder von Hand oder pneumatisch betätigt. Charakteristisch ist, daß die Bewegung des Ventiltellers sowohl beim Schließen als auch beim Öffnen des Ventils jeweils aus zwei voneinander getrennten Schritten besteht: Beim Schließen des Ventils wird der mit Dichtringen versehene Ventilteller zunächst mit dem Bewegungsmechanismus reibungsfrei bis zu einem Anschlag über die zu verschließende Ventilöffnung gebracht und sodann (2. Schritt!) durch eine Spreizbewegung fest an die Dichtflächen gepreßt, wodurch ein vakuumdichter Verschluß entsteht.

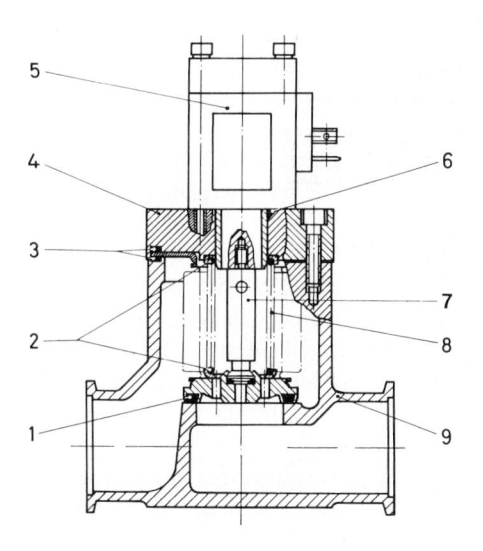

Bild 14.29 Elektromagnetisch gesteuertes Federbalg-Durchgangsventil mit Kleinflanschanschlüssen. 1 Dichtring im Ventilteller; 2 Stützringe; 3, 6 Vitilan-Dichtungen; 4 Flansch; 5 Magnetspule; 7 Bewegliches Innenteil; 8 Druckfeder; 9 Gehäuse mit Kleinflanschen.

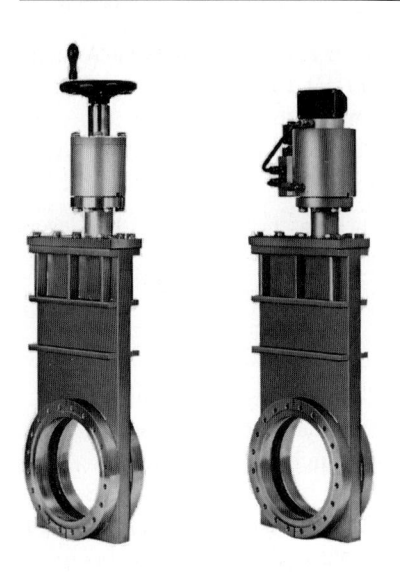

14 Bauelemente der Vakuumtechnik und ihre Verbindungen

Bild 14.30 Zugschieber
a) von Hand betätigt,
b) elektropneumatisch betätigt (fernbetätigt).

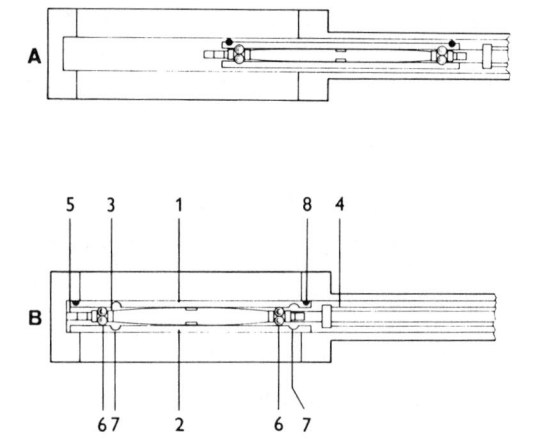

Bild 14.30a Kugelverriegelungssystem eines Zugschiebers.
1 Ventilteller; 2 mit Bohrungen versehener Gegenteller; 3 Kugelkäfig; 4 Schubstange, 5 Federanschlag; 6 Kugelpaare; 7 Kugelpfannen; 8 Tellerdichtung

Beim Öffnen des Ventils: Abheben des Tellers von der Dichtfläche und Freigeben des Querschnitts durch Drehen oder Ziehen, je nach Ventilart.

Von den zahlreichen Verriegelungssystemen sei das für Zugschieber konstruierte Kugelverriegelungssystem (Bild 14.30a) kurz erläutert, das ohne zusätzliche Schmiermittel arbeitet: Der Ventilteller (1) und der Gegenteller (2) sind federnd mit dem von der Stange (4) geführten Kugelkäfig (3) verbunden. Das Tellerpaar wird während des Schließvorganges zunächst parallel zu den Flanschen (radial) in den Öffnungsquerschnitt des Gehäuses bewegt. Die Kugelpaare (6) befinden sich in den zugehörigen Kugelpfannen (7) (Bild A). Nachdem der Federanschlag (5) die Endposition an der Gehäusewand erreicht hat, werden durch die weitergehende Schließbewegung des Kugelkäfigs alle Kugelpaare gleichzeitig aus den Kugelpfannen gerollt. Dadurch bewegen sich Ventilteller sowie Gegenteller axial auseinander (Spreizung) und der Ventilteller liegt mit der Tellerdichtung (8) an der Dichtfläche an (Bild B). Entscheidend ist, daß systembedingt die Radialbewegung beendet ist, bevor die Axialbewegung beginnt. Dadurch wird die Tellerdichtung vor Gleitbewegungen geschützt. Durch den im geschlossenen Zustand bestehenden Abstand zwischen Kugelpaar und Kugelpfanne wird das selbsttätige Öffnen durch Differenzdruck oder nachlassende bzw. wegfallende Schließkraft ausgeschlossen.

Die Baugrößen von Zugschiebern, charakterisiert durch die Nennweite DN der Anschlußflansche, überdecken einen sehr weiten Bereich: DN35 bis DN1350. Dem jeweiligen Verwendungszweck entsprechend werden Zugschieber mit Perbunan oder Viton gedichteten Flanschen (s. Abschnitt 14.2.4.2) ausgerüstet oder mit metallgedichteten UHV-Flanschen (s. Bild 14.11). Handbetätigte oder pneumatisch betätigte Schieber sind üblich, wobei für beide Betätigungsarten der gleiche, meist aus Leichtmetallguß bestehende Ventilkörper verwendet wird (Modulbauweise!).

Die elektropneumatischen Zugschieber schließen beim Stromausfall selbsttätig und sind im geschlossenen Zustand auch bei Strom- und Preßluftausfall verriegelt und dicht. Sie

14.6 Absperrorgane (Ventile)   14.6.6

sind mit einem elektromagnetischen Steuerventil und potentialfreien Lagemeldeschaltern für die Anzeige der offenen und geschlossenen Ventilstellung ausgerüstet.

Bedingt durch die Konstruktion des Schließmechanismus (s. Bild 14.30a) ist ein verschleißfreies Öffnen des Ventils nur bei geringen Druckdifferenzen (max. etwa 30 mbar) zu beiden Seiten des Ventiltellers gewährleistet. Laufende Entwicklungen haben das Ziel, beträchtlich höhere Druckdifferenzen zuzulassen, um so weitergehende industrielle Anwendungen zu ermöglichen. Dem heutigen Stand der Technik entsprechend werden Zugschieber-Ventile überwiegend in den Teilchenbeschleuniger-Anlagen der Großforschung als sogenannte Sektorventile und als Schleusen eingesetzt, aber auch als Absperrorgane für Turbomolekular- und Kryopumpen.

14.6.6 Gaseinlaßventile

Normale Eckventile lassen sich bei vorsichtiger Betätigung als grobe Einlaßventile benutzen. Bei höheren Ansprüchen an die Genauigkeit des eingelassenen Gasstroms werden Präzisionsventile benutzt, die als Dosierventile bezeichnet werden (Bild 14.31).

Mit Dosierventilen können genau definierte Gasströme in evakuierte Behälter eingelassen werden. Die Öffnung der Dosierventile läßt sich mit einer Mikrometerschraube reproduzierbar einstellen. Diese Ventile sind Präzisionsventile, die nach dem bekannten Prinzip des Nadelventils arbeiten. Der Öffnungsspalt variabler Länge bzw. freien Durchgangs ist ein Maß für den Leitwert des Ventils. Die Reproduzierbarkeit der zu einer bestimmten Ventileinstellung gehörenden Gaseinlaßrate wird durch vollständiges Zudrehen des Ventils bis gegen den Anschlag nicht beeinträchtigt.

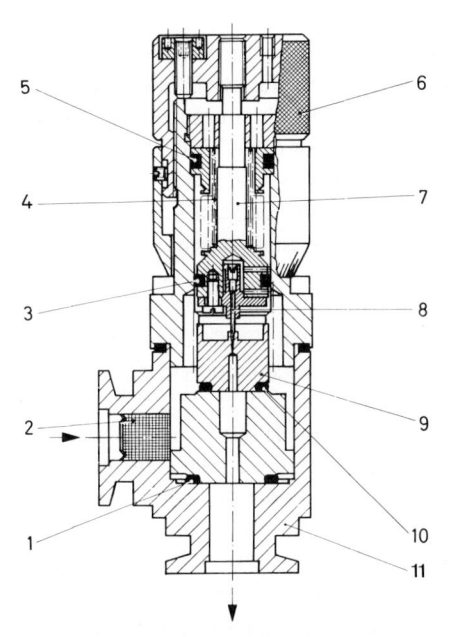

Bild 14.31 Schnitt durch ein Dosierventil.
1, 3, 5, 10 Abdichtungen mit gummielastischem Material; 2 Filter im Gas (Luft-)Einlaß; 4 Feder; 6 Verstellschraube – Skalenring; 7 Innenteil; 8 Ventilnadel; 9 Metallsitz; 11 Gehäuse mit zwei Kleinflanschen.

Bild 14.32 Dosierventil mit Absperrventil kombiniert (oben Dosiertrieb, unten Ventiltrieb).

539

Die Gaseinlaßraten werden meist als Normvolumen durch Zeit in cm³ $(T_n, p_n) \cdot s^{-1}$ angegeben und liegen bei handelsüblichen Dosierventilen der Vakuumtechnik im Bereich von $10^{-6} \ldots 10^3$ cm³ $(T_n, p_n) \cdot s^{-1}$. Um eine einmal exakt eingestellte Gaseinlaßrate absperren und später wieder unverändert einströmen lassen zu können, werden Dosierventile häufig mit einem Absperrventil als bauliche Einheit kombiniert (Bild 14.32).

Ausheizbare Dosierventile für die Ultrahochvakuumtechnik werden aus metallgedichteten Ventilen (Bild 14.28) in der Weise abgeleitet, daß der Antrieb des metallgedichteten Ventils durch einen Dosieraufsatz mit Skala zum reproduzierbaren Regeln der Gaseinlaßrate ersetzt wird. Die Gaseinlaßraten solcher Ventile überdecken den Bereich $10^{-10} \ldots 10^{-1}$ cm³ $(T_n, p_n) \cdot s^{-1}$.

14.6.7 Sonderbauarten

Aus der Fülle der Spezialventile lassen sich an dieser Stelle nur wenige Beispiele angeben. So werden Ventile hergestellt, die einen Überdruck in der Vakuumapparatur sofort entweichen lassen. Stromausfallfluter sorgen für eine Belüftung der Anlage bei Unterbrechung der Stromversorgung. Sicherheitsventile verschließen die Vakuumleitung, sobald die Rotationspumpen abgestellt werden, damit kein Öl in die Leitung gesaugt wird (siehe Bild 5.33). Schnellschlußventile ermöglichen das sofortige Abtrennen von Anlagen und Teilen bei Defekten. Schließlich werden auch Sonderventile für Anlagen gebaut, die nicht ausschließlich im Vakuum arbeiten, sondern nur den hohen Anforderungen der Vakuumtechnik genügen sollen. Mehrwegeventile sollen Bedienungsfehler ausschließen und Kosten einsparen.

UF$_6$-Ventile

Eine besondere Stellung unter den Sonderbauarten nehmen die Ventile ein, die in Urananreicherungsanlagen eingesetzt werden, deren Verfahrensgas das zur Urananreicherung dienende UF$_6$ ist. Ihr Einsatzgebiet reicht vom Grobvakuum bis zu einigen Bar. Trotz der – vakuumtechnisch gesehen – hohen Betriebsdrücke werden an diese Ventile hinsichtlich Sauberkeit, Spaltfreiheit, Dichtheit nach außen und Oberflächenbeschaffenheit Forderungen gestellt, die denen der UHV-Technik gleichen. Als Werkstoffe für die vom Medium berührten Teile werden i. a. Al-Knetlegierungen oder austenitische Edelstähle verwendet.

„60 °C"-Ventile sind Ventile, deren Betriebstemperaturen 60 °C nicht übersteigen; sie werden häufig mit KEL-F bzw. Voltalef (PCTFE) als Dichtwerkstoff ausgerüstet. Neuerdings werden auch die durch Spritzgießen verarbeitbaren kriechbeständigen fluorhaltigen Polymeren FEP (Tetrafluoräthylen-perfluorpropylen) und PFA (Perfluoralkoxy-copolymer) sowie das durch Aufsintern einsetzbare Halon (PTFE) verwendet, die gegenüber dem KEL-F eine höhere Temperaturfestigkeit aufweisen und auch eine geringere Härte besitzen, wodurch niedrigere Anpreßkräfte möglich sind. Alle diese Werkstoffe sind bei einer entsprechend gestalteten Dichtfläche in der Lage, Fremdkörper einzubetten und damit auch bei Schmutzanfall eine gewisse Dichtheit aufrechtzuerhalten.

„100 °C"-Ventile. In der Heißgasphase, wo Temperaturen um 100 °C auftreten, werden Ganzmetallventile eingesetzt. Bei dieser Ausführungsform werden feste Dichtpartner verwendet, die in der Lage sind, Ablagerungen zu zerquetschen oder durch einen entsprechend gestalteten Sitz wegzuschieben. Eine bewährte Materialkombination besteht z. B. aus NIMOMIC (hochfeste Ni-Legierung) und einem stellitierten Partner. Stellite sind Wolframkarbide, die auch auf Edelstahl aufgeschweißt werden können und sehr harte Oberflächen bilden. Die geringeren Dichtbreiten, die sich aus der Festigkeit der Dichtpartner ergeben, verlangen außerordentlich hochwertige Dichtflächen.

Hohe Anforderungen werden bei UF_6-Ventilen auch an die statischen Dichtungen gestellt, die einerseits das Austreten der gefährlichen Gase in die Atmosphäre und andererseits Lufteinbrüche in den UF_6-Kreislauf ausschließen müssen. Die Gehäusedichtungen sind daher häufig Metalldichtungen. Vielfach angewendet wird die sogenannte Helicoflex-Dichtung (Pat. CEA) [10, 11]. Diese besteht (s. Bild 14.33) aus einer Drahtspirale (z.B. aus Klaviersaitendraht oder Inconel), die von einem geschlitzten, z.B. aus nichtrostendem Stahl bestehendem Mantel umhüllt ist, der seinerseits von einem ebenfalls geschlitzten, aus einem weichen Metall (z.B. Aluminium oder Silber) bestehendem Außenmantel umgeben ist. Ein derartiges Ganzmetall-Dichtelement, dessen Drahtspirale auch nur von *einem* geschlitzten Metallrohr umgeben sein kann, wird zwischen Flansche (auch solche mit ebenen Dichtflächen) eingelegt, wo es beim Festziehen der Flansche elastisch verformt wird und eine extrem dichte Verbindung herstellt (Helium-Leckrate geringer als 10^{-9} mbar $\cdot \ell \cdot s^{-1}$). Die Helicoflex-Dichtung ist durch eine hohe Flexibilität hinsichtlich der Formgebung, und durch eine erhebliche Variationsbreite bezüglich der verwendbaren Werkstoffe gekennzeichnet. Deren Wahl bestimmt den zulässigen Temperaturbereich (Ausheizbarkeit!), dessen obere Grenze bei 700 °C liegen kann, bei Spezialkonstruktionen noch darüber. Das für den Außenmantel zu nehmende „weiche" Metall richtet sich nach dem Material, aus dem die Dichtflächen der Flansche oder sonstigen Verbindungselemente bestehen.

Flanschverbindungen an UF_6-Ventilen werden, sofern keine Metalldichtungen vorgesehen sind, mit Weichstoffdichtungen (Isopren-Copolymere) in Doppeldichtungsflanschen ausgeführt, bei denen eine Lecksuche zwischen einer mediumberührten und einer atmosphärenseitigen Dichtung möglich ist. In Großanlagen werden die Ventile meist eingeschweißt, wobei überwiegend Al-Körper verwendet werden, da die Rohrleitungen aus Korrosions- und Kostengründen ebenfalls aus Aluminium sind.

Der *Antrieb der UF_6-Ventile* erfolgt meist von Hand oder pneumatisch, seltener durch motorische Betätigung. Für die Schließkräfte bei handbetätigten Ventilen werden vom Hersteller minimale und maximale Drehmomente vorgeschrieben, die einerseits die für die Dichtheit erforderlichen Mindestschließkräfte ergeben, andererseits aber eine Überlastung der Ventileinzelteile, insbesondere der Dichtungen, verhindern. Fernbetätigte Ventile, z.B. mit pneumatischem Antrieb, sollen oftmals zugleich Sicherheitsfunktionen erfüllen, d.h. sie müssen beim Ausfall der Antriebsenergie eine eindeutige Position einnehmen. Sie werden daher mit Federkraft geöffnet oder geschlossen.

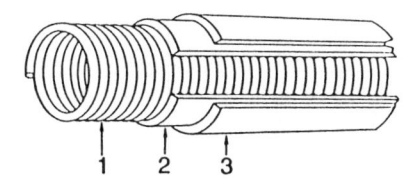

Bild 14.33 Helicoflex-Dichtung mit geschlitztem Doppelmantel.
1 Spirale aus Klaviersaitendraht ($\vartheta < 250$ °C) oder aus Inconel ($\vartheta \geq 250$ °C)
2 Innenmantel (z.B. aus nichtrostendem Stahl)
3 Außenmantel aus weichem Material (z.B. aus Aluminium oder Silber)

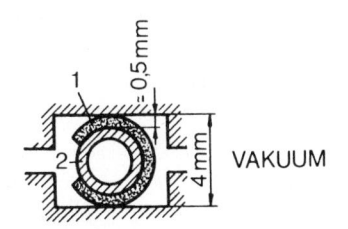

Bild 14.34 Einbauspiel für eine Helicoflex-Dichtung zwischen zwei Flansche.
1 Außenmantel (einfach oder doppelt, s. Bild 14.33)
2 Elastische Innenspirale

Schnellschlußventile

Eine spezielle Art von Sicherheitsventilen sind die Schnellschlußventile, die im Gefahrenfall einzelne Kreisläufe schnell voneinander absperren müssen. Für die erreichbaren Schließzeiten dieser Ventile mit pneumatischer Öffnung und Schließen durch Federkraft gilt ab DN 20 die Faustregel, daß die Schließzeit in Millisekunden etwa der DN in Millimetern entspricht. Zeiten unter 20 ms sind nur schwer zu realisieren, da das Vorsteuerventil einen Teil der Reaktionszeit benötigt und die kinetische Energie beim Auftreffen des Ventiltellers auf den Sitz mit Rücksicht auf die Lebensdauer der Dichtung nicht beliebig groß sein darf.

14.7 Literatur

[1] *Verfuß, K.*, Schweißen in der Vakuumtechnik. Vakuum-Technik **20** (1971) H. 2, S. 33–41 (WIG-Verfahren)

[2] *Espe, W.*, Werkstoffkunde der Hochvakuumtechnik. VEB Deutscher Verlag der Wissenschaften, Berlin. Bd. 1 – 1959, Bd. 2 – 1960; Bd. 3 – 1961.

[3] *Kohl, W.*, Handbook of Materials and Techniques for Vacuum Devices. Reinhold Publishing Corp. New York, 1967.

[4] DIN 28 403 – Kleinflanschverbindungen (Schnellverbindungen). DIN 28 404 – Flansche; Abmessungen. Beuth-Vertrieb Berlin. (Siehe auch Tabelle 16.1).

[5] Vakuum-Flansche und -Verbindungen. Abmessungen. PNEUROP, Ausgabe 1981; Maschinenbau-Verlag GmbH, 6000 Frankfurt/M.-Niederrad 71, Lyoner Straße 18, Bestell-Nr. 6606.

[6] *Roth, A.*, Sealing Techniques, Pergamon Press, London 1966. 845 S. einschließlich 1434 Literaturzitaten.

[7] Merkblätter DVS 2909, Teile 1 u. 2 (März 1980), DVS-Verlag, Düsseldorf.

[8] *Mechsner, K.* und *H. Klock,* Aluminium 59 (1983), 850–854

[9] *Endlich, W.*, Handbuch: Industrielle Kleb- und Dichtstoff-Anwendung. W. Giradet, Essen 1980.

[10] *Sakai, I.* et al., Vacuum, 32 (1982), 33–37.

[11] *Mullaney, D.H.* et al., J. Vac, Sci. Techn. A, 1 (1983) 1131/34.

[12] *Peacock, R.N.*, Nevacblad (1984) Nr. 4, 79 ... 85.

15 Arbeitstechnik in den einzelnen Druckbereichen

15.1 Allgemeine Hinweise

Bei der praktischen Arbeit in den einzelnen Druckbereichen (s. Tabelle 16.0) ist eine Reihe internationaler und nationaler Empfehlungen zu beachten (Tabelle 16.1). Diese enthalten nicht nur der Praxis angepaßte Begriffsbestimmungen, sondern auch zahlreiche Meßvorschriften und Angaben zu Meßapparaturen. Dadurch sind die in den Katalogen der Herstellerfirmen angegebenen technischen Daten vergleichbar geworden.

15.1.1 Enddruck p_{end} bzw. Betriebsenddruck $p_{B,end}$ einer Vakuumpumpe

Der Enddruck p_{end} einer Vakuumpumpe ist der niedrigste Druck, den die Vakuumpumpe ohne Gaseinlaß auf der Saugseite asymptotisch erreicht. Der Enddruck wird in einer für die verschiedenen Pumpenarten (Rotationsvakuumpumpen, Diffusionspumpen, Ionengetterpumpen usw.) international festgelegten Meßanordnung gemessen. Alle Meßanordnungen haben einen Meßdom, an dem das zur Messung des Enddrucks dienende Vakuummeter angebracht ist (vgl. z. B. Bild 8.23).

Soll die Angabe des Enddrucks eine für die Vakuumpumpe charakteristische Größe sein, so muß dafür gesorgt werden, daß der Einfluß der Meßanordnung auf den Enddruck (Gasabgabe, Leckrate) hinreichend klein ist. Diese Bedingung ist um so schwieriger zu erfüllen, je kleiner die Drücke sind, bei denen die betreffende Pumpe arbeitet. Insbesondere bei ausgesprochenen Hochvakuumpumpen (Diffusionspumpen, Turbomolekularpumpen, Ionengetterpumpen, Kryopumpen) ist daher eine Enddruckangabe nur dann sinnvoll, wenn die Betriebsbedingungen, unter denen das Meßergebnis erreicht wurde, genau angegeben sind. Diese Angaben müssen sich nicht nur auf die Pumpe, sondern auch auf die angeschlossene Meßanordnung, insbesondere auf deren Vorbehandlung, beziehen.

Da der Enddruck p_{end} definitionsgemäß eine asymptotische Größe ist, für deren Ermittlung eine unendlich lange Wartezeit erforderlich wäre, benutzt man in der Praxis den sogenannten Betriebsenddruck $p_{B,end}$; darunter wird der Enddruck verstanden, der sich nach einer endlichen, im einzelnen festzulegenden Zeit ergibt. Diese wird so festgelegt, daß sich während der anschließenden Enddruckmessung der Druck nicht meßbar ändert. Die zur Messung von $p_{B,end}$ erforderlichen Zeiten (Pumpzeiten) sind um so länger, je kleiner die Drücke sind, und betragen bei Hochvakuumpumpen, bei denen $p_{B,end}$ bereits im UHV liegt, etwa 24 Stunden. Vielfach wird zwischen Endtotaldruck und Endpartialdruck unterschieden; bei Gasballastpumpen (s. Abschnitt 5.3.6) werden diese beiden Drücke vielfach mit und ohne Gasballast gemessen. Zur Messung des Endpartialdrucks muß dem am Meßdom angebrachten Vakuummeter eine meist mit flüssigem Stickstoff beschickte Kühlfalle vorgeschaltet werden.

15.1.2 Enddruck einer Vakuumapparatur oder -anlage $p_{\text{end,A}}$

Unter dem Enddruck einer Vakuumapparatur oder -anlage wird der niedrigste Druck verstanden, der sich in einer sauberen und trockenen Vakuumapparatur oder -anlage asymtotisch einstellt, wobei in Analogie zum Enddruck einer Vakuumpumpe in der Praxis der Betriebsenddruck $p_{\text{B,end,A}}$ gemessen wird. Er ist abhängig

a) von der Art der verwendeten Vakuumpumpe oder Vakuumpumpenkombination, einschließlich zusätzlich verwendeter Bauelemente (z. B. Kühlfallen, Sorptionsfallen u. ä.)

b) von der Dichtheit der Apparatur oder Anlage, die im wesentlichen durch Art und Anzahl der Flansche und ihrer Dichtelemente bestimmt wird.

Der Betriebsenddruck $p_{\text{B,end,A}}$ ist im allgemeinen größer, aber höchstens gleich dem unter normalen Bedingungen gemessenen Enddruck der verwendeten Vakuumpumpe (Abschnitt 15.1.1).

15.1.3 Arbeitsdruck p_{arb}

Während der Durchführung eines Vakuumprozesses herrscht im Vakuumkessel ein zeitlich und räumlich veränderlicher Druck, der als Arbeitsdruck p_{arb} bezeichnet wird. Da am Vakuumkessel meist nur eine feste Druckmeßstelle angebracht ist, bleibt in der Praxis die räumliche Druckänderung außer Betracht, es wird lediglich die zeitliche Änderung des Arbeitsdrucks gemessen bzw. aufgezeichnet.

Für die Zeitabhängigkeit des Arbeitsdrucks gilt die Gleichung

$$p_{\text{arb}}(t) = \frac{q_{pV,\text{ent}}(t) + q_{pV,\text{verd}}(t) + q_{pV,\text{Leck}}(t) + q_{pV,\text{perm}}(t) + q_{pV,\text{prozeß}}}{S_{\text{eff}}(t)} + p_{\text{end,A}} \cdot \quad (15.1)$$

Dabei sind $q_{pV,\text{ent}}$ der Entgasungsstrom, der sich aus dem von den Wänden des Vakuumbehälters und von den Einbauten desorbierenden (adsorbierte Gase) und aus deren Innerem ausgasenden (okkludierte Gase) Gasstrom (Kapitel 3 und Abschnitt 13.4), $q_{pV,\text{verd}}$ der von leichtflüchtigen Substanzen verdampfende Gasstrom, soweit er von der Pumpe abgepumpt wird, $q_{pV,\text{Leck}}$ (Abschnitt 12.1) und $q_{pV,\text{perm}}$ (Abschnitt 13.3) die i.a. zeitlich konstanten Leck- und Permeationsgasströme, $q_{pV,\text{prozeß}}$ der beim Vakuumprozeß (z. B. Glühen, Schmelzen) frei werdende Gasstrom. S_{eff} ist das am Behälter wirksame Saugvermögen (Abschnitt 4.4); es ist in denjenigen Zeitintervallen unabhängig von der Zeit konstant, in denen S unabhängig vom Druck ist. $p_{\text{end,A}}$ ist der im Behälter sich einstellende Betriebsenddruck, wenn alle $q_{pV} = 0$ sind.

Bei der Durchführung eines Vakuumprozesses interessiert vor allem der Arbeitsdruck, der im Kessel vor Beginn des Vakuumprozesses herrscht; dieser Anfangsdruck $p_{\text{arb}}(0)$ ergibt sich aus Gl. (15.1), wenn man $q_{pV,\text{prozeß}} = 0$ setzt, zu

$$p_{\text{arb}}(0) = \frac{q_{pV,\text{ent}}(0) + q_{pV,\text{verd}}(0) + q_{pV,\text{Leck}} + q_{pV,\text{perm}}}{S_{\text{eff}}} + p_{\text{B,end,A}} \cdot \quad (15.2)$$

Für diesen Anfangswert sind je nach der Art des durchzuführenden Vakuumprozesses sehr verschiedene Werte zulässig; zur Durchführung von Trocknungsprozessen genügen Werte, die im Feinvakuumbereich liegen, bei Vakuum-Aufdampfprozessen sind Werte, die im Hochvakuumbereich liegen, erforderlich.

Der Betrieb einer Vakuumanlage ist um so wirtschaftlicher, je größer der Anfangsarbeitsdruck $p_{\text{arb}}(0)$ sein darf und je kleiner der Prozeßgasstrom ist. Dieser kann allerdings — wenigstens zeitweise — sehr große Werte annehmen, so daß sich die Wahl der Vakuumpumpe (oder der Pumpenkombination) vor allem nach diesen Höchstwerten richten muß. Um das effektive Saugvermögen der Pumpe vornehmlich für den Vakuumprozeß freizuhalten, soll die Summe der anlagebedingten Gasströme $q_{pV,\text{ent}} + q_{pV,\text{verd}} + q_{pV,\text{Leck}} + q_{pV,\text{perm}}$ möglichst nicht größer als $0,1 \cdot q_{pV,\text{prozeß}}$ sein.

15.1.4 Arbeitsdruck, bedingt durch den Prozeßgasstrom

Wird der Arbeitsdruck hauptsächlich durch den Gasstrom bestimmt, der aus dem Vakuumprozeß frei wird, so gilt nach Gl. (15.1)

$$p_{\text{arb}} = \frac{q_{pV,\text{prozeß}}}{S_{\text{eff}}}. \qquad (15.3)$$

Über die Größe der bei den einzelnen Vakuumprozessen frei werdenden Gasströme lassen sich keine allgemein gültigen Aussagen machen, weil sie weitgehend von den betreffenden Verfahren abhängen. Wegen der in Anlagen fast immer vorhandenen endlichen Strömungsleitwerte der Verbindungsleitungen zwischen Vakuumpumpe und Arbeitskessel oder -behälter läßt sich das effektive Saugvermögen S_{eff} selbst bei unendlich großem Saugvermögen der Pumpe nicht beliebig steigern (Abschnitt 4.4). Es sei deshalb ausdrücklich darauf hingewiesen, daß sehr große Prozeßgasströme die Erzeugung bzw. Aufrechterhaltung eines kleinen Arbeitsdrucks p_{arb} verhindern können.

Beispiel 15.1: Ein Stahl mit einem Massenanteil $w = 50$ ppm Wasserstoff werde mit einer Schmelzrate $s = 0,02$ kg·min^{-1} in einem Vakuumofen abgeschmolzen. Wird beim Schmelzvorgang aller Wasserstoff frei, so ist der abzupumpende Wasserstoff-Massenstrom

$$q_m = \dot{m} = s \cdot w = 0,02 \frac{\text{kg}}{\text{min}} \cdot 50 \cdot 10^{-6} = \frac{10^{-6} \text{ kg}}{60 \text{ s}} = 1,67 \cdot 10^{-8} \text{ kg} \cdot \text{s}^{-1}.$$

Dies entspricht nach der Zustandsgleichung (2.31.5) bzw. Gl. (4.9) einem pV-Gasstrom

$$q_{pV} = \frac{\dot{m}}{M_{\text{molar}}} \cdot R \cdot T.$$

Mit $M_{\text{molar}} = 2$ kg·kmol^{-1} für H$_2$, $R = 83,14$ mbar·ℓ·mol^{-1}·K^{-1} und $T = 293$ K ($\vartheta = 20$ °C) ergibt sich

$$q_{pV,\text{prozeß}} = \frac{1,67 \cdot 10^{-8} \text{ kg} \cdot \text{s}^{-1} \cdot 83,14 \text{ mbar} \cdot \ell \cdot \text{mol}^{-1} \cdot \text{K}^{-1} \cdot 293 \text{ K}}{2 \text{ kg} \cdot \text{kmol}^{-1}}$$
$$= 2,03 \cdot 10^{-1} \text{ mbar} \cdot \ell \cdot \text{s}^{-1}.$$

Soll während des Prozeßablaufs der Arbeitsdruck $p_{\text{arb}} = 1 \cdot 10^{-4}$ mbar aufrechterhalten werden, so ist dazu nach Gl. (15.3) ein wirksames Saugvermögen

$$S_{\text{eff}} = \frac{q_{pV,\text{prozeß}}}{p_{\text{arb}}} = \frac{2,03 \cdot 10^{-1} \text{ mbar} \cdot \ell \cdot \text{s}^{-1}}{1 \cdot 10^{-4} \text{ mbar}} = 2030 \text{ } \ell \cdot \text{s}^{-1}$$

erforderlich. Wird dagegen während des gleichen Prozeßablaufs der Arbeitsdruck $p_{\text{arb}} = 1 \cdot 10^{-6}$ mbar verlangt, so erfordert dies ein wirksames Saugvermögen

$$S_{\text{eff}} = \frac{2,03 \cdot 10^{-1} \text{ mbar} \cdot \ell \cdot \text{s}^{-1}}{1 \cdot 10^{-6} \text{ mbar}} \approx 2 \cdot 10^5 \text{ } \ell \cdot \text{s}^{-1}.$$

15.1.5 Arbeitsdruck, bedingt durch verdampfende Substanzen

Solange sich in einem Rezipienten oder in einer Anlage verdampfbare Substanzen befinden, deren Dampfdruck höher als der gewünschte Enddruck ist, wird der Druck in der

15 Arbeitstechnik in den einzelnen Druckbereichen

Apparatur einerseits durch deren Verdampfungsstrom I_V (vgl. Beispiel 2.7), andererseits durch das effektive Saugvermögen S_{eff} der Pumpanordnung bestimmt. Ist $I_V \gg S_{\text{eff}}$, so herrscht in der Apparatur bis zur völligen Verdampfung der Substanz ein Druck, der nur unwesentlich kleiner als der Sättigungsdampfdruck $p_{d,s}$ der Substanz ist; andernfalls wird sich ein Druck $p < p_{d,s}$ einstellen, der sich aus einer Gleichung berechnen läßt, in der die Änderung der im Rezipienten enthaltenen Dampfmenge gleich der Differenz von Verdampfungsstrom I_V und Pumpstrom S_{eff} gesetzt wird (vgl. Abschnitt 15.2.6, Gl. (15.4)). Wasser hat nach Tabelle 16.8 bei Zimmertemperatur $\vartheta = 20\,°C$ den Sättigungsdampfdruck $p_{d,s} = 23{,}35$ mbar. Befindet sich also in einem Behälter bei Zimmertemperatur noch Wasser in Form verteilter Flüssigkeit oder in Form einer Wasserhaut an den Wänden, so erreicht man beim Evakuieren zunächst keinen wesentlich kleineren Druck als 23,4 mbar. Erst wenn durch das laufende Abpumpen des Wasserdampfes eine Trocknung des Behälterinnern erreicht ist, strebt der Druck dem durch andere Begrenzungseffekte (Abschnitte 15.1.4, 6 bis 8) bedingten Endwert zu. Das folgende Beispiel soll die Verhältnisse vereinfachend beleuchten.

Beispiel 15.2: Wasser hat bei der Temperatur $\vartheta = 20\,°C$ ($T = 293$ K) den Sättigungsdampfdruck $p_{d,s} = 23{,}3$ mbar (vgl. Tabelle 16.8). Dann hat die Masse $m = 1$ g Wasser nach der Zustandsgleichung für ideale Gase (2.31.5) das Volumen $V = m \cdot RT/M_{\text{molar}} \cdot p = 1\text{ g} \cdot 83{,}14 \text{ mbar} \cdot \ell \cdot \text{mol}^{-1} \cdot \text{K}^{-1} \cdot 293 \text{ K}/18 \text{ g} \cdot \text{mol}^{-1} \cdot 23{,}3 \text{ mbar} = 58{,}1\,\ell$. Präziser würde man sagen: Das spezifische Volumen des Wasserdampfs ist $V_{s,d} = V/m = 58{,}1\,\ell \cdot \text{g}^{-1}$. (Obwohl gesättigter Wasserdampf kein ideales Gas ist, ist der Fehler bei Verwendung von Gl. (2.31.5) nicht sehr groß; der Meßwert für das spezifische Volumen des gesättigten Wasserdampfs bei $\vartheta = 20\,°C$ ist $V_{s,d} = 57{,}84\,\ell \cdot \text{g}^{-1}$.) Dieses Volumen bzw. die pV-Menge 23,3 mbar $\cdot 58\,\ell$ (20 °C) $= 1350$ mbar $\cdot \ell$ (20 °C) muß also von der Pumpe weggeschafft werden, wenn in einem Behälter die Masse $m = 1$ g Wasser als Dampf enthalten ist. Welche Zeit dazu nötig ist, hängt von den experimentellen Bedingungen ab. Hat der Behälter das Volumen $V = 580\,\ell$, befindet sich darin die Wassermasse 1 g und ist die Pumpe abgeschaltet, so herrscht nach vollständiger Verdampfung des Wassers im Behälter der Wasserdampfdruck $p = 2{,}33$ mbar, der Wasserdampf ist ungesättigt („überhitzt"). Das Wasser verdampft nicht momentan, sondern braucht dazu eine bestimmte Zeit. Sie kann berechnet werden, wenn man Gl. (2.97) $(j_m)_{\max} = \sigma_K p_s (M_{\text{molar}}/2\pi RT)^{1/2}$ heranzieht, die die flächenbezogene Massenverdampfungsrate angibt. Für eine abschätzende Rechnung kann man den Kondensationskoeffizienten $\sigma_K \approx 0{,}02$ setzen (Abschnitt 2.6.1 und Tabelle 16.7). Dann erhält man für die flächenbezogene Massenverdampfungsrate

$$(j_m)_{\max} = 0{,}02 \cdot 23{,}3 \cdot 10^2 \text{ Pa} \sqrt{\frac{18 \text{ kg kmol}^{-1}}{2\pi \cdot 8{,}3 \text{ kJ} \cdot \text{kmol}^{-1} \cdot \text{K}^{-1} \cdot 293 \text{ K}}}$$

$$= 50{,}6 \cdot 10^{-3} \frac{\text{kg}}{\text{m}^2 \cdot \text{s}} \cong 5 \frac{\text{mg}}{\text{cm}^2 \cdot \text{s}}.$$

Mit Hilfe der Zustandsgleichung (2.31.5) $pV = mRT/M_{\text{molar}}$ ergibt sich daraus die flächenbezogene (pV)-Verdampfungsrate

$$(j_{pV})_{\max} = 5 \cdot 10^{-6} \frac{\text{kg}}{\text{s} \cdot \text{cm}^2} \cdot \frac{8{,}3 \cdot 10^3 \text{ J} \cdot \text{kmol}^{-1} \cdot \text{K}^{-1} \cdot 293 \text{ K}}{18 \text{ kg} \cdot \text{kmol}^{-1}}$$

$$= 0{,}682 \text{ Pa} \cdot \text{m}^3 \cdot \text{s}^{-1} \cdot \text{m}^{-2} = 6{,}82 \text{ mbar} \cdot \ell \cdot \text{s}^{-1} \cdot \text{cm}^{-2}.$$

Dieser Wert gilt nur (daher „max"), wenn über der Flüssigkeit kein Wasserdampf vorhanden ist. Hat sich bei der Verdampfung über der Flüssigkeit bereits Dampf vom Druck $p < p_s$ gebildet, so verringert sich die Verdampfungsrate auf den Wert $j_m = (j_m)_{\max}(1 - p/p_s)$ (d.h. die Gleichgewichtsverdampfungsrate muß um die Kondensationsrate verringert werden, vgl. dazu Abschnitt 2.6.3). Nimmt man an, daß der Behälter mit dem Volumen $V \approx 580\,\ell$ (Durchmesser $d \approx 1$ m) auf seiner ganzen Innenfläche $A = 3{,}36$ m² mit Wasser ($m = 1$ g) bedeckt ist, so würde der Verdampfungsstrom $I_{\max} = j_{m,\max} \cdot A \cong 0{,}17$ kg $\cdot$ s^{-1} sein, die Verdampfungszeit würde $t_v = m/I_m \approx 6 \cdot 10^{-3}$ s betragen. Dabei ist der den Kondensationsstrom berücksichtigende Faktor vernachlässigt worden. Befände sich $m = 1$ g Wasser in diesem Behälter in einer Schale vom Durchmesser $d = 10$ cm ($A \cong 78$ cm²), so wäre $I_m = 390$ mg $\cdot$ s^{-1} und $t_v = 2{,}6$ s. Diese Zeiten gelten allerdings nur unter der Voraussetzung, daß das Wasser frei verdampfen kann, d.h. wenig Luft im

Behälter ist ($p_L \approx p_d$), die als Diffusionshindernis wirkt. (Solche Diffusionsprozesse sind im Zusammenhang mit den Diffusionspumpen in den Abschnitten 6.4.7 und 6.4.8 beschrieben, vgl. auch Abschnitt 2.5.1.) Wird der Behälter mit einer Pumpe, deren effektives Saugvermögens am Flansch des Behälters druckunabhängig S_{eff} = 54 m³·h⁻¹ = 15 ℓ·s⁻¹ beträgt, evakuiert, so vergeht bis zur Entfernung des Wasserdampfs die „Pumpzeit" $t_p = V/S_{eff} \cong$ 38 s; t_p ist also die geschwindigkeitsbestimmende Größe. Man beachte übrigens, daß sowohl der Verdampfungsprozeß als auch der Pumpprozeß durch Exponentialfunktionen der Zeit zu beschreiben sind und unsere Schätzwerte daher nur so etwas wie e-Wertszeiten sind. Ist die Wassermasse m = 1 g auf der ganzen inneren Oberfläche unseres Behälters (A = 3,36 m²) verteilt, so ist die Massenbelegung der Fläche m/A = 1 g/3,36 m²; wegen $\nu = m/M_{molar}$ ergibt sich daraus die molare Belegung $\nu/A = m/A \cdot M_{molar}$ und wegen $\nu = N/N_A$ die Teilchenanzahlbelegung $N = m \cdot N_A / A \cdot M_{molar}$ = 10⁻³ kg · 6 · 10²⁶ kmol⁻¹/3,36 m² · 18 kg · kmol⁻¹ $\cong$ 10²² m⁻² = 10¹⁸ cm⁻². Nach Beispiel 3.1 ist die monoatomare Teilchenanzahlbelegung $\tilde{n}_{mono} \cong$ 10¹⁹ m⁻², so daß die „Wasserhaut" im Beispielfall 1000 Moleküllagen entspricht. Die Wassermoleküle werden hieraus wie aus einer dicken Wasserschicht verdampfen, die vorletzte Schicht ist allerdings schon etwas stärker gebunden, die letzte („Adsorptions"-) Schicht etwa 5 bis 10 mal so stark gebunden, ihre „Verdampfungs"-Wärme = „Desorptions"-Wärme E_{des} (vgl. Kapitel 3) ist 5 bis 10 mal so groß. Dadurch nimmt der Dampfdruck (vgl. Gl. (2.95a)) und damit der Verdampfungsrate (Gl. (2.97)) größenordnungsmäßig (Abschätzung!) um den Faktor $a = \exp(-E_{des}/RT)/\exp(-\Lambda_v/RT)$ ab. Für E_{des} = 5 $\Lambda_v \cong$ 5 · 43 kJ · mol⁻¹ ergibt sich $a \cong$ 5 · 10⁻³², Dampfdruck und Verdampfungsrate sind also nicht mehr beobachtbar. Wird allerdings ein Teil im Vakuumbehälter heiß, z.B. im Betrieb auf T = 800 K ($\vartheta \approx$ 500 °C) erwärmt, so wird $a \approx$ 1,5 · 10⁻⁷ und dementsprechend der „Dampfdruck" (in grober Abschätzung) über der desorbierten Schicht $p_d \approx$ 24 mbar · 1,5 · 10⁻⁷ $\approx$ 4 · 10⁻⁶ mbar, die maximale Verdampfungsrate $j_{max} \approx$ 2 · 10¹³ cm⁻²·s⁻¹, so daß die monoatomare Bedeckung erst in $t_v \approx$ 50 s $\approx$ 1 min abgebaut wird. Daraus erhellt die Bedeutung des Ausheizens für den HV- und insbesondere UHV-Bereich.

Bei den bisherigen Abschätzungen haben wir nicht berücksichtigt, daß der Verdampfungsprozeß dem Wasser — sofern nicht genügend Wärme von der Unterlage aus deren Wärmekapazität oder durch Beheizung zugeführt wird — Wärme entzieht, was zu einer Abkühlung, einer daraus resultierenden Verringerung des Dampfdrucks und einer dementsprechenden Vergrößerung der Verdampfungszeit führt.

Beispiel 15.3: Aus m = 1 g Wasser wird bei der Abkühlung von ϑ = 20 °C auf ϑ = 0 °C, also um $\Delta T = \Delta\vartheta$ = 20 K die Wärmemenge $\Delta Q = m \cdot c_p \cdot \Delta T$ frei, wobei $c_p \approx$ 4,2 J·g⁻¹·K⁻¹ die spezifische Wärmekapazität des Wassers ist. Mit ΔQ = 1 g · 4,2 J·g⁻¹·K⁻¹ · 20 K = 84 J können aber nur $m' = \Delta Q/\Lambda_v$ = 84 J/2500 J·g⁻¹ = 3,4 · 10⁻² g, also nur 3,4 % des Wassers verdampft werden. Dabei ist der Sättigungsdampfdruck von $p_{d,s}$ = 23,3 mbar auf $p_{d,s}$ = 6,1 mbar gesunken. Nun gefriert das Wasser, wobei $\Delta Q' = (m - m') \Lambda_s$ mit Λ_s = Schmelzwärme frei wird, was zu einer Verdampfung von $m'' = \Delta Q'/\Lambda_v \approx$ 1 g · 336 J·g⁻¹/2500 J·g⁻¹ $\approx$ 0,14 g Eis führt. Die weitere Verdampfung (Verdampfungswärme des Eises $\Lambda_{v,e} \approx$ 2900 J·g⁻¹) führt dann zu einer Abkühlung des Eises und einer damit verbundenen weiteren Verkleinerung des Dampfdrucks.

Sollen $m''' = m - m''$ = 0,86 g Eis verdampft werden, so ist dazu die Wärmemenge $\Delta Q''' $ = 0,86 g · 2900 J·g⁻¹ = 2500 J nötig. Nun ist aber die spezifische Wärmekapazität des Eises $c_p \approx$ 2 J·g⁻¹·K⁻¹ (bei $\vartheta \approx$ 0 °C, sie nimmt bei tiefen Temperaturen ab!). Bei der Verdampfung von 0,01 g des Eises würden sich 0,85 *g* um ΔT = 20 K auf ϑ = − 20 °C abkühlen, der Dampfdruck von $p_{d,s,eis}$ (0 °C) = 6,1 mbar auf $p_{d,s,eis}$ (− 20 °C) = 1 mbar sinken. Ohne weitere Rechnung sieht man ein, daß ohne Wärmezufuhr aus der Umgebung durch Wärmeleitung und Wärmestrahlung oder durch gezielte Heizung eine Entfernung des Wassers aus dem Behälter beliebig lange Zeit dauern würde.

15.1.6 Arbeitsdruck, bedingt durch Entgasung (Desorption und Ausgasung, vgl. Kapitel 3 und Abschnitt 13.4)

Im Grobvakuum beeinträchtigen Desorption (adsorbierte Gase) und Ausgasung (okkludierte Gase) die Pumpzeit und den Arbeitsdruck in der Regel nicht, im Feinvakuum ist deren Einfluß i.a. gering. Im Hochvakuum beeinträchtigt die Entgasung das Erreichen der Arbeitsdrücke und vor allem die Pumpzeiten ganz erheblich, man kann aber häufig noch ohne Ausheizen auskommen. Im Ultrahochvakuum hingegen bleibt zum Erreichen extrem kleiner Drücke nichts anderes übrig als die Adsorbate und vor allem die okkludierten Gase so weit und so schnell wie möglich zu entfernen und damit deren Restgasströme unter den Störwert herabzusetzen.

Die Entgasungsstromdichte „sauberer" Metall-, Glas- und Keramik-Oberflächen liegt bei Zimmertemperatur nach einer Stunde Pumpzeit in der Größenordnung (Bild 13.6)

$$j_{pV,\,ent} \approx 10^{-4} \text{ mbar} \cdot \ell \cdot s^{-1} \cdot m^{-2}.$$

Beträgt die entgasende Fläche $A = 1$ m^2, so ergibt sich aus diesem Wert mit Hilfe von Gl. (15.1) das für einen vorgegebenen Arbeitsdruck mindestens nötige Saugvermögen zu

$p_{arb} = 10^{-7}$ mbar $\quad S_{eff} = 10^3 \, \ell \cdot s^{-1}$
$\quad\;\; = 10^{-9}$ mbar $\quad\quad\;\; = 10^5 \, \ell \cdot s^{-1}$
$\quad\;\; = 10^{-11}$ mbar $\quad\;\; = 10^8 \, \ell \cdot s^{-1}$.

Man erkennt daraus die Bedeutung des Ausheizens, weil ohne diese Prozedur unwirtschaftlich große Pumpen installiert werden müßten.

15.1.7 Arbeitsdruck, bedingt durch den Permeationsgasstrom (Abschnitt 13.3)

Der Permeationsgasstrom, der bei Raumtemperatur durch Wände aus Metall, Glas oder Keramik in den Rezipienten eindringt, beeinträchtigt in der Regel den erreichbaren Arbeitsdruck nicht.

Im Grob-, Fein- und Hochvakuum werden als Dichtungsmaterial vor allem „Elastomere" verwendet, die unter verschiedenen Handelsnamen, wie Perbunan, Neopren, Silikon, Viton, auf dem Makrt sind. Bei allen Elastomeren ist die hohe Gasabgabe (Bilder 13.7 und 16.14) und Gasdurchlässigkeit, vor allem für Helium, zu berücksichtigen (Bild 13.5). Daraus ergibt sich die Grundregel, die Verwendung von Elastomeren in Vakuumapparaturen und -anlagen auf das absolut notwendige Minimum zu beschränken. Bei der Konstruktion einer Elastomerdichtung muß darauf geachtet werden, daß sowohl die dem hohen Druck als auch die dem niedrigen Druck ausgesetzte Oberfläche des gummielastischen Werkstoffs möglichst klein ist. Darüber hinaus empfiehlt es sich, Elastomere vor dem Einbau zur Verringerung der Gasabgabe in einem Trockenofen bei etwa 60 °C zu „trocknen".

Die Frage, ob Dichtringe aus Elastomeren, also z.B. aus Perbunan oder Viton, vor dem Einbau gefettet werden sollen, ist nach wie vor offen. Neue Dichtringe sollen nicht gefettet werden. Da gummielastische Dichtringe im Laufe der Zeit erhärten, ist ein hoher Anpreßdruck erforderlich, um mit alten Dichtringen eine einwandfreie Abdichtung zu erzielen. Müssen verhärtete Dichtringe verwendet werden, kann durch äußeres Einfetten mit einem geeigneten Hochvakuumfett (Abschnitt 13.2.5) bei geringerer mechanischer Beanspruchung des Dichtrings eine ausreichende Abdichtung erreicht werden.

Im Ultrahochvakuum-Bereich muß auf die Verwendung von Elastomeren als Dichtelement völlig verzichtet werden. Hier macht sich nicht nur der Permeationsgasstrom störend bemerkbar, sondern auch die verhältnismäßig geringe Wärmebeständigkeit der Elastomere. UHV-Apparaturen müssen häufig bis zu $\vartheta = 400$ °C ausgeheizt werden, so daß an ihnen nur noch spezielle Metalldichtungen verwendet werden können (vgl. z.B. Bild 14.11).

15.1.8 Arbeitsdruck, bedingt durch den Leckgasstrom

Aus wirtschaftlichen Gründen — vor allem im Hinblick auf die Größe des zu installierenden Saugvermögens — sollte die Summe aller Leckgasströme (Abschnitt 12.1) nicht größer als 5 ... 10 % des Gasstroms sein, der beim niedrigsten Arbeitsdruck p_{arb} von der Vakuumpumpe noch gefördert werden kann. Der Gesamt-Leckgasstrom muß also um so kleiner sein, je niedriger der Arbeitsdruck in der Anlage gewählt wird.

Beispiel 15.4: Eine Pumpe mit einem beim Arbeitsdruck wirksamen Saugvermögen $S_{eff} = 1000$ $\ell \cdot s^{-1}$ sei an einem Rezipienten installiert, in dem ein Arbeitsdruck $p_{arb} = 5 \cdot 10^{-6}$ mbar erzeugt werden soll. Dann beträgt der von der Pumpe beim Arbeitsdruck p_{arb} geförderte pV-Gasstrom

$$q_{pV} = p_{arb} \cdot S_{eff} = 5 \cdot 10^{-6} \text{ mbar} \cdot 10^3 \, \ell \cdot s^{-1} = 5 \cdot 10^{-3} \text{ mbar} \cdot \ell \cdot s^{-1}.$$

Da der Gesamt-Leckgasstrom nur maximal 10 % des von der Pumpe geförderten pV-Gasstroms betragen sollte, ergibt sich für den zulässigen Leckgasstrom

$$q_{pV, \text{Leck}} = 5 \cdot 10^{-4} \text{ mbar} \cdot \ell \cdot s^{-1}.$$

15.1.9 Die trockene, saubere und dichte Vakuumapparatur

Auch bei richtiger Konstruktion und geeignetem Aufbau einer Vakuumapparatur kann nach vorstehenden Ausführungen das Erreichen des benötigten Arbeitsdrucks durch das Vorhandensein mehr oder weniger leichtflüchtiger Substanzen oder durch zu hohe Entgasungs- oder Leckgasströme in Frage gestellt werden.

Leichtflüchtige Substanzen sind bei Zimmertemperatur in der Regel flüssig. Durch Verunreinigung der inneren Oberflächen werden die Desorptionsgasströme vergrößert. Deshalb muß an eine Vakuumapparatur folgende Forderung gestellt werden:

Die Apparatur muß *trocken, sauber* und *dicht* sein!

Gemeint ist damit: Die Apparatur sollte frei von flüssigen, leicht verdampfenden Substanzen sein, der Entgasungsstrom sollte nicht unnötig durch Verunreinigungen der inneren Oberflächen vergrößert sein, und die Apparatur sollte dem jeweiligen Druckbereich entsprechend hinreichend dicht sein.

15.2 Arbeitstechnik im Grobvakuum (1013 ... 1 mbar)

15.2.1 Überblick

Zahlreiche, vor allem industrielle Vakuumverfahren werden im Grobvakuum durchgeführt; dies sind z.B. das Spannen, Halten, Transportieren und Sortieren kleiner oder auch großer, flächiger Werkstücke, das Umfüllen von Flüssigkeiten, das Tiefziehen von Kunststoffteilen, das Trocknen, Imprägnieren, Verdampfen und Kondensieren, das Abpacken und Verpacken von Lebens- und Genußmitteln wie Fleisch, Obst, Kaffee usw. Auch Stückgut wird in zunehmendem Maße unter Zuhilfenahme des Grobvakuums verpackt.

Viele dieser Verfahren nützen durch Erzeugen einer Druckdifferenz Δp den Luftdruck der Atmosphäre zur Durchführung des Verfahrens aus. Bei anderen Verfahren kommt es darauf an, den Sauerstoff- und/oder Feuchtigkeitsgehalt der Luft hinreichend zu verringern, ohne daß extreme Vakua erforderlich sind. In allen Fällen ist auf die mechanische Beanspruchung des meist metallischen Vakuumbehälters (Kessels) zu achten (Abschnitt 14.3), sofern ein solcher zur Durchführung des Verfahrens benötigt wird. Die Beanspruchung kann – auch bei noch so starker Evakuierung – den außen herrschenden Luftdruck von etwa 1 bar nicht überschreiten.

Beispiel 15.5: Ein Stahlkessel wird einmal auf 1 mbar, ein andermal auf 10^{-3} mbar evakuiert. Die Druckdifferenz zwischen außen und innen beträgt dann $\Delta p = 1012$ mbar bzw. 1013 mbar, woraus erhellt, daß es für die Beanspruchung des Wandwerkstoffs gleichgültig ist, auf welchen niedrigen Druck der Kessel ausgepumpt wird. Die Kesselkonstruktion ist daher gegen die Druckbeanspruchung 1 bar auszulegen. Hält er diese Belastung unter Berücksichtigung der Sicherheitswerte aus, so ist es für die Haltbarkeit des Kessels

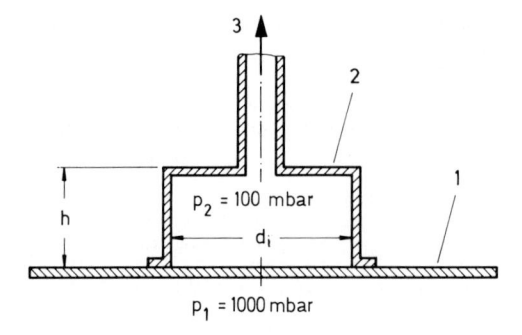

15 Arbeitstechnik in den einzelnen Druckbereichen

Bild 15.1

Evakuierbare Hebevorrichtung. 1 Zu hebender Gegenstand (Glasscheibe); 2 Ansaughaube; 3 Anschluß an die Vakuumpumpe.

völlig bedeutungslos, wenn in ihm auch beliebig kleine Drücke, z.B. 10^{-6} oder 10^{-10} mbar, erzeugt werden.

Beispiel 15.6: Eine Schaufensterscheibe mit dem Gewicht G = 2000 kg – dies entspräche einer quadratischen Scheibe von 6 m Länge und 2 cm Dicke – soll mit Hilfe einer Saugvorrichtung von einem Stapel abgehoben und zu einer Bearbeitungsmaschine transportiert werden. Die Ansaughaube (Bild 15.1) soll mit einer Vakuumpumpe vom Nennsaugvermögen S_n = 30 m³·h⁻¹ = 8,3 ℓ·s⁻¹ in Δt = 5 s (Ansaugtakt) auf eine Druckdifferenz $p_a - p_i$ = 900 mbar ausgepumpt werden. Damit sie unter diesen Bedingungen die Scheibe anheben kann, muß sie einen Mindest-Innendurchmesser haben, der sich aus der Gleichgewichtsbedingung (F_G = Gewichtskraft)

$$(p_a - p_i)\frac{d_i^2 \pi}{4} = F_G = 2000 \text{ kg} \cdot 9{,}81 \text{ m} \cdot \text{s}^{-2} = 9 \cdot 10^4 \text{ Pa} \cdot \frac{\pi}{4} \cdot d_i^2$$

zu d_i = 0,53 m ergibt. Man wird also praktisch mindestens d_i = 0,6 m wählen.

Die Auspumpzeit eines Behälters vom Volumen V durch eine Pumpe mit dem Saugvermögen S_{eff} ist durch Gl. (15.11) gegeben

$$t_p = \frac{V}{S_{eff}} \cdot \ln \frac{p_1}{p_2}.$$

Setzt man S_{eff} = 0,5 S_n an, so erhält man für das Volumen der Ansaughaube

$$V = S_{eff} \cdot t_p / \ln \frac{p_1}{p_2} = 0{,}5 \cdot 8{,}3 \text{ ℓ} \cdot \text{s}^{-1} \cdot 5 \text{ s}/\ln \frac{1000 \text{ mbar}}{100 \text{ mbar}}$$
$$= 9 \text{ ℓ} = 9 \cdot 10^{-3} \text{ m}^3.$$

Daraus ergibt sich die Höhe der Ansaughaube, deren Innenfläche $A = d_i^2 \cdot \pi/4 = 0{,}28 \text{ m}^2$ ist, zu $h = V/A$ = 9·10⁻³ m³/0,28 m² = 31,8·10³ m = 32 mm.

Die Rechnungen in Beispiel 15.6 setzen voraus, daß die Saugvorrichtung dicht gegen die umgebende Atmosphäre ist. In der Praxis läßt sich das wegen der unvermeidlichen Rauhigkeit und Verschmutzung der Oberfläche des Transportgutes nur selten verwirklichen, so daß ein gewisser Leckgasstrom auftritt, der bei der Dimensionierung zu berücksichtigen ist. Weiterhin ist zu beachten, daß infolge des Widerstands der Ansaugleitung (Abschnitte 4.3 und 4.5) an der Ansaughaube nicht das volle Saugvermögen der Pumpe zur Verfügung steht. (Dies wurde im Beispiel pauschal durch einen Faktor 0,5 berücksichtigt, ist aber im Einzelfall zu untersuchen.) Beide Effekte verlängern die Taktzeiten. Ferner muß dafür gesorgt werden, daß der Unterdruck in der Saugvorrichtung während der Dauer des Transportweges erhalten bleibt. Dies kann durch ein in der Ansaugleitung angebrachtes Sicherheitsventil auf einfache Weise geschehen. Generell ist bei allen Einrichtungen, die den Atmosphärendruck zur Bildung von Druckdifferenzen ausnutzen, die Abnahme des Luftdrucks mit der Höhe (Bild 16.1) zu berücksichtigen.

15.2.2 Aufbau einer Grobvakuumanlage oder -apparatur

Die Anforderungen, die an die Dichtheit und Gasabgabe einer Grobvakuumanlage gestellt werden, sind vakuumtechnisch gesehen verhältnismäßig gering. Es können daher Bauelemente verwendet werden, die diesen geringen Anforderungen genügen. Die Verbindung einzelner Bauelemente untereinander erfolgt noch häufig mittels Verschraubungen, die mit Teflonband gedichtet sind. Als Absperrorgane werden Ventile verwendet, wie sie u.a. in normalen Gasleitungen üblich sind. Um sich jedoch vor unliebsamen Überraschungen und dem damit verbundenen Zeitverlust zu schützen, wird angeraten, auch im Grobvakuum alle Verbindungen mit Vakuumflanschen und Elastomerdichtungen zu versehen und Drehdurchführungen mit Simmerringen oder Hutmanschetten abzudichten (s. Kapitel 14).

15.2.3 Pumpen. Art und Saugvermögen

Für die Grobvakuumtechnik ist zunächst die einstufige ölgedichtete Rotationspumpe die Pumpe der Wahl. Müssen Medien gepumpt werden, die bei der üblichen Betriebstemperatur dieser Pumpen (70 ... 80 °C) und der erforderlichen Kompression bis auf Atmosphärendruck kondensierbar sind, so müssen die Pumpen mit geöffnetem Gasballast (Abschnitt 5.3.6) betrieben werden.

Ist der geforderte Arbeitsdruck kleiner als 10 mbar, so sind zweistufige Ausführungen zu verwenden, wenn die Pumpe aus den genannten Gründen mit geöffnetem Gasballast betrieben werden muß.

Wird ein großes Saugvermögen bei niedrigen Arbeitsdrücken (kleiner als etwa 10 mbar) benötigt, so ist eine Kombination aus Wälzkolbenpumpe und ölgedichteter Rotationspumpe vorteilhaft. Bei höheren Drücken bringt die Wälzkolbenpumpe wegen der notwendig werdenden kleinen Abstufung zur Vorpumpe in der Regel keinen großen Vorteil mehr.

Muß beim Evakuieren mit Staub- oder Schmutzanfall gerechnet werden, was im Grobvakuumbereich meist der Fall ist, so sind ölgedichtete Rotationspumpen durch Öl- und Staubfänger (vgl. Abschnitt 5.3.9.6) zu schützen. Bei sehr großem oder ständig vorhandenem Staub- oder Schmutzanfall, oder wenn öllösliche bzw. ölzersetzende Stoffe gepumpt werden müssen, sind Kombinationen aus Wälzkolben- und Wasserringpumpen zu empfehlen, die auch zum Abpumpen korrodierender Gase und Dämpfe geeignet sind. Allerdings können die Betriebskosten bei diesen Kombinationen höher sein als bei Kombinationen mit ölgedichteten Rotationspumpen. Steht allerdings billiger Dampf zur Verfügung oder sind korrosive Medien abzupumpen, so werden Wasserdampfstrahlpumpen eingesetzt.

Welches Saugvermögen an einer Vakuumapparatur oder Vakuumanlage anzuwenden ist, richtet sich nach dem geforderten Arbeitsdruck, der Auspumpzeit, den beim Prozeß anfallenden Gas- und Dampfmengen und dem Leckgasstrom. Ist der Gas- oder Dampfanfall, der bei der Durchführung des Vakuumprozesses auftritt, nicht bekannt, so bewährt es sich vielfach, ein Saugvermögen entsprechend Bild 15.2 zu wählen. Es sei aber ausdrücklich darauf hingewiesen, daß es sich bei den in Bild 15.2 angegebenen Werten um Erfahrungswerte handelt, die nur einen Anhalt geben können. Insbesondere bei Kesselvolumina $V < 100$ ℓ und im Grobvakuum kommt man oft auch mit kleineren Saugvermögen aus, als Bild 15.2 angibt. Bei der Pumpeninstallation muß auf ausreichende Dimensionierung der Rohrleitungen geachtet werden (s. Kapitel 4).

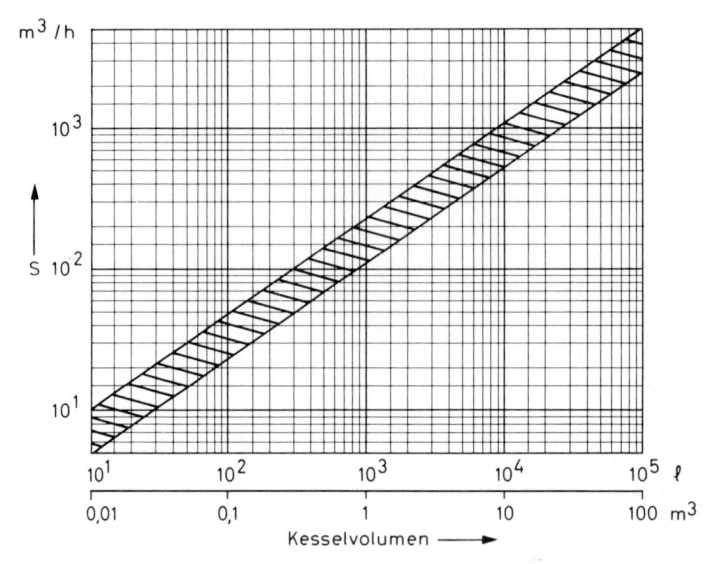

15 Arbeitstechnik in den einzelnen Druckbereichen

Bild 15.2 Für Arbeiten im Grobvakuum (und Feinvakuum) am Vakuumkessel vorzusehendes effektives Saugvermögen S_{eff} in Abhängigkeit vom Kesselvolumen (Richtwerte).

15.2.4 Pumpstände für Grobvakuum

Aus den vielseitigen Anwendungen der Vakuumtechnik in Industrie und Forschung ergeben sich sehr unterschiedliche Forderungen, die an Pumpsysteme und Vakuumapparaturen gestellt werden. So sollen z.B. Saugvermögen und Arbeitsdruck schon aus rein wirtschaftlichen Gründen möglichst optimal auf den durchzuführenden Prozeß abgestimmt sein. Die im Handel befindliche große Zahl von Pumpenarten und Pumpentypen, in Verbindung mit einer reichhaltigen Auswahl an Zubehör, macht es dem Anwender aber schwer, geeignete wirtschaftliche Pumpsysteme zusammenzustellen.

Ausgehend von Erfahrungswerten und Praxiswünschen hat die Vakuum-Industrie deshalb Pumpsysteme entwickelt, die unter dem Sammelnamen „Pumpstände" in den Fabrikationsprogrammen enthalten sind. Durch Ergänzungen mit listenmäßigem Zubehör können derartige Pumpstände leicht allen speziellen Forderungen angepaßt werden. Bild 15.3 zeigt als Beispiel einen Grobvakuumpumpstand, der aus zwei hintereinandergeschalteten, aus Porzellan gefertigten Dampfstrahlpumpen (Kapitel 6) und einem Wasserstrahlkondensator (Kapitel 9) besteht. In Bild 15.4 sind die für diesen Pumpstand charakteristischen Werte des Saugvermögens S und der Saugleistung (Massenstrom $\dot{m}$) in Abhängigkeit vom Ansaugdruck p_A angegeben. Der Pumpstand wird in chemischen Laboratorien, für Pilotanlagen und für kleine Betriebsanlagen in chemischen Fabriken verwendet. Der niedrigste Ansaugdruck – bei 1 in Bild 15.3 – beträgt 3,3 mbar. Die beiden hintereinander geschalteten Dampfstrahler 5 und 6 verdichten von 3,3 mbar auf etwa 160 mbar. Der Wasserstrahlkondensator 7 schlägt den Treibdampf nieder und verdichtet Luft, Gase und nicht kondensierbare Dämpfe von etwa 160 mbar auf atmosphärischen Druck. Das zum Betrieb des Wasserstrahlkondensators erforderliche Kühlwasser wird durch eine Pumpe im Kreislauf geführt. Als Treibmittel wird gesättigter Wasserdampf von 3 bar Überdruck verwendet, der Verbrauch beträgt 40 kg/h.

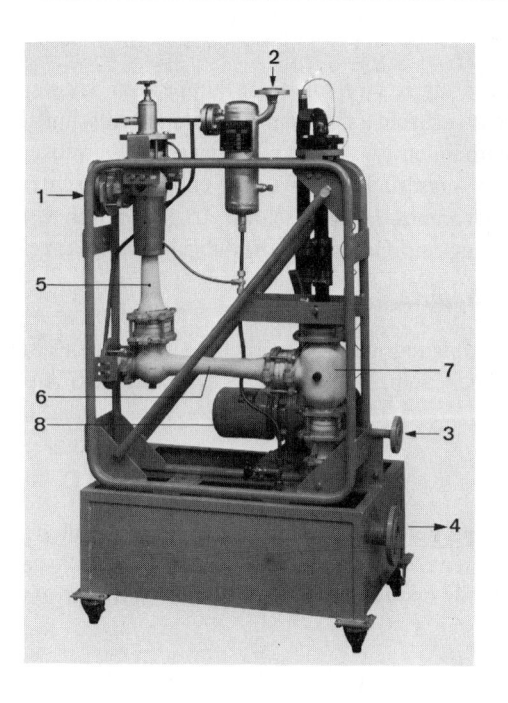

Bild 15.3

Fahrbarer Grobvakuumpumpstand (Hauptabmessungen $B \times T \times H$: 950 mm × 650 mm × 1800 mm. 1 Sauganschluß DN 50; 2 Treibdampfeintritt DN 20; 3 Frischwasserzulauf DN 20; 4 Überlauf DN 50; 5 Dampfstrahler aus Porzellan, geheizt, 1. Stufe; 6 Dampfstrahler aus Porzellan, geheizt, 2. Stufe; 7 Wasserstrahlkondensator aus Porzellan; 8 Motor der Wasserumlaufpumpe.

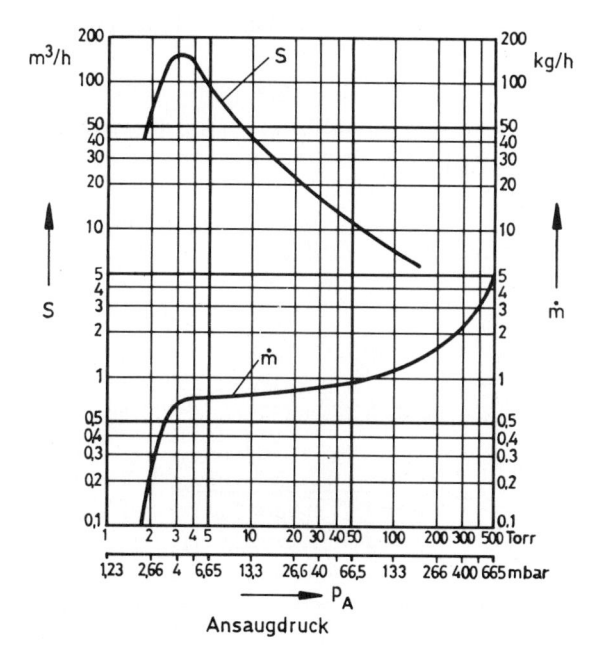

Bild 15.4

Saugvermögen S und Massenstrom $\dot{m}$ (als Maß für die Saugleistung) des Pumpstandes in Bild 15.3, in Abhängigkeit vom Ansaugdruck p_A. Das Diagramm gilt für eine Betriebswassertemperatur von $\vartheta = 18\ °C$ und für das Saugmedium Luft.

15.2.5 Druckmessung im Grobvakuum

Im Grobvakuum werden meist mechanisch arbeitende Meßgeräte, z. B. Membranvakuummeter verwendet, die in verschiedenen Ausführungen auf dem Markt sind (Kapitel 11). Vakuummeter auf mechanischer Grundlage haben eine von der Gas- bzw. Dampfart unabhängige Anzeige.

15.2.6 Auspumpzeit im Grobvakuum

Zur Berechnung der Auspumpzeit t_P, die nötig ist, um mit einer Pumpe vom Saugvermögen S bzw. — falls eine Pumpleitung mit nicht vernachlässigbarem Widerstand (Abschnitte 4.3 und 4.4) zwischen Pumpe und Behälter vorhanden ist — vom effektiven Saugvermögen S_{eff} einen Behälter mit dem Volumen V vom Anfangsdruck p_0 ($t = 0$) auf einen gewünschten Druck $p(t)$ auszupumpen, muß man die Einströmung (vgl. Abschnitt 15.1.3) durch Undichtheiten, Permeation, Entgasung, Verdampfung und Gas- und Dampfabgabe beim Prozeß

$$q_{pV,\text{ein}} = q_{pV,\text{leck}} + q_{pV,\text{perm}} + q_{pV,\text{ent}} + q_{pV,\text{verd}} + q_{pV,\text{prozeß}} \tag{15.4a}$$

kennen. Dann gilt in jedem Augenblick die Bedingung, daß die zeitliche Änderung der im Behälter enthaltenen (pV)-Menge $d(pV)/dt$ gleich dem Einstrom $q_{pV,\text{ein}}$ minus dem Ausstrom $q_{pV,\text{aus}} = p \cdot S_{\text{eff}}$ ist, also, weil $V = \text{const}$,

$$\frac{d(pV)}{dt} = V \cdot \frac{dp}{dt} = q_{pV,\text{ein}} - p \cdot S_{\text{eff}}. \tag{15.4b}$$

Nun ist S bzw. S_{eff} meist druckabhängig; im Bereich niedriger Drücke — unterhalb des zum (häufig konstanten) maximalen Saugvermögen $S_{\max}$ gehörenden Drucks — wird die geförderte Gasmenge $p \cdot V = p \cdot S_{\max}$ durch Rückströmung aus dem Verdichtungsraum und Lecke vermindert, so daß annähernd

$$p \cdot S = p \cdot S_{\max} - q_{pV,\text{rück}+L} \tag{15.5}$$

gesetzt werden kann. Ist $p \cdot S_{\max} = q_{pV,\text{rück}+L}$, so wird $S = 0$, der Einddruck der Pumpe ist erreicht:

$$p_{\text{end},P} \cdot S_{\max} = q_{pV,\text{rück}+L}.$$

Setzt man dies in Gl. (15.5) ein, so ergibt sich für die Druckabhängigkeit des Saugvermögens bei kleinen Drücken die näherungsweise gültige Gleichung

$$S = S_{\max}\left(1 - \frac{p_{\text{end},P}}{p}\right) \quad \text{bzw.} \quad S_{\text{eff}} = S_{\text{eff},\max}\left(1 - \frac{p_{\text{end},P}}{p}\right), \tag{15.6a, b}$$

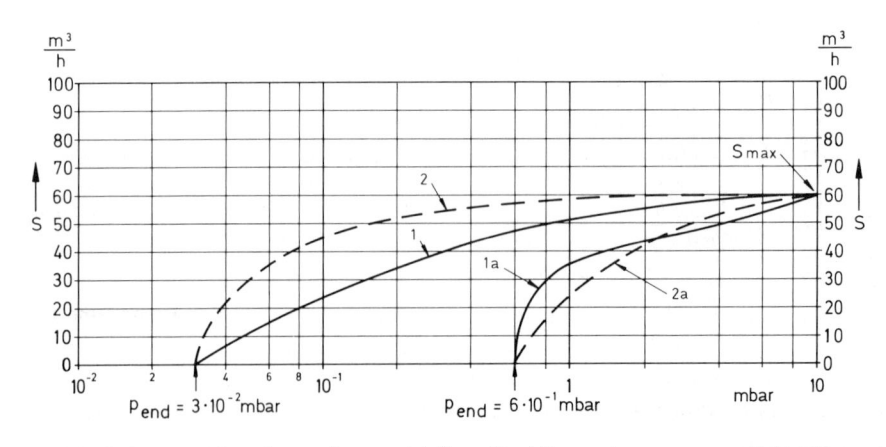

Bild 15.5 Saugvermögenskurve einer zweistufigen Verdrängervakuumpumpe mit dem Nennsaugvermögen $S_n = 60$ m³/h. Gemessen: Kurve 1 ohne Gasballast, Kurve 1a mit Gasballast. Berechnet nach Gl. (15.6): Kurve 2 ohne Gasballast, Kurve 2a mit Gasballast. Der Rechnung liegen die Enddrücke $p_{\text{end}} = 3 \cdot 10^{-2}$ mbar (ohne Gasballast) und $p_{\text{end}} = 6 \cdot 10^{-1}$ mbar (mit Gasballast) zugrunde.

wobei $p_{end,P}$ der Enddruck der Pumpe ist (vgl. z.B. Abschnitte 15.1.1, 5.3.5 und 5.4.5). In Bild 15.5 ist die Güte dieser Näherung gezeigt; wendet man sie in Fällen, in denen der Pumpleitungsleitwert in der Größenordnung des Saugvermögens der Pumpe liegt, auch auf S_{eff} an (Gl. (15.6b)), so bleibt der Fehler in der gleichen Größenordnung. Setzt man den Zusammenhang $S_{eff}(p)$ nach Gl. (15.6b) in die Differentialgleichung (15.4b) ein, so findet man unter der Annahme, daß $q_{pV,ein}$ zeitlich konstant ist, als Lösung mit der oben genannten Anfangsbedingung $p = p_0$ für $t = 0$

$$p = p_0 \exp\left(-\frac{S_{eff,max}}{V} \cdot t\right) + \left(\frac{q_{pV,ein}}{S_{eff,max}} + p_{end,P}\right)\left(1 - \exp{-\frac{S_{eff,max}}{V} \cdot t}\right). \qquad (15.7)$$

Der Druck im Behälter nimmt also exponentiell ab, nach „unendlich langer" Pumpzeit erreicht er den Endwert (Arbeitsenddruck)

$$p_{B,end,A} = p_{end,P} + \frac{q_{pV,ein}}{S_{eff,max}}. \qquad (15.8)$$

Im Fall einer sauberen und vakuumdichten Apparatur, in der kein gasabgebender Prozeß abläuft ($q_{pV,ein} = 0$), ist also der im Kessel erreichbare Enddruck gleich dem Enddruck der Vakuumpumpe ($p_{B,end,A} = p_{end,P}$).

Aus Gl. (15.7) erkennt man, daß die die zeitliche Abnahme bestimmende Größe die sogenannte e-Werts-Zeit oder Zeitkonstante

$$\tau = V/S_{eff,max} \qquad (15.9)$$

ist; für $t = \tau$ wird $\exp(-S_{eff,max} \cdot t/V) = \exp(-t/\tau) = e^{-1} = 0{,}368$. Entsprechend wird für

$t = 3\tau \quad \exp(-3) = 0{,}050 = 5\,\%$,
$t = 4\tau \quad \exp(-4) = 0{,}018 = 1{,}8\,\%$,
$t = 5\tau \quad \exp(-5) = 0{,}007 = 0{,}7\,\%$.

Damit läßt sich schnell abschätzen, nach welcher Zeit der Enddruck (Gl. (15.8)) bis auf einige Prozent erreicht ist. Löst man Gl. (15.7) nach t auf, so erhält man für die Pumpzeit vom Druck p_0 auf den Druck p mit Gl. (15.9)

$$t_P = \tau \cdot \ln \frac{p_0 - p_{end,P} - \dfrac{q_{pV,ein}}{S_{eff,max}}}{p - p_{end,P} - \dfrac{q_{pV,ein}}{S_{eff,max}}} \qquad (15.10)$$

Meist genügt es im Grobvakuum, die Pumpzeit nach der Gleichung

$$t_P = \tau \cdot \ln \frac{p_0}{p} = \frac{V}{S_{eff,max}} \cdot \ln \frac{p_0}{p} \qquad (15.11)$$

abzuschätzen.

Die Voraussetzungen für die Gültigkeit der Gln. (15.10) bzw. (15.11) sind eine betriebswarme Pumpe (70 ... 80 °C) und Totaldruckmessung; für Gl. (15.11) tritt noch die Forderung nach einem trockenen und sauberen Behälter, der mit Atmosphärenluft belüftet war, hinzu. In der Praxis wird man zur Sicherheit einen Zuschlag von 20 % zu den errechneten Werten von t_P geben.

Beispiel 15.7: Ein Kessel vom Volumen $V = 1\,m^3$ soll durch eine einstufige, öldichtete Drehschieberpumpe mit dem Nennsaugvermögen $S_n = 60\,m^3 \cdot h^{-1}$ (Bild 15.5), die direkt an den Kessel angeflanscht ist, ausgehend von Atmosphärendruck $p_0 = 1013$ mbar auf $p_1 = 5$ mbar ausgepumpt werden. Das Saugver-

15 Arbeitstechnik in den einzelnen Druckbereichen

mögen soll in diesem Druckbereich als konstant angenommen werden, $q_{pV,\text{ein}}$ sei Null; $p_{\text{end},P}$ ist klein gegen p_1 (vgl. Bild 15.5), wenn die Pumpe ohne Gasballast betrieben wird.

Die e-Wertszeit ergibt sich aus Gl. (15.9) zu $\tau = 1\text{ m}^3/60\text{ m}^3 \cdot \text{h}^{-1} = 0{,}017\text{ h} = 1\text{ min}$, die Pumpzeit ist nach Gl. (15.11)

$$t_P = 1\text{ min} \cdot \ln \frac{1013\text{ mbar}}{5\text{ mbar}} = 5{,}3\text{ min}$$

oder mit Sicherheitszuschlag

$$t_P = 6{,}5\text{ min.}$$

Mit Gasballast hat der Enddruck der Pumpe nach Bild 15.5 den Wert $p_{\text{end},P} = 0{,}6$ mbar, und nach Gl. (15.10) wird nunmehr für $p_1 = 1$ mbar

$$t_P = 1\text{ min} \cdot \ln \frac{(1013 - 0{,}6)\text{ mbar}}{(1 - 0{,}6)\text{ mbar}} = 7{,}8\text{ min}$$

und mit Sicherheitszuschlag

$$t_P = 9{,}5\text{ min.}$$

Beispiel 15.8: Eine saubere und trockene Vakuumanlage mit dem Volumen $V = 1000$ ℓ wird durch eine direkt angeschlossene ($S_{\text{eff}} = S$) Pumpenkombination, bestehend aus einer ölgedichteten Rotationspumpe R (ohne Gasballast betrieben) und einer Wälzkolbenpumpe W, vom Atmosphärendruck $p_0 = 1013$ mbar bis zum Arbeitsdruck $p_{\text{arb}} = p_1 = 1$ mbar evakuiert. Der Einschaltdruck der Wälzkolbenpumpe (s. Abschnitt 5.4.4.2) liegt bei $p_{W,\text{ein}} = 20$ mbar. Die Leckrate der Anlage sei $q_L = 10^{-1}$ mbar $\cdot$ ℓ $\cdot$ s^{-1}. Zur Berechnung der Auspumpzeit t_P sind folgende Daten der Rotationspumpe R und der Kombination W + R erforderlich (s. auch Bild 15.6):

Rotationspumpe R

$S_{\text{max}} = 150\text{ m}^3/\text{h} = 41{,}7\text{ ℓ/s}$ $\qquad\qquad p_{\text{end},P} = 3 \cdot 10^{-2}$ mbar

Kombination W + R

$S_{\text{max}} = 540\text{ m}^3/\text{h} = 150\text{ ℓ/s}$ $\qquad\qquad p_{\text{end},P} = 4 \cdot 10^{-3}$ mbar

Die gemessenen Saugvermögens-Kennlinien, die der Berechnung zugrunde zu legen sind, sind in Bild 15.6 aufgetragen. Der Auspumpvorgang und dementsprechend die Berechnung der Auspumpzeit t_P erfolgt in zwei Schritten:

a) Auspumpzeit $t_{P,1}$ zum Erreichen des Drucks $p_1 = 20$ mbar, wobei nur die Rotationspumpe R arbeitet,
b) Auspumpzeit $t_{P,2}$ zum Erreichen des Drucks $p_2 = 1$ mbar, wobei im Druckbereich 20 mbar bis 1 mbar die Pumpenkombination W + R arbeitet.

Im ersten Schritt (Auspumpen von $p_0 = 1013$ mbar auf $p_1 = 20$ mbar) ist nach Bild 15.6 das Saugvermögen der Rotationspumpe R unabhängig vom Druck konstant $S = S_{\text{max}} = 150\text{ m}^3 \cdot \text{h}^{-1}$; diese Tatsache kann – wie man an Gl. (15.6) erkennt – dadurch berücksichtigt werden, daß man $p_{\text{end},P} = 0$ setzt. Im zweiten Schritt (Auspumpen von $p_1 = 20$ mbar auf $p_2 = 1$ mbar) steigt nach Bild 15.6 das Saugvermögen der Kombination von $S(20\text{ mbar}) = 375\text{ m}^3 \cdot \text{h}^{-1}$ logarithmisch in p auf $S(1\text{ mbar}) = 500\text{ m}^3 \cdot \text{h}^{-1}$ an. Dieser Tatsache wird man dadurch Rechnung tragen, daß man mit einem mittleren konstanten Saugvermögen $S = 450\text{ m}^3 \cdot \text{h}^{-1} = 125\text{ ℓ} \cdot \text{s}^{-1}$ (Kurve B in Bild 15.6) rechnet und dabei ebenfalls $p_{\text{end},P} = 0$ setzt. Dann erhält man mit Hilfe von Gl. (15.9)

$$\tau_1 = \frac{1000\text{ ℓ}}{41{,}7\text{ ℓ} \cdot \text{s}^{-1}} = 24\text{ s}; \qquad \tau_2 = \frac{1000\text{ ℓ}}{125\text{ ℓ} \cdot \text{s}^{-1}} = 8\text{ s,}$$

und mit Gl. (15.10)

$$t_{P,1} = 24\text{ s} \cdot \ln \frac{(1013\text{ mbar} - 10^{-1}\text{ mbar} \cdot \text{ℓ} \cdot \text{s}^{-1}/41{,}7\text{ ℓ} \cdot \text{s}^{-1})}{(20\text{ mbar} - 10^{-1}\text{ mbar} \cdot \text{ℓ} \cdot \text{s}^{-1}/41{,}7\text{ ℓ} \cdot \text{s}^{-1})} = 24\text{ s} \cdot 3{,}92 = 94{,}2\text{ s.}$$

$$t_{P,2} = 8\text{ s} \cdot \ln \frac{(20\text{ mbar} - 7 \cdot 10^{-4}\text{ mbar})}{(1\text{ mbar} - 7 \cdot 10^{-4}\text{ mbar})} = 24\text{ s.}$$

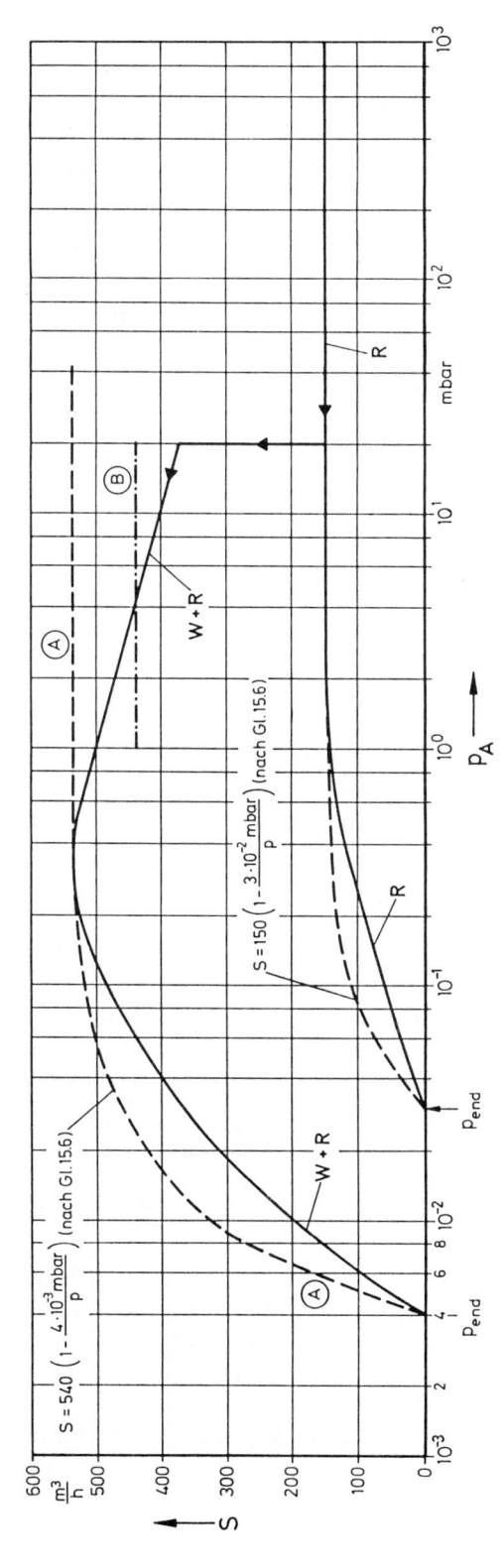

Bild 15.6 Saugvermögenskurven einer Rotationspumpe (R) und einer Kombination aus Wälzkolbenpumpe und Rotationspumpe (W + R). Ausgezogen: Meßkurven. Gestrichelt: berechnet nach Gl. (15.6). p_A Druck am Ansaugstutzen. Statt mit dem ansteigenden Saugvermögen (Meßkurve W + R) rechnet man im Bereich $p_A = 20$ mbar ... 1 mbar mit dem Mittelwert B. Der theoretische Wert A ist zu groß.

Die gesamte Pumpzeit beträgt demnach

$t_P = t_{P1} + t_{P2} = 118$ s   (mal 1,2 = 145 s).

Man vergesse dabei aber nicht die Zeit, die zum „Umschalten" nötig ist.

Würde man lediglich mit der Rotationspumpe R auspumpen, dann betrüge die berechnete Auspumpzeit von 1013 bis 1 mbar $t_P = 166$ s.

Beispiel 15.8 zeigt auch, daß die angenommene Leckrate von $q_L = 10^{-1}$ mbar·ℓ·s^{-1} auf die Auspumpzeit ohne Einfluß ist, solange man im Grobvakuumbereich ist. Erst wesentlich größere Leckraten spielen hier eine Rolle. Ist die Pumpenkombination nicht direkt mit dem Vakuumkessel verbunden, sondern über eine Verbindungsleitung angeschlossen, so ist das am Kessel wirksame Saugvermögen S_{eff} nach Kapitel 4 zu berechnen. Zur bequemen Berechnung von Auspumpzeiten im Grobvakuum dient das Nomogramm Bild 16.17.

15.2.7 Belüften

Die Zeit, die benötigt wird, um eine bis zu dem Druck p_2 evakuierte Vakuumapparatur wieder mit Luft von Atmosphärendruck zu füllen, heißt „Belüftungszeit". Für viele Prozesse ist es wichtig, diese Belüftungszeit zu kennen.

Aus Gl. (15.4b) folgt für den Druckanstieg im Kessel bei abgestellter Pumpe, d.h. für $S_{\text{eff}} = 0$,

$$V \frac{dp}{dt} = q_{pV,\text{ein}}.$$ (15.4c)

Wird die Temperatur T des Gases im Kessel konstant gehalten, so ergibt sich für die Belüftungszeit von p_2 bis p_1 aus Gl. (15.4c)

$$t = \int_0^t dt = \int_{p_2}^{p_1} \frac{V\, dp}{q_{pV,\text{ein}}}.$$

Bis zum Erreichen des kritischen Drucks p_2^*, der durch Gl. (2.114) gegeben ist, also von $p_2 < p_2^*$ bis p_2^*, bleibt der einströmende Gasstrom konstant (Abschnitte 4.5.1.1 und 4.5.2.2), so daß die Ausrechnung des Teilintegrals leicht möglich ist. Sobald der Druck im Kessel den kritischen Druck p_2^* überschritten hat, nimmt der einströmende Gasstrom mit weiterem Druckanstieg laufend ab. Die Integration kann in diesem Druckbereich graphisch oder numerisch vorgenommen werden.

Das Ergebnis für Luft von $\vartheta = 20$ °C lautet im gesamten Bereich $p_2 < p_2^*$ bis $p_1 > p_2^*$

$$t = 6{,}42 \cdot 10^{-2} \frac{V}{d^2} \left\{ \chi\!\left(\frac{p_1}{p_0}\right) - \chi\!\left(\frac{p_2}{p_0}\right) \right\},$$ (15.12)

wobei t = Belüftungszeit in s, V = Volumen des zu belüftenden Kessels in ℓ, d = Durchmesser der Belüftungsöffnung in cm, p_0 = Druck vor dem Belüftungsventil, in der Regel Atmosphärendruck, p_2 = Druck im Kessel vor dem Öffnen des Belüftungsventils, p_1 = Druck, bis zu dem belüftet wird. Die Werte der numerisch ermittelten Funktion $\chi(p/p_0)$ können aus Bild 15.7 entnommen werden.

Wird nicht mit atmosphärischer Luft, sondern aus einem Preßluftbehälter belüftet, so ist für p_0 der Wert des dann vor dem Belüftungsventil herrschenden Drucks einzusetzen.

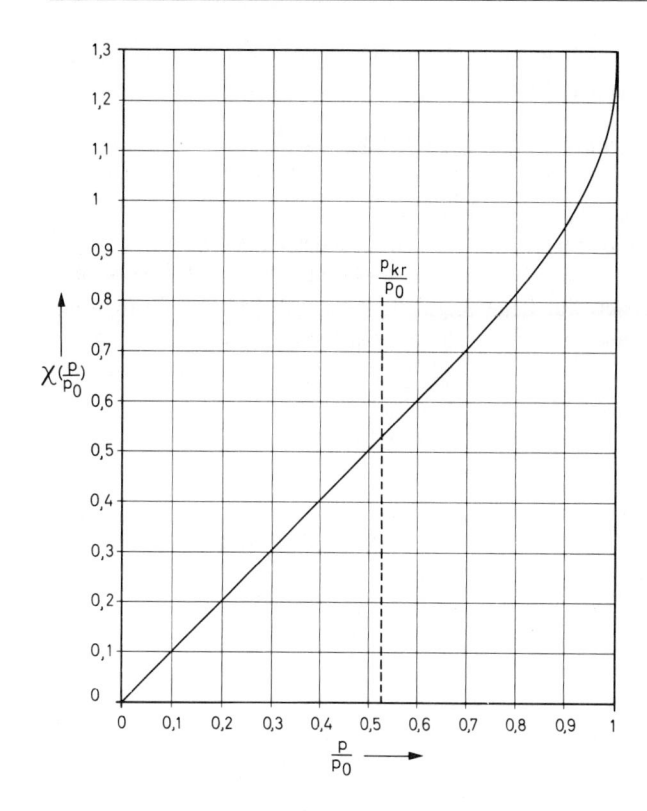

Bild 15.7 Rechenfaktor $\chi(p/p_0)$ zur Ermittlung der Belüftungszeit t (für Luft $\vartheta = 20\,°C$). Siehe Gl. (15.12).

$p_{kr} \equiv p_2^*$.

Beim Einströmen des Gases der Menge $(p_0 - p_2)V$ wird am Gas durch den äußeren Luftdruck p_0 die Arbeit

$$\Delta A = p_0 \left(V - \frac{p_2}{p_0} V\right) = (p_0 - p_2) V \qquad (15.13)$$

verrichtet; sie bewirkt eine Erwärmung des Gases im Kessel. Sofern nicht schon während der Belüftung Wärme an die Kesselwände abgegeben wird, d.h. der Belüftungsvorgang viel schneller vonstatten geht als der (langsame) Wärmeausgleichsvorgang, setzt sich die verrichtete Arbeit (fast) vollständig in innere Energie des Gases um, d.h., es ist

$$\Delta A \geqslant \nu \cdot C_{V,\text{molar}}(T - T_0). \qquad (15.14)$$

Dabei ist ν die gesamte Stoffmenge des Gases der erhöhten Temperatur T im Kessel nach dem Einströmen, $C_{V,\text{molar}}$ ist die molare Wärmekapazität des Gases. Der Druck nach Beendigung des Einströmvorgangs im Kessel ist gleich dem Außendruck p_0, so daß die Zustandsgleichung (2.31.1)

$$p_0 V = \nu R T \qquad (15.15a)$$

gilt. Für das Gas im Kessel vor Beginn des Einströmvorgangs (Stoffmenge ν_2) gilt die Zustandsgleichung

$$p_2 V = \nu_2 R T_0. \qquad (15.15b)$$

15 Arbeitstechnik in den einzelnen Druckbereichen

Aus den Gln. (15.13) bis (15.15a) gewinnt man nach einigen Zwischenrechnungen unter Verwendung von $C_{\text{molar},p} = C_{\text{molar},V} + R$, sowie $C_p/C_V = \kappa$ die Beziehung

$$\frac{T}{T_0} \leq \frac{1}{(2-\kappa)+(\kappa-1)p_2/p_0}, \quad \text{für Luft } (\kappa = 1{,}4): T \leq T_0 \frac{5}{3 + 2p_2/p_0} \qquad (15.16)$$

für die Temperatur des Gases nach Beendigung des Einströmvorgangs.

Bei schlechter Wärmeabfuhr (z.B. bei großen Kesseln, bei denen das Verhältnis Volumen durch Oberfläche groß ist) und durch schnelle Belüftung steigt also die Lufttemperatur beträchtlich an; gleichzeitig verkürzt sich die Belüftungszeit, − weil die eingeströmte Menge $(\nu(T) - \nu_2) < (\nu(T_0) - \nu_2)$ ist − um den Faktor $(2 - \kappa)$.

Beispiel 15.9: Ein Vakuumkessel mit dem Volumen $V = 1000$ ℓ wird über ein Belüftungsventil der lichten Weite $d = 1$ cm mit atmosphärischer Luft geflutet. Die Atmosphärenluft hat die Temperatur $\vartheta = 20\,°C$, der Druck im Kessel vor der Belüftung beträgt $p_2 = 10$ mbar. Nach Gl. (15.12) mit $p_0 = p_1 = 1013$ mbar und $p_2 = 10$ mbar wird die Belüftungsdauer

$$t = 6{,}42 \cdot 10^{-2} \cdot \frac{1000}{1} \cdot \left\{ x\left(\frac{1013}{1013}\right) - x\left(\frac{10}{1013}\right) \right\} \text{s} = 64{,}2\,(1{,}3 - 0{,}01)\,\text{s} = 64{,}2 \cdot 1{,}3\,\text{s} = 84\,\text{s}.$$

Erfolgt keine Wärmeabfuhr, so steigt die Temperatur der Luft im Kessel nach Gl. (15.16) auf den Wert

$$T = 293\,\text{K} \cdot \frac{5}{3} = 488\,\text{K} = 281\,°C,$$

und die Belüftungszeit sinkt auf den Wert

$$t = 84\,\text{s} \cdot \frac{3}{5} = 50\,\text{s}.$$

15.3 Arbeitstechnik im Feinvakuum (1 ... 10^{-3} mbar)

15.3.1 Überblick

Die meisten industriell genutzten Vakuumverfahren werden im Feinvakuum, d.h. bei Arbeitsdrücken zwischen 1 mbar und 10^{-3} mbar durchgeführt. Solange der Arbeitsdruck in Vakuumapparaturen und -anlagen nicht unter den Wert $p_{\text{arb}} \approx 1 \cdot 10^{-2}$ mbar sinkt, spielen die Entgasungsströme keine wesentliche Rolle; im unteren Feinvakuumbereich dagegen, d.h. bei Arbeitsdrücken im Bereich $1 \cdot 10^{-2} \ldots 1 \cdot 10^{-3}$ mbar, können sie sich störend auswirken.

Fabrikneue Bauelemente werden vom Hersteller vor dem Versand oft mit einem Fettfilm versehen, der zum Schutz gegen Rostbildung dient. Vor dem Einbau solcher Teile in eine Vakuumapparatur ist daher ein besonders gründliches und sorgfältiges Entfetten und anschließendes Trocknen erforderlich.

Auch die Anforderungen an die Dichtheit einer Apparatur oder Anlage werden um so größer, je kleiner der geforderte Arbeitsdruck ist.

15.3.2 Aufbau einer Feinvakuum-Apparatur

Die erhöhten Dichtheitsanforderungen, die das Feinvakuum stellt, verlangen von sämtlichen Bauteilen einzeln, daß die maximale Leckrate $q_L = 10^{-3}$ mbar·ℓ·s^{-1} nicht überschritten wird. Wird dieser Wert nicht eingehalten, so muß in Kauf genommen werden, daß sich ein kleiner Arbeitsdruck nur mit unverhältnismäßig großem Saugvermögen, d.h. mit unwirtschaftlich großen Pumpen, erreichen läßt.

Darüber hinaus ist zu fordern, daß die Apparatur trocken und sauber gehalten wird. Dem Vakuum ausgesetzte Flächen müssen rostfrei und entsprechend bearbeitet, z.B. sandgestrahlt, sein. Sämtliche lösbaren Verbindungen sind mit Elastomeren (Kapitel 13) zu dichten, mechanisch bewegte Teile sind fettfrei in den evakuierten Raum einzuführen.

15.3.3 Pumpen. Art und Saugvermögen

Zur Erzeugung von Feinvakuum werden ölgedichtete, meist zweistufige Rotationspumpen, Wälzkolbenpumpen und Dampfstrahlpumpen verwendet. Während zweistufige ölgedichtete Rotationspumpen nur mit verhältnismäßig niedrigem Saugvermögen (max. etwa $S_n = 2 \cdot 10^3$ m³/h) zur Verfügung stehen, werden mit Kombinationen von Wälzkolbenpumpen und vielstufigen Dampfstrahlpumpen Saugvermögen bis zu $S \approx 10^5$ m³ (T_n, p_n) h^{-1} bzw. $S \approx 0{,}044 \cdot M_r \cdot$ kg/h^{-1} Gas (oder Dampf) erzielt, die praktisch für alle industriellen Anwendungen ausreichen. Um entscheiden zu können, ob in einem bestimmten Anwendungsfall eine Wälzkolbenpumpen-Kombination oder ein mehrstufiges Aggregat von Dampfstrahlpumpen zu verwenden ist, müssen jeweils auf den Anwendungsfall zugeschnittene Überlegungen angestellt werden, die sich sowohl auf technische als auch auf betriebswirtschaftliche Parameter beziehen. Allgemeine Regeln können nicht gegeben werden. Der nachstehend angegebene Fragenkatalog soll die Entscheidungsfindung erleichtern:

1. Welches Medium oder welche Medien sind abzupumpen (Gase, Dämpfe oder Gas-Dampf-Gemische in welcher Zusammensetzung, insbesondere mit welchem Wasserdampfgehalt).
2. Welche Mengen dieser Medien sollen in welcher Zeit abgepumpt werden.
3. Art und Menge evtl. anfallender korrosiver Medien.
4. Temperatur des abzupumpenden Mediums.
5. Welcher Arbeitsdruck soll von dem Pumpenaggregat erreicht werden.
6. Wie hoch ist die Umgebungstemperatur des Pumpenaggregats.
7. Abmessungen des Pumpaggregats (mit Motor), Gewicht des Pumpaggregats (mit Motor), räumlicher Abstand des Pumpaggregats von der Anlage.
8. Wie groß ist das innere Volumen der Anlage.
9. Wie groß ist die Leckrate.
10. Art und Größe der Anschlußflansche an der Anlage.
11. Welche Netzspannung und welche Stromart (Drehstrom oder Wechselstrom) sind vorhanden (zulässiger Einschaltstrom):
12. Elektrische Leistungsaufnahme des Pumpaggregats.
13. Welche Treibmittel stehen zur Verfügung (Wasserdampf oder Öl), Dampfkosten.

15.3.4 Druckmessung

In technischen Feinvakuumanlagen stehen als Vakuum-Meßinstrumente in erster Linie Wärmeleitungsvakuummeter und (Feinvakuum-)Ionisationsvakuummeter zur Verfügung (Kapitel 11). Über Anbringung der Meßröhren, Reinigung und Schutz vor Verunreinigungen gibt Abschnitt 15.4.3 Auskunft.

15.3.5 Auspumpzeit und Enddruck

Im unteren Feinvakuumbereich kann die Auspumpzeit nicht mehr aus Gl. (15.7) bzw. Gl. (15.10) bestimmt werden, weil der in die Apparatur eindringende bzw. dort frei werdende Gasstrom $q_{pV,\text{ein}}$ in der Regel schon zu einem merklichen Anteil aus Gasen und Dämpfen besteht, die von und aus den Wänden der Apparatur frei werden (Entgasung). Da dieser Entgasungsstrom $q_{pV,\text{ent}}$ mit der Zeit abnimmt, ist die bei der Herleitung von Gl. (15.7) gemachte Voraussetzung $q_{pV,\text{ein}}$ = const nicht erfüllt. Der Entgasungsstrom technischer Anlagen verringert sich allerdings im Vergleich mit dem aus dem Volumen der Apparatur abzupumpenden Gasstrom zeitlich nur langsam. Mit einer für den Feinvakuumbereich ausreichenden Genauigkeit kann man daher statt Gl. (15.7) für den Druckabfall im Rezipienten oder in der Anlage die vereinfachte Gleichung

$$p = p_0 \exp\left(-\frac{S_{\text{eff}}}{V} t\right) + p_{\text{end,P}} + \frac{q'_{pV,\text{ein}}}{S_{\text{eff}}} + \frac{q_{pV,\text{ent}}(t)}{S_{\text{eff}}} \qquad (15.17)$$

schreiben. Das erste Glied von Gl. (15.17) beschreibt den zeitlichen Druckabfall vom Anfangsdruck p_0 (meist Atmosphärendruck) bis zum Druck p, für den Fall, daß nur das Kesselvolumen ausgepumpt werden müßte. $p_{\text{end,P}}$ bedeutet den Enddruck der Pumpe, während $q'_{pV,\text{ein}}$ den konstant einströmenden Gasstrom darstellt. $q_{pV,\text{ent}}(t)$ dagegen ist der zeitlich veränderliche Entgasungsstrom.

Die zeitliche Abnahme des Entgasungsstroms von Metallen und auch von Gläsern und Keramiken läßt sich (vgl. auch Abschnitte 13.4.2 und 13.4.3 sowie die Bilder 13.6 und 16.14) mit praktisch recht brauchbarer Näherung durch eine Gleichung

$$j_M = \frac{K_M}{t} \qquad (15.18)$$

darstellen, wobei j_M den flächenbezogenen Entgasungsstrom (die Entgasungsstromdichte) und K_M eine Konstante bedeuten (Index M = Metall). Aus den Bildern 13.6 bzw. 16.14 entnimmt man für die „Entgasungskonstante" K_M den Wertebereich

$$K_M \approx (4\ldots 30) \cdot 10^{-5} \text{ mbar } \ell \text{ s}^{-1} \text{ m}^{-2} \cdot 3600 \text{ s}$$
$$\approx (0{,}15\ldots 1{,}1) \text{ mbar } \ell \text{ m}^{-2}$$

also einen mittleren Wert

$$K_M \approx 0{,}5 \text{ mbar } \ell \text{ m}^{-2}. \qquad (15.19)$$

Gl. (15.18) ergibt für $t \to 0$ den Wert $j_M \to \infty$ und entspricht insofern nicht der Realität; j_M hat zur Zeit $t = 0$ sicher einen endlichen Wert $j_{0,M}$. Eine vernünftige Näherung wird man erhalten, wenn man für $t \leq t_0$ den konstanten Wert $j_M = j_{0,M}$, für $t \geq t_0$ den Wert nach Gl. (15.18) ansetzt.

Bei Kunststoffen (Index K) nimmt gemäß Bild 13.7 bzw. Bild 16.14 der Entgasungsstrom umgekehrt proportional zur Wurzel aus der Zeit ab, es ist also ungefähr

$$j_K = \frac{K_K}{\sqrt{t}}. \qquad (15.20)$$

Aus Bild 13.7 entnimmt man mittlere Werte der „Entgasungskonstante"

für Viton: $\quad K_K \approx 6 \cdot 10^{-3}$ mbar ℓ s^{-1} m$^{-2} \cdot \sqrt{3600 \text{ s}}$ $\qquad$ (15.21a)
$\qquad\qquad\quad\;\approx 0{,}4$ mbar ℓ s$^{-1/2}$ m^{-2}

für Perbunan: $\quad K_K \approx 6 \cdot 10^{-2}$ mbar ℓ s^{-1} m$^{-2} \cdot \sqrt{3600 \text{ s}}$ $\qquad$ (15.21b)
$\qquad\qquad\qquad\;\approx 4$ mbar ℓ s$^{-1/2}$ m^{-2}.

Bezüglich des Anfangswertes $j_{0,K}$ gilt das oben zu Gl. (15.18) Gesagte analog.

Für die Wahl von t_0 lassen sich keine verbindlichen Angaben machen. Der zu wählende Wert wird davon abhängen, wann aufgrund des Pumpvorgangs ein Druck im Rezipienten erreicht ist, der freie Entgasung zuläßt und wie man die Entgasung im Druckbereich davor beurteilt.

Damit kann man die zeitabhängigen Entgasungsströme durch die Gleichungen

$$t \leqslant t_0 : q_{pV,\text{ent},M}(t) = A_M \frac{K_M}{t_0} \tag{15.18a}$$

$$t \geqslant t_0 : q_{pV,\text{ent},M}(t) = A_M \frac{K_M}{t} \tag{15.18b}$$

und

$$t \leqslant t_0 : q_{pV,\text{ent},K}(t) = A_K \frac{K_K}{\sqrt{t_0}} \tag{15.20a}$$

$$t \geqslant t_0 : q_{pV,\text{ent},K}(t) = A_K \frac{K_K}{\sqrt{t}} \tag{15.20b}$$

beschreiben. Dabei sind A_M bzw. A_K die an das Vakuum angrenzenden Oberflächen von Metall bzw. Kunststoff. K_K bzw. $j_{0,K}$ ist meist erheblich größer als K_M bzw. $j_{0,M}$, so daß, wenn Kunststoffe im Rezipienten vorhanden sind, diese die Pumpzeiten bestimmen.

Einen für die Praxis ausreichend genauen Schätzwert für die Pumpzeit t_P erhält man, wenn man die drei Vorgänge: Auspumpen der freien Gase aus dem Volumen, Entgasung von an Metallen gebundenen Gasen und Entgasung von an Kunststoffen gebundenen Gasen, allein für sich getrennt betrachtet, für jeden dieser Vorgänge eine Pumpzeit so berechnet, als ob dieser Vorgang allein und stationär vorhanden wäre, und schließlich die drei Werte addiert:

$$t_P = t_{P,1} + t_{P,2} + t_{P,3}. \tag{15.22}$$

Bei diesem Vorgehen kommt der langsamste Vorgang sicher zum Tragen. Für den ersten Vorgang sind die Glieder eins, zwei und drei von Gl. (15.17) zu berücksichtigen; dann ergibt sich für die Zeit zur Erniedrigung des Drucks von p_0 auf p

$$t_{P1} = \frac{V}{S_{\text{eff,max}}} \cdot \ln \frac{p_0}{p - p_{\text{end}}}, \tag{15.23}$$

wobei der sich in jedem der drei Fälle einstellende Enddruck

$$p_{\text{end}} = p_{\text{end},P} + \frac{q'_{pV,\text{ein}}}{S_{\text{eff,max}}} \tag{15.24}$$

eingesetzt wurde.

Für den zweiten Vorgang sind die Glieder zwei, drei und vier, letzteres in der Form von Gl. (15.18b), maßgebend. Daraus ergibt sich

$$t_{P,2} = \frac{A_M \cdot K_M}{S_{\text{eff,max}}(p - p_{\text{end}})}. \tag{15.25}$$

Analog erhält man für den dritten Vorgang (Glieder zwei, drei und vier der Gl. (15.17), letzteres in Form von Gl. (15.20b))

$$t_{P,3} = \frac{A_K^2 \cdot K_K^2}{S_{\text{eff,max}}^2 (p - p_{\text{end}})^2}. \tag{15.26}$$

$t_{P,2}$ und $t_{P,3}$ sind die Zeiten für die Erniedrigung des Drucks auf den Wert p, wenn zur Zeit $t = 0$ der Entgasungsprozeß beginnt und in jedem Moment der Entgasungsstrom von der Pumpe weggefördert wird (stationärer Vorgang). Es sei nochmals darauf hingewiesen, daß die Gln. (15.23 bis 26) grobe, aber praktisch brauchbare Abschätzungen ergeben.

Beispiel 15.10: Ein Stahlkessel mit dem Volumen $V = 2,5$ m^3 und der inneren Oberfläche $A_M = 15$ m^2 wird mit einer aus einer Trochoidenpumpe TR (ohne Gasballast) und einer Wälzkolbenpumpe WA bestehenden Pumpenkombination vom Druck $p_0 = 1013$ mbar auf den Druck $p_2 = 5 \cdot 10^{-3}$ mbar evakuiert. Der Einschaltdruck der Wälzkolbenpumpe ist $p_1 = 20$ mbar. Der zeitlich konstante Leckstrom soll $q_L = 0,5$ mbar $\cdot \ell \cdot$ s^{-1} betragen. Die Evakuierung erfolgt wie in Beispiel 15.8 in zwei Schritten.

a) Evakuierung mit TR allein von $p_0 = 1013$ mbar auf $p_1 = 20$ mbar. In diesem Druckbereich ist das Saugvermögen der TR konstant, nämlich S(TR) $= 380$ m$^3 \cdot$ h$^{-1} = 105,6$ $\ell \cdot$ s^{-1}, der Enddruck der Pumpe $p_{end,P} = 6,5 \cdot 10^{-2}$ mbar.

b) Evakuierung mit der Kombination TR plus WA von $p_1 = 20$ mbar auf $p_2 = 5 \cdot 10^{-3}$ mbar. In diesem Druckbereich ist das Saugvermögen der Kombination praktisch konstant: S(TR + WA) $= 1750$ m$^3 \cdot$ h^{-1} $= 487$ $\ell \cdot$ s^{-1}. Der Enddruck der Kombination beträgt $p_{end,P} = 2,5 \cdot 10^{-3}$ mbar.

Das Pumpenaggregat sei direkt an den Kessel angeflanscht, so daß man in guter Näherung $S_{eff,max} = S$ setzen kann.

a) *Erster Schritt:* In Gl. (15.23) beträgt der vor dem Logarithmus stehende Faktor (die e-Wertszeit, (Gl. (15.9)) $\tau = V/S = 2500$ $\ell/100$ $\ell \cdot$ s$^{-1} = 25$ s; das Saugvermögen setzen wir abgerundet $S = 100$ $\ell \cdot$ s^{-1}, weil unsere Formeln grobe Näherungen sind, so daß die Rechnung mit „genauen" Werten sinnlos ist. Der Enddruck nach Gl. (15.24) errechnet sich zu $p_{end} = 6,5 \cdot 10^{-2}$ mbar $+ 0,5$ mbar $\cdot \ell \cdot$ s$^{-1}/100$ $\ell \cdot$ s^{-1} $= 7 \cdot 10^{-2}$ mbar. Dann ergibt Gl. (15.23)

$$t_{P,1} = 25 \text{ s} \cdot \ln \frac{1000 \text{ mbar}}{(20 - 7 \cdot 10^{-2}) \text{ mbar}} \approx 100 \text{ s }^1)$$

und Gl. (15.25) mit dem K_M-Wert aus Gl. (15.19)

$$t_{P,2} = \frac{15 \text{ m}^2 \cdot 0,5 \text{ mbar} \cdot \ell \cdot \text{m}^{-2}}{100 \ell \cdot \text{s}^{-1} \cdot 20 \text{ mbar}} = 3,8 \cdot 10^{-3} \text{ s};$$

damit wird

$t_{P,a} \cong 100$ s.

b) *Zweiter Schritt:* $S \approx 500$ $\ell \cdot$ s^{-1}, damit $\tau = 2500$ $\ell/500$ $\ell \cdot$ s$^{-1} = 5$ s. Der Enddruck wird $p_{end} = 2,5 \cdot 10^{-3}$ mbar $+ 0,5$ mbar $\cdot \ell \cdot$ s$^{-1}/500$ $\ell \cdot$ s$^{-1} = 3,5 \cdot 10^{-3}$ mbar, so daß

$$t_{P,1} = 5 \text{ s} \cdot \ln \frac{20 \text{ mbar}}{(5 - 3,5) \cdot 10^{-3} \text{ mbar}} \approx 50 \text{ s }^2)$$

und

$$t_{P,2} = \frac{15 \text{ m}^2 \cdot 0,5 \text{ mbar} \cdot \ell \cdot \text{m}^{-2}}{500 \ell \cdot \text{s}^{-1} \cdot 1,5 \cdot 10^{-3} \text{ mbar}} \approx 10 \text{ s},$$

also $t_{P,b} = 60$ s.

In beiden Schritten bestimmt also die Entfernung der freien Gase aus dem Kesselvolumen die Zeitdauer des Auspumpens, so daß man nach Gl. (15.22) mit einer Pumpzeit

$t_P = 150$ s $= 2,5$ min

rechnen kann.

---

[1]) Diesen Wert liefert auch das Nomogramm Bild 16.17.
[2]) Das Nomogramm Bild 16.17 liefert $t_{P,1} = 45$ s.

Beispiel 15.11: In der gleichen Anlage wie in Beispiel 15.10 sollen Kunststoffschnitzel mit einer Gesamtfläche $A_K = 10$ m² entgast werden. In einem Vorversuch wurde die flächenbezogene Gasabgabe der Charge nach $t = 3 \cdot 10^3$ s zu $j_K = 2 \cdot 10^{-2}$ mbar·ℓ·s⁻¹·m⁻² gefunden. Daraus ergibt sich für diesen *Kunststoff* die Entgasungskonstante $K_K = 2 \cdot 10^{-2}$ mbar·ℓ·s⁻¹·m⁻²·$\sqrt{3 \cdot 10^3}$ s = 1,1 mbar·ℓ·m⁻²·s⁻¹ᐟ². Für die Pumpzeit des ersten Schritts erhält man aus Gl. (15.26) den vernachlässigbaren Wert $t_{P,3} = 3 \cdot 10^{-5}$ s, für die Pumpzeit des zweiten Schritts, wenn wieder $p_2 = 5 \cdot 10^{-3}$ mbar sein soll, aus Gl. (15.26)

$$t_{P,3} = \frac{100 \text{ m}^4 \cdot 1{,}2 \text{ mbar}^2 \cdot \ell^2 \cdot \text{m}^{-4} \cdot \text{s}^{-1}}{2{,}5 \cdot 10^5 \; \ell^2 \cdot \text{s}^{-2} \; (1{,}5 \cdot 10^{-3} \text{ mbar})^2} = 215 \text{ s} = 3{,}6 \text{ min}.$$

Durch das Chargieren mit Kunststoffschnitzeln erhöht sich also die in Beispiel 15.10 ermittelte Auspumpzeit von 2,5 min auf etwa 6 min.

Bei den Beispielen 15.10 und 15.11 wurde die Gesamtleckrate des Kessels zu $q_L = 5 \cdot 10^{-1}$ mbar·ℓ·s⁻¹ angenommen. Nun sind einige Kunststoffe während der Verarbeitung extrem empfindlich gegen Sauerstoff, und eine Leckrate dieser Größenordnung könnte bereits Oxidationserscheinungen durch den Sauerstoffgehalt der atmosphärischen Luft hervorrufen. Es ist deshalb anzuraten, in solchen Fällen die Leckrate des Kessels auf die Größenordnung 10^{-3} mbar·ℓ·s⁻¹ herabzusetzen.

15.3.6 Belüften

Für das Belüften einer Feinvakuumapparatur gelten im wesentlichen dieselben Gesichtspunkte wie bei Grobvakuumapparaturen. Die Belüftungszeit t kann aus Gl. (15.12) abgeschätzt werden.

15.3.7 Feinvakuumpumpstände

Betriebsfertige Pumpstände zum Erzeugen von Feinvakuum bis zu Nennsaugvermögen von einigen Tausend m³·h⁻¹ bestehen aus mehrstufigen Pumpenkombinationen. Gebräuchliche Kombinationen sind: Zweistufige Drehschieberpumpen mit Tiefkühlfalle (Bild 15.8); Wälzkolbenpumpe(n) mit ölgedichteter Rotationspumpe (Bilder 15.9 und 15.10); Wälzkolbenpumpe mit Wasserringpumpe (Bild 15.11); mehrstufige Wasserdampfstrahlpumpen (auf 1013 mbar verdichtend); mehrstufige Wasserdampfstrahlpumpen mit Rotationspumpen.

Bild 15.8
Fahrbarer Feinvakuum-Laborpumpstand. Abmessungen: $B \times T \times H$: 550 mm × 490 mm × 640 mm. 1 2-stufige Drehschieberpumpe ($S = 4$ m³·h⁻¹); 1a Abstellplatte; 2 Ventile; 3 Sauganschluß; 4 Meßstutzen; 5 Belüftungsventil; 6 Filter; 7 Glaskühlfalle (1 Liter LN₂); 8 Ablaßhahn an Kühlfalle.

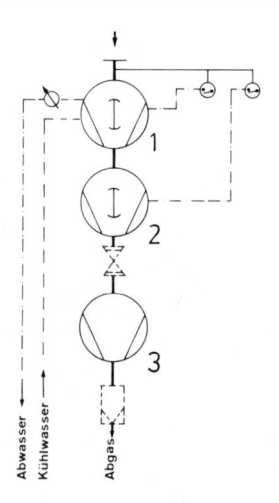

15 Arbeitstechnik in den einzelnen Druckbereichen

Bild 15.9 Dreistufiger Feinvakuumpumpstand (Enddruck p_{end} = 2 · 10⁻⁴ mbar) mit 2 Wälzkolbenpumpen und einer ölgedichteten Drehschieberpumpe in Serie. Saugvermögenscharakteristik siehe Bild 15.10, oberste Kurve. Linke Nebenfigur: 1 Wälzkolbenpumpe mit dem Nennsaugvermögen S_n = 2000 m³ · h⁻¹; 2 Wälzkolbenpumpe S_n = 250 m³ · h⁻¹; 3 Einstufige Drehschieberpumpe S_n = 30 m³ · h⁻¹.

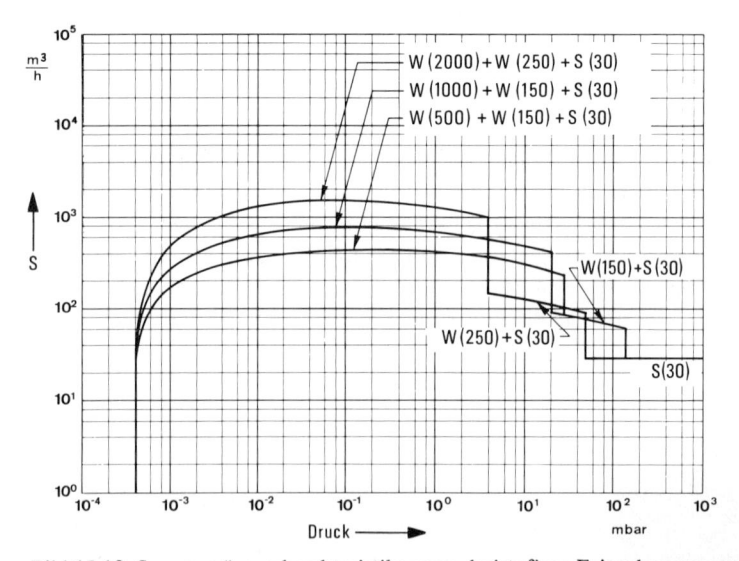

Bild 15.10 Saugvermögenscharakteristiken von dreistufigen Feinvakuumpumpständen (siehe Bild 15.9) mit zwei Wälzkolbenpumpen W und einer einstufigen ölgedichteten Drehschieberpumpe S in Serie. In Klammern: Nennsaugvermögen in m³ · h⁻¹. Die Stufen entsprechen dem automatischen, druckgesteuerten Zuschalten der jeweiligen Wälzkolbenpumpe.

15.4 Arbeitstechnik im Hochvakuum (10⁻³ ... 10⁻⁷ mbar)

Die Arbeitstechnik im Hochvakuum ist besonders dadurch gekennzeichnet, daß die Entgasung der inneren Wände der Apparatur oder Anlage die Hauptrolle spielt, während die im Volumen befindlichen freien Gas- und Dampfmengen von untergeordneter Bedeutung sind.

Bild 15.11 Feinvakuumpumpstand (S_{eff} = 3000 m³/h bei p_A = 1 · 10⁻¹ mbar). Hauptabmessungen: $B \times T \times H$: 1400 mm × 900 mm × 1400 mm. 1 Ansaugöffnung DN 250; 2 Wälzkolbenpumpe (wassergekühlt), S_{max} = 3300 m³/h; 3 Wälzkolbenpumpe mit integriertem Druckdifferenzventil, S_{max} = 930 m³/h; 4 Gasstrahler; 5 Wasserringpumpe (S = 120 m³/h); 6 Abscheider.

Im Hochvakuum beeinflussen die Entgasungsströme die Auspumpzeit so sehr, daß ein gewünschter Arbeitsdruck innerhalb einer vorgeschriebenen Zeit oft nicht zu erreichen ist. Die Menge der von den inneren Wänden der Apparatur oder Anlage abgegebenen Gase und Dämpfe ist von der Größe der Oberfläche und vom Verschmutzungsgrad abhängig. Deshalb sind grundlegende Voraussetzungen für ein schnelles und sicheres Arbeiten im Hochvakuum:

1. möglichst kleine innere Oberflächen,
2. große Sauberkeit und Trockenheit der gesamten Anlage
3. Dichtheit der Anlage oder Apparatur.

15.4.1 Aufbau der Hochvakuumapparatur oder -anlage

Als Material für Kessel und Rohrleitungen beim Arbeiten mit nicht aggressiven Medien ist der Normalstahl FT 37-2, für Blechteile Kesselblech H II zu empfehlen.

Kleinflansche mit Rohransatz in verschiedenen Längen und Durchmessern ermöglichen auf einfache Weise den Übergang von Rohr- und Verbindungsleitungen auf das international eingeführte Kleinflanschsystem oder bei Nennweiten über DN 50 auf das Klammer- und Schraubflanschsystem (s. Abschnitt 14.2.4). Die an die Dichtheit einer Hochvakuumapparatur oder -anlage zu stellenden hohen Anforderungen können am besten erfüllt werden, wenn ausschließlich hochvakuumgeprüfte Bauteile mit einer Leckrate $q_L < 1 \cdot 10^{-5}$ mbar · ℓ · s⁻¹ zum Einbau gelangen. Sämtliche lösbaren Verbindungen sind mit Elastomeren zu dichten. Drehdurchführungen sollten Doppelsimmerringe mit evakuiertem oder ölüberlagertem Zwischenraum besitzen. Als Dichtöl sind nur Öle mit extrem niedrigem Dampfdruck, z.B. Diffusionspumpentreibmittel, zu verwenden. An Stromdurchführungen werden vorteilhaft nur Glaseinschmelzungen oder hartgelötete Keramiken verwendet. Als Absperrorgane dienen fettfreie federbalggedichtete Ventile mit entsprechend kleiner Leckrate zwischen Ventilteller und -sitz, sowie großer Dichtheit des Ventilgehäuses gegen Atmosphärendruck.

Nichtlösbare Verbindungen sind durch Schweißen herzustellen, nur in besonderen Fällen durch Hartlöten oder Verschmelzen (s. Abschnitt 14.2).

Kittungen mit Epoxidharzen sind zwar als Notlösungen brauchbar, neigen aber bei mechanischer Beanspruchung zu Haarrissen und weisen bei Erwärmung starke Dampfabgabe auf, so daß von einer allgemeinen Verwendung abzuraten ist.

15.4.2 Pumpen. Art und Saugvermögen

Der Hochvakuumbereich ist die Domäne der Diffusionspumpe und der Turbomolekularpumpe. Zur weiteren Verkürzung der Auspumpzeiten werden heute in steigendem Maße zusätzlich auch Kryopumpen installiert. Diese brauchen nur mit flüssigem Stickstoff gekühlt zu werden, da die Entgasungsströme im Hochvakuum größtenteils aus Wasserdampf bestehen.

Die Zusammensetzung der Pumpaggregate hinsichtlich Art und Größe der einzelnen Pumpen hat sich zu richten nach:

Arbeitsdruck,
Auspumpzeit bis zum Arbeitsruck,
Volumen der Anlage,
Größe des Prozeßgasstroms,
Größe der Gesamtleckrate der Anlage,
Größe der Entgasungsströme.

Sind die Werte dieser Größen weitgehend unbekannt, so kann bei gegebenem Kesselvolumen das zu installierende Saugvermögen anhand von Bild 15.12 näherungsweise bestimmt werden. Das Diagramm enthält Erfahrungswerte, die nur als Anhalt dienen können, und bezieht sich auf den Hochvakuum- und Ultrahochvakuumbereich.

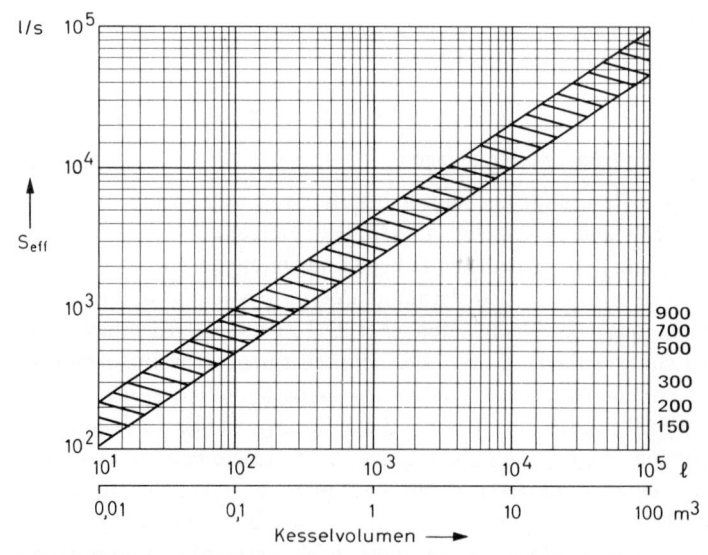

Bild 15.12 Effektives Saugvermögen, das an einem Kessel für das Hoch- und Ultrahochvakuumgebiet zu installieren ist, in Abhängigkeit vom Kesselvolumen (Richtwerte!).

Bei fast allen industriell genutzten Hochvakuumverfahren werden die inneren Oberflächen der Anlage mit der Zeit mehr und mehr verunreinigt. Infolge der dadurch bedingten Zunahme der Entgasungsströme nimmt die Auspumpzeit einer über längere Zeit in Betrieb befindlichen Anlage mehr und mehr zu, so daß allmählich erhebliche Verlängerungen der Auspumpzeit zustande kommen. Im Zweifelsfall wähle man schon aus diesem Grunde eher ein größeres Saugvermögen der Hochvakuumpumpe als ein kleineres. Erfahrungsgemäß wird durch eine solche Wahl viel Ärger vermieden und letzten Endes Zeit und Geld gespart.

15.4.3 Druckmessung im Hochvakuum (s. auch Abschnitt 11.5.4) [1]

Als Meßgeräte für technische Anlagen, die im Hochvakuumbereich arbeiten, stehen zwei Arten von Ionisationsvakuummetern zur Verfügung:

Ionisationsvakuummeter mit kalter Kathode (Penning-System) (Abschnitt 11.5.3),
Ionisationsvakuummeter mit Glühkathode (Abschnitt 11.5.2).

Um den Evakuierungsvorgang messend verfolgen zu können, soll sich außerdem an jedem Hochvakuumrezipienten die Meßröhre eines Wärmeleitungsvakuummeters befinden. Zur Kontrolle der Vorpumpe und des Vorvakuumdrucks ist es zweckmäßig, auch in der Vorvakuumleitung eine Meßröhre eines Wärmeleitungsvakuummeters zu installieren.

In überwiegender Zahl werden kombinierte Meßinstrumente zur Druckmessung im Hochvakuumbereich verwendet. Solche Kombinationen sind z.B. als Penning-System + Wärmeleitungsvakuummeter in Bild 11.41 und als Glühkathoden-Ionisationsvakuummeter + Wärmeleitungsvakuummeter in Bild 11.35 dargestellt.

Die Gasartabhängigkeit der Anzeige aller „elektrischen" Vakuummeter ist zu berücksichtigen (s. Abschnitt 11.5.4).

Warnung! Siehe Seite 419.

15.4.3.1 Hinweise zur Verwendung von Vakuummeßröhren

Beim Anbringen von Meßröhren ist grundsätzlich zu beachten, daß Verbindungsleitungen zwischen Meßröhren und Rezipient oder Kessel einen möglichst hohen Leitwert haben, da sonst die in der Meßröhre frei werdenden Gasmengen einen zu hohen Druck vortäuschen. Dies ist insbesondere bei Ionisationsvakuummetern mit heißer Kathode zu beachten, deren Meßröhren im Betrieb warm werden, wodurch vor allem in der ersten Zeit nach dem Einschalten viel Gas frei wird. Für genaue Messungen, insbesondere bei sehr niedrigen Drücken ist deshalb ein Einbaumeßsystem (z.B. Bild 11.30) vorzuziehen.

Vakuummeßröhren arbeiten i.a. lageunabhängig, jedoch ist anzuraten, sie so anzubringen, daß ein Hineinlaufen von Kondensaten in die Meßröhre verhindert wird. Am besten werden Meßröhren senkrecht stehend angebracht, und zwar mit dem elektrischen Anschluß nach oben. Außerdem hat es sich in der Praxis bewährt, ein kleines Ventil vor die Meßröhre zu setzen. Ein solches Ventil erlaubt das Reinigen sowie die Prüfung oder das Auswechseln einer Meßröhre während des laufenden Prozesses und erleichtert das Anbringen einer Lecksuchröhre, falls eine Lecksuche durchgeführt werden muß. Es ist immer davon auszugehen, daß besonders industrielle Vakuumprozesse wie Trocknen, Imprägnieren, Kunstharzvergießen, Aufdampfen zwangsläufig eine Verschmutzung der im Vakuum befindlichen Teile mit sich bringen. Besonders gefährdet sind dabei die Meßröhren, bei denen sich eine Verschmutzung u.U. als erheblicher Meßfehler bemerkbar macht oder aber bei Meßröhren mit Heizfäden zu einer Verkürzung der Lebensdauer führt. Auch in diesem Zusammenhang ist das Vorschalten eines Ventils vorteilhaft.

Das Reinigen verschmutzter Wärmeleitungs- und Ionisationsvakuummeter-Meßröhren stellt ein gewisses Problem dar, deshalb in den Abschnitten 15.4.3.2 und 15.4.3.3 einige erprobte Hinweise.

15.4.3.2 Wärmeleitungsvakuummeter-Meßröhren

Wärmeleitungsvakuummeter-Meßröhren können mit etwas Waschbenzin, das in die Röhre unter stetigem Drehen gegossen wird, von Verschmutzungen befreit werden, jedoch darf die Röhre dabei auf keinen Fall geschüttelt werden, da der Meßdraht sehr dünn ist.

Verschmutzung von *Penning-Meßröhren*, die sich oft in einer zu niedrigen Druckanzeige äußert, kann mittels 3 %iger Flußsäure und Nachspülen mit destilliertem Wasser oder auch nur mechanisch beseitigt werden. Dies betrifft vor allem die herausnehmbaren Kathodenplatten, die durch gekrackte Öldämpfe festhaftende Schmutzbeläge aufweisen können. Auch für eine gründliche (Innen-)Reinigung der Hochspannungsdurchführung ist zu sorgen, wenn die ursprüngliche Empfindlichkeit des Meßsystems wiederhergestellt werden soll.

15.4.3.3 Heißkathoden-Ionisationsvakuummeter-Meßröhren

Heißkathoden-Ionisationsvakuummeter-Meßröhren aus Glas *mit Wolframfaden* können ebenfalls mit 3 %iger Flußsäure gesäubert werden, wobei aber darauf zu achten ist, daß die Flußsäure möglichst nur mit dem Glaskörper in Berührung kommt, nicht jedoch mit den Metallteilen des Meßsystems. Gründliches Nachspülen mit destilliertem Wasser und anschließendes Trocknen sind unbedingt erforderlich.

Heißkathoden-Ionisationsvakuummeter-Meßröhren *mit Iridiumheizfaden*, der als durchbrennsichere Kathode in modernen Meßröhren Verwendung findet, dürfen keinesfalls mit Flußsäure gereinigt werden, da Flußsäuredämpfe den thoriumplattierten Iridiumheizfaden zerstören.

Das gleiche gilt für Einbau-Meßsysteme aller Art.

Das vielfach propagierte Auswechseln durchgebrannter Heizfäden durch den Anwender führt meistens nicht zum gewünschten Erfolg, da das Durchbrennen eines Heizfadens fast immer das Verdampfen eines Teils des Fadenmaterials zur Folge hat. Der Metalldampf schlägt sich im Innern der Meßröhre nieder und verursacht Kriechströme, die eine Verfälschung der Meßwerte hervorrufen. Das Auswechseln eines durchgebrannten Fadens gegen einen neuen Heizfaden allein bedeutet, ganz abgesehen von den sonst auftretenden Schwierigkeiten, wie z.B. der exakten Zentrierung, noch keine Wiederherstellung der ursprünglichen Kenndaten der Meßröhre. Es empfiehlt sich daher, solche Meßröhren und Einbau-Meßsysteme durch den Hersteller instandsetzen zu lassen.

15.4.4 Hochvakuumpumpstände

Unter Hochvakuumpumpständen sind komplett montierte und vakuumgeprüfte Einheiten zu verstehen, die anschlußfertig geliefert werden. Sie enthalten Vorpumpe, Hochvakuumpumpe, Vorvakuumventile sowie Meßstutzen und ggf. Öldampfsperren, so daß sie als Hochvakuumaggregate sofort einsetzbar sind. Sie bieten dem Anwender eine Reihe von Vorteilen: leichte Bedienung, kompakte, platzsparende Bauweise, wartungsfreundlichen Aufbau, schließlich Ventilsteuerung durch Folgeschalter oder Automatik, so daß Bedienungsfehler nicht auftreten können.

Hochvakuumpumpstände werden für den Betrieb mit Diffusionspumpe oder Turbomolekularpumpe ausgerüstet und stehen in verschiedenen Ausführungen und Größenabstufungen als Säulen- oder Tischpumpstände zur Verfügung.

15.4 Arbeitstechnik im Hochvakuum 15.4.4

Hochvakuumpumpe und Vorpumpe(n) müssen — wie bei jeder Kombination von in Serie geschalteten Vakuumpumpen — aufeinander „abgestimmt" sein, damit beim Arbeiten der Kombination die für jede Pumpe kritischen Werte (z.B. Vorvakuumbeständigkeit — s. Abschnitt 5.3.5) nicht überschritten werden. Dies soll am Beispiel der Pumpenkombination Diffusionspumpe — Vorpumpe eingehender erläutert werden, denn diese Kombination wird in den meisten Hochvakuumpumpständen und -anlagen verwendet.

15.4.4.1 Vorvakuumbeständigkeit und Wahl der Vorpumpe (s. auch Abschnitt 6.4.6)

Der Vorvakuumdruck darf während des Betriebs nicht über den Ruhedruck des abgebremsten Dampfstrahls nach dem Verdichtungsstoß (s. Abschnitt 6.5) ansteigen. Der Verdichtungsstoß wandert sonst in die Lavaldüsen, und die Pumpwirkung hört auf. Ähnlich wie bei Dampfstrahlpumpen nennt man den höchstzulässigen Vorvakuumgrenzdruck p_K (s. Bild 6.15) „Vorvakuumbeständigkeit". Der Dampfstrahl in der Diffusionspumpe wird vom Rezipienten praktisch nicht beeinflußt. Deshalb ist, im Gegensatz zur Dampfstrahlpumpe, die Vorvakuumbeständigkeit p_K vom Ansaugdruck unabhängig. Bei den meisten Diffusionspumpen beträgt sie einige 10^{-1} mbar. Durch Verwendung eines Öles mit höherem Dampfdruck (bei Siedegefäßtemperaturen) oder Erhöhung der Heizleistung, wodurch in beiden Fällen der Siedegefäßdruck p_0 erhöht wird, erhöht sich auch die Vorvakuumbeständigkeit.

Das Saugvermögen der Vorpumpe muß so groß sein, daß der durch die Vorvakuumbeständigkeit gegebene Druck p_K in keinem Betriebszustand überschritten wird. Das Saugvermögen S_v der Vorpumpe ist ausreichend, wenn

$$S_v \geqslant \frac{S \cdot p}{p_K} = \frac{\dot{Q}}{p_K} \tag{15.27}$$

wobei S das Saugvermögen und p den Druck, $\dot{Q}$ die Saugleistung am Rezipienten bezeichnen.

Öldiffusionspumpen werden in der Regel nicht bei Ansaugdrücken größer als $p_A \approx 10^{-3}$ mbar verwendet. Da zudem das Saugvermögen bei größeren Drücken stark absinkt, ist das Saugvermögen der Vorpumpe meistens ausreichend, wenn

$$S_v \geqslant \frac{p_A}{p_K} \cdot S = \frac{10^{-3} \text{ mbar}}{p_K} \cdot S = \frac{10^{-3} \text{ mbar}}{2 \cdot 10^{-1} \text{ mbar}} \cdot S = 5 \cdot 10^{-3} \cdot S \tag{15.28}$$

gilt. Bei kleineren Ansaugdrücken p_A kann das Saugvermögen der Vorpumpe S_v nach Gl. (15.28) klein sein. Es wird aber davon abgeraten, das Saugvermögen der Vorpumpe kleiner zu wählen, als es sich aus Gl. (15.28) ergibt. Beim Auspumpen eines Rezipienten werden immer Druckgebiete mit hohem Ansaugdruck durchfahren. Wird dabei der höchstzulässige Vorvakuumgrenzdruck überschritten, so hört die Pumpwirkung der Diffusionspumpe praktisch auf, was die Pumpzeit u.U. erheblich verlängert. Bei den meisten Vakuumprozessen treten außerdem plötzliche Gasausbrüche auf. Wenn die Vorpumpe zu klein ist, wird der Vorvakuumgrenzdruck p_K überschritten, die Pumpwirkung der Diffusionspumpe hört auf, und das ausgebrochene Gas wird nur langsam abgepumpt. Darüber hinaus tritt beim Überschreiten der Vorvakuumbeständigkeit aus den Düsen ein Unterschalldampfstrahl aus, wodurch die Ölrückströmung sehr groß wird (Abschnitt 6.5). Soll die Diffusionspumpe nur im Gebiet kleiner Drücke verwendet werden, und ist man ziemlich sicher, daß keine Gasausbrüche vorkommen, so wird empfohlen, eine serienmäßige Vorpumpe zu wählen, deren Saugvermögen nächstkleiner ist, als nach Gl. (15.28) gefordert wird.

Beispiel 15.12: Eine Öldiffusionspumpe mit dem Saugvermögen S = 800 $\ell \cdot s^{-1}$ benötigt nach Gl. (15.28) eine Vorpumpe mit dem Mindestsaugvermögen $S_V \geq 5 \cdot 10^{-3} \cdot 800 \, \ell \cdot s^{-1} = 4 \, \ell \cdot s^{-1} = 14,5 \, m^3 \cdot h^{-1}$. Eine zweistufige Vorpumpe mit dem Nennsaugvermögen S_V = 20 $m^3 \cdot h^{-1}$ ist also ausreichend, wenn der Strömungswiderstand der Vorpumpenleitung einen ausreichenden Leitwert besitzt. Bei Ansaugdrücken $p_A < 10^{-4}$ mbar und p_K = 2,6 · 10^{-1} mbar genügt nach Gl. (15.27) rein rechnerisch ein Saugvermögen der Vorpumpe $S_V = 10^{-4}$ mbar · 800 $\ell \cdot s^{-1}/2,6 \cdot 10^{-1}$ mbar = 1,1 $m^3 \cdot h^{-1}$. Selbst wenn keine Gasausbrüche zu befürchten sind, ist aber in diesem Falle zu einer Vorpumpe zu raten, die mit dem Saugvermögen S_V = 10 $m^3 \cdot h^{-1}$ das nächstkleinere Saugvermögen nach S_V = 20 $m^3 \cdot h^{-1}$ hat.

Als Vorpumpen eignen sich am besten Drehschieber- und Sperrschieberpumpen. Bei großem Saugvermögen werden in Verbindung mit diesen auch Wälzkolbenpumpen verwendet. Bei einstufigen ölgedichteten Pumpen sinkt bereits bei einigen 10^{-1} mbar Ansaugdruck das Saugvermögen erheblich unter das Nennsaugvermögen. Deshalb, und darüber hinaus weil es oft zweckmäßig ist, die Vorpumpe während des Herunterpumpens mit Gasballast zu betreiben, empfiehlt es sich, zweistufige Vorpumpen zu verwenden. Zweistufige Vorpumpen haben einen weiteren Vorteil: Bei sehr kleinen Ansaugdrücken an der Diffusionspumpe ($p_A < 10^{-6}$ mbar) muß beim Abpumpen von leichten Gasen, insbesondere von Wasserstoff, ein möglichst kleiner Vorvakuumdruck, erheblich kleiner als die Vorvakuumbeständigkeit p_K, erzeugt werden. Bei sehr kleinen Ansaugdrücken macht sich nämlich die Rückdiffusion der leichten Gase entgegen der Strömungsrichtung des Dampfstrahls bei hohen Vorvakuumdrücken sehr störend bemerkbar. Eine zweistufige Vorpumpe erzeugt bei kleinen Ansaugdrücken ganz von selbst einen so niedrigen Vorvakuumdruck, daß die Rückdiffusion auch bei leichten Gasen nicht mehr stört.

15.4.4.2 Ventilloser Betrieb

Die einfachste Vakuuminstallation zeigt Bild 15.13. Hierbei wird die Treibmittelpumpe nebst der zugehörigen Vorpumpe ohne Zwischenschalten von Ventilen mit dem Kessel verbunden. Beim Abpumpen wird der Rezipient zunächst über die kalte Treibmittelpumpe bis auf einen Druck $p < p_K$ evakuiert. Dann wird die Treibmittelpumpe angeheizt. Nach dem Aufheizen übernimmt die Treibmittelpumpe das weitere Evakuieren. Kurz nach dem Anheizen steigt der Druck im Rezipienten etwas an, weil infolge der Erwärmung Gase bzw. Dämpfe frei werden. Ist die Zeit zum Herunterpumpen von Atmosphärendruck auf den

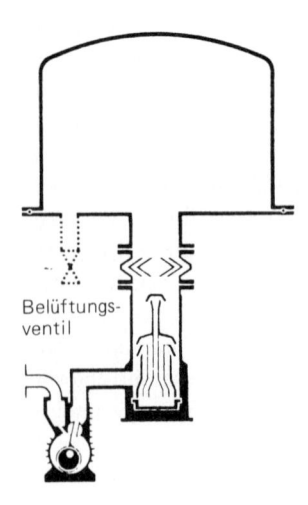

Bild 15.13
Ventilloser Hochvakuumpumpstand

Druck p_K wesentlich kürzer als die Anheizzeit der Treibmittelpumpe, und ist man sicher, daß der Kessel dicht ist, so wird die Treibmittelpumpe zusammen mit der Vorpumpe eingeschaltet. Die Evakuierung ist in diesem Falle weit genug fortgeschritten, wenn die Treibmittelpumpe eine Temperatur erreicht, bei der das Treibmittel durch zu hohen Sauerstoffdruck Schaden erleidet. Ist der Pumpvorgang beendet, so wird die Treibmittelpumpe abgeschaltet und die Vorpumpe so lange weiter betrieben, bis die Treibmittelpumpe auf eine Temperatur abgekühlt ist, bei der das Treibmittel beim Belüften nicht mehr Schaden nimmt; dann können Kessel und Pumpe belüftet werden.

Das Abkühlen von Diffusionspumpen kann beschleunigt werden, indem eine Pumpe mit Schnellkühlung verwendet wird. In der Abkühlperiode wird durch die Schnellkühlung Wasser geleitet. Der dauernde Gebrauch der Schnellkühlung ist jedoch nicht ratsam, weil sich die Rohre bzw. Rippen meistens in relativ kurzer Zeit mit Kalk zusetzen. Auch die großen thermischen Spannungen, die beim plötzlichen Kühlen der heißen Pumpen auftreten, führen manchmal nach längerem Betrieb zu Rissen im Material, wodurch die Pumpe undicht wird. Vor erneutem Anheizen muß übrigens das Wasser erst aus der Schnellkühlung entfernt werden (z.B. durch Ausblasen), weil sonst durch das verdampfende Wasser der Schnellkühlung die Anheizzeit unnötig verlängert wird.

Wenn ein gekühlter Ölfänger vorhanden ist, sollen die Baffleflächen vor dem Belüften auf Raumtemperatur gebracht werden, weil der in der Luft stets vorhandene Wasserdampf sich sonst vorzugsweise auf den Baffleflächen niederschlägt. Bei erneutem Abpumpen vermindert der verdampfende Wasserdampfstrom das effektiv für den Kessel übrigbleibende Saugvermögen der Pumpen erheblich und verhindert u.U. sogar das Erreichen sehr kleiner Drücke in kurzen Zeiten. Besonders wichtig ist das Anwärmen der Baffleflächen bei tiefgekühlten Ölfängern, auf denen sich der Wasserdampf in Form von Eis niederschlägt; es bildet eine nur sehr langsam versiegende Dampfquelle, die sich besonders bei sehr kleinen Arbeitsdrücken im Rezipienten störend bemerkbar macht.

Wenn Treibmittelpumpen längere Zeit unbeaufsichtigt laufen, können in diesem Zeitraum Strom und Wasser ausfallen. Größere Lecks hingegen treten in Metall- und auch Glasapparaturen selten plötzlich auf. Gegen Wasserausfall schützt ein Kühlwasserkontrollschalter. Beim Stromausfall bleibt die Vorpumpe stehen, und die noch heiße Treibmittelpumpe nebst dem Rezipienten wird über die Vorpumpe belüftet. In diesem Falle bietet ein bei Stromausfall selbsttätig schließendes Ventil zwischen Vorpumpe und Treibmittelpumpe den besten Schutz. Bei Verwendung eines Sicherheitsventils, das ein Hochvakuum-Absperr-Ventil und ein Belüftungsventil vereinigt, wird gleichzeitig die Vorpumpe belüftet.

15.4.4.3 Pumpstand mit Umwegleitung

Die relativ langen Abkühl- und Anheizzeiten beim ventillosen Betrieb sind in vielen Fällen untragbar. Dazu kommt, daß während des Aufheizens und Abkühlens der Treibmittelpumpe die Ölrückströmung sehr groß ist, weil beim Aufheizen und Abkühlen der Überschalldampfstrahl noch nicht oder nicht mehr ausgebildet ist. Man verwendet daher bei Treibmittelpumpen meist einen Pumpstand mit Umwegleitung (Bild 15.14).

Bei der ersten Inbetriebnahme ist das Hochvakuumventil (von großem Durchmesser) V_1 ebenso wie das Umwegleitventil V_2 und das Belüftungsventil V_4 geschlossen. Über das geöffnete Ventil V_3 wird die Treibmittelpumpe von der Vorpumpe evakuiert und bei Erreichen der Vorvakuumbeständigkeit p_K angeheizt. Nach Ablauf der Anheizzeit ist der Pumpstand betriebsbereit.

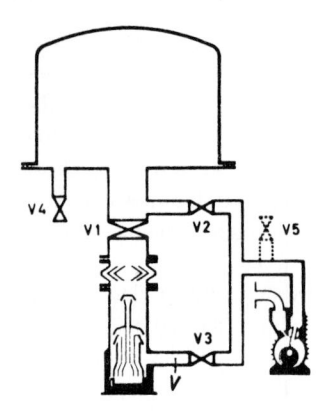

15 Arbeitstechnik in den einzelnen Druckbereichen

Bild 15.14
Hochvakuumpumpstand mit Umwegleitung. V1 Hochvakuumventil; V2, V3 Ventile in der Umwegleitung; V4 Belüftungsventil. V Volumen der pumpennahen Vorvakuumleitung (bis V3).

Das Evakuieren im Kessel erfolgt so: Die Ventile V_1 und V_4 bleiben geschlossen. Ventil V_3 wird geschlossen (die heiße Diffusionspumpe arbeitet jetzt lediglich auf das Volumen V der Vorvakuumleitung – s. Abschnitt 15.4.4.4) und hierauf Ventil V_2 geöffnet. Mit Hilfe der Vorpumpe wird jetzt der Rezipient bis zu einem Druck evakuiert, bei dem die Treibmittelpumpe zu arbeiten beginnt. Jetzt wird Ventil V_2 geschlossen und erst Ventil V_3, dann Ventil V_1 geöffnet und somit der Rezipient auf die betriebsbereite heiße Treibmittelpumpe geschaltet. Das Umschalten auf die Treibmittelpumpe soll zum Verkürzen der Pumpzeit bei möglichst hohem Druck erfolgen; denn eine Diffusionspumpe mit dem Saugvermögen $S = 12\,000\;\ell \cdot s^{-1}$ hat bei 10^{-2} mbar immer noch ein Saugvermögen $S \gg 1000\;\ell \cdot s^{-1}$, während die normalerweise als Vorpumpe verwendete Pumpe nur ein Saugvermögen $S = 180\;m^3 \cdot h^{-1} = 50\;\ell \cdot s^{-1}$ hat.

Soll der Rezipient belüftet werden, so wird zuerst Ventil V_1 geschlossen und anschließend das Belüftungsventil V_4 geöffnet. Während der Rezipient belüftet wird, bleibt die Treibmittelpumpe geheizt und damit betriebsbereit.

Beim endgültigen Abstellen wird zunächst die Heizung der Treibmittelpumpe abgestellt, dann werden sämtliche Ventile geschlossen und die Vorpumpe abgestellt. Diese wird dabei über das eingebaute Sicherheitsventil belüftet. Ist ein solches in der Pumpe nicht vorhanden, so muß das Belüften über ein zusätzliches Ventil V_5 erfolgen. Das Kühlwasser läßt man bei größeren Treibmittelpumpen (etwa ab $S \approx 3000\;\ell \cdot s^{-1}$) noch eine Stunde weiterlaufen, weil sich sonst infolge der Wärmekapazität von Heizkörper und Siedegefäß die ganze Pumpe zu stark erwärmt. Die von den Herstellern mitgelieferten Gebrauchsanweisungen sollten stets beachtet werden.

Beim Pumpstand mit Umwegleitung kann durch Öffnen des Belüftungsventils V_4 die heiße Diffusionspumpe mit belüftet werden, wenn vergessen wurde, vorher das Hochvakuumventil V_1 zu schließen. Dies ist beim handbetätigten Pumpstand mit Umwegleitung der häufigste Bedienungsfehler. Eine derartige Fehlbedienung wird durch die Verwendung fernbedienter Ventile, die gegenseitig verriegelt sind, vermieden (Bild 15.15). In den meisten Fällen sind die Ventile durch Endkontakte in der Weise verriegelt, daß sich beispielsweise Ventil V_2 erst öffnet, wenn sowohl die Ventile V_4, V_3 als auch das Ventil V_1 geschlossen sind. Da sich fernbetätigte Ventile bei Stromausfall schließen, ist ein Pumpstand nach Bild 15.15 gegen Stromausfall hinreichend gesichert. Gegen Wasserausfall schützt ein Wasserwächter oder ein am Pumpenkörper der Diffusionspumpe befestigter Temperaturfühler.

Bild 15.15
Fahrbarer Hochvakuumpumpstand mit handbedientem Ventil-Folgeschalter (elektropneumatische Ventile).
1 2-stufige ölgedichtete Rotationsvakuumpumpe ($S_n = 10$ m$^3 \cdot$ h^{-1}); 2 Folgeschalter; 3 Hochvakuumventil; 4 Hochvakuumflansch; 5 Ventilblock; 6 Dampfsperre; 7 Wassergekühlte Öldiffusionspumpe ($S = 180$ ℓ $\cdot$ s^{-1}).

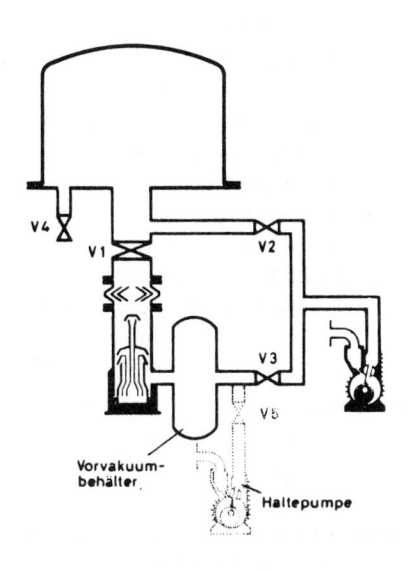

Bild 15.16
Hochvakuumpumpstand mit Vakuumbehälter und/oder Haltepumpe

15.4.4.4 Vorvakuumbehälter und Haltepumpe

Sind bei einem Pumpstand mit Umwegleitung nach Bild 15.14 oder 15.15 die Grobpumpzeiten, während welcher das Ventil V_3 geschlossen ist, sehr lang, so reicht das Volumen V der Vorvakuumleitung (siehe Bild 15.14) u. U. nicht mehr aus, um den Druck in der Vorvakuumleitung unter der Vorvakuumbeständigkeit p_K der Treibmittelpumpe zu halten. Um die Zeiten für das Ansteigen des Drucks in der Vorvakuumleitung bis auf die Vorvakuumbeständigkeit zu verlängern, wird das Volumen der Vorvakuumleitung durch Einbau eines sogenannten Vorvakuumbehälters erhöht (Bild 15.16). Manchmal stört es auch, daß die möglicherweise große Vorpumpe bei belüftetem Kessel laufen muß. Auch hier kann ein Vorvakuumbehälter eingesetzt werden, oder auch eine sogenannte Haltepumpe, die nur die Vorvakuumbeständigkeit der Treibmittelpumpe aufrechterhalten muß und daher klein sein kann. Gelegentlich, z.B. bei elektronenmikroskopischen Arbeiten, stört auch die an sich geringe Erschütterung, welche durch die Vorpumpe hervorgerufen wird. In diesem Fall wird die Vorpumpe abgeschaltet, und die Treibmittelpumpe arbeitet für einige Zeit auf den Vorvakuumbehälter.

Die Größe des Vorvakuumbehälters bzw. der Haltepumpe richtet sich nach dem aus dem Vorvakuumstutzen der Treibmittelpumpe austretenden Gasstrom. Dieser Gasstrom ist auch bei geschlossenem Hochvakuumventil V_1 (völlige Dichtheit vorausgesetzt) keine Konstante, sondern hängt von der Zersetzungsneigung und von den Schädigungen des Treibmittels durch abgesaugte Gase und Dämpfe ab.

Kurz nach einem Lufteinbruch ist z.B. der aus dem Vorvakuumstutzen der Treibmittelpumpe austretende Gasstrom größer als normal. Erfahrungsgemäß treten aber auch bei großen Treibmittelpumpen keine höheren Gasströme als $q_{pV,\,VL} = 2 \cdot 10^{-3}$ mbar·ℓ·s^{-1} aus dem Vorvakuumstutzen der Treibmittelpumpe bei verschlossener Ansaugöffnung aus. Dazu kommt noch die Gasabgabe von den Wänden der gesamten Vorvakuumleitung einschließlich des Vorvakuumbehälters sowie der Gasstrom durch Undichtheiten. Die Gasabgabe von den Wänden der Vorvakuumleitung ist klein, weil diese in der Regel von Öl bedeckt sind. Ebenso liegen die Undichtheiten meistens erheblich unter $q_L = 10^{-3}$ mbar·ℓ·s^{-1} und brauchen deshalb nicht berücksichtigt zu werden.

Der Druckanstieg Δp in der Zeit Δt im Vorvakuumbehälter vom Volumen V beträgt

$$\Delta p = \frac{q_{pV,\,VL}}{V} \Delta t. \tag{15.29}$$

Mit $q_{pV,\,VL} = 2 \cdot 10^{-3}$ mbar·ℓ·s^{-1} erhält man damit eine Zeit von etwa zwei Minuten pro Liter Volumen, bis der Druck auf den Vorvakuumgrenzdruck $p_K \approx 2 \cdot 10^{-1}$ mbar angestiegen ist. Pro Minute Standzeit soll der Vorvakuumbehälter also ein Volumen von etwa einem halben Liter haben. Soll also eine Treibmittelpumpe eine Stunde von der Vorpumpe abgetrennt werden, so soll bei geschlossenem Hochvakuumventil das Volumen des Vorvakuumbehälters $V = 30$ ℓ sein. Bei geöffnetem Hochvakuumventil muß das Volumen entsprechend vergrößert werden.

Das Saugvermögen S_H der Haltepumpe errechnet sich aus

$$S_H = \frac{q_{pV}}{p_K} \tag{15.30}$$

wobei q_{pV} der aus dem Vorvakuumstutzen austretende Gasstrom und p_K die Vorvakuumbeständigkeit sind.

Beispiel 15.13: Eine Diffusionspumpe vom Saugvermögen $S = 100$ ℓ·s^{-1} und der Vorvakuumbeständigkeit $p_K = 2 \cdot 10^{-1}$ mbar soll beim Ansaugdruck $p_A = 5 \cdot 10^{-5}$ mbar bei abgeschalteter Vorpumpe $\Delta t = 10$ min betrieben werden. Der Gesamtstrom, welcher jetzt aus dem Vorvakuumstutzen austritt, ist in diesem Fall

$$q_{pV} = p_A \cdot S + q_{pV,\,VL} = 5 \cdot 10^{-5} \text{ mbar} \cdot 100 \text{ ℓ·s}^{-1} + 2 \cdot 10^{-3} \text{ mbar·ℓ·s}^{-1} = 7 \cdot 10^{-3} \text{ mbar·ℓ·s}^{-1}$$

Das Volumen des Vorvakuumbehälters muß dann nach Gl. (15.29) mit $\Delta p = p_K$

$$V = \frac{q_{pV} \cdot \Delta t}{p_K} = \frac{7 \cdot 10^{-3} \text{ mbar·ℓ·s}^{-1} \cdot 600 \text{ s}}{2 \cdot 10^{-1} \text{ mbar}} = 21 \text{ ℓ}$$

sein.

Beispiel 15.14: Für den Gasstrom $q_{pV,VL} = 2 \cdot 10^{-3}$ mbar $\cdot$ ℓ $\cdot$ s^{-1} folgt für das Saugvermögen der Haltepumpe aus Gl. (15.30)

$$S_H = \frac{2 \cdot 10^{-3} \text{ mbar} \cdot \ell \cdot s^{-1}}{2 \cdot 10^{-1} \text{ mbar}} = 10^{-2} \ell \cdot s^{-1} = 3{,}6 \cdot 10^{-2} \text{ m}^3 \cdot h^{-1}.$$

Es genügt also immer eine sehr kleine Haltepumpe.

Die Haltepumpe wird (Bild 15.16) über ein Ventil V_5 angeschlossen, welches entweder automatisch (bei Fernbedienung) oder von Hand immer dann geöffnet wird, wenn Ventil V_3 geschlossen wird.

Am Vorvakuumbehälter wird in der Regel ein Bimetallschalter angeschlossen, durch welchen bei Erreichen der Vorvakuumbeständigkeit p_K die Vorpumpe eingeschaltet und Ventil V_3 geöffnet wird. Bei Erreichen von etwa 10^{-2} mbar wird durch denselben Druckschalter Ventil V_3 geschlossen und die Vorpumpe abgestellt.

15.4.4.5 Der vollautomatische Hochvakuumpumpstand

Pumpstände, die mit elektromagnetischen oder elektropneumatischen Ventilen ausgerüstet sind, werden mit Pumpstandsteuergeräten (Bild 15.17) vollautomatisch und funktionsgerecht gesteuert. An solchen Geräten können vier verschiedene Programme gewählt werden: Vorvakuum, Hochvakuum, Aus und Fluten. Jedes der gewählten Programme wird in Bezug auf den angeschlossenen Pumpstand folgerichtig durchgeführt. Fehlbedienungen sind ausgeschlossen; selbst bei gleichzeitiger Betätigung aller Tasten der Schaltautomatik tritt weder an dieser noch an dem angeschlossenen Pumpstand ein Defekt auf. Die Einstellung der Druckschaltpunkte kann im gesamten Druckmeßbereich kontinuierlich erfolgen.

Auf der Frontplatte des Steuergeräts nach Bild 15.17 sind in einem Vakuumschema des Normalpumpstands die einzelnen Pumpen, Ventile und Meßstellen durch Symbole dargestellt (siehe Tabelle 16.13). Der jeweilige Betriebszustand wird durch die entsprechenden Kontrollampen angezeigt.

Auf dem in der Frontplatte angebrachten Anzeigeinstrument wird kontinuierlich der gemessene Druck der jeweils eingeschalteten Meßstelle angezeigt. Außerdem sind Kontrollampen vorhanden, die den Wasserdurchfluß und die Temperatur der Diffusionspumpe anzeigen.

Vollautomatische HV-Pumpstände, die mit einer Turbomolekularpumpe ausgerüstet sind (Bild 15.18), werden zur Erzeugung von kohlenwasserstofffreiem Hoch- und Ultrahochvakuum eingesetzt. Auf den Flansch der Turbomolekularpumpe können die Vakuumapparaturen direkt aufgebaut werden. Der Steuerteil des Pumpstandes ist so ausgelegt, daß der ge-

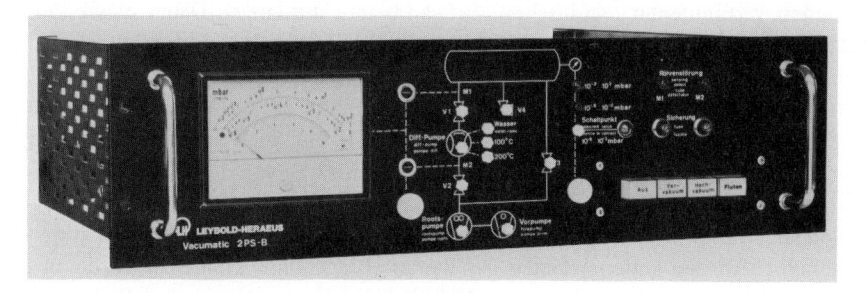

Bild 15.17 Hochvakuumpumpstand-Steuergerät

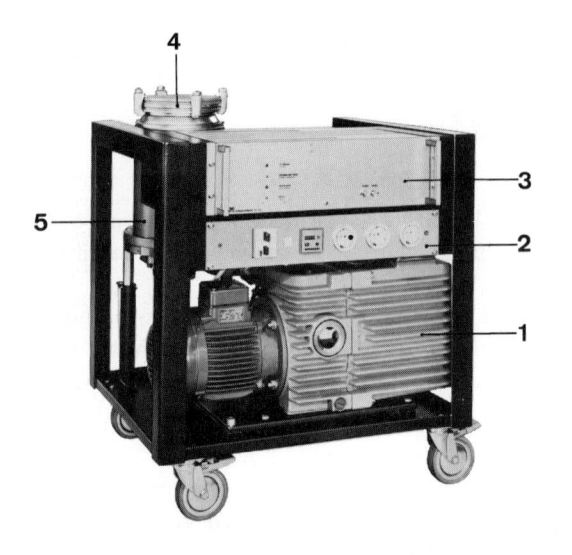

15 Arbeitstechnik in den einzelnen Druckbereichen

Bild 15.18
Fahrbarer Hochvakuumpumpstand
(Abmessungen: $B \times T \times H$:
650 mm × 620 mm × 750 mm) mit
Turbomolekularpumpe. 1 2-stufige
ölgedichtete Rotationspumpe;
2 Steuerleiste; 3 Frequenzwandler
(Betriebsgerät für die Turbomolekularpumpe); 4 Hochvakuumflansch
(Klammerflansch DN 150); 5 Turbomolekularpumpe (S = 450 $\ell \cdot s^{-1}$).

samte Pumpstand durch die Betätigung nur eines Knopfes in Betrieb genommen werden kann. Bei Ausfall von Strom und Kühlwasser schaltet sich der Pumpstand selbsttätig ab, bei nur kurzzeitigem Ausfall selbsttätig wieder ein. Bei Langzeitversuchen kann dies von ausschlaggebender Bedeutung sein.

15.4.5 Auspumpzeit und Belüften

Bei Hochvakuumanlagen gilt für die Auspumpzeit t_P bis zum Druck p mit für die Praxis meist ausreichender Genauigkeit Gl. (15.22 ... 26), wobei allerdings in Gl. (15.23) für S_{eff} das Saugvermögen der Vorpumpe S_v und für den Druck p der Druck p_v einzusetzen ist, bei dem die Hochvakuumpumpe (Diffusionspumpe oder Turbomolekularpumpe) zugeschaltet wird. Gl. (15.23) liefert die sogenannte Grobpumpzeit.

Die Auspumpzeit im Hochvakuum wird sehr stark von den Entgasungsströmen beeinflußt. Durch Erwärmen der gasabgebenden Flächen wird die Entgasung beschleunigt und die Pumpzeit stark verkürzt. Schon ein Erwärmen auf $\vartheta \approx 70\ °C$, was bei kleineren Apparaturen mit einem Fön, bei größeren Rezipienten mit Heißwasser in geeignet angebrachten Rohrleitungen bewerkstelligt werden kann, setzt den Entgasungsstrom in der Regel um etwa eine Zehnerpotenz herauf und Entgasungszeit und Pumpzeit dementsprechend herab. Wegen des mit dem Ausheizen auf höhere Temperaturen (mehrere hundert Grad Celsius) und dem nachfolgenden Abkühlen verbundenen technischen Aufwands und der langen Dauer dieser Prozesse verzichtet man im allgemeinen auf das Ausheizen der Hochvakuumapparaturen und beschränkt sich auf Erwärmen. Moderne Aufdampfanlagen sind beispielsweise so konstruiert, daß ein Wassermantel den eigentlichen Bedampfungsraum umgibt. Dieser Wassermantel kann wahlweise mit heißem oder kaltem Wasser beschickt werden. Heißes Wasser wird während des Evakuierungsvorgangs zugeführt, um die Entgasungsstromstärke von den Wänden des Bedampfungsraums zu erhöhen und kurze Auspumpzeiten zu erzielen. Ist der Arbeitsdruck erreicht, so werden die Wände des Bedampfungsraums durch Einlassen kalten Wassers in den Wassermantel gekühlt. An den kalten Wänden des Bedampfungsraums kondensieren die aus dem Aufdampfprozeß stammenden Dämpfe, so daß der Arbeitsdruck im wesentlichen erhalten bleibt oder nicht unzulässig hoch ansteigt.

Vor dem Öffnen (Belüften) der Aufdampfapparatur (Chargenwechsel!) wird dem Wassermantel vielfach wieder Heißwasser zugeführt, um bei offener Apparatur ein Kondensieren des in der Luft enthaltenen Wasserdampfs zu vermeiden, so daß der nächste Evakuierungsvorgang an einer trockenen Apparatur mit entsprechend kurzer Auspumpzeit erfolgt.

In den letzten Jahren hat man in Forschungs-, Entwicklungs- und Fertigungsverfahren, die Hochvakuum oder Ultrahochvakuum voraussetzen, erkannt, daß neben einem niedrigen Totaldruck vor allem den Restgaskomponenten des „Vakuums" entscheidende Bedeutung zukommt. Das Vorhandensein von Kohlenwasserstoffen, Sauerstoff, Kohlendioxid, Kohlenmonoxid und Methan im Arbeitsraum wirkt sich in vielen Fällen negativ auf Qualität und Lebensdauer der im Vakuum behandelten Produkte aus und beeinträchtigt oder verhindert die Durchführung von Untersuchungen, insbesondere das Erzielen exakter Ergebnisse.

In der Elektro- und Elektronikindustrie, bei der Herstellung von Halbleitern und Flüssigkristallen, in der Aufdampf- und Zerstäuber-(Sputter-)Technik, bei der Herstellung von Röntgen- und Senderöhren sowie bei der Bildwandler- und Farbfernsehröhren-Herstellung werden „saubere" Vakua ohne die genannten Restgaskomponenten benötigt.

Im Forschungsbereich sind es vor allem die Oberflächenphysik, die Strahlführungssysteme und Teilchenbeschleunigeranlagen, Plasmaphysik, Spektroskopie und Elektronenmikroskopie, die „saubere" Vakua zwingend fordern.

Aus diesen Gründen werden von Jahr zu Jahr mehr Hochvakuum- und Ultrahochvakuumpumpen benötigt, die „reine" Vakua im obigen Sinne erzeugen; besonders geeignet für diese Zwecke ist die robuste und einfach aufgebaute Turbomolekularpumpe (Kapitel 7), die bereits ein großes Anwendungsfeld in Industrie und Forschung gefunden hat.

15.5 Arbeitstechnik im Ultrahochvakuum ($p < 10^{-7}$ mbar) [4]

15.5.1 Überblick

Unter Ultrahochvakuum (UHV) versteht man nach DIN 28 400 den Druckbereich $p < 10^{-7}$ mbar (Tabelle 16.0). Derartig kleine Gasdrücke (bzw. Gasdichten) lassen sich nur erzielen und aufrechterhalten, wenn

die Gesamtleckrate extrem klein ist (Kapitel 12),
die Entgasungsströme sehr klein sind,
die Pumpenrückwirkung, z.B. die Treibmittelrückströmung (Kapitel 6)
oder das Wiederfreiwerden bereits gepumpter Gase (Kapitel 8)

praktisch Null sind.

Diese Bedingungen lassen sich nur erfüllen, wenn der UHV-Teil der Gesamtapparatur — einschließlich daran befestigter oder sich anschließender Bauelemente — auf hohe Temperaturen ($\vartheta > 100\ °C$) ausheizbar sind. In der UHV-Technik werden daher vorzugsweise aus Edelstahl gefertigte Bauelemente (Vakuumbehälter, Ventile, Rohrleitungen), speziell konstruierte Druckmeßsysteme, mit Viton oder Metallen (Cu, Al, In) gedichtete Flanschverbindungen, keramische Stromdurchführungen und Spezialsichtfenster verwendet. Zum Erzeugen von UHV dienen ganz oder teilweise ausheizbare

Turbomolekularpumpen,
Ionengetterpumpen,
Titan-Verdampferpumpen (Sublimationspumpen),
Kryopumpen,
Adsorptionspumpen (als ölfreie Vorpumpen)

und Kombinationen solcher Pumpen.

Die mit Öl oder Quecksilber betriebenen Diffusionspumpen werden in der heutigen UHV-Technik nur noch selten verwendet.

Die Verwendung der genannten Bauelemente allein gewährleistet noch nicht ein erfolgreiches Arbeiten im Gebiet extrem kleiner Gasdrücke. Es sind vielmehr sowohl beim Zusammenbau einer UHV-Apparatur als auch bei deren Betrieb zahlreiche Regeln und Verfahrensweisen zu beachten, die in diesem Abschnitt besprochen werden sollen.

Leckrate und Pumpenrückwirkung lassen sich mit sorgfältig ausgeführten nicht lösbaren und lösbaren Verbindungen (Kapitel 14) bzw. auch durch Verwendung der oben genannten Pumpenarten hinreichend klein halten. Die Lösung des Entgasungsproblems jedoch bereitet in der Praxis die meisten Schwierigkeiten. Zwei Lösungsmöglichkeiten stehen zur Verfügung:

die Verwendung von Vakuumpumpen mit hinreichend großem effektivem Saugvermögen (z.B. Kryopumpen),

die Verringerung der Entgasungsströme durch geeignete Materialauswahl und Materialvorbehandlung und durch Ausheizen.

In der Praxis (s. Abschnitt 15.5.5) wird meist der zweite Weg beschritten. Erfahrungsgemäß sinkt bei Metallen die Entgasungsstromdichte nach ein- bis zweistündigem Ausheizen bei $\vartheta \approx 450\,°C$ nach dem Abkühlen auf etwa 10^{-8} bis 10^{-9} mbar $\cdot \ell \cdot s^{-1} \cdot m^{-2}$ (vgl. auch Abschnitt 13.4.3); jedoch erreicht man im allgemeinen auch schon durch allerdings längeres Ausheizen bei $\vartheta \approx 300\,°C$ Entgasungsstromdichten der Größenordnung 10^{-8} mbar $\cdot \ell \cdot s^{-1} \cdot m^{-2}$. Bei Gläsern werden nach längerem Ausheizen bei $\vartheta \approx 450\,°C$ sogar Entgasungsstromdichten von etwa 10^{-10} mbar $\cdot \ell \cdot s^{-1} \cdot m^{-2}$ erzielt. Wesentlich niedrigere Ausheiztemperaturen führen im allgemeinen zu höheren restlichen Entgasungsstromdichten. Stark verallgemeinernd und zusammenfassend kann man sagen:

Je 100 K Temperaturerhöhung setzen die Entgasungsstromdichte um je eine Zehnerpotenz herab.

Beispiel 15.15: Nach Gl. (15.18) und (15.19) beträgt die Entgasungsstromdichte einer Metalloberfläche nach einstündiger Pumpzeit $j_M = 1,3 \cdot 10^{-4}$ mbar $\cdot \ell \cdot m^{-2} \cdot s^{-1}$. Das mit einer Kryopumpe realisierbare maximale flächenbezogene Saugvermögen ist nach Abschnitt 10.6.2.3 $S_{A,\max} = 1,16 \cdot 10^5 \, \ell \cdot m^{-2} \cdot s^{-1}$. In einer nicht ausgeheizten UHV-Apparatur mit der gasabgebenden („warmen") Fläche A_W und der „pumpenden" Kaltfläche A_k kann danach kein kleinerer Druck p erreicht werden, als er sich aus der Kontinuitätsgleichung $p S_{A,\max} \cdot A_k = j_M \cdot A_W$ ergibt, d.h. unter der Annahme $A_W/A_k = 10$

$$p = \frac{j_M}{S_{A,\max}} \cdot \frac{A_W}{A_k} = \frac{1,3 \cdot 10^{-4} \text{ mbar} \cdot \ell \cdot m^{-2} \cdot s^{-1} \cdot A_W}{1,16 \cdot 10^5 \, \ell \cdot m^{-2} \cdot s^{-1} \cdot A_k} \approx 10^{-9} \text{ mbar} \frac{A_W}{A_k} = 10^{-8} \text{ mbar}.$$

Wird durch Ausheizen die Entgasungsstromdichte auf $j_M = 10^{-8}$ mbar $\cdot \ell \cdot m^{-2} \cdot s^{-1}$ gesenkt, so kann in der Apparatur der Druck $p \approx 10^{-12}$ mbar erreicht werden.

15.5.2 Aufbau der UHV-Apparatur

Eine UHV-Apparatur ist prinzipiell gleich oder doch sehr ähnlich aufgebaut wie eine Hochvakuumapparatur:

Rezipient (meist ausheizbar) – (UHV-Ventil) – HV/UHV-Pumpe – Vorpumpe(n)

oder

Rezipient (ausheizbar, mit darin enthaltener Pumpe) – Hochvakuumpumpe – Vorpumpe(n).

Die meisten UHV-Apparaturen sind Ganzmetallapparaturen; nur in Einzelfällen werden Glasapparaturen verwendet. Abweichend von der Hochvakuumtechnik werden in der

15.5 Arbeitstechnik im Ultrahochvakuum 15.5.2

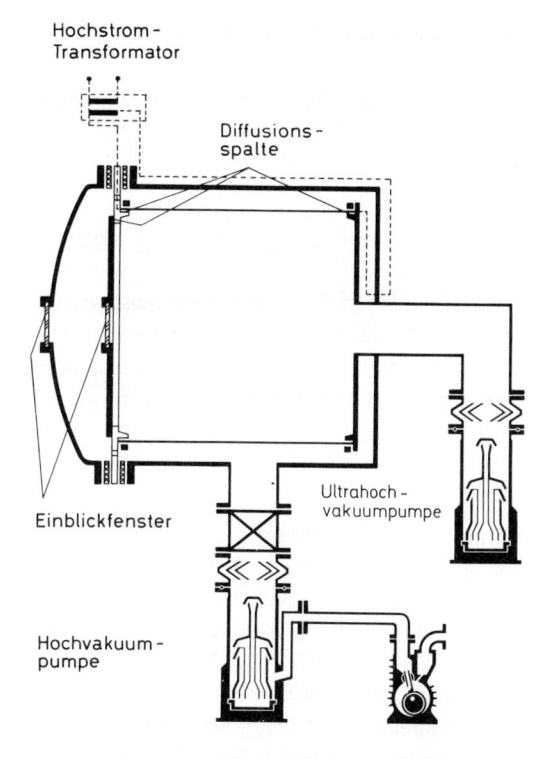

Bild 15.19

Ultrahochvakuum-Apparatur mit doppelwandiger Vakuumkammer

UHV-Technik bisweilen auch sogenannte Doppelwandrezipienten (Bild 15.19) verwendet. Ein solcher besteht aus einem Innenkessel und einem Außenkessel; der Außenkessel ist Teil einer normalen, gummigedichteten HV-Apparatur, in dem ein Druck von etwa 10^{-6} mbar erzeugt wird. Der Innenkessel, der sehr dünnwandig gehalten werden kann, wird durch eine gesonderte UHV-Pumpe evakuiert. Er wird gegenüber dem Außenkessel einfach dadurch abgedichtet, daß zwei planparallele Flächen – z.B. Flanschflächen – aufeinander gelegt werden. Da die Strömungsleitwerte der so entstehenden Spalte im Gebiet der Molekularströmung klein sind, kann zwischen Außen- und Innenkessel leicht eine große Druckdifferenz erzeugt werden.

Beispiel 15.16: Die Dichtlänge a einer Flanschöffnung mit $d = 40$ cm Durchmesser ist etwa $a = \pi \cdot d = 125$ cm. Ist die Dichtfläche $l = 2$ cm breit und hat der Dichtspalt die Höhe $b = 3 \cdot 10^{-3}$ cm = 30 μm, so ist der Strömungswiderstand des „Spaltrohres" nach Gl. (4.95)

$$W = 3{,}24 \cdot 10^{-2} \frac{l}{ab^2} \Phi,$$

wobei wegen $l/b = 667 > 10$ der Formfaktor $\Phi = \left(\ln \frac{3\,l}{8\,b}\right)^{-1} = 0{,}18$ ist, so daß $W = 32$ s $\cdot \ell^{-1}$ und der Leitwert $L = 1/W = 0{,}031$ $\ell \cdot s^{-1}$ wird.

Der durch diesen Diffusionsspalt in den Innenkessel, in dem $p_i \ll p_a$ sein soll, eindringende Gasstrom ist beim Druck $p_a = 10^{-6}$ mbar im Außenkessel

$$q_{pV} = 10^{-6} \text{ mbar} \cdot 3{,}1 \cdot 10^{-2} \ell \cdot s^{-1} = 3{,}1 \cdot 10^{-8} \text{ mbar} \cdot \ell \cdot s^{-1}.$$

Wenn am oder im Innenkessel ein effektives Saugvermögen $S_{\text{eff}} = 100$ $\ell \cdot s^{-1}$ zur Verfügung steht, kann also der Druck

$$p = \frac{3{,}1 \cdot 10^{-8} \text{ mbar} \cdot \ell \cdot s^{-1}}{100 \, \ell \cdot s^{-1}} = 3{,}1 \cdot 10^{-10} \text{ mbar}$$

erzeugt werden.

15 Arbeitstechnik in den einzelnen Druckbereichen

Der dünnwandige Innenkessel (Wanddicke z.B. 0,2 mm) kann mittels eines Hochstromtransformators durch direkten Stromdurchgang ausgeheizt werden.

Einzelheiten zum Aufbau üblicher UHV-Apparaturen (mit einfachem Rezipienten) sind in Abschnitt 15.5.7 beschrieben.

15.5.3 Pumpen. Art und Saugvermögen

In der UHV-Technik kommt es nicht nur darauf an, extrem kleine Drücke in möglichst kurzer Zeit zu erzeugen und dann aufrecht zu erhalten, vielfach wird zusätzlich gefordert, daß das Restgas frei von Kohlenwasserstoffen ist. Aus diesem Grunde werden heute zur Erzeugung des Ultrahochvakuums völlig oder nahezu völlig ölfreie Pumpsysteme benutzt. Dies betrifft vielfach auch die Vorpumpensysteme, wo Adsorptionspumpen oder Kombinationen von Adsorptionspumpen und trockenlaufenden Vielschieber-Rotationspumpen verwendet werden.

15.5.3.1 Adsorptionspumpen

Adsorptionspumpen sind in Abschnitt 8.1 ausführlich behandelt.

Nach einem Auspumpprozeß braucht die Adsorptionspumpe (ASP) nur auf Zimmertemperatur erwärmt zu werden, um das adsorbierte Gas freizugeben und das verwendete Adsorbens, meist Zeolith, wieder einsatzbereit zu machen. Wurden stark wasserdampfhaltige Medien abgepumpt, so ist zu empfehlen, die Pumpe bis zur völligen Trocknung der Zeolith-Oberflächen einige Stunden bei etwa 200 °C auszuheizen, wofür besondere Heizmäntel Verwendung finden. Der Regenerierungsvorgang kann beliebig oft wiederholt werden.

Bei größeren Behältern sollten mehrere Adsorptionspumpen in der Weise verwendet werden, daß je 30 ℓ Kesselvolumen mindestens eine ASP DN 20 den Druck im Kessel vom Atmosphärendruck zunächst bis auf einige mbar reduziert. Nachdem diese gesättigten ASP durch Ventile vom Behälter abgesperrt worden sind, wird ein bisher geschlossenes Ventil zu einer weiteren ASP mit noch sauberem Adsorbens geöffnet. Auf diese Weise sind Drücke kleiner als 10^{-2} mbar ohne Schwierigkeiten zu erreichen.

Die Pumpzeit kann wesentlich verringert werden, wenn man neben den Adsorptionspumpen noch eine trockenlaufende Rotationspumpe verwendet. Dies zeigt Bild 15.20. Einzelheiten sind der Legende zu entnehmen.

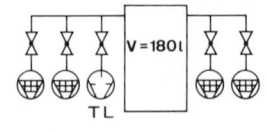

Bild 15.20
Auspumpzeit eines 180 ℓ-Behälters mit Adsorptionspumpen (ASP) und Trockenläufer (TL, Pumpe mit ölfreiem Pumpraum). Pumpintervalle der Kurve 1: 1000 ... 200 mbar TL, 200 ... 1 mbar, ASP1, 1 ... 10^{-2} mbar ASP2; Vorkühlzeit der ASP etwa 10 min. Pumpintervalle der Kurve 2: 1000 ... 4 mbar ASP1, 4 ... 10^{-2} mbar ASP2; Vorkühlzeit der ASP etwa 25 min.

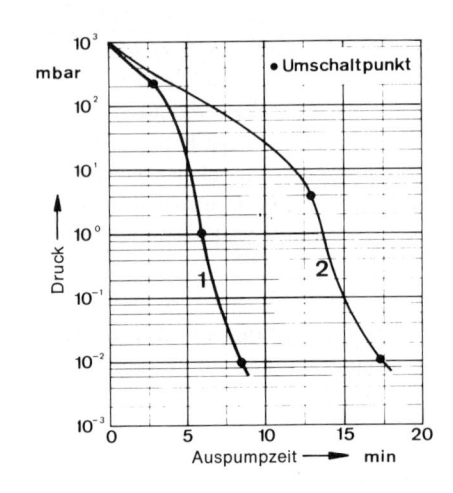

Der mit ASP erzielbare Enddruck wird in erster Linie durch jene Gase bestimmt, die sich zu Beginn eines Pumpprozesses (meist atmosphärische Luft) im Behälter befinden und schlecht oder gar nicht adsorbiert werden, wie He und Ne (s. auch Bild 8.3).

Beispiel 15.17: Eine UHV-Anlage vom Volumen $V = 190$ ℓ soll, nachdem es mit einer ölfreien Vielschieberpumpe von $p_0 = 1013$ mbar auf $p_1 = 70$ mbar ausgepumpt ist, mit einer $m = 2$ kg Zeolith enthaltenden stickstoffgekühlten Adsorptionspumpe von $p_1 = 70$ mbar auf $p_2 = 1$ mbar gepumpt werden. Die ASP hat also bei jedem Pumpvorgang die (pV)-Menge $pV = (p_1 - p_2) \cdot V = 69$ mbar $\cdot$ 190 ℓ $= 1{,}3 \cdot 10^4$ mbar $\cdot$ ℓ aufzunehmen. Nach Gl. (8.7) kann Zeolith bei $\vartheta = -195$ °C ($T = 78$ K) die massenbezogene (pV)-Menge $\tilde{\mu}_n = 1{,}4 \cdot 10^5$ mbar $\cdot$ ℓ $\cdot$ kg^{-1} adsorbieren. Das bedeutet, daß mit dieser Pumpe

$$z = \frac{(p_1 - p_2) V}{\tilde{\mu}_n} \frac{1{,}4 \cdot 10^5 \text{ mbar} \cdot \text{ℓ} \cdot \text{kg}^{-1} \cdot 2 \text{ kg}}{1{,}3 \cdot 10^4 \text{ mbar} \cdot \text{ℓ}} = 21$$

Auspumpvorgänge im Idealfall möglich sind, bevor eine Regenerierung des Zeoliths erforderlich wird.

Dies ist natürlich nur dann realisierbar, wenn durch entsprechende Schaltung dafür gesorgt wird, daß das Adsorptionsmittel der ASP zwischen den einzelnen Auspumpvorgängen nicht der atmosphärischen Luft ($p_0 = 1013$ mbar) ausgesetzt wird.

15.5.3.2 Ionenzerstäuberpumpen

Ionenzerstäuberpumpen (Abschnitt 8.3) werden häufig in UHV-Anlagen verwendet. Sie sind dann mit einem metallgedichteten Flansch versehen und zur Verringerung der Eigengasabgabe auf höhere Temperaturen ausheizbar: mit angebautem Magnet bis $\vartheta = 350$ °C, bei abgenommenem Magnet bis $\vartheta = 450$ °C. Ionenzerstäuberpumpen werden häufig zusammen mit einer (integrierten) Titanverdampferpumpe verwendet, die ein sehr hohes Saugvermögen für Wasserstoff besitzt.

Ionenzerstäuberpumpen müssen je nach den Betriebsverhältnissen von Zeit zu Zeit gereinigt und bei Änderung der Getterfähigkeit (des Saugvermögens) regeneriert werden.

Die Anwesenheit von Kohlenwasserstoffen wirkt sich auf die Funktion von IZ-Pumpen ungünstig aus. In der Gasentladung und an der Titanoberfläche werden Krackprodukte gebildet, die die Kathodenoberflächen verschmutzen und die Titanzerstäubung hindern. Vakuumanlagen mit Ionenzerstäuberpumpen sollen deshalb zumindest kalt mit fettfreien organischen Lösungsmitteln gereinigt, besser noch dampfentfettet werden. Auch fettgedichtete Verbindungen (Schliffe) sind nachteilig.

Eine Ionenzerstäuberpumpe, die durch Kohlenwasserstoffe (Öldämpfe, Vakuumfett) verschmutzt ist, kann durch kräftiges Ausheizen bei $\vartheta = 300$ °C gereinigt werden. Dabei müssen die freiwerdenden Kohlenwasserstoffe mit einer anderen Pumpe abgepumpt werden. Die Ionenzerstäuberpumpe wird während des Ausheizens nicht betrieben. Um die Oberfläche der Elektroden gründlich zu reinigen, kann anschließend bei einem Druck $p = 1 \cdot 10^{-6}$ mbar Sauerstoff oder Luft und anschließend Argon eingelassen werden.

Können das Saugvermögen und der Enddruck einer Ionenzerstäuberpumpe durch Ausheizen nicht ausreichend wieder hergestellt werden, müssen Pumpengehäuse und – bei nicht zu starker Abnutzung der Kathodengitter – die Anoden der Elektrodensysteme gereinigt werden. Elektrodensysteme mit stark abgenutzten Kathodengittern sollten gegen neue Systeme ausgewechselt werden.

Beim Reinigen von Pumpengehäuse und Elektroden sollte auch die Hochspannungsstromdurchführung auf ihre Isolierfähigkeit überprüft werden. Die Stromdurchführung ist leicht demontierbar und kann daher, falls dies notwendig ist, mühelos ausgewechselt werden.

15.5.3.3 Titanverdampferpumpen

Titanverdampferpumpen (Abschnitt 8.2.5.2) werden vor allem in Kombination mit Ionenzerstäuberpumpen und Turbomolekularpumpen verwendet. Wegen des notwendigerweise begrenzten Titanvorrats werden Titanverdampferpumpen meist im intermittierenden Betrieb verwendet. Verdampfungs- und Pausenzeiten werden am Netzgerät eingestellt. Die Verdampfungszeit (typische Werte liegen zwischen 5 s und 5 min) wird vor Versuchsablauf vorgewählt und der Pumpprozeß nur mit Hilfe von Pausenzeiten beeinflußt. Die Wahl der Pausenzeiten richtet sich nach dem Druck und dem Gasanfall. Bei zu kurzen Pausen kann der Getterschirm nach jeder Bedampfung nicht genug abkühlen. Er wird mit der Zeit wärmer, und die Gasabgabe steigt an. Bei zu langen Pausen ist die Getterschicht zu sehr gesättigt, und die Pumpwirkung läßt nach.

Als Richtwert bei geringem Gasanfall können folgende Werte dienen:

Druck/mbar	Pausenzeit
$1 \cdot 10^{-5}$	wenige Minuten
$1 \cdot 10^{-7}$	wenige Minuten
$1 \cdot 10^{-9}$	10 ... 30 Minuten
$1 \cdot 10^{-10}$	einige Stunden

Die Verdampfungsrate wird durch die Heizstromstärke des Verdampfers bestimmt; diese kann auf verschiedene Werte eingestellt werden. Neue, noch nicht gebrauchte Verdampferwendeln geben während der ersten Verdampfung sehr viel Gas ab. Deshalb soll der Strom bei der ersten Inbetriebnahme einer Verdampferwendel sehr langsam hochgeregelt werden. Wenn der Druck zu hoch ansteigt, sollte mit der Vorvakuumpumpe abgepumpt werden. Sind alle Titanverdampferwendeln neu, so empfiehlt es sich, sie unmittelbar nacheinander zu entgasen. Dadurch kann ein unerwünscht hoher Druckanstieg vermieden werden, wenn später nach einer verbrauchten Verdampferwendel eine neue, schon entgaste, in Betrieb genommen wird.

Nach längerer Betriebszeit erhöht sich der erreichbare Enddruck. Dann müssen die aufgedampften Titanschichten entfernt werden. Dazu werden die Schirmbleche ausgebaut. Der Getterschirm und die Bleche werden am besten mit einer Drahtbürste (möglichst Edelstahl) oder durch Sandstrahlen gereinigt.

15.5.3.4 Turbomolekularpumpen

Turbomolekularpumpen (Kapitel 7), die zum Erzeugen von UHV dienen, sind mit einem metallgedichteten Anschlußflansch (Abschnitt 14.2.4) und mit einem abnehmbaren Ausheizmantel ausgerüstet (Abschnitt 7.6.3).

Typische Auspumpkurven, die zu Behälterdrücken führen, die im Ultrahochvakuum liegen, zeigt Bild 7.21. Insbesondere beim Arbeiten im UHV ist zu beachten, daß beim ersten Auspumpen einer mit frischem Öl gefüllten Turbomolekularpumpe am Anfang eine heftige Ölentgasung stattfindet, die mehrere Stunden dauern kann. Wenn der erforderliche Vorvakuumdruck erreicht ist, kann die Pumpe in Betrieb genommen werden, auch wenn zunächst noch Gasblasen im Ölvorrat aufsteigen.

15.5.3.5 Kryopumpen

Alle drei Typen von Kryopumpen (Kapitel 10) — Badkryopumpen, Verdampferkryopumpen und Refrigeratorpumpen — werden zum Erzeugen von UHV verwendet. Enddrücke

$p < 10^{-4}$ mbar sind auch beim Abpumpen von Wasserstoff erreichbar, selbst bei Temperaturen der Kaltfläche $T > 4{,}2$ K, solange diese mit einer Kohleschicht als Adsorbens versehen ist. Beim Arbeiten mit Kryopumpen ist bei den beiden erstgenannten Typen auf den Heliumverbrauch, auf den Verbrauch an flüssigem Stickstoff — sofern dieser verwendet wird — und vor allem auf die von der Gasart abhängige „Kapazität" der Pumpe zu achten. UHV-Kryopumpen sind mit CF-Flanschen ausgerüstet oder mittels Schweißen direkt mit dem Rezipienten verbunden.

15.5.4 Druckmessung

Zur Druckmessung im Ultrahochvakuumgebiet [2] stehen Ionisationsvakuummeter (Abschnitte 11.5.2.3 und 11.5.2.4) zur Verfügung. Vielfach wird die von Bayard-Alpert angegebene Meßröhre benutzt. Das Messen mit seitlich am Rezipienten angebrachten Meßröhren ist im Ultrahochvakuumbereich mit grundsätzlichen Fehlern behaftet.

a) An der heißen Kathode oder durch Elektronenstoß können die in die Meßröhre eindringenden Moleküle dissoziiert werden. Entstehen bei der Dissoziation hauptsächlich Sauerstoff und Wasserstoff, so wird der Sauerstoff von der heißen Wolframkathode unter Bildung von Wolframoxid aufgenommen und verschwindet aus dem Meßvolumen. Wasserstoff, der zugleich eine kleinere Ionisierungswahrscheinlichkeit hat, also einen kleineren Ionenmeßstrom hervorruft, gelangt leichter wieder durch die Verbindungsleitung Meßröhre-Rezipient in den Rezipienten zurück, als die aus dem Rezipienten in die Meßröhre eindringenden Gase, weil der Leitwert für Wasserstoff infolge der kleineren Molekülmasse größer ist. Per Saldo wird also in diesem Fall in der Meßröhre ein Druck gemessen, der kleiner ist als der zu messende Druck im Rezipienten, d.h., die Druckanzeige ist zu klein.

b) Die durch Elektronenbeschuß entgasten Elektroden und evtl. durch Verdampfen entstandenen Metallniederschläge auf den Meßröhrenwänden wirken als Getterpumpe. Auch die in der Regel gut entgasten Wände der Meßröhre können ohne Metallniederschläge Gase und Dämpfe durch Sorption binden. Darüber hinaus wirkt jedes Ionisationsvakuummeter als Ionenpumpe mit kleinem Saugvermögen. Durch diese Pumpwirkung entsteht bei kleinem Leitwert zwischen Rezipient und Meßröhre im Meßvolumen ein kleinerer Druck als im Rezipienten, die Druckanzeige ist wiederum zu klein.

c) An den in der Regel gut ausgeheizten Wänden der Verbindungsleitung Meßröhre-Rezipient können Moleküle, die aus dem Rezipienten kommen, durch Adsorption festgehalten werden. Da diese Moleküle nicht in das Meßvolumen gelangen, herrscht dort ein kleinerer Druck als im Rezipienten, und die Druckanzeige ist auch aus diesem Grund zu klein.

Teilweise können diese Effekte durch Vergrößerung des Leitwerts der Verbindungsleitung Meßröhre-Rezipient und durch Verringerung des Emissionsstroms verkleinert werden.

Beispiel 15.18: Eine Ultrahochvakuum-Meßröhre ist über eine kurze Verbindungsleitung ($l = 10$ cm, $d = 1$ cm) an den Rezipienten angeschlossen. Für Luft hat diese Verbindungsleitung nach Gl. (4.91a) den Strömungswiderstand $W = 8{,}26 \cdot 10^{-2} \cdot 10 \,(1 + 1{,}33 \cdot 0{,}1)$ s·ℓ^{-1} = $0{,}93$ s·ℓ^{-1}, also den Leitwert $L = 1/W = 1{,}07$ $\ell \cdot s^{-1}$. Ist p_R der Druck im Rezipienten und p_M der Druck in der Meßröhre sowie S das Saugvermögen der Meßröhre, so folgt für das Druckverhältnis zwischen Meßröhre und Rezipient aus Gl. (4.15) und (4.16) mit $q = S$

$$p_M \cdot S = (p_R - p_M) \cdot L$$

oder

$$\frac{p_R}{p_M} = 1 + \frac{S}{L}.$$

Bei einem durchaus nicht ungewöhnlichen Saugvermögen der Meßröhre $S = 20 \, \ell \cdot s^{-1}$, das bei sehr kleinen Drücken stundenlang anhalten kann, ist das Druckverhältnis zwischen Meßröhre und Rezipient

$$\frac{p_R}{p_M} = 1 + \frac{20 \, \ell \cdot s^{-1}}{1{,}07 \, \ell \cdot s^{-1}} = 19{,}7.$$

Das bedeutet, daß der in der Meßröhre herrschende Druck p_M mehr als eine Zehnerpotenz kleiner als der Druck p_R im Rezipienten ist.

Derartige Fehlmessungen werden durch Verwendung eines Einbaumeßsystems weitgehend vermieden.

d) Setzt sich die Rezipientenatmosphäre zum größten Teil aus Treibmitteldämpfen zusammen, so beträgt, wie zuerst Blears [3] gezeigt hat, der Meßfehler an einer außen angesetzten Meßröhre vielfach eine Zehnerpotenz oder sogar mehr. Dies rührt wahrscheinlich davon her, daß auch weniger gut entgaste Oberflächen Ölmoleküle gut adsorbieren.

Da man alle beschriebenen Effekte a) bis d) durch Verwendung eines im Rezipienten eingebauten Meßsystems weitgehend vermeiden kann, sind für das Druckmessen im Ultrahochvakuumbereich Einbaumeßsysteme (vgl. z.B. Bild 11.32) stets vorzuziehen; und weil der sogenannte Blears-Effekt [3] nach bisherigen Messungen keine Sättigungserscheinung zeigt, ist beim Betrieb mit Öldiffusionspumpen, die beim oder in der Nähe des Enddrucks betrieben werden, die Verwendung eines Einbaumeßsystems unabdingbar.

Selbstverständlich muß jede Meßröhre – gleich ob Anbau- oder Einbausystem – vor der Messung gründlich entgast werden, da sonst die dort insbesondere bei der Erwärmung der Meßröhre auftretenden Entgasungsströme das Meßergebnis verfälschen.

Im Gegensatz zum UHV-Bereich werden im Hochvakuumbereich die Adsorptionszentren wegen der höheren Drücke innerhalb kurzer Zeit abgesättigt und spielen für die praktische Druckmessung meist keine Rolle. Dies gilt insbesondere für den Blears-Effekt, weil in der Rezipientenatmosphäre in der Regel der Öldampfanteil sehr klein ist. Deshalb konnte in Abschnitt 15.4.3.1 auf die Behandlung der Effekte, die bei außen angesetzten Röhren zu Meßfehlern führen, verzichtet werden.

15.5.5 Auspumpzeit, Enddruck und Evakuierungstechnik

Die Auspumpzeit nicht ausgeheizter Ultrahochvakuumanlagen kann näherungsweise aus den Gln. (15.22 bis 15.26) bestimmt werden. Die Pumpzeit ausgeheizter Ultrahochvakuumanlagen hängt sehr stark von der erreichbaren Aufheiz- und Abkühlgeschwindigkeit der Anlage ab, so daß keine allgemeingültigen Angaben gemacht werden können. Besonders rasch kann dann aufgeheizt und abgekühlt werden, wenn die beteiligten Massen klein sind.

Der mit einer Ultrahochvakuumanlage erreichbare Enddruck kann aus Gl. (15.24) abgeschätzt werden.

Nicht ausgeheizte Ultrahochvakuumanlagen, die wohl stets mit einer zusätzlichen Kryopumpe ausgerüstet sind, werden dadurch evakuiert, daß mit einer Diffusionspumpe oder einer Ionengetterpumpe zunächst bis etwa 10^{-4} mbar evakuiert und anschließend die Kryopumpe gekühlt wird.

Ausheizbare Ultrahochvakuumanlagen, die mit Zerstäuberpumpen betrieben werden, heizt man bei eingeschalteter Ionengetterpumpe aus.

Ausheizbare Ultrahochvakuumanlagen, die mit Verdampferpumpen betrieben werden, heizt man bei laufender Hilfspumpe aus, und trennt diese anschließend ab. Der Grund für dieses Vorgehen liegt darin, daß es bei der relativ geringen Getterkapazität ungünstig, zum Teil sogar unmöglich ist, die beim Ausheizen freiwerdenden Entgasungsströme mit der Ionengetterpumpe zu bewältigen.

Soll eine Ionenzerstäuberpumpe schnell möglichst kleine Drücke der Größenordnung 10^{-11} mbar erreichen, so ist sie bereits bei verhältnismäßig hohem Startdruck, d.h. bei $1 \cdot 10^{-2}$ mbar, einzuschalten. Der hierbei auftretende große Entladungsstrom bewirkt eine Erwärmung und Ausheizung der Innenteile der Pumpe, so daß die Entgasungsströme stark reduziert werden und dadurch das Erreichen kleinster Drücke erleichtert wird.

Bei ausheizbaren Ultrahochvakuumanlagen, die mit Diffusionspumpen betrieben werden, muß auch der Ölfänger mit ausgeheizt werden. Bevor der Kessel abgekühlt wird, muß sich der Ölfänger wieder auf Normalbetriebstemperatur befinden, weil schon bei Temperaturen, die nicht sehr hoch über der Betriebstemperatur liegen, z.B. bei $\vartheta = 50\ °C$, die meisten Ölfänger erhebliche Treibmittelmengen passieren lassen, die sich dann auf schon erkalteten Teilen der Ultrahochvakuumapparatur niederschlagen würden. Werden zwei in Serie geschaltete Ölfänger verwendet, von denen der pumpennähere mit Wasser, der pumpenfernere z.B. mit flüssigem Stickstoff gekühlt wird, so wird bei noch auf Ausheiztemperatur befindlicher Apparatur zunächst der pumpennähere Ölfänger auf die Temperatur des Kühlwassers abgekühlt. Hierauf wird auch der pumpenfernere Ölfänger gekühlt. Sobald dieser seine volle Wirksamkeit erreicht hat, wird die eigentliche Apparatur abgekühlt.

15.5.6 Belüften

Sind in der Apparatur Kryopumpen – oder andere gekühlte Flächen – vorhanden, so müssen sie vor dem Belüften mindestens auf Raumtemperatur erwärmt werden. Nicht ausheizbare Ultrahochvakuumanlagen werden zum Vermeiden der Wasserdampfaufnahme zweckmäßig mit trockener Luft belüftet. Bei ausheizbaren Apparaturen ist dies in der Regel unnötig, weil der aufgenommene Wasserdampf beim Ausheizen meist rasch abgegeben wird.

15.5.7 Ultrahochvakuum-(UHV-)Pumpstände

UHV-Pumpstände sind anschlußfertige Systeme zum Erzeugen von kohlenwasserstofffreiem Ultrahochvakuum. Der Rezipient besteht wahlweise aus Hartglas oder Edelstahl und ist bis zu mehreren hundert Grad Celsius ausheizbar. Das System wird vorzugsweise mit ölfreien Vakuumpumpen betrieben und ist aus Bauelementen aufgebaut, die den Forderungen der UHV-Technik (Abschnitte 15.5.1 und 15.5.2) genügen. Alle hierher gehörenden Pumpen, Meßsysteme und Bauelemente sind in den vorangegangenen Abschnitten bereits beschrieben worden, so daß im vorliegenden Abschnitt eine kurze Zusammenfassung ausreicht.

15.5.7.1 Ultrahochvakuum-(UHV-)Bauelemente

Zu den UHV-Bauelementen gehören Flansche und mit Flanschen versehene Rohr-, Winkel-, T- und Kreuzstücke sowie Federungskörper, Ventile, Einblickfenster und Durchführungen.

Als *Flansche* haben sich in der UHV-Technik CF-Flansche durchgesetzt. (Bild 14.11), ihr Dichtprinzip ist in Abschnitt 14.2.4.2 beschrieben. Die CF-Flanschverbindung besteht aus zwei identischen Flanschen und einem Dichtring, der entweder aus Vitilan (bis 200 °C ausheizbar) oder aus OFHC-Kupfer (bis 450 °C ausheizbar) besteht. Die Flansche werden mit Schrauben festgezogen.

Zum einwandfreien Dichten der Flansche müssen die Schrauben mit einem bestimmten Drehmoment angezogen werden. Zur Lösung der Verbindung sind die Flansche mit Gewindelöchern für Abdrückschrauben versehen. Kupferdichtungen können nur einmal verwendet werden, wenn UHV-Dichtheit garantiert sein soll. Daher wird empfohlen, bei Vorversuchen bzw. beim Vorbereiten von Versuchsreihen so weit wie möglich zunächst mit Vitilan-Dichtringen zu arbeiten.

Schneidenlose Edelstahlflansche lassen sich erfolgreich mit Golddrahtringen abdichten, auch Al-Folie und Indium werden gelegentlich als Dichtmittel verwendet. UHV-Bauteile – meist aus Edelstahl – werden durch Schweißen (Abschnitt 14.1.1) mit CF-Flanschen verbunden.

Die *Bauteile* einschließlich ihrer Flansche müssen so konstruiert sein, daß sie sich beim Ausheizen nicht verziehen. Die maximalen angewendeten Ausheiztemperaturen können 500 ... 600 °C erreichen, wenn Bauteile in einem separaten Vakuumofen vor dem Einbau in die Apparatur vorentgast werden sollen.

Weitgehend verwendet werden sogenannte Kugelbauteile; darunter fallen T-Stücke, Kreuzstücke und Winkelstücke, bei denen eine Kugel jeweils das Grundelement bildet; ein Beispiel zeigt Bild 15.21.

Bild 15.21
Doppel-Kreuzstück als UHV-Bauelement

UHV-Ventile (s. Bild 14.28) gehören zu den am schwierigsten konstruierbaren UHV-Bauelementen. Sie werden überwiegend als Ganzmetall-Eckventile ausgeführt und müssen zum Erzielen des zur Abdichtung des Ventilsitzes erforderlichen großen Anpreßdrucks von Hand mit einem Schlüssel geschlossen oder geöffnet werden. Übliche Nennweiten liegen zwischen DN 6 und DN 63.

Die Leckrate an der Ventildichtung ist $q_L < 10^{-11}$ mbar $\cdot \ell \cdot s^{-1}$ in beiden Richtungen gegen Atmosphärendruck. Die Bedienung ist einfach. Ventile der Nennweite DN 63 werden mit Drehmomentenschlüssel geschlossen. Bei kleineren Ventilen ist die Schließposition durch Körnerschläge auf der Antriebsschraube und dem Gehäuse markiert. Nach 10 Ausheizzyklen und 100 Schließungen wird auf den nächsten Körnerschlag des Gehäuses gestellt. Insgesamt sind über 30 Ausheizungen und 300 Schließungen ohne Wechsel des Ventiltellers möglich. Das Schließmoment liegt bei den Ventilen DN 16 und DN 32 zwischen 4 Nm und 8 Nm, beim Ventil DN 63 zwischen 30 Nm und 35 Nm. Die Ventile sind im geöffneten und geschlossenen Zustand bis 450 °C ausheizbar. Nach 10 Ausheizungen muß der Antrieb geschmiert werden.

Wird der übliche Antrieb durch einen mit einer Skala versehenen Aufsatz ersetzt, so entsteht ein UHV-Dosierventil (Bild 14.18), das neben dem Handbetrieb auch einen elektromotorischen Antrieb und damit einen Betrieb mit Servomotor zuläßt. An diesen Motor ist ein Untersetzungsgetriebe (z.B. 1 : 6400) direkt angeflanscht, auf dessen Antriebswelle eine Rutschkupplung montiert ist, die das Untersetzungsgetriebe bei Erreichen der Endstellungen des Ventils vor Überlastung schützt.

Zur Montage des Dosierventils wird das Antriebsteil vom Schließteil abgeschraubt und der Dosieraufsatz mit Einstell- und Zahlenring aufgesetzt. Die Leckrate muß dabei mit einem Helium-Lecksucher kontrolliert werden. Eine Korrektur der Schließposition ist – wie bei den großen Ventilen – etwa nach ca. 10 Ausheizungen und 100 Schließungen notwendig.

UHV-Dosierventile können – bei abgenommenem Dosieraufsatz – sowohl geöffnet als auch geschlossen bis 450 °C ausgeheizt werden. Der Gasstrom ist im Bereich $q_{pV} = 10^{-10}$ ... ... 10^{-1} mbar $\cdot \ell \cdot s^{-1}$ einstellbar (Bild 15.22).

Einblickfenster (s. auch Abschnitt 14.4.4 und Bild 14.23) werden nach der Glas-Metall-Verschmelztechnik (Abschnitt 14.1.3) hergestellt, wobei gewöhnlich Alumoborosilikatglas verwendet wird, dessen Durchlaßbereich (Transmission > 50 %) von 300 nm bis 2800 nm reicht. Zur Erweiterung dieses Bereichs nach noch kürzeren Wellenlängen wird Quarz (100 % SiO_2) verwendet, nach längeren Wellenlängen sogenanntes Saphirglas mit einem Durchlaßbereich 150 nm bis 6000 nm.

Einblickfenster aus Borosilikatglas verlieren bei hoher Strahlendosis (Kerntechnik!) nach kurzer Zeit ihre optische Durchlässigkeit. Als Alternative zu den sehr teuren Schaugläsern aus Quarz oder Saphir dienen strahlenbeständige Schaugläser, die allerdings gegenüber Schaugläsern aus Borosilikatglas einen etwas schmäleren Durchlaßbereich haben (Bild 15.23).

Die strahlenbeständigen Schaugläser besitzen eine geringere Temperaturwechselbeständigkeit als normale, nicht strahlenbeständige Gläser. Aus diesem Grunde dürfen sie nur mit 50 ... 60 K $\cdot$ h^{-1} aufgeheizt werden. Durch besondere konstruktive Ausführung des Übergangsmaterials in Form von federelastischen Elementen wird die unterschiedliche Wärmeausdehnung von Glas und Metall aufgefangen. Die maximal zulässige Ausheiztemperatur beträgt $\vartheta = 300$ °C.

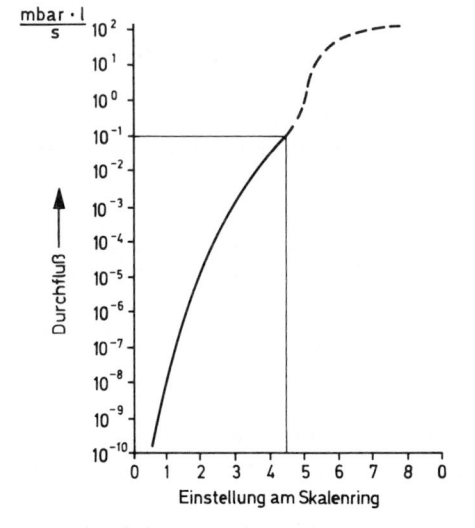

Bild 15.22 Kennlinie eines UHV-Ganzmetall-Dosierventils

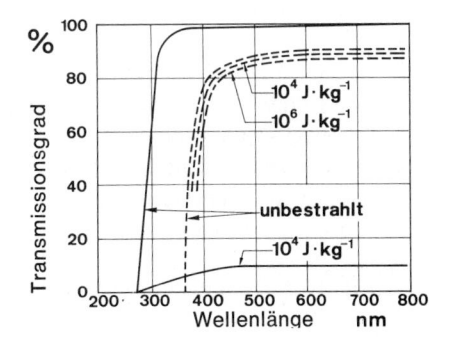

Bild 15.23 Spektraler Durchlaßgrad von normalem (ausgezogen) und strahlenbeständigem (gestrichelt) Glas (UHV-Schaugläser, 10 mm dick), unbestrahlt und nach Bestrahlung mit verschiedenen Energiedosen.

15 Arbeitstechnik in den einzelnen Druckbereichen

Für die UHV-Technik eignen sich alle festen *Durchführungen* (Abschnitt 14.4.2), die nach der Glas-Metall-Verschmelztechnik oder der Keramik- und Hartlöttechnik hergestellt sind; allerdings sind die jeweils zulässigen maximalen Ausheiztemperaturen zu beachten (Abschnitt 14.4.2). Verwendet werden Stromdurchführungen (Abschnitt 14.4.2) und Durchführungen für Flüssigkeiten und Gase (Abschnitt 14.4.3), soweit sie nach den oben genannten Techniken hergestellt sind.

Mechanische Durchführungen zur Übertragung einer Dreh- oder/und Translationsbewegung ins Vakuum können in der UHV-Technik nur dann verwendet werden, wenn Ausheizbarkeit und Fettfreiheit gewährleistet sind. Spezialkonstruktionen haben fettfreie Kugellager, z.B. sogenannte Rillenkugellager (Werkstoff 1.4126) mit Silberkugelkäfigen. Die Lebensdauer hängt stark von der Arbeitstemperatur ab.

Der *Manipulator* (Bild 14.19) dient zur Übertragung von Dreh- und Schubbewegungen in einen UHV-dichten Behälter. Eine abgewinkelte Welle wird mit dem Kugelkopf im Drehkopf geführt. Die beiden Bewegungsteile des Manipulators für die Hub- und Drehbewegung sind durch einen golddrahtgedichteten Flansch miteinander verbunden. Die übertragbaren Drehmomente liegen für alle auf dem Markt erhältlichen Drehdurchführungen im Bereich 1 ... 5 Nm.

Der mechanische Antrieb von Bewegungsdurchführungen muß vor dem Ausheizen abgenommen werden. Die Lebensdauer der zur Abdichtung häufig verwendeten Federungskörper (Federbälge aus nichtrostendem Stahl) hängt stark von der Art der Beanspruchung (stoß- und hubartige Belastung) ab und liegt zwischen 30 000 und 100 000 Lastspielen.

15.5.7.2 Ultrahochvakuum-(UHV-)Pumpstände

UHV-Pumpstände werden vorzugsweise durch Pumpenkombinationen gemäß Tabelle 15.1 evakuiert. Die wichtigsten Schritte des Auspumpvorgangs sollen an Hand des in Bild 15.24 dargestellten UHV-Pumpstandes wiedergegeben werden, dessen Aufbau in dem Schema Bild 15.25 angegeben ist.

Die einzelnen Evakuierungsschritte sind in Tabelle 15.2 angegeben, Bild 15.26 zeigt die zugehörige zeitliche Abnahme des Drucks im Rezipienten. Die Pumpzeiten (Spalte 1 von Tabelle 2) gelten für das Evakuieren des leeren und sauberen Behälters bei geöffnetem Zwischenventil und sind als Richtwerte anzusehen. Bei wiederholtem Evakuieren (Chargenwechsel) wird das Zwischenventil zunächst geschlossen sein, so daß sich wegen des nunmehr verringerten Volumens kürzere Vorpumpzeiten ergeben werden. Tabelle 15.2 enthält die wesentlichen Evakuierungsschritte, jedoch keine ins einzelne gehenden Angaben zur Bedienung der Ventile, der Adsorptionsfallen und zu anderen erforderlichen Maßnahmen.

Tabelle 15.1 Gebräuchliche Pumpenkombinationen zum Erzeugen von Ultrahochvakuum

UHV-Pumpe	Vorpumpe
Ionenzerstäuberpumpe + (integrierte) Titanverdampferpumpe	Adsorptionspumpe(n) und ölfreie Rotationsvakuumpumpe
Turbomolekularpumpe (und Titanverdampferpumpe)	2-stufige Drehschieberpumpe und Adsorptionsfalle
Bad-, Verdampfer- oder Refrigerator-Kryopumpe	2-stufige Drehschieberpumpe oder Adsorptionspumpe(n)

Bild 15.24
Ultrahochvakuumpumpstand mit ölfreien Pumpen. Aufbau siehe Schema Bild 15.25. Saugvermögen (je nach Art der Kühlung) 5000 oder 10 000 $\ell \cdot s^{-1}$.

Diese sind den Gebrauchsanweisungen zu den kommerziell erhältlichen Geräten zu entnehmen.

Zum Ausheizen der Apparatur werden Heizmanschetten an geeigneten Stellen angebracht; es muß dafür gesorgt werden, daß an bestimmten Stellen — im obigen Beispiel sind dies die Vitilandichtung des Zwischenventils und der Permanentmagnet der Ionenzerstäuberpumpe — die dort maximal zulässigen Temperaturen nicht überschritten werden. Im Dauerbetrieb dürfen Vitilandichtungen nicht wärmer als 150 °C, Permanentmagnete nicht wärmer als 380 °C werden. Andere kritische Stellen an UHV-Apparaturen sind Vakuummeßröhren aus Glas.

Die Wasserkühlung des in Bild 15.24 gezeigten Behälters dient dazu, eine unzulässig hohe Erwärmung der Glocke mit Rücksicht auf das meist vorhandene Schauglas und die Gasabgabe zu verhindern, wenn beim Prozeß, der innerhalb des UHV-Behälters durchgeführt wird, hohe oder sehr hohe Temperaturen auftreten. Dies kann beim Betrieb von Hochtemperatur-Glühöfen der Fall sein.

Zum *Belüften* eines UHV-Pumpstandes oder allgemein einer UHV-Anlage sind *vor* dem Belüften UHV-Meßsysteme und Ionenzerstäuberpumpen auszuschalten, falls diese nicht, durch ein Zwischenventil abgetrennt, im Betrieb bleiben. Alle während des Betriebs kalten Flächen (Getterschirme, Kryoflächen) müssen vor dem Belüften auf etwa Zimmertemperatur gebracht werden, um Kondensation von Wasserdampf (Eisbildung!) beim Belüften zu vermeiden.

Zum Erwärmen der Kaltflächen wird das Kühlmedium (Wasser, flüssiger Stickstoff) vielfach durch Preßluft von Raumtemperatur ersetzt. Das eigentliche Fluten durch langsames Öffnen des Belüftungsventils erfolgt nach Möglichkeit mit trockenem Stickstoff. Alle vakuumseitigen Oberflächen sollten nicht länger als unbedingt nötig der atmosphärischen Luft ausgesetzt werden.

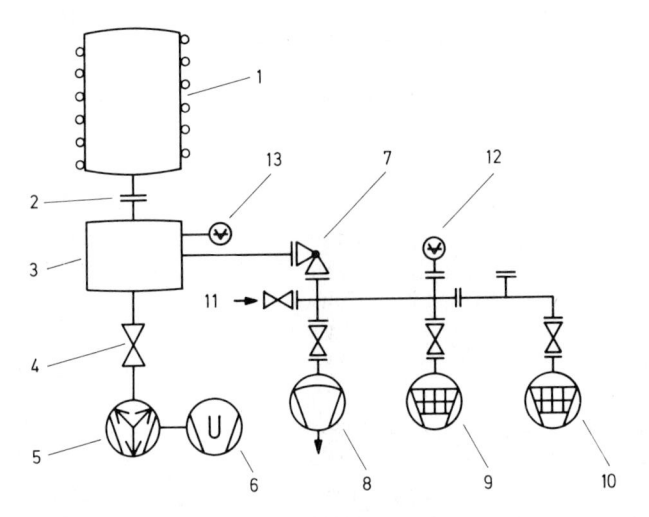

15 Arbeitstechnik in den einzelnen Druckbereichen

Bild 15.25 Aufbauschema des UHV-Pumpstandes des Bildes 15.24. 1 Edelstahlglocke DN 450 mit Kühlschlangen, Höhe 450 mm; 2 UHV-Verbindungsflansch DN 450; 3 Basisteil; 4 in 3 integriertes Zwischenventil, mit Vitilan gedichtet; 5 Ionenzerstäuberpumpe mit sieben Triodensystemen; 6 Titanverdampferpumpe; 7 Ausheizbares Ganzmetall-Eckventil DN 40; 8 ölfreie Membranpumpe mit Federbalgventil; 9 und 10 Adsorptionspumpen mit je einem Federbalgventil; 11 Belüftungsventil; 12 Vakuummeter für Grob- und Feinvakuum; 13 UHV-Vakuummeter (Einbausystem).

Tabelle 15.2 Evakuierungsschritte beim Betrieb des Ultrahochvakuum-Pumpstandes des Bildes 15.24. Vgl. dazu Bild 15.26.

Pumpzeit min	Abschnitt der Auspumpkurve	Druckänderung mbar	Pumpe in Betrieb	Anmerkung
0 ... 10	a	$1013 \rightarrow 130$	Membranpumpe oder ölfreie Drehschieberpumpe	Die Adsorptionspumpen sind bereits vorgekühlt
10 ... 20	b	$130 \rightarrow 1$	Erste Adsorptionspumpe	Ventil zur Membranpumpe geschlossen
20 ... 25	c	$1 \rightarrow 2 \cdot 10^{-2}$	Zweite Adsorptionspumpe	Ventil zur ersten Adsorptionspumpe geschlossen
25 ... 30	d	$2 \cdot 10^{-2} \rightarrow \approx 10^{-3}$	Ionenzerstäuberpumpe	UHV-Eckventil (Vorvakuumventil) geschlossen
30 ... 250	e	$10^{-3} \rightarrow$ einige 10^{-5}	Ionenzerstäuberpumpe	Ausheizdauer $\approx 3{,}5$ h; Ausheiztemperatur 350 °C
250 ... 800	f	$10^{-5} \rightarrow$ einige 10^{-10}	Ionenzerstäuberpumpe + Titanverdampferpumpe	Titanverdampferpumpe im intermittierenden Betrieb

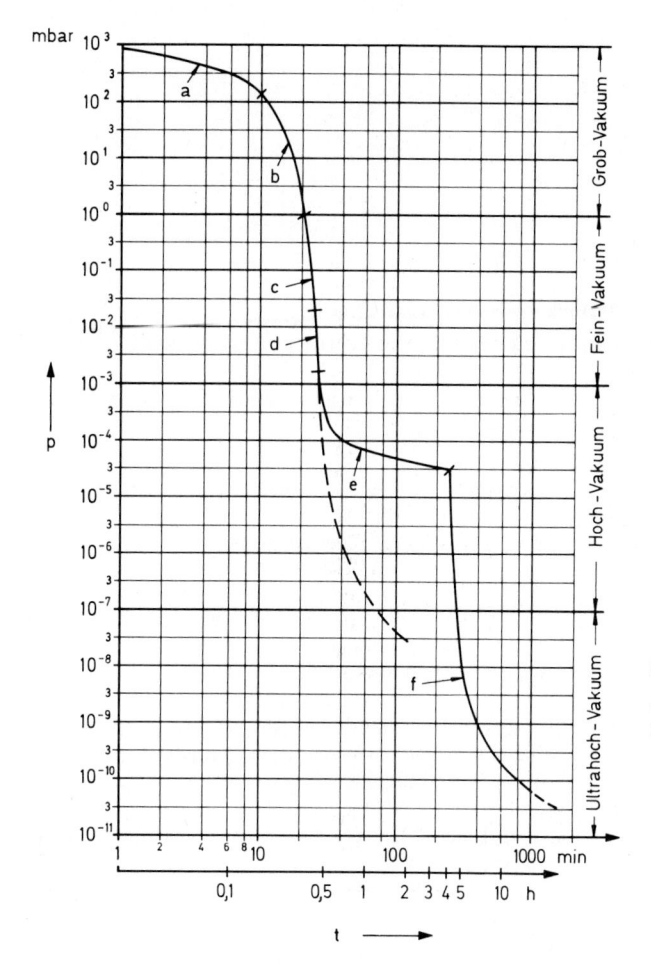

Bild 15.26
Auspumpkurve des UHV-Pumpstandes nach den Bildern 15.24 und 15.25

15.6 Literatur

[1] *Tilford, C.R.,* Reliability of high vacuum measurements. J. Vac. Sci. Techn., A, Bd. 1 (1983), Nr. 2, S. 152/62

[2] *Weston, G.F.,* Measurement of ultra-high vacuum. Vacuum, Bd. 29 (1979), Nr. 8/9, S. 277/92 und Bd. 30 (1980), Nr. 2, S. 49/68

[3] *Blears, J.,* Proc. Roy. Soc., A 188 (1947), 62

[4] *Bergandt, E.* und *H. Henning,* Methoden zur Erzeugung von Ultrahochvakuum. Vak.-Techn. **25** (1976) H. 5. S. 131...140

16 Anhang

16.A Tabellen

Tabelle 16.0   Druckbereiche der Vakuumtechnik
Tabelle 16.1   In der Vakuumtechnik besonders zu beachtende nationale und internationale Normen und Empfehlungen
Tabelle 16.2a,b Umrechnungstabelle für Druckeinheiten und für einige nicht mehr zugelassene Einheiten in SI-Einheiten
Tabelle 16.3   Verschiedene Eigenschaften von Gasen
Tabelle 16.4   Die Zusammensetzung trockener Luft, sowie die auf den Luftdruck p = 1000 mbar bezogenen Partialdrücke und Normdichten der Bestandteile
Tabelle 16.5   Wahrscheinlichste (c_w), mittlere ($\bar{c}$) und effektive (c_{eff}) Geschwindigkeit der Atome bzw. Moleküle verschiedener Gase und Dämpfe und des Gemisches Luft
Tabelle 16.6   Stoßradien $R = 2r$ (vgl. Bild 2.7b), Verdoppelungstemperatur T_d (vgl. Gl. (2.67b)) und mittlere freie Weglänge $\bar{l}$ einiger wichtiger Gase
Tabelle 16.7   Kondensationswahrscheinlichkeit (Kondensationskoeffizient) σ_K einiger Stoffe unter verschiedenen Bedingungen
Tabelle 16.8   Wasserdampf: Sättigungsdruck p_s, spezifisches Volumen V_{spez}, Dichte ρ, spezifische Wärmekapazität c_p, spezifische Verdampfungsenthalpie Λ'_{spez} des Wassers. Dichte ρ_{ideal} des idealen Gases zum Vergleich. Für $\vartheta < 0$ °C Sättigungsdruck über Eis bzw. unterkühltem Wasser.
Tabelle 16.9a   Druck p_s und Dichte ρ_s des gesättigten Dampfes über festem reinem Wasser (Eis) im Temperaturbereich $\vartheta = -100$ °C ... 0 °C
Tabelle 16.9b   Druck p_s und Dichte ρ_s des gesättigten Dampfes über flüssigem reinem Wasser (unterkühlte Flüssigkeit) im Temperaturbereich $\vartheta = -14$ °C ... 0 °C
Tabelle 16.9c   Druck p_s und Dichte ρ_s des gesättigten Dampfes über flüssigem reinem Wasser (Flüssigkeit) im Temperaturbereich $\vartheta = 0$ °C ... 140 °C
Tabelle 16.9d   Druck p_s des gesättigten Dampfes über Quecksilber im Temperaturbereich $\vartheta = -40$ °C ... + 350 °C
Tabelle 16.9e   Druck p_s des gesättigten Dampfes über flüssigem Helium-3 im Temperaturbereich 0,5 K ... 3,33 K. T_{Siede} = 3,195 K. Aus [10, 20], dort ausführlicher.
Tabelle 16.9f   Druck p_s des gesättigten Dampfes über flüssigem Helium-4 im Temperaturbereich 1,0 K ... 5,2 K. T_{Siede} = 4,215 K. Aus [10, 20], dort ausführlicher.
Tabelle 16.9g   Druck p_s des gesättigten Dampfes über flüssigem Sauerstoff im Temperaturbereich 70 K ... 98 K. T_{Siede} = 90,19 K. Aus [10, 20], dort ausführlicher.
Tabelle 16.9h   Dampfdruckformeln für einige in der Kryotechnik interessierende flüssig-gas-Gleichgewichte [10, 20]. p_s in mbar, T in K, T_S Siedetemperatur.
Tabelle 16.10   Technische Daten gebräuchlicher Treibmittel für Diffusionspumpen
Tabelle 16.11   Gebräuchliche Arbeitsbereiche von Vakuumpumpen
Tabelle 16.12   Meßbereiche gebräuchlicher Vakuummeter
Tabelle 16.13   Bildzeichen für die Vakuumtechnik
Tabelle 16.14   Wichtige Konstanten
Tabelle 16.15   Wichtige Gleichungen zur Physik der (idealen) Gase
Tabelle 16.16   Ölempfehlung zu verschiedenen Einsatzgebieten ölgefüllter Verdrängerpumpen.
Tabelle 16.17   Flächenbezogene Gasabgabe (Entgasungsstromdichte) verschiedener Stoffe: hinter Bild 16.14

Tabelle 16.0 Druckbereiche der Vakuumtechnik (Zahlenangaben auf Zehnerpotenzen abgerundet, Werte der Zeilen 2 bis 6 für $T \approx 300$ K und Gase ähnlich Luft)

	Abschnitt	Gleichung	Grobvakuum	Feinvakuum	Hochvakuum	Ultrahochvakuum
Druck p, in mbar	2.1	(2.1)	$1013 - 1$	$1 - 10^{-3}$	$10^{-3} - 10^{-7}$	$< 10^{-7}$
Teilchenanzahldichte n, in cm^{-3}	2.2	(2.7b)	$10^{19} - 10^{16}$	$10^{16} - 10^{13}$	$10^{13} - 10^{9}$	$< 10^{9}$
Mittlere freie Weglänge $\bar{l}$, in cm	2.4.7	(2.68b)	$< 10^{-2}$	$10^{-2} - 10$	$10 - 10^{5}$	$> 10^{5}$
Flächenstoßrate $Z_A =$ Wandstromdichte j_N, in cm^{-2} s^{-1}	2.4.5	(2.57)	$10^{23} - 10^{20}$	$10^{20} - 10^{17}$	$10^{17} - 10^{13}$	$< 10^{13}$
Volumenstoßrate Z_V, in cm^{-3} s^{-1}	2.4.7	(2.73)	$10^{29} - 10^{23}$	$10^{23} - 10^{17}$	$10^{17} - 10^{9}$	$< 10^{9}$
Monozeit t_{mono}, in s	3.2.4	(3.9c)	$< 10^{-5}$	$10^{-5} - 10^{-2}$	$10^{-2} - 100$	> 100
Art der Gasströmung			Kontinuums-Strömung (viskose Strömung)	Knudsen-Strömung	Molekular-Strömung	Molekular-Strömung

Tabelle 16.1 In der Vakuumtechnik besonders zu beachtende nationale und internationale Normen und Empfehlungen

A. *Nationale Vereinbarungen*

DIN	Titel	Ausgabe
1343 [1])	Norm-Zustand	11.75
1301	Einheiten Teil 1 – Einheitennamen, Einheitenzeichen Teil 2 – Allgem. angewendete Teile und Vielfache Teil 3 – Umrechnungen für nicht mehr anzuwendende Einheiten	10.78 2.78 10.79
1304	Allgemeine Formelzeichen	2.78
1306	Dichte; Begriffe	6.84
1313	Physikalische Größen u. Gleichungen, Begriffe, Schreibweisen	4.78
1314	Druck; Grundbegriffe, Einheiten	2.77
28 400	Vakuumtechnik; Benennungen u. Definitionen Teil 1 – Allgemeine Benennungen[2]) Teil 2 – Vakuumpumpen[3]) Teil 3 – Vakuummeßgeräte Teil 4 – Vakuumbeschichtungstechnik Teil 5 – Vakuumtrocknung u. Vakuumgefriertrocknung Teil 6 – Analysentechnik für Oberflächenschichten Teil 7 – Vakuummetallurgie Teil 8 – Vakuumsysteme, Komponenten und Zubehör	7.79 10.80 10.80 3.76 3.81 10.80 7.78 10.80
28 401	Vakuumtechnik; Bildzeichen – Übersicht	11.76
28 402[3a])	Vakuumtechnik; Größen, Formelzeichen, Einheiten – Übersicht	12.76
28 403[4])	Vakuumtechnik; Kleinflansch – Verbindungen (Schnellverbindungen)	10.80
28 404[5,6])	Vakuumtechnik; Flansche; Maße	6.81
28 410	Vakuumtechnik; Massenspektrometrische Partialdruck-Meßgeräte, Begriffe, Kenngrößen, Betriebsbedingungen	11.68

Tabelle 16.1 Fortsetzung

DIN	Titel	Ausgabe
28 411[7])	Vakuumtechnik; Abnahmeregeln für Massenspektrometer-Lecksuchgeräte. Begriffe	3.76
28 416[8])	Vakuumtechnik; Kalibrieren von Vakuummetern im Bereich von 10^{-3} bis 10^{-7} mbar. Allgemeines Verfahren: Druckerniedrigung durch beständige Strömung	3.76
28 417	Vakuumtechnik; Messen des pV-Durchflusses nach dem volumetrischen Verfahren bei konstantem Druck	3.76
28 418	Vakuumtechnik; Standard-Verfahren zum Kalibrieren von Vakuummetern durch direkten Vergleich mit einem Bezugsmeßgerät. Teil 1 – Allgemeine Grundlagen[9]) Teil 2 – Ionisationsvakuummeter[10]) Teil 3 – Wärmeleitungsvakuummeter[11])	 5.76 9.78 8.80
28 426[12])	Vakuumtechnik; Abnahmeregeln für Drehkolbenvakuumpumpen. Teil 1 – Sperr- u. Drehschiebervakuumpumpen im Grob- u. Feinvakuumbereich Teil 2 – Wälzkolbenvakuumpumpen im Feinvakuumbereich	 8.83 3.76
28 427[13])	Vakuumtechnik; Abnahmeregeln für Diffusionspumpen und Dampfstrahlvakuumpumpen für Treibmitteldampfdrücke kleiner 1 mbar	2.83
28 428	Vakuumtechnik; Abnahmeregeln für Turbomolekularpumpen	11.78
28 429[14])	Vakuumtechnik; Abnahmeregeln für Ionengetterpumpen	8.85
28 430	Vakuumtechnik; Meßregeln für Dampfstrahlvakuumpumpen u. Dampfstrahlkompressoren; Treibmittel: Wasserdampf	11.84
45 635	Geräuschmessung an Maschinen; Luftschallmessung, Hüllflächenverfahren. Teil 13 – Verdichter einschl. Vakuumpumpen (Verdränger-, Turbo- u. Strahlverdichter)	2.77
66 038[15])	Torr – Millibar; Millibar – Torr Umrechnungstabellen	4.71
	Thesaurus Vacui[16])	1969

B. *Internationale Vereinbarungen*

ISO	Titel	Ausgabe
1000[17])	SI units and recommendations for the use of their multiples and of certain other units	1981
2533	Standard-Atmosphäre	1975

PNEUROP[18]) (Best. Nr.)	Titel	Ausgabe
6602[12])	Vakuumpumpen; Abnahmeregeln, Teil I (Ölgedichtete Rotationsvakuumpumpen; Wälzkolbenpumpen)	1979
5607[13])	Vakuumpumpen; Abnahmeregeln, Teil II (Treibmittelpumpen)	1972

Tabelle 16.1 Fortsetzung

5608	Vakuumpumpen; Abnahmeregeln, Teil III (Turbomolekularpumpen)	1973
5615 [14])	Vakuumpumpen; Abnahmeregeln, Teil IV (Ionengetterpumpen)	1976
6606 [4,6])	Vakuumflansche und – Verbindungen; Abmessungen	1981
6601	Anwendung nationaler Normen für die Abnahme und die Leistungsmessung von Dampfstrahl-Vakuumpumpen und Dampfstrahlverdichtern	1978

Anmerkungen

(E) = Entwurf

[1]) ISO 554 – 1976
[2]) Zusammenhang mit ISO 3529/I
[3]) Zusammenhang mit ISO 3529/II
[3a]) Auf die Vakuumtechnik zugeschnitten
[4]) Zusammenhang mit ISO 2861/I – 1974
[5]) Festflansche, Klammerflansche, Drehflansche – Siehe Kapitel 14
[6]) Zusammenhang mit ISO/DIS 1609 – 1984
[7]) Zusammenhang mit ISO 3530 – 1979
[8]) Zusammenhang mit ISO/DIS 3570/I – 1975
[9]) Zusammenhang mit ISO/DIS 3567 – 1974
[10]) Zusammenhang mit ISO/DIS 3568 – 1974
[11]) Zusammenhang mit ISO/DIS 5300 – 1976
[12]) Zusammenahng mit ISO/1607/1 – 1980 und ISO 1607/2 – 1978
[13]) Zusammenhang mit ISO/1608/1 – 1980 und ISO 1608/2 – 1978
[14]) Zusammenhang mit ISO/DIS 3556/1 – 1976
[15]) Siehe auch Tabelle 16.2
[16]) Begriffsordnung basierend auf der internationalen Dezimalklassifikation zur Beherrschung des Schrifttums der Vakuumphysik und Vakuumtechnik.
[17]) S. auch DIN 1301
[18]) PNEUROP – Zusammenschluß der Hersteller von Verdichtern, Vakuumpumpen und Druckluftwerkzeugen aus zwölf europäischen Ländern.

Hinweis:

Alle DIN-Blätter, ISO-Blätter und der Thesaurus Vacui sind zu beziehen vom Beuth-Verlag GmbH, Berlin. Alle PNEUROP-Hefte sind zu beziehen vom Maschinenbau-Verlag GmbH, Frankfurt/M.-Niederrad 71, Lyonerstraße 18.

Erläuterung der Abkürzungen zu Tabelle 16.1

DIN Deutsches Institut für Normung
ISO International Standardization Organisation
DIS Draft ISO Standard
Ausgabe: Monat. Jahr

Tabelle 16.2a Umrechnungstabelle für Druckeinheiten

	Pa	bar	mbar	at	atm	Torr	PSI
1 Pa = 1 N/m²	1	10^{-5}	10^{-2}	$1{,}0197 \cdot 10^{-5}$	$9{,}8692 \cdot 10^{-6}$	$750{,}06 \cdot 10^{-5}$	$1{,}4504 \cdot 10^{-4}$
1 bar = 0,1 MPa	10^5	1 (= 1000 mbar)	10^3	1,0197	0,98692	750,06	14,5032
1 mbar = 10^2 Pa	10^2	10^{-3}	1	$1{,}0197 \cdot 10^{-3}$	$9{,}8692 \cdot 10^{-3}$	0,75006	$14{,}5032 \cdot 10^{-3}$
1 at = 1 kp/cm²	98066,5	≈ 0,981	980,68	1	0,96784	735,56	14,2247
1 atm = 760 Torr	101325	1,013	1013,25	1,03323	1	760	14,6972
1 Torr ≙ 1 mm Hg	133,322	≈ 0,00133	1,333	0,00136	$1{,}3158 \cdot 10^{-3}$	1	0,01934
1 PSI	6894,8	0,06895	68,95	0,0703	0,06804	51,715	1

Tabelle 16.2b Umrechnung einiger nicht mehr zugelassener Einheiten in SI-Einheiten

Größe	Einheit SI	Einheit bisher	Umrechnung
Gewichtskraft	N (Newton)	p (Pond); kp	$1\,p = 9{,}81 \cdot 10^{-3}$ N
Leistung	W (Watt)	kcal/s PS	1 kcal/s = 4,19 kW 1 PS = 736 W
Druck (von Fluiden)	Pa (Pascal)	Torr, atm. at. usw.	s. Tabelle 16.2a
Mechanische Spannung	$\dfrac{N}{m^2}$ (= Pa)	$\dfrac{kp}{m^2}$	$1\,\dfrac{kp}{m^2} = 9{,}81\,\dfrac{N}{m^2}$
Magnetische Flußdichte	T (Tesla)	G (Gauß)	$1\,G = 10^{-4}$ T

Tabelle 16.3 Verschiedene Eigenschaften von Gasen.
ρ_n = Normdichte (bei $T_n = 273{,}15$ K und $p_n = 1013{,}25$ mbar). $C_{p,\text{spez}}$ bzw. $C_{V,\text{spez}}$ = Spezifische Wärmekapazität bei konstantem Druck bzw. konstantem Volumen. λ = Wärmeleitfähigkeit, η = dynamische Viskosität, $\Lambda_{v,\text{spez}}$ = Spezifische Verdampfungswärme (Verdampfungsenthalpie).

Nr.	Gas bzw. Dampf bzw. Gemisch	Formel	$A_r{}^1)$ bzw. $M_r{}^1)$	$m_a{}^1)$ 10^{-27} kg	ρ_n kg·m^{-3}	$C_{p,\text{spez}}$ kJ·kg^{-1}·K^{-1}	$C_{V,\text{spez}}$ kJ·kg^{-1}·K^{-1}	$10^3 \cdot \lambda$ W·m^{-1}·K^{-1} bei $\vartheta = 20$ °C, $p = 1$ bar	$10^6 \cdot \eta$ kg·m^{-1}·s^{-1}	Normaler Siedepunkt T_siede K	$\rho_\text{flüss}$ kg·m^{-3}	$\Lambda_{v,\text{spez}}$ kJ·kg^{-1}	T_schmelz K
1	Wasserstoff	H_2	2,016	3,348	0,0899	14,32	10,14	182,6	8,8	20,38	71	454	13,95
2	Helium	He	4,003	6,647	0,1785	5,23	3,21	148	19,6	4,22	130	20,6	–
3	Methan	CH_4	16,043	26,64	0,7168	2,22	1,70	33,1	10,8	111,71	425	510	90,63
4	Ammoniak	NH_3	17,031	28,28	0,7714	2,16	1,66	22	9,8	239,75	682	1370	195,45
5	Wasserdampf	H_2O	18,015	29,97	0,8042	1,942$^2)$	–	–	≈ 9	373,15	958,35	2255,5	273,15
6	Kohlenoxid	CO	28,011	46,51	1,250	1,04	0,74	–	17,6	81,68	792	216	68,08
7	Stickstoff	N_2	28,013	46,52	1,2505	1,04	0,74	25,5	17,5	77,35	808	198	63,15
8	Luft	0,78 N_2 + 0,21 O_2 + 0,01 Ar	28,96	48,09	1,2929	1,01	0,72	25,6	18,19	81,75	–	–	–
9	Sauerstoff	O_2	31,999	53,14	1,4290	0,92	0,66	26,1	20,2	90,18	1134	213	54,36
10	Chlorwasserstoff	HCl	36,461	60,55	1,6392	0,80	0,56	–	14,2	188,15	1194	443	158,95
11	Argon	Ar	39,948	66,34	1,784	0,52	0,32	17,3	22,11	87,29	1390	163	83,77
12	Kohlendioxid	CO_2	44,010	73,08	1,977	0,84	0,65	15,8	14,6	194,65$^3)$	1560$^5)$	136,89)	216,58$^4)$
13	Chlor	Cl_2	70,906	117,7	3,214	0,75	0,56	–	13,2	239,05	1564	290	172,15
14	Difluor-Dichlor-Methan (R 12)	CCl_2F_2	120,914	200,8	5,510	–	–	–	13,2	248,25	1484	162	114,95

Anmerkungen:

[1]) Mittlere relative Masse (Spalte 4) bzw. mittlere Masse (Spalte 5) des Atoms oder Moleküls des natürlichen Isotopengemischs. Molare Masse $M_\text{molar} = A_r$ kg·kmol^{-1} bzw. M_r kg·kmol^{-1}

[2]) bei $\vartheta = 100$ °C und $p = 1$ bar

[3])[4]) Bei $T_\text{siede} = 194{,}65$ K ist der Dampfdruck des festen Kohlendioxids gleich dem Normdruck $p_n = 1{,}01325$ bar. Erst oberhalb des Tripelpunkts $T_t = 216{,}58$ K, $p_t = 5{,}00$ bar existiert die flüssige Phase.

[5]) Dichte des festen CO_2 bei T_siede und p_n

[6]) Sublimationswärme

Tabelle 16.4 Die Zusammensetzung trockener Luft, die auf den Luftdruck $p = 1000$ mbar bezogenen Partialdrücke und die Normdichten der Bestandteile

Bestandteil		Volumenanteil[1]) %	Partialdruck mbar	Normdichte $kg \cdot m^{-3}$
Stickstoff	N_2	78,09	780,9	1,2505
Sauerstoff	O_2	20,95	209,5	1,42895
Argon	Ar	$9,3 \cdot 10^{-1}$	9,3	1,7839
Kohlendioxid	CO_2	$\sim 3 \cdot 10^{-2}$	$3 \cdot 10^{-1}$	1,9768
Neon	Ne	$1,8 \cdot 10^{-3}$	$1,8 \cdot 10^{-2}$	0,8999
Wasserstoff	H_2	$< 10^{-3}$	$< 10^{-2}$	0,08987
Helium	He	$5,0 \cdot 10^{-4}$	$5,0 \cdot 10^{-3}$	0,1785
Methan	CH_4	$2 \cdot 10^{-4}$	$2 \cdot 10^{-3}$	0,7168
Krypton	Kr	$1,1 \cdot 10^{-4}$	$1,1 \cdot 10^{-3}$	3,74
Xenon	Xe	$9 \cdot 10^{-6}$	$9 \cdot 10^{-5}$	5,89
Distickstoffoxid	N_2O	$5 \cdot 10^{-6}$	$5 \cdot 10^{-5}$	1,978
Ammoniak	NH_3	$2,6 \cdot 10^{-6}$	$2,6 \cdot 10^{-5}$	0,7714
Ozon	O_3	$2 \cdot 10^{-6}$	$2 \cdot 10^{-5}$	2,14
Wasserstoffsuperoxid	H_2O_2	$4 \cdot 10^{-8}$	$4 \cdot 10^{-7}$	1,52
Jod	J_2	$3,5 \cdot 10^{-9}$	$3,5 \cdot 10^{-8}$	11,35
Radon	Rn	$7 \cdot 10^{-18}$	$7 \cdot 10^{-17}$	9,92
Luft enthält außer diesen Bestandteilen im allgemeinen wechselnde Mengen Wasserdampf und Kohlenmonoxid. Die unten angegebenen Werte beziehen sich für Wasserdampf auf den Sättigungszustand bei 293 K. Für Kohlenmonoxid sind Spitzenwerte einer Großstadt aufgeführt.				
Wasserdampf	H_2O	$\leq 2,3$	$\leq 23,3$	0,01729
Kohlenmonoxid	CO	$\leq 1,6 \cdot 10^{-5}$	$\leq 1,6 \cdot 10^{-4}$	1,25

[1]) Volumenanteil = Stoffmengenanteil

Tabelle 16.5 Wahrscheinlichste (c_w), mittlere ($\bar{c}$) und effektive (c_{eff}) Geschwindigkeit der Atome bzw. Moleküle verschiedener Gase und Dämpfe und des Gemisches Luft

Gas bzw. Dampf bzw. Gemisch		$c_w / m \cdot s^{-1}$ $\vartheta = 0°C$ $T = 273,15\,K$	$\bar{c} / m \cdot s^{-1}$			$c_{eff} / m \cdot s^{-1}$ $0°C$ $273,15\,K$
			0 °C 273,15 K	20 °C 293,15 K	100 °C 373,15 K	
He	Helium	1005	1201	1245	1405	1305
Ar	Argon	337	380	394	445	431
H_2	Wasserstoff	1500	1693	1754	1979	1838
N_2	Stickstoff	400	454	470	531	510
O_2	Sauerstoff	377	425	440	497	477
HCl	Chlorwasserstoff	353	398	412	465	432
CH_4	Methan	529	597	619	700	649
NH_3	Ammoniak	515	583	604	681	633
H_2O	Wasserdampf	500	565	585	660	612
CO_2	Kohlendioxid	321	362	375	424	393
Luft	$0,78\,N_2 + 0,21\,O_2 + 0,01\,Ar$	395	446	464	523	502

16.A Tabellen

Tabelle 16.6 Stoßradien $R = 2r$ (vgl. Bild 2.7b), Verdoppelungstemperatur T_d (vgl. Gl. (2.67b) und mittlere freie Weglänge $\bar{l}$ einiger wichtiger Gase ($\bar{l}p$-Wert).

R ist aus bei $T = 273{,}15$ K gemessenen Werten der dynamischen Viskosität η nach Gl. (2.81b) berechnet. Die Sutherlandkorrektur mit einer „konstanten Verdoppelungstemperatur T_d" ist fragwürdig, vgl. Ar und N_2 einerseits mit H_2 und He andererseits. In Klammern ist das Temperaturintervall angegeben, in dem die T_d-Werte aus den Messungen berechnet sind. R_∞ ist aus R_T-Werten, die aus η_T-Werten berechnet sind, extrapoliert. Die $\bar{l}p$-Werte sind wegen der Unsicherheiten nur auf eine Stelle angegeben, sie gelten im Rahmen ihrer Genauigkeit auch für $T = 293{,}15$ K ($\vartheta = 20$ °C).

Gas	$\dfrac{R_\infty \cdot 10^{10}}{m}$	$\dfrac{R_T \cdot 10^{10}}{m}$ $T = 273{,}15$ K aus η_{273}	$\dfrac{T_d}{K}$	$\bar{l}p$ m Torr	$\bar{l}p$ m mbar
				bei $T = 273{,}15$ K [1])	
H_2	2,2 ... 2,4	2,72	75 ... 235 (90 ... 1000)	$8{,}6 \cdot 10^{-5}$	$11{,}5 \cdot 10^{-5}$
N_2	3,2	3,78	98 ... 107 (90 ... 1000)	$4{,}4 \cdot 10^{-5}$	$5{,}9 \cdot 10^{-5}$
O_2		3,62		$4{,}9 \cdot 10^{-5}$	$6{,}5 \cdot 10^{-5}$
He	1,82 ... 1,94	2,18	22 ... 175 (20 ... 1000)	$13{,}1 \cdot 10^{-5}$	$17{,}5 \cdot 10^{-5}$
Ne		2,56		$9{,}5 \cdot 10^{-5}$	$12{,}7 \cdot 10^{-5}$
Ar	2,86 ... 2,99	3,66	132 ... 144 (90 ... 1000)	$4{,}8 \cdot 10^{-5}$	$6{,}4 \cdot 10^{-5}$
Kr		4,14		$3{,}7 \cdot 10^{-5}$	$4{,}9 \cdot 10^{-5}$
Xe		4,88		$2{,}7 \cdot 10^{-5}$	$3{,}6 \cdot 10^{-5}$
Hg				$2{,}3 \cdot 10^{-5}$	$3{,}1 \cdot 10^{-5}$
H_2O		4,14		$5{,}1 \cdot 10^{-5}$	$6{,}8 \cdot 10^{-5}$
CO		3,77		$4{,}5 \cdot 10^{-5}$	$6{,}0 \cdot 10^{-5}$
CO_2		4,62		$3{,}0 \cdot 10^{-5}$	$4{,}0 \cdot 10^{-5}$
HCl		4,51		$3{,}3 \cdot 10^{-5}$	$4{,}4 \cdot 10^{-5}$
NH_3		4,47		$3{,}2 \cdot 10^{-5}$	$4{,}3 \cdot 10^{-5}$
Cl_2		5,52		$2{,}1 \cdot 10^{-5}$	$2{,}8 \cdot 10^{-5}$

[1]) nach Gl. (2.68a) ist $(\bar{l}p)_T / (\bar{l}p)_{T = 273\ K} = \left(\dfrac{T}{273\ K}\right)^2 \dfrac{(273\ K + T_d)}{(T + T_d)} =: \Theta$

Tabelle 16.7 Kondensationswahrscheinlichkeit (Kondensationskoeffizient) σ_K einiger Stoffe unter verschiedenen Bedingungen.
(Die aus der Literatur zu entnehmenden Meßwerte streuen erheblich.)

Stoff		Temperaturbereich °C	Sättigungsdampfdruck p_s mbar	Sättigungsverhältnis bei der Messung $\beta = p_d/p_s$ *)	Kondensationskoeffizient σ_K
Quecksilber Hg	fest	−64 ... −41	$5 \cdot 10^{-8}$ ... $3 \cdot 10^{-6}$	0	0,8 ... 1,0
Wasser H_2O	fest flüssig	−13 ... −2 −0,8 ... +4,1 40 ... 100	2,0 ... 5,2 5,6 ... 8,1 74 ... 1013	0,5 ... 0,9 0,5 ... 0,9 0,9 ... 1	0,011 ... 0,022 0,032 ... 0,055 0,02 ... 0,03
Aethyl-Alkohol C_2H_5OH	flüssig	−2 ... +16	13 ... 48	0,5 ... 0,8	0,024
Benzol C_6H_6	flüssig	6	50	0,99	0,9

*) s. Abschnitt 2.6.3

Tabelle 16.8 *Wasserdampf*: Sättigungsdruck p_s, spezifisches Volumen V_{spez}, Dichte ρ, spezifische Wärmekapazität c_p, spezifische Verdampfungsenthalphie[1]) Λ'_{spez} des Wassers. Dichte ρ_{ideal} des idealen Gases zum Vergleich. Für $\vartheta < 0\,°C$ Sättigungsdruck über Eis bzw. unterkühltem Wasser.

$\dfrac{\vartheta}{°C}$	$\dfrac{T}{K}$	über Eis				über Wasser					$\dfrac{10^3 \cdot \rho_{ideal}}{kg \cdot m^{-3}}$	$\dfrac{\Lambda'_{spez}}{kJ \cdot kg^{-1}}$	$\dfrac{c_p}{kJ \cdot kg^{-1} \cdot K^{-1}}$
		$\dfrac{p_s}{Torr}$	$\dfrac{p_s\,^2)}{bar}$	$\dfrac{V_{spez}}{m^3 \cdot kg^{-1}}$	$\dfrac{10^3\,\rho\,^2)}{kg \cdot m^{-3}}$	$\dfrac{p_s}{Torr}$	$\dfrac{p_s\,^2)}{bar}$	$\dfrac{V_{spez}}{m^3 \cdot kg^{-1}}$	$\dfrac{10^3\,\rho\,^2)}{kg \cdot m^{-3}}$				
−30	243,15	0,280	0,000373	2860	0,35	0,38	0,000507	1750	0,57	0,332		
−20	253,15	0,772	0,001029	1111	0,90	0,94	0,00120	926	1,08	0,878		
−10	263,15	1,946	0,002594	465,1	2,15	2,14	0,00285	424	2,36	2,140		
0	273,15	4,579	0,006105	206,300	4,847	4,579	0,006105	206,300	4,847	4,845	2500,5	1,858
20	293,15					17,535	0,02338	57,840	17,29	17,275	2453,4	1,862
40	313,15					55,342	0,07376	19,560	51,12	51,028	2406,2	1,871
60	333,15					149,38	0,19916	7,682	130,17	129,57	2357,9	1,881
80	353,15					355,1	0,47343	3,410	293,3	290,61	2307,8	1,901
100	373,15					760	1,013250	1,673	597,7	588,40	2255,5	1,94

[1]) Es ist: $\Lambda'_{spez}(T) = \Lambda_{spez}(T) + p_s(T) \cdot V_{spez}(T)$ und analog $\Lambda'_{molar}(T) = \Lambda_{molar}(T) + p_s(T) \cdot V_{molar}(T)$, mit Λ = Verdampfungswärme
[2]) Siehe auch Tabelle 16.9a bis c

Tabelle 16.9a Druck p_s und Dichte ρ_s des gesättigten Dampfes über festem reinem Wasser (Eis) im Temperaturbereich $\vartheta = -100\ °C \ldots 0\ °C$

ϑ °C	p_s mbar	ρ_s g/m³	ϑ °C	p_s mbar	ρ_s g/m³
−100	$1{,}403 \cdot 10^{-5}$	$1{,}756 \cdot 10^{-5}$	−50	$39{,}35 \cdot 10^{-3}$	$38{,}21 \cdot 10^{-3}$
−99	1,719	2,139	−49	44,49	43,01
−98	2,101	2,599	−48	50,26	48,37
−97	2,561	3,150	−47	56,71	54,33
−96	3,117	3,812	−46	63,93	60,98
−95	3,784	4,602	−45	71,98	68,36
−94	4,584	5,544	−44	80,97	76,56
−93	5,542	6,665	−43	90,98	85,65
−92	6,685	7,996	−42	102,1	95,70
−91	8,049	9,574	−41	114,5	106,9
−90	9,672	11,44	−40	0,1283	0,1192
−89	11,60	13,65	−39	0,1436	0,1329
−88	13,88	16,24	−38	0,1606	0,1480
−87	16,58	19,30	−37	0,1794	0,1646
−86	19,77	22,89	−36	0,2002	0,1829
−85	23,53	27,10	−35	0,2233	0,2032
−84	27,96	32,03	−34	0,2488	0,2254
−83	33,16	37,78	−33	0,2769	0,2498
−82	39,25	44,49	−32	0,3079	0,2767
−81	46,38	52,30	−31	0,3421	0,3061
−80	$0{,}5473 \cdot 10^{-3}$	$0{,}6138 \cdot 10^{-3}$	−30	0,3798	0,3385
−79	0,6444	0,7191	−29	0,4213	0,3739
−78	0,7577	0,8413	−28	0,4669	0,4127
−77	0,8894	0,9824	−27	0,5170	0,4551
−76	1,042	1,145	−26	0,5720	0,5015
−75	1,220	1,334	−25	0,6323	0,5521
−74	1,425	1,550	−24	0,6985	0,6075
−73	1,662	1,799	−23	0,7709	0,6678
−72	1,936	2,085	−22	0,8502	0,7336
−71	2,252	2,414	−21	0,9370	0,8053
−70	$2{,}615 \cdot 10^{-3}$	$2{,}789 \cdot 10^{-3}$	−20	1,032	0,8835
−69	3,032	3,218	−19	1,135	0,9678
−68	3,511	3,708	−18	1,248	1,060
−67	4,060	4,267	−17	1,371	1,160
−66	4,688	4,903	−16	1,506	1,269
−65	5,406	5,627	−15	1,652	1,387
−64	6,225	6,449	−14	1,811	1,515
−63	7,159	7,381	−13	1,984	1,653
−62	8,223	8,438	−12	2,172	1,803
−61	9,432	9,633	−11	2,376	1,964
−60	10,80	10,98	−10	2,597	2,139
−59	12,36	12,51	−9	2,837	2,328
−58	14,13	14,23	−8	3,097	2,532
−57	16,12	16,16	−7	3,379	2,752
−56	18,38	18,34	−6	3,685	2,990
−55	20,92	20,78	−5	4,015	3,246
−54	23,80	23,53	−4	4,372	3,521
−53	27,03	26,60	−3	4,757	3,817
−52	30,67	30,05	−2	5,173	4,136
−51	34,76	33,90	−1	5,623	4,479
			0	6,108	4,847

Tabelle 16.9b Druck p_s und Dichte ρ_s des gesättigten Dampfes über flüssigem reinem Wasser (unterkühlte Flüssigkeit) im Temperaturbereich $\vartheta = -14\ °C \ldots 0\ °C$

ϑ °C	p_s mbar	ρ_s g/m³	ϑ °C	p_s mbar	ρ_s g/m³
−14	2,080	1,739	−6	3,908	3,170
−12	2,445	2,029	−4	4,546	3,660
−10	2,865	2,359	−2	5,274	4,214
−8	3,352	2,739	0	6,108	4,847

Tabelle 16.9c Druck p_s und Dichte ρ_s des gesättigten Dampfes über flüssigem reinem Wasser (Flüssigkeit) im Temperaturbereich $\vartheta = 0\ °C \ldots 140\ °C$

ϑ °C	p_s mbar	ρ_s g/m³	ϑ °C	p_s mbar	ρ_s g/m³
0	6,108	4,847	30	42,43	30,38
1	6,566	5,192	31	44,93	32,07
2	7,055	5,559	32	47,55	33,83
3	7,575	5,947	33	50,31	35,68
4	8,129	6,360	34	53,20	37,61
5	8,719	6,797	35	56,24	39,63
6	9,347	7,260	36	59,42	41,75
7	10,01	7,750	37	62,76	43,96
8	10,72	8,270	38	66,26	46,26
9	11,47	8,819	39	69,93	48,67
10	12,27	9,399	40	73,78	51,19
11	13,12	10,01	41	77,80	53,82
12	14,02	10,06	42	82,02	56,56
13	14,97	11,35	43	86,42	59,41
14	15,98	12,07	44	91,03	62,39
15	17,04	12,83	45	95,86	65,50
16	18,17	13,63	46	100,9	68,73
17	19,37	14,48	47	106,2	72,10
18	20,63	15,37	48	111,7	75,61
19	21,96	16,31	49	117,4	79,26
20	23,37	17,30	50	123,4	83,06
21	24,86	18,34	51	129,7	87,01
22	26,43	19,43	52	136,2	91,12
23	28,09	20,58	53	143,0	95,39
24	29,83	21,78	54	150,1	99,83
25	31,67	23,05	55	157,5	104,4
26	33,61	24,38	56	165,2	109,2
27	35,65	25,78	57	173,2	114,2
28	37,80	27,24	58	181,5	119,4
29	40,06	28,78	59	190,2	124,7

Tabelle 16.9c Fortsetzung

ϑ °C	p_s mbar	ρ_s g/m³	ϑ °C	p_s mbar	ρ_s g/m³
60	199,2	130,2	100	1013,2	597,8
61	208,6	135,9	101	1050	618,0
62	218,4	141,9	102	1088	638,8
63	228,5	148,1	103	1127	660,2
64	239,1	154,5	104	1167	682,2
65	250,1	161,2	105	1208	704,7
66	261,5	168,1	106	1250	727,8
67	273,3	175,2	107	1294	751,6
68	285,6	182,6	108	1339	776,0
69	298,4	190,2	109	1385	801,0
70	311,6	198,1	110	1433	826,7
71	325,3	206,3	111	1481	853,0
72	339,6	214,7	112	1532	880,0
73	354,3	223,5	113	1583	907,7
74	369,6	232,5	114	1636	936,1
75	385,5	241,8	115	1691	965,2
76	401,9	251,5	116	1746	995,0
77	418,9	261,4	117	1804	1026
78	436,5	271,7	118	1863	1057
79	454,7	282,3	119	1923	1089
80	473,6	293,3	120	1985	1122
81	493,1	304,6	121	2049	1156
82	513,3	316,3	122	2114	1190
83	534,2	328,3	123	2182	1225
84	555,7	340,7	124	2250	1262
85	578,0	353,5	125	2321	1299
86	601,0	366,6	126	2393	1337
87	624,9	380,2	127	2467	1375
88	649,5	394,2	128	2543	1415
89	674,9	408,6	129	2621	1456
90	701,1	423,5	130	2701	1497
91	728,2	438,8	131	2783	1540
92	756,1	454,5	132	2867	1583
93	784,9	470,7	133	2953	1627
94	814,6	487,4	134	3041	1673
95	845,3	504,5	135	3131	1719
96	876,9	522,1	136	3223	1767
97	909,4	540,3	137	3317	1815
98	943,0	558,9	138	3414	1865
99	977,6	578,1	139	3512	1915
			140	3614	1967

Tabelle 16.9d Druck p_s des gesättigten Dampfes über Quecksilber im Temperaturbereich $\vartheta = -40\ °C\ ...\ +350\ °C$

ϑ °C	p_s mbar	ϑ °C	p_s mbar
-40 [1]	2,39 (−6) [3]	+140	2,43 (0)
$-38{,}87$ [2]	2,77 (−6)	+160	5,50 (0)
-30	8,94 (−6)	+180	1,16 (+1)
-20	2,93 (−5)	+200	2,28 (+1)
-10	8,98 (−5)	+220	4,16 (+1)
0	2,53 (−4)	+240	7,54 (+1)
+10	6,63 (−4)	+260	1,28 (+2)
+20	1,63 (−3)	+280	2,09 (+2)
+40	8,16 (−3)	+300	3,29 (+2)
+60	3,37 (−2)	+320	5,02 (+2)
+80	1,18 (−1)	+340	7,44 (+2)
+100	3,62 (−1)	+350	8,96 (+2)
+120	9,84 (−1)	+356,58 [4]	1013,25

[1] Festes Quecksilber
[2] Erstarrungstemperatur
[3] Zehnerexponent, (−2) bedeutet 10^{-2}
[4] Siedetemperatur

Die Dichte des gesättigten Dampfes kann aus der Zustandsgleichung (2.31.4) des idealen Gases berechnet werden:

$$\rho_s = \frac{p_s/\text{mbar}}{T/K} \cdot 2{,}41 \cdot 10^3\ \text{g m}^{-3}$$

Tabelle 16.9e Druck p_s des gesättigten Dampfes über flüssigem Helium-3 im Temperaturbereich 0,5 K ... 3,33 K.
$T_{\text{Siede}} = 3{,}195$ K aus [10, 20], dort ausführlicher.

$\dfrac{T}{K}$	$\dfrac{p_s}{\text{mbar}}$	$\dfrac{T}{K}$	$\dfrac{p_s}{\text{mbar}}$	$\dfrac{T}{K}$	$\dfrac{p_s}{\text{mbar}}$
0,50	0,21	1,50	67,74	2,40	384,78
0,60	0,72	1,60	87,26	2,50	443,19
0,70	1,84	1,70	110,17	2,60	507,13
0,80	3,85	1,80	136,67	2,70	576,87
0,90	7,06	1,90	167,03	2,80	652,68
1,00	11,78	2,00	201,46	2,90	734,87
1,10	18,28	2,10	240,22	3,00	823,81
1,20	26,88	2,20	283,54	3,10	919,86
1,30	37,81	2,30	331,65	3,20	1023,5
1,40	51,36			3,30	1135,1

Tabelle 16.9f Druck p_s des gesättigten Dampfes über flüssigem Helium-4 im Temperaturbereich 1,0 K ... 5,2 K, $T_{\text{Siede}} = 4,215$ K aus [10, 20], dort ausführlicher

$\dfrac{T}{K}$	$\dfrac{p_s}{\text{mbar}}$	$\dfrac{T}{K}$	$\dfrac{p_s}{\text{mbar}}$	$\dfrac{T}{K}$	$\dfrac{p_s}{\text{mbar}}$
1,0	0,16	2,4	84,39	3,8	667,5
1,1	0,37	2,5	103,31	3,9	742,0
1,2	0,83	2,6	124,96	4,0	822,0
1,3	1,61	2,7	149,56	4,1	907,6
1,4	2,88	2,8	177,25	4,2	999,0
1,5	4,80	2,9	208,25	4,3	1096,5
1,6	7,59	3,0	242,74	4,4	1200,2
1,7	11,45	3,1	280,92	4,5	1310,7
1,8	16,63	3,2	323,00	4,6	1427,9
1,9	23,30	3,3	369,14	4,7	1552,3
2,0	31,69	3,4	419,57	4,8	1684,1
2,1	41,90	3,5	474,41	4,9	1823,7
2,2	53,94	3,6	533,92	5,0	1971,2
2,3	68,00	3,7	598,22	5,1	2127,0
				5,2	2291,5

Tabelle 16.9g Druck p_s des gesättigten Dampfes über flüssigem Sauerstoff im Temperaturbereich 70 K ... 98 K, $T_{\text{Siede}} = 90,19$ K aus [10, 20], dort ausführlicher

$\dfrac{T}{K}$	$\dfrac{p_s}{\text{mbar}}$	$\dfrac{T}{K}$	$\dfrac{p_s}{\text{mbar}}$	$\dfrac{T}{K}$	$\dfrac{p_s}{\text{mbar}}$
70	62,37	80	300,4	90	993,2
71	74,66	81	343,3	91	1102,0
72	88,79	82	391,2	92	1219,7
73	105,0	83	444,0	93	1346,8
74	123,6	84	502,6	94	1483,7
75	144,9	85	567,2	95	1630,9
76	169,0	86	638,1	96	1789,1
77	196,3	87	715,7	97	1958,5
78	227,2	88	800,5	98	2139,8
79	261,8	89	892,8		

Tabelle 16.9h Dampfdruckformeln für einige in der Kryotechnik interessierende flüssig-gas-Gleichgewichte [10, 20]
p_s in mbar, T in K, T_S = Siedetemperatur

Para-Wasserstoff p-H$_2$	T_S = 20,28 K
14 K ... 20,2 K $$\log p_s = 4{,}778\,171 - \frac{44{,}368\,888}{T} + 0{,}020\,554\,7\,T$$ 20,3 K ... 22,9 K $$\log p_s = 5{,}006\,337 - \frac{50{,}09708}{T + 1{,}0044} + 0{,}0174849\,T$$	
Normal-Wasserstoff n-H$_2$	T_S = 20,39 K
14 K ... 19,4 K $$\log p_s = 4{,}79177 - \frac{44{,}9569}{T} + 0{,}020537\,T$$ 19,5 K ... 22,9 K $$\log p_s = 5{,}6816 - \frac{54{,}650}{T} + 1{,}09 \cdot 10^{-3} (T - 22)^2$$	
Neon Ne	T_S = 27,092 K
24,6 K ... 29,9 K $$\log p_s = 7{,}58606 - \frac{106{,}090}{T} + 4{,}11092 \cdot 10^{-4}\,T^2$$	
Nitrogen (Stickstoff) N$_2$	T_S = 77,352 K
63,2 K ... 77,9 K $$\log p_s = 6{,}62084 - \frac{255{,}821}{T - 6{,}60}$$ 78,0 K ... 83,9 K $$\log p_s = 6{,}736414 - \frac{294{,}51750}{T} + 9{,}9433 \cdot 10^{-4}\,T - 1{,}284 \cdot 10^{-8}\,T^2$$	
Argon Ar	T_S = 87,255 K
83,8 K ... 94,9 K $$\log p_s = 24{,}84361 - \frac{550{,}8211}{T} - 8{,}7849395 \log T + 0{,}0174713\,T$$	
Methan CH$_4$	T_S = 111,67 K
90,7 K ... 111,6 K $$\log p_s = 6{,}73674 - \frac{389{,}93}{T - 7{,}16}$$ 111,7 K ... 120,9 K $$\log p_s = 10{,}81121 - \frac{595{,}546}{T} - 0{,}0348066\,T + 1{,}3338 \cdot 10^{-4}\,T^2 - 1{,}7869 \cdot 10^{-7}\,T^3$$	
Krypton Kr	T_S = 119,75 K
116,0 K ... 129,9 K $$\log p_s = 22{,}56391 - \frac{710{,}0193}{T} - 7{,}156931 \log T + 0{,}01039974\,T$$	
Xenon Xe	T_S = 165,04 K
161,4 K ... 177,9 K $$\log p_s = 26{,}20905 - \frac{1040{,}76}{T} - 8{,}25369 \log T + 0{,}0085216\,T$$	

16.A Tabellen

Tabelle 16.10 Technische Daten gebräuchlicher Treibmittel für Diffusionspumpen

1	2	3	4	5	6	7	8	9	10	11	12
Treibmittel	Relative Molekülmasse	Dynamische Viskosität in Pa·s	Brechzahl	Dichte g·cm^{-3}	A [8]	B [8] K	ϑ_{-5} [10] °C	ϑ_{-2} [10] °C	p_s (25 °C) mbar	Flammp. °C	Tropfp. °C
Butylphtalat	278	$2,1 \cdot 10^{-2}$ (20 °C)	1,4903 (20 °C)	1,035 (20 °C)	13,96	5204	18	81	$4,4 \cdot 10^{-5}$	190	–
Narcoil 40 (A) [1]	419	–	1,4828 (20 °C)	0,973 (20 °C)	11,54	5690	73	146	$8 \cdot 10^{-8}$	–	–
Octoil S [2]	426	–	–	–	–	–	–	–	–	–	–
Apiezon AP 201 [3]	–	$3 \cdot 10^{-2}$ (20 °C)	–	0,876 (12 °C)	11,39	5514	50	142	$2,7 \cdot 10^{-8}$	196	–
DIFFELEN L [4]	440	$1,69 \cdot 10^{-1}$ (25 °C)	1,4807 (20 °C)	0,8849 (20 °C)	12,82	6098	71	142	$5 \cdot 10^{-6}$ [11]	232	–27
DIFFELEN N [4]	470	$1,92 \cdot 10^{-1}$ (20 °C)	1,4802 (20 °C)	0,8815 (20 °C)	13,27	6329	76	145	$2,4 \cdot 10^{-8}$	242	–27
DIFFELEN U [4]	530	$2,18 \cdot 10^{-1}$ (20 °C)	1,4832 (20 °C)	0,8771 (20 °C)	13,04	6410	85	156	$1,1 \cdot 10^{-8}$	257	–29
DC 704 [6]	484	$4,17 \cdot 10^{-2}$ (25 °C)	1,5565 (25 °C)	1,07 (25 °C)	11,15	5570	74	155	$3,5 \cdot 10^{-9}$	221	–38
DC 705 [6]	546	$1,91 \cdot 10^{-1}$ (25 °C)	1,579 (25 °C)	1,094 (20 °C)	–	–	–	–	$2,8 \cdot 10^{-8}$	243	–
Polyphenyläther [7]	454	1,20 (25 °C)	–	1,2 (25 °C)	–	–	–	–	$4 \cdot 10^{-10}$	350	–
Quecksilber	200,6	–	–	13,55 (20 °C)	10,67 [9]	3333 [9]	–28	45	$1,8 \cdot 10^{-9}$	–	–
Fomblin[12]	–	0,36 (20 °C)	–	1,9 (20 °C)	–	–	–	–	$2,6 \cdot 10^{-3}$	–	–42
									$4 \cdot 10^{-8}$		

Anmerkungen

1) Di-(3, 5, 5 trimethylhexyl)-phtalat
2) Di-2-äthyl-hexylsebacat
3) Gemisch aus Kohlenwasserstoffen
4) Gemisch aus gesättigten Kohlenwasserstoffen
6) Organische Si-Verbindungen
7) Handelsnamen Convalex 10, Santovac 5, Ultralen
8) A, B, Konstanten der Dampfdruckgleichung $\log \dfrac{p}{\text{mbar}} = A - \dfrac{B}{T}$
9) $\log \dfrac{p}{\text{mbar}} = 10,67 - \dfrac{3333 \text{ K}}{T} - 0,848 \log \dfrac{T}{\text{K}}$ für Hg; vgl. auch Tabelle 16.9d
10) Temperaturen (°C), bei denen der Dampfdruck $1,3 \cdot 10^{-5}$ bzw. $1,3 \cdot 10^{-2}$ mbar beträgt
11) bei 160 °C
12) Y–HVAC 18/8; s. auch Tabelle 16.16

Tabelle 16.11 Gebräuchliche Arbeitsbereiche von Vakuumpumpen (nach DIN 28 400, Teil 2 – Ausgabe Oktober 1980)

Ultrahochvakuum $< 10^{-7}$ mbar $< 10^{-5}$ Pa	Hochvakuum $10^{-7} \ldots 10^{-3}$ mbar $10^{-5} \ldots 10^{-1}$ Pa	Feinvakuum $10^{-3} \ldots 1$ mbar $10^{-1} \ldots 10^1$ Pa	Grobvakuum $1 \ldots$ ca. 10^3 mbar $10^2 \ldots$ ca. 10^5 Pa
			Hubkolbenvakuumpumpe
			Membranvakuumpumpe
			Flüssigkeitsringvakuumpumpe
			Drehschiebervakuumpumpe
			Vielzellenvakuumpumpe
			Kreiskolbenvakuumpumpe
			Sperrschiebervakuumpumpe
			Wälzkolbenvakuumpumpe
			Turbovakuumpumpe
			Gasringvakuumpumpe
	Turbomolekularpumpe		
			Flüssigkeitsstrahlvakuumpumpe
			Dampfstrahlvakuumpumpe
	Diffusionspumpe		
			Diffusionsejektorpumpe
			Adsorptionspumpe
	Sublimationspumpe		
	Ionenzerstäuberpumpe		
	Kryopumpe		

10^{-11} 10^{-10} 10^{-9} 10^{-8} 10^{-7} 10^{-6} 10^{-5} 10^{-4} 10^{-3} 10^{-2} 10^{-1} 10^0 10^1 mbar 10^3
Druck $p \rightarrow$

16.A Tabellen

Tabelle 16.12 Meßbereiche gebräuchlicher Vakuummeter (nach DIN 28 400, Teil 3 — Oktober 1980)

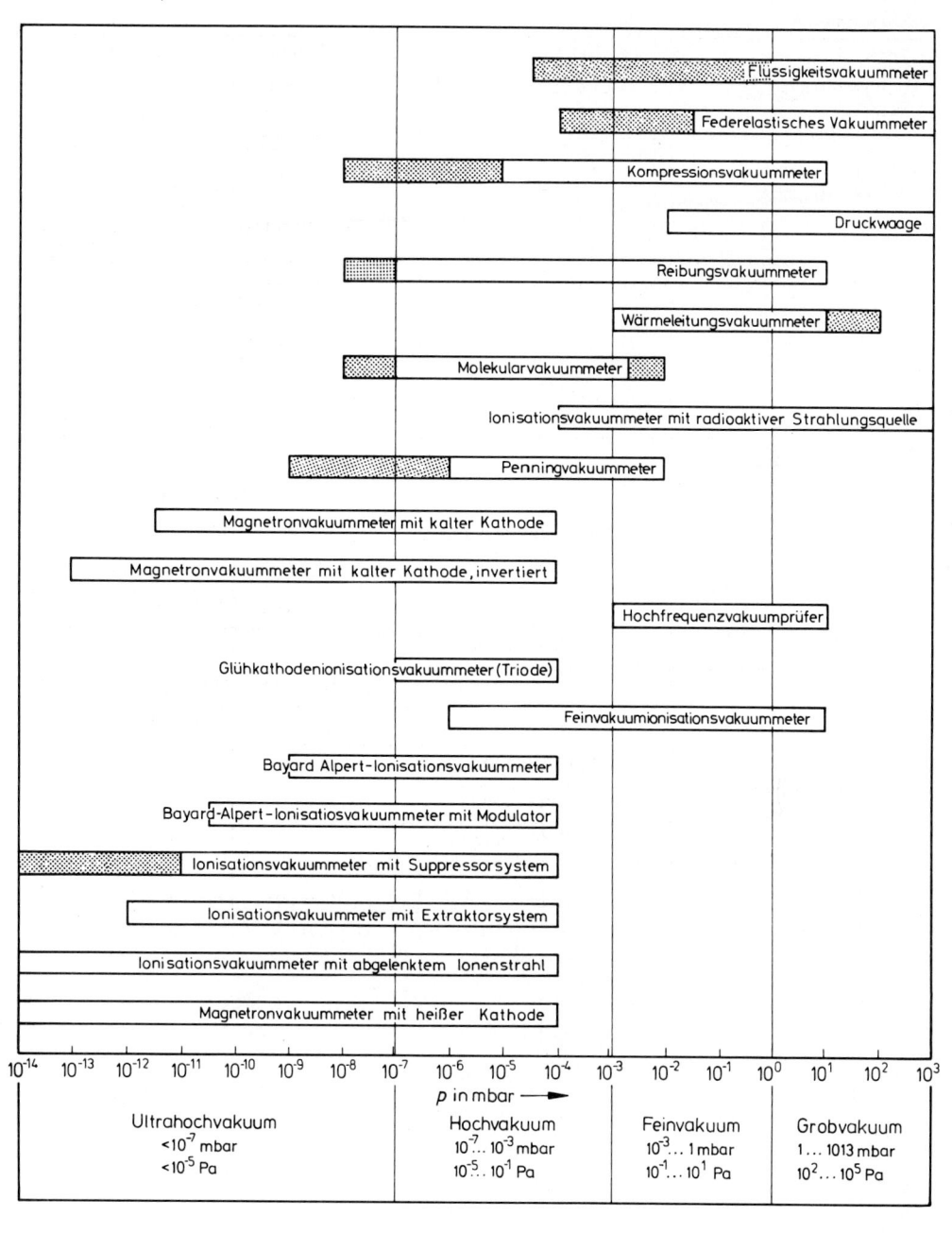

Vakuummeter	Meßbereich
Flüssigkeitsvakuummeter	
Federelastisches Vakuummeter	
Kompressionsvakuummeter	
Druckwaage	
Reibungsvakuummeter	
Wärmeleitungsvakuummeter	
Molekularvakuummeter	
Ionisationsvakuummeter mit radioaktiver Strahlungsquelle	
Penningvakuummeter	
Magnetronvakuummeter mit kalter Kathode	
Magnetronvakuummeter mit kalter Kathode, invertiert	
Hochfrequenzvakuumprüfer	
Glühkathodenionisationsvakuummeter (Triode)	
Feinvakuumionisationsvakuummeter	
Bayard Alpert-Ionisationsvakuummeter	
Bayard-Alpert-Ionisatiosvakuummeter mit Modulator	
Ionisationsvakuummeter mit Suppressorsystem	
Ionisationsvakuummeter mit Extraktorsystem	
Ionisationsvakuummeter mit abgelenktem Ionenstrahl	
Magnetronvakuummeter mit heißer Kathode	

p in mbar: 10^{-14}, 10^{-13}, 10^{-12}, 10^{-11}, 10^{-10}, 10^{-9}, 10^{-8}, 10^{-7}, 10^{-6}, 10^{-5}, 10^{-4}, 10^{-3}, 10^{-2}, 10^{-1}, 10^{0}, 10^{1}, 10^{2}, 10^{3}

Ultrahochvakuum	Hochvakuum	Feinvakuum	Grobvakuum
$<10^{-7}$ mbar	$10^{-7}...10^{-3}$ mbar	$10^{-3}...1$ mbar	$1...1013$ mbar
$<10^{-5}$ Pa	$10^{-5}...10^{-1}$ Pa	$10^{-1}...10^{1}$ Pa	$10^{2}...10^{5}$ Pa

▓ Meßbereich bei Sonderausführung oder bei besonderen Betriebsdaten

16 Anhang

Tabelle 16.13 Bildzeichen für die Vakuumtechnik [1]) (Auszug aus DIN 28 401)

Vakuumpumpen[2)]

Symbol	Bezeichnung	Symbol	Bezeichnung	Symbol	Bezeichnung
⬡	Vakuumpumpe, allgemein	⬡	Adsorptionspumpe	▭	Dampfsperre, gekühlt
⬡	Hubkolbenvakuumpumpe	⬡	Getterpumpe	▭	Kühlfalle, allgemein
⬡	Membranvakuumpumpe	⬡	Verdampferpumpe	▭	Kühlfalle mit Vorratsgefäß
⬡	Rotationsverdränger-Vakuumpumpe	⬡	Ionenzerstäuberpumpe	▭	Sorptionsfalle
⬡	Sperrschiebervakuumpumpe	⬡	Kryopumpe		
⬡	Drehschiebervakuumpumpe	⬡	Radialvakuumpumpe		**Behälter**
⬡	Kreiskolbenvakuumpumpe[3)]	⬡	Axialvakuumpumpe	▭	Vakuumbehälter
⬡	Flüssigkeitsringvakuumpumpe			▭	Vakuumglocke
			Vakuumpumpenzubehör		**Absperrorgane**
⬡	Wälzkolbenvakuumpumpe	▭	Abscheider, allgemein	⋈	Absperrorgan, allgemein
⬡	Turbovakuumpumpe, allgemein	▭	Abscheider mit Wärmeaustausch (z. B. gekühlt)	⋈	Absperrventil Durchgangsventil
⬡	Turbomolekularpumpe	▭	Gasfilter, allgemein	⋈	Eckventil
⬡	Treibmittelvakuumpumpe	▭	Filter, Filterapparat, allgemein	⋈	Absperrhahn Durchgangshahn
⬡	Diffusionspumpe	▭	Dampfsperre, allgemein	⋈	Dreiwegehahn

[1)] Sofern nichts anderes vermerkt, können die Bildzeichen in beliebiger Lage verwendet werden.
[2)] Der höhere Druck ist an der Seite der Verengung.
[3)] z.B. Trochoidenpumpe.

16.A Tabellen

Tabelle 16.13 Fortsetzung

Symbol	Bezeichnung
	Eckhahn
	Absperrschieber
	Absperrklappe
	Rückschlagklappe
	Absperrorgan mit Sicherheitsfunktion

Antriebe für Absperrorgane

Symbol	Bezeichnung
	Antrieb von Hand
	Antrieb durch Elektromagnet
	Fluidantrieb (hydraulisch oder pneumatisch)
	Antrieb durch Elektromotor
	gewichtbetätigt
	Dosierventil

Verbindungen und Leitungen

Symbol	Bezeichnung
	Flanschverbindung
	Flanschverbindung, geschraubt
	Kleinflansch-verbindung
	Klammerflansch-verbindung
	Rohrschraub-verbindung
	Kugelschliff-verbindung
	Muffenverbindung
	Kegelschliff-verbindung
	Veränderung des Rohrleitungs-querschnittes
	Kreuzungen zweier Leitungen **mit** Verbindungsstelle[1]
	Kreuzung zweier Leitungen **ohne** Verbindungsstelle
	Abzweigstelle

Symbol	Bezeichnung
	Zusammenfassung von Leitungen
	Bewegliche Leitung, (z.B. Kompensator-Verbindungsschlauch)
	Schiebedurchführung mit Flansch
	Schiebedurchführung ohne Flansch
	Drehschiebe-durchführung
	Drehdurchführung
	elektrische Leitungs-durchführung

Meßgeräte

Symbol	Bezeichnung
	Vakuummeter, Vakuummeßzelle[2]
	Betriebs- und Anzeigegerät für Vakuummeßzelle[2]
	Durchflußmessung

Hinweiszeichen

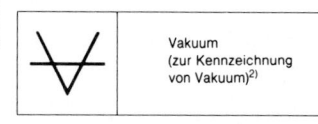

Symbol	Bezeichnung
	Vakuum (zur Kennzeichnung von Vakuum)[2]

[1] Vorbehaltlich einer noch zu treffenden internationalen Entscheidung kann zur Verbesserung der Übersichtlichkeit auch ein Kontaktpunkt gesetzt werden.

[2] Dieses Bildzeichen ist lageabhängig. Die Spitze des Winkels muß immer nach unten zeigen!

Tabelle 16.14 Wichtige Konstanten[1])

Formelzeichen	Größenbezeichnung	Größenwert
c	Lichtgeschwindigkeit	$2{,}9979 \cdot 10^8$ m·s^{-1}
e	elektrische Elementarladung	$1{,}6022 \cdot 10^{-19}$ C
g_n	Norm-Fall-Beschleunigung	$9{,}8067$ m·s^{-2}
h	Planck-Konstante	$6{,}6262 \cdot 10^{-34}$ J·s
k	Boltzmann-Konstante	$1{,}3807 \cdot 10^{-23}$ J·K^{-1}
m_e	Elektronen-Ruhe-Masse	$9{,}1095 \cdot 10^{-31}$ kg
m_H	Masse des Wasserstoffatoms	$1{,}6736 \cdot 10^{-27}$ kg
m_u	atomare Masseneinheit; Atommassen-Konstante	$1{,}6606 \cdot 10^{-27}$ kg = 1 u
N_A	Avogadro-Konstante	$6{,}0220 \cdot 10^{23}$ mol^{-1}
p_n[2])	Normdruck	101 325 N·m^{-2}
R	Allgemeine (molare) Gaskonstante	$8{,}3144$ J·mol^{-1}·K^{-1} = $83{,}14$ mbar·ℓ·mol^{-1}·K^{-1} = $8{,}314 \cdot 10^4$ mbar·ℓ·kmol^{-1}·K^{-1} = $8{,}314 \cdot 10^3$ Pa·m^3·kmol^{-1}·K^{-1}
T_n[2])	Normtemperatur	$273{,}15$ K
$V_{molar,n}$	Molares Normvolumen des idealen Gases	$22{,}4138$ ℓ·mol^{-1}
σ	Stefan-Boltzmann-Strahlungskonstante	$5{,}6703 \cdot 10^{-8}$ W·m^{-2}·K^{-4}
e/m_e	Spezifische Ladung des Elektrons	$1{,}7588 \cdot 10^{11}$ C·kg^{-1}

[1]) auf vier Stellen hinter dem Komma gerundet
[2]) DIN 1343 (Nov. 75); DIN 1343, Entwurf Okt. 84 schlägt statt des Index n für den Normzustand den Index std (Standard) vor.

Tabelle 16.15 Wichtige Gleichungen zur Physik der (idealen) Gase

Es bedeuten: R allgemeine (molare) Gaskonstante, T Thermodynamische Temperatur, M_molar Molare Masse, M_r relative Atom- bzw. Molekülmasse, p Druck, V Volumen, ν Stoffmenge, n Teilchenanzahldichte, ρ Dichte, k Boltzmann-Konstante, m_a Teilchenmasse, N_A Avogadro-Konstante, $\bar{l}$ mittlere freie Weglänge

In die Zahlenwertgleichungen (ZWG) sind einzusetzen: T in K, M_r = reine Zahl, p in mbar, V in ℓ, ν in mol, n in cm^{-3}, $\bar{l}p$ in cm·mbar (vgl. Tab. 16.6, dort in m·mbar!)

Größe	Gl.	Größengleichung	Zahlenwertgleichung	ZWG für Luft (M_r = 28,96) und $\vartheta = 20$ °C
Wahrscheinlichste Teilchengeschwindigkeit c_w	(2.50)	$c_w = \sqrt{\dfrac{2RT}{M_\text{molar}}}$	$c_w = 129\sqrt{\dfrac{T}{M_r}}$ ms^{-1}	$c_w = 411$ ms^{-1}
Mittlere Teilchengeschwindigkeit $\bar{c}$	(2.55)	$\bar{c} = \sqrt{\dfrac{8RT}{\pi M_\text{molar}}}$	$\bar{c} = 146\sqrt{\dfrac{T}{M_r}}$ ms^{-1}	$\bar{c} = 465$ ms^{-1}
Mittleres Geschwindigkeitsquadrat $\overline{c^2}$	(2.56)	$\overline{c^2} = \dfrac{3RT}{M_\text{molar}}$	$\overline{c^2} = 24\,900\,\dfrac{T}{M_r}$ m^{2}s^{-2}	$\overline{c^2} = 25{,}2\cdot 10^4$ m^{2}s^{-2}
Effektivgeschwindigkeit c_eff	(2.56)	$c_\text{eff} = \sqrt{\overline{c^2}} = \sqrt{\dfrac{3RT}{M_\text{molar}}}$	$c_\text{eff} = 158\sqrt{\dfrac{T}{M_r}}$ m^{-1}s^{-1}	$c_\text{eff} = 502$ ms^{-1}
Zustandsgleichung der idealen Gase	(2.31.1)	$p\cdot V = \nu RT$	$p\cdot V = 83{,}14\,\nu T$ mbar·ℓ	$p\cdot V = 2{,}44\cdot 10^4\,\nu$ mbar·ℓ [1])
	(2.31.7)	$p = nkT$	$p = 1{,}38\cdot 10^{-19} n\cdot T$ mbar	$p = 4{,}04\cdot 10^{-17} n$ mbar[1])
Gasdruck p	(2.45)	$p = \dfrac{1}{3}nm_a\overline{c^2} = \dfrac{1}{3}\rho\,\overline{c^2}$	—	—
Teilchenanzahl-Dichte n	(2.31.7)	$n = p/kT$	$n = 7{,}25\cdot 10^{18}\,\dfrac{p}{T}$ cm^{-3}	$n = 2{,}5\cdot 10^{16}\cdot p$ cm^{-3} [1])
Flächenstoßrate Z_A = Teilchenwandstromdichte j_N	(2.57)	$Z_A = j_N = \dfrac{n\bar{c}}{4} = \sqrt{\dfrac{N_A^2}{2\pi RT\cdot M_\text{molar}}}$	$Z_A = j_N = 2{,}63\cdot 10^{22}\,\dfrac{p}{\sqrt{M_r\cdot T}}$ cm^{-2}s^{-1}	$Z_A = j_N = 2{,}85\cdot 10^{20}\cdot p$ cm^{-2}s^{-1}
Flächenbezogener Massenstrom $q_{m,A}$ = Massenstromdichte j_m	—	$q_{m,A} = j_m = j_N\cdot m_a = Z_A m_a = \sqrt{\dfrac{M_\text{molar}}{2\pi RT}}$	$q_{m,A} = j_m = 4{,}38\cdot 10^{-2}\sqrt{\dfrac{M_r}{T}}\,p$ gcm^{-2}s^{-1}	$q_{m,A} = j_m = 1{,}38\cdot 10^{-2}\cdot p$ gcm^{-2}s^{-1}
Volumenstoßrate Z_V	(2.73)	$Z_V = \dfrac{1}{2}\dfrac{n\bar{c}}{\bar{l}} = \dfrac{1}{\bar{l}p}\sqrt{\dfrac{8N_A^2}{\pi M_\text{molar}\cdot RT}}\cdot p^2$	$Z_V = 5{,}27\cdot 10^{22}\,\dfrac{1}{\bar{l}p}\,\dfrac{p^2}{\sqrt{M_r T}}$ cm^{-3}s^{-1}	$Z_V = 8{,}6\cdot 10^{22}\,p^2$ cm^{-3}s^{-1}

[1]) gilt für alle (idealen) Gase.

Tabelle 16.16 Ölempfehlung zu verschiedenen Einsatzgebieten ölgefüllter Verdrängerpumpen[1])

Öltyp	Universalöl	Spezialöl Protelen	Spezialöl NC 2	Spezialöl NC 1 Fomblin
Ölsorte	unlegiertes Maschinenöl (Viskositätsklasse ISO VG 100)	basisch vorgespanntes Maschinenöl	Weißöl, d. h. unlegiertes Paraffinöl ohne Olefine, Aromaten und Heteroverbindungen	synthetisches Öl, perfluorierter Polyether
Temperaturbereich kinematische Viskosität bei 40 °C Dichte bei 20 °C Flammpunkt	bis 120 °C $83 \cdot 10^{-6}$ m^{2}s^{-1} 0,87 g/cm^3 260 °C	bis 120 °C $131 \cdot 10^{-6}$ m^{2}s^{-1} 0,90 g/cm^3 230 °C	bis 120 °C $70 \cdot 10^{-6}$ m^{2}s^{-1} 0,887 g/cm^3 225 °C	bis 140 °C $87 \cdot 10^{-6}$ m^{2}s^{-1} 1,90 g/cm^3 nicht entflammbar
Anwendungsgebiete (Beispiele)	• Laborpumpen, die mit Kühlfallen betrieben werden. • Abpumpen von Luft und chemisch inerten Permanentgasen (z. B. Edelgase). • Abpumpen von Wasserdampf. • Abpumpen von Gasen und Dämpfen, die gegenüber Olefinen und Aromaten nur schwach reaktiv sind.	• Abpumpen von sauren Gasen oder Säuredämpfen. • Abpumpen von Stoffen, die bei der Hydrolyse Säuren freisetzen (z. B. organische Säurechloride).	Abpumpen von Gasen oder Dämpfen, die olefinische Doppelbindungen oder Aromaten angreifen, z. B. Halogene, Halogenwasserstoffsäuren, Lewis-Säuren (BCl$_3$, AlCl$_3$, TiCl$_4$ usw.) halogenierte Kohlenwasserstoffe.	• Zugelassen von der BAM zur Förderung von reinem Sauerstoff. • Sehr gut geeignet bei der Förderung starker Oxidationsmittel (z. B. Fluor, andere Halogene, Stickoxide usw.).
Bemerkungen	• Öl nach DIN 51506. • Standzeit kann durch Einsatz eines chemischen Filters verlängert werden.	• Pumpen nicht längere Zeit unbenutzt stehen lassen (Stillstandskorrosion). • der Korrosionsschutz wird verbraucht (rechtzeitiger Ölwechsel). • keinen chemischen Ölfilter einsetzen, da sonst die Additive unwirksam gemacht werden.	• Mit einem Inhibitor auch bei Anfall radikalisch polymerisierender Stoffe zu verwenden (Rückfrage erforderlich). • Einsatz eines chemischen Ölfilters wird empfohlen; bei inhibiertem NC 2 keinen chemischen Ölfilter einsetzen, da sonst der Inhibitor unwirksam gemacht wird.	• Da NC 1 mit Mineralöl eine Emulsion bildet, muß die Pumpe vor der Umstellung auf NC 1 sorgfältig von Mineralölresten befreit werden; dazu ist die Pumpe zu demontieren. • Der Einsatz eines chemischen Ölfilters wird dringend empfohlen.

[1]) Siehe auch Laurenson L., Technology and Applications of pump fluids. J. Vac. Sci. Techn., Bd. 20 (1982) Nr. 4, S. 989/95.

Fortsetzung Tabelle 16.16

Spezialöl NC 10	Spezialöl Halocarbon 56 S	Spezialöl ANDEROL 500	Spezialöl Glygoyle 11	Spezialöl DOP
Alkylsulfonsäureester (Weichmacher)	synthetisches Öl, Polychlortrifluorethylen	synthetisches Öl auf Diesterbasis	synthetisches Öl auf Polyglycolbasis (Polyether)	Dioctylphthalat (Weichmacher)
bis 120 °C $38 \cdot 10^{-6}$ m² s⁻¹ 1,03 g/cm³ 224 °C	bis 120 °C $52 \cdot 10^{-6}$ m² s⁻¹ 1,9 g/cm³ nicht entflammbar	bis 140 °C $95 \cdot 10^{-6}$ m² s⁻¹ 0,95 g/cm³ 266 °C	bis 140 °C $85 \cdot 10^{-6}$ m² s⁻¹ 1,01 g/cm³ 270 °C	bis 120 °C $28 \cdot 10^{-6}$ m² s⁻¹ 0,99 g/cm³ 210 °C
• Extruderentgasung. • Abpumpen von Styrol, Butadien und anderen leicht polymerisierenden Stoffen. • Bildung kristalliner, schwerflüchtiger organischer Zersetzungsprodukte innerhalb der Vakuumpumpe. • Bildung teeriger oder harziger organischer Zersetzungsprodukte innerhalb der Vakuumpumpe.	• Zugelassen von der BAM zur Förderung von reinem Sauerstoff. • Sehr gut geeignet bei der Förderung starker Oxidationsmittel (z. B. Fluor, andere Halogene, Stickoxide usw.).	• Betrieb bei hoher Umgebungstemperatur. • Abpumpen von Lösungsmitteldämpfen bei erhöhter Betriebstemperatur der Vakuumpumpe. • Bildung kristalliner, schwerflüchtiger organischer Zersetzungsprodukte innerhalb der Vakuumpumpe. • Bildung teeriger oder harziger organischer Zersetzungsprodukte innerhalb der Vakuumpumpe.	• Betrieb bei hoher Umgebungstemperatur. • Abpumpen von Lösungsmitteldämpfen bei erhöhter Betriebstemperatur der Vakuumpumpe. • Bildung kristalliner, schwerflüchtiger organischer Zersetzungsprodukte innerhalb der Vakuumpumpe. • Bildung teeriger oder harziger organischer Zersetzungsprodukte innerhalb der Vakuumpumpe. • Entgasen von und Befüllen mit Bremsflüssigkeiten auf Polyetherbasis.	• Extruderentgasung. • Abpumpen von Styrol, Butadien und anderen leicht polymerisierenden Stoffen. • Bildung kristalliner, schwerflüchtiger organischer Zersetzungsprodukte innerhalb der Vakuumpumpe. • Bildung teeriger oder harziger organischer Zersetzungsprodukte innerhalb der Vakuumpumpe.
• Keinen chemischen Ölfilter einsetzen.	• Verschlechterung des Enddruckes. • Umstellung siehe NC1. • Der Einsatz eines chemischen Ölfilters wird dringend empfohlen.	• Keinen chemischen Ölfilter einsetzen.	• Glygoyle 11 ist hygroskopisch; dadurch wird der erreichbare Enddruck verschlechtert. • Mineralöl ist in Glygoyle 11 praktisch nicht löslich, daher ist die Pumpe vor der Umstellung auf Glygoyle 11 sorgfältig zu reinigen. • Keinen chemischen Ölfilter einsetzen.	• Keinen chemischen Ölfilter verwenden. • Geringe Viskosität!

Tabelle 16.17 Flächenbezogene Gasabgabe (Entgasungsstromdichte) verschiedener Werkstoffe nach der Pumpzeit $t = 1$ h.
Wegen des gleichen Gegenstandes befindet sich Tab. 16.17 hinter Bild 16.14.

16 Anhang

16.B Diagramme

Bild 16.1a	Normatmosphäre: Abnahme des Luftdruckes und Änderung der Temperatur mit der Entfernung von der Erdoberfläche
Bild 16.1b	Normatmosphäre: Änderung der Gaszusammensetzung mit der Entfernung von der Erdoberfläche
Bild 16.2	Gaskinetische Größen in Abhängigkeit vom Druck für Luft von 20 °C
Bild 16.3a, b	Sättigungsdampfdruck von vakuumtechnisch wichtigen Stoffen in Abhängigkeit von der Temperatur
Bild 16.4	Sättigungsdampfdruck von Lösungs- und Reinigungsmitteln
Bild 16.5	Sättigungsdampfdruck von Treibmitteln
Bild 16.6	Sättigungsdampfdruck von Vakuumfetten
Bild 16.7	Dampfdrücke einiger Elastomere
Bild 16.8a	Sättigungsdampfdrücke verschiedener Stoffe im Temperaturbereich $T = 1 \ldots 400$ K
Bild 16.8b	Sättigungsdampfdrücke kryotechnisch wichtiger Stoffe
Bild 16.9a … e	Bestimmungsgrößen eines strömenden Gases
Bild 16.10	Strömungsleitwert von kreisförmigen Rohren bei Laminarströmung
Bild 16.11a	Strömungsleitwert von kreisförmigen Blenden bei Molekularströmung
Bild 16.11b	Strömungsleitwert von kreisförmigen Rohren bei Molekularströmung
Bild 16.12	Spezifische Entropie von Stickstoff in Abhängigkeit von T
Bild 16.13a	Spezifische Entropie von Helium ($T = 0 \ldots 100$ K) in Abhängigkeit von T
Bild 16.13b	Spezifische Entropie von Helium ($T = 100 \ldots 300$ K) in Abhängigkeit von T
Bild 16.14 und Tabelle 16.17	Flächenbezogene Gasabgabe verschiedener Stoffe in Abhängigkeit von der Zeit
Bild 16.15	Permeationsleitfähigkeit verschiedener Feststoff-Gas-Paarungen
Bild 16.16	Kalibrierkurven für Wärmeleitungs-Vakuummeter
Bild 16.17	Durchbruchspannung (Zündspannung) für Luft (Paschen-Kurve)
Bild 16.18	Nomogramm zur Ermittlung der Auspumpzeit eines Behälters im Grobvakuum-Bereich

16.B Diagramme

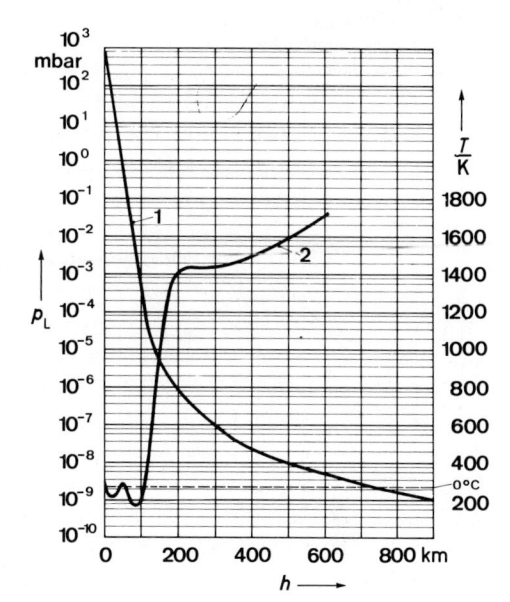

Bild 16.1a

Normatmosphäre: Abnahme des Luftdrucks p_L (1) und Änderung der Temperatur T (2) mit der Entfernung h von der Erdoberfläche. Beachte: Die Temperaturskala ist linear.

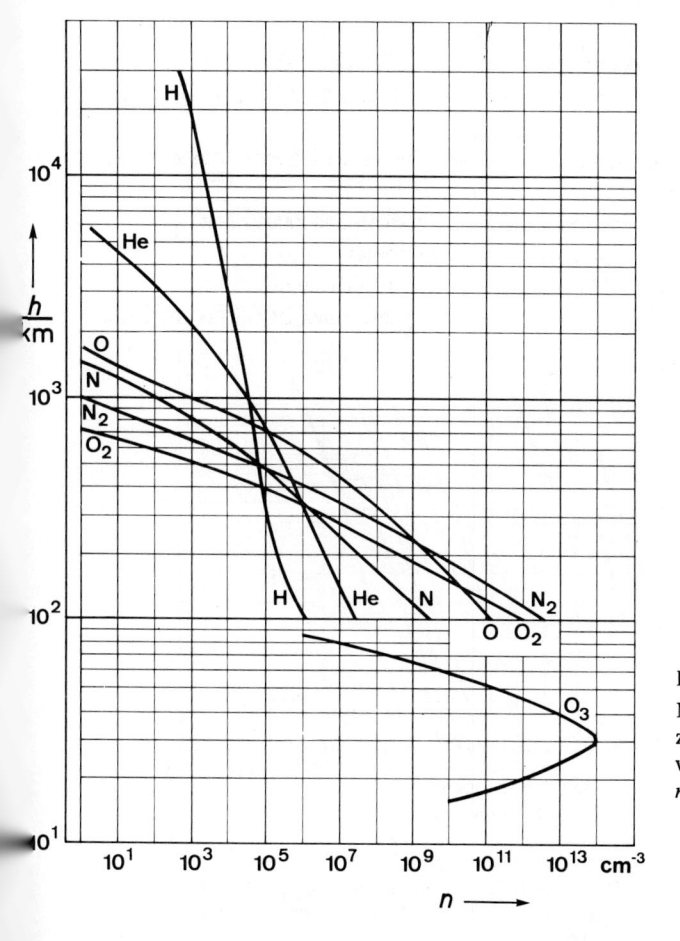

Bild 16.1b

Normatmosphäre: Änderung der Gaszusammensetzung mit der Entfernung h von der Erdoberfläche.
n = Teilchenanzahldichte.

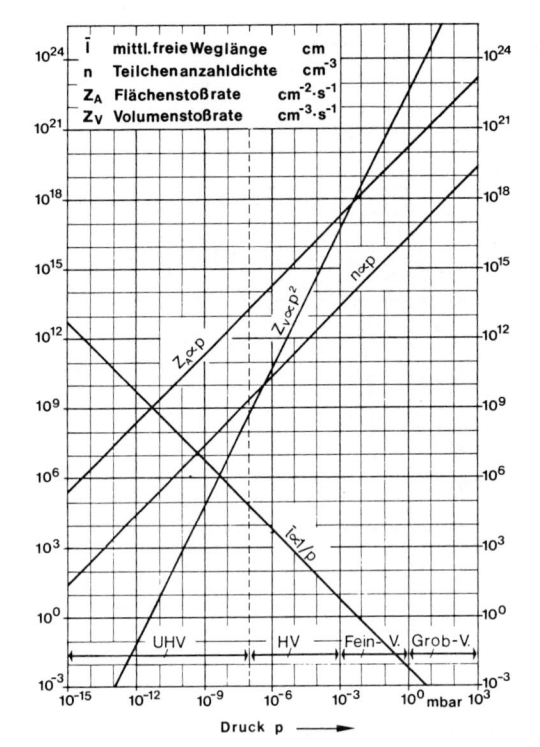

16 Anhang

Bild 16.2
Mittlere freie Weglänge $\bar{l}$ (Gl. (2.68b)), Teilchenanzahldichte n (Gl. (2.31.7)), Flächenstoßrate Z_A = Wandstromdichte j_N (Gl. (2.57)) und Volumenstoßrate Z_V (Gl. (2.73)) für Luft der Temperatur $\vartheta = 20\,°C$ in Abhängigkeit vom Druck.

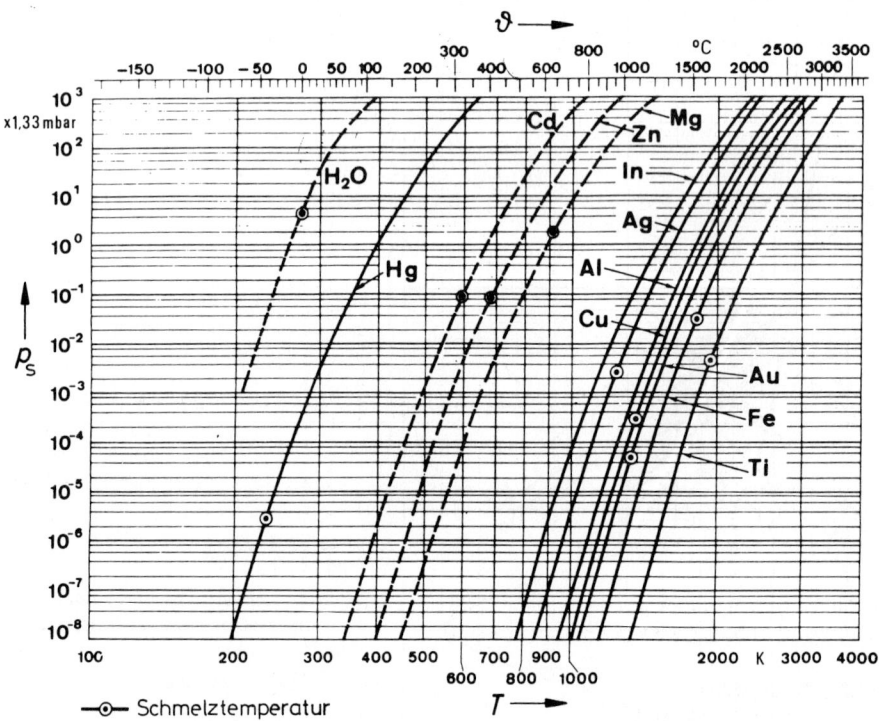

Bild 16.3a Sättigungsdampfdruck p_s von einigen vakuumtechnisch wichtigen Metallen und von Wasser in Abhängigkeit von der Temperatur T bzw. ϑ. H$_2$O s. auch Tabelle 16.9a bis c. Hg s. auch Tabelle 16.9d. Stoffe, deren Dampfdruckkurven gestrichelt eingetragen sind, sind vakuumtechnisch unerwünscht.
Aus R. E. Honig, RCA Review XXIII (1962) 567 ff.

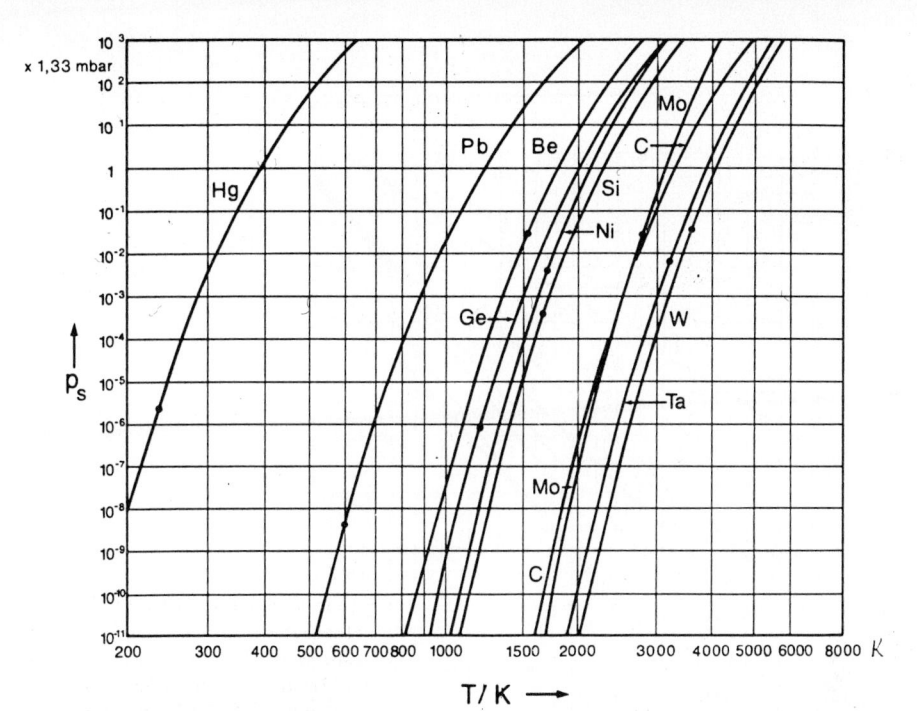

Bild 16.3b Sättigungsdampfdruck p_s von einigen vakuumtechnisch wichtigen Metallen, von Kohlenstoff, der Halbleiter Silizium und Germanium und – zum Vergleich – von Quecksilber in Abhängigkeit von der Temperatur T. Aus Honig, l.c. —•— Schmelztemperatur.

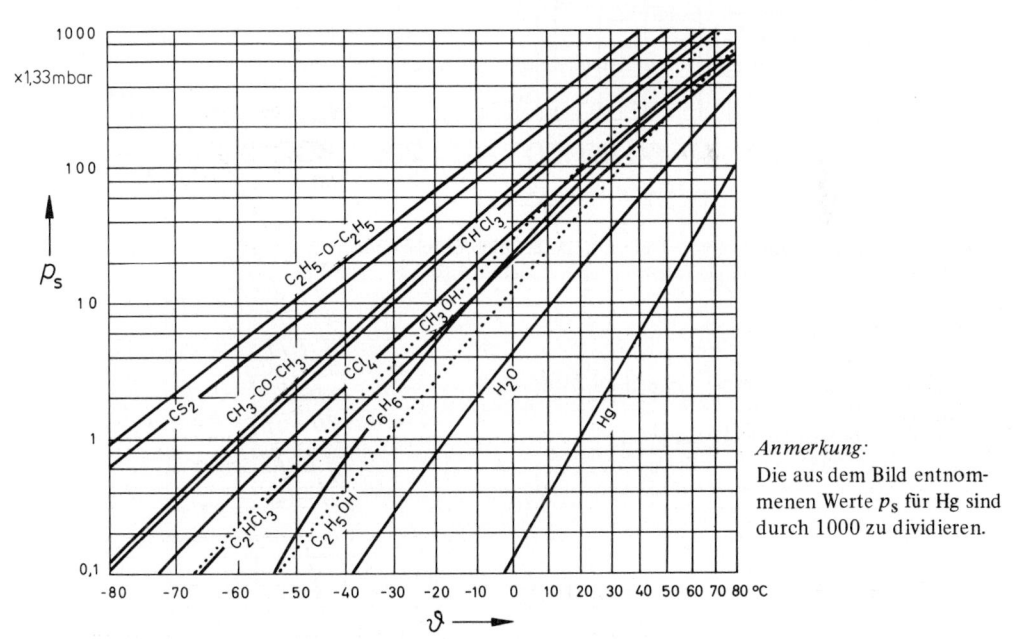

Anmerkung:
Die aus dem Bild entnommenen Werte p_s für Hg sind durch 1000 zu dividieren.

Bild 16.4 Sättigungsdampfdruck p_s einiger gebräuchlicher Lösungs- bzw. Reinigungsmittel in Abhängigkeit von der Temperatur ϑ.

$C_2H_5\text{-}O\text{-}C_2H_5$ Diäthyläther	CH_3OH Methylalkohol
CS_2 Schwefelkohlenstoff	C_2HCl_3 Trichloräthylen („Tri")
$CH_3\text{-}CO\text{-}CH_3$ Aceton	C_6H_6 Benzol
$CHCl_3$ Chloroform	C_2H_5OH Äthylalkohol
CCl_4 Tetrachlorkohlenstoff („Tetra")	

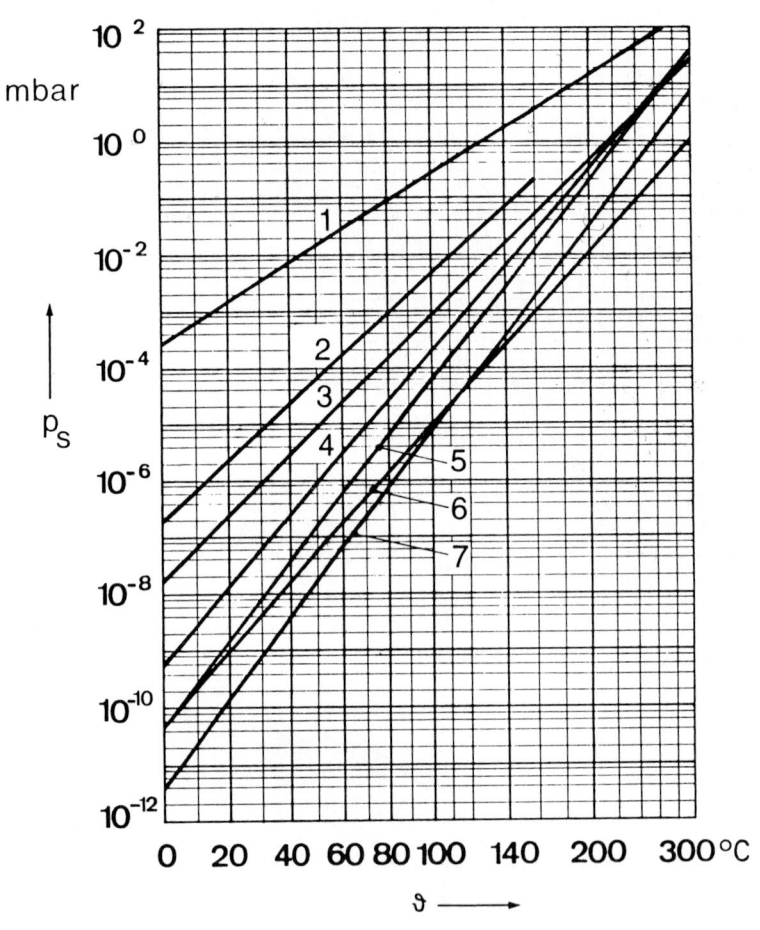

Bild 16.5 Sättigungsdampf p_s von Treibmitteln für Treibmittel-Pumpen in Abhängigkeit von der Temperatur ϑ. S. auch Tabelle 16.10

1 Quecksilber
2 Fomblin Y–LVAC 06/6
3 Hochvakuumöl < leicht >
4 Hochvakuumöl < normal >; Fomblin Y–HVAC 18/8
5 Ultrahochvakuumöl
6 Ultralen, Convalex 10, Santovac 5
7 Silikonöl DC 705

16.B Diagramme

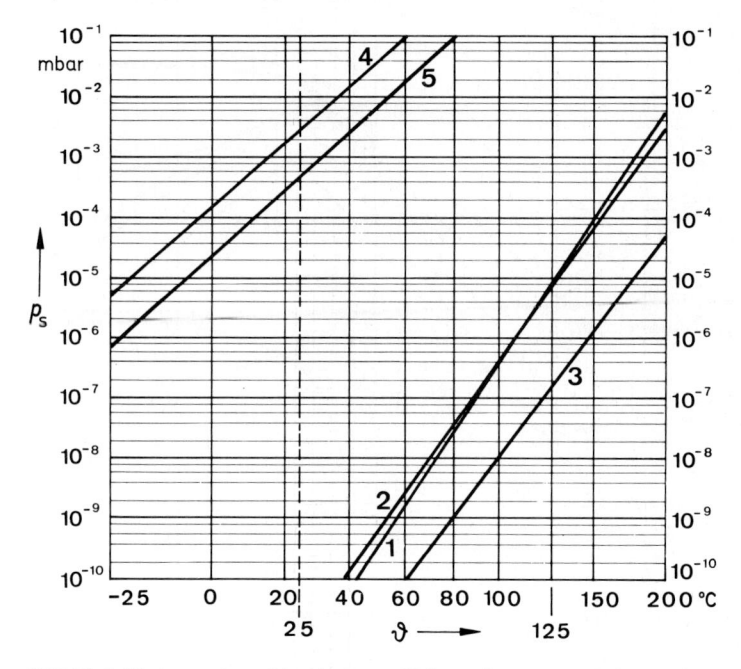

Bild 16.6 Sättigungsdampfdruck p_s von Vakuumfetten und Picein in Abhängigkeit von der Temperatur ϑ.
1 Fett P
2 Fett R
3 Silikonfett
4 Picein
5 Ramseyfett.

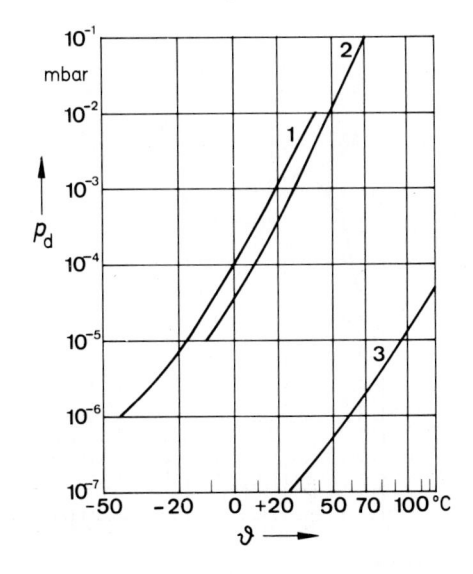

Bild 16.7
Dampfdrücke p_d von Elastomeren in Abhängigkeit von der Temperatur ϑ.
1 Perbunan
2 Silokongummi
3 Teflon.

Bild 16.8a, b siehe Seite 626

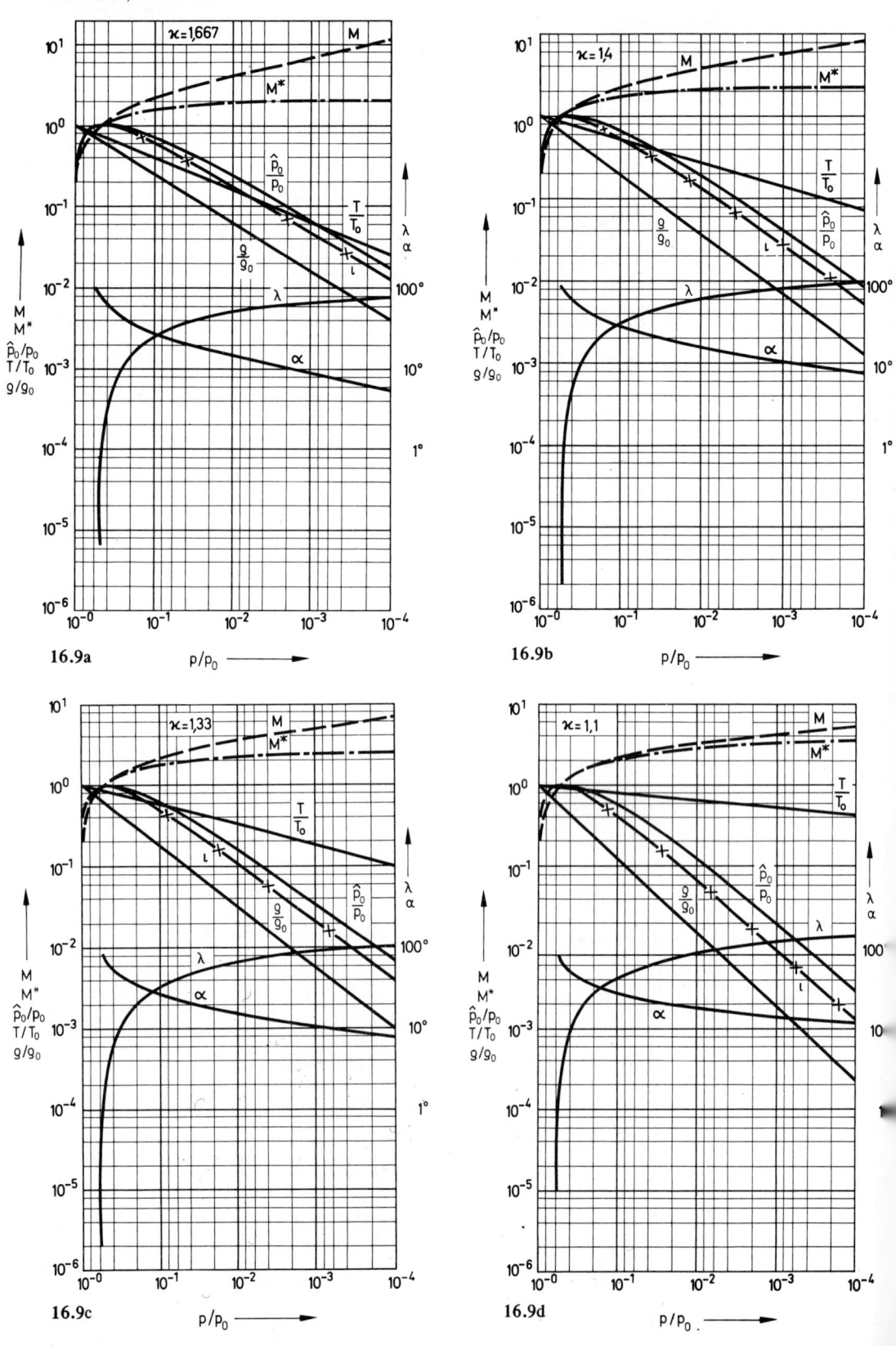

16.9a $\kappa = 1{,}667$ p/p_0

16.9b $\kappa = 1{,}4$ p/p_0

16.9c $\kappa = 1{,}33$ p/p_0

16.9d $\kappa = 1{,}1$ p/p_0

16.B Diagramme

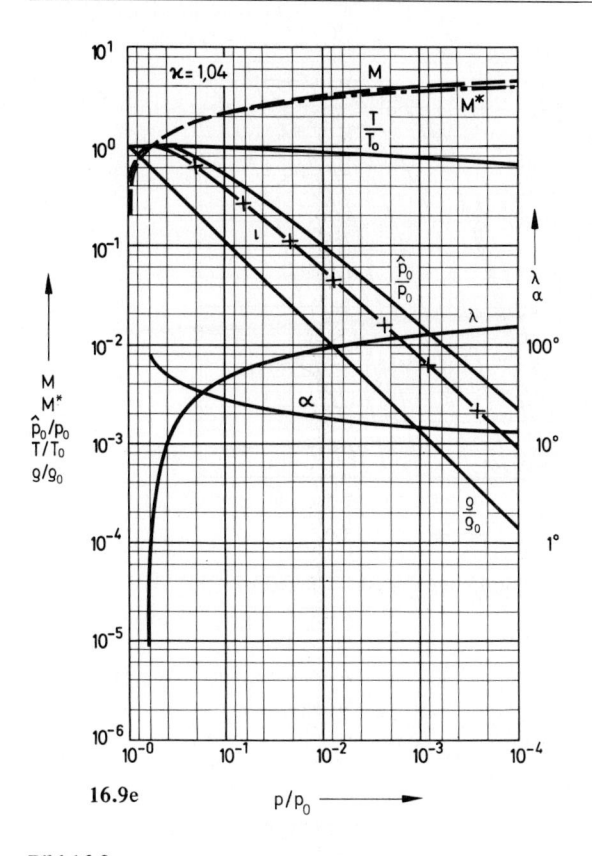

16.9e p/p_0 →

Bild 16.9a ... e
Bestimmungsgrößen eines strömenden Gases (vgl. Abschnitt 2.7) als Funktion des Expansionsverhältnisses p/p_0 für verschiedene Werte des Adiabatenexponenten κ.

M Machzahl ($M = v/a$)   (Gl. (2.120))
M^* Kritische Machzahl ($M^* = v/v^*$)   (Gl. (2.121))
$\hat{p}_0/p_0$ Ruhedruckverhältnis   (Gl. (2.136))
T/T_0 Temperaturverhältnis   (Gl. (2.106))
ι Stromdichteverhältnis   (Gl. (2.113))
ϱ/ϱ_0 Dichteverhältnis   (Gl. (2.106))
λ Strömungsparameter   (Gl. (2.141))
α Machwinkel ($\sin \alpha = M^{-1}$) (Abschnitt 2.7.8)
λ und α in Winkelgrad

16 Anhang

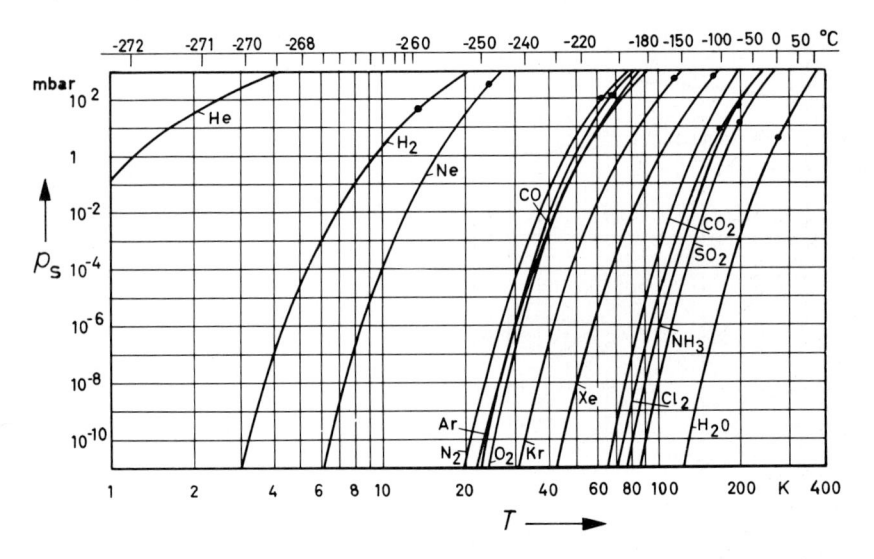

Bild 16.8a Sättigungsdampfdrücke p_s verschiedener Stoffe im Temperaturbereich $T = 1 \ldots 400$ K
● Schmelztemperatur.

Siehe auch Tabellen 16.9a bis h

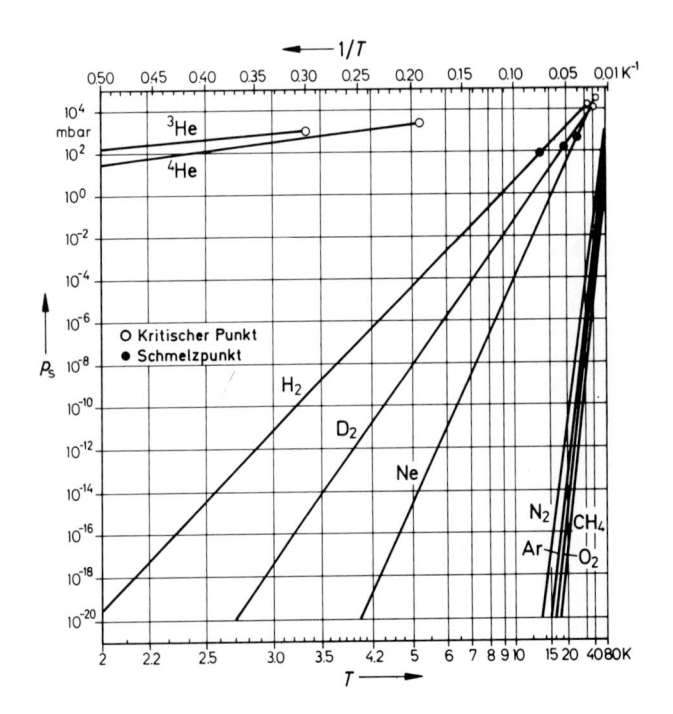

Bild 16.8b

Sättigungsdampfdrücke p_s verschiedener kryotechnisch wichtiger Stoffe im Temperaturbereich $T = 2 \ldots 80$ K.

Siehe auch Tabellen 16.9e bis h

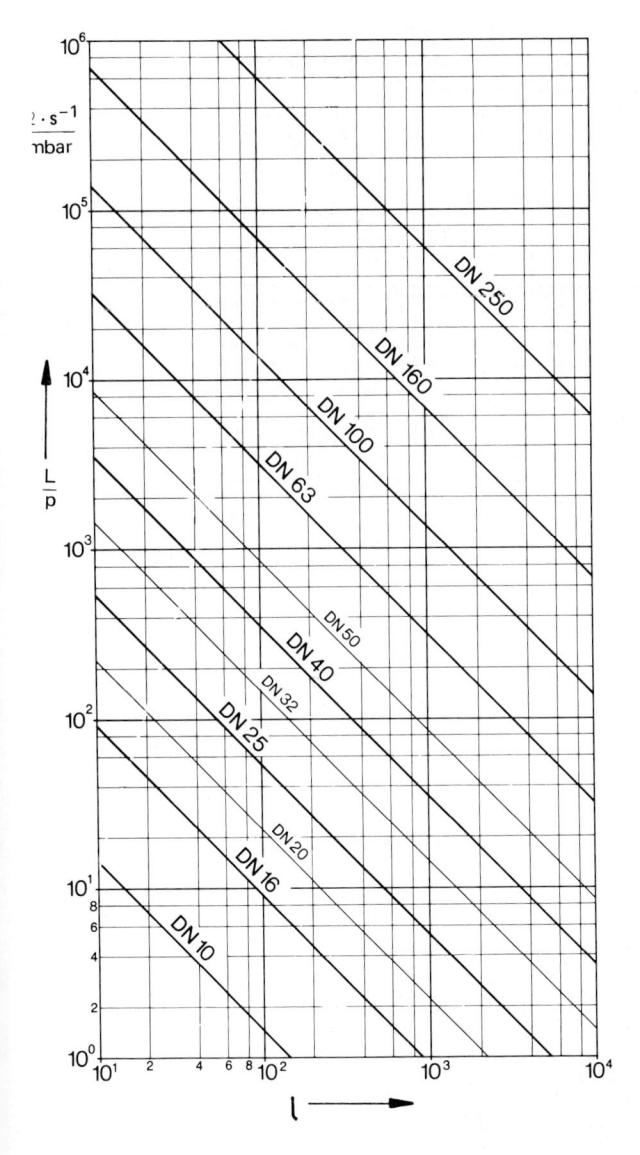

Bild 16.10 Leitwert L dividiert durch den mittleren Druck $\bar{p}$ bei Laminarströmung von Luft der Temperatur $\vartheta = 20\,°C$ durch Rohre von kreisförmigem Querschnitt der Normweiten (Innendurchmesser d_i, s. Tab. 14.4) in Abhängigkeit von der Rohrlänge l nach Gl. (4.55)

Grenzwerte für Laminarströmung:

$$q_{pV,\,\max} = 280\,\frac{\text{mbar}\cdot\ell\cdot\text{s}^{-1}}{\text{cm}}\cdot d_i$$

(Gl. (4.36))

$$l_{\min} = 1{,}3\,\frac{\text{cm}}{\text{mbar}\cdot\ell\cdot\text{s}^{-1}}\cdot q_{pV}\quad\text{(Gl. (4.41a))}$$

Großdruck = bevorzugte Nennweiten.

16 Anhang

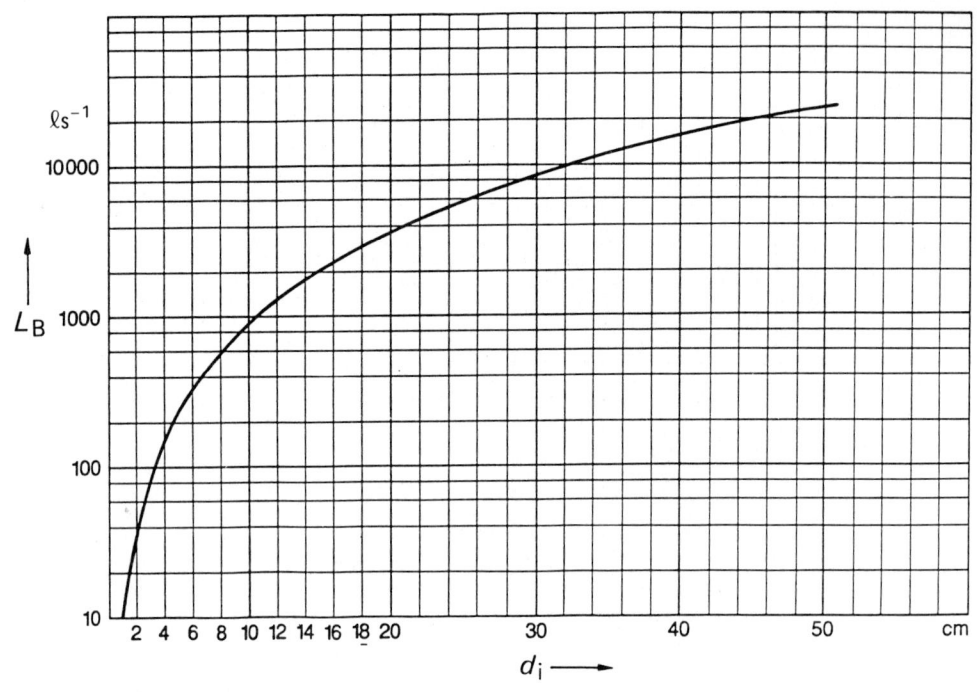

Bild 16.11a Strömungsleitwert L_B einer kreisförmigen Blende mit dem Durchmesser d_i (s. auch Tabelle 4.4).

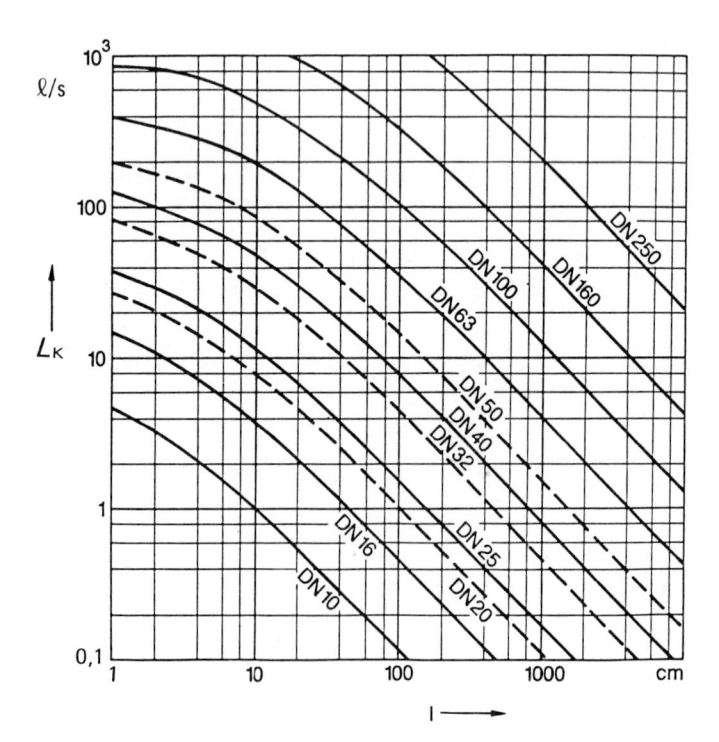

Bild 16.11b

Strömungsleitwert L_K bei Molekularströmung von Luft der Temperatur $\vartheta = 20\ °C$ durch Rohre mit kreisförmigem Querschnitt der Normnennweiten (Innendurchmesser d_i, siehe Tabelle 14.4) in Abhängigkeit von der Rohrlänge l nach Gl. (4.88).

Die ausgezogenen Linien gehören zu den bevorzugten Nennweiten.

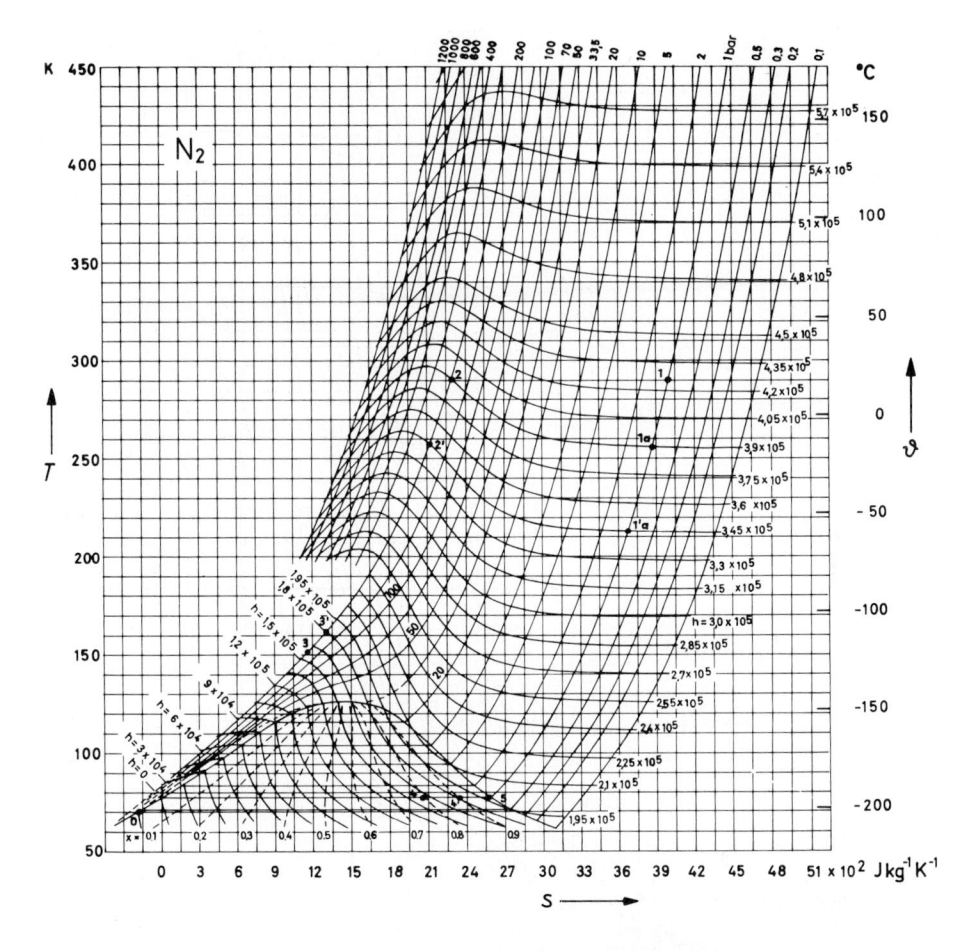

Bild 16.12 Spezifische Entropie s in J kg^{-1} K^{-1} von Stickstoff in Abhängigkeit von der thermodynamischen Temperatur T in K. Eingezeichnet sind Kurven gleicher spezifischer Enthalpie h in J kg^{-1} (Isenthalpen). s und h sind bei der normalen Siedetemperatur des Stickstoffes (p_n = 1,013 bar, T_S = 77,3 K) willkürlich gleich Null gesetzt. x = Gasanteil im gas/flüssig Koexistenzgebiet.

16 Anhang

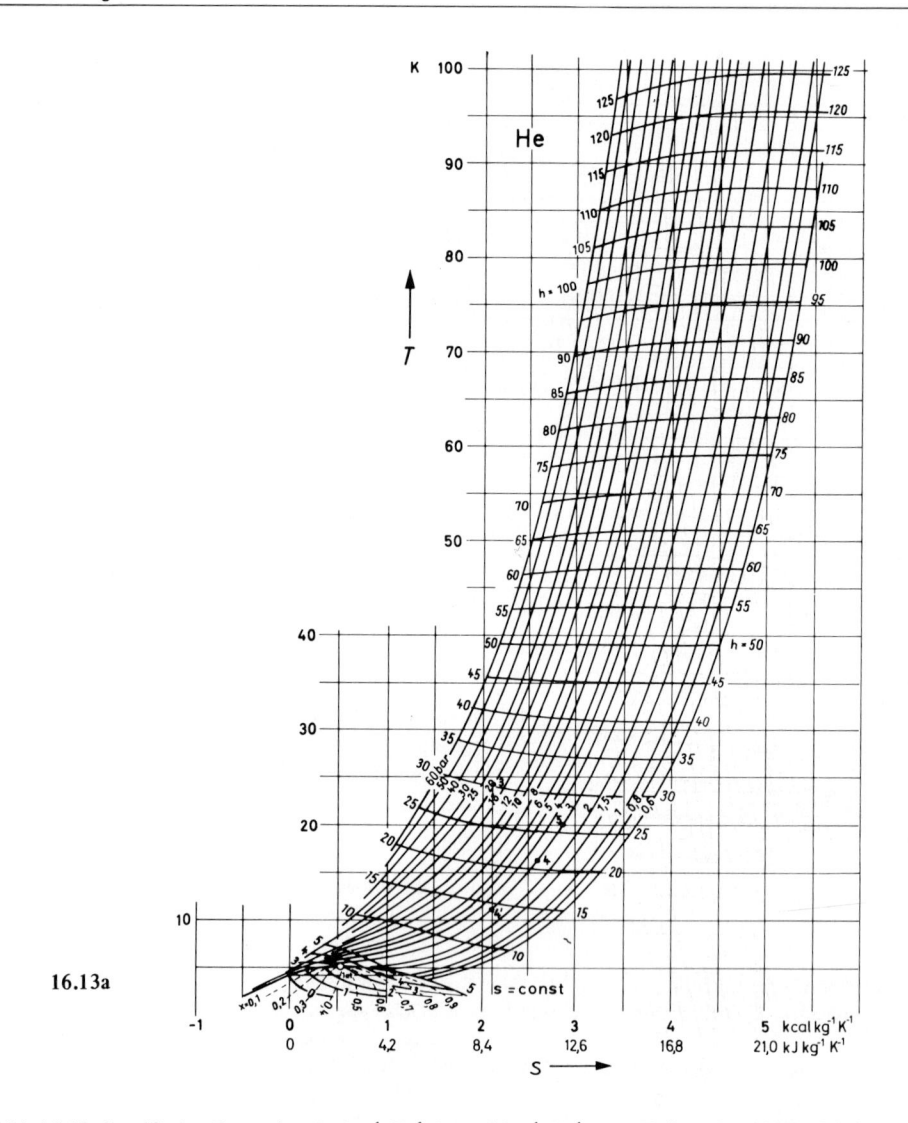

Bild 16.13 Spezifische Entropie s in kg^{-1} K^{-1} bzw. J kg^{-1} K^{-1} von Helium in Abhängigkeit von der thermodynamischen Temperatur T in K. Eingezeichnet sind Kurven gleicher spezifischer Enthalpie h in kcal kg^{-1} = 4,2 · kJ kg^{-1} (Isenthalpen). s und h sind bei der normalen Siedetemperatur des Heliums (p_n = 1,013 bar, T_S = 4,2 K) willkürlich gleich Null gesetzt. x = Gasanteil im gas/flüssig-Koexistenzgebiet.

Bild a): Temperaturbereich T = 0 ... 100 K, Bild b): Temperaturbereich T = 100 ... 300 K.

16.B Diagramme

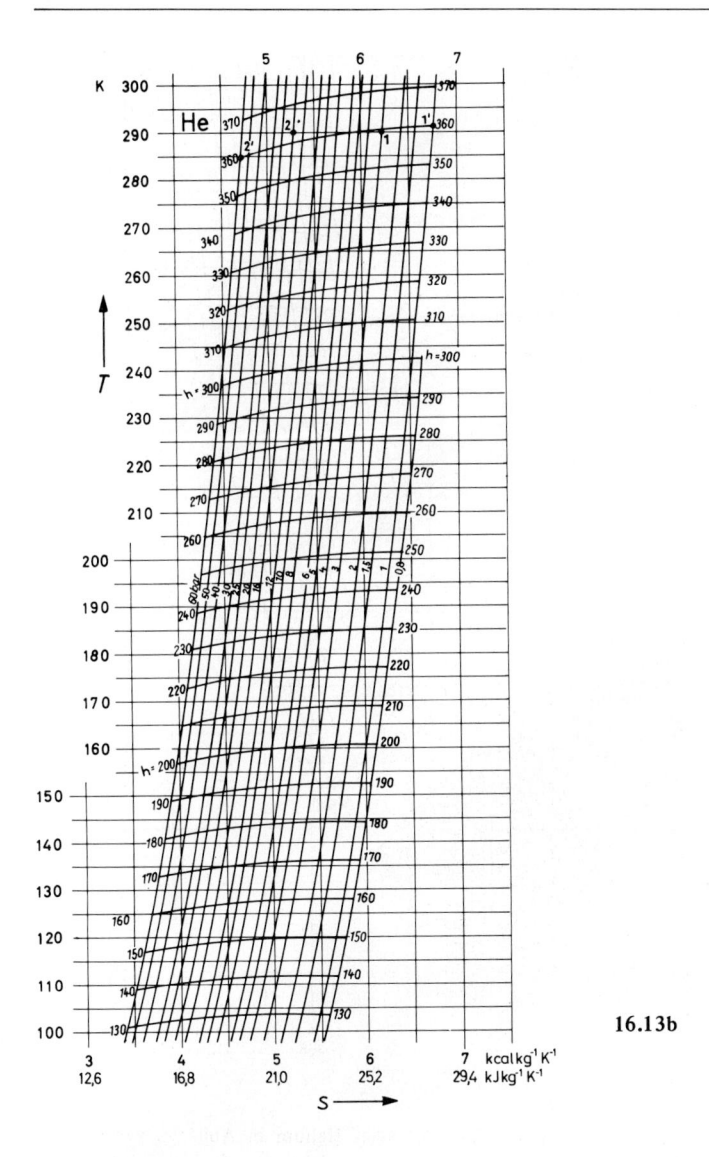

16.13b

16 Anhang

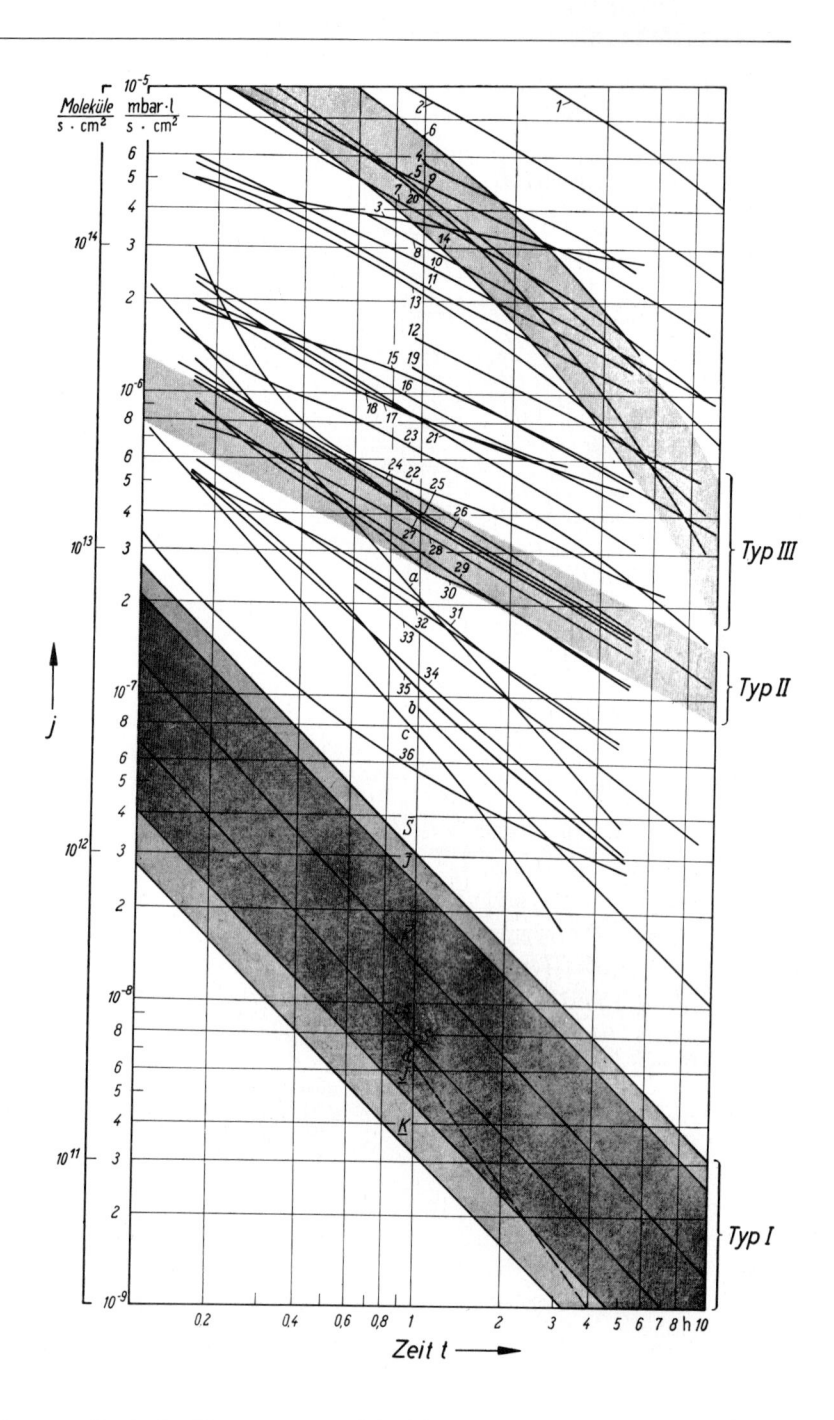

Bild 16.14 Flächenbezogene Gasabgabe (Entgasungsstromdichte) j verschiedener Stoffe bei $\vartheta = 20\,°C$ in Abhängigkeit von der Zeit t. Typ I: Metalle $j \propto t_0/t$; Typ II: Kunststoffe $j \propto \sqrt{t_0/t}$; Typ III: Kunststoffe $j \propto \exp(-t/t_0)$.
$\overline{J}, \underline{J}, \overline{K}, \underline{K}, \overline{S}, \underline{S}$: Obere bzw. untere Grenze nach verschiedenen Autoren.

Aus: K. Diels und R. Jaeckel, Vakuum-Taschenbuch, 2. Auflage, Berlin 1962.

zu Bild 16.14

Kurve	Stoff	Kurve	Stoff
1	Vulkollan	22	PVC
2	Perbunan + Buna	23	Viton (25/Vi 575)
3	Movital	24	Teflon (3/Tf 528)
4	Movilith	25	Araldit
5	Neopren (45/Ne 747)		
		26	Polymethan
6	Silikongummi	27	Viton
7	Naturkautschuk	28	Viton
		29	Polystyrol
8	Perbunan	30	Polystyrol
9	Perbunan	31	Polystyrol
10	Perbunan	32	Teflon
11	Polyamid	33	Teflon
12	Araldit	34	Polyäthylen
13	Neopren (35/Ne 746)		
14	Silikongummi (O-Ring)	35	Polyäthylen
15	Plexiglas		
16	Polyvinylcarbazol	36	Hostaflon
17	Polyvinylcarbazol	a	Pyrophyllit
18	Polycarbonat	b	Steatit (Al_2O_3)
19	Araldit	c	Degussit (Al_2O_3)
20	Silikon (37/Si 502)	d	Pyrexglas
21	Ultramid		

Anmerkung zu Bild 16.14 und Tabelle 16.17

Die Entgasungsstromdichte hängt u.a. — teilweise sehr stark — ab von der Vorgeschichte (Herstellungsprozeß, thermische Vorbehandlung), von der Oberflächen-Beschaffenheit und -Behandlung (mechanische, chemische, physikalische), von der Art der okkludierten Gase und natürlich von der Temperatur. Unterschiedliche Meßergebnisse haben auch ihre Ursache in der verwendeten Meßmethode und im Zustand des Materials zu Beginn der Messung.

Tabelle 16.17 Flächenbezogene Gasabgabe (Entgasungsstromdichte) j_1 nach einer Pumpzeit $t = 1$ h, nach R.J. Elsey, Outgassing of vacuum materials, Vacuum **25** (1975), H. 7, S. 299...306 und H. 8, S. 347...361, verglichen mit den Werten von Bild 16.14.

a) *Metalle.* j_1 in 10^{-9} mbar $\ell\,s^{-1}$ cm^{-2}.
   Wertebereich nach Bild 16.14: $j_1 = 3...30 \cdot 10^{-9}$ mbar $\ell\,s^{-1}$ cm^{-2}.

Aluminium ①	6,3
Aluminium, versch. behandelt	4,1 ... 6,6
Duraluminium	170
Gold, Draht ①	15,8
Kupfer ①	40
Kupfer ②	3,5
Kupfer OFHC-Cu	18,8
Kupfer OFHC-Cu ②	1,9
Messing	400
Molybdän	5,2
Titan	4 ... 11,3
Zink	220

Tabelle 16.17 Fortsetzung

Verschiedene Stähle	j_1 in 10^{-9} mbar $\ell\,s^{-1}\,cm^{-2}$
Flußeisen	540
Flußeisen, leicht angerostet	600
Stahl, entzundert	307
Stahl, Chrom plattiert ①	7,1
Stahl, Chrom plattiert ②	9,1
Stahl, Nickel plattiert ①	4,2
Stahl, Nickel plattiert	2,8
Stahl, vernickelt ①	8,3
Nichtrostender Stahl	90 … 175
Nichtrostender Stahl ①	13,5
Nichtrostender Stahl, gesandet	8,3
Nichtrostender Stahl ②	1,7
Nichtrostender Stahl, elektropoliert	4,3

b) *Andere Werkstoffe.* j_1 in 10^{-8} mbar $\ell\,s^{-1}\,cm^{-2}$

Dichtungswerkstoffe	Werte aus Elsey	Bild 16.14 Kurve	j_1 aus Kurve
Kel-F	4	–	–
Neopren	3000…300	5,13	480, 210
Perbunan	350	8, 9, 10	440, 300, 270
Silikon	1800	20	430
Silikongummi	– –	6,14	650, 330
Vespel	90	–	–
Viton ①	114	23, 27, 28	620, 380, 350
Viton, entgast	0,4		
Andere Stoffe			
Araldit, gegossen	120	–	–
Araldit, verschiedene	150…800	12, 25, 19	150, 120, 40
Plexiglas	70…300	15	110
Polyethylen	23	34	12
Polystyrol	56	29, 30, 31	30, 27, 20
PTFE	30	–	–
Pyrexglas ①	0,74	d	0,62
Pyrexglas, 1 Monat in Luft	0,12	–	–
Pyrophyllit	20	a	21
Steatit	9	b	8,8

① aus der Herstellung;   ② mechanisch poliert

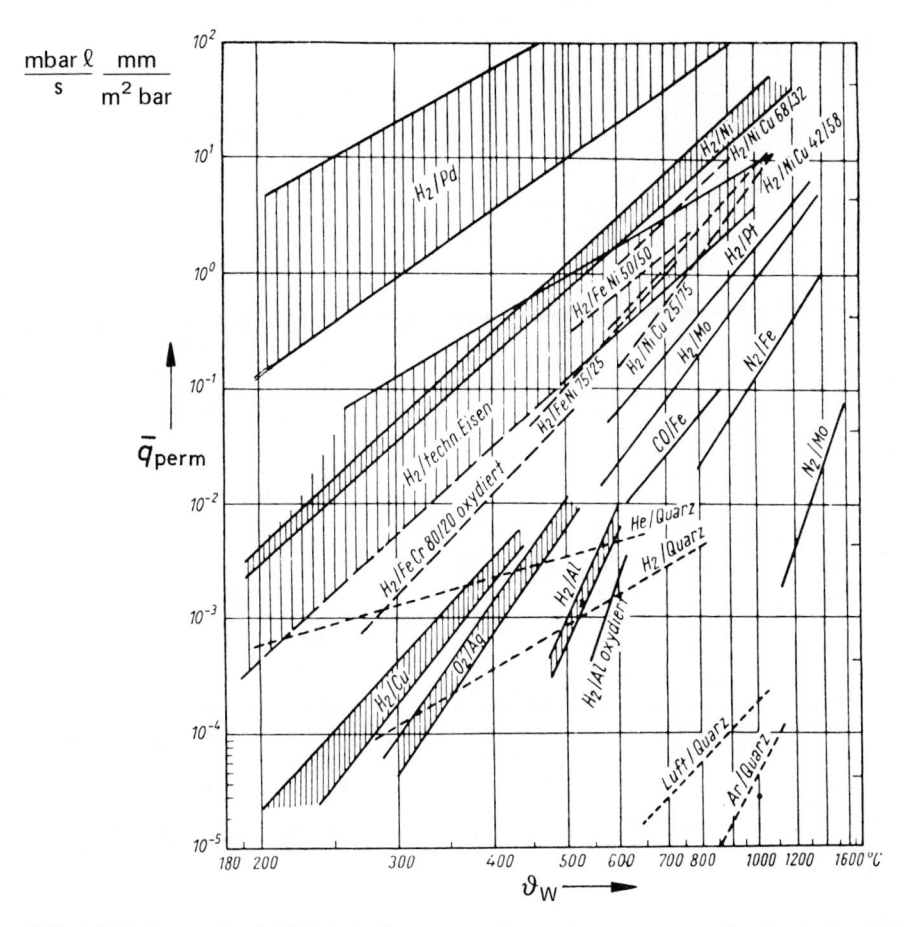

Bild 16.15 Permeationsleitfähigkeit (bezogener Permeationsgasstrom, vgl. Abschnitt 13.3 und Gl. (13.3)) $\bar{q}_{Perm}$, gemessen bei $p_1 = 1013$ mbar, $p_2 = 0$, verschiedener Metalle und Metallegierungen für die Gase H_2, N_2, O_2 und Co. Zum Vergleich $\bar{q}_{Perm}$ von Quarzglas für He, H_2, Luft und Ar. ϑ_W = Temperatur des Fest-Stoffes (Wandtemperatur). Nach E. Waldschmidt – [3] in Kap. 13.

16 Anhang

Bild 16.16 und Bild 16.17 siehe S. 638

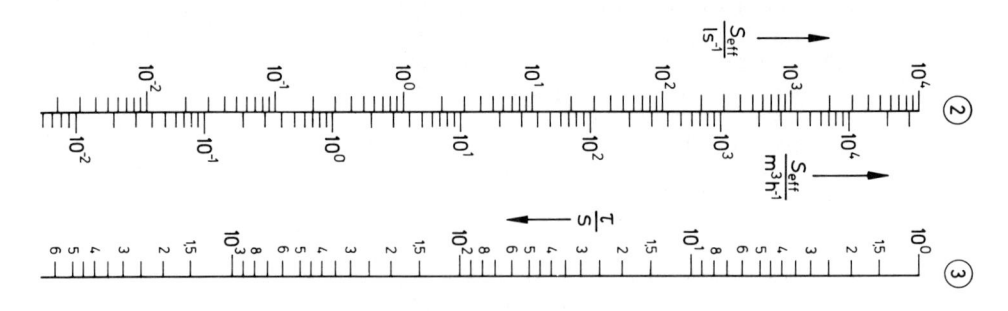

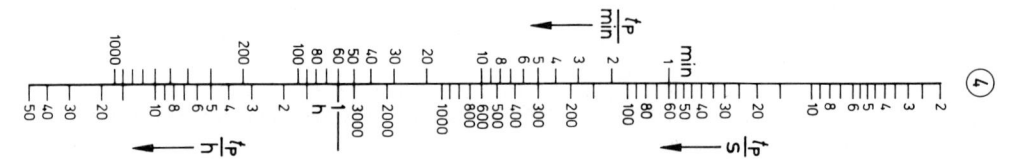

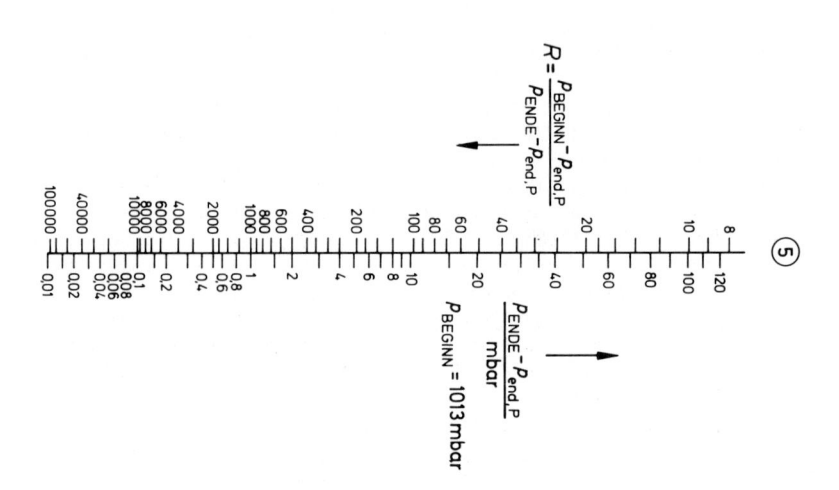

Bild 16.18 Nomogramm zur Ermittlung der Auspumpzeit t_p eines Behälters im Grobvakuumbereich.

Leiter ① : Kesselvolumen V in Litern.

Leiter ② : Maximum des effektiven Saugvermögens $S_{\text{eff, max}}$ am Kessel in (links) Liter durch Sekunde bzw. (rechts) Kubikmeter durch Stunde.

16.B Diagramme

Leiter ③ : Zeitkonstante (e-Wertszeit) τ in Sekunden nach Gl. (15.9) $\tau = V/S_{\text{eff,max}}$

Leiter ④ : Auspumpzeit t_p in (rechts oben) Sekunden, bzw. (links Mitte) Minuten, bzw. (rechts unten) Stunden nach Gl. (15.10) bzw. (15.11).

Leiter ⑤ : Rechts: Druck p_{ENDE} in Millibar am ENDE der Auspumpzeit, wenn zu BEGINN der Auspumpzeit der Atomsphärendruck $p_{\text{BEGINN}} \approx p_n = 1013$ mbar geherrscht hat. Der gewünschte Druck p_{ENDE} ist um den Enddruck der Pumpe $p_{\text{end,P}}$ zu vermindern, mit dem Differenzwert ist in die Leiter einzugehen. Falls Einströmung $q_{pV,\text{ein}}$ vorhanden, ist in die Leiter mit dem Wert $p_{\text{ENDE}} - p_{\text{end,P}} - q_{pV,\text{ein}}/S_{\text{eff,max}}$ einzugehen.
Links: Druckminderungsverhältnis $R = (p_{\text{BEGINN}} - p_{\text{end,P}} - q_{pV,\text{ein}}/S_{\text{eff,max}})/(p_{\text{ENDE}} - p_{\text{end,P}} - q_{pV,\text{ein}}/S_{\text{eff,max}})$, wenn zu Beginn des Pumpvorgangs der Druck p_{BEGINN} herrscht und auf den Druck p_{ENDE} ausgepumpt werden soll.
Die Druckabhängigkeit des Saugvermögens geht in das Nomogramm gemäß Gl. (15.6) ein und kommt durch $p_{\text{end,P}}$ in Leiter ⑤ zum Ausdruck. Ist der Pumpendruck $p_{\text{end,P}}$ klein gegen den Druck p_{ENDE}, den man am Ende des Auspumpvorganges zu erreichen wünscht, so entspricht das einem konstanten Saugvermögen S bzw. S_{eff} während des ganzen Pumpprozesses (vgl. Gl. (15.6)).

Beispiel 1 zum Nomogramm 16.18:
Ein Kessel mit dem Volumen $V = 2000$ ℓ soll durch eine Sperrschieberpumpe mit dem am Kessel wirkenden Saugvermögen $S_{\text{eff,max}} = 60$ m³ h⁻¹ = 16,7 ℓs⁻¹ vom Druck $p_{\text{BEGINN}} = 1000$ mbar (Atmosphärendruck) auf den Druck $p_{\text{ENDE}} = 10^{-1}$ mbar ausgepumpt werden. Die Auspumpzeit gewinnt man aus dem Nomogramm in zwei Schritten:
1) Bestimmung von τ: Man legt durch $V = 2000$ ℓ (Leiter ①) und $S_{\text{eff}} = 60$ m³ h⁻¹ = 16,7 ℓs⁻¹ (Leiter ②) eine Gerade, und liest am Schnittpunkt dieser Geraden mit Leiter ③ den Wert $\tau = 120$ s = 2 min ab (man beachte, daß die Unsicherheit dieses Verfahrens etwa $\Delta\tau = \pm 10$ s beträgt, die relative Unsicherheit also etwa 10 % ist).
2) Bestimmung von t_p: Der Enddruck der Rotationspumpe sei nach Angabe des Herstellers $p_{\text{end,P}} = 3 \cdot 10^{-2}$ mbar, die Apparatur sauber und die Lecke vernachlässigbar ($q_{pV,\text{ein}} = 0$ zu setzen); dann ist $p_{\text{ENDE}} - p_{\text{end,P}} = 10^{-1}$ mbar $- 3 \cdot 10^{-2}$ mbar $= 7 \cdot 10^{-2}$ mbar. Man legt nun eine Gerade durch den unter 1) gefundenen Punkt $\tau = 120$ s (Leiter ③) und den Punkt $p_{\text{ENDE}} - p_{\text{end,P}} = 7 \cdot 10^{-2}$ mbar (Leiter ⑤) und liest den Schnittpunkt dieser Geraden mit Leiter ④ $t_p = 1100$ s = 18,5 min ab. (Wieder beträgt die relative Unsicherheit des Verfahrens etwa 10 %, so daß die relative Unsicherheit von t_p etwa 15 % betragen wird). Mit einem Sicherheitszuschlag von 20 % (vgl. Abschnitt 15.2.6) wird man mit der Pumpzeit $t_p = 18,5$ min · (1 + 15 % + 20 %) = 18,5 min · 1,35 = 25 min rechnen.

Beispiel 2 zum Nomogramm 16.18:
Die saubere und trockene Vakuumanlage ($q_{pV,\text{ein}} = 0$) mit $V = 2000$ ℓ (wie in Beispiel 1) soll auf den Druck $p_{\text{ENDE}} = 10^{-2}$ mbar ausgepumpt werden. Da dieser Druck kleiner als der Enddruck der Sperrschieberpumpe ($S_{\text{eff,max}} = 60$ m³ h⁻¹ = 16,7 ℓs⁻¹, $p_{\text{end,P}} = 3 \cdot 10^{-2}$ mbar) ist, muß die Hintereinanderschaltung einer Sperrschieberpumpe und einer Wälzkolbenpumpe verwendet werden. Letztere hat einen „Einschaltdruck" $p_1 = 20$ mbar, das Saugvermögen $S_{\text{eff,max}} = 200$ m³ h⁻¹ = 55 ℓs⁻¹ sowie $p_{\text{end,P}} = 4 \cdot 10^{-3}$ mbar. Man wird also **von** $p_{\text{BEGINN}} = 1000$ mbar bis $p = 20$ mbar mit der Sperrschieberpumpe arbeiten und von $p_1 = 20$ **mbar** bis $p_{\text{ENDE}} = 10^{-2}$ mbar die Wälzkolbenpumpe zuschalten, wobei die Sperrschieberpumpe als Vorpumpe wirkt. Für den ersten Pumpschritt findet man aus dem Nomogramm wie in Beispiel 1 (Gerade durch $V = 2000$ ℓ, $S_{\text{eff}} = 16,7$ ℓs⁻¹) die Zeitkonstante $\tau = 120$ s = 2 min. Verbindet man diesen Punkt der Leiter ③ mit dem Punkt $p_1 - p_{\text{end,P}} = 20$ mbar $- 3 \cdot 10^{-2}$ mbar $= 20$ mbar ($p_{\text{end,P}}$ ist hier vernachlässigt, d.h. die Sperrschieberpumpe hat im ganzen Bereich 1000 mbar ... 20 mbar konstantes Saugvermögen (vgl. Gl. (15.6)) der Leiter ⑤, so findet man $t_{p,1} = 7,7$ min. Die Wälzkolbenpumpe muß den Druck von $p_1 = 20$ mbar auf $p_{\text{ENDE}} = 10^{-2}$ mbar mindern, also ist das Druckminderverhältnis $R = (20$ mbar $- 4 \cdot 10^{-3}$ mbar$)/(10^{-2}$ mbar $- 4 \cdot 10^{-3}$ mbar$) = 20/6 \cdot 10^{-3} = 3300$.
Die Zeitkonstante findet man (Gerade $V = 2000$ ℓ auf ①, $S_{\text{eff}} = 55$ ℓs⁻¹ auf ②) zu $\tau = 37$ s (auf 3). Verbindet man diesen Punkt auf ③ mit $R = 3300$ auf ⑤, dann liest man auf ④ $t_{p,2} = 290$ s = 4,8 min ab. Setzt man für die Umschaltzeit noch $t_u = 1$ min in Rechnung, so ergibt sich die Auspumpzeit $t_p = t_{p1} + t_u + t_{p2} = 7,7$ min + 1 min + 4,8 min = 13,5 min.

16 Anhang

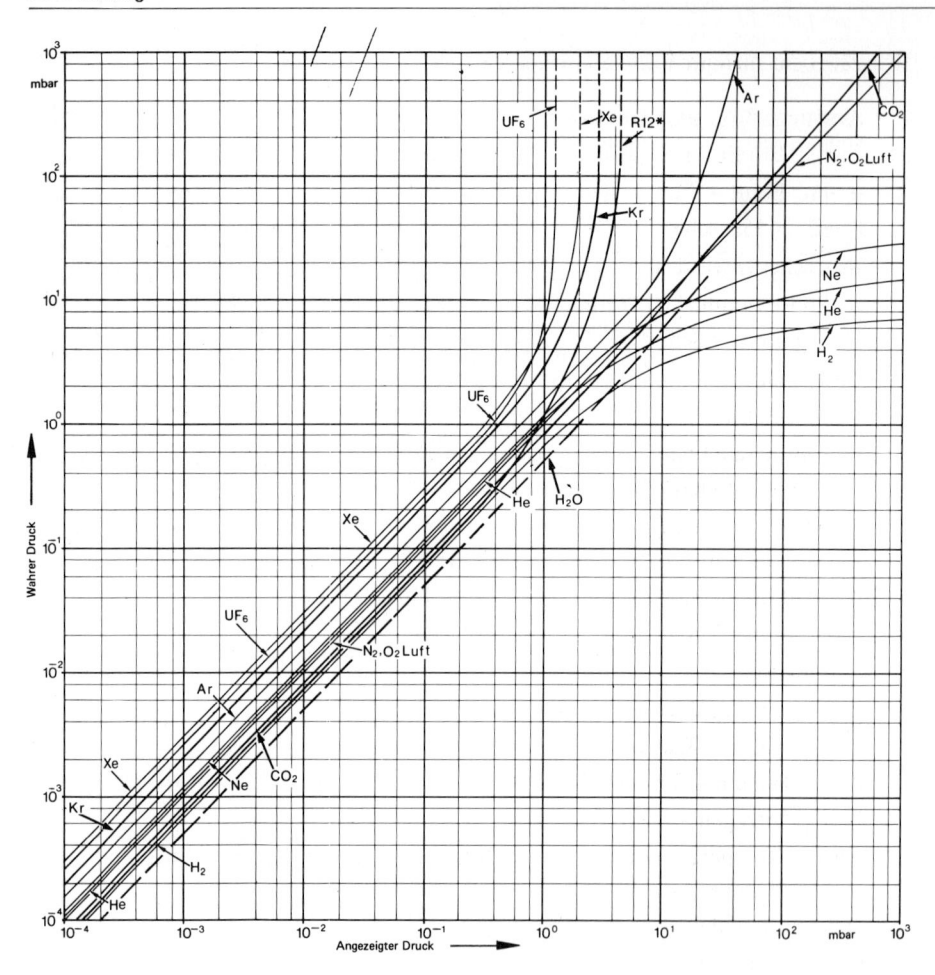

Bild 16.16 Kalibrierkurven für Wärmeleitungsvakuummeter, bezogen auf Luft = N_2 = O_2. *) R12 = Frigen (vgl. Kapitel 11, insbesondere Abschnitt 11.4.5).

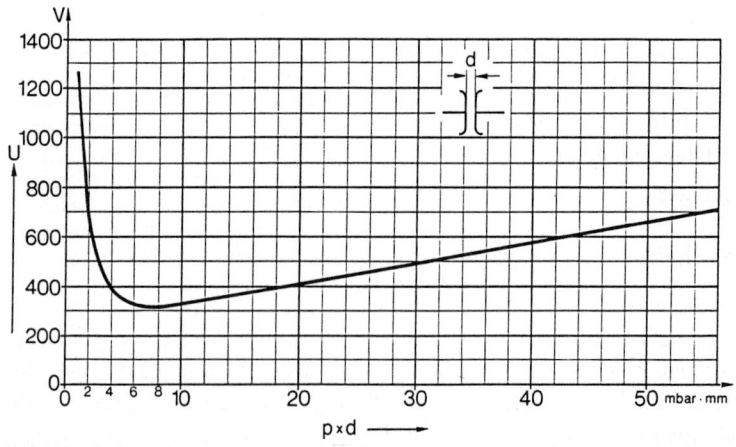

Bild 16.17 Durchbruchspannung (Zündspannung) U zwischen zwei parallelen Platten im homogenen elektrischen Feld in Abhängigkeit vom Produkt $p \times d$ (Gasdruck × Plattenabstand) für Luft (Paschen-Kurve). Siehe auch Abschnitt 14.4.2

16.C Erläuterung einiger häufig verwendeter Abkürzungen

AISI	American Iron and Steel Institute
BAM	Bundesanstalt für Materialforschung, Berlin
BP	Boiling point = Siedepunkt = Siedetemperatur
CF	Conflat (-Flansch)
DIN	Deutsches Institut für Normung
DN	Diameter nominal (Nennweite, früher NW)
FP	Fusing point = Schmelzpunkt = Schmelztemperatur
GB	Gasballast
HV	Hochvakuum
IPTS	Internationale Praktische Temperatur-Skala
ISO	International Standardization Organisation
ISO/DIS	ISO/Draft International Standard (Entwurf eines internationalen Dokuments, zur vorläufigen Verwendung freigegeben)
IUPAP	International Union for Pure and Applied Physics
IVC	International Vacuum Congress
KF	Kleinflansch
LED	Light Emitting Diode: Leuchtdiode
LF	Leichtflansch = Klammerflansch
LHe	Liquid Helium = flüssiges Helium
LN_2	Liquid Nitrogen = flüssiger Stickstoff
NTP	Normal Temperature Pressure = bei Normtemperatur und Normdruck, hier meist nicht verwendet; siehe (T_n, p_n)
OFHC	Oxygen free high conductivity copper
PF	Pneurop Flansch
PNEUROP	Europäisches Komitee der Hersteller von Kompressoren, Vakuumpumpen und Druckluftwerkzeugen
SI	Système International d'Unités = Internationales Einheitensystem
(T_n, p_n)	Kennzeichnung der Einheit des Volumens einer Gasmenge im Normzustand, also bei Normtemperatur T_n und Normdruck p_n (z.B. m³ (T_n, p_n), hier anstelle von m³ (NTP) verwendet)
TP	Tripelpunkt(stemperatur)
UHV	Ultrahochvakuum

16.D Größen und Einheiten

In diesem Buch werden die durch das „Gesetz über Einheiten im Meßwesen" vom 2. Juli 1969 und das Änderungsgesetz hierzu vom 6. Juli 1973 sowie durch deren Ausführungsverordnungen vorgeschriebenen gesetzlichen Einheiten im Meßwesen verwendet. Dies sind die Einheiten des „Internationalen Einheitensystems" (Système International d'unités), abgekürzt SI, wie sie sich auch in der Deutschen Norm DIN 1301 finden. Ausführlich dargestellt ist das SI in W. Haeder und E. Gärtner: „Die gesetzlichen Einheiten im Meßwesen", herausgegeben vom Deutschen Normenausschuß (DNA), Berlin, Beuth-Vertrieb GmbH,

16 Anhang

5. Auflage 1980; weiter in „Tafel der gesetzlichen Einheiten", herausgegeben von der Physikalisch-Technischen Bundesanstalt, Vieweg, Wiesbaden 1980, sowie in J. German und P. Draht, „Handbuch der SI-Einheiten", Vieweg, Wiesbaden 1979.

Zur Beschreibung quantitativer physikalischer Zusammenhänge werden in diesem Buch Größen und Größengleichungen nach DIN 1313 — entsprechend ISO (International Standardization Organization) 31 benutzt.

Die folgenden kurzen Erläuterungen sollen dem Benutzer dieses Buches Hinweise geben und hilfreich sein.

1 Physikalische Größe

Unter *Messen* versteht man den *quantitativen Vergleich* gleichartiger *Merkmale* (Eigenschaften, z. B. Länge) zweier Objekte oder Vorgänge. Wählt man das in Frage stehende Merkmal (Länge) eines willkürlich herausgegriffenen Objektes (Urmeter) oder Vorganges (Lichtwelle) als *Einheit*, so ist das *Ergebnis des Vergleichs* der Zahlenwert des Verhältnisses Merkmalsgröße durch Merkmalseinheit. Umgekehrt gilt damit die Definition

Physikalische Größe = Zahlenwert mal Einheit

oder mit Symbolen (Formelzeichen) geschrieben

$$G = \{G\} \times [G], \tag{1}$$

d.h. die physikalische Größe G ist ein echtes Produkt aus Zahlenwert $\{G\}$ und gewählter Einheit $[G]$.

Im speziellen Fall einer *Länge* mit dem *Formelzeichen* l und der Einheit *Meter* (*Einheitenzeichen* m) wird z. B.

$$l = 7 \times \text{m} = 7 \cdot \text{m} = 7 \text{ m}, \tag{2}$$

woraus durch Vergleich mit (1) folgt

Zahlenwert der speziellen Länge ist $\{l\} = 7$
gewählte Einheit der Länge ist $[l] = \text{m}$

Die vor Jahrzehnten übliche und heute noch oft gebräuchliche Schreibweise $l = 7$ [m], bei der das Einheitenzeichen in [ ] gesetzt wird, ist falsch (DIN 1313).

Entsprechend Gleichung (1) bzw. (2) kann man in Tabellenköpfen (oder an Koordinatenachsen) die Schreibweise

$\dfrac{l}{\text{m}}$, allgemein $\dfrac{G}{[G]}$, also $\dfrac{p}{\text{mbar}}$, usw.

verwenden. Statt dessen ist auch die Schreibweise l in m, p in mbar möglich.

2 Größengleichung. Kohärente Einheiten

Größengleichungen stellen Beziehungen zwischen physikalischen Größen dar. Sie gelten *unabhängig* von den verwendeten *Einheiten*. Verwendet man *beliebige* Einheiten, so ist in die Größengleichung *für jede Größe der spezielle Größenwert als Produkt Zahlenwert mal Einheit* einzusetzen, das *Ergebnis* ist dann ein Produkt aus einem Zahlenwert und einem Einheitengemisch. Beispiel: Gl. (4.76)

$$q_N = A \frac{\bar{c}}{4} \cdot (n_1 - n_2)$$

Es sei $A = 8\text{ cm}^2$, $\bar{c} = 500\text{ m s}^{-1}$, $n_1 = 10^{18}\text{ m}^{-3}$, $n_2 = 0$; dann wird

$$q_N = 8\text{ cm}^2 \cdot 500\text{ m s}^{-1} \cdot \frac{1}{4} \cdot 10^{18}\text{ m}^{-3} = 10^{21}\text{ cm}^2\text{ m}^{-2}\text{ s}^{-1}$$

Die Verwendung „gemischter" Einheiten erfordert eine *Umrechnung* von cm in m oder m in cm: $1\text{ cm} = 10^{-2}\text{ m}$

$$q_N = 10^{21} \cdot (10^{-2}\text{ m})^2 \cdot \text{m}^{-2} \cdot \text{s}^{-1} = 10^{17}\text{ s}^{-1}$$

Es ist daher u. U. zweckmäßig, nur die Einheiten eines „*kohärenten*" Einheitensystems zu verwenden; dies ist ein System, in dem die Einheiten ausschließlich durch Einheitengleichungen verbunden sind, in denen kein von 1 verschiedener Zahlenfaktor vorkommt. Das SI mit den *Basiseinheiten* Meter (m), Kilogramm (kg), Sekunde (s), Ampere (A), Kelvin (K), Mol (mol) und Candéla (cd) und den daraus mit Hilfe der Definitionsgleichungen der anderen Größen gewonnenen *abgeleiteten Einheiten* ist ein solches. Im Beispiel Gl. (4.76) wäre dann $[A] = \text{m}^2$, $[\bar{c}] = \text{ms}^{-1}$, $[n] = \text{m}^{-3}$ und $[q_N] = [A] \cdot [\bar{c}] \cdot [n] = \text{m}^2 \cdot \text{m} \cdot \text{s}^{-1} \cdot \text{m}^{-3} = \text{s}^{-1}$ anzusetzen.

Es empfiehlt sich immer beim *Rechnen* mit Gleichungen die Größenwerte als Zahlenwert mal Einheit einzusetzen, weil man dann gleich die „*Einheitenkontrolle*" hat; vgl. etwa Beispiel 4.9 oder viele andere.

Anmerkung: Es empfiehlt sich häufig, insbesondere beim Einsetzen von Einheiten in Ausdrücke mit langen Bruchstrichen, *gebrochene Einheiten* (z. B. m/s, gesprochen Meter *durch* Sekunde, es handelt sich um einen Bruch) mit Hilfe *negativer Exponenten* zu schreiben, also m s^{-1}. Um Verwechslungen mit Millisekunde (ms) zu vermeiden, läßt man zwischen m und s einen Abstand oder schreibt einen Punkt, also $\text{m} \cdot \text{s}^{-1}$.

3 Zugeschnittene Größengleichung

In zugeschnittenen Größengleichungen ist jede Größe durch die ihr im speziellen Fall zugeordnete Einheit dividiert. Beispiel: Gl. (4.76)

$$\frac{q_N}{\text{s}^{-1}} = \frac{10^{-4}}{4} \cdot \frac{A}{\text{cm}^2} \cdot \frac{\bar{c}}{\text{m} \cdot \text{s}^{-1}} \cdot \frac{n}{\text{m}^{-3}} \qquad (3)$$

Hierin ist jede Größe in der im Nenner der Größe angegebenen Einheit einzusetzen. Infolge der Verwendung gemischter Einheiten tritt ein Zahlenfaktor, in Gl. (3) der Faktor 10^{-4}, auf.

4 Zahlenwertgleichung

Zahlenwertgleichungen geben Beziehungen zwischen Zahlenwerten von Größen wieder. Sie erfordern die *zusätzliche Angabe der Einheiten*, für die die Zahlenwerte gelten. Beispiele sind die Gln. (4.41), (4.42), (4.82), (4.83a), (4.83b) und viele andere.

16.E Formelzeichen (Symbole) häufiger verwendeter physikalischer Größen und deren SI-Einheiten

Die Formelzeichen können auch als Indices auftreten.

A	Fläche $[A] = m^2$	
A_r	Relative Atommasse (früher Atomgewicht genannt) $[A_r] = 1$	
a	Beschleunigung $[a] = m \cdot s^{-2}$	
a	Akkommodationswahrscheinlichkeit, Akkommodationsfaktor $[a] = 1$	
a_E	Energie-Akkommodationsfaktor $[a_E] = 1$	
a_P	Impuls-Akkommodationsfaktor $[a_P] = 1$	
B	Magnetische Kraftflußdichte $[B] = T$ (Tesla) $= V \cdot s \cdot m^{-2}$	
b	Barometerdruck, siehe unter p	
$\tilde{b}$	flächenbezogene adsorbierte $p \cdot V$-Menge $[\tilde{b}] = Pa \cdot m^3 \cdot m^{-2} \equiv Pa \cdot m$	
C	Kapazität (elektrisch) $[C] = F$ (Farad)	
C	Wärmekapazität $[C] = J \cdot K^{-1}$	
	C_{molar} molare, C_{spez} spezifische Wärmekapazität $[C_{molar}] = J \cdot K^{-1} \cdot kmol^{-1}$, $[C_{spez}] = J \cdot K^{-1} \cdot kg^{-1}$	
c	Teilchengeschwindigkeit (Atome, Moleküle ...) $[c] = m \cdot s^{-1}$	
$\bar{c}$	mittlere Teilchengeschwindigkeit $[\bar{c}] = m \cdot s^{-1}$	
c	Vakuumlichtgeschwindigkeit	
c_i	Stoffmengenkonzentration der i-ten Komponente eines Stoffgemisches $[c_i] = kmol \cdot m^{-3} \cdot mol \cdot \ell^{-1}$ $c_i =$ Stoffmenge des i-ten Stoffes/Volumen des Gemisches	
D	Diffusionskoeffizient $[D] = m^2 \cdot s^{-1}$	
E	Elastizitätsmodul $[E] = N \cdot m^{-2} = Pa$	
E	Energie $[E] = J$ (Joule, sprich Dschuhl) $= N \cdot m$ E_{pot} potentielle E., E_{kin} kinetische E., E_{des} Desorptions-E.	
E	Elektrische Feldstärke $[E] = V \cdot m^{-1}$	
e	Elementarladung $[e] = C$ (Coulomb)	
F	Kraft $[F] = N$ (Newton)	
f	Frequenz, Drehfrequenz $[f] = s^{-1} = Hz$ (Hertz)	
f	relative Häufigkeit, Verteilungsfunktion, verschiedene Einheiten	
f	Anzahl der Freiheitsgrade $[f] = 1$	
G	Gewichtskraft $[G] = N$ (Newton)	
G_P	Gleitungsfaktor	
g	Fallbeschleunigung = Schwerefeldstärke $[g] = m \cdot s^{-2} = N \cdot kg^{-1}$	
H	Enthalpie $[H] = J$ (Joule)	
H	Haftwahrscheinlichkeit $[H] = 1$	
h	absolute Häufigkeit $[h] = 1$	
h	spezifische Enthalpie $[h] = J \cdot kg^{-1}$	
h_V	auf ein Liter Flüssigkeit bezogene Verdampfungsenthalpie $[h_V] = J \cdot \ell^{-1}$	
I	Stromstärke, Durchfluß, allgemein mit Indices m, V, ν, pV usw. als Massenstromstärke ...	

16.E Formelzeichen häufiger verwendeter physikalischer Größen

j	Stromdichte = Stromstärke (Durchfluß)/Fläche
K, k	Kompressionsverhältnis $[K] = [k] = 1$
k	Boltzmann-Konstante
k	Wärmedurchgangskoeffizient (Wärmedurchgangszahl) $[k] = \text{J} \cdot \text{m}^{-2} \cdot \text{s}^{-1} \cdot \text{K}^{-1}$
L	Strömungsleitwert, $L = W^{-1}$; verschiedene Einheiten, je nach Definition
l	freie Weglänge $[l] = \text{m}$
$\bar{l}$	mittlere freie Weglänge $[\bar{l}] = \text{m}$
$\bar{l}p$ oder $\bar{l} \cdot p$	lp-Wert $[\bar{l}p] = \text{m} \cdot \text{Pa}$; $\text{m} \cdot \text{mbar}$
M_{molar}	molare Masse $[M_{\text{molar}}] = \text{kg} \cdot \text{kmol}^{-1}$
M_{r}	Relative Molekülmasse $[M_{\text{r}}] = 1$; $M_{\text{r}} = m_{\text{M}}/m_{\text{u}}$
m	Masse $[m] = \text{kg}$
	$m_{\text{a}}, m_{\text{M}}, m_{\text{e}}$ Masse eines Atoms, Moleküls, Elektrons
	$m_{\text{u}} = 1{,}66 \cdot 10^{-27}$ kg atomare Masseneinheit
$\dot{m}$	Masse durch Zeit (zeitbezogene Masse; z.B. Massenstrom $I_m = \dot{m}$) $[\dot{m}] = \text{kg} \cdot \text{s}^{-1}$
N	Teilchenanzahl $[N] = 1$
$\dot{N}$	Teilchenanzahl durch Zeit (zeitbezogene Teilchenanzahl; z.B. Teilchendurchfluß $I_N = \dot{N}$) $[\dot{N}] = \text{s}^{-1}$
N_{A}	Avogadro-Konstante
n	Teilchenanzahldichte $[n] = \text{m}^{-3}$
$\tilde{n}$	flächenbezogene adsorbierte Teilchenanzahl $[\tilde{n}] = \text{m}^{-2}$
P	Impuls, P_{a} Teilchen-Impuls $[P] = \text{kg} \, \text{m} \, \text{s}^{-1}$
P	Wahrscheinlichkeit $[P] = 1$
P	Leistung $[P] = \text{W (Watt)} = \text{J} \cdot \text{s}^{-1}$
p	Druck $[p] = \text{N} \cdot \text{m}^{-2} = \text{Pa (Pascal)}$; $\text{bar} = 10^5 \, \text{Pa}$
	$p_{\text{d}}, p_{\text{s}}, p_{\text{t}}, p_{\text{end}}$ Dampf-, Sättigungs-, Totaldruck, Enddruck einer Pumpe
pV oder $p \cdot V$	pV-Wert $[pV] = \text{Pa} \cdot \text{m}^3$; $\text{mbar} \cdot \ell$
Q	Elektrische Ladung $[Q] = \text{C}$
Q	Wärmemenge (= Energie) $[Q] = \text{J}$
$\dot{Q}$	Wärmemenge durch Zeit (zeitbezogene Wärmemenge z.B. Wärmestrom(durchfluß)) $[\dot{Q}] = \text{J} \cdot \text{s}^{-1}$
$\dot{Q}$	Saugleistung $[\dot{Q}] = \text{Pa} \cdot \text{m}^3 \cdot \text{s}^{-1}$; $\text{mbar} \cdot \ell \cdot \text{s}^{-1}$ usw.
q	Elektrische Ladung eines Ladungsträgers $q = \xi \cdot e$, $\xi = 1, 2, 3, \ldots$
q	Gasstromstärke, -durchfluß
	q_{pV} pV-Durchfluß $[q_{pV}] = \text{N} \cdot \text{m} \cdot \text{s}^{-1}$
	q_V Volumendurchfluß $[q_V] = \text{m}^3 \cdot \text{s}^{-1}$
	q_m Massendurchfluß $[q_m] = \text{kg} \cdot \text{s}^{-1}$
	q_ν Stoffmengendurchfluß $[q_\nu] = \text{kmol} \cdot \text{s}^{-1}$
$\bar{q}_{\text{perm}}$	Permeationsleitfähigkeit $[\bar{q}_{\text{perm}}] = \text{m}^2 \cdot \text{s}^{-1}$; $\text{mbar} \cdot \ell \cdot \text{s}^{-1} \cdot \text{m} \cdot \text{m}^{-2} \cdot \text{bar}^{-1}$
R	Allgemeine (molare) Gaskonstante $[R] = \text{kJ} \cdot \text{kmol}^{-1} \, \text{K}^{-1}$
	$R^* = R/M_{\text{molar}}$ spezielle (spezifische) Gaskonstante (für ein bestimmtes Gas) $[R^*] = \text{kJ} \cdot \text{kg}^{-1} \cdot \text{K}^{-1}$
R	Elektrischer Widerstand $[R] = \Omega$ (Ohm)
S	Saugvermögen $[S] = \text{m}^3 \cdot \text{s}^{-1}$; S_n Nenn-Saugvermögen

16 Anhang

S Entropie $[S] = \text{J} \cdot \text{K}^{-1}$

S Differentielle Ionisierung $[S] = \text{m}^{-1}$

s spezifische Entropie $[s] = \text{J} \cdot \text{kg}^{-1} \cdot \text{K}^{-1}$

T thermodynamische Temperatur $[T] = \text{K (Kelvin)}$

T Schwingungsdauer, Periodendauer, Umlaufzeit $[T] = \text{s}$ $T = f^{-1}$

T_d Verdoppelungstemperatur = Sutherland-Konstante $[T_\text{d}] = \text{K}$

t Zeit $[t] = \text{s}$

U elektrische Spannung $[U] = \text{V (Volt)}$

U innere Energie $[U] = \text{J}$

u spezifische innere Energie $[u] = \text{J} \cdot \text{kg}^{-1}$

u Geschwindigkeit $[u] = \text{m} \cdot \text{s}^{-1}$

V Volumen $[V] = \text{m}^3$

v Geschwindigkeit $[v] = \text{m} \cdot \text{s}^{-1}$

W Arbeit $[W] = \text{N} \cdot \text{m} = \text{J}$

W Strömungswiderstand, $W = L^{-1} = \Delta p/q$; verschiedene Einheiten je nach Wahl von q. Zum Beispiel für q_{pV}: $[W] = \text{m}^{-3} \cdot \text{s}$

w_i Massenanteil $w_\text{i} = m_\text{i}/\Sigma m_\text{i}$; $[w_\text{i}] = \text{kg/kg}$; g/g; g/kg = ‰; usw.

x_i Stoffmengenanteil (Molenbruch) $x_\text{i} = \nu_\text{i}/\Sigma \nu_\text{i}$; $[x_\text{i}] = \text{kmol/kmol}$; mol/mol; mol/kmol = ‰; µmol/mol = ppm

α Wärmeübergangskoeffizient (Wärmeübergangszahl) $[\alpha] = \text{J} \cdot \text{m}^{-2} \cdot \text{s}^{-1} \cdot \text{K}^{-1} = \text{W} \cdot \text{m}^{-2} \cdot \text{K}^{-1}$

α Ausdehnungskoeffizient $[\alpha] = \text{K}^{-1}$

α Absorptionsgrad $[\alpha] = 1$
       $\alpha(\lambda)$ spektraler Absorptionsgrad

β Sättigungsverhältnis $[\beta] = 1$

ϵ Empfindlichkeit = Anzeige (Ausschlag) eines Meßwerkes (Meßfühlers) durch Meßgröße

ϵ Emissionsgrad
       $\epsilon(\lambda)$ spektraler Emissionsgrad

η dynamische Viskosität $[\eta] = \text{kg} \cdot \text{m}^{-1} \cdot \text{s}^{-1} = \text{Pa} \cdot \text{s}$

η Wirkungsgrad $[\eta] = \text{J/J} = 1$ (Verhältnisgröße)

θ Bedeckungsgrad $[\theta] = 1$

ϑ Celsiustemperatur $[\vartheta] = \text{°C}$

κ Verhältnis der spezifischen bzw. molaren Wärmekapazitäten von Gasen $[\kappa] = 1$
       $\kappa = C_{p,\text{spez}}/C_{V,\text{spez}} = C_{p,\text{molar}}/C_{V,\text{molar}}$

λ Wärmeleitfähigkeit $[\lambda] = \text{W} \cdot \text{m}^{-1} \cdot \text{K}^{-1}$

λ Wellenlänge $[\lambda] = \text{m}$

$\widetilde{\mu}$ flächenbezogene adsorbierte Masse $[\widetilde{\mu}] = \text{kg} \cdot \text{m}^{-2}$

ν Stoffmenge $[\nu] = \text{kmol; mol}$

ρ Dichte (allgemein); Massendichte (speziell), $\rho = m/V$; $[\rho] = \text{kg} \cdot \text{m}^{-3}$

σ Stefan-Boltzmann-Strahlungskonstante

σ_K Kondensationskoeffizient $[\sigma_\text{K}] = 1$

φ Winkel $[\varphi] = \text{m/m} = 1 = \text{rad (Radiant)}$; (Verhältnisgröße)

χ_i Volumenanteil $\chi_i = V_i / \Sigma V_i$; $[\chi_i] = m^3/m^3$; ℓ/ℓ; $\ell/m^3 = \text{‰}$
Ω Raumwinkel $[\Omega] = m^2/m^2 = 1 = \text{sr (steradiant)}$
ω Winkelgeschwindigkeit $[\omega] = s^{-1} = \text{rad} \cdot s^{-1}$

Indizes

d   Dampf
fl   flüssig
g   gas
K, k   Kondensation, kalt, Kaltfläche
n   Normzustand
rev   reversibel
S, s   Siede, Sättigung, spezifische
th   theoretisch
u   Umgebung
v   Verdampfung, Vorpumpe
W   Wand

Sonstige Symbole

$[G]$ Einheit der Größe G
$=:$, $\stackrel{\text{def}}{=}$ durch Definition gleich
$\hat{=}$ entspricht
$m^3 (T_n, p_n)$ Volumen der betr. Gasmenge im Normzustand
$\text{mbar} \cdot \ell (T_n)$ pV-Menge des betr. Gases bei Normtemperatur

Sachwortverzeichnis

Kursive Ziffern bedeuten „Bild", halbfette Ziffern „Tabelle"

Abdichtkräfte 518
Abdichtungen 534
Abdrücken mit Flüssigkeiten (Lecksuche) 465
Abpumpen von Dämpfen 154 ff.
Absorption 59, 67
Absperrorgane 532
Adiabaten-Exponent 44
Adsorbat 59
Adsorbens 59
Adsorbentien, feste 363
Adsorption, praktische Hinweise 66
Adsorptionsgleichgewicht 62
Adsorptionsisotherme 252
–, Henrysche 64, 66
–, Langmuirsche 62, 64
Adsorptionspumpe 249 ff., 582
–, Aufbau 251
–, Definition 249
–, Endvakuum 252
–, Saugvermögen 252, 258
–, Wirkungsweise 249
Adsorptionsrate 61
–, flächenbezogene 61
Adsorptionsstromdichte 62
Adsorptiv 59
Adteilchen 59
Akkommodationsfaktor (Impuls-, Energie-) 32, 34
Akkommodationswahrscheinlichkeit 32, 34, **2.1**
Aluminium 487
–, Dichtringe 522
Anfangssaugvermögen 235
Anlaufströmung 83
Ansaugdruck 54
Ansaugleitung mit Düse oder Blende 82
Ansprechzeit 466
Anstellwinkel 54
Araldit 517
Arbeitsdruck, maximaler 431
Arbeitsenddruck 544 ff.
Arbeitshinweise 190
Arbeitstechnik 543
–, Feinvakuum 560
–, Grobvakuum 549
–, Hochvakuum 566
–, Ultrahochvakuum 579
Äthanoldampfverträglichkeit 158
Atmosphäre, Norm- *16.1a, b*
Atomare Masseneinheit 13
Atomgewicht 13
Atommasse, relative 13
Aufhängung, magnetische 230
Auflösungsvermögen 431
Aufstellung, barometrische 200
Ausdehnungskoeffizient, thermischer 14
Ausgasung 61, 67, 547

Ausgasungsgrad 69
Ausgasungszeit 69, **3.3**
Ausgasungszeitkonstante 70
Ausheizen 578
Ausheizzeit, optimale 241
Auspuff-Filter 168 f.
Auspumpzeit 239 ff., 578, 586
–, Feinvakuum 561
–, Grobvakuum 554
–, Hochvakuum 578
–, Nomogramm *16.18*
Ausschleusung, barometrische 297
Auswahl der Pumpen 190
Avogadro-Konstante 12
Avogadro, Satz von 15

Bad-Kryopumpe 372
Bad-Kryostate 338
Baffles 205, 573
Bauelemente 6, 511
Bayard-Alpert-Meßröhre, Fehler 585
Bayard-Alpert-Vakuummeter 422
Bedeckungsgrad 60
Belüften 558, 578, 587
Belüftungszeit 558
Bernoulli-Gleichung 42, 193
BET-Isotherme 65 f.
Betriebsenddruck 543
Betriebshinweise Rotationsvakuumpumpen 163
Betrieb, ventilloser 572
Bildzeichen der Vak.-Techn. **16.13**
Blasentest 464
Blears-Effekt 586
Boltzmann-Konstante 16
Boyle-Mariottesches Gesetz 14
Brunauer-Emmett-Teller-(BET)-Isotherme 65 f.

Carnot-Prozeß 308
Carnot-Wirkungsgrad 308
CF-Flansch 523
Chemisorption 59
Claude-Verfahren 313
Clausius-Clapeyron-Gleichung 328

Dalton 17
Dampfdruck 37 f., 286
Dampfdruckformeln **16.9h**
Dampfdruck, Sättigungs-
– Wasser, fest **16.9a**
– Wasser, flüssig **16.9b, c**
– Quecksilber **16.9d**
– Helium-3, flüssig **16.9e**
– Helium-4, flüssig **16.9f**
– Sauerstoff, flüssig **16.9g**
Dampfdruckkurve 38, 286

Dampfdruckkurven tiefsiedender Gase 329, *10.19*
Dampfdruckthermometer 328
Dämpfe 37
Dampfsperren 205
Dampfstrahlpumpe 3, 196
–, Funktionsgrößen, Berechnung 208 ff.
–, Pumpwahrscheinlichkeit 213
–, Saugvermögen 214
–, Saugvermögenskurve 219
–, Treibdampfverbrauch 202
Dampf, überhitzter 39
Dampfverträglichkeit 156 f.
Desorption 59, 61, 503, 547
–, praktische Hinweise 66
Desorptionsenergie 59, 61
Desorptionsleckrate 71
Desorptionsrate 61
Desorptionsstromdichte 61 f.
Dewar-Gefäß 338
Dichte 12
Dichteverhältnis, kritisches 44, **2.3**
Dichtheitsprüfanlagen 479 ff.
Dichtheitsprüfung, industrielle 478
Dichtungsmittel 518
Differenzdruck-Meßgerät 370
Differenzdruck-Vakuummeter 390
Diffusion 30
– aus dem Inneren 504, 508
Diffusionskoeffizient 70, 507, **3.3**
Diffusionsleck 474
Diffusionspumpe 4, 26, 194
–, Arbeitsweise 203 f.
–, Funktionsgrößen, Berechnung 208 ff.
–, Modell 209
–, Pumpwahrscheinlichkeit 211, 213
–, Saugvermögen 213
– Technische Daten **6.3**
–, Treibmittel 205
Diffusionstheorie 212
Doppeldichtung 523
Doppelwandrezipient 581
Dosierventile 539
Drehschieberpumpe 134
–, Saugvermögenskurve 151, *5.25*
–, 2-stufige 135
Driftgeschwindigkeit 222
Druck 9, 385
–, kritischer 79
Druckabfallmessung 458
Druckanstiegsmessung 458, 469
Druckbehälter-Vorschrift 525
Druckbereiche der Vak.-Techn. **16.0**
Druckeinheiten 9 f.
–, Umrechnungstabelle **16.2a**
Druckgebiete industrieller Vakuumverfahren 5, **1.1**
– physikalischer und chemischer Untersuchungsmethoden 6, **1.2**
Druckmeßstandards 449, **11.3**
Druckmessung 553, 561, 569
–, direkte 385
– im UHV 585
–, indirekte 385

Druckregler 401
Druckschalter 401
Druckskala PTB 453 f.
Dulong-Petitsche Regel 26
Durchbruchspannung *16.17*
Durchführungen 527, 590
–, elektrische 529
–, mechanische 528
Durchgangsventile 537
Durchlaufwahrscheinlichkeit 99, 101, 104 ff.
–, Rohre verschiedenen Querschnitts 106 ff.
–, Rohre mit Blenden 116
–, Gestufte Rohre 117 f.
–, Rohrknie 120
–, Rohrbogen 120
–, Konisches Rohr 120
–, Pumpe 121
Duroplaste 495
Düse 50

Eckventile 534
Edelgasinstabilität 276
Edelstahl 486
Effektivgeschwindigkeit 21, 24
Effusion 24
Effusionsdurchfluß 20
Effusionsstrom 20, 25
Effusionsstromdichte 20
Einblickfenster 531, 589
Einheiten im Meßwesen 10
–, kohärente 640
Einheitensystem, Internationales 10
Einlaufströmung 85
Einschaltdrücke 181
Eintrittsarbeit 508 f.
Einzelleckrate 460
Eiskondensator 297
Elastomere 495, **13.3**
Elektronenstrahlverdampfer 270
Empfindlichkeit 431
–, relative des Lecknachweises 468, *12.1*
Enddruck 241 ff., 365, 543, 561, 586
–, Feinvakuum 561
–, Wälzkolbenpumpe 184
Entgasung 61, 206, 547
Entgasungsstrom, zeitliche Abnahme 562
Enthalpie-Entropie-Diagramm 43, *2.14*
Entropie 307
–, spezifische, Stickstoff *16.12*
–, –, Helium *16.13a, b*
Epoxidharze 495
Erdatmosphäre 18
Erinnerungseffekt 279
Ethanoldampfverträglichkeit 158
Evakuierungsschritte (UHV-Pumpstand) 592, **15.2**
Evakuierungstechnik 586
Expansionsmaschine 312
Expansionsverhältnis 46
–, kritisches 47
Explosionsgeschützte Pumpen 154
Extraktor-Ionisationsvakuummeter 423

647

Sachwortverzeichnis

Fallen 205
Faßlecksucher 466
Feinvakuum-Ionisationsvakuummeter 421
Feinvakuumpumpstand 565
Fernico 515
Fette 496
Fettschmierung 230
Feuchte, rel., 40
Ficksches Gesetz 68
Flächendichte 12
Flächenstoßrate 24, *16.2*
Flansche, Normzahlenreihe 521
Flanschverbindungen 520, **14.4**
Flüssigkeitsäquivalent 317
Flüssigkeitsmanometer, geschlossenes 404
–, offenes 403
Flüssigkeitsring-Vakuumpumpe 128
– Betriebsflüssigkeit 129
– zwei- u. mehrstufige 130 f.
Flüssigkeitsstrahlpumpe 195
Fomblin 497, **13.3**
Formelzeichen 642 ff.
Formfaktor 106 ff.
Fraktionieren 206

Gaede 3, 155, 209, 222, 225
Gaede-Ishii-Effekt 407
Gas, ideales 13
–, –, Gleichungen **16.15**
–, reales 14
Gasabgabe 502
–, flächenbezogene – Metalloberflächen 505
– –, Richtwerte 509
– –, Zeitlicher Verlauf 506, *13.7, 13.8*
– –, verschiedene Werkstoffe **16.17,** *16.14*
Gasäquivalent 294
Gasaufnahme, maximale 368
Gasaufzehrung 259, 419, 430
Gasballasteinrichtung 3, 154 ff.
Gasdurchlässigkeit 498
–, Gläser 500
–, Keramik 500
–, Kunststoffe 501, *13.5*
–, Metalle 499, *13.3*
Gasdynamik 9, 41
–, Größen 45, **2.3**
Gase, verschiedene Eigenschaften **16.3**
Gaseinlaßventile 539
Gasgemische 17
Gasgesetze 9, 13 ff.
Gaskonstante, allgemeine oder molare 15
–, spezielle 16
Gaskondensate, Dichte 371, **10.8**
–, Wachstumsgeschwindigkeit 370
–, Wärmeleitfähigkeit 370, *10.42*
Gaskondensation 360 f.
Gasreibung, Bremsung durch 393
Gasreibungsvakuummeter 4, 391 ff.
–, Fehlerquellen 399
–, Meßbereich, Grenzen 399
–, Meßprinzip 391
–, Meßunsicherheit 399
Gasschleier 289

Gasstrom 74
–, effektiver bei Wälzkolbenpumpen 174
Gasstromstärke im Rohr 84
Gasströmung, Bestimmungsgrößen *16.9a–e*
Gasstrahler 130
Gasstrahlpumpe 132, 196
Gastheorie, kinetische 9, 19
Gasthermometer 326
Gay-Lussacsches Gesetz 14
Gegendruck 54
Gesamtgasabgaberate, Richtwerte 509
Gesamtleckrate, Faustregel 460
Geschwindigkeitsverteilung 19, 21 f.
Geschwindigkeitsmittelwerte (effektive, mittlere, wahrscheinlichste Geschwindigkeit) 24, **16.5**
Geschwindigkeitsprofil 83
Getterarten 260
Gettergeschwindigkeit 262
Getterherstellung 260
Getterkapazität 264
–, spezifische 265, **8.3**
Getter-Pumpe 249 f., 260
Gifford-McMahon-Verfahren 314
Gläser, auskristallisierte 493
–, Eigenschaften 489
–, Vakuumtechnische 489, **13.2**
Glaskeramik 494
Glaskryostat 338
Gleichgewichtswasserstoff 320
Gleichverteilung 26
Gleitung 32
– sfaktor 32
Glühkathoden-Ionisationsvakuummeter 416, 425
Gold 488
Grobvakuumanlage, Aufbau 551
–, Auspumpzeit 554
–, Druckmessung 553
Grobvakuum-Pumpstand 552
Größe, kritische 47 f.
–, mengenbezogene 11
–, molare 12
–, physikalische 640
–, spezifische 12
–, volumenbezogene 12
Größengleichung 640
–, zugeschnittene 641
Guericke, Otto von 1

Haftwahrscheinlichkeit 61, 262, **8.2**
Halogendetektor 465
Halogendetektorsonden 448
Halogenleckdetektor 447
Halogenlecksucher 466
Halogenschnüffler 466
Halogenschnüffellecksucher 448
Halogentestleck, Überdrucklecksuche 476
Haltepumpe 575
Hartgläser 490
Häufigkeit, relative 17
Häufigkeitsfunktion 22
Häufigkeitsverteilung 21

Sachwortverzeichnis

Hebevorrichtung, evakuierbare 550
Heizungsregelung 352
Helicoflex-Dichtung 541
Helium 320
– II 320
–, flüssiges 320
Helium 3-Kryostat 343
Helium 3-Helium 4-Misch-Kryostat 344
Heliumlecksucher 466, 472
–, nach dem Gegenstromprinzip 446
Heliumlecksuchgerät, technische Ausführung 445
Henry-Isotherme 64, 66
Hochfrequenzvakuumprüfer 471
Hochvakuumapparatur-Aufbau 567
Hochvakuumpumpstand 570
– mit Umwegleitung 573
–, vollautomatischer 577
Ho-Faktor 234
Hugoniot-Gleichung 52
hydraulischer Radius 95

ideales Gas, Modell 19
–, Gleichungen **16.15**
Impulsakkommodation 32, 394, *11.2.6.1, 11.2.6.2*
Indium 489
Internationale Praktische Temperaturskala 1968 (IPTS-68) 327
Internationales Einheitensystem 10
Intervall-Häufigkeit 22
Inversionstemperatur 310
Ioneneinschuß 272
Ionengetterpumpe 4, 249, 271
–, Wirkungsweise 271
Ionenpumpe 248
Ionenverdampferpumpe 249, 271
Ionenzerstäuberpumpe 249, 260, 272ff., 427, 583
–, Arbeitstechnik 281
–, Lebensdauer 274
–, Restgasspektrum 279
–, Startdruck 281
Ionisationsvakuummeter 4, 416
–, Druckanzeige 421, *11.29*
–, Empfindlichkeit 418
–, Gasaufzehrung 419, 430
–, Gasartabhängigkeit 429
–, Korrekturfaktoren für Gasart 430
–, Meßprinzip 416
–, Saugvermögen 418
–, Stickstoffäquivalentdruck 429
Ionisierung, differentielle 417
Ishii-Effekt 407
Isoliervakuum 305
Isotherme 16

Jaeckel 209
Joule-Thomson-Entspannung 309

Kalibrieranordnung, dynamische 452
Kalibriereinrichtung, Schema 450
– durch Vergleichsmessung 450

Kalibrieren von Vakuummetern 448ff.
– – –, Molekularstrahlmethode 452
Kälte, erzeugte 308
Kälteanlage, Leistungsziffer 309
Kälteanlagen, Kriterien 315
–, Anschaffungskosten 316
Kälteerzeugung durch Abpumpen 40
Kälteleistung 308
Kältemittel, Charakteristische Daten 319, **10.1**
Kältemittel, Stoffeigenschaften 317
Kältemittelverluste 353ff.
Kaltkathoden-Ionisationsvakuummeter 416, 425
Kapazität (Kryopumpe) 368
Kapillarleck 473
Kapselfedervakuummeter 387
Kathodenzerstäubung 273
Kavitation 130
Kelvin 14
Kelvin-Skala 14
Kelvin-Temperatur 14
Keramik-Metallverbindung 516
Kilomol 11
Kleben 517
Kleinflanschverbindungen 521
Klöpperboden 527
Knudsenströmung 74
Knudsenzahl 42, 73
Knudsen-Dushman-Formel 105
– – –, Korrekturfaktoren 106ff.
Kombinationsmeßgerät 424
Kompression, adiabatische 161
–, isotherme 160
–, polytrope 161
Kompressionsleistung 161
Kompressionsvakuummeter 4, 404
Kompressionsverhältnis 215f., 234, 238f.
– bei Nulldurchsatz 174
–, effektives 176
–, Leerlauf 224
–, theoretisches 176
Kondensatausschleusung 296
Kondensation 37ff., 60
Kondensationskoeffizient 38
– rate 38
– wahrscheinlichkeit **16.7**
Kondensatschicht, Wachstumsgeschwindigkeit 370
–, Wärmeleitfähigkeit 369
Kondensationswärme 286
Kondensatoren 285ff.
–, Bauarten 294
–, Leistung 287
Kondensator-Kombination mit Vakuumpumpe 298
Kondensator-Pumpen-Kombinationen, Berechnung 299
Konstanten, wichtige **16.14**
Korrekturfaktor 106 ff.
Korrosionsschutzöle 153
Kovar 515
Kreisprozeß, Carnotscher 308
Kriechbarriere 206

649

Sachwortverzeichnis

Krönig-Modell 19
Kryopumpe 4, 305 ff., 359 ff., 584
– Anwendungen 379
–, Hilfspumpe 339
–, Kenngrößen 365 ff.
–, mit Kältemaschine 376
Kryosorption 362 ff.
Kryosorptionspumpe, Zeolithfüllung 364
Kryostatentechnik 338 ff.
Kryotechnik 305 ff.
Kryotrapping 362 ff.
Kühlfallen 205
Kühlmittel 294, 497
Kühlprozesse, spezielle 309
Kühlverfahren 306 ff.
Kunststoffe, Eigenschaften 495
Kupfer 488

Lambda-Leck 321
Lambda-Punkt 320
Langmuir 4
Langmuir-Isotherme 62, 64
Laval-Düse 49
–, Strömungsformen 54 f.
Leck, scheinbares 462
–, virtuelles 462
Leckarten 461
Leckdetektor 457, 472
Leckgasstrom 548
Lecke in Verbindungen 462
Leckrate 441, 457 f.
–, integrale 464
–, relative 461
– Umrechnungsfaktoren 459, **12.1**
Lecksuche 441
–, allgemeine Hinweise 476
–, automatische 481
–, Testgas 442
–, Trägergasprinzip 467 f.
Lecksuchtechnik 457 ff.
–, in der Serienfertigung 478
Lecksuchverfahren bei Vakuum 463, 469 ff.
–, Leckratenbereiche 462
Lecksucher 457
Lecksuchgeräte 441 ff.
–, Leckratenbereiche 462
–, Massenspektrometer 442
Leistung, abgestrahlte 353
Leistungsbedarf verschiedener Vakuumpumpen *10.15*
Leitwert 77, 101, **4.4, 4.5**
–, Blenden, Molekularströmung *16.11a*
–, kreisförmige Rohre, Laminarströmung, *16.10*
–, – –, Molekularströmung *16.11b*
Leitung, Strömungswiderstand 77
Linde-Verfahren 309
Linienbreite 431
Löslichkeit 509
Lötverbindungen 512
Luft, atmosphärische 18
–, Zusammensetzung **16.4**

Machzahl 47 f.
Macor 494
Magnetron-System 429
Magnetron-Vakuummeter 425
Manipulator 590
Masse 11
–, mittlere molare 18
–, molare 12
Massenausgleich 141
Massenbereich 431
Massendichte 12
Massendurchfluß 74
Masseneinheit, atomare 13
Massenfilter 436
Massenanteil 18
Massenstromstärke 74, 290
–, adiabatische Reibungsströmung 85
Maxwell-Verteilung 23
McLeod 4
McLeod-Vakuummeter 404
–, Meßgrenze 407
Mehr-Schicht-Adsorption 65 f.
Membrandruckschalter 401
– regler 401
Membranvakuummeter 388
– mit gespreizter Skala 389
Mengengrößen 11
Meßdom 134, 280
–, Messen des Saugvermögens 281
Meßröhren-Reinigung 570
Meßwertaufnahmer, piezo-resistiver 390
Metalle 485
Metall-Glas-Paarungen 516, **14.2**
Metallkryostat 338
Mischgetter 261
Mischkondensator 296
Mischkryostate 343, 344 ff.
Mittlere freie Weglänge *16.2*, **16.6**
Mittlere Geschwindigkeit (Gasteilchen) 24, **16.5, 16.15**
Mol 11
Molare Masse, mittlere 18
Molekulargewicht 13
Molekularpumpe 4, 222 ff.
–, *Becker* 225
–, *Holweck* 225
–, Kenndaten 223
–, Prinzip 222
–, Saugvermögen 223
–, *Siegbahn* 225
–, Wirkungsweise 223
Molekularsiebstruktur 251
Molekularströmung 73, 98
– durch Blende 101
– – –, Intensitätsverteilung 99
– durch Rohre 104 ff.
– – – Strahlbildung 99
– Kennzeichen 98
Molekülmasse, relative 13
Molenbruch 18
Monomolekulare Schicht 59
Monoschicht 59 f., 62
Mono-Zeit 64
Mono-Schicht-Adsorption 62

650

Sachwortverzeichnis

Nachfüllvorrichtungen 364ff.
Nennsaugvermögen 281
Niło 515
Niob 261
Normalstahl 486
Normatmosphäre *16.1a, b*
Normdichte **16.3**
Normdruck 11
Normen der Vak.-Technik **16.1**
Norm-Teilchenanzahldichte 16
Normtemperatur 11
Normvolumen 11
–, molares 15
Normzahlenreihe R5, R10 521
Normzustand 11, 15
Nullpunkt, absoluter 14

Oberfläche, spezifische 249
Oberflächenkondensator 294
–, Feststoffkondensation 297
Okklusion 59, 67
Öle 497, **16.16**
Öldichtung 127
Ölfilter 166
Ölnebelscheider 168
Ölreinigung 166
Ölrückströmung 158
–, Vermeidung 159
Ölüberlagerung 127
Omegatron 435
Orbitronpumpe 271
Orbitron-System 425
ortho-Wasserstoff 320

para-Wasserstoff 320
Partialdruck 17
–, kleinster nachweisbarer 431
Partialdruckmeßgeräte 430
–, Kenngrößen 431
Partialdruckverhältnis, kleinstes nachweisbares 431
Pascal, Blaise 1
Penninggasentladung, Saugvermögen 274, 275f.
Penning-Vakuummeter 425
–, Wirkungsweise 425
Penning-Zelle 272
Permeation 498, 508
Permeationsgasstrom 548
Permeationsleitfähigkeit, def. 498, *16.15*
Physisorption 59
Pirani-Prinzip 414
Pizein 518
PNEUROP-Abnahmeregeln 133
Poissongleichung 44
Porenleck 461
Prozeßgasstrom 545
Pumpe als Leitung 121
Pumpen, Auswahl 166, 190
Pumpenausnutzung 94
Pumpenkombination, mehrstufige 185,
Pumpenöle **16.16**
Pumpenwirkungsgrad 78, 92, *4.4, 4.13*

Pumpstände 552, 565, 570, 573, 577, 587
Pumpwahrscheinlichkeit 211, 213, 233
Pumpwiderstand, Rohrleitung 91
pV-Durchfluß 74
pV-Stromstärke 74, 290
–, kritische 80
pV-Wert 11

Quadrupol-Massenspektrometer 436
Quarzglas 492
Quecksilber 488
Quecksilberbarometer 1
Quecksilber-Diffusionspumpe, Berechnung einer 217
Querschnitt, unrunder 95
Quetschverschraubung 524f.
Quickschnüffler 467

Radius, hydraulischer 95
Reflexion, diffuse 99
Refrigerator 315
Refrigerator-Kryopumpe 376ff.
– Kryostat 341ff.
Regelventil, dampfdruckgesteuertes 350
–, elektromagnetisches 351
Regenerator 309
Reibschweißen 512
Reibung, innere 30
–, äußere 33
Reibungsströmung, Kennzeichen 83, 85
Reinigung v. Meßröhren 570
Reinoxid-Keramik 494
Restgaszusammensetzung 241ff.
Reynoldszahl 33, 73, 84, 95, 122
Rohrbündelkondensator 295
Röhrenfedervakuummeter 387
Rohrleitung 76
–, Leitwert 94
–, Pumpwiderstand 88ff.
Rohrströmung mit Reibung 83
Rotations-Vakuumpumpe, ölgedichtete 133
–, Belüften 164
–, Betriebshinweise 163
–, Leistungsaufnahme 164
–, Sicherheitsventil 164
Röntgeneffekt 422
Roots-Pumpe 127, 170ff.
Rückströmung 212
–, schädliche 174
Ruhedruckverhältnis 53f.

Saphir 494, 517, 531
–, Fenster 531
Sättigungsdampfdruck 38, 502
–, Elastomere *16.7*
–, Halbleiter *16.3b*
–, kryotechn. wichtige Stoffe *16.8b*
–, Kohlenstoff *16.3b*
–, Lösungsmittel *16.4*
–, Pumpentreibmittel *16.5*
–, Vakuumfette *16.6*
–, versch. Stoffe *16.8a*
Sättigungstemperatur 286
– verhältnis 40, **16.7**

651

Saugleistung 74, 76
Saugstutzenventil 136, 164f.
Saugvermögen 74, 208, 235ff., 262, 289, 366
–, def. 76
–, Abstufung 179ff.
–, effektives 78
–, –, am Kesselflansch 78
–, flächenbezogenes 366
–, –, maximales 367, **10.7**
–, Messung, Standardeinrichtung 280
– und Enddruck 182ff.
–, Verhältnis für verschiedene Gase 215
Saugvermögenskurve einer Dampfstrahlpumpe 219, *6.20*
Schalendampfsperre 206
Schallgeschwindigkeit 47
Schaugläser 531
Schicht, monomolekulare 59
Schichtströmung 73
Schiebeventile 537
Schliffe 519
Schliffkette 519
Schmieren im Vakuum 532
Schnellkühlung 573
Schnellschlußventile 542
Schraubflanschverbindungen 522
Schweißverbindungen 511
SECUVAC-Sicherheitsventil 165, *5.33*
Seifenblasentest 465, 470
Sektorfeld-Massenspektrometer, magnetisches 432, 443
Sekundärthermometer, Kalibrieren 335
Siebfilter 170
Siegellack 518
Silber 488
Silikat-Keramik 494
Sinterglas 492
Sorption, Begriffe u. Terminologie 59
Sorptionspumpen 248ff.
– Einteilung 248
Spannungskoeffizient 14
Sperrschieberpumpe 138
–, zweistufige, Abstufung 140
Spießkantring 523
Stahlsonderlegierungen 487
Standard, primärer 449, **11.3**
–, sekundärer 449, **11.3**
Standard-Atmosphäre 11
Standzeit 367
Startdruck 365
Staubfilter 169
Steckverbindungen 524
Stickstoffäquivalentdruck 416, 429
Stirling-Verfahren 314
Stoffeigenschaften – Kältemittel 317
Stoffmenge 11
Stoffmengendichte 12
Stoffmengendurchfluß 74
Stoffmengengehalt 18
Stoffmengenstromstärke 74
Stokes-Gesetz, Gültigkeit 393, 399
Stoßradius 27, **16.6**
Stoßrate 27, 29

Strahlbildung 99
Strahlen, freie 50
Strahlungskenngröße 353
Strahlungsleistung 353
Strahlungsstrom zwischen konzentrischen Anordnungen 353f.
Strahlvakuumpumpe 194
Stromdurchführungen 529
Strömung 72
– durch Blende 79
– durch Düse 79
–, eindimensionale 49
– im Feinvakuumbereich 122
– im Grobvakuumbereich 79
– im Hochvakuumbereich 98
– im Ultrahochvakuumbereich 98
–, Gase, andere als Luft 96, 103, **4.5**
–, laminare 73, 84f., 94, 97
–, reibungsfreie 79
–, turbulente 73, 84f., 94, 97
–, Übergang laminar/turbulent 85, **4.2**
–, zweidimensionale 56
Strömungsarten 73, **4.1**
–, Vakuumbereiche 73, **4.1**
Strömungsvorgänge 72
–, Kennzeichnung 72
Strömungswiderstand einer Leitung 76f.
Stützvakuum 524
Sublimationsgetterpumpe 260
Super-Leck 321
Suppressor-System 425
Sutherland-Konstante 28
Sutherlandkorrektur 28

Tantal 261
Taupunkttemperatur 286
Teilchenanzahl 11
–, molare 12
Teilchenanzahldichte 12, 16, 385, *16.2*
Teilchenanzahldurchfluß 74
Teilchenanzahlstromstärke 74
Temperatur 11
–, thermodynamische 11, 14, 325
Temperaturlücken 317
Temperaturmessung, Tiefe Temperaturen 324ff.
–, Meßverfahren **10.2, 10.3**
Temperaturregelung, Badkryostat 352
–, Verdampferkryostat 349f.
Temperaturskala, thermodynamische 11
Temperaturskalen 325, 327
Testleck 473
–, Gasvorrat 473
–, Heliumvorrat 474
–, Kalibrieren 475
Thermodynamik, Begriffe 306ff.
–, Hauptsätze 306ff.
Thermometer 326 f.
– akustisches 332
– Halbleiter 332
– kapazitives 332
Theorie der Materie, kinetische 19
Thermoelemente 333

Thermoplaste 495, **13.3**
Thorium 261
Tiefe Temperaturen – Werkstoffe 321
Titan 261, 487
Titanverdampferpumpe 584
– Saugvermögen 267
Torricelli 1
Totaldruck 17
Transportvorgänge 29
Treibmittel f. Diff.-Pumpen **16.10**
Treibmittelpumpen 193ff.
Triodenpumpe 277
Trochoidenpumpe 127, 145ff.
Turbine, einstufige, Theorie 233
Turbomolekularpumpe 226ff., 584
– Anwendungen 245ff., **7.4**
–, Aufbau 227
–, Auspumpverhalten 239
–, *Becker* 225
– -Betriebshinweise 243
–, Kenndaten 231, **7.2**
–, Leistungsdaten 235ff., **7.2**
–, Pumpmechanismus 230
–, Startansaugdruck *7.24*
TURBOVAC-Pumpe, Kenngrößen 231, **7.2**
–, Leistungsdaten 231, **7.2**

Überdrucklecksuche 463ff.
– – Halogentestleck 476
Überdruckverfahren 463
UF_6-Ventile 540
Übergabedruck 182
Übergangsgläser 515
Überschallströmungen 50
UHV-Apparatur, Aufbau 580
UHV-Bauelemente 587
UHV-Pumpstand 587, 590
UHV-Ventile 588
Ultrahochvakuum, def. 579
–, Pumpenkombination 590
Umlaufbehälter 132
Umrechnungstabelle Druckeinheiten **16.2a**
–, nicht mehr zugelassene Einheiten **16.2b**
Umwegleitung 573

Vacon 515
Vakuum, kohlenwasserstofffreies 207
–, relatives 10
Vakuumbehälter 525
–, doppelwandige 527
Vakuumbereiche 6, 385
Vakuumisolation 345
Vakuummantelheber 347f.
Vakuummeßgeräte 385ff.
Vakuummeßröhren, Anbringung 569
–, Verwendung 569
Vakuummeter, mechanisches 386ff.
–, Meßbereiche **16.12**
– Konstante 417
Vakuumpumpen, verschiedene, Leistungsbedarf 381, *10.56*
–, Arbeitsbereiche **16.11**
Vakuumtechnik, Bildzeichen **16.13**
–, Normen **16.1**

Ventile 532
–, metallgedichtete 536
Verbindungsstücke, flexible 532
Verbindungen, lösbare 518ff.
–, nicht lösbare 511ff.
Verblockung 81
–, Druck 87
Verblockungsgasstrom 87
Verdampfergetterpumpe 260
Verdampfer-Kryopumpe 373
Verdampferkryostat 340f.
Verdampferpumpe, def. 249
Verdampfung 37, 545ff.
Verdampfungsenthalpie, spezifische 317, **16.3**
Verdampfungsgeschwindigkeit 262
Verdampfungsgetter 262
Verdampfungsrate, flächenbezogene 39f.
Verdampfungswärme 286
Verdichtungsstoß 50, 215
Verdichtungsstoß, schräger 54, 196
Verdoppelungstemperatur 28, **16.6**
Verdrängerpumpen 126ff.
–, Enddruck 150
–, Ex-geschützte 154
–, Leistungsbedarf 159
–, Saugvermögen 150
–, Vergleich 149
Verflüssiger 315
Verlustgasstrom 174
Verschmelzungen 515
Verweilzeit, mittlere 61, **3.1**
Viskosität, dynamische 31, 73, **16.3**
Volumen 9
–, schädliches 3
–, spezifisches 12
Volumendurchfluß 20, 25, 74
Volumengetter 260
Volumengetterpumpe 266
Volumenstoßrate 29, *16.2*
Volumenstromdichte 20, 25
Volumenstromstärke 20, 25, 74, 290
Vorratsbehälter 358ff.
Vorvakuumbehälter 575
Vorvakuumbeständigkeit 208, 571
Vorvakuumfestigkeit 215f.

Wahrscheinlichkeitsverteilung (Geschwindigkeiten) 21f.
Wälzkolbenpumpen 3, 170
–, Abstufung 179ff.
–, Betriebshinweise 188
–, Leistungsbedarf 187
–, Saugvermögen 171
–, Theoretische Grundlagen 174
–, Wirkungsweise 170
–, zweistufige 185
Wanddesorption 257
Wandstromdichte 20, 24, *16.2*
Wärmedurchgangskoeffizient 287, 289
Wärmedurchgangswiderstand 288
Wärmekapazität 26
–, molare 26
–, spezifische, von Gasen **16.3**

Sachwortverzeichnis

Wärmeleitfähigkeit 32, 33
–, effektive 346
–, Kondensatschicht 369
–, von Gasen **16.3**
Wärmeleitung 33 ff.
–, Zylindergeometrie 37
Wärmeleitungsintegral 357
Wärmeleitungsstrom 356
Wärmeleitungsvakuummeter 4, 409 ff.
–, Betriebsweise 412
–, Empfindlichkeit 410
–, Grenzen des Meßbereichs 410
–, Kalibrierkurven 416, *16.16*
–, konstante Drahttemperatur 412
–, – Heizung 414
–, mit Thermoelement 415
–, Nulldruck 410
–, Prinzip 409
–, Stickstoffäquivalentdruck 416
Wärmetauscher 309
Wärmeübertragung 288 369
Wasserdampf, Sättigungsdruck **16.9a, b, c**
–, spez. Volumen und Dichte **16.8, 16.9a, b, c**
–, spez. Wärmekapazität **16.8**
–, Verdampfungsenthalpie **16.8**
Wasserdampfkapazität, def. 156
Wasserdampfverträglichkeit, def. 156
Wasserring-Vakuumpumpe 128
Wasserstoff, flüssiger 320
Wasserstoffausbruch 277
Wasserstrahlkondensator 202
Wasserstrahlpumpe 3, 195
–, Auspumpzeit, volumenbezogene 197
–, Technische Daten 196

Wattefilter 170
Wegaufnehmer, induktiver 390
–, kapazitiver 390
Weglänge, mittlere freie 27, *16.2,* **16.6**
Weichgläser 490
Werkstoffe, Anforderungen 484
–, Einteilung 485
–, keramische 493 f.
–, Tiefe Temperaturen 321
–, der Vakuumtechnik, Dampfdrücke 361, **10.6**, *16.3 bis 16.8*
Widerstand 101, **4.4, 4.5**
Widerstandsbeiwerte 85, **4.3**
Widerstandskurve 329, *10.20, 10.21*
Widerstandsthermometer 329
Widerstandsverdampfer 269
WIG-Verfahren 511
Wirkungsgrad, adiabatischer 187
–, Carnot- 308
–, volumetrischer 176

Zahlenwertgleichung 641
Zeolith 494
Zirconium 261
Zugschieber 538
Zündspannung *16.17*
Zustandsgleichung 15, 38
–, allgemeine, der idealen Gase 16
–, van der Waals 17
Zustandsgröße 9, 15
Zwischengebiet 123
–, Leitwertfunktion 123, *4.27*